8e

학습과 행동

LEARNING AND BEHAVIOR

Learning and Behavior,
Eighth Edition

Paul Chance, Ellen Furlong

ISBN-13: 978-89-6218-551-5

Cengage Learning Korea Ltd.
14F YTN Newsquare 76 Sangamsan-ro
Mapo-gu Seoul 03926 Korea

Cengage is a leading provider of customized learning solutions with
employees residing in nearly 40 different countries and sales in more
than 125 countries around the world. Find your local representative at:
www.cengage.com

To learn more about Cengage Solutions, visit **www.cengageasia.com**

Every effort has been made to trace all sources and copyright holders of
news articles, figures and information in this book before publication, but
if any have been inadvertently overlooked, the publisher will ensure that
full credit is given at the earliest opportunity.

Printed in Korea
Print Number: 01   Print Year: 2023

LEARNING AND BEHAVIOR

학습과 행동

Paul Chance | **Ellen Furlong** 지음　　**김문수** | **박소현** 옮김

8e

❖ Cengage

Australia • Brazil • Canada • Mexico • Singapore • United Kingdom • United States

옮긴이 소개

김문수

서울대학교 심리학과(학사, 석사 수료)
미국 캘리포니아대학교(어바인캠퍼스)(박사)
미국 예일대학교(박사후 과정)
현재 전남대학교 심리학과 교수
munsookim@hanmail.net

박소현

서울대학교 컴퓨터공학과(학사)
서울대학교 심리학과(학사, 석사 수료)
전남대학교 제약학과(학사)
현재 약사이자 전문번역가로 활동 중
dinosmile@naver.com

학습과 행동 제8판
LEARNING and BEHAVIOR, Eighth Edition

제8판 1쇄 인쇄 | 2023년 3월 14일
제8판 1쇄 발행 | 2023년 3월 24일

지은이 | Paul Chance, Ellen Furlong
옮긴이 | 김문수, 박소현
발행인 | 송성헌
발행처 | 센게이지러닝코리아㈜
등록번호 | 제313-2007-000074호(2007.3.19.)
이메일 | asia.infokorea@cengage.com
홈페이지 | www.cengage.co.kr

ISBN-13: 978-89-6218-551-5

공급처 | ㈜학지사
주   소 | 서울시 마포구 양화로15길 20 마인드월드빌딩 5층
도서안내 및 주문 | Tel 02) 330-5114 Fax 02) 324-2345
홈페이지 | www.hakjisa.co.kr

값 35,000원

Paul Chance 박사의 『학습과 행동(*Learning and Behavior*)』 3판을 1998년도에 처음 번역한 이래 5판(2004년), 6판(2010년), 7판(2014년)을 계속 번역하였다. 2020년에는 이 책의 개정판이 아마도 앞으로 나오지 않을 것 같다는 생각에 역자들이 7판의 내용을 아주 약간 손보아서 수정판을 내었다. 그런데 다행히도 역자들(과 출판사)의 생각이 틀려서 최근에 8판이 출간되었고 우리는 기쁜 마음으로 이 새 판을 번역하게 되었다.

새 판이 나올 때마다 최신 연구 내용이 추가되는 것은 당연하지만, 이번 8판에서 특히 눈에 띄는 점은 서술 방식의 변화이다. 첫째, 영어에서 사람을 가리키는 대명사가 성평등적 관점에 따라 바뀌어서 'she/he'나 'her/his'가 쓰이던 자리에 'they'나 'their'가 쓰이고 있다. 물론 이때의 'they'와 'their'는 복수가 아니라 단수 대명사의 역할을 한다. 한국어에서는 '그'라는 단어가 남자나 여자 모두를 지칭할 수 있기 때문에 이런 영어 서술의 변화는 번역에 별달리 반영될 필요가 없었다. 둘째, '정상적(normal)'이란 단어가 대부분 '전형적(typical)'이란 단어로 대체되었다. 예컨대, 'normally developing child'가 이제는 'typically developing child'로 바뀌었다. 이런 변화는 아마도 저자가 '정상적'이란 개념에 뒤따를 수 있는, '비정상적인' 무엇에 대한 차별의 문제를 염려해서일 것이다.

심리학에 관심을 갖게 되는 이유는 대부분 '나는 왜 이럴까?', '저 사람은 왜 저렇게 행동할까?' 같은 질문 때문일 것이다. 인간 행동의 원인을 묻는 이런 질문에 사람들은 대개 인간의 내면에서 그 답을 찾으려 한다. '외롭기 때문이야', '화가 났기 때문이야'라는 식으로 말이다. 그런데 학습심리학의 관점은 그와 반대로 인간의 외부, 즉 환경(에서 겪어온 경험)에서 그 답을 찾으려 한다. 친한 친구가 없기 때문이라거나 학교 성적이 떨어졌기 때문이라는 식으로 말이다. 이렇게 '심리'학이 인간의 내면이 아니라 외부 환경으로 눈을 돌리게 되면 심리학이 갖는 매력이 사라지는 것 같고 또한 사람이 환경에 좌우되는 수동적인 존재가 되는 것 같아서 자존심이 상할 수 있다.

하지만 혹시 우리는 지금까지 너무 많은 것을 '의지'나 '의식' 또는 '마음'의 문제로 생각해 온 것은 아닐까? 사실, 의지를 굳건히 하려 해도, 의식을 바꾸려 해도, 마음을 다잡으려 해도 잘 안될 때가 얼마나 많은가? 따지고 보면 사람들의 행동을 좌우하는 제일 큰 힘은 아마도 물리적 및 사회적 환경일 것이다. 물론 유전에 의한 선천적인 특성을 제외하고 나서 말이다. 학습심리학은 어떤 종류의 환경(에서의 경험)이 사람을 어떤 식으로 변화시키는가에 관한 연구이다. 이는 내가 지금까지 어떤 경험을 해왔기에 현재의 나라는 사람이 되었는가를 이해할 수 있게 도와준다. 더 나아가서, 환경이 자신에게 어떻게 영향을 미치는지를 이해하게 되면 자신이 원하는 행동을 촉진하는 환경을 찾아가거나 그런 환경을 스스로 조성할 수 있다. 이는 곧 인간이 환경에 휘둘리기만 하는 존재가 아니라 자신이 원하는 바를 위해서 환경을 통제하는 능동적 존재가 될 수 있음을 의미한다. 나 자신이나 다른 사람을 변화시키려면 의지나 의식 같은 내적인 무언가에 호소하기보다는 주변 환경을 변화시키는 게 사실상 더 쉽다.

이 책이 세상에 나올 수 있도록 애써 주신 센게이지러닝코리아(주)의 여러 분들, 그리고 꼼꼼하게 교정을 보아주신 이정란 편집자께 특별히 감사의 마음을 전한다.

김문수, 박소현

교과서는 도시와 같아서 완성되는 법이 없다. 어느 도시에 가든 오래된 건물을 허물고 새로운 건물을 짓는 것을 볼 수 있고, 빈 땅에 나무를 심는 것을 볼 수 있고, 착암기로 길바닥을 파헤치고 지하에 전화선을 파묻는 것을 볼 수 있다. 교과서에 대해서도 마찬가지이다. 어떤 주제는 빠지고 새로운 주제가 더해지고 장이나 절이 여기서 저기로 옮겨진다. 『학습과 행동』 8판이 달라진 점은 아래와 같다.

- 각 장과 그 안의 단락에 학습목표를 추가했다.
- 포용성과 다양성을 높이기 위한 수정으로, 표현을 시대에 맞게 고치고 조명받지 못한 학자들과 미국 외부의 학자들의 연구를 더 많이 다루었다.
- 참고문헌 목록에 새로운 연구 100개 이상을 포함시켜 최신 연구를 소개했다.
- 각 장의 마지막에 있던 읽을거리를 없앴고, 그 대신에 본문 내에 더 자세한 설명이나 더 관련이 깊은 예들을 통합시켰다.
- 사진과 스케치를 비롯하여 그림의 수와 다양성을 높였다.
- 글 상자를 더 추가하여 맥락을 제시하고, 드러나지 않은 학자들을 조명하고, 심리학 연구에서 최근 제기된 재현 위기 문제를 검토하였다.
- 좀 더 어려운 일부 주제를 위한 설명과 예를 개선했다.
- APA(미국심리학회) 글쓰기 지침에 따라 수동태 문장을 능동태 문장으로 전체적으로 수정했다.

도시가 끊임없이 '재편'되고 있기는 하지만 어떤 것들은 몇십 년 동안 변치 않고 남아 있다. 교과서의 경우도 마찬가지이다. 『학습과 행동』의 다음과 같은 핵심 특징들은 근본적으로 변함이 없다.

- 읽기 좋은 문체와 따뜻한 분위기가 교과서 읽기를 지겨운 노동이 아닌 반가운 일이 되도록 도와주어서 학생들이 수업에서 더 많은 것을 얻을 수 있을 것이다.
- 교과서 전체에 걸쳐서 다음의 특정한 주제들이 계속 흐른다. 즉, 학습은 개체가 변화에 대처하는 생물학적 기제(우리는 이를 진화된 수정 가능성이라고 부

른다)이다. 그리고 행동의 변화는 생물학적 및 환경적 사건의 산물이다. 또한 자연과학적 접근이 행동을 연구하는 최상의 방법이다.

- 학생이 원리를 단순히 외우기만 하는 것이 아니라 진짜 자기 것으로 만들도록 예와 활용이 풍부하게 제시되어 있다.
- 많은 실험이 동물을 대상으로 하지만 우리는 그 연구가 인간 행동에 대해 알려주는 것을 강조한다.
- 2장은 학습 연구에 사용되는 기본적인 연구 방법론을 개관하는데, 여기에는 많은 학생에게 생소한 단일 참가자 설계가 포함된다.
- 학생이 각성을 유지하고 자신의 진도를 아는 데 도움이 되도록 개념 점검을 불규칙한 간격으로 넣었다.
- 복습문제가 정답 **없이** 각 장의 마지막에 있다. 답이 없다는 사실이 학생들이 문제에 대해 생각하고 논의하고 또 수업 시간에 흥미로운 토론을 하도록 촉진할 것으로 믿는다.
- 각 장의 마지막에 있는 연습문제는 학생들이 자신의 이해도를 점검하고 개념의 숙지 정도를 판단하게 해 준다.
- 자료 그래프들은 연구 결과를 쉽게 이해할 수 있는 형태로 보여주고 있다.

독자가 이번 판이 여태까지의 『학습과 행동』 중 최상이라고 느끼기를 우리는 바란다. 하지만 벌써 우리는 다음 판을 위해 메모를 하고 있다. 앞서 말했듯이, 교과서는 도시처럼 진정으로 완성되는 법이 없다.

감사의 말

항상 그렇듯이 오랜 세월에 걸쳐 많은 사람이 이 책의 '보수'에 기여하였다. 『학습과 행동』 8판을 만드는 데 도움을 준 센게이지러닝의 편집팀, Lumina Datamatics, 그리고 그 밖의 공급업체들에게 감사한다. 또한 여러 강의자가 이전 판을 읽고 고칠 점을 제안했는데, 항상 그렇듯이 많은 도움이 되었다. 다음의 여러 분들에게 감사의 말씀을 전한다.

Kim Andersen, Brigham Young University—Idaho
Shawn R. Charlton, University of Central Arkansas
W. Matthew Collins, Nova Southeastern University
Joanne Hash Converse, Rutgers, the State University of New Jersey
Runae Edwards-Wilson, Kean University

Yoshito Kawahara, San Diego Mesa College

Dennis K. Miller, University of Missouri

H. D. Schlinger, California State University—Los Angeles

David Widman, Juniata College

도움이 되는 평을 해 주었거나 도움이 되는 논문, 그림 혹은 원자료를 제공해
준 강의자들과 연구자들은 다음과 같다. Delft University of Technology의 Willem-
Paul Brinkman, College of Charleston의 Adam Doughty, American Institute for
Behavioral Research and Technology의 Robert Epstein, Utah State University
의 Susan Friedman, College of Charleston의 Chad Galuska, Central Michigan
University의 Bryan Gibson, Global Forest Science Institute의 Reese Halter, Boston
에 있는 Bay Cove Human Services의 David Harrison, Ohio State University
의 William Heward, Georgia State University의 Lydia Hopper, University of
Wisconsin at Stevens Point 캠퍼스의 Todd Huspeni, Fresno에 있는 California
State University의 Marianne Jackson, Seattle에 있는 Morningside Academy의
Kent Johnson, 한국 전남대학교의 김문수, 일본 교토 대학교의 노부오 마사타
카, 일본 고마자와 대학교의 고이치 오노, Smith College의 David Palmer, Kansas
State University에 있었던 Thomas Parish, Utah 독성식물 연구소의 James Pfister,
Western Michigan University의 Alan Poling, University of Southern California
의 Albert Rizzo, 지금은 University of California at Berkeley 캠퍼스에 있는 Erica
Bree Rosenblum, Emory University의 Barbara Rothbaum, Rutgers University
의 Carolyn Rovee-Collier, Hofstra University의 Kurt Salzinger, San Diego
Community College의 Stephen Scherer, Stockton에 있는 Pacific University의
Susan Schneider, 일본 호세이 대학교의 사도루 시마무네, University of Alabama
의 Edwin Taub, 스코틀랜드에 있는 University of St. Andrews의 Andrew Whiten.
『학습과 행동』의 오랜 애독자인 H. D. ('Hank') Schlinger에게는 특히 고마움을 전한
다. 마지막으로, 시간을 내어 이 책에 대한 자신의 생각(긍정적이든 부정적이든)을
알려준 학생들에게도 감사한다.

독자가 볼 수 있듯이 우리는 많은 사람의 은혜를 입었고, 이 목록에 마땅히 올
라야 할 사람들이 더 있을 것이라 확신한다. 당신이 그중 한 사람이라면 우리의 사
과를 받아주기 바란다. 이름이 올라 있든 누락되었든 당신들 모두는 『학습과 행동』
8판에 어떤 식으로든 기여해 주었다.

Paul Chance와 Ellen Furlong

저자 소개

Paul Chance

Paul Chance 박사는 Utah State University에서 심리학으로 박사학위를 받았다. 메릴랜드주 Salisbury University에서 강의를 했으며 산루이오비스포에 있는 California Polytechnic State University에서 시간강사로서 일하였다. Chance 박사는 대학교에서 강의하기 전에 중학교 교사로서 경력을 시작했다. 또한 『*Psychology Today*』 잡지의 서평 편집자로 일하기도 했다. 그는 Cambridge Center for Behavioral Studies의 선임연구원이며 Association for Science in Autism Treatment의 자문위원이기도 하다.

Ellen Furlong

Ellen Furlong 박사는 Ohio State University에서 심리학으로 박사학위를 받았다. 동물 인지 연구자이자 동물복지 후원자인 Furlong 박사는 동물 인지와 행동에 대한 많은 학술 논문과 대중적인 기사를 쓴 저자이다. 그녀의 연구는 인간과 동물 인지의 진화적 근원, 의사결정의 원천, 수(數) 인지에 초점을 맞추고 있다. 2013년 Illinois Wesleyan University(IWU)의 교수가 되었으며, 동물 행동, 지각, 인지, 연구방법론 과목들을 강의하고 있다. 그녀는 또한 개와 동물원에 사는 동물의 인지를 탐구하는 연구 집단인 IWU Dog Scientists를 이끌고 있다.

헌정사

우리는 이 책을 세상을 풍요롭게 만드는 우리의 가족들뿐 아니라 동료들과 학생들에게 바친다.

특히 Ellen은 사랑하는 개와 변함없는 동반자 Cleo에게 이 책을 바친다. Cleo는 행동 변화에 대해서 스키너와 파블로프보다 더 많은 것을 Ellen에게 가르쳐 주었다. (말하자면, Cleo가 Ellen의 행동을 변화시켰으며, 그 반대는 아니다.)

학생들에게 당부하는 말:
이 책에서 최대한 많은 것을 얻어내려면

학습에 대해서는 학습할 것이 많다. 이 책에서 어떻게 최대한을 뽑아낼지에 대한 몇 가지 방안을 아래에 소개한다.

- 첫째, 12장으로 가서 '기억하기를 학습하기'라는 부분을 읽어 보라. 이 정보는 어떤 과목을 공부하든 도움이 될 것이다.
- 둘째, 어떤 장이든 읽기 전에 각 장의 첫머리에 있는 '들어가며'와 '이 장에서는'이라는 부분을 꼭 읽어 보라. 그 장이 어디를 향하고 있는지를 파악하는 데 도움이 될 것이다.
- 셋째, 본문을 읽으면서 등장하는 '개념 점검'에 답을 해 보라. 답을 종이에 쓰거나 소리 내어 말해 본 다음, 그 앞에 나온 내용을 다시 살펴보고 자신의 답을 점검하라.
- 넷째, 한 장을 읽고 난 뒤에는 '복습문제'를 보고서 만약 수업시간이나 시험에서 그런 문제가 나온다면 어떻게 답할지 생각해 보라. 그 문제 중에는 여러 방식으로 답할 수 있는 것이 많으므로 스터디그룹에서 다루기에 아주 좋을 것이다.
- 다섯째, 각 장의 마지막에 있는 '연습문제'를 풀어 보라. 수업 중에 보는 퀴즈라고 생각하고 반드시 답을 종이에 적거나 공부 파트너에게 말해 보라. 이 연습문제는 본문 내용을 학습하는 데 도움이 될 것이며 독자가 그것을 얼마나 잘 이해했는지도 대충 알려줄 것이다.

어떤 책이나 수업에서 정말로 최대한을 얻어내려면 능동적인 학습자가 되어야 한다. 수업 시간에 많은 것을 배우려면 그냥 편안히 앉아서 강의자가 하는 말을 듣고 있기만 해서는 안 된다. 능동적으로 참여해야 한다. 즉 질문하고, 강의자의 말에 대해 의견을 말하고, 필기도 해야 한다. 책을 읽으면서 공부할 때도 똑같다. 질문을 하고, 개념 점검에 답하고, 노트 정리를 하고, 읽은 내용의 함의와 활용에 대해서 생각해 보고, 다른 학생들과 읽은 내용을 토론하고, 복습하고, 복습하고, 또 복습하라. 능동적 학습자라면 좋은 시험 성적을 얻을 가능성이 클 뿐 아니라 배운 것을 앞으로 오랫동안 더욱 실용적으로 사용할 수 있을 것이다.

요약 차례

역자 서문 v

저자 서문 vii

학생들에게 당부하는 말: 이 책에서 최대한 많은 것을 얻어내려면 xi

CHAPTER 01 서설: 변화하기를 학습하기 1

CHAPTER 02 학습과 행동의 연구 35

CHAPTER 03 파블로프식 조건형성 59

CHAPTER 04 파블로프식 학습의 활용 105

CHAPTER 05 조작적 학습: 강화 141

CHAPTER 06 강화: 습관을 넘어서 189

CHAPTER 07 강화계획 219

CHAPTER 08 조작적 학습: 처벌 261

CHAPTER 09 조작적 학습의 활용 289

CHAPTER 10 관찰학습 317

CHAPTER 11 일반화, 변별, 자극통제 359

CHAPTER 12 망각 397

CHAPTER 13 학습의 한계 435

개념 점검에 대한 답 454

용어 설명 459

참고문헌 469

찾아 보기 508

역자 서문 **v**

저자 서문 **vii**

학생들에게 당부하는 말: 이 책에서 최대한 많은 것을 얻어내려면 **xi**

CHAPTER

01

서설: 변화하기를 학습하기 1

1.1 자연선택 2

1.2 진화된 행동 10

반사 **10**

전형적 행위패턴 **12**

일반적 행동특질 **16**

1.3 자연선택의 한계 18

1.4 학습: 진화를 통해 생겨난 수정 가능성 22

학습은 변화를 의미한다 **22**

변화하는 것은 행동이다 **23**

경험이 행동을 변화시킨다 **26**

1.5 둔감화: 학습의 한 예 28

1.6 선천성 대 후천성 30

맺음말 33

핵심용어 **33**   복습문제 **34**   연습문제 **34**

CHAPTER 02

학습과 행동의 연구 35

2.1 자연과학적 접근 36

2.2 학습의 측정법 38

2.3 자료의 원천 44

일화 44

사례 연구 45

기술 연구 47

실험 연구 47

실험의 한계 51

2.4 동물 연구와 인간의 학습 52

맺음말 57

핵심용어 57   복습문제 57   연습문제 58

CHAPTER 03

파블로프식 조건형성 59

3.1 연구의 시작 60

■ 이반 파블로프: 머리끝에서 발끝까지 실험자였던 사람 62

3.2 기본 절차 63

■ 파블로프식 조건형성의 요소들을 파악하기 66

3.3 고순위 조건형성 67

3.4 파블로프식 학습의 측정 69

3.5 파블로프식 학습에 영향을 주는 변인 72

CS와 US가 짝지어지는 시간적 순서 72

CS–US 수반성 75

■ 파블로프식 조건형성 절차의 흐름도 76

CS–US 근접성 77

자극 특징 78

CS와 US에 대한 사전 경험 80

CS–US 짝짓기의 횟수 82

시행 간 간격 83

기타 변인 84

3.6 조건반응의 소거 85

3.7 조건형성의 이론 88

자극대체 이론 89

준비반응 이론 92

보상반응 이론 93

■ 조건자각(conditional awareness) 94

Rescorla-Wagner 모형 95

기타 CS 이론 99

맺음말 100

핵심용어 101   복습문제 102   연습문제 102

CHAPTER

04

파블로프식 학습의 활용 105

4.1 공포 106

■ '행동치료의 어머니' Mary Cover Jones 109

■ 사람들 앞에서 말하기에 대한 공포 110

4.2 편견 114

4.3 성도착 장애 118

■ 성도착 장애 119

4.4 맛 혐오 121

■ 자연이 내린 제초기, 양 125

4.5 광고 125

4.6 약물중독 130

4.7 보건 135

맺음말 138

핵심용어 139   복습문제 139   연습문제 139

CHAPTER **05**

조작적 학습: 강화 141

5.1 연구의 시작 142
- E. L. Thorndike: 상황의 요구에 부응했던 사람 146

5.2 조작적 학습의 유형 147
- B. F. Skinner: 행동과학의 다윈 152

5.3 강화물의 종류 154
일차 강화물과 이차 강화물 155
자연적 강화물과 인위적 강화물 158
- 조작적 학습과 파블로프식 학습의 비교 159

5.4 조작적 학습에 영향을 주는 변인 161
수반성 161
근접성 163
강화물의 특징 164
행동의 특징 166
- 심리학의 재현 위기 167
동기화 조작 167
기타 변인 169

5.5 강화의 신경역학 170

5.6 정적 강화의 이론 173
Hull의 추동감소 이론 175
상대적 가치 이론과 Premack 원리 176
반응박탈 이론 178

5.7 회피의 이론 180
2과정 이론 181
1과정 이론 184

맺음말 185
핵심용어 186   복습문제 187   연습문제 187

CHAPTER 06

강화: 습관을 넘어서 189

6.1 새로운 행동의 조성 190
  - 조성의 조성 192
  - 조성하려는 사람을 위한 팁 194

6.2 연쇄 짓기 195

6.3 통찰적 문제해결 199

6.4 창의성 204

6.5 미신 209
  - 된장 좀 빨리 가져와! 212

6.6 무기력 213

맺음말 216

  핵심용어 217   복습문제 217   연습문제 217

CHAPTER 07

강화계획 219

7.1 연구의 시작 220

7.2 단순 강화계획 221

  연속강화 222

  고정비율 222

  변동비율 225
  - 인생은 도박이다? 226

  고정간격 227

  변동간격 230

  소거 232

  기타 단순 강화계획 236

  비율 늘이기 239

7.3 복합 강화계획 240

7.4 부분강화효과 243

변별 가설 245

좌절 가설 246

■ 왜 이렇게 가설이 많아? 내가 좌절하겠어! 247

순서 가설 248

반응단위 가설 249

7.5 선택과 대응 법칙 250

맺음말 256

핵심용어 257   복습문제 258   연습문제 259

CHAPTER

08

조작적 학습: 처벌 261

8.1 연구의 시작 262

8.2 처벌의 유형 263

■ 골치 아픈 혼동: 정적 처벌과 부적 강화 265

8.3 처벌에 영향을 주는 변인 266

수반성 266

■ 운전하면서 문자 보내기, 죽음으로 처벌받을 수 있다 268

근접성 269

처벌물의 강도 270

처벌의 최초 수준 271

처벌될 행동의 강화 272

강화를 얻는 다른 방법 273

동기화 조작 273

기타 변인 274

8.4 처벌의 이론 275

2과정 이론 276

1과정 이론 277

8.5 처벌의 문제점 278

8.6 처벌에 대한 대안 282

맺음말 285

  핵심용어 285   복습문제 286   연습문제 286

CHAPTER

09

조작적 학습의 활용 289

9.1 가정 290

9.2 학교 293

9.3 클리닉 299

  자해 행동 300

  망상 303

  마비 306

  ■ 조작적 의료 평가 307

9.4 직장 308

9.5 동물원 311

  ■ 강화가 유기견을 살리다 314

맺음말 314

  핵심용어 315   복습문제 315   연습문제 316

CHAPTER

10

관찰학습 317

10.1 연구의 시작 318

10.2 관찰학습의 유형 319

  사회적 관찰학습 320

  비사회적 관찰학습 325

  ■ 대리 파블로프식 조건형성? 325

10.3 에뮬레이션과 모방 328

10.4 관찰학습에 영향을 미치는 변인 334

　　과제 난이도 335

　　숙련된 모델 대 미숙한 모델 336

　　모델의 특성 336

　　관찰자의 특성 338

　　관찰된 행동의 결과 340

　　관찰자의 행동의 결과 341

　　■ 관찰학습과 인간의 본질 342

　　■ 종간 관찰학습 342

10.5 관찰학습의 이론 343

　　Bandura의 사회인지 이론 343

　　조작적 학습 모형 345

10.6 관찰학습의 활용 347

　　교육 348

　　사회 변화 350

　　■ 관찰학습의 어두운 면 355

맺음말 355

　　핵심용어 356　　복습문제 356　　연습문제 356

CHAPTER 11

일반화, 변별, 자극통제 359

11.1 연구의 시작 360

11.2 일반화 361

　　■ 치료의 일반화 367

11.3 변별 368

11.4 자극통제 377

11.5 행동분석에서 일반화, 변별, 자극통제 379

　　심적 회전: 일반화의 예 379

　　개념 형성: 변별학습의 예 381

흡연의 재발: 자극통제의 예 384

11.6 일반화와 변별의 이론 387

파블로프의 이론 387

Spence의 이론 388

Lashley-Wade 이론 390

맺음말 392

핵심용어 393   복습문제 394   연습문제 394

CHAPTER

12

망각 397

12.1 연구의 시작 398

12.2 망각을 정의하기 399

■ 미래를 대비하는 학습 400

■ 지식의 분류체계 402

12.3 망각 측정하기 403

12.4 망각의 원인 407

학습의 정도 409

사전 학습 411

■ 망각을 할 수 없었던 사람 411

■ Bartlett의 「유령들의 전쟁」 414

후속 학습 415

맥락의 변화 417

■ 학습 당시의 상태 420

12.5 활용 421

목격자 증언 422

기억하기를 학습하기 424

■ Say All Fast Minute Each Day Shuffle 430

맺음말 431

핵심용어 432   복습문제 433   연습문제 434

CHAPTER **13**

학습의 한계 435

13.1 신체적 특징 436

13.2 학습된 행동의 유전 불가능성 437

13.3 유전과 학습 능력 439

　■ 천재 육성법 442

13.4 신경학적 손상과 학습 442

13.5 결정적 시기 444

13.6 준비성과 학습 446

　■ 학습과 인간성 451

마지막 맺음말 451

　　핵심용어 452　　복습문제 452　　연습문제 453

개념 점검에 대한 답 454
용어 설명 459
참고문헌 469
찾아 보기 508

서설: 변화하기를 학습하기

이 장에서는

1 자연선택
2 진화된 행동
   반사
   전형적 행위패턴
   일반적 행동특질
3 자연선택의 한계
4 학습: 진화를 통해 생겨난 수정 가능성
   학습은 변화를 의미한다
   변화하는 것은 행동이다
   경험이 행동을 변화시킨다
5 둔감화: 학습의 한 예
6 선천성 대 후천성
맞음말
   핵심용어 │ 복습문제 │ 연습문제

"유일하게 불변하는 것은 변화이다."

_ Lucretius

들어가며

이 장은 변화하는 환경에 대한 인간 및 다른 살아 있는 것들의 적응에 대한 기본적인 물음을 개체와 종이라는 두 수준 모두에서 살펴본다. 여기서는 보통 생물학 교과서가 다루는 주제들에 꽤 많은 지면을 할애하고 있음을 독자는 알게 될 것이다. 왜일까? **학습이 생물학적 기제**이기 때문이다. 우리가 산수 문제를 해결하거나 컴퓨터 프로그램을 짜기 위해 학습이 진화해 나온 것이 아니다. 학습은 무엇보다 먼저 생존 기제이다. 즉 우리가 생존하고 번성하는 데 위협이 되는, 항시 존재하는 문제들에 대처하는 하나의 수단이다. 여러분이 이 책을 읽으면서 인간의 학습 능력이 우리가 오늘날 직면하고 있는 도전들을 넘어설 만큼 좋은지를 생각해 보기 바란다.

학습목표

이 장을 공부하고 나면 다음의 것들을 할 수 있을 것이다.

1.1 자연선택이 어떻게 종이 변화에 대처하는 데 도움을 주는지 설명한다.
1.2 자연선택이 어떻게 반사, 전형적 행위패턴, 일반적 행동특질의 형태로 적응적 행동을 만들어 내는지 설명한다.
1.3 자연선택의 한계를 기술한다.
1.4 학습이 왜 행동 변화의 측면에서 정의될 수 있는지 설명한다.
1.5 습관화가 어떻게 학습의 한 예인지를 이야기한다.
1.6 선천성 대 후천성 논쟁이 왜 행동의 기원을 과도하게 단순화시키는 일인지를 설명한다.

1.1 자연선택

학습목표 --

자연선택이 어떻게 종이 변화에 대처하도록 돕는지를 설명하려면

1.1   다윈이 어떻게 자연사를 공부하게 되었는지를 이야기한다.

1.2   다윈의 동물 육종 경험이 진화론에 어떤 공헌을 했는지를 설명한다.

1.3   맬서스의 연구가 다윈의 진화론에 어떻게 영향을 미쳤는지를 설명한다.

1.4   자연선택과 인위선택을 비교한다.

1.5   자연선택에서 유전과 변이의 중요성을 설명한다.

1.6   인간의 눈과 뇌 같은 복잡한 구조를 자연선택이 어떻게 설명할 수 있는지 이야기한다.

1.7   자연선택이 어떻게 동물(인간을 포함하여)이 환경의 변화에 대처하도록 도왔는지를 보여주는 예를 세 가지 든다.

1.8   질병이 어떻게 자연선택의 동력이 되는지를 설명한다.

1.9   자연선택이 어떻게 행동을 변화시키는지를 보여주는 예를 하나 든다.

로마 철학자 Lucretius가 2,000년 전에 말한 것과 같이 "유일하게 불변하는 것은 변화이다". 변화는 규칙의 예외가 아니라 규칙 그 자체이다. 자연 전체를 통틀어, 살아남으려는 몸부림이란 결국 변화에 대처하려는 노력이다. 기후는 변하고, 피식동물은 더 찾기 어려워지며, 포식동물은 더 빨라지고, 질병이 예고 없이 엄습하며, 인구 증가는 음식, 물, 거주 공간 및 기타 자원의 가용성을 더욱 떨어뜨린다. 대륙의 이동 같은 변화는 영겁에 걸쳐 일어나고, 빙하의 전진이나 퇴각 같은 변화는 대개 수백 또는 수천 년이 걸리며, 인간의 화석 연료 사용으로 인한 기후 변화 같은 것은 수십 년이 걸리고, 해가 뜨고 지거나 난폭운전자가 갑자기 차선을 바꾸는 것 같은 변화는 매일 일어난다. 우리 삶에서 유일하게 불변하는 것은 변화이다. 어떤 개체이든 어떤 종이든 살아남기 위해서는 변화에 대처해야만 한다. 그런데 어떻게 해야 할까? 인간 및 다른 동물들이 이렇듯 변덕스러운 세계에 대처하는 기제는 무엇일까? 찰스 다윈(Charles Darwin)이 한 가지 답을 제시한다.

찰스 다윈은 1809년 잉글랜드에서 태어났다. 의사의 아들이었던 그는 1825년에 의학 전공으로 에든버러 대학교에 입학했다. 그러나 그는 의학을 좋아하지 않았다. 환자가 마취도 없이 수술을 받으면서 피를 흘리고 소리를 지르는 모습에 허겁지겁 방을 뛰쳐나온 그는 케임브리지 대학교에서 신학을 공부하여 학위를 따기로 결심했다. 그는 신학도 좋지가 않았고, 그래서 자신이 진심으로 좋아하는 분야, 즉 자연사를 공부하는 데 많은 시간을 보냈다.

케임브리지 대학교 졸업 직후에 그는 영군 해군함 HMS 비글호의 탐험에 선상

박물학자로 합류해 보겠느냐는 제안을 받아들였다. 비글호의 선장이었던 23세의 귀족 Robert FitzRoy 대령은 식사 때 적당한 말동무 역할도 할 수 있는 박물학자를 원했다. 이 항해의 주요 목적은 세계를 돌아다니며 육지의 해안선을 그리는 것이었는데, 이는 큰 성공을 거두었다. 하지만 현재 그 항해가 유명한 것은 다윈이 '신비 중의 신비', 즉 종의 기원을 이해하려는 목표 아래 수백 점의 동식물 표본을 채집할 수 있는 기회를 얻었기 때문이다.

다윈은 Charles Lyell의 『지질학 원리(*Principles of Geology*)』를 한 권 들고 비글호에 탔다. 많은 사람이 지질학의 아버지로 꼽는 Lyell은 잘못 생각한 것이 많았다(예컨대, 그는 빙하라는 생각을 거부했다). 하지만 지구에 관한 그의 관점, 즉 지구가 영겁의 시간에 걸쳐 서서히 변화한다는 생각은 다윈에게 종이 어디서 생겨났는지에 관해서 새로운 조망을 하게 하였다. Lyell이 주장한 것처럼 만약 지구가 수백만 년 동안 존재해왔고 서서히 변화했다면, 엄청나게 다양한 종류의 생명체가 하루아침에 현재의 형태로 나타났다고 생각할 이유가 어디 있을까?

일단 잉글랜드로 돌아오자 다윈은 생명체의 다양성에 대한 통찰을 얻기 위한 원천으로 동물 교배에 집중했다. 그 자신이 비둘기 육종가였던 다윈은 바람직한 특성을 지닌 개체들을 동물 육종가들이 선택하여 교배육종하는 방법으로 소, 말, 돼지, 양, 닭, 개, 고양이 등 여러 가축들의 형질을 오래전부터 변화시켜 왔음을 알고 있었다. 그와 같은 교배가 야생에서 일어나는 종의 변화에 대한 모델이 될 것으로 보였는데, 야생에서 일어나는 종의 변화와 달리 교배는 육종가의 의도적이고 세심한 개입의 결과이다. 자연의 육종가는 누구였을까?

1830년대 말 다윈이 대략 30세였을 때의 초상화

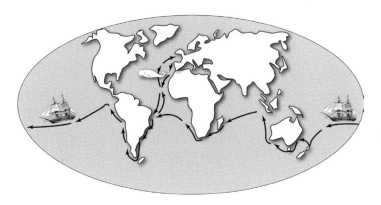

HMS 비글호의 항로. 비글호는 1831년 12월 27일 잉글랜드의 플리머스를 떠나 1836년 10월 2일에 돌아왔다.

수십 년에 걸친 여우의 선발육종(selective breeding)에 관한 연구는 행동적 특징을 선택적으로 육종하여 자손이 그 조상과는 다른 종(이 경우에는 개)처럼 행동하게 할 수 있음을 보여주었다. 비전문가를 위한 요약으로는 Dugatkin과 Trut(2017)을 보라.

동료 영국인 토머스 맬서스(Thomas Malthus)의 『인구론(*An Essay on the Principle of Population*)』(1798)을 읽으면서 다윈에게 그 답이 떠올랐다. 성직자였던 맬서스는 인구 성장이 유토피아로 가는 길이라는 당시에 유행했던 개념을 받아들이지 않았다. 그와는 반대로 맬서스는 그것이 파멸로 가는 길이라고 주장했다. 한정된 자원으로는 결국 늘어나는 인구가 재난을 초래한다. 인구가 증가하면서 자원이 모든 개인에게 공급되기에는 부족해질 것이다. 그는 "인구의 힘은 사람을 위한 최소한도의 양식을 생산해내는 지구의 힘보다 무한정으로 더 크다."라고 썼다.

맬서스는 인구 성장의 효과에 초점을 두었으나, 다윈은 모든 종의 동물과 식물은 환경이 지탱할 수 있는 것보다 훨씬 더 많은 자손을 생산하고, 이로 인해 자원에 대한 경쟁이 불가피하게 된다는 점을 깨달았다. 일부는 생존하여 번식하지만 대부분은 그러지 못한다. 어떤 개체와 어떤 종이 승리할지를 결정하는 것은 무엇일까? 승리자들은 자신을 유리한 위치에 서게 하는 특질을 지녔음이 분명하다. 부모의 유리한 점을 공유하는 자손의 특질 또한 살아남아서 재생산되기 쉬울 것이다. 여러 세대에 걸쳐 이런 유리한 점들(어떤 것은 매우 미묘하다)이 축적되어 전혀 다른 종이 생겨날 수도 있다. 다윈은 이런 변화의 기제가 육종가가 바람직한 특징을 지닌 동물을 선택해서 교배시키는 행위와 유사하다는 것을 깨달았다. 그런데, 야생에서는 그 **육종가가 자연이다**.

> 살기 위한 이런 투쟁 때문에 모든 변이는, 아무리 사소하고 어떤 이유로 생겨났든지 간에, 어떤 종의 한 개체에 조금이라도 유리하다면, …… 그 개체의 보존에 도움이 될 것이고, 대개 그 자손에게 유전될 것이다. 그래서 그 자손 역시 생존할 가능성이 더 커질 것이다. …… 각각의 사소한 변이가, 만약 유용하다면, 보존된다는 이 원리를 나는 '자연선택'이라고 불렀다. 이는 그것과 인간이 행사하는 선택의 힘 사이의 연관성을 표시하기 위해서이다.

다윈이 "그것과 인간이 행사하는 선택의 힘 사이의 연관성"이라고 쓴 것은 **자연선택**(natural selection)이 육종가들의 **인위선택**(artificial selection)과 유사하다는 것을 강조하기 위해서이다. 그는 "가축 사육에서 그렇게 효율적으로 작용해 온 원리가 자연 속에서 작용하지 않았으리라고 볼 명백한 이유가 없다."라고 썼다.

다윈의 시대에는 형질이 어떻게 한 세대에서 다음 세대로 전해지는지에 대해 학자들이 아는 바가 거의 없었다. 다윈이 언급한 것처럼 "유전을 다스리는 법칙들은 거의 알려지지 않았……". 오스트리아의 수도사이며 유전학의 창시자인 그레고어 멘델(Gregor Mendel)은 콩을 사용한 유전에 관한 연구를 1866년에서야 발표했는데, 이는 다윈이 유명한 저서 『종의 기원(*On the Origin of Species*)』을 출간한 지 17년

뒤였다. 멘델의 연구는 다윈의 사망 이후까지도 과학자들 사이에 널리 알려지지 않았다. 그럼에도 불구하고 다윈은 형질이 특정 환경에서 유리하건 해롭건 아니면 중립적이건 간에 어떤 식으로든 한 세대에서 다음 세대로 전해진다고 주장했다.

중요한 점은 자연선택이 종의 구성원들 사이의 변이에 의존한다는 것이다. 만약 종의 모든 구성원이 동일한 유전자를 공유한다면 자연선택이 작용할 바탕이 전혀 없다. 다윈이 쓴 것처럼 "도움이 되는 변이가 일어나지 않는 한 자연선택은 아무것도 할 수 없다".

다윈을 비판하는 사람들은 변이가 일어난다 하더라도 인간의 눈 같은 복잡한 기관의 갑작스러운 출현을 자연선택이 설명하기란 불가능하다고 말한다. 다윈은 이에 동의했다. 하지만 다윈은 더 나아가서 복잡한 기관들이 보통은 갑작스레 나타나지 않는다고 말했다. 사실, 전혀 그렇지 않다.

증거에 따르면, 예를 들어 인간의 눈의 기원은 수백만 년 전에 일부 원시동물의 피부에 빛에 민감한 몇몇 세포들이 출현한 것이다. 빛에 민감한 이 세포들은 유용했을 것이다. 왜냐하면 그 위에 무엇이든 그림자가 비치면, 이를테면 다가오는 포식자에 대한 경고가 되었기 때문이다. 추가적인 변이와 자연선택을 통해서 더 많은 광세포가 등장하고 빛을 탐지하는 기관이 점점 더 복잡해져서 결국에는 인간을 비롯한 고등동물에게서 볼 수 있는 성교한 광(光)민감성 기관이 생겨나게 되었다 (Lamb, 2011; Schwab, 2011).

우리에게는 눈의 진화를 보여주는 비디오테이프가 없으므로 이는 순전히 추측으로 보일 수도 있다. 하지만 일반적으로 동물계의 가장 단순한 종에서 더 복잡한 종으로 나아감에 따라 눈을 비롯한 여러 기관이 점점 더 정교해진다는 증거가 있다. 예를 들어, 킬리피쉬*의 뇌에 침투하여 기생하는 편충으로서 흡충류에 속하는 **꼬리벌레**를 살펴보자(Lafferty & Morris, 1996). 꼬리벌레는 약간 눈같이 보이긴 하지만 포유류의 눈과는 전혀 비슷하지도 않은 두 개의 점이 있다(그림 1-1). 이 눈에는 홍채도, 망막도, 유리액도 없으며, 사실 있는 것이라고는 광민감성 세포들밖에 없는데, 이는 더 정교한 우리의 눈의 망막을 형성하는 것과 비슷한 세포들이다. 꼬리벌레의 숙주인 킬리피쉬는 물 표면 근처에서 시간을 보내는데, 꼬리벌레의 안점(eyespots)은 거기로 가는 길을 찾는 데 도움이 된다. 더 복잡한 생물들을 탐구할수록 점점 더 복잡해지는 시각기관을 볼 수 있다. 인간의 눈이 가장 복잡할 것이

오늘날 자연선택에 의문을 제기하는 생물학자는 거의 없으며, 유럽 전역에서도 자연선택이 널리 받아들여지고 있다. 하지만 갤럽 조사에 따르면 미국인 10명 중 4명이 하느님이 약 10,000년 전에 모든 생명을 현재의 형태로 창조했다고 여전히 믿고 있다(Brenan, 2019).

눈의 복잡성이 증가함으로써 시각이 어떻게 개선되는지를 보려면 유튜브에서 'Dawkins eye'를 검색해 보라.

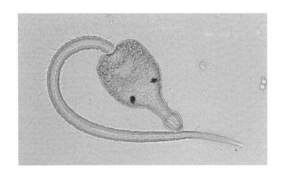

그림 1-1 두 개의 광민감성 안점을 가진 편충인 꼬리 벌레 (위스콘신 대학교 스티븐스 포인트 캠퍼스, 생물학과 자연사 박물관, 기생동물 전시기획자 Todd C. Huspeni의 사진 제공)

---

* 송사릿과의 민물고기. (역주)

라고 예상할지도 모르겠지만, 이는 틀린 예측이다. 예를 들어, 우리에게는 3가지 색채 수용기가 있는 데에 비해 갯가재의 눈에는 16가지 색채 수용기가 있다. 그 눈은 또한 편광에 반응하는데, 이는 갯가재가 집으로 삼을 빈 굴을 찾는 데 도움이 된다(Gagnon et al., 2015).

인간의 뇌 또한 하루아침에 생겨난 게 아니다. 해파리는 뉴런들로 이루어진 단순한 신경망이 있지만, 해파리의 수영 동작을 조정하는 역할을 하는 이 원시적인 신경계에는 뇌가 전혀 없다. 최초의 진정한 뇌는 지렁이에서 나타난다. 지렁이의 뇌는 대략 겨자씨 크기지만 해파리에 비하면 진보한 것이다. 그리고 영장류(원숭이와 유인원. 인간도 포함하여!)에서는 환경의 변화에 대처하는 능력이 더 좋은 더욱 복잡한 뇌가 발달했다.

자연선택으로 생겨난 장치들은 단순성과 효율성이 최대인 경우가 거의 또는 전혀 없지만, 대개 생존과 번식을 도울 만큼 충분히 잘 작동한다(Marcus, 2009; Olshansky, 2009). 자연선택은 목표가 없으며, 일반적으로 셀 수 없이 많은 세대를 거쳐야 정교화된 특징이 발달한다. 그럼에도 불구하고 자연선택은 변화하는 환경이 가져오는 도전에 종이 대응하도록 도와준다.

온갖 종류의 환경 변화가 한 종의 특성에 영향을 미칠 수 있다. 기후 변화가 아마도 그런 환경 변화 중 가장 중요한 것일 터인데, 다윈도 이 점을 지적했다(1859). 스코틀랜드의 서쪽 해안은 추운 겨울로 악명 높고, 거기가 원산지인 소이양(Soay sheep)의 양모는 따뜻하기로 유명하다. 최근까지는 그런 양모를 생산해내는 소이양이 덩치가 큰 경향이 있었는데, 그 이유는 작은 양들은 흔히 번식할 수 있는 나이에 이르기 전에 추위에 버티지 못하고 죽었기 때문이다. 그런데 지난 몇십 년 동안 이 지역의 양들이 점점 더 작고 가벼워졌다(Maloney, Fuller, & Mitchell, 2010; Ozgul et al., 2009). 이런 몸집의 감소는 지구 온난화에 따른 기후 변화와 병행하여 일어났다. 최근 몇십 년 동안 스코틀랜드의 겨울이 더 짧고 온화해져서 작은 양들이 이제는 생존하여 번식할 수 있게 되었다.

지형의 변화(예컨대, 강줄기의 변화나 화산 폭발로 인한) 또한 자연선택을 통해 종의 변화를 끌어낼 수 있다. 아이다호 대학교의 진화생물학자 Erica Rosenbaum과 동료들(Rosenbaum et al., 2010)은 뉴멕시코주 화이트샌즈에서 세 가지 종의 도마뱀을 연구했다. 다른 지역에서는 이 세 종 모두가 어두운 피부색을 띠지만, 흰색 석고로 이루어진 사구가 있는 지역인 화이트샌즈에 사는 것들은 밝은 피부색을 발달시켰다(그림 1-2). 그 도마뱀들은 피부색이 어두울수록 포식동물의 눈에 잘 띄지 않는 지역에서 진화했지만, 흰색 사구 지역으로 이동하자 어두운 피부색 때문에 포식동물에게 취약하게 되었다. 피부색이 밝은 것들은 생존하여 번식한 반면, 피부색이 어두운 것들은 포식동물에게 잡아먹혔다. 이런 선택 과정이 여러 세대에

그림 1-2
피부색의 자연선택 다른 지역에서는 어두운 피부색을 가진 도마뱀(아래)의 자손이 뉴멕시코주의 화이트샌즈 사구에서 살게 되자 피부색이 밝아졌다. (아이다호 대학교 모스크바 캠퍼스, 생물과학과, Erica Bree Rosenblum의 사진 제공)

걸쳐서 계속되어 마침내 사구 지역의 도마뱀은 조상보다 훨씬 더 밝은 피부색을 지니게 되었다.

환경의 변화가 종의 특성에 어떻게 영향을 미치는지 보여주는 또 다른 예는 공해이다. 고전적인 예로서 영국 제도에 서식하는 많은 큰 나방들의 하나인 회색가지나방에 대한 연구가 있다. 이 나방은 밤에 먹이를 먹고 낮에는 나뭇가지나 둥치에서 휴식한다. 그런데 이 나방을 맛있는 먹이로 생각하는 새들이 있어서, 그런 새에게 발견되지 않도록 피하는 능력이 있어야만 이 나방은 생존할 수가 있다. 한때는 거의 모든 회색가지나방이 얼룩덜룩한 연회색이어서 이들이 주로 붙어있는, 이끼로 덮인 나무와 색깔이 매우 유사했다. 드물게 보이는 변종인 검은색 나방이 최초로 관찰된 것은 1848년이었는데, 당시의 주변 환경에서는 마치 눈 위에 놓인 숯처럼 눈에 띄어서 잡아먹히기가 아주 쉬웠다. 그러나 석탄이 연소되면서 나오는 오염물질이 이끼를 죽이고 나무껍질의 색깔을 진하게 만들자 엷은 색의 나방이 더 쉽게 새들의 표적이 되었고 짙은 색의 나방이 살아남아 더 잘 번식하게 되었다. 오염률이 높은 숲(산업 중심지에 가까운 숲)에서는 검은색 나방이 증가하고 엷은 색 나방은 감소하였다. 어떤 지역에서는 나방 중 90%가 과거에는 드물었던 검은색 변종이었다(Kettlewell, 1959)(그림 1-3). 그 지역의 공기질이 좋아지자 이런 경향이 역전되어 회색가지나방의 밝은색 변종이 다시 우세해졌다.

포식동물은 대부분의 동물에게 주변 환경의 중요한 일부로 작용하는데, 따라서 포식동물의 변화는 자연선택에서 중요한 역할을 한다. 캘리포니아 주립대학교 리버사이드 캠퍼스의 Swanne Gordon과 그 동료들(2009)은 구피를 가지고 이를 보여주었다. Gordon과 그녀의 팀은 트리니다드에서 포식동물이 없는 개울에서 살던 야생 구피들을 구피를 잡아먹는 물고기가 사는 개울로 옮겼다. 8년 후 Gordon은 안전한 개울에서 더 많은 구피를 옮겨온 다음, 그 새끼들의 생존율을 여러 세대에 걸쳐서 포식동물 사이에서 살아온 구피의 새끼들의 생존율과 비교하였다. 후자의

회색가지나방과 공해 1850년 이전에는 회색가지나방이 밝은색의 나무에 달라붙어 있으면 탐지하기가 힘들었다. 공장에서 나오는 검댕이 나무의 색깔을 어둡게 만들자 한때 드물었던 검은 나방이 더 많아졌다. (Diane Chance의 그림)

환경에서 진화한 구피가 새로 옮겨진 구피보다 생존율이 50% 이상 높았다.

환경의 변화는 인간의 특성에도 영향을 미친다. 멜라닌은 태양의 해로운 광선을 차단하는 피부 속 물질인데, 멜라닌의 양이 인간의 피부색을 주로 결정한다. 멜라닌이 많을수록 피부색이 더 짙고 태양광선이 더 많이 차단된다. 햇빛이 부족한 스칸디나비아와 북유럽의 사람들은 전형적으로 흰 피부를 가지고 있는데, 이는 비타민 D를 합성하는 데 필요한 햇빛을 더 잘 흡수하게 해 주는 특질이다. 햇빛이 매우 풍부한 적도 근처에 사는 사람들은 전형적으로 검은 피부를 가지고 있는데, 이는 과도한 햇빛이 끼치는 해로부터 이들을 보호해 주는 특질이다. 자연선택을 통해 인간이라는 종도 특정 환경에서의 생존에 필요한 피부색을 갖게 된 것이다.

자연선택으로 인한 변화는 놀라운 것이 많다. 14세기 유럽 인구의 3분의 1 이상을 죽게 만든 흑사병처럼 새로운 질병은 광범위한 죽음을 낳을 수 있다. 이 질병의 원인은 세균이지만 그것이 전염병이 된 것은 쓰레기 때문이었다. 사람들은 일상적으로 쓰레기를 거리에다 내버렸는데, 쥐가 그 쓰레기를 먹고 살았고, 쥐에 붙어사는 벼룩이 흑사병균을 사람에게 옮겼다. 흑사병의 치사율은 높았지만 어떤 사람들은 유전적으로 그 질병에 저항력이나 면역력이 있었다. 이런 특질을 지닌 사람들이 자기 자식에게 어떤 형태의 저항력을 물려주었다. 같은 전염병이 다시 창궐했을 때 이후의 세대들에게 그런 특질은 틀림없이 도움이 되었을 것이고, 그래서 죽는 사람이 그전보다 유의미하게 더 적었다. 흥미롭게도, 이 유전적 변이가 에이즈를 일으키는 HIV 바이러스로부터 일부 사람들을 보호한다고 주장하는 사람들도 있다.

오늘날 보건전문가들은 전 지구적인 전염병에 대한 우려가 크다. 흑사병의 원인이 된 세균은 아직도 살아서 번창하고 있고, 팬데믹을 일으킬 위험이 있는 다른 미생물들도 마찬가지이다. 코로나19 팬데믹으로 목격한 것처럼 해외여행과 무역의 증가는 질병의 매개체(질병을 일으키는 유기체의 운반자)를 전 세계의 항구로 들여보낸다(Khanh et al., 2020). 팬데믹이 발생하면 저항력이나 면역력을 보유한 유전적 특성을 가진 사람들은 생존하여 자식들에게 자신의 이점을 물려줄 것이다. 생존자의 자손들은 죽은 사람들과 달라 보이지 않을 수 있지만, 자연선택 덕분에 약간은 다를 것이다.

이런 예들은 환경의 변화가 자연선택을 통해 어떻게 종 내의 변화를 야기하는지를 보여준다. 또한 어떤 종의 주변 환경에 중요한 변화가 없다면 그 종 자체도 특성이 변화하지 않을 것임을 시사한다. 예를 들어, 2억 년 동안 거의 변하지 않은 동물인 미국악어에서 이를 알 수 있다. 이 악어는 자기 서식지에 이상적으로 적응되어 있다. 그들의 서식지는 미국 동남부, 특히 루이지애나주와 플로리다주의 습지로서, 거기에 오늘날 약 5백만 마리가 살고 있다. 이 악어의 서식지가 지난 천 년 동안 급격하게 줄어들었지만, 그 외에는 변한 것이 별로 없다. 일단 한 종이 변함없는 환경에 잘 적응이 되고 나면 다음의 규칙이 생기는 것 같다. 즉, 환경에 변화가 없으면 종에도 변화가 없다.

우리는 자연선택에 의해 생성된 변화라고 하면 으레 크기, 모양, 색깔 같은 신체적 특징을 생각한다. 사실은 날개 같은 신체적 특성을 선택하는 것과 똑같은 압력이 날갯짓 같은 행동도 역시 선택할 수 있다. 예를 들어 자고새는 대부분의 시간을 땅에서 보내며, 위험할 때만 나무로 날아오른다. 이 새는 날개를 퍼덕이면서 나무를 실제로 뛰어 올라가는 경우가 많다. 생물학자 Kenneth Dial(Wong, 2002에 보고됨)은 나무를 뛰어 올라가면서 날개를 퍼덕이는 것이 자고새가 포식동물로부터 도망가는 데 도움을 준다는 것을 알아냈다. 심지어 날개가 미성숙한 자고새 새끼들도 뭉툭한 날개를 퍼덕임으로써 더 쉽게 나뭇가지에 도달할 수가 있다. 나무를 오르려 할 때 날개를 퍼덕이는 새끼들이 그러지 않는 새끼들보다 포식동물로부터 더 잘 도망가는데, 따라서 자연선택은 날개의 형태를 선택할 때와 꼭 마찬가지로 이런 행동 경향성도 선택하기 마련이다.

자연선택은 일반적으로 세 가지 종류의 행동을 낳는다. 그런 행동이 무엇일까? 여기서 살펴보자.

다윈은 다양한 생명체의 기원에 대한 생각에 사로잡혀 있었다. 사람들은 수천 년 동안 선발육종을 통해 가축의 형질을 변화시켜 왔는데, 다윈은 자연도 대략 같은 일을 할지도 모른다는 생각이 들었다. 자연선택은 여러 세대에 걸쳐서 종이 변화에 적응하도록 돕는다고 그는 주장했다. 정교한 기관들은 갑자기 나타나는 것이 아니라 수없이 많은 세대에 걸쳐서 나타난다. 예를 들어 인간의 눈은 원시 유기체의 광민감성 세포로부터 시작되었음을 보여주는 증거가 있다. 자연선택은 신체적 특징뿐 아니라 특정 종류의 행동 또한 변화시킨다.

1.1
요약

1.2 진화된 행동

자연선택이 어떻게 반사, 전형적 행위패턴, 일반적 행동특질이라는 형태의 적응적 행동을 만들어 내는지 설명하려면

2.1 반사, 전형적 행위패턴, 일반적 행동특질의 특징을 비교하고 대비한다.

2.2 반사, 전형적 행위패턴, 일반적 행동특질이 생존을 돕는 데서 하는 역할을 이야기한다.

2.3 반사, 전형적 행위패턴, 일반적 행동특질의 예를 세 개씩 든다.

2.4 인간이 전형적 행위패턴을 나타내는지 여부를 알기가 왜 어려운지를 설명한다.

2.5 자연선택이 어떻게 일반적 행동특질을 만들어낼 수 있는지 설명한다.

자연선택은 특정 환경의 요구에 유기체가 대처하도록 도와주는 대체로 선천적인 적응적 형태의 행동 레퍼토리를 만들어낸다. 그런 행동은 세 범주, 즉 반사, 전형적 행위패턴, 그리고 일반적 행동특질로 나뉜다.

반사

반사(reflex)는 한 특정 사건(자극)과 그 사건에 대한 단순한 반응 사이의 관계를 일컫는다. 반사는 많은 사람이 흔히 생각하는 것처럼 행동만인 것은 아니다. 그보다는 반사란 특정한 종류의 사건(대개 바로 주변에서 일어나는)과 비교적 단순한 형태의 행동 사이의 **관계**를 포함한다(그림 1-4). 예를 들면, 티끌이 눈에 들어가면 눈을 깜박이기 쉽다. 여기서 눈 깜박임만으로는 반사가 아니다. 반사의 요건은 티끌과 눈 깜박임 사이의 관계이다.

어떤 반사는 출생 직후에 일어날 수 있고, 어떤 반사는 예정된 발달 단계에 이

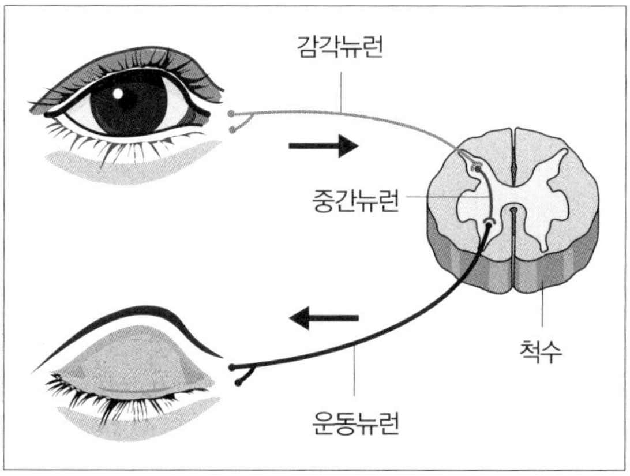

그림 1-4

반사활 전형적인 반사에서는 어떤 사건이 뉴런을 흥분시켜 그 신경충동이 척수로 전해진다. 거기서 신경충동은 중간뉴런으로 전달되고 이어서 중간뉴런의 신경충동이 운동뉴런으로 전달된다. 이 운동뉴런은 신경충동을 근육조직이나 분비샘으로 전달하고, 그러면 거기서 단순한 반응이 산출된다. (Gary Dale Davis의 그림)

르러 출현한다. 한 종에 속한 사실상 모든 개체는 같은 반사를 지니는데, 왜냐하면 반사가 그 동물의 적응적 도구 묶음의 일부로 주어지기 때문이다. 원생동물에서부터 대학교수에 이르기까지 모든 동물은 반사를 갖고 있다.

반사는 개체를 부상으로부터 보호해 주는 역할을 하는 것이 많다. 불규칙한 모양의 단세포 동물인 아메바가 좋은 예를 보여준다. 아메바는 세포의 가장자리 일부를 앞으로 쭉 뻗어낸 후에 뒤에 있는 나머지 부분을 당김으로써 이동하는데, 유해한 물질을 만나면 즉각 움츠러든다. 이 반사는 유해 물질의 해로운 효과를 최소화한다. 더 큰 동물이 통증을 일으키는 물체에서 팔이나 다리를 움츠릴 때는 아메바와 대략 똑같은 행동을 하는 것이다. 아주 뜨거운 무쇠 프라이팬을 집어 든 요리사는 당장 그 팬을 내려놓고 데인 손을 거두어들인다. 그 밖에 신체를 보호하는 인간의 반사로는 홍채 반사(빛의 변화에 따른 홍채의 수축 혹은 이완 반응), 재채기(먼지나 꽃가루 같은 이물질을 코와 폐에서 몰아냄), 구토 반사(위장 속의 해로운 물질을 제거하는, 거칠지만 효과적인 방법) 등이 있다.

❓ 개념 점검 1

반사가 단순히 행동일 뿐이라고 말하는 것이 왜 틀린 이야기인가?

어떤 반사들은 음식물 섭취를 돕는다. 아메바는 죽은 박테리아 같은 먹을 수 있는 물체를 만나면 그것을 삼켜서 먹어 버리는 즉각적인 반응을 한다. 인간도 이러한 음식물 섭취를 위한 반사를 여러 가지 지니고 있다. 아기의 얼굴을 건드리면 아기는 자기 얼굴을 건드린 자극의 방향으로 고개를 돌린다. 이 포유 반사는 아기가 엄마의 젖꼭지를 찾도록 돕는다. 젖꼭지가 아기 입술에 닿으면 빨기 반사가 유발되어 아기 입안으로 젖이 들어가게 된다. 입안의 음식은 침 분비 반사를 일으켜 소화과정을 시작하게 만든다. 침과 음식이 입안에 함께 있으면 삼키기 반사가 유발된다. 삼키기는 연동운동, 즉 위장으로 음식을 나르는 식도 표면의 주기적 운동을 촉발한다. 따라서, 먹기라는 단순한 행위는 크게 보면 선천적 반사의 연쇄로 생각할 수 있다.

우리는 반사가 제대로 기능하지 않게 되기 전까지는 반사의 유용성을 잘 느끼지 못한다. 중추신경계를 억제하는 알코올이나 기타 약물을 과용한 사람에게서 반사가 제대로 작동하지 않을 수 있다. 예를 들어, 알코올이 호흡 반사(들이쉬기와 내쉬기)를 방해할 때 또는 술 취한 사람이 잘못 구토하여 토사물이 기도를 막아서 질식할 때 알코올로 인한 사망이 발생할 수 있다. 우리 대부분은 반사 하나가 오작동을 하기 전까지는 우리에게 반사라는 것이 있다는 사실조차, 행복하게도, 자각하지 못하고 있다.

반사는 대단히 상동적(常同的, stereotypical)인 방식으로 나타난다. 다시 말하면 그 형태, 빈도, 강도, 그리고 발달 과정상 출현 시기가 놀랄 만큼 일정하다. 그렇지만 여전히 여러 면에서 변동성이 있다. 앞서 이야기한 포유 반사가 어떤 아기에게는 생후 7일에 처음 나타나지만 다른 아기에게는 2주 동안 나타나지 않을 수도 있다. 무릎을 살짝 쳤을 때 어떤 사람의 무릎 반사는 겨우 움찔할 정도이지만, 같은 나이의 비슷하게 건강한 다른 사람은 축구 경기에서 슛을 할 때처럼 심한 발차기를 할 수도 있다. 반사는 또한 일생에 걸쳐서 변화할 수 있다. 운동 반사는 나이가 들면서 느려지는 경향이 있는데, 이것이 아마도 70대가 30대보다 더 자주 넘어지는 한 가지 이유일 수 있다.

전형적 행위패턴

전형적 행위패턴(modal action pattern: **MAP**)은 한 종의 모든 혹은 거의 모든 구성원에서 발견되는 일련의 상호 연관된 행동(Tinbergen, 1951)으로서, 자연선택된 행동의 또 다른 종류이다. 학자들은 이런 행동을 **본능**(instinct)이라는 용어로 불렀는데, 지금은 이 용어가 거의 사용되지 않는다. 한 가지 이유는 어느 정도 자동적인 행동은 무엇이나 다 본능적이라고 불리게 되었기 때문이다(예: 'Angel은 **본능적**으로 브레이크를 꽉 밟았다.'라는 표현). 문헌에 등장하는 다른 용어로는 **고정행위패턴**(fixed action pattern)이나 **종특유행동**(species-specific behavior)이 있다.

반사와 비슷하게 전형적 행위패턴은 유전적 기반이 강하고, 개인에 따른 차이 혹은 한 개인 내에서도 시간에 따른 차이가 별로 없으며, 흔히 **방출인**(releaser, 해발인)이라 불리는 특정한 종류의 사건에 의해 활성화된다. 그러나 MAP는 세 가지 면에서 반사와 다르다. 첫째, 몇 개의 근육이나 분비샘이 아니라 신체 전체가 관여한다. 둘째, 반사와 비슷한 행동들의 기다란 연속으로 이루어질 때가 많다. 셋째, 여전히 꽤 상동적이기는 하지만 반사보다 더 변동성이 크다.

많은 MAP는 복잡하고 유용하기 때문에 언뜻 보면 생각이 담긴 행위처럼 보인다. 그렇지만 실제로는 무릎을 치면 다리가 쭉 뻗쳐지는 반사 반응만큼이나 MAP도 사고가 필요 없는 행동이다. 개와 오랜 시간을 함께 보내온 사람은 한 가지 형태의 MAP에 친숙할 것이다. 즉, 개는 낮잠을 자려고 드러눕기 전에 한 자리에서 빙빙 돌 때가 많다(Rapoport, 2014).

MAP가 사고가 필요한 행동이 아니라는 점은 적도군대개미의 예에서 잘 볼 수 있다. 이 개미는 군락 전체가 떼를 지어 마치 고도로 조직화된 군대가 지능적인 지휘하에 행군하듯이 숲을 가로질러 간다. 그런데 사실상 이 개미들은 앞에 있는 개미가 흘려 놓은 화학물질을 단순히 따라갈 뿐이다. T. C. Schneirla(1944)는 행군의 경로를 안내해 줄 만한 지형물들이 없는 평평한 바닥(예: 길)에서는 선두에 있는 개미가 자기 옆에 있는 개미들 쪽으로 움직여 가는 경향이 있음을 보여주었다. 그러면 개미 대열은 그 자신을 향하여 방향을 틀게 되고 곧 둥근 원을 그리면서 그 자리에서 돌고 돌게 된다. 이는 그다지 지능적인 행동이 아니다.

❓ 개념 점검 2

MAP는 반사와 어떤 점에서 다른가?

여러 학자들(예: Carr, 1967; Dawkins, 1995a; Skinner, 1966, 1975, 1984)이 어떤 전형적 행위패턴은 환경의 점진적인 변화를 통해 선택되었다고 말했다. 예를 들어, 산란을 하러 강물을 거슬러 이동하는 연어를 보자. 연어는 종종 가파른 경사면을 올라가야 하고 거센 물살을 거슬러 헤엄쳐야 한다. 한때는 산란지로 되돌아가기 위해 완만하게 흐르는 강물을 거슬러 헤엄치는 일이 비교적 쉬웠을 수 있다. 지질학적 변화가 서서히 진행되어 강바닥의 경사가 점점 가팔라지면서 이를 극복할 능력이 있는 연어는 교미에 성공하여 번식할 수 있었고 그런 능력이 없는 연어는 번식할 수 없었다. 다른 환경적 압력이 대부분 이와 동일한 방식으로 전형적 행위패턴(예: 철새의 이동이나 교미 의식)을 만들어냈을 가능성이 크다.

MAP는 종의 생존에 기여하기 때문에 자연선택을 통해 진화한다. MAP는 주로 식량을 확보하거나 안전에 대한 위협에 대처하거나 다음 세대에게 유전자를 물려주는 것을 도움으로써 생존에 기여한다. 소나무좀벌레는 먹이를 찾기 위해 소나무를 파고 들어간다. 어떤 거미는 먹이를 잡기 위해 거미줄을 치는데, 어떤 거미는 숨어서 기다리다가 지나가는 먹잇감에 갑작스레 달려든다. 산누에나무과 나방의 유충은 낙엽수, 특히 참나무에 기어 올라가서 잎을 갉아 먹는다. 돼지는 땅을 파서 땅속에 묻혀 있는 벌레, 유충, 버섯 등을 찾는다. 딱따구리는 나무를 쪼아 구멍을 파서 거기 사는 곤충을 잡아먹는 반면, 다른 조류는 나뭇잎을 먹는 유충을 먹고 산다.

먹이 찾기가 일견 무의미해 보이는 어떤 공격 행동을 설명할 수 있다. 예를 들어, 뻐꾸기는 자기보다 더 작은 종인 굴뚝새의 둥지에 자기 알을 낳는다. 뻐꾸기 새끼는 굴뚝새 새끼보다 조금 더 일찍 알에서 부화해서는 굴뚝새 알을 둥지 밖으로 밀어낸다. 만약 굴뚝새 알이 먼저 부화하면 뻐꾸기가 굴뚝새 새끼 중 작은 것들을 둥지에서 밀어내 버린다. 굴뚝새 부모는 결국 자신보다 두 배 이상 몸집이 커진 뻐꾸기 새끼 한 마리를 먹여 살리는 결과를 맞게 된다.

MAP 중에는 포식동물 같은 환경의 위협으로부터 개체를 보호해 주는 것이 많다. 방울뱀은 걸어가는 사람 같은, 자신을 해칠지도 모를 동물이 다가오면 방울 흔드는 소리를 낸다. 자신을 위협하는 개 앞에서 집고양이는 등을 활처럼 구부리고 쉿 하는 소리와 함께 그르렁거리며 꼬리를 흔든다. 이런 행위는 고양이를 실제보다 더 크고 무섭게 보이게 해서 공격자를 물러나게 하는 역할을 할 수 있다. 주머니쥐는 포식동물 앞에서 아주 다른 방식으로 반응한다. 즉, 죽은 척을 한다. 주머니쥐의 포식동물 중에는 자기가 직접 죽인 동물만 먹는 것들이 있고, 죽은 동물을 발견하면 나중에 다시 와서 먹으려고 덮어놓는 것들도 있다. 따라서 죽은 체하는 주머니쥐는 생존할 확률이 높아진다. 비버는 댐을 만든 다음 집을 짓고 입구를 물속에 만들어 놓는 방법으로 포식동물을 피한다. 그리고는 집의 지붕에 진흙을 단단하게 덮어놓아서 포식동물이 비버를 잡기 더 어렵게 만든다. 왜냐하면 비버 집의 지붕을 뜯어내야만 비버에게 발이 닿기 때문이다.

계절적 변화는 또 다른 종류의 위협을 가한다. 곰은 봄부터 가을까지 게걸스럽게 먹어서 지방층을 덧붙인다. 그런 다음 바위나 넘어진 나무 밑에 있는 구멍에 또는 동굴에 들어가서 숨는다. 거기서 그들은 휴면 상태로 겨울 대부분을 보낸다. 먹지도, 마시지도, 배설하지도 않는다. 연구에 따르면, 알래스카의 흑곰은 신진대사율이 75% 정도 떨어져서 칼로리 소모가 급격히 감소한다(Tøien et al., 2011). 그 덕분에 흑곰은 따뜻한 계절에 지방으로 쌓아두었던 칼로리로 살아갈 수 있다. 많은 조류와 일부 포유류가 가을이면 더 따뜻한 지역으로 이동함으로써 추위에 대처한다. 캐나다 거위는 보금자리인 북쪽을 떠나 미국 동부 연안의 훨씬 더 온난한 기후를 찾아 날아간다.

가장 흥미로운 전형적 행위패턴 중에는 번식에 관련된 것들이 있다. 바우어새 수컷은 정교한 예술적 구조물을 만들어서 암컷을 유혹한다. 큰뿔양 수컷은 경쟁자의 머리에 자기 머리를 세게 들이받아서 상대를 물리치고 짝을 차지한다. 일부 영장류의 암컷은 가임 기간에 생식기 부위가 발갛게 부어오르는데, 잠재적인 파트너에게 이런 특징들을 MAP를 통해 보여주면서 '나 어때요?'라고 비언어적으로 말한다.

전형적 행위패턴은 또한 새끼를 돌보고 기르는 일도 지배한다. 어떤 말벌 종류의 암컷은 교미 후 집을 지어 그 안에 마비된 거미 한 마리를 넣고는 그 거미 위에 알을 낳고 집을 막은 후 가버린다. 그러면 알에서 깬 새끼 말벌은 첫 먹이를 먹은 다음에는 자기 힘으로 살아나가야 한다. 말벌보다 더 고등한 종들의 새끼는 양육이 필요한데, 이 과업을 위해 자연선택이 그 부모에게 유전적 준비를 해 두었다. 대부분의 조류는 새끼가 최소한 둥지를 떠날 때까지는 먹이를 먹인다. 성숙한 참새가 둥지에 돌아오면 새끼들이 시끄럽게 짹짹거리고 나서 부리를 크게 벌린다.

부모 참새는 새끼들의 벌어진 입을 보고 자기가 잡아먹은 벌레와 곤충의 혼합물을 게워 올리는 반응을 한다. 새끼들이 커감에 따라 부모 참새는 새끼들의 벌린 입에 소화되지 않은 먹잇감을 넣어 준다.

인간에게도 MAP가 있을까? 그 답은 복잡하다. 다윈(1874)은 인간의 자기보존, 성욕 및 복수의 본능 등을 거론했다. 백 년 전에는 성 본능, 사회적 본능, 모성본능, 그리고 텃세 본능을 비롯한 수십 개의 인간 본능이 교과서에 나열되어 있었다(예로서 McDougall, 1908을 보라). 그러나 세월이 흐르면서 인간 본능의 목록은 짧아졌는데, 왜냐하면 전형적 행위패턴의 엄밀한 정의가 인간의 행동에는 깔끔하게 적용되지 않기 때문이다. 오늘날 많은 연구자가 인간에게는 진정한 전형적 행위패턴이 없으며, 과거에 인간의 '본능'이라고 여겨졌던 행동들에는 거미가 거미줄을 치거나 새가 둥지를 트는 데서 볼 수 있는 단조로운 특성이 없다고 주장한다. 예를 들어, 수천 년 동안 지구상의 사람들은 주로 사냥과 채집으로 먹을 것을 조달했다. 일반적으로 남성은 사냥을 하고 여성은 채집을 했다는 것이 많은 사람의 생각이다. 그러나 사냥과 채집은 지역에 따라 또 시대에 따라 다른 형태를 띠었으며, 성별에 따른 역할도 일정하지 않았다. 그리고 오늘날 사람들은 사슴을 사냥하거나 뿌리를 캐기보다는 상점에서 먹을 것을 사는 경우가 더 많다.

마찬가지로, 인간이 성(性) 파트너를 찾는 방식은 문화에 따라서, 개인에 따라서, 또 심지어는 같은 개인이라도 때에 따라서 극심한 차이가 있다. 인간은 결혼, 데이트 앱, 독신자 전용 술집, 스피드 데이트, 그리고 성행위를 어떻게, 언제, 어디서, 누구와 할 것인지를 규정하는 온갖 종류의 규칙과 관습을 발명했다. 인간의 짝짓기 의례는 너무도 복잡하고 다양해서 다른 많은 동물의 상동적인 교미행동과는 엄청난 차이가 있다.

소위 부모 본능이라는 것에 대해서도 같은 주장을 할 수 있다. 많은 사람이 아이를 낳아서 보호하고 기르고 싶어 하는 것은 사실이다. 하지만 부모들이 이 과제를 수행하는 방식에는 엄청난 차이가 있다. 아이를 귀여워하고 끊임없이 안아 주고 조금만 부족한 것이 있어도 금방 다 해결해 주는 사회가 있는가 하면, 아이를 그냥 알아서 크도록 내버려 두어 독립성을 더 길러 주는 사회도 있다. 그뿐만 아니라 서양 사회에서는 전통적인 부모의 역할을 미루거나 아예 하지 않는 사람이 점점 더 늘어나고 있다. 진정한 전형적 행위패턴은 그렇게 쉽게 바꿀 수 있는 게 아니다.

그렇다면 인간에게서 MAP의 증거는 거의 없거나 있어도 매우 드물다. 그러나 인간과 동물 모두에게서 유전이 행동에 하는 역할을 일반적 행동특질이라는 형태로 확인할 수 있다.

일반적 행동특질

지난 수십 년간 많은 연구가 **일반적 행동특질**(general behavior trait)이라는 것을 결정하는 데에 유전자가 하는 역할에 초점을 맞추었다. 나는 이 용어를 특정한 종류의 행동에 몰입하는 경향성이라는 의미로 사용한다. 예로는 수줍음(혹은 대담함), 적극성(혹은 소극성), 모험지향성(혹은 조심성), 불안(혹은 느긋함), 사려 깊음(혹은 충동성)을 나타내는 경향성 등을 들 수 있다.

학자들이 일부 행동특질을 한때 MAP로 분류한 적이 있었지만, 이 두 가지는 중요한 차이가 있다. 이미 살펴본 것처럼 전형적 행위패턴은 방출인이라는 상당히 구체적인 종류의 환경 사건에 반응하여 활성화된다. 새끼 새의 크게 벌린 입은 어미 새가 먹이를 주게 만들지만, 닫혀 있는 부리는 그러한 효과를 내지 않는다. 이와 달리 행동특질은 훨씬 더 다양한 상황에서 일어난다. 예를 들어, 특정 상황에서는 불쾌한 경험이 인간을 비롯한 많은 동물에게서 공격 행동을 확실하게 유발한다(Berkowitz, 1983; Ulrich & Azrin, 1962). 그런데 이 **불쾌한 경험**이란 용어는 많은 영역을 포괄한다. 즉, 전기충격, 침으로 찌르기, 찬물 세례, 위협적인 눈초리, 모욕적인 언사, 27℃가 넘는 기온 등이 모두 그런 것이 될 수 있다. 이것들 모두가 공격 행동의 가능성을 증가시킬 수 있다. MAP는 그렇게 많은 상이한 종류의 사건에 반응하지 않는다.

MAP와 일반적 행동특질의 또 다른 차이는 행동의 가소성[plasticity, 또는 유연성(flexibility)]과 관련된다. 거미줄을 치는 거미의 MAP와 전기충격을 받은 쥐의 공격성을 비교해 보라. 거미줄을 치는 거미는 모두 특정한 형태로 거미줄을 치며, 매번 아주 놀라울 정도로 똑같이 그 과제를 수행한다. 그뿐만 아니라 같은 종에 속하는 거미라면 거미줄을 치는 방식이 놀라우리만큼 비슷하다(Savory, 1974). 이에 반해서 쥐가 옆에 있는 다른 쥐를 공격하는 방식은 훨씬 덜 상동적이며, 같은 종이라도 쥐에 따라 공격하는 방식이 상당히 다를 수 있다.

MAP보다 일반적 행동특질은 이렇게 변동성이 더 크지만, 그것에 유전이 중요한 역할을 한다는 것은 분명하다. 예를 들어, 선발육종을 통해서 두려움(Hall, 1951; Marks, 1986)(그림 1-5), 흥분성(Viggiano et al., 2002), 공격성(Dierick & Greenspan, 2006), 활동 수준(Garland et al., 2011), 약물 남용(Matson & Grahame, 2011) 및 위험 감수(Jonas et al., 2010) 등이 차이가 나는 동물 혈통을 만들어낼 수 있다.

오늘날 연구자들은 유전공학을 사용하여 행동특질에서 유전자의 역할을 입증할 수 있다. 럿거스 대학교의 유전학자인 Gleb Shumyatsky와 그의 동료들(Shumyatsky et al., 2005)은 특정한 유전자가 없는 혈통의 생쥐들을 육성했다. 이 생쥐들은 생김새나 행동이 정상이었지만 그 제거된 유전자는 한 가지 행동에 심대한 영향을 미

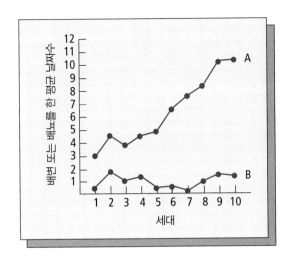

그림 1-5

두려움과 유전 연구자가 쥐들을 개방된 우리에 놓아두었다. 그러고 나서 두려움(배뇨와 배변으로 측정된)이 가장 높은 쥐들(A)끼리, 그리고 가장 낮은 쥐들(B)끼리 서로 교미시켰다. 이 그래프는 10세대에 걸친 결과를 보여주고 있다. (출처: Hall, 1951의 자료를 수정함)

쳤다. 원래 생쥐를 낯선 하얀 바닥에 놓으면 보통 경계하면서 많이 움직이지 않는다. 그런데 유전공학으로 만들어진 이 생쥐는 대담함을 보여서 보통 생쥐보다 두 배나 되는 시간 동안 주변을 탐색했다.

유전자는 또한 사람의 행동특질에도 중요한 역할을 한다. 윤리적인 이유로 사람을 대상으로는 선발육종과 유전공학을 사용할 수 없지만, 쌍둥이 연구와 특정 유전자에 관한 연구가 큰 도움이 된다. 연구사들은 다른 동물에서와 마찬가지로 유전자가 두려움(Hettema et al., 2003), 흥분성(Pellicciari et al., 2009), 공격성(Rhee & Waldman, 2002), 활동 수준(Perusse et al., 1989), 약물 남용(Li & Burmeister, 2009; Nielsen et al., 2008), 위험 감수(Kuhnen & Chiao, 2009)에서 중요한 역할을 한다는 것을 보여주었다. 이 특질 목록이 낯설지 않다면 앞에서 연구자들이 동물에게서 육종한 특성으로 이것들이 이미 언급되었기 때문이다. 유전자는 인간이 가진 다른 온갖 종류의 특성에도 영향을 미친다(예: Knafo et al., 2008; Kreek et al., 2005).

일부 행동특질이 어떻게 생존에 기여할 수 있는지는 쉽게 이해할 수 있다. 여우를 보고 잘 도망치는 토끼는 살아남아서 더 많은 토끼를 낳을 수 있는 반면, 그 자리에 서 있는 토끼는 여우의 먹이가 된다. 그러나 토끼가 먹이를 두고 다른 토끼와 경쟁해야 한다면 더 공격적인 토끼들이 생존 가능성이 더 크다. 따라서 토끼에게서 공격적 경향성의 적절한 수준은 그들이 맞닥뜨리는 위협의 종류에 좌우될 것이다. 주변에 여우가 많다면 잘 뛰는 토끼가 번성할 것이고, 여우는 적지만 먹이를 두고 경쟁하는 토끼들이 많으면 더 공격적인 토끼가 많아질 것이다.

인간에 대해서도 의심의 여지 없이 똑같이 말할 수 있다. 예를 들어, 어떤 사람은 대담하고 모험을 좋아하는 경향이 있는 반면, 어떤 사람은 신중하고 조심스럽다. 가젤을 잡으려면 가젤이 풀을 뜯고 사자가 돌아다니는 풀밭으로 창을 들고 들어가야 한다. 앞장서는 사람은 자신과 자신의 집단을 위해 먹을 것을 확보할 가능성이 가장 크지만 사자에게 희생당할 가능성 또한 가장 크다. 더 조심스러운 사람은 배고픔에 처할 위험이 있지만, 사자에게 먹힌 사람보다는 자손을 낳을 기회가 더 많다. 심지어 오늘날에도 우리는 "아무도 가보지 못한 곳으로 대담하게 가는 사람들"*이 필요하지만 "집만큼 좋은 곳은 없다."라는 말에 동의하는 사람들 또한 필요하다.

따라서 유전적 변이와 자연선택 덕분에 적응적 형태의 행동(반사, MAP, 일반적 행동특질)이 하나의 종 전반에 걸쳐 퍼지면서 그 종의 생존을 도와준다. 환경이 변화하면 새로운 형태의 적응적 행동이 나타나고, 더 이상 적응에 도움이 되지 않는 행동은 사라지는 일이 많다. 자연선택은 변화하는 환경에 딱 들어맞는 신체적 및 행동적 특질을 만들어낸다. 하지만 거기엔 한계가 있다.

1.2 요약

자연선택은 세 가지 부류의 행동을 만들어낸다.
1. 반사적 행동은 특정 사건에 대한 단순한 반응이다. 예로는 눈에 대한 공기 분사에 눈을 깜박이는 반응이나 손에 뜨거운 것이 닿았을 때 손을 얼른 뒤로 빼는 반응 등이 있다.
2. 과거에 본능이라고 불렸던 MAP는 반사보다는 더 복잡하지만 반사와 마찬가지로 여전히 매우 상동적이다. 예로는 조류의 둥지 틀기와 곰의 동면을 들 수 있다.
3. 일반적 행동특질은 유전적 요소가 강하다. 예로는 수줍음, 전반적인 불안, 강박성을 들 수 있다. 자연선택은 종의 생존을 도와줄 수 있는 신체적 및 행동적 특성을 만들어낸다. 하지만 자연선택도 한계가 있다.

1.3 자연선택의 한계

학습목표

자연선택의 한계를 이야기하려면
3.1 급격한 환경 변화가 어떻게 동물에게서 멸종을 일으키는지 보여주는 예를 두 가지 든다.
3.2 자연선택이 팬데믹의 영향으로부터 사람들을 효과적으로 지키지 못할 가능성이 큰 이유를 이야기한다.
3.3 과거의 환경이 형성한 행동 중 더 이상 적응적이지 않은 것이 어떻게 형성되었는지 보여주는 예를 두 가지 든다.
3.4 자연선택에서 돌연변이와 잡종 형성의 역할을 설명한다.

---

* 「스타 트렉」 TV 시리즈와 영화에 나오는 유명한 대사. (역주)

변화에 대처한다는 면에서 볼 때 자연선택에 따라오는 주된 문제는 시간이다. 유의미한 변화가 일어나려면 몇 세대가 걸리기 때문이다.

구피를 새로운 포식동물이 있는 개울로 옮겨준 Gordon의 연구를 생각해 보자. 구피들은 적응을 했지만 그러기까지 13~26세대가 걸렸다. 구피는 번식 속도가 빨라서, 2~5개월이면 성적으로 성숙해지고 알을 배고 있는 기간도 몇 주밖에 되지 않는다. 따라서 겨우 8년 만에 그 정도의 세대가 지났다. 다른 종들은 성적으로 성숙할 때까지 더 오래 걸리고 임신 기간도 더 길어서 자연선택을 통한 적응이 더 느리다. 예를 들어, 인간은 10대가 되어서야 성적으로 성숙하며 임신 기간은 9개월이다. 인간의 전형적인 한 세대 기간은 약 20~30년이다. Gordon의 실험 대상이었던 구피에게 나타난 것 같은 종류의 적응적 변화가 우리에게 나타나려면 적어도 200~400년이 걸릴 것이다.

그러므로 자연선택이 급격한 변화에 대처하는 데는 한계가 있다. '세계의 멸종 수도'인 하와이가 적절한 예를 제공한다. 1778년 쿡(Cook) 선장이 하와이에 우연히 도착했을 때 하와이섬들은 대단히 다양한 야생 동식물로 가득 차 있었다. 불행히도 쿡 선장과 기타 초기 방문자들과 함께 쥐들이 딸려 왔다. 그리고 고양이, 개, 뱀 같은 다른 침입종들이 뒤이어 들어왔다. 하와이의 어떤 토착종들은 이 새로운 포식자들에 대한 방어력이 거의 또는 전혀 없었다. 쿡이 도착한 후 약 250년 만에 한때 하와이에 번성했던 200종에 가까운 동물이 멸종했다.

급격한 환경 변화가 어떻게 멸종을 초래할 수 있는지 보여주는 또 다른 예가 철비둘기이다. 북미산인 이 새들은 사촌격인 북미산 산비둘기와 닮았는데, 그 수가 한때 수백만 마리에 달했다. 때로는 이들이 너무나 큰 무리를 지어 날아다녀서 태양을 가로막아 낮을 마치 어스름 무렵처럼 만들 정도였다. 그러나 자연선택은 철비둘기가 엽총과 무분별한 사냥에 대항하는 데 도움을 주지 못했다. 마지막 철비둘기가 죽은 것은 1914년이었다.

❓ 개념 점검 3

자연선택이 느리게 작용한다는 점이 왜 어떤 종에게는 문제가 될 수 있는가?

전염성 질병은 인간을 위협하는 급격한 변화 중 하나이다. 앞서 언급한 것처럼, 흑사병은 14세기에 유럽인 수백만 명을 죽였고, 1918년의 스페인 독감은 전 세계적으로 2,700만 명을 죽게 했으며, 더 최근에는 코로나바이러스 감염증-19가 첫해에만 250만 명 이상의 목숨을 앗아갔다. 비슷한 강도의 팬데믹이 십중팔구 또 일어날 것이다(IPBES, 2020). 예컨대, 에볼라바이러스는 효과적인 치료법이 없고, 거의 항상 끔찍한 죽음을 초래하며, 매우 전염성이 강하다. 이 병은 아프리카에서 시작되었으며 현재로는 아프리카에만 국한되어 있지만, 2014년에 크게 유행했을 때 이 병에 감염된 사람 여러 명이 미국에 입국했다. 제트기, 관광, 그리고 수출입의 시대인 지금, 에볼라바이러스 및 새로운 코로나바이러스 같은 바이러스들이 이번 세기 동안 모든 대륙의 사람들을 계속 위협할 가능성이 증가하고 있다. 전염성이 강하고 치사율이 높은 질병으로 인한 대규모 사상자의 발생을 방지할 만큼 충분히 빨리 자연선택이 작용할 리는 없다.

더욱이 수천 년 혹은 심지어 수백만 년 동안 한 종의 적응에 도움이 되었던 특징이 거의 하루아침에 쓸모없어질 수 있다. Lee Cronk(1992)는 「늙은 개, 낡은 재주(Old Dogs, Old Tricks)」라는 재미있는 논문에서 이 현상의 예를 여러 가지 들고 있다. 그는 "어떤 유기체의 현재 환경에서는 전혀 이해되지 않는 행동적 및 신체적 적응은 그런 특질이 유리했던 과거의 다른 환경의 유산이라고 추정할 수 있다."고 쓰고 있다(p. 13). 한 예로서 그는 여우, 살쾡이, 코요테 등의 포식동물이 쫓아오면 좌우로 왔다 갔다 하면서 교묘히 피하는 토끼를 이야기한다. 토끼의 습성은 그런 포식동물을 피하는 데는 여전히 효과적이다. 하지만 고속도로에서 트럭에 '쫓길' 때는 그다지 효과적이지 못하다. 마찬가지로, Cronk는 수천 년 동안 아르마딜로는 포식동물이 다가오면 공중으로 용수철처럼 뛰어 올라서 그 포식동물을 어리둥절하게 해왔다고 말한다. 그러나 이 행동 역시 현대의 고속도로에서는 더 이상 적응적 기능을 하지 못한다. Cronk의 말대로 "달려오는 차 앞에서 두어 자 공중으로 뛰어봤자 (차에 받혀 길바닥에 떨어져서는) 독수리의 밥이 될 뿐이다"(p. 13).

2009년 지구 전역에 인플루엔자 바이러스 한 가지가 퍼졌다. 그것의 전파를 막을 수 있을 만큼 빨리 백신이 나오지 못했다. 그 바이러스가 더 치명적이었더라면 그 결과는 재앙이었을 것이다(Peiris, Poon, & Guan, 2012).

❓ 개념 점검 4

자연선택은 개체가 환경 변화에서 생존하는 데 도움이 되지 못할 수 있다. 자연선택은 누구 또는 무엇을 변화에 적응하도록 도와주는가?

인간 또한 자신의 유전적 역사의 인질이 되었다. B. F. Skinner(1984)는 인간이 소금과 설탕을 쉽게 구할 수 없는 세계에서 진화했다는 점을 지적한다. 따라서 그런 음식을 선천적으로 선호하는 사람들이 생존에 필요한 나트륨과 칼로리를 찾아다니기 마련이었다. 그 결과 인간은 짜고 단 음식을 매우 좋아하는 종으로 진화하였다. 하지만 우리가 사는 세상은 변해 버렸다. 즉, 산업화된 사회에서는 소금과 설탕이 넘쳐나며, 우리 중에는 이것을 너무 많이 섭취하여 건강을 해치는 사람도 많다. 이제는 심장병, 뇌졸중, 당뇨병 같은 현대병이 많은 사람을 죽게 만든다. 사실상 그것들은 자연선택에 의한 질병으로 볼 수 있다.

때로는 **돌연변이**(mutations)라는, 유전자의 갑작스러운 변화가 나타나는데, 그중 대부분이 생존을 위한 투쟁에 도움이 되지 않지만 유용한 것이 가끔 생긴다. 돌연변이가 중요한 이점을 제공할 때는 그것이 개체군 전체를 '휩쓸게' 될 수 있고, 아마도 그 종의 생존을 보장할 수 있을 것이다. 그러나 바람직한 돌연변이가 개체군 전체에 급속히 퍼져서 고정된다고 확신할 수 없음은 분명하다(Hernandez et al., 2011).

가까운 친척 종들의 교잡인 **잡종 형성**(hybridization)이 종의 적응을 도울 때가 있지만, 그 종들이 생존 가능한 후손을 만들어낼 만큼 서로 충분히 가까운 친척인 경우에만 그럴 수 있다. 예를 들어, 코요테와 그레이울프가 이종교배하여 코요테와 늑대 모두의 특성을 공유하는 코이울프라는 잡종이 생겨났다(Mech et al., 2014). 당신의 조상(따라서 당신)도 그와 같은 잡종 형성으로 이득을 보았을 수 있다. 즉, 유럽계와 아시아계 사람의 유전자 중 1~4%가 호모 사피엔스와는 다른 종인 호모 네안데르탈렌시스의 유전자이다(Carroll, 2010; Finlayson, 2010; Wong, 2000). 다른 종끼리의 짝짓기는 다음 세대의 유전자의 변이도를 증가시키며, 따라서 유용한 적응적 특징을 만들어낼 수 있다. 하지만 잡종 동물은 생식력이 없는 경우가 흔하므로 잡종 형성이 적응 과정의 속도를 올릴 수 있는지는 아직 분명하지 않다.

어떤 유전자들은 심지어 염색체의 한 영역에서 다른 영역으로 '점프하여' 옮겨가서 그 유전자가 원래 일으켰을 효과가 달라진다(Gage & Muotri, 2012). 돌연변이나 잡종 형성과 마찬가지로 이것이 행동적 특성을 비롯하여 여러 특질의 변산도를 높일지도 모른다. 이런 '점프'가 유용한 변화를 가져오지 못하는 경우가 흔하고, 또 만약 그런 변화가 일어난다 해도 자연선택이 그것을 유용하게 만들려면 여러 세대를 거쳐야 한다.

자연선택이 급속한 변화에 잘 부응하지 못한다는 점은 분명해 보인다. 그럴 때 필요한 것은 유기체를 여러 세대에 걸쳐서가 아니라 한 개체의 **일생** 내에서 변할 수 있게 해 주는 형질이다. 다행히도 그런 기제가 진화해 나왔다. 그것을 나는 진화를 통해 생겨난 수정 가능성(evolved modifiability)이라고 생각하고 싶은데, 대부분의 사람들은 학습이라 부른다.

자연선택에 뒤따르는 주된 문제는 속도이다. 즉, 자연선택은 일반적으로 많은 세대에 걸쳐서 일어나므로 적응적 변화가 나타나기 전에 그 종이 멸종할 위험이 있다. 침입종, 새로운 질병, 공해, 지형의 변화 같은 급격한 환경 변화는 자연선택이 작용할 시간을 허락하지 않을 수 있다. 돌연변이와 자연적으로 일어나는 잡종 형성이 도움이 될 수 있지만 유기체에게 진짜로 필요한 것은 개체의 생애 중에 일어나는 변화에 대처하기 위한 기제이다.

1.3
요약

1.4 학습: 진화를 통해 생겨난 수정 가능성

학습목표 ---

학습을 왜 행동 변화와 관련지어 정의할 수 있는지 설명하려면

4.1   학습이 단지 행동의 변화로 정의되는 이유를 설명한다.

4.2   행동을 정의한다.

4.3   행동, 사고, 감정을 비교한다.

4.4   학습을 경험으로 인한 뇌 속의 신경학적 변화와 동일시하는 것이 왜 문제인지를 설명한다.

4.5   자극의 예를 세 가지 든다.

4.6   행동의 변화가 모두 학습으로 인한 것은 아닌 이유를 설명한다.

학습(learning)은 수없이 많은 방식으로 정의되었지만, 학습 연구자들은 흔히 학습을 경험으로 인한 행동의 변화라고 정의한다. 곧 알게 되겠지만 이것은 **환경의 변화**로 인한 행동의 변화를 의미한다. 이 정의는 믿을 수 없으리만치 단순하지만 주의 깊게 살펴볼 필요가 있다.

학습은 변화를 의미한다

변화라는 단어를 보자. 왜 우리가 학습을 행동의 변화로 보아야 할까? 이를테면, 학습을 행동의 습득이라고 말하면 안 될까?

습득보다 **변화**라는 말이 더 정확한 이유는 학습이 항상 무엇을 습득하는 것은 아니기 때문이다. 하지만 학습은 항상 어떤 종류의 변화를 동반한다. Ari는 담배를 **끊고** 싶어 하고, Idris는 손톱 물어뜯기를 **중지**했으면 하며, Alex와 Blake는 말다툼을 **덜** 했으면 한다. 행동의 이러한 감소가 일어난다면, 무언가를 습득한 것이 없는 학습의 예가 된다. 적어도 습득이라는 용어의 일상적인 의미에서는 여기서 습득된 것이 없다. 학습은 빈도, 강도, 속도, 형태 같은 행동의 어떤 측면의 변화를 의미한다(2장 참고).

어떤 권위자들(예: Kimble, 1961)은 **지속적**인 변화만이 학습으로 간주될 자격이 있다고 주장한다. 하지만 **지속적**이라는 말이 무엇을 의미하는지(몇천 분의 1초? 몇 초? 몇 분? 일주일? 일 년?)에 대한 의견 일치가 없기 때문에 학습의 정의에다 지속성이란 말을 추가해도 도움이 되지 않는 듯하다. 게다가 지속 가능성이 왜 필요할까? 당신이 가슴에 6초간 지속된 심한 통증 때문에 병원에 갔는데 의사가 "6초라고요? 아, 그럼 통증이 있었던 게 아니네요."라고 말하겠는가? 의사가 염려하지 말라고 이야기할 수는 있지만 통증이 일어나지 않았다고 말하지는 않을 것이다. 만약 한

우주비행사가 별이 폭발해서 3초 만에 사라지는 것을 본다면 다른 우주비행사들이 "잊어버려요. 적어도 1분간 지속되지 않았기 때문에 그 일은 일어나지 않았어요."라고 말하겠는가? 학습에서 핵심적인 논제는 행동 변화가 일어났는가이지 그것이 얼마나 지속되었는가가 아니다. 당신이 고등학교 때 배운 그 모든 수학이 이제는 기억나지 않는다는 사실이 당신이 그것을 학습하지 않았음을 의미하는 것은 아니다.

변화하는 것은 행동이다

학습이 일어날 때 행동이 변한다. **행동**(behavior)은 인간이나 다른 동물이 하는, 측정할 수 있는 모든 것이라고 정의할 수 있다(Moore, 2011; Reber, 1995; Skinner, 1938). 사실 측정이 가능하든 말든 동물이 하는 모든 것을 행동으로 간주할 수 있지만, 과학적 분석을 위해서는 우리는 행동을 측정할 수 있는 것으로 한정한다(Baum, 2011).

행동이라는 개념은 충분히 단순해 보이지만 세밀하게 들여다보면 모호해질 수 있다(예: Angier, 2009). 심장 박동이 행동일까? 한 뉴런의 발화는 행동일까? 혈류로 아드레날린이 분비되는 것은 어떤가? 아마도 대부분의 사람들은 이것들이 행동이 아니라 생리 기능이라고 생각할 것이다. 그러나 이것들은 측정 가능한 작용들이고, 따라서 행동으로서의 요건을 갖추고 있다. 개가 종소리에 침을 흘리기를 학습할 수 있다는 것을 당신은 들어보았을 것이다. 생리학자들은 일반적으로 분비샘에 의한 침의 분비를 연구하는데, 개가 침을 생산하고 침의 양은 측정할 수 있으므로 개의 침 분비는 행동이라 할 수 있다.

그렇다면 생각하는 것도 행동일까라고 사람들은 생각한다. 대부분의 사람은 아마도 아니라며, 행동은 신체의 움직임을 수반하는 반면에 사고는 내적인 정신적 훈련을 포함한다고 주장할 것이다. 우리는 대개 **정신적**(mental)이란 말을 **마음의**(of the mind)라고 정의하는데, 이것이 함의하는 바는 사고가 물리적인 세계와는 다른 차원에 존재한다는 것이다(Descartes, 1637, 1641). 이는 사고를 과학의 영역 밖으로 밀어내버린다. 하지만 사람(그리고 아마도 일부 동물)은 실제로 생각을 하는데, 따라서 **만약 우리가 생각하기를 측정할 수 있다면** 그것은 행동이라고 할 수 있다. 심리학자들은 생각하기를 측정하는 많은 기법을 창안했는데, 앞으로 배울 장에서 그중 여러 가지를 살펴볼 것이다.

생각하기와 기타 형태의 행동의 주된 차이는 결국 이것이다. 즉, 전자는 사적으로 일어나고 후자는 공적으로 일어난다는 것이다. 우리가 생각하기라고 부르는 것의 많은 부분을 단순히 암묵적 행동(covert behavior)으로 볼 수 있다는 증거가 있다. 다시 말하면, 우리가 '머릿속으로' 하는 것이 단순히 공적인 행동의 좀 더 미묘한 형태일 뿐일 때가 많다. 예를 들어 우리는 다른 사람에게 말을 하거나, '소리 내어 생각'하거나(중얼거리거나), 아니면 '속으로 말할' 수 있다(Huang, Carr, & Cao, 2001; Schlinger, 2009; Watson, 1920). 예컨대, 조현병 환자들은 종종 환청을 듣는데, 연구에 따르면 그들이 듣는 목소리가 사실은 자신의 목소리이다(Lindsley, 1963; McGuigan, 1966; Slade, 1974; Stephane, Barton, & Boutros, 2001). 즉, 그들이 자기 자신에게 소리 없이 또는 아주 작게 말을 한다. 마찬가지로 수어를 사용하는 청각 장애인은 종종 자기 손가락으로 생각을 하는 듯하다(Max, 1937; Watson, 1920). 즉 어떤 문제로 고심할 때 미묘하게 수어 동작을 한다.

신경학적 증거는 우리의 암묵적 말하기(covert speech)를 본질적으로 아주 작은 형태의 말하기로 볼 수 있다는 생각을 지지한다. 한 실험에서 언어에 관여하는 뇌의 한 영역에 일종의 자기적 자극(magnetic stimulation)을 주자 외현적 말하기와 암묵적 말하기 모두가 방해를 받았다(Aziz-Zadeh, Cattaneo, & Rizzolatti, 2005). 만약 생각하기와 외현적 말하기가 서로 완전히 다른 체계에서 나온다면, 한 가지를 방해하는 자극이 다른 한 가지를 방해할 가능성은 거의 없어 보인다. 마찬가지로 신경해부학자 Jill Bolte Taylor(2008)가 심각한 뇌졸중을 겪었을 때 그녀는 타인에게뿐 아니라 자신에게 말하는 능력도 상실했다. 누군가 우리에게 무엇을 중얼거리고 있느냐고 물었을 때 "어, 그냥 소리 내서 생각하고 있었어."라고 답한다면, 우리가 자신도 모르게 외현적 말하기와 암묵적 말하기의 공통적인 본질을 인정하는 것이다.

무의식적 사고는 어떤가? 그것이 행동일까? 아니다. 그렇지만 그것은 사고도 아니다. **무의식적 사고라는 구절은 모순적인 어법이다.** 우리의 뇌가 우리가 자각하지 못하는 활동을 일상적으로 하고 있으며, 그런 활동 중 일부가 우리의 행동(예: 우리의 외현적 및 암묵적 말하기)에 영향을 줄 수 있다는 말은 옳다. 하지만 우리의 침 분비샘, 위장, 간, 장관 및 골수에 대해서도 똑같은 말을 할 수 있다. 당신은 이 기관들의 무의식적인 활동을 사고라고 부르겠는가?

사고와 외현적 행동은 다르다. 특히 그 둘은 서로 다른 효과를 낸다. 만약 방의 공기가 답답하면 창문을 열어서 맑은 공기가 들어오게 할 수 있다. 창문을 여는 것에 대해 **생각하기**는 그런 효과를 내지 않을 것이다. (그것에 관해 이야기하기도 마찬가지다.) 이와 비슷하게, 당신이 누군가를 바보라고 그냥 생각만 하는 것은 그 사람을 바보라고 부를 때와는 다른 결과를 가져올 것이다. 그러나 이렇게 그 효과가 다르다고 해서 사고를 근본적으로 다르고 신비한 영역으로 밀어 넣는 것이 정당화되지는 않는다. 공적으로 수행된 행동의 효과 또한 서로 다른 결과를 낳을 수 있다. 예를 들어 누군가에게 소리를 지르며 욕을 하는 것은 같은 말을 유머를 섞어서 웃으며 하는 것과는 다른 효과를 낼 것이며, 그렇게 웃으면서 한 말은 또한 들리지 않는 말하기, 즉 사고와는 다른 효과를 낼 것이다.

다른 사람의 뇌 활동을 기록하고 번역하여 말로 나타냄으로써 그 사람의 생각을 '들어보는' 일이 언젠가는 가능할까? 그럴 수 있다고 믿을 만한 이유가 많다 (Martin et al., 2016).

사람들은 흔히 사고와 마찬가지로 감정도 행동으로서의 요건을 갖추지 못하고 있다고 잘못 생각한다. 정서는 우리 주변의 사건에 대한, 그리고 때로는 우리 안의 사건에 대한 반응의 일부로 결국에는 작용한다. 치통이 기분 나쁘게 느껴지는 것이 후자의 예이다. 사고와 마찬가지로 감정은 특수한 문제들을 안고 있는데, 왜냐하면 우리가 감정이라고 부르는 것 중에는 보통 공적으로 관찰할 수 없는 것이 많기 때문이다. 그런데 감정은 쉽게 관찰할 수 있는 행동으로 몸에서 '넘쳐흐르는' 경향이 있다. 우리가 행복하다고 느낄 때면 흔히 얼굴에 미소를 짓고 있으며, 슬플 때는 얼굴을 찡그리고 아마도 눈물을 흘릴 수 있다. 치통이 있을 땐 앓는 소리를 내며 턱을 잡고 있기도 한다. 또한 우리는 감정 표현과 확실한 상관을 나타내는 생리적 활동을 기록함으로써 어떤 사람의 감정을 '들여다볼' 수 있다. 화가 난다고 말하는 사람은 심박수와 혈압이 상승하기 마련이다. 공포를 느끼는 사람은 피부의 전기 전도성이 증가하기 마련이다. 또한 사랑에 빠진 사람은 사랑하는 상대를 보면 뇌의 보상 체계에서 활동이 증가하기 마련이다.

어떤 사람은 학습을 행동의 변화를 가능하게 만드는 신경계 내의 변화로 정의해야 한다고 주장할지도 모르겠다. 이런 관점에서는 행동의 변화가 학습의 표징에 지나지 않는다. 최근 학습 경험이 뇌를 어떻게 변화시키는가를 이해하는 데 학자들이 대단한 진보를 이루어냈다(예: Cohen et al., 2012; Holy, 2012; Kandel, 1970, 2007). 학습 연구자 중에서 학습이 신경계 내의 변화를 동반한다는 점을 부인할 사람은 아무도 없다. 그러나 학습을 신경계의 변화와 동일시하는 데에는 적어도 두 가지 문제점이 있다.

첫째, 학습에 관여하는 생물학적 기제에 대해 우리가 알아내야 할 것이 여전히 많다. 이를테면, 쥐의 뇌에 생긴 변화를 가리키면서 "이 쥐는 오늘은 어제보다 미로 달리기를 더 잘할 것이다."라고 말할 수 있는 사람은 아무도 없다. 또한 어떤 사람의 뇌의 생김새를 보고서 "이 사람은 피아노를 칠 수 있다."라고 말할 수 있는 사람도 아무도 없다. 기술의 발전으로 뇌를 이용하여 학습을 예측하지만 그런 작업이 아직은 매우 예비적인 단계이다(Cetron et al., 2019). 현재로서는 학습을 확실하게 측정하는 유일한 방법은 행동의 변화이다.

둘째, 학습을 신경계의 변화라고 정의하는 것은 행동의 중요성을 부인하는 일이다. 경험이 신경계를 어떻게 변화시키는지를 아는 것은 중요한 기능적 가치가 있다. 그러나 우리가 오로지 생리적 측정치만을 근거로 "이 쥐가 어제보다 오늘은 미로를 더 잘 달릴 것이다." 혹은 "이 사람은 피아노를 칠 수 있다."라고 말할 수 있다고 하더라도, 가장 중요한 것은 여전히 행동의 변화일 것이다. 우리가 콘서트에 갈 때에는 피아니스트가 피아노를 치는 것을 들으러 가는 것이지 피아니스트의 뉴런들이 발화하는 것을 보려고 가는 것이 아니다.

따라서 학습에 관한 한, 행동이 문자 그대로 핵심이다. 행동의 변화는 학습의 결과가 아니라 **학습 그 자체이다.** 그것은 경험에서 생겨난 결과이다.

경험이 행동을 변화시킨다

우리의 정의에 따르면 학습은 경험으로 인해 일어난다. **경험**(experience)은 환경의 변화를 의미하고, 그러므로 학습에 대한 정의는 사실상 **환경의 변화에 기인한 행동의 변화**라고 수정될 수 있을 것이다. 이러한 환경의 변화가 행동에 영향을 미친다. 또는 미칠 수 있을 것이다. 우리는 그러한 사건을 **자극**(stimulus)이라고 부른다.

자극은 유기체의 환경에서 일어나는 물리적인 변화이다. 우리가 소리라고 부르는 기압의 변화, 풍경이라 부르는 빛의 파장, 감촉이라 부르는 손에 닿는 압력이 그 예이다. 장미의 섬세한 향기는 장미꽃에서 나오는 얼마만큼의 '장미 물질' 분자들 때문에 생겨난다. 애인의 부드러운 손길과 감미로운 사랑의 말조차도 과학적인 용어로는 단순히 물리적 사건일 뿐이다. 자극이 그것의 물리적 속성을 넘어서서 어떤 의미를 가질 때(장미 향기가 친구를 생각나게 할 수도 있다)가 자주 있지만, 자극을 정의하는 것은 그 물리적 속성이다.

흔히 학습 연구자들은 전구가 켜졌다가 꺼지는 것 혹은 버저가 울리는 것같이 자극을 매우 단순하게 유지한다. 하지만 그렇다고 해서 행동을 변화시키는 모든 경험이 단순하다는 말은 아니다. 연구자들은 보통 연구 중인 문제를 풀기 위해 경험을 단순한 사건의 측면에서 정의한다.

대부분의 학습 연구에서 연구 대상인 자극은 그 사람이나 동물의 외부에서 일어난다. 하지만 신체 내에서도 물리적인 사건이 일어나고, 그것 역시 행동에 영향을 미칠 수 있다. 우리는 이런 내적 사건을 감각의 측면에서 정의하는 경향이 있다. 치통의 괴로움이나 배탈로 인한 메스꺼움 같은 식으로 말이다. 하지만 이런 감각들은, 신체 외부의 자극에서 생겨나는 감각과 마찬가지로, 물리적인 바탕이 있다. 치통은 이빨 뿌리에 생긴 염증으로 인한 것일 수 있고, 메스꺼움은 위장 속의 상한 고기 때문일 수 있다.

이 점은 흥미로운 철학적 의문을 제기한다. 물리적 사건이 행동에 영향을 주는가 아니면 물리적 사건에 의해 생긴 감각이 행동에 영향을 주는가? 어떤 사람은 불행하게도 통증을 느낄 수 없는데, 만약 이들이 뜨거운 냄비를 집으면 즉시 놓지를 않아서 손에 화상을 입는 결과가 생긴다. 마찬가지로 청각 장애인은 전화벨 소리 혹은 자동차의 빵빵거리는 소리에 반응하지 않는다. 대부분의 철학적 논제와 마찬가지로 이 의문은 복잡하고 해결하기 어렵다. 그러나 실용적인 이유로 과학자들은 일반적으로 지각적 특징보다는 쉽게 관찰할 수 있는 물리적 특징에 초점을 맞춘다.

앞서 우리는 자연선택으로 인한 변화가 대체로 환경의 변화로부터 생겨남을 보았다. 일반적으로 환경의 변화가 없으면 종의 변화도 없다. 이와 유사한 대략적인 법칙이 학습에도 적용된다. 즉, 환경의 변화가 없으면 행동의 변화도 없다.

행동의 변화 모두가, 심지어 환경의 변화로 인한 것이라 해도 학습이라고 할 수는 없다. 정서적 동요를 겪고 있는 환자에게 의사가 신경안정제를 투여한 경우, 우리는 이 환자가 차분하게 행동하기를 학습했다고 말하지 않는다. 평소 매우 상냥하던 사람이 머리에 부상을 입고 나서 매우 말싸움 좋아하는 사람이 될 수도 있다. 이런 행동의 변화가 뇌 손상 때문이라면 우리는 이 사람이 다투기 좋아하는 것을 학습했다고 말하지 않는다. 약물, 부상, 노화 또는 질병으로 인한 행동의 변화는 학습으로 보지 않는다.

학습의 의미에 대해서 훨씬 더 많은 이야기를 할 수 있겠지만, 여기서 왜 학습을 경험에 기인한 행동의 변화라고 정의하는지 이제는 아마도 더 잘 알게 되었을 것이다. 이 정의의 예를 보여주기 위해 분명히 가장 단순한 학습의 예인 둔감화를 간단히 살펴보자.

❓ 개념 점검 6

자극이란 무엇인가?

학습, 즉 경험으로 인한 행동의 변화는 습득 이상의 것을 포함한다. 그것은 단순히 특정 행동의 어떤 특징이 변한다는 것을 의미한다. 행동은 어떤 사람이나 동물이 하는 측정 가능한 모든 것이다. 경험이 이런 행동 변화를 만들어낸다. 다시 말하면 환경의 변화가 행동의 변화를 낳는다. 일반적인 법칙은 환경의 변화가 없으면 행동의 변화도 없다는 것이다. 그러므로 행동에 기여하는 힘은 두 가지이다. 행동을 포함하여 종의 특징을 수정하는 자연선택이 그 하나이고, 개체의 행동을 수정하는 학습이 다른 하나이다.

1.4 요약

1.5 둔감화: 학습의 한 예

둔감화가 왜 학습의 한 예인지 이야기하려면
5.1 둔감화를 정의한다.
5.2 둔감화가 어떻게 생존을 돕는지를 이야기한다.

어떤 반사 반응을 거듭해서 일으킨 결과 그 반응의 강도나 확률이 감소하는 것을 **둔감화**(habituation, 또는 습관화)라고 한다. 연구자들은 많은 형태의 둔감화를 보여 주었다. 예를 들면, Seth Sharpless와 Herbert Jasper(1956)는 고양이의 뇌파를 뇌전도(electroencephalograph: EEG)로 기록하여 큰 소음이 고양이에게 미치는 영향을 알아보았다. EEG 기록을 보면, 고양이들이 처음에는 큰 소음에 강한 반응을 나타냈지만 같은 소음을 반복할수록 반응이 꾸준히 감소하여 나중에는 소음이 거의 아무런 효과를 내지 못했다. Wagner Bridger(1961)는 유아를 대상으로 둔감화를 연구했는데, 아기들이 어떤 소리를 처음 들었을 때는 심박수가 증가하였다. 그런데 규칙적인 간격으로 같은 소리를 들려주면 심박수의 변화가 점점 적어지게 되고, 나중에는 이 소리가 심박수에 전혀 영향을 미치지 않는 경우도 생겼다. 심지어 인간의 태아도 둔감화를 나타낸다. 출산 전 3개월 동안에는 산모의 배를 자극하면 태아가 움직인다. 그 자극을 규칙적으로 반복해서 주면 태아의 반응이 서서히 약해진다(Leader, 1995). 둔감화의 과정을 그래프로 그리면 대개는 상당히 매끄럽게 체감하는 곡선이 나온다(그림 1-6).

둔감화는 비교적 단순해 보이지만 위의 이야기가 암시하는 것만큼 단순하지는

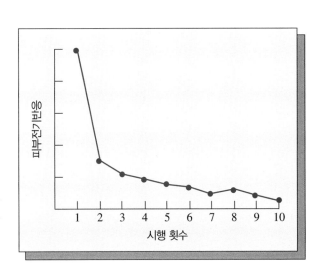

그림 1-6
둔감화 새로운 자극에 대한 노출은 피부전기반응 (galvanic skin response: GSR)의 변화를 일으킨다. 그 자극에 거듭해서 노출되면 GSR이 점점 더 약해진다. (가상적인 자료임)

않다. 반응을 일으키는 데 사용된 자극의 차이가 둔감화의 속도에 영향을 준다. 예를 들어, 갑작스러운 큰 소리는 대개 놀람 반사(startle reflex)를 일으키는데, 바람이 문을 꽝 닫는 소리에 우리가 깜짝 놀라는 것이 그 예이다. 하지만 둔감화가 일어나는 속도는 소리의 크기, 소리의 질적인 변화, 소리가 나는 횟수, 소리가 반복되는 시간 간격 및 기타 변인에 좌우된다(좀 더 자세히 알고 싶다면 Thompson, 2000, 2009를 보라).

? 개념 점검 7

둔감화란 무엇인가?

둔감화가 생존에 어떻게 도움이 될지 아마도 짐작이 갈 것이다. 세상에는 음주 운전자나 예측할 수 없이 날뛰는 사람은 물론이고 포식동물, 독을 지닌 파충류, 쏘는 벌레와 풀, 번개, 산불, 태풍 등 위험한 것들이 있다. 세상은 또한 우리에게 기회를 제공한다. 예컨대 아무것도 모르는 먹잇감이 우리 앞으로 와서 쉬운 한 끼가 되어줄 수 있다. 우리나 다른 동물 모두 문제가 생길지 혹은 기회가 주어질지를 알려주는 주변의 사건에 주의를 기울이고 있어야 한다. 그러나 반복해서 일어나면서 문제의 신호도 기회의 신호도 보내지 않는 사건은 우리가 먹기나 잠자기 같은 더 중요한 일을 하는 데 방해가 될 수 있다. 둔감화는 우리가 중단없이 하던 일을 하며 살 수 있게 해 준다. 예를 들어, 당신이 철로 옆에 산다면 처음에는 지나가는 열차 소리 때문에 잠들 수가 없지만 그 소리에 반복해서 노출되면 둔감화 덕분에 당신은 죽은 듯이 자게 된다.

대부분의 사람은 학습을 생각할 때 둔감화를 떠올리지는 않지만 둔감화는 학습의 핵심적인 본질, 즉 경험으로 인한 행동의 변화를 보여준다. 둔감화는 또한 학습의 생존 가치를 잘 보여준다. 우리는 환경의 변화가 (자연선택을 통한) 종의 변화와 (학습을 통한) 개체의 변화 두 가지를 다 초래함을 보았다. 자연과 경험 중 어느 것이 행동에 더 큰 영향을 줄까? 이것이 다음에 살펴볼 질문이다.

아마도 가장 단순한 형태의 학습일 둔감화는 어떤 사건의 반복으로 인한 반사 반응의 빈도나 강도의 변화를 가리킨다. 다른 모든 형태의 학습과 마찬가지로 둔감화는 경험에 기인한 행동의 변화를 수반한다. 이 경우 그 경험이란 어떤 자극의 반복적인 제시이다. 다른 모든 형태의 학습처럼 둔감화는 생존 가치가 있기 때문에 진화되었다.

1.5
요약

1.6 선천성 대 후천성

선천성 대 후천성 논쟁이 왜 행동의 기원을 지나치게 단순화하는지를 설명하려면

6.1 선천성 대 후천성 논쟁을 기술한다.

6.2 선천성 대 후천성 논쟁이 유전과 학습의 기여를 어떻게 인위적으로 구분하는지 설명한다.

6.3 선천성과 후천성 모두의 산물인 행동의 예를 하나 든다.

6.4 선청성과 후천성 모두가 학습 능력에 어떻게 영향을 주는지 설명한다.

행동의 연구에서, 아니 사실상은 과학 전반을 통틀어, 가장 오래된 논쟁거리 중 하나는 행동을 결정하는 데 있어서 선천성과 후천성(기본적으로 유전과 학습)의 상대적인 중요성에 관한 것이다. 우리가 각자 개인으로서 특정 방식으로 행동하는 이유가 그렇게 '타고났기' 때문일까 아니면 환경이 그렇게 행동하도록 '가르쳤기' 때문일까? 이 논쟁은 사람들이 그 중요성을 의식하지 못하면서 사용하는 일상적인 속담에서도 찾아볼 수 있다. 인간이 '개과천선'할 수 있는가(더 선하거나 더 책임감 있게 행동할 수 있을까) 아니면 표범이 그 반점을 바꿀 수는 없는가(사람이 변하기는 불가능할까)? 지도자는 타고나는 것일까 아니면 만들어지는 것일까?

물론 아무도 학습의 중요성을 부인하지는 않으며, 아무도 유전의 역할을 완전히 무시하지는 않는다. 많은 사람이 20세기의 가장 영향력 있는 행동과학자 B. F. Skinner를 '극단적 환경론자'라고 불렀으며, 어떤 이는 심지어 Skinner가 행동에서 생물학이 하는 역할을 완전히 부인한다고 비난했다. 그렇지만 Skinner는 생물학을 공부하면서 연구 경력을 시작했으며 학문적 생애를 통틀어 행동에 대한 생물학의 역할에 관하여 여러 번 글을 썼다(Morris, Lazo, & Smith, 2004; Skinner, 1969, 1975). 예컨대, 어느 글에서 Skinner(1953)는 "행동에는 유전적 과정의 산물인 행동하는 유기체가 필요하다. 상이한 종들의 행동에서 나타나는 전반적인 차이는 유전적인 구성이 …… 중요하다는 것을 보여준다."(p. 26)라고 썼다. 마찬가지로, 어떤 이는 행동에서 유전적인 요인을 강조하는 E. O. Wilson(1978) 같은 생물학자를 '생물학적 결정론자'라고 불렀지만, 그들도 경험 또한 중요한 역할을 한다는 점을 인정한다. 그럼에도 불구하고, 몇백 년 동안 사람들은 선천성 대 후천성 논쟁의 어느 한쪽 편에 줄을 서서 유전이든 학습이든 어느 하나가 행동의 진정한 결정 요인이라고 주장해왔다.

그런데 선천성 대 후천성 논쟁은 유전의 기여와 학습의 기여 사이에 인위적인 구분을 만든다. 이 논쟁은 답이 둘 중 하나여야만 한다는 잘못된 인상을 주고 있

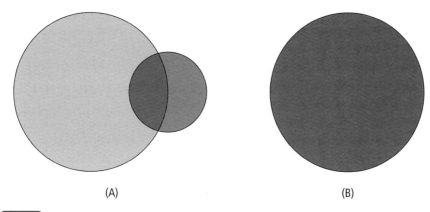

(A)   (B)

그림 1-7

선천성 대 후천성 선천성–후천성 관계에 대한 전통적 견해(A)는 이 두 영향이 서로 겹치지만 어느 하나가 전반적으로 우세하다고 본다. 현대의 견해(B)는 이 두 영향이 모든 영역에서 서로 복잡하게 얽혀 있어서 어느 하나도 우세하지 않다고 본다. (Gary Dale Davis의 그림)

다(Kuo, 1967; Midgley, 1987). 사실 선천성과 후천성은 고르디우스의 매듭처럼 뒤얽혀 있다. 다시 말해, 이 두 가닥은 분리될 수가 없다. William Verplanck(1955)가 오래전에 이야기한 것처럼 "학습된 행동은 타고난 것이며, 그 역도 성립한다"(Moore, 2001; Ridley, 2003; Schneider, 2003도 보라)(그림 1-7).

한 예로 공격성이라는 문제를 살펴보자. 오클라호마 대학교의 동물학자인 Douglas Mock(2006)은 큰청색왜가리와 큰해오라기가 자기 형제들에게 나타내는 공격성을 비교하였다. 왜가리보다 해오라기가 자기 형제를 더 많이 죽였다. 처음에는 해오라기가 선천적으로 더 공격적인 것처럼 보이지만, Mock은 이것이 사실인지를 확인하기 위해 다음과 같은 실험을 했다. 즉 해오라기에게 왜가리를 기르게 하고, 왜가리에게는 해오라기를 기르게 만들었다. 만약 형제 죽이기가 순전히 유전에 의해 결정된다면 이렇게 서로 바꾸어도 차이가 없어야 할 것이다. 그런데 Mock은 해오라기가 형제들에게 나타낸 공격성은 동일했지만 왜가리는 더 공격적으로 되었음을 발견했다. 그 차이는 양육 행동 때문이었다. 왜가리는 새끼들에게 서로 나눠 먹을 수 있는 큰 물고기를 물어다 준다. 반면 해오라기는 새끼들에게 한 번에 삼킬 수 있는 작은 물고기를 물어다 주어 먼저 먹는 사람이 임자가 된다. 환경의 차이, 즉 양육 행동이 새끼들의 공격성에 영향을 미치는 것이다.

또 다른 예로 고양이를 보자. 고양이는 쥐에게 선천적으로 끌린다(놀이 친구가 아니라 먹이로서)는 것이 분명해 보인다. 중국의 Zing Yang Kuo(1930)는 고양이 새끼들을 서로 다른 조건에서 길렀다. 어떤 고양이들은 자기 어미와 함께 컸고, 그래서 어미가 쥐를 죽이는 것을 볼 기회가 있었다. 다른 고양이들은 어미와 떨어져서 자랐고, 따라서 쥐가 잡혀 죽는 것을 한 번도 본 적이 없었다. 이 고양이들이 다 자란 뒤 Kuo는 이들을 쥐들과 같은 장에 넣었다. 그 결과 어미와 함께 자란 고양이들은 86%가 쥐를 잡은 데 반해 다른 집단의 고양이들은 45%만이 쥐를 잡았다. 따라서 '천연의' 먹잇감을 잡는 것처럼 기본적인 것조차도 경험에 큰 영향을 받는다.

인간의 공격성 역시 선천성과 후천성의 복잡한 혼합의 산물이다. 예컨대, 일부 유전적 변이는 어떤 사람이 부정적인 스트레스 요인에 공격적으로 반응할 가능성을 증가시킨다(Iofrida, Palumbo, & Pellegrini, 2014). 이런 유전적 변이가 없는 사람은 같은 스트레스 요인에 공격적으로 반응하는 경우가 드물다.

❓ 개념 점검 8

Kuo의 실험은, 고양이가 쥐를 잡는지의 여부가 고양이가 무슨 종류의 행동을 보았는지에 달려 있다는 것을 보여주었는가?

유전과 학습은 심지어 학습 능력 그 자체에도 영향을 준다. 학습 능력을 결정하는 데 유전자가 한몫한다는 것을 시사하는 연구가 많지만, 과거의 학습 경험의 역할을 무시할 수 없음을 보여준 연구도 많다. 예를 들어, 부모가 정기적으로 책을 읽어준 아이들은 부모가 전혀 책을 읽어 주지 않은 아이들보다 평균적으로 140만 단어를 더 들었다(Logan et al., 2019). 이런 초기의 독서 경험이 그 뒤 수년간, 적어도 중학교를 다니는 동안까지는, 아이들의 학습과 IQ에 영향을 미칠 수 있다(Mendelsohn & Klass, 2018).

따라서 우리는 생물학적인 유기체이면서 또한 환경적인 유기체이다. "행동을 결정하는 데 어떤 것이 더 중요한가? 유전인가 환경인가?"라고 묻는 것은 "직사각형의 넓이를 결정하는 데 무엇이 더 중요한가? 가로 길이인가 세로 길이인가?"라고 묻는 것과 같다고 말한 사람이 있다. 모든 행동은 선천성과 후천성이 너무나 복잡 미묘하게 섞인 것을 반영하고 있어서 어디서 하나가 시작되고 어디서 다른 하나가 끝나는지 말할 수 없다. 유전과 학습은 단순히 동일한 과정의 서로 다른 측면, 즉 삶의 유일한 상수인 변화에 대처하려는 노력의 두 측면으로 생각할 수 있다.

1.6
요약

학자들은 선천성 대 후천성 논쟁을 수백 년 혹은 그보다 더 오랫동안 지속했다. 많은 사람이 아직도 유전자와 경험 중 하나가 우리의 행동을 대부분 지배한다고 생각하는 경향이 강하다. 그러나 과학이 지속해서 보여준 것은, 유전자와 경험이 서로 밀접하게 얽혀 있어서 둘을 분리하기란 불가능하지는 않을지 몰라도 매우 어렵다는 사실이다. 예를 들어 경험은 유전된 경향성을 바꿀 수 있지만 우리가 경험으로부터 이득을 볼 수 있는 능력에는 유전자가 주요한 역할을 한다.

맺음말

겉보기에 세상이 안정되어 있는 것은 착각이다. 우리 환경의 가장 변치 않는 특징은 변화이다.

자연선택은 변화에 대처하는 한 가지 방법을 제공한다. 하지만 그런 변화는 여러 세대에 걸쳐서 일어나는 것이어서 우리가 새로운 도전이나 급격한 변화에 대처하는 데에는 자연선택의 유용성이 크지 않다. 이런 말이 당장 중요하지 않아 보일 수 있지만 사실 엄청나게 중요하다. 왜냐하면 매우 실질적이고 급격한 변화가 우리 환경에서 지금 일어나고 있기 때문이다.

예를 들어, 2019년 지구 온난화의 주범인 이산화탄소의 전 지구적 대기 농도가 평균 410ppm에 도달했으며(Lindsey, 2020), 해수면이 연간 3.4mm씩 상승하고 있는데 이는 20세기 대부분의 기간 동안 상승하던 수준의 약 2.5배이다(Lindsey, 2021). 이런 사실들은 전 세계적인 기후 변화와 직접 관련된다. 2013~2020년은 기온 기록상 가장 더운 해들이었다. 2020년은 2016년과 공동으로 역사상 가장 더운 해로 기록되었고, 과거의 기준 연도들보다 평균적으로 약 1도 더 더웠다(NASA, 2021).

기후 변화가 학습과 무슨 상관이 있을까? 답을 하자면, 전부 상관이 있다! 학습은 경험으로 인한 행동의 변화에 관한 것이고, 경험은 우리의 환경에서 일어난다. 환경이 변화함에 따라 우리는 새로운 조건에서 생존하기를 학습해야 할 것이다. 혹은 우리가 소비를 덜 하는, 더욱 지속 가능한 사회로 나아가기를 학습할 필요가 있다. 어찌 되었건, 우리의 변화하는 환경 때문에 어떤 종류의 행동 변화가 필수적일 것이다.

핵심용어

경험(experience) 26

돌연변이(mutation) 21

둔감화(habituation) 28

반사(reflex) 10

방출인(releaser) 12

인위선택(artificial selection) 4

일반적 행동특질(general behavior trait) 16

자극(stimulus) 26

자연선택(natural selection) 4

잡종 형성(hybridization) 21

전형적 행위패턴(modal action pattern: MAP) 12

학습(learning) 22

행동(behavior) 23

복습문제

참고: 여기 있는(그리고 다른 모든 장에 있는) 질문 중 많은 것이 이 교과서를 그냥 훑어보고 몇 줄 베껴 온다고 해서 답할 수 있는 게 아니다. 이 질문들에 제대로 답하려면 교과서에 있는 정보를 상상력을 동원해서 적용해야 할 것이다.

1. 인간은 아직도 진화하고 있는가? 그런지 아닌지를 어떻게 보여줄 수 있을까?

2. 들쥐가 회색곰처럼 크고 사나운 동물로 진화하지 않은 이유는 무엇인가?

3. 자연선택은 어떤 의미에서 환경의 산물인가?

4. 우리가 학습하는 것이 어떤 의미에서 자연선택의 산물인가?

5. 인간에게 유익할 만한 새로운 반사를 하나 발명해 보라.

6. 자연선택이 '시대에 뒤떨어지는' 이유는 무엇인가? 학습도 시대에 뒤떨어지는가?

7. 반사, 전형적 행위패턴, 그리고 일반적 행동특질은 어떤 점에서 유사하며 어떤 점에서 다른가?

8. 학습은 변화에 적응하기 위한 기제이다. 학습으로 인한 변화가 **비**적응적인 경우가 있기는 할까?

9. 우리에 가두어 기르는 동물은 야생의 동물과는 매우 다르게 행동할 때가 많다. 이들의 진정한 본성이 드러나는 것은 어떤 상황에서일까? 인간의 진정한 본성을 알기 위해서는 어디로 눈을 돌려야 할까?

연습문제

1. 학습은 _____이다.

2. 한때는 생존 가치가 있었던 행동이 다른 때는 유해할 수 있다. 오늘날 인간이 설탕과 _____을 선호하는 것을 보면 이를 알 수 있다.

3. 새끼 새가 입을 벌리고 있는 모습은 거의 항상 어른 새에게서 먹이를 주는 행동을 일으킨다. 새끼 새의 벌어진 입은 _____의 한 예이다.

4. 진화는 두 종류의 선택인 _____와 _____의 산물이다.

5. 어떤 단순한 자극과 반응 사이의 관계가 _____이다.

6. 일반적 행동특질의 한 예는 _____이다.

7. _____는 어떤 반사 반응을 일으키는 자극에 거듭해서 노출되어 그 반응의 강도 혹은 확률이 감소하는 것이다.

8. 학습은 진화를 통해 생겨난 _____으로 간주될 수 있다.

9. 변화에 대처하는 기제로서 자연선택의 주된 한계는 _____는 것이다.

10. 기후 변화에는 학습이 뒤따를 수밖에 없는데, 왜냐하면 _____ 때문이다.

학습과 행동의 연구

이 장에서는

1 자연과학적 접근
2 학습의 측정법
3 자료의 원천
　일화
　사례 연구
　기술 연구
　실험 연구
　실험 연구의 한계
4 동물 연구와 인간의 학습
맺음말
　핵심용어 | 복습문제 | 연습문제

"어린아이처럼 사실 앞에 앉아서, 기존의 모든 관념을 포기할 준비를 하고, 자연이 어디에 있는 어떠한 심연으로 이끌든지 간에 겸허하게 따르라. 그렇게 하지 않는다면 아무것도 배우지 못할 것이다."

_ T. H. Huxley

들어가며

행동을 과학적으로 연구하려면 우리는 우리의 마음 바깥으로 나가야 한다[*]. 거의 모든 사람이 행동에 대한 설명을 마음 내부에서 찾고 있는 것으로 보인다. 대중적인 생각에 따르면 마음이란 우리의 양쪽 귀 사이에 자리 잡고 있으며 뇌에 파묻혀 있지만 뇌와는 따로 존재하는 신비한 어떤 실체이다. 행동에 대한 과학적 연구는 행동을 설명하는 매우 다른 방식(어떤 사람들은 완전히 이질적이라고 이야기할)을 취하기를 요구한다. 그 방식이란 자연과학적 접근이다.

학습목표

이 장을 공부하고 나면 다음의 것들을 할 수 있을 것이다.

2.1 행동을 설명하는 자연과학적 접근이 무엇인지 이야기한다.
2.2 심리학자가 학습을 어떻게 측정하는지 설명한다.
2.3 자료를 얻는 네 가지 원천의 장단점을 비교한다.
2.4 인간 학습 연구에서 동물의 역할을 이야기한다.

---

[*] 원문은 "you have to go out of your mind"인데 직역을 하면 '정신이 나가야 한다', 즉 '미쳐야 한다'는 뜻이다. 여기서 저자는 이 말을 이중적 의미로 사용하고 있는데, 앞으로 보겠지만 학습의 연구는 마음에 관한 이야기는 거의 없고 대부분 행동만 다루게 된다. 일반적으로 사람들은 학습이 마음속에서 일어나는 일로 생각하는데, 이 책에서는 마음속에서부터 밖으로 나와서 겉으로 드러나는 행동에 관한 이야기만 주로 하기 때문에 어찌 보면 정상을 벗어난 '정신 나간' 것 같은 관점이라고 할 수 있다. (역주)

2.1 자연과학적 접근

학습목표 -

행동을 설명하기 위한 자연과학적 접근을 기술하려면
1.1   자연과학적 접근을 정의한다.
1.2   자연과학적 접근의 토대가 되는 네 가지 가정을 설명한다.

- -

시인, 교육자, 철학자들은 오래전부터 학습에 감탄했고, 학습을 칭송했으며, 그 힘에 경이로워했다. 그러나 학습이 **과학적 분석**의 대상이 된 것은 겨우 100년이 조금 넘었을 뿐이다.

학습을 과학적으로 분석한다는 것이 무슨 말일까? 이 질문에 대한 답은 다양하지만 많은 학습 연구자가 자연과학적 접근을 취하고 있다. 이 접근은 학습이 자연 현상으로부터 생겨나고, 다른 모든 자연 현상과 마찬가지로 설명될 수 있으며, 그래야만 한다고 주장한다. 다음의 네 가지 가정이 자연과학적 접근의 바탕을 이룬다.

1. **자연 현상에는 원인이 되는 무언가가 있다** '그냥 일어나는' 사건은 없다. 즉, 한 사건은 다른 사건의 결과이다. 1840년대에 독일계 헝가리인 외과의사 Ignaz Semmelweis 박사는 병원에서 아이를 낳은 산모가 집에서, 심지어는 길거리에서 아이를 낳은 산모보다 산욕열로 사망할 가능성이 더 크다는 사실에 주목했다. 그 원인을 찾으려는 그의 노력은 사망률의 그런 차이가 임의적인 현상이 아니라 병원을 더 위험한 장소로 만드는 무언가가 있다는 가정에 단단히 기대고 있었다. 이것이 결국에는 의료 행위를 변화시키고 수없이 많은 생명을 구해낸 연구로 이어졌다.

    모든 사건에는 원인이 있다는 것을 결코 증명할 수는 없다. 하지만 행동에 대한 과학을 비롯하여 모든 과학은 결과에는 원인이 있다는 가정에 기초하고 있다.

2. **원인은 효과에 선행한다** Semmelweis 박사는 병원에 있는 환자가 산욕열에 걸리게 된 원인이 무엇이든 간에 그것은 환자가 병나기 전에 발생했을 수밖에 없다고 가정했다. 대부분의 과학 분야에서 이런 말은 두말할 필요 없이 너무 뻔해 보인다. 하지만 많은 사람이 미래의 사건이 현재의 **행동**을 바꿀 수 있다고, 다시 말해 행동이 그것의 원인이 되는 어떤 사건보다 먼저 일어날 수 있다고 가정하는 듯하다. 예를 들어, 어떤 학생이 열심히 공부하는 이유는 그렇게 하면 좋은 성적을 **받을** 것이기 때문이라고 흔히들 말한다. 미래의 좋은 성적이 현

재의 공부 행동의 원인이라고 가정하는 것이다. 어떤 이는 학생이 현재 공부하는 이유가 미래의 좋은 성적 때문이 아니라, 공부하기가 더 좋은 성적을 가져올 것이라는 기대를 학생이 지금 갖고 있기 때문이라고 반박할 것이다. 그리고 이 기대가 공부의 원인이라고 말할 것이다. 하지만 이 관점은 우리의 생각이, 그로 인해 일어난다고 가정되는 외현적 행위에 선행하기보다는 흔히 외현적 행위와 동시에 또는 그 이후에 일어난다는 점을 간과한다는 문제가 있다 (Bechara et al., 1997; Libet, 2005; Libet et al., 1983; Libet, Sinnott-Armstrong, & Nadel, 2010; Obhi & Haggard, 2004; Soon et al., 2008). 사건(생각을 포함한)이 과거로 돌아가서 행동을 바꿀 수는 없다. 학생이 공부를 하는 이유는 아마도 과거에 공부하지 않았을 때보다 공부했을 때 더 좋은 성적을 받았기 때문일 것이다.

3. **자연적 사건의 원인에는 오로지 자연 현상만 포함된다** 마음, 영혼, 심령 에너지 및 다른 신비한 힘들은 자연과학적 접근에서는 설 자리가 없다. 지각 표층들의 움직임(그리고 그로 인한 지진과 쓰나미)을 신의 분노 탓으로 돌림으로써 설명할 수는 없다. 마찬가지로, 어떤 사람의 과식을 의지박약이나 나쁜 업보 때문이라고 설명할 수는 없다. 어떤 사람에게 독창적인 생각이 떠오를 수 있는데, 우리는 그 독창성을 '무의식적 마음' 때문이라고 설명하지 않는다.

　행동(생각과 감정도 포함하여)(1장 참고)을 설명하려면 그것을 야기하는 자연적 사건을 규명해야 한다. 그 사건이란 생물학적인 것이거나 환경적인 것이다. 학습은 경험에 의해 생기는 행동의 변화이므로, 우리가 학습을 과학적으로 탐구하면서 주로 초점을 두는 것은 개체의 환경에서 일어나는 사건이 행동을 어떻게 변화시키는지이다.

4. **자료에 들어맞는 가장 단순한 설명이 최상이다** 모든 과학의 근본 원리인 이 절약의 법칙(the law of parsimony)이 의미하는 한 가지는, 어떤 설명에 필요한 가정 (검증되지 않은 사건)이 적을수록 좋다는 것이다.

　서기 2세기에 이집트 천문학자 클라우디오스 프톨레마이오스(Claudius Ptolemy)는 천문학적 사건에 대한 설명으로 천동설을 제시하였고, 이것이 약 1,500년 동안 세상을 지배했다. 천동설에 따르면 지구가 우주의 중심에 있고, 태양이 지구 둘레를 24시간에 한 번 돌면서 낮과 밤을 만든다. 그러나 천문학자들이 별에 대한 자료를 수집함에 따라 천동설은 그것과 들어맞지 않는 사실들을 설명하기 위해 여러 번 수정되어야 했다. 그 결과는 복잡하고 우아하지 않은 이론이었다. 1543년 폴란드인 천문학자 니콜라우스 코페르니쿠스 (Nicolaus Copernicus)는 천문학적 사건에 대한 급진적으로 다른 설명을 내놓았다. 그의 지동설에 따르면 지구가 자신의 축을 중심으로 회전하고(그럼으로써

24시간마다 밤과 낮의 주기를 만들고), 1년에 한 번 태양 주변을 돈다는 것이었다. 천동설과 지동설 모두 우주에 관해 알려진 사실들을 설명하려는 시도였는데, 천문학자들은 곧 더 단순하고 훨씬 더 우아한 지동설을 받아들였다.

오늘날 많은 사람(많은 심리학자도 포함하여)이 받아들이는, 행동에 대한 설명은 마음속에서 일어난다고 생각되는 가상적인 사건에 기대고 있다. 그 한 예로 프로이트의 타나토스(Thanatos)는 사람에게 자기 파괴를 향한 무의식적 충동이 존재하는데, 이 충동이 약물 남용, 싸움에 말려들기, 난폭 운전 같은 위험한 행동의 원인이 된다고 제안한다. 이에 대해 절약의 법칙은 다음과 같이 이야기할 것이다. 그런 행동을 유전이나 환경 사건 같은 관찰 가능한 자연 현상으로 설명할 수 있다면, 의식적 혹은 무의식적 마음속에 신비하고 관찰 불가능한 힘이 있다고 추측한다고 해서 그런 행동을 우리가 더 잘 이해하게 되는 것은 아니다 (Moore, 2010; Palmer, 2003; Schall, 2005).

자연과학적 접근은 방금 기술한 네 가지 가정을 기초로 하고 있다. 그런데 학습을 연구하는 데는 이 가정들 이상이 필요하다. 또한 이 가정들과 일치하는 연구법도 필요하다. 먼저 학습을 측정하는 방법부터 살펴보자.

> 자연과학의 가정들을 행동의 연구에 적용하려면 인간 본질에 관해 많은 사람이 갖고 있는 관점이 크게 변해야 한다. 겁내지 말라. 그런 변화가 당신을 로봇으로 만들지는 않을 것이다.

2.1 요약

이 책은 행동에 대한 자연과학적 접근을 취한다. 이 접근은 모든 자연 현상에는 원인이 있고, 그 원인은 자연 현상으로서 그것이 내는 효과에 선행하며, 가장 적은 가정을 가지고 가장 단순하게 설명하는 것이 행동에 대한 최상의 설명이라고 가정한다. 이 가정들이 물리학, 화학, 생물학 같은 분야에 적용되었을 때는 대부분의 사람에게 문제가 되지 않는다. 하지만 행동, 특히 인간의 행동에 적용되었을 때는 심지어 물리학자, 화학자, 생물학 들도 받아들이기 힘들어하는 경우가 종종 있다.

2.2 학습의 측정법

학습목표

심리학자가 학습을 어떻게 측정하는지 설명하려면

2.1 심리학자가 학습을 측정하는 데 흔히 쓰는 일곱 가지 방법을 이야기한다.
2.2 누적 기록이 학습을 측정하는 데 어떻게 사용될 수 있는지 설명한다.

학습을 측정하려면 행동의 변화를 측정해야 한다. 행동을 측정하는 많은 방법(자연과학적 접근과 일치하는)이 존재하는데, 여기서는 그중 가장 기초적인 것을 살펴

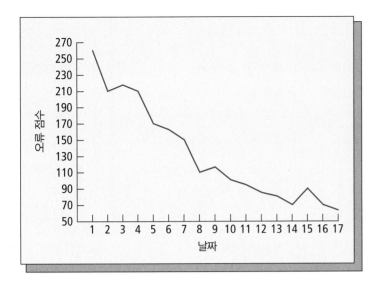

그림 2-1
학습 측정치로서의 오류 오류(미로의 막다른 골목으로 들어가는 것 같은) 개수의 감소가 학습의 측정치이다. (출처: Tolman & Honzik, 1930을 편집함)

볼 것이다.

1. **오류** 연구자들은 흔히 오류의 감소를 살펴봄으로써 학습을 측정한다. 미로 학습을 하는 쥐가 처음부터 끝까지 잘못된 길로 한 번도 들어서지 않고 미로를 달리면 학습을 했다고 말할 수 있다. 훈련이 진행될수록 쥐가 범하는 오류의 수는 점점 더 줄어들 것이다(그림 2-1). 이와 마찬가지로 어떤 학생이 단어장에 있는 모든 영어 단어를 틀리지 않고 쓸 수 있으면 그 모든 단어의 철자를 학습했다고 할 수 있다. 독서 능력의 향상을 측정하는 한 방법은 학생이 단어를 읽다가 더듬거리는 횟수를 기록하는 것인데, 그렇게 한 번 더듬거리는 것을 한 번의 오류로 세면 된다.

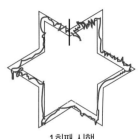

1회째 시행

15회째 시행

2. **양상** 행동의 **양상**(topography), 즉 행동이 일어나는 형태의 변화로 학습을 측정할 수 있다[지구 표면의 형태를 보여 주는 지형학적(topographic) 지도를 비유적으로 생각해 보면 될 것이다]. 거울상 따라 그리기(mirror tracing, 또는 거울 추적) 과제가 어떻게 양상이 학습의 측정치로 사용될 수 있는지의 예가 된다. 이 과제에서는 도형이 거울에 비친 모습을 보면서 그 도형을 따라 그린다. 이는 힘든 과제여서 처음에는 연필 선이 심하게 들쑥날쑥하게 된다. 그렇지만 연습을 하면 도형을 꽤 깔끔하게 따라 그릴 수 있다(그림 2-2). 여기서 양상의 변화가 학습의 측정치가 된다. 이제는 컴퓨터가 3차원 공간에서 양상의 변화를 추적할 수 있다. 예를 들어, 컴퓨터가 어항 안에서 물고기가 움직이는 것을 추적할 수 있다(Pear & Chan, 2001).

그림 2-2
학습 측정치로서의 양상 사람이 거울에 비친 별 모양의 도형을 보면서 그 도형을 이루는 2겹의 선들 사이로 따라 그리려고 하였다. 첫 번째 시행에서 이 참가자의 수행은 들쑥날쑥했고 오류가 많았다. 그러나 15회째 시행 즈음에는 수행이 향상되었다. 이러한 양상의 변화가 학습의 측정치이다. (출처: Kingsley & Garry, 1962, p. 304를 편집함)

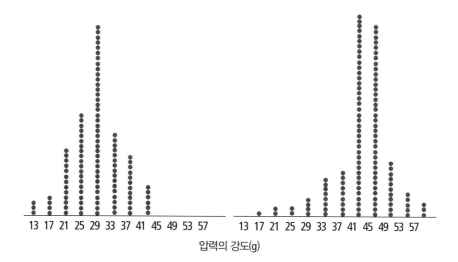

그림 2-3

학습 측정치로서의 반응 강도 이 빈도 분포 그래프는 쥐가 레버를 누르는 데 가한 힘의 편차를 보여 준다. 왼쪽 그림은 최소한 21g의 힘으로 레버를 눌러야 먹이가 나올 경우의 빈도 분포이다. 오른쪽 그림은 38g으로 필요조건이 올라갔을 때의 빈도 분포이다. 이렇게 가해진 힘의 증가가 학습의 측정치이다. (출처: Hull, 1943, p. 305를 수정함)

학습의 다양한 측정치들은 중복될 수 있다. 예를 들어, 그림 2–2의 따라 그리기 과제에서 연필 자국이 별 바깥으로 나가는 횟수를 셀 수도 있다. 그런 지점들 하나하나를 오류로 센다면 양상의 변화가 아니라 오류의 감소로 학습을 측정할 수 있다.

3. **강도** 행동 강도의 변화를 기록하여 학습을 측정할 수도 있다. 실험실 쥐가 레버 누르기를 일단 학습하고 나면, 연구자가 레버의 저항을 증가시켜서 레버를 누르는 데 더 많은 힘이 필요하게 만들 수 있다. 그러면 쥐가 레버에 가하는 압력의 증가가 학습의 측정치가 된다(그림 2-3). 유사한 과정이 실험실 밖에서도 일어난다. 아이에게 노래 부르기를 가르친 다음, 같은 노래를 더 작게 부르도록 가르칠 수 있다. 예전에 내가 나의 개 Sunny에게 '말해'와 '속삭여'라는 명령에 따라 '말하기'(크게 짖기)와 '속삭이기'(살살 짖기)를 하도록 가르쳐서 이웃들을

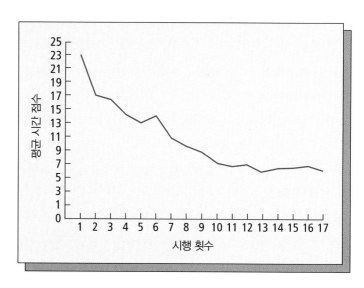

그림 2-4

학습 측정치로서의 속도 쥐가 미로를 달리는 데 걸리는 평균 시간의 감소가 학습을 나타낸다. (출처: Tolman & Honzik, 1930을 편집함)

깜짝 놀라게 한 적이 있었다.

4. **속도** 유기체가 행동을 수행하는 속도의 변화도 학습의 또 다른 측정치이다. 미로 달리기를 학습한 쥐는 훈련받지 않은 쥐보다 목표지점에 더 빨리 도착한다(그림 2-4). 이와 똑같이 미국 초등학교 1학년생이 처음에는 알파벳을 외우는 데 오랜 시간이 걸리지만 학년이 끝나갈 즈음에는 경매인들처럼 빨리 술술 외우게 된다. 마찬가지로 외과의사는 대체로 수술을 많이 할수록 더 빨리 수술을 하게 된다. 예전에 한 외과의사가 내게 말하기를, 처음 어떤 수술을 했을 때는 거의 한 시간이 걸렸는데 같은 수술을 백 번쯤 하고 난 뒤에는 대략 10분밖에 안 걸리게 되었다고 한다. 이런 예들이 보여주듯이 학습은 무언가를 더 빨리하는 것을 의미할 때가 많다. 그러나 학습이 속도의 감소를 의미할 수도 있다. 아이들이 배가 고프면 허겁지겁 먹게 마련이지만 식사 예절을 학습한다는 것은 더 천천히 먹는 것을 의미한다.

5. **잠재기** 잠재기(latency. 잠재시간, 잠복기), 즉 행동이 일어나기 전에 경과한 시간도 역시 행동의 좋은 측정치가 된다. 다음 장을 보면 개에게 메트로놈의 똑딱거리는 소리에 침을 분비하도록 학습시킬 수 있음을 알 수 있다. 훈련이 진행됨에 따라 똑딱 소리와 침의 첫 방울이 흘러나오기까지의 시간 간격이 점점 짧아지는데, 이와 같은 잠재기의 변화가 학습의 측정치가 된다(그림 2-5). 마찬가지로, 구구단을 처음 배운 학생은 "5 곱하기 7은?" 하고 물으면 한참을 멈추고 생각한다. 구구단을 익힐수록 머뭇거리는 시간은 짧아지고 결국에는 전혀 망설임 없이 대답할 수 있게 된다. 이러한 망설임의 감소, 즉 잠재기의 감소가 학습의 측정치이다. 그러나 때로는 학습이 잠재기의 증가로 나타날 수도 있다. '섣부른 판단을 하지 말라'는 말은 판단하기 전에 지연을 하라는 지시이다. 이

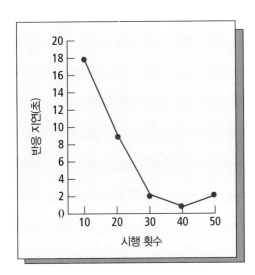

그림 2-5
학습 측정치로서의 잠재기 반응(이 경우에는 침 분비)이 일어나기까지 오랜 시간 지연이 있었지만, 시행이 거듭될수록 이 잠재기가 짧아진다.
(출처: Anrep, 1920을 편집함)

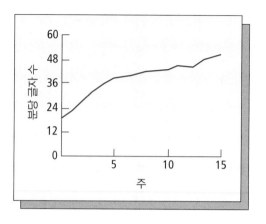

것은 잠재기의 증가에 해당한다.

6. **비율** 연구자들은 흔히 행동이 일어나는 비율의 변화로 학습을 측정한다. 이 용어는 단위 시간 동안의 발생 횟수를 가리킨다. 비둘기가 원반을 1분당 5~10 회의 비율로 쫀다고 하자. 이때 실험자가 원반 쪼기의 비율을 증가시키거나 감소시키려고 할 수 있다. 그 결과 일어나는 쪼기 비율의 변화가 학습의 측정치가 된다. 이와 유사하게, 어떤 사람이 통신으로 모스 부호를 수신하는 연습을 한다고 하자. 만약 부호 해독률(1분당 정확히 기록된 글자 수)이 증가한다면, 우리는 그 사람이 학습을 했다고 말한다(그림 2-6). 학습은 또한 행동 비율의 감소를 의미할 수도 있다. 예를 들어, 음악가가 어떤 곡의 음들을 더 천천히 연주하기를 학습할 수도 있다.

비율은 행동의 미묘한 변화를 관찰할 수 있게 해주는데, 따라서 특별히 유용한 학습 측정치가 된다. 예전에 실험실 연구에서는 흔히 전기기계적으로 작동

비율과 속도는 서로 관련되지만 동일하지는 않은 학습 측정치이다.

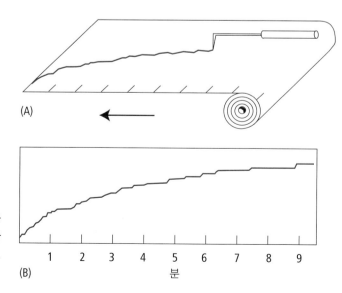

그림 2-7
누적 기록과 반응률 누적 기록기에서는 한 반응이 일어날 때마다 잉크 펜이 위쪽으로 수직 이동하여(A) 종이에 행동의 누적 기록(B)이 그려지게 된다. 행동률의 변화가 학습을 나타낸다.

하는 **누적 기록기**(cumulative recorder, 누가 기록기)를 사용하여 행동률(behavior rate)을 기록했다. 이 장치에는 잉크 펜 밑에 일정한 속도로 움직이는 종이가 있고, 행동이 일어날 때마다 잉크 펜이 행동을 기록한다. 관찰하려는 행동이 일어나지 않으면 종이에는 가로로 직선만 그어진다. 행동이 일어나면 펜이 종이의 움직임과 수직 방향으로 짧게 움직인다(그림 2-7A). 행동률이 높을수록 펜이 더 많이 움직이므로 잉크 선의 기울기가 더 가팔라진다. 반면에 행동률이 낮을수록 더 평평한 선이 그려진다. 그려진 선상의 각 점은 그 시점까지 행동이 일어난 총횟수를 나타내므로 이 그래프는 **누적 기록**(cumulative record)을 제공한다(그림 2-7B). 그 자료 선은 값이 누적되어 생기는 것이므로 절대로 수평선 이하로 떨어질 수 없다. 오늘날에는 누적 기록기가 컴퓨터 소프트웨어에 밀려나 창고에서 먼지를 뒤집어쓰고 있다. 컴퓨터가 만들어내는 누적 기록도 구식의 전기기계식 장치가 만들어내는 것과 본질적으로 동일하다.

> **❓ 개념 점검 1**
>
> 행동의 비율이 증가하면 누적 기록의 기울기는 어떻게 될까? 평평한 기록은 행동에 대해 무엇을 나타내는가?

7. **유창성** 오류와 비율을 조합한 측정치인 **유창성**(fluency)은 분당 일어난 정확 반응의 횟수를 센 것이다. 예를 들면, 교사가 제시하는 한 자리 숫자들을 더하는 문제(예: 9 + 4, 7 + 3, 5 + 9)에 학생이 1분당 12개의 답을 말한다고 하자. 그중 10개가 맞는다면 이 학생의 유창성 정도는 분당 10개의 정답이다. 만약 교습을 받거나 연습을 한 후에 유창성 비율이 분당 22개의 정답이 되었다면, 유창성의 변화가 학습이 일어났음을 명백하게 보여준다.

연구자들은 위의 일곱 가지 학습 측정치를 가장 흔히 사용한다. 행동을 연구하려면 학습을 측정할 믿을 만한 방법뿐 아니라 자료를 얻을 믿을 만한 방법 또한 필요하다.

누적 기록기를 처음 고안한 사람은 B. F. Skinner였으나, 행동을 누적적으로 기록한 최초의 사람은 그가 아니었다. 그 영광은 흰쥐의 평생 동안의 활동을 측정하기 위해 누적 기록을 사용한 생물학자 James Slonaker에게 돌아간다(Todd, 개인적 교신, 2001; Slonaker, 1912를 보라).

연구자들은 오류의 수, 행동의 양상, 강도, 속도, 잠재기, 비율 또는 유창성의 변화를 학습의 측정치로 가장 많이 쓴다. 학습을 측정하는 다른 방법들도 존재한다. 학습을 어떤 정확한 방식으로 측정할 수 있지 않은 한, 학습을 연구하기란 불가능하다. 여기서 명심할 것은, 측정되고 있는 행동의 변화가 학습의 **결과**가 아니라 **그 변화 자체**가 학습이라는 점이다. 이는 많은 사람이 이해하기 어려워하지만 중요한 구분이다.

2.2
요약

2.3 자료의 원천

자료의 네 가지 원천의 장점과 단점을 비교하려면

3.1 일화, 사례 연구, 기술 연구, 실험을 기술한다.

3.2 일화의 한계를 보여주는 예를 하나 든다.

3.3 사례 연구의 세 가지 한계를 든다.

3.4 기술 연구가 사례 연구보다 더 큰 설명력을 갖는 이유를 하나 제시한다.

3.5 기술 연구의 한계를 하나 든다.

3.6 실험에서 독립변인과 종속변인의 역할을 이야기한다.

3.7 참가자 간 실험과 참가자 내 실험의 차이를 설명한다.

3.8 실험집단과 통제집단을 구분한다.

3.9 실험 연구의 해석에서 무선 배정의 중요성을 설명한다.

3.10 짝 맞추기 표집과 참가자 내 설계가 실험 연구의 해석에 어떻게 도움을 주는지 이야기한다.

3.11 ABA 반전 설계의 장점을 파악한다.

3.12 실험 설계를 사용하는 것의 장점을 파악한다.

3.13 실험 연구가 왜 인위적인 것일 때가 많은지에 대한 변론을 해 본다.

학습을 연구하는 사람은 다양한 원천으로부터 증거를 수집할 수 있다. 각각의 원천에는 강점과 약점이 있다. 가장 단순하고 가장 흔하며 가장 믿을 만하지 못한 방법인 일화부터 살펴보자.

일화

일화(anecdote)는 개인적인 경험을 직접적으로 혹은 한 다리 건너 듣고서 보고한 것이다. 이는 오류의 수 같은 학습의 측정치에 관한 구체적인 정보를 포함할 수도 있지만 그보다 덜 구체적인 경우가 많다. '내 경험으로는⋯⋯'이나 '⋯⋯라는 걸 알게 되었어' 같은 구절이 나오면 일화적 증거임을 종종 알 수 있다. 때로는 **일화적 증거**(anecdotal evidence)가 '모두들 ⋯⋯라고 해', '⋯⋯은 잘 알려진 사실이야', '⋯⋯은 누구나 다 아는 일이야' 같은 형태로 상식의 성격을 띠기도 한다.

아쉽게도 '누구나 다 아는' 것이 항상 옳은 것은 아니다. 과거에는 방혈(放血, bloodletting)이 효험이 있다고 '누구나 다 알고 있었기' 때문에 약 2,000년 동안 질병의 치료에 사용되었다. 사실은 그것이 도움이 된 사람보다 그 때문에 죽은 사람이 더 많았음이 거의 확실하다. 그 희생자 중 유명한 한 사람이 미국의 초대 대통령 조지 워싱턴일 수 있다. 온갖 종류의 원리나 요법을 지지하는 일화적 증거를 들이댈 수 있지만, 문제는 어떤 일화를 믿어야 할지 분간하기 힘들 때가 많다는 것이다.

일화적 증거의 문제점을 보여주는 최고의 방법은 아마도 일화를 하나 들려주는 것일 것 같다. 나는 자기 아이가 다니는 학교에 대해 불평하는 심리학자와 이야기 해 본 적이 있다. 그는 "도저히 믿기지 않으시겠지만, 학교에서 아이들에게 글 읽는 법을 가르치질 않아요."라고 말했다. 그는 총체적 언어학습법(whole language)이라는 읽기 교육법을 가리켜 이야기하고 있었는데, 이것은 학생에게 책을 읽어 주어서 책에 노출은 시키되 단어를 발음하는 법을 가르치지는 않는 것이었다. 이 접근법을 사용하는 교사들은 학생이 정식 가르침 없이도 일종의 삼투압 과정을 통해 독서 기술을 저절로 익힐 것이라고 가정한다. 유감스럽게도 그 심리학자의 아이(이름이 Sam이라고 하자)에게는 이 접근법이 효과가 없었다. 내가 친구에게 그래서 어떻게 했느냐고 물었더니 "읽기 교습법 책을 사서 아이에게 읽기를 가르쳤지요."라고 대답했다.

비록 총체적 언어학습법이 독서 기술을 가르치기 시작하는 방법으로는 부적절하다(Chall, 1995; Treiman, 2000)는 사실이 밝혀지긴 했지만, 이 일화가 총체적 언어학습법에 대한 확고한 반증으로 취급될 수는 없다. 왜냐하면, 그 심리학자가 자기 아이가 잘 읽지 못한다는 사실을 과장했을 수도 있고, 그 교육법 외에도 교사의 무능력이나 아직 발견되지 않은 아이의 질병, 또는 지도 방법 이외의 다른 변인이 문제였을 수도 있기 때문이다. 단순히 **이러한 일화를 근거로** 총체적 언어학습법이 효과가 없다고 말할 수는 없다.

긍정적 일화 또한 신뢰해서는 안 된다. 예를 들어, 총체적 언어학습법을 신봉하는 교사를 만났다고 하자. 그 방법이 효과가 있는지 물어보면 그는 이렇게 답할 것이다. "물론이죠! 효과가 있는 걸 제 눈으로 봤습니다. 제 학생 하나는 아무런 정식 가르침도 없이 읽는 방법을 쉽게 터득했어요. 그 아이 이름이 Sam이었지요. ……" 여기서 문제점이 보일 것이다. 그 교습법이 효과가 있다는 것을 '제 눈으로 본' 그 교사가 가정에서의 교습 같은 다른 중요한 변인들을 모르고 있을 수 있다.

문제가 있기는 하지만 일화가 어느 정도 쓸모는 있다. 일화는 유용한 실마리를 제공해 줄 수 있고, 우리가 '통속적 지혜'와 멀어지지 않게 해 준다. 어쨌든 통속적 지혜가 항상 틀린 것은 아니니까 말이다. 그러나 학습 과학은 더 좋은 증거를 요구한다(Spence, 2001).

사례 연구

사례 연구(case study)를 하면 약간 더 질 좋은 자료를 얻을 수 있다. 일화적 증거는 단순한 일상적 관찰에서 얻어지는 반면, 사례 연구는 특정한 한 개인을 상당히 자세하게 살펴보는 것이다.

의학에서는 사례 연구법을 종종 사용한다. 희한한 증상이 있는 환자의 병을 이해하기 위해서 의사들은 그 환자를 세심하게 연구할 수 있다. 경제학자들 역시 사례 연구를 한다. 어떤 회사가 왜 실패했는지 또는 왜 성공했는지를 알아내기 위해 그 회사를 연구한다. 마찬가지로 교육 연구자들도 특별히 좋은 결과를 내는 교사나 학교를 자세하게 연구할 수 있다. 그리고 연구자들이 망상 같은 이상행동을 이해하기 위해 사례 연구법을 종종 사용한다.

그런데 사례 연구로 얻는 증거에는 심각한 문제가 있다. 첫째, 사례 연구를 하려면 시간이 오래 걸린다. 이런 이유 때문에 몇 안 되는 사례에서 나온 결과를 근거로 일반화가 이루어지는 경우가 많다. 만약 그 소수의 사례가 더 큰 집단을 대표하지 않는다면 그 집단에 대하여 내린 결론이 틀릴 수 있다.

둘째, 사례 연구가 행동에 관한 어떤 문제에는 답할 수 없다. 예를 들어, 사다리에서 떨어지는 것이 고소공포증을 초래하는지를 알기 위해 사례 연구를 할 수는 없다. 사다리에서 떨어진 다음 공포증이 생긴 사람과 면담을 할 수는 있지만, 그런다고 해서 사다리에서 추락한 것이 고소공포증의 원인임이 증명되지는 않는다. 임상심리학자와 정신의학과 의사 중에는 동성의 사람에게 매력을 느끼는 것이 신경증적 장애라고 오랫동안 완고하게 주장한 이가 많았는데, 왜냐하면 그들의 내담자중 게이 또는 레즈비언이라고 밝힌 사람은 전부 신경증이 있었기 때문이다. 그러다가 1950년대에 Evelyn Hooker는 임상가들의 내담자들 중 이성애자들 또한 신경증이 있었지만, 이성애가 신경증의 한 형태라고 결론 내린 사람은 아무도 없었음을 지적하였다(Chance, 1975를 보라).

셋째, 사례 연구로 얻은 자료의 많은 부분이 참가자의 행동을 직접 관찰하여 생기는 것이 아니라 그 참가자의 행동에 대한 참가자 자신 혹은 다른 사람의 보고에서 나온다. 그런 보고는 흔히 믿을 만하지 못한 것으로 악명이 높다.

사례 연구는 그것이 적절한 상황에서는 일화적 방법보다 더 우수한 연구법이다. 왜냐하면 최소한 연구자가 상당히 체계적인 방식으로 자료를 얻기 때문이다. 그러나 행동에 대한 안정된 과학을 쌓기 위해서는 사례 연구라는 모래밭보다 더 튼튼한 기초가 필요하다. 과학은 더 우수한 통제를 요구한다. 기술 연구가 더 우수한 통제를 얻는 한 가지 방법이다.

❓ 개념 점검 2

일화적 증거와 사례 연구에서 나온 증거의 주된 차이는 무엇인가?

기술 연구

기술 연구(descriptive study)에서는 연구자가 한 집단의 구성원을 면접하거나 설문 조사하여 얻은 자료를 가지고 그 집단을 기술하고자 한다. 사례 연구를 신봉하는 사람에게는 기술 연구가 피상적인 것으로 보인다. 그러나 기술 연구는 많은 사례로부터 자료를 모으고 이를 통계적으로 분석함으로써 대표성 없는 소수의 참가자가 잘못된 결론으로 이끌 위험성을 줄인다.

전형적인 기술 연구에서는, 예컨대 사람들에게 (면접이나 설문지를 이용하여) 그들이 가진 공포와 어린 시절의 경험을 물어볼 수 있다. 그런 다음, 공포증이 있는 사람과 없는 사람의 경험을 비교한다. 그리고 통계 분석을 하면 두 집단 간에 믿을 만한 차이가 있는지 알 수 있을 것이다. 예를 들어, 공포증이 있는 사람이 없는 사람에 비해 과보호 성향의 부모가 있을 가능성이 크다는 것을 발견할지도 모른다.

기술 연구는 사례 연구보다 훨씬 진보된 방법이지만 역시 한계가 있다. 기술 연구는 현상을 설명하는 가설을 제시할 수 있지만 그것을 검증하지는 못한다. 공포증 환자가 자신의 부모에게 과보호 성향이 있었다고 이야기할 가능성이 다른 사람에 비해 두 배라는 결과를 얻을 수도 있다. 하지만 부모의 과보호가 공포증의 생성에 어떤 역할을 하지 않을 수도 있다. 이를테면 부모의 과보호가 유전적으로 높은 불안 수준 같은 다른 어떤 변인과 상관될 수 있고, 실제로는 이 다른 변인이 공포증의 발생률 증가를 설명할 수도 있다. 이를 확인할 유일한 방법을 실험이 제공한다.

실험 연구

실험(experiment)에서는 연구자가 하나 이상의 변인(문자 그대로, 변화하는 것)을 조작하고 그 조작이 하나 이상의 다른 변인에 주는 효과를 측정한다. 연구자가 조작하는 변인을 **독립변인**(independent variable), 자유로이 변하는 변인을 **종속변인**(dependent variable)이라 부른다. 학습 실험에서는 대개 어떤 종류의 경험(환경 사건)이 독립변인으로, 어떤 종류의 행동 변화가 종속변인으로 사용된다. 실험에는 많은 종류가 있지만 모든 실험은 참가자 간 설계와 참가자 내 설계라는 두 유형으로 나누어진다.

참가자 간 실험(between-subjects experiment)에서는 대개 연구자가 참가자를 둘 이상의 집단으로 구분한다(어떤 이들은 이런 실험을 집단 간 설계 혹은 집단 설계라고도 부른다). 그런 다음 이 집단들 간에 독립변인을 변화시킨다. 특정 경험이 공격성에 미치는 영향을 연구한다고 하자. 사람들을 두 집단 중 하나에 배정한 다음, 한 집단은 공격성을 유발하리라고 생각되는 경험에 노출시킨다. 공격성을 유발하는 경

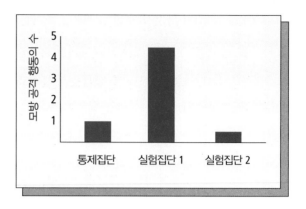

참가자 간 설계 실험   상이한 조건들에 배정된 상이한 개인들로부터 나온 자료를 비교한다. (출처: Rosenkrans & Hartup, 1967의 자료를 편집함)

험에 노출된 참가자들은 **실험집단**(experimental group), 그렇지 않은 참가자들은 **통제집단**(control group)에 속한다고 말한다. (참가자들이 실제로 집단적으로 실험에 참가해야 하는 것은 아니다. 여기서 **집단**이라는 말은 단지 실험조건이나 통제조건에 할당된다는 것을 의미한다) 그러고 나서 두 집단에 속한 참가자들이 공격적 방식으로 행동하는 경향성을 비교한다. 만약 실험집단의 참가자가 통제집단의 참가자보다 더 공격적으로 행동한다면, 실험에서 했던 경험이 그 차이의 원인일 수 있다.

두 집단을 사용하는 실험이 많지만 다수의 집단을 가지고도 참가자 간 실험을 종종 한다. 공격성에 관한 실험에서, 여러 개의 실험집단을 만들어서 각 집단마다 공격성을 유발하는 경험의 종류 혹은 양을 각각 다르게 만들 수 있다. 그러면 각 실험집단을 통제집단과 비교할 수 있을 뿐 아니라 다른 실험집단들과도 비교할 수 있다(그림 2-8).

본질적으로 참가자 간 설계에서는 독립변인이 참가자들 간에 다르다. 그리고 종속변인에서 나타나는 차이는 모두 그들이 독립변인에 서로 달리 노출된 결과라고 가정한다. 이 가정의 타당성은 비교 대상이 되는 참가자들이 서로 유사한 정도에 따라 달라진다. 예를 들어, 만약 두 집단 중 어느 한 집단이 나이가 뚜렷하게 더 많다면 안 될 것이다. 왜냐하면 결과상의 차이가 독립변인의 차이보다는 나이 차이 때문일 수도 있기 때문이다. 이와 마찬가지로 두 집단은 건강, 성별, 교육 혹은 다수의 다른 변인에서도 서로 차이가 나서는 안 된다.

❓ 개념 점검 3

참가자 간 설계의 핵심 요소는 무엇인가?

그런 차이를 최소화하기 위해서 연구자는 대개 참가자를 여러 집단 중 하나에 무선적으로 배정한다. 때로는 동전 던지기 같은 방법으로 배정을 한다. 동전을 던져서 앞면이 나오면 참가자가 실험집단에, 뒷면이 나오면 통제집단에 배정되는 식이다. 이러한 무선 배정을 통해서 참가자들 간에 있을 어떠한 차이라도 집단들 간에 대략 균등하게 분배된다. 그러나 집단의 크기가 작으면 무선 배정을 하더라도 집단 간 차이가 계속 존재할 가능성이 남아 있다. 따라서 각 집단의 참가자는 많을수록 좋다.

짝 맞추기 표집(matched sampling, 대응 표집)이 집단들 간의 처치 전(前) 차이를 줄일 수 있는 또 다른 방법을 제공한다. 짝 맞추기 표집에서는 동일한 특성을 가진 참가자들을 연구자가 먼저 파악한다. 동물은 연령과 성별 면에서 아주 쉽게 짝을 맞출 수 있다. 인간 참가자는 나이와 성별만이 아니라 IQ, 교육 수준, 사회경제적 배경 및 기타 면에서도 짝을 맞출 수 있다. 참가자들을 쌍으로 짝지은 후, 각 쌍에서 한 명은 실험집단에, 다른 한 명은 통제집단에 임의로 배정한다. 참가자 간 실험의 결과를 수집한 다음, 결과상의 차이가 독립변인으로 인한 것일 가능성을 추정하기 위하여 대개 통계 분석을 한다.

참가자 내 설계(within-subjects design)는 참가자 간 설계에 대한 대안이다(Kazdin, 1982; Morgan & Morgan, 2008). (이런 실험을 단일 참가자 설계라고도 부른다) 이런 실험에서는 참가자의 행동을 실험 처치 이전에 관찰하고 나서, 처치 도중이나 처치 후에 또 관찰한다. 참가자의 행동을 처음 관찰하는 기간을 **기저선 기간**(baseline period)이라고 부르는데, 이는 그것이 비교를 위한 기저선이 되기 때문이다. 참가자 내 실험 자료를 보여주는 그림에서 기저선 기간은 보통 'A'라고 표시한다. 기저선 다음에는 처치 기간이 뒤따르며 이를 보통 'B'라고 표시한다. 만약 A 기간과 B 기간에 서로 다른 결과(예: 서로 다른 잠재기 또는 행동률)가 나오면, 그 차이를 자료 그래프에서 확인할 수 있다(그림 2-9).

본질적으로 참가자 내 설계에서는 독립변인이 참가자 내에서 변화한다. 다시 말

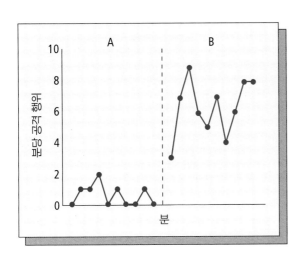

그림 2-9
참가자 내 설계 실험 10분의 기저선 기간(A)과 실험 기간(B) 동안 아이가 1분마다 동물 인형을 때린 횟수. (출처: 가상적 자료)

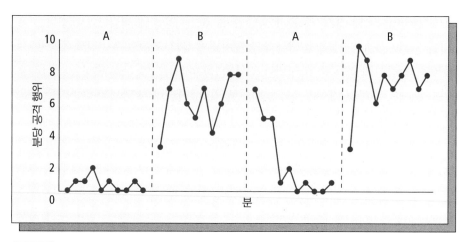

그림 2-10

반전이 도입된 참가자 내 설계   A 조건과 B 조건을 반복하여 시행함으로써 처치의 효과를 증명할 수 있다. (출처: 가상적 자료)

하면, 각 참가자가 한 번은 실험'집단'에 속했다가 어떤 때에는 통제'집단'에 속했다가 한다. 종속변인에 어떤 차이가 나타난다면 이는 다른 시간에 한 다른 경험으로 인한 것이라고 가정한다.

여기서는 동일한 동물 혹은 사람 내에서 독립변인이 변하므로 실험 결과가 참가자들 사이의 차이 때문일지도 모른다는 우려가 크게 줄어든다. 그러나 여전히 어떤 외생변인(extraneous variable)이 결과를 설명할 수도 있다. 이를테면 동물이 실험 도중 갑자기 병이 날 수도 있다. 이는 실험 처치가 실제로는 동물의 행동을 변화시키지 않았는데도 변화시켰다는 착각을 일으킬 수 있다. 그런 가능성을 배제하기 위해 실험자는 **ABA 반전 설계**(ABA reversal design. ABA 역전 설계)라는 것을 사용하여 기저선 조건(A)으로 되돌아갈 수 있다(Sidman, 1960/1988). 그런 다음 실험 조건(B)을 다시 실시해도 된다(그림 2-10). 어떤 면에서는 연구자가 같은 연구 내에서 실험을 반복하는 셈이다.

? 개념 점검 4

참가자 내 설계의 핵심 요소는 무엇인가?

ABA 반전 설계의 사용은 전등 스위치를 올렸다 내렸다 함으로써 그 스위치가 특정 전등을 제어하는지를 알아보는 것처럼 생각할 수 있다. A 조건과 B 조건을 왔다 갔다 함으로써 연구자는 어떤 행동이 독립변인에 좌우되는 정도를 보여 줄 수 있다. 참가자를 추가하여 같은 결과가 재현되면 일반적으로 더욱 믿을 만한 자료가 되지만, 대개는 많은 수의 참가자가 필요하지 않다.

참가자 간 실험과 참가자 내 실험의 중요한 차이는 참가자들 사이에 존재하는 외생변인상의 차이를 통제하는 방식과 관련된다. 참가자 간 실험에서는 이런 차이를 주로 무선 배정과 짝 맞추기 표집을 통해 통제한다. 그렇게 하면 참가자 간의 중요한 차이가 집단에 걸쳐서 '고르게 분배될' 것이라고 더 쉽게 가정할 수 있다. 참가자 내 실험에서는 참가자를 참가자 자신과 비교함으로써 참가자 간의 외생변인으로 인한 차이를 통제한다. 여기서는 실험조건과 통제조건에서 동일한 참가자를 관찰하면 참가자 간의 외생적 차이가 대체로 문제가 되지 않는다고 가정한다.

참가자 간 실험과 참가자 내 실험은 모두, 그 한계 내에서는, 종속변인에 미치는 독립변인의 영향을 볼 수 있게 해 준다. 이는 기술 연구에 비하면 중대한 진보이다. 그러나 실험 연구조차도 완벽하지는 않다.

실험의 한계

실험의 위력은 그것이 변인에게 행사하는 통제로부터 나온다. 그러나 바로 이 통제 때문에 실험은 인위적인 세계를 만들어내고 연구자가 그 안에서 행동에 대한 인위적인 관점을 끌어낸다는 비판이 제기된다(Schwartz & Lacey, 1982).

많은 학습 실험에서 연구자는 극히 단순한 행동을 종속변인으로 사용한다. 즉, 쥐가 레버를 누르고, 비둘기가 원반을 쪼고, 사람이 버튼을 누른다. 독립변인 또한 단순한 것을 사용할 때가 많아서 불빛이 켜지거나 꺼지고, 접시에 먹이 알갱이가 몇 개 떨어지고, 어떤 사람이 "정답입니다."라는 말을 듣게 된다. 또한 실험이 매우 메마르고 인위적인 환경 속에서 이루어질 수도 있다. 이를테면 작은 실험상자 안에서, 또는 (사람이 참가자인 경우에는) 책상, 의자, 스위치 상자밖에 없는 작은 방에서 실험이 진행된다. 그래서 어떤 사람은 실험이라는 인위적인 세계가 자연환경에서 일어나는 행동에 대해서 중요한 것을 하나라도 알려줄 수 있는지 의심스러워한다.

그런 비판이 어느 정도는 정당하다. 실험이 인위적인 세계를 만들어내는 것은 사실이고, 그런 인위적인 조건에서 우리가 발견하는 것이 좀 더 자연스러운 조건에서 일어날 일과 항상 일치하지는 않을 수 있다. 그러나 실험을 인위적으로 보이게 만드는 이 통제란 것이 독립변인의 효과를 분리해 낼 수 있게 해 준다. 연구자가 레버 누르기, 원반 쪼기, 버튼 누르기에 특별한 관심이 있는 것은 아니지만 그런 단순한 반응을 종속변인으로 사용함으로써 독립변인의 효과를 더욱 뚜렷하게 볼 수 있다. 더 복잡한 행동을 사용하면 행동을 더 현실적으로 바라볼 수 있겠지만 우리가 알게 되는 것은 더 적을 수 있다. 연구자가 목표로 하는 것은 레버 누르기

단일 참가자 반전 설계가 최근에 개발된 것으로 여겨지고 있지만, 처음 그것이 사용된 것은 그리스 의사 Galen으로 거슬러 올라갈 수 있다. 그는 이미 1,700년 전에 진단을 내리기 위해 그런 방법을 사용했다(Brown, 2007을 보라)!

와 원반 쪼기 **자체**를 이해하는 것이 아니라 행동에 미치는 환경의 효과를 이해하는 것이다(이 점에 대해서 더 알고 싶다면 Berkowitz & Donnerstein, 1982를 보라).

　연구자들이 왜 인위적인 실험을 만들어낼까? 답은 단순하다. 바로 통제를 위해서이다. 더 현실적인 실험을 고안하여 더 복잡한 행동을 연구하면, 중요한 변인들에 대한 통제가 거의 불가피하게 감소하고 따라서 해석하기 힘든 자료를 얻게 된다. 이런 문제를 해결하기 위해 두 종류의 실험, 즉 실험실 실험과 현장 실험을 할 수 있다.

　실험실 실험은 통제를 제공하며 이를 통해 연구자가 명쾌한 원리를 도출해 낼 수 있다. 현장 실험(field experiment), 즉 자연환경에서 행해지는 실험은 연구자가 실험실에서 도출한 원리들을 좀 더 현실적인 방식으로 검증할 수 있게 한다. 예를 들어, 실험실에서 쥐에게 미로를 달리게 하여 학습을 연구한 뒤, 거기서 찾아낸 원리를 자연환경에서 먹이를 찾아 돌아다니는 쥐를 대상으로 현장 실험을 통해 검증할 수 있다. 또는 서로 다른 강의 속도가 학생들의 학습에 미치는 영향을 실험실에서 세밀하게 통제하여 검사한 다음, 유사한 실험을 강의실에서 할 수도 있다.

　실험은 이러한 한계가 있음에도 불구하고 다른 수단으로는 얻을 수 없는 수준의 위력을 발휘한다. 따라서 우리가 앞으로 이 책에서 살펴볼 증거는 대부분 실험 연구에서 나온 것이다. 그리고 그중 많은 것이 동물을 대상으로 한 것이다. 쥐, 비둘기, 그리고 그밖에 털이나 깃털이 달린 다른 동물을 대상으로 한 실험을 통해서 우리가 정말로 인간의 행동에 대해 알 수 있을까?

2.3
요약

연구자들은 다양한 방법으로 학습을 연구한다. 일화 연구와 사례 연구는 믿을 만하지는 못해도 가설의 좋은 원천이 된다. 기술 연구는 유용하고 믿을 만한 정보를 제공하지만 어떤 현상이 왜 일어나는지를 설명하지는 못한다. 이런 한계들 때문에 연구자는 대개 참가자 간 실험과 참가자 내 실험이라는 방법으로 학습을 연구한다. 실험도 역시 한계가 있지만 자연 현상을 연구하는 데 이용할 수 있는 최상의 도구이다.

2.4 동물 연구와 인간의 학습

학습목표

인간 학습 연구에서 동물이 하는 역할을 이야기하려면

4.1　동물 연구가 왜 인간 행동의 이해를 향상시키는지 그 이유를 세 가지 든다.

4.2　인간 행동의 연구에 동물을 사용하는 것을 사람들이 비판하는 다섯 가지 이유에 대해 대답한다.

어떤 이들은 동물을 "털이나 깃털이 달린 시험관"(Donahoe & Palmer, 1994, p. 71)이라고 불렀다. 많은 학습 연구자를 비롯하여 대부분의 사람은 동물의 행동보다는 인간의 행동에 훨씬 더 관심이 많다. **사람**의 학습과 행동을 이해하려는 것이 목적인데 학자들은 왜 쥐와 비둘기를 연구할까? 여기에는 여러 가지 이유가 있다.

연구자들은 대개 동물 연구가 인간 행동을 더 잘 이해하게 해 준다고 믿는다. Richard McCarty(1998)는 "지난 세기에 일어난 가장 중요한 심리학적 발전 중에는 동물 연구와 관련되거나 동물 연구를 통해 밝혀진 것이 많다."라고 쓰고 있다(p. 18; Miller, 1985도 보라). 왜 그럴까?

첫째, 동물의 경우 유전의 영향을 통제하는 것이 가능하다. 실험동물은 전문 공급회사에서 구입하므로 그 동물의 유전적 역사를 알 수가 있다. 이것은 행동의 변이성의 중요한 원천, 즉 참가자에 따른 유전적 차이를 상당히 감소시킬 수 있음을 의미한다. 유전적 배경이 동일한 사람들을 생산하기 위해 번식 프로그램을 만들 수 없음은 당연하다. 이론적으로는, 연구자들이 인간에게서 유전적 변이성을 감소시키기 위해 일란성 쌍둥이를 대상으로 학습을 연구할 수 있다. 하지만 연구에 참여할 일란성 쌍둥이들을 찾는 일이 사람들이 생각하는 것만큼 쉽지가 않다(Moore, 2001). 연구자들이 행동에 관한 모든 연구를 쌍둥이에게 의존하기란 불가능한 일이다.

둘째, 동물의 경우에는 참가자의 학습 내력을 통제할 수 있다. 동물은 태어날 때부터 자연환경보다 훨씬 변이성이 덜한 환경에서 기를 수 있으므로 실험자가 의도하지 않은 학습 경험의 영향을 크게 줄일 수 있다. 이런 종류의 통제는 인간 참가자에게서는 일어날 수 없다. 인간, 특히 성인 참가자들은 서로 매우 다른 학습 내력을 지니고서 실험에 참여하러 오게 된다.

셋째, 인간에게는 윤리적 이유 때문에 할 수 없는 실험을 동물을 대상으로는 할 수 있다. 어떤 특정한 경험이 인간을 우울하게 만들거나 자기 이웃을 공격하게 만드는지 알아보는 일이 흥미롭고 유용할 수 있지만, 그런 연구를 인간을 대상으로 하는 것은 심각한 윤리 문제를 야기한다.

❓ 개념 점검 5

동물 연구의 두 가지 장점은 무엇인가?

동물을 연구 대상으로 삼는 것은 명백한 이점이 있음에도 불구하고 많은 사람이 동물을 사용하는 것을 비판한다. 아마도 가장 흔한 반대 의견은 동물 연구의 결과가 인간에 대해서는 아무것도 말해 주지 않는다는 것이다(Kazdin & Rotella, 2009).

비판자들은 "사람은 쥐가 아니야!" 혹은 "비둘기가 그렇게 행동한다고 해서 내가 그런 식으로 행동하는 건 아니지."라고 불평한다.

물론 학자들은 종들 사이의 차이를 너무나 잘 인식하고 있다. 사실상 그런 차이 중 일부는 동물실험을 통해서 알려지게 되었다(예: Breland & Breland, 1961). 연구자들이 한 종에 대한 연구를 다른 종에게 일반화할 때는 신중해야 한다. 특정 종류의 경험이 쥐의 행동에 특정한 방식으로 영향을 준다는 것을 연구자들이 확립한다면, 인간 행동 또한 유사한 방식으로 영향을 받을 것이라고 가정할 수 있다. 그렇지만 그런 가정에 확신을 가지려면 다른 증거, 예를 들어 인간을 대상으로 한 기술 연구나 실험 연구 같은 데서 나온 자료가 필요하다. 대부분의 경우 동물 연구의 결과를 확증해주는 그런 증거가 있다.

사람들은 또 동물 연구가 실용적인 가치가 없다고 하면서 반대한다. 이 주장에 따르면, 동물을 대상으로 흡연이 미치는 건강상의 위협을 연구하는 생의학적 연구와는 달리, 행동에 관한 동물 연구는 단지 이론가에게만 유용한 사실들을 제공할 뿐이라는 것이다. 물론 동물 연구가 난해한 이론적 질문에 답하는 것을 목표로 하는 경우가 가끔 있기는 하지만, 그런 연구의 결과가 대단한 실용적 가치를 지닐 때가 종종 있다. 동물 연구에서 나온 원리가 아동 양육(Becker, 1971; Sloane, 1979), 교육(Chance, 2008; Dermer, Lopez, & Messling, 2009; Layng, Twyman, & Strikeleather, 2004), 사업(Agnew & Daniels, 2010; Carter et al., 1988), 스포츠(Boyer et al., 2009; Luiselli & Reed, 2011; Martins & Collier, 2011; Ward, 2011) 등 여러 분야에서 매일 이용되고 있다.

동물 연구의 수혜자에는 인간뿐 아니라 동물도 포함된다. 과거에는 반려동물, 승마용 말, 농사용 동물, 서커스의 동물을 훈련할 때 혹독한 방법을 많이 사용했다. 서양 속담 'Don't beat a dead horse.'*는 말[馬]을 동력으로 한 교통수단의 시대에 말이 당한 혹사에서 비롯된 것이다. 오늘날에는 동물 훈련사들이 더 인간적이고 효과적인 방법을 사용하는데, 이는 대체로 동물 연구를 통해 발견되거나 완성된 절차들 덕분이다(Skinner, 1951; Pryor, 1999를 참조하라). 이런 절차들은 또한 동물원 및 그와 유사한 시설에 있는 동물의 수의학적 관리를 개선시키고 삶의 질을 향상시키는 결과를 가져왔다(Markowitz, 1982; Stewart, Ernstam, & Farmer-Dougan, 2001) (4장, 9장).

셋째, 어떤 사람들은 동물 연구가 원래부터 비윤리적이라는 이유로 반대한다. 이 '동물 권익 보호' 관점은 쥐가 인간을 대상으로 실험할 권리가 없는 것과 똑같이 인간도 쥐를 대상으로 실험할 권리가 없다고 주장한다. 이 논쟁은 진지하게 다루어야 할 필요가 있다(Balster, 1992; Burdick, 1991; Miller, 1985; Shapiro, 1991a, 1991b).

---

* '헛수고를 하다' 또는 '지나간 화제를 다시 문제 삼다'란 뜻이다. (역주)

실험을 위해 동물을 이용하는 것이 윤리 문제를 야기하는 것은 사실이고, 연구자들도 이를 진지하게 받아들인다. 2011년 미국연구위원회(National Research Council: NRC)는, 침팬지와 인간의 유전적 유사성(침팬지와 우리는 유전자의 98%를 공유한다)으로 인해 침팬지가 행동 연구와 생의학적 연구의 이상적인 참가자지만 그것은 윤리 문제 또한 야기한다는 결론을 내렸다. NRC가 침팬지 연구에 대한 모든 재정 지원을 멈추는 데까지는 이르지 않았지만 다른 방식으로 답할 수 없는 문제에만 침팬지를 이용하도록 엄격하게 제한하였다(Altevogt et al., 2011; 미국연구위원회, 2011).

❓ 개념 점검 6

동물을 대상으로 한 행동 연구의 두 가지 혜택은 무엇인가?

어떤 사람들은 또한 인간에게 봉사하는 동물이나 집에서 기르는 반려동물에게 하는 것처럼 연구자들이 동물을 잘 대해 주지 않는다고 말할지도 모른다. 실험실 동물이 대개 비교적 작고 재미없는 공간에 갇혀 있는 것은 사실이다. 그러나 연구자들이 동물을 때리거나, 괴롭히거나, 뜨거운 차 안에서 익도록 내버려 두거나, 혹독한 날씨나 더러운 생활환경에 있게 하거나, 수의학적 돌봄을 하지 하거나, 유기하지는 않는다. 노동하는 동물이나 반려동물에게 흔히 일어나는 것처럼 말이다.

다양한 주 법령과 연방 법령 및 윤리감독위원회가 실험동물의 돌봄을 위한 조건을 규정하고 있다. 사실상 동물 연구에서 나온 자료를 올바르게 해석하려면 동물들이 양호한 관리를 받았다는 가정이 깔려 있어야 한다. 이런 이유로 인해 일군의 연구자들(Balster, 1992)은 "학계에서는 이용하는 동물들의 안녕을 보장하기 위해 어떠한 노력도 아끼지 않고 있다. 그렇게 하지 않는 것은 **과학적으로 불량한 방법**이다."(p. 3. 고딕체 강조는 첨가했다)라고 쓰고 있다.

불필요한 고통을 막기 위해 미국심리학회(2012)와 기타 단체들은 동물 연구 수행에 대한 지침을 마련하였다. 이 지침은 연구팀들이 동물을 돌보고 다루는 데 일정한 기준을 지킬 것을 요구하고 있다. 예를 들어, 동물로 하여금 먹이를 얻기 위해 어떤 '일을 하게' 할 수는 있지만, 같은 양의 먹이를 얻기 위해 가축이나 야생에서 사는 동물이라면 훨씬 더 많은 일을 해야만 한다. 또한 이 지침은 **혐오자극**(aversive stimulus, 동물이 피할 수 있다면 피하려고 하는 자극)에 대한 기준도 정하고 있다. 혐오자극을 쓰지 않고도 문제에 대한 답을 얻을 수 있다면 쓰지 않아야 한다. 혐오자극이 필요할 경우, 그 강도는 연구의 성격상 필요한 것보다 심한 것이어서는 안 된다. 또한 연구자는 혐오자극의 사용을 연구가 내놓을 수 있는 이득과 관련지어 정당화해야 한다. 보건당국이나 인권단체들의 현장 실사는 연구자들이 이런 기준을 충족하도록 확실하게 하는 데 도움이 된다.

동물 연구에 대한 비판론자 중 일부는 동물 연구를 컴퓨터 모사법(computer simulations)으로 대체할 수 있기 때문에 동물 연구가 비윤리적이라고 주장한다. 더이상 쥐에게 미로를 달리게 하거나 비둘기에게 먹이를 얻기 위해 원반을 쪼도록 훈련할 필요가 없다는 것이다. 즉, 컴퓨터 속 동물이 현실 세계의 동물을 대체할 수 있다는 주장이다. 컴퓨터 프로그램이 동물의 행동을 모사할 수는 있다. 그러한 좋은 예가 「가상의 쥐, 쿵쿵이(*Sniffy the Virtual Rat*)」(Alloway, Wilson, & Graham, 2011)이다. 이 프로그램은 컴퓨터 화면에다가 실험 공간에 있는 실험 쥐의 영상을 보여준다. 모사된 쥐는 실제 쥐와 비슷한 행동을 하면서 움직여 다닌다. 즉, 환경을 탐색하고, 자기 몸을 긁고 핥기도 하며, 물도 마시고, 먹이 접시에서 찾은 먹이를 먹기도 하고, 레버 누르기를 배우기도 한다. 쿵쿵이는 매우 유용한 교육 도구이기는 하지만 모사된 동물(혹은 사람도 마찬가지로)이 살아있는 실험 참가자를 대체할 수는 없다. 어떤 변인이 행동에 미치는 효과가 무엇인지 알기 전까지는 그 변인의 효과를 모사하도록 컴퓨터 프로그램을 짤 수가 없다. 한 변인이 다른 변인(행동)에 미치는 영향을 이해하기, 바로 그것을 하는 데 연구가 도움을 준다.

나의 주장은, 동물 연구에 반대할 만한 타당한 근거가 전혀 없다는 것이 아니다. 그보다는 우리가 우리의 (그리고 동물의) 이익을 위해서 다양한 방식으로 동물을 이용하고 있다는 점을 염두에 두어야 한다는 것이다. 어떤 동물은 시각 장애인이 길을 가는 것을 돕고, 어떤 동물은 폭발물이나 불법 약물을 탐지하는 것을 도우며, 또 어떤 동물은 밭을 간다. 그리고 당신의 개나 고양이는 삶의 동반자가 되어준다. 그리고 또 어떤 동물은 인간과 동물 모두의 삶을 크게 개선할 수 있도록 학습과 행동의 문제에 답을 주는 일을 한다.

? 개념 점검 7

컴퓨터 모사법이 동물 연구를 대체할 수 없는 이유는 무엇인가?

2.4 요약

학습 실험에서는 동물과 인간이 모두 참가자 역할을 할 수 있다. 동물을 이용하면 좀 더 통제를 잘할 수 있지만, 그렇게 얻어진 결과가 인간에게 적용되지 않을 가능성을 배제할 수 없다. 흔히 연구자들은 동물을 가지고 기초 연구를 수행한 다음, 거기서 나온 원리들을 인간에게 적용한다. 동물 연구는 윤리 문제를 동반하지만, 동물을 이용하는 다른 일상적인 일들도 그런 면에서는 마찬가지이다. 그리고 인간뿐 아니라 동물도 동물 연구의 혜택을 받는다. 학습과 행동을 이해하려면 동물 연구와 인간 연구가 모두 필요하다.

맺음말

이 책의 주요 논지는 인간의 행동을 비롯하여 모든 행동을 자연현상으로 볼 수 있고, 따라서 자연과학적 방법으로 모든 행동을 연구할 수 있다는 것이다. 이는 곧 모호하고 증명할 수 없는 가상적 개념에 기대지 않고서도, 경험적으로 이끌어낸 원리들로 행동을 설명할 수 있다는 뜻이다. 아직까지 우리가 모든 행동을 자연현상의 측면에서 만족스럽게 분석하지는 못했지만 연구자들은 이 목표를 향해 상당한 진보를 이루어냈다. 이제까지의 성공이 학습과 행동에 대한 자연과학적 접근을 채택하는 것을 정당화하는지는 독자가 판단할 일이다.

핵심용어

기술 연구(descriptive study) 47
기저선 기간(baseline period) 49
누적 기록(cumulative record) 43
누적 기록기(cumulative recorder) 43
독립변인(independent variable) 47
사례 연구(case study) 45
실험(experiment) 47
실험집단(experimental group) 48
양상(topography) 39
유창성(fluency) 43

일화(anecdote) 44
일화적 증거(anecdotal evidence) 44
종속변인(dependent variable) 47
참가자 간 실험(between-subjects experiment) 47
참가자 내 실험(within-subject experiment) 49
짝 맞추기 표집(matched sampling) 49
통제집단(control group) 48
혐오자극(aversive stimulus) 55
ABA 반전 설계(ABA reversal design) 50

복습문제

1. 참가자 내 설계와 참가자 간 설계의 주요 **유사점들은** 무엇인가?

2. 속도, 비율, 잠재기를 구분하라.

3. 외국어 말하기 학습과 연관된 행동 양상의 변화를 어떤 방식으로 수량화할 수 있을까?

4. 행동률이 누적 기록에 어떤 식으로 나타나는지 설명하라.

5. 짝 맞추기 표집의 주된 효용은 무엇인가?

6. 어떤 상황에서 참가자 내 설계보다는 참가자 간 설계를 선택하겠는가?

7. 당신이 쥐를 이용하여 코카인 중독을 연구하고 있다. 한 동물권익보호론자가 당신을 동물학대 명목으로 고소한다. 당신은 자신의 연구에 대해 어떻게 변론하겠는가?

8. 눈 깜박임에 미치는 경험의 효과를 연구함으로써 학습의 원리를 찾아내려 하고 있다. 한 친구가 눈 깜박임은 사소한 행동이므로 연구할 가치가 없다고 말한다. 이에 대해 반박해 보라.

9. 어떤 학자들은 학습이 경험에 의해 뇌 속에 생겨나는 변화라고 주장한다. 이 정의의 강점과 약점을 논의하라.

연습문제

1. 이 책이 행동에 대해 취하고 있는 접근은 _____이다.

2. 많은 학습 연구가 동물을 이용하는 이유 중 하나는 변인의 측면에서 볼 때 동물이 우리에게 더 많은 _____를 가능하게 해 주기 때문이다.

3. Thomas Huxley는 "_____처럼 사실 앞에 앉아라."라고 썼다.

4. 자료에 들어맞는 가장 단순한 설명이 최선의 설명이라고 말하는 법칙을 _____라고 한다.

5. 전등 스위치를 켜고 끄는 것에 비유할 수 있는 종류의 실험은 _____ 설계라는 것이다.

6. 참가자들 사이에 중요한 차이가 없다고 가정하는 실험을 _____라고 한다.

7. 행동이 취하는 형태의 변화를 토대로 학습을 측정할 때 우리는 그것을 _____의 변화라고 부른다.

8. 오류 횟수와 비율을 조합한 학습 측정치는 _____이다.

9. 행동이 일어나기까지 흐른 시간이 감소하면 학습이 _____의 측면에서 측정된다고 말한다.

10. 누적 기록기는 학습을 행동의 _____상의 변화로 측정한다.

파블로프식 조건형성

이 장에서는

1 연구의 시작
  - 이반 파블로프: 머리끝에서 발끝까지 실험자였던 사람
2 기본 절차
  - 파블로프식 조건형성의 요소들 파악하기
3 고순위 조건형성
4 파블로프식 학습의 측정
5 파블로프식 조건형성에 영향을 주는 변인
  CS와 US가 짝지어지는 시간적 순서
  CS-US 수반성
  - 파블로프식 조건형성 절차의 흐름도
  CS-US 근접성
  자극 특징
  CS와 US에 대한 사전 경험
  CS-US 짝짓기의 횟수
  시행 간 간격
  기타 변인
6 조건반응의 소거
7 조건형성의 이론
  자극대체 이론
  준비반응 이론
  보상반응 이론
  - 조건자각
  Rescorla-Wagner 모형
  기타 CS 이론
맺음말
  핵심용어 | 복습문제 | 연습문제

"정상적인 동물은 즉각적인 이득이나 해를 가져오는 자극 자체에 반응해야 할 뿐만 아니라 이런 자극의 접근을 알리기만 하는 자극에도 반응해야 한다. 맹수의 모습이나 소리 그 자체가 해를 입히는 것은 아니지만 …… 맹수의 이빨이나 발톱은 해를 입힌다."

_ Ivan Pavlov

들어가며

여러 해 전 이 책의 초기 판을 사용했던 강의자가 파블로프식 조건형성에 관한 장이 너무 길다고 불평했다. 그는 "파블로프식 조건형성은 결국 역사적 관심거리일 뿐이잖아요."라고 말했다. 여러 심리학자를 비롯하여 많은 사람이 그렇게 생각한다고 추측된다. 하지만 나는 절대로 거기에 동의하지 않는다. 파블로프가 발견하고 그 이후의 사람들이 더 자세히 밝혀낸 기본 원리를 모르고서는 인간의 본성을 이해하는 것이 가능하지 않다고 나는 생각한다. 사람들은 파블로프식 조건형성을 잘못 알고 있다. 그것은 개를 종소리에 침 흘리도록 훈련시키는 일만도 아니고 한 사건이 다른 사건을 예측한다는 것을 학습하는 데 그치는 것만도 아니다. 파블로프식 조건형성을 이해한다는 것은 사건이 우리의 행동(사고나 감정이라고 부르는 행동도 포함하여)을 변화시키는 주된 방식 중 하나를 이해한다는 말이다. 파블로프식 조건형성을 알게 되면 우리 자신을 비롯하여 인간을 더 잘 이해할 수 있다.

학습목표

이 장을 공부하고 나면 다음의 것들을 할 수 있을 것이다.

3.1 파블로프가 파블로프식 조건형성을 발견하게 된 경로를 이야기한다.

3.2 파블로프식 조건형성이 일어나는 기본 절차를 설명한다.

3.3 파블로프식 조건형성에서 고순위 조건형성의 역할을 설명한다.

3.4 파블로프식 학습을 측정하는 방식들의 장점과 단점을 평가한다.

3.5 파블로프식 조건형성에 영향을 주는 일곱 가지 변인을 이야기한다.

3.6 파블로프식 조건형성에서 소거가 일어나는 패턴을 이야기한다.

3.7 조건형성에 대한 여러 이론의 장단점을 비교한다.

3.1 연구의 시작

학습목표 --

파블로프가 파블로프식 조건형성을 발견하게 된 경로를 이야기하려면

1.1 파블로프의 생리학 배경지식이 고전적 조건형성을 발견하는 데 어떻게 중요한 역할을 했는지 설명한다.

1.2 분비샘이 "일종의 지능"을 가진 것 같다는 파블로프의 말이 무슨 뜻인지 설명한다.

1.3 소위 심적 반사라는 것의 예를 하나 든다.

19세기가 끝나 갈 즈음에 러시아의 한 과학자는 학자로서의 경력상 중요한 기로에 서 있었다. 그는 곧 그에게 노벨상을 안겨 주게 될 업적인 소화의 생리학에 관한 연구를 여러 해 동안 해 온 터였다. 그런데 중년의 나이에도 아직 비교적 무명의 학자였던 그는 인생에서 무척 어려운 결정과 씨름하고 있었다. 즉, 현재의 연구 분야를 계속 밀고 나갈 것인가 아니면 아무 성과가 없을지도 모르고 몇몇 동료들이 보기에는 훌륭한 과학자에게 부적합한 주제일 수도 있는 새로운 문제의 연구에 착수할 것인가? 안전하면서도 쉬운 결정은 해 오던 연구를 계속하는 것이었을 것이다. 그러나 만약 그랬다면 심리학은 엄청난 손실을 보았을 테고, 십중팔구 당신도 나도 이반 페트로비치 파블로프(Ivan Petrovich Pavlov)라는 이름을 들어 본 적도 없게 되었을 것이다.

파블로프는 순환계에 관한 연구로 학자 생활을 시작했다가 소화의 생리학에 관한 연구로 옮겨갔다. 그는 동물의 소화과정을 장기간에 걸쳐 연구할 수 있도록 소화액을 신체 바깥으로 뽑아내어 측정하는 특별한 수술법을 개발했다. 이 기법을 이용하여 파블로프는 침샘, 위, 간, 이자, 창자를 연구했다. 침샘의 경우엔 수술이 비교적 간단해서, 개의 침샘관을 입속의 원래 위치에서 떼어내어 볼에 낸 구멍을 통해 바깥과 연결시켰다. 개가 침을 흘리면 그 침이 침샘관을 통해 흘러나와 작은

그림 3-1
침 분비 반사를 연구하기 위해 외과 수술을 한 모습 개가 흘린 침이 개의 볼에 연결된 유리관으로 들어가 수집된다. 파블로프는 이런 방법으로 침 분비 반응을 정확하게 측정할 수 있었다.

유리관에 모이게 되었다. 이런 식으로 수술한 동물을 대상으로 파블로프는 다양한 조건에서 분비샘의 작용을 정확히 관찰할 수 있었다(그림 3-1).[*]

파블로프는 신체가 어떻게 음식물을 혈액에 흡수될 수 있는 화학물질들로 분해하는지를 알아내는 것이 목표였다. 이 과정은 침 분비 반사와 함께 시작된다. 즉, 음식물이 입속으로 들어오면 침 분비가 촉발된다. 침은 음식물을 희석하고 화학적으로 분해하기 시작한다. 침 분비 반사에 관한 전형적인 실험은 파블로프가 개를 실험실에 데리고 와서 먹이를 개의 입에 넣어 주고 그 결과를 관찰하는 것이었다.

파블로프는 침 분비샘의 적응력에 감탄했다. 예를 들어, 개에게 마르고 딱딱한 먹이를 주면 침이 많이 흘러나오고, 물기 많은 먹이를 주면 침이 거의 나오지 않았다. 또한 먹을 수 없는 물질을 입속에 넣어 주면 그것을 뱉어내는 데 필요한 양만큼 침이 나왔다. 즉, 구슬에는 침이 거의 나오지 않은 반면, 모래에는 침이 많이 나왔다. 따라서 침샘의 반사작용은 그 자극의 성질에 좌우되었다. 침 분비샘은 매번 필요에 따라서 반응하는 것이었다. "마치 분비샘에 '일종의 지능'이 있는 것 같다."(Cuny, 1962, p. 26에 인용)라고 파블로프는 말했다.

그런데 분비샘의 명민함은 거기에 그치지 않았다. 여러 번 먹이를 받아먹고 나자 개는 이제 먹기도 **전**에 침을 흘리기 시작했다. 사실상 실험실에 들어오자마자 침을 흘릴 때도 있었다. 동시대의 다른 사람들과 마찬가지로 파블로프도 이 '심적 분비(psychic secretion)'가 동물의 생각, 기억, 또는 소망에 의해 유발된다고 가정했다. 사실 그런 '심적 분비'는 오래전부터 알려진 것이었다. 즉, 고대 그리스인들은 단순히 음식에 관해 이야기하는 것만으로도 사람의 입에 침이 고이는 일이 종종 있음을 알고 있었다. 파블로프를 특별히 매료시켰던 것은 개가 실험실에 맨 처음 들어왔을 때는 침을 흘리지 않았고 거기서 여러 번 먹이를 받아먹은 후에야 침을 흘렸다는 사실이다. 이게 어찌 된 일인가? 어떻게 경험이 **분비샘**의 작용을 변경시킬 수 있단 말인가?

파블로프는 이 의문에 사로잡혀 결국 심적 반사라는 것에 관한 연구로 눈을 돌리게 되었다. 이러한 진로 변경은 생리학자로서의 정체성을 유지하기를 소망했던 파블로프에게는 매우 어려운 결정이었다. 만약 심적 반사가 정말로 마음의 산물이라면 그것은 생리학자의 전문 영역을 벗어나는 주제였다. 반면에 심적 반사가 분비샘에서 일어나는 일이라면 생리학자가 연구하면 안 될 이유가 어디 있을까? 파블로프는 이런 두 가지 논리 사이를 왔다 갔다 하면서 고민하다가 마침내 더 이상 새로운 도전의 유혹을 뿌리칠 수 없게 되었다. 그는 이 심적 반사에 대해 알아내야겠다고 생각하게 되었다.

---

[*] 그림에서 보이는 동그라미는 실험을 하지 않을 때 유리관을 막아 놓은 공 모양의 마개를 나타낸다. (역주)

이반 파블로프: 머리끝에서 발끝까지 실험자였던 사람

George Bernard Shaw는 자신이 알고 있는 가장 어리석은 사람이 파블로프라고 말했다. H. G. Wells는 파블로프가 모든 시대를 통틀어서 가장 위대한 천재 중 한 사람이라고 생각했다. 그러나 이반 파블로프는 자신을 "머리끝부터 발끝까지 실험자"라고 표현했다(Wells, 1956).

위의 세 가지 묘사 중 파블로프 자신의 말이 아마도 가장 정확할 것이다. 그의 발견은 Shaw가 생각했던 것보다 훨씬 더 중요하고 훨씬 덜 상식적인 것들이었지만, Wells가 기대했던 유토피아를 만들어 내지는 못했다. 그렇지만 파블로프가 과학에 모든 열정을 바친 총명한 실험자였음을 부인하는 사람은 아무도 없다.

파블로프는 다윈의 『종의 기원』이 출판되기 10년 전인 1849년 9월에 러시아의 작은 농촌 마을이었던 랴잔(Ryazan)에서 태어났다. 그의 아버지는 가난한 목사로서 가족을 부양하기 위해 직접 농사를 지어야 했다.

소년 시절, 파블로프는 나중에 대성할 것이라는 조짐을 거의 보이지 않았다. 학교 성적은 고만고만해서 그가 유명한 과학자가 되리라고, 아니 무엇으로든 유명한 어떤 사람이 되리라고 예상한 동네 사람은 아마도 거의 없었을 것이다. 그런데 그는 호리호리하고 기민하며 강건하고 놀랄 만큼 활력이 넘치는 성인으로 성장했고 푸른 눈과 곱슬머리, 긴 수염, 그리고 천재의 열정을 소유한 사람이 되었다.

교수로서 파블로프는 성격이 급하고 완고하며 말하면서 흥분해서 손을 휘두르는 별난 사람일 때가 가끔 있었다. 조수가 실험을 망치면 머리끝까지 화를 낼 때도 있었지만 30분쯤 지나면 그 일을 깡그리 잊어버리곤 했다. 그러나 파블로프에 대해 말할 수 있는 모든 이야기 중 분명 가장 중요한 것은 그가 진정한 실험자였다는 사실이다. 그에게 실험만큼 중요하고 값진 것은 없었다. 그는 "과학은 당신의 삶 전체를 요구한다는 것을 명심하라. 심지어 당신 목숨이 두 개나 된다고 하더라도 충분치 않을 것이다. 과학은 …… 최대한의 노력과 극단적인 열정을 요구한다."(Cuny, 1962, p. 160)라고 쓴 적이 있다.

과학에 대한 열정은 파블로프의 긴 생애 동안 지속되었고, 세월이 흘러서도 수그러들지 않았다. 항상 그랬듯이 실험자의 자세로 그는 시간이 가져오는 손실을 관찰했고 객관적인 관심을 가지고 이를 기록했다. 임종 시에도 파블로프는 마지막 실험의 관찰자이자 참가자였다. 삶이 서서히 꺼져가는 동안에도 그는 자신에게 느껴지는 감각을 신경병리학자에게 기술해 주어서 과학적 용도로 그 자료가 기록되게 하였다. 아무튼 그는 이를 거의 끝까지 계속할 수 있었다. 파블로프의 죽음에 대한 한 보고서(Gantt, 1941)에 따르면, 그는 마지막 순간에 약간 눈을 붙였다가 깨어나서는 팔꿈치를 짚고 몸을 일으켜서 "일어날 시간이야! 도와줘. 옷을 입어야 해!"라고 말했다고 한다.

파블로프의 이런 노력은 이해가 되는 일이다. 그가 실험실에 못 간 지가, 과학을 멀리한 지가 거의 6일이나 되었기 때문이다.

이반 파블로프, 학습 분야의 거장 중 한 사람(출처: Steve Campbell의 그림. © 2000 by Funfaces. Funfaces의 허가하에 실음)

3.1 요약

생리학자인 파블로프는 소화에 관한 연구를 하던 중 우연히 고전적 조건형성을 맞닥뜨렸다. 그는 음식물을 분해하는 데 도움이 되는 침 분비 반사가 환경에서 일어나는 사건에 융통성 있게 반응한다는 것을 발견했다. 또한 이 분비샘이 너무나 '명민해서' 동물이 음식을 예측하는 어떤 단서를 보게 되면 침이 나오기 시작할 때가 많다는 것도 알아냈다. 이러한 '심적 분비'의 발견은 심리학을 영원히 바꾸어 놓았다.

3.2 기본 절차

파블로프식 조건형성의 기본 절차를 설명하려면

2.1 파블로프가 가정했던 두 다른 유형의 반사, 즉 무조건반사와 조건반사 간의 차이를 식별한다.

2.2 관련된 무조건자극과 무조건반응이 무엇인지 파악하면서 무조건반사의 한 예를 제공한다.

2.3 관련된 조건자극과 조건반응이 무엇인지 파악하면서 조건반사의 한 예를 제공한다.

2.4 무조건자극, 무조건반응, 조건자극, 조건반응 간의 관계를 논의한다.

2.5 파블로프식 조건형성(고전적 조건형성)을 정의하는 두 가지 요소를 파악한다.

파블로프(1927)는 다음의 관찰부터 시작했다. "나는 반사 반응이 나타나는 그 시각에 동물에게 주어지고 있던 모든 외부 자극을 기록하기 시작했다 …… 동시에 그 동물의 반응에 나타나는 모든 변화를 기록했다"(p. 6).* 처음엔 일상적인 침 분비 반사가 유일한 반응이었다. 즉, 실험자가 먹이를 개의 입속에 넣어 주면 침이 나왔다. 그러나 얼마 후에는 개가 먹이를 받기 전에 침을 흘리기 시작했다. '동물에게 주어지는 외부 자극'을 관찰함으로써 파블로프는 무엇이 이 심적 분비를 촉발하는지 알 수 있었다(그림 3-2). 예를 들면, 얼마 후에는 먹이의 모습이나 냄새가 개에게 침을 흘리게 한다는 사실을 그는 알아냈다. "먹이를 담아 주었던 그릇만으로도 충분하다 …… 게다가 그 그릇을 들고 오는 사람의 모습이나 그의 발걸음 소리조차도 침 분비를 유발할 수 있다"(p. 13).

실험자가 학습 경험을 제공할 때 우리는 일반적으로 그 경험을 절차라고 부른다. 그러나 이들 절차가, 적어도 그 기본적인 형태 면에서는, 자연환경에서 일어나는 경험을 흉내 내고 있음을 명심하라.

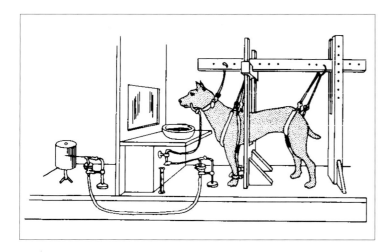

그림 3-2
파블로프의 조건형성대(臺) 그림과 같이 개를 조건형성대에 묶어 놓고서 다양한 절차가 침 분비 반응에 미치는 효과를 실험자가 검사할 수 있었다. 침은 그림 3-1과 같이 개의 볼에 난 구멍인 누공(fistula)에 연결된 유리관으로 흘러 들어가거나 튜브를 통해 눈금이 새겨진 유리병으로 흘러 들어갔다. 또한 시간의 흐름에 따른 변화를 기록하는 기구인 회전원통은 실험할 때 분비된 침에 관한 기록을 제공했다. Pavlov, 1927, pp. 18-19를 보라. (출처: Yerkes & Morgulis, 1909).

---

* 달리 언급하지 않는 한, 파블로프에 관한 모든 참조는 1927년 영어로 처음 출간된 『*Conditioned Reflexes*』를 가리킨다.

많은 교과서의 저자들과 강의자들이 파블로프의 1927년도 책에서 사용된 'conditioned'와 'unconditioned'라는 용어를 사용한다. 그러나 이는 번역의 오류로 보이며, 'conditional'과 'unconditional'이 파블로프가 의미한 바에 더 가깝다. 따라서 여기서는 이 용어들을 사용한다(Gantt, 1966).

파블로프는 반사에는 서로 다른 두 종류가 존재한다는 가설을 세웠다. 한 가지는 전반적으로 선천적이며 대개 영구적인 반사로서, 한 동물 종에 속하는 사실상 모든 구성원에게서 나타나며 개체에 따른 차이가 거의 없다. 먹이가 입속에 들어오면 개가 침을 흘리는 것이 이런 유형의 반사이다. 이런 반사들은 어느 정도 무조건적으로 일어나기 때문에 파블로프는 이들을 **무조건반사**(unconditional reflex)라고 불렀다.

둘째 유형의 반사는 개체가 경험을 통해 습득하는 것으로서, 한 개체의 일생에 걸쳐 온전하게 유지되는 선천적 반사에 비해 시간이 지나면 사라질 수 있다. 이 '심적 반사'들은 경험에 의존하기 때문에, 그리고 서로 다른 개체들은 살면서 서로 다른 경험을 하기 때문에 개체마다 상당히 다른 형태로 나타난다. 특정인의 발걸음 소리에 개가 침을 흘리는 것이 이런 유형의 반사이다. 이런 반사는 "대단히 많은 조건에 좌우되기"(p. 25) 때문에 파블로프는 이를 **조건반사**(conditional reflex)라고 불렀다.

파블로프는 다른 용어들도 충분히 괜찮았을 것임을 인정했다. 예를 들어, 무조건반사는 선천적 반사, 비학습 반사, 또는 종(species) 반사라고 부를 수도 있었고, 조건반사는 습득된 반사, 학습된 반사, 또는 개체 반사라고 부를 수도 있었을 것이다. 그러나 조건 및 무조건이라는 용어가 자리를 잡게 되었으며 연구자, 동물조련사 및 다른 사람들은 오늘날까지도 이 용어를 쓰고 있다.

무조건반사는 **무조건자극**(unconditional stimulus: US)과 그것이 유발하는 행동인 **무조건반응**(unconditional response: UR)으로 이루어진다. 무조건자극은 생존을 도와주는 효력을 갖는다. 예를 들어, Karin Wallace와 Jeffrey Rosen(2000)은 쥐가 여우 똥에서 추출한 냄새가 나는 화학물질에 대해 강한 무조건적 공포반응을 보인다는 것을 입증했다. 저자들이 지적하듯이 "야생에서는 쥐가 포식동물의 공격을 당할 때는 일반적으로 …… 방어를 시도하기에는 이미 너무 늦었다"(p. 912). 따라서 자신의 적과 연관된 냄새를 감지하면 얼어붙거나 도망가는 선천적 성향을 갖춘 쥐는 적을 피할 가능성이 더 크다.

고깃가루는 다음과 같이 침 분비라는 무조건반응을 확실하게 일으키는 무조건자극이다.

$$US \quad \rightarrow \quad UR$$
$$고깃가루 \rightarrow 침 분비$$

조건반사는 **조건자극**(conditional stimulus: CS)과 그것이 일관되게 유발하는 **조건반응**(conditional response: CR)으로 이루어진다. 먹이 접시의 모습이 침 분비를 규칙적으로 일으키면, 그 먹이 접시는 CS가, 그리고 침 분비는 CR이 된 상태이다.

$$CS \quad \rightarrow \quad CR$$
$$먹이\ 접시 \rightarrow 침\ 분비$$

그러고서 파블로프는 중성 자극(neutral stimulus. 일상적으로는 반사 반응을 유발하지 않는 자극)이 어떻게 반사 반응을 일으키게 되는가를 질문했다. 예를 들면, 먹이 접시가 어떻게 침 분비를 일으키는 CS가 될까?

파블로프는 개에게 먹이를 주는 사람이나 먹이 접시처럼 먹이와 연합(연관)되어 있는 자극이 침 분비를 일으키는 CS가 된다는 것을 알아차렸다. 그는 이러한 연합이 어떻게 침 분비를 유도하는지를 더 알아보기 위한 실험을 시작했다. 몇몇 실험에서 파블로프는 메트로놈을 똑딱거리도록 맞춘 다음, 개의 입에 고깃가루를 넣었다. 처음엔 메트로놈의 똑딱거리는 소리가 침 분비에 아무 영향도 없었다. 하지만 그 소리가 먹이와 거듭해서 짝지어지고 난 후에는 침 분비를 유발하기 시작했다. 파블로프는 사실상 어떠한 자극이라도 무조건자극에 규칙적으로 선행하게 되면 조건자극이 될 수 있다는 사실을 발견했다.

? 개념 점검 1

파블로프가 구분한 두 종류의 반사는 무엇인가?

이러한 사실을 보여 주는 한 예를 들어 보자. 개가 옆에 있을 때 당신이 손뼉을 친다면 그 개는 멍멍 짖거나 깜짝 놀라거나 놀기 시작하는 등 여러 방식으로 반응할 수 있겠지만 아마도 침을 흘리지는 않을 것이다. 즉, 침 분비 반사에 관한 한 손뼉 소리는 중성 자극이다. 이제 손뼉을 치고 곧이어 개에게 약간의 먹이를 준다고 하자.

거의 모든 사람이 파블로프가 보통 종소리와 먹이를 짝지었다고 생각한다. 그가 다른 많은 자극을 CS로 사용했지만, 실제로 종소리를 쓴 적이 있는지는 확실하지 않다.

$$CS \quad \rightarrow \quad US \rightarrow \quad UR$$
$$손뼉\ 소리 \rightarrow 먹이 \rightarrow 침\ 분비$$

이 절차를 여러 번 반복한다면 개는 당신의 손뼉 소리에 침을 흘리기 시작할 수 있다.

$$CS \quad \rightarrow \quad CR$$
$$손뼉\ 소리 \rightarrow 침\ 분비$$

파블로프식 조건형성의 요소들을 파악하기

학생들이 조건형성 절차의 요소(CS, US, CR, UR)를 잘 파악하지 못할 때가 가끔 있다. 특히 익숙하지 않은 조건형성의 예가 주어질 때 그러하다. 다음의 질문(Hummel, Abercrombie, & Koepsel, 1991을 편집함)이 조건형성 절차의 요소를 파악하는 데 도움이 될 것이다.

1. 조건형성 이전에는 어떤 반사 반응이 일어나는가?
    _____. 이것이 UR이다.

2. 조건형성 이전에는 어떤 자극이 UR을 일으키는가?
    _____. 이것이 US이다.

3. 조건형성의 결과로 어떤 반사 반응이 일어나는가?
    _____. 이것이 CR이다.

4. 어떤 자극이 CR을 일으키는가?
    _____. 이것이 CS이다.

CS와 US를 한 번 짝지어 제시하는 것을 1회 시행(trial)이라고 한다. 이 절차(또는 경험)는 **파블로프식 조건형성**(Pavlovian conditioning) 또는 **고전적 조건형성**(classical conditioning. 고전적 조건화)이라는 이름으로 제일 많이 부르지만 다른 여러 가지 이름, 즉 신호 학습(sign learning, signal learning), 자극 학습(stimulus learning), S-S 학습(S-S learning), 반응적 학습(respondent learning)으로도 부르며, 아마도 한두 가지가 더 있을 것이다.

파블로프식 조건형성을 정의하는 요소는 두 가지이다. 첫째, US에 의해 유발되는 행동, 즉 UR은 반사 반응으로서, 예컨대 침을 흘리거나 눈을 깜박이거나 땀을 흘리거나 큰 소음에 놀라 펄쩍 뛰는 것이다. 둘째, 두 자극, 즉 CS와 US는 개체의 행동과는 독립적으로 발생한다. 다시 말하면, CS와 US는 동물이나 사람이 무엇을 하고 있는지와는 상관없이 함께 제시된다. 예를 들어, 개는 먹이에 대해 반사적으로 침을 흘리지만(US가 UR을 반사적으로 유발하지만) 그 먹이를 얻기 위해서 침을 흘리거나 다른 무언가를 해야 하는 것은 아니었다(CS가 개의 행동과는 무관하게 발생한다).

방금 우리는 가장 기본적인 형태의 파블로프식 조건형성을 배웠다. 다음으로 고순위 조건형성을 살펴보자.

사람이 눈 깜박임 조건형성을 받는 장면을 보려면 유튜브에서 'eyeblink conditioning'으로 검색해 보라. Robert Moorcook이 올린 영상이 훌륭하다.

파블로프는 두 종류의 반사, 즉 무조건반사와 조건반사를 구분했다. 무조건반사는 무조건자극과 무조건반응으로 구성되고, 조건반사는 조건자극과 조건반응으로 구성된다. 무조건반사는 대체로 선천적인 반면, 조건반사는 경험의 산물이다. 조건반응을 만들어 내는 절차를 파블로프식 조건형성 혹은 고전적 조건형성이라 부르는데, 여기에는 두 가지 필수적인 특징이 있다. 첫째, 학습되는 행동은 반사 반응이다. 둘째, CS–US 짝짓기가 개체가 무엇을 하는지와는 상관없이 일어난다.

**3.2
요약**

3.3 고순위 조건형성

학습목표 --

파블로프식 조건형성에서 고순위 조건형성의 역할을 설명하려면

3.1 고순위 조건형성의 예를 하나 들면 된다.
3.2 고순위 조건형성의 적응적 중요성을 논의한다.
3.3 언어와 고순위 조건형성 간의 관계를 이야기한다.
3.4 고순위 조건형성에 영향을 주는 요인을 파악한다.

기본적인 파블로프식 조건형성 절차는 중성 자극에 뒤이어 무조건자극을 제시하는 것이다. 그런데 중성 자극 다음에 잘 확립된 CS가 따라온다고 해 보자. 이 CS는 비록 US가 아니긴 해도 조건형성 덕분에 CR을 일으킨다. 그렇다면 중성 자극을 CS와 짝지으면 그 중성 자극이 또 다른 CS가 될까?

파블로프의 실험실에서 일했던 G. P. Frolov는 이를 알아보기로 마음먹었다. 먼저 그는 개에게 메트로놈의 똑딱거리는 소리에 뒤이어 먹이를 줌으로써 메트로놈 소리에 개가 침을 흘리도록 훈련했다. 일단 메트로놈 소리가 침 분비에 대한 CS로 잘 확립되고 나자 Frolov는 검은 사각형을 들어서 보여 주고는 그 메트로놈 소리를 들려주었다.

$$CS_2 \quad \rightarrow \quad CS_1 \quad \rightarrow \quad CR$$
검은 사각형 → 메트로놈 소리 → 침 분비

처음엔 개가 메트로놈 소리에는 침을 흘렸지만 검은 사각형에는 그러지 않았다. 그러나 이 두 자극을 여러 번 짝지어 주고 난 후에는 개가 검은 사각형을 보고 침을 흘리기 시작했다. 검은 사각형은 먹이가 직접 뒤따른 적이 한 번도 없었음에도 침 분비를 일으키는 CS가 되었다.

$$CS \quad\quad \rightarrow \quad\quad CR$$

검은 사각형 → 침 분비

학습 이론가들은 중성 자극을 잘 확립된 CS와 짝짓는 이 절차를 **고순위 조건형성**(higher-order conditioning. 고차 조건형성)이라고 부른다.

고순위 조건형성 때문에 파블로프식 조건형성의 중요성이 대단히 커지는데, 왜냐하면 이는 훨씬 더 많은 자극이 조건반응을 유발할 수 있게 됨을 의미하기 때문이다. 예를 들면, 생리학자인 J. M. Graham과 Claude Desjardins(1980)는 발정기의 암컷 쥐에 대해서 특정 호르몬의 농도가 증가하는 반응을 나타내는 수컷 쥐는 발정기 암컷이 내는 냄새(A라고 하자)에 대해서도 비슷한 반응을 나타낸다는 것을 먼저 보여 주었다. 그리고는 발정기 암컷과 한 번도 짝지어진 적이 없는 새로운 냄새(B라고 하자)를 냄새 A와 짝지어서 고순위 조건형성을 실시하자 중성 자극인 B가 CS가 되었다. 이는 야생 쥐에게 번식에 유리한 점을 제공할 수도 있을 것이다. 즉, 발정기 암컷의 냄새와 연합된 자극에 반응하는 쥐는 오직 암컷 쥐의 냄새에만 반응하는 쥐보다 더 유리한 고지에 있다.

고순위 조건형성은 쥐보다 인간에게 더 중요한 역할을 할 수 있다. 사람에게는 단어가 잘 확립된 조건자극(여기에는 다른 단어들도 포함된다)과 짝지어져서 그 단어 자체가 조건자극이 될 때가 많다. 이제는 고전이 된 한 실험에서 Carolyn Staats와 Arthur Staats(1957)는 대학생들에게 'YOF, LAJ, QUG' 같은 무의미 철자를 스크린에 비추어 주었다. 그리고 그와 동시에 학생들에게 실험자가 하는 말을 따라 하게 하였다. 실험자는 일부 학생들에게는 'YOF'라는 무의미 철자를 '아름다움, 선물, 승리' 같은 긍정적인 단어와 짝지어 주었고, 'XEH'라는 무의미 철자를 '도둑, 슬픔, 적' 같은 부정적인 단어와 짝지어 주었다. 다른 학생들에게는 그 연합을 반대로 하여 'XEH'를 긍정적인 단어와, 'YOF'를 부정적인 단어와 짝지어 주었다(US가 제시된 적은 한 번도 없음에 주목하라). 그런 후에 모든 학생에게 각 무의미 철자를 불쾌함–유쾌함의 7점 척도상에서 평가하게 하였다. 그 결과 무의미 철자가 그것과 짝지어졌던 단어의 정서값(emotional value. 정서가)과 유사한 정서적 반응을 유발하게 되었음이 밝혀졌다. 유쾌한 단어와 항상 연합되었던 무의미 철자는 유쾌한 것이 되었고, 불쾌한 단어와 항상 연합되었던 무의미 철자는 불쾌한 것이 되었다. 다시 말하면, 'YOF'라는 무의미 철자는 어떤 단어와 연합되었는지에 따라 어떤 학생에게는 좋은 감정을, 다른 학생에게는 나쁜 감정을 일으키게 되었다. 따라서 고순위 조건형성은 단어의 정서적 의미에 중요한 역할을 하는 것으로 보인다.

일부 심리학자들. 특히 사회심리학자들은 평가적 조건형성(evaluative conditioning)이라는 것을 이야기한다. 이것은 CS에 대해 일어나는 감정의 변화가 CR인 고순위 파블로프식 조건형성을 의미하는 경우가 많다.

❓ 개념 점검 2

고순위 조건형성이란 무엇인가?

이 예들은 2순위 조건형성(second-order conditioning. 이차 조건형성)이라는, 고순위 조건형성의 한 유형을 잘 보여 준다. CS가 US로부터 한 단계 떨어져 있을 때 2순위 조건형성이 일어난다. 앞선 예에서 검은 사각형(CS_2)은 메트로놈 소리(CS_1)를 예측했고, 이 메트로놈 소리(CS_1)는 먹이(US)를 예측했다(Rescorla, 1980). 2순위 조건형성은 쥐(Bond & Di Giusto, 1976)와 파리(Tabone & de Belle, 2011)를 비롯하여 여러 종에서 입증되었다. 중성 자극이 CS_2와 짝지어지는 3순위 조건형성(third-order conditioning. 삼차 조건형성) 또한 동물에게서 입증되었다(Pavlov, 1927을 보라).

고순위 조건형성에서는 중성 자극이 US가 아니라 잘 확립된 CS와만 짝지어진다. 그렇다면 이런 식으로 얼마나 멀리 나아갈 수 있을까? CS_3나 CS_4에 앞서 중성 자극을 제시하면 조건형성이 일어날 수 있을까? US의 강도에 따라 달라지지만, 답은 '그렇다'이다. 전기충격 같은 특별히 혐오적인 자극을 쓴다면 5순위 조건형성까지도 가능하다(Finch & Culler, 1934)! 이는, 전기충격과 맨 처음에 짝지어진 CS가 다른 CS와 짝지어지고, 그것이 또 다른 CS와 짝지어지고, 그 CS가 또 다른 것과 짝지어지고, 이 마지막 CS가 중성 자극과 짝지어지면, 그 중성 자극이 CS_5가 된다는 뜻이다! 그러나 US와의 짝짓기로부터 멀어질수록 CR은 약해진다(Brogden, 1939a; Pavlov, 1927).

파블로프식 조건형성은 조건반응을 효과적으로 만들어 낸다. 그런데 조건형성 과정을 측정하기는 얼핏 생각하기보다 더 어렵다.

대부분의 조건형성 실험에서, 중성 자극이 먹이 같은 US와 짝지어진다. 고순위 조건형성에서는 중성 자극이 잘 확립된 CS와 짝지어진다. 이 절차는 CR을 확립하는 데 CS–US 짝짓기보다 효과가 떨어질 수 있지만, 인간의 삶에서 중요한 역할을 한다. 우리가 나타내는 정서적 반응(예: 선호, 혐오, 공포, 사랑) 중에는 적어도 부분적으로는 고순위 조건형성을 통해 습득되는 것이 많다.

3.3 요약

3.4 파블로프식 학습의 측정

학습목표

파블로프식 학습의 측정치들의 장단점을 평가하려면

4.1 반응 잠재기로 학습을 측정하는 것이 어떤 상황에서 적절한지를 파악한다.

4.2 검사(탐지) 시행의 사용이 학습의 측정에 어떻게 도움이 되는지를 설명한다.

4.3 CR의 강도를 이용하여 어떻게 학습을 측정하는지 이야기한다.

4.4 가짜 조건형성이 학습을 측정하려 할 때 어떤 문제를 일으키는지를 설명한다.

4.5 행동의 변화가 학습 때문인지 가짜 조건형성 때문인지를 어떻게 알아낼 수 있는지 설명한다.

파블로프식 학습에 관한 대부분의 연구에서 CS와 US는 시간적으로 서로 가까이 일어난다. US는 UR을 유발하는 자극이라고 정의되는데, 그렇다면 학습이 언제 일어났는지를 어떻게 알 수 있을까? 예를 들어, 소리를 들려주고서, 소리가 끝난 지 2초 후에 먹이를 개의 입속에 넣어 준다고 하자. 개가 언제 먹이뿐 아니라 소리에 대해서도 침을 흘리기 시작하는지를 어떻게 알 수 있을까?

아마도 침 분비가 언제 시작되는지를 관찰하면 될 것이다. 만약 개가 CS가 시작된 후에, 그러나 US가 제시되기 전에, 침을 흘리기 시작한다면 조건형성이 일어난 것이다. 이 경우에 학습의 양은 그 반응의 잠재기, 즉 CS의 개시와 침방울의 최초 발생 간의 시간 간격으로 측정할 수 있다. CS-US 짝짓기의 횟수가 늘어날수록 반응 잠재기는 짧아진다. 즉, 개가 소리가 끝나기도 전에 침을 흘리기 시작할 수 있다.

그런데 어떤 조건형성 연구에서는 CS에 뒤이어 US가 너무 빨리 나타나서 반응 잠재기를 학습의 측정치로 쓰기가 불가능할 수 있다. 이런 상황에서는 **검사 시행**[test trial. 탐지 시행(probe trial)이라고도 함]을 사용하여 조건형성을 측정한다. 이것은 CS만 홀로(즉, US 없이) 제시하는 시행을 주기적으로, 예를 들어 매 5회째 시행마다 포함시키는 방법이다. 만약 먹이가 주어지지 않는데도 개가 침을 흘린다면, 그 침 분비는 분명히 소리에 대한 조건반응(먹이가 아니라 소리에 침 흘리기)이다. 때로는 검사 시행을 임의의 간격으로 제시한다. 예를 들어, 3회째 시행에서 CS만 홀로 제시하고, 그다음엔 7회째, 12회째, 13회째, 20회째 시행 등에서 CS만 홀로 제시할 수 있다(Rescorla, 1967; 그러나 Gormezano, 2000을 보라). 이 방법을 쓸 때는, 예를 들어 10개의 검사 시행을 한 구획으로 삼고, 구획마다 나타난 CR의 수를 도표로 그린다. 조건반응의 빈도가 증가하는 곡선이 그려진다면 우리는 동물이 학습을 했다고 이야기한다.

파블로프식 학습은 또한 CR의 강도(때로는 진폭이라 불린다)를 이용하여 측정할 수도 있다. 파블로프는 초기의 CR은 아주 약하지만(침이 한두 방울만 나옴), 시행을 거듭함에 따라 CS에 대하여 나오는 침의 양이 급격히 증가함을 발견했다. 이러한 침방울 수의 증가가 학습의 또 다른 측정치이다.

파블로프식 학습을 측정하려 할 때는 **가짜 조건형성**[pseudoconditioning. 의사(疑似) 조건형성]이라는 현상(Grether, 1938) 같은 문제가 발생할 수 있다. 가짜 조건형성은 US가 반사 반응을 일으키고 난 후에 중성 자극이 CR을 유발하는 것을 가리킨다. 이것이 무슨 말인지 처음에는 이해하기 힘들겠지만, 아마도 예를 통해서 그 차이를 알 수 있을 것이다. 간호사가 당신에게 무척 아픈 주사를 놓는 순간에 기침을 한다고 하자. 주사를 맞을 때 당신은 움찔한다. 이제, 주사를 놓은 후에 그 간호사가 또 기침을 한다고 하자. 그러면 십중팔구 당신은 주사를 맞을 때 그랬던 것처럼 놀라서 움찔할 것이다. 당신은 여기서 조건형성이 일어났다고 생각할지도 모르겠다. 왜냐하면 기침 소리가 움찔하는 반응을 유발하는 CS가 된 것처럼 보이기 때문이다. 그러나 이는 틀린 생각일 수도 있다. 주삿바늘에 쿡 찔리기 같은 강한 자극은 당신을 다른 자극에 민감화(sensitization)되게 만들어서, 당신은 다른 자극에 대해서도 앞서의 그 강한 자극에 대해서와 비슷하게 반응할 수 있다. 간호사가 당신을 주삿바늘로 쿡 찌르기 전에 기침을 하지 않았다 하더라도, 주사를 놓고 나서 기침을 한다면 당신은 놀라서 움찔할 수 있다. 그 이유는 조건형성이 일어났기 때문이 아니라 바늘에 쿡 찔리는 것이 당신을 다른 자극에도 민감하게 만들었기 때문이다.

어떤 자극이 US와 짝지어진 적이 없다면, 그것이 어떤 효과를 내든 그 효과가 조건형성의 결과일 수 없음은 명백하다. 그러나 어떤 자극이 강한 US와 실제로 짝지어진 적이 있을 때는 문제가 생긴다. 일어나는 반응이 학습에 기인한 것일까(조건반응일까), 아니면 이전에 강한 자극에 노출되었기 때문일까(가짜 조건형성일까)? 이에 대한 답은 통제집단에 CS와 US를 무선적인 방식으로 제시하여 이 두 자극이 따로따로 나타나기도 하고 함께 나타나기도 하게 만듦으로써 알아낼 수 있다(Rescorla, 1967; 그러나 Rescorla, 1972도 보라). 위의 예에서 이는 간호사가 때로는 주사를 놓기 전에 기침을 하고 때로는 기침을 하지 않는다는 것을 의미한다. 그러고는 이 통제집단의 수행을 CS와 US가 항상(또는 적어도 대부분의 경우) 함께 나타나게 한 실험집단(간호사가 주사를 놓기 전에 항상 기침을 하는 조건)의 수행과 비교한다. 만약 실험집단과 통제집단의 수행이 다르다면, 그 행동상의 차이는 조건형성 때문이라고 할 수 있다.

파블로프식 조건형성은 단순한 형태의 학습으로 생각하기 쉽지만 여러 변인 때문에 금방 복잡해진다는 것을 다음 절에서 곧 보게 될 것이다.

3.4 요약

파블로프식 절차의 유효성을 측정하기 위해 여러 가지 기법이 사용된다. 한 가지는 CS와 US의 짝짓기를 계속하면서 반사 반응이 US를 제시하기 전에 일어나는지를 관찰하는 것이다. 다른 방법은 어떤 시행들에서는 CS만 홀로 제시하여 CR이 일어나는지를 보는 것이다. 학습이 일어났는지를 검사할 때는 가짜 조건형성 현상을 통제해야 한다. 이 현상은 어떤 자극이 유효한 CS가 되지 않았음에도 불구하고 CR을 유발할 수도 있는 경우를 가리킨다. 파블로프식 학습의 연구를 어렵게 만드는 한 가지 난관은 이러한 측정의 문제이고, 다른 한 가지는 여러 변인이 파블로프식 학습에 영향을 줄 수 있다는 사실로부터 생겨난다. CR이 많은 조건에 의존한다고 파블로프가 말했을 때 그가 의미한 바가 이것이다.

3.5 파블로프식 학습에 영향을 주는 변인

파블로프식 학습에 영향을 주는 일곱 가지 변인을 이야기하려면

5.1 자극들이 제시되는 방식이 왜 파블로프식 학습에 영향을 주는지 설명한다.

5.2 흔적 조건형성, 지연 조건형성, 동시 조건형성, 역행 조건형성의 절차상 차이가 어떻게 서로 다른 학습 결과를 만들어 내는지 논의한다.

5.3 흔적 조건형성, 지연 조건형성, 동시 조건형성, 역행 조건형성 각각에 대하여 실제 예를 하나씩 든다.

5.4 지연 조건형성에서 지연의 길이가 학습에 어떤 영향을 미치는지 파악한다.

5.5 파블로프식 조건형성에서 수반성의 역할을 설명한다.

5.6 파블로프식 조건형성에서 근접성의 역할을 설명한다.

5.7 자극 간 간격의 이상적인 길이에 영향을 주는 요인을 이야기한다.

5.8 CS와 US의 물리적 특성이 조건형성에 어떻게 영향을 주는지 설명한다.

5.9 복합자극이 어떻게 뒤덮기라는 현상을 일으킬 수 있는지 이야기한다.

5.10 CS와 US에 대한 과거 경험이 어떻게 학습에 영향을 줄 수 있는지 이야기한다.

5.11 잠재적 억제가 조건형성에 갖는 의미를 이야기한다.

5.12 잠재적 억제가 차폐를 어떻게 설명할 수 있을지 이야기한다.

5.13 감각 사전조건형성이라는 현상을 이야기한다.

5.14 초기의 CS–US 짝짓기가 왜 나중의 짝짓기보다 학습에 더 중요한지 설명한다.

5.15 파블로프식 조건형성에서 시행 간 간격의 역할을 이야기한다.

5.16 연령, 기질, 스트레스가 조건형성에 어떻게 영향을 미칠 수 있는지 설명한다.

파블로프식 조건형성 과정은 많은 변인에 좌우된다. 가장 중요해 보이는 것들부터 살펴보자.

CS와 US가 짝지어지는 시간적 순서

파블로프식 조건형성에서는 자극들이 서로 짝지어진다. 학습이 얼마나 일어나는지는 두 자극을 어떻게 제시하는지에 따라 크게 달라진다. 자극의 제시에는 네 가지 기본적인 방식이 있다(그림 3-3).

흔적 조건형성(trace conditioning)에서는 CS가 시작되었다가 US가 제시되기 전에 끝난다. 그래서 두 자극 사이에 시간 간격이 있다. 흔적 조건형성이라는 이름은 CS가 일종의 신경 흔적을 남긴다는 가정에서 나온다. 실험실에서는 사람의 눈꺼풀 조건형성(eyelid conditioning) 같은 것을 연구하기 위해 흔적 조건형성을 사용한다. 일반적으로 버저를, 예컨대 5초 동안 울리고 나서 0.5초 후에 사람의 눈에 공

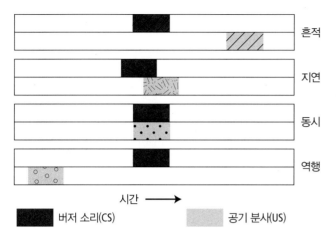

기를 훅 불어 넣어 눈을 깜박이게 만든다. 이렇게 버저 소리와 공기 분사를 여러 번 짝짓고 나면 그 사람은 버저 소리에 눈을 깜박이게 된다. 흔적 조건형성 절차는 많은 종의 다양한 반사 반응(심지어 꿀벌의 섭식 행동도 포함하여)에 효과가 있다 (Szyszka et al., 2011).

흔적 조건형성은 실험실 밖에서 흔히 일어난다. 예를 들어, 번개가 번쩍이고 나면 잠시 후에 콰르릉하는 천둥소리가 들린다. 개가 사납게 으르렁거리는 소리가 들린 뒤에 개의 무는 이빨이 느껴진다. 부모가 아기에게 노래를 불러준 다음 젖병을 물린다.

? 개념 점검 3

흔적 조건형성이란 무엇인가?

지연 조건형성(delay conditioning)에서는 CS와 US가 중첩된다. 즉, CS가 사라지기 전에 US가 나타난다. 지연 조건형성 절차를 눈꺼풀 조건형성에 적용하면, 예컨대 버저를 5초 동안 울리면서 그 기간 중 어느 시점에 눈에 공기를 분사할 수 있다.

흔적 조건형성처럼 지연 조건형성도 실험실 바깥에서 흔히 일어난다. 번갯빛이 시야에서 사라지기도 전에 천둥소리가 들리는 경우가 종종 있다. 개는 물고 있는 와중에도 계속 으르렁거릴 수 있다. 부모는 아기에게 젖을 주는 동안 나지막이 노래를 계속할 수 있다. 흔적 조건형성에서처럼 CS는 US보다 먼저 나타난다. 하지만 지연 조건형성 절차에서는 CS와 US가 겹치는 기간이 있다.

단기지연 절차와 장기지연 절차를 구분하는 연구자도 있다(Lavond & Steinmetz, 2003). 이 구분의 기준은 CS의 개시와 US의 개시 간의 시간적 길이이다. 단기지연 절차에서는 US가 나타나기 몇 밀리초(milisecond. 1밀리초는 0.001초) 내지 몇 초 전에 CS가 나타난다. 예를 들어, 쥐가 들어가 있는 실험상자의, 쇠막대들로 이루어진 바닥에 전류가 흐르기 0.1초 전에 불빛이 켜질 수 있다. 장기지연 절차에서는 US가 제시되기 전에 CS가 수 초 또는 심지어 수 분 동안 지속될 수 있다. 예를 들면, 실험상자 바닥에 전류가 흐르기 전에 불빛이 켜져서 5분 동안 계속 유지될 수 있다.

처음에는 단기지연 절차와 장기지연 절차 모두가 비슷한 결과를 낳는다. 즉, 조건자극(CS)이 제시되면 곧 조건반응(CR)이 나타나기 시작한다. 그러나 장기지연 조건형성의 경우에는 조건반응의 잠재기(CS의 시작과 CR 사이의 시간 간격)가 점차 길어진다. 결국에는 무조건자극(US)이 제시되기 바로 직전까지 CR은 나타나지 않게 된다. 장기지연 조건형성에서는 CS가 단순히 실험자가 제시하는 자극만이 아니라 일정 기간의 시간의 흐름까지 포함한다는 것이 분명하다.

? 개념 점검 4

지연 조건형성이란 무엇인가?

흔적 및 지연 조건형성 절차는 모두 조건반응을 만들어 낼 수 있으며, 대부분의 파블로프식 조건형성 연구는 이 두 절차 중 하나를 사용한다. 그러나 연구자들은 CS와 US를 짝짓는 다른 절차들도 사용한다.

동시 조건형성(simultaneous conditioning)에서는 CS와 US가 정확히 동시에 일어난다. 예를 들면, 종을 울리는 동시에 사람의 눈에 공기를 훅 불어넣을 수 있다. 두 자극이 모두 같은 시각에 시작되고 끝난다. 자연환경에서는 CS와 US가 정확히 동시에 일어나는 일이 아마도 드물겠지만, 그와 비슷한 일은 일어날 수 있다. 예를 들어, 폭풍우가 가까이 와 있으면 천둥과 번개가 동시에 칠 때도 있다. 개가 으르렁거리기와 물기를 동시에 하고는 물었다가 놓는 순간 으르렁거리기를 멈출 수 있다. 부모가 아기에게 노래를 해 줌과 동시에 젖병을 물리고는 젖병을 빼는 순간 노래를 중지할 수 있다.

다른 절차에 비해 동시 조건형성은 조건반응을 확립시키기에 약한 절차이다(Bitterman, 1964; Heth, 1976). 사실 만약 번개가 항상 천둥소리를 동반하기는 하지만 절대로 천둥보다 앞서지는 않는다면, 갑자기 번개가 번쩍하더라도 우리는 전혀 움찔하지 않을지도 모른다.

역행 조건형성(backward conditioning. 후향 혹은 역향 조건형성)에서는 CS가 US를 뒤따른다. 예를 들어, 사람의 눈에 공기를 분사하고 난 후에 버저를 울린다. 이런 US-CS 순서는 실험실 바깥에서 일어날 수 있는데, 예를 들어 사람이 가시를 깔고 앉은 후에 (그 불편한 자리에서 펄쩍 뛰어 일어나서) 통증을 일으킨 물체를 보는 경우이다.

역행 조건형성으로는 CR을 만들어 내기가 대단히 힘들다. 파블로프는 실험실에서 역행 조건형성을 몇 차례 시도하였다. 한 실험에서는 그의 조수가 개의 입에 약한 산(酸)을 묻힌 후에 바닐라 냄새를 개에게 맡게 했다(아마도 식초였을 그 산이 침 분비를 유발하는 US로 작용했다). 산과 바닐라 냄새를 이 순서대로 427회나 짝지었지만 바닐라 냄새는 침 분비에 대한 CS가 되지 않았다. 그러나 또 다른 냄새를 그 산에 **앞서서** 주었을 때는 그 새로운 냄새가 고작 20회의 짝짓기만으로 CS가되었다. 역행 조건형성을 시도해 본 다른 연구자들(Gormezano & Moore, 1969)도 비슷한 결과를 얻었다. 상황이 딱 맞아들어간다면 역행 조건형성도 가능할 때가 있음을 시사하는 증거(예: Albert & Ayres, 1997; Ayres, Haddad, & Albert, 1987; Keith-Lucas & Guttman, 1975; Spetch, Wilkie, & Pinel, 1981)가 일부 있지만, 이 절차는 아무리 좋게 보아도 여전히 비효율적이다(개관으로는 Hall, 1984와 Wilson & Blackledge, 1999를 보라).

동시 및 역행 조건형성 절차는 상대적으로 비효율적이기 때문에 파블로프식 조건형성 연구에서 거의 쓰이지 않는다. 그러나 4장에서 보겠지만 광고회사들은 동시 및 역행 조건형성을 종종 사용한다.

CS–US 수반성

수반성(contingency, 유관성)이란 '만약 ……라면 ……이다(if–then)'라는 진술이다. X라는 사건이 오로지 Y라는 사건이 발생할 때만 일어날 경우, 사건 X는 사건 Y에 좌우된다(즉, 수반된다)고 말한다. 예를 들어, 천둥소리는 번개가 번쩍였을 때만 들리고, 번개 없이는 천둥소리도 없다. 따라서 천둥소리는 번개에 수반된다.

CS와 US 사이의 수반성 정도에 따라서 파블로프식 절차의 효율성이 달라짐을 여러 실험이 보여 주었다. Robert Rescorla(1968)는 한 실험에서 쥐에게 소리(CS)를 들려주고 이어서 약한 전기충격(US)을 주었다. 모든 쥐가 같은 횟수의 CS–US 짝짓기에 노출되었지만, 가끔씩 US만 단독으로 제시되는 시행이 추가되었다. 소리 없이 전기충격만 주어지는 이러한 시행의 비율은 집단마다 달랐다. 한 집단에서는 소리(CS) 없이 전기충격(US)만 홀로 주어지는 비율이 추가 시행의 10%였고, 두 번째 집단에서는 추가 시행의 20%, 세 번째 집단에서는 추가 시행의 40%였다. 실험결과, 학습의 양은 CS가 전기충격을 얼마나 일관되게 예측하는지에 좌우되었다. CS에 거의 항상 US가 뒤따랐을 때 조건형성이 일어났다. 전기충격이 CS가 있을 때와 없을 때 대략 비슷하게 주어진 경우(40% 집단)에는 학습이 거의 또는 전혀 일어나지 않았다.

　Rescorla는 파블로프식 학습이 수반성에 좌우된다는 결론을 내렸지만 이후의 연구들은 여기에 의문을 제기했다. CS와 US 간에 수반성이 **없을** 때조차 파블로프식 학습이 일어남을 발견한 연구도 있었다(Durlach, 1982; 이 주제에 대한 논의로는 Papini & Bitterman, 1990과 Wasserman, 1989를 보라). 그렇지만 다른 조건이 동등하다면 파블로프식 학습의 비율은 CS-US 수반성의 정도에 따라 달라진다고 말할 수 있다.

　실험실에서는 CS와 US 간의 수반성을 높여서 학습이 신속하게 일어나게 하기가 쉬운 일이다. 파블로프는 메트로놈 소리를 먹이와 짝지어서 메트로놈이 똑딱이면 개가 항상 먹이를 얻고 똑딱이지 않으면 항상 먹이를 얻지 못하도록 쉽사리 만들었다. 그러나 실험실 밖에서는 사태가 더 복잡하다. 한 자극이 어떤 경우에는 특정 US에 선행하지만 다른 경우에는 단독으로 일어나거나, 혹은 더 정확하게 말하면, 그 US 이외의 다른 자극들과 함께 일어난다. 예를 들어, 우리가 어떤 사람을 처음 만나서 유쾌한 대화를 짧게 나누었으나 그 다음번 만남은 중성적이거나 불쾌할 수도 있다. 이 두 번째 경험은 유쾌했던 첫 번째 만남의 긍정적 효과를 깎아 먹기 쉬울 것이다. CS와 특정 US(또는 잘 확립된 CS) 간에 완벽한 수반성이 없으면 이

파블로프식 조건형성 절차의 흐름도

학생들은 조건자극과 무조건자극을 짝짓는 여러 방법이 혼란스럽게 느껴질 수 있다. 조건형성의 새로운 예를 보고 거기에 사용된 절차가 흔적 절차인지 지연 절차인지 동시 절차인지 혹은 역행 절차인지 판단하기 어려울 수 있다. John Hummel과 동료들(1991)이 제공하는 다음과 같은 흐름도가 도움이 될 것이다.

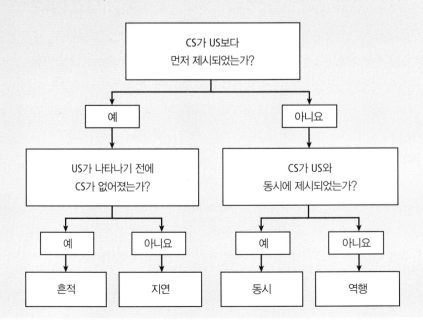

상적이지 못한 학습 조건이 된다. 그뿐만 아니라 이것은 우리가 주위의 사람이나 사물에 대해 흔히 갖고 있는 양면적인 반응을 어느 정도 설명해 줄 수 있다. "그 사람이 좋은지 싫은지 난 잘 모르겠어."라고 할 때처럼 말이다.

CS–US 근접성

근접성(contiguity)은 두 사건이 시간적으로 또는 공간적으로 얼마나 가까운지를 가리킨다. 파블로프식 학습에서 근접성이란 보통 CS와 US 간의 간격을 말하는데, 이는 **자극 간 간격**(interstimulus interval: ISI)이라고도 한다. 흔적 조건형성에서 ISI는 CS의 종료와 US의 개시 간의 간격을 뜻한다. CS와 US 두 자극이 겹치는 지연 조건형성에서는 ISI가 CS의 개시와 US의 개시 간의 간격을 뜻한다. 일반적으로 ISI 가 짧을수록 조건형성이 더 빨리 일어난다(Mackintosh, 1974; Wasserman, 1989). 그러나 두 자극 간에 간격이 전혀 없는 동시 조건형성 절차는 학습을 효율적으로 일으키지 못한다는 사실이 기억나는가? 따라서 최적 간격은 여러 가지 변인에 좌우된다.

최적 간격에 영향을 주는 변인 하나는 조건반응의 성질이다. 예를 들어, 눈 깜박임 반응의 조건형성에서는 이상적인 CS–US 간격이 0.5초 미만인 것으로 밝혀졌다(Lavond & Steinmetz, 2003). 그러나 어떤 자극이 공포를 일으키는 자극과 짝지어지는 공포 조건형성에서는 ISI가 몇 분까지나 될 수도 있다. 그리고 **맛 혐오**(taste aversion)에 관한 연구에서는 CS–US 간격이 훨씬 더 길어도 학습이 성공적으로 일어난다. 맛 혐오 조건형성은 대개 독특한 어떤 맛과 구역질을 일으키는 물질의 짝짓기로 이루어진다. 어떤 연구자들은 몇 시간이나 되는 CS–US 간격에서도 맛 혐오를 만들어 내었다(Revusky & Garcia, 1970; Wallace, 1976)(맛 혐오에 대해서는 4장 참고). 다른 연구자들은 이상적인 CS–US 간격이 스트레스 정도 같은 다른 요인에 따라서도 달라진다는 것을 보여 준다(Servatius et al., 2001).

❓ 개념 점검 5

CS와 US 간의 간격을 가리키는 용어는 무엇인가?

또한 최적 CS–US 간격은 사용되는 조건형성 절차의 유형에 따라서도 달라진다. 흔적 조건형성에서는 동물이 짧은 CS–US 간격에서 가장 잘 학습하지만, 지연 조건형성에서는 간격의 길이가 그만큼 큰 영향을 미치지 않는다. 그러나 흔적 조건형성에서조차도 극도로 짧은 CS–US 간격에서는, Gregory Kimble(1947)의 연구가 보여 주듯이, 학습이 잘 일어나지 않는다. Kimble은 불빛에 눈 깜박임 반응이

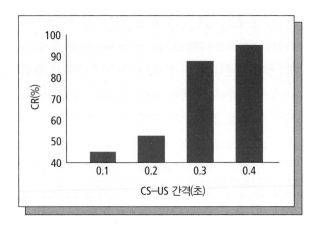

CS−US 간격 검사 시행에서 나타나는 조건반응의 평균 비율(%)을 보면 0.4초까지는 CS−US 간격이 길수록 조건형성이 더 잘 되는 것으로 나타났다. (출처: Kimble, 1947의 자료를 편집함)

나오도록 대학생들을 훈련했다. 불빛과 공기 분사 간의 간격은 짧아서 0.1~0.4초 범위였다. 열 번째 시행마다 Kimble은 US를 주지 않고서 학생들이 불빛에 눈을 깜박이는지 관찰했다. 실험이 끝나고 나서 반응률을 비교한 결과, 가장 긴 CS−US 간격이 검사 시행의 95%에서 조건반응을 유발했다. 더 짧은 간격으로 훈련받은 집단은 반응률이 더 낮아서, 가장 짧은 간격은 평균적으로 검사 시행의 단지 45% 에서만 조건반응을 일으켰다(그림 3-4).

파블로프식 학습에서 근접성의 역할을 일반화하여 말하기는 어려울 수 있다. 대개 간격이 짧은 것이 긴 것보다 더 좋지만, 이상적인 간격은 상황에 따라 복잡하게 달라진다. 예를 들어, 흔적 조건형성에서는 CS−US 간격이 길면 학습이 잘 안되지만, 이는 학습 내력에 따라 달라진다. 한 연구에서는 짧은 간격의 흔적 조건형성 경험이 있는 꿀벌들이 이후에 보통은 너무 길었을 법한 간격에서도 잘 학습하였다(Szyszka et al., 2011). 근접성은 그 복잡한 효과에도 불구하고 무시할 수가 없는데, 왜냐하면 모든 조건형성 절차의 성공에 영향을 미치기 때문이다.

자극 특징

연구자들은 조건형성 실험에 온갖 종류의 자극을 사용해 왔지만, 모든 자극이 다 똑같지는 않아서 CS와 US의 물리적 특성이 조건형성의 속도에 영향을 미친다.

여러 개의 중성 자극이 있을 때, 어느 것이나 모두 동등하게 CS가 될 수 있는 것으로 생각할 수 있겠다. 그런데 거의 모든 자극이 CS가 될 수 있기는 하지만, 어떤 자극은 다른 것보다 훨씬 더 쉽게 효과적인 CS가 된다. 이것은 동시에 제시되는 2개 이상의 자극(예: 빨간 불빛과 버저 소리)이 하나의 CS를 이루는 실험에서 알 수 있다. 그런 **복합자극**(compound stimulus)을 하나의 US와 짝짓는 시행을 한 번 이상 실시한 후에, 복합자극과 그것의 요소 자극들을 하나씩 단독으로 제시하여 조건형성이 일어났는지 검사한다. 복합자극을 사용한 최초의 한 연구에서 파블로프의 조수가 개에게 차가운 자극과 촉각 자극을 동시에 제시하고 이어서 입에 약산성 액체(침 분비를 일으키는 US)를 몇 방울 떨어뜨려 주었다. 그런 다음 개에게 차가운 자극만 제시하거나 촉각 자극만 제시하거나 복합자극을 제시하여 학습을 검사하였다. 그 결과 촉각 자극이나 복합자극은 효과적인 조건자극이지만 차가운 자극 단독으로는 아예 효과가 없음이 밝혀졌다.

파블로프는 이 현상을 **뒤덮기**(overshadowing. 음영화)라고 불렀는데, 왜냐하면 그가 지적한 대로 "한 (자극의) 효과가 다른 자극들의 효과를 거의 완전히 뒤덮어 버리는 일이 아주 흔하게 일어났기"(1927, p. 141) 때문이다. 여기서 뒤덮인 자극이 아예 감지되지 못하는 것은 아니고 다만 효과적인 CS로 작용하지 못할 따름이다(Rescorla, 1973).

아마도 효과적인 CS의 가장 두드러진 특징은 그 강도일 것이다. 즉, 강한 자극은 약한 자극을 뒤덮어 버린다. Leon Kamin(1969)은 강한 불빛과 약한 소리로 구성된 복합자극을 사용했는데, 각 자극을 따로 제시하여 검사하면 강한 불빛이 약한 소리보다 더 강한 CR을 유발했다. 이 밖에 큰 소리가 작은 소리보다 더 좋은 CS가 되고, 밝은 빛이 약한 빛보다 더 효과가 있으며, 강한 풍미나 냄새가 순한 것보다 더 효과가 있다는 등의 결과가 다른 연구들에서 밝혀졌다.

US의 강도 또한 학습의 매우 중요한 예측 요인이어서, 일반적으로 강한 US가 약한 US보다 더 좋은 결과를 가져온다. Kenneth Spence(1953)는 눈꺼풀 조건형성 연구에서 이를 입증했다. 이 실험에서 US는 제곱인치당 0.25파운드 또는 5파운드의 압력으로 눈에 공기 분사를 하는 것이었다. 스무 번의 검사 시행에서, 약한 US로 훈련받은 대학생 참가자들은 CS에 대하여 평균 다섯 번 이하의 CR을 보인 반면, 강한 US로 훈련받은 이들은 평균 열세 번의 CR을 보였다. 비슷한 실험에서 Polenchar와 동료들(1984)은 네 가지 수준(1~4mA)의 약한 전기충격을 US로 사용했다. 이들은 고양이에게 소리를 들려주고 뒷다리에 전기충격을 주어 뒷다리를 구부리게 만들었다. 그 결과 CR 습득 비율은 전기충격의 강도와 함께 증가했다(그림 3-5).

그러나 때로는 CS나 US의 강도가 지나치게 높아질 수 있다. 눈꺼풀 조건형성에서 밝은 불빛은 어두운 불빛보다 더 좋은 CS가 되지만, 너무 강한 불빛은 눈 깜박임을 일으키는 무조건자극으로 작용할 수 있고 따라서 학습에 방해가 될 것이다. 마찬가지로 아주 약한 전기충격은 좋은 US가 아니지만 너무 강한 전기충격도 좋은 US는 아니다.

? 개념 점검 6

뒤덮기는 언제 일어나는가?

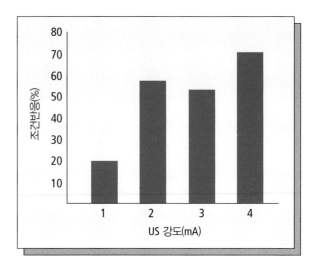

그림 3-5

US의 강도와 조건형성　네 가지 수준의 전기충격으로 훈련받은 고양이들이 일곱 번째 날에 나타낸 CR의 평균 백분율. 일반적으로 US가 강할수록 훈련이 더 효과적이다. (출처: Polenchar et al., 1984의 자료를 편집함)

　　일부 자극은 본질적으로 다른 것들보다 더 CS가 되기 쉽다. 독일 부퍼탈(Wuppertal) 대학교의 Petra Kirsch와 Wolfram Boucsein(1994)이 그런 예를 하나 제공한다. 이 연구에서 어떤 사람들은 거미 혹은 뱀 슬라이드를 본 다음 전기충격을 받았고, 다른 사람들은 중성적인 항목들(꽃 사진)을 본 다음 똑같은 전기충격을 받았다. 두 집단의 자원자 모두가 그 사진들에 대한 조건공포(conditional fear) 반응을 습득했지만, 거미와 뱀 사진을 본 사람들이 꽃 사진을 본 사람들보다 더 효과적인 조건형성을 나타냈다. (뱀과 거미 사진의 조건형성 가능성이 선천적인 것인지 아니면 이전의 조건형성 때문인지는 논쟁거리이다.)(다음 절과 4장, 13장 참고)

　　어떤 자극이 얼마나 쉽게 CS가 되는지는 US의 성질에 따라서도 달라진다. 일반적으로 CS와 US 모두가 내부 수용기를 자극하거나 모두가 외부 수용기를 자극할 때 조건형성이 가장 잘 진행된다. 예를 들어, 쥐를 대상으로 한 실험에서 US가 배탈을 일으키는 것일 때는 독특한 맛이 쉽게 CS가 되지만, US가 전기충격일 때는 빛과 소리의 조합이 더 쉽게 CS가 된다(Garcia & Koelling, 1966)(13장 참고). 이러한 결과는 진화적인 관점에서 매우 일리가 있어 보인다. 즉, 배탈은 부패한 음식을 먹어서 생길 때가 많은데, 그런 음식은 독특한 맛이 나기 마련이다. 반면에 포식동물이 무는 것과 같은 고통스러운 외적 자극에는 독특한 모습이나 소리가 먼저 발생하기 마련이다.

CS와 US에 대한 사전 경험

조건형성 절차의 효과는 CS와 US로 작용할 자극들을 학습자가 사전에 경험한 적이 있는가에 부분적으로 좌우된다. 예를 들어, 개에게 종소리가 거듭해서 들리는데, 그 소리가 한 번도 먹이와 짝지어서 들리지는 않는다고 하자. 그리고 난 후,

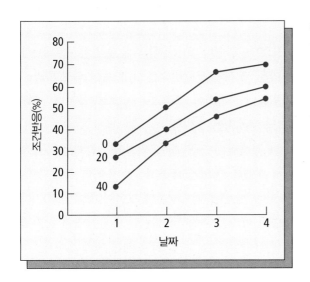

그림 3-6
잠재적 억제 양과 염소를 CS에 각각 0회, 20회, 또는 40
회 미리 노출한 후 4일간의 훈련 시에 얻어진 CR(다리 굽
히기)의 백분율. (출처: "Latent Inhibition: Effects of Frequency of
Nonreinforced Preexposure of the CS", by R. E. Lubow, 1965, *Journal
of Comparative and Physiological Psychology*, 60, p. 456, Figure 2. ©
1965, American Psychological Association. 허가하에 실음)

실험자가 그 종소리를 먹이와 짝지어 주기 시작한다면 종소리에 대한 개의 과거 경험이 학습에 어떤 영향을 미칠까?

연구에 따르면, 어떤 자극이 US 없이 나타나는 것은 나중에 그 자극이 CS가 되는 것을 방해하는데(그림 3-6), 이런 현상을 **잠재적 억제**(latent inhibition)라고 부른다(Lubow & Moore, 1959). 잠재적 억제가 일어나는 이유는 아마 적어도 부분적으로는 자극에 대한 사전 노출이 훈련 시 CS와 US의 수반성을 약화시키기 때문일 것이다(앞서 나온, 수반성에 대한 Rescorla의 1968년도 실험에 대한 이야기를 보라). 훈련 시에 CS가 가끔씩 단독으로 나타나면 조건형성이 느려진다. 따라서 훈련 전에 CS만 따로 경험하면 조건형성이 느려진다는 것은 놀라운 일이 아닐 것이다. Janice McPhee와 동료들(2001)은 CS에 대한 사전 노출과 조건형성 회기 사이에 28일간의 간격을 두었는데도 그 사전 노출은 여전히 조건형성을 방해했다.

잠재적 억제 현상은 US 없는 상태에서 여러 번 나타났던 친숙한 자극보다는 새로운 자극(학습자가 거의 경험하지 않은 자극)이 더 쉽게 조건자극이 된다는 것을 보여준다. 그런데 새로운 자극이 복합자극의 일부이고, 이 복합자극에 효과적인 CS가 포함되어 있다면 어떤 일이 일어날까? 예를 들어, 쥐를 대상으로 한 파블로프식 학습 실험에서 처음에는 소리와 전기충격을 거듭해서 짝지어 주고, 그다음에 그 소리와 새로운 자극(불빛)으로 구성된 복합자극을 똑같은 전기충격과 거듭 짝지어 준다고 하자. 이제 실험자가 불빛만 따로 제시하면 어떤 반응이 나올까? Leon Kamin(1969)은 이 실험을 실시하여 불빛이 CS가 되지 않았음을 발견했다. **차폐**(blocking. 차단)라고 부르는 이 현상은 한 자극이 다른 자극이 CS가 되는 것을 방해한다는 점에서 뒤덮기와 유사하다. 그러나 뒤덮기는 자극들의 특성(예: 강도)이 다르기 때문에 나타나지만, 차폐는 복합자극의 일부를 사전에 경험했기 때문에 일어난다는 점이 다르다.

차폐는 유용한 현상인 것으로 보인다. 먹이나 포식동물의 존재 같은 중요한 사건을 알려 주는 자극에 노출되는 것은 그 사건에 대비하는 데 도움이 되고 따라서 생존을 도와준다. 하지만 그런 신호들이 중복되면 별로 도움이 되지 않는다. 차폐에서는 우리가 중복되는 신호를 그냥 무시하는 것이다.

그러나 차폐가 우리에게 불리하게 작용할 수도 있다. 구역질을 일으키는 음식을 먹은 후에는 나중에 그 음식을 다시 대했을 때 약간 메스꺼움을 느끼기 쉽다. 그래서 우리는 그 음식을 피하는데, 그러는 것이 우리의 생존에 도움이 될 수 있다. 하지만 독특한 풍미가 나는 열대과일인 망고를 처음 먹고는 나중에 장염에 걸려서 약간 메스꺼움을 느낀다고 하자. 몇 달 후 신선한 과일 한 접시를 먹게 되는데, 거기엔 망고와 함께 처음 보는 과일인 크랜베리가 놓여 있다. 그러고는 만약 배탈이 나게 되면, 비록 배탈을 일으킨 것이 실제로는 크랜베리였을지라도 차폐 때문에 십중팔구 망고에 대한 혐오가 생길 것이다.

중성 자극에 대한 경험은 나중의 조건형성에 또 다른 방식으로 영향을 미칠 수 있다. 종소리와 불빛 같은 두 개의 중성 자극이 거듭해서 서로 짝지어지지만 US와는 절대로 짝지어지지 않는다고 하자. 그런 다음 그 두 중성 자극 중 하나, 이를테면 종소리가 US와 거듭해서 짝지어져서 CS가 된다. 이 절차가 다른 중성 자극인 불빛이 CS가 되는 데에는 어떤 영향을 미칠까? 바로 이 질문을 다룬 연구에서 Wilfred Brogden(1939b)은 개에게 불빛과 종소리를 2초간 짝지어 주는 절차를 하루에 20회씩 10일간 반복했다. 그런 다음, 어떤 개들에게는 종소리를 앞다리에 가해지는 약한 전기충격과 짝지어서 반사 반응이 일어나게 만들었다. 그리고서 Brogden은 불빛을 제시하고 어떤 반응이 나오는지 보았다. 그러자 불빛은 한 번도 US와 짝지어진 적이 없음에도 CR을 종종 유발했다. 이 현상을 Brogden은 **감각 사전조건형성**(sensory preconditioning)이라고 불렀다. 종소리-불빛 짝짓기를 경험하지 않았던 개들은 불빛에 그런 반응을 보이지 않았다. 그렇다면, 일반적으로 어떤 자극은 나중에 CS가 되는 또 다른 자극과 이전에 짝지어진 적이 있을 경우 더 빨리 CS가 될 것이다.

CS-US 짝짓기의 횟수

조건형성에는 자극들 간의 짝짓기가 필요하므로 CS와 US가 함께 나타나는 일이 자주 있을수록 조건반응이 유발될 가능성이 커진다는 것이 합리적으로 보인다. 일반적으로 이 논리는 잘 들어맞는다. 그러나 자극 짝짓기의 횟수와 학습의 정도 간의 관계는 직선적이지 않다. 즉, 처음 몇 번의 짝짓기가 나중의 것들보다 더 중

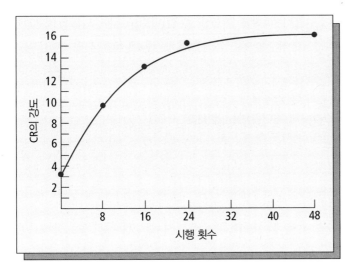

그림 3-7
CS−US 짝짓기의 횟수와 조건형성 소리에 뒤이어 손목에 전기충격이 가해지는 시행 수가 많을수록 소리만 따로 제시할 때의 반응이 강해진다.
(출처: Hovland, 1937의 자료를 인용한 Hull, 1943)

요하다. 따라서 조건형성은 체감하는(가속도가 감소해 가는) 곡선을 나타낸다(그림 3-7).

생존의 관점에서 보면 CS−US 짝짓기와 학습 간의 곡선적인 관계는 매우 일리가 있다. 만약 중요한 사건들이 일관되게 함께 일어난다면 개체가 더 빨리 이에 적응할수록 더 좋다. 예를 들어, 당신이 흑거미의 모습을 본 다음 물려서 아프다면 그런 거미에 대한 정상적인 공포를 반드시 습득해야 한다. 이런 종류의 상황에서 여러 차례의 CS−US 짝짓기가 있어야 학습할 수 있는 사람은 생존 측면에서 매우 불리한 위치에 있게 된다.

CR을 생성하기 위해 필요한 CS−US 짝짓기의 수는 경우에 따라 많이 다르다. 어떤 경우에는 수백 번 혹은 그 이상의 짝짓기가 약한 CR을 만들 뿐이다. 또 어떤 경우에는 한 번의 짝짓기만으로도 CR이 효과적으로 만들어지기도 한다(Fanselow, 1990; Sugai et al., 2007).

시행 간 간격

우리는 앞에서 CS−US 간격이 학습에 중요한 역할을 한다는 것을 배웠다. 그런데 **시행 간 간격**(intertrial interval), 즉 연속된 시행들 사이의 간격(CS와 US를 한 번 짝짓는 것이 한 번의 시행임을 상기하라) 같은 다른 간격도 중요한 역할을 한다. 시행 간 간격은 몇 초에서 몇 년까지 다양할 수 있다. 당신이 손뼉을 치면 개가 침을 흘리도록 훈련한다고 하자. 그래서 손뼉 소리와 먹이를 열 번 짝지어 주기로 한다. 그 열 번의 시행들 사이에 어느 정도의 시간 간격을 두어야 할까?

다양한 시행 간 간격의 효과를 비교한 실험들에서 일반적으로 긴 간격이 짧은 간격보다 효과적임이 밝혀졌다. CS와 US 간의 최적 간격은 1초 이하인 경우가 종종 있지만 최적의 시행 간 간격은 20초 이상일 수 있다(Lavond & Steinmetz, 2003; Prokasy & Whaley, 1963).

❓ 개념 점검 7

조건형성의 속도에 영향을 주는 네 가지 변인을 나열하라.

기타 변인

이제까지 파블로프식 학습 과정에 영향을 미치는 가장 중요한 변인들을 살펴보았지만 이것이 다는 아니다. 예를 들어, Braun과 Geiselhart(1959)는 어린이, 청년, 노년의 눈꺼풀 조건형성을 비교하였다. 그림 3-8이 보여 주는 것처럼 학습은 나이와 밀접한 관계가 있었다. 사실상 가장 나이 많은 참가자들에게는 이 연구의 학습 절차가 조건적 눈 깜박임을 일으키는 데 효과가 없었다(Woodruff-Pak, 2001도 보라).

기질도 조건형성에 영향을 줄 수 있다. 파블로프(1927)는 쉽게 흥분하는 개가 더 차분한 개보다 학습을 더 빨리한다는 점을 알아차렸다. 그러한 기질의 차이는 전반적으로 유전 때문일 것이며, 학습 속도에 영향을 줄 수 있다.

스트레스도 조건형성에 영향을 준다. Janet Taylor(1951)는 초조해하는 학생이 느긋한 학생보다 조건반응을 더 빨리 습득함을 밝혀냈다(그림 3-9). Servatius와 동료들(2001) 또한 스트레스가 일반적으로 파블로프식 학습을 촉진함을 발견했다. 그러나 Zorawski와 동료들(2005)은 스트레스의 효과가 성별에 따라 달라질 수 있다는 발견 같은 것을 통해 그 효과가 복잡함을 알아냈다.

조건형성에 영향을 주는 변인들은 중요한 방식으로 상호작용한다. 예를 들어, 자연에서 중요한 자극(예: 뱀 사진)과 강한 US를 짝지으면 강한 CR이 빨리 만들어질 수 있다. 자연선택이 어떻게 그런 경향을 선호하는지는 쉽게 이해할 수 있다.

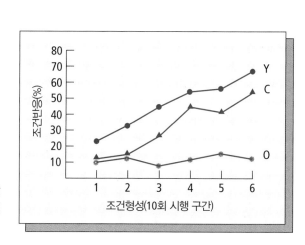

그림 3-8
조건형성과 나이 눈꺼풀 조건형성은 처음 60회 시행 동안 노인(O)에게서보다 어린이(C)와 젊은이(Y)에게서 더 빨리 진행되었다. (출처: Braun & Geiselhart, 1959)

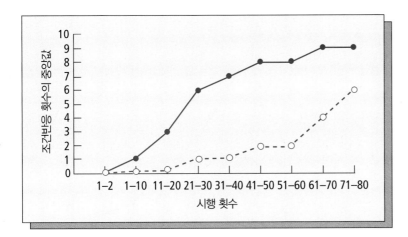

그림 3-9
조건형성과 초조함   눈꺼풀 조건형성
은 느긋한 대학생들(점선)보다 초조해
하는 대학생들(실선)에게서 더 빨리 진
행되었다. (출처: Taylor, 1951)

이 밖에 다른 많은 변인이 조건형성의 진행에 영향을 준다. 조건반응은 일단 잘
확립되면 매우 항구적인 것으로 보여서, 여러 해 동안 지속될 수도 있다. 사실상
조건형성의 효과를 무효화하기는 어렵거나 심지어 불가능할 수도 있다.

파블로프식 조건형성은 매우 단순해 보이지만 많은 변인의 효과 때문에 복잡해진다. 그런 변
인 중 주요한 것은 연구자가(혹은 자연이) CS와 US를 짝지어 주는 방식인데, 여기에는 흔적, 지
연, 동시, 역행 절차가 있다. CS–US 간격의 길이와 CS와 US 간의 수반성 정도도 학습 속도에 영
향을 미친다. 사용되는 자극의 특성 역시 중요한 역할을 한다. CS나 US에 대한 과거 경험도 학
습에 영향을 줄 수 있다. 즉, 조건형성 이전에 자극에 노출되면 잠재적 억제나 차폐가 일어날 수
있다. 다른 중요한 변인들로는 CS–US 짝짓기의 횟수와 시행 간 간격의 길이가 있다.

**3.5
요약**

3.6 조건반응의 소거

학습목표

파블로프식 조건형성에서 소거의 패턴을 이야기하려면

6.1   소거를 망각과 대비시킨다.

6.2   소거와 자발적 회복 사이의 관계를 설명한다.

6.3   소거에 영향을 줄 수 있는 두 변인을 구분한다.

조건반응은 일단 확립되고 나서는 조건자극에 무조건자극이 가끔 뒤따르기만 하
면 영구히 유지될 수 있다. 그러나 US 없이 CS만 거듭해서 제시하면 조건반응은
점점 더 약해진다. CS만 단독으로 거듭해서 제시하는 이 절차를 **소거**(extinction)라

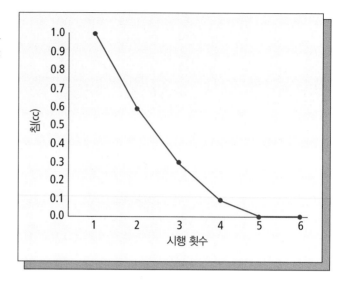

그림 3-10
CR의 소거   조건반응은 CS(이 경우에는 먹이의 모습)가 거듭해서 단독으로 제시되면 소거된다. (출처: Pavlov, 1927의 자료를 편집함)

고 부른다. 소거 훈련의 결과로 CR이 더 이상 일어나지 않으면(혹은 조건형성 이전보다 더 많이 일어나지는 않게 되면) CR이 소거되었다고 말한다.

최초로 소거를 실험실에서 보여 준 사람은 파블로프였다. 고깃가루를 보면 침을 흘리도록 개를 훈련시킨 후에 파블로프는 그 고깃가루를 개의 입에 넣어 주지는 않고 보여 주기만 반복했다. 그러자 매번 제시할 때마다 개는 침을 점점 덜 흘리게 되었다(그림 3-10).

언뜻 보면 소거는 왠지 망각과 비슷한 것 같다. 그러나 **망각**(forgetting)은 시간이 흐르면서 연습을 하지 못해서 생기는 수행의 퇴화를 가리킨다(12장 참고). 예를 들면, 개를 메트로놈 소리에 침 흘리도록 훈련한 다음에 하루, 일주일, 또는 10년 동안 훈련을 중단했다가 다시 메트로놈 소리를 제시하여 검사한다고 하자. 개가 메

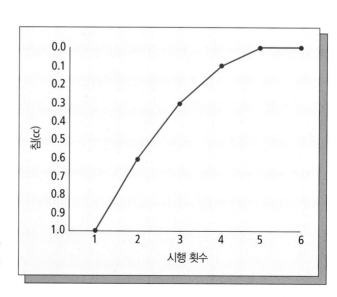

그림 3-11
학습으로서의 소거   침 분비 반응의 소거는 '침 분비하지 않는 반응'의 증가로 나타낼 수 있다. (출처: Pavlov, 1927의 자료를 편집함)

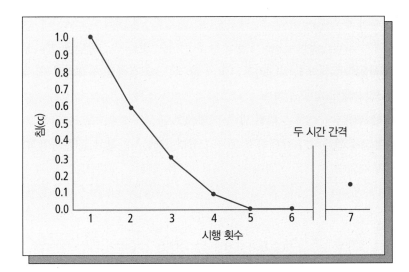

그림 3-12
자발적 회복 조건반응은 CS가 거듭해서 단독으로 제시되면 소거된다. 휴지기간이 지난 후에 CR은 자발적으로 재출현한다. (출처: Pavlov, 1927의 자료를 편집함)

트로놈 소리를 들어도 더 이상 침을 흘리지 않거나 그 반응이 약화되었다면, 망각이 일어났다고 말할 수 있다. 소거를 일으키는 절차는 이와 다르다. 소거에서는 연습 회기가 계속되지만 메트로놈 소리가 더 이상 먹이를 예측하지 않는다. 즉, CS-US 수반성이 사라지고 없다. 따라서 우리는 소거를 CS가 US의 **부재**와 짝지어지는 조건형성의 한 형태로 볼 수 있다. 소거 동안 파블로프의 개는 '침을 흘리지 않는' 반응을 학습하는 것이다(그림 3-11).

그림 3-10의 것과 같은 전형적인 소거 곡선은 CR이 꾸준히 0에 가까워져서는 매우 낮은 어떤 수준에서 안정된다는 것을 시사한다. 그런데 이런 단순화된 관점은 소거를 정확히 포착하지 못한다. 소거가 완료된 듯이 보여서 파블로프가 일정 기간 훈련을 중지했다가 CS를 다시 제시하자 침 흘리기 반응이 곧바로 되돌아왔다(그림 3-12). 이렇게 소거 이후 CR이 재출현하는 것을 **자발적 회복**(spontaneous recovery)이라고 부른다. 파블로프가 또다시 CS만 단독으로 제시하기를 여러 차례 하자 CR은 재빨리 소거되었다.

여러 차례의 소거가 자발적 회복을 제거할 수 있지만, 이것이 조건형성의 효과가 완전히 사라졌음을 의미하는 것은 아니다(Bouton et al., 2006; Lattal, 2007). 소거된 CR이 대개 최초의 조건형성 시보다 훨씬 더 빠른 속도로 재확립될 수 있다는 파블로프의 관찰로부터 이를 알 수 있다. Bouton과 Swartzentruber(1991)는 소거에 관한 동물 연구를 개관하여 훈련 도중 일어나는 사건들 또한 소거 이후 CR의 재출현을 촉발할 수 있다고 결론내렸다(또한 Van Damme et al., 2006도 보라).

조건형성과 마찬가지로 여러 가지 변인이 소거에 영향을 준다. 예를 들어, Dayan Knox와 동료들(2012)은 조건형성 이전에 가해진 스트레스가 공포반응의 습득을 막지는 않았으나, 그것의 소거는 방해한다는 것을 발견하였다. 또 다른 실험에서는 리탈린(Ritalin)이라는 이름으로 더 유명한, 과잉행동장애의 치료에 쓰이는 약물 메틸페니데이트(methylphenidate)가 공포를 소거하는 것을 촉진한다고 밝혀졌다(Abraham, Cunningham, & & Lattal, 2012). CR의 소거는, 조건형성 자체와 마찬가지로 처음 보기보다 훨씬 더 복잡하다.

약 100년이라는 기간에 걸쳐 수행된 많은 실험에도 불구하고 우리는 여전히 파블로프식 조건형성을 완벽하게 이해하지 못하고 있다. 그렇지만 많은 전문가가 파블로프식 학습의 다양한 현상을 설명하는 이론을 정립하려는 시도를 해왔다.

3.6 요약

CS만 단독으로 거듭 제시하여 조건반응을 약화시킬 수 있는데, 이 절차를 '소거'라고 부른다. 소거는 망각과 다르다. 소거 후에 CS가 CR을 다시 유발할 수도 있는데, 이 현상을 '자발적 회복'이라고 한다. 여러 번의 소거는 CR이 재출현할 가능성을 감소시키지만 CR을 제거하지는 않는다.

3.7 조건형성의 이론

학습목표

조건형성 이론들의 장단점을 비교하려면

7.1   자극대체 이론의 강점과 약점을 따져본다.

7.2   준비반응 이론이 자극대체 이론의 약점 중 일부를 어떻게 처리하는지를 설명한다.

7.3   보상반응 이론이 어떤 면에서 준비반응 이론의 한 변형인지를 설명한다.

7.4   보상반응 이론을 이용하여 약물 과용 사례를 설명한다.

7.5   Rescorla-Wagner 모형이 이전의 파블로프식 조건형성 이론들의 약점을 어떻게 해결하는지 상세히 설명한다.

7.6   Rescorla-Wagner 공식을 설명한다.

7.7   Rescorla-Wagner 모형이 차폐 현상을 어떻게 설명하는지 이야기한다.

7.8   Rescorla-Wagner 모형의 약점을 파악한다.

7.9   주의 이론이 어떻게 파블로프식 조건형성을 설명하려 하는지 이야기한다.

학습 이론들을 일종의 루빅스 큐브(Rubik's cube)로 생각할 수 있다. 우리의 과제는 사실들을 어떻게 우아한 패턴으로 짜 맞출지를 알아내는 것이다.

현재로서는 파블로프식 조건형성에 대한 하나의 통일된 이론, 즉 조건형성 분야에서 나온 모든 발견을 통틀어 설명해 주는 진술들의 집합이 없다. 하지만 연구자들은 여러 가지 이론을 제안했고, 각 이론마다 지지자들이 있다. 우리는 CR의 본질에 초점을 맞추는 이론부터 살펴볼 텐데, 파블로프의 이론부터 시작한다.

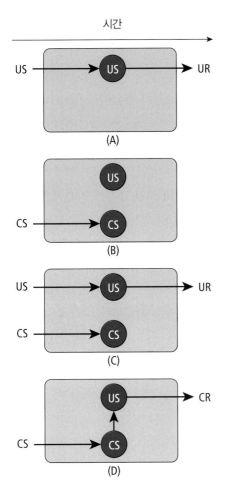

시간

(A)

(B)

(C)

(D)

그림 3-13

자극대체 이론 파블로프의 이론에서는 US가 UR을 촉발하는 뇌 영역을 흥분시킨다(A). CS는 UR과 관련 없는 뇌의 다른 영역을 흥분시킨다(B). 조건형성에서는 CS와 US가 짝지어지는데, 각 자극은 뇌에서 관련 영역에 영향을 준다(C). CS와 US가 반복해서 짝지어지면 CS 영역과 US 영역 사이에 연결이 생긴다. 그래서 CS가 US 영역을 흥분시키고 이것이 UR을 촉발하는데, 이 UR이 이제는 CR이라고 불린다(D). (출처: Gary Dale Davis 그림)

자극대체 이론

조건형성을 이해하려는 파블로프의 노력은 CR의 본질에 초점을 맞춘 것이었다. CR이란 정확히 무엇일까? 그의 답은 'CR은 UR이다'였다.

생리학자였던 파블로프가 이 질문에 접근한 방법은 반사에 관여하는 생리적 기제를 생각하는 것이었다. 선천적 반사에서는 US가 신경섬유를 자극하고, 그러면 그 신경섬유가 UR을 일으키는 다른 신경섬유를 자극한다고 그는 가정하였다(그림 3-13). 이러한 신경 연결은 요즘 말로 고정 배선되어(hard wired) 있다고 한다. 다시 말하면, 유기체의 선천적 구조의 일부라는 것이다.

이제 질문은 '조건형성 시에 무슨 일이 일어나는가?'로 이어진다. 파블로프 (1927)는 조건형성이란 CS와 US 사이에 새로운 신경 연결이 형성되는 것이라고 제안하였다. 종소리와 먹이를 반복해서 짝지음으로써 "CS 뉴런에서 US 뉴런으로 가는 새로운 신경 연결이 형성되는데, 따라서 종소리가 뇌의 US 영역을 자극하게 되고, 그러면 그것이 UR을 촉발한다."라고 파블로프는 말했다. US는, 그리고 잘 확립된 CS는 모두 UR을 일으키는 뇌 영역을 자극한다. 그러므로 CR과 UR은 같은 것이다. 차이는 그 연결이 어떻게 형성되는가에 있다. 즉, US 영역과의 신경 연결이, 한 경우에는 고정 배선되어 있고(선천적이고) 다른 경우에는 학습을 통해 생겨난다. 파블로프는 "선천적 반사의 경로는 출생 시에 이미 완성되어 있다. 그렇지만 신호를 통한 반사의 경로(즉, CS–US 연결)는 아직 상위 신경중추들에서 완성되어야 한다."(p. 25)라고 썼다. 파블로프는 전화라는 간편한 비유를 들어 이를 설명했다. "내 집과 실험실이 개인 회선으로 직접 연결되어 있으면 내가 언제든지 원할 때 실험실에 전화를 걸 수 있다. 그런데 다른 한편으로는 중간에 전화국을 통해서 실험실에 전화를 걸어야 할 때도 있을 수 있다. 그렇지만 이 두 경우 모두 결과는 동일하다"(p. 25).

그렇다면, 파블로프에 따르면 조건형성이란 어떤 새로운 행동의 습득이 아니라 새로운 자극에 대해서 기존의 방식으로 반응하는 경향성을 의미한다. CS가 단지 US를 대체하여 반사 반응을 일으킬 뿐이고, 따라서 이 이론을 **자극대체 이론**(stimulus substitution theory. 자극치환 이론, 자극대치 이론)이라는 이름으로 부른다.

CS와 US 모두가 침 분비를 유발하였으므로 파블로프의 연구는 전반적으로 그의 이론을 지지하였다. 다른 관찰들 역시 파블로프의 이론을 지지한다. 한 실험에서 파블로프는 전구를 켜고 나서 먹이 주기를 반복하였다. 예상대로 전구 불빛은 침 분비를 일으키는 CS가 되었다. 그런데 다른 무슨 일인가도 일어나고 있었다. 개가 풀려나 자유로이 움직일 수 있게 되자 전구를 핥는 것이 아닌가! 개가 먹이와 짝지어졌던 전구를 도대체 왜 핥는 걸까? 아마도 전구가 먹이의 대체물이 되었을 것인데, 파블로프의 이론에 따르면 이런 일이 신경 회로에서 일어난다.

조건형성으로 인한 또 다른 예상치 못한 효과를 보여 준 나중의 연구 또한 이 해석을 지지한다. Jenkins와 동료들(Brown & Jenkins, 1968; Jenkins & Moore, 1973)은 실험상자의 벽면에 있는 원반에 불을 켠 다음에 접시에 곡식을 주었다. 이런 불빛–먹이 짝짓기를 여러 번 거친 후에는 실험상자 속의 비둘기가 원반에 불이 켜질 때마다 원반을 쪼기 시작했다. 원반 쪼기가 먹이가 나오는 데 아무 효과도 없다는 사실에 유의하라. 즉, 먹이는 비둘기가 무엇을 하든 상관없이 접시에 나타났다. 또다시 파블로프는 "보라, 원반이 US의 대체물로 작용하고, 따라서 비둘기는 US에 반응할 때처럼 원반에 반응한다!"라고 말할지도 모른다.

자극대체 이론은 고순위 조건형성 또한 설명할 수 있다. 아마도 CS_2가 뇌의 CS_2 영역을 자극하면, 그것이 CS_1 영역을 자극하고, 이어서 CS_1 영역이 US 영역을 자극하고, 그것이 CR을 유발할 것이다(그림 3-14). "그렇지 않고는 US와 한 번도 짝지어진 적이 없는 자극이 어떻게 CR을 일으키겠는가?"라고 파블로프는 물을 수 있을 것이다.

시간

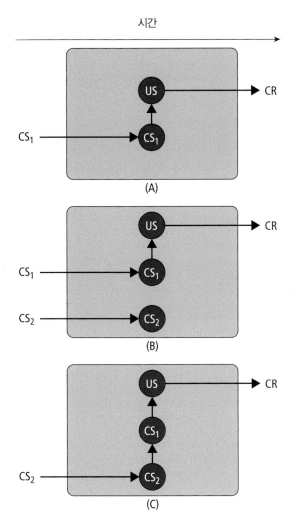

(A)

(B)

(C)

그림 3-14

고순위 조건형성 이에 대한 파블로프의 설명은 기본적인 조건형성에 대한 설명과 유사하다. 즉, 뇌의 CS_1 영역과 US 영역 사이에 연결이 생긴다(A). 조건형성이 CS_2와 CS_1을 짝짓는다(B). 이것이 그 신경 영역들 간에 연결을 만들고, 그 결과 CS_2가 CR을 촉발한다(C). (출처: Gary Dale Davis 그림)

그러나 조건형성 연구에서 나온 모든 사실이 자극 대체라는 개념을 지지하지는 않는다. 결정적으로, CR과 UR은 중요한 차이가 있음을 시사하는 증거가 있다. 일반적으로 CR은 UR보다 더 약하고 덜 일관되게 일어나며 더 느리게 나타난다. 그렇지만 파블로프의 이론을 지지하는 학자에게는 이런 차이가 그다지 큰 문제가 아닐 것이다. 즉, CS는 뇌의 US 영역을 단순히 더 약하게 자극할 것인데, 이것이 CR이 UR보다 더 약해 보이는 이유를 설명한다.

그런데 다음의 더 미묘한 문제를 생각해 보자. 즉, 조건반응과 무조건반응 사이에는 질적인 차이가 종종 나타난다. 예를 들어, Karl Zener(1937)는 개들을 종소리에 침을 흘리게 조건형성시킨 뒤, 먹이에 대한 그리고 CS에 대한 개들의 자발적인 반응을 관찰했다. 파블로프와 마찬가지로 Zener는 CS와 US가 모두 침 분비를 유발함을 발견했지만, 이 두 자극이 침 분비 외의 다른 행동도 유발함을 알아냈다. 개들은 먹이(US)를 받으면 씹는 운동을 제외하고는 거의 움직이지 않았다. 반면에 CS가 나타나면 개가 활동적으로 되었는데, 하지만 씹는 운동을 하지는 않았다. Kimble(1967)은 이런 차이가 고전적 조건형성 때문이 아니라 조작적 학습(5장 참고)에서 생겨난 것일 수 있음을 지적했는데, 그렇다면 자극대체 이론이 꼭 타격을 받는 것은 아니다. 그러나 다른 연구자들은 CR과 UR 사이에 골치 아픈 차이점들을 발견하였다(예: Boakes, 1977; Jenkins & Moore, 1973).

파블로프의 이론의 아마도 가장 심각한 문제점은 CR이 UR과 반대인 경우가 때때로 있다는 연구 결과에서 나온다(Hilgard, 1936). 예를 들어, 전기충격에 대한 무조건반응 중 하나는 심박수의 증가인 반면, 전기충격과 짝지어진 CS는 심박수의 **감소**를 유발한다. 이와 비슷하게, 모르핀에 대한 한 가지 무조건반응은 통각 자극에 대한 민감도의 감소이지만 모르핀과 연합된 자극에 대한 조건반응은 통각 자극에 대한 **민감도의 증가**이다(Siegel, 1975). 자극대체 이론은 이런 차이점을 설명하는 데 문제가 있을 뿐 아니라 차폐와 잠재적 억제도 잘 설명하지 못한다.

이런 문제점에도 불구하고 자극대체 이론을 옹호하는 학자들이 있다. 예를 들어, Roelof Eikelboom과 Jane Stewart(1982)는 조건반응이 무조건반응과 반대되는 반응을 일으킨다는 생각을 반박한다(또한 Bruchey & Gonzalez-Lima, 2006도 보라). 구체적으로 말하자면, 이들은 그러한 외견상의 비일관성은 UR을 올바로 파악하거나 정의하지 못한 오류 때문에 생겨난다고 말한다. 그럼에도 불구하고 자극대체 이론의 문제점 때문에 준비반응 이론 같은 다른 이론들이 개발되었다.

> **❓ 개념 점검 8**
>
> 자극대체 이론이란 무엇인가?

준비반응 이론

Kimble(1967)은 UR은 US에 대처하도록 만들어진 선천적 반응이지만 CR은 US에 대한 준비를 하도록 만들어진 반응이라고 제안하였다. 이것을 **준비반응 이론**(preparatory response theory. 예비반응 이론)이라고 한다.

M. S. Fanselow(1989)의 연구가 이것이 어떻게 작용할지 잘 보여 준다. 쥐는 전기충격을 받으면 펄쩍 뛰는 반응을 한다. Fanselow는 전기충격에 앞서 소리를 들려주었다. 쥐들은 곧 소리에 반응하게 되었지만, 펄쩍 뛰는 게 아니라 '얼어붙는' 반응을 하였다. 아마도 쥐는 고통스러운 자극에는 펄쩍 뛰는 반응을 선천적으로 하지만 통증에 선행하는 사건에는 얼어붙는 반응을 할 것이다. 야생에서는 쥐가 전기충격을 받는 일이 흔치 않지만, 동물들(뱀, 고양이, 개, 여우, 사람 등)의 공격은 실

제로 받는다. (쥐는 친구가 별로 없다.) 쥐가 헛간에서 조용히 곡식을 먹고 있는데 집고양이가 갑자기 쥐의 목에 이빨을 들이댈 경우, 쥐는 급하게 공중으로 펄쩍 뛴다면 탈출하여 생존할 수 있을지도 모른다. 그러나 단지 고양이가 보이기만 하거나 고양이의 야옹 하는 소리만 들리는데 공중으로 펄쩍 뛰는 쥐는 고양이의 주의를 끌게 되어 치명적인 공격을 당할 수 있다. 이 경우엔 얼어붙는 쥐가 들키지 않을 확률이 높아지고, 고양이가 공격한다면 펄쩍 뛰거나 도망갈 준비를 할 수 있다.

보상반응 이론

캐나다의 맥매스터 대학교의 Shepard Siegel(1972)은 준비반응 이론의 한 가지 변형인 **보상반응 이론**(compensatory response theory)을 제안한다. Siegel은 CR이 US가 일으킬 효과를 상쇄함으로써 동물을 US에 대비하게 한다고 주장한다. 예를 들어, 모르핀에 대한 무조건반응에는 통증 민감도 저하가 포함되지만, 모르핀과 연합된 자극에 대한 CR은 통증 민감도의 상승이다(Siegel, 1975). 이 경우, 사람은 모르핀에 대한 신체 반응을 억제함으로써 모르핀이 들어올 경우에 대한 준비를 한다.

이는 사람이 특정 환경에서 어떤 약물을 습관적으로 복용하게 되면 그 환경의 특징들이 약물에 대한 반응의 감소를 일으키는 CS가 될 수 있음을 의미한다. 캐나다의 워털루 대학교 대학원생이었던 L. O. Lightfoot(1980)은 남자 대학생들을 대상으로 한 연구에서 이를 입증했다. 먼저 학생들은 5일 연속해서 매일 30분 동안 꽤 많은 양의 맥주를 마셨다. 첫째 날부터 넷째 날까지의 음주는 모두 같은 장소에서 진행되었다. 다섯째 날에 일부 학생들은 똑같은 장소에서 마셨고 나머지 학생들은 새로운 장소에서 마셨다. 음주 후에 모든 학생이 지적 기술 및 지각-운동 기술 검사를 받았다. 그러자 친숙한 환경에서 술을 마신 학생들이 더 높은 점수를 얻어서, 같은 양의 알코올을 섭취했어도 취한 정도가 더 낮은 것으로 나타났다. 이전에 음주와 연합되었던 자극들이 알코올의 효과를 약화시켰음을 알 수 있다. 새로운 환경에는 그런 CS들이 없었고, 따라서 보상적 CR이 일어나지 않아서 알코올이 더 큰 효과를 발휘했던 것이다.

Siegel의 이론은 또 약물 복용 후에 일어나는 어떤 급사 사례들을 설명할 수 있다. 그런 죽음은 우발적인 약물 과용 때문이라고 흔히들 생각하지만, 죽은 사람의 약물 사용 내력을 볼 때 치명적인 양이 아니었는데도 발생하는 경우가 때때로 있다(Reed, 1980; Siegel, 1984). 일화적 증거는 약물 사용 시에 통상 존재했던 자극이 없을 경우 때때로 그런 사고가 일어남을 시사한다. Siegel(1984)은 약물 사용 후 거의 죽을 뻔했던 과거의 헤로인 중독자 10명에게 죽음의 문턱에 갔을 때의 상황에 대

조건자각(conditional awareness)

파블로프식 조건형성에 관해 아는 학생 중에는 그것을 설명해 보라고 하면 다음과 같은 식으로 이야기하는 이가 많을 것이다. "파블로프가 종을 울리고는 개에게 먹이를 주었다. 이를 여러 차례 하고 나면 개가 종소리와 먹이를 연합하였다. 종이 울리면 개는 먹이가 나온다는 것을 알고 있었고, 그래서 침을 흘렸다." 조건형성에 대한 이런 관점은 조건반응이 CS−US 연결에 대한 자각 **때문에 나온다**고 가정한다. 위의 학생은 "어쨌거나 개가 먹이가 나온다는 것을 알지 않는 한 왜 침을 흘리겠어?"라고 말할 것이다.

학생뿐 아니라 일부 심리학자들도 이런 자각 이론(awareness theory)에 이끌린다(Allen & Janiszewski, 1989; Lovibond & Shanks, 2002). 그렇지만 이 관점은 심각한 문제점을 안고 있다. 예를 들어, 인간 참가자를 대상으로 한 연구는 CS와 US 간의 관련성에 대한 자각 없이도 조건형성이 일어날 때가 가끔 있다는 것을 입증했다. 한 연구에서 Kenneth Diven(1937)은 사람들에게 단어연상검사(word-association test)를 실시했다. 즉, 참가자들에게 일련의 단어를 제시하면서 각 단어에 대해 마음속에 떠오르는 단어들을 무엇이든지 다 말하게 하였다. 제시한 검사 단어 중 하나는 'barn'이었는데, 참가자가 이 단어에 반응하고 있을 때는 항상 전기충격을 받았다. 그랬더니 모든 참가자가 'barn'이라는 단어에 조건반응(공포의 한 측정치인 피부전기반응)을 나타냈다. 그렇지만 그들 중 반 정도는 어떤 단어에 전기충격이 뒤따르는지 알지 못했다. 많은 연구가 유사한 결과를 얻었다(예: Bechara et al., 1995; Clark & Squire, 1998; De Houwer, Hendricks, & Baeyens, 1997; Dickinson & Brown, 2007; Esteves et al., 1994; Öhman, Esteves, & Soares, 1995; Öhman & Mineka, 2001; Öhman & Soares, 1994, 1998; Papka, Ivry, & Woodruff-Pak, 1997; Shiffman & Furedy, 1977; Soares & Öhman, 1993; Walther & Nagengast, 2006). 만약 조건형성이 때로는 자각 없이 일어난다면, 자각이 조건형성의 원인일 수 없다. 아니, 조건형성의 필요조건조차도 될 수 없다.

자각 모형의 또 다른 문제점은 아주 단순한 동물에게 조건형성을 시킬 때 제기된다. 예를 들어, 선형동물과 편형동물은 조건형성이 아주 잘 되지만, 이들이 CS−US 관계를 자각한다고 주장할 사람은 별로 없을 것이다. 벌레들은 우리가 보통 의미하는 바의 뇌가 없다. 그렇다면, 예컨대 불빛이 전기충격에 선행한다는 것을 벌레가 어떻게 인식할 수 있을까? 자각 모형에 더욱 치명적인 것으로는, 파블로프식 절차를 통해 아메바와 같은 단세포 생물도 학습을 할 수 있다는 사실이다. 아메바가 CS−US 관계를 자각한다고 말하는 것은 터무니없어 보인다.

이를 비롯한 여러 문제점에도 불구하고 자각 관점은 지속되고 있다. 왜 그럴까? 아마도 자각의 인과적 역할을 부정하는 것이 행동을 자율성을 가진 마음의 산물로 보는 전통적 관점과 충돌하기 때문일 것이다(예: Furedy & Kristjansson, 1996; Shanks & St. Johns, 1994).

자율적 마음을 믿는 사람들은 상대 진영이 사람을 '텅 빈 유기체'로 취급한다고 비난한다. 그러나 변화를 일으키는 원인으로서의 마음을 포기하는 것이 사람이 텅 비어 있음을 의미하는 것은 아니다. 사람과 일부 동물은 어느 시점에 가서는 한 자극이 규칙적으로 다른 자극에 뒤따라 나온다는 것을 자각하게 될 수 있는데, 그런 자각은 유용한 지식일 수 있다. 요지는, 이런 지식도, 즉 CS와 US 간의 연결에 대한 자각도, CR 자체처럼 조건형성된 것이라는 점이다. 그것은 학습의 **원인**이 아니라 **우리가 때로는 학습하는 것 중** 하나이다.

해 질문했다. 이들 중 7명이 그때의 상황이 무언가 평소와 달랐다고 말했다. 2명은 다른 주사 절차를 썼고, 2명은 다른 장소에서 약물을 복용했다. 한 여성은 정맥에 약물을 주사하기 위해서는 대개 두 번 이상 시도를 해야 하곤 했는데, 첫 번째 시도에 바로 성공했을 때 거의 죽을 뻔했다. 이 경우, 주사 투여의 실패가 보상반응을 유발하는 CS가 되었음이 분명해 보인다. 이 CS가 없으므로 약물에 대해 더 강한, 거의 치명적인 반응이 나타나게 되었다. 동물을 대상으로 한 실험실 연구는 이 일화적 증거를 뒷받침한다(예: Siegel, 2005; Siegel et al., 1982).

여기서 살펴본 CR 이론들이 가장 영향력 있는 것이지만, 다른 이론들도 중요한 기여를 하였다. 그런 것으로는 대립과정 이론(opponent process theory. Solomon & Corbit, 1974)과 간헐적 대립과정 이론(sometimes opponent process theory), 즉 SOP(Wagner, 1981; Mazur & Wagner, 1982)가 있다. 그러나 이제는 CS에 초점을 두는 이론으로 넘어가야 한다.

지금까지 살펴본 이론들은 CR의 본질을 설명하려고 한다. 다른 이론들은 CS에 초점을 맞춘다. 특정 자극이 어떻게 그리고 왜 CS가 되는지를 결정하는 것은 무엇일까? 이 질문에 답하려는 이론이 여러 가지 있지만, 우리는 그중 가장 영향력 있는 Rescorla-Wagner 모형에 집중할 것이다. 이 이론에는 수학식이 많아서 겁먹는 학생이 많다. 하지만 찬찬히 따라와 본다면 그렇게까지 힘들지는 않을 것이다.

Rescorla-Wagner 모형

파블로프의 자극대체 이론에서는 어떤 자극이 단순히 US와 거듭해서 짝지어짐으로써 CS가 된다. 그러나 근접성은 있으면 좋기는 하지만 그 자체만으로는 학습을 일으키지 못한다. 앞서 보았듯이 Robert Rescorla(1968, 이 책의 p. 75를 보라)는 여러 집단의 쥐들에게 소리와 약한 전기충격을 짝지어 주었다. 모든 쥐가 동일한 수의 CS-US 짝짓기를 받았다. 그런데 어떤 집단에서는 CS도 또한 단독으로 나타나는 시행이 때때로 있었다. 소리가 전기충격 없이 제시되는 횟수가 많을수록 학습이 덜 일어났다는 결과를 상기하라. Rescorla는 조건형성이 일어나기 위해서는 쥐가 CS와 US 간의 수반적 관계를 경험해야 한다고 결론 내렸다.

그러나 Rescorla의 이 결론은 앞서 살펴본 Kamin(1969)의 차폐 실험 때문에 타격을 받았다. Kamin은 소리를 전기충격과 짝지어서 CS가 되게 만든 다음, 그 소리를 새로운 자극인 불빛과 동시에 제시하고는 전기충격을 뒤이어 제시했다. 이 실험은 '그러고서 불빛을 단독으로 제시하면 그 불빛이 CS로 작용할까?'를 묻는 연구였다. 결과는 그렇지 않았다. 즉, 소리 CS가 새로운 자극인 불빛이 CS가 되는 것을 막았다. CS와 US의 근접성에 초점을 두는 파블로프의 이론은 이 발견을 설명할 수 없었다. 왜냐하면 그 새로운 자극(불빛)이 US(전기충격)와 항상 짝지어졌기 때문이다. 파블로프의 이론과 꼭 마찬가지로, 수반성에 기대는 Rescorla의 이론도 역시 차폐를 설명할 수 없었다. 왜냐하면 소리와 불빛이 일단 결합되면 그 복합자극의 제시는 항상 전기충격을 예측했기 때문이다. 다시 말하면, 전기충격은 불빛의 제시에 수반되었다. 그 불빛은 전기충격에 대하여 근접성과 수반성을 모두 갖고 있었지만, 그래도 CS가 되지 못했다.

Rescorla는 초심으로 돌아가서 그의 동료 Allan Wagner와 함께 파블로프식 조건형성에 대한 새 이론을 만들었다(Rescorla & Wagner, 1972; Wagner & Rescorla, 1972). 이것은 명백히 1970년대 이래로 가장 영향력 있는 조건형성 이론이다.

Rescorla-Wagner 모형은 두 자극을 짝지을 때 일어날 수 있는 조건형성의 양에 한계가 있다고 주장한다. 그 한계의 한 가지 결정요인은 US의 성질로서, 학습에 극적인 차이를 일으킬 수 있다. 예를 들면, 종소리를 맛있는 스테이크와 짝짓는 것은 딱딱한 빵조각과 짝지을 때보다 더 강한 조건적 침 분비를 일으키기 마련이고, 딱딱한 빵조각은 마분지 조각보다 당연히 더 효과적일 것이다. US의 특성이 중요하기는 하지만 학습에 영향을 주는 유일한 변인은 아니다. 어떤 자극은 몇 번의 짝짓기 만에 CS가 되는가 하면, 어떤 자극은 US와 몇백 번 짝지어도 큰 효과가 없을 수 있다.

일은 더 복잡해서, 개가 침을 흘릴 수 있는 양에도 한계가 있는데, 이는 곧 아무리 효과적인 CS와 US가 사용되더라도 일어날 수 있는 조건형성의 양에는 한계가 있다는 말이 된다. 더욱이, 매번 CS와 US가 짝지어져서 조금씩 학습이 일어날 때마다 학습자는 조건형성의 가능한 최대량에 점차로 가까이 가게 된다. 예를 들어, 벌이 나타나더니 당신을 쏜다고 하자. 그러면 벌과 통증의 짝짓기는 당신이 벌을 두려워하게 만들 것이다. 벌이 다음번에 나타났을 때 또다시 쏘이게 되면 당신의 두려움은 증가할 것이다. 하지만 벌에 쏘인 통증으로 인해 당신이 얼마나 두려움을 느끼는지에는 아마도 한계가 있을 것이다. 벌을 다섯 번 보았는데 그때마다 쏘인다면 아마도 최대한의 두려움을 느끼게 될 것이다. 그 후 몇백 번을 더 쏘인다고 해도 당신이 느끼는 두려움의 정도에는 아마 큰 차이가 없을 것이다.

그런데 조건형성이 진행되는 속도는 일정하지가 않다. 최초의 CS-US 짝짓기는 두 번째 짝짓기보다 대개 더 많은 학습을 일으키고, 두 번째 짝짓기는 세 번째 짝짓기보다 더 많은 학습을 일으키며, 그 이후도 같은 식으로 진행된다. 그 결과 우리가 그림 3-7에서 이미 보았던 체감하는 학습 곡선이 생겨난다. Rescorla와 Wagner는 이런 생각들, 즉 일어날 수 있는 조건형성의 양에는 한계가 있다는 것, 그 한계는 CS와 US의 특성에 좌우된다는 것, 그리고 짝짓기를 계속할수록 한 번의 짝짓기는 점점 더 적은 양의 학습을 일으킨다는 것을 다음과 같은 수학 공식으로 표현할 수 있음을 깨달았다.

$$\Delta V_n = c \left(\lambda - V_{n-1} \right)$$

이 공식은 복잡해 보이지만 방금 이야기한 생각들을 수학적인 형태로 나타낸 것일 뿐이다. Rescorla와 Wagner는 어떤 한 시행에서 일어나는 학습량을 그 시행(n)에서의 연합강도(V. value에서 따옴)의 변화(Δ. 델타. 변화를 의미하는 기호)로 표시할 수 있다고 주장한다. 이 학습량의 수치는 다음 세 요소를 가지고 결정할 수 있다. 즉, (1) CS와 US의 특성(예: US의 강도)에 근거한 어떤 상수(c. 그 범위는 0과 1 사이임), (2) 그 US가 일으킬 수 있는 학습의 총량(λ. 람다. 0 이상의 수), (3) 바로 직전 시행까지 일어난 학습의 양(V_{n-1})이다. 이 공식은 어느 특정 시행에서 일어날 학습량을 예측하려면, 학습의 가능한 총량으로부터 바로 직전 시행까지 축적된 학습량을 빼고 난 값을, 짝지어지는 자극들의 조건형성 가능성을 나타내는 상수로 곱하면 된다는 것을 의미한다.

❓ 개념 점검 9

Rescorla-Wagner 모형에 따르면, 최대량의 학습이 일어나는 시점은 언제인가?

어떤 가상적인 수치를 이 공식에 넣어 계산해 보면 이해하는 데 도움이 될 것이다. 벌의 모습과 벌에 쏘이기를 짝짓는다고 하자. 우선, 일어날 수 있는 학습의 양 λ를 100이라고 하자. 처음엔 V(연합강도)가 0인데, 왜냐하면 CS–US 짝짓기가 한 번도 없었기 때문이다. 이제 벌의 모습과 벌에 쏘이기 모두가 뚜렷한(salient) 자극이라고 가정하고 c(0과 1 사이의 상수)를 0.5로 놓는다. (뚜렷한 자극이란 말은 조건형성을 성공시킬 만한 특징들을 갖고 있다는 의미이다.) 맨 첫 시행에서는 다음과 같은 결과가 얻어진다.

$$\Delta V_1 = 0.5(100-0) = 50$$

0.5 곱하기 100은 50이 된다. 이는 CS와 US의 모든 짝짓기로부터 생겨날 수 있는 학습의 총량(λ로 표시된다)의 50%가 첫 시행에서 일어날 것이라는 의미로 해석할 수 있다. 이어지는 시행들을 계속 계산해 보면 학습의 속도가 필연적으로 감소함을 알 수 있다.

$$\Delta V_2 = 0.5(100-50) = 25$$
$$\Delta V_3 = 0.5(100-75) = 12.5$$
$$\Delta V_4 = 0.5(100-87.5) = 6.3$$
$$\Delta V_5 = 0.5(100-93.8) = 3.1$$

여기서 보듯이 다섯 번째 시행 후에는 이 두 자극을 짝지어서 얻을 수 있는 모든 학습의 거의 97%가 이미 일어났다. 더 효과적인 자극들을 사용하여 짝지으면 c 의 값이 더 커지고, 따라서 조건형성은 더욱 빨리 진행될 것이다. 예를 들어, 당신이 벌에 쏘이는데, 당신은 벌의 독에 알레르기 반응을 보인다고 하자. 당신은 너무나 아프고 숨을 쉴 수가 없어서 꺽꺽거리며 땅바닥에 쓰러진다. 땅바닥에 누워 있는 당신에게 '이제 곧 죽는구나' 싶은 공포가 밀려온다. 그러한 경험은 벌의 모습에 훨씬 더 강한 조건공포(conditioned fear)를 일으킬 것이며, 그런 조건형성은 더욱 신속하게 진행될 것이다. 이 예에서 CS(벌의 모습)는 동일하지만 US가 더 강력하기 때문에 c의 값을 0.8로 놓을 것이다. 그러면 어떻게 되는지 보자.

$$\Delta V_1 = 0.8(100 - 0) = 80$$
$$\Delta V_2 = 0.8(100 - 80) = 16$$
$$\Delta V_3 = 0.8(100 - 96) = 3.2$$
$$\Delta V_4 = 0.8(100 - 99.2) = 0.64$$

여기서 가장 먼저 눈에 띄는 것은 사용되는 자극들의 효력을 증가시키면(c를 0.5에서 0.8로 높인다) 맨 첫 시행에서의 학습량이 엄청나게 증가한다는 사실이다. 두 번째로 눈에 띌 만한 것은 더 약한 US로 다섯 번째 시행 만에 일어났던 것보다 더 많은 양의 학습이 세 번째 시행 만에 일어난다는 점이다.

여기까지는 좋다. 그런데 이 이론이 어떻게 차폐를 설명하는 걸까? Rescorla-Wagner 모형에 따르면, 차폐가 일어나는 이유는 CS_1이 CS_2와 결합되어 복합자극이 될 즈음에는 일어날 수 있는 학습의 거의 전부가 이미 일어나 버렸기 때문이다. 어떤 의미에서는 첫 번째 CS가 그 US로 만들어 낼 수 있는 학습의 총량을 '소진'해 버려서 일어날 수 있는 조건형성이 별로 남아 있지 않은 것이다. Rescorla-Wagner 공식을 가지고 Kamin의 차폐 실험을 살펴보면 이 점을 알 수 있다. c가 또다시 0.5라고 가정하자. 소리와 전기충격을 다섯 번 짝지으면 앞서와 똑같은 수치가 얻어진다.

$$\Delta V_1 = 0.5(100 - 0) = 50$$
$$\Delta V_2 = 0.5(100 - 50) = 25$$
$$\Delta V_3 = 0.5(100 - 75) = 12.5$$
$$\Delta V_4 = 0.5(100 - 87.5) = 6.3$$
$$\Delta V_5 = 0.5(100 - 93.8) = 3.1$$

이제 소리와 불빛으로 이루어진 복합자극을 제시한다고 하자. 여기서 불빛은 소리와 똑같은 정도로 뚜렷한 자극(CS가 되기에 소리와 똑같은 정도로 적절한 자극)이어서 c가 0.5로 유지된다고 가정하자. 이제 이 복합자극을 가지고 조건형성을 계속한다면 다음과 같은 결과가 얻어진다.

$$\Delta V_6 = 0.5(100 - 96.9) = 1.6$$

따라서 여섯 번째 시행에서 증가할 수 있는 학습량은 겨우 1.6이다. 게다가 이 값은 소리와 불빛에 각각 동일하게 분배되어야 한다. 이 두 자극의 조건형성 가능성이 동일하다는 가정하에서는 말이다. 그러면 여섯 번째 시행에서의 학습량은 각각의 CS에 대해 겨우 0.8(1.6을 2로 나눈 값)이 된다. 다시 말하면, 이 짝짓기의 결과로 불빛도 소리도 많이 변하지 않는다.

그러면 차폐란 일어날 학습이 거의 남아 있지 않기 때문에 생기는 현상이다. 어떤 면에서는 US가 '가르칠' 수 있는 것을 거의 모두 가르친 셈이다. 그래서 Rescorla-Wagner에 따르면 Kamin의 실험이 차폐를 입증하는 것이 전혀 아닐 수 있는데, 왜냐하면 차폐할 학습이란 것이 별로 남아 있지 않기 때문이다. 차폐뿐 아니라 Rescorla-Wagner 이론은 전형적인 조건형성 곡선의 부적으로 체감하는 기울기, 뚜렷한 자극이 더 짧은 시간 안에 더 많은 학습을 일으킨다는 사실, 그리고 소거 절차에 의한 CR의 감소도 설명한다.

그러나 이 이론이 조건형성의 모든 면을 설명하는 것은 아니다(Miller, Barnet, & Grahame, 1995). 예를 들어, 이 이론은 잠재적 억제를 설명하지 못한다. 그리고 Rescorla-Wagner 공식이 조건형성의 본질을 깨끗하게 표현하기는 하지만 특정 실험에서 구체적으로 어떤 결과가 나올지 예측하는 데는 실제로 사용될 수 없다. 왜냐하면 c의 값을 미리 알 수가 없기 때문이다. 따라서 어떤 자극들이 왜 CS가 되는지에 대한 설명을 Rescorla-Wagner 이론이 주도해 왔지만, 다른 이론가들도 또한 그런 설명을 시도했다.

기타 CS 이론

영국의 심리학자 Nicholas Mackintosh(1974)가 그중 하나를 내놓았다. 그의 이론에 따르면 학습은 주위에서 일어나는 사건 중 어느 것에 주의를 기울이는지에 따라 달라지는데, 주의는 주로 그 사건이 US를 얼마나 잘 예측하는지에 좌우된다. 따라서 만약 소리에 전기충격이 뒤따르는 경우가 90%라면, 학습자는 그 소리를 알아채기 마련이고 따라서 소리가 CS가 될 것이다. 만약 소리가 전기충격을 예측하는 확률이 10%라면 그 소리는 주의를 끌지 못해서 CS가 되지 않을 수 있다. 하지만 이 이론과 달리 한 사건이 US를 잘 예측하는데도 그것보다 예측력이 낮은 사건만큼 쉽게 CS가 되지 못하는 경우도 가끔 있다(Hall & Pearce, 1979).

다른 두 영국인 John Pearce와 Geoffrey Hall(Pearce & Hall, 1980) 역시 CS에 대한 주의가 조건형성에 결정적으로 중요하다고 가정한다. 이들의 이론에 따르면 유기체는 친숙한 사건이 아니라 새로운 사건에 주의를 기울인다. 그래서 만약 US의 발생이 놀라운 결과를 일으킨다면 우리는 US에 앞서 일어난 사건에 주의를 기울일 것이다. 그러므로 한 시행에서 CS가 단독으로 일어났는데 그다음 시행에서는 CS에 US가 뒤따르면, 이는 놀라운 일이어서 CS로 주의를 이끌며, 따라서 학습이 일어난다. 하지만 이 이론 역시 비판자들이 있다(Rodriguez, Alonso, & Lombas, 2006).

여기에 소개된 모든 이론은 그 한계에도 불구하고 연구를 자극해 왔다. 새로운 연구를 촉발하는 이러한 능력이 좋은 이론이 갖는 가장 중요한 장점 중 하나이다. 즉, 좋은 이론은 의문을 제기하여 더 많은 사실을 알게 해 주고, 그것이 새로운 이론을 낳고, 그 이론이 또 새로운 사실을 알게 해 준다. 파블로프의 이론으로 인해 많은 연구가 나왔고, 그중의 하나인 차폐에 관한 Kamin의 실험은 Rescorla-Wagner 모형의 원동력이 되었으며, 이 이론의 실패가 Mackintosh의 이론을 낳았고, 이 이론의 문제점들로 인해 Pearce-Hall 이론이 생겨났으며, 이는 또 더 많은 연구와 새로운 이론들(예: Gallistel & Gibbon, 2000)로 이어졌다. 과학은 이런 과정을 통하여, 즉 지그재그 모양으로 때로는 혼란스러운 경로를 거쳐 지식을 추구한다.

3.7 요약

파블로프는 CR과 UR 간에 의미 있는 차이가 없다고, 그리고 CS가 단지 US를 대체할 뿐이라고 믿었다. 따라서 그의 이론은 자극대체 이론이라고 불린다. 후속 연구들은 CR과 UR이 아주 다를 때가 가끔 있으며 심지어는 서로 반대일 때도 있다는 것을 보여주었다. 다른 이론들은 이를 설명하기 위해 CR이 US에 대해 유기체를 준비시키거나 US의 효과를 상쇄한다고 제안한다. Rescorla-Wagner 모형은 어떤 특정 자극이 CS가 될 수 있는지는 그 자극과 US의 뚜렷함(salience, 현출성)과 일어날 수 있는 조건형성의 총량에 좌우된다고 말한다. 파블로프식 조건형성에 관한 이론 중 어느 것도 모든 조건형성 현상을 만족스럽게 설명하지는 못했다. 그러나 각 이론은 많은 연구를 촉발했으며 그로 인해 우리가 조건형성을 더 깊이 이해하게 되었고 언젠가는 더 설명력이 큰 이론이 개발될 것이다.

맺음말

파블로프식 조건형성을 공부하고 나서 파블로프가 우리에게 가르쳐 준 것이 어떻게 개를 종소리에 침 흘리게 만들지 말고는 별로 없다고 확신하게 되는 학생이 많다. 심지어 일부 심리학자들마저도 이런 관점을 갖고 있다. 그러나 이는 잘못된 생각이다. 파블로프식 조건형성은 인간과 동물 행동의 광범위한 부분을 설명하는 데 지극히 유용한 것으로 밝혀졌다(Turkkan, 1989).

조건반사를 발달시키는 능력은 계속 달라지는 세상에서 어느 동물에게든 생존 가능성을 대단히 높여 준다는 것이 명백해 보인다. 파블로프가 제안한 것처럼 호랑이의 모습, 소리 혹은 냄새에 공포반응을 나타내는 사슴은 자기 목에 호랑이의 이빨이 들어오는 느낌에만 반응하는 사슴에 비해 더 오래 살아서 자기 유전자를 물려줄 가능성이 더 크다. 물론 호랑이의 또 다른 먹잇감인 **호모 사피엔스**에게도 이는 마찬가지이다.

사건들 간의 연합을 통해 학습하는 능력은 우리의 생존에 중요한 역할을 하지만 우리의 삶을 더 풍부하게 만들기도 한다. 파블로프식 조건형성은 반사 행위(근육의 수축과 분비샘의 작용)를 수정하는 것이지만, 우리는 그중 많은 것을 정서로 경험한다. 수년 전에 나에게는 Ginger라는 개가 있었는데, 이 개는 내가 사워크림(sour cream) 팩의 가장자리를 숟가락으로 두드리면 침을 흘렸다. 하지만 Ginger는 침만 분비하는 게 아니라 흥분과 행복을 의미하는 모든 신호를 나타냈다. 같은 방식으로 우리는 환경 내의 온갖 종류의 사물에 대해 긍정적이거나 부정적인 느낌을 습득한다. 우리는 어떤 종류의 음악은 싫어하고 어떤 종류의 음악은 좋아한다. 어떤 음식은 질색하고 어떤 음식은 사양할 수가 없다. 누군가와 첫 데이트를 하고 나서 친구가 어땠는지 물으면 우리는 "불꽃이 안 튀었어." 혹은 "뭔가 통했어."라고 답한다. 이것은 모호한 말이지만 정서를 묘사하고 있다. 이런 정서적 반응을 말할 때 우리는 종종 자신도 모르게 주로 파블로프식 학습의 효과에 관해 이야기하고 있다.

파블로프식 조건형성에 대한 이해가 증진되면서 우리는 그것을 실용적으로 사용할 무수한 방법을 찾아냈다. 그중에는 우리의 삶을 매우 풍족하게 만드는 것이 많다. 다음 장에서 이들 활용 중 일부를 살펴볼 것이다.

핵심용어

가짜 조건형성(pseudoconditioning) 70
감각 사전조건형성(sensory preconditioning) 82
검사 시행(test trial) 70
고순위 조건형성(higher-order conditioning) 68
고전적 조건형성(classical conditioning) 66
근접성(contiguity) 77
동시 조건형성(simultaneous conditioning) 74
뒤덮기(overshadowing) 79

맛 혐오(taste aversion) 77

무조건반사(unconditional reflex) 64

무조건반응(unconditional response: UR) 64

무조건자극(unconditional stimulus: US) 64

보상반응 이론(compensatory response theory) 93

복합자극(compound stimulus) 78

소거(extinction) 85

수반성(contingency) 75

시행 간 간격(intertrial interval) 83

역행 조건형성(backward conditioning) 74

자극 간 간격(interstimulus interval: ISI) 77

자극대체 이론(stimulus substitution theory) 90

자발적 회복(spontaneous recovery) 87

잠재적 억제(latent inhibition) 81

조건반사(conditional reflex) 64

조건반응(conditional response: CR) 64

조건자극(conditional stimulus: CS) 64

준비반응 이론(preparatory response theory) 92

지연 조건형성(delay conditioning) 73

차폐(blocking) 81

파블로프식 조건형성(Pavlovian conditioning) 66

흔적 조건형성(trace conditioning) 72

Rescorla-Wagner 모형(Rescorla-Wagner model) 96

복습문제

1. 파블로프가 분비샘에 지능이 있는 것처럼 보인다고 말한 것은 무슨 의미인가?

2. 파블로프의 공헌 중 가장 중요한 한 가지는 개의 환경 내에서 일어나는 사건들이 침 분비를 유발할 수 있다는 발견이라고 말하는 사람이 많다. 왜 그런가?

3. 가짜 조건형성은 연구자들에게 어떤 문제를 일으키는가?

4. 자신의 경험에서 나온 고순위 조건형성의 예를 하나 들어 보라.

5. 뒤덮기와 차폐의 차이를 설명하라.

6. 흔적, 지연, 동시 및 역행 조건형성 절차의 차이를 설명하라. 각각에 대해서 이 책에 나오지 않은 예를 들어 보라.

7. 눈꺼풀 조건형성을 위한 CS의 최적 강도를 어떻게 알아내겠는가?

8. Peggy Noonan이라는 정치연설 작가는 아기를 낳고 바로 유세전에 뛰어들었다고 한다. 그런데 어느 날 그녀는 군중 사이에서 무언가를 보고 젖이 나오기 시작했다. 그녀가 본 것은 무엇일까?

9. 파블로프식 조건형성을 공부한 결과, 인간의 본성에 대한 당신의 관점이 어떻게 변했는가?

연습문제

1. 조건반응이 그런 이름으로 불리는 이유는 그것이 많은 _____에 의존하기 때문이다.

2. 고순위 조건형성에서는 중성 자극이 잘 확립된 _____과 짝지어진다.

3. 학자들은 파블로프의 업적이 미친 영향에 대해 의견이 다르다. 파블로프가 지구상에 살았던 가장 위대한 천재 중 한 사람이라고 생각한 학자는 _____이다.

4. 파블로프식 조건형성에는 대개 _____행동이 관여한다.

5. 파블로프식 조건형성에서 CS와 US간의 관계는 CS가 시간적으로 _____ 것이다.

6. 일반적으로 말해서 CS–US 간격이 짧을수록 학습 속도가 더 _____(빠르다/느리다). 그리고 시행 간 간격이 짧을수록 학습 속도가 더 _____(빠르다/느리다).

7. Braun과 Geiselhart는 나이 많은 성인이 젊은 성인과는 다르게 조건반응을 습득함을 발견했다. 이들은 젊은 성인보다 조건반응을 더 _____(빨리/느리게) 습득했다.

8. 두 개의 자극을 짝지을 때 일어날 수 있는 조건형성의 양에는 한계가 있다고 가정하는 조건형성 이론의 이름은 _____이다.

9. 파블로프식 조건형성의 가장 비효율적인 형태는 _____라는 절차이다.

10. 조건형성 시행 이전에 CS가 단독으로 여러 번 나타나게 되면, 그 결과로 _____라는 현상이 일어난다.

파블로프식 학습의 활용

이 장에서는

1 공포
 ■ '행동치료의 어머니' Mary Cover Jones
 ■ 사람들 앞에서 말하기에 대한 공포
2 편견
3 성도착 장애
 ■ 성도착 장애
4 맛 혐오
 ■ 자연이 만들어 낸 제초기, 양
5 광고
6 약물중독
7 보건
맺음말
 핵심용어 | 복습문제 | 연습문제

"이것들이 우리가 발견한 사실이다. 정신과 의사들이 뭐라고 할지는 모르겠지만, 누가 옳은지는 두고 볼 일이지!"

_ Ivan Petrovich Pavlov

들어가며

파블로프식 조건형성이 대개 단순한 반사 행동에 대해 이루어지는 것이기 때문에 어떤 실용적 가치가 있을지 의심하는 사람이 많다. 그러나 파블로프식 조건형성은 실제로 대단히 많이 활용된다! 이 장에서는 우리가 문제에 대처하는 데 파블로프의 연구가 도움을 준 일곱 가지 분야, 즉 공포, 편견, 성도착 장애, 맛 혐오, 광고, 약물중독, 보건을 간략히 살펴볼 것이다. 먼저 공포부터 살펴보자.

학습목표

이 장을 공부하고 나면 다음의 것들을 할 수 있을 것이다.

4.1 고전적 조건형성이 공포에서 하는 역할을 설명한다.

4.2 고전적 조건형성이 편견에서 하는 역할을 이야기한다.

4.3 고전적 조건형성이 성도착 장애에서 하는 역할을 설명한다.

4.4 고전적 조건형성이 맛 혐오에서 하는 역할을 이야기한다.

4.5 고전적 조건형성이 광고에서 하는 역할을 이야기한다.

4.6 고전적 조건형성이 약물에서 하는 역할을 설명한다.

4.7 고전적 조건형성이 보건에서 하는 역할을 이야기한다.

4.1 공포

고전적 조건형성이 공포에서 하는 역할을 설명하려면

1.1 조건 정서반응을 이야기한다.

1.2 Watson과 Rayner의 아기 앨버트 연구가 공포가 학습될 수 있음을 어떻게 보여 주었는지 설명한다.

1.3 실생활에서 고전적 조건형성에 기인한 공포의 예를 두 가지 든다.

1.4 Mary Cover Jones의 연구 덕분에 우리가 역조건형성을 어떻게 이해할 수 있게 되었는지 이야기한다.

1.5 실제 노출법을 정의한다.

1.6 체계적 둔감화의 예를 든다.

1.7 가상현실 노출법이 세 가지 정신장애를 치료하는 데 어떻게 사용되는지 이야기한다.

인간의 정서를 체계적으로 연구한 최초의 인물은 John B. Watson이다. Watson의 시대에는 학자들이 일반적으로 공포가 잘못된 추론의 결과이거나 일종의 본능적 반응이라고 생각했다(Valentine, 1930).

Watson과 그 제자들의 연구가 그 모든 것을 바꾸어 놓았다. 그들은 공포나 다른 강한 정서반응을 선천적으로 일으키는 자극은 비교적 소수이지만, 그런 것과 짝 지어진 대상도 또한 그런 정서를 유발하게 된다는 것을 발견했다. 이제는 공포뿐만 아니라 사랑, 증오, 혐오를 비롯한 정서반응 대부분이 학습되며, 그 학습은 주로 파블로프식 조건형성을 통해 이루어진다는 것을 우리가 알고 있다. Watson은 이를 **조건 정서반응**(conditioned emotional response: CER)이라고 불렀다. 그의 연구는 정서장애, 특히 공포증(phobia)의 이해와 치료를 대단히 증진시켰다.

많은 사람이 공포증을 갖고 있다. 사실 공포증은 가장 흔한 정신장애 중의 하나이다(그림 4-1). 미국의 국립정신건강연구소(2021)에 따르면, 미국 성인의 약 12.5%가 평생 어느 한 시점에 특정 공포증(예: 뱀, 비행, 폐쇄 공간, 높은 곳 등에 대한 공포)을 겪는다. 특정 공포증(specific phobia)은 한 유형의 공포에 초점이 맞추어진 것으로서, 사람이 경험하는 특정 공포증의 유형은 시대에 따라 달라진다. 100년 전에는 휴대전화를 소지하지 못하는 공포(Bhattacharya, Bashar, Srivastava & Singh, 2019)나 코로나바이러스 감염증-19에 대한 공포(Amin, 2020)를 겪은 사람은 아무도 없을 것이다.

Watson과 대학원생 Rosalie Rayner(Watson & Rayner, 1920; Watson & Watson, 1921)는 공포에 대한 연구를 시작할 때 먼저 불, 개, 고양이, 실험용 쥐 및 기타 자극들

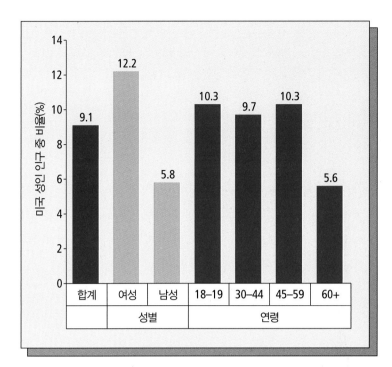

그림 4-1

공포증의 유병률 조사 전 12개월 동안 특정 공포증이 있었던 미국 성인의 비율. (출처: Kessler et al., 2005의 자료를 편집함)

에 여러 명의 유아가 어떻게 반응하는지 검사하였다. 그런 것들이 선천적으로 공포를 일으킬 수 있다고 생각했기 때문이다. 그런 선천적 공포가 있다는 증거는 나오지 않았지만, 그들은 갑작스러운 커다란 소리가 울음 및 기타 공포반응을 일으키는 무조건자극으로 작용한다는 것은 알게 되었다.

다음으로 이 연구자들은 고전적 조건형성을 통해 공포반응을 형성시키려 했다. 연구 대상은 앨버트(Albert B.)라는 11개월 된 건강한 남아로서 흰쥐, 비둘기, 토끼, 개, 원숭이, 솜, 불붙은 신문지 등에 아무런 공포도 나타내지 않았다. 앨버트는 별로 울지 않으며 잘 노는 정상적인 아기로 보였다. 연구자들은 큰 소리가 공포를 일으키는 무조건자극(US)으로 작용함을 확인했다. 쇠막대를 망치로 치면 앨버트가 깜짝 놀라곤 했기 때문이다. 이런 큰 소리를 무조건자극으로 사용하여 흰쥐에 대한 조건공포(conditional fear) 반응을 형성시키는 데는 별로 시간이 걸리지 않았다. Watson과 Rayner는 아이에게 흰쥐를 보여 주고는, 둘 중 한 사람이 망치로 쇠막대를 쳤다. 이와 같은 짝짓기를 몇 번 하자 앨버트는 쥐를 보는 순간 울기 시작하였고 공포의 다른 징후들도 나타냈다. 앨버트는 파블로프식 학습을 통해 흰쥐 두려워하기를 배운 것이었다.

다른 연구들도 파블로프식 절차가 사람과 기타 동물에게 공포를 습득시킬 수 있음을 입증했다. 예를 들어, Arne Öhman과 동료들(1976)은 대학생들에게 뱀의 사진들을 둔감화될 때까지, 즉 그 사진들이 피부전기반응(galvanic skin response: GSR)으로 측정된 정서적 효과를 일으키지 않게 될 때까지 바라보게 하였다(1장의 둔감

아기 앨버트 연구는 오늘날의 윤리 기준을 위반한다. 하지만 Watson의 시대에는 윤리 기준이 매우 달랐음에 유의하라.

화를 보라). 그리고 나서 그 사진들을 손에 가해지는 전기충격과 짝지었다. 참가자들은 전기충격에 공포반응을 나타냈고, 곧 그 사진만 보아도 공포가 유발되었다.

> **? 개념 점검 1**
>
> 왜 앨버트는 쥐를 무서워하게 되었는가?

파블로프식 조건형성을 통해 습득되었을 가능성이 매우 큰 공포반응의 예는 쉽게 찾을 수 있다. 예를 들어, 사람들은 대부분 치과에 가면 불안해진다. 치과에서 괴로움을 겪을 때가 많다는 것을 고려하면 아마도 이는 당연한 일이다. 치과의사의 드릴이 윙윙거리는 소리는 통증에 앞서서 들릴 때가 너무나 많기 때문에 드릴소리는 곧 불안을 일으키게 된다. 우리는 심지어 치과의사나 간호사 같은, 드릴로 이빨을 갈 때의 통증과 연관된 모든 것을 무서워하게 될 수도 있다(Ost & Hugdahl, 1985).

사람들이 의사의 진찰실, 교장실, 혹은 수학 강의실에서 경험하는 두려움도 똑같은 종류의 과정으로 설명되기 마련이다. 예를 들어, 수학 수업이 괴로웠던 사람은 강의가 진행되지 않을 때조차도 그 강의실에서는 불안을 느낄 수 있다.

Watson의 연구는 우리가 공포를 더 잘 이해하게 만들었을 뿐만 아니라 효율적인 치료법으로도 이어졌다. Watson의 또 다른 제자인 Mary Cover Jones(1924a, 1924b)는 사람들이 공포를 습득하는 데뿐만 아니라 공포를 극복하는 데에도 파블로프식 조건형성이 관여할 수 있음을 최초로 보여 주었다. Jones는 피터(Peter)라는 세 살 난 소년을 대상으로 연구했는데, 이 소년은 토끼를 무서워했다. Jones는 피터의 공포가 "집에서 생긴" 것이라고, 다시 말하면 의도적 조건형성의 결과가 아니라고 기술했다. 앨버트를 대상으로 한 실험은 피터가 어떻게 그런 공포를 습득했을 수 있는지를 보여 주었다. 더 중요한 것은, 이 실험이 공포를 제거하는 방법도 보여주었다는 사실이다.

Jones는 처음에 토끼를 피터가 볼 수 있는 곳에 가져오되 충분히 멀리 두어서 피터가 크래커와 우유를 간식으로 먹는 동안에 불안해하지 않게끔 하였다. 이런 방식으로 Jones는 공포를 일으키는 CS(토끼의 모습)를 긍정적인 US(크래커와 우유)와 짝지었다. 그다음 날, Jones는 토끼를 조금 더 가까이 두었는데, 그렇지만 피터가 불안해할 만큼 가까이는 아니었다. Jones는 항상 크래커와 우유를 토끼와 짝지으

앨버트와 피터는 행동과학에서 유명하지만 사람들이 둘을 혼동할 때가 많은데, 심지어 심리학 교과서에서도 그러하다. 두 연구를 잘 구분하려면 피터 래빗(Peter Rabbit) 이야기*를 떠올려라. 그러면 토끼와 관련된 것은 피터이고 쥐와 관련된 것은 앨버트임을 기억할 수 있을 것이다.

---

* 약 100년 전 영국 작가 Beatrix Potter가 창작한 그림동화 속 주인공이 피터 래빗이다. 우리나라에서도 23권 전편이 완역되어 있다.

면서 토끼를 피터에게 더 가까이 가져오기를 매일 계속했는데, 그리하여 나중에는 토끼를 무릎에다 올려놓아도 피터가 전혀 공포를 나타내지 않았다. 결국에는 피터가 한 손으로는 음식을 먹으면서 다른 손으로는 토끼와 놀게까지 되었다. Jones는 과거의 조건형성의 좋지 않은 효과를 역전시키는 데 파블로프식 절차를 이렇게 사용하는 것을 **역조건형성**(counterconditioning)이라고 불렀다. 이런 종류의 치료법은 그 사람이 편하다고 느끼는 동안 공포 유발 자극에 점진적으로 노출되기 때문에 흔히 **노출치료**(exposure therapy)라고 부른다.

Jones의 치료법은 실제 노출법(in vivo exposure therapy)이라 부르는데, 공포를 일으키는 자극에 사람을 직접 노출시키기 때문이다. 피터에 대한 Jones의 연구 이후로 역조건형성의 다른 형태들이 개발되었다. 그중 아마도 가장 잘 알려진 치료법 하나가 정신과 의사 Joseph Wolpe(1973; McGlynn, 2010)가 개발한 **체계적 둔감화**(systematic desensitization)일 것이다. 이 요법에서는 먼저 치료자가 환자와 함께 무

'행동치료의 어머니' Mary Cover Jones

1897년 9월 1일에 펜실베이니아주 존스타운에서 태어난 Mary Cover Jones는 배우기를 너무나 좋아했다. 그녀는 열렬한 학습광이어서 바사르 대학교(Vassar University)에 다닐 때 개설된 거의 모든 심리학 과목을 수강했다. 대학 졸업 직후에 컬럼비아 대학교(Columbia University)에 대학원생으로 입학했는데, 거기서 피터와 흰 토끼를 대상으로 한 그 유명한 연구(본문 참조)를 수행했다.

이 연구는 그러나 Mary Cover Jones의 눈부신 경력의 시작일 뿐이었다. 박사학위를 딴 직후 그녀는 발달에 대한 몇십 년에 걸친 연구에 착수했다. 당시에 오클랜드 성장 연구(The Oakland Growth Study)라 불렸던 이 연구는 1932년에 212명의 5학년 및 6학년 학생들을 대상으로 시작하여 청소년의 신체적, 사회적, 생리적 발달을 탐색하고자 하였다. Jones는 평생토록 이 참가자들을 추적하면서 청소년기부터 성인기에 들어선 이후까지의 발달에 영향을 미치는 요인을 많이 알아냈다. Jones는 이 프로젝트로부터 100개가 넘는 논문을 발표했다. 실로 엄청난 경력이라 하겠다.

77세의 나이에 Mary Cover Jones는 템플 대학교(Temple University)에서 했던 기조 강연에서 다음과 같이 말했다.

종단 연구에 시간을 바쳐온 지난 45년 동안 나는 우리 연구의 참가자들이 아동일 때부터 지금의 50대가 되기까지 성장하면서 심리적, 생물학적으로 어떻게 발달하는지 바라보았습니다. …… 이제 나는 세 살배기 아이의 공포증을, 아니 그 누구의 공포증이라도, 치료할 때 나중의 경과를 살펴보지 않고서는, 그리고 그를 안정성과 변화 모두에 대한 독특한 잠재력을 가진 흥미롭고 복잡한 인간으로 진정 이해하지 않고서는 만족하지 못할 것입니다.

행동치료와 평생에 걸친 발달에 관한 Jones의 연구 덕분에 인간의 심리에 대한 우리의 이해가 풍부해졌다.

Jones는 자신을 뛰어넘으려는 노력을 멈추지 않았다. 운명하기 얼마 전인 1987년 7월 22일에 Jones는 이런 말을 했다고 한다. "나는 아직도 인생에서 무엇이 중요한지 배워가고 있습니다."

서운 장면의 목록을 작성하는 작업을 한다. 예를 들어, 당신이 사람들 앞에서 말하기를 두려워한다고 가정하자. 당신과 치료자는 사람들 앞에서 말하기와 관련된 상황들을 목록으로 만들어서 전혀 또는 별로 불편하지 않은 상황부터 당신이 끔찍이 두려워하는 상황의 순서로 배열한다('사람들 앞에서 말하기에 대한 공포'를 보라). 그러고는 치료자가 당신에게 첫 번째 장면을 상상하라고 하는데, 아마도 그것을 당신에게 자세히 묘사해 준 다음 당신이 이완할 수 있는 방법을 가르쳐 준다. 따라서 그 장면(공포를 일으키는 CS)이 긍정적인 US(이완)와 짝지어진다. 맨 첫 장면이 더 이상 어떠한 불편감도 초래하지 않으면 치료자가 그다음으로 무서운 장면으로 넘어갈 것이다. 당신이 많은 청중 앞에서 말하는 것을 상상해도 불편을 느끼지 않을 때까지 이 과정이 계속된다. 이 과정 중에 당신은 끔찍한 공포를 절대로 경험하지 않는다는 데 주목하라. 한 장면에 대한 둔감화가 다음 장면에 대해서 당신을 준비시킨다.

가상현실(virtual reality)이라는 기술 혁신 덕분에 노출 요법의 한 변형이 개발되었다. 가상현실 기술은 컴퓨터 소프트웨어, 헬멧, 고글을 이용하여 환경에 대한 고도로 현실적인 전자적 모사를 창조해낸다. 예컨대 높은 곳을 무서워하는 사람이 헬멧과 고글을 쓰고서 왼쪽에 다리가 보이면 몸을 그쪽으로 돌려서 자기 앞에 그 다리가 나타나게 할 수 있다. 그런 다음 다리로 가까이 가고, 그러고는 다리에 발을 내딛고, 머리를 난간 옆으로 빼서 다리 아래 멀리 있는 강을 내려다볼 수 있

사람들 앞에서 말하기에 대한 공포

사람들 앞에서 말하기(public speaking. 대중 연설)를 두려워하는 사람이 체계적 둔감화를 받는다면 다음과 같은 (하지만 더 길고 자세한) 장면들을 상상할 것이다. 이것들은 애초의 공포 수준에 따라서 나열된 것이다.

- 친구와 편안한 분위기에서 수다 떨기
- 친구가 하는 개인적인 질문에 대답하기
- 편안한 분위기에서 친구와 낯선 사람 만나기
- 친구와 낯선 사람이 묻는 질문에 짧게 답하기
- 낯선 사람이 묻는 질문에 좀 더 자세히 답하기
- 학교나 직장에서의 프로젝트를 논의하기 위해 두 명의 친구 및 그들의 친구 세 명을 만나기
- 회의에서 나온 질문에 답하기
- 회의에서 나온 논제에 관해 자신의 의견 제시하기
- 탁자 앞에 앉아서 그 집단에게 사실 보고하기
- 결정이 필요한 사항에 대해서 그 집단에게 보고하기
  기타 등등, 그리고 마지막으로……
- 1,000명의 청중 앞에서 무대에 올라 자신이 준비한 노트를 가지고 말하기

다. **가상현실 노출치료**(virtual reality exposure therapy: VRET)라는 이런 형태의 치료법은 Mary Cover Jones의 실제 노출법과 Wolpe의 상상 요법 중간쯤에 있다. 사실 Theresa Wechsler와 동료들(2019)은 VRET가 특정 공포증을 치료하는 데 대략 실제 노출법만큼 효과가 있음을 발견했다.

Barbara Rothbaum과 동료들(1995)이 가상현실 노출치료에 대한 잘 통제된 실험을 최초로 수행하였다. 이 연구에서는 고소공포증이 있는 사람이 실제로 존재하지 않는 육교와 다양한 높이의 발코니 위를 걸어가고 50층까지 올라갈 수 있는 유리 엘리베이터를 탔다. 이 치료는 사실적이지만 낮은 수준의 공포 자극에 사람을 노출시키는 것이었다. 그가 낮은 높이의 가상 육교를 편안하게 걸어가면 더 높은 육교를 걸어가게 만들었다. 참가자들은 고소공포증이 눈에 띄게 감소했다고 말했다. 사실상 이 치료를 끝까지 마친 사람 대부분은 연구자가 시키지 않았는데도 과거 한때는 공포를 일으켰던 상황에 스스로 들어갔다.

다른 연구에서 Rothbaum과 동료들(2000)은 비행공포증을 치료하는 데 VRET를 적용하였다. 이 연구에서 그들은 가상현실 요법을 진짜 비행기를 이용하는 실제 노출법과 비교하였다. 이 두 치료법의 효과에는 별로 차이가 없었으며, 두 치료집단의 사람들은 무치료 통제집단의 사람들보다 훨씬 나아졌다. 치료를 받은 사람들은 비행에 대한 불안을 더 적게 보고했고, 통제집단과 비교하여 훨씬 더 많은 사람이 실제로 비행기를 탔다(그림 4-2). 치료가 끝난 지 6개월쯤 후에는 노출치료를 받았던 사람 중 93%가 비행기를 탔다.

시애틀에 있는 워싱턴 대학교의 Hunter Hoffman과 동료들(Carlin, Hoffman, & Weghorst, 1997; Hoffman, 2004)은 VRET를 사용하여 심한 거미 공포증이 있는 여성

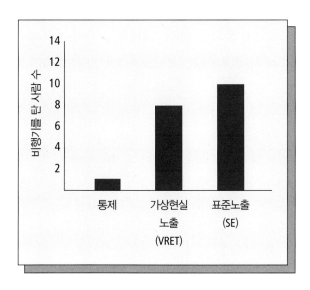

그림 4-2

비행공포증 비행을 두려워하는 사람들이 아무 치료도 받지 않거나(통제) VRET나 실제 노출법으로 치료를 받았다. 치료 후에 모든 참가자에게 비행기를 탈 기회를 주었다. 각 집단에는 15명의 사람이 있었는데, 통제집단에서는 오직 1명만 비행기를 탄 반면, VRET나 실제 노출법으로 치료받은 집단에서는 각각 8명과 10명이 비행기를 탔다. (출처: Rothbaum et al., 2000의 자료를 편집함)

을 치료했다. Miss Muffet*이라는 별명을 붙여준 이 여성의 거미 공포증은 20년에 걸쳐 점차로 증가했다. 그동안 그녀에게는 그 공포에 대처하기 위한 강박적 의례들 또한 생겨났다. 예를 들어, 빨래를 한 다음에 그녀는 거미가 들어가지 못하도록 옷들을 비닐봉지 속에 넣어 밀봉해 놓았다. 그녀는 차에 혹시나 들어가서 살고 있을지도 모를 거미를 죽이기 위해 정기적으로 차를 훈증 소독했다. 매일 밤 잠자리에 들기 전에 거미가 있나 않은지 침실을 살펴보고 나서는 창문을 배관용 테이프로 둘러막아서 밤에 거미가 들어오지 못하도록 했다. 마침내 집 밖으로 나서는 게 두려워지기 시작하자 그녀는 도움을 받으러 왔다.

> **❓ 개념 점검 2**
>
> **VRET는 무엇의 축약어인가?**

그녀의 치료에는 **SpiderWorld**라는 가상환경이 사용되었는데, 여기서는 내담자가 부엌에 있는 찬장들을 열어 보면서 돌아다니게 되어 있다. 그런데 그 부엌에는 타란툴라라는 커다란 가상의 독거미가 있다. 이 요법은 Miss Muffet으로 하여금 점차로 어려워지는 일련의 과제를 하게 만들었다. 예를 들면, 찬장을 열면 거미가 있을 수 있고, 그 가상의 거미를 그녀의 가상의 손으로 건드릴 수 있으며, 그러면 그 거미가 갑자기 튀어 오를 수 있다. 그녀는 각 과제를 불안감을 느끼지 않고 할 수 있을 때까지 반복하고 나서 그보다 약간 더 어려운 다음 과제로 넘어갔다. 1시간짜리 회기를 열 번 거친 후 Miss Muffet은 거미에 대한 공포가 급격히 감소했다. 심지어는 **살아있는** 타란툴라를 손에 들고 있을 수 있게 되었다. 거미와 관련된 의례적 행동들 또한 대단히 적어졌다. 모든 사람에게 좋은 효과를 내는 치료법이란 없지만, Hoffman과 동료들이 치료한 23명의 공포증 내담자 중 19명이 괄목할 만한 공포의 감소를 보고하였다(Garcia-Palacios et al., 2002; Tardif, Therrien & Bouchard, 2019도 보라).

VRET는 외상과 관련된 불안장애인 외상 후 스트레스 장애(post-traumatic stress disorder: PTSD)를 치료하는 데도 사용되었다(Rothbaum et al., 2012). 그런 VRET 프로그램 중 하나는 특히 2001년 9월 11일의 뉴욕 쌍둥이 빌딩 테러의 생존자들을 대상으로 한 것이었다(Difede & Hoffman, 2002). 다른 것은 월남전 참전 군인들을 치료하며(Rothbaum et al., 2001), 또 다른 것은 이라크와 아프가니스탄 전쟁의 참전 군인들을 치료한다(Reger et al., 2011). 미군은 참전 군인들의 PTSD를 치료하기(Reger &

---

* 영국의 전승 동요에서 큰 거미에 놀란 겁 많은 여자아이. (역주)

그림 4-3

델프트(Delft) 원격 VRET 시스템 네덜란드의 연구자들이 한 장소에 있는 치료자가 다른 장소에 있는 환자에게 인터넷을 통해 VRET를 제공할 수 있게 하는 프로그램을 개발했다. 예를 들어, 사람들 앞에서 말하기에 대한 공포증이 있는 사람이 이 그림에 있는 것 같은 아바타 집단과 상호작용한다. 그러는 동안 치료자는 환자의 행동을 관찰하고 실시간으로 가이드를 한다. (출처: Image courtesy of Willem-Paul Brinkman, Department of Intelligent Systems/Interactive Intelligence Group, Delft University of Technology, The Netherlands.)

Gahm, 2008; Rizzo et al., 2011) 위해서만이 아니라 미래에 발생할 수 있는 PTSD를 감소시킬 목적으로 경험이 없는 군인들을 전쟁 스트레스에 대해 준비시키기 위해서도 VRET를 받아들였다(Rizzo et al., 2012). 하지만 VRET와 PTSD에 대한 연구 중에는 주로 남성 군대 요원들에게서 효과성을 탐색한 것이 많기 때문에 그 결과가 다른 집단에까지 일반화될지는 더 알아보아야 한다(Kothgassner et al., 2019).

　치료자들은 여러 가지 형태의 노출 요법을 사용하여 온갖 종류의 공포증을 치료했는데, 여기에는 사람들 앞에서 말하기 공포증(Anderson et al., 2000; Paul, 1969), 수학 공포증(Zettle, 2003), 물 공포증(Egan, 1981), 고소공포증(Williams, Turner, & Peer, 1985), 폐소공포증(Booth & Rachman, 1992), 치과의사 공포증(Gujjar, van Wijk, Kumar & de Jongh, 2019), 사회공포증(Anderson et al., 2003; ter Heijden & Brinkman, 2011) 등이 포함된다. 연구 문헌을 검토해 보면 불안장애를 치료하는 데 VRET가 전통적인 형태의 노출 요법만큼이나 효과적임이 드러난다(Gregg & Tarrier, 2007; Parsons & Rizzo, 2008; Powers & Emmelkamp, 2008; Weschler et al., 2019). 어떤 이들은 노출 요법의 다음 물결이 인터넷 기반 VRET가 될 것으로 예상한다(Kang et al., 2011; 이 장의 '중독' 절에 있는 Rosenthal & Culbertson 연구의 참고 문헌도 보라)(그림 4-3).

PTSD를 가진 사람을 익명으로 돕도록 고안된 프로그램을 간단히 보려면 유튜브로 가서 'Rizzo PTSD'를 검색하라.

VRET는, 그리고 Wolpe의 체계적 둔감화조차도, 1920년대에 Mary Cover Jones 가 피터를 치료하기 위해 고안한 실제 노출법과 매우 달라 보이지만 사실은 세 가 지 모두가 파블로프식 조건형성을 실시하는 다른 방식일 뿐이다. 이들은 근본적으 로 개가 메트로놈 소리에 침을 흘리도록 훈련시키기 위해 파블로프가 사용한 것과 동일한 절차이다.

4.1 **요약**	Watson은 인간의 공포 및 기타 정서가 대부분 조건형성 때문에 생겨난다는 것을 보여주었다. 다행히도, 원치 않는 공포를 만들어 내는 것과 동일한 조건형성 절차가 사람들이 그런 공포를 극복하도록 도와줄 수 있다. 이 절차들은 **노출 요법**이라고 불린다. 그 예로는 체계적 둔감화와 VRET가 있다. VRET가 최첨단 기술인 것은 분명하지만, 이를 비롯하여 기타 형태의 노출 요법들은 100년도 더 전에 파블로프가 확립한 조건형성 원리에 토대를 두고 있다.

4.2 편견

학습목표

고전적 조건형성이 편견에서 하는 역할을 기술하려면

2.1   Staats와 Staats가 내놓은, 편견이 조건 정서반응이라는 증거를 이야기한다.
2.2   올바른 정보가 편견을 없앨 수 있다는 생각을 비판한다.
2.3   조건형성이 편견을 없앨 수 있음을 보여주는 증거를 두 가지 이야기한다.

편견(prejudice)은, 가장 일반적인 의미로는, 미리 판단하기(to prejudge), 즉 관련 사 실들을 알기 전에 판단하는 것이다. 그렇지만 편견이라는 단어는 어떤 사람이나 집단에 대한 부정적인 견해를 가리키는 데 가장 많이 사용된다. 그래서 편견은 증 오와 차별로 이어질 수 있다.

Watson은 증오를 또 다른 조건 정서반응으로 인정했다. 우리는 어떤 사람이나 물체를 두려워하기를 학습하는 것과 대략 똑같은 방식으로 싫어하기도 학습하는 것 같다. Arthur Staats와 Carolyn Staats가 수행한 몇몇 재기발랄한 실험이 이러한 생각을 지지한다. 이들은 중성적인 단어를 긍정적이거나 부정적인 정서반응을 일 으키는 CS로 작용한다고 생각되는 다른 단어와 짝지었다. 한 연구(Staats & Staats, 1958)에서는 대학생들에게 독일인, 이탈리아인, 프랑스인 같은 국민을 나타내는 단 어를 스크린에 비추어 주었다. 그리고 동시에 실험자가 하는 말을 따라 하게 하였 다. 대부분의 국민에는 의자, 함께, 열둘 같은 비정서적인 단어들을 짝지은 반면, 스

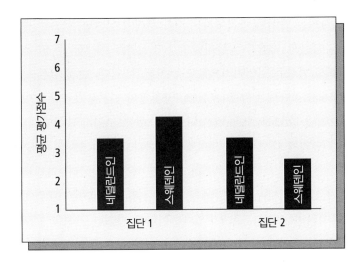

그림 4-4

조건형성된 편견 집단 1의 참가자들에게는 네덜란드인이 유쾌한 단어들과, 스웨덴인이 불쾌한 단어들과 짝지어졌다. 집단 2는 짝짓기가 그 반대로 되었다. 훈련 뒤 참가자들은 네덜란드인과 스웨덴인이라는 단어를 유쾌하다(1점)에서 불쾌하다(7점)의 척도상에서 평가하였다. 그 평가점수는 네덜란드인과 스웨덴인이 짝지어졌던 단어들을 반영하고 있다. (출처: Staats & Staats, 1958의 자료를 편집함)

웨덴인과 네덜란드인에는 더 강한 정서적 단어들을 짝지었다. 즉, 일부 학생들에게는 네덜란드인을 선물, 성스럽다, 행복하다 등의 긍정적인 단어와 짝짓고 스웨덴인을 쓰디쓰다, 못나다, 실패 같은 부정적인 단어와 짝지었다. 다른 학생들에게는 이 절차를 반대로 하여 스웨덴인과 긍정적인 단어를, 네덜란드인과 부정적인 단어를 짝지어 제시했다. 그런 다음 모든 학생이 한 척도상에서 각 국민을 평가하였다. 그 평가점수는 스웨덴인과 네덜란드인이라는 단어가 일으키는 감정이 그것과 짝지어진 단어들의 정서값에 좌우됨을 보여 주었다. 예를 들어, 네덜란드인이라는 단어가 긍정적인 단어들과 짝지어진 경우에는 부정적인 단어들과 짝지어진 경우보다 더 긍정적인 점수를 얻었다(그림 4-4).

특정 집단을 향한 편견의 많은 부분은 Staats와 Staats 실험과 유사한, 자연적으로 일어나는 조건형성의 결과일 가능성이 커 보인다. 예를 들어, 일부 뉴스 매체들은 George Floyd의 죽음 후에 인종차별적 폭력에 항의하는 시위를 의미하는 흑인 목숨도 소중해(Black Lives Matter)라는 문구와 함께 폭도, 약탈자 같은 용어를 사용하였다. 특정 집단을 가리키는 단어가 이러한 강한 정서가 실린 단어와 짝지어지는 것을 들으면 그 집단의 구성원들에 대한 감정이 영향을 받을 수 있다. 이런 일은 약탈을 한 사람들이 흑인 목숨도 소중해를 외치는 집단 전반을 대표하지 않는다 하더라도 발생한다.

Staats 부부의 연구에서 특정 단어들이 조건자극으로 되었을 뿐이지 그 단어들이 가리키는 사람들이 조건자극으로 된 것은 아니라고 반박할 수도 있다. 그러나 그 두 가지가 연결된다는 증거가 있다(예: Williams, 1966; Williams & Edwards, 1969). 즉, 흑인 목숨도 소중해라는 문구가 폭도, 약탈자 같은 단어와 짝지어지면, 흑인 목숨도 소중해라는 말뿐만 아니라 그 운동에 동참하는 사람들에 대한 우리의 반응도 영향을 받을 것이다. 이와 마찬가지로 공화당원, 아랍인, 아일랜드계, 공산주의자 같은

이 연구와 3장에서 나온 Staats와 Staats가 'YOF' 같은 무의미 철자를 긍정적 및 부정적 단어와 짝지었던 연구의 유사성을 유심히 보라. 당신은 그 연구가 시답잖다고 생각했을지 모르겠다. 기초 연구는 그것의 함의를 알게 되기 전까지는 시시해 보일 때가 종종 있다.

단어가 적대감을 불러일으키는 단어와 짝지어지는 것을 우리가 본다면, 그 단어뿐 아니라 그것이 나타내는 사람도 적대감을 불러일으킬 것이라고 예상할 수 있다. 우리는 심지어 그런 사회적 편향을 비언어적으로도 눈치챌 수 있다. 단지 다른 사람들의 몸짓을 보거나(Skinner, Olson, & Meltzoff, 2020) 긍정적이거나 부정적인 이미지와 짝지어진 얼굴을 보기만 함(Phills, Hahn & Gawronski, 2020)으로써도 말이다.

　사람들은 흔히 정보가 편견에 대한 치료 약으로 작용한다고 이야기한다. 사람들이 증오를 하는 이유는 사실을 모르기 때문이라고 어떤 이는 주장한다. 따라서 사실을 알려 주면 증오가 없어질 것이라는 말이다. 그러나 편견이 적어도 부분적으로는 조건형성의 산물이라면(그렇다는 증거가 있다), 아마도 사실만 가지고 증오를 효과적으로 녹여 없앨 수는 없을 것이다. 어떤 이는 이와 관련된 전술로 편견을 가진 사람을 그 사람이 증오하는 집단의 사람들과 접촉하게 만드는 것을 제안한다. 그러나 수십 년에 걸친 조건형성에 대항하기에 이 방법은 약한 것일 수 있다(Horowitz, 1936).

❓ 개념 점검 3

CER이란 무엇인가?

　하지만 아마도 우리는 '사랑 훈련'을 가지고 '미움 훈련'에 대항할 수 있다. 흑인 **목숨도 소중해**라는 말이 부정적인 단어(예: 약탈자, 폭도)나 부정적인 이미지(예: 흑인 목숨도 소중해 시위대의 주변부에 있는 사람들이 재물을 파손하는 영상)와 짝지어지는 것을 사람들이 자주 본다면, 이 운동을 하는 사람들에 대해 부정적인 감정이 생길 수 있다. 그러나 **흑인 목숨도 소중해**라는 말이 긍정적인 단어(예: **자비롭다, 평화를 사랑하다**)나 긍정적인 이미지(예: '흑인 목숨도 소중해'라는 문구가 박힌 티셔츠를 입은 사람들이 폭력을 비난하는 영상)와 짝지어지는 것을 사람들이 본다면, 부정적인 연합의 영향력이 약화할 것이다.

　연구는 이런 생각을 지지한다. 예를 들어, Thomas Parish와 동료들(Parish, Shirazi, & Lambert, 1976)은 베트남인들의 사진과 긍정적인 단어들을 짝지음으로써 베트남인에 대한 미국 백인 아이들의 부정적인 감정을 변화시켰다. 같은 전술이 아프리카계 미국인에 대한 감정을 바꾸는 데는 성공하지 못했다. 왜 그럴까? 베트남인이 그 지역에 들어온 것은 비교적 최근의 일이다. 따라서 백인 아이들은 아프리카계 미국인에 대해서보다 베트남인에 대해서 훨씬 더 적은 '증오 훈련'을 받았다. 이 연구는 아프리카계 미국인에 대한 편견을 약화시킬 목적의 훈련을 더 많이 하면 효과가 있을 것임을 함의하며, 다른 연구 결과는 이를 지지한다(Balas &

Sweklej, 2013; Olson & Fazio, 2006).

예를 들어, Michael Olson과 Russell Fazio(2006)는 다양한 종류의 활동을 하고 있는 사람들의 사진을 긍정적이거나 부정적인 단어들과 짝지었다. 연구의 일부에서는 아프리카계 사람들의 사진을 긍정적인 단어들과 짝지었다. 예를 들어, 계산대에서 일하는 아프리카계 미국인 직원의 사진이 **탁월하다**라는 단어와 짝지어질 수 있다. 연구자들은 다른 사진들(예: 농기구, 우산)은 중성적인 단어들(예: **와플, 전기 콘센트**)과 짝지었다. 전체적으로 연구 참가자들(거의 백 명에 이르는 여자 대학생들)은 수백 장의 사진을 보았다. 이 절차는 아프리카계 미국인에 대한 그들의 감정을 긍정적인 쪽으로 움직였지만 그런 결과를 얻기 위해서는 상당히 많은 조건형성 시행이 필요했다.

이 연구의 참가자들이 아프리카계 미국인과 긍정적인 단어가 체계적으로 짝지어짐을 눈치채고 인종차별주의자라는 비난을 피하려고 다르게 반응했다는 생각이 들 수도 있겠다. 하지만 이 연구의 조건형성 절차나 목적을 약간이라도 자각했던 것으로 보인 참가자는 두 명에 불과했으며 이들의 자료는 분석에서 제외되었다. 그러므로 어떤 집단에 대한 부정적 감정을 일으키는 것과 똑같은 종류의 경험이 그 집단에 대한 긍정적 감정을 일으킬 수도 있는 것으로 보인다.

위의 연구들이나 유사한 어떠한 연구도 완고한 인종차별주의자를 진정한 평등주의자로 변화시키는 것이 개가 먹이 접시를 보고 침을 흘리도록 훈련시키는 일만큼 쉬울 것이라고 말하지는 않는다(Parish & Fleetwood, 1975를 보라). 하지만 '평가적 조건형성(evaluative conditioning)'이라는 것(Davey, 1994; De Houwer, 2011; Gawronski & Walther, 2012; Hofmann et al., 2010)을 통해 감정을 변화시키는 일에 관한 연구는 부모, 교사, 그리고 다른 이들이 인종차별주의적 교육의 효과를 무력화하는 일을 실제로 할 수 있음을 시사한다. 우리가 특정 집단에 대해서 사랑을 느끼는지 아니면 증오를 느끼는지는 어떤 종류의 교육, 특히 어린 시절에 받는 교육에 의해 대체로 결정되는데, 이 교육은 대부분 고전적 조건형성의 형태로 이루어진다(Olsson & Fazio, 2002).

고전적 조건형성은 공포를 만들어 내는 것과 꼭 마찬가지로 편견도 만들어 낼 수 있다. 우리는 대부분 특정 집단(혹은 그 집단을 나타내거나 그 집단과 유사한 단어와 이미지)과 부정적인 단어나 이미지와의 연합을 통해 편견을 습득한다. 따라서 우리는 어떤 집단의 구성원과 개인적인 접촉이 거의 또는 전혀 없이도 편견을 습득할 수 있다. 연구는 또한 편견을 만들어 내는 것과 똑같은 종류의 경험이 편견을 역전시킬 수 있음을 보여준다. 증오 '훈련'을 더 많이 받았을수록 그 감정을 변화시키기가 더 어렵기는 하지만 말이다.

4.2 요약

4.3 성도착 장애

성도착 장애에서 고전적 조건형성이 하는 역할을 설명하려면
3.1   성도착 장애를 기술한다.
3.2   성도착 장애에 대한 프로이트식 설명을 비판한다.
3.3   고전적 조건형성이 성도착 장애를 설명할 수도 있음을 보여주는 파블로프의 연구를 이야기한다.
3.4   혐오치료가 성도착 장애 환자를 치료하는 데 어떻게 유용한지를 설명한다.
3.5   성도착 장애에 대한 다른 치료 방법들을 평가한다.

프로이트는 사람을 "polymorphously perverse"라고, 즉 대단히 많은 방식으로 성적 쾌락을 얻을 수 있는 존재라고 불렀다. 강렬하고 지속적이면서 전형적이지 않은 성적 관심은 무엇이든 모두 '성도착증(性倒錯症, paraphilia)'이라고 불린다('paraphilia'란 'incorrect love', 즉 말 그대로 '잘못된 사랑'이란 뜻이다). 성도착증에는 관음증(완전히 또는 일부 나체인 사람이나 성행위 중인 사람을 보는 것), 노출증(상대방의 동의 없이 그 사람에게 자신의 성기를 보여 주는 것), 페티시즘(특정 물건이나 발 같은 신체 부위에 매력을 느끼는 것), 사디즘(성적 파트너에게 고통을 가하는 것), 마조히즘(성적 파트너로 하여금 자신에게 굴욕이나 고통을 주게 하는 것), 소아기호증(사춘기 이전의 아동과의 성행위), 마찰도착증(상대방의 동의 없이 그 사람에게 자신의 성기를 대거나 문지르는 것) 등이 있다(American Psychiatric Association, 2013).

상대방의 동의 없이 이러한 성 행동을 한다면, 또는 그로 인해 괴로움을 느끼거나 장애를 경험한다면, 그런 사람은 성도착 장애(paraphilic disorder)로 진단받을 수 있다. 중요한 점은, 어떤 성 행동은 성도착적(비전형적)이라고 분류되면서도 병든 것은 아닐 수도 있다는 것이다. 따라서 '비전형적인' 성적 관심의 정의는 명백하지 않으며, 역사적, 사회적, 문화적, 종교적 요소 같은 많은 요인에 좌우될 수 있다(First, 2014; Joyal, 2018; Moser, 2016, 2019).

프로이트로 인해 많은 사람이 '비전형적인' 방식으로 성적 흥분을 경험하는 경향성이 신비한 무의식적 힘들에 기인한다고 믿는다. 프로이트에 따르면, 마조히즘적 행동을 나타내는 사람은 오이디푸스적 충동을 속죄하기 위한 방편으로 죽음 욕구를 느끼거나 굴욕과 고통을 겪어야 할 필요성을 느낀다. 여러 성도착 장애가 각각 다른 원인이 있을 수 있지만, 프로이트식 설명을 지지하는 과학적 증거는 전혀 없다. 반면에 조건형성이 핵심적인 역할을 한다는 증거는 있다.

예를 들어, 마조히즘을 보자. 마조히즘 경향성을 지닌 사람은 고통스럽거나 굴

무엇이 성도착 장애로 간주되는지는 시대와 장소에 따라 달라진다. 플라톤이 살았던 시대의 그리스에서는 동성애가 쉽게 받아들여질 수 있었다. 이와 대조적으로, 몇십 년 전까지 미국에서는 동성애를 정신장애로 간주하는 사람이 많았다.

욕적인 경험을 할 때 성적으로 흥분된다. 정상적으로는 고통스럽거나 굴욕적이어야 할 사건을 겪을 때 어떻게 해서 성적 쾌감을 경험하게 되는 것일까?

이에 대한 답을 시사하는 실험을 파블로프가 기술하였다. 이 실험에서 그는 개에게 전기충격에 뒤이어 먹이를 주었다. 놀랍게도 곧 개는 종소리에 침을 흘리는 것과 똑같이 전기충격에 침을 흘리는 반응을 하게 되었다. 다시 말하면, 전기충격이 침 흘리기를 일으키는 CS가 되었다. 어떤 개들은 핀으로 찌르기 등의 다른 고통스러운 자극에 대하여 침 흘리기를 학습했다. 더욱 놀라운 사실은 그런 자극들이 혐오적 성질을 상실한 것 같았다는 점이다. 파블로프(1927)는 다음과 같이 썼다.

> 이 동물들에게서는, 심하게 해로운 자극의 영향 아래 있는 동물이 보통 나타내는 가장 최소한의, 그리고 가장 미묘한 객관적 현상조차 관찰되지 않는다. 유해한 자극이 (침 분비에 대한 CS로) 변환되지 않았을 때는 맥박이나 호흡의 변화가 항상 아주 뚜렷하게 나타나는데, 이 동물들에게서는 그런 변화를 전혀 볼 수 없다. (p. 30)

파블로프의 개들은 이전에는 고통스러운 자극이었던 것을 이제는 마치 실제로 즐기는 것처럼 행동했다! 마조히즘이 생기는 원인은 아마도 이와 유사할 것이다. 고통스럽거나 굴욕적인 경험 후에 쾌락을 주는 성적 자극이 뒤따르는 일이 반복되면, 그런 혐오적 자극 자체가 성적 흥분을 일으키게 될 수도 있을 것이다.

인간에게서 이와 유사한 경험이 마조히즘 및 다른 비관습적인 성 활동의 발달에 어떻게 영향을 미칠 수 있는지를 당신은 이제 이해할 수 있을 것이다(Hsu & Bailey, 2020과 O'Donohue & Plaud, 1994 같은 학자들은 인간의 성에서 학습이 하는 역할에 의문을 제기한다. 하지만 이 문제에 대한 논의로는 다음의 연구도 보라. Hoffman, 2011; Pfaus,

---

성도착 장애

Templeman과 Stinnett(1991)은 대학교 남학생 60명을 조사하여 그들이 몰두한 적이 있는 성 활동을 찾아내었다. 그 결과는 다음과 같다.

- 2%   노출증
- 3%   12세 이하의 소녀와 성적 접촉
- 5%   강간
- 8%   음란한 소리를 내는 전화

전체적으로 이들 중 65%가 대부분의 사람이 아마도 부적절하다고 볼 형태의 성 활동을 해 본 적이 있다고 인정했다.

Kippin, & Centeno, 2001; Pfaus, Quintana, Cionnaith, Gerson, Dubé & Coria-Avila, 2020). 예를 들면, 빨간 원이나 초록 삼각형이 성적인 사진과 짝지어지는 것을 본 남성들은 그 도형만 보아도 성적으로 흥분이 되었다(McConaghy, 1970, 1974). 이런 현상이 남성에게만 국한된 것이라고 여기지 않도록 다른 연구를 소개하자면, 에로 비디오를 보기 전에 노란 불빛을 본 여성들도 역시 똑같은 효과를 나타냈다(Letourneau & O'Donohue, 1997).

파블로프식 조건형성은 성도착 장애의 원인을 시사할 뿐 아니라 상대방의 동의 없이 성도착증적 행동을 하는 사람이나 자신의 성도착증 때문에 괴로움을 겪는 사람을 위한 치료법도 또한 제시한다. 그런 치료법 하나가 **혐오치료**(aversion therapy)이다(Holmes, 1991; Lockhart, Saunders, & Cleveland, 1989; Marshall & Eccles, 1991). 혐오치료에서는 부적절한 성적 흥분을 일으키는 CS에 뒤이어 매우 불쾌한 US를 제시한다. 이런 치료가 효과를 내게 되면, 예전에는 성적 흥분을 일으키던 자극이 더 이상 그러지 않으며 심지어 불안과 불편한 느낌까지 일으킬 수도 있다.

예를 들면, Barry Maletzky(1980)는 노출증 진단을 받은 10명의 남성을 치료했다. 환자에게 막 노출을 하려 한다고 상상하게 하고는 바로 그때 썩은 냄새가 나는 산이 든 병을 코 밑에 갖다 대었다. 환자들은 대략 평균 석 달 동안 한 달에 두 번씩 이런 치료 회기를 거쳤다. 그 결과, 환자들은 노출증적 상상과 꿈을 더 적게 보고했을 뿐만 아니라 경찰 신고와 현장 관찰 또한 그런 노출증의 감소를 확인해 주었다. 이들은 또한 자신감과 자긍심이 높아졌다고 이야기했다. 이들 중에는 법의 강권에 의해 비자발적으로 치료를 받게 된 사람들도 있었다. 하지만 그래도 결과에는 아무런 차이가 없었다. 치료 후 12개월째에 이루어진 추적연구에서도 노출증의 발생은 찾아볼 수 없었다.

치료가 성공한 경우를 방금 살펴보았지만, 성도착 장애가 혐오치료에 항상 잘 반응하는 것은 아니다. 사실 일부 성도착 장애는 어떤 형태의 치료도 잘 듣지 않으며, 재발하는 경우가 흔하다(Hall, 1995; Hanson et al., 2002). 치료가 효과적일 때조차도 처음의 효과를 유지하기 위해 '보조' 회기(정기적인 재치료)가 필요할 때가 많다(Becker & Hunter, 1992; Kilmann et al., 1982).

다른 성도착 장애 치료법들도 있는데, 일부는 조건형성을 기초로 하며(Laws & Marshall, 1991; Pithers, 1994) 일부는 약물이나 수술을 사용한다(Perkins et al., 1998). 그렇지만 이들도 그 자체의 문제를 안고 있다. 예를 들어, Jay Feierman과 Lisa Feierman(2000)에 따르면 의학적 거세 수술이 특정 성도착 장애를 치료하는 데 혐오치료보다 훨씬 더 효과적이다. 하지만 거세술은 되돌릴 수 없고 심하게 침습적인 절차로서 다른 단점들도 있을 수 있다(Perkins et al., 1998). 거세술은 그 효과에도 불구하고 혐오치료보다 더 심한 논란거리이며 미국에서는 시행되는 경우가 드물

여기서 문제가 생긴다. 어떤 사람이 성도착 장애를 치료받아야 할지 말지를 누가 결정해야 할까? 대부분의 경우 결정은 당사자 자신이 한다. 비록 가족, 친구, 고용인, 또는 법정의 압력으로 치료를 결정할 수도 있지만 말이다. 어느 경우든 일반적으로 그 결정을 치료자가 하지는 않는다.

다. 테스토스테론 수준을 억압하는 약물을 사용하는 **화학적 거세**라는 방법 또한 성
범죄를 효과적으로 감소시킬 수 있지만(Cordoba & Chapel, 1983), 성범죄자가 어떻
게 그 약물을 확실히 섭취하도록 할 것인지가 문제이다.

인간의 성행동에 조건형성이 한몫한다는 것은 확실하지만 모든 성행동과 성적
취향이 조건형성으로 설명되는 것은 아니다. 학자들은 성도착 장애에 대한 다른
치료법을 현재 모색 중이다(예: Walton & Hocken, 2020을 보라).

조건형성은 일반적으로 비전형적이라고 생각되는 성행동도 포함하여 다양한 형태의 성행동이
어떻게 형성되는지 이해하는 데 도움이 된다. 조건형성은 또한 혐오치료를 비롯하여 특정 치료
법들의 토대가 되기도 했다. 어떤 성도착 장애는 특히 치료하기 힘든데, 아마도 그 행동이 수많
은 회기에 걸친 고전적 조건형성의 산물인 점이 한 가지 이유일 것이다.

4.3
요약

4.4 맛 혐오

학습목표 --

맛 혐오에서 고전적 조건형성이 하는 역할을 이야기하려면

4.1 조건 맛 혐오를 설명한다.
4.2 맛 혐오에 대한 Garcia의 연구가 조건형성에 대한 다른 대부분의 연구와 다른 점 두 가지를
　　　 이야기한다.
4.3 조건 맛 혐오의 적응적 중요성을 이야기한다.
4.4 조건 맛 혐오가 가축 관리에 활용된 예를 세 가지 든다.

먹는 일은 생존에 필수적이지만 동시에 위험할 수도 있다. 구미가 당기는 물질 중
에는 아주 맛있고 영양가 높은 것도 있지만 죽음을 초래할 수 있는 것도 있다. 위
험한 물질은 먹기를 회피하는 경향을 선천적으로 타고난다면 생존에 도움이 되겠
지만, 그런 행동은 대부분 학습된다. 어떻게 학습이 될까?

John Garcia와 그의 동료들이 이 문제에 관한 새 지평을 여는 연구를 많이 수행
했다. 그는 개인적인 경험 때문에 이 주제에 관심을 갖게 되었던 것 같다. Garcia
는 열 살 때 감초를 처음 맛보았는데, 몇 시간 후에 독감에 걸리게 되었다. 독감이
낫고 난 뒤 그는 감초를 도저히 먹을 수 없음을 알게 되었다(Nisbett, 1990을 보라).
그는 감초 때문에 병이 난 것이 아님을 알고 있었지만 어쨌든 항상 감초를 싫어하
게 되었다.

그림 4-5

조건 맛 혐오   마신 물의 총량에서 사카린 맛이 나는 물을 마신 비율(%). 사카린 맛이 나는 물을 마시는 동안 방사선에 노출되자 단맛 물에 대한 혐오가 생겼다. (출처: Garcia et al., 1955의 자료를 편집함)

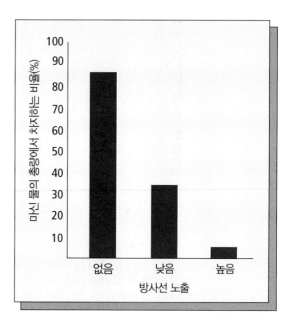

Garcia와 동료들(1955)은 초기의 한 연구에서 쥐에게 일반적인 수돗물과 사카린 맛이 나는 물을 주어 선택을 할 수 있게 했다. 쥐들은 단맛(사카린 맛)이 나는 물을 선호했다. 그런 다음 Garcia는 일부 쥐들이 단물을 마시는 동안에 구역질을 유발하는 감마방사선에 노출되게 했다. 이 쥐들은 나중에 단물을 회피하였다. 그뿐만 아니라 쥐가 노출된 방사선 수준이 높을수록 단물에 대한 혐오가 더 심했다(그림 4-5). 단물이 구역질에 대한 CS가 되어 버렸다. 다시 말하면, 물의 맛이 쥐에게 메스꺼움을 일으켰다. 쥐들이 **조건 맛 혐오**(conditioned taste aversion)를 습득한 것이다. 이는 **조건 음식 회피**(conditioned food avoidance)라고 불리기도 한다.

? 개념 점검 4

방금 살펴본 Garcia의 실험에서 CS와 US가 무엇인지 말해 보라.

Garcia의 연구는 파블로프의 연구 및 파블로프식 학습에 관한 다른 연구들과 두 가지 중요한 점에서 차이가 있다. 첫째, CS와 US가 단 한 번밖에 짝지어지지 않았다. 반면에 대부분의 조건형성 연구에서는 많은 횟수의 짝짓기가 이루어진다. 둘째, CS와 US 간의 간격이 몇 분에 이르렀다. 대부분의 연구에서 조건형성이 성공하려면 그 간격이 몇 초를 초과해서는 안 된다. 그렇지만 이 실험 상황은 Garcia가 어린 시절에 감초에 대하여 겪었던 경험, 즉 감초에 딱 한 번 노출되었고 훨씬 나중에 병이 났으며 그러고는 감초에 대한 혐오가 생겼던 것과 유사했다.

동물에게 배탈을 일으킬 수 있는 먹이는 또한 그 동물을 죽게 하거나 공격이나 질병에 취약하게 만들 수도 있다. 따라서 단일시행 학습(one-trial learning)을 하는 지 마는지는 생사를 가르는 문제가 될 수 있다. 어떤 음식을 먹고 한 번 죽을 뻔한 뒤에 그 음식을 피하는 사람은 열 번이나 열다섯 번을 죽을 뻔한 뒤에야 그런 교훈 을 얻는 사람보다 더 잘 생존하기 마련이다. 더욱이, 독성이 있는 음식의 효과가 때로는 몇 시간이나 지난 후에 나타날 수 있다. 그런 지연된 효과에도 불구하고 독 성 음식에 대한 혐오를 습득하는 동물(인간이라는 동물을 포함하여)은 먹은 뒤 곧바 로 탈이 나야만 학습하는 동물보다 확실히 더 유리한 위치에 있다.

이런 생각을 지지하는 연구는 많다. Lincoln Brower(1971)는 나비를 비롯한 온갖 종류의 곤충을 잡아먹고 사는 북미산 큰어치라는 새에게서 맛 혐오를 연구하였다. 제왕나비는 유충일 때 자신에게는 무해하지만 다른 동물에게는 독이 되는 유액 분 비 식물을 가끔 먹는다. 그러면 성충이 되어서도 그 독성을 지니고 있게 된다. 큰 어치는 보통 제왕나비를 먹으려 하지 않는데, 이런 성향은 타고나는 것이 아니다. 제왕나비에 대한 큰어치의 혐오는 조건형성의 결과이다. 이런 조건 맛 혐오를 가 진 큰어치는 때로는 제왕나비를 보기만 해도 구토를 한다.

조건형성이 어떻게 음식 혐오를 만들어 내는지에 대한 지식은 실용적으로 중 요하게 활용되게 되었는데, 그 한 분야가 가축 관리이다(Provenza, 1996; Provenza et al., 1990). 예를 들어, 초원에서 풀을 뜯어 먹는 가축은 독성 식물을 먹고서 중독이 될 수 있다. 풀을 뜯어 먹는 가축의 2~3%가 독성 식물을 먹어서 죽는다(Holechek, 2002). 가축에게 이런 식물을 먹지 **않도록** 훈련할 수 있다면, 동물의 고통을 줄일 수 있을 뿐 아니라 농장주와 소비자에게 상당한 비용 절감의 혜택도 줄 수 있다.

미국 서부에 가장 널리 퍼져 있는 독성 식물 중 하나인 로코풀(locoweed)*은 괴 이한 행동, 초조함, 떨림 및 사망을 일으킨다. 말, 소, 양에게는 그 풀이 꽤 맛있는 듯하다. 유타주 로건에 있는 독성 식물 연구실험실의 James Pfister와 동료들(2002) 은 말에게 로코풀에 대한 조건 혐오를 형성시킬 수 있는지 알아보기 위한 연구를 수행했다. 이 연구에는 여러 단계가 포함되어 있지만, 기본적으로는 말 여섯 마리 에게 로코풀을 먹인 다음 구역질을 일으키는 약물인 염화리튬을 주었다. 따라서 로 코풀의 맛에 구역질이 뒤따랐다. 이 절차에 대한 결정적인 검사는 말을 하루에 두 번씩, 각각 10분 동안 로코풀 들판에 풀어놓는 것이었다. 이 기간에 숙련된 관찰자 들이 말이 로코풀을 비롯한 다양한 풀을 몇 번이나 먹는지 '풀 뜯기 횟수'를 세어서 기록했다. 처치를 받은 여섯 마리 중 다섯 마리가 로코풀을 전혀 먹지 않았고, 나 머지 한 마리는 검사일 중 단 하루만 로코풀을 먹었다. 이 결과는 처치를 받지 않 은 통제집단의 말 네 마리가 먹은 로코풀의 양과 극적으로 대비된다(그림 4-6).

---

* 로코(loco)는 스페인어로 '미쳤다'는 뜻이다. (역주)

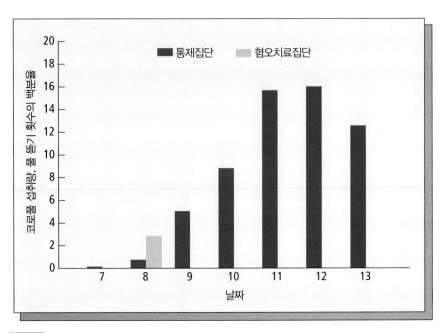

그림 4-6
로코풀에 대한 조건 혐오 조건 맛 혐오치료를 받은 말들(밝은 막대)과 받지 않은 말들(어두운 막대)이 먹은 로코풀의 비율. 8일째에 처치집단이 먹은 양은 모두 말 한 마리에게서 나왔다. (출처: Pfister et al., 2002, Conditioned taste aversions to locoweed [Oxytropis sericea] in horses. *Journal of Animal Science, 80*, Figure 2, p. 82. 허가하에 실음)

브라질과 기타 남미 나라들에서는 소가 미오미오(mio-mio)라는 독성이 매우 높은 식물을 먹는다. Milton Almeida와 대부분 브라질 사람인 동료들(Almeida et al., 미발표 초고, 2011)은 소들에게 탈이 나기에 충분한 양의 미오미오를 먹였다. 그리고 시간이 좀 지난 뒤 소들을 미오미오가 있는 작은 방목지에 넣었다. 통제집단은 미오미오에 사전 노출이 되지 않은 채로 방목지에 들어갔다. 사전 노출 처치 후 23시간 이상 지난 뒤에 방목지에 들어간 소들은 전혀 탈 난 기색을 안 보인 반면에 처치를 받지 않은 소들은 절반 이상이 심각하게 탈이 났고 일부는 죽었다. 조건형성 절차의 효력은 조건형성 회기와 방목지에 들어간 시간 간격에 따라 달랐다. 미오미오가 배탈을 일으키는 데는 시간이 걸리는 것이 분명하며, 맛 혐오를 형성시킨 것은 그 배탈이다.

다른 연구들도 소(Pfister, 2000; Ralphs, 1997), 염소(Provenza et al., 1990), 양(Almeida et al., 2009; Provenza, Lynch, & Nolan, 1993)을 대상으로 조건 음식 회피의 혜택을 보여 준다. 심지어 쥐와 생쥐도 식용 곡물에 대한 혐오를 습득할 수 있는 것으로 보인다 (Ralphs & Provenza, 1999). 조건 음식 회피의 효과가 얼마나 지속되는지는 알기 힘들지만 적어도 3년간은 지속될 수 있다는 증거가 있다(Ralphs & Provenza, 1999). 조건형성을 추가로 더 해야 한다고 할지라도 그 혜택이 거기에 드는 시간과 비용을

자연이 내린 제초기, 양

많은 사람이 음식에 사용되는 독성 화학물질을 점점 더 걱정하고 있는데, 이에 대한 경제적인 대안을 찾기가 쉽지 않다. 독물을 뿌려서 잡초를 억제하는 것 외에 농부가 다른 어떤 수단을 쓸 수 있을까? 한 가지 답은 양을 이용해 보는 것이다.

캘리포니아 대학교 데이비스 캠퍼스의 Morgan Doran과 동료들은 양이 풀을 뜯어 먹을 때 포도나무는 먹지 않도록 훈련하였다(Trained Sheep Graze, 2007). 유타 주립대학교의 Fred Provenza가 개발한 방법(예: Provenza, Lynch, & Nolan, 1993)을 써서 Doran은 포도밭에서 양들이 포도나무는 해치지 않으면서 잡초를 제거하도록 파블로프식 조건형성을 사용하였다.

먼저, 이 연구자들은 양에게 포도나뭇잎을 먹게 한 후에 구역질을 일으키는 약물인 염화리튬을 소량 주었다. 그러고는 양들을 포도밭에 풀어놓았다. 이 양들은 아무거나 원하는 대로 먹을 수 있었지만, 포도나무는 피하고 잡초로만 배를 채웠다. 즉, 포도나무 맛에 대한 혐오를 습득했던 것이다.

양을 제초제처럼 이용하면 농부는 제초제로 인한 비용과 건강상 위험을 피하면서 소비자에게 더 안전한 농산물을 길러 내게 된다. 그렇게 훈련된 양들을 모는 목동은 양의 먹이를 공짜로 얻을 수 있고, 어쩌면 과수원에서 잡초를 없애 주는 대가로 포도 농사꾼에게서 보수까지 받을지도 모른다. 네발짐승을 이용한 이 똑같은 기술이 다른 종류의 과수원에서도, 심지어 곡물 농장에서도 힘을 발휘할지 모른다.

양은 효율적이면서도 기계 제초기보다 더 훨씬 더 조용한 천연 제초기라 하겠다.

능가할 가능성이 크다. 조건형성은 농장과 목장에서 다른 식으로도 활용될 수 있는 유망한 방법이다('자연이 내린 제초기, 양'을 보라).

조건 맛 혐오는 독특한 맛과 혐오적(특히 구역질을 유발하는) 자극을 짝지음으로써 생겨난다. 조건형성이 효과적으로 일어나기 위해서는 일반적으로 CS와 US가 시간적으로 가까이 제시되어야 하지만, 맛 혐오는 US가 한 시간 이상 지연되어도 발생할 때가 많다. 이 분야의 연구는 우리의 맛 취향을 이해하는 데 도움이 되었을 뿐 아니라 목장 동물들의 고통을 방지하고 목장주와 소비자의 돈을 많이 아낄 수 있는 방법을 이끌어냈다. 심지어 농부가 풀 뜯는 동물을 잡초 제거기로 변신시킬 수 있도록 도와줄 수도 있다.

4.4 요약

4.5 광고

학습목표

광고에서 고전적 조건형성이 하는 역할을 설명하려면

5.1 광고회사가 상품에 대하여 만들려고 하는 연합의 유형을 이야기한다.

5.2 조건형성이 특정 상표에 대한 태도에 영향을 미친다는 증거를 세 가지 내놓는다.

5.3 어떤 상표에 대한 사람들의 선호가 강할 때 조건형성이 여러 상표에 대한 태도에 미치는

영향을 설명한다.

5.4　상표 선호에서 조건형성 절차가 하는 역할을 평가한다.

파블로프의 실험실에서 뉴욕의 매디슨가까지 가려면 한참 오래 여행을 해야 하겠지만, 이곳의 광고회사들은 상품에 대한 사람들의 정서적 반응에 지대한 관심을 갖고 있다. 이 회사들은 사람들이 자기가 좋아하는 제품을 살 것이라는 합리적인 가정하에 상품과 호감을 연합시키는 것을 특히 목표로 한다.

광고회사는 긍정적인 정서를 확실히 유발하는 자극을 상품과 짝지음으로써 호감을 일으키려고 한다(Schachtman, Walker, & Fowler, 2011; Zane, 2012). 예를 들어, TV 광고는 멋진 사람들이 즐겁게 노는 장면과 특정 상표의 맥주를 연합시킨다. 맥주 광고에 음주로 인한 알코올 중독이나 태아 손상이 언급된다거나 치명적인 자동차 사고 장면이 나오는 법은 없다. 젊고 건강하며 매력적인 사람들이 맥주병을 들고서 즐겁게 노는 모습만 나올 뿐이다.

새 상품을 이미 인기 높은 자기네 상품 하나와 짝짓는 **공동 브랜딩**(co-branding)을 하는 것도 위와 똑같은 종류의 작업이다(Grossman, 1997). 또 다른 광고 기법은 경쟁 상품을 부정적인 정서를 일으키는 사물과 짝짓는 것이다. 예를 들면, 경쟁사의 쓰레기봉투가 찢어져서 쓰레기가 부엌 바닥에 온통 흩어져 있는 장면을 보여 줄 수도 있고, 경쟁사의 사료에 고양이가 등을 돌리는 모습을 보여 줄 수도 있다.

❓ 개념 점검 5

광고회사는 상품을 어떤 종류의 감정을 일으키는 자극과 짝짓는가?

그런 기법이 정말로 우리가 광고된 제품을 좋아하도록 유도할까? 제조 회사들이 광고에 수백만 달러의 돈을 쏟아붓는 것을 보면 분명히 그들은 그렇다고 생각하는 것 같은데, 연구 결과는 그런 생각을 지지한다. 예를 들어, 한 실험(Kiviat, 2007에 보고된)에서는 사람들이 3개의 병에 담겨 있는 땅콩버터를 맛보았다. 그들 중 75%는 유명상표의 딱지가 붙어 있는 병에 든 땅콩버터를 더 좋아했는데, 사실 그 세 병에 든 것은 모두 똑같은 땅콩버터였다. 비슷한 실험에서 어린이들은 다른 상자들보다 맥도날드 상자에 든 감자튀김과 치킨너깃을 선호했다. 모든 상자에는 똑같은 음식이 들어 있었는데도 말이다. 이런 실험들은 상품을 인기 있는 상표 및 이미지와 짝짓는 것이 사람들이 그 음식에 어떻게 반응하는지에 영향을 준다는 것을 보여준다.

Gerald Gorn(1982)은 마케팅에서 조건형성의 역할에 관한 최초의 실험을 수행했다. 그는 대학생들에게 영화 「그리스(Grease)」에 나오는 노래를 들려주거나 인도 전통 음악을 들려주었다. Gorn은 대학생들이 낯선 동양 음악보다는 미국 대중음악을 더 좋아할 것이라고 가정하였다. 음악을 듣는 동안 학생들에게 베이지색 펜 혹은 파란색 펜을 보여주는 슬라이드를 제시하고서, 나중에 학생들에게 두 가지 펜 중 하나를 가져도 된다고 말했다. 그랬더니 미국 대중음악을 들은 학생 중 79%가 음악이 들리는 동안 보았던 것과 같은 색깔의 펜을 선택한 반면, 인도 음악을 들은 학생 중에서는 30%만이 음악을 듣는 동안 슬라이드에서 보았던 것과 같은 색깔의 펜을 선택하였다. 이는 70%의 학생이 슬라이드에서 보았던 것과 **다른 색깔**의 펜을 선택했다는 뜻이다.

Gorn의 연구는 방법론상의 문제로 비판을 받았지만, 다른 많은 연구가 그 기본적인 결과를 확증했다. 예를 들어, 두 네덜란드인 연구자 Edward Groenland와 Jan Schoormans(1994)는 펜을 사람들이 좋아하는 음악 혹은 좋아하지 않는 음악과 짝지었다. 이후 이들의 펜에 대한 기호는 펜과 함께 들었던 음악에 대한 기호를 반영하였다(Bierley et al., 1985; Redker & Gibson, 2009).

또 다른 실험에서 Elnora Stuart와 그녀의 동료들(Stuart, Shimp, & Engle, 1987)은 대학생에게 여러 장의 슬라이드를 보여주었다. 어떤 슬라이드에는 다양한 가상의 제품들(예: V사의 사탕, R사의 콜라)이 나타나 있었고, 다른 슬라이드에는 중성적인 장면(예: 접시 안테나, 자동차 번호판)이나 호감을 일으키는 장면(예: 산속의 폭포)이 다양하게 나타나 있었다. 일부 학생들(조건형성집단)에게는 L사 치약 다음에 호감을 유발하는 장면들이 항상 나타났다. 다른 학생들에게는 L사 치약 다음에 거의 항상 중성적인 장면들이 나왔다. 연구자들은 L사 치약에 대한 학생들의 느낌을 네 개의 척도를 써서 평가하였다. 그 결과 조건형성집단의 학생들이 통제집단의 학생들보다 L사 치약을 더 좋게 평가하였다. 더욱이 그 치약과 즐거운 장면이 짝지어진 횟수가 많을수록 학생들은 그 제품을 더 좋게 느꼈다(그림 4-7). L사 치약이 시장에 나온다고 할 경우 조건형성집단이 통제집단보다 그것을 훨씬 더 자주 사겠다고 대답했다.

실제 상품을 대상으로도 연구가 이루어졌는데, 적어도 그 상품들에 대한 참가자들의 애초의 느낌이 비교적 중성적이었을 때는 유사한 결과가 나왔다(예: Redker & Gibson, 2009). 그런데 사람이 이미 어떤 상품에 대해 강한 애착이 있을 때도 조건형성이 그 사람의 선호를 바꿀 수 있을까? 예를 들어, 어떤 사람은 코카콜라를 매우 좋아하는 반면, 다른 사람은 똑같은 정도로 펩시콜라를 좋아한다. 광고가 조건형성을 통해 사람들이 좋아하는 상품을 바꿀 수 있을까? Bryan Gibson(2008)이 이 주제를 살펴보았다. 그는 대학생들에게 표면적으로는 조심성에 관한 실험인 것처

이 연구가 이 장의 앞부분 및 3장에 나온 Staats와 Staats의 연구와 유사함에 주목하라.

그림 4-7
조건형성과 상표 선호   시행 횟수에 따라 달라지
는 L사 치약의 평균 평가점수. 밝은 막대는 통제집
단을, 어두운 막대는 조건형성집단을 나타낸다. 점
수가 높을수록 더 긍정적인 감정을 의미한다. (출처:
Stuart et al., 1987의 자료를 편집함)

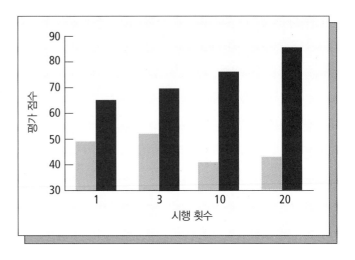

럼 보이는 것에 참여해 달라고 요청했다. Gibson은 다량의 영상과 단어를 컴퓨터
로 보여주었는데, 그들은 특정 상표의 영상이 나타나면 스페이스 키를 눌러야 했
다. 참가자들은 모르고 있었지만 한 상표(코카콜라 혹은 펩시콜라)가 항상 긍정적인
영상이나 단어와 함께 나타난(그림 4-8) 반면에 다른 상표는 항상 부정적인 영상이
나 단어와 함께 나타났다.

그런 다음 Gibson은 두 상표에 대한 학생들의 태도가 바뀌었다는 증거가 있는
지를 탐색했다. 한 측정치는 단도직입적이어서 "모든 것을 고려해 볼 때, 다음번
에 장을 보러 가서 탄산음료를 산다면 당신이 코카콜라를 구매할 확률은 열 번 중
에 몇 번인가?" 같은 질문이 포함되었다. 결과는 조건형성이 다른 상표보다 한 상

그림 4-8
조건형성이 브랜드 충성도를 뒤집을 수 있을까?   코카콜라와 펩시콜라에 대한 충성도를 감소시키려
는 목적으로 수행한 연구에서 상품의 이미지(여기서 Brand A와 Brand B로 표시됨)를 이 그림에 보이
는 것과 같은 긍정적인 단어 및 사진 또는 부정적인 단어 및 사진과 짝지었다. 가장 충성도가 높은 팬
들은 선호도가 변하지 않았다. (출처: 이 상표 이미지들은 Department of Psychology, Central Michigan University,
Mount Pleasant, Michigan의 Bryan Gibson이 제공한 사진을 토대로 Deborah Underwood가 그림. 산 풍경 사진은 Bas
Meelker/Shutterstock.com이 제공함)

표를 강하게 선호하는 사람들을 변화시키지 못했음을 보여주었다. 아마도 어떤 상품에 대해 오랫동안 유지된 선호도는 인종이나 민족 집단에 대해 오랫동안 유지된 편견과 마찬가지로 작용하는 것 같다(앞서의 편견에 관한 논의를 보라). 펩시콜라를 마시며 자란 사람은 광고와 자연적으로 일어나는 경험(예: 생일파티에서나 운동 후에 쉬면서 펩시콜라를 마시는 것)을 통해 수천 번의 조건형성 시행을 거쳤을 것이다. 그렇게 많은 조건형성이 경쟁 상품에 대한 겨우 몇 번의 광고 때문에 무효화될 것으로 생각하기는 힘들다. 또한 이 연구에서 사용된 조건형성 절차가 왜 사람들의 선호가 변하지 않았는지를 설명할 수도 있을 것이다. 대부분의 광고에서처럼 상표 이름은 긍정적 단어나 영상과 동시에 나타났다. 그런 동시 조건형성은 다른 절차만큼 효율적으로 학습을 일으키지 못한다는 사실이 기억나는가? 상표 이름이 단어와 영상에 **선행했다면** 어쩌면 더 많은 변화가 생겼을지도 모른다.

　많은 광고가 동시 조건형성에 기초하고 있고, 심지어 어떤 광고는 상표 이름이 긍정적인 자극 다음에 나타나므로 역행 조건형성이 되는 셈이다. 상표 이름(CS)을 제일 먼저 제시하는 것이 더 효과가 좋다(Baker, Honea, & Russell, 2004; Macklin, 1996; Stuart, Shimp, & Engle, 1987). 광고회사들은 차폐와 뒤덮기 현상(3장 참고)도 이해할 필요가 있는데, 그러지 않으면 광고가 역효과를 낳을 수도 있다.

　물론 파블로프가 개의 침 분비 연구를 시작하기 훨씬 전부터 조건형성 절차는 상품을 파는 데 사용되었다. 예를 들어, 1800년대에 임질 치료 약의 제조회사는 자기네 상품을 Listerine이라고 불렀는데, 이는 당시에 아주 명망 높은 의사였던 Joseph Lister와 그 상품을 짝지은 것이었다(Marschall, 1993). 조건형성 연구자들이 기여한 바는 새로운 마케팅 기법을 개발한 것이라기보다는 소비자 행동에서 조건형성이 하는 역할을 더 잘 이해하게 해 준 것이다. 이런 이해는 광고회사뿐만 아니라 광고회사가 영향을 미치려는 대상인 소비자에게도 유용한 것이다.

광고는 상품에 대한 조건 정서반응을 만들어 내는 작업으로 볼 수 있다. 마케팅 전문가들이 사용하는 한 방법은 팔고자 하는 제품을 이미 호감을 일으키는 대상과 짝짓는 것이다. 성공적인 광고는 어떤 상품에 대한 정보를 제공하기보다는 그 상품에 대한 조건 정서반응을 만들어 내는 데 집중한다.

4.5
요약

4.6 약물중독

학습목표 --

약물중독에서 고전적 조건형성이 하는 역할을 설명하려면

6.1 약물 남용과 연관된 몇몇 문제를 기술한다.

6.2 약물 남용과 연관된 네 가지 현상을 파악한다.

6.3 약물 남용과 연관된 US, UR, CS, CR을 파악한다.

6.4 약물 사용이 일어나는 환경이 약물 과용과 금단증상에서 하는 역할을 설명한다.

6.5 고전적 조건형성을 이용하여 재발을 설명한다.

6.6 약물중독을 치료하기 위한 혐오치료의 사용을 기술한다.

6.7 약물중독을 치료하기 위한 소거(실제 및 가상현실)의 사용을 이야기한다.

약물중독은 전 세계 많은 나라에서 주요한 임상적 및 사회적 문제이다. 예를 들어, 미국에서는 2018년 약물중독으로 인한 손실이 약 6,000억 달러였다(National Center on Addiction and Substance Abuse, 2021). 개인적인 피해 또한 무겁다. 수천 명의 사람이 약물중독으로 인해 심한 병을 앓거나 젊은 나이에 죽고, 그 가족은 학대와 수입 감소로 고생을 하며, 약에 취한 운전자 때문에 사람이 죽는다.

약물 남용은 해결하기 힘든 것으로 밝혀졌다. 한 가지 문제는 이 행동의 근본적인 성질을 어떻게 이해할 것인가이다. 많은 사람이 아직도 약물 남용을 인격적 결함에 기인한 것으로 생각하는데 이것은 순환론적 설명이다. Avery는 왜 코카인 사용을 멈추지 않을까? '왜냐하면 그런 사람들은 나약하기 때문이야.' 그들이 나약하다는 걸 네가 어떻게 알아? '코카인 사용을 계속하니까 알지!' 이런 '설명'은 중독을 더 깊이 이해하거나 더 효과적인 치료법을 개발하는 데 아무 도움도 되지 않는다.

많은 약물중독 연구자들이 중독을 뇌 질환으로 본다(Hanson, Leshner, & Tai, 2002; Leshner, 1997). 약물중독에 뇌가 관여한다는 데는 모두가 동의하지만, 약물이 뇌에 미치는 효과가 중독 행동을 완전히 설명하지는 않는다. 고전적 조건형성이 약물중독을 이해하도록 도와준다(McCarthy et al., 2011).

몇몇 기초적인 내용부터 시작해 보자. 중독성 약물들은 기분 좋은 경험을 낳는다는 공통점이 있으며, 많은 중독성 약물의 경우 이것을 **절정감**(high)이라고 부른다. 약물을 반복적으로 사용하는 기간이 어느 정도 되면 절정감을 느끼는 데 필요한 약물의 양이 증가하는데, 이때가 약물 **내성**(tolerance)이 생긴 지점이다. 어떤 약물에 중독된 사람에게는 그 약물을 복용하지 못했을 때 강한 갈망과 기타 불쾌한 느낌들이 생겨나는데, 이를 **금단**(withdrawal)이라 한다. 장기간 약물을 끊은 상태를 유지하면 갈망 및 다른 금단증상들이 일반적으로 사그라든다. 하지만 오랫동안 약물을 복용하지 않고 체내에 약물의 흔적이 전혀 없더라도 어떤 상황에서는 금단증상들이 다시 나타나는데, 그러면 그 사람이 약물을 다시 복용하게 된다. 이것이 재발(relapse)이라는 현상이다. 파블로프식 조건형성이 이 모든 현상, 즉 절정감, 내성, 금단, 재발을 설명할 수 있다.

사람이 복용하는 약물이 무조건자극으로 작용하며, 그것이 일으키는 절정감이 무조건반응이다. 약물과 연관된 거의 모든 것(약물 소도구들, 거기 있는 가구와 사람들, 라디오에서 나는 음악 소리, 기계 소리, 약물의 냄새, 실내 온도, 방바닥의 느낌, 약물을 복용하기 전 먹었던 음식의 맛)이 조건자극이 될 수 있다. 이들 자극이 일으키는 조건반응은 UR과 다르다. 약물의 효과를 감소시켜서 사람을 약물에 대해 준비시키는 생리적 변화들이 일반적으로 나타나는 조건반응이다(Siegel, 2005; 3장의 이론절에 있는 관련 논의를 보라).

연구는 조건반응이 약물의 효과를 억제하며, 그럼으로써 내성을 낳는다는 생각을 지지한다. 예를 들어, 캐나다 연구자 Shepard Siegel과 동료들(1982)은 세 집단의 쥐에게 높은 용량의 헤로인을 주었다. 한 집단은 이전에 헤로인을 전혀 투여받은 적이 없었다. 헤로인을 경험한 적이 있는 쥐들 중 한 집단은 이전에 헤로인을 받았던 그 동일한 장소에서 그런 검사 용량을 투여받았고, 다른 집단은 새로운 환경에서 똑같은 검사 용량을 투여받았다. 그 결과는 조건형성의 효과를 분명하게 입증했다. 헤로인을 경험한 적이 없는 쥐들은 96%가 죽었지만, 헤로인을 경험한 적이 있는 쥐들은 어디서 헤로인을 투여받는지에 따라 사망률이 달라졌다. 즉, 친숙한 환경에서 투여받은 집단은 32%가 죽었지만, 새로운 환경에서 투여받은 집단은 그 두 배인 64%가 죽었다. 새로운 환경에서는 조건반응(약물에 대한 신체의 반응을 억제하는 생리적 변화들)을 평소처럼 일으킬 CS가 없었고, 그래서 약물이 훨씬 더 큰 위력을 발휘했다. 이는 약물 내성에서 조건형성이 하는 역할을 보여 준다.

CS에 뒤이어 약물이 주어지지 않는다면 이 생리적 변화들(CR)이 약물에 대한 갈망과 기타 금단증상으로 경험된다고 Siegel(2005)은 주장한다. 헤로인과 기타 아편 유사제에 중독된 인간의 경우 이런 금단증상으로 대개 불안, 발한, 근육통, 떨림, 메스꺼움, 구토, 설사가 나타난다. 금단증상이 과거에 약물과 연합되었던 단서에 대한 반응이라는 생각은 연구에서 지지받는다. 한 실험에서 쥐가 레버를 누를 때마다 모르핀이 주입되었다(MacRae & Siegel, 1997). 이 쥐가 레버를 누를 때마다 다른 방에 있는 또 다른 쥐는 레버 누르기 없이 모르핀을 주입받았다(세 번째 집단의 쥐들은 중독성 약물이 아닌 것을 똑같은 식으로 주입받았는데, 이들이 통제집단이었다). 이 연구에서 7일마다 한 번씩 연구자들은 약물 주입을 멈추고 금단증상을 살펴보았다. 그 결과, 레버를 눌러서 약물을 받았던 쥐들은 레버 누르기 없이 약물을

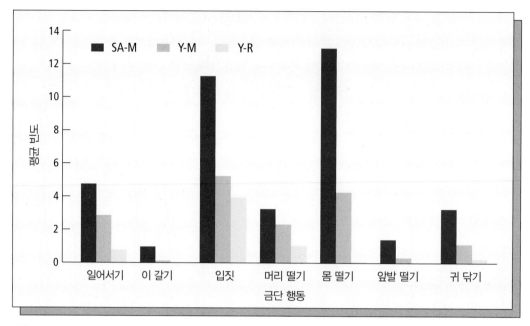

그림 4-9

CR로서의 금단증상   레버를 눌러서 모르핀을 자가투여한 쥐들(SA–M), 레버를 누르지 않고 모르핀을 받은 멍에통제집단(Y–M), 식염수를 받은 멍에통제집단(Y–R)이 나타낸 금단증상의 평균 빈도. (출처: The role of self-administration in morphine withdrawal in rats, by James MacRae and Shepard Siegel, 1997, *Psychobiology*, 25[1], Figure 2, p. 80. 허가하에 실음)

받았던 쥐들보다 훨씬 더 심한 금단증상을 나타냈다(그림 4-9).

　모르핀을 받았던 이 쥐들은 모두 동일한 양의 약물을 받았고 기본적으로 동일한 종류의 환경에서 시간을 보냈다. 한 가지 점만 제외하고 말이다. 약물이 주입되지 않는 기간에 레버 누르기 집단은 약물과 가장 확실하게 연합된 자극인 레버로부터 나오는 단서들이 있었다. 레버 누르기 없이 약물을 받은 집단은 CR을 유발하는 그런 강한 신호가 없었다(또한 Mello & Mendelson, 1970도 보라).

　그런데 재발은 어찌 된 일일까? 장기간 약물을 끊은 후에 도대체 왜 재발이 일어나는 것일까? 약물중독자가 치료를 받으러 들어가면 몸에서 중독성 약물이 깨끗이 제거된다. 그는 치료가 되었다는 느낌이 들고 다시는 약물 사용에 빠지지 않을 것이라고 확신한다. 그러고는 치료소를 떠나 집으로 돌아와서 겨우 며칠 만에 다시 약물중독에 빠진다. 왜? 다시 한번, 조건형성이 주된 역할을 하는 것으로 보인다. 과거에 약물에 중독되었던 이 사람은 약물중독이 발생했던 당시와 똑같은 환경으로 돌아가게 된다. 똑같은 약물 공급자와 똑같은 친구 및 친지와 똑같은 공원이 있는 그 동네로 말이다. 사람과 장소 중에서 약물과 연합된 것이 많은 상황이다. 그 약물 공급자가 약물을 팔았고, 몇몇 친구와 이웃이 그와 함께 똑같은 골목과 방과 공원에서 약물을 했다. 이 조건자극들이 조건반응(약물에 대한 갈망과 기타 금단증상을 비롯한)을 유발하게 된다. 그에게 마약을 팔던 사람이 더 이상 그에게 접근하여 공짜로 한 대 주겠다고 하지 않는다 하더라도 다른 단서들 때문에 절제를 유지하기가 힘들다.

❓ 개념 점검 6

고전적 조건형성은 약물중독의 기본 현상들에 대한 설명을 제공한다. 이 네 가지 기본 현상은 무엇인가?

파블로프식 조건형성에 기초한 중독의 분석은 여러 가지 치료법으로 이어졌다. 오래된 한 가지 치료법은 US(약물)를 구역질 같은 불쾌한 경험과 짝짓는 혐오치료이다. (이는 앞서 성도착 장애의 치료와 조건 맛 혐오에서 살펴본 것과 똑같은 방법이다.) 예를 들어, 알코올 중독자가 술을 조금 마시고는 앞서서 복용한 구토제 때문에 메스꺼움을 느끼게 된다. 이런 방법을 쓰는 치료자들은 여기서 알코올이 메스꺼움을 일으키는 CS가 되기를 바란다(Cannon et al., 1986; Elkins, 1991). 담배에 중독된 사람을 위한 혐오치료의 한 형태는 흡연자에게 담배를 연달아 계속 피우게 한다(Erickson et al., 1983). 그러면 메스꺼움이 유발되고 심지어 구토까지 하게 되어 담배, 연기, 담배의 맛 및 다른 흡연 단서들이 메스꺼움을 일으키는 CS가 된다(이 요법이 효과가 있긴 하지만 건강에 좀 해롭다. 다음의 연구도 보라. Fiore et al., 2008; Hajek & Stead, 2001).

조건자극의 영향을 약화시키는 또 다른 방법은 소거이다. 치료자가 약물과 연합된 단서들을 절정감이 일어나지 않도록 US 없이 거듭해서 제시한다. 일반적으로 이 CS들은 공적으로 관찰 가능한 외적 자극이다. 하지만 기초 연구에 따르면 내적 자극(주사 맞을 때의 통증, 팔에 들어가는 약물의 따뜻한 느낌, 절정감에 선행하는 미묘한 생리적 감각)도 조건자극이 되기 때문에 이 또한 소거되어야 한다(MacRae & Siegel, 1997; McCarthy et al., 2011; Siegel, 2005). 알다시피 CR을 소거하기는 실험실 안에서조차 힘들 수 있으며, CR의 내구력은 자연환경에서 심각한 문제가 되고 있다(Conklin & Tiffany, 2002).

전통적으로 소거 요법은 클리닉이나 치료자의 사무실에서 시행되는데, 이는 사람들이 일반적으로 약물을 복용하는 장소와는 아주 다른 환경이다. 소거 절차를 개선할 수 있는 한 방법은 환자가 일반적으로 약물을 복용하는 환경과 동일한 종류의 환경에서 CS만 단독으로 제시하는 것이다. 이것은, 이상적으로는, 내담자를 조건자극들이 존재하는 환경으로 데려가서 약물 없이 조건자극에만 노출시킴을 의미할 것이다. 이는 이론적으로는 일리가 있지만, 치료자와 내담자 모두를 위험에 빠트릴 수 있는 일이다. 하지만 이 주제에 관한 300개 이상의 논문을 개관한

Tomoyuki Segawa와 동료들(2020)은 가상현실 기법이 중독의 치료에 도움이 된다는, 잠정적이지만 강한 증거를 발견했다(공포에 관한 앞선 논의를 보라).

예를 들면, Zachary Rosenthal은 약물중독자의 갈망을 촉발하는 그런 종류의 상황을 닮은 가상현실 세계를 만들어 냈다(Rosenthal et al., 2010). 치료자가 옆에 앉아 있는 가운데 내담자가 다양한 가상환경(예: 사람들이 코카인을 코로 흡입하고 있는 방)으로 '걸어 들어간다'. 각각의 가상환경에서 내담자는 느껴지는 갈망의 수준을 평가한다. 절정감이 따라오지 않기 때문에 갈망 수준은 떨어진다. 이것이 소거 절차를 더 효과적으로 만들 것이다.

그런데 Rosenthal은 이 절차에서 한 걸음 더 나아갔다. 내담자의 갈망 수준이 낮을 때 치료자가 어떤 소리를 들려준다. 그러면 그 소리가 중독성 약물을 갈망하지 않는 상태에 대한 CS가 된다는 것이 Rosenthal이 바라는 바이다. 내담자는 치료 지역을 떠날 때 휴대전화를 갖고 간다. 그는 약물에 대한 갈망이 느껴질 때마다 전화를 걸어서 그 소리, 즉 갈망하지 않는 상태에 대한 CS를 듣는다. 그러면 갈망이 가라앉는다. (약물중독에 대한 VR 요법의 다른 예로는 다음을 보라. Bauman et al., 2003; Bordnick et al., 2009)

Christopher Culbertson과 동료들(Stix, 2010을 보라)은 중독치료에 대한 또 다른 흥미로운 접근법을 제시한다. 이들은 웹 기반 가상 커뮤니티를 이용하여 가상의 'meth house[*]'를 만들었다. 메스암페타민 사용자들이 이 가상의 집을 드나드는 동안 Culbertson은 그들의 갈망에 대한 자료를 수집했다. 이는 약물 관련 사물들에 의해 유발되는 갈망 수준을 평가하는 유용한 방법인 것으로 판명되었고, 언젠가 효과적인 치료법의 토대가 될지도 모른다.

약물중독에 대한 다른 치료법으로는 12단계 프로그램, 개인상담과 가족상담, 약물 대체요법[예: 헤로인의 대체물로 메사돈(methadone)을 복용하게 한다], 길항약물요법(목표 약물이 절정감을 일으키지 못하게 막는 약물) 등이 있다. 이 요법들이 파블로프식 조건형성과 무관한 듯이 보이지만 적어도 몇몇 경우에는 긴밀하게 연결된다. 예를 들어, 길항약물의 사용은 흔히 의학적 치료법으로 간주되지만 조건자극을 소거시키는 유용한 방법이다. 즉, 중독자가 이를테면 코카인을 흡입하지만 그로부터 아무런 효과도 얻지 못하게 되고, 따라서 갈망을 일으키는 단서가 약화된다.

약물중독은 복잡한 문제여서 효과적으로 치료하려면 다중 치료적 접근이 필요할 가능성이 크다. 하지만 분명한 것은 고전적 조건형성이 약물중독의 원인과 유지에 관여한다는 점이다. 고전적 조건형성은 중독의 치료에 한몫할 것이 거의 확실하다.

---

[*] 'meth'는 히로뽕을 의미하는 methamphetamine의 속어로서, 'meth house'를 직역하면 '히로뽕 집'이다. (역주)

약물중독은 세계 많은 나라에서 주요한 사회적 문제이다. 고전적 조건형성 측면에서의 분석은 약물중독의 기본 현상들, 즉 절정감, 내성, 금단증상, 재발을 이해하는 데 도움을 준다. 고전적 조건형성은 또한 혐오치료와 소거를 비롯한 여러 치료법의 토대가 되었다. 치료가 도움이 될 수 있지만 아직까지 약물중독에 대한 해결책은 없다. 아마도 고전적 조건형성은 효과적인 치료에 한몫할 것이다.

4.6
요약

4.7 보건

학습목표

보건에서 고전적 조건형성의 역할을 이야기하려면

7.1 고전적 조건형성이 환자를 진단하는 데 사용될 수 있는 세 가지 방식을 이야기한다.
7.2 고전적 조건형성이 면역 질환의 이해에 어떻게 도움이 되는지 설명한다.
7.3 고전적 조건형성이 면역 질환의 치료에 어떻게 도움이 되는지 설명한다.

고전적 조건형성은 의학적 질병의 진단과 치료에서 놀랄 만큼 유용한 것으로 밝혀졌다.

진단을 살펴보자. 대개 의사들은 특정 화학물질의 혈중 수준 같은 생리적 측정치, 종양으로 생기는 것 같은 해부학적 변화, 또는 비정상적인 심박이나 운동 조절의 문제 같은 행동적 현상을 근거로 질병을 진단한다. 그런데 이제는 고전적 조건형성 절차가 다양한 질병의 진단에 도움이 될 수 있다는 증거가 있다. 예를 들어, 겉보기에 건강한 유아가 환경 사건에 정상적으로 반응하지 않는다면 무엇이 문제일까? 발달이 느려서일까? 자폐증일까? 청각 장애일까? 아기가 들을 수 있는지를 검사하는 명백한 방법은 소리를 내어서(예: 손뼉 치기) 아기가 소리 나는 쪽으로 고개를 돌리는지를 보는 것이다. 그런데 아기가 반응하지 않는 것이 청각 장애라는 표시일까? 아니면 자폐증 같은 신경학적 문제 때문일까? 연구에 따르면 청각 장애는 눈 깜박임 조건형성을 통해 알아볼 수 있다(Lancioni & Hoogland, 1980). 예를 들어, 눈에 대한 공기 분사와 소리를 짝지었는데 조건적 눈 깜박임이 일어나지 않는다면 아기가 청각 장애일 가능성이 크다.

마찬가지로, 어른이 지적 능력의 감퇴 징후를 보인다면 그런 변화가 정상적인 노화 때문인지 아니면 치매의 초기 단계인지 어떻게 알까? Diana Woodruff-Pak과 동료들(1996)은 조건형성을 통한 학습을 잘 못했던 사람들이 잘했던 사람들보다 나중에 치매에 더 많이 걸렸음을 발견했다. 초기 단계 치매의 치료법이 개발되면 의사들은 치매가 확실해지기 전에 진단할 방법을 원할 것이다. 연구에 따르면 또한 알츠하이머병(Alzheimer's disease: AD) 환자에게서는 AD가 없는 동일 연령의 사람에게서와 조건형성이 달리 진행된다(Solomon et al., 1991). 따라서 조건형성은 치매 환자를 파악하는 것뿐 아니라 AD와 다른 종류의 치매를 구분할 수 있을 것이다. 다른 연구들은 자폐증이나 강박 장애가 있는 사람의 경우 특정 상황에서는 다른 사람보다 조건형성이 더 빨리 일어남을 보여준다(Tracy et al., 1999). 따라서 조건형성은 그런 장애를 가진 사람을 파악하는 데 유용한 역할을 할지도 모른다. 파블로프식 조건형성은 신경학적 기능(예: Kandel, 1970, 2007)과 신경학적 질환(예: Marenco, Weinberger, & Schreurs, 2003; Stanton & Gallagher, 1998)의 연구에도 도움을 줄 수 있다.

이제 고전적 조건형성이 의학적 장애의 한 부류인 면역 질환을 이해하고 치료하는 데 어떻게 도움이 될 수 있는지 살펴보자.

❓ 개념 점검 7

여러 질병 중 고전적 조건형성이 진단을 도와줄 수 있는 것으로는 어떤 것이 있는가?

부상을 치료하고 독성 물질을 제거하며 유해한 바이러스와 박테리아를 파괴하고 전반적으로 건강을 회복시키기 위해 싸우는 신체의 작용을 통틀어서 면역계라고 부른다. 최근 연구는 파블로프식 조건형성이 면역계에 (긍정적으로도, 부정적으로도) 영향을 준다는 것을 보여준다. 그 한 예가 알레르기 반응이다.

알레르기 반응에는 알레르기 항원이라는 특정 물질에 반응하여 면역계가 히스타민을 분비하는 과정이 포함된다. 히스타민은 알레르기 항원을 분자 수준에서 공격함으로써, 그리고 재채기와 기침을 비롯한 여러 수단을 통해 신체 외부로 배출함으로써 신체에서 제거하는 작용을 한다. 학자들은 알레르기 반응이 항상 전적으로 알레르기 항원에 대한 유전적 반응 때문만은 아님을 오래전부터 알고 있었다. 이미 백 년 전에 J. MacKinzie(Russell et al., 1984에 보고됨)는 인조 장미를 보면 알레르기 반응을 일으키는 환자의 사례를 기술하였다.

이러한 보고들 때문에 어떤 알레르기 반응은 부분적으로 조건형성의 결과로 생겨나는 것은 아닌지 의문이 든 과학자들이 있었다. Michael Russell과 동료들(1984)은 모르모트를 BSA라는 단백질에 노출시켜서 알레르기 반응이 일어나게 만들었다. 그런 다음, 연구자들은 BSA(이제는 알레르기 반응을 일으키는 US가 된)를 생선이나 유황 냄새와 짝지어 주었다. 여러 차례의 짝짓기 후에 그 냄새만 가지고 모르모트를 검사하였다. 그러자 모르모트들은 혈중 히스타민이 급격히 증가하는 반응을 보였는데, 이는 알레르기 반응의 확실한 징후이다. 생선이나 유황 냄새가 조건 알레르기 반응을 일으키는 조건자극이 된 것이었다. 다시 말하면 이 실험의 모르모트들은 파블로프식 조건형성을 통해 특정 냄새에 대한 알레르기가 생겼다. Russell은 어떤 물질에 알레르기가 있는 사람은 그것과 자주 연합된 것들에 대해서 위와 똑같은 방식으로 알레르기 반응을 나타내게 되었을 것이라고 말한다. 토마토 알레르기가 있는 사람은 토마토가 들어 있지 않아도 토마토의 맛, 냄새 혹은 모양을 가진 음식을 먹으면 금방 두드러기가 날 수 있다. 마찬가지로, 장미 꽃가루에 알레르기가 있는 사람은 장미의 모습(설사 조화일지라도)을 보기만 해도 재채기를 할 수 있다.

조건 알레르기 반응이 단순히 '진짜'에 대한 희미한 모방에 불과하다고 생각할 수도 있을 것이다. 그러나 Russell과 동료들은 조건자극에 대한 반응으로 나타난 히스타민 수준이 BSA에 의해 유발되는 히스타민 수준과 거의 비슷하게 높음을 발견하였다. 따라서 재채기를 하고 숨을 헐떡이고 머리가 아픈 증상이 CS 때문에 생겨나는 사람이, 알레르기 항원으로 인해 그런 증상을 보이는 사람보다 반드시 고통을 덜 받는 것은 아니다.

면역계는 단지 알레르기 반응을 만들어 내는 것만이 아니고 암 같은 주요 질병에 대한 방어도 담당한다. 역설적인 일은, 암을 치료하기 위한 화학요법이 면역계 또한 억제한다는 사실이다. 이 매우 안타까운 부작용은 암을 파괴하려는 신체의 노력을 감퇴시킬 뿐만 아니라 환자가 다른 질병, 특히 전염성 질병에 취약해지게 만든다.

파블로프식 조건형성의 관점에서는, 화학요법과 연합된 자극들이 시간이 지나면 면역계를 억제하게 될 것이다. 이런 생각을 지지하는 증거가 있다. 뉴욕의 마운트 시나이 의과대학에 있는 Dana Bovbjerg와 동료들(1990)은 난소암 때문에 화학치료를 받는 여성들이 병원에 치료받으러 돌아왔을 때 면역 기능이 떨어져 있음을 발견했다(그림 4-10). 병원 자체가 조건 면역억압(conditioned immunosuppression, 즉,

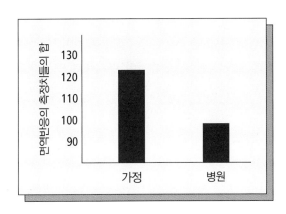

그림 4-10

조건형성과 면역반응 환자가 가정에서, 그리고 구역질 유발성 화학 치료를 받았던 병원에서 나타낸 세 가지 면역반응 측정치의 총합. (출처: Bovbjerg et al., 1990의 자료를 편집함)

면역계의 억압)을 일으키는 CS가 되었음이 분명해 보인다. 이는 환자를 돕기 위한 치료가 조건형성 때문에 환자에게 해를 입힐 수도 있다는 이야기일 수 있다(Ader & Cohen, 1975, 1993도 보라).

이러한 연구 결과들은 파블로프식 절차가 면역계의 기능을 끌어올리는 데 사용될 가능성 또한 제시한다. 어떤 중성 자극을 면역 기능을 촉진하는 약물이나 절차와 짝짓는다면 그 자극이 면역계로부터 더 강한 반응을 끌어내는 CS가 될지도 모른다.

고전적 조건형성을 의학 분야에 활용하는 데에 관한 연구는 아직 갈 길이 멀지만, 고전적 조건형성의 유용성이 앞으로 확장될 것으로 믿을 만한 이유는 충분히 많다(Spector, 2009; Szcytkowski & Lysle, 2011).

4.7 **요약**	파블로프식 조건형성은 청각 장애, 자폐증 및 치매를 비롯한 의학적 문제들을 진단하고 연구하는 한 수단으로서 유망하며, 또한 일부 건강 문제의 치료에도 유용할 수 있다. 과거에는 심각한 질병의 의학적 치료에서 면역계가 무시되는 경향이 있었다. 하지만 오늘날 학자들은 면역계를 촉진하는 일을 점점 더 강조하고 있다. 조건형성을 통해 면역반응을 향상시켜 사람들이 암 같은 질병과 싸우는 데 도움을 줄 방법이 곧 발견될 것이다.

맺음말

우리는 파블로프식 조건형성의 관점에서 공포증, 편견, 성도착 장애, 맛 혐오, 광고, 약물중독, 보건을 이해할 수 있음을 보았다. 연구자들은 파블로프식 조건형성을 이런 분야에서만이 아니라 다른 활용할 곳을 항상 탐색하고 있다.

파블로프식 조건형성이 이렇게 다양한 곳에 활용된다는 것은 또한 자연적으로 일어나는 조건형성이 우리의 일상생활에서 얼마나 중요한지를 보여 준다. 예를 들어, 당신은 클래식 음악보다 재즈를 더 좋아하는가? 사람들이 많을 때보다 혼자 있을 때가 더 편한가? 「로미오와 줄리엣」을 읽으면 감동해서 눈물이 나오는가 아니면 졸음이 오는가? 랩 음악을 들으면 박자에 맞추어 몸을 흔드는가 아니면 귀를 틀어막는가? 이 모든 반응은, 그리고 우리의 몸과 마음 깊이 뿌리내리고 있다고 생각하는 다른 수천 가지 반응은 대부분 학습, 특히 파블로프식 학습 때문에 생겨난다.

파블로프식 조건형성을 겨우 개가 침을 흘리게 만드는 절차일 뿐이라고 무시해 버리는 사람들은 분명히 배워야 할 것이 많다.

핵심용어

가상현실 노출치료(virtual reality exposure therapy) 111

노출치료(exposure therapy) 109

역조건형성(counterconditioning) 109

조건 맛 혐오(conditioned taste aversion) 122

조건 음식 회피(conditioned food avoidance) 122

조건 정서반응(conditioned emotional response) 106

체계적 둔감화(systematic desensitization) 109

혐오치료(aversion therapy) 120

복습문제

1. 의사가 당신이 몹시 싫어하는 간을 먹으라고 권한다고 하자. 간에 대한 혐오를 어떻게 극복할 수 있을까?

2. 파블로프식 학습은 CS–US 간격이 대개 몇 초 이내여야 가능하지만 맛 혐오 학습은 예외이다. 왜 이런 예외가 존재할까?

3. 내가 재즈 음악에 대한 애착이 있다고 할 때 내 아이도 재즈 음악을 좋아하게 만들려면 어떻게 해야 할까?

4. 당신의 상관이 당신에게 여러 가지 증오 범죄로 유죄를 선고받은 범죄자들의 갱생을 담당하는 업무를 주었다. 파블로프식 조건형성이 도움이 될 수 있을까?

5. Staats와 Staats의 연구는 증오 범죄를 저지르는 사람들의 성장 배경에 대해 어떤 예측을 하게 만드는가?

6. 정신신체질환(psychosomatic illness. 심인성 질병)이라는 병을 가리키는 더 좋은 용어를 만들어 보라.

7. 왜 사람들은 자주 먹어 보지 못한 음식에 대한 혐오가 생길 가능성이 더 큰가?

8. 직접 접촉한 경험이 없는 특정 집단의 사람들을 증오하는 이가 많다. 파블로프식 조건형성이 이러한 정서를 어떻게 설명할 수 있을까?

9. 이 장을 읽고 나서 파블로프식 조건형성에 관한 당신의 관점이 어떻게 변했는가?

연습문제

1. 사람들은 아이들이 불, 동물 등 많은 것을 본능적으로 무서워한다고 믿었다. 그런 공포 중에는 선천적인 것이 아니라 조건형성을 통해 습득된 것이 많다는 사실을 발견한 연구자들은 John Watson과 Rosalie _____였다.

2. 공포증을 치료하기 위해 역조건형성을 최초로 사용한 사람은 아마도 _____일 것이다.

3. Staats와 Staats의 연구는 편견이 부분적으로 _____의 결과일 수 있음을 시사한다.

4. Dana Bovbjerg와 동료들은 병원에서 화학치료를 받는 여성들이 그 병원에 치료받으러 돌아왔을 때 _____의 기능 저하를 보임을 발견하였다.

5. Gorn은 특정한 색깔의 펜을 특정한 종류의 _____과 짝지어서 상품 선택에 영향을 주었다.

6. 부적절한 반응을 유발하는 자극이 전기충격이나 구토제 같은 혐오자극과 짝지어지는 치료법을 _____라고 한다.

7. 특정한 음식을 구역질을 유발하는 자극과 짝지으면 흔히 조건 _____가 초래된다.

8. Morgan Doran은 조건형성을 이용하여 양이 _____을 먹지 않도록 훈련시켰다.

9. 마조히즘은 고통이나 굴욕을 초래하는 자극이 _____을 유발하는 자극과 짝지어진 결과일 수 있다.

10. 약물에 중독된 사람은 약물을 하곤 했던 환경보다 새로운 환경에서 과량 복용으로 죽을 가능성이 큰데, 왜냐하면 친숙한 환경이 약물 사용에 대한 _____으로 작용하기 때문이다.

조작적 학습: 강화

이 장에서는

1 연구의 시작
 - E. L. Thorndike: 상황의 요구에
   부응했던 사람
2 조작적 학습의 유형
 - B. F. Skinner: 행동과학의 다윈
3 강화물의 종류
 일차 강화물과 이차 강화물
 자연적 강화물과 인위적 강화물
 - 조작적 학습과 파블로프식 학습
   의 비교
4 조작적 학습에 영향을 주는 변인
 근접성
 연속성
 강화물의 특징
 행동의 특징
 - 심리학의 재현 위기
 동기화 조작
 기타 변인
5 강화의 신경역학
6 정적 강화의 이론
 Hull의 추동감소 이론
 상대적 가치 이론과 Premack 원리
 반응박탈 이론
7 회피의 이론
 2과정 이론
 1과정 이론
맺음말
 핵심용어 | 복습문제 | 연습문제

"성공처럼 좋은 것은 없다."

_ 프랑스 격언

들어가며

파블로프식 조건형성은 우리의 삶에서, 그리고 모든 동물의 삶에서 중요한
역할을 한다. 그러나 우리가 빈둥거리며 앉아 있다가 주변에서 사건이 일
어나면 반사적으로 반응하는 것만은 아니다. 우리는 주변 환경에 손을 대어
때로는 우리에게 유리한 쪽으로, 때로는 우리에게 불리한 쪽으로 환경을 바
꾼다. 우리의 성공과 행복은, 그리고 개체로서 및 종으로서 우리의 생존은,
우리가 세계에 어떤 영향을 미치는지와 그 영향이 우리의 행동을 어떻게 바
꾸는지에 크게 좌우된다.

학습목표

이 장을 공부하고 나면 다음의 것들을 할 수 있을 것이다.

5.1 조작적 조건형성의 기원을 이야기한다.
5.2 조작적 학습에서 강화의 역할을 논의한다.
5.3 조작적 학습에 영향을 주는 네 종류의 강화물을 이야기한다.
5.4 조작적 학습에 영향을 주는 일곱 가지 변인을 이야기한다.
5.5 신경역학을 사용하여 강화 학습을 이해하기를 설명한다.
5.6 정적 강화가 어떻게 행동을 추동하는 작용을 하는지에 관한 이론을 평
 가한다.
5.7 회피의 두 가지 이론을 평가한다.

5.1 연구의 시작

학습목표 ---

조작적 조건형성의 기원을 이야기하려면

1.1 Thorndike가 동물의 정상심리학, 즉 일상심리학 연구에 어떻게 접근했는지를 이야기한다.

1.2 Thorndike의 문제상자의 중요성을 설명한다.

1.3 효과 법칙을 설명한다.

1.4 Thorndike의 연구가 왜 혁신적이었는지를 논의한다.

1.5 결과로부터 배우기가 어떻게 생존 가치를 높여주는지 보여주는 예를 하나 든다.

파블로프가 심적 반사의 수수께끼를 풀려고 노력하던 때와 대략 같은 시기에 Edward Lee Thorndike라는 미국의 젊은 대학원생은 동물의 지능이라는 또 다른 문제와 씨름하고 있었다. 19세기에는 대부분의 사람이 많은 동물이 추론을 통해 학습한다고 믿고 있었다. 개나 고양이를 키우는 사람은 누구나 자기의 동물이 어떤 문제에 대해 생각을 해서 합리적인 결론에 이르는 것을 '볼' 수 있었으며, 동물의 놀라운 능력에 관한 이야기가 넘쳐났다. 이런 이야기들을 종합해서 동물의 능력에 대한 그림을 그려 보면, 일부 애완동물은 사람과 달리 털이 많다뿐이지 아인슈타인보다 별반 못할 것이 없어 보인다. Thorndike(1898)는 이런 종류의 일화적 증거로는 동물의 능력을 평가하는 것이 불가능함을 인식했다. "동물의 지능에 대한 그런 식의 증언은 물고기의 크기나 철새의 이동에 관해 증언하는 것과는 전혀 다르다. 왜냐하면, 여기서 우리는 단지 무지하거나 부정확한 증언뿐만 아니라 편견이 실린 증언과도 씨름해야 하기 때문이다. 사람들은 사실상 동물에게서 지능을 찾아내기를 간절히 원한다."(1898, p. 4)[*]라고 Thorndike는 썼다.

이런 편향 때문에 사람들은 동물의 놀라운 묘기만 보고하고 일상적인 비지능적 행동은 이야기하지 않게 된 것이다. Thorndike는 이에 대해서 다음과 같이 쓰고 있다. "개들이 길을 잃어버리는 일이 수백 번 일어나도 아무도 신경 쓰거나 그 이야기를 과학잡지에 보내지 않는다. 하지만 겨우 개 한 마리가 브루클린에서 용커스로 길을 찾아오면 그 사실은 금세 사람들 입에 회자되는 일화가 된다. 수천 마리의 고양이가 길을 잃고 무기력하게 야옹거리며 앉아 있는 일이 수천 번 일어나도 아무도 이에 대해 생각해 보거나 교수 친구에게 편지를 보내지는 않는다. 하지만 고양이 한 마리가 마치 방에서 내보내 달라는 신호인 양 문손잡이를 할퀴게 되

---

[*] 따로 언급하지 않는 한, Thorndike 관련 모든 참조 논문은 그의 1898년 논문이다.

면 이 고양이는 곧바로 고양이 지성의 대표 격으로 모든 책에 실리게 된다. ……
요약하면 이런 일화들이 …… 사실상 동물에 대한 **비상**(非常)**심리학**(supernormal
psychology)을 만들어 낸다"(pp. 4-5).

그렇다면 동물에 대한 **정상심리학**, 즉 일상심리학을 연구하려면 어떻게 해야 할
까? 동물의 지능을 어떻게 과학적으로 연구할 수 있을까? Thorndike는 동물에게
문제를 제시하는 방법을 썼다. 그리고 나중에 그 문제를 다시 제시하여 동물의 수
행이 좋아지는지를 보았다. 그러고는 다시 검사하고 하는 식으로 연구하였다. 다
시 말하면, Thorndike는 동물의 학습을 연구함으로써 동물의 지능을 연구하려
했다.

일련의 실험에서 Thorndike는 병아리를 미로에 넣었다. 병아리가 길을 제대로
찾아가면 다른 병아리들과 먹이가 있는 우리에 닿게 되었다. 병아리는 Thorndike
가 미로에 처음 넣어 주자 미로를 뛰어넘어 나가려고 했는데, 그러고 나서는 시끄
럽게 삐악삐악 울면서 막다른 길을 계속 헤매어 다니다가 마침내 나가는 길을 찾
았다. 시행을 거듭함에 따라 병아리는 점점 더 효율적으로 되었다. 결국에는 병아
리는 미로에 들어가면 곧장 올바른 길로 가게 되었다.

Thorndike의 가장 유명한 실험은 고양이를 대상으로 한 것이었다. 그는 굶주린
고양이를 '문제상자(puzzle box)'에 넣고, 앞발이 닿지 않는 곳에 먹이를 잘 보이도
록 놓아두었다(Chance, 1999)(그림 5-1). 그 상자에는 문이 달려 있었는데, 이 문은
철사 고리를 당기거나 페달을 밟는 것 같은 간단한 행동으로 열리게 되어 있었다.
위의 병아리들과 마찬가지로 상자 안의 고양이도 처음에는 효과 없는 행동을 많이
하였다. Thorndike(1898)는 고양이들이 대개 다음과 같이 행동한다고 썼다.

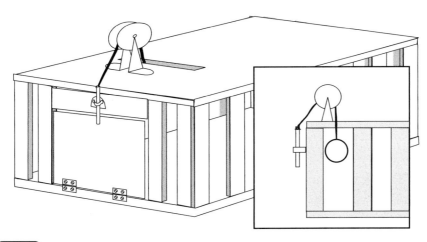

그림 5-1

Thorndike의 문제상자 중 하나인 상자 A 고리(삽입된 그림에 있는 측면도를 보라)를 당기면 빗장이 풀
려서 문이 열린다. (출처: Thorndike, 1898에 기술된 것을 바탕으로 Diane Chance가 그림)

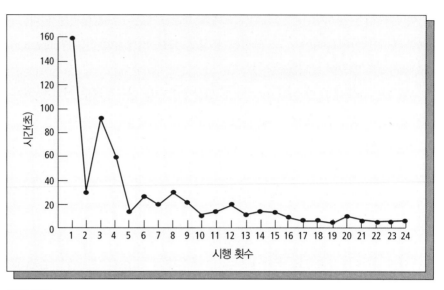

문제상자에서의 학습 곡선 연속된 시행에서 12번 고양이가 상자 A(그림 5-1)에서 탈출하는 데 걸린 시간. (출처: Thorndike, 1898의 자료를 편집함)

아무 틈새나 비집고 나가려 하고, 창살이나 철사를 할퀴고 물어뜯고, 발을 아무 틈새로나 내밀어서 아무거나 닿는 대로 할퀴고, 뭔가 느슨하고 흔들거리는 것을 치게 되면 계속 치고, 문제상자 안에 있는 것들을 할퀴기도 한다. (p. 13)

결국 고양이는 고리를 당기거나 페달을 밟게 되고 그러자 문이 열려서 자유와 먹이를 찾아 나가게 되었다. Thorndike가 다음 시행에서 고양이를 다시 상자에 넣으면, 이 고양이는 문이 열리는 데 필요한 그 반응을 다시 할 때까지 위와 똑같은 종류의 활동을 거쳤다. 시행이 거듭될수록 고양이는 효과 없는 움직임을 점점 더 적게 하게 되었고, 많은 시행을 거치고 나서는 즉시 고리를 당기거나 페달을 밟아서 빠져나갔다. Thorndike는 동물이 각 시행에서 탈출에 걸린 시간을 기록한 자료를 그래프로 그렸는데, 이렇게 해서 만들어진 것이 아마도 최초의 학습 곡선일 것이다(그림 5-2).

❓ 개념 점검 1

Thorndike가 동물 학습 연구에서 측정하고자 했던 것은 무엇인가?

어떤 행동은 보통 둘 중 한 가지 결과 혹은 효과를 초래한다고 Thorndike는 결론 내렸다. Thorndike는 그 한 가지 결과를 '만족스러운 사태', 다른 한 가지를 '괴로운 사태'라고 불렀다. 예를 들어, 병아리가 틀린 길로 가면 이 행동에는 굶주림 및 다른 병아리들과의 격리가 지속되는 상황, 즉 괴로운 사태가 뒤따른다. 병아리가 올바른 길로 가면 이 행동은 먹이 및 다른 병아리들과의 접촉이라는 상황, 즉 만족스러운 사태로 이어진다. 고양이가 문제상자의 창살 사이로 비집고 나오려고 하면 계속 갇힌 상태에서 배가 고픈 괴로운 결과가 뒤따르고, 철사 고리를 당기면 문이 열려서 빠져나가 음식을 먹을 수 있는 만족스러운 결과가 뒤따른다.

나중에 Thorndike(1911)는 행동과 그 결과 사이의 이러한 관계를 **효과 법칙**(law of effect, 효과율)이라고 불렀고 다음과 같이 정의했다.

> 동일한 상황에서 나오는 여러 가지 반응 중에서 동물에게 만족을 가져오는 것은, 다른 조건들이 동등하다고 할 때, 그 상황과 더 단단하게 연결될 것이며, 그 상황이 다시 발생할 때 그 반응이 다시 일어날 가능성이 클 것이다. 반면에 동물에게 불쾌함을 가져오는 반응은, 다른 조건들이 동등하다고 할 때, 그 상황과의 연결을 약하게 할 것이며, 그 상황이 다시 발생할 때 그 반응이 일어날 가능성이 더 작을 것이다. (p. 244)

Thorndike의 법칙은 네 가지 핵심 요소를 규정한다. 그것은 행동이 일어나는 환경(상황 또는 맥락), 일어나는 행동, 행동에 뒤따르는 환경 변화, 그리고 이 결과로 인한 행동의 변화이다. 다시 말하면, 행동은 그 결과의 함수로 발생한다.

효과 법칙(행동과학의 모든 면에서 가장 중요한 법칙)의 이 기억하기 쉬운 표현은, 대부분의 다른 기억하기 쉬운 표현들과 마찬가지로 암호 같다. 그렇기는 하지만, 이것은 우리 및 다른 종들이 하는 것의 많은 부분이 그 행동의 결과에 좌우된다는 생각을 전달하고 있다.

물론 Thorndike가 결과가 행동에 영향을 준다는 것을 최초로 깨달은 사람은 아니다. 철학자들은 오래전부터 행동에서 쾌락주의(hedonism, 쾌락을 추구하고 고통을 회피하는 경향성)의 역할에 관한 논쟁을 해왔다. 그렇지만 행동이 그 결과에 의해 체계적으로 강해지거나 약해진다는 것을 최초로 보여 준 사람은 Thorndike이다. 이 기본적인 생각이 지금 우리에게는 명백해 보일 수 있으나 1898년에는 뉴턴의 만유인력 법칙이 1687년에 생소했던 만큼이나 생소해 보였다.

효과 법칙이 의미하는 바는, 환경이 우리의 행동에 대한 피드백을 주는 '이야기'를 끊임없이 한다는 것이다. "그래, 그걸 다시 해 봐." 또는 "아냐, 그렇게 하지 마."라고 말이다.

? 개념 점검 2

Thorndike의 효과 법칙이란 무엇인가?

E. L. Thorndike: 상황의 요구에 부응했던 사람

E. L. Thorndike는 1874년 8월 31일 감리교 순회전도사의 아들로 태어났다. 명석하고 이상주의적이었던 그의 부모는 매우 엄격한 가정을 꾸렸다. 너무도 엄격해서 어떤 이는 그의 가족에 대해 "Thorndike네 집안에서는 즐거운 소리가 안 난다."라고 말한 적도 있다. Thorndike의 전기 작가인 Geraldine Jonçich(1968)는 Thorndike네 가정생활에 대해 "명랑함과 태평스러운 즐거움은 …… 빅토리아 문화에 의해 다 억눌려 있었다."(p. 39)라고 썼다. 이러한 가정환경은 Thorndike를 예의 바르고 근면하며 공부하기 좋아하지만 수줍음 타고 진지하며 항상 도를 넘지 않는 소년으로 만들었다. Thorndike 자신도 "나는 내가 항상 어른이었다고 생각한다."(Jonçich, 1968, p. 31)라고 말하여 자신이 자발성과 유머가 부족한 사람이었음을 내비쳤다.

1893년 이 나이 어린 어른은 웨슬리언 대학교에 들어갔는데, 거기서 문학에 관한 관심이 생겨났다. 하버드 대학원 시절 Thorndike는 영문학에서 심리학으로 전공을 바꾸었고 동물 지능의 문제를 연구하기 시작했다. 피험동물을 위한 실험실 공간이 없어서 그는 자신의 방에서 동물들을 기르면서 "주인아주머니의 항의를 견뎌낼 수 없을 때까지"(Thorndike, 1936, p. 264) 실험을 수행했다. 결국, William James(현대 심리학의 창시자 중 한 사람)가 자기 집의 지하실을 제공해 주어서 거기가 Thorndike의 새 실험실이 되었다. James 집의 지하실에서의 연구는 잘 되어갔지만 Thorndike는 돈이 없었고 컬럼비아 대학교에서 장학금을 준다고 하자 자기의 '가장 많이 배운 닭 두 마리'를 데리고 뉴욕으로 이사했다. 컬럼비아 대학교에서 Thorndike는 동물 지능에 대한 박사학위 논문을 썼고, 이 논문이 그의 화려한 경력의 출발점이 되었다.

자기 경력의 끄트머리쯤에서 짧은 자서전적인 논문을 준비할 때 Thorndike는 자기 인생에서 이런 것들 및 기타 여러 사건이 생각났음에 틀림없다. 이 논문에서 그는 자신이 이룬 것이 어떤 신중한 계획이나 '내적인 욕구'의 결과가 아니었다고 주장했다. 대신에 그는 자신의 행동을 자기의 실험동물들의 시도와 성공 행동에 비교하는 것 같았다. 그는 "나는 상황이 요구한다고 생각되는 것을 했다."(Thorndike, 1936, p. 266)라고 설명했다.

Thorndike의 전기는 78권의 책을 포함하여 500개 이상의 항목을 나열하고 있다. 그는 학습에 관한 연구뿐만 아니라 교육심리학(그가 사실상 창시한 분야이다)과 심리검사에도 중요한 공헌을 하였다.

E. L. Thorndike. 그의 효과 법칙은 조작적 학습의 기초를 만들어 놓았다. (출처: Humanities and Social Science Library/New York Public Library/Science Photo Library의 사진 제공)

자신이 한 행위의 결과로부터 이득을 취할 수 있는 역량이 개체의 생존에, 따라서 종의 생존에 기여한다는 것은 상당히 뻔한 이야기이다. 이를 믿지 못하겠다면 그 가치를 보여 주는 예를 연구 문헌에서 찾을 수 있을 것이다. 예를 들어, 여러 해 전에 Lee Metzgar(1967)는 흰다리쥐 여러 마리를 그들의 자연적 서식지와 비슷하게 만들어 놓은 실험실 내에 풀어 주었다. 며칠 뒤 더 많은 쥐를 풀어놓고는 몇 분 후 소쩍새를 거기에 넣었다. 소쩍새는 오래 거주했던 쥐 한 마리를 잡는 동안 새로 들어온 쥐는 다섯 마리를 잡았다. 전자의 쥐들은 주변 환경을 탐색할 시간이 있었지만, 새로 들어온 쥐들은 그럴 시간이 없었다. 주변을 탐색하는 것, 즉 저기 저 두 개의 바위 사이로 들어갈 수 있는지, 저 나무토막 아래로 기어들 수 있는지, 저 낙엽 더미 아래 굴을 팔 수 있는지 등을 알아보는 것이 중요한 기능을 한다. 부동산 중개업자들이 항상 이야기하듯이 "동네를 아는 것이 유익하다". 그리고 우리가 한 행위의 결과로부터 학습을 하는 것은 유익하다.

Thorndike는 학습을 연구함으로써 동물 지능을 연구하고자 했다. 그는 동물에게 다양한 문제를 제시했고 동물이 이 문제를 푸는 패턴을 관찰하였다. 그런 연구를 통해 그는 효과 법칙을 제안했는데, 이 법칙의 핵심은 행동이 그 결과의 함수로 일어난다는 것이다. 다시 말해, '만족스러운 사태'를 낳는 행동이 '괴로운 사태'를 낳는 행동보다 더 자주 일어난다. 결과로부터 학습하는 것이 생존을 도와준다.	**5.1** 요약

5.2 조작적 학습의 유형

학습목표

조작적 학습에서 강화의 역할을 논의하려면
2.1 연구자들이 학습을 연구하기 위해 스키너 상자를 어떻게 사용하는지 이야기한다.
2.2 조작적 학습을 정의한다.
2.3 **강화**라는 용어를 일상적 용도와는 다르게 심리학자들이 사용하는 대로 논한다.
2.4 강화의 세 가지 특징을 나열한다.
2.5 정적 강화와 부적 강화를 비교한다.
2.6 **보상 학습**이라는 용어를 둘러싼 논쟁을 이야기한다.
2.7 부적 강화가 때로는 도피 학습 혹은 도피–회피 학습이라 불리는 이유를 이야기한다.
2.8 정적 강화 대 부적 강화의 구분과 관련된 세 가지 문제점을 논의한다.
2.9 강화가 행동에 미칠 수 있는 증강효과의 여러 유형을 논의한다.
2.10 강화가 행동의 무작위성을 어떻게 증강시킬 수 있는지 이야기한다.

Thorndike가 마련한 기초 위에 B. F. Skinner(1938)는 1930년대에 학습과 행동에 관한 이해를 획기적으로 진전시키게 될 일련의 연구를 시작하였다. Skinner는 실험 상자를 하나 만들었는데, 이 상자는 전자식으로 작동되는 먹이통에서 몇 개의 먹이 알갱이가 자동으로 접시에 떨어지도록 설계되었다(그림 5-3). 당시 유명한 심리학자 Clark Hull이 그것에다가 '스키너 상자'라는 이름을 붙였는데, 이 이름이 곧 유행하게 되었고 오늘날에도 많은 사람이 그렇게 부른다. 쥐가 먹이통의 작동 소

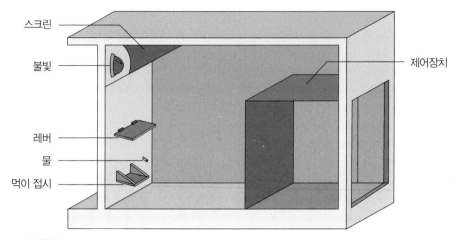

그림 5-3
Skinner가 개발한 실험상자 중 하나 이 상자는 오늘날 일반적으로 스키너 상자로 불린다. 이 그림은 상자의 안쪽을 보여 주기 위해 앞쪽 벽면을 떼어낸 모습이다. 먹이통과 다른 장치들은 왼쪽 벽 바깥쪽에 있는 공간에 설치된다. 쥐가 레버를 누를 때마다 먹이 공급장치가 작동하여 접시에 먹이 알갱이 몇 개를 떨어뜨린다. (출처: *The Behavior of Organisms: An Experimental Analysis*, p. 49 by B. F. Skinner, 1938. New York: Appleton-Century-Crofts. 저작권 ⓒ 1938, 1966년에 갱신됨. B. F. Skinner의 허가하에 실음)

리에 익숙해지고 접시에 떨어진 먹이를 주저하지 않고 먹게 되자 Skinner는 레버를 설치하였다. 그 후로는 쥐가 레버를 눌러야만 먹이가 접시로 떨어졌다. 이런 조건에서는 레버 누르기의 비율이 급격히 증가하였다(그림 5-4).

행동의 결과가 그 행동을 증강하거나 약화하는 경험을 Skinner는 **조작적 학습**(operant learning)이라 불렀는데, 이는 그 행동이 환경에 조작을 가하는 것이기 때문이다. 그런 행동은 일반적으로 그것에 뒤따르는 사건을 초래하는 데 도구 역할을 한다. 따라서 어떤 이는 이런 유형의 학습을 **도구적 학습**(instrumental learning)이라고 부른다. 이것은 반응 학습(response learning), 결과 학습(consequence learning) 및

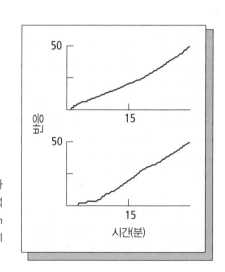

그림 5-4
쥐 두 마리의 레버 누르기와 강화 이 누적 기록은 레버를 누를 때마다 먹이가 나오면 레버 누르기의 비율이 급속히 증가하였음을 보여준다. (이 기록을 해석하는 데 도움이 필요하면 그림 2-7을 보라) (출처: *The Behavior of Organisms: An Experimental Analysis*, p. 68. 저작권 ⓒ 1938, 1966년에 갱신됨. B. F. Skinner의 허락하에 실음)

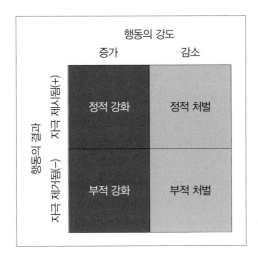

그림 5-5

수반성 사각형 조작적 절차에서는 행동의 강도가 그 결과에 따라 증가하거나 감소한다.

R–S 학습 등의 다른 이름으로도 불린다.[*]

Thorndike와는 약간 다르게 Skinner는 조작적 절차 혹은 경험을 네 가지 유형으로 구분했다. 그중 두 가지는 행동을 증강하고 다른 두 가지는 행동을 약화한다(그림 5-5). 이 장에서는 행동을 증강하는 경험에 초점을 맞출 것이다(행동을 약화하는 것에 대해서는 8장에서 다룰 것이다).

일상적 대화에서는 **강화**라는 말이 기둥을 추가해서 지붕을 더 튼튼히 받칠 때처럼 강도의 증가를 의미한다. 학습에서 **강화**(reinforcement)란 결과로 인한 행동 강도의 증가를 의미한다. Charles Catania(2006)는 어떤 경험이 강화의 자격을 갖추려면 세 가지 특징을 가져야 한다고 주장한다. 첫째, 행동이 어떤 결과를 낳아야 한다. 둘째, 그 행동의 강도가 증가해야 한다(예: 더 자주 일어난다). 셋째, 그 강도 증가가 그 행동의 결과로 인한 것이어야 한다.

Skinner는 두 가지 종류의 강화를 구분했다. **정적 강화**(positive reinforcement)에서는 행동의 결과로 어떤 자극이 나타나거나 그 자극의 강도가 증가한다. 이 자극은 보통 유기체가 추구하는 것으로서, **정적 강화물**(positive reinforcer)이라 부른다. 예를 들어, 자판기에 돈을 넣자 원하는 음식이 나온다면, 미래에도 기회가 있을 때 그 자판기에 돈을 넣기 마련이다. 마찬가지로, 색소폰을 부는데 지난번에 연습했을 때보다 분명히 더 좋은 소리가 난다면, 비록 다른 사람의 귀에는 대단한 불협화음이라 할지라도 색소폰 불기를 계속할 수 있다.

사람들은 정적 강화에 사용되는 강화물을 보상적인 것(성공, 실력 향상, 칭찬, 음식, 인정, 허용, 돈, 특권 등)으로 생각하기 때문에 정적 강화를 **보상 학습**(reward

---

[*] 파블로프식 조건형성과 조작적 학습은 각각 다음의 서로 대비되는 이름으로 불리기도 한다(66쪽 참고): 자극 학습 대 반응 학습, S–S 학습 대 R–S 학습, 반응적 학습 대 조작적 학습, 신호 학습 대 결과 학습. (역주)

learning)이라고 부르는 사람들도 있다. 그러나 Skinner(1987)는 이 용어에 반대하였다. 그는 "강화물을 보상이라고 부르면 강화물의 증강효과를 제대로 포착하지 못한다. 보상을 받는 것은 **사람**이지만 강화를 받는 것은 **행동**이다."(p. 19)라고 썼다.

　어떤 이들은 Skinner가 좀 까다롭게 트집 잡는다고 주장한다. 이 연구자들은 학습 문헌에서 **보상 학습**이라는 용어를 계속 사용하며, 신경과학과 생물학 문헌에서는 심지어 더 많이 사용한다. 하지만 이 용어의 사용 여부와 상관없이, 우리가 일상적으로 보상이라고 인식하는 사건이 그에 앞서 일어난 행동을 증강하지 못하는 경우가 흔히 있음을 명심해야 한다. 예를 들어, 관심 보여 주기는 많은 사람에게, 특히 아이들에게 강화적이지만, 관심이 항상 행동을 강화하지는 않는다(Sy et al., 2010). 이보다 더 야릇한 일은 분명히 보상적이지 **않아** 보이는 어떤 것이 그것에 앞선 행동을 증강할 수 있다는 점이다. 이상하게 보일 수 있지만 꾸중, 규제, 감금, 전기충격 등 보통은 불쾌한 경험이 경우에 따라서는 행동을 강화할 수 있다(예: Abramowitz et al., 1987; Bernard & Gilbert, 1941; Morse & Kelleher, 1977; Piazza et al., 1999).

　부적 강화(negative reinforcement)에서는 어떤 자극의 제거나 자극 강도의 감소가 행동을 증강한다. 이 자극은 유기체가 보통 그로부터 회피 또는 도피하려는 것으로서, **부적 강화물**(negative reinforcer)이라 부른다. 예를 들어, 차에 타서 시동을 걸었는데 갑자기 시끄러운 음악이 요란하게 울린다면(왜냐하면 그전에 이 차를 운전한 사람이 라디오 볼륨을 최대로 키워놓았기 때문에) 당신은 볼륨을 낮춘다. 소리가 줄어드는 것이 볼륨을 낮추는 행위를 강화한다. 똑같은 방식으로, 색소폰을 불려고 노력하지만 그 소리가 칠판을 손톱으로 긁는 소리나 마찬가지라면, 색소폰을 내려놓기 마련이다. 그럼으로써 귀에 대한 고문이 끝나게 되고 이것이 연주를 멈춘 행위를 강화한다.

　부적 강화에서는 혐오스러운(불쾌한) 상황에서 도피하는 것이 행동을 강화한다. 일단 그렇게 도피하기를 학습하고 나면, 흔히 우리는 그것을 아예 회피하기를 학습한다. 예를 들어, 자동차 라디오에서 나는 큰 소리를 피하고 나면, 앞으로는 그 소리가 당신을 깜짝 놀라게 하기 **전**에 미리 가능한 한 빨리 볼륨을 줄일 수 있다. 칠판을 긁는 것 같은 소리를 내다가 색소폰 연주를 중단하는 대신, 연습하기를 '잊어버릴' 수 있다. 이런 이유 때문에 어떤 이들은 부적 강화를 **도피 학습**(escape learning) 또는 **도피-회피 학습**(escape-avoidance learning)이라고 부른다.

　정적 강화에서와 마찬가지로, 감소되거나 제거됨으로써 행동을 증강하는 결과가 무엇인지 파악하는 일이 어려울 수 있다. 당신에게는 혐오적인 것이 다른 사람에게는 보상적인 것일 수 있다. 예를 들어, 어쩌면 당신은 시원한 것을 좋아해서 더운 방을 싫어할 수 있다. 당신 친구는 딱 그 반대여서 더운 방을 선호하고 시원한 방을 싫어할 수 있다. 개체가 어떤 사건을 부적 강화로 여기는지를 확실하게 알기 위해서는 그것이 행동에 미치는 효과를 확인해야 한다. 어떤 자극을 제거하거나 감소시켰을 때 행동이 증강되면 그 자극이 부적 강화물이라고 볼 수 있다. 당신은 더운 방에서 나가려고 노력하는 반면, 당신 친구는 계속 머물러도 전적으로 만족한다. 그렇다면 더운 방에서 나가는 것이 당신에게는 부적 강화물로 작용하지만 당신 친구에게는 그렇지 않다.

정적 강화와 부적 강화 모두가 행동의 강도를 증가시킨다는 점에 유의하라. 그런데 정적 강화를 제공할 때는 연구자나 훈련사가 그 상황에 무언가를 추가하는 반면, 부적 강화에서는 무언가를 제거한다. **정적** 및 **부적**이라는 말은 그 결과의 성질을 기술하는 것이 아니다.* 이 용어는 단지 무언가가 가해졌거나 감해졌다는 점을 나타낼 뿐이다. 그래서 이를 산술 용어로 생각하는 것이 더 쉬울 수 있다. 즉, 정적 강화(때로는 R+로 표기된다)에서는 행동의 빈도를 증가시키기 위해 어떤 결과를 더한다. 반면에 부적 강화(때로는 R−로 표기된다)에서는 행동의 빈도를 증가시키기 위해 어떤 결과를 뺀다. 두 경우 모두에서 행동은 증가한다. 바뀌는 것은 행동의 결과가 자극의 더하기인가 아니면 빼기인가이다.

정적 강화와 부적 강화가 흔히 서로 독립적으로 작용하는 것처럼 이야기하는 사람이 많지만 현실에서는 둘이 같이 일어나는 일이 많다. Thorndike의 문제상자 실험이 이를 보여 준다. 흔히 고양이에게는 작은 공간에 갇혀 있는 것이 혐오스러운 일이다. 줄을 잡아당겨서 문이 열리면 고양이가 문제상자에서 빠져나올 수 있었다. 문제상자에서 빠져나오기가 줄 잡아당기기를 부적으로 강화하였다. 일단 고양이가 문제상자에서 빠져나오면 그전에는 닿지 못했던 먹이를 먹을 수 있었다. 먹이에 닿기가 줄 잡아당기기를 정적으로 강화하였다. 그러므로 Thorndike가 만족스러운 사태라고 부른 것에는 아마도 정적 강화와 부적 강화의 조합이 포함되었을 것이다.

정적 강화와 부적 강화라는 구분의 또 다른 문제점은 한 자극이 어떨 때는 정적 강화물로, 어떨 때는 부적 강화물로 작용할 수 있다는 것이다. Alan Hundt와 David Premack(1963)는 이것을 매우 영리한 실험을 통해 보여 주었다. 그들은 쥐를 전동 쳇바퀴가 있는 장에 넣었는데, 이 쳇바퀴는 쥐가 레버를 누르면 켜졌고 물병 꼭지에서 물을 핥으면 꺼졌다. 쳇바퀴는 일단 켜지면 계속해서 돌아갔고(이는 쥐가 계속해서 달려야 함을 의미한다) 쥐가 물을 핥아야만(쥐가 달리면서 물을 핥아야 했다) 멈췄다. 쥐들은 레버를 누르고 얼마간 달린 다음 물을 핥아서 운동을 그만두었

---

* 'positive reinforcement'와 'negative reinforcement'를 긍정적 강화, 부정적 강화라고 번역하기도 하는데, 이는 오해하기 쉬운 용어이다. 긍정적이라는 말은 좋다는 의미로, 부정적이라는 말은 나쁘다는 의미로 보통 해석되는데, 강화라는 맥락에서 'positive'와 'negative'란 말은 좋고 나쁨과 무관하다. 따라서 단순히 '플러스'와 '마이너스'를 뜻하는 '정적', '부적'이라는 용어가 '긍정적', '부정적'이라는 용어보다 오해의 소지를 줄일 것이다. (역주)

다. 그러므로 쳇바퀴 회전의 시작(및 지속)이 레버 누르기를 정적으로 강화하였고, 쳇바퀴 회전의 정지가 물 핥기를 부적으로 강화하였다.

때로는 정적 강화와 부적 강화를 구분하기가 불가능할 때도 있다. Brian Iwata (1987)는 추운 방에 있다가 난방을 켜는 사람의 예를 든다. 이때 강화물은 온기의 증가(정적 강화물)일까, 냉기의 감소(부적 강화물)일까?

정적–부적 구분이 초래하는 이러한 혼란 때문에 어떤 연구자들은 그런 구분을 없애자고 제안한다(예: Michael, 1975). 이 문제는 학술지를 통해 논의되고 있다(예: Baron & Galizio, 2005, 2006; Chase, 2006; Iwata, 2006; Michael, 2006; Nakajima, 2006; Staats, 2006). 안타깝게도 이 구분과 용어와 혼란은 여전히 지속되고 있다.

> **? 개념 점검 3**
>
> 정적 강화와 부적 강화의 공통점은 무엇인가?

B. F. Skinner: 행동과학의 다윈

> "모든 현대 심리학자 중에서 B. F. Skinner는 가장 존경받으면서 비난받고, 가장 널리 알려졌으면서 가장 잘못 알려졌으며, 가장 많이 인용되며 가장 오해받고 있는 사람이다."
>
> _ A. Charles Catania

Burrhus Frederick Skinner는 1904년 펜실베이니아주의 서스쿼해나(Susquehanna)에서 태어났다. 어머니는 주부였고, 아버지는 변호사로 생계를 유지했다.

고등학교 졸업 후, Skinner는 뉴욕주의 해밀턴 대학으로 가서 인문주의 교육을 받았다. 그는 평생 문학, 역사, 음악 및 예술을 즐기며 살았다. 대학을 졸업한 후 한동안 뉴욕의 그리니치 빌리지에 살면서 소설가가 되려고 하였다. 그러나 이 시도는 실패했고, 파블로프와 Watson의 연구를 읽고 나서 Skinner는 행동 연구를 위해 하버드 대학원에 진학했다.

하버드 대학원 졸업 후 Skinner는 나중에 『유기체의 행동(The Behavior of Organisms)』이라는 제목으로 1938년 출판되게 된 연구를 시작하였다. 행동에 관한 Skinner의 관점은 많은 사람의 감정을 건드려서, 사람들은 Skinner를 공격했고 그의 생각을 부정확하게 이야기했다. 자신의 생각에 대한 오해가 Skinner를 더 괴롭혔다. 사람들은 그가 사고와 감정의 존재를 부인하고, 행동에 대한 생물학의 역할을 부인하며, 사람이 로봇처럼 행동한다고 믿고, 자유와 존엄을 거부한다는 잘못된 이야기를 거듭했다. Skinner가 실제로 쓴 문장과 글을 보면 그의 비판자들이 글에서 묘사하고 있는 것과 비슷하지도 않다(Morris, 2001; Morris, Lazo, & Smith, 2004; Palmer, 2007; Todd & Morris, 1992).

그러나 Skinner의 비판자들조차도 그가 행동에 대한 우리의 이해에 많은 중요한 공헌을 했음은 인정한다. 그는 반응률의 변화를 학습의 표준적 측정치로 만들었고, 집단보다는 개인을 실험 연구의 대상으로 만들었으며, ABA 연구 설계를 실질적으로 창안했고, Thorndike의 주관적인 용어를 오늘날 사용되는 더욱 정확한 용어로 대체했으며, 행동을 연구하는 자연과학이 의학, 일, 육아, 교육 및 기타 분야에 적용될 수 있는 방법을 제안했다. 이런 업적으로 그는 '올해의 미국 휴머니스트 상'과 과학분야 국민훈장을 비롯하여 심리학자에게 수여되는 모든 상을 받았다.

나는 강화가, 어떤 행동의 결과로 인해 그 행동의 강도를 증가시킨다고 이야기 했다. 강도(strength)란 정확히 무엇을 의미할까? Thorndike와 Skinner는 강도를 행동의 빈도 혹은 확률과 동일시하였다. 행동의 빈도를 이렇게 강조하는 것은 이해할 만하다. 왜냐하면 우리가 행동에 관해 질문할 때 흔히 초점을 두는 것이 행동이 일어날 가능성이기 때문이다. 그러나 John Nevin(1992; Nevin & Grace, 2000)이 지적하듯이 강화는 반응률의 증가 외에도 다른 증강효과를 낸다. 즉, 강화가 중단되고 나서도 그 행동이 지속되는 경향성을 증가시키고, 다른 혐오적 결과(예: 처벌)에도 불구하고 그 행동이 일어나는 경향성을 증가시키며, 더 많은 노력이 듦에도 불구하고 그 행동이 일어나는 경향성을 증가시키고, 다른 행동에 대한 강화물이 있어도 그 행동이 지속되는 경향성을 증가시킨다. 행동과학에 집중하기 전에 공학을 전공했던 Nevin은 강화의 효과를 물리학자의 운동량 개념에 비유한다. 언덕을 굴러 내려오는 무거운 공이 가벼운 공보다 장애물이 있을 때 그 경로에서 멈춰 설 가

1990년 1월, Skinner의 주치의는 그에게 백혈병 진단을 내렸다. 그는 백혈병이 죽는 데 나쁜 방법은 아니라고 말했다. 고통은 별로 없을 것이고, 단지 병에 감염되기 더 쉬워져서 빨리든 천천히든 다른 병이 그를 데려갈 것이었다.

1990년 10월, 미국심리학회는 정기연차총회에서 Skinner에게 특별 평생공로상을 수여하였는데, 그런 상을 미국심리학회가 수여한 것은 처음이었다. 그는 상당히 쇠약해졌지만 부축받지 않고 연단으로 가서 노트도 없이 15분간 연설했다. 그 내용은 친숙했는데, 심리학자들이 행동에 대한 자연과학적 접근법을 포용해야 한다는 것이었다.

그것이 Skinner가 대중 앞에 섰던 마지막 모습이었다. 그는 강당을 떠나서 집으로 돌아갔고, 집에서 늘 그랬던 것처럼 매일 일찍 일어나 서재에서 집필하고, 답신을 쓰고, 방문객을 맞이하는 일을 계속했다. 5일 후에 그는 입원했다. 8월 19일 그는 병원에서 논문의 마지막 교정 작업을 하였다. 다음날 그는 혼수상태에 빠져서 세상을 떠났다.

행동과학의 다윈이라 할 B. F. Skinner의 1942년 모습. (출처: University Archives, University of Minnesota, Twin Cities 제공)

찰스 다윈이 사망한 지 100년이 넘었는데 아직도 미국의 일부 학교에서는 창조론을 가르치고 있다. 그러나 이제 교육받은 사람 대부분은 진화의 기본 원리를 이해하고 당연하게 받아들인다. 앞으로 100년 후에도 행동에 대한 전통적인 생각이 여전히 퍼져 있을 수 있겠지만, 교육받은 사람들은 아마도 행동의 기본 원리를 이해하고 당연한 것으로 받아들일 것이다. 그렇게 된다면, 행동과학의 다윈인 Skinner에게 그 공로를 대부분 돌려야 할 것이다.

능성이 더 작듯이, 강화를 많이 받은 행동은 어떤 방식으로 '방해를 받더라도', 예를 들어 일련의 실패에 직면하더라도, 지속될 가능성이 크다. Nevin은 이것을 **행동 운동량**(behavioral momentum)이라고 부른다(Mace et al., 1997; Nevin, 1992; Nevin & Grace, 2000).

Allen Neuringer(1986; 2002)는 강화물이 행동의 어떠한 측면(예: 강도, 빈도, 비율, 지속기간, 지속성, 형태)이라도 증강할 수 있다고 지적한다. 강화물이 행동의 그 특정 측면에 좌우되는 한에서 말이다. 그는 심지어 행동의 무작위성조차도 강화가 증강할 수 있다고 말한다(Neuringer, 2002). 이것이 별달리 놀랄 일은 아닌 것처럼 보일지 모르겠으나, 진정으로 무선적인 방식으로 행동하기란 유기체에게 쉬운 일이 아니다. 한 연구에서 Neuringer와 동료 Suzanne Page(Page & Neuringer, 1985)는 비둘기가 두 개의 원반을 연속적으로 여덟 번 쪼면 강화물을 주었는데, 이때 그 일련의 원반 쪼기 순서는 이전의 50회의 연속적 순서와는 달라야 했다. 이런 조건에서 원반 쪼기 패턴이 거의 진정으로 무선적으로 되었다.

그러므로 강화에 관한 많은 연구와 활용이 행동의 빈도를 겨냥하고 있지만 강화적인 결과가 행동의 빈도뿐 아니라 행동의 거의 모든 측면을 수정할 수 있음을 명심해야 한다. 이제 선행한 행동을 증강하는 사건의 종류를 살펴보자.

5.2 요약

'조작적 학습'이라는 용어는 개체가 환경에 조작을 가하고, 이 행위의 효과가 그 행동을 증강하거나 약화한다는 것을 나타낸다. 우리가 볼 수 있는 조작적 학습에는 네 종류가 있는데, 그것은 정적 강화와 부적 강화, 그리고 정적 처벌과 부적 처벌이다('처벌'에 대해서는 8장에서 논의할 것이다). '정적' 및 '부적'이라는 용어는 행동에 뒤이어 무언가가 더해지는지 아니면 제거되는지와 관련된다. 이 두 종류의 강화는 모두 행동을 증강한다. 어떤 자극이 강화물일지를 미리 파악할 수는 없다. 어떤 개체에게 어떤 결과가 강화적이라는 유일한 증거는 그 결과가 그에 선행한 행동을 증강한다는 것뿐이다.

5.3 강화물의 종류

학습목표

조작적 학습에 영향을 미치는 네 종류의 강화물을 이야기하려면

3.1　일차 강화물과 이차 강화물을 비교한다.
3.2　일차 강화물의 예를 다섯 가지 든다.
3.3　일차 강화물을 효과적으로 만드는 측면을 규명하는 것이 왜 어려울 수 있는지 이야기한다.
3.4　강화에서 물림의 역할을 이야기한다.
3.5　이차 강화물이 왜 때로는 조건 강화물이라고 불리는지 설명한다.

3.6   일차 강화물에 비해서 이차 강화물이 갖는 장점을 네 가지 밝힌다.

3.7   **일반 강화물**을 정의한다.

3.8   이차 강화물의 단점을 논의한다.

3.9   자연적 강화물과 인위적 강화물을 비교한다.

3.10   자연적 강화물과 인위적 강화물을 구분하는 것이 왜 어려울 수 있는지 설명한다.

강화적인 결과들의 목록을 만들려고 했던 사람들이 있다(예: Reiss, 2000을 보라). 이 목록은 사람들이 **일반적으로** 강화적이라고 여기는 사건들을 나열한다. 하지만 기억할 것은, 강화적 사건을 **정의하는** 유일한 특징은 그것이 행동에 미치는 효과라는 점이다. 어떤 사건이 그것에 선행한 행동을 증강하면 우리는 그것을 강화물로 여기고, 그런 효과가 없으면 강화물로 여기지 않는다. 강화적 사건에는 여러 종류가 있다. 하지만 대부분의 강화물은 일차 또는 이차 강화물로, 그리고 인위적 또는 자연적 강화물로 분류될 수 있다.

일차 강화물과 이차 강화물

일차 강화물(primary reinforcer)은 선천적으로 효과가 있어 보이는 것, William Baum(2007)이 "계통 발생적으로 중요한 사건들"이라고 말한 것이다. 이는 대체로 사실이지만, 일차 강화물의 진정한 정의는 학습 경험에 의존하지 않아야 한다는 것이다. 학습이 일차 강화물을 만드는 것이 아니므로 이것을 **무조건 강화물**(unconditioned reinforcer)이라고 부르는 사람이 많다. 가장 명백하면서 연구에서 가장 흔히 사용되는 일차 강화물에는 음식, 물, 성적 자극이 포함된다. 그리고 선천적인 것으로 쉽사리 인정받는 다른 강화물로는 잠, 활동(즉, 마음대로 돌아다닐 기회), 절정감을 일으키거나 불쾌감을 완화하는 약물, 특정 뇌 영역에 대한 전기자극(나중에 나오는 신경역학 부분을 보라), 더위와 추위에서 벗어나기 등이 있다.

그보다 덜 명백해 보이는 다른 일차 강화물로는 여러 가지가 존재한다. 사회적 접촉은 쥐를 비롯한 많은 포유류에서 선천적으로 강화적인 것으로 보인다. Mycroft Evans와 동료들(1994)은 암컷 쥐들이 수컷 쥐에게 접근하기 위해 레버를 누른다는 것을 발견했다. 그 수컷 쥐는 교미 능력이 없어서 성적 접촉은 암컷에게 강화물이 아니었다. 다른 암컷 쥐들은 레버를 누름으로써 먹이와 물을 얻었다. 다른 쥐와의 접촉은 레버 누르기를 강화하는 데 먹이 및 물과 동등한 효력을 발휘한다는 것이 밝혀졌다. 인간 역시 사회적 접촉을 강화적으로 느낀다. 사실 너무나 그러해서 어떤 이는 인간을 **사회적 동물**이라 부른다(Aristotle, 1985; Aronson, 2011). 내향적이고 고독을 즐기는 사람도 가끔은 타인과 함께하고 싶어 한다.

많은 종에게서, 특히 인간에게서 선천적인 것으로 보이는 또 다른 강화물은 환경에 대한 통제력이다. 발달심리학자 Carolyn Rovee-Collier(1999; Rovee & Rovee, 1969)는 통제가 갖는 강화력(reinforcing power)의 예를 보여준다. 그녀는 아기의 발목에 부드러운 리본의 한쪽 끝을 느슨하게 묶고 다른 쪽 끝은 머리 위에 있는 모빌에 매달아서 아기가 발을 움직이면 모빌이 움직이게 하였다. 그러자 아기는 발을 마치 축구선수처럼 차기 시작했다. 빠르면 생후 8주부터 아기들은 모빌을 움직이려고 발을 찼다. 모빌이 움직이는 것을 보는 것 외에는 다른 뚜렷한 강화물이 없었는데도 말이다. 환경 통제는 사람의 일생에 걸쳐서 강화력을 유지한다.

❓ 개념 점검 4

일차 강화물의 정의적 특징은 무엇인가?

사회학자 John Baldwin(2007)은 일차 강화물의 목록에다 감각 자극하기(sensory stimulation)를 추가한다. 그는 감각 자극하기를 '부지(不知)의 강화물(the unknown reinforcer)'이라고 부르는데, 왜냐하면 우리가 그것의 강화적 속성을 인식하는 법이 거의 없기 때문이다. 그는 사람들이 과체중이 되는 이유 중 하나가 음식이 제공하는 감각(향과 촉감, 맛과 포만감) 때문이라고 주장한다.

어떤 경우에는 일차 강화물의 어떤 측면이 효력을 발휘하는 것인지 파악하기가 어렵다. 발달심리학자인 Ilze Kalnins와 Jerome Bruner는 생후 5~12주가 된 아기들에게 동영상을 하나 보여 주었다(Kalnins & Bruner, 1973; Siqueland & Delucia, 1969도 보라). 아기가 본 영상의 선명함은 아기가 물고 있는 공갈 젖꼭지를 어떤 식으로 빠는지에 따라 달라졌다. 한 조건에서는 아기가 특정 속도로 젖꼭지를 빨면 영상의 초점이 맞춰졌다. 다른 조건에서는 그 속도로 젖꼭지를 빨면 영상이 흐려졌다. 두 조건 모두에서, 아기들은 영상이 선명해지는 데 필요한 속도로 젖꼭지를 빨았다. 이 연구는 확실하게 강화의 예를 보여 주었지만 여기서 아기들에게 강화적인 것은 무엇이었을까? 선명한 영상이었을까? 아니면 아기가 영상에 대해 행사한 통제였을까?

가장 강력한 일차 강화물 중 일부(특히 음식, 물, 성적 자극)는 우리의 생존에 극히 중요한 역할을 했음이 틀림없다. 우리의 조상이 그런 강화물을 얻기 위해 필요한 일을 하지 않았다면 우리는 지금 존재하지 않을 수도 있다. 그런데 어떤 일차 강화물은 그 효과를 상당히 빨리 상실할 수 있다. 이런 현상을 **물림**(satiation. 포만)이라고 한다. 우리가 만약 얼마 동안 굶었다면 음식은 강력한 강화물이 된다. 하지만 한 입 먹을 때마다 음식의 강화력이 떨어져서 마침내 효과가 없어진다. 이때가 물리는 지점이다.

이차 강화물(secondary reinforcer)은 선천적이지는 **않지만**, 학습 경험에서 생겨난다. 일상적인 예로는 칭찬, 인정, 미소, 박수가 있다. 이차 강화물은 보통 다른 강화물(여기에는 다른 이차 강화물도 포함됨)과 짝지어짐으로써 강화력을 획득하기 때문에 때로는 **조건 강화물**(conditioned reinforcer)이라고도 부른다. Donald Zimmerman(1957)이 예를 하나 제공하는데, 그는 목이 마른 쥐들에게 물을 주기 2초 전에 버저를 울렸다. 이런 식으로 버저 소리와 물을 여러 차례 짝지은 다음, Zimmerman은 쥐가 있는 방에 레버를 달았다. 그리고 쥐가 레버를 누를 때마다 버저가 울리게 했다. 레버 누르기가 물이 나오게 한 적은 한 번도 없었음에도 불구하고 쥐는 곧 레버 누르기를 학습하였다. 버저 소리가 조건 강화물이 되었기 때문이다.

또 다른 연구에서 W. M. Davis와 S. G. Smith(1976)는 버저 소리를 모르핀 정맥주사와 짝지었다. 그런 다음 버저 소리를 레버 누르기에 대한 강화물로 사용했다. 버저 소리는 효과적인 강화물이 되었을 뿐 아니라 그 효과의 크기가 그것이 가져올 모르핀의 양과 직접적으로 관련되었다(Goldberg, Spealman, & Goldberg, 1981도 보라). 다른 이차 강화물도 어떻게 본질적으로 동일한 방식으로 강화력을 획득할지 이해할 수 있다. 음식은 배고픔을 없애주는데, 음식을 사기 위해서는 돈이 필요하므로 돈은 규칙적으로 음식과 연합된다. 따라서 돈은 그것으로 살 수 있는 것들과 짝지어짐으로써 강화적 속성을 획득한다.

환경의 미묘한 변화조차도 만약 다른 강화물과 규칙적으로 짝지어진다면 강화물로 작용하게 될 것이다. 예를 들어, 흰색 불빛이 켜져 있을 때 레버를 누르면 먹이가 나온다는 것을 학습한 쥐는 만약 레버 누르기가 빨간색 불빛을 흰색 불빛으로 변화시킨다면 레버 누르기를 하게 된다. 적절히 훈련하면 이 쥐는 불빛 색깔이 초록색에서 파란색, 빨간색, 흰색으로 바뀌는 일련의 변화를 만들어 내기 위해 레버를 누를 수 있다. 비록 먹이가 주어지는 것은 오직 흰색 불빛이 켜져 있을 때뿐인데도 말이다. 여기서 각각의 불빛 변화는 레버 누르기에 대한 이차 강화물로 작용한다. 그러나 흰색 불빛이 켜져 있을 때 나오는 레버 누르기에 대해 먹이 주기를 중단하면 모든 불빛에 대한 레버 누르기가 중단된다. 다시 말하면, 그 여러 색깔 불빛들의 강화력은 먹이, 즉 일차 강화물에 의존한다.

유기체가 일차 혹은 이차 강화물에 일정 기간 접근하지 못했을 때는, 이차 강화물의 강화력이 일차 강화물보다 떨어지는 경향을 보인다. 하지만 이차 강화물에는 장점이 몇 가지 있다. 첫째, 이차 강화물은 보통 일차 강화물보다 물리게 되기까지 훨씬 더 오랜 시간이 걸린다. 음식은 빨리 물리게 되는 반면, 긍정적 피드백('맞아요', '좋아요' 등)은 그렇지 않다.

둘째, 조건 강화물은 행동을 즉각적으로 강화하기가 일차 강화물보다 더 쉬울 때가 많다. 말에게 머리를 똑바로 세우고 걷기를 훈련한다고 하자. 말이 그렇게 할 때마다 귀리 몇 알, 즉 일차 강화물을 줄 수 있다. 그러나 그러려면 말에게까지 걸어가야 하는데, 이는 강화의 지연을 의미하고 다른 어떤 행동이 강화되는 결과가 생길 수도 있다. 만약 클리커(원래는 귀뚜라미라 불리는 조그마한 철제 장난감)가 내는 딸깍거리는 소리를 귀리와 거듭 짝짓는다면, 그 소리로 말의 행동을 강화할 수 있다(Pryor, 1999; Skinner, 1951). 그 소리가 즉각적 강화를 제공하는 것이다. 딸깍거리는 소리에 때때로 먹이가 뒤따르는 한, 이 소리는 계속 강화력을 유지한다. 돌고래 조련사는 호루라기를 이와 동일한 방식으로 사용한다(Pryor, 1991).

셋째, 조건 강화물은 흔히 일차 강화물보다 방해가 덜 된다. 먹기와 마시기는 시간이 걸린다. 딸깍 소리나 칭찬 한 마디는 행동을 중단시키지 않고도 행동을 강화할 수 있다.

마지막으로, 조건 강화물은 또한 많은 다른 상황에서 융통성 있게 사용될 수 있다. 음식이나 물은 매우 효과적인 강화물이지만 동물이나 사람이 배가 고프거나 목이 마를 때만 그러하고, 다른 때는 그렇게 효과적이지 않다. 그러나 음식과 짝지어진 자극은 동물이나 사람이 전혀 배고픔을 느끼지 않을 때조차도 강화적일 수 있다. 어떤 강화물이 많은 다른 종류의 강화물과 짝지어지면, 그것은 광범위한 상황에서 효과적으로 작동할 수 있다. 그런 강화물을 **일반 강화물**(generalized reinforcer)이라 부른다(Skinner, 1953). 일반 강화물의 가장 명백한 예는 돈이다.

조건 강화물이 일차 강화물에 비해 여러 가지 장점이 있지만 중요한 단점도 하나 있다. 그것은 그 효과가 일차 강화물과의 연합에 의존한다는 점이다. 예를 들어, 돈은 강력한 강화력을 갖고 있지만, 다른 강화물에 의해 '뒷받침'되지 않는 한 강화력을 상실한다. 미국의 경우, 남북전쟁이 끝나기도 전부터 남부 연방이 발행한 돈은 가치를 잃어가기 시작했는데, 왜냐하면 사람들이 그 돈을 음식, 옷 혹은 다른 강화물과 교환할 수 없었기 때문이다. 남북전쟁이 끝나자 남부 연방의 돈은 무가치해져서 연료로 또는 매트리스 속을 채우는 용도로나 사용되었다. 일차 강화물은 원상 회복력이 훨씬 더 강해서, 굶주린 사람은 음식을 다른 어떤 것과도 교환할 수 없다고 하더라도 그 음식을 위해 일하려 한다.

자연적 강화물과 인위적 강화물

자연적 강화물(natural reinforcer)은 어떤 행동을 하면 저절로 뒤따른다. 아침에 일어나면 이를 닦는데, 그 결과 입에서 더 이상 냄새가 나지 않는다. 자전거 페달을 밟으면 자전거가 앞으로 나간다. 계단을 내려가면 강의가 열리는 층에 도달한다. 각각의 강화적 사건은 어떤 행위의 자동적인 결과이며, 그래서 어떤 이들은 자연적 강화물을 **자동 강화물**(automatic reinforcer)이라 부른다.

어떤 사람은 행동을 수정할 목적으로 **인위적 강화물**(contrived reinforcer)을 제공

조작적 학습과 파블로프식 학습의 비교

사람들이 조작적 절차와 파블로프식 절차를 혼동하는 경우가 많으므로 이들의 차이점을 살펴보자. 가장 중요한 차이는 행동의 역할과 관련된다. 조작적 학습에서는 중요한 환경 사건이 보통 행동의 수행에 좌우된다. 예를 들어, 자판기에서 음식을 얻거나 색소폰에서 소리가 나려면, 우리가 무언가를 **해야 한다**. 파블로프식 조건형성에서는 중요한 환경 사건이 일어나기는 하지만 그것이 우리의 행동에 좌우되지 않는다. 예컨대, 우리는 먼저 번개를 보고 나서 무서운 천둥소리를 듣는다. 다시 말하면, 조작적 학습에서는 어떤 사건(강화적 또는 처벌적 결과)이 행동에 의존하고, 파블로프식 조건형성에서는 어떤 사건(US)이 또 다른 사건(CS)에 의존한다.

또한 파블로프식 및 조작적 학습은 서로 다른 종류의 행동과 관련된다. 파블로프식 조건형성은 대개 눈 깜박임이나 소화액의 분비 같은 반사적 행동에서 일어난다. 이에 반해 조작적 학습은 윙크하기나 음식 구매 같은 비(非)반사적 행동에서 일어난다. 그러나 이런 행동의 차이는 좀 문제가 있다. 예를 들면, 반사적 눈 깜박임과 수의적 윙크를 어떻게 구별할 수 있을까? 또한, 정상적으로는 반사적 행동인 것을 조작적 절차가 수정할 수 있다(Wolf et al., 1965).

상황은 이 두 학습이 흔히 같이 일어난다는 사실로 인해 더욱 복잡해진다(Allan, 1998; Davis & Hurwitz, 1977). 4장에서 언급했던 아기 앨버트의 사례를 보자. 앨버트는 흰쥐의 모습이 큰 소리를 예측하는 경우에 흰쥐에 대한 공포를 학습했다. 이것은 단순한 파블로프식 조건형성 사례로 보일 것이고, 사실상 그러하다. 그러나 이 실험에 대한 Rayner와 Watson의 실험 기록을 읽어 보자.

> 앨버트가 몇 주 동안 갖고 놀던 흰쥐를 (평상시와 같이) 갑자기 바구니에서 꺼내어 앨버트에게 제시하였다. 그는 왼손을 뻗어 쥐를 잡으려 하였다. 앨버트의 손이 쥐에 닿자마자 쇠막대기로 그의 머리 뒤에서 꽝 소리를 내었다. (Watson, 1930/1970, p. 160)

앨버트가 쥐를 향해 **손을 뻗었던** 그때 큰 소리가 났음에 주목하라. 따라서 큰 소리는 손을 뻗는다는 비반사적인 (조작적) 행동에 뒤이어 일어났다. 여기서 앨버트의 행동과는 상관없이 쥐와 큰 소리가 함께 일어났으므로 파블로프식 조건형성이 개입했다. 그러나 쥐를 향해 손을 뻗는 행동에 큰 소리가 뒤따랐으므로 조작적 학습 또한 일어났다.

마찬가지로, 개 훈련사가 '앉아', '가만 있어', '이리 와', '가져 와' 같은 여러 가지 단서에 대한 적절한 반응을 강화하는 경우를 생각해 보자. 각각의 적절한 행동 후에는 훈련사가 약간의 먹이를 준다. 이런 식으로 이야기하면 이것은 단순한 조작적 학습 사례로 보인다. 그렇지만 그런 단서들이 때로는 먹이를 예측한다는 점에 주목하라. 자극들(단서와 먹이)의 이러한 짝짓기는 본질적으로 고전적 조건형성이다. 따라서 우리는 그 개가 단서에 적절히 반응하기를 학습할 뿐만 아니라 그런 단서를 듣기를 좋아하게 되고 심지어는 단서가 들리면 침을 흘리게 될 수도 있다고 예상할 수 있다.

조작적 학습과 파블로프식 학습은 친한 친구들로 생각할 수 있다. 즉, 이 둘은 똑같지는 않지만 많은 시간을 함께 보낸다.

한다. 예를 들어, 부모는 아이가 '꽈–자'라고 말하면 과자 한 쪽을 줄 수 있다. 이 때 부모는 아이가 말을 배우게 하려는 생각에서 그렇게 한다. 고용주는 생산성이 좋은 직원들이 계속 그 노력을 유지하도록 보너스를 줄 수 있다. 재활치료사는 환 자의 끈기 있는 노력을 강화하기 위해 환자가 진보해가는 과정을 표시한 그래프를 보여 줄 수 있다.

인위적 강화물과 자연적 강화물 간의 구분이 명백해 보이지만 애매할 때가 있 다. 자동판매기에 돈을 넣고 원하는 음료수를 얻는다면 그 음료수가 자연적 강화 물로 보인다. 자판기에서 굴러나오는 음료수는 동전을 넣은 행동의 자동적 결과가 된다. 그러나 자판기에 돈 넣는 행동의 결과는 자판기 회사가 미리 정해 놓은 것이 다. 우리가 자기네 기계에 돈을 더 많이 넣게 하기 위해서 말이다. 마찬가지로 교 사가 당신이 수업 중에 한 질문을 칭찬할 수 있다. 교사는 당신이 한 질문의 수준 에 대한 자발적인 반응으로 칭찬을 하는 것일까, 아니면 당신이 수업에 더 많이 참 여하게 만들려고 칭찬을 하는 것일까?

게다가 일차 및 이차 강화물과 마찬가지로, 두 종류의 결과가 흔히 함께 일어난 다는 사실을 알게 되면 일이 더 복잡해진다. 아이가 이를 닦는다고 하자. 아이에 게는 두 종류의 결과가 생길 수 있다. 첫째, 입이 개운해지는데, 그것이 이를 닦는 경향성을 증강한다면 이는 자연적 강화물이 될 것이다. 둘째, 아마도 부모는 아이 가 한 그런 행동을 칭찬해 줄 것이다. 칭찬은 아이의 이 닦기 행동을 증강하기 위 해 부모가 준비해 놓은 결과이며, 따라서 인위적 강화물이다. 똑같은 한 행동이 자 연적 강화물과 인위적 강화물 모두를 낳을 수 있다.

사용된 강화물의 종류와 상관없이, 강화는 행동에 강력한 효과를 낼 수 있다. 하지만 그 효과의 크기는 여러 변인에 따라 많이 달라진다. 그런 변인 중 몇 가지 를 이제 살펴보자.

5.3 요약

우리는 강화물을 일차 강화물 혹은 이차 강화물, 자연적 강화물 혹은 인위적 강화물로 나눌 수 있다. 일차 강화물은 대부분 선천적인 것인 반면에 이차(혹은 조건) 강화물은 학습으로부터 생 겨난다. 광범위한 상황에서 효과적으로 작동하는 이차 강화물을 **일반 강화물**이라고 부른다. 인 위적 강화물은 누군가가 행동을 변화시키기 위해 만들어 낸 것이고, 자연적 강화물은 그에 선행 한 행동의 자동적인 결과이다.

5.4 조작적 학습에 영향을 주는 변인

학습목표 --

조작적 학습에 영향을 미치는 일곱 가지 변인을 이야기하려면

4.1 조작적 학습에서 수반성의 역할을 이야기한다.

4.2 조작적 조건형성에서 근접성의 역할을 설명한다.

4.3 강화 지연에도 불구하고 학습이 일어날 수 있는 상황을 이야기한다.

4.4 강화물의 크기와 질이 어떻게 행동에 영향을 주는지 설명한다.

4.5 강화를 받고 있는 행동의 특징이 어떻게 조작적 조건형성에 영향을 주는지 이야기한다.

4.6 두 유형의 동기화 조작이 행동에 미치는 영향을 이야기한다.

4.7 학습에 영향을 미치는 변인을 두 가지 더 파악한다.

수반성

조작적 학습의 세계에서 **수반성**(contingency, 유관성)이란 단어는 행동과 그 결과 간 상관의 정도를 가리킨다. 이 상관관계가 강할수록 강화물이 행동에 영향을 줄 가능성이 크다. 달리 말하면, 강화물은 어떤 행동에 더 일관성 있게 뒤따라올수록 그 행동을 더욱 더 증강한다.

Lynn Hammond(1980)는 파블로프식 조건형성에서 수반성에 관한 Rescorla (1968)의 연구(3장 참고)를 연상시키는 실험을 수행하였다. Hammond는 먹이가 레버 누르기를 한 후에 그리고 하지 않은 후에 나오는 확률을 조작하였다. 만약 쥐가 레버를 눌러서 먹이를 얻을 확률이 레버를 누르지 않고서 먹이를 얻을 확률과 같다면 쥐들은 레버 누르기를 계속하지 않는다는 것을 그는 발견했다(그림 5-6).

❓ 개념 점검 5

조작적 조건형성에서 수반성이란 무엇인가?

학습에서 수반성이 왜 중요한 역할을 하는지는 쉽게 이해할 수 있다. 많은 사람이 키를 안 보고 타자 치는 법을 배우기 어려워한다. 비록 눌러진 키와 컴퓨터 모니터에 나타나는 글자 사이에 완벽한 상관관계가 있다 하더라도 말이다. 이제 결함이 있는 키보드로 타자를 배운다고 해 보자. 글자 a를 누르면 a가 나올 때도 있지만 어떤 때는 c나 d 또는 다른 글자가 나오기도 한다. c 키를 누르면 c가 나올 수 있지만 어떤 때는 다른 게 나온다. 알파벳 26개의 글자 각각에 대해서 이런 식이라

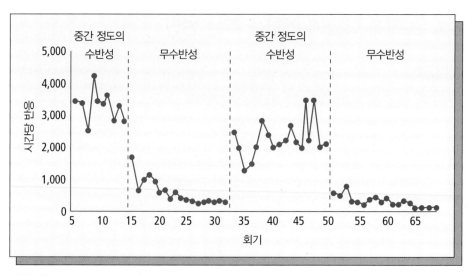

그림 5-6

수반성과 강화 먹이가 행동에 수반적일 때와 수반적이지 않을 때 열 마리의 쥐가 보여 준 레버 누르기의 평균 반응률. (출처: "The Effect of Contingency upon the Appetitive Conditioning of Free-Operant Behavior," by L. J. Hammond, 1980, *Journal of Experimental Analysis of Behavior*, Vol. 34[3], p. 300에서 편집함. 저작권 ⓒ 1980 by the Society for the Experimental Analysis of Behavior, Inc. 허가하에 실음)

고 하자. 그러면 만약 맞는 글자가 90%의 확률로 나온다(정확한 행위가 열 번 중 아홉 번 강화를 받는다)고 하더라도 그런 키보드를 가지고 키를 보지 않고 타자 치는 법을 배우기는 제대로 작동하는 키보드를 가지고 배울 때보다 훨씬 더 오래 걸릴 것임이 거의 확실하다.

강화물은 행동의 다양한 측면에 수반될 수 있지만, 강화물이 행동에 좌우되는 방식이 가끔 놀라울 때가 있다. 레버를 누르면 먹이를 받는 쥐를 생각해 보자. 레버 누르기와 먹이 사이에 수반성이 있기는 한데, 레버 누르기라는 것이 무엇을 의미할까? 일반적으로, 쥐가 앞발로 레버를 건드리기만 해서는 아무 일도 일어나지 않고, 레버를 살짝 눌러도 아무 일도 일어나지 않는다. 레버를 충분히 깊게 눌러서 먹이통을 제어하는 전기회로가 연결되어야만 쥐가 먹이를 받는다. 따라서 먹이는 레버에 몇 그램의 압력을 가하는 행동에 수반된다. 하지만 쥐는 그 행동을 수없이 많은 방식으로 할 수 있다(그림 2–3 참고). 마찬가지로 비둘기가 원반을 쪼면 먹이를 받지만, 어느 정도의 힘으로 원반을 쫄 때만 그렇다. 앞서 언급한 것처럼 행동의 많은 다른 측면에 강화물이 수반되게 만들 수 있다. 그렇다면 강화물의 효과는 강화물에 선행하는 행동의 특정한 측면에 좌우된다. 두 명의 대학 농구 코치가 선수들이 자유투를 더 잘 하도록 훈련시킨다고 하자. 한 코치는 바스켓 쪽으로 공을 던질 때마다 1점을 주고, 선수가 100점을 획득하면 인기 높은 콘서트 표를 상으로 준다. 다른 코치는 동일한 상을 제공하지만, 바스켓에 공이 들어갈 때만 점수를 준

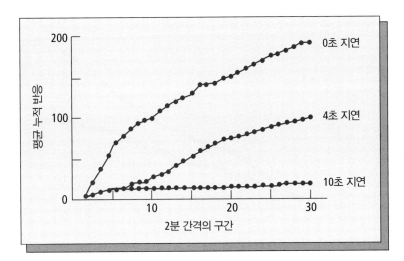

그림 5-7

근접성과 강화 강화가 즉각적일 때, 4초 지연되었을 때, 10초 지연되었을 때의 평균 누적 반응. (출처: "The Effects of Delayed Reinforcement and a Response-Produced Auditory Stimulus on the Acquisition of Operant Behavior in Rats," by H. D. Schlinger, Jr., and E. Blakely, 1994, *The Psychological Record*, Vol. 44, p. 396, Figure 1에서 편집함. 저작권 © 1994 The Psychological Record. 허가하에 실음)

다. 두 번째 코치의 선수들이 첫 번째 코치의 선수들보다 더 잘 하게 되었다면 당신은 놀라겠는가?

행동과 결과 사이의 수반성은 중요하다. Steven Kerr(1975)가 오래전에 말했듯이 A에 대해 보상을 주고 B를 얻으려는 것은 어리석은 일이다.

근접성

근접성은 행동과 그것을 강화하는 결과 사이의 시간 간격을 가리킨다. 일반적으로 이 간격이 짧을수록 학습이 더 빨리 일어난다(Escobar & Bruner, 2007; Hunter, 1913; Okouchi, 2009; Schlinger & Blakely, 1994; Thorndike, 1911)(그림 5-7).

즉각적인 결과가 더 효과가 좋은 이유 중 하나는 원하는 행동과 강화 사이에 지연이 있으면 다른 행동이 일어날 시간이 생기기 때문이다. 그래서 이 행동이 수반적 행동 대신에 강화를 받는다. 예를 들어, 개에게 앉는 것을 가르친다고 하자. 개는 여러 다른 행동을 많이 한다. 즉, 앉거나 눕거나 짖거나 자기 꼬리를 쫓아서 돈다. 개가 앉고 나서 10초를 기다렸다가 그 행동을 강화하면 개는 그 사이에 새로운 행동, 아마도 십중팔구 짖기 같은 행동을 할 것이다. 그렇다면 원하는 행동인 앉기가 아니라 짖기가 강화를 받는다.

즉각적 강화가 더 빠른 학습을 일으키는 것이 분명하지만, 강화 지연에도 불구하고 학습이 일어날 수 있음을 많은 연구가 보여 주었다(Dickinson, Watt, & Griffiths, 1992; Lattal & Gleeson, 1990; Wilkenfield et al., 1992). 예를 들어, 강화 지연의 효과는 그 지연 이전에 특정 자극이 제시된다면 상쇄될 수 있다. Henry Schlinger와 Elbert Blakely(1994)는 신호가 있는 강화 지연과 신호가 없는 강화 지연의 효과를 비교하는 실험을 하였다. 그들은 실험상자의 천장 근처에 광전자 빔을 설치했다. 쥐가 뒷

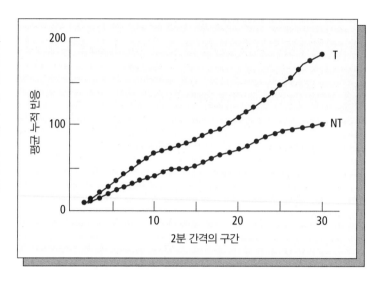

그림 5-8
신호가 있는 지연 강화의 효과 지연 강화 바로 전에 소리(T)가 제시될 때와 아무 소리도 없을 때(NT)의 평균 누적 반응. 각각의 경우에 강화는 4초간 지연되었다. (출처: "The Effects of Delayed Reinforcement and a Response-Produced Auditory Stimulus on the Acquisition of Operant Behavior in Rats," by H. D. Schlinger, Jr., and E. Blakely, 1994, *The Psychological Record*, Vol. 44, p. 396, Figure 1에서 편집함. 저작권 ⓒ 1994 The Psychological Record. 허가하에 실음)

발로 일어섬으로써 빔이 끊어지면 먹이가 접시에 나왔다. 일부 쥐들에게는 빔이 끊어지면 먹이가 즉각 나왔고, 다른 쥐들에게는 먹이가 4초 혹은 10초 지연 뒤에 나왔다. 지연된 강화를 받는 쥐들 중 일부의 경우에는 쥐가 빔을 끊자마자 즉시 어떤 소리가 울렸다. 예상대로 결과는 지연 강화에 비하여 즉각적 강화가 우월하다는 것을 매우 분명하게 보여 주었다. 또한 10초 지연보다는 4초 지연이 학습을 덜 방해한다는 것도 보여 주었다. 그러나 지연 이전에 소리가 나면 지연의 효과가 줄어들었다(그림 5-8).

강화에 미치는 지연의 효과는 신호 외에도 여러 가지 변인에 좌우되며, 따라서 위의 간단한 이야기가 보여주는 것보다 훨씬 더 복잡하다(예: Doughty et al, 2012; Ito, Saeki, & Green, 2011; Lattal, 2010; Odum, 2011). 요약하자면, '만족'이 행동에 동반되거나 밀접하게 뒤따를 때 행동이 증강된다는 Thorndike의 제안은 여전히 유효하다.

강화물의 특징

강화물들은 특징이 달라서, 어떤 것은 다른 것보다 더 효과가 좋다. 강화물은 크기나 강도가 다를 수 있다. 비록 자주 주어지는 적은 양의 강화물이 가끔 주어지는 많은 양의 강화물보다 대개 더 빠른 학습을 낳기는 하지만(Schneider, 1973; Todorov et al., 1984), 강화물의 크기가 실제로 중요하다. 다른 모든 것이 동등하다고 할 때, 큰 강화물은 작은 강화물보다 일반적으로 더 효과가 좋다(Christopher, 1988; Ludvig et al., 2007; Wolfe, 1936). 길을 걸어가다가 우연히 아래를 내려다보고는 천 원짜리 지폐를 발견한다면, 그 지역을 계속 둘러보기 마련이다. 그리고 심지어는 목적지로 가는 길에서도 길바닥을 계속 내려다볼지도 모른다. 그런데 만약 당신이 본 것이

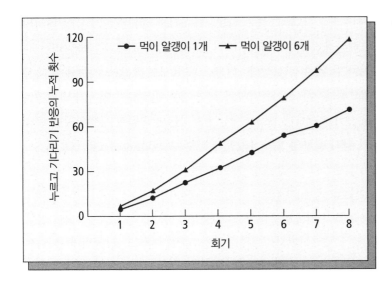

그림 5-9
**강화의 크기는 강화의 지연에 대항한
다.** 쥐들이 레버를 한 번 누른 후 더 누르
지 않고 30초 기다리기를 학습했다. 그런데
먹이 알갱이를 한 개 받은 쥐보다 여섯 개
받은 쥐가 더 빨리 학습했다. (출처: Adapted
by Adam Doughty from Figure 2B in "Effects of
Reinforcer Magnitude on Response Acquisition
with Unsignaled Delayed Reinforcement" by A.
H. Doughty, C. M. Galuska, A. E. Dawson, & K. P.
Brierley, *Behavioural Processes*, 2012, 90, 287-290.
출판사와 저자의 허가하에 실음)

5만 원짜리 지폐라면 그 강화적 효과는 십중팔구 증가할 것이다.

큰 강화물은 심지어 강화 지연의 부정적인 효과를 상쇄하기까지 한다(Lattal & Gleeson, 1990). 한 연구에서 찰스턴 대학의 Adam Doughty, Chad Galuska 및 학생들(2012)은 쥐의 레버 누르기를 30초 지연 후에 강화하였다. 단, 그 30초의 시간 동안 쥐가 다시 반응하지 않았을 때만 강화를 주었다. 다시 말하면, 강화를 낳는 행동은 그냥 레버 누르기만이 아니라 한 번 누르고 나서 30초 동안 기다리기였다. 이런 유형의 과제는 쥐에게는 힘든 것인데, 특히 연구자가 기다리기가 필요조건임을 알려 주는 신호를 제공하지 않았기 때문이다. 쥐들 중 절반에게는 강화물이 한 개의 먹이 알갱이였던 반면, 다른 쥐들은 여섯 개의 먹이 알갱이를 받았다. 두 집단의 쥐들 모두 '누르고 나서 기다리기' 반응을 학습했지만 먹이를 더 많이 받은 쥐들이 유의미하게 더 빨리 학습했다(그림 5-9).

? 개념 점검 6

강화물의 크기를 증가시키는 것과 이 증가로부터 생기는 혜택 사이의 일반적인 관계를 기술하라.

강화물은 강도뿐만 아니라 질적으로도 다를 수 있다. 쥐에게 먹이는 먹이일 뿐이라고 생각할지 모르겠으나, 사실 쥐는 꽤 까다로운 입맛을 가지고 있다. Rietta Simmons(1924)는 쥐에게 미로를 거듭해서 달리게 하였다. 어떤 쥐에게는 미로의 끝에 약간의 빵과 우유가 있었고, 다른 쥐에게는 해바라기 씨가 있었다. 그랬더니 빵과 우유를 받은 쥐들이 해바라기 씨를 받은 쥐들의 수행을 능가했다. M.

H. Elliott(1928)은 해바라기 씨와 밀기울 사료를 비교하는 유사한 실험을 수행하였다. 여기서도 역시 해바라기 씨를 받은 집단이 2등을 했다. 쥐에게는 해바라기 씨가 뭔가 질 낮은 먹이인 것으로 보인다. 다른 연구에서도 동물과 사람에게 과제를 시키고 2개의 강화물 중 하나를 선택하게 하면 강한 선호도가 있음이 밝혀졌다(Killeen, Cate, & Tran, 1993; Parsons & Reid, 1990). 선호하는 강화물이 무엇인지를 규명하면 응용 장면에서 강화 절차의 효율성을 향상시킬 수 있다(Mace et al., 1997).

행동의 특징

강화의 대상이 되는 행동의 특징 중 어떤 것은 그 행동을 얼마나 쉽게 증강할 수 있는지에 영향을 미친다. 줄타기 줄에서 걷기를 배우기보다는 평균대 위에서 걷기를 배우기가 더 쉽다는 것은 자명하다. 그만큼 명백하지는 않지만, 골격근에 의존하는 행동에 비해 평활근과 분비샘에 의존하는 행동을 강화하기가 더 어렵다.

한때는 강화를 통해 쥐의 심박수를 20% 증가시키거나 감소시킬 수 있는 것으로 보였다(Miller & DiCara, 1967). 그런 놀라운 결과 때문에 사람들은 고혈압이나 부정맥 같은 의학적 문제를 강화를 통해 치료할 수 있을 것으로 기대하게 되었다. 그러나 불행히도 연구자들이 이런 초기 연구 결과를 항상 재현할 수 있었던 것은 아니다('심리학의 재현 위기' 상자를 보라). 이 분야의 초기 연구자 중 한 사람인 Neal Miller(1978)도 의심을 표현하기 시작했고, 마침내 그와 공동연구자 Barry Dworkin(Dworkin & Miller, 1986)은 "내장 학습(visceral learning)의 존재는 아직 증명되지 않았다."(p. 299)라고 결론 내렸다. 그런 바이오피드백은 어떤 상황에서는 작용하지만, (편두통 치료를 제외하고는) 효과가 대개 너무 작아서 실용적 가치가 없다는 것이 오늘날의 전반적인 의견으로 보인다(Hugdahl, 1995/2001). 따라서 최고로 효과적인 강화물을 쓰더라도 혈압을 낮추는 것을 학습하기는 목소리를 낮추는 것을 학습하기보다 더 어려운 것으로 밝혀졌다.

과제의 난이도는 종에 따라 달라진다. 진화를 통해 생겨난 경향성이 특정 행동의 강화를 더 힘들게 혹은 덜 힘들게 만들 수도 있다(Breland & Breland, 1961)(13장 참고). 불빛이 켜진 원반을 쪼도록 새를 훈련하는 문제를 살펴보자. 새에게는 이것이 어느 정도나 어려울까? 그 답은 새의 종류에 달려 있다. 조명된 원반을 쪼는 것이 매보다는 비둘기에게 상당히 더 쉬울 가능성이 커 보인다. 비둘기는 씨나 곡식을 쪼아 먹는 동물이라서, 거의 알을 깨고 나오는 순간부터 쪼기가 그들의 섭식 행동 목록에 들어 있다. 반면에 매는 쪼지 않고 먹잇감을 부리를 사용하여 찢는다.

심리학의 재현 위기

연구 결과는 재현(replication. 반복검증)될 수 있을 만큼 탄탄해야만 한다. 이 좌우명은 과학적 방법론에 필수적이다. 내가 어떤 연구를 수행하고 당신이 똑같은 절차를 따른다면, 당신은 (대략) 같은 결과를 얻어야 한다. Brian Nosek과 동료들(2015)은 심리학에서 고전적인 연구 100개를 재현하려고 시도하여 그중 3분의 1 이하만 재현되었음을 발견했다. 이를 비롯하여 연구의 결과를 재현하려는 다른 광범위한 노력이 현재 심리학에서 '재현 위기(replication crisis)'라 불리는 것으로 이어졌다.

표면적으로 이 '위기'는 정말로 매우 걱정스러워 보인다. 심리학 논문의 3분의 2가 학술적 부정행위나 부정직한 보고의 결과일까? 짧게 답하자면, 그것은 아니다. 재현 실패의 일부는 과학적 부정행위 때문이었지만, 훨씬 더 많은 경우가 심리학자들이 오랫동안 의존해 온 연구 관행 때문에 일어난 것으로 밝혀졌다. 이로 인해 많은 심리학자가 자신이 연구를 하는 방식을 다시 생각하게 되었다.

예를 들어, 재현 실패의 일부는 심리학자들이 사용하는 통계 분석의 성질 때문에 발생했다. 통계학에서는, 어떤 효과가 유의미하지 않은데도 유의미하다고 말할 때가 가끔 있을 것임을 우리가 받아들인다. 대략 5%의 경우에 '긍정 오류(false positive. 거짓 양성)'가 나올 수 있음을 우리는 시인한다. 그래서 재현의 필요성이 더욱 커진다! 그런 긍정 오류를 찾아내는 데 있어서 재현은 과학적 방법의 필수적인 부분이다. 따라서 연구자들이 재현 위기에 대응한 한 가지 방식은 우리가 통계를 어떻게 사용하는지를 다시 생각해 보는 것이다. 그러한 논의는 계속되고 있다.

그러나 모든 재현 실패가 연구에서 무언가 '잘못'되었음을 의미하지는 않는다는 점을 명심해야 한다. 재현 시도는 또한 어떤 효과의 경계선을 보여줄 수도 있다. 예를 들어, 고도로 훈련된 개의 사회적 행동을 조사한 연구가 반려견에서는 재현되지 않을 수 있다(Silver et al., 2020). 이것은 연구 대상인 효과가 참가자의 경험에 따라 달라진다는 것을 알려주며, 이는 후속 연구로 가는 새로운 문을 열어 준다.

심리학은 주로 모든 측면에서 투명성을 높이려고 시도함으로써 재현 위기에 대응하고 있다. 여기에는 자료를 수집하기 전에 연구 방법을 미리 등록하는 것에서부터 출간 이후 자료 모음을 공유하는 것까지 포함된다. 더 나아가서 사회심리학, 발달심리학, 심지어 동물 행동과 인지를 연구하는 실험실을 비롯한 연구자 집단들이 자기네 세부 분야의 고전적 연구들을 재현하기 위해 함께 작업하기 시작하였다. 재현 위기는 심리학이라는 분야에서, 공개공모 장학금과 투명성이라는 새로운 물결을 일으켰다.

동기화 조작

동기화 조작(motivating operation)은 결과의 효력을 변화시킨다(Keller & Schoenfeld, 1950; Laraway et al., 2003; Michael, 1982, 1983, 1993). 우리는 두 종류의 동기화 조작, 즉 결과의 효력을 증가시키는 것과 감소시키는 것을 살펴볼 것이다. 오늘날, 이 두 종류의 절차를 각각 **동기설정 조작**(establishing operations)과 **동기해지 조작**(abolishing operations)이라고 부른다(Iwata, Smith, & Michael, 2000; Laraway et al., 2003).

동기설정 조작의 좋은 예는 동물에게서 먹이를 박탈하는 것이다. 이는 먹이를 훨씬 더 강력한 강화물로 만들기 때문이다. 예를 들어, E. C. Tolman과 C. H.

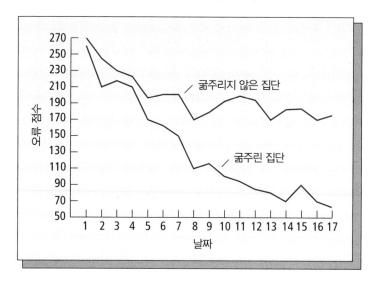

그림 5-10

먹이 박탈과 학습 먹이가 박탈되었던 쥐들은 그렇지 않았던 쥐들보다 미로(그 끝에는 먹이가 있음) 달리기를 더 효율적으로 학습했다. (출처: Tolman & Honzik, 1930을 편집함)

Honzik(1930)은 쥐가 미로의 끝에 다다르면 먹이를 주었는데, 어떤 쥐들은 먹이를 박탈당한 상태였고 나머지는 그렇지 않았다. 그림 5-10이 보여주듯이 먹이를 박탈당한 쥐가 배부른 쥐보다 미로 학습에서 더 큰 변화를 나타냈다. 일반적으로 박탈 수준이 높을수록(예: 먹은 후 지난 시간이 길수록) 강화물의 효력이 더 크다(Cotton, 1953; Reynolds & Pavlik, 1960).

먹이 박탈이 동기설정 조작의 유일한 종류는 아니다. 어떤 약물이 혈당 수준을 떨어뜨린다면, 단 음식이 보통 때보다 더 강화적으로 될 수도 있다. 쥐가 들어 있는 장의 바닥을 통해 전기충격이 주어지고 레버 누르기가 전원을 얼마 동안 중지시킨다면, 쥐가 레버 누르기를 배울 것이다. 따라서 통증이 하나의 동기설정 조작이 될 수 있다. 공포도 마찬가지이다(Miller, 1948a). 보통 상황에서는 우리가 라디오의 전기를 생성하기 위해 크랭크를 돌리려[*] 하지 않지만, 근처의 핵발전소가 폐쇄되었다면 핵 피해를 입을지 여부를 알아내기 위해 기꺼이 크랭크를 돌릴 수도 있다.

? 개념 점검 7

동기화 조작이란 무엇인가?

마찬가지로, 운동을 열심히 한 사람에게는 하루 종일 교실에 앉아 있었던 사람

---

[*] 배터리로 작동하는 라디오가 아니라 발전기가 장착되어 있어서 크랭크를 돌리면 전기가 발생하여 라디오가 켜지는 것을 가리킨다. (역주)

에게보다 휴식이 더욱 강화적인 것이 되고, 온종일 교실에서 앉아 있었던 사람에게는 운동을 하고 있었던 사람에게보다 신체 활동이 더 강화적인 것이 된다. 차가운 방에 있는 사람에게는 온기가 강화적이기 마련이고, 시끄러운 환경에 있는 사람에게는 조용함이 강화적이기 마련이며, 할 일이 거의 없는 환경에서는 컴퓨터 게임이 더 큰 강화를 줄 것이다. 또 당신의 프로젝트에 대해 어떤 강사가 질책을 한다면, 다른 강사의 칭찬이 당신에게 더 강화적으로 되기 마련이다.

대부분의 동기설정 조작은 상당히 예측 가능해 보이지만 어떤 것은 직관과는 반대로 나타난다. 예를 들어, 강화물을 위해 열심히 일을 해야 하거나 강화물을 오랫동안 기다려야 하는 것이 그 강화물이 미래에 더 큰 효력을 갖게 만드는 것으로 보인다(Zentall & Singer, 2007). 직관적이든 아니든 특정한 결과가 행동을 강화할 것임을 보증할 수는 없는데, 하지만 동기설정 조작이 그 가능성을 높여줄 수는 있다.

동기화 조작에 관한 이야기의 대부분(위의 것을 포함하여)은 동기설정 조작에 관한 것이지만 동기해지 조작(강화물의 힘을 약화하는 것) 또한 중요하다. 예를 들어, 어떤 약물은 음식의 강화적 효과를 감소시킨다(Northrop et al., 1997, Laraway et al., 2003에 인용됨). 이 사실은 실용적인 함의를 가질 수 있다. 만약 어떤 약물이 음식을 덜 강화적으로 만든다면 사람이 살을 빼는 데 도움을 줄 수 있다. 마찬가지로 어떤 약물이 니코틴이나 헤로인의 강화력을 감소시킨다면 사람이 중독에서 벗어나는 데 도움을 줄 수 있다.

기타 변인

지금까지 강화물의 효율성을 결정하는 데 가장 중요한 변인들을 살펴보았지만, 다른 많은 변인도 영향을 미친다. 과거의 학습 경험은 특히 중요한 역할을 하는데(Pear & Legris, 1987; Pipkin & Vollmer, 2009), 그런데도 이 변인은 관심을 훨씬 덜 받아왔다(Salzinger, 1996, 2011).

서로 경합하는 수반성들의 역할 역시 중요하다. 즉, 어떤 행동이 강화뿐 아니라 처벌적인 결과도 초래한다면 혹은 다른 종류의 행동들도 강화물을 낳는다면, 그 행동에 대한 강화의 효과는 달라질 수 있다(Herrnstein, 1970). 예를 들어, 학생들은 누구나 학교 공부 이외의 활동이 유혹하는 힘을 느낀다. 수업 시간이 즐거운 학생조차도 때로는 차라리 잔디밭에 누워 있거나 친구들과 놀러 나가고 싶어진다. 따라서, 우리는 흔히 '해야 할' 일 목록에 있는 것보다 더 매력적인(강화적인) 일들이 있음을 느끼게 되는데, 이것이 우리가 일을 미루는 이유를 설명할 수 있다(Schlinger, Derenne, & Baron, 2008).

여기서 논의된 변인들 및 다른 변인들은 서로 복잡하게 상호작용한다. 이 때문에 강화 학습(reinforcement learning)은 이를 시행착오 학습(trial-and-error learning)이라는 부정확한 이름으로 부르는 사람들이 일반적으로 생각하는 것보다 훨씬 더 복잡하다.

5.4 요약

강화효과는 많은 변인에 좌우된다. 그 변인들로는 수반성과 근접성의 정도, 강화물의 특성, 과제의 특성, 동기화 조작, 학습 내력, 경합하는 수반성 및 그 외 여러 가지가 있으며, 이들은 모두 복잡하게 상호작용한다.

5.5 강화의 신경역학

학습목표

강화를 이해하는 데 신경역학의 사용을 논의하려면

5.1 뇌 전기자극이 강화의 신경역학에 대해 무엇을 말해주는지 설명한다.

5.2 뇌의 보상 경로를 기술한다.

5.3 도파민의 변화가 학습 곡선의 체감을 어떻게 설명할 수 있는지 논의한다.

5.4 강화 학습에 대한 유전자와 환경의 상대적인 기여를 논의한다.

강화의 바탕에 어떤 생리적 기제가 있다는 점은 명백해 보인다. 달리 말하자면, 뇌 속에 무언가가 있어서, 행동이 강화적 결과를 초래했을 때 "야! 그거 좋군. 그걸 다시 해 봐."라고 우리에게 말하고 있음에 틀림없다는 것이다(Flora, 2004). "그걸 다시 해 봐."라고 우리에게 말하는 그것이, 생리학적으로 말하자면 무엇일까?

이 의문에 답하는 데 아마도 최초의 주요 돌파구가 된 것은 1950년대에 나온 James Olds와 Peter Milner가 한 놀라운 실험일 것이다(Olds & Milner, 1954). 이들은 쥐의 뇌에 전극을 심고서 그것을 전선을 통해 약한 전원에 연결하였다. 머리에 가느다란 전선이 연결되어 있기는 했지만 쥐는 실험 지역을 마음대로 돌아다닐 수

그림 5-11

강화로서의 뇌 전기자극 탁자 위를 탐색(위치 A에서 시작)하는 이 쥐는 위치 B에 들어갈 때마다 뇌에 전기자극을 받았다. 이 쥐는 그 지역으로 돌아가기를 반복했다. 쥐에게서부터 왼쪽 위 방향으로 그려진 점선은 전기자극 발생기에 전선이 연결된 것을 나타낸다. (출처: James Olds, "CNS and Reinforcement of Behavior", *American Psychologist*, 1969, 24, p. 115, figure 1. Copyright 1969 by the American Psychological Association. 허가하에 실음)

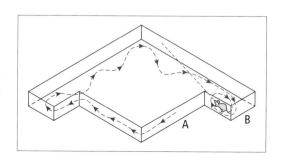

있었다(그림 5-11). 거기엔 쥐가 누를 수 있는 레버가 있었는데, 쥐가 그것을 누르면 전극과 전원 사이의 전기회로가 연결되었다. 다시 말해, 레버를 누르면 쥐의 뇌가 약한 전기자극을 받게 되어 있었다. 그 쥐는 언젠가는 우연히 그 레버를 누를 것이다. 문제는, 그러고 나서 쥐가 또다시 레버를 누를까?

쥐는 레버를 다시 눌렀다. 누르고 또 눌렀다. 그리고 또 누르고 또 눌렀다. 쥐는 전기자극을 받은 사이사이에 약간 돌아다니긴 했지만 곧 레버로 돌아와서 누르길 계속했다. 쥐에게는 뇌에 주어진 전기자극이 강화적이었음이 분명하다. Olds와 Milner(1954)는 뇌에 대한 전기자극(electrical stimulation of the brain: ESB)의 강화 잠재력을 입증했던 것이다. 그 이후로 연구자들은 어류, 토끼, 개, 원숭이, 그리고 인간까지 포함하여 다양한 동물에서 행동을 강화하는 데 ESB를 사용하였다(예: Bishop, Elder, & Heath, 1963). Sanjiv Talwar와 동료들(2002)은 쥐의 뇌에 리모컨으로 제어되는 전극을 심었다. 이로 인해 연구자들이 ESB를 원격으로 줄 수 있어서 전진 동작, 우회전, 좌회전을 강화할 수 있었고 따라서 마치 리모컨으로 드론을 조종하듯이 쥐가 나아가는 길을 이끌 수 있었다. 쥐들은 원하는 대로 자유로이 움직일 수 있었지만, 연구자가 ESB 강화를 통해 쥐의 움직임을 효과적으로 통제했다. 사실상 그런 통제가 너무나 효과적으로 밝혀져서 어떤 신문기자들은 그 쥐들을 로봇쥐(robo-rat)라고 불렀다.

Olds와 Milner 및 다른 사람들의 연구는 심어진 전극이 '보상 중추(reward center)'를 자극했음을 시사한다. 이는 곧 일상적인 강화물도 또한 이 중추를 자극하는 힘이 있기 때문에 강화적일 수 있다는 의미가 된다. 이제는 우리가 보상 중추를 **보상 경로**(reward pathway)라고 부를 때가 더 많다. 인간의 경우 그것은 사이막 영역(septal region, 중격) 내에 자리하여 뇌의 중간 부분에서부터 이마겉질(전두피질)까지에 걸쳐 있다는 것이 학자들의 생각이다. 양쪽 귓구멍 사이의 한가운데 지점에서부터 이마까지 달리는 버스 노선을 마음속에 그려 보라. 그러면 보상 경로가 어디에 위치해 있는지 대충 그려질 것이다. 이 부위는 자극을 받으면 도파민을 방출하는 세포로 충만하다. **도파민**(dopamine)은 뇌의 주요 신경전달물질(한 뉴런으로부터 다른 뉴런으로 신경충동을 전달하는 화학물질)의 하나이며, 자연적인 '절정감'을 일으키는 한 원천이다.

우리에게 일어나는 좋은 일은 거의 모두 도파민의 증가를 야기하는 것으로 보인다. 특정 사건이 분비시키는 도파민의 양은 다양하다. 모든 중독성 약물은 도파민 분비를 유발하지만 코카인은 알코올보다 더 강한 효과를 낸다.

같은 사건이라도 상황에 따라서 상이한 양의 도파민 분비를 야기할 수 있다. 예를 들면, 예상치 못한 강화물은 예상된 강화물보다 더 많은 도파민을 생성한다. 한 실험에서 Jeffrey Hollerman과 Wolfram Schultz(1998)는 원숭이에게 그림 쌍들을 스

Talwar의 이 연구는 윤리적 우려를 낳는데, Talwar를 비롯한 연구자들은 이 문제를 간과하지 않는다. 강화를 이해하지 못하는 사람들은 강화가 행동에 대한 순환적 설명이라고 주장한다. 하지만 강화는 아무것도 설명하지 않는다. 강화란 단지 행동의 결과로 인한 행동의 증가를 가리키는 명칭일 뿐이다.

크린에 제시하였다. 원숭이가 정답 그림을 만지면 약간의 사과주스를 받았고 오답 그림을 만지면 아무것도 받지 못했다. 이 실험 동안 연구자들은 원숭이 뇌의 도파민 수준을 관찰하였다. 도파민 분비 뉴런들은 원숭이가 그 과제를 학습하기 시작하던 초기 시행들에서는 활동이 높았지만 원숭이가 점점 더 숙달되어 감에 따라 활동이 떨어졌다. 그런데 가끔씩 예기치 않게 사과주스를 추가로 원숭이에게 주면 도파민 생성이 늘어났다.

❓ 개념 점검 8

정적 강화는 뇌에서 어떤 신경전달물질의 분비와 연관되는가?

이 발견 및 기타 유사한 발견들이 행동 자료, 즉 훈련의 초기 단계에서는 학습이 많이 일어나다가 후기로 갈수록 점차로 학습량이 적어진다는 사실과 들어맞는다는 점은 흥미로운 일이다. 이는 우리가 알고 있는 체감하는 학습 곡선을 만들어 낸다. 아마도 학습률의 감소는 행동의 결과가 점점 덜 놀라운 것이 되고 따라서 도파민이 점점 더 적게 분비되기 때문이라고 설명할 수 있을 것이다.

도파민은 아드레날린(adrenaline)이란 이름으로 더 많이 알려진 또 다른 중요한 신경전달물질인 에피네프린(epinephrine)의 전구물질(즉, 그것으로 변환되는 물질)이다. 아드레날린 또한 쾌감을 일으킨다. 사람들이 암벽 등반, 번지 점프, 스카이다이빙 같은 위험한 활동을 하는(그것이 강화적이라고 느끼는) 주된 이유가 아드레날린 쾌감인 것으로 보인다. 주말마다 기회가 되면 스카이다이빙을 하러 가던 성공한 변호사 한 사람이 기억난다. 한 번 뛰어내리고 나서 그는 분명히 황홀감에 가까운 상태 속에서 스카이다이빙에 대해 입이 마르도록 칭찬하고 나서는 "난 이걸 하고 또 하고 또 하고 또 하고 또 하고 싶어!"란 말로 끝맺었다. Flora(2004)가 지적하듯이 이는 거의 강화의 정의나 마찬가지이다. 즉, 강화란 우리로 하여금 무언가를 다시 하고 싶게 만드는 결과이다.

어떤 경험을 강화적으로 만드는 것의 핵심에는 마치 몇몇 신경전달물질이 있는 것처럼 보인다. 강화의 신경학적 기제에 대해서 앞으로 더 많은 발견이 나올 것임에는 의심의 여지가 없다. 하지만 많은 사람이 현재 그러듯이 뇌 연구가 언젠가는 경험의 역할에 관한 연구를 시대에 뒤떨어진 분야로 만들어 버릴 것이라고 생각해서는 안 된다. 뇌 속에서 일어나는 일을 알게 되면 환경에서 무슨 일이 일어나는지를 굳이 알 필요가 없다고 생각하는 사람이 많은 것 같다. 하지만 도파민 분비를 촉발하는 것은 대개 신체 외부에서 일어나는 일이라는 점을 명심해야 한다.

이 상황을 환경과 유전자 간의 관계에 비유할 수 있다. 많은 사람이 아직도 유전자가 신체적 특징과 심지어 행동의 많은 부분까지도 결정한다고 생각한다. 그러나 1장에서 보았듯이 그런 관점은 최소한 생물학자들은 포기한 생각이다. 그들은 이제 유전자를 환경 사건에 반응하는 것으로 개념화하고 있다. 즉, 환경 사건이 유전자를 '켜거나 끄는' 힘을 갖고 있다는 것이다. 그렇다고 해서 유전자가 중요하지 않다거나 심지어 환경보다 덜 중요한 것으로 판명되었다는 말은 아니다. 다만 유전자 그 자체만으로는 행동을 결정하지 못한다는 뜻이다. 신경생리학과 행동 사이의 관계에 대해서도 똑같은 말을 할 수 있다. 강화가 주어지는 동안 뇌 속에서 일어나는 일이 중요하기는 하지만, 환경에서 일어나는 사건이 그 뇌 속 활동을 촉발한다. 어떤 의미에서는 행동의 결과가 도파민을 분비하는 세포를 '켜거나 끄는' 것이다.

이런 비유를 들어 보자. 자전거를 어떻게 타는지 이해하려면 자전거 그 자체의 역학(핸들이 어떻게 작용하며 페달이 바퀴를 어떻게 굴리는가 등)을 이해하는 것이 도움이 될 것이다. 그렇지만 일단 자전거의 역학을 다 익혔다고 해서 우리가 자전거 타기를 설명했다고 말하지는 않을 것이다. 자전거를 타는 사람의 행동도 또한 고려해야 하기 때문이다. 뭐니 뭐니 해도 자전거가 스스로 굴러가지는 않는다. 이와 꼭 마찬가지로, 강화의 신경역학에 대한 이해가 중요하기는 하지만 그것만으로는 행동 변화를 완전히 이해할 수 없다. 뇌가 자기 혼자서 굴러가지는 않는다.

강화를 이해하기 위해서는 환경의 '행동' 또한 고려해야 한다. 강화에 대한 이론이 하려는 것이 바로 그것이다.

해부학적 구조물과 생리 과정이 강화를 매개한다는 것은 분명하다. 지금까지의 연구는 이들 구조물에 있는 중요한 뉴런들이 뇌의 사이막 부위에 자리 잡고 있음을 보여준다. 도파민이나 아드레날린을 생성하는 뉴런들이 강화에 가장 밀접하게 관여하는 것으로 보인다. 이 두 물질은 일반적으로 긍정적 느낌을 생성한다. 강화를 완벽히 이해하려면 강화물이 뇌 속에서 일으키는 효과를 알아야 하지만, 신경생리학 그 자체만으로는 강화에 대한 이해가 완벽할 수 없다.

5.5
요약

5.6 정적 강화의 이론

`학습목표` -

정적 강화가 어떻게 행동을 추동하는지에 대한 이론을 평가하려면

6.1   강화와 연습 사이의 상호작용을 설명한다.

6.2   Hull의 추동감소 이론을 설명한다.

6.3   Hull의 추동감소 이론에 대한 비판 두 가지를 제시한다.

6.4   상대적 가치 이론을 설명한다.

6.5   Premack 원리를 지지하는 두 유형의 증거를 논의한다.

6.6   Premack의 강화 이론의 장단점을 논의한다.

6.7   반응박탈 이론을 기술한다.

6.8   Premack의 상대적 가치 이론이 반응박탈 이론과 어떻게 다른지 파악한다.

6.9   반응박탈 이론의 약점을 논의한다.

어떤 기술을 그냥 반복해서 수행하면 마치 반드시 숙련되는 것처럼 "연습을 거듭하면 완벽해진다."라고 흔히들 이야기한다. Thorndike는 그러나 이 생각이 틀렸음을 보여주었다.

Thorndike(1931/1968)는 연습의 효과를 강화의 효과와 분리하려는 목적으로 여러 개의 실험을 수행했다. 한 실험에서 그는 눈을 감은 채 4인치 길이의 선분을 그으려고 하였다. 그는 선을 긋고 또 그어서 총 3,000회의 시도를 해 보았지만 향상되지 않았다. 처음 연습을 시작한 날 그렸던 선분들의 길이는 4.5~6.2인치였고, 마지막 날에 그렸던 선분들은 4.1~5.7인치였다. 매일 그렸던 선분들의 중앙값을 구해 보아도 학습이 일어났다는 증거는 없었다(그림 5-12). 비슷한 실험에서 Thorndike(1927)는 학생들에게 4인치 선분을 피드백 없이 400회 그리게 하였지만 역시 향상이 없었다. 그런 후에 선분을 25회 더 그리게 했는데, 이때는 학생들이 매번 그릴 때마다 눈을 떠서 그 결과를 볼 수 있게 허용하였다. 그러자 이번에는 수행이 뚜렷하게 향상되었다. Thorndike는 연습이 강화를 받을 기회를 제공하는 한에서만 중요한 역할을 한다는 결론을 내렸다.

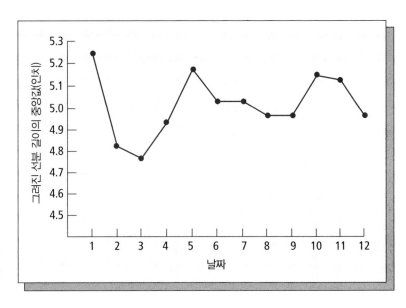

그림 5-12
강화가 없는 연습의 효과 눈을 가리고 4인치 선분을 계속 그어 보아도 거의 향상이 없었다. (출처: Thorndike, 1931/1968의 자료를 편집함)

그런데 왜 강화물이 행동을 증강할까? 많은 심리학자가 이 수수께끼를 풀려고 애를 썼다. 우리는 이제 Hull, Premack, 그리고 Timberlake와 Allison의 노력을 살펴볼 것이다.

Hull의 추동감소 이론

Clark Hull(1943, 1951, 1952)은 동물과 사람이 **추동**(drive)이라는 동기 상태 때문에 행동을 한다고 믿었다. 그에게는 말 그대로 모든 행동의 바탕에 추동이 있다. 예를 들어, 먹이가 박탈된 동물에게는 먹이를 획득하려는 추동이 있다. 물, 수면, 산소, 성적 자극 등의 박탈이 또 다른 추동을 일으킨다. 따라서 어떤 사건이 하나 이상의 추동을 감소시키는 것이라면, 그 사건은 강화를 제공한다.

Hull의 **추동감소 이론**(drive-reduction theory)은 음식이나 물 같은 일차 강화물에 대해서는 상당히 잘 적용되는데, 왜냐하면 이 강화물들이 생리적 상태를 변화시키기 때문이다. 그러나 생리적 욕구를 감소시키는 것으로 보이지 않는 강화물도 많다. 교사는 음식이나 물보다는 긍정적인 피드백(예: '좋아', '맞아요' 등)과 칭찬으로 행동을 강화하는 경우가 더 많다. 고용주는 피고용인의 바람직한 행동에 대해 잠을 더 자게 하기보다 보너스나 상을 주어 그 행동을 증강한다. 그렇지만 피드백, 칭찬, 돈, 또는 상이 생리적 추동을 감소시킨다는 증거는 없다. 그렇다면 강화를 어떻게 추동의 감소로 설명할 수 있을까? Hull은 이 물음에 대하여, 그런 이차 강화물은 추동을 감소시키는 일차 강화물과의 연합을 통해서 강화력을 갖게 되며, 따라서 그런 연합에 좌우된다고 답했다.

많은 사람이 일차 강화물과 이차 강화물 간의 구분을 받아들이지만, Hull의 비판자들은 이 설명에 만족하지 않았다. 이들은 일차 강화물로도, 이차 강화물로도 분류되기 힘든 강화물이 있음을 지적하였다. 예를 들어, 앞서 우리는 영상의 초점을 선명하게 하기 위해 아기가 공갈 젖꼭지를 빤다는 것을 보았다(Kalnin & Bruner, 1973; Siqueland & Delucia, 1969). 그런데 초점이 맞는 영상이 왜 행동을 강화할까? 초점이 잘 맞는 영상이 만족시켜 주는 생리적 추동이 아기에게 있는 것일까? 초점이 맞는 영상이 음식 같은 다른 강화물과 짝지어지는 경험을 아기가 한 적이 있을까?

보통 생리적 상태와 관련 있어 보이는 강화물조차도 추동 감소에 의존하지 않을 수 있다. 예를 들어, 수컷 쥐에게는 발정기에 있는 암컷과 교미할 기회가 강화물이 된다. 이는 Hull의 이론과 일치하는 것 같다. 그러나 Frederick Sheffield와 그의 동료들(1951, 1954)은 수컷 쥐가 사정을 하기 전에 교미를 중단시키더라도 그런 기회를 얻기 위해 열심히 일하려 한다는 것을 발견하였다. 사정을 못하는 교미란 추동을 감소시키지 않을 터인데, 그런데도 그것이 강화력을 발휘했다. 그것이 강화적인 까닭은 교미가 다른 강화물과 연합되었기 때문일까? 쥐에게 그런 일이 얼마나 일어날 수 있을까? 게다가 사카린 같은 물질은 먹을 수는 있으나 아무런 영양가가 없고 따라서 추동 감소효과가 없는데도 쥐들에게 강화력을 발휘한다.

이런 문제들 때문에 오늘날 대부분의 심리학자는 Hull의 추동감소 이론이 강화물이 왜 효과가 있는지에 대한 만족스러운 설명이 아니라고 생각한다. 추동을 감소시키지도 않으면서 일차 강화물과의 연합을 통해 강화적 속성을 얻는 것도 아닌 강화물이 너무 많다. 오늘날에도 Hull의 지지자가 없는 것은 아니지만(Smith, 1984), 대부분의 연구자는 강화에 대한 다른 이론을 더 지지한다.

상대적 가치 이론과 Premack 원리

David Premack(1959, 1965)은 강화라는 문제에 전혀 다른 접근법을 취했다. 학자들이 강화물을 일반적으로 자극으로 간주하는데, Premack은 강화물을 행동으로 볼 수도 있음을 깨달았다. 레버 누르기를 먹이로 강화하는 경우를 보자. 우리는 대개 먹이의 제공을 강화물로 쉽게 생각하지만, 초점을 바꾸어 먹이를 먹는 행위를 강화물로 간주하기도 그만큼 쉽게 할 수 있다. 이 생각이 Premack의 이론을 위한 무대를 마련한다.

Premack은 어떠한 특정 상황에서도 어떤 행동은 다른 행동보다 일어날 가능성이 더 크다고 주장했다. 쥐는 기회가 주어진다면 보통 레버 누르기보다는 먹는 행동을 할 가능성이 더 크다. 따라서 어느 특정 순간에 서로 다른 행동은 상대적으로 서로 다른 가치를 갖는다. 이런 상대적 가치가 행동의 강화적 속성을 결정한다고 Premack은 말했다. **상대적 가치 이론**(relative value theory)이라는 이 이론은 생리적 추동이라는 가정을 전혀 끌어들이지 않는다. 또한 일차 강화물과 이차 강화물 간의 구분에 의존하지도 않는다. 한 행동이 다른 행동을 강화할 것인지를 알기 위해서는 그 행동들의 상대적 가치만 알면 된다.

Premack은, 참가자가 두 가지 행동 중에서 선택하게 했을 때 각각의 행동을 하는 시간을 재어서 두 행동의 상대적 가치의 측정치로 사용할 것을 제안했다. Premack에 따르면 강화에는 두 가지 행동 사이의 관계가 개입되는데, 그중 하나가 다른 하나를 강화한다. 이는 다음과 같은 일반화로 이어진다. 즉, 어떠한 두 가지 반응이 있더라도 그중 더 일어남직한 반응이 덜 일어남직한 반응을 강화한다. **Premack 원리**(Premack principle)라는 이 일반화를 학자들은 대개 다음과 같이 좀 더 간단하게 말한다. **고확률 행동이 저확률 행동을 강화한다.**

Premack 원리는 쥐가 쳇바퀴 돌리기보다 물 마시는 경향이 더 강하다면 물 마시기가 쳇바퀴 돌리기를 강화할 수 있다고 말한다. Premack(1962)은 이 생각을 검증하고자 수행한 실험에서 쥐에게 물을 박탈시켜 물을 마시고 싶게 만든 다음, 물 마시기를 달리기에 수반되도록 만들었다. 즉, 이 쥐들은 달려야만 물을 마실 수 있었다. Premack은 달리는 데 소비된 시간이 증가하였음을, 다시 말해 물 마시기가 달리기를 강화했음을 발견하였다.

❓ 개념 점검 9

Premack 원리란 무엇인가?

　Premack의 이론은 어떤 행동들의 상대적 가치가 그것의 강화값(reinforcement value)을 결정한다고 이야기한다. 이는 물 마시기와 달리기 간의 관계를 역전시킬 수 있으며, 따라서 달리기의 상대적 가치를 물 마시기의 상대적 가치보다 높게 만들 수 있다면 달리기가 물 마시기를 강화할 수 있다는 것을 함의한다. Premack은 이 생각을 검증하기 위하여 쥐에게 물은 자유롭게 마시게 했지만 쳇바퀴에 접근하는 것은 제한하였다. 그런 다음, 그는 달리기를 물 마시기에 수반되게 만들었다. 즉, 쥐가 쳇바퀴를 돌리려면 물을 마셔야 했다. 이런 조건에서는 쥐의 물 마시기가 증가하였다. 다시 말해, 달리기가 물 마시기를 강화했다(그림 5-13).

　또 다른 실험에서 Premack(1959)은 초등학교 1학년생들에게 기계에서 나오는 사탕을 먹거나 핀볼 기계에서 게임을 할 기회를 주었다. 아이들은 둘 중 한 가지만 할 수도 있었고 두 가지를 번갈아 할 수도 있었다. 그러자 어떤 아이는 핀볼 기

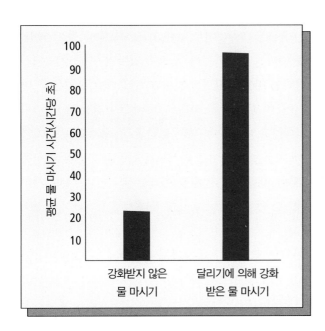

그림 5-13
상대적 가치와 강화　목마른 쥐에게는 물 마시기가 달리기를 강화한다. 그러나 Premack은 운동이 박탈된 쥐에게서는 달리기가 물 마시기를 강화함을 보여주었다. (출처: Premack, 1962의 자료를 편집함)

계에서 노는 시간이 더 많았고, 어떤 아이는 사탕 먹기를 더 좋아했다. 그런 상대적 가치를 확인한 다음, Premack은 아이마다 고확률 행동을 할 기회를 저확률 행동을 하는 데에 수반되도록 만들었다. 예를 들어, 핀볼 게임을 더 좋아하는 아이는 이제 사탕을 먹어야만 핀볼 게임을 할 수가 있었다. 그러자 어떻게 되었을까? 아이들의 저확률 행동이 증가하였다.

Premack의 강화 이론은 철저하게 경험적이라는 장점이 있다. 즉, 추동 같은 가상적인 개념이 필요하지 않다. 강화적 사건은 단순히 유기체가 선호하는 행동을 할 기회를 제공한다. 그러나 이 이론도 문제는 있다. 첫 번째 문제는 저 골치 아픈 이차 강화물이라는 것과 관련된다. Premack(1965) 자신도 지적하듯이, 이 이론은 왜 (예를 들자면) '옳아요' 같은 말이 많은 사람에게 강화가 되는지 설명하지 못한다. 두 번째 문제는 피험자가 저확률 행동을 얼마간 수행하지 못했을 때는 그 저확률 행동이 고확률 행동을 강화한다는 점이다(Eisenberger, Karpman, & Trattner, 1967; Timberlake, 1980). 후자의 문제로 인해 일부 연구자들은 반응박탈 이론으로 돌아서게 되었다.

반응박탈 이론

Premack의 상대적 가치 이론의 문제점들 때문에 William Timberlake와 James Allison(1974; Timberlake, 1980)은 그 이론의 변형인 **반응박탈 이론**[response deprivation theory, 때로는 **평형 이론**(equilibrium theory)이나 **반응제한 이론**(response restriction theory)이라고도 불린다]을 제안했다. 이 이론은 유기체가 어떤 행동을 정상적인 빈도로 하는 것을 금지당했을 때 그 행동이 강화적으로 된다고 제안한다.

어느 정도 빈번히 일어나는 행동은 모두 기저 수준(baseline level)을 갖고 있다. 예를 들어, 쥐가 마음대로 물을 마시거나 쳇바퀴를 돌릴 수 있다면 어느 정도 시간이 지난 후에는 각 행동의 안정적인 비율이 확립될 것이다. 반응박탈 이론은 물 마시기를 제한하여 물 마시기의 비율이 기저 수준 아래로 떨어지면, 쥐가 물 마실 기회를 만들어 주는 행동을 할 것이라고 예측한다. 다시 말하면, 쥐에게 물 마시기가 강화적인 것이 될 것이다. 쥐에게 물은 마음대로 마시도록 허용하지만 쳇바퀴 돌리기는 못하도록 제한하여 후자의 비율이 기저 수준 아래로 떨어지면, 쥐는 쳇바퀴에 접근할 기회를 주는 행동을 할 것이다. 즉, 쥐에게 쳇바퀴 돌리기가 강화적으로 될 것이다.

이것은 Premack의 상대적 가치 이론과 매우 유사하게 들리는데, 사실상 반응박탈 이론은 Premack의 연구를 연장한 것으로 생각하면 된다. 차이점은 바로 반응박탈 이론에서는 한 강화물에 대한 다른 강화물의 상대적 가치가 그다지 중요하지 않으며, 각 행동이 그 기저 비율 아래로 떨어진 정도가 매우 중요하다는 것이다. 다시 말해서, 유기체가 어떤 행동을 강화적으로 여기는 정도는 그 행동을 정상적인 수준으로 수행할 수 없었던 정도만큼이다.

반응박탈 이론은 어떤 행동이든 기저 수준 아래로 떨어지면 유기체가 그 행동을 할 수 있는 기회를 강화적으로 여길 것이라고 예측한다. 예를 들어, 매일 저녁 TV를 보통 3~4시간 보는 어린이가 있다고 하자. 그러면 이것이 그 행동에 대한 이 아이의 기저 비율이다. 이제 무언가가 이와 같은 행동 패턴을 깨뜨린다고 하자. TV 시청이, 예컨대 1시간으로 줄었다면 이 아이는 TV를 볼 수 있게 해 주는 행동을 하게 마련이다. 만약 쓰레기 버리기나 집안의 다른 잡일 하기가 아이에게 TV 시청 기회를 준다면 그런 행동을 하는 빈도가 증가하기 마련이다.

> **? 개념 점검 10**
>
> 반응박탈 이론에 따르면, 학생들이 쉬는 시간을 좋아하는 이유는 무엇인가?

반응박탈 이론은 많은 강화물에 잘 적용되지만, Hull이나 Premack의 이론과 마찬가지로 '그래'라는 말이 갖는 강화력을 설명하는 데는 문제가 있다. '그래', '옳아', '맞아' 같은 단어들은 행동에 대한 강화력이 몹시 크다. 눈을 가린 채로 4인치의 선분을 긋고자 노력하는 학생들에게 Thorndike가 그와 같은 피드백을 주자 수행이 급격히 향상되었음(Thorndike, 1927)을 상기해 보라. 그와 같은 결과를 반응박탈 이론에 어떻게 맞추어 넣을 수 있을까? 그럼에도 불구하고 반응박탈 이론은 강화라는 문제를 보는 흥미로운 시각을 제공한다.

이제까지 살펴본 강화의 이론은 정적 강화에 중점을 두고 있다. 어떤 연구자들은 회피를 설명하는 데 관심을 쏟았는데, 따라서 이제는 그 이론들을 살펴볼 것이다.

많은 이론가가 강화물이 구체적으로 왜 강화력을 갖는 것인지를 궁금히 여겼다. Hull은 강화물이 생리적 박탈로 인한 추동을 감소시킨다는 생각에 바탕을 둔 추동감소 이론을 제안했다. Premack의 상대적 가치 이론은 이 추동 개념을 버리고, 선호하는 종류의 행동을 할 수 있게 해 주기 때문에 강화물이 효과를 낸다고 주장한다. Timberlake와 Allison의 반응박탈 이론은 행동의 기저 비율과 그 행동을 현재 수행할 수 있는 기회 간의 차이에 강화가 의존한다고 제안한다.

5.6 요약

5.7 회피의 이론

학습목표 --

회피의 이론을 평가하려면
7.1 회피 학습의 2과정 이론을 설명한다.
7.2 회피 학습의 2과정 이론을 평가한다.
7.3 회피 학습의 1과정 이론을 설명한다.

부적 강화에서는 행동 다음에 어떤 자극, 즉 혐오적 사건의 제거가 뒤따를 때 그 행동이 증강된다. 혐오적 사건이란 동물이나 사람이 대개 가능한 한 도피하거나 회피하려고 하는 사건이다. Richard Solomon은 왕복 상자(shuttle box)를 사용하여 부적 강화에 관한 연구를 하였다. 한 연구에서 Solomon과 Lyman Wynne(1953)은 개를 왕복 상자의 한쪽 칸에 넣었다. 잠시 후 이 칸의 불이 꺼졌고, 10초가 지나고 나서 개는 바닥을 통해 전기충격을 받았다. 일반적으로 개는 끙끙거리고 얼마 동안 흥분해서 이리저리 움직이다가 장벽을 뛰어넘어 다른 칸으로 갔다. 이 칸은 불이 켜져 있었고 전기충격은 없었다. 얼마 후 이 칸의 불이 꺼지고 10초 후에 바닥을 통해 또 전기충격이 왔다. 개는 다시 다른 칸으로 뛰어 넘어감으로써 전기충격으로부터 도피했다. 시행이 거듭될수록 개가 뛰어넘기 전에 전기충격을 받는 기간이 점점 더 짧아졌다. 얼마 지나지 않아서 개는 전기충격이 시작되는 순간 다른 칸으로 뛰어넘게 되었다. 마침내 개는 불빛이 꺼지면 장벽을 뛰어넘기 시작했고 따라서 전기충격을 완전히 회피하게 되었다. 전기충격을 한번 회피한 후부터는 대부분의 개가 전기충격을 거의 받지 않았다.

연구자들은 이와 똑같은 종류의 실험을 쥐 및 인간(수정된 형태로 행해짐)을 포함한 다른 동물들을 대상으로 많이 반복하였는데, 그 결과는 비슷했다.

동물이 전기충격을 받으면 장벽을 뛰어넘는다는 사실이 특별히 의아해할 일은 아니다. 왜냐하면 동물에게는 혐오적 자극으로부터의 도피가 강화적일 것이기 때문이다. 그런데 동물이 전기충격을 회피하는 행동을 수행하는 이유는 무엇일까? Murray Sidman(1989a)이 지적한 대로 "회피하는 데 성공했다는 것은 어떤 일(전기충격)이 일어나지 않았음을 의미한다. 그런데 일어나지도 않은 일이 어떻게 강화물일 수 있을까?"(p. 191). Sidman이 덧붙이듯이, 어쨌거나 항상 무슨 일인가가 일어나고 있는 것은 아니지 않은가! 일어나지 않는 일이 실제로 일어나는 일을 설명한다고 말하는 것은 비논리적으로 보인다. 따라서 회피를 설명하는 일이 주요한 이론적 문제가 되었다. 학자들은 회피에 대한 두 가지 주요한 설명을 제시했는데,

그것은 2과정 이론과 1과정 이론이다.

2과정 이론

2과정 이론[two-process theory. 또는 2요인 이론(two-factor theory)]은 파블로프식 학습과 조작적 학습이라는 두 종류의 학습 경험이 회피 학습에 관여한다고 말한다(Mowrer, 1947). 전기충격으로부터 도피하기 위해 장벽 뛰어넘기를 학습하는 개를 생각해 보자. 불빛이 꺼지고 잠시 후 개는 전기충격을 받는다. 그러면 곧 개는 장벽을 뛰어넘어 전기충격이 없는 칸으로 간다. 전기충격에서 벗어나는 것이 부적 강화가 되므로, 개는 전기충격이 시작되자마자 장벽을 뛰어넘게 된다.

그러나 여기서 잠깐! 시행이 계속됨에 따라 개는 전기충격을 받기 전에 장벽을 뛰어넘기 시작한다. 개는 전기충격으로부터 도피하기뿐 아니라 전기충격을 회피하기를 학습한다. 왜 그럴까? 도피할 전기충격이 없는데 무엇이 장벽 뛰어넘기를 강화할까?

파블로프식 조건형성이 실마리가 된다. 전기충격이 시작되기 전에 불빛이 꺼진다는 것을 상기해 보라. 전기충격은 공포를 일으키는 무조건자극(US) 역할을 한다. 공포를 일으키는 US에 항상 선행하는 자극은 어떤 것이든 공포를 일으키는 조건자극(CS)이 된다. 그러므로 파블로프식 학습을 통해 불빛의 꺼짐이 공포에 대한 CS가 된다. 개는 만약 장벽을 뛰어넘는다면 혐오자극(불이 꺼진 칸)으로부터 도피할 수 있는데, 실제로 그렇게 한다. 따라서 전기충격을 받기 전의 뛰어넘기는 어두운 칸으로부터의 도피에 의해 강화를 받게 된다.

그렇다면 2과정 이론에 따르면 사실상 회피라는 것은 없는 셈이고 오직 도피만이 있을 뿐이다. 즉, 개가 처음에는 전기충격으로부터 도피하고 그다음에는 어두운 칸으로부터 도피하는 것이다.

② 개념 점검 11

2과정 이론에서 두 가지 과정이란 무엇인가?

2과정 이론은 모든 기본적인 사실과 잘 들어맞는다. 게다가 이 이론은 검증 가능한 논리적인 예측들을 도출해낸다. 한 실험에서 Neal Miller(1948a)는 혐오적 상황으로부터의 도피가 행동을 강화할 수 있음을 보여주었다. 그는 쥐를 하얀 방에 넣고 전기충격을 주었다. 쥐는 곧 문을 통과하여 이웃한 검은 방으로 건너가기를 배웠는데, 이 검은 방에서는 쥐가 전기충격을 받지 않았다. Miller는 쥐를 하얀 방

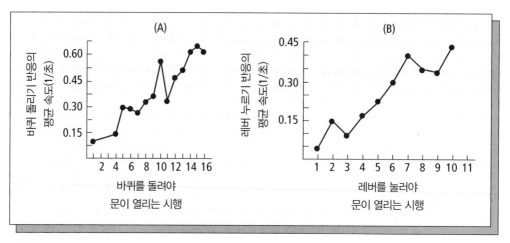

그림 5-14

2과정 이론과 도피   하얀 방이 전기충격과 짝지어진 후, 바퀴 돌리기(A)나 레버 누르기(B)가 그 방에서 도피할 수 있게 만드는 경우 쥐는 이 반응들을 학습했다. (출처: Miller, 1948, Figure 2, Figure 4, pp. 94, 96)

에 다시 집어넣었는데, 이번에는 전기충격을 주지 않았다. 도피해야 할 전기충격이 없는데도 쥐는 또다시 검은 방으로 건너갔다. 이 쥐들은 하얀 방으로부터 도피하는 것처럼 보였다. Miller는 쥐를 다시 하얀 방에 집어넣었는데, 이번에는 가운데의 문을 닫아 놓았다. 쥐가 검은 방으로 도피하려면 문을 개방하는 바퀴를 돌려야 했다. 이번에도 역시 하얀 방에서는 전기충격이 주어지지 않았지만, 쥐들은 바퀴를 돌려 검은 방으로 도피하기를 학습했다(그림 5-14A). Miller는 쥐를 하얀 방에 넣고 역시 문을 닫아 놓았는데, 이번에는 바퀴를 돌려도 아무 소용이 없었다. 대신에 검은 방으로 도피하기 위해서는 레버를 눌러야 했다. 그러자 이전과 마찬가지로 전기충격이 주어지지 않는데도 불구하고 쥐들은 곧 바퀴 돌리기를 포기하고 레버 누르기를 학습했다(그림 5-14B). 이 실험들은 하얀 방이 전기충격과 짝지어짐으로 인하여 전기충격과 거의 동일한 방식으로 행동에 영향을 미치게 되었음을 보여준다. 전기충격과의 연합을 통해 하얀 방은 공포를 일으키는 CS가 되었고, 쥐에게는 그 방으로부터 도피하는 것이 강화적이게 되었다.

불행히도 2과정 이론을 검증하는 모든 실험이 지지 증거를 내놓지는 않았다(Herrnstein, 1969). 혐오적 CS로부터의 도피가 회피 반응을 강화한다는 생각에서 이어지는 논리적인 예측은 만약 CS가 혐오성을 잃게 되면 회피 반응이 중지되리라는 것이다. 그런데 전기충격을 알리는 신호가 혐오성을 잃게 되는데도 불구하고 회피 반응은 지속된다는 증거가 있다!

Solomon과 Wynne(1953; 위의 설명 참고)은 자기네 연구에 동원된 개들이 학습의 초기 단계에서는 CS에 대한 공포를 상당히 나타냈지만, 일단 전기충격을 회피하기를 학습한 뒤에는 CS가 더 이상 이들을 괴롭히지 않는 것처럼 보인다고 언급했다. Leon Kamin과 그 동료들(1963)은 Solomon과 Wynne의 해석이 맞는지 알아보기 위한 실험을 하였다. 이들은 먼저 쥐를 먹이를 위해 레버를 누르도록 훈련했다. 그런 다음 쥐에게 왕복 상자에서 전기충격을 회피하는 훈련을 시켰는데, 이때 전기충격에 앞서 소리가 들렸다. 훈련은 쥐가 1~27회까지 전기 충격을 연속적으로 회피할 때까지 계속되었다. 그런 다음 연구자들은 쥐를 레버를 눌러서 먹이를 받을 수 있었던 원래의 훈련 상자에 다시 집어넣었다. 혐오적 CS는 진행 중인 행동(예: 레버 누르기)의 비율을 감소시키는데, 이는 **조건억압**(conditioned suppression)이라는 현상이다. Kamin과 그 동료들은 전기충격을 신호하는 소리의 혐오성을 나타내는 측정치로 조건억압을 사용했다. 쥐가 실험상자 속에서 레버 누르기를 하는 동안 연구자들은 그 소리를 들려주고 소리가 레버 누르기 비율을 억압하는지 보았다. 전기충격을 27회 연속해서 회피했던 쥐들은 더 적은 횟수만큼 회피했던 쥐들보다 더 적은 공포(즉 조건억압)를 나타냈다. 이는 Solomon과 Wynne이 언급한 것과 일치하는 결과였다. 즉, 동물이 전기충격 회피하기를 학습함에 따라 CS에 대한 공포가 감소한다. 이런 발견은 2과정 이론에 문제를 제기한다. 즉, 회피 훈련이 계속됨에 따라 CS에 대한 공포가 점점 줄어든다면, 무엇이 회피 행동을 강화하는 것일까?

이와 관련된 2과정 이론의 또 다른 문제점은 회피 행동의 소거 실패와 관련된다. 소리가 나면 장벽을 뛰어넘어 전기충격을 회피할 수 있는 쥐를 생각해 보자. 학습이 진행됨에 따라 쥐가 전기충격을 받는 횟수는 점점 줄어들어서 나중에는 전혀 전기충격을 받지 않게 된다. 쥐가 전기충격을 회피하는 경우, 소리는 더 이상 전기충격을 예측하지 않는다. 이는 소리로부터 도피하기가 점차로 강화력을 잃어야 함을 의미한다. 따라서 2과정 이론에 따르면 회피 행동은 일단 학습되면 소거되기 시작할 것이라는 예측이 도출된다. 즉, 쥐가 장벽을 뛰어넘기 전의 지연시간이 점점 더 길어지다가 마침내 다시 전기충격을 받게 될 것이다. 따라서 회피 행동이 쇠퇴하면서 전기충격과 도피 행동이 뒤따르는 패턴이 나타나야 한다. 그러나 이런 예측에 따른 시나리오대로 일이 일어나지는 않는다. 대신에 동물은 회피 행동을 꾸준히 수행한다. 사실상 회피 행동은 놀라울 정도로 끈질기다. 전기충격을 받지 않는 시행을 많이 거친 후에도 쥐는 계속해서 장벽을 뛰어넘는다.

2과정 이론은 Murray Sidman(1953, 1966)이 연구한, 지금은 **Sidman 회피 절차**(Sidman avoidance procedure)라고 부르는 과제 때문에 설 자리를 더욱 잃어버렸다. 이 절차에서는 전기충격에 선행하는 다른 자극이 없다. 쥐는 격자 바닥을 통해 규칙적인 시간 간격으로 전기충격을 받는데, 레버를 누르면 15초간 전기충격을 지연시킬 수 있다. 쥐가 이 지연 기간이 끝나기 전에 다시 레버를 누르면 다시 15초간의 지연을 더 받을 수가 있다. 따라서 레버를 규칙적으로 누르면 쥐는 전기충격을 완전히 회피할 수 있다. Sidman 절차에서 중요한 점은 다가올 전기충격과 상관되는 신호가 없다(불이 꺼지는 것도 아니고, 소리가 들리는 것도 아니다)는 것이다. Sidman은 처음에는 별다른 일이 일어나지 않음을 발견하였다. 즉, 쥐는 주기적으로 전기충격을 받았고, 그 사이사이에는 상자를 탐색하며 돌아다녔다. 그러나 몇 분이 지나자 쥐는 레버를 눌러서 전기충격 중 일부를 지연시키기 시작했고, 따라서 1분당 전기충격을 더 적게 받았다. 이는 2과정 이론에는 좋지 않은 소식이었다. 왜냐하면 전기충격에 선행하는 신호가 없다는 것은 도피할 혐오적 자극이 없다는 말인데, 2과정 이론에 따르면 회피 반응의 강화물이 혐오적 자극으로부터의 도피이기 때문이다.

Douglas Anger(1963)는 Sidman 절차에도 신호가 있다고 주장하였다. 그 신호란 바로 시간이다. Anger는 전기충격이 규칙적인 시간 간격으로 일어나는데, 따라서 시간의 경과가 전기충격이 다가옴을 신호해 준다고 말했다. 쥐가 장벽을 뛰어넘는 경우와 똑같은 방식으로 CS로부터 도피하는 것은 아니지만, 거리가 아닌 시간의 측면에서 쥐는 전기충격으로부터 '더 멀어질' 수 있게 된다.

Anger의 주장은 새로운 딜레마를 야기했다. 즉, 도피-회피 상황에서 시간이 CS가 되었을 가능성을 어떻게 배제할 수 있을까? Richard Herrnstein과 Phillip Hineline(1966)은 이 문제에 대해 멋진 해결책을 제시했다. 이들의 실험에서는 쥐가 선택을 할 수 있었다. 즉, 레버를 안정된 비율로 누르면 평균 20초에 한 번씩, 레버를 누르지 않으면 평균 7초에 한 번씩 전기충격을 받게 되어 있었다. 여기서 전기충격 사이의 시간 간격은 평균적인 것일 뿐임에 주목하라. 즉, 쥐가 레버를 누른 뒤 곧바로 전기충격을 받을 수도 있고, 또 레버를 누르지 않아도 몇 초간 전기충격을 받지 않을 수도 있다. 그렇지만 장기적인 측면에서는 레버를 눌렀을 때 더 적은 전기충격을 받았다. Herrnstein과 Hineline은 이렇게 시간이 전기충격에 대한 신호로 작용하지 못하게 만들어 버렸다. 2과정 이론에 따르면, 신호가 없으면 회피 학습도 없다. 그러나 Herrnstein과 Hineline이 실험한 18마리의 쥐 중 17마리가 레버를 눌러서 전기충격을 회피하기를 학습했다. 2과정 이론의 이러한 문제점 때문에 많은 연구자가 1과정 이론을 지지하게 되었다.

1과정 이론

1과정 이론[one-process theory. 또는 1요인 이론(one-factor theory)]은 회피에 한 가지 요인, 즉 조작적 학습만 관여한다고 주장한다(Herrnstein, 1969; Sidman, 1962). 이 이론에 따르면 혐오적 자극의 감소가 도피 행동과 회피 행동 모두를 강화한다. 다시 한번 왕복 상자 속의 개를 생각해 보자. 불이 꺼지고 몇 초 후에 개는 전기충격을 받는다. 장벽 뛰어넘기를 강화하는 것은 전기충격의 종료이다. 여기까지는 좋다. 그러나 전기충격의 회피를 강화하는 것은 무엇일까? 2과정 이론가들은 전기충격의 부재가 행동을 강화할 수 없다고 생각했다. 일어나지 않은 일이 어떻게 강화물이 될 수 있다는 말인가? 그러나 1과정 이론가들은 무언가 일어나는 일이 있다고 이야기한다. 즉, 전기충격에 대한 노출의 감소가 일어나며, 이것이 동물에게는 강화적이다.

앞서 살펴본 Herrnstein과 Hineline(1966)의 연구는 1과정 이론을 지지하며, 다른 실험들도 그러하다. 그런데 회피 행동이 보여주는, 소거에 대한 극단적인 저항은 어떠한가? 1과정 이론이 이를 설명할 수 있을까? 1과정 이론에 따르면 장벽을 뛰어넘어 전기충격을 회피하기를 학습한 동물이 계속 그렇게 하는 이유는 그럼으로써 전기충격을 계속해서 받지 않게 되기 때문이다. 만약에 이것이 사실이라면, 동물의 장벽 뛰어넘기를 중지시킬 방법은 전기충격 장치의 전원을 끈 다음 개가 장벽을 뛰어넘지 못하게 막는 것일 것이다. 그러면 동물은 장벽을 뛰어넘으려 하지만 실패하게 되고, 그래도 아무 일도 일어나지 않을 것이다. '전기충격이 없잖아!' 그런 시행을 여러 차례 거친 후, 다시 마음대로 뛰어넘을 수 있게 하면 개는 뛰어넘기를 거부하게 되어야 한다. 그리고 실제로 이와 같은 일이 그대로 일어난다. 동물(혹은 사람)이 필요 없는 회피 행동을 하는 것을 중단시키는 최상의 방법은 그 행동이 일어나지 못하게 막는 것이다.

1과정 이론이 우아하고 단순하지만, 승리했다고 주장할 수는 없다. 2001년도에 저명한 학술지가 특별 지면을 할당하여 2과정 이론을 옹호하는 논문(Dinsmoor, 2001)과 그에 대한 다른 전문가들의 논평을 실었다. 논쟁은 계속되고 있다.

회피 학습은 그것만의 독특한 이론들을 생성해냈다. 2과정 이론은 파블로프식 절차와 조작적 절차 두 가지가 함께 회피 학습을 설명한다고 가정한다. 1과정 이론은 전적으로 조작적 절차의 측면에서 회피를 설명한다.	**5.7** 요약

맺음말

많은 사람이 파블로프식 조건형성과 마찬가지로 조작적 학습을 사소한 것으로 치부한다. 어떤 사람들은 조작적 조건형성이 반려동물 및 서커스의 동물들이 묘기를 배우고 사람들이 습관을 습득하는 수단이 된다고 주장한다. 사실을 말하자면, 조작적 조건형성은 인간 생존에 산소만큼이나 중요한 기능을 담당하고 있다. 조작적 조건형성은 또한 우리가 행복을 추구하는 주요 수단으로 작용하는 것이 분명하다.

결과로부터 학습을 하는 과정은 종이 자연선택을 통해 변화하는 과정에 비유할 수 있다. 예를 들어, 문제상자 속의 고양이는 도피하려고 여러 가지 많은 것을 하는데 "그런 움직임들 중에서 하나가 성공에 의해 선택된다."(p. 14. 강조는 덧붙임)라고 Thorndike는 썼다. 환경은 피부색이나 선천적 행동 같은 어떤 종의 특정한 유전적 특징을 선택한다. 그리고 이와 꼭 마찬가지로 환경은 자전거 페달 밟기나 교과서 읽기 같은, 개체의 특정 종류의 행동 또한 선택한다.

그러나 조작적 학습은 단지 단순한 습관을 확립하거나 깨기 위한 수단으로서만 작용하지는 않는다. 앞으로 나올 장들에서 우리는 다양한 형태의 결과가 어떻게 행동에 영향을 주는지를 알아볼 뿐만 아니라 조작적 학습이 인간 행동의 가장 세련된 형태 중 일부를 설명하며 행동에 대한 다른 어떠한 접근보다도 더 많이 실용적으로 활용되어 왔음을 볼 것이다. 그 장들을 공부하는 일이 힘들지도 모르겠다. 하지만 그 결과는 그런 노력을 충분히 가치 있는 것으로 만들 것이라고 나는 (거의 확실히!) 보장한다.

핵심용어

강화(reinforcement) 149
도구적 학습(instrumental learning) 148
도파민(dopamine) 171
도피 학습(escape learning) 150
도피–회피 학습(escape-avoidance learning) 150
동기설정 조작(establishing operation) 167
동기해지 조작(abolishing operation) 167
동기화 조작(motivating operation) 167
무조건 강화물(unconditioned reinforcer) 155
물림(satiation) 156
반응박탈 이론(response deprivation theory) 178
보상 경로(reward pathway) 171
보상 학습(reward learning) 149
부적 강화(negative reinforcement) 150
부적 강화물(negative reinforcer) 150

상대적 가치 이론(relative value theory) 176
이차 강화물(secondary reinforcer) 157
인위적 강화물(contrived reinforcer) 159
일반 강화물(generalized reinforcer) 158
일차 강화물(primary reinforcer) 155
자동 강화물(automatic reinforcer) 159
자연적 강화물(natural reinforcer) 158
정적 강화(positive reinforcement) 149
정적 강화물(positive reinforcer) 149
조건 강화물(conditioned reinforcer) 157
조작적 학습(operant learning) 148
추동(drive) 175
추동감소 이론(drive-reduction theory) 175
평형 이론(equilibrium theory) 178
행동 운동량(behavioral momentum) 154

회피 학습(avoidance learning) 185

2과정 이론(two-process theory) 181

효과 법칙(law of effect) 145

Premack 원리(Premack principle) 176

1과정 이론(one-process theory) 184

Sidman 회피 절차(Sidman avoidance procedure) 183

복습문제

1. 어떤 이들은 Skinner가 심리학에 한 중요한 공헌 하나가 반응률을 종속변인으로 사용한 것이라고 말한다. 이 접근법은 미로를 통과하는 병아리에 대한 Thorndike의 연구와 어떻게 다른가?

2. 약물을 복용하고서 통증이 멈추면 이는 대개 긍정적인 것으로 간주된다. 그런데 통증의 제거가 약물 복용 경향성을 증강한다면 왜 이를 부적 강화라 부르는가?

3. 파블로프식 학습과 조작적 학습의 가장 중요한 단 하나의 차이는 무엇인가?

4. 강화물의 지연이 왜 강화력을 감소시키는가?

5. 학교 친구가 ESB는 일차 강화물이면서 인위적 강화물이라고 주장한다. 당신은 이에 동의하는가 아니면 동의하지 않는가? 이유는 무엇인가?

6. 어떤 사람들은 신경과학이 학습을 비롯하여 모든 행동을 설명할 것이라고 주장한다. 이 관점이 왜 잘못된 것인가?

7. 당신의 일상생활에서 Premack 원리가 작동하는 예를 하나 들어 보라.

8. 강화에 대한 추동감소 이론의 문제점은 무엇인가?

9. Premack의 상대적 가치 이론과 Timberlake와 Allison의 반응박탈 이론의 주요 차이점은 무엇인가?

10. 회피 학습의 이론 중 지지 증거가 더 많은 이론은 어느 것인가? 그 이유는 무엇인가?

연습문제

1. 행동과 결과 사이의 관계를 _____법칙이라고 한다.

2. 어떤 행동의 결과가 그 행동을 증가시킬 때 우리는 그 결과를 _____라고 부른다.

3. 부적 강화는 때로 _____라고 불린다.

4. John Nevin은 아주 많이 강화를 받음으로 인한 행동 강도의 증가는 행동 _____으로 간주 될 수 있다고 말한다.

5. 파블로프식 학습과 조작적 학습의 가장 중요한 차이는 _____의 역할과 관련된다.

6. 조작적 학습에서 중요한 변인이지만 연구에서 주목받지 못했던 것은 _____이다.

7. 동기화 조작에는 두 종류가 있다. 강화물의 효력을 증가시키는 조작을 _____라고 한다.

8. David Premack에 따르면 강화는 _____ 사이의 관계와 관련된다.

9. 한 이론은 개체가 어떤 활동을 그 기저선 비율만큼 하지 못하도록 제한을 받으면 그 활동이 강화력을 갖게 된다고 이야기한다. 이를 제안한 이론은 _____이다.

10. 회피에 대한 2과정 이론에서 두 가지 과정이란 _____이다.

강화: 습관을 넘어서

이 장에서는

1 새로운 행동의 조성
   ■ 조성의 조성
   ■ 조성하려는 사람을 위한 팁
2 연쇄 짓기
3 통찰적 문제해결
4 창의성
5 미신
   ■ 된장 좀 빨리 가져와!
6 무기력
맺음말
   핵심용어 | 복습문제 | 연습문제

"수수께끼 같은 현상들을 설명하기에는 확립된 과학 원리들로 충분하다."

_ David Palmer

들어가며

우리의 행동 중에는 환경에 조작을 가하는 것이 많은데, 그렇게 해서 생긴 환경의 변화는 우리가 그런 행동을 지속할 가능성을 높이거나 낮춘다는 것을 우리는 보았다. 그런 조작적 학습의 현실적인 효력을 부인할 수 없음에도 불구하고 어떤 사람들은 그 중요성을 과소평가하여 조작적 학습을 단순히 습관을 형성하거나 파괴하는 수단쯤으로 치부한다. 새로운 형태의 행동, 특히 어떤 문제에 대한 갑작스러운 해결책('아하!' 소리가 나오게 하는 통찰)의 출현과 창의적인 행위는 신비롭고 예측 불가능하며 끝내 알 수 없는 마음의 산물이라고 주장하는 사람들도 있다. 그리고 효과 법칙같이 단순한 무언가로는 다른 종류의 복잡한 인간 행동을 설명할 수 없다고 주장하는 사람들도 있다. 학습에 대한 자연과학적 접근은 이런 관점을 거부한다. 이 장에서는 강화가 어떻게 우리로 하여금 습관을 넘어서 그 이상을 하게 하는지를 살펴볼 것이다.

학습목표

이 장을 공부하고 나면 다음의 것들을 할 수 있을 것이다.

6.1 조성을 설명한다.
6.2 연쇄 짓기를 설명한다.
6.3 통찰적 문제해결의 설명에서 강화의 역할을 평가한다.
6.4 창의성에서 강화의 역할을 설명한다.
6.5 미신 행동에서 강화의 역할을 설명한다.
6.6 학습된 무기력에서 강화의 역할을 설명한다.

6.1 새로운 행동의 조성

학습목표 --

조성을 설명하려면

1.1 조성을 기술한다.

1.2 인간의 조성 행동의 예를 세 가지 제시한다.

1.3 동물의 조성 행동의 예를 두 가지 제시한다.

1.4 조성과 자연선택 사이의 유사성을 밝힌다.

우리는 앞에서 레버 누르기의 결과로 먹이 접시에 먹이가 나온다면 레버 누르기의 비율이 일반적으로 증가함을 보았다(그림 5-4). 그런데 만약 쥐가 레버를 전혀 누르지 않는다면 어떻게 될까? 일어나지 않은 행동을 강화할 수는 없다.

레버 누르기와 유사한 행동이면 무엇이든 간에 모두 강화할 수가 있을 것이다. 굶주린 쥐가 레버에서 멀리 떨어진 한쪽 구석에 앉아서 자기 몸을 긁으면서 털을 고르고 있다고 하자. 당신은 잘 지켜보고 있다가 쥐가 레버 쪽으로 고개를 돌리면 버튼을 눌러서 먹이 접시에 먹이 알갱이 몇 개가 떨어지게 한다. 이 조작은 과거에 먹이와 여러 번 짝지어진 적이 있는 소리가 나게 한다. 그 결과 쥐는 먹이 접시로 곧장 달려가서 먹는다. 먹이를 먹은 다음 쥐는 레버에서 멀어져서 약간 돌아다니다가 결국에는 다시 레버 쪽으로 몸을 돌린다. 당신은 버튼을 다시 누르고 쥐는 즉각 먹이 접시로 달려가서 먹는다. 강화를 몇 차례 더 받고 나면 쥐는 먹이 접시 바로 근처에서 시간을 보내게 된다. 이제는 쥐가 레버 쪽으로 어떠한 움직임이라도 보이면 강화를 주기 시작하여 쥐가 레버 바로 옆에 있게 만든다. 그리고는 쥐가 어떤 식으로든 레버를 건드리면 강화를 준다. 곧 쥐는 레버를 누르게 되고 그러면 당신은 강화를 준다. 이제는 쥐가 레버를 누를 때만 먹이를 주는데, 그러면 곧 쥐는 레버를 꾸준히 누르게 되고 먹이 접시로 가서 먹을 때만 레버 누르기를 중지한다.

목표로 하는 행동을 순차적으로 닮아가는 행동들을 체계적으로 강화하는 이런 훈련 절차를 **조성**(shaping. 조형)이라고 부른다(Skinner, 1951). 자발적으로는 거의 또는 전혀 일어나지 않을 행동을 조성법을 통해서 몇 분 만에 훈련하는 일이 가능하다(그림 6-1). 만약 Thorndike가 이러한 순차적 근사(近似) 행동들(successive approximations. 계기적 근사 행동)의 강화에 관하여 알았더라면 당연히 짧은 시간 안에 개가 명령에 따라 한쪽 구석으로 가도록 만들 수 있었을 것이다.[*]

---

[*] 192쪽의 '조성의 조성'을 보라. (역주)

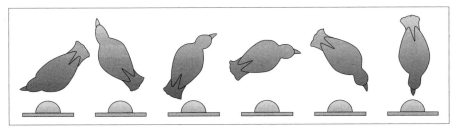

그림 6-1
시계방향으로 돌기를 조성하기 위에서 내려다본 모습인데, 비둘기는 다른 지점에서 강화를 받았다. 처음(제일 왼쪽 그림)에는 오른쪽으로 고개만 돌려도 먹이가 나왔다. 그 후에는 완전한 원을 그리는 행동과 점점 더 닮은 행동을 해야 강화가 주어졌다. 완전히 한 바퀴 돌기는 조성을 시작한 지 15분 후에 처음 나타났다. (출처: Paul Chance가 찍은 사진을 보고 Diane Chance가 그림)

? 개념 점검 1

조성이란 무엇인가?

Skinner(1977)는 자기 딸 Deborah가 한 살이 채 되지 않았을 때 딸의 행동을 어떻게 조성했는지를 이야기하고 있다. Skinner는 Deborah를 무릎에 앉혀 놓고 있었는데 방 안이 어두워지자 옆의 탁자 위에 있는 램프를 켰다. 그러자 Deborah가 미소를 지었는데, 이것을 본 Skinner는 불빛이 딸의 행동에 대한 강화물이 될 수 있는지 알아보기로 했다. 그는 불을 끄고 Deborah가 왼손을 약간 들 때까지 기다렸다가 왼손을 들자 불을 재빨리 켰다가 껐다. Deborah는 손을 다시 움직였고, Skinner는 불을 켰다가 껐다. Deborah가 팔을 점점 더 크게 움직였을 때만 Skinner는 강화를 주어서 나중에는 Deborah가 '불을 켜기 위해' 크게 원을 그리며 팔을 움직이게 되었다(p. 179).

조성 절차는 더욱 실용적으로 사용될 수 있다. 교사는 알파벳을 처음 배우는 학생이 활자체로 쓴 알파벳이 무슨 글자인지 알아보기 힘들더라도 칭찬해 줄 수 있다. 학생이 알파벳을 대충 비슷하게 쓸 줄 알게 되고 난 후에는 교사가 학생이 더 잘 써야만 강화를 준다. 이런 방식으로 교사는 요구 수준을 점점 올려서 결국 학생이 글자를 정확히 쓰게 만든다. 마찬가지로 재활치료사는 환자에게 처음에는 비교적 쉬운 과제를 요구하고 환자가 그것을 달성하면 칭찬을 한다. 요구받은 과제를 환자가 잘 할 수 있게 되면 치료자는 기준을 약간 높여서 그전과 같이 진행한다.

조성이 단지 교습 도구인 것만은 아니어서, 자연적으로 일어나기도 한다. 예를 들어, 사람들은 자기도 모르는 사이에 아이에게서 **바람직하지 않은** 행동을 조성하는 경우가 흔히 있다. 예를 들어, 조성이 울화 행동(tantrum)을 설명할 수 있다. 피곤한 상태의 부모는 '아이의 징징거림'을 멈추려고 아이의 거듭되는 요구에 항복하

조성법은 과학에서부터 생겨났지만 그것을 실제로 활용하는 능력은 일종의 기술이다.

조성의 조성

일단 조성에 대해 알고 나면 조성이 새로운 행동을 만들어 내는 뻔한 방법으로 보일 수 있다. 하지만 E. L. Thorndike에게는 그렇게 뻔해 보이지 않았다. 그는, 개에게 명령에 따라 커다란 우리의 한쪽 구석으로 가도록 어떻게 가르치려 했는지에 대해 다음과 같이 기술하고 있다.

> 나는 막대로 땅을 두드리며 "저쪽 구석으로 가."라고 말하곤 했다. 일정 시간(10초로 35회 시행, 5초로 60회 시행)이 지난 후 나는 그쪽 구석(약 4m 떨어진)으로 가서 고기 조각을 거기에 떨어뜨리곤 했다. 물론 개는 따라와서 그걸 먹었다. 여섯, 일곱, 열여섯, 열일곱, 열여덟, 그리고 열아홉 번째 시행에서 개는 정해진 10초가 지나기 전에 그 행위를 수행했는데, 그러고 나서는 2분 간격 동안에 내 신호와 상관없이 그쪽 구석으로 가기를 여러 번 했고, 마침내는 그 습관을 완전히 버렸다. (Thorndike, 1898, p. 77)

B. F. Skinner에게도 조성은 뻔한 것이 아니었다. 1943년 그와 그의 두 대학원생 Keller Breland와 Norman Guttman은 비둘기에게 볼링을 가르치기로 했다. 그들이 목표한 바는, 비둘기가 부리로 공을 쓸 때마다 매번 먹이로 강화하여 비둘기가 공을 부리의 옆면으로 쓸듯이 쳐서 작은 볼링핀들 쪽으로 보내게 만드는 것이었다. 그들은 실험상자의 바닥에 공을 놓고 비둘기가 공을 부리로 쓸기를 기다렸지만 그런 행동은 일어나지 않았다. Skinner(1958a)는 그 뒤 일어난 일을 다음과 같이 기술한다.

> 시간은 얼마든지 있었지만 우리는 기다리기에 지쳤다. 우리는 부리로 쓸기와 조금이라도 유사한 반응(어쩌면 처음에는 공을 쳐다보는 것 같은)이 나오면 무엇이든 간에 강화하고 나서 최종 형태와 더 가까운 반응들을 선택해서 강화하기로 결정했다. 그 결과는 놀라웠다. 몇 분 안에, 마치 비둘기가 스쿼시 챔피언 선수라도 된 듯이 공이 상자의 벽에 부딪혔다 튀어나오고 있었다. (p. 94)

Skinner와 그의 학생들은 새로운 행동, 새가 원래는 하지 않는 어떤 것을 만들어 냈다. 그 과정은 최종 행동과 아주 약간이라도 유사한 행동을 강화하고 그런 다음 점점 더 그와 가까운 것을 강화하는 것이었다. 이것이 조성에 대한 최초의 과학적 예증이었다.

몰랐던 과학적 돌파구에 대해 사람들이 일단 알고 나면 그것이 뻔해 보일 때가 많다. 혈액의 순환에 대한 Harvey의 발견, 번개가 전기라는 Benjamin Franklin의 발견, 박테리아가 질병의 원인이라는 Louis Pasteur의 발견 등이 그러하다. 그런데 조성법이 뻔한 것이라고 생각한다면, 조성이란 것을 듣도 보도 못한 누군가에게 개가 명령에 따라 우리의 한구석으로 걸어가도록 어떻게 훈련시킬지 물어보라.

고 말 수 있다. 다음번에는 평소와 같은 아이의 요구에 부모가 지지 않으려고 버틴다. 그러면 아이는 더 큰 소리를 내거나 우는 반응을 한다. 부모는 소란을 피우지 않으려고 또 포기한다. 다음번에 통제권을 되찾으려고 결심한 부모는 아이가 울거나 소리 지르더라도 요구대로 해 주지 않는다. 그러나 아이가 나팔을 부는 것처럼 악을 쓰면서 울면 또 포기하고 만다. 그래서 다음과 같이 되는 셈이다. 즉, 강화를 받으려면 점점 더 무법자 같은 행동을 하도록 부모가 아이에게 요구하는 셈이 되고, 아이는 이에 어쩔 수 없이 응하여 결국에는 본격적인 울화 행동을 나타내게 된다. 부모가 울화 행동을 조성하려는 의도가 없었음은 여기서 상관이 없다. 중요한 것은 결과이지 의도가 아니기 때문이다.

어떤 동물은 새끼를 훈련하는 데 일종의 조성 절차를 사용하는 것으로 보인다. 야생동물을 관찰한 결과에 따르면 수달은 처음에는 죽은 먹잇감(주로 어류)을 새끼에게 먹이지만 새끼가 커갈수록 점점 더 잡아먹기 어려운 먹잇감을 가져온다. 부상을 입었지만 몸부림을 치는 먹잇감을 갖다주면 새끼 수달이 먹기 위해서는 그 동물을 자신이 완전히 죽여야 한다. 마지막에는 어미가 새끼를 사냥터로 데리고 가서 부상도 입지 않은 먹잇감을 가져온다. 따라서 새끼 수달은 이전에 익힌 기술을 바탕으로 사냥하는 기술과 먹이를 혼자서 잡는 기술을 스스로 통달하게 된다.

몽구스류의 일종인 육식성 포유동물 미어캣도 새끼를 기를 때 조성을 이용한다. 미어캣 새끼들은 성숙한 미어캣을 따라서 사냥에 나서는데, 그 사냥 여행에서 성숙한 미어캣은 도마뱀이나 다른 사냥감을 새끼들에게 넘겨준다. Alex Thornton과 Katherine McAuliffe(2006)가 사냥에 나선 미어캣 집단을 관찰하여 알아낸 바에 따르면, 성숙한 미어캣에게서 살아있는 먹이를 받은 경우가 가장 어린 새끼들은 65%였던 반면, 더 자란 새끼들은 90%였다. 성숙한 미어캣이 가장 어린 새끼들에게는 쉬운 일을 주지만 새끼들이 경험을 쌓아갈수록 더 많은 것을 하도록 요구하는 것이 분명해 보이는데, 이는 자연적인 형태의 조성이라 하겠다.

성숙한 미어캣이 새끼를 일부러 그렇게 훈련한다고 생각하고 싶겠지만 사실상 이들은 단순히 자기 자신의 행동의 결과에 반응하고 있을 가능성이 더 크다. 당신이 성숙한 미어캣이라고 치고, 아직 기술이 서투른 새끼에게 살아있는 도마뱀을 준다면 그 도마뱀은 도망가 버리게 마련이다. 그러면 당신은 그 도마뱀을 다시 잡거나 아니면 다른 놈을 찾아야 한다. 새끼들은 연습을 거듭함에 따라 먹잇감을 쉽게 놓치지 않게 될 것이고 따라서 부모가 새끼에게 더 생생하게 살아 있는 먹잇감을 주는 모험을 할 수가 있다. Thornton과 McAuliffe는 이러한 해석을 지지하는 실험을 수행했다. 이들은 미어캣 새끼 몇 마리에게는 살아있는(하지만 독침이 없는) 전갈을 주었고 다른 몇 마리에게는 삶은 계란을 주었다. 그러기를 사흘 동안 계속한 뒤 새끼들 각각에게 살아있는 전갈을 주었다. 사흘 동안 삶은 계란을 먹었던 미어캣들은 전갈의 2/3를 놓쳤지만, 살아있는 전갈로 연습을 했던 미어캣들은 전갈을 한 마리도 놓치지 않았다.

조성은 새로운 형태의 행동의 출현을 설명하는 데 큰 역할을 한다. 그것은 자연선택이 종을 조성하는 과정과 유사하다. 종의 특성이 다양한 것과 꼭 마찬가지로 어떤 사람이나 동물이 특정한 상황에서 행동하는 방식은 다양하다(Kinloch, Foster, & McEwan, 2009; Neuringer, 2002; Page & Neuringer, 1985; Skinner, 1981). 다양한 행동 중 어떤 것은 다른 것보다 좀 더 유용하고, 따라서 환경이 그것을 선택할 경향이 높은 반면에 다른 것은 '사멸'한다. 자연선택과 조성 모두에서 변이와 선택을 통해 새로운 형태가 진화해 나온다. 두 경우 모두 규칙은 동일하다. 즉, 옛것에서 새로운 것이 나온다.

때로는 출현하는 새로운 행동이 하나의 행위가 아니라 일련의 연결된 행위들인데, 이것이 다음 주제인 행동 연쇄라는 것이다.

6.1 요약

조성은 원하는 행동을 순차적으로 점점 닮아가는 행동을 강화하는 과정이다. 조성은 자연적으로 일어날 수 있어서 새로운 형태의 행동을 생성한다. 조성은 오래된 형태의 행동이 새로운 형태의 행동으로 수정되는 수단이라고 생각하면 된다.

조성하려는 사람을 위한 팁

조성이 진행되는 속도는 주로 훈련자의 기술에 따라 달라진다. 교사가 종종 학생에게 쥐가 레버를 누르거나 비둘기가 원반을 쪼도록 훈련하는 과제를 주어 조성을 연습시킨다. 동물이 학습해 가는 속도는 항상 차이가 많이 난다. 학생들은 대개 이런 차이를 그 동물의 지능 탓으로 돌린다. 머지않아 자기 동물이 아무런 진보를 보이지 못하면 "내 쥐는 너무 바보 같아서 레버 누르기를 배울 줄 몰라!"라고 불평하는 학생이 나타나게 마련이다. 그러면 교사는 이미 그 과제를 성공적으로 끝마친 학생에게 그 동물을 넘겨줄 때가 흔히 있다. 몇 분 이내에 그 "바보 같은" 쥐는 마치 북 치는 소년처럼 레버를 열심히 누르고 있게 된다.

이 이야기에서 독자는 바보 같은 것은 쥐가 아니라 그 쥐를 훈련하는 데 실패한 학생이라고 결론 내릴지도 모른다. 그렇지만 그렇게 한다면 독자도 그 학생이 했던 것과 정확히 똑같은 실수를 하는 것이다. 학습 실패는 교사나 훈련자의 지능보다는 조성 기술과 더 관련된다(Todd et al., 1995).

훌륭한 조성자(shaper)는 서투른 조성자와 어떤 점이 다를까? 첫째, 훌륭한 조성자는 행동의 작은 단계들을 강화한다. 좋지 못한 결과를 내는 훈련자는 한 번에 너무 많은 것을 요구할 때가 많다. 쥐가 레버 쪽으로 몸을 돌리는 행동을 강화한 후에, 서투른 훈련자는 쥐가 레버 쪽으로 걸어가기를 기다린다. 반면에 더 성공적인 훈련자는 쥐가 레버 쪽으로 한 걸음 떼어놓기만 기다린다.

둘째, 훌륭한 훈련자는 즉각적 강화를 제공한다. 서투른 훈련자는 원하는 행동에 근사(近似)하는 행동을 강화하기 전에 망설이는 경우가 흔하다. 그러고는 종종 "그보다 더 잘 할 수 있는지 보려고 했어요."라고 설명한다. 성공적인 훈련자는 근사 행동이 나오는 바로 그 순간에 강화를 준다.

셋째, 훌륭한 조성자는 작은 강화물을 준다. 실험동물의 행동을 조성할 때는 대개 일정량의 먹이, 예를 들어 쥐에게는 한두 개의 먹이 알갱이, 비둘기에게는 곡식 몇 알이 기계장치를 통해 주어진다. 그러나 손으로 먹이를 주는 경우에 어떤 훈련자는 더 많은 양의 먹이를 준다. 그러면 동물이 많은 양의 먹이를 먹는 데 시간이 더 걸리기 때문에 어쩔 수 없이 훈련 과정이 느려질 수밖에 없다. 마찬가지로, 인간에게서 행동을 조성하려는 사람이 너무 많은 강화물을 제공함으로써 학습이 느려지게 만들 때가 가끔 있다. 만약 독자가 아이에게 각각의 근사 행동을 강화하기 위해 과자나 장난감을 준다면, 하고 있는 과제가 아니라 그 강화물이 주의를 끌게 될 가능성이 높다. 단순히 '잘 했어!' 또는 '그렇지'라고 말하는 것이 대개 더 효과적이다.

넷째, 훌륭한 조성자는 나타나는 근사 행동 중 가장 좋은 것을 강화한다. 훈련자가 레버 누르기의 근사 행동 5개 혹은 10개를 포함하는 조성 계획을 미리 짜 놓을 수 있다. 서투른 훈련자는 무슨 일이 있어도 그 계획에만 집

착해서 근사 행동 A, B, C가 강화를 받은 후에라야 근사 행동 D를 강화한다. 더 성공적인 훈련자는 그 계획을 대략적인 지침 정도로만 사용한다. 만약 쥐가 중간 단계 몇 개를 건너뛴다고 해도 상관없다. 좋은 훈련자는 목표를 향한 진보라면 어떤 것이든 강화한다. 운 좋게도 쥐가 더 빨리 목표에 가까운 쪽으로 행동하면 이를 이용하라.

다섯째, 훌륭한 훈련자는 필요하다면 뒤로 물러난다. 학습이 항상 순탄하게 진행되는 것은 아니다. 레버 근처에서 많은 시간을 보내고 있던 쥐가 거기서 물러나서 털 고르기를 하거나 실험상자의 다른 지역을 탐색할 수도 있다. 이런 시점에서 훈련자는 단계를 되돌려서 이전의 근사 행동, 예를 들어 레버 쪽으로 몸을 돌리는 행동 같은 것을 강화해야 할 수도 있다. 필요할 때는 기꺼이 기준을 낮추는 훈련자가 더 잘하기만을 고집스럽게 기다리는 훈련자보다 더 빨리 학습을 진행시킨다.

6.2 연쇄 짓기

[학습목표] --

연쇄 짓기를 설명하려면

2.1 행동 연쇄의 두 가지 예를 든다.
2.2 연쇄 짓기의 두 가지 예를 든다.
2.3 과제 분석을 정의한다.
2.4 전향 연쇄 짓기를 설명한다.
2.5 후향 연쇄 짓기를 설명한다.
2.6 연쇄 짓기에서 어떻게 강화가 일어나는지 설명한다.

여자 체조경기 종목 중에 **평균**대라는 것이 있다. 이 경기에서는 기본적으로 선수가 폭이 약 12cm 정도인 나무 들보 위를 걸어 다니며 공중제비, 물구나무서기, 뒤로 공중제비 넘기 등 불가능에 가까운 묘기를 보여야 한다. 물론 그러다가 거꾸로 떨어져서는 안 된다. 평균대 경기는 이런 여러 개의 행위를 특정한 순서로 수행하는 것으로 이루어진다. 이와 같이 서로 순서대로 연결된 행동을 **행동 연쇄**(behavior chain)라고 부른다.

이 닦기는 좀 더 일상적인 행동 연쇄를 보여준다. 칫솔을 집어 들고, 물을 묻히고, 그 위에 치약을 짜고, 입속으로 칫솔을 넣고, 이를 닦기 위해 칫솔을 움직인다. 음식점에서의 식사는 자리에 앉아서, 메뉴를 보고, 종업원에게 주문을 하고, 음식을 먹고, 값을 지불하고, 떠나는 행동들로 이루어진다. 많은 동물 행동이 부분적으로 학습된 행동 연쇄로 구성된다. 예를 들어, 포식동물은 먹잇감을 찾아내어, 몰래 접근하고, 따라가서, 죽이고는, 잡아먹는다.

대개 연쇄의 각 부분은 특정 순서대로 완료해야 한다. 만약 옛날 전화기로 전화를 걸 때 수화기를 들기 전에 다이얼부터 돌린다면 통화는 불가능하다. 마찬가지로 음식점에 가서 식사를 할 때 앉기도 전에 주문부터 하려 한다면 눈총을 받을 것이다.

? 개념 점검 2

이 닦기라는 연쇄는 어떤 부분들로 구성되는가?

동물이나 사람에게 행동 연쇄를 수행하도록 훈련하는 것을 **연쇄 짓기**(chaining)라고 한다. Skinner(Skinner, 1938; This Smart University, 1937)는 Plyny라는 이름의 쥐에게 선반에서 구슬이 떨어지도록 만드는 줄을 잡아당기고, 앞발로 그 구슬을 집어서, 실험상자의 바닥에서 6cm 정도 돌출되어 있는 파이프까지 가져가서, 그 파이프의 꼭대기로 구슬을 들어 올려, 파이프 속으로 떨어뜨려 넣는 것을 훈련했다.

다른 연구자와 동물 조련사 들은 실험 동물에게 더욱 복잡한 연쇄를 수행하도록 훈련했다. Carl Cheney(개인적 교신, 1978년 8월 21일)는 쥐 한 마리에게 경사로를 기어 올라가서, 도개교를 건너고, 사다리를 올라가, 팽팽한 밧줄을 타고 건너가서, 또 다른 사다리를 올라가고, 터널을 기어서 지나, 출발점으로 다시 데려다주는 엘

조성과 마찬가지로 연쇄 짓기는 행동을 변화시키기 위한 수단이기도 하고 자연적으로 일어나는 현상이기도 하다. 환경(사람이 있건 없건)은 우리를 일련의 행위를 특정 순서대로 수행하도록 훈련한다.

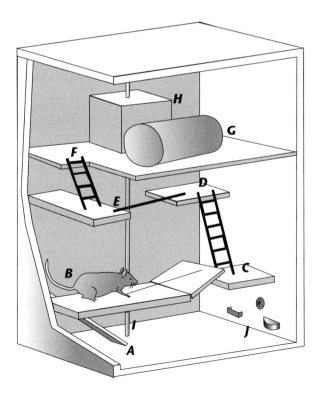

그림 6-2

연쇄 짓기 A 지점에서 시작하여 쥐는 B 지점까지 경사로를 기어오른 후, 도개교를 건너 C 지점으로 가서, 사다리를 올라가 D 지점으로 가고, 줄타기를 하여 E 지점으로 건너가서, 또 사다리를 올라가서 F 지점으로 가고, 터널을 기어 통과해서 G 지점으로 가서, H 지점에 있는 엘리베이터를 타고 I 지점으로 내려가서, J 지점에서 레버를 누르고, 먹이를 받는다. (출처: Diane Chance의 그림)

리베이터를 타고, 출발점으로 내려가서 레버를 누르고, 마지막으로 몇 알의 먹이 알갱이를 받도록 훈련했다(그림 6-2).

연쇄 짓기를 수행할 때 맨 처음에는 과제를 구성요소들로 쪼개는데, 이 절차를 **과제 분석**(task analysis)이라고 한다. 일단 연쇄의 개별 고리들이 규명되면, 개별 고리들이 정확한 순서대로 수행되는 것을 강화할 수 있다. 그렇게 하는 데는 두 가지 기본적인 방법이 있다.

전향 연쇄 짓기(forward chaining. 순행 연쇄 짓기)에서는 훈련자가 연쇄의 첫째 고리의 수행을 강화하기부터 시작한다. 훈련자는 동물이 그 과제를 망설임 없이 수행할 때까지 이를 반복한다. 이 시점에서 훈련자는 첫 두 개의 고리의 수행을 요구하고, 동물이 첫 두 개를 매끄럽게 수행할 때까지 이 짧은 연쇄를 강화한다. 그다음에는 첫 세 개의 고리의 수행을 요구하고 하는 식으로 진행된다.

고리 하나가 쉽게 일어나는 행동이 아니라면 훈련자는 조성을 사용하여 그것을 만들어 낸다. 예를 들어, 쥐는 그냥 두면 쉽사리 끈을 잡아당기거나 구슬을 집어 들지 않는다. 당신의 쥐가 Skinner의 쥐 Plyny처럼 수행하도록 훈련하고 싶다면 끈 잡아당기기를 조성하기부터 시작해야 할 것이다. 그래서 아마도 쥐가 끈을 건드릴 때마다 약간의 먹이를 주고, 그다음에는 끈을 물 때, 그다음에는 끈을 입에 문 채로 있을 때, 그리고 그다음에는 끈을 잡아당길 때 먹이를 주어야 할 것이다. 마찬가지로, 학생에게 시 암송하기(언어적 연쇄)를 가르칠 때는 단어 하나를 제대로 발음하는 것이나 특정한 구절에 대한 표현을 조성할 필요가 있다.

전향 연쇄 짓기는 논리적으로 말이 되지만 연쇄를 발달시키기는 방법으로 항상 가장 효과적인 것은 아니다. 연쇄의 맨 마지막 고리부터 시작하여 첫 번째 고리까지 거꾸로 거슬러 올라가는 방법이 더 나은 경우가 종종 있다. 이런 변형을 **후향 연쇄 짓기**(backward chaining. 역행 연쇄 짓기)라고 부른다. Plyny의 경우, 구슬을 파이프 속으로 떨어뜨리는 것을 먼저 훈련할 수 있다. 그다음에는 쥐가 파이프가 있는 곳까지 구슬을 운반해 와서 떨어뜨리도록 훈련한다. 마지막 두 개의 고리를 잘 수행하면 다음에는 마지막 세 개의 고리를 수행하게 하는 식으로 진행된다. 전향 연쇄 짓기에서와 마찬가지로 자발적으로 일어나지 않는 행동은 어떤 것이든 조성을 먼저 해야 한다.

후향 연쇄 짓기에서 동물이 연쇄 자체를 거꾸로 수행하는 것이 아님에 유의하라. Plyny가 파이프에 구슬을 떨어뜨린 다음 구슬을 파이프로 들고 가는 것이 아니다. 즉, 동물은 연쇄의 각 부분을 항상 제대로 된 순서로 수행한다. 우리가 이 훈련을 후향이라고 부르는 이유는 단지 연쇄의 '끝에서부터 거꾸로' 고리를 더해 나가기 때문이다. 따라서 쥐가 연쇄의 맨 마지막 고리를 수행하기를 학습하고 나면 다음에는 연쇄의 마지막 두 고리를 수행하기를 학습하고, 그런 다음에는 연쇄

후향 연쇄 짓기가 효과가 있다는 사실은 무언가를 역방향으로 하는 것이 때로는 '전진적 사고'일 수 있음을 알려준다.

의 마지막 세 고리를 학습하는 식이다.

? 개념 점검 3

쥐에게 미로 달리기를 학습시키려면 후향 연쇄 짓기를 어떻게 사용하겠는가?

　연쇄 짓기에서 연쇄의 각 고리는 적어도 부분적으로는 연쇄의 다음 단계를 수행할 기회에 의해 강화를 받는다. 예를 들어, 케이크를 구울 때 각 단계는 요리과정의 다음 단계로 넘어감으로써 강화를 받는다. 즉, 재료 준비하기는 재료를 섞을 수 있게 됨으로써 강화를 받고, 재료 섞기는 반죽을 케이크 틀에 넣을 수 있게 됨으로써 강화를 받고, 케이크 틀에 반죽을 넣는 것은 케이크 틀을 오븐에 넣을 수 있게 됨으로써 강화를 받고, 케이크 틀을 오븐에 넣는 것은 반죽이 부풀고 노릇노릇하게 익는 것을 보는 것으로 강화를 받고 하는 식이다. 마찬가지로 포식동물의 경우에도 연쇄의 각 고리는 그다음 고리에 의해 강화를 받는다. 즉, 먹잇감 탐색은 먹이에 접근할 기회로 강화를 받고, 먹이에 접근하기는 먹이를 쫓아갈 수 있는 기회로 강화를 받고, 먹이를 쫓아가기는 먹이를 공격할 기회로 강화를 받고 하는 식이다.

　일반적으로 연쇄 내의 마지막 행위만이 연쇄와는 별도인 강화물을 초래한다. 실험실에서는 연구자가 대개 일차 강화물을 사용한다. 실험실 바깥에서도 일차 강화물이 종종 일어난다. 포식동물은 자신이 찾아내어 살금살금 다가가서 쫓아가 죽인 먹잇감을 마침내 먹게 되며, 우리는 오랫동안 공들여 만든 케이크를 먹게 된다. 그런데 이 마지막 강화물이 결정적이다. 그것 없이는 유기체가 연쇄를 수행할 가능성이 별로 없다. 심지어 잘 확립된 연쇄도 그 마지막 고리가 강화물을 가져오지 않으면 결국 무너지고 만다.

? 개념 점검 4

연쇄 짓기의 두 가지 형태는 무엇인가?

　연쇄 짓기는 자연적으로 일어나며, 우리가 이를 닦거나 옷을 입는 것부터 외과수술을 하거나 비행기를 조종하는 것같이 사람들이 습득하는 많은 반복적 행동을 설명한다. 새롭고 복잡한 형태의 행동 발달을 이해하려면 조성과 연쇄 짓기를 이해해야 한다. 이제부터 우리는 통찰적 문제해결부터 시작하여 몇몇 예를 살펴볼 것이다.

서로 관련된 일련의 행동들 각각을 강화함으로써 행동 연쇄를 형성하는 과정을 연쇄 짓기라고 부른다. 그 훈련 절차로 전향 연쇄 짓기와 후향 연쇄 짓기라는 두 가지 형태가 있다. 행동 연쇄 내의 고리들은 자발적으로 일어나지 않을 때가 흔하며, 따라서 조성을 통해서 확립되어야 한다. 연쇄 짓기는 조성과 마찬가지로 자연적으로도 일어날 수 있다.

6.2 요약

6.3 통찰적 문제해결

학습목표

통찰적 문제해결에서 강화의 역할을 평가하려면

3.1 Thorndike의 고양이들이 직면했던 문제를 논의한다.

3.2 통찰을 정의한다.

3.3 침팬지 Sultan이 통찰적 문제해결을 보여주었는지 아닌지를 평가한다.

3.4 통찰적 문제해결에 대한 두 가지 비판을 제시한다.

3.5 Kohler의 매달린 과일 문제를 설명한다.

3.6 Kohler의 매달린 과일 문제에 대한 Epstein의 비판을 논의한다.

3.7 강화 내력과 통찰적 문제해결 간의 관계를 논의한다.

문제해결은 신비에 싸여 있는 분야이다. 학자들은 흔히 그것을 '마음의 신비'와 관련하여 이야기하며, 어떤 이는 문제해결은 과학적으로 분석할 수 없다고 말한다. 그러나 문제해결을 조작적 학습의 관점에서 접근한 연구자들은 이 관점이 틀렸음을 밝혀냈다.

문제(problem)라고 하면, 강화가 주어질 수 있지만 그것을 얻는 데 필요한 행동이 일어날 수 없는 상황을 의미한다. 대개 그 필요한 반응이 현재 사람이나 동물의 반응 목록에 들어 있지 않다. Thorndike의 고양이를 생각해 보자. 문제상자에서 빠져나오기 위해서는 고양이가 이전에 한 번도 수행한 적이 없었던 무언가를 해야 했다. Thorndike는 고양이가 상자 안에 있는 물건들을 할퀴고 치다가 우연히 상자의 문을 여는 장치를 건드림으로써 문제를 해결함을 알아냈다. Thorndike는 고양이들이 '시도와 우연한 성공'을 통해 문제를 해결하기를 학습한다고 말했다.

? 개념 점검 5

문제의 정의는 무엇인가?

사람들은 문제해결을 시도할 때 Thorndike의 고양이처럼 한 방법을 시도해 본 후 다른 방법을 시도해 보는 식으로 진행하다가 우연히 해결책에 도달하는 경우가 종종 있다. 그러나 해결책이 밑도 끝도 없이 갑자기 생겨나는 것처럼 보일 때도 있다. 이런 경우, 우리는 유기체가 학습이 아니라 '**통찰**(insight)로' 문제를 해결한다고 말한다. 실제로 인지심리학의 거장인 Jerome Bruner(1983)는 통찰의 정의가 **학습의 도움 없이** 발생하는 해결책을 포함한다고 말한다.

독일의 심리학자 Wolfgang Kohler는 통찰적 문제해결(insightful problem solving)에 관한 가장 많이 알려진 실험들을 했고 그것을 저서 『유인원의 정신 능력(*The Mentality of the Apes*)』(1927/1973)에 기술했다. 가장 유명한 실험 중 하나에서 Kohler는 Sultan이라는 이름의 침팬지에게 속이 빈 대나무 막대기 2개를 주었다. 막대기 하나의 끝을 다른 하나의 끝에 끼워 넣으면 긴 막대기 하나로 만들 수 있었다. Sultan의 우리 바로 바깥에는 짧은 막대기들로는 끌어올 수 없을 정도의 거리에 과일이 놓여 있었다. 한 시간 동안 노력해도 아무 성과가 없자 Sultan은 상자 위에 앉아서 막대기들을 살펴보았다. Sultan의 사육사는 다음과 같이 썼다.

> 그렇게 살펴보던 중 (Sultan은) 한 손에 막대기를 하나씩 들고 있다가 우연히 두 막대기가 하나의 직선을 이루고 있음을 알게 된다. Sultan은 가는 막대기의 끝을 좀 더 두꺼운 막대기의 구멍 속으로 밀어 넣고는 벌떡 일어나서 쏜살같이 철창살 쪽으로 달려간다. ⋯⋯ 그리고 두 배로 길어진 막대기를 가지고 바나나 하나를 자기 쪽으로 끌어오기 시작한다. (p. 127)

Kohler는 Sultan이 통찰을 통해 문제를 해결했다고 말한다. 즉, 상자 위에 앉아서 두 개의 막대기를 보고 있던 중 섬광이 번쩍하듯 갑자기 그 문제를 이해하게 되었다는 것이다. 이와 같은 통찰적 문제해결은 강화의 도움 없이 올바른 해결책이 갑자기 나타났기 때문에 조작적 학습으로 설명할 수 없을 것이라고 Kohler는 말했다. 하지만 정말로 그랬을까?

Kohler의 연구 이후 여러 해가 지난 뒤 Louis Peckstein과 Forrest Brown(1939)은 Kohler의 것과 유사한 실험을 했는데 강화의 도움 없이 해결책이 갑작스럽게 나타난다는 증거를 얻지 못했다. 예를 들어, Kohler의 2개의 막대기 문제를 반복 검증한 실험에서 발견된 것은 한 침팬지가 음식을 끌어당기기 위해 막대기 2개를 같이 붙이기를 학습하는 데 4일이란 기간 동안 11회 시행을 거쳐야 했다는 사실이다. 이 연구의 침팬지들은 먼저 막대기 하나를 가지고 음식을 끌어오기를 학습한 다음, 2개의 막대기를 가지고 놀면서 두 개를 결합하기를 학습하였다. 그리고 난 후 그 결합된 막대기로 음식을 끌어오기를 **점진적으로** 학습했다.

다른 증거도 문제에 대한 통찰이 외견상 갑작스럽게 나타난다는 점에 의문을 제
기한다. 다윈의 진화론을 예로 들면, 이 이론은 불현듯이 폭발적인 통찰에 의해 생
겨난 것이 아니다. 역설적이게도 진화론은 느린 진화의 산물이었다(Gruber, 1981;
Weiner, 1994). Verlyn Klinkenborg(2005)가 다윈의 이론에 관하여 다음과 같이 썼다.

> 우리가 Thomas Huxley와 이구동성으로 "그런 생각을 못했다니 도대체 얼
> 마나 어리석은가!"라고 말할 수도 있다. 하지만 물론 다윈에게 그런 생각이
> 그냥 떠오른 것은 아니다. 그는 그런 생각을 할 수 있는 준비를 오랜 세월
> 하고 나서야 그런 생각을 떠올렸다. (p. A14)

Harry Harlow(1949)의 고전적인 연구가 통찰의 '진화'를 잘 보여준다. Harlow는
색깔이나 크기 혹은 모양이 다른 2개의 뚜껑 중 1개 아래에 음식을 조금 숨겨 놓
고 원숭이에게 그것을 찾게 하는 문제를 주었다. 일련의 시행에서는 Harlow가 음
식을 더 큰 뚜껑 아래에 숨겼고, 다른 일련의 시행에서는 음식을 네모난 뚜껑 아래
에 숨기고 하는 식이었다. 맨 첫 시행에서 어느 뚜껑 밑에 음식이 있는지 알 방법
은 전혀 없었기 때문에 첫 시행에서의 성공은 당연히 우연에 달려 있었다. 하지만
두 번째 시행부터는 첫 시행에서 음식이 있었던 것과 같은 종류의 뚜껑을 원숭이
가 선택하면 성공할 수 있었다.

어떠한 일련의 시행에서든 원숭이들은 정답 뚜껑 고르기를 천천히 학습해 갔
다. 많은 학습 시행을 거치면서 학습률이 점차로 향상되었다(그림 6-3). 결국에
는 새로운 일련의 시행이 시작되었을 때 둘째 시행에서 정답을 맞히는 비율이 대
략 90%가 되었다. 그런데 이러한 변화는 천천히 나타났으며 그 동물의 강화 내력
(reinforcement history)의 결과임이 분명했다. Harlow는 똑같은 실험을 2~7세 어린
이들을 대상으로 반복했고 같은 결과를 얻었다. 즉, 갑작스럽게 통찰이 나타나는

통찰이 갑작스러워 보이는
것은 가스레인지 위에 있는
국 냄비가 끓어 넘치는 것
에 비유할 수 있다. 국은 갑
자기 끓어 넘치지만 국이
넘치는 그 지점까지 도달하
는 데는 시간이 걸린다.

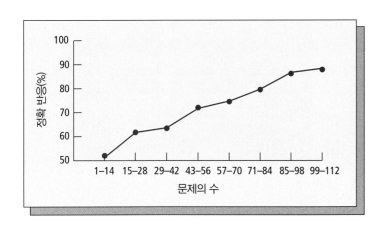

그림 6-3
통찰의 '진화' 일련의 문제 각각마다 두 번
째 시행에서의 정답 비율(%)이 훈련과 함께
서서히 증가했다. (출처: Harlow, 1949)

것이 아니라 서서히 수행이 개선되었고, 이는 정확한 선택에 대한 강화로 인한 것으로 보였다.

? 개념 점검 6

Harlow의 자료는, 외견상 통찰로 보이는 문제해결에 대해 무엇을 알려주는가?

그럼에도 불구하고 사람이나 동물이 어떤 문제를 가지고 성과 없이 얼마간 씨름을 하다가 불현듯 해결책을 만들어 내는 경우가 실제로 가끔 있다. 그렇지만 해결책의 갑작스러운 출현이 학습 내력에 의존한다는 것을 보여 줄 수 있다면, 통찰적 문제해결이 조작적 학습과는 본질적으로 다르다는 생각은 심각한 도전에 직면한다.

사람들은 통찰적 문제해결의 예시로 Kohler의 매달린 과일 문제를 자주 인용한다. 이 실험에서 Kohler는 바나나 또는 다른 과일을 동물 우리의 천장에 매달고 커다란 상자를 근처에 놓아두었다. 연구 대상인 침팬지들은 점프를 해 보았지만 과일이 너무 높은 곳에 있어서 손이 닿지 않았다.

> (Sultan은) 이런 시도를 곧 포기하고 우리 안을 쉬지 않고 왔다 갔다 했다. 그러다가 갑자기 상자 앞에 가만히 서더니 상자를 붙잡고서 목표물이 있는 쪽으로 서둘러 상자를 쌓아 올렸다. 그러고는 0.5m(수평으로의 거리) 뒤에서부터 상자를 타고 올라가서 있는 힘을 다해 위로 펄쩍 뛰어올라 바나나를 뜯어냈다. (1927/1973, p. 40)(그림 6-4)

위와 같은 문제해결 예에서 해결책이 갑자기 나타나는 것은 자발적이고 불가해한 마음의 작용이며, 과거의 행동에 대한 강화로는 설명할 수가 없다고들 흔히 이

그림 6-4

침팬지의 통찰 Kohler는 침팬지에게 여기에 보이는 것과 같은 상황, 즉 손이 닿을 수 없는 곳에 매달려 있는 바나나를 제시했다. 본문의 설명을 보라. (출처: 3LH-B&W/SuperStock)

야기한다. 사람들은 그러한 통찰이, 예를 들어 Thorndike의 고양이나 Harlow의
원숭이에게서 관찰되는 것처럼 정확한 반응이 점차적으로 선택되는 것과는 다르
다고 주장한다. 그러나 통찰이 정말로 과거의 강화와는 독립적이라고 말할 수 있
을까? 아쉽게도 Kohler의 동물들이 검사를 받기 전에 어떤 경험을 했는지에 대하
여 Kohler가 남긴 기록은 별로 없다. 바로 위에서 든 예에서 Sultan이 상자의 사용
이나 높은 위치에 있는 과일 따기에 대해 어떤 종류의 경험을 했는지 우리는 모른
다. 그러나 이와 똑같은 종류의 통찰이 특정한 강화 내력을 가진 동물에게는 나타
나지만 그런 내력이 없는 동물에게는 나타나지 않는다면, 이는 그 통찰이 어떤 신
비한 마음의 마법이 아니라 과거 경험의 결과임을 입증할 것이다.

　Robert Epstein과 그 동료들(1984)은 재기 넘치는 실험을 했다. 이 실험에서는 비
둘기에게 (a) 실험상자의 한 지점에 있는 초록색 점(그 위치는 다양하게 변한다)을 향
해 작은 상자를 밀기와 (b) 작은 장난감 바나나 아래 놓여 있는 상자 위로 올라가
기, 그리고는 (c) 장난감 바나나 쪼기를 학습시켰다. 그뿐만 아니라 각각의 비둘기
는 장난감 바나나를 향해 점프하거나 날아가지 않을 때까지 장난감 바나나가 있는
데서 시간을 보냈다. 일단 비둘기가 이것들을 확실하게 하게 되면 연구자가 장난
감 바나나를 비둘기에게 닿지 않도록 천장에 매달고 작은 상자를 실험상자의 다른
지점에 놓아두었다. 연구자가 비둘기에게 상자를 바나나 쪽으로 밀기 훈련을 시
키지는 않았음에 유의하라. 사실상 이 상황은 Sultan이 직면했던 것과 아주 유사하
다. 비둘기의 행동 또한 Sultan의 행동과 놀랍도록 비슷했다.[*]

　　비둘기는 이리저리 왔다 갔다 했으며, 어리둥절해 보였고, 바나나를 향해
　　목을 쭉 뻗어 보고 상자와 바나나를 번갈아 쳐다보았다. 그러더니 상자를
　　바나나 쪽으로 열심히 밀기 시작했는데, 그러면서 바나나를 자꾸 올려다보

그림 6-5
비둘기의 통찰　(A)에서 비둘기는 장난감 바나나와 상자를 번갈아 쳐다본다. (B)에서는 비둘기가 상자를 바
나나 쪽으로 밀고 간다. 그리고 나서 (C)에서는 비둘기가 상자 위에 올라서서 바나나를 쪼다. (출처: Robert
Epstein 박사의 사진 제공. 허가하에 실음)

---

[*] 유튜브에서 'pigeon & red block'으로 검색해 보라. (역주)

았다. 그러고는 바나나에 조금 못 미쳐서 멈춰 서더니 상자 위로 올라가서 바나나를 쪼았다. 세 마리의 비둘기 모두에게서 이 해결책이 대략 1분 만에 나타났다. (Epstein, 1984b, p. 48f)(그림 6-5)

? 개념 점검 7

Epstein과 동료들의 실험은 통찰적 문제해결에 대해 무엇을 보여주었는가?

이 실험에서 해결책이 얼마간의 '숙고' 후에 갑자기 나타났음을 주목하라. Kohler가 통찰적 문제해결에서 일어난다고 가정한 것처럼 말이다. 그러나 이 '갑자스러운 통찰'은 문제해결에 필요한 각각의 행동에 대한 과거의 강화에 의존했다. 처음에 상자 위에 올라가서 바나나를 쪼는 훈련을 받았지만 상자를 미는 훈련은 받지 않은 비둘기들은 이 문제를 해결하지 못했다. 어떤 문제에 관한 통찰을 얻는 것은 그 해결책과 관련된 행동에 대한 과거의 강화에 대체로 의존하는 것으로 보인다(Epstein, 1999).

그래도 여전히 이 비둘기들이 어떤 신비로운 과정(예: 조류의 무의식의 작용)을 통해 그 문제를 해결했다고 주장할 수는 있겠다. 그러나 좀 더 경제적인 설명을 하려면 그 해결책의 원인을 비둘기의 학습 내력에 돌려야 한다. 우리 인간은 다른 동물보다 문제해결을 훨씬 더 잘하지만 그렇다고 해서 우리의 강화 내력이 덜 중요하다는 말은 아니다. 사실상 우리가 문제해결을 더 잘하는 이유는 대체로 우리가 행동의 결과로부터 무언가를 배우기에 더 능숙하기 때문으로 보인다.

6.3 요약

통찰적 문제해결은 한때는 불가해한 신비로 생각되었지만 이제 우리는 이를 주로 학습 내력의 산물로 이해하고 있다. 실험 결과에 따르면, 통찰적 해결책의 '갑자스러운' 출현은 일반적으로 관찰되지 않으며, 해결책의 출현은 개체의 강화 내력에 **직접적으로** 의존한다.

6.4 창의성

학습목표

창의성에서 강화의 역할을 설명하려면

4.1   창의성을 기술한다.

4.2   창의성이 강화 내력의 산물로 생겨날 수 있다는 네 가지 증거를 논의한다.

4.3   강화가 창의성을 억누른다고 시사하는 증거를 평가한다.

통찰적 문제해결이 신비에 싸여 있었다 해도 창의성(creativity)을 둘러싼 신비에 비하면 아무것도 아니다. 창의성이라는 행동 영역은 과학적 분석을 거부한다고 많은 사람이 흔히 이야기한다. 그러나 창의성이 정말로 불가해한 것일까?

먼저 정의부터 살펴보자. 사람들은 창의성을 여러 가지 방식으로 정의해 왔는데 거기에 항상 언급되는 특징은 새로움이다. 그림이든 조각이든 이야기이든 발명품이든 춤이든 생각이든 어떤 것이든 창의적이라고 평가하려면 새로운 요소가 있어야 한다. 다시 말하면, 다른 그림이나 조각이나 이야기나 발명품이나 춤이나 생각과는 달라야 한다.

새로움 그 자체만으로는 창의적이라고 하기에 충분하지 않다. 벽에 크레용으로 낙서를 하는 두 살배기 아이도 세상에 존재해 온 어떤 것과도 다른 구성물을 만들 수 있겠지만 그것을 예술이라 부르는 사람은 아마 없을 것이다. 어떤 생물학자가 식물이 동물에서 진화해 나왔다는 이론을 세울 수도 있다. 이것이 새로운 생각일 수는 있지만 단순히 새롭다는 이유만으로 다른 생물학자들이 받아들이지는 않을 것이다. 그러나 한 산물이 같은 유형의 다른 산물과 다르지 않은 한 우리가 그것을 창의적인 것으로 평가하지는 않는다. 그렇다면 창의성이란 무엇보다도 독창적인 (original) 방식으로 행동하는 것을 의미한다.

창의적 행동은 어디서 나올까? 고대 그리스에서는 뮤즈들(미술, 음악, 혹은 문학을 관장하는 여신들)이 어떤 사람에게 들른다고 믿었다. 시를 쓰기를 원하는 사람은 시의 뮤즈인 에라토(Erato)를 기다렸다. 즉, 시인은 단지 에라토의 작업 도구 역할을 할 뿐이었다. 오늘날에도 여전히 예술계에 있는 사람들은 물론, 심지어 일부 심리학자와 정신의학과 의사들까지도 이런 이론을 주장한다. 그들은 일반적으로 뮤즈를 사람에게로 가져와서 대개 "무의식적 마음"(Andreasen, 2010; Freud, 1958/2009)에다가 모셔 놓는다. 예컨대, 정신의학과 의사 Nancy Andreasen(2010)은 "창의적 과정은, 마음과 뇌의 무의식적 저수지에서 솟아오르는 번쩍이는 통찰이 그 특징이다."(p. 9)라고 쓰고 있다.

? 개념 점검 8

강화를 사용하여 창의성을 증가시킨다는 생각이 처음에는 비논리적으로 보이는 이유가 무엇인가?

조작적 학습 측면에서 창의성을 분석할 때는 주로 강화 내력을 살펴본다. 1960년대에 Karen Pryor(1991)는 하와이주의 해양과학극장에서 일하는 동물 조련사였다. 이 극장은 돌고래 및 다른 바다 동물들이 재주 부리는 것을 사람들이 볼 수 있는 일종의 수족관이었다. 어느 날 Pryor와 조련사들은 자기네가 공연하고 있는 쇼가 진부해졌음을 깨달았다. 동물들이 "약간 지나치게 잘하고, 약간 지나치게 능숙하며, 약간 지나치게 세련되어"(p. 234) 있었다. 활기를 좀 불어넣기 위해 조련사들은 동물이 어떻게 훈련되는지를 사람들에게 보여주기로 했다. 그래서 스타 돌고래 중 한 마리인 Malia가 무언가 하기를 기다렸다가 그 행동을 강화하였다. 청중은 강화받은 행동의 빈도가 급격히 증가하면서 학습이 일어나는 것을 실제로 볼 수 있었다. 이 계획은 엄청난 성공을 거두어서 조련사들이 이것을 쇼의 고정 프로그램으로 만들었다. 이후 며칠간 Malia는 돌고래가 보이는 온갖 종류의 전형적인 행동, 즉 꼬리로 수면 치기, 배를 하늘로 보이고 수영하기, 수면 위로 솟아오르기 등에 대해서 강화를 받았다. 그러나 이 쇼를 겨우 14회 하고 나자 조련사들은 새로운 문제에 부딪혔다. 강화할 행동이 점점 줄어들고 있었기 때문이다.

이 문제를 해결해 준 것은 Malia였다. 하루는 Malia가 "숨구멍으로 물을 높이 뿜어내고 배를 위로 보이게 뒤집으며 꼬리를 공중으로 치켜올려서 수면 위로 내놓은 채 5m 정도를 헤엄쳐 갔다"(p. 236). 이것은 아주 멋진 장면이었고, 조련사를 비롯하여 모든 사람이 폭소를 터뜨렸다. Malia는 물고기를 받아먹었고 이 묘기를 수십번 반복했다. Pryor는 새로운 반응을 만들어 내려면 조련사가 새로운 반응을 강화하기만 하면 된다는 점을 점차로 깨닫게 되었다. Malia는 정기적으로 새로운 반응을 만들어 내었다. 즉, 이 돌고래는 창의성을 학습했다.

Pryor(Pryor, Haag, & O'Reilly, 1969)는 Hou라는 이름의 다른 돌고래를 데리고 이 실험을 좀 더 정식으로 반복하였다. 이 새로운 학생은 Malia만큼 학습을 빨리하지는 못했지만 그래도 결국에는 한 훈련 회기 동안 네 가지 새로운 묘기를 만들어 내었다. 이후에 Hou는 "물속으로 곤두박질치기, 조련사에게 물 내뿜기, 몸을 뒤집은 채로 점프하기 등의 새로운 행동을 끊임없이 보여주었다"(p. 242). 13회째 훈련 회기가 될 때까지 Hou는 7회의 연속적인 회기 중 6회에 걸쳐 새로운 행동을 보여주었다. 주목할 점은 Pryor가 Hou가 무엇을 해야 할지 미리 정하지도 않았고 창조적 행동을 조성하지도 않았다는 것이다. Pryor는 단지 어떠한 새로운 행동이라도 나타나기만 하면 강화를 주었을 뿐이다.

심지어 뇌가 작은 일부 동물 종들도 독창성에 대해 강화를 받으면 놀라운 창의성을 보일 수 있다. Pryor와 동료들(1969)은 비둘기에게서 새로운 행동을 강화하였다. 그 결과 어떤 비둘기들은 등을 바닥에 대고 눕거나 두 발로 한쪽 날개를 밟고 서 있거나 새장의 바닥에서 2인치쯤 공중에 떠서 날아다니는 등의 별난 행동을 보였다.

새로운 행동을 강화하는 그와 똑같은 기초적인 기법이 사람의 창의성을 증가시킬 수 있음을 많은 연구가 보여주었다. John Glover와 A. L. Gary(1976)는 초등학

Pryor가 강화물이 새로운 행동을 증강할 수 있음을 서서히 깨달았다는 사실에 주목하라.

교 4학년과 5학년 학생들에게 깡통, 벽돌, 연필 같은 다양한 물체의 용도를 생각
해 내라고 말했다. 이 학생들은 팀별로 문제를 풀었는데, 특정한 물체의 용도를 생
각해 내면 점수를 땄다. 경우에 따라 점수를 딸 수 있는 기준이 달라졌다. 강화는
산출되는 행동의 종류에 영향을 미쳤다. 유별난 용도가 점수를 따는 것이었을 때
는 유별난 용도의 수가 급격히 증가했다. 예를 들어, 기저선 기간에 상자의 용도를
생각해 보라는 지시를 받은 학생들은 상자가 물건을 저장하는 데 사용될 수 있다
는 생각의 변형들('책을 넣어 둔다', '나뭇잎들을 넣어 둔다' 등)을 제시했다. 그러나 창
의성이 점수를 따는 기준이 되자 매우 유별난 용도들이 나타났다. 예를 들어, 벽돌
의 용도를 물어보자 한 학생은 다리 힘을 기르는 방법의 하나로 양쪽 발에 벽돌 하
나씩을 붙이는 것을 제안했다. 칠판지우개의 독창적인 용도를 생각해 내라고 하자
또 다른 한 학생은 '내 어깨가 더 넓어 보이게 만들려고' 셔츠 속에 집어넣을 수 있
다고 제안했다. 창의적인 생각을 강화한 결과, 독창성을 비롯하여 창의성의 기타
측정치들이 급격히 증가하였다.

　　Kathy Chambers와 그녀의 동료들(1977)도 블록 쌓기에서 독창성을 강화했을 때
유사한 결과를 얻었다. 이 연구에서는 실험자가 초등학교 1학년이나 2학년 학생들
에게 블록을 쌓아 무언가를 만들라고 하였다. 실험집단에 속한 아이가 새로운 형
태의 구조물을 만들 때마다 실험자가 칭찬해 주었다. 통제집단에 속한 아이의 경
우에는 실험자가 관찰만 하고 이들이 만든 것에 대해서는 아무 이야기도 하지 않
았다. 칭찬의 결과로 실험집단의 아이들은 상이한 형태의 블록 조형물을 거의 두
배나 많이 만들어 냈다.

❓ 개념 점검 9
자동차 제조회사가 자동차 디자이너들의 창의성을 어떻게 증가시킬 수 있을까?

　　창의적 행동에 미치는 강화의 효과에 관한 다른 연구들도 유사한 결과를 내
놓았다(Glover, 1979; Goetz, 1982; Goetz & Baer, 1973; Sloane, Endo, & Della-Piana, 1980;
Winston & Baker, 1985). 이런 증거에도 불구하고 어떤 심리학자들은 강화가 사실상
사람을 덜 창의적으로 만든다고 말했다. 예를 들어, 여러 연구가 보상을 약속받
는 것이 창의성에 부정적인 효과를 냄을 발견했다(Amabile, 1983; Deci & Ryan, 1985;
Hennessey & Amabile, 1998). 전형적인 실험에서는 아이가 그림을 하나 그리고 나면,
연구자가 그림을 더 그리면 보상을 주겠다고 말한다. 아이가 그 말에 따라 새로 그
림을 그리면 그것을 처음에 그렸던 것과 비교한다. 일반적인 결과는 상을 받으려
고 그린 그림이 그렇지 않은 그림보다 덜 창의적이라는 것이다. 어떤 연구에서는

보상을 약속받은 사람들의 수행을 그러지 않은 사람들의 수행과 비교한다. 한 실험에서 Teresa Amabile(1982)은 아이들에게 콜라주를 만들면 상을 주겠다고 제안했다. 그랬더니 이들의 작품은 아무것도 기대하지 않고 똑같은 과제를 했던 다른 아이들의 것보다 덜 창의적이었다. 모든 연구가 아이들을 대상으로 한 것은 아니었다. Arie Kruglanski와 동료들(1971)은 대학생들에게 어떤 글들의 제목을 생각해 내라고 했더니 보상을 약속받은 학생들이 만들어 낸 제목들이 보상을 약속받지 않은 학생들이 낸 제목들보다 덜 참신했다.

　어떤 사람들은 이 연구로부터 보상이 창의성을 약화한다는 결론을 내린다. 하지만 이 연구와 거기서 끌어낸 결론에는 몇 가지 문제점이 있다. 먼저 한 가지는, 어떤 행동에 대해서 미리 보상을 **약속**하는 것은 그 행동이 일어난 **후**에 보상을 **제공**하는 것과는 다르다는 점이다. 또 다른 결함은 행동과 보상 간의 수반성과 관련된다. 즉, 창의성 감소를 보여 준 연구에서는 보상이 **창의적인 수행**에 대해서가 아니라 단순히 어떤 행위를 수행하는 것(예: 무슨 그림이든 그리기)에 대해서 주어졌다. 창의성의 증가를 보여 준 연구에서는 보상이 **창의적인** 행동에 수반된다. 예를 들어, Robert Eisenberger와 Stephen Armeli는 어떤 과제를 할 때 틀에 박힌 수행에 보상을 주면 틀에 박힌 수행이 더 많이 나왔지만 창의적 수행에 보상을 주면 창의성이 더 많아짐을 발견했다. 다른 연구들도 유사한 결과를 얻었다(Eisenberger, Armeli, & Pretz, 1998; Eisenberger & Rhoades, 2001; Eisenberger & Selbst, 1994). 창의성을 길러내는 데는 대단한 비결이 있는 것이 아닌 듯하다. 창의적인 행동이 일어날 때마다 강화를 주기만 하면 된다. 따라서 창의성은 강화받을 수 있는 행동 특징 중 하나로 작용한다.

　그렇다면 사람들이 어떤 과제를 그냥 수행만 하면 보상을 준다는 약속을 받았을 때 왜 창의성이 떨어지는 것일까? 이 질문은 보기보다 더 복잡하지만(Neuringer, 2003; 2004), Eisenberger와 Linda Rhoades(2001)는 우리 사회에서 창의성이 항상 대접을 받지는 않는다는 점을 지적한다. 어떤 과제를 수행하면 보상을 주겠다는 제안을 받으면 약속된 보상을 얻는 가장 확실한 방법은 그 과제를 관습적인(창의적이지 않은) 방식으로 수행하는 것이다. 만약 아무런 보상도 개입되지 않는다면 우리가 창의성을 더 발휘할 여유가 있다. 예를 들면, 어떤 사람이 자기 집의 외벽을 흰색으로, 가장자리 장식부는 파란색으로 칠하는 일에 당신을 고용했다고 하자. 보통은 이것이 벽은 흰색으로 칠하고 겉창은 파란색으로 칠하는 것을 의미한다. 당신은 겉창뿐 아니라 빗물받이, 홈통, 창틀, 문설주까지도 파랗게 칠할 수 있다. 그렇게 하면 업무 지침서를 꽤 창의적으로 해석한 것이 될 테지만, 당신이 만약 보수를 꼭 받기 원한다면 아마도 더 상투적인 방식으로 일을 할 것이다. 그런데 만약 칠할 집이 당신 집이고 이웃들이 항상 별난 것에 감탄한다면, 상투적이지 않은 방식으로 칠해도 된다.

전체적으로 볼 때 창의성 연구의 명백한 함의는 다른 어느 조작적 행동이나 마찬가지로 창의적 행동도 그 결과의 함수라는 것이다. 독창적인 행동이 긍정적인 결과를 가져오면 사람은 더 창의적으로 행동한다. 독창적인 행동이 부정적인 결과를 가져오면 덜 창의적으로 행동한다. 그래도 여전히 창의적 행위가 마음속에서 혹은 뇌의 어느 고랑에서 생겨난다고 주장할 수 있겠지만, 이런 가설들에 대한 증거는 별로 없으며 학습이라는 기제를 통한 이해에 보태 주는 바가 거의 없다.

이제 과학에서 창의성을 보여주는 뛰어난 예로 눈을 돌려 보자. 바로 미신에 관한 Skinner의 매우 독창적인 설명이 그것이다.

> 통찰적 문제해결처럼 창의성도 이제 옛날만큼 신비해 보이지는 않는다. 창의적 행위의 원인을 뮤즈나 마음의 어둡고 깊숙한 어떤 곳에 돌리는 대신에 우리는 창의성을 학습의 함수로, 특히 강화 내력의 함수로 생각할 수 있다. 창의성을 이렇게 새로이 이해하면 창의성이 선택받은 소수의 전유물이 아님을 깨닫게 된다. 우리 모두가 더욱 창의적으로 되기를 학습할 수 있다.

6.4 요약

6.5 미신

학습목표

미신 행동에서 강화의 역할을 설명하려면

5.1 미신 행동에 대한 Skinner의 해석을 설명한다.
5.2 강화가 적어도 어느 정도까지는 인간의 미신 행동을 설명할 수 있다는 증거를 제시한다.
5.3 미신 행동에 대한 Skinner의 우발적 강화 설명을 평가한다.

Hart Seely(2007)는 저널리스트이면서 유머 작가로서, 비합리적인 마술적 사고를 거리낌 없이 인정한다. 농담조의 한 기사에서 그는 야구 팬인 자기의 행동이 어떻게 야구 경기에서 승리하기를 돕는지를 다음과 같이 설명하고 있다.

> 어렸을 때 나는 내 힘으로 뉴욕 양키스를 월드챔피언십 경기에 여러 번 이끌고 갔다. 이 팀에 도움이 필요할 땐 내가 뒷마당에 뛰어나가서 차고 벽에다가 테니스공을 던졌다. 나는 Mickie Mantle 선수에게 홈런들을 선사했고 불운한 Willie Mays 선수에게 강속구를 던졌다. 차고는 그렇게 무너져 갔지만 양키스는 항상 이겼다.

질 때만 빼고 말이다. 패전은 내 누나가 그 테니스공을 숨겨 버리거나 내가 충분히 집중하지 못했기 때문에 일어났다.

Seely 씨의 행동은 약간 이상한 정도를 넘어서는 것으로 보이지만, 당신이 스포츠팬이라면 경기 결과에 영향을 주기 위해 비슷한 행동을 해 보았을 수 있다. Seely 씨는 자기 행동이 미신에 해당함을 인정할 것이다.

미신 행동(superstitious behavior)은 그 행동을 유지하는 강화물을 가져오지 못함에도 불구하고 반복해서 일어난다. 양키스가 오리올스에 승리할지 말지를 결정하는 요인은 많지만, 당신이 차고에 대고 테니스공을 던지는 것은 그런 요인 중 하나가 아니다. 강화가 주어지는 대부분의 사례에서는 행동과 그것을 유지하는 강화물 간에 인과적 연결이 있다. 그렇지만 Seely 씨가 묘사한 것 같은 행동의 경우에는 그런 연결이 없다. 그렇다면 왜 그런 행동이 지속되는 것일까?

많은 학자가 여러 가지 답을 제안했다(Shermer, 2002; Vyse, 2000). B. F. Skinner(1948)는 그중 하나에 대한 실험 증거를 제시했다. 그는 실험상자에 비둘기를 넣고 먹이 공급장치를 조작하여 먹이가 나오는 시점에 비둘기가 무얼 하고 있었는지와 **상관없이** 곡식이 15초마다 나오도록 만들었다. 다시 말하면 강화물이 어떤 행동에도 수반되지 **않았다**. Skinner가 알고 싶었던 것은, 먹이를 이런 식으로 주는 것이 비둘기의 행동에 영향을 미칠 것인가였다.

그는 8마리의 비둘기 중 6마리가 무언가 뚜렷한 행동을 습득했음을 발견했다. 한 마리는 시계 반대 방향으로 원을 그리며 돌았고, 다른 비둘기는 실험상자의 한쪽 구석을 향하여 머리를 뻗어 올렸으며, 한 마리는 머리를 가볍게 위아래로 끄덕였고, 두 마리는 머리를 앞뒤로 흔들었으며, 마지막 한 마리는 바닥을 마치 부리로 쪼려는 것처럼 쓸고 지나가는 움직임을 만들었다. 이 비둘기들은, 그런 행동을 하든 하지 않든 간에 강화물이 나옴에도 불구하고 이상한 의례를 행하기를 학습한 것으로 보였다. Skinner는 이런 행동들을 미신적이라고 불렀는데, 왜냐하면 이 비둘기들이 자신의 의례적 행동이 실제로는 강화를 초래하지 않는데도 마치 그런 것처럼 행동했기 때문이다.

Skinner는 이 현상을 아주 간단하게 설명한다. 첫 번째 강화물이 나왔을 때 비둘기는 **어떤** 종류의 행동을 하고 있었을 것이다. 만약 비둘기가 이때 우연히 머리를 위아래로 끄덕이고 있었다면(이는 비둘기가 평소에도 가끔 하는 행동이다), 나온 먹이가 우연히도 머리 끄덕이기를 강화하게 된다. 이는 머리 끄덕이기가 다시 일어날 가능성이 커지고, 그렇게 되면 머리 끄덕이기가 또다시 강화를 받게 될 가능성이 더욱 커지게 되는 식으로 진행됨을 의미한다. 따라서 우리는 미신 행동을 우발적 강화(coincidental reinforcement, 우연 강화)의 산물로 볼 수 있다.

❓ 개념 점검 10

미신 행동이 발달하는 데에서 강화의 역할은 무엇인가?

다른 종들도 미신 행동을 나타낸다. 캔자스 대학교의 Gregory Wagner와 Edward Morris(1987)는 아이들을 대상으로 미신 행동에 관한 연구를 했다. 이들은 주기적으로 입에서 구슬을 내뱉는 보보라는 이름의 자동 광대 인형을 학령 전 아이들에게 소개하면서 실험을 시작했다. 아이의 행동과 관계없이 보보는 일정한 시간 간격으로 구슬을 내뱉었다. 연구자는 아이에게 "보보가 가끔씩 구슬을 내뱉을 거야."라고 말해 주고 보보가 주는 구슬을 모두 가져다가 상자에 담아야 한다고 가르쳐 주었다. 구슬을 충분히 많이 모으면 장난감과 바꿀 수 있었다. 연구자들은 한 번에 한 아이를 대상으로 실험했는데, 구슬과 장난감에 관해 설명해 준 뒤 아이를 보보와 단둘이 있게 내버려 두었다. 그 결과, 12명의 아이 중 7명에게서 미신 행동이 생겨났다. 어떤 아이는 엄지손가락을 빨았고, 어떤 아이는 엉덩이를 앞뒤로 흔들었으며, 어떤 아이는 보보를 만지거나 그 코에 뽀뽀를 했다.

동경의 코마자와 대학교의 Koichi Ono(1987)는 대학생들에게서 미신을 만들어 내었다. 이 학생들은 세 가지 반응 레버가 달려 있는 탁자에 앉았다. 탁자의 뒤쪽에는 신호 불빛과 얻은 점수를 보여 주는 카운터가 달려 있는 칸막이가 있었다. Ono는 학생들에게 최대한 많은 점수를 따야 한다고 말해 주었다. 실제로는 학생의 어떠한 행동도 점수가 올라가는 데 아무 영향을 주지 않았다. 가끔씩 불빛이 켜지고 카운터의 점수가 1점씩 올라갔다. 학생이 무엇을 하는지와는 상관없이 말이다.

대부분의 학생이 적어도 잠깐은 미신 행동을 보였다. 대개의 미신 행동은 레버를 당기는 것이었는데, 20명의 학생 중 5명은 1,000회 이상 레버를 당겼고 다른 두명은 2,000회 이상 당겼다. 레버 당기기가 점수를 얻는 것과 아무 관계가 없었는데도 말이다. 한 학생의 미신 행동은 레버 당기기에서 훨씬 더 나아갔다. 어느 순간 이 학생은 레버 당기기를 잠시 멈추고 우연히 레버의 프레임에 오른손을 얹고 있게 되었다. Ono는 다음과 같이 쓰고 있다.

이 행동 후에 1점이 올라갔고, 그 뒤 그녀는 탁자 위로 올라가서 오른손을 카운터에 대었다. 그렇게 하자마자 또다시 1점이 올라갔다. 그다음부터 그녀는 신호 불빛, 스크린, 스크린에 있는 못, 벽 같은 여러 가지 사물을 하나씩 만지기 시작했다. 약 10분 후 그녀가 바닥으로 뛰어내리자마자 1점이 올라갔고, 그러자 그녀는 만지기 대신 점프를 하기 시작했다. 점프를 다섯 번

하고 난 후, 그녀가 점프하면서 손에 든 슬리퍼가 천장에 닿았을 때 점수가 올라갔다. 점프하여 천장에 닿기는 계속 반복되었고 그 행동에 뒤이어 점수가 올라갔다. 그녀는 회기가 시작된 지 약 25분이 지나서야 그 행동을 멈췄는데, 아마도 피로 때문인 듯하다. (p. 265)

인간이 보이는 복잡하고 지속적인 미신 행동의 유형들을 설명하기에 우발적 강화가 충분하지 않을 수도 있다. Richard Herrnstein(1966)은 어떤 사람을 미신적인 행위를 수행하도록 유도할 수 있다면(예: 부모가 불행을 막아 주는 부적을 지니고 다니도록 아이에게 준다면), 그 행동을 우발적 강화가 유지할 수도 있다고 제안한다(이 주제에 관해서는 다음을 보라. Gleeson, Lattal, & Williams, 1989; Neuringer, 1970).

미신에 대한 강화 이론의 설명에 모든 사람이 만족하는 것은 아니다. 비둘기를 대상으로 한 연구에서 John Staddon과 Virginia Simmelhag(1971), 그리고 W. Timberlake와 G. A. Lucas(1985)는 Skinner가 보고했던 그 미신적 의례 행동을 얻는 데 실패했다. 이들은 우발적 강화가 단지 자연적으로 우세한 반응들(예: 쪼기나

된장 좀 빨리 가져와!

가장 가까운 병원이 수십 킬로미터 떨어져 있는 곳에서 캠핑을 하던 중 독사에 물린다면 어떻게 하겠는가?

뱀에 물린 것을 치료하는 방법에 대한 묘안은 끝없이 많은 것 같다. 어떤 사람은 상처에 된장을 바르기를 권한다. 다른 사람은 위스키를 마시는 것이 치료법이라고 믿는다. 어떤 사람은 굶는 것이 정답이라고 생각하고, 다른 사람은 당신을 문 뱀을 죽여서 잡아먹어야 한다고 주장한다. 어떤 사람은 주문을 외면 목숨을 건질 수 있다고 믿는다. 또 어떤 사람은 이런 생각을 비웃을 것이다. 그러고는 당신에게 시뻘겋게 달아오른 칼로 상처를 지지라고 재촉할 것이다.

뱀에 물린 것에 대한 미신적 치료법이 그렇게나 많은 이유는 무엇일까? 그 답은, 내 생각에는, 물린 사람이 무슨 짓을 하든 상관없이 생존하기 마련이라는 사실과 아마도 관련이 있을 것이다. 이는 물론 당신이 무슨 행동을 하든 그것이 우발적 강화를 받을 가능성이 크다는 것을 의미한다.

독사가 인간을 물었을 때 실제로는 절반의 경우에만 독이 주입된다. 이는 독사한테 물린 사례의 절반에 있어서는 어떤 치료법을 시도하든 도움이 되는 것처럼 보일 것임을 의미한다. 게다가 많은 사람이 독사가 아닌 뱀을 독사로 오인한다. 심지어 실제로 독사가 물어서 독이 주입된다고 하더라도, 아무 치료를 받지 않아도 생존하는 사람이 많다. 이 모든 것이, 뱀에 물린 사람은 그 상처를 어떤 식으로 치료하든 상관없이 생존할 가능성이 아주 크다는 것을 의미한다. 그리고 거기에 사용된 치료법은 아무리 쓸데없는 것이라도 강화를 받는다는 것을 의미한다.

물론, 자신의 특별한 치료법이 '효험이 있는' 것을 본 사람에게 그것이 미신적인 것이라고 설득하기란 불가능하다. 그러므로 당신이 친구들과 캠핑을 갔다가 뱀에 물렸는데 누군가가 "된장 좀 빨리 가져와!"라고 소리치더라도 놀라지 말라.

날개 퍼덕거리기)이 일어나는 비율을 증가시킬 뿐이라고 말한다(Staddon, 2001의 논의 부분을 보라). 그러나 다른 연구들은 Skinner의 결과와 비슷한 것을 얻었다(예: Justice & Looney, 1990). 게다가 앞에서 본 것처럼 우발적 강화가 사람에게서 명백히 미신적인 행동을 만들어 냈다는 증거가 있다. Koichi Ono의 대학생이 천장을 향해 점프를 했던 것이 점프하려는 자연적인 성향을 갖고 있어서였을까?

미신이 유해할 수 있지만(예: 어떤 민간요법은 득보다 해가 더 크다) 보통은 대체로 무해하다. Stuart Vyse(1997)가 지적하는 것처럼 Skinner의 비둘기들이 원을 그리며 돌거나 다른 미신 행위를 함으로써 잃을 것은 별로 없었다. Vyse는 "강화와 동시에 일어나는 행동이 무엇이든 그것을 반복하려는 강력한 경향성이 존재한다. 장기적으로 보면 이런 경향이 그 종에게 도움이 된다. 즉, 원을 그리며 도는 것이 실제로 먹이 공급기를 작동시킨다면 비둘기는 먹이를 먹고 하루를 더 살 수 있고, 그렇지 않다고 해도 잃는 것은 별로 없다."(p. 76)라고 쓰고 있다. 인간도 역시 "원을 그리며 도는" 행동이 우발적으로 강화를 받게 되면 그런 행동을 한다. 대부분의 경우 밑져야 본전인 것이다.

만약 사람들이 미신 행동을 학습한다면, 이는 빠른 학습자가 느린 학습자보다 미신 행동을 더 많이 보여야 한다는 뜻일까?

> 사람이나 동물이 자기 행동이 실제로는 강화를 낳지 않는데도 마치 낳는 것처럼 행동할 때 그 행동을 우리는 미신적이라고 한다. 우발적 강화가 적어도 부분적으로는 미신 행동을 조성하고 유지한다는 증거가 있다. 강화 하나로 모든 미신 행동을 완전하게 설명할 수는 없지만 우발적 강화가 미신에 중요한 역할을 한다는 것은 분명해 보인다.

6.5 요약

6.6 무기력

학습목표

학습된 무기력에서 강화의 역할을 설명하려면
6.1 개에게서 얻어진 학습된 무기력의 증거를 이야기한다.
6.2 학습 경험이 학습된 무기력을 막을 수 있다는 증거를 논의한다.
6.3 학습된 근면성을 정의한다.

어려운 일을 연달아 겪게 되면 어떤 사람은 그것을 이기려는 노력을 하는 둥 마는 둥 하고 나서는 성공하지 못하면 '항복'하고 만다. 같은 상황에 있더라도 어떤 사람은 이를 악물고 계속 싸운다. 많은 사람이 그런 차이를 유전자로 인한 내적인 특질에 귀인한다. 유전자는 모든 행동에 관여하는 요인이지만 완전한 설명을 제공하는 경우가 거의 없다.

　Martin Seligman과 그 동료들(Overmier & Seligman, 1967; Seligman & Maier, 1967)은 파블로프식 공포 조건형성이 조작적 도피 학습에 미치는 영향에 관심이 있었다. 그들은 실험에서 개를 고정대에 묶어 놓고 소리와 전기충격을 짝지었다. 그다음 이 개를 왕복 상자의 한쪽 칸에 넣고 소리를 들려준 다음 개가 있는 칸의 바닥을 통해 전기충격을 주었다.

　일반적으로 왕복 상자 안의 개는 전기충격을 받으면 재빨리 장벽을 뛰어넘어 다른 칸으로 간다. 넘어간 칸에 전기충격이 없으면 매번 전기충격을 받을 때마다 개는 점점 더 빨리 장벽을 뛰어넘어 도피한다. 소리가 전기충격을 예측한다면 개는 소리가 들리면 장벽을 넘어가서 전기충격을 아예 회피하기를 학습한다. Seligman 과 그의 동료들의 관심은 소리가 전기충격을 예측한다면 그 소리가 도피 학습에 어떤 영향을 미칠지를 관찰하는 데 있었다. 예를 들어 만약 제시되는 소리가 이미 공포를 일으키는 조건자극(CS)으로 작용한다면, 개가 맨 처음 시행부터 장벽을 뛰어넘을까?

　실제로 일어난 일은 이 연구자들과 학계를 깜짝 놀라게 했다. Seligman(1975)은 다음과 같이 쓰고 있다.

> 왕복 상자 안에서 전기충격을 받은 이 개의 최초의 반응은 아무 학습도 하지 않은 개의 행동과 거의 동일했다. 즉, 약 30초간 미친 듯이 이리저리 뛰어다니는 것이었다. 그런데 그러다가 개는 움직이기를 멈추었고 놀랍게도 엎드려서 조용히 낑낑거렸다. 그렇게 1분이 지난 뒤 우리는 전기충격을 종료시켰다. 개는 장벽을 넘는 데 실패했고, 전기충격으로부터 도피하지 않았다. 다음 시행에서 개는 또 그렇게 했다. 즉, 처음에는 약간 저항을 하다가 몇 초 후에는 포기하고 전기충격을 수동적으로 받아들이는 것처럼 보였다. 모든 후속 시행에서 개는 도피하는 데 실패했다. (p. 22)

　이 개들의 수동성은 놀라울 정도였다. Seligman이 왕복 상자 안에 있던 장벽을 제거하여 개가 다른 칸으로 걸어가기만 하면 되는데도 개는 전기충격을 수동적으로 견디면서 그 자리에 남아 있었다. 그다음에는 Seligman이 직접 상자의 안전한 칸으로 가서 개를 불렀으나 개는 전혀 움직이려고 하지 않았다. 그러자 그는 상자의 안전한 칸에 햄을 놓아두었다. 그래도 개는 전기충격을 견디면서 계속 같은 자리에 엎드려 있기만 했다.

　Seligman은 이 현상을 **학습된 무기력**(learned helplessness, 학습된 무력감)이라고 불렀다. 피할 수 없는 전기충격이 개에게 아무것도 하지 않는 것을 가르친 것 같았기 때문이다. 즉, 개들은 무기력해지기를 학습했다. 더 나아가 무기력을 초래하는 것은 사전에 전기충격에 노출되는 것 **그 자체**가 아니라 전기충격을 피할 수 없다는 사실이라는 것을 연구가 보여주었다. 연구자들은 물고기(Padilla et al., 1970), 쥐(Maier, Albin, & Testa, 1973), 고양이(Masserman, 1943), 인간(Hiroto, 1974; Hiroto & Seligman, 1974) 등 다른 종들에서도 무기력을 거듭 보여주었다.

❓ 개념 점검 11

학습된 무기력을 초래하는 것은 무엇인가?

만약 동물이 무기력을 학습한다면, 학습 경험이 무기력을 예방할 수도 있을까? 그럴 수 있음을 보여주는 어떤 증거가 있다. 예를 들어, Seligman과 Steven Maier(1967)는 한 집단의 개들을 왕복 상자에서 열 번의 도피 시행을 훈련한 **후**에 피할 수 없는 전기충격에 노출시켰다. 그러고는 왕복 상자에서 다시 검사를 하자 이 개들은 쉽사리 장벽을 뛰어넘었다.

다른 연구들은 '면역 훈련(immunization training)'이, 역경에 처했을 때 놀라운 회복력을 끌어낼 수 있음을 보여준다. 예를 들어, Joseph Volpicelli와 동료들(1983)은 어떤 쥐들에게는 레버를 눌러서 전기충격을 피하기를 훈련했고, 다른 쥐들에게는 같은 양의 피할 수 없는 전기충격을 주었다. 그런 다음 이 쥐들을 왕복 상자에 넣었다. 이 연구에서는 위에서 이야기한 연구들과 달리 왕복 상자의 한쪽 칸에서 다른 쪽 칸으로 왔다 갔다 한다고 해서 전기충격으로부터 도피할 수가 없었다. 절차를 이렇게 바꾼 이유는 전기충격을 피하려는 노력이 아무 소용이 없을 때도 쥐가 계속 도피하려고 노력할 것인지를 알아보기 위해서였다. 무경험 쥐들, 즉 사전에 전기충격을 받은 적이 없는 쥐들은 처음에는 한쪽에서 다른 쪽으로 선뜻 점프해 갔지만 그 왕복 비율은 검사가 계속됨에 따라 급격하게 떨어졌다. 피할 수 없는 전기충격에 노출되었던 쥐들은 왕복하는 경향이 훨씬 더 적었고, 왕복 비율이 검사가 계속됨에 따라 더욱 떨어졌다. 그러나 이전에 레버를 눌러서 전기충격을 피할 수 있었던 쥐들은 왕복 상자에서 매우 다르게 행동하였다. 이 쥐들은 지속적으로 높은 비율로 왕복해서 200회 시행에 걸쳐 거의 감소하지 않았다. 전기충격 피하기를 일단 학습한 뒤에는 이 쥐들은 포기하기를 거부했다!

Robert Eisenberger는 거의 똑같은 현상을 사람에게서 입증했다. 그는 만약 사람들이 쉽게 포기하기를 학습할 수 있다면 끈기도 학습할 수 있다고 추론했다. 그와 동료들(Eisenberger, 1992; Eisenberger & Cameron, 1996; Eisenberger, Masterson, & McDermott, 1982)은 역경 앞에서도 고도의 노력과 끈기를 나타내는 데에 강화를 주면 어려운 과제를 오랫동안 열심히 하는 경향이 증가한다는 것을 발견했다. 이는 사람들에게 포기하지 않는 훈련을 시키는 것이라고 말할 수 있을 것이다. Eisenberger는 이를 **학습된 근면성**(learned industriousness)이라고 부른다.

> **? 개념 점검 12**
>
> 학습된 근면성의 반대는 무엇인가?

6.6
요약

학습된 무기력은 인생의 역경을 효과적으로 헤쳐 나가지 못하는 일부 사람들(과거에는 주변머리 없거나 게으르거나 무책임하다고 무시당했던)을 바라보는 새로운 관점을 제공했다.

맺음말

이 장에서 나는 조작적 원리가 복잡한 행동에 대한 믿을 만한 과학적 설명을 제시할 수 있다는 점, David Palmer가 쓴 것처럼 "수수께끼 같은 현상들을 설명하기에는 확립된 과학 원리들로 충분하다."(Palmer, 2003, p. 174)는 것을 보여주고자 했다.

그러나 어떤 사람들은 분명히 이에 반대할 텐데, 그 이유는 과학적 설명이 믿을 수 없기 때문이 아니라 오히려 바로 믿을 수 있기 때문이다. 우리 중에는 낭만주의자가 많다. 우리는 행동의 수수께끼 같은 면을 좋아하고, 아이디어가 과거 경험과는 대체로 혹은 전적으로 상관없이 무의식적 마음에서부터 또는 뇌로부터 거품처럼 솟아오른다고 믿기를 좋아하며, 우리 자신이 무언가 이해를 초월하는 존재라고 믿기를 좋아한다. 우리는 인간 행동을 과학적으로 설명할 수 있다면 그것이 인간의 경험에서 낭만을 빼앗아가 버릴 것이라고 두려워한다.

내가 줄 수 있는 최선의 답은 Neil Armstrong과 Buzz Aldrin이 달에 갔을 때도 사람들은 똑같은 말을 했다는 사실을 지적하는 것이다. 그전까지 어떤 사람들에게는 달이 신비하고 낭만적인 대상이었는데, 과학의 발자국이 그것을 앗아가 버렸다. 그것이 수십 년 전이었다. 그 발자국들은 여전히 남아 있지만 나는 여전히 경이감에 차서 달을 바라본다. 독자들도 그러지 않는가?

핵심용어

과제 분석(task analysis) 197

문제(problem) 199

미신 행동(superstitious behavior) 210

연쇄 짓기(chaining) 196

전향 연쇄 짓기(forward chaining) 197

조성(shaping) 190

통찰(insight) 200

학습된 근면성(learned industriousness) 216

학습된 무기력(learned helplessness) 214

행동 연쇄(behavior chain) 195

후향 연쇄 짓기(backward chaining) 197

복습문제

1. 'Hot and Cold'라는 아이들 놀이[*]는 조성을 잘 이용한 것인가?

2. 개를 훈련하여 아침에 앞뜰 잔디밭에서 신문을 가지고 오도록 하려면 어떤 절차를 사용할지 이야기해 보라.

3. 연쇄 짓기는 어떤 면에서 조성의 한 형태인가?

4. 때로는 어떤 문제에 대한 해결책이 꿈에 나타나기도 한다. 이것을 조작적 학습의 측면에서 설명할 수 있겠는가?

5. 왜 통찰은 문제해결에 대한 적절한 **설명**이 아닌가?

6. 당신이 대기업의 제품 개발 부서의 책임자라고 하자. 당신 부서의 사원들이 새로운 제품에 대한 아이디어를 내놓게 하려면 어떻게 하면 될까?

7. 같은 가정의 사람들이 같은 미신적 믿음을 가진 경우가 흔한 이유를 설명하라.

8. 프로 운동선수들과 낚시꾼들은 미신 행동에 몰두하는 경우가 특히 많은 것으로 보인다. 왜 그렇다고 생각하는가?

9. 당신이 자기 아이들에게 무기력에 대한 '면역'을 키워 주기 원한다면, 어떻게 하겠는가?

10. 조작적 학습에 관해 공부하고 난 후 인간의 본성에 대한 당신의 생각이 어떻게 바뀌었는가?

연습문제

1. 원하는 행동에 순차적으로 다가가기를 강화하는 것을 _____라고 한다.

2. 미어캣은 _____할 때 자기 새끼들에게 사냥 행동을 조성한다.

3. 행동 연쇄를 만들어 내는 첫 번째 단계는 _____을 하는 것이다.

---

* 술래를 한 사람 정하고 술래가 눈을 감은 상태에서 다른 사람들이 방 안에 있는 한 가지 물건을 선택한다. 그러고 나서 술래가 눈을 뜨고 돌아다니면서 그 물건이 무엇인지 찾는 것이 이 놀이의 목표인데, 술래가 그 물건에 가까이 가는 방향으로 움직이면 사람들이 'hot'이라고 소리치고 그 물건에서 멀어지는 방향으로 움직이면 'cold'라고 소리친다. (역주)

4. 비둘기가 천장에 매달린 장난감 바나나를 쪼았던 실험은 통찰이 _____내력의 산물임을 보여주었다.

5. 보보라는 이름의 광대 인형은 연구자들이 _____을 연구하는 것을 도와주었다.

6. 창의성에 관한 일부 실험에서는 보상에 대한 약속이 _____시키기 쉽다.

7. 행동을 유지하는 강화물을 초래하지 않는 행동을 _____라고 한다.

8. 연구자들이 역경을 맞아 노력하는 것에 강화를 주면 사람들은 흔히 _____를 보인다.

9. 연쇄 짓기의 두 가지 형태는 _____라고 한다.

10. Karen Pryor의 돌고래 연구는 _____를 보여주었다.

강화계획

이 장에서는

1 연구의 시작
2 단순 강화계획
   연속강화
   고정비율
   변동비율
   ■ 인생은 도박이다?
   고정간격
   변동간격
   소거
   기타 단순 강화계획
   비율 늘이기
3 복합 강화계획
4 부분강화효과
   변별 가설
   ■ 왜 이렇게 이론이 많아? 내가
     좌절하겠어!
   좌절 가설
   순서 가설
   반응단위 가설
5 선택과 대응 법칙
맺음말
   핵심용어 | 복습문제 | 연습문제

"반응 경향성은 궁극적으로 강화 확률에 대응된다."

_ B. F. Skinner

들어가며

지금쯤은 강화가 학습에, 따라서 우리의 일상생활에, 결정적인 역할을 한다는 점을 깨달았을 것이다. 시간에 걸친 강화의 **패턴**(어떤 행위가 일어날 때마다 강화를 받는지, 아니면 두 번에 한 번 혹은 열다섯 번에 한 번 강화를 받는지, 그 행위가 특정 시간 간격 후에 일어날 때만 강화를 받는지, 아니면 특정한 신호가 있을 때만 강화를 받는지 등)은 행동에 중요한 영향을 준다. 모든 사람이 이런 패턴의 중요성을 제대로 인식하는 것은 아니다. 그래서 이 장에서는 강화계획 연구가 단순히 연구에 미친 학자들을 즐겁게 하는 것 이상의 가치가 있음을 납득시키고자 한다. 예를 들어, 시험이 코앞에 닥칠 때까지 자신이 공부를 미루고 있음을 깨달은 적이 있는가? 두 가지 취업 기회 중 하나를 선택을 해야 할 때는? 아니면 당신의 개가 당신에게 뛰어오를 때마다 대개는 무시하는데도 계속 뛰어오르는 것을 보고 의아해한 적은 없는가? 이 모든 행동과 결정 들이 강화계획과 관련된다.

학습목표

이 장을 공부하고 나면 다음의 것들을 할 수 있을 것이다.

7.1 강화계획을 기술할 수 있다.
7.2 행동에 미치는 단순 강화계획들의 효과를 비교한다.
7.3 행동에 미치는 복합 강화계획들의 효과를 비교한다.
7.4 부분강화효과를 설명하려는 이론들을 비교한다.
7.5 대응 법칙이 선택에 대해서 무엇을 알려주는지 설명한다.

7.1 연구의 시작

🔲 **학습목표** --

강화계획을 기술하려면

1.1 강화계획을 정의한다.

1.2 계획효과를 정의한다.

1.3 학습이 측정될 수 있는 세 가지 방법을 규명한다.

Skinner는 강화에 관한 연구 초기에 쥐가 레버를 누를 때마다 자동으로 먹이 알갱이가 나오는 장치를 만들어 냈다. 하지만 먹이 알갱이는 자기 손으로 제작해야 했는데, 이는 지루하고 시간이 오래 걸리는 작업이었다. 날씨 좋은 어느 토요일 오후, Skinner는 그날 남은 시간을 그 '알약 기계'에 바치지 않는다면 먹이 알갱이가 월요일 아침 즈음에 바닥날 것이라는 계산을 하였다. 이것이 그를 운명적인 의문으로 이끌었다. 바로, '레버를 누를 때마다 강화를 주어야 할까?'라는 의문이다.

결국 이 질문이 학습 연구에서 완전히 새로운 분야를 열게 되었다. Skinner와 그의 제자 Charles B. Ferster는 강화 수반성(reinforcement contingency. 강화 유관성)을 배열하는 여러 가지 방식을 실험하였고 그것들이 행동에 미치는 독특한 효과를 알아냈다(Ferster & Skinner, 1957). 각 방식은 행동과 강화 간의 수반성을 나타내는 특정한 규칙을 따랐는데, 그들은 이 독특한 규칙을 **강화계획**(schedules of reinforcement)이라고 불렀다.

다양한 강화계획은 독특한 행동 패턴을 생성한다. 언뜻 보기에 이런 **계획효과**(schedule effects)가 학습과 아무런 상관이 없어 보일 수도 있다. 어찌 되었건 학습을 새로운 행동의 습득이라고만 생각하는 사람이 많다. 예를 들어, 이전에는 한 번도 시계 반대 방향으로 돈 적이 없는 비둘기가 이제는 확실하고 효율적으로 그렇게 한다. 자전거를 전혀 탈 줄 몰랐던 아이가 이제는 학습을 통해 자전거를 쉽게 잘 타게 된다. $F = ma$라는 식이 이전에는 아무 의미가 없었던 대학생이 이제는 이 식을 써서 물리학 문제를 푼다.

그러나 학습은 새로운 행동이 나타나지 않는 변화도 포함한다. 그러한 변화 중 하나가 행동 빈도의 변화이다. 1분에 서너 번 시계 반대 방향으로 원을 그리며 돌던 비둘기가 이제는 1분에 열 번의 빈도로 돈다. 자전거를 이전에는 일주일에 한 번 타던 아이가 이제는 매일 탄다. 힘과 질량에 관한 교과서 문제를 15분에 한 문제의 속도로 풀던 물리학과 학생이 이제는 같은 시간 동안 두세 개의 문제를 푼다. 행동상의 그런 변화는 종종 시행 중인 강화계획의 변화에서 비롯된다.

두 군데의 공장에서 일하는 한 공장 노동자의 예를 보자. 한 공장에서는 정원용 의자에 페인트를 스프레이로 뿌리는 일로 시간당 임금을 받는다. 다른 공장에서는 똑같은 일을 하는데 의자 개수당 임금을 받는다. 이 사람은 의자 개수당 임금을 받는 공장에서 하루에 더 많은 수의 의자를 칠할 것이다. 생산성의 이러한 차이는 서로 다른 강화계획에서 비롯될 가능성이 크다.

학습은 또한 반응 **패턴**의 변화를 의미할 수도 있다. 쿠키 한 판을 굽는 데 10분이 걸린다면, 쿠키를 오븐에 넣은 뒤 처음 5분여 동안은 쿠키를 점검하는 것이 아무 소용이 없지만, 정해진 10분이 지나기 전에 점검하는 것은 쿠키가 타는 것을 방지할 때가 많다. 요리사는 정해진 굽는 시간의 처음 몇 분 동안은 오븐을 열어보기를 피하고 마지막 몇 분 동안에 열어 보도록 학습한다.

강화 수반성이 새로운 행동의 습득에 영향을 미치는 것과 꼭 마찬가지로 수행 **비율**과 **패턴**에도 영향을 미칠 수 있다. 의자 개수당 임금을 받는 공장 노동자가 더 많은 의자를 페인트칠하는 것은 공장에서 일한 시간이 아니라 자신이 페인트칠한 의자의 개수가 임금에 반영되기 때문이다. 마찬가지로 위의 요리사의 행동 변화는 강화(즉, 구워진 쿠키를 보는 것)가 쿠키 굽는 시간의 끝 무렵에만 주어지고 그 이전에는 주어지지 않는다는 사실을 반영한다.

우리는 상이한 강화계획이 상이한 수행 패턴과 비율을 낳는다는 점을 보게 될 것이다. 그 결과, 어떤 행동이 예측 가능한 비율과 패턴으로 일어나고 있다가 강화계획이 변하면 일반적으로 그 행동의 비율과 패턴도 그에 상응하여 예측 가능한 방식으로 변한다. 강화계획의 변화로 인한 이런 행동의 변화가 학습이다. 학습의 다른 모든 예와 마찬가지로 이런 변화는 경험으로 인해 일어난다.

우리는 강화계획의 두 가지 넓은 부류를 다룰 것이다. 그 두 가지는 단순 강화계획, 그리고 단순 강화계획의 요소들을 조합한 복합 강화계획이다.

7.2 단순 강화계획

학습목표

행동에 미치는 단순 강화계획들의 효과를 비교하려면
2.1 행동에 미치는 단순 강화계획 각각의 효과를 요약한다.
2.2 연속 강화계획, 간헐적 강화계획, 비수반적 강화계획, 점진적 강화계획 사이의 차이를 파악한다.
2.3 강화 후 휴지가 일어나는 이유에 대한 두 가지 설명을 제시한다.
2.4 강화 후 휴지와 실행 속도 간의 연관성을 설명한다.
2.5 서로 다른 단순 강화계획이 실행 속도와 강화 후 휴지에 미치는 효과를 비교한다.

2.6 조작적 조건형성에서 소거 시에 일반적으로 관찰되는 행동 패턴을 이야기한다.

2.7 조작적 조건형성에서 행동의 소거 속도에 영향을 주는 요인을 파악한다.

2.8 복귀, 자발적 회복, 소거 간의 관계를 이야기한다.

2.9 점진적 강화계획에서 중단점, 비율 늘이기, 비율 긴장이 왜 문제가 되는지 설명한다.

연속강화

단순 강화계획 중에서도 가장 단순한 것은 **연속강화**(continuous reinforcement: CRF)이다. 연속강화에서는 행동이 일어날 때마다 강화가 뒤따른다. 예를 들어, 개가 앉을 때마다 간식을 받으면 앉기가 연속 강화계획상에서 일어난다. 마찬가지로 아이가 자기 옷을 옷걸이에 걸 때마다 칭찬을 받으면 그 행동이 CRF에 따라 일어나는 것이고, 당신이 자동판매기에 정해진 액수의 돈을 넣을 때마다 선택한 물건이 나오면 그 행동도 CRF에 따라 일어나는 것이다.

각각의 강화가 행동을 증강하기 때문에 연속강화는 반응률을 매우 빨리 증가시킨다. 따라서 CRF는 어떤 새로운 행동이나 행동 연쇄를 조성하는 과제에서 특히 유용하다. 비둘기에게 시계 반대 방향으로 돌기를 학습시킬 때, 목표 반응에 가까워지는 순차적 근사 행동이 일어날 때마다 강화하는 것이 가끔만 강화하는 것보다 훨씬 더 효과적이라고 예상할 수 있다.

연속강화는 대개 새로운 행동을 가장 신속하게 학습시키지만 자연환경에서는 CRF의 사례가 아마도 매우 드물 것이다. 대부분의 행동은 어떤 경우에는 강화를 받고 어떤 경우에는 강화를 받지 못한다. 훈련사가 개 앉을 때마다 줄 간식이 떨어졌을 수도 있고, 아이가 자기 옷을 걸어놓을 때마다 늘 부모가 칭찬해 주지는 못하며, 자동판매기도 때때로 돈을 먹기만 하고 아무것도 내놓지 않을 때가 있다. 강화가 어떤 경우에는 일어나고 어떤 경우에는 일어나지 않을 때, 강화가 **간헐적 강화계획**(intermittent schedule)상에 있다고 말한다. 간헐적 강화계획에는 많은 종류가 있지만(Ferster & Skinner, 1957을 보라), 그중 가장 중요한 것들은 네 가지로 나뉜다(그림 7-1). 그중 하나인 고정비율계획부터 살펴보자.

고정비율

고정비율계획(fixed ratio schedule: FR 계획)에서는 유기체가 행동을 정해진 횟수만큼 완료하고 난 뒤에 강화를 받는다. 예를 들어, 훈련사가 개에게 앉기를 조성한 후에 세 번 앉을 때마다 한 번 강화하는 계획으로 바꿀 수 있다. 다시 말하면, 한 번의 강화당 세 번의 앉기 비율이 여기서 요구된다. 연구자들은 이 계획을 보통 FR이라

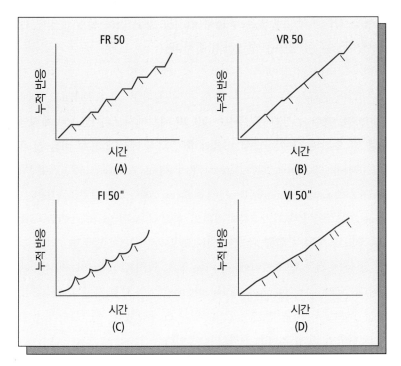

그림 **7-1**

간헐적 강화계획 FR 50 계획(A)에서는 매 50회째 반응이 강화되고, VR 50 계획(B)에서는 각각의 강화를 위해 평균 50회의 반응이 요구되며, FI 50″ 계획(C)에서는 50초의 시간 간격이 지난 뒤에 반응이 일어나면 강화를 받고, VI 50″ 계획(D)에서는 평균 50초의 시간 간격이 지난 뒤에 반응이 강화된다. 그래프에서 짧은 사선들은 강화물의 제시를 나타낸다. (가상적 자료임)

적고 그다음에 강화를 위해 요구되는 반응의 수를 적어서 표시한다. 예를 들어, 방금 본 가상적인 예에서 훈련사는 FR 3 계획으로 바꾸었다. 연속강화도 행동이 한 번 일어난 다음마다 강화가 나오는 일종의 고정비율계획으로 생각할 수 있다. 따라서 CRF는 FR 1로 표시할 수 있다.

고정비율계획상에 있는 동물은 높은 비율로 반응하며, 흔히 강화 바로 다음에 짧게 쉬곤 한다(개관으로는 Schlinger, 2008을 보라). 먹이를 얻기 위해 고정비율계획에 따라 레버를 누르는 쥐는 먹이가 접시에 나올 때까지 레버를 빠르고 꾸준하게 누른다. 그리고는 먹이를 먹고 잠깐 멈추었다가 다시 또 레버를 누른다. 강화 후에 나타나는 쉬는 시간을 전통적으로 **강화 후 휴지**(post-reinforcement pause)라고 부르는데, 이는 연구자들 사이에 상당한 관심을 불러일으켰다(그림 7-1A). 흥미롭게도 강화 후 휴지는 사실상 동물이 받는 강화의 총량을 감소시킨다. 그렇다면 대체 왜 일어나는 것일까?

❓ 개념 점검 1

FR 1 계획의 다른 이름은 무엇인가?

강화 후 휴지는 피로의 결과라고 무시해 버리고 싶을 것이다. 동물이 어떤 행동을 여러 차례 한 후, 다시 일을 시작하기 전에 마치 '한숨 돌리듯' 쉰다는 것이다.

그러나 다른 유형의 강화계획상에 있는 동물이 쉬지도 않고 더욱 열심히 일할 때가 많은 것을 보면 피로는 이 행동을 설명하지 못한다.

강화에 대한 반응의 비율이 강화 후 휴지에서 중요한 역할을 한다. 한 번의 강화마다 요구되는 일이 많을수록 강화 후 휴지가 더 길다(Baron & Derenne, 2000; Ferster & Skinner, 1957). 따라서 강화 후 휴지는 FR 20 계획에서보다 FR 100 계획에서 더 길다. 강화 후 휴지의 길이는 강화 비율에 좌우되기 때문에 흔히 **비율 전 휴지**(pre-ratio pause)(Derenne & Baron, 2002; Derenne, Richardson, & Baron, 2006) 혹은 **비율 간 휴지**(between-ratio pause)(Schlinger, Derenne & Baron, 2008)로 부르기도 한다.

Michael Perone(2003)은 이 휴지가 "강화계획의 혐오적 측면"(p. 10)으로부터 적어도 일시적으로라도 도피할 기회를 만들어 낸다고 말한다. 다시 말하면, '얻는 것 없이' 오랜 기간 일하는 것은 혐오적인데, 우리는 잠시 일하지 않음으로써 거기서 도피한다는 것이다. Schlinger, Derenne과 Baron(2008)은 일 미루기는 기본적으로 일하기 전에 쉬는 것으로서 비율 전 휴지일 수 있다고 제안했다. 즉, 우리가 일을 미룰 때는 일에 착수하기 전에 휴식을 취한다는 것이다.

밀워키주 위스콘신 대학교의 Adam Derenne과 Alan Baron(2002)은 그런 휴지를 다른 방식으로 설명한다. 즉, 동물이 일하는 동안에는 받을 수 없는 다른 강화물을 추구하는 것이라는 말이다. 예를 들어, 휴지 기간 동안 쥐는 규칙적으로 자신의 털을 다듬고, 가려운 곳을 긁고, 물을 마시고, 주변을 살핀다. 이런 일들을 제대로 하면서 동시에 레버를 꾸준하게 누를 수는 없다. 그렇다면 쥐는 단순히 일을 쉬는 것이 아니라 다른 강화물을 얻는 것이다. 마찬가지로, 당신은 지저분한 역사 수업 노트를 깔끔하게 옮겨 적은 후 난잡한 문학 노트를 옮겨 적기 전에 전화기를 확인하고 다리도 뻗었다가 간식을 만들어 먹을 수도 있다. 이런 활동이 공부를 쉽게 만들지만 당신에게는 그 활동이 강화적이기 마련이다.

강화 후(혹은 비율 전 혹은 비율 간) 휴지에 영향을 미치는 변인들이 보통 **실행속도**(run rate. 강화를 받고 난 후 행동이 일단 다시 시작되었을 때 그 행동이 일어나는 속도)에는 영향을 미치지 않는다. 따라서 레버 누르기 : 강화물의 비율을 예컨대 5 : 1에서 10 : 1로 증가(FR 5에서 FR 10으로 바꾼다)시키더라도 쥐가 일단 다시 레버를 누르기 시작한 다음에는 누르는 속도가 변하지 않는다. 그 대신에 각 강화 이후 쥐가 쉬는 시간이 더 길어지게 된다.

고정비율계획은 실험실 밖에서도 흔하게 일어난다. 어떤 게임은 고정비율계획을 이용한다. 예를 들어, 농구 선수가 자유투를 넣을 때마다 점수가 올라간다. 고정비율계획의 가장 좋은 예는 아마도 일과 관련될 것이다. 어떤 고용주는 직원에게 고정비율계획으로 임금을 주는데, 이를 삯일 또는 도급일이라고 말한다. 예를 들어, 번역가가 영어에서 이를테면 스페인어로 번역을 할 때 한 페이지당 얼마를 받는 식이다. 어떤 경우에는 비율이 FR 1을 넘어서까지 증가하기도 한다. 예컨대, 번역가가 페이지당 돈을 받는 것이 아니라 여러 페이지가 있는 단원 전체에 대해 돈을 받는다.

> **❓ 개념 점검 2**
>
> 실행속도란 무엇인가?

변동비율

고정된 개수의 반응 후에 강화를 주는 대신에, 요구되는 반응의 개수를 어떤 평균을 중심으로 변화시킬 수도 있다. 예를 들어, 레버 누르기 다섯 번마다 한 번씩 강화하는 대신 두 번째 반응 뒤에 강화하고, 그다음에는 여덟 번째 반응 뒤에, 그다음에는 여섯 번째 반응 뒤에, 또 그다음에는 네 번째 반응 뒤에 강화하는 식으로 하여 평균 다섯 번 레버를 누를 때마다 강화를 줄 수 있다. 연구자들은 이를 **변동 비율계획**(variable ratio schedule), 즉 **VR 계획**이라고 부른다. VR 5 계획의 경우, 레버를 한 번 내지 열 번 누른 후에 강화가 주어질 수 있지만, 평균적으로 다섯 번 누를 때마다 한 번 강화가 나올 것이다.

일반적으로 변동비율계획은 꾸준한 수행을 일으켜서 그와 동등한 수준의 고정비율계획에서와 비슷한 실행속도를 만든다(그림 7-1B). 그러나 변동비율계획은 고정비율계획과 비교하여 강화 후 휴지에서 한 가지 주요한 차이가 나타난다. 변동비율계획에서는 강화 후 휴지가 더 드물게 나타나며, 나타날 경우에도 비슷한 수준의 고정비율계획(FR 계획)에서보다 지속시간이 더 짧다. 변동비율계획에서는 **평균** 비율의 크기와 **최저** 비율이 강화 후 휴지에 강한 영향을 준다(Blakely & Schlinger, 1988; Schlinger, Blakely, & Kaczor, 1990). 예를 들어, VR 50 계획에서는 강화를 받기에 필요한 레버 누르기의 수가 평균 50이지만, 한 번의 실행(run)에서 강화에 필요한 레버 누르기의 수는 큰 폭으로 변하거나(10에서 100 사이) 상대적으로 덜 변할(40에서 60 사이) 수 있다. 강화당 최소 40회의 레버 누르기를 요구하는 VR 50 계획은 최소 10회를 요구하는 VR 50 계획보다 더 긴 강화 후 휴지를 낳는다. 마찬가지로 단 한 번의 반응 후에도 강화가 주어질 때가 가끔 있는 VR 50 계획에서는 강화 후 휴지가 전혀 없을 수도 있다! 그러므로 변동비율계획은 일련의 상이한 고정비율계획들의 집합으로 간주할 수 있다. 강화 후 휴지의 길이는 전체 계획(예: VR 50)의 평균보다는 그 계획을 구성하는 최저 비율(예: FR 1)을 반영하는 경향이 있다.

변동비율계획은 일반적으로 고정비율계획보다 더 적고 더 짧은 강화 후 휴지를 낳는다. 그러므로 하나의 변동비율계획은 동등한 수준의 고정비율계획보다 대개

인생은 도박이다?

슬롯머신, 룰렛 및 기타 형태의 카지노 도박의 설계자들은 대부분의 경우 사람들이 돈을 잃도록 기계를 만든다. 예를 들어, '투자한' 돈 1달러에 대한 평균 반환액은 보통 90% 정도이다. 이는 1달러를 걸면 평균적으로 0.9달러를 딴다는 뜻이다. 도대체 누가 다른 사람에게 1달러를 주고 0.9달러를 받는 데 동의한단 말인가?

도박을 하는 사람들은 돈 따는 재미로 도박을 한다고 흔히 말한다. 어떤 증거는 도박이 강화와 연관된 생리적 변화를 일으킨다고 말한다(Krueger, Schedlowski, & Meyer, 2005). 그렇지만 이것이 모든 것을 설명하지는 못하는데, 왜냐하면 도박을 하면 장기적으로는 돈을 잃기 때문이다. 대부분의 사람이 도박, 특히 도박 중독의 이유를 도박을 하는 사람 자체에서 찾으려고 한다. 도박은 우울증, 공포증, 알코올 중독, 반사회적 성격, 약물 남용 및 중독 같은 정신 건강의 장애와 연관되는 경우가 많다(Watanapongvanich et al., 2020).

여기서 다른 가능성을 고려해 보자. 문제의 근원이 도박자의 경험, 특히 도박이라는 운이 작용하는 게임이 제공하는 강화계획에 있을 가능성 말이다(Kassinove & Schare, 2001; Skinner, 1953; Weatherly & Dannewitz, 2005). 운에 좌우되는 대부분의 게임에서 보상은 변동비율계획과 유사한데, 그런 강화계획은 변하기 힘든 고비율의 행동을 낳을 수 있다.

그런데 도박을 해도 중독되지 않는 사람이 많다. 그렇다면 왜 어떤 사람은 병적인 노름꾼이 되고 어떤 사람은 그렇지 않을까? 강화계획이 순간순간 달라지기 때문이라는 것이 가장 유력한 설명이다. 예를 들어, 슬롯머신이 정해진 계획에 따라 돈을 내놓는다고 해서 그 기계에서 도박을 하는 사람 모두가 정확하게 똑같은 경험을 하는 것은 아니다. 어떤 사람은 처음 스무 번 중 연달아 서너 번을 따는 반면에, 다른 사람은 한 번도 따지 못할 수 있다. 혹은 어떤 사람은 열 번째 만에 50달러짜리 작은 '횡재'를 하는 반면에, 다른 사람은 오십 번을 해도 2달러도 채 따지 못할 수 있다. 만약 이 두 사람이 계속해서 몇 시간 동안 도박을 한다면 둘 다 돈을 잃을 것이다. 그런데 강화계획의 변동, 특히 초기의 변동이 도박을 지속하는 경향의 차이를 가져올 수 있다.

시간당 더 많은 행동을 산출한다. 실제로 동물이 얻는 이득은 두 계획에서 동일하더라도 말이다. 다시 말하면, FR 50 계획상에 있는 동물이 50회의 반응을 하여 얻는 먹이의 양은 VR 50 계획상에 있는 동물이 (평균적으로) 그만큼 반응하여 얻는 먹이의 양과 같다.

변동비율계획은 자연환경에서 흔히 볼 수 있다. 치타가 제아무리 빠르다 해도 사냥감을 쫓아갈 때마다 잡을 수 있는 것은 아니며, 두 번째, 세 번째, 네 번째 시도에서도 꼭 성공하리라는 보장이 없다. 두 번 연달아 성공하고 나서 다음 열 번은 모조리 실패할 수도 있다. 평균적으로 치타는 두 번의 사냥 중 한 번 보상을 받는다(O'Brien, Wildt, & Bush, 1986).

아마도 대부분의 포식 행동이 변동비율계획에 따라 강화를 받을 것인데, 그 정확한 계획은 여러 요인에 따라 달라진다. 예를 들어, 특정한 지역의 사슴들이 기생충에 많이 감염되면 늑대가 사슴을 잡기가 쉬울 것이다. 그래서 사냥 : 강화의 평균 비율이 낮게 유지될 것이다. 그런데 늑대가 사슴 떼에서 병든 사슴들을 제거해 감에 따라 나머지 사슴들은 잡아먹기가 더 힘들어지고 따라서 사냥 : 강화의 비율 비둘기를 대상으로 한 실험에서 Alan Christopher(1988)는 초기에 따는 것이 도박을 하려는 경향성에 미치는 영향을 검증하였다. 먼저 그는 비둘기 두 마리에게 불이 켜진 원반을 쪼아 매일의 먹이를 얻도록 훈련했다. 원반을 쪼면 고정된 비율로 보상이 나왔다. 즉, 오십 번 쪼면 먹이 접시에서 3초간 먹이를 먹을 수 있었다. 이 계획에 따르면 하루에 30분 정도만 일하면 비둘기가 정상 체중을 유지할 수 있었다.

그런 후에 Christopher는 비둘기들에게 일과 도박 중 하나를 선택할 수 있게 하였다. 슬롯머신처럼 예측할 수 없는 방식으로 보상이 주어지는 다른 원반의 불을 켜 주었던 것이다. 그런데 이때 Christopher는 이 초보 도박꾼들이 '운이 좋도록' 상황을 조작해 두었다. 즉, 처음 3일 동안은 비둘기가 일을 하는 것보다 도박을 하면 먹이를 훨씬 더 많이 얻었다. 또 Christopher는 비둘기가 가끔 크게 따도록, 즉 먹이 접시에서 15초까지 먹을 수 있도록 했다. 그러나 3일이 지난 후에는 도박을 하는 것보다 일하는 것이 더 낫도록 상황을 바꾸었다. 이제 이 비둘기들이 예전처럼 다시 일로 돌아갈까 아니면 도박에 계속 빠져 있게 될까?

이 비둘기들은 도박에 빠져 버렸다. 이들은 보상이 더 적은 도박용 원반을 가차 없이 쪼아댔고, 그러다 마침내 체중이 빠지기 시작했다. Christopher는 비둘기들이 굶어 죽을까봐 도박을 하지 못하게 하였다.* 도박을 하지 못하게 되자 비둘기들은 일로 돌아갔고 다시 체중이 늘기 시작했다.

Christopher는 비둘기들이 교훈을 얻었는지 알아보기 위해 다시 도박용 원반을 제공했다. 비둘기들은 교훈을 얻지 못했다. 비둘기들은 또다시 도박을 했고 체중이 줄기 시작했다. 따라서 Christopher는 여기서 실험을 끝냈다. 그는 비둘기들이 도박을 하다가 삶을 끝내는 것을 원치 않았다.

* 도박용 원반을 제거해서 아예 쫄 수조차 없게 만들었다. (역주)

이 점점 더 높아질 것이다. 변동비율계획은 인간 사회에서도 쉽게 일어난다. 변동비율계획의 고전적인 사례는 수수료를 받고 일하는 영업사원이다. 영업사원은 물건을 하나 팔 때마다 보수을 받지만 무언가를 팔려는 노력이 매번 성공하는 것은 아니다. 성공했을 때 영업사원이 받는 보수가 궁극적인 강화가 되지만, 곧 수수료가 나올 것임을 알려주는 판매 영수증이 즉각적인 강화물 역할을 할 수 있다(아마도 영업사원이 판매한 바로 그 순간 보수를 받지는 않을 것이다). 마찬가지로 변동강화계획은 일부 효력 없는 의학적 믿음과 행위가 끈질기게 지속되는 이유를 설명할 수 있다. 즉, 아픈 사람이 효과 없는 치료를 받은 후에 나아지는 경우가 가끔 있기 때문이다(Klonoff & Landrine, 1994; Landrine & Klonoff, 1992, 1994, 2001). 도박, 특히 카지노 도박은 인간에게서 나타나는 변동비율계획의 또 다른 고전적 사례이다.

고정간격

강화는 행동이 일어나는 횟수 이외의 다른 요인에 의존할 수도 있다. 간격계획에서는 행동 후에 강화가 주어지지만 그 행동이 일정한 기간이 지난 후에 일어날 때만 주어진다. **고정간격계획**(fixed interval schedule: FI 계획)에서는 일정한 간격이 지난 후 처음으로 일어나는 행동이 강화를 받는다. 원반 쪼기를 학습한 비둘기가 있다고 하자. 연구자가 비둘기를 FI 5″(FI 5초라고 읽는다) 강화계획상으로 옮긴다. 맨처음 비둘기가 원반을 쪼면 먹이 접시에 먹이가 나오지만, 다음 5초 동안은 원반을 쪼아도 강화가 나오지 않는다. 그러다가 5초라는 시간 간격이 끝나면 그 직후에 나오는 원반 쪼기가 강화를 받는다. 강화가 정해진 기간의 경과와 원반 쪼기 두가지 모두에 의존함을 주목하라.

FR 계획처럼 FI 계획도 강화 후 휴지를 낳는다. 대개 FI 계획상의 비둘기는 강화 직후에는 거의 원반을 쪼지 않다가 서서히 쪼는 비율을 증가시킨다. 고정된 시간 간격이 끝나갈 때쯤이면 반응률이 매우 높아진다. 따라서 FI 계획은 물결 모양의 누적 기록을 만들어낸다(그림 7-1C).

고정비율계획이 강화 후 휴지들 사이에 안정된 실행속도를 낳는 반면, 고정간격계획은 물결 모양의 곡선을 만드는 이유가 무엇일까? FR 50 계획에 따라 레버를 누르는 쥐를 생각해 보자. 이 쥐가 다음 강화물을 얻기 위해서는 많은 일을 해야하는데, 조금이라도 쉬면 강화물은 그만큼 늦게 나온다. 이제 FI 50″ 계획상에 있는 쥐를 생각해 보자. 아무리 레버를 눌러도 50초가 지나기 전까지는 강화가 주어지지 않기 때문에 이 시간 간격 동안 레버를 누르는 것은 무의미하다. 쥐는 서서히 레버 누르기 비율을 증가시키다가 정해진 간격의 끝에 가까워지면 레버를 빨리 그리고 꾸준히 누른다. 다시 말해 고정비율계획은 꾸준한 수행을 강화하는 반면 고정간격계획은 그렇지 않다. 따라서 쥐가 이 계획을 어느 정도 경험하고 나면 좀 더효율적으로 될 것이라고 예상할 수도 있겠다. 예를 들어, 40초가 지날 때까지 기다렸다가 반응할 수도 있을 것이다. 그러나 놀랍게도 그런 일은 일어나지 않는다. 쥐가 아무리 오래 FI 계획상에 있더라도, 레버를 누르면 보상이 나오기 한참 전부터레버를 누르기 시작하여서 위에서 본 것처럼 친숙한 물결 모양의 곡선이 만들어진다.

많은 종의 동물 암컷은 대체로 규칙적인 간격으로 성적으로 수용적으로 되며, 그 기간이 아닐 때는 수컷의 짝짓기 시도가 대개 실패한다. 따라서 이는 FI 계획과유사해 보인다. 그러나 특별한 냄새 및 기타 자극이 암컷의 발정기(성적 수용성)를 나타내므로 수컷의 성행동은 강화계획의 영향보다는 이런 단서들의 영향에 더 많이 좌우된다.

인간의 경우 FI 계획의 예는 쉽게 떠오를 텐데, 이는 아마도 우리가 시계를 보고 살기 때문일 것이다. 오븐에 빵을 굽는다면 오븐 속을 들여다보는 일이 일정한 시간이 지난 후에 일어나야만 강화를 받는다. 즉, 이 행동은 FI 계획에 따른

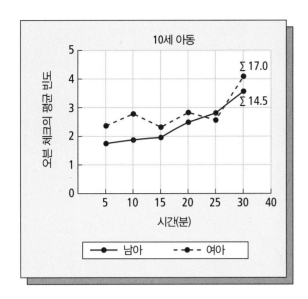

10세 아동

그림 7-2

아이들이 케이크를 구울 때 오븐을 체크하는 행동은 고정간격 계획에서 예상되는 친숙한 물결 모양 곡선을 보인다. (출처: S. J., & Bronfenbrenner, U.(1985). Don't forget to take the cupcakes out of the oven: Prospective memory, strategic time-monitoring, and context. *Child Development*, 56(1), 152-164)

다. 우리가 빵을 처음 구울 때는 빵이 잘 되고 있는지 궁금해서 오븐의 문을 자꾸만 열어볼 수 있다. 그러나 경험이 쌓임에 따라 정해진 시간이 거의 지날 때까지 기다렸다가 오븐 안을 들여다보는 것을 학습하게 된다. 빵을 굽는 데 필요한 시간의 끝이 가까워질수록 오븐 문을 여는 횟수가 점점 잦아진다. Stephen Ceci와 Urie Bronfenbrenner(1985)가 이 예와 아주 유사한 실험을 했는데, 굽는 과정 초기에 오븐 문을 열어보는 횟수가 예상보다 더 많았다는 점만 제외하곤 전형적인 물결 모양 곡선을 얻었다(그림 7-2). 물결 모양 곡선이 그다지 흥미롭게 느껴지지 않을 수도 있지만, 이 연구는 아이들이 시간 간격 동안 일련의 빵 굽기 단계들을 따르는 과정을 통해 어릴 때부터 어떻게 환경에 반응할 수 있는지를 보여주었다.

Edward Crossman(1991)은 버스를 기다리는 것도 FI 계획의 기준을 만족한다고 말한다. 우리가 버스 정거장에 도착했을 때 막 버스가 떠났다고 해 보자. 그 노선은 보통 15분에 한 대씩 오므로 우리는 15분 정도를 기다려야 한다. 저 멀리서 우리가 탈 버스가 오는 것을 발견한다면 이를 강화로 여기겠지만, 몇 분 동안은 버스가 오는 방향을 쳐다보는 일이 강화 받을 가능성이 없다. 따라서 버스가 오는지 보는 행동은 기다리기 시작했을 때는 별로 일어나지 않고 15분이 다 되어감에 따라 훨씬 더 자주 일어나기 마련이다. 15분이 지나면 버스가 올 방향을 상당히 꾸준히 쳐다볼 것이다. 이 행동을 누적 기록 그래프로 그린다면 물결 모양의 곡선이 될 것이다.

공부하기도 또 다른 예가 된다. 많은 학생이 학기 초에는 공부하는 경향성을 거의 나타내지 않지만 중간고사가 다가올수록 공부하는 시간이 많아진다. 중간고사가 끝나면 기말고사 직전까지 공부 시간은 뚝 떨어진다. 그래프로 그려 보면 공부하기도 고정비율계획의 친숙한 물결 모양 곡선을 보일 것이다(그러나 Michael,

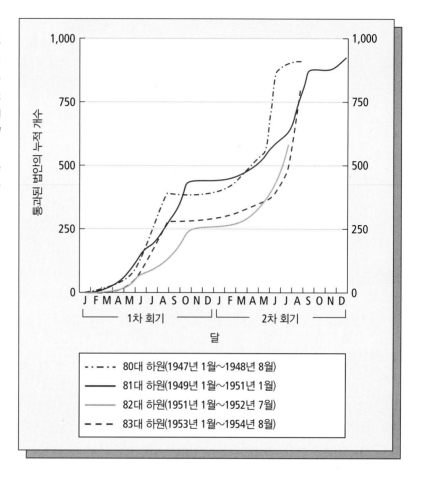

1991을 보라). 미국 의회 의원들에게서도 똑같은 것을 볼 수 있다. 입법 회기의 초기 3~4개월 동안에 통과되는 법안은 별로 없지만, 그 이후 법안 통과 속도가 점점 더 빨라져서 회기의 끝 무렵에 가까워지면 미친 듯이 많은 법안이 통과되면서 끝난다. 그 결과는 우리가 실험동물에게서 보는 것과 같은 종류의 물결 모양 곡선이다. Paul Weisberg와 Phillip Waldrop(1972)은 1947년부터 1968년까지 열린 의회의 모든 회기 동안 이와 같은 물결 모양 패턴을 발견하였다(그림 7-3). Thomas Critchfield와 동료들(2003)은 52년이란 기간에 걸쳐서 그와 유사한 물결 모양 패턴이 의회에서 나타남을 알아냈다.

변동간격

고정간격 후에 반응을 강화하는 대신, 때로는 강화 받을 수 있는 시간 간격이 어떤 평균을 중심으로 변한다. 예를 들어, 항상 5초 간격 후에 원반 쪼기를 강화하는 대신에 2초 후에 강화했다가 8초 후에, 6초 후에, 다시 4초 후에 강화할 수 있다. 이러한 **변동간격계획**(variable interval schedule: VI 계획)에서는 반응이 강화를 받지 못하는 시간 간격의 길이가 어떤 평균을 중심으로 변화한다. VI 5″ 계획에서는 강화를 받는 반응들 사이의 평균 시간 간격이 5초이다. VI 계획은 높고 안정적인 실행속도를 낳아서 FI 계획보다 높지만, 대개 동일한 수준의 FR이나 VR만큼 높지는 않다.

VI 계획은 실험실에서뿐 아니라 자연환경에서도 쉽게 찾을 수 있다. 표범은 흔히 먹이를 쫓아다니지 않고 매복하여 기다린다. 그 기다림이 때로는 짧을 수도 있고 때로는 길 수도 있다. 하지만 경계하며 조용히 기다리면 결국 먹이가 나타나서 그 행동을 강화한다. 인간 사냥꾼도 사냥감을 기다리며 매복한다. 사슴 사냥꾼은 대개 나무나 다른 높은 지점에 자리를 잡고 사정거리 안에 사슴이 나타나기를 기다린다. 때로는 몇 시간을 기다려야 되기도 하고 때로는 사슴이 거의 즉시 나타나기도 한다. 마찬가지로, 야생동물 사진가도 좋은 사진을 찍을 기회를 잡기 위해 기다려야 하는 시간이 때마다 다르다. 레이더 화면을 보고 있는 항공관제사도 불규칙한 간격으로 나타나는 신호를 탐지해야 한다. 또 우리가 은행에서 줄을 서서 기다리는 경우, 손님 한 사람이 창구에서 일을 끝낼 때마다 우리 차례가 다가와서 기다리는 행동이 강화를 받게 된다. 하지만 우리 앞에 있는 한 사람이 창구에서 1분 이하가 걸릴 수도 있고 그다음 사람은 10분이 걸릴 수도 있다. 사냥꾼, 생태 사진가, 항공관제사, 줄 서 있는 사람 모두가 VI 계획에 따라 자신의 행동에 강화를 받는다.

? 개념 점검 3

행동이 일어나는 횟수에 좌우되는 강화계획은 무엇인가? 바로 앞 강화로부터 일정한 시간이 지난 뒤 행동이 일어나는 것에 좌우되는 강화계획은 무엇인가?

흥미롭게도 네 가지 기본 계획 중 동물이 선호하는 것이 있다. 비둘기나 사람이 FR 100 계획보다는 VR 10 계획을 선호할 것임은 놀라운 일이 아니다. 그런데 그 동일한 비둘기나 사람이 장기적으로는 강화의 비율이 동일한데도 다른 계획보다 특정한 종류의 계획을 선호하기도 한다. 예를 들면, 비둘기는 두 계획이 똑같은 정도로 강화를 주더라도 FR 계획보다 VR 계획상에서 일하기를 때로는 선호한다. 강화들 사이의 간격의 길이가 중요한 요인으로 작용한다. 이 간격이 매우 짧으면 비둘기는 VR 계획을 선호하고, 이 간격이 길면 FR 계획을 선호한다. (이런 선호도를 설명하려는 노력은 흥미롭지만 이 책의 범위를 벗어난다. Field et al., 1996; Hall-Johnson & Poling, 1984; King, Schaeffer, & Pierson, 1974를 보라.)

소거

B. F. Skinner는 연구에서 사용할 장치를 설계하고 제작하는 데 아주 능숙했다. 그런 장치 중 하나는 쥐가 레버를 누를 때마다 먹이를 자동으로 공급하는 것이었다. 하루는 Skinner가 실험실을 비웠을 때 그 장치가 고장 나서 레버 누르기를 하는 쥐가 더 이상 먹이를 얻지 못했다. Skinner가 실험실에 돌아와서 무슨 일이 생겼는지 발견하고서 누적 기록기를 보니 레버 누르기의 비율이 서서히 평탄해진 곡선으로 나타나 있었다. 이 서서히 평탄해진 곡선이 조작적 행동 최초의 소거 곡선을 보여주는 것이었다.

고전적 조건형성에서는 소거가 조건자극(CS) 다음에 무조건자극(US)이 절대 따라오지 않음을 의미한다는 점을 상기해 보라. 조작적 학습에서는 **소거**(extinction: EXT)가 과거에 강화 받았던 행동이 이제는 강화를 받지 못함을 의미한다. 강화물이 주어지지 않으므로 소거는 진정한 강화계획이 아니다. 하지만 소거는 강화를 위해 무한한 수의 반응이 필요한 FR 계획으로 생각할 수 있다. 초기의 소거 연구에서 Skinner(1938)는 먼저 쥐에게 레버 누르기를 가르쳤다. 그리고 나서 약 100회의 레버 누르기를 강화한 다음, 먹이 공급장치를 떼버렸다. 모든 것이 훈련 때와 같았고, 레버 누르기가 더 이상 먹이를 가져다주지 않는다는 점만 달랐다. 그 결과 레버 누르기 비율이 점진적으로 감소했다(그림 7-4).

소거는 궁극적으로 행동의 빈도를 감소시키지만, 소거가 시작된 직후에는 흔히 그 행동이 갑작스럽게 증가하기 시작한다. 이 현상을 **소거 격발**(extinction burst)이라 한다. 실제적인 행동 문제를 치료하는 데 소거가 사용될 경우, 소거 격발은 소거 절차가 문제를 해결하는 게 아니라 더 악화시킨다는 인상을 준다. 부모에게 아이가 과자를 달라고 할 때 부모가 무시하면 아이의 요구가 소리 지르기로 바뀌기 마련이다. 그러면 부모는 "그렇게 해 봤어요. 하지만 소용이 없어요."라고 말할 것이다. 그러나 소거를 계속하면, 소거 격발에 뒤이어 일반적으로 그 행동이 상당히

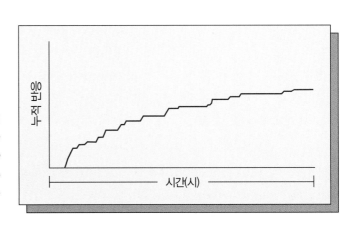

그림 7-4

소거 곡선 이 누적 기록은 레버 누르기가 더 이상 먹이를 가져오지 않을 때 쥐 한 마리의 반응률 감소를 보여준다(그림 5-4와 비교하라). (출처: *The Behavior of Organisms: An Experimental Analysis*, p. 68, by B. F. Skinner, 1938, New York: Appleton-Century-Crofts. 저작권 ⓒ 1938, 갱신 1966. 허가하에 실음)

꾸준하게 감소하는 일이 일어난다.

소거는 또 일반적으로 행동의 가변성을 증가시킨다. '만약 처음에 성공하지 못하면, 다른 무언가를 시도해 봐!'라는 원리에 따라 개체가 행동하는 것 같다. 그 다른 무언가는 과거에 강화를 받았던 행동의 변형일 때가 많다. 이 현상을 다음과 같이 조성에서 이용할 수 있다. 목표 행동과 비슷한 행동을 거듭해서 강화한 후에, 강화를 중지할 수 있다. 이는 행동의 가변성을 증가시키게 되고(다른 다양한 행동들을 나타나게 하고), 따라서 목표 행동에 더욱 가까운 행동이 나타나기 마련이다. 그것이 나타나면 강화가 뒤따를 수 있다. 그러나 이렇게 조성 시에 소거를 이용하는 것은 역효과를 낼 수 있다. 더 좋은 근사 행동이 나오기를 너무 오래 기다리다 보면 그 행동이 쇠퇴해 버릴 수 있기 때문이다.

소거는 또한 정서적 행동, 특히 공격성의 빈도를 증가시킬 때가 많다. 레버를 눌러서 먹이를 받아온 쥐는 레버를 눌러도 더 이상 강화를 받지 못하게 되면 때로는 그 레버를 물어뜯는다. 만약 주위에 다른 동물이 있으면, 비록 그 동물이 강화물이 나오지 않는 데 아무런 책임이 없다 하더라도, 공격성이 그 동물에게로 향하게 된다(Azrin, Hutchinson, & Hake, 1966; Rilling & Caplan, 1973). 또한 소거가 인간에게서 공격 행동의 증가를 초래할 수 있다는 증거도 있다(예: Todd, Besko, & Pear, 1995). 소거가 공격 행동을 유발하는 경향성은 꽉 닫혀서 안 열리는 문을 발로 차 보거나 배터리가 나가서 리모컨을 던져버리거나 웹사이트가 먹통일 때 자판의 키를 세게 두들겨 본 사람이면 잘 알고 있을 것이다.

때로는 소거가 과거에 강화를 받았던 행동을 재등장하게 할 수도 있는데, 이는 **복귀**(resurgence)라는 현상이다(Epstein, 1983, 1985; Greer et al., 2020; Mowrer, 1940). 비둘기에게 원반 쪼기를 훈련하고 나서 이 행동을 소거시킨다고 하자. 그리고 이제는 날개 퍼덕거리기와 같은 다른 새로운 행동이 강화를 받는다고 하자. 비둘기가 날개 퍼덕거리기를 꾸준히 하게 되었을 때 이 행동을 소거시킨다. 그러면 비둘기가 무엇을 할까? 예상대로 날개 퍼덕거리기는 감소하지만, 예기치 못한 다른 일도 또한 일어난다. 즉, 비둘기가 다시 원반 쪼기를 시작한다. 날개 퍼덕거리기의 비율이 감소함에 따라 원반 쪼기의 비율은 증가한다(그림 7-5). 동물 훈련사 Karen Pryor(1991)는 돌고래에게서 복귀의 예를 이야기한다. Hou라는 돌고래는 바로 전 훈련 회기에서 학습한 행동을 수행하면 강화를 받았다. 만약 이 행동이 강화를 받지 못하면 Hou는 물 위로 뛰어오르기, 물에 잠겼다 솟았다 하며 수영하기, 배를 위로 보이고 수영하기 등 과거에 학습한 묘기들의 총레퍼토리를 모두 수행하곤 했다.

복귀라는 개념은 공격성같이 바람직하지 않은 행동을 치료하기가 매우 어려운 이유를 이해하는 데 도움을 줄 수 있다. 예를 들어, 자폐가 있는 7세 어린이

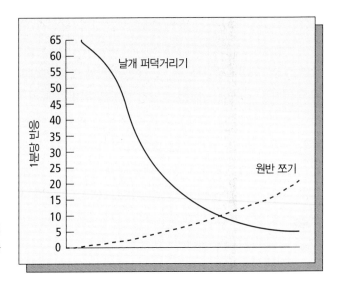

그림 7-5

복귀 한 반응(날개 퍼덕거리기)을 소거하면 과거에 강화를 받았던 행동(원반 쪼기)이 다시 나타난다. (가상적인 자료임)

Nathan은 과도한 관심을 받으면 어쩔 줄 몰라 하면서 다른 사람에게 공격적으로 반응했다(Marsteller & St. Peter, 2012). 이 행동은 과거에 부적 강화를 받았다. 즉, Nathan이 공격적으로 행동하면 사람들이 떠나버려서 그가 싫어하는 관심이 제거되었다. 이 문제를 해결하기 위해 Nathan은 다른 행동에 대해서 강화를 받았다. 즉, 그가 예의 바르게 휴식 시간을 요청하면 연구자들이 관심을 거두었다. 그런 다음 연구자들은 Nathan의 공격성 폭발을 소거 계획상에 두어 없애고자 하였다. 그들은 공격성 폭발에 대해 떠나버리는 대신 Nathan에게 우려를 표현하고 꾸짖으면서 관심을 계속 보였다. Nathan의 공격적 행동은 따라서 소거 계획하에 들어갔고, 예상한 것처럼 시간이 지나면서 감소하였다. 그러나 예의 바르게 휴식 시간을 요청하기라는 새로운 행동이 FR 1에서 FR 12 계획으로 바뀌자 Nathan의 공격적 행동은 재빨리 다시 시작되어 복귀를 입증했다.

소거 도중 과거에 효과 있었던 행동이 재등장하는 것을 무엇이라고 부르는가?

한 번의 소거 회기는 일반적으로 행동을 소거시키기에 충분한 피드백을 주지 못한다. 소거 회기가 여러 시간 동안 지속되면서 강화받지 못하는 행위가 수백 번 혹은 심지어 수천 번 일어날 때조차도 그러하다. 대개 과거에 강화를 받았던 행동의 비율이 감소하다가 마침내 기저선(강화 이전) 수준이나 그 근처에서 안정된다. 그러면 소거가 완료된 것처럼 보인다. 그러나 나중에 이 동물 혹은 사람이 다시 예전의 훈련 상황으로 돌아가면, 소거된 행동이 마치 전혀 소거되었던 적이 없는 것처럼 다시 일어나는 경우가 많다. 파블로프식 소거 시에도 과거에 소거되었던 행동이 이렇게 재출현하는 자발적 회복이라는 현상이 있었음이 기억날 것이다(3장 참고). 일반적으로 두 소거 회기 사이의 시간 간격이 길수록 자발적 회복이 더 잘 일어난다.

자발적 회복은 일상적인 상황에서도 목격할 수 있다. 고장 난 자동판매기에서 음료수를 사려다가 여러 차례 실패한 사람이 포기했다가 그날 나중에 다시 시도하기도 한다. 행동의 이러한 재출현이 자발적 회복의 예이다. 마찬가지로 개 주인이 자신이 집에 오면 자기한테 뛰어오르는 개를 쓰다듬어 주고 관심을 줌으로써 그 행동을 강화해왔다는 점을 깨닫고는 뛰어오를 때 관심을 주지 않음으로써 그 행동을 소거시킬 수 있다. 뛰어오르는 빈도가 점점 줄어들다가 느닷없이 다시 나타날 수 있다. 강화가 없으면 자발적으로 회복된 행동도 곧 다시 없어진다. 그러나 소거 후에 강화를 다시 받으면 그 행동의 빈도가 급격하게 증가한다. 여러 번 허탕을 쳤던 그 자판기가 다시 해 보니 이제는 제대로 작동한다는 것을 알게 된 사람은 마치 그것이 한 번도 고장 난 적이 없었던 것처럼 계속 사용할 수도 있다. 뛰어오르기를 소거시킨 개 주인이 어느 날 개가 뛰어올랐을 때 깜박 잊고서 쓰다듬어 주면 뛰어오르기가 급하게 증가하는 것을 보게 되기 마련이다.

지속적으로 소거 계획상에 있는 행동은 빈도가 계속 감소할 것이다. 소거가 일어나는 속도는 소거 이전에 그 행동이 강화 받은 횟수(Thompson, Heistad, & Palermo, 1963; Williams, 1938)(그림 7-6), 그 행동을 하는 데 드는 노력(Capehart, Viney, & Hulicka, 1958)(그림 7-7), 훈련 시에 제공된 강화물의 종류(Shahan & Podlesnik, 2005)와 크기(Reed, 1991), 소거 이전에 실시되었던 강화계획(Grace, Bedell, & Nevin, 2002; Trump et al., 2020; Weisberg & Fink, 1966) 등을 포함한 많은 요인에 좌우된다.

소거와 강화는 맞대응되는 절차이지만 그 효과가 동등하지는 않다. 즉, 한 번의 무(無)강화가 한 번의 강화를 '상쇄'하는 것은 아니다. Skinner(1938)는 단 한 번의 강화 이후 더 이상의 강화 없이 몇십 번의 레버 누르기가 일어나기도 한다고 언급했다. 한 경우에는 그가 3개의 먹이 알갱이로 한 번 강화를 했더니 쥐가 더 이상 먹이를 받지 못하는데도 레버를 60회나 더 눌렀다. 따라서 행동은 빨리 습득되고 천천히 소거된다(Morse, 1966; Skinner, 1953; Todd et al., 2014).

소거 시에 반응이 감소하는 속도는 다양하지만 궁극적인 결과는 동일하다. 그러나 소거가 과거에 받았던 강화의 효과를 완전히 지워 버리지는 않는다. 어떤 행동을 강화 없이 수천 번 수행하고 난 후에조차 그 행동이 기저 수준을 약간 넘는 빈도로 일어날 수 있다. 특정 행동이 훈련 전보다 더 규칙적으로 일어나지 않는 것이 소거라고 할 때, 사실상 잘 확립된 반응이 진정으로 소거될 수 있는지 의심하는 연구자가 많다(예: Razran, 1956을 보라). 셰익스피어의 말을 빌리자면, 한 번 벌어진

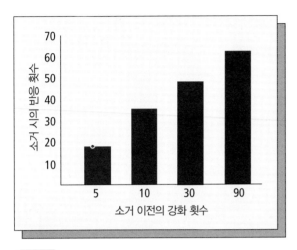

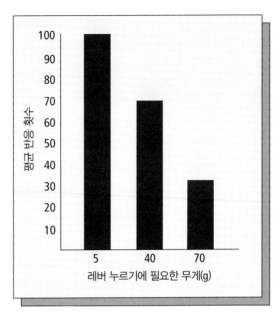

그림 7-6
소거, 그리고 강화의 횟수 소거 동안 나온 반응의 평균 수는 소거 이전에 강화를 받았던 반응의 수와 함께 증가했다. (출처: Williams, 1938을 편집함)

그림 7-7
노력과 소거 레버를 누르는 데 드는 힘이 클수록 소거 시에 나온 반응이 더 적었다. (출처: Capehart et al., 1958의 자료를 편집함)

일을 (완전히) 되돌릴 수는 없다.

기타 단순 강화계획

위에서 살펴본 강화계획들은 강화계획 연구의 근본이어서, 이에 관한 연구가 다른 모든 계획에 관한 연구를 합한 것보다 더 많이 이루어졌을 것이다. 그러나 다른 강화계획도 관심을 받았다. 그중 몇 가지를 간략하게 살펴보자.

고정기간계획(fixed duration schedule: FD 계획)에서는 일정 시간 동안 행동이 계속해서 일어나는 것에 강화가 수반된다. 아이가 30분간 피아노 연습을 해야 하는 것이 FD 계획의 전형적인 예이다. 연습 시간이 끝나면, 그리고 그 시간 내내 연습을 했다면, 아이는 강화물을 받는다. 예를 들어, 피아노 연습 후에 부모가 우유와 과자를, 또는 아이가 좋아하는 다른 것을 줄 수 있다.

변동기간계획(variable duration schedule: VD 계획)에서는 강화를 위해 필요한 수행의 기간이 평균을 중심으로 변화한다. 피아노 연습을 하는 아이의 경우 한 번의 연습을 시작하여 30분, 55분, 20분 혹은 10분이 지난 뒤에 연습을 마칠 수 있다. 이 아이가 평균적으로 30분을 연습하고 나면 우유와 쿠키를 받지만, 강화물이 나타나는 시점은 예측할 수 없다.

이제까지 살펴본 모든 계획에서는 강화가 행동에 달려 있다. 그러나 강화물이 행동과는 독립적으로 주어지는 계획도 존재한다(Lachter, Cole, & Schoenfeld, 1971; Zeiler, 1968). 그런 **비수반적 강화계획**(noncontingent reinforcement schedule: NCR 계획)에는 두 종류가 있다.

고정시간계획(fixed time schedule: FT 계획)에서는 정해진 시간이 지나면 행동과 관계없이 강화물이 주어진다. FT 계획은 강화가 행동에 달려 있지 않다는 점을 제외하면 FI 계획과 유사하다. FI 10″ 계획에서는 10초의 간격이 지나면 비둘기가 먹이를 받을 수 있지만, 원반을 쪼았을 때만 그러하다. FT 10″ 계획에서는 비둘기가 원반을 쪼거나 말거나 상관없이 10초마다 먹이를 받는다.

FT 계획은 실제 세상에서는 흔히 일어나지 않는다. 생일 축하가 FT 계획의 가장 좋은 예가 될 수 있다. 우리는 매년 생일에 가족이나 친구로부터 선물이나 카드를 받거나 생일 축하의 말을 듣는다. 이런 생일 축하는 당시의 우리 행동에 달려 있지 않다. 다시 말해 그런 말이나 선물 등등은 어떤 특정한 행동을 강화하는 것이 아니다. 그것은 고정된 시간 간격(1년) 후에, 매년 같은 날짜 즉 당신의 생일에 그냥 나타난다.

변동시간계획(variable time schedule: VT 계획)에서는 강화가 무슨 행동이 일어나는지와 상관없이 불규칙한 간격으로 가끔 주어진다. VT 계획과 FT 계획 사이의 차이는 VT 계획에서는 어떤 평균을 중심으로 변화하는 시간 간격을 두고 강화물이 나타나는 반면, FT 계획에서는 일정한 간격 이후에 강화물이 나타난다는 점이다.

진정한 VT 계획은 실험실 바깥에서는 FT 계획보다도 더 찾아보기 힘들다. 예를 들어, 주기적으로 꽃이 피는 식물이 있다고 하자. 때로는 꽃 두 송이가 연달아 피지만 때로는 몇 주 혹은 몇 달 동안 꽃이 한 송이도 피지 않을 수 있다. 식물이 꽃을 피우도록 북돋우려고 돌볼 필요가 없다고 가정할 때, 그것이 VT 계획으로 간주될 수 있을 것이다.

> Skinner가 미신 행동 실험(6장 참고)에서 사용했던 것이 FT 계획임을 알아보겠는가? Koichi Ono는 VT 계획을 가지고 미신 행동을 만들어 냈다.

❓ 개념 점검 5

FT 계획과 VT 계획은 어떻게 해서 NCR 계획의 예인가?

점진적 계획(progressive schedule)은 수반성을 기술하는 규칙이 체계적으로 변한다는 면에서 다른 계획과 뚜렷이 구분된다(Stewart, 1975). 이론적으로 네 종류의 점진적 계획이 있지만(그림 7-8), 우리는 가장 흔히 연구되는 **점진적 비율계획**(progressive ratio schedule: PR 계획)에 집중할 것이다(Hodos, 1961; Killeen et al., 2009). PR 계획에서는 강화를 위한 요구 조건이 대개 미리 결정된 방식에 따라 증가하는

	비율	간격	기간	시간
고정	고정비율	고정간격	고정기간	고정시간
변동	변동비율	변동간격	변동기간	변동시간
점진적	점진적 비율	점진적 간격	점진적 기간	점진적 시간

그림 7-8

단순계획들   그림 7-1은 가장 많이 연구된 네 가지 강화계획(FR, VR, FI, VI)에서의 전형적인 수행을 보여주었다. 하지만 이 표가 보여주는 바와 같이 다른 단순계획들도 가능하다.

데, 흔히 각 강화 이후 즉시 증가한다. 비율상의 점진은 산술적이거나 기하급수적이다.

산술적 점진은 수열에 매번 숫자를 **더함으로써** 증가한다. 이는 예를 들어, 각 강화 후 필요한 반응의 수를 2개 증가시키는 것일 수 있다. 산술적 점진에서는 쥐가 레버를 두 번 누른 후에 먹이를 받을 수 있다. 그다음에는 쥐가 먹이를 받으려면 레버를 네 번 눌러야 하고, 그다음에는 여섯 번, 여덟 번, 열 번 눌러야 하는 식이다. 기하급수적 점진은 수열에 매번 숫자를 **곱함으로써** 증가한다. 이는 예를 들어 각 강화 후에 필요한 반응의 수를 두 배로 하는 것일 수 있다. 기하급수적 점진에서는 쥐가 레버를 눌러야 하는 횟수가 두 번, 네 번, 여덟 번, 열여섯 번, 서른두 번, 예순네 번 등으로 증가할 수 있다. 어떤 PR 계획에서는 강화에 필요한 반응의 수가 아니라 강화물 자체가 변한다. 제공되는 먹이의 양이 점점 더 적어지거나 질이 떨어지거나 점점 더 오랜 지연 기간이 있은 후에 제공될 수 있다. 점진은 어떤 형식을 띠든 간에 행동의 비율이 급격히 떨어지거나 완전히 멈출 때까지 계속된다. 그 지점이 **중단점**(break point)이라고 불린다.

점진적 계획이 자연 상황에서 일어나는지에 대해서는 연구자들이 논쟁을 벌이고 있다. 어떤 학생이 시험을 위해 밤샘을 한다면, 공부하기 위해 잠을 깨려고 커피를 마실 수 있다. 밤이 깊어가면서 학생은 계속해서 커피를 더 마시는데, 그러면 카페인이 학생이 공부하는 동안 깨어 있도록 계속 도와준다. 커피 없이는 학생이 잠들어 버릴 수 있다. 이 예가 점진적 비율계획의 정의에 정확하게 맞아떨어지지는 않는데, 왜냐하면 점진은 미리 정해진 방식으로 증가하는데 이 경우에는 대개 그렇지 않으며, 또한 반드시 행동에 의존하지도 않기 때문이다. 연구자들이 점진적 계획에 관심을 갖는 이유는 그것이 자연 상황에서 일어나서라기보다는 연구 및 치료 도구로서 가치가 있기 때문이다(예: Dougherty et al., 1994; Lattal & Neef, 1996; Rickard et al., 2009; Roane, 2008).

비율 늘이기

단 하나의 강화물을 위해, 그것이 단지 소량의 먹이에 지나지 않더라도, 쥐는 레버를 몇백 번 누르고 비둘기는 원반을 몇백 번 쫀다. 사람도 이처럼 아주 '성긴' 강화계획, 즉 각각의 강화를 위해 많은 수의 반응이 필요한 계획상에서 꾸준히 일해왔다. 어떻게 이런 일이 일어날까? 사람은 말할 것도 없고 어떻게 쥐가 사소한 양의 강화를 받기 위해 레버를 수백 번 누른단 말인가?

일종의 조성이 답을 준다. 실험자는 쥐가 레버를 누르도록 훈련하고서 곧바로, 이를테면 FR 100 계획을 시행하지는 않는다. 그게 아니라 실험자가 연속강화계획으로 시작하여 동물이 꾸준한 비율로 반응하면 비율을 FR 3으로 증가시킨다. 이 계획이 어느 정도 시행된 다음에는 실험자가 FR 5로 바꾸고, 다음에는 FR 8, FR 12, FR 20, FR 30 등으로 바꿀 수 있다. 이런 절차를 **비율 늘이기**(stretching the ratio)라고 부르지만, 더 좋은 용어는 **수반성 늘이기**(stretching the contingency)가 될 것이다. 왜냐하면 동일한 절차가 간격계획, 기간계획 및 시간계획에 적용될 수 있기 때문이다. 이것은 새로운 행동을 조성할 때 사용되는 조성 과정과 본질적으로 같은데, 이 경우에는 조성되는 것이 지속성이라는 점만 다르다.

? 개념 점검 6

FR 3과 VR 4의 두 계획 중 더 성긴 계획은 무엇인가?

비율 늘이기는 거의 확실하게 자연환경에서도 일어난다. 앞서 우리는 큰사슴을 잡아먹는 늑대의 예를 들었다. 기생충 감염으로 사슴 떼가 병약해지면 사냥이 상대적으로 쉽지만, 늑대가 병든 사슴들을 점차 제거함에 따라 사냥에 필요한 노력이 더 커진다. 낮은 비율계획에서 높은 비율계획(대부분의 시도가 강화를 받지 못하는)으로의 전이는 서서히 일어나기 마련이다.

도박장에 가보면 비율 늘이기를 거기서도 볼 수 있다. 카드놀이에서 사기를 치는 사람은 처음에는 '먹잇감으로 찍은 사람'이 자주 이기게 해 준 다음, 서서히 자기가 더 많이 이겨간다. 이들이 서서히 비율을 늘이는 까닭은 자신이 목표로 삼은 '경쟁자'를 쫓아버리고 싶지 않아서이다. 비율 늘이기는 좀 더 유익한 목적으로 사용될 수도 있다. 예를 들어, 부모가 처음에는 자녀가 공부하는 것을 볼 때마다 강화를 주다가 점점 더 뜸하게 강화를 줄 수 있다.

? 개념 점검 7

행동이 간격계획상에 있을 때 어떻게 '비율 늘이기'를 할 수 있을까?

비율 늘이기는 조심해서 이루어져야 한다. 비율을 너무 급격히 또는 너무 많이 늘이면 수행 경향성이 붕괴되는데, 이런 현상을 **비율 긴장**(ratio strain)이라고 한다 (점진적 계획은 필연적으로 비율 긴장을 낳으며 앞서 지적한 것처럼 중단점에 도달하게 된다). '과로와 저임금'에 시달린다고 불평하거나 직무를 게을리하는 직장인은 비율 긴장을 겪고 있는 것일 수 있다. 그러나 Skinner(1953)는 동물이 먹이 강화물로 얻는 에너지보다 그것을 위해 쓰는 에너지가 더 많은 지점까지 비율을 늘이는 것이 가능하다고 하였다. Christopher(1988)는 도박하는 비둘기에 관한 연구에서 이를 입증해 보였다(226쪽의 '인생은 도박이다?'를 보라).

앞서 기술한 단순계획들은 그 용어가 암시하는 것처럼 비교적 복잡하지 않다. 그러나 그것들이 조합되어 다음 주제인 복합계획을 형성할 때는 좀 더 어려운 것이 된다.

7.2 요약 | 단순 강화계획에는 행동이 일어날 때마다 매번 강화를 받는 연속강화와 행동이 때로는 강화를 받고 때로는 받지 못하는 다양한 종류의 간헐적 계획이 있다. 간헐적 계획에는 FR, VR, FI, VI, EXT, NCR, FT, VT, FD, VD, PR이 있다. 이 약어들이 무엇인지 모른다면, 이들에 대해 다시 읽어보는 것이 좋겠다. 비율 늘이기는 단순 강화계획의 강화를 성기게 만들 수 있다.

7.3 복합 강화계획

학습목표 --

행동에 미치는 복합 강화계획들의 효과를 비교하려면,

3.1 혼합강화계획과 다중강화계획의 주요 차이를 파악한다.

3.2 연쇄강화계획과 직렬강화계획의 주요 차이를 이야기한다.

3.3 협동강화계획이 협력 파트너들 사이에서 어떻게 노동의 불평등의 원인이 될 수 있는지를 파악한다.

3.4 병립강화계획이 어떻게 동물에게 선택을 제공하는지를 설명한다.

복합 강화계획(compound schedule)은 단순 강화계획들의 다양한 조합으로 구성된다. 여기서는 몇 가지 중요한 복합 강화계획만 다룰 것이다.

다중계획(multiple schedule)에서는 반응이 2개 이상의 단순 강화계획의 통제하에 있고, 각 단순 강화계획은 하나의 특정 자극과 연관되어 있다. 원반을 쪼아 곡식 받기를 학습한 비둘기를 다중계획상에 두어서 빨간불이 켜지면 쪼기가 FI 10″ 계

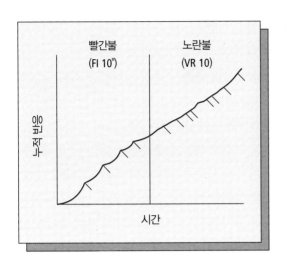

그림 7-9

다중계획 어떤 자극이 시행 중인 강화계획의 변화를 알리면 비둘기의 반응 비율과 패턴이 변화한다. (가상적 자료임)

획에 따라 강화되고 노란불이 켜지면 VR 10 계획에 따라 강화되도록 할 수 있다. 두 개의 강화계획이 번갈아 나타나는데, 그 변화는 불빛 색깔의 변화로 표시된다. 실험자는 이것을 MULT FI 10″ VR 10 계획이라고 지칭한다. 이 비둘기의 누적 기록은 빨간불이 켜져 있을 때는 FI 계획과 같이 친숙한 물결 모양의 곡선을, 이어서 노란불이 켜져 있을 때는 VR 계획에서 나타나는 빠르고 꾸준한 반응을 보여준다 (그림 7-9).

　혼합계획(mixed schedule)은 다중계획과 동일하되 (빨간불과 노란불 같은) 강화 수반성의 변화를 표시하는 자극이 없다는 점만 다르다. MIX FI 10″ VR 10 계획에서는 원반 쪼기가 이를테면 30초 동안은 FI 10″에 따라 강화되다가 60초 동안 VR 10에 따라 강화될 수 있지만, 강화계획이 변했다는 신호가 나오지 않는다.

> **? 개념 점검 8**
>
> 다중계획과 혼합계획은 어떻게 다른가?

　연쇄계획(chain schedule)에서는 일련의 계획 중 마지막 것이 완결되었을 때만 강화가 주어진다. CHAIN FR 10 FI 15″ VR 20 계획상에 있는 비둘기를 가정해 보자. 이 비둘기는 빨간 원반을 쪼는데, 10회 쪼고 난 뒤 원반이 빨간색에서 노란색으로 바뀐다. 노란 원반은 FI 15″ 계획이 시행됨을 알려주며, 15초 후에는 원반을 쪼면 원반의 색깔이 노란색에서 초록색으로 바뀐다. 초록색 원반을 평균 20회 이상 쪼면 먹이가 나온다. 그리고 원반은 다시 빨간색으로 바뀌어 FR 10 계획이 다시 시행됨을 알린다. 맨 마지막 계획이 요구하는 반응이 완결되었을 때만 비둘기가 먹이를 받는다는 점을 주목하라. 그럼에도 불구하고 대개 비둘기는 마치 각각의 계획에서 먹이가 제공되는 것처럼 반응한다. 예를 들어, FI 15″ 계획상에 있을 때는 누적 기록이 FI 계획에서 전형적으로 나타나는 물결 모양의 곡선이다.

직렬계획(tandem schedule)은 한 계획의 끝과 다음 계획의 시작을 신호하는 뚜렷한 사건(예: 불빛 혹은 버저 소리)이 없다는 점만 제외하면 연쇄계획과 유사하다.

연쇄계획과 직렬계획은 흥미로운 의문을 불러일으킨다. 즉, 먹이 같은 일차 강화물이 나오지 **않는** 강화계획 동안에는 무엇이 행동을 강화하는 것일까? 연쇄계획에서는 원반의 색깔 같은 눈에 띄는 자극이 강화계획이 바뀌었음을 나타낼 뿐 아니라 강화가 더 가까이 오고 있음을 알려준다. 따라서 그런 자극이 이차 강화물로 작용할 수 있다. 그러나 그런 신호가 나오지 않는 직렬계획의 경우에는 무엇이 강화물일까? 이 경우에는 아마도 계획의 변화 그 자체가 단서 역할을 할 것인데, 왜냐하면 그것이 사실상 강화가 다가옴을 알려주기 때문이다.

지금껏 기술한 계획들은 단순 강화계획이든 복합 강화계획이든 하나의 개체만 관여되어 있다. 그러나 강화가 둘 이상의 개체의 행동에 달려 있게 만드는 계획도 존재한다. 그와 같은 배열은 **협동계획**(cooperative schedules)이라 한다. 예를 들어, 두 마리의 비둘기에게 원반을 쪼게 하고 둘이 합쳐서 20회를 쪼면 먹이를 받도록 만들 수 있다. 한 마리가 분당 10회를 쪼는 동안, 다른 한 마리는 분당 40회를 쫄 수도 있다. 원반을 쫀 총횟수가 20회에 도달하면 두 마리의 비둘기가 각각 먹이 몇 알을 받는다. 아니면 총 20회를 쪼면 두 마리가 다 먹이를 받도록 하되 각각 10회를 쪼았을 때만 먹이를 받도록 만들 수도 있다. 협동계획에서는 한 개체가 받는 강화가 다른 개체의 행동에 부분적으로 의존한다.

협동계획은 두 개체만 있을 때 시행하기가 가장 쉽지만 더 큰 집단을 대상으로도 시행할 수 있다. 예를 들어, 다섯 마리의 비둘기를 대상으로 원반을 총 100회 쪼면 먹이를 받게 하되 한 마리당 적어도 10회 이상 원반을 쪼아야 하게 만들 수 있다.

협동계획은 사람에게도 흔히, 하지만 대개 비효율적인 방식으로 일어난다. 예를 들어, 교사가 한 집단의 학생들에게 어떤 프로젝트를 함께 하도록 요구할 수 있다. 각 학생이 공헌한 바와는 무관하게 그 집단에 속한 학생들은 그 프로젝트에 대해 같은 점수를 받는다. 교사는 학생들이 과제를 동등하게 나누어서 하기를 기대한다. 그러나 강화는 과제의 분배가 아니라 한 집단이 전체로서 낸 성과물에 달려 있다. 이는 흔히 과제를 공평하게 분배했을 때 해야 할 몫보다 일을 더 많이 하는 구성원과 더 적게 하는 구성원이 생기는 결과를 낳는다. 직장에서도 고용주가 직원들에게 어떤 프로젝트를 집단으로 수행하게 하면 같은 현상을 종종 볼 수 있다. 집단의 노력뿐 아니라 개개인의 공헌도 강화를 받게끔 협동계획을 수정하면 위와 같은 노동의 불평등을 피하거나 감소시킬 수 있다.

지금까지 논의된 계획들에서는 어떤 한 순간에 한 사람 혹은 한 동물에게 하나의 계획만이 가용하다. **병립계획**(concurrent schedule)에서는 한 번에 두 개 이상의 계획이 가용하다. 비둘기가 VR 50 계획상에 있는 빨간 원반을 쪼는 것과 VR 20 계획상에 있는 노란 원반을 쪼는 것 중에서 선택할 수 있다. 다시 말하면 병립계획은 선택을 수반한다. 방금 주어진 예에서는 비둘기가 노란 원반과 VR 20 계획을 곧 선택할 것이다. 대단히 많은 행동이 선택을 포함하므로 나중에 이 문제를 좀 더 자세히 살펴볼 것이다.

두 개 이상의 단순 강화계획이 조합되어 다양한 종류의 복합 강화계획이 형성될 수 있다. 계획들이 교대로 나타나고 각각이 특정 자극에 의해 구별되면 다중계획이다. 계획들이 교대로 나타나되 계획의 변화에 대한 신호가 없으면 혼합계획이다. 연쇄계획에서는 일련의 강화계획 중 마지막 것이 완결되었을 때만 강화가 주어지고, 한 계획이 다음 계획으로 바뀜을 자극의 변화가 신호한다. 직렬계획은 신호가 없다는 점만 제외하면 연쇄계획과 유사하다. 협동계획은 강화가 둘 이상의 개체의 행동에 수반되도록 만든다. 병립계획에서는 둘 이상의 계획이 동시에 시행되어서 유기체가 이들 중 선택을 해야만 한다.

7.3 요약

7.4 부분강화효과

학습목표

부분강화효과를 설명하는 이론들을 비교하려면

4.1   부분강화효과를 정의한다.

4.2   부분강화효과가 왜 모순적인지 파악한다.

4.3   부분강화효과에 대한 변별 가설을 설명한다.

4.4   부분강화효과에 대한 변별 가설의 약점을 파악한다.

4.5   부분강화효과에 대한 좌절 가설을 설명한다.

4.6   부분강화효과에 대한 순서 가설을 설명한다.

4.7   부분강화효과에 대한 좌절 가설과 순서 가설을 비교한다.

4.8   부분강화효과에 대한 반응 단위 가설을 설명한다.

4.9   반응 단위 가설은 왜 부분강화효과가 착각이라고 말하는지 설명한다.

간헐적 계획에 따라 강화된 행동은 연속강화계획상에 있었던 행동에 비해 소거하기가 더 힘들다. 이런 특이한 계획효과를 **부분강화효과**(partial reinforcement effect: **PRE**)라고 한다[이것은 또한 부분강화 소거효과(partial reinforcement extinction effect: PREE)라고 부르기도 한다].

그림 7-10

부분강화효과   네 가지 고정비율계획 이후 소거 시에 보이는 쥐들의 레버 누르기의 평균 횟수. 계획이 성길수록 소거 시의 반응 횟수가 더 많다. (출처: Mowrer & Jones, 1945의 자료를 편집함)

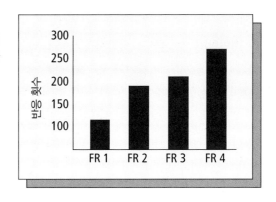

O. Hobart Mowrer와 Helen Jones(1945)는 고전적 실험을 통해 이 효과를 분명하게 입증했다. 그들은 먼저 먹이를 위해 레버를 누르도록 쥐를 훈련했다. 이 기본 훈련 이후 Mowrer와 Jones는 쥐들을 다섯 집단에 임의로 배정하였는데, 그중 네 집단이 함께 PRE를 보여준다. 각 집단에서 쥐들은 서로 다른 강화계획에 따라 강화를 받았다. 즉 CRF, FR 2, FR 3, FR 4상에 있었다. 이후 쥐들은 레버를 눌러서 총 20회의 강화를 받을 때까지 지속되는 훈련 회기를 매일 한 번씩 거쳤다. 7일이 지나서 총 140회의 강화를 받고 난 뒤, 연구자들은 레버 누르기를 소거했다. 소거 동안의 레버 누르기의 총횟수는 뚜렷하고도 반(反)직관적인 패턴을 보였다. 즉, 소거 이전의 강화계획이 성길수록 소거 동안 레버 누르기 횟수가 더 많았다(그림 7-10).

인간 또한 간헐적 강화 이후 소거에 대해 놀라운 저항을 보이는 경우가 가끔씩 있다(Pittenger & Pavlik, 1989; Poon & Halpern, 1971). 한 연구에서 Harlan Lane과 Paul Shinkman(1963)은 한 대학생의 행동을 VI 100″ 계획으로 강화한 후에 그 행동을 소거했다. 강화계획 이외의 다른 변인들이 그 학생의 행동에 영향을 미쳤을 수 있겠지만, 놀랍게도 이 학생은 11시간 동안이나 일을 했고 강화 없이 그 행동을 8,000회나 했다! 쥐를 대상으로 한 또 다른 연구에서 Gass와 동료들(2014)은 청소년기에 알코올에 간헐적으로 노출되면 다 자랐을 때 알코올 추구 행동의 소거에 대한 저항성이 높아진다는 것을 발견했다.

PRE는 응용 환경에서 실용적으로 이용되었다(예: Hanley, Iwata, & Thompson, 2001). 일단 어떤 행동이 잘 확립되면 치료자가 강화계획을 성기게 만들기(비율 늘이기) 시작할 수 있다. 이것이 행동을 소거에 더 저항적으로 만들고 따라서 치료 장면 외부에서도 그 행동이 지속될 가능성을 높여준다. 예를 들어, 거미 공포증이 있는 환자가 거미 사진을 볼 때마다 치료자가 환자를 강화할 수 있다. 그런 다음 치료자가 부분강화로 바꾸어서 환자가 거미 사진을 세 번 혹은 다섯 번 볼 때마다 강화를 줄 수 있다. 이후 환자가 치료자가 없을 때 거미 사진을 보면 강화를 받을 수 없는데도 그것을 견뎌낼 가능성이 크다. 교사도 또한 어떤 행동을 확립시킨 다음 강화 비율을 늘임으로써 PRE를 유용하게 쓸 수 있다.

? 개념 점검 9

PRE란 무엇인가?

여러 차례 입증된 바 있는 PRE는 모순적인데, 왜냐하면 효과 법칙에 따르면 간헐적 강화계획 시행 중에 일어나는 강화받지 못하는 반응은 반응 경향성을 더 강하게 만드는 것이 아니라 더 **약하게** 만들어야 하기 때문이다. 이와 같은 모순 때문에 연구자들은 이 효과를 설명하는 데 상당한 시간과 노력을 들였다. 이 현상을 설명하는 네 가지 가설을 살펴보자.

변별 가설

변별 가설(discrimination hypothesis)은 간헐적 강화 이후 소거하는 데 더 오랜 시간이 걸리는 이유가 소거와 연속강화를 구별(즉, 변별)하기보다 소거와 간헐적 강화를 구별하기가 더 힘들기 때문이라고 말한다(Mowrer & Jones, 1945).

당신이 라스베이거스로 놀러 가서 슬롯머신에서 운을 시험해 본다고 하자. 당신은 우연히도 고장 난 기계 쪽으로 간다. 어떤 부품이 일시적으로 망가져서 항상 돈을 따게끔 되어 있는 것이다. 당신이 이 기계에 다가가서 25센트 동전을 하나 넣고 버튼을 누른다. 그러자 1달러를 따게 된다. 다시 25센트를 넣고 몇 달러를 더 딴다. 25센트 동전을 하나 넣고 버튼을 누를 때마다 당신은 돈을 딴다. 25센트 동전을 100개 정도 넣고 200달러를 딴 이후에 이 기계에 또 한 번 이상이 생겨서 절대 돈을 내주지 않게끔 된다(물론, 당신은 이를 알 리가 없다). 25센트를 넣고 버튼을 눌렀는데 매우 놀랍게도 돈이 나오지 않는다. 또다시 돈을 넣어 보고, 또 넣어 보고 또 넣어 보고 하지만 당신은 절대 따지 못한다. 이런 상황에서는 아마도 당신이 이 기계에서 도박하기를 멈추는 데 오래 걸리지 않을 것이다.

당신은 또 다른 기계에 도전해 보려고 자리를 옮긴다. 앞의 경우에서와 마찬가지로 당신이 두 번째로 선택한 기계도 문제가 있는데, 이번에는 매번 돈이 나오는 것이 아니라 30회마다 한 번씩 돈이 나온다. 동전 100개를 넣은 후(그리고 200달러를 딴 후) 이 기계가 또 한 번 고장을 일으켜 돈을 절대 내어 주지 않게끔 되어 버린다. 당신은 이 결함을 모르고 계속해서 동전을 넣는다. 자, 강화계획이 바뀌었다는 약간의 낌새라도 알아차리게 될 때까지 당신이 몇 개의 동전을 기계에 넣어야 할까? 정답은 30개이다. 다시 말하면 동전을 29개까지 넣었는데 돈을 따지 못하더라도 전혀 의혹이 생기지 않는다. 결국에는 당신이 돈을 쏟아붓는 일을 멈추게 되겠지만, 연속강화에서 소거로 바뀐 앞서의 기계와 비교하면 아마도 당신은 더 오랫동안 돈 넣기를 지속할 것이다. 그 이유가 변별 가설에 따르면 소거와 FR 1 계획보다는 소거와 FR 30 계획을 변별하는 데 더 오랜 시간이 걸리기 때문이다. 소거와 FR 100 계획을 변별하는 데는 더욱 오랜 시간이 걸릴 것임은 쉽게 상상할 수 있다. 소거와 VR 100 계획을 변별하는 데는 이보다 더 오래 걸릴 텐데, 왜냐하면 VR 100 계획상에서는 강화가 나오기까지 어떤 행동이 150회 혹은 그 이상 일어나야 할 때도 있을 것이기 때문이다. 따라서 PRE에 대한 변별 가설은 연속강화보다 간헐적 강화 후에 행동이 더 천천히 소거되는 이유가 연속강화와 소거의 차이가 간헐적 계획과 소거의 차이보다 더 크기 때문이라고 제안한다.

변별 가설은 매력적이긴 하지만 행동을 예측하는 데 완벽하게 만족스럽지는 않은 것으로 밝혀졌다(Jenkins, 1962). 다른 설명들은 변별 가설을 발판으로 여러 방식의 새로운 시도를 하였다. 그런 이론 중 하나가 좌절 가설이다.

좌절 가설

Abram Amsel(1958, 1962)은 PRE를 설명하기 위해 **좌절 가설**(frustration hypothesis)을 제안하였다. Amsel은 이전에 강화를 받았던 행동에 대한 비(非)강화가 동물을 좌절시킨다고 주장한다. Amsel은 좌절이 혐오적인 정서 상태이고, 따라서 좌절을 감소시키는 것은 무엇이든 강화적일 것이라고 말한다. 연속강화에서는 좌절이 전혀 없는데, 왜냐하면 비강화가 없기 때문이다. 그러나 행동이 소거 계획상에 놓이면 좌절이 증가한다. 행동이 강화를 받지 못할 때마다 좌절이 쌓인다(자판기에 여러 번 돈을 넣었는데 아무것도 나오지 않은 경험이 있는 사람은 평소에 강화를 받던 행동이 비강화될 때 생겨나는 혐오적인 상태를 잘 알고 있을 것이다). 혐오적 상태를 감소시키는 행동은 무엇이든지 부적 강화를 받을 수 있다. 따라서 소거 시에 그 행동을 수행하지 **않음**으로써 좌절은 감소할 수 있다(이와 똑같은 방식으로, 당신을 속인 자판기를 재빨리 포기함으로써 당신은 짜증을 덜 내게 된다).

행동이 간헐적으로 강화될 경우에는 동물이 비강화(그리고 좌절) 기간에 익숙해지게 된다. 그 개체는 이러한 좌절의 기간에도 계속 수행을 하여 결국에는 강화를 받게 된다. 따라서 **좌절한 상태**에서 일어나는 레버 누르기가 강화를 받는다. 달리 표현하면, 좌절이라는 정서 상태가 레버 누르기에 대한 단서 또는 신호가 된다. 이제 행동이 소거 계획상에 놓이면 동물이 좌절하게 되는데, 그렇지만 좌절은 레버 누르기에 대한 신호이기 때문에 반응은 계속된다. 이는 좌절을 증가시키고, 증가한 좌절은 반응에 대한 신호이고, 따라서 행동은 또 계속된다. 그러면 더 심

왜 이렇게 가설이 많아? 내가 좌절하겠어!

PRE를 설명하려는 이론들을 공부하고 나서 의문이 생길 수 있다. 대체 왜 연구자들이 이 효과에 대해 결정을 내리지 않는 걸까? 과학이 하는 일이란 게 그런 혼란을 해결하는 것 아닌가?

글쎄, 과학의 궁극적인 목표에 대한 그런 생각은 옳다. 일단 우리가 확신할 수 있는 어떤 이론을 갖고 있으면, 그것을 이용하여 행동을 설명할 수 있다. 하지만 이 시점에서는 만족스러운 이론을 찾기 **전에** 어떤 일이 일어나는지를 우리가 보고 있다. 우리는 실제 과학적 과정의 한가운데에 있으며, 이때는 우리가 최종 이론을 향해 가고 있으므로 그것이 어떤 모습일지 아직 확실하게 알 수가 없다. 과학자들은 실제로 좋은 후보 이론들을 혼돈 속으로 초대하여 어느 것이 현상을 가장 잘 설명하는지 찾아내려 한다. 실제 과학적 활동의 와중에서는 어느 정도 좌절이 느껴질 것을 예상할 수 있다!

예를 들어 PRE를 보자. 그것을 설명하기 위한 네 가지 이론을 우리가 살펴보았다. PRE 같은 어떤 주제에 대해 이론, 즉 일반적 틀은 이미 존재하는 연구 결과를 가지고 시작하여 그것을 설명하려고 한다. 좋은 이론은, 그러고서 앞으로 연구에서 일어나야 할 일과 일어나지 않아야 할 일에 대해 새로운 예측을 한다. 다음으로 연구자들이 이 예측을 검증하면서 어느 이론이 그 주제에 관한 연구 결과 모두를 가장 잘 설명하는지 밝혀내고자 한다. 그런 후 이 검증을 통과하지 못한 이론은 버리거나 수정한다.

첫 번째 이론인 변별 가설을 보자. 이 이론은 PRE가 일어나는 이유가 부분강화와 소거 간의 전환을 변별하기 어렵기 때문이라고 제안했다는 것이 기억날 것이다. 예를 들어, 비둘기가 먹이 한 알을 얻기 위해 원반을 50회 쪼아야 한다면 같은 비둘기가 먹이를 받기 위해 딱 한 번만 쪼아도 되는 경우(연속강화계획에서처럼)보다 강화가 중지되었음을 알기가 더 힘들 것이다.

만약 변별 가설이 PRE를 설명한다면, 이 전환을 비둘기에게 더 뚜렷하게 만들면 PRE가 사라져야 한다. 즉, 연속강화 후에 볼 수 있는 전형적인 소거 반응이 나타나야 할 것이다. 이 이론의 흥망은 이 예측에 달려있다. 이를 검증하기 위해 Jenkins(1962)는 부분강화계획을 사용하여 비둘기가 원반을 쪼도록 훈련한 다음, 소거 직전에 연속강화로 바꾸었다. 만약 동물이 강화계획의 변화를 감지할 수 있는지가 PRE를 설명한다면 이제 비둘기들은 연속강화를 받았던 때와 똑같이 훨씬 더 빠른 소거를 나타내야 할 것이다. 다시 말해, 소거로의 전환을 아주 쉽게 감지해야 한다.

그러나 비둘기들은 PRE를 보였을 뿐만 아니라 사실상 소거에 대해 오히려 **더 큰** 저항을 보이는 것이 아닌가! 따라서 부분강화 이후, 소거 직전에 연속강화를 하는 것이 부분강화만 하는 것보다 소거에 대한 저항을 실제로 증가시키는 결과를 가져올 수 있다.

이런 결과는 변별 가설에 들어맞지 않으므로, PRE에 대한 설명으로 변별 가설이 인기를 잃게 된 이유를 일부 설명한다.

연구를 하지 않았더라면, 검증을 해보지 않았더라면 우리는 이 이론을 버릴 수 없었을 것이다. 이것이 과학이 하는 일이다. 연구자들이 모든 답을 갖고 있지는 않다(!)는 것을 깨닫고서 좌절감을 느끼는 학생들이 흔히 있다.

한 좌절이 일어나고, 이 좌절은 또 레버를 누르라는 신호가 되고 하는 식으로 계속된다.

훈련 중에 강화계획이 성길수록 쥐가 마침내 먹이를 받게 될 때의 좌절 수준은 그만큼 더 높다. 따라서 성긴 계획상에 있는 쥐에게는 높은 수준의 좌절이 레버 누르기에 대한 단서가 된다. 소거 시에 반응을 계속하면 개체는 점점 더 많이 좌절하게 된다. 그런데 높은 수준의 좌절은 레버 누르기에 대한 신호이므로(쥐가 더 많이 좌절하게 될수록 먹이가 그만큼 더 가까워진다) 소거가 더 느리게 진행된다.

좌절은 PRE에 대한 한 가지 설명을 제공하는데, 또 다른 설명은 단서들의 순서에 초점을 맞춘다.

순서 가설

E. J. Capaldi(1966, 1967)의 **순서 가설**(sequential hypothesis)은 훈련 시의 단서들의 배열 순서상 차이 때문에 PRE가 생긴다고 주장한다. Capaldi는 훈련 시에 각각의 행동 다음에는 두 사건 중 하나, 즉 강화 혹은 비강화가 뒤따른다는 점을 지적한다. 연속강화에서는 레버를 누를 때마다 강화를 받는데, 이는 강화가 레버 누르기 반응에 대한 신호가 됨을 의미한다. 소거 시에는 레버를 눌러도 강화가 나오지 않고, 따라서 레버 누르기에 대한 중요한 단서(강화의 존재)가 없다. 따라서 연속강화 이후에 소거가 신속하게 진행되는 이유는 수행을 위한 중요한 단서가 없기 때문이다.

간헐적 강화에서는 레버를 누르면 어떤 때에는 강화가 뒤따르고 어떤 때에는 비강화가 뒤따른다. 따라서 강화와 비강화의 **배열 순서**가 레버 누르기에 대한 신호가 된다. 예를 들어, FR 10 계획상에 있는 쥐는 레버를 열 번째 눌러서 강화를 받기 전까지 아홉 번의 레버 누르기를 강화 없이 해야 한다. 그런 아홉 번의 비강화된 레버 누르기가 레버 누르기 반응에 대한 신호이다. 강화계획이 성길수록 소거에 대한 쥐의 저항이 더 커지는데, 왜냐하면 길게 이어지는 비강화된 레버 누르기가 레버 누르기를 계속하게 하는 단서가 되어 버렸기 때문이다. 다시 말하면, 쥐가 강화의 부재에도 불구하고 수행을 하는 이유는 과거에 강화 이전에 항상 비강화된 레버 누르기가 길게 이어졌기 때문이다.

좌절 가설과 순서 가설은 공통점이 많다. 예를 들어, 둘 모두 소거가 능동적인 학습 과정이라고 가정한다. 또한 Amsel과 Capaldi 두 사람 모두 훈련 시에 존재하는 자극들이 행동에 대한 단서가 된다고 가정한다. 주된 차이는 Amsel은 유기체의 내부(좌절이라 불리는 생리적 반응)에서 그 단서를 찾는 반면에 Capaldi는 외부 환경(강화와 비강화의 배열 순서)에서 그 단서를 찾는다는 점이다. 이제 PRE에 대한 매우 다른 접근인 반응단위 가설을 살펴보자.

❓ 개념 점검 10

좌절 가설과 순서 가설은 모두 어떤 가설의 변형인가?

반응단위 가설

Mowrer와 Jones(1945)는 **반응단위 가설**(response unit hypothesis)이라는 PRE에 대한 또 다른 설명을 제공한다. 이 접근은 PRE를 이해하기 위해서는 간헐적 강화를 받고 있는 행동을 달리 생각해야 한다고 말한다.

예를 들어, 레버 누르기 연구에서 대개 레버 누르기란 측정 가능한 효과(예: 기록장치를 작동시키는 것)를 환경에 일으킬 만큼 레버가 한 번 충분히 내려가는 것이라고 간주된다. 그러나 Mowrer와 Jones는 무엇이 강화를 낳는가라는 측면에서 레버 누르기를 정의할 수도 있다고 말한다.

연속강화계획의 경우에는 두 가지 정의가 완전히 일치한다. 즉, 기록기를 작동시킬 만큼 레버를 깊이 누를 때마다 쥐는 약간의 먹이를 받는다. 그런데 FR 2 계획으로 바꾸면 어떤 일이 일어나는지 생각해 보자. 레버를 한 번 누르면 아무것도 나오지 않지만 두 번 누르면 먹이가 나온다. 만약 쥐가 레버를 두 번 누른 후에야 먹이를 받는다면 "이것을 누름–실패, 누름–보상이라고 볼 것이 아니라 누름–누름–보상으로 보아야 한다."(p. 301)라고 Mowrer와 Jones(1945)는 쓰고 있다. 다시 말하면 레버 누르기가 FR 2 계획상에 있다면 강화를 받는 행동의 단위가 두 번의 레버 누르기이다. 만약 강화계획이 FR 3이라면 강화를 받는 반응단위(response unit)가 세 번의 레버 누르기이고 하는 식이다. VR 계획은 더 복잡한데, 왜냐하면 반응단위를 결정하려면 강화를 위해 필요한 행위의 평균 횟수뿐만 아니라 그 단위들의 범위도 정의해야 하기 때문이다. 예를 들어, VR 4 계획에서는 강화를 낳기 위해 때로는 딱 한 번의 레버 누르기가 필요할 때도 있고 때로는 여덟 번의 레버 누르기가 필요할 수도 있다. 그렇지만 강화를 낳기 위해 행동이 일어나야 하는 횟수로 그 행동이 정의된다는 개념은 여기서도 적용된다.

이제 앞서 나왔던 Mowrer와 Jones의 실험을 다시 살펴보자. 연속강화 집단에서는 반응단위가 한 번의 레버 누르기였다. 즉, 이 집단의 쥐들은 소거 시에 평균 128 반응단위(레버 누르기)를 나타냈다. FR 2 집단에서는 반응단위가 두 번의 레버 누르기였고, 따라서 이 집단은 소거 시에 94회의 반응(188회의 레버 누르기를 2로 나눔)을 보였다. FR 3 집단에서는 반응단위가 세 번의 레버 누르기였고, 소거 시에 71.8회의 반응(215÷3)을 보였다. FR 4 집단에서는 반응단위가 네 번의 레버 누르기였고, 이 쥐들은 소거 시에 68.1회의 반응(272.3÷4)을 보였다. 반응을 강화를 위해 필요한 단위의 면에서 정의하자 강화계획이 성길수록 소거 시의 총 반응 횟수가 감소함을 주목하라(그림 7-11).

Mowrer와 Jones는 강화를 위해 필요한 단위의 측면에서 반응을 정의하면 "소위 간헐적 강화의 외견상의 장점이 사라지는"(p. 301) 것을 볼 수 있다고 지적한다. 다

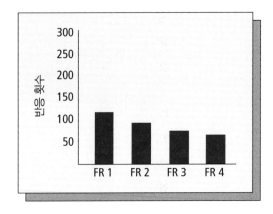

그림 7-11

부분강화효과? 네 가지 고정비율계획 이후 소거 시에 보이는 쥐들의 레버 누르기 평균 횟수. 이 경우에는 반응이 강화 받기에 필요한 레버 누르기의 횟수로 정의되었다. 강화계획이 성길수록 소거 시의 반응 횟수가 더 적다(그림 7-10과 비교). (출처: Mowrer & Jones, 1945의 자료를 편집함)

시 말하면, PRE는 착각이다. 간헐적 강화를 받은 행동은 소거에 대해 저항이 더 큰 것처럼 보일 뿐인데, 왜냐하면 우리가 강화를 위해 요구되는 반응단위를 고려하지 못했기 때문이다.

PRE를 설명하는 네 가지 가설 중에서는 반응단위 가설이 가장 세련된 설명을 쉽게 제시하고 있다. 그러나 PRE는 매우 복잡한 문제이고, 이에 대한 이론 중 아직까지 승리를 거두었다고 주장할 만한 것은 없다. 한편 연구자들은 계속해서 다른 유망한 이론들을 추구하고 있다(Nevin, 2012).

**7.4
요약**

소거 시에 행동이 일어나는 횟수는 소거 이전에 실시되었던 강화계획에 따라 달라진다. 일반적으로 연속강화보다는 간헐적 강화 후에 행동이 훨씬 더 여러 번 일어난다. 이를 **부분강화효과**라고 한다. PRE를 설명하기 위한 시도에는 변별 가설, 좌절 가설, 순서 가설, 반응 단위 가설이 포함된다.

7.5 선택과 대응 법칙

학습목표

대응 법칙이 선택에 대해서 무엇을 알려주는지 설명하려면

5.1   대응 법칙을 정의한다.

5.2   병립비율계획에서 대응 법칙이 어떻게 선택을 설명할 수 있는지 이야기한다.

5.3   병립간격계획에서 대응 법칙이 어떻게 선택에 영향을 주는지 이야기한다.

5.4   행동이 가용한 (모든) 강화물의 함수임을 대응 법칙이 어떻게 보여주는지 이야기한다.

앞서 살펴본 것처럼 병립계획은 선택을 의미한다. 예를 들어, 병립계획상에 있는

비둘기는 빨간 원반이나 노란 원반 중 하나를 쫄 수 있지만 둘을 동시에 쫄 수는 없다.

선택을 하는 데는 많은 사고가 개입될 수 있다. 선택에 직면한 인간은 흔히 여러 가지 장단점을 마음속으로 꼽아보거나 때로는 소리 내어 말한다. '대안들을 놓고 저울질한다'라는 말을 들어보았을 것이다. 아마 다른 어떤 종들도 선택에 직면하면 비슷한 행동을 할 것이다. 그러나 우리의 관심은 그런 사유에 있는 것이 아니라 강화계획이 선택에 미치는 효과에 있다. 시행 중인 강화계획을 토대로 사람이나 동물이 특정한 선택에 직면했을 때 어떻게 반응할지를 예측하는 것이 우리의 목표이다. 때로는 쉽게 예측할 수 있다. T-미로에 쥐가 들어있는데, 오른쪽 가지길로 들어가면 먹이를 받고 왼쪽 가지길로 들어가면 아무것도 못 받는다고 하자. 우리는 이 쥐가 몇 번의 시행 후에는 대부분의 경우 왼쪽보다 오른쪽을 선택할 것이라고 쉽사리 예측할 수 있다. A 반응은 항상 강화를 받고 B 반응은 절대 강화를 받지 못하는 선택 상황에서는 곧 A 반응이 확고하게 수행되게 된다.

그러나 두 선택지가 모두 강화를 받는데 둘 간의 유일한 차이가 강화의 상대적 빈도일 때는 예측이 더 힘들어진다. 비둘기에게 빨간색과 노란색 원반 중 하나를 쪼도록 선택하게 한다고 하자. 빨간 원반 쪼기는 FR 50 계획에 따라 강화를 받고, 노란 원반 쪼기는 FR 75 계획에 따라 강화를 받는다. 이 비둘기는 어떻게 할까? 어쩌면 2개의 원반을 반복해서 왔다 갔다 하며 쫄지도 모른다. 아니면 하나의 원반을 안정적으로 쪼는데, 원반을 임의적으로 선택해서 어떤 비둘기는 노란 원반을 쪼고 다른 비둘기는 빨간 원반을 쫄지도 모른다. 실제로는 비둘기가 처음에는 2개의 원반을 왔다 갔다 하면서 모두 쪼지만, 결국에는 더 풍성한 강화계획상에 있는 원반에 정착하게 된다. 사실 어떤 동물들은 '수입이 더 좋은' 일을 선택하는 데 비상한 재주가 있다. 인간 역시 이득이 더 많은 강화계획을 쉽사리 파악하는데, 이는 대응 법칙이 인간이 하는 선택의 원리라는 것을 지지한다(Pierce & Epling, 1983). 사람은 당연히 '수입이 더 좋은' 일을 해서 삶의 질이 더 만족스럽기를 원한다.

Richard Herrnstein(1961, 1970, 2000; Herrnstein & Mazur, 1987)은 선택에 관한 연구를 주도해 왔다. 그는 두 강화계획 각각에 들어가는 노력이 다음의 식으로 표현될 수 있음을 보여주었다.

$$\frac{B_1}{B_2} = \frac{r_1}{r_2}$$

이 식이 의미하는 바는 각각 강화계획 r_1과 r_2상에 있는 2개의 반응 B_1과 B_2가 있을 때, 각 반응의 상대적 빈도는 받을 수 있는 강화의 상대적 빈도와 같다는 것이

사람들은 때때로 선택을 두고 고심한다. 하지만 고심하는 것이 내려진 선택을 설명하지는 않는다. 고민하며 생각하기는 선택이라는 행동의 일부이며, 행동이 그 자체를 설명할 수는 없다.

다.[*] 이 진술을 **대응 법칙**(matching law)이라고 부르는데, 왜냐하면 행동의 배분이 강화 가능성에 대응되기 때문이다(Herrnstein, 1961, 1970, 2000; 관련 문헌에 관한 개관으로는 Davison & McCarthy, 1988; Pierce & Epling, 1983; Poling et al., 2011을 보라).

FR 30과 FR 40 같은 두 개의 비율계획의 경우에는, 참가자가 각각을 시험해 본 다음 밀도가 더 높은 계획에 정착한다. 병립비율계획에서는 보수가 더 좋은 계획을 최대한 빨리 가려내어 그것에 집중하는 것이 이치에 맞는 일이다. 두 개의 비율계획 사이를 왔다 갔다 하는 것은 헛수고이다. 마찬가지로, 피자를 배달하는 데 A 회사에서는 5달러를 주고 B 회사에서는 4달러를 준다면, 두 회사를 왔다 갔다 하면서 일하는 것은 어리석은 짓이다. 다른 조건들이 동일하다면 우리의 행동은 대응 법칙에 따를 것이다. 즉, 우리는 꾸준히 A 회사의 피자를 배달할 것이다.

> **❓ 개념 점검 11**
>
> 대응 법칙을 자기 자신의 말로 이야기해 보라.

병립간격계획의 경우에는 강화계획들 사이를 왔다 갔다 하는 것이 좀 더 이치에 맞다. FI 10″와 FI 30″ 병립계획상에서 레버 누르기를 하는 쥐를 생각해 보자. FI 10″ 계획이 더 이득임은 명백하므로 쥐가 대부분의 시간을 이 계획상에 있는 레버를 누르는 데 쓰는 것이 합리적이다. 그러나 그 계획상에서조차 쥐는 레버 누르기가 쓸모가 없는 기간을 견뎌야 한다. 따라서 그런 시간의 일부를 FI 30″ 계획상의 레버를 누르는 데 쓸 수 있을 것이다. 그리고 FI 10″ 계획상에서 일하는 시간이 길수록 FI 30″ 계획상에 있는 레버를 누르는 것이 먹이를 가져올 가능성이 커진다. 그러므로 FI 10″ 계획에 대부분의 노력을 들이면서도 FI 30″ 계획상에 있는 레버도 가끔 누르는 것이 쥐에게는 유리하다. 그런데 쥐가 실제로 그렇게 할까? 그렇다. 쥐는 딱 그렇게 행동한다.

병립 VI 계획의 경우는 어떨까? 쥐가 VI 10″ 계획과 VI 30″ 계획 중 선택할 수 있다고 하자. 이 경우에도 역시 대부분의 시간을 VI 10″ 계획에 할애하는 것이 합리적이지만, VI 30″ 계획상의 레버를 가끔 누르는 것도 강화를 받을 가능성이 크다. 강화가 변덕스럽게 주어지고 따라서 예측하는 것이 불가능하더라도 그렇다. 또다시, 동물들은 가장 효율적인 방식으로 반응한다. 즉, VI 10″ 계획에 주력하지만 가끔씩 이 계획을 제쳐 두고 VI 30″ 계획에 따라 반응한다. 그럼으로써 더 보수가 좋은 VI 10″ 계획에만 전념했을 때보다 더 많은 강화를 받는다. 계획들 사이

---

[*] Herrnstein의 식이 주는 혼동을 줄이기 위해 표기를 조금 바꾸었다.

의 차이가 꽤 미묘한 경우에도 동물은 대개 자신에게 가장 유리한 방식으로 반응한다.

2개의 간격계획 간에 선택을 해야 할 때는 동물이 둘 사이를 왔다 갔다 한다는 것을 보았다. 그렇다면 실시 중인 계획에 근거하여 각 계획에 동물이 얼마만큼의 노력을 할애할지 예측할 수 있을까? Herrnstein(1961, 1970, 2000)은 그럴 수 있다는 것을 발견했다. 그는 두 선택지가 있는 상황에서 어떤 선택이 나올지를 다음의 공식에 따라 예측할 수 있다고 말한다.

$$\frac{B_A}{B_A+B_B} = \frac{r_A}{r_A+r_B}$$

여기서 B_A와 B_B는 두 반응 A와 B를 나타내고 r_A와 r_B는 각각 반응 A와 B에 대한 강화 비율을 나타낸다. 이 식은 대응 법칙을 다시 공식화한 것에 지나지 않는다.

레버를 눌러서 먹이를 받도록 훈련된 쥐의 경우를 보자. A 레버 누르기는 VI 10″ 계획에 따라 강화를 얻고 B 레버 누르기는 VI 30″ 계획에 따라 강화를 얻는다. 만약 쥐가 VI 10″ 계획에 따라서만 일을 한다면 1분당 강화물을 최대 6개 받을 것이다. 만약 가끔씩 VI 30″ 계획에 따라서도 일을 한다면 강화물을 최대 2개 더 받을 것이다. 따라서 받을 수 있는 강화물의 75%(8개 중 6개)를 VI 10″ 계획에서 얻고 25%를 VI 30″ 계획에서 얻을 수 있다. 그러므로 r_A의 값은 0.75이고 r_B의 값은 0.25이다. 공식의 예측에 따르면 쥐가 노력의 약 4분의 3을 A 계획(VI 10″ 계획)에, 약 4분의 1을 B 계획(VI 30″ 계획)에 할애할 것이다. 실험적 검증은 이와 같은 예측이 놀라우리만큼 정확함을 보여준다.

초기 연구에서 Herrnstein(1961)은 비둘기들을 병립 VI 계획상에 두었는데, 이 계획은 바로 위에서 기술한 가상적인 쥐 연구와 기본적으로 같지만 좀 더 복잡했다. 그는 한 원반에 대한 반응의 비율과 그 원반에 대한 강화의 비율 사이의 관계를 보여주기 위해 자료를 그래프로 그렸다(Herrnstein, 1970). 그림 7-12에서 볼 수 있듯이 결과는 그 둘 사이의 거의 완벽한 대응이었다.

Herrnstein은 대응 법칙을 둘 중 하나를 선택하는 상황 너머로까지 확장하여 모든 상황이 일종의 선택을 의미한다고 제안했다. 원반을 쪼면 먹이를 받는 비둘기를 상상해 보자. 비둘기는 원반 쪼기 말고도 다른 많은 것을 할 수 있을 것이다. 깃털을 다듬을 수도 있고, 새장 안을 돌아다닐 수도 있으며, 바닥이나 벽에 있는 물건들을 쪼을 수도 있고, 잠을 잘 수도 있는 등 말이다. 비둘기는 다른 다양한 행동이 아니라 원반 쪼기를 하기로 선택한다. 실제로, 원반을 높은 비율로 쪼을 때조차도 비둘기는 머리를 위아래로 흔들거나 왼쪽 오른쪽으로 도는 등 다른 종류의 행동을

대응 대각선은 반응의 비율과 가용한 강화의 비율 간의 완벽한 대응을 보여준다. 비둘기들은 완벽한 대응에 아주 가까운 수행을 나타냈다. (출처: "On the Law of Effect," by R. J. Herrnstein, 1970, *Journal of the Experimental Analysis of Behavior*, 13, Figure 4, p. 247. 저작권 ⓒ 1970 by the Society for the Experimental Analysis of Behavior, Inc. 출판사의 허가하에 실음)

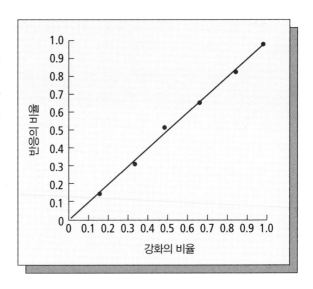

한다. 이론적으로는, 이런 행위들과 그것을 유지하는 강화물을 모두 찾아내고 그 중 어느 것에 대해서든 그 상대적 빈도를 예측할 수 있을 것이다. 이 생각은 다음의 식으로 표현할 수 있다.

$$\frac{B_A}{B_A + B_O} = \frac{r_A}{r_A + r_O}$$

B_A는 연구 대상인 특정 행동을, B_O는 다른 모든 행동을, r_A는 B_A에 대해 주어질 수 있는 강화물을, r_O는 다른 모든 행동에 대해 주어질 수 있는 강화물을 나타낸다 (Herrnstein, 1970). 두 가지 중에서 선택하는 상황에 대한 공식보다는 이 식의 예측력이 떨어진다. 왜냐하면, 일어날 수 있는 모든 행동을, 그리고 그 행동들이 가져올 수 있는 모든 강화물을 규명하는 것이 가능하지 않기 때문이다. 예를 들어, 어떤 반응은 관찰하기 쉽지 않은 사건에 의해 강화된다. 이를테면 쥐가 가려운 곳을 긁었을 때 받는 강화 같은 것 말이다. 그래도 어쨌든 이 공식은 행동이, 현재 우리가 관심을 두고 있는 행동에 대한 강화물뿐 아니라 일어날 수 있는 모든 행동에 주어질 수 있는 강화물의 함수로 발생함을 말해준다.

William Baum(1974)은 놓아서 기르는 비둘기들의 먹이 구하기 행동이 대응 법칙에 따른다는 증거를 제시한다. 그는 야생 비둘기들이 올 수 있는 다락방에 원반 쪼기를 연구하기 위한 장치를 설치했다. 어떤 비둘기가 원반을 쫄 것인지는 Baum이 통제할 수 없었지만, 이 장치는 한 번에 한 마리만 일을 할 수 있게 만들어져 있었다. 비둘기들이 원반을 쪼아서 먹이 받기를 학습한 다음, Baum은 이들에게 두 원반 중 하나를 선택하게 하였다. 이제는 원반 쪼기가 VI 계획에 따라 강화를 받았는데 항상 왼쪽 원반보다 오른쪽 원반에서 먹이가 나오는 횟수가 더 빈번했다. 야생의 새들은 자기 맘대로 왔다 갔다 할 수 있었기 때문에 실험에 '참여한' 새들이 몇 마리였는지 확실하게 말할 수는 없지만 Baum은 10~20마리 사이로 추정한다. 이 집단 전체로 보면 새들이 낸 결과는 대응 법칙과 거의 완벽하게 일치해서 두 원반에서 받을 수 있는 강화의 비례대로 원반 쪼기가 배분되었다(그러나 Baum & Kraft, 1998을 보라).

대응 법칙을 따르는 동물의 예를 자연에서 관찰할 수 있다. 예를 들어 동물은 먹이를 찾는 시간을 가용한 먹이의 양에 대응시킨다. 즉, 먹이가 더 많은 장소에서는 먹이 찾기를 더 많이 하고 먹이가 더 적은 장소에서는 먹이 찾기를 하는 시간을 줄인다(Houston, 1986).

인간도 마찬가지로 반응을 강화에 대응시키는 능력의 혜택을 본다(Enquist et al., 2016; Kraft & Baum, 2001). 인간이 존재해 온 기간 대부분 동안, 사람들이 사냥감과 식량을 얻을 수 있는 여러 지역 간에 행동을 적절히 분배하는 능력을 잘 이용해 왔음은 의심의 여지가 없다. 오늘날 농부가 그렇게 하는 방법은, 전형적인 날씨 조건에서 수확이 잘 되는 농작물을 가용한 농토의 대부분에 심고, 그만큼 이윤이 남지는 않지만 좋지 않은 날씨 조건에서도 잘 자라는 농작물은 더 적은 면적의 농토에 심는 것이다. 농구 선수가 경기 초반에 3점 슛이 잘 들어가서 3점 슛을 더 많이 던지는 선택을 하는 것은 대응 법칙을 따르는 것이고(Vollmer & Bourret, 2000), 체스 선수마저도 경기를 시작하는 첫수를 대응 법칙에 따라 선택할 수 있다(Cero & Falligant, 2020).

선택은 복잡한 주제이며, 대응 법칙이 항상 행동의 배분을 정확하게 예측한다고 말하는 것은 과장일 것이다(Binmore, 1991; Staddon, 1991; Sy, Borrero, & Borrero, 2010). 그럼에도 불구하고 대응 법칙은 다양한 종, 행동, 강화물 및 강화계획에 폭넓게 적용될 때가 많다(이에 대한 개관으로는 deVilliers, 1977을 보라). 예를 들어, 대응 법칙은 우리가 상이한 강화 비율(Herrnstein, 1970)을 다루든, 상이한 강화의 양(Todorov et al., 1984)을 다루든, 혹은 상이한 강화 지연(Catania, 1966)을 다루든 간에 모두 적용된다. 그리고 강화계획뿐 아니라 처벌계획에도 적용된다(Baum, 1975). 또한 일부 자연 상황에서의 행동도 정확하게 기술했으며(Reed, Critchfield, & Martens, 2006; Romanowich, Bourret, & Vollmer, 2007; Vollmer & Bourret, 2000), 행동 문제를 치료하는 데 사용되기도 했다(Borerro & Vollmer, 2002; McDowell, 1982). 대응 법칙을 만들어 낸 것은 행동과학의 역사에서 기념비적인 일이다.

7.5
요약

인간과 많은 동물에게는 강화가 많은 계획과 적은 계획을 구별하는 탁월한 능력이 있다. 가용한 강화의 비율에 따라 반응을 배분하는 경향은 너무나 확실해서 대응 법칙이라고 불린다. 비율계획 중에서 선택을 하는 경우에 강화 빈도가 가장 높은 계획을 선택할 것이라고 대응 법칙은 정확하게 예측한다. 간격계획 중에서 선택을 하는 경우, 대응 법칙은 각각의 계획상에서 받을 수 있는 강화물의 양의 비례에 따라 각 계획에 반응할 것이라고 예측한다.

맺음말

강화계획과 그것들의 차별적인 효과에 관해서 많은 연구가 행해졌다. 그러나 일부 심리학자들은 그런 연구의 가치에 의문을 제기했다(Schwartz & Lacey, 1982; Schwartz, Schuldenfrei, & Lacey, 1978).

어떤 비판자들은 실험실에서 연구되는 강화계획은 현실 세계에서는 찾을 수 없는 인위적인 구성물이라고 주장한다. 실험실 밖에서의 강화계획이 연구자들이 만들어 낸 것처럼 단순한 경우가 거의 없다는 것은 사실이다. 그러나 이는 실험실에서 이루어지는 모든 과학에 적용되는 사실이다. 즉, 연구자들이 어떤 문제를 실험실로 끌어들이는 이유는 바로 실험실에서는 그 문제를 단순화시킬 수 있기 때문이다.

강화계획 연구가 대개는 사소한 결과를 내놓는다고 불평하는 비판자들도 있다. 비둘기가 강화를 받고 나서 다시 원반을 쪼기 전까지 얼마나 쉬는지에 누가 관심이나 있을까? 그러나, 어떤 종류의 학습 내력이 행동 경향성을 만드는 데 도움을 주었는가를 규명하는 것은 중요한 진보이다. 강화계획 연구는 그렇게 하기 위한 한 방법을 제공한다(예: Doughty et al., 2005; Okouchi, 2007; Skaggs, Dickinson, & O'Connor, 1992).

강화계획은 또한 계획효과를 밝혀내는 일과는 전혀 관계없는 온갖 종류의 문제에 답하기 위한 연구 도구로서도 유용하다. 예를 들어, 연구자들은 약물의 효과를 측정하기 위해 강화계획을 흔히 사용한다. Terry Belke와 M. J. Dunbar(2001)는 쥐에게 쳇바퀴에 들어가 달리려면 레버를 누르도록 훈련했다. 그들은 FI 60″ 계획을 사용했고 강화물은 쳇바퀴에서 60초간 달리는 것이었다. 이 계획은 낮은 비율의 행동을 낳아서 보통 1분당 레버 누르기 횟수가 여섯 번 이하였다. 그럼에도 불구하고 FI 계획에서 친숙하게 볼 수 있는 물결 모양 패턴이 나타났다(그림 7–13A). 이 시점에서 연구자들이 쥐들에게 검사하기 10분 전에 코카인을 여러 가지 용량으로 투여하였다. 코카인은 체중 1kg당 16mg을 투여하기 전까지는 행동 패턴에 탐지 가능한 영향을 미치지 않았다. 그런데 투여량이 그 수준에 이르자 물결 모양 패턴

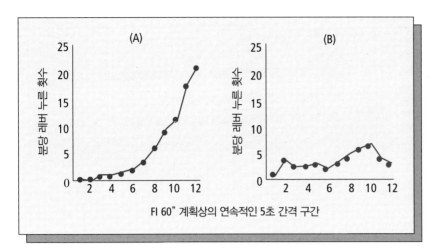

그림 7-13

강화계획에 따른 수행에서 드러나는 코카인의 효과 FI 계획상에서 강화를 받은 레버 누르기는 익숙한 물결 모양 패턴을 보여주었다(A). 코카인 투여가 수행에 뚜렷한 효과를 냈다(B). (출처: Belke & Dunbar, 2001의 자료를 기초로 T. Belke가 제공한, 발표되지 않은 그림을 편집함)

이 사라져서, 코카인이 쥐가 강화를 지각하는 방식을 변화시켰음을 시사했다(그림 7-13B). 이와 거의 동일한 방법으로 연구자들은 알코올과 코카인이 인간의 수행에 미치는 영향을 비교하기 위해 강화계획을 사용했다(Higgins et al., 1992). 따라서 강화계획에 따른 수행은 향정신성 약물, 독성 물질, 식생활, 수면 박탈, 운동, 뇌 자극, 약물 및 기타 많은 변인의 영향을 평가하기 위한 기저선을 제공할 수 있다.

핵심용어

간헐적 계획(intermittent schedule) 222

강화 후 휴지(post-reinforcement pause) 223

강화계획(schedule of reinforcement) 220

계획효과(schedule effect) 220

고정간격계획(fixed interval schedule: FI 계획) 228

고정기간계획(fixed duration schedule: FD 계획) 236

고정비율계획(fixed ratio schedule: FR 계획) 222

고정시간계획(fixed time schedule: FT 계획) 237

다중계획(multiple schedule) 240

대응 법칙(matching law) 252

반응단위 가설(response unit hypothesis) 249

변동간격계획(variable interval schedule: VI 계획) 231

변동기간계획(variable duration schedule: VD 계획) 236

변동비율계획(variable ratio schedule: VR 계획) 225

변동시간계획(variable time schedule: VT 계획) 237

변별 가설(discrimination hypothesis) 245

병립계획(concurrent schedule) 243

복귀(resurgence) 233

부분강화효과(partial reinforcement effect: PRE) 243

비수반적 강화계획(noncontingent reinforcement schedule: NCR 계획) 237

비율 간 휴지(between-ratio pause) 224

비율 긴장(ratio strain) 240

비율 늘이기(stretching the ratio) 239

소거(extinction) 232

소거 격발(extinction burst) 232

순서 가설(sequential hypothesis) 248

실행속도(run rate) 224

연속강화(continuous reinforcement: CRF) 222

연쇄계획(chain schedule) 241

점진적 계획(progressive schedule) 237

점진적 비율계획(progressive ratio schedule: PR 계획) 237

좌절 가설(frustration hypothesis) 246

중단점(break point) 238

직렬계획(tandem schedule) 242

협동계획(cooperative schedule) 242

혼합계획(mixed schedule) 241

복습문제

1. Kamal이 다섯 살인 Arya에게 알파벳을 가르치려고 한다. Kamal은 정확한 반응을 칭찬과 사탕 몇 알로 강화하려고 한다. 어떤 종류의 강화계획을 써야 하는가?

2. Talia는 학교에서 돌아오면 자기 개가 뛰어올라 자기에게 달려든다고 불평을 한다. 당신은 그녀에게 개가 뛰어오를 때 개를 쓰다듬고 개에게 말을 함으로써 Talia가 개의 행동을 강화하고 있다고 말한다. 이에 대해 Talia는 자신은 그렇게 하는 일이 '거의 없으므로' 이것이 틀린 생각이라고 대답한다. Talia의 이와 같은 답변에 대해 당신은 어떻게 응답하겠는가?

3. 15세의 Samir는 좌절할 상황이 되면 쉽게 포기한다. 그의 끈기를 발달시키려면 어떻게 해야겠는가?

4. Alex는 직원들이 노동조합에서 요구하는 정기적인 휴식 시간과 주(州)에서 마련한 안전 수칙을 지키지 않아서 짜증이 난다. 왜 이런 일이 일어난다고 생각하며 이 문제를 바로잡기 위해 Alex가 할 수 있는 일은 무엇인가?

5. 도박은 미신 행동의 한 형태인가? (6장에 있는 미신에 대한 논의를 보라)

6. 엘리베이터 버튼을 여러 번 계속해서 누르는 사람이 많다. 그렇게 해도 엘리베이터가 더 빨리 오지 않는데도 말이다. 이런 행동을 하는 이유가 무엇일지 설명해 보라.

7. 운동선수의 수행에 관중의 존재가 미치는 효과를 연구하는 데 강화계획에 대한 지식을 어떻게 사용할 수 있는가?

8. 교사가 학생들이 조용한 행동을 점점 더 오랫동안 보일수록 강화를 준다. 이 교사가 비율 긴장을 피하려면 어떻게 해야 하는가?

9. 당신이 하는 행동 중 고치고 싶은 한 가지를 말하라. 당신의 행동을 수정하는 것을 돕는 데 강화계획을 어떻게 사용할 수 있을까?

연습문제

1. 연속강화에서는 강화에 대한 행동의 비율이 _____이다.

2. 강화를 받은 후, 강화 받은 행동의 비율이 0 혹은 그 근처까지 떨어졌다가 다시 증가하기도 한다. 이렇게 그 행동이 드물게 일어나는 기간을 _____라고 부른다.

3. FT 계획과 FI 계획의 한 가지 차이는 고정시간계획에서는 강화가 _____에 수반되지 않는다는 점이다.

4. 소거는 _____의 반대이다.

5. 비율을 너무 급하게 혹은 너무 길게 늘이면 _____이 생겨날 수 있다.

6. PRE에 대한 네 가지 설명 중 본질적으로 PRE라는 것이 존재하지 않는다고 주장하는 것은 _____가설이다.

7. 강화가 둘 이상의 개체의 행동에 수반적이라면 그 강화계획을 _____이라고 부른다.

8. 선택을 제공하는 강화계획은 _____이다.

9. 반응 경향성은 궁극적으로 _____의 확률에 대응된다.

10. 여러 활동 중 선택할 수 있을 때 각 활동에 대한 반응의 비율은 각 활동에 가용한 강화를 반영할 것이다. 이것이 _____의 정의이다.

조작적 학습: 처벌

이 장에서는

1 연구의 시작
2 처벌의 유형
　■ 골치 아픈 혼동: 정적 처벌과 부
　　적 강화
3 처벌에 영향을 주는 변인
　수반성
　■ 운전하면서 문자 보내기, 죽음
　　으로 처벌받을 수 있다
　근접성
　처벌물의 강도
　처벌의 최초 수준
　처벌된 행동의 강화
　강화를 얻는 다른 방법
　동기화 조작
　기타 변인
4 처벌의 이론
　2과정 이론
　1과정 이론
5 처벌의 문제점
6 처벌에 대한 대안
맺음말
　핵심용어 | 복습문제 | 연습문제

"세상은 공포를 토대로 돌아간다."

_ Jack Michael

들어가며

생존은 강화에 달려있다. 우리는 과거에 우리를 음식, 물, 은신처, 인정 및 안전으로 이끌어준 일들을 하기를 학습한다. 양질의 삶 또한 강화에 달려있다. 즉, 우리는 동반자 관계, 스트레스로부터의 해방, 재미 등을 제공하는 것을 하기를 배운다. 그러나 모든 행동이 강화적인 결과를 낳지는 않는다. 우리의 생존과 행복은 과거에 부정적인 결과를 가져왔던 일을 하지 않기를 학습하는 것에도 달려있다. 처벌은 강화와 마찬가지로 우리에게 필수적인 교훈을 가르쳐준다.

학습목표

이 장을 공부하고 나면 다음의 것들을 할 수 있을 것이다.

8.1 처벌에 관한 초기의 관점들을 기술한다.
8.2 정적 처벌과 부적 처벌을 설명한다.
8.3 처벌의 효력에 영향을 미치는 일곱 가지 변인을 설명한다.
8.4 처벌이 어떻게 행동에 영향을 주는지를 설명하려는 세 가지 이론을 설명한다.
8.5 행동 변화를 위해 처벌에 기대는 것에서 비롯되는 다섯 가지 문제점을 기술한다.
8.6 처벌의 세 가지 대안을 이야기한다.

8.1 연구의 시작

학습목표

1.1 처벌에 대한 Thorndike의 견해를 요약한다.

1.2 처벌에 대한 Skinner의 견해를 요약한다.

학습에 관한 E. L. Thorndike의 고전적인 연구(5장 참고)는 행동이 그 결과에 좌우된다는 것을 분명하게 보여 주었다. 끈 잡아당기기나 발판 밟기가 상자에서 빠져나오는 결과를 낳는다면 고양이는 다음번에 그 상자 안에 있을 때 끈을 잡아당기거나 발판을 밟으려 한다. Thorndike는 이러한 경향성을 **행동은 그 결과의 함수**라는 효과 법칙으로 요약했다. 이 법칙은 결과의 본질이 행동의 강도를 주로 결정함을 의미한다. 어떤 행동이 '만족스러운 사태'라는 결과를 가져오면 그 행동은 강해지기 마련이고, '괴로운 사태'라는 결과를 가져오면 약해지기 마련이다. 이 두 종류의 결과를 우리는 강화물과 처벌물이라고 부른다.

Thorndike는 처음에는 '만족스러운' 결과와 '괴로운' 결과가 서로 대칭적인 효과를 낼 것이라고 가정했다. 즉, '괴로운' 결과는 '만족스러운' 결과가 행동을 강하게 만드는 것만큼이나 쉽게 행동을 약하게 만들 것이다. 나중에 처벌을 다시 살펴보았을 때 Thorndike는 견해를 바꾸었다. 한 실험에서 Thorndike(1932)는 대학생들에게 스페인어 단어나 잘 쓰이지 않는 영어 단어들을 제시하고 5개의 선택지 중에서 그 단어의 유의어를 하나 고르라고 했다. 실험자는 학생들의 추측이 맞으면 "맞았어요."라고 말하고, 틀리면 "틀렸어요."라고 말했다. 그러고서 Thorndike는 학생들이 정답이나 오답을 반복해서 말하는 경향을 살펴보았다. 그는 "맞았어요."라는 말은 어떤 답을 반복하는 경향을 증가시키지만 "틀렸어요."라는 말은 그런 경향을 감소시키지 않음을 발견했다. 그는 다른 실험들을 했고 비슷한 결과를 얻었다. 이는 '만족스러운' 결과와 '괴로운' 결과가 동등한 효과를 갖는다는 그의 원래 관점에 어긋나는 것이었고, 따라서 그는 처벌이 거의 효과가 없다는 결론을 내렸다. 우리는 실패가 아니라 성공을 통해 학습을 한다는 것이다.

강화에 관한 연구로 가장 잘 알려진 B. F. Skinner(1938) 역시 처벌의 효과에 관한 연구를 했다. 한 실험에서 그는 먹이를 위해 레버를 누르도록 쥐를 훈련한 다음, 그 반응의 소거에 들어갔다. 소거 기간의 첫 10분 동안 어떤 쥐들은 레버를 누를 때마다 레버가 되튀어서 한 대 찰싹 얻어맞았다. Skinner가 쥐들의 누적 기록을 비교해 보니 처벌이 레버 누르기 비율을 뚜렷하게 감소시켰지만, 일단 처벌이 끝나자 그 비율이 재빨리 증가했음을 발견했다. 결국에는 처벌을 받은 쥐가 처벌을 받

지 않은 쥐와 거의 같은 빈도로 레버를 눌렀다. 이러한 연구 결과로 인해 Skinner
는 처벌이 행동을 억제하긴 하지만 일시적으로만 억제한다는 결론을 내렸다.

이후의 연구는 Thorndike와 Skinner가 처벌의 힘을 대단히 과소평가했음을 보
여 주었다.

모든 결과가 행동에 동등한 영향을 미치지는 않는다. 즉, 우리는 일반적으로 처벌보다는 강화로
부터 더 잘 배운다. 그러나 학습과 행동에 관한 전체 그림을 보려면 강화와 처벌 모두를 이해해
야 한다.

8.1
요약

8.2 처벌의 유형

학습목표

정적 처벌과 부적 처벌을 설명하려면

2.1 어떤 경험이 처벌로 분류되기 위해 갖춰야 할 세 가지 특징을 규명한다.
2.2 정적 처벌과 부적 처벌을 구별한다.
2.3 타임아웃이 어떻게 해서 부적 처벌의 한 형태인지를 설명한다.

일상적인 대화에서 **처벌**(punishment)이라는 단어는 대개 징벌(retribution) 혹은 '보
복'을 가리킨다. 사람이 범죄를 저지르게 되면 '대가를 치른다'(그 사람이 마땅히 받
아야 할 것을 받는다). 이런 식의 언어 사용이 어떤 사람들에게는 일상 대화에서 만
족스러울 수 있다. 하지만 용어가 측정 가능한 방식으로 정의되어야 하는 과학에
서는 쓸모가 없다. 강화와 마찬가지로, 우리는 처벌을 행동에 미치는 측정 가능한
효과의 면에서 정의한다. 강화는 행동의 결과로 인한 행동 강도의 증가를 의미한
다. **처벌**은 행동의 결과로 인한 행동 강도의 **감소**를 의미한다. 강화에 관한 Charles
Catania(2006)(5장 참고)의 의견에 기대어 말하자면, 어떤 절차가 처벌로 분류되려
면 세 가지 특성을 갖추어야 한다. 첫째, 행동이 어떤 결과를 초래해야 한다. 둘
째, 행동의 강도가 감소해야 한다(예: 덜 일어난다). 셋째, 초래된 결과가 강도 감소
의 원인이어야 한다.

우리는 두 유형의 처벌을 규정할 수 있다(그림 8-1). **정적 처벌**(positive punish-
ment)에서는 행동이 어떤 자극의 출현이나 강도 증가를 초래한다. 정적 처벌에서
쓰이는 전형적인 처벌물로는 질책, 전기충격, 신체적인 구타(예: 엉덩이 때리기) 등
이 있다. 우리가 자전거를 타다가 넘어져서 팔을 부러뜨린다면 다시 자전거를 타

그림 8-1
수반성 사각형 조작적 절차에서는 행동의 강도가 그 결과에 따라 증가하거나 감소한다.

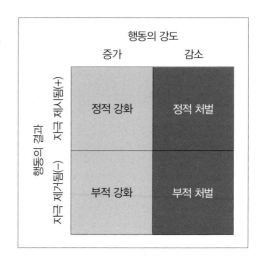

처벌에 관한 내용을 읽을 때 학습 분야에서는 처벌이 징벌과 아무 관련이 없음을 명심하라. 처벌은 오직 행동 강도의 감소와만 관련된다.*

사람들이 타임아웃을 잘못 사용하는 한 방식이 타임아웃 지역에서 아이가 왜 거기에 있게 되었는지를 설명하고 아이와 수다를 떨면서 그 아이에게 많은 관심을 쏟으며 시간을 보내는 것이다. 이는 아이의 잘못된 행동을 처벌하기보다는 강화할 수 있다.

기가 꺼려질 수 있다. 그렇다면 자전거 타기가 정적으로 처벌된 것이다.

 부적 처벌(negative punishment)에서는 행동이 어떤 자극의 제거나 강도 감소를 초래하는데, 이때 그 자극은 보통 개체가 추구하는 무엇이다. 벌금이 좋은 예가 될 수 있는데, 왜냐하면 우리가 일반적으로 추구하는 무엇(돈)을 빼앗기기 때문이다. 부모나 교사가 디저트 먹기, TV 보기, 게임 하기, 컴퓨터 하기 등의 혜택을 빼앗아갈 때는 이런 종류의 처벌을 사용하려는 것이다. 부적 처벌은 무언가의 제거 혹은 감소를 의미하기 때문에 **벌금 훈련**(penalty training)이라고 부르는 이들도 있다(Woods, 1974).

 벌금 훈련의 대중적인 형태 하나는 **타임아웃**(time out: TO)인데, 이는 **정적 강화로부터의 타임아웃**(time out from positive reinforcement)의 줄임말이다. 양육자가 주로 아이들에게 사용하며, 잘못된 행동을 하는 아이를 강화가 주어지는 지역에서 내보낸다(Bansal et al., 2020; Bean & Roberts, 1981; Cipani, 1999, 2004; Roberts & Powers, 1990). 양육자가 아이를 강화 지역에서 내보낼 뿐이지만, 그 결과는 아이가 더 이상 강화물에 접근할 수 없게 되는 것이다. 다른 아이를 밀쳐 넘어뜨리거나 장난감을 뺏거나 놀이를 방해하는 등 괴롭히는 다섯 살 난 아이의 사례를 보자. 교사는 이 아이를 놀이 공간으로부터 칸막이로 가려진 구석으로 보내 버림으로써 다른 아이들과 노는 것이나 심지어 다른 아이들을 보는 것조차도 차단한다. 이 아이는 놀이 공간으로 돌아오기 전에 그 구석에서 2분간 있어야 하며, 그 기간 중 적어도 마지막 30초 동안은 조용히 있어야 한다. 타임아웃은 가정이나 초등학교에서 볼 수 있지만 안타깝게도 많은 사람이 이것을 흔히 잘못 사용한다. 예를 들어, 타임아웃 기간에 교

---

* 징벌이나 응징은 잘못되거나 나쁜 행위에 대해 가해지는 것이지만, 학습심리학에서는 처벌받는 행동이 반드시 잘못되거나 나쁜 것이어야 하는 것은 아니다. (역주)

사나 부모가 때로는 아이에게 말을 걸어 주거나 '아이를 조용히 시키기 위해' 장난
감을 주는데 그럼으로써 이 절차를 효력 없는 것으로 만들어 버린다.

❓ 개념 점검 1

정적 처벌과 부적 처벌의 유사점은 무엇인가?

　많은 이에게 정적 처벌과 부적 처벌이라는 용어는 최소한 정적 강화와 부적 강
화라는 용어만큼이나 골치가 아프다. 처벌이 어떻게 해서 긍정적일 수가 있다는
말일까? 강화의 경우와 마찬가지로 정적, 부적이라는 용어는 관련된 사건의 성질
을 가리키는 게 아니다. 이 용어들은 무엇인가가 그 상황에 더해지거나 그 상황에
서 감해졌다는 사실을 가리킨다. 무언가가 더해지면 정적 처벌이라고 하고, 무언
가가 제거되면 부적 처벌이라고 한다. 처벌의 이 두 종류는 각각 제1유형 처벌과
제2유형 처벌이라고도 불린다.

❓ 개념 점검 2

정적 처벌과 부적 처벌의 차이는 무엇인가?

골치 아픈 혼동: 정적 처벌과 부적 강화

사람들은 흔히 정적 처벌과 부적 강화를 혼동한다. 그 이유는 부분적으로 두 절차 모두에 혐오적 사건(전기충격,
엉덩이 때리기, 꼬집기, 비판 등)이 개입되기 때문이다. 그러나 정적 처벌에서는 어떤 행동에 뒤이어 혐오적 자극
이 더해지고(+), 그 결과 그 행동이 더 적게 일어난다. 반면에 부적 강화에서는 어떤 행동에 뒤이어 혐오적 자극
이 제거되며(−), 그 결과 그 행동이 더 많이 일어난다.
　정적 처벌의 실험실 예를 보자. 쥐가 실험상자에 들어 있다. 이 쥐는 레버를 눌러서 먹이 얻기를 과거에 학습
한 적이 있다. 그래서 쥐는 레버 쪽으로 가서 그것을 누른다. 그러고는 발에 전기충격을 짧게 받는다. 쥐가 레버
를 다시 누르자 또 전기충격을 받는다. 레버 누르기의 결과가 전기충격의 **제시**이다. 그 결과 레버 누르기의 비율
이 **감소**한다. 즉, 레버 누르기가 정적 처벌을 받았다.
　이제 부적 강화의 실험실 예를 보자. 쥐가 실험상자에 들어 있다. 이 상자의 바닥은 쥐의 발에다가 약한 전기
충격을 계속해서 준다. 만약 쥐가 레버를 누르면 전기충격이 5초 동안 멈춘다. 다시 말하면 레버 누르기의 결과
가 전기충격의 **제거**이다. 그 결과 레버 누르기의 비율이 **증가**한다. 즉, 레버 누르기가 부적 강화를 받았다.
　정적 처벌과 부적 강화는 아주 까다로운 용어지만 현재로는 이를 사용하는 수밖에 없다. 이 개념들을 잘 정리
하자면, 둘 다 혐오적 자극을 사용하지만 하나는 그것을 추가(정적 처벌)하고 다른 하나는 그것을 제거(부적 강
화)한다는 점을 명심하면 된다. 정적이란 말은 더하기, 부적이란 말은 빼기를 의미한다는 점을 기억하라. 그렇게
하면 모든 게 잘 맞아 들어가게 된다.

<table>
<tr><td>8.2
요약</td><td>일상생활에서 처벌이란 용어는 징벌을 의미하지만, 학습 분야에서는 행동의 강도를 감소시키는 결과를 제공하는 것을 의미한다. 우리는 정적 처벌과 부적 처벌이라는 두 형태의 처벌을 구분했다. 정적 처벌에서는 행동의 결과가 무언가를 더하는 것을 의미하고, 부적 처벌에서는 행동의 결과가 무언가를 빼는 것을 의미한다. 이 절차들은 강화 절차들과 마찬가지로 기본적으로 단순하지만 많은 변인이 그 효과를 복잡하게 만든다.</td></tr>
</table>

8.3 처벌에 영향을 주는 변인

학습목표

처벌의 효과에 영향을 주는 일곱 가지 변인의 효과를 설명하려면

3.1 행동과 처벌 사이의 수반성의 중요성을 지지하는 두 종류의 증거를 기술한다.

3.2 행동과 처벌 사이의 근접성의 중요성을 지지하는 두 종류의 증거를 기술한다.

3.3 처벌물의 강도와 처벌의 효력 사이의 관계를 설명한다.

3.4 처벌물의 최초 수준과 처벌되는 행동 사이의 관계를 보여 주는 세 가지 예를 든다.

3.5 강화가 어떻게 처벌과 상호작용하여 행동에 영향을 주는지 기술한다.

3.6 강화를 얻는 다른 방법이 처벌에 미치는 효과를 기술하는 세 가지 예를 제시한다.

3.7 행동에 영향을 미치는 처벌의 상대적 효력을 동기화 조작이 어떻게 설명할 수 있는지 기술한다.

강화와 마찬가지로 처벌은 기본적으로 단순한 현상이다. 그러나 처벌을 받는 경험의 효과는 많은 변인 간의 복잡한 상호작용에 좌우된다. 강화에 영향을 미치는 똑같은 변인들이 처벌에도 영향을 미친다.

수반성

처벌이 행동을 약화하는(빈도를 감소시키는) 정도는 처벌적 사건이 그 행동에 얼마나 의존하는지에 따라 달라진다. 쥐가 레버를 누를 때마다 항상 전기충격을 받지만 그 외에는 전기충격을 받지 않는다면, 레버 누르기와 전기충격 사이에 분명한 수반성이 있다. 반면에 쥐가 레버를 누를 때나 누르지 않을 때나 전기충격을 받을 가능성이 똑같다면 레버 누르기와 전기충격 사이에는 수반성이 없다. 행동과 처벌적 사건 간의 수반성이 클수록 행동이 더 빨리 변화한다.

Erling Boe와 Russel Church(1967)가 한 실험이 이를 보여 준다. Boe와 Church는 쥐에게 먹이를 얻기 위해 레버를 누르도록 훈련한 다음, 20분에 걸쳐 레버 누르기

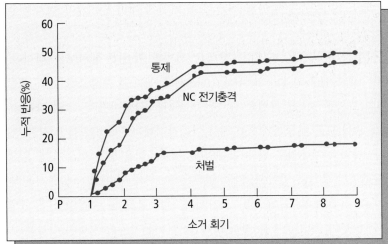

그림 8-2

수반성과 처벌 전기충격을 받지 않은 집단(통제), 비수반적 전기충격을 받은 집단(NC 전기충격), 그리고 반응 수반적 전기충격을 받은 집단(처벌)이 나타낸 반응 횟수의 중간값의 누적 기록. (출처: "Permanent Effects of Punishment During Extinction," by E. E. Boe and R. M. Church, 1967, *Journal of Comparative and Physiological Psychology*, Vol. 63, pp. 486-492. 저작권 ⓒ 1967 by the American Psychological Association. 허가하에 실음)

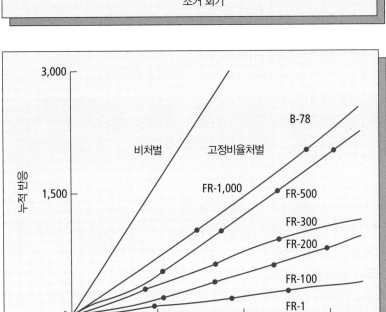

그림 8-3

처벌의 확률의 효과 모든 비둘기가 VI 3′ 계획으로 먹이를 받았는데, 대부분은 또한 FR 계획에 따라 심한 전기충격도 받았다. 원반 쪼기의 빈도는 처벌의 빈도에 따라 달라졌다. (출처: "Fixed-Ratio Punishment," by N. H. Azrin et al., 1963, *Journal of the Experimental Analysis of Behavior*, 6(2), Figure 3, p. 144. 저작권 ⓒ 1963 by the Society for the Experimental Analysis of Behavior, Inc. 출판사와 저자의 허가하에 실음)

를 소거시켰다. 이 기간 중 15분 동안에는 어떤 쥐는 자신의 행동과 상관없이 이따금 전기충격을 받았고, 어떤 쥐는 레버를 누를 때만 전기충격을 받았으며, 어떤 쥐는 전혀 전기충격을 받지 않았다. 그 뒤에 모든 쥐가 9일 동안 매일 1시간의 소거 회기에 들어갔는데, 이 기간에는 어떤 쥐도 전기충격을 받지 않았다. 결과는 소거 기간에 레버를 누른 정도가 전기충격에 대한 노출에 따라 달라진다는 것이었다(그림 8-2). 전기충격을 전혀 받지 않았던 쥐는 레버 누르기의 비율이 서서히 감소하는 경향을 보였는데, 이는 소거 시에 예상할 수 있는 일이다. 비수반적인 전기충격을 받았던 쥐의 수행은 전기충격을 전혀 받지 않은 쥐의 수행과 유사했다. 그러나 레버를 누를 때만 전기충격을 받았던 쥐는 소거 기간에 레버 누르기가 현저히 감소했다.

수반성의 역할을 바라보는 또 다른 방식은 처벌의 확률을 살펴보는 것이다. Nathan Azrin, W. C. Holz와 Donald Hake(1963)는 비둘기를 대상으로 이 문제를 탐구했다. 먼저 그들은 변동간격계획으로 원반 쪼기를 확립시켰다. 그런 다음 수반성에 변화를 주어 모든 비둘기가 계속해서 변동간격계획으로 먹이를 받지만, 일부 비둘기들은 강한 전기충격도 받게 만들었다. 전기충격을 받는 비둘기 중 일부는 원반을 쫄 때마다 충격을 받았고, 다른 일부는 100회째 원반 쪼기에 충격을 받았으며, 또 다른 일부는 200회째 원반 쪼기에 충격을 받고 하는 식이었다. 그림 8-3에서 볼 수 있듯이, 전기충격을 전혀 받지 않은 비둘기는 안정적이고 높은 비율로 원반을 쪼았다. 다른 비둘기의 원반 쪼기 비율은 원반 쪼기가 얼마나 자주 전기충격을 가져오는지에 좌우되었다(Azrin, 1959).

운전하면서 문자 보내기, 죽음으로 처벌받을 수 있다

운전하면서 문자 보내기가 교통사고의 위험을 높인다는 말을 지금쯤은 들어 보았을 것이다. 휴대전화 문자에 주의를 기울이면서 동시에 눈앞의 도로, 신호등과 표지판, 길을 건너는 행인과 동물, 주변의 다른 차들을 볼 수는 없다. 운전하면서 휴대전화로 수다 떨기, 게임 하기, 네비게이션 조작하기도 마찬가지로 위험하다. 그런 행동의 위험성은 우연한 관찰(예: 문자를 보내고 있던 운전자가 유조차를 거의 들이받을 뻔하고는 서서히 중앙선으로 흘러가는 모습을 나는 보았다)뿐 아니라 연구에서도 볼 수 있다. 2019년 치명적인 교통사고의 9.5%에 주의를 소홀히 한 운전자가 개입되어 있었다(National Highway Traffic Safety Administration, 2021). 운전 중에 통화를 하는 사람은 충돌할 가능성이 네 배나 된다(Redelmeier & Tibshirani, 1997).

그러면, 운전하면서 딴짓을 하는 것이 그렇게나 위험한데 사람들이 왜 그런 행동을 할까? 가장 가능성이 큰 답은 그래도 큰일이 나지 않기 때문인 것으로 보인다. 운전 중 주의를 분산시키는 활동을 하는 사람은 사고를 당할 가능성이 더 크다. 하지만 그렇다고 해서 그런 행동의 결과로 사고가 흔히 일어나지는 않는다.

그렇지만 처벌물의 강도(자신이나 타인의 부상, 형사고발과 벌금, 실형, 자동차의 비싼 수리비)가 주의 분산 행동에 대한 강화물에 비해 훨씬 더 세다고 반박할 수도 있다. 여하튼 간에 문자 메시지 하나("가는 중. 20분 후 도착")가 평생을 마비 상태로 보낼 위험을 무릅쓸 만큼 강화적일 수 있을까? 휴대전화로 대화를 하여 얻는 업무상 이득이 두 아이와 그들의 부모 한 사람을 죽일 위험을 정당화할 만큼 클까?

논리적으로 볼 때 그런 위험을 발생시킬 행동을 하는 것은 터무니없는 짓이다. 하지만 행동은 논리보다는 수반성에 훨씬 더 많이 휘둘린다. 사람들이 운전 중에 휴대전화로 문자를 하거나 통화를 할 때마다 다른 차와 충돌한다면 그런 행동이 거의 일어나지 않을 것이다. 그런데 여기서 실제 작동하고 있는 강화계획은 그런 것이 아니다. 달리 말하면, 고빈도의 저강도 강화물이 대개는 저빈도의 고강도 처벌물을 능가하는 것으로 보인다(그림 8-3을 다시 살펴보라).

그러나 우리가 그런 비극을 그냥 불가피한 것으로 받아들여야 하는 것은 아니다. 문제의 근원은 실제 작동하고 있는 수반성임을 인식해야 하며, 문제를 바로잡기 위해서는 그런 수반성을 변화시킬 방법을 찾아내야만 한다.

만약 처벌물의 확률을 아주 높게 시작했다가 서서히 감소시키면 일관성 없는 처벌도 때로는 효과가 있을 수 있다(Lerman et al., 1997). 그러나 그런 결과 자체가 일관성이 없는 것으로 밝혀졌다(예: Tarbox, Wallace, & Tarbox, 2002). 실용적인 면에서는, 우리가 처벌을 사용한다면 행동에 뒤이어 처벌적 사건이 일관되게 일어날수록 앞으로 그 행동이 일어날 가능성이 더 낮아진다는 점을 명심할 필요가 있다.

근접성

행동과 처벌적 결과 간의 시간 간격 또한 매우 중요한 역할을 한다. 즉, 둘 간의 지연이 길수록 처벌물의 효과는 떨어진다.

처벌에서 근접성의 중요성은 David Camp와 그 동료들(1967)의 실험이 멋지게 보여 주고 있다. 이 실험에서는 쥐가 레버 누르기에 대해 주기적으로 먹이를 받았다. 그런데 레버를 누르면 가끔씩 전기충격도 받았다. 어떤 쥐는 레버를 누르자마자 즉시 전기충격을 받았고, 다른 쥐는 레버를 누르고서 2초 지연 뒤에 전기충격을 받았으며, 또 다른 쥐는 30초 지연 뒤에 전기충격을 받았다. 이 연구자들은 전기충격의 효과를 억압비(suppression ratio. 전기충격이 없었더라면 일어났을 것으로 예상되는 반응에 대한 실제 일어난 반응의 백분율)로 측정했다. 그 결과, 즉각적인 전기충격은 레버 누르기를 매우 효과적으로 억압하였다. 전기충격이 레버를 누른 2초 뒤에 왔을 때는 레버 누르기를 억압하는 데 훨씬 덜 효과적이었고, 30초 지연된 경우에는 더욱 효과가 없었다(그림 8-4).

사람을 대상으로 한 실험도 처벌에서 근접성의 중요성을 보여 준다. 한 연구에서 Ann Abramowitz와 Susan O'Leary(1990)는 과잉활동을 보이는 초등학교 1학년

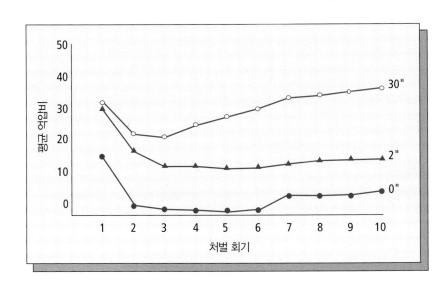

그림 8-4

근접성과 처벌 반응 수반적 전기충격을 즉각적으로 받거나 2초 혹은 30초 지연된 후 받은 쥐들의 평균 억압비. 억압비가 낮을수록 그 절차의 효과가 더 크다. (출처: "Temporal Relationship Between Response and Punishment," by D. S. Camp, G. A. Raymond, and R. M. Church, 1967, *Journal of Experimental Psychology*, 74, Figure 3, p. 119. 저작권 ⓒ 1967 by the American Psychological Association. 허가하에 실음)

생과 2학년생의 '과제 외' 행동(off-task behavior)에 대한 즉각적인 꾸중과 지연된 꾸중의 효과를 연구했다(과제 외 행동이란 주어진 것 외의 일을 하는 것을 말한다). 이 연구에서는 과제 외 행동이 시작되면 교사가 학생을 즉각적으로 꾸짖거나 2분 후에 꾸짖었다. 꾸중은 아이가 다른 아이와 상호작용하는 과제 외 행동을 억압하는 데 효과적이었는데, 즉각적일 때에만 효과적이었고 지연되면 아무 소용이 없었다.

지연이 처벌의 효과를 감소시키는 이유는 아마도 지연되는 동안 다른 행동들이 일어나는데, 목표로 하는 행동이 아닌 다른 행동을 처벌이 억압할 수 있기 때문이다. 따라서 지연된 처벌물은 즉각적 처벌물과 같은 양의 행동을 억압하지만, 즉각적 처벌이 목표 행동에 작용할 가능성이 더 크다. 여하튼 대략적인 법칙은 변함이 없다. 즉, 처벌을 효과적으로 사용하려는 사람은 행동과 결과(즉, 처벌) 사이의 지연을 감소시킬 방법을 찾아내야 한다.

안타깝게도 실험실 바깥에서는 사람들이 이 법칙을 지키는 경우가 거의 없다. 아이를 데리고 쇼핑을 나온 엄마는 말을 안 듣는 아이에게 "집에 가서 보자!"라고 말한다. 그와 같은 위협은 보통 별로 효과가 없는데, 왜냐하면 엄마가 위협했던 처벌이 (실제로 주어진다 해도) 아이가 잘못한 지 한참 뒤에 오기 때문이다. 교사가 아침 9시에 학생에게 방과 후(무려 8시간이나 지난 후에!)에 남으라고 말할 때도 같은 오류를 범하는 것이다.

처벌물의 강도

여러 연구가 처벌물의 강도와 그 효과 사이의 뚜렷한 관계를 보여 주었다. 이 관계는 아마도 전기충격을 사용한 연구에서 가장 잘 볼 수 있는데, 왜냐하면 전기충격의 수준을 연구자가 정확하게 통제할 수 있기 때문이다. 한 실험에서 Camp와 그 동료들(1967)은 쥐에게 먹이를 위해 레버를 누르는 훈련을 시킨 다음 레버 누르기를 주기적으로 처벌했다. 처벌 회기 동안에도 레버 누르기는 여전히 강화를 받았다. 처벌은 여러 가지 강도의 짧은 전기충격이었다. 그 결과, 가장 약한 전기충격은 거의 효과가 없었으나 가장 강한 전기충격은 레버 누르기를 근본적으로 중단시켰다(그림 8-5).

❓ 개념 점검 3

처벌물의 강도가 행동에 미치는 효과에 대해 그림 8-5가 무엇을 보여 주는지 설명하라.

다른 연구들도 비슷한 결과를 내놓았다(Azrin, 1960; Azrin, Holz, & Hake, 1963). 이

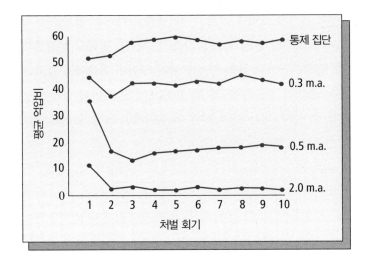

그림 8-5

처벌물의 강도 전기충격을 받지 않은 쥐들(통제)과 세 가지 강도의 반응 수반적 전기충격을 가끔씩 받은 쥐들의 평균 억압비. 억압비가 낮을수록 그 절차의 효과가 더 크다. (출처: "Temporal Relationship Between Response and Punishment," by D. S. Camp, G. A. Raymond, and R. M. Church, 1967, *Journal of Experimental Psychology*, 74, Figure 1, p. 117. 저작권 ⓒ 1967 by the American Psychological Association. 허가하에 실음)

문제에 관한 연구를 개관한 뒤 Nathan Azrin과 W. C. Holz(1966)는 "처벌의 강도에 관한 모든 연구가 처벌 자극의 강도가 강할수록 처벌된 반응이 더 많이 감소한다는 것을 보여 주었다."(p. 396)라고 결론 내렸다. 이 결론은 오늘날에도 여전히 유효하다.

처벌의 최초 수준

처벌을 사용할 때, 행동을 억압할 것임이 거의 확실한 강력한 혐오자극으로 시작할 수도 있고, 아니면 약한 혐오자극으로 시작하여 효과적인 수준을 찾을 때까지 서서히 강도를 증가시킬 수도 있다. 어느 것이 더 좋은 방법일까?

Azrin과 Holz(1966)는 맨 처음부터 효과적인 수준의 처벌을 사용하는 것이 중요하다고 주장한다. 처음에 약한 처벌물로 시작하여 서서히 강도를 높여가면 처벌물의 강도가 증가되는 동안 처벌받는 행동이 지속되기 쉽고, 마지막에 가서는 행동을 억압하기 위해 훨씬 더 높은 수준의 처벌물이 필요할 것이다. 정신건강의학 연구자 Jules Masserman(1946)은, 예를 들어 처벌물이 처음에는 약하다가 점차 강해지면 고양이가 처벌 수준이 높아져도 계속해서 반응한다는 것을 발견했다. 처음부터 사용되었더라면 어떤 반응을 완전히 억압할 수 있었을 처벌물이 일련의 약한 처벌물에 뒤이어 사용되면 효력이 없었다(Miller, 1960; Azrin, Holz, & Hake, 1963). 따라서 처벌을 사용해야 한다면 처음부터 행동을 억압할 만큼 충분히 강한 처벌물을 가지고 시작하는 것을 목표로 잡아야 한다.

이 점은 결코 뻔한 것이 아니다. 흔히 부모, 교사, 고용인, 판사는 최초의 잘못에는 약한 혐오자극을 주었다가 거듭되는 잘못에 대해서는 점차로 혐오자극의 강도를 높여간다. 부모는 아이가 욕을 했을 때 무서운 표정을 짓고, 두 번째로 그러면 꾸중을 하고, 세 번째로 그러면 소리를 지르고, 네 번째로 그러면 방으로 보내 버리고, 다섯 번째로 그러면 일주일 동안 외출 금지를 명령한다. 판사도 본질적으로 똑같이 할 때가 많다. 음주운전으로 유죄 판결을 받은 사람이 처음에는 경고만 받고 풀려나고, 두 번째는 소액의 벌금을 내고, 세 번째는 몇 달간 면허 정지를 당하고 하는 식으로 진행될 수 있다. 이는 마치 점점 더 높아지는 처벌 수준에 대해 그 사람의 내성을 길러 주려고 노력하는 것과 같다.

불행히도, 처음부터 강한 혐오자극을 쓴다는 생각 역시 문제가 있다. 우선, 어떤 수준의 처벌물이 처음부터 효과적일지 분명하지가 않다. 예를 들면, 이스라엘의 한 어린이집 직원들은 부모들이 때로는 아이들을 늦게 데리러 온다고 하소연을 하였다(Gneezy & Rustichini, 2000; Levitt & Dubner, 2005에 보고됨). 그렇게 되면 교사들이 퇴근하지 못하고 아이들을 그만큼 늦게까지 돌봐야 했다. 이 어린이집은 부모가 10분 이상 늦을 경우 한 아동마다 3달러씩의 벌금을 물리기로 했다. 그 결과, 믿을 수 없게도 부모들이 늦는 경우가 더 **많아지는** 것이 아닌가! 곧 벌금을 시행하기 전보다 부모들이 늦게 오는 경우가 두 배로 증가했다. 최초의 처벌물이 너무 약했던 것이다. 벌금이 10달러였더라면 되었을까? 아니면 20달러? 50달러? 이런 것을 미리 확실하게 알기란 불가능하다.

적은 벌금을 내는 것이 왜 사람들이 늦게 올 가능성을 더 높일까? 7장에 나온 병립계획에 대한 내용을 다시 읽어 보면 답을 알 수 있을 것이다.

처벌될 행동의 강화

처벌을 고려할 때는 처벌하려는 그 행동이 강화를 받고 있음이 거의 분명하다는 사실을 명심하라. 그렇지 않다면 그 행동은 일어나지 않거나 아주 드물게 일어날 것이다. 그러므로 처벌 절차의 효율성은 그 행동이 초래하는 강화의 빈도, 양 및 질에 따라 달라진다는 이야기가 성립한다.

레버를 누르면 먹이를 받는 쥐를 생각해 보자. 레버 누르기가 더 이상 먹이를 내놓지 않게 되면 쇠퇴할 것이 분명하다. 마찬가지로 자주 일찍 퇴근하는 직원이 그렇게 하는 이유는 일터를 나서면 할 수 있는 더 보상적인 일이 있기 때문이다. 따라서 행동을 처벌하려는 시도의 성공 여부는 그 행동의 강화적 결과에 좌우되게 된다(Azrin & Holz, 1961; Camp et al., 1967). 한 연구에서 Phil Reed와 Toshihiko Yoshino(2001)는 시끄러운 소리를 제시하여 쥐에게서 레버 누르기를 처벌하였다. 레버 누르기가 먹이를 가져오면, 그 행동이 시끄러운 소리의 원인이 된다 하더라도 쥐들은 레버를 눌렀다. 레버 누르기가 별로 '벌이가 안 되면'(먹이를 덜 받게 되면), 0.5초의 짧은 소음조차도 레버 누르기를 감소시켰다.

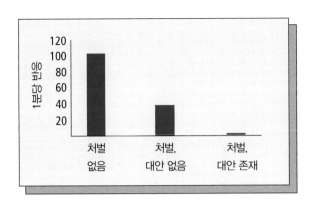

그림 8-6
처벌, 그리고 강화를 얻는 다른 방법 반응이 전혀 처벌되지 않고 가끔씩 강화를 받았을 때, 반응이 처벌되었으나 강화를 얻을 수 있는 대안적인 방법이 없었을 때, 그리고 반응이 처벌되고 강화를 얻을 수 있는 대안적인 방법이 있었을 때의 1분당 평균 반응 횟수. (출처: Herman & Azrin, 1964의 자료를 편집함)

강화를 얻는 다른 방법

강화를 얻는 다른 방법들의 존재 여부도 처벌의 효율성과 관련하여 한 가지 요인이 된다. 레버를 눌러서 먹이를 얻는 굶주린 쥐를 생각해 보자. 이제 쥐가 레버를 누르면 전기충격을 주기 시작한다고 하자. 만약 레버 누르기가 이 쥐에게 먹이를 얻을 수 있는 유일한 수단이라면, 전기충격이 매우 강한 것이 아닌 한 전기충격에도 불구하고 쥐가 계속해서 레버를 누르기 마련이라는 것을 알 수 있다(그림 8-3). 반면에 이 쥐에게 먹이를 얻을 수 있는 다른 방법이 있다면 전기충격은 재빨리 레버 누르기를 억압하기 마련이다.

Herman과 Azrin(1964)의 연구에서 남성 정신질환자들은 어떤 행동이 시끄럽고 짜증 나는 소리를 초래하는데도 주기적으로 강화물을 가져오면 그 행동을 계속해서 수행했다. 그러나 그들은 강화물을 얻을 수 있는 다른 방식(소음을 초래하지 않는)이 있을 때는 주저하지 않고 이를 택했다. 다시 말하면, 강화를 얻는 대안적인 수단이 있을 때는 처벌이 원래의 반응을 완전히 억압하였다(그림 8-6).

이런 연구 결과가 처벌을 어떻게 실용적으로 쓸 것인지에 대해서 시사하는 바는 명백하다. 바람직하지 않은 행동을 처벌할 때는, 그 행동을 유지해 온 강화물을 얻을 수 있는 대안적 수단을 반드시 제공하라는 것이다. 예를 들어, 아이가 식탁에서 음식을 가지고 놀기로 어른들의 관심을 끈다면 다른 더 바람직한 방식으로 관심을 받을 수 있음을 확실하게 알려 주라. 그렇게 하면 처벌이 더욱 효과적으로 될 것이고, 더욱 중요하게는 처벌이 필요 없을 수도 있다.

동기화 조작

동기화 조작의 일종인 동기설정 조작을 수행함으로써 강화물의 효과를 높일 수 있다는 것이 기억날 것이다(5장 참고). 처벌의 경우도 마찬가지이다.

예를 들어, 먹이는 동물이 배가 고플 때 강화력이 더 크다. 따라서 바람직하지

그림 8-7

강화물 박탈, 그리고 처벌의 효과 다양한 먹이 박탈 수준에서 76번 비둘기의 행동 비율. 반응은 정기적으로 먹이로 강화되었는데, 매 100회째 반응은 강한 전기충격을 가져왔다. 먹이 박탈 수준이 최저일 때(자유 섭식 체중의 85%)는 처벌이 매우 효과적이었고, 더 높을 때는 처벌이 덜 효과적이었다. (출처: "Fixed-Ratio Punishment," by N. H. Azrin et al., 1963, *Journal of the Experimental Analysis of Behavior*, Vol. 6[3], p. 146. 저작권 ⓒ 1963 by the Society for the Experimental Analysis of Behavior, Inc. 소유. 출판사와 저자의 허가하에 실음)

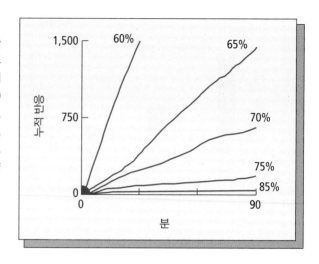

않은 행동이 먹이 강화물에 의해 유지가 된다면 먹이 박탈의 수준을 낮추는 것이 처벌의 효과를 더 높일 수 있다. 연구자들은 새를 대상으로 먹이 박탈 수준이 여러 가지로 다를 때 원반 쪼기에 대한 처벌의 효과를 비교하였다(Azrin, Holz, & Hake, 1963). 매우 배가 고픈 새들에게는 처벌이 거의 효과가 없었지만, 약간만 배가 고픈 새들에게는 처벌이 원반 쪼기를 거의 완전히 억압하였다(그림 8-7).

이와 똑같이, 어떤 사람이 최근에 다른 사람들과 많은 시간을 같이 보내지 못했다면 사회적 고립이 처벌물로서 더 효과적이기 마련이다. 그 사람은 사회적 접촉에 '굶주려' 있고, 따라서 사회적 접촉을 차단하는 것이 더 효과적인 처벌물이 될 것이다.

❓ 개념 점검 4

강화물 박탈의 수준과 처벌물의 효과 사이의 관계를 기술하라.

기타 변인

방금 살펴본 변인들이 처벌의 효율성을 결정하는 데 가장 중요한 것이지만 다른 변인들도 한몫한다. 예를 들면, 처벌물의 질적 특징이 중요할 수 있다. 높은 소리가 낮은 소리보다 더 효과적인 처벌물로 작용할 수도 있다. 서로 다른 변인들은 또한 복잡한 방식으로 상호작용한다. 강화와 마찬가지로 처벌도 처음 보기보다 더 복잡하다.

❓ 개념 점검 5

처벌에 영향을 미치는 네 가지 변인을 나열하라.

> 처벌은 기본적으로 단순한 절차이지만 그것에 영향을 주는 많은 변인 때문에 곧 복잡해진다. 그
> 러한 변인에는 수반성, 근접성, 처벌물의 강도, 처벌의 초기 수준, 처벌받을 행동과 대안적 행동
> 에 대한 강화의 가용성, 동기화 조작 등이 포함된다.
>
> **8.3**
> **요약**

8.4 처벌의 이론

학습목표

처벌이 행동에 어떻게 영향을 미치는지를 설명하려는 세 가지 이론을 이야기하려면,

4.1　처벌의 중단 이론을 반박하는 두 종류의 증거를 논의한다.

4.2　처벌의 2과정 이론을 지지하는 증거와 반박하는 증거를 평가한다.

4.3　처벌의 1과정 이론을 지지하는 증거를 기술한다.

처벌에 관한 초기 이론들(Estes, 1944; Guthrie, 1952; Skinner, 1953)은 반응 억압이 일어나는 이유가 혐오적 자극이 갖는, 행동을 중단시키는 효과 때문이라고 제안했다. 이들은 쥐가 전기충격을 받으면 펄쩍 뛴 다음 얼어붙거나 다급하게 돌아다닌다는 사실을 지적했다. 이 행동은 이를테면 레버 누르기와는 양립 불가능한데, 따라서 레버 누르기의 비율이 틀림없이 감소하게 된다. Skinner(1953)는 교회에서 키득거리는 아이의 예를 든다. 부모가 아이를 나무라면 이것이 키득거리기와는 양립 불가능한 정서적 행동을 일으키고 따라서 키득거리기가 멈추거나 감소한다. Skinner는 처벌된 행동이 "정서적 반응에 의해 제법 효과적이지만 단지 일시적으로 억압될 뿐"(p. 188)이라고 말했다.

처벌에 관한 연구는 두 가지 중요한 발견을 통해 위와 같은 설명의 토대를 흔들었다. 첫째, 우리가 보았듯이 충분히 강한 혐오자극을 사용한다고 가정하면 처벌의 효과가 Skinner가 생각한 것보다 더 오래 지속된다. 둘째, 행동과 독립적인 혐오자극보다 처벌은 행동에 더 큰 억압 효과를 낸다. 이 두 번째 사실은 약간 설명이 필요하다.

처벌이 단순히 양립 불가능한 행동을 일으키기 때문에 반응률을 감소시킨다면, 사용된 혐오자극이 행동에 좌우되는지의 여부에 따라 변하는 것이 없어야 한다. 그러나 사실상 그에 따라 커다란 차이가 생긴다. 앞서 이야기한 Boe와 Church(1967)의 연구, 즉 어떤 쥐들은 비수반적 전기충격을 받았던 연구를 상기해 보라. 이 실험에서는 또한 이따금 전기충격을 받는 집단의 쥐들도 있었는데, 이 집단에서는 전기충격이 레버 누르기에 수반되었다. 따라서 어떤 쥐들은 레버 누르기

에 수반적인 전기충격을 받았고, 다른 쥐들은 이 집단과 동일한 수의 전기충격을 자신의 행동과는 상관없이 받았으며, 통제집단은 전기충격을 전혀 받지 않았다. 앞서 언급한 바와 같이, 비수반적인 전기충격은 레버 누르기를 억압하기는 했다. 그러나 그 효과는 수반적인 전기충격의 효과와 비교했을 때 미미했다(그림 8-2).

처벌에 대한 이와 같은 중단 이론(disruption theory)은 수반적 혐오자극과 비수반적 혐오자극 간의 이러한 차이를 설명할 수 없었다. 오늘날, 처벌에 관한 두 가지 주도적인 이론은 우리가 회피학습을 배울 때 처음 접했던 2과정 이론과 1과정 이론이다(5장 참고).

2과정 이론

2과정 이론은 처벌에 파블로프식 절차와 조작적 절차 둘 다 관여한다고 주장한다 (Dinsmoor, 1954, 1955; Mowrer, 1947). 이 이론은 회피에 적용되는 것(5장 참고)과 대략 똑같은 방식으로 처벌에도 적용된다. 쥐가 레버를 누르고 전기충격을 받으면 레버는 전기충격과 짝지어진다. 파블로프식 조건형성을 통해 레버는 이제 전기충격이 야기하는 것과 똑같은 행동(공포를 포함하여)을 일으키는 조건자극(CS)이 된다. 다시 말하면 동물에게 전기충격이 혐오스러우면 레버도 혐오스러운 것이 된다. 쥐는 레버에서 멀리 떨어짐으로써 레버로부터 도피할 수 있다. 레버에서 멀리 떨어지기가 공포의 감소라는 강화를 받는다. 물론 레버에서 멀리 떨어지기는 레버 누르기의 비율을 필연적으로 감소시킨다.

2과정 이론에 대한 비판자들은, 이 이론이 회피를 설명할 때 갖는 모든 결점을 처벌에 대해서도 지닌다고 말한다. 예를 들어, 2과정 이론은 처벌받는 반응과 처벌 간의 근접성이 클수록 그 반응의 감소도 클 것이라고 예측한다. 레버를 누를 때 전기충격을 받은 쥐는 레버를 만지기보다는 누르기를 더 꺼려야 하고, 레버 옆에 서 있기보다는 레버를 만지기를 더 꺼려야 하고, 레버 쪽으로 접근하기보다는 레버 옆에 서 있기를 더 꺼려야 한다는 것이다. 그러나 실제로는 예측된 것과 똑같은 일이 일어나지 않을 수 있다.

한 연구에서 R. Mansfield와 Howard Rachlin(1970)은 비둘기에게 2개의 원반을 쪼아 먹이를 얻도록 훈련시켰다. 비둘기가 2개의 원반 모두를 올바른 순서로, 즉 오른쪽 원반부터 쪼고 난 다음 왼쪽 원반을 쫄 경우에만 먹이를 받았다. 그리고 나서 실험자들은 비둘기가 원반을 오른쪽-왼쪽이라는 올바른 순서로 쫄 때마다 전기충격을 주기 시작했다. 이들은 약한 전기충격에서부터 시작하여 매일 그 강도를 높여갔다. 2과정 이론이 옳다면, 어느 시점이 되면 비둘기가 오른쪽 원반은 쪼지만 왼쪽 원반은 쪼지 않을 것이라고 이들은 예측했다. 오른쪽 원반은 처벌과 더 멀리 떨어져 있으므로 왼쪽 원반보다 덜 혐오적이고 따라서 쫄 가능성이 더 클 것이다. 이는 마치 어떤 학생이 손을 들고서 선생님이 호명하기를 기다리지 않고 답을 소리쳐 말하다가 처벌받는 경우와 같다. 벌을 받고 난 후에는 이 학생이 답을 말하려고 시작하다가 갑자기 말을 멈출 수 있다(자신의 '실수'를 인식하고 답을 말하다가 멈춘다). 마찬가지로 비둘기도 원반을 순서대로 쪼기 시작하다가 갑자기 멈칫하며 중지할지도 모른다. 그러나 두 원반에 대한 반응률은 함께 감소하는 것으로 밝혀졌다. 비둘기는 오른쪽 원반을 쪼면 거의 항상 왼쪽 원반까지 쪼았다. 이와 같은 결과들 때문에 2과정 이론은 처벌의 1과정 이론에 자리를 내주고 말았다.

❓ 개념·점검 6

2과정 이론에서 2과정이란 무엇인가?

1과정 이론

처벌의 1과정 이론은 회피의 1과정 이론과 유사하다(5장 참고). 즉, 조작적 학습이라는 한 가지 과정만이 처벌의 효과를 설명한다는 것이다. 이 이론은 강화가 행동을 증강하는 것과 똑같은 방식으로 처벌은 행동을 약화한다고 주장한다.

이런 생각은 처벌이 강화의 거울상(像)이라는 생각을 처음 주장했던 Thorndike (1911)로 거슬러 올라간다. 그는 나중에 약한 처벌(예: 대답에 대해 '틀렸어요'라고 말해 주는 것)은 행동이 일어날 가능성을 감소시키지 않는다(Thorndike, 1932)는 것을 발견하고는 이 생각을 버렸다. 그러나 나중에 다른 연구자들은 Thorndike의 처벌물이 단지 너무 약해서 효과가 없었으며 강한 처벌물은 강화에 대응하는 효과를 낸다는 것을 보여 주었다(Azrin & Holz, 1966; Premack, 1971; Rachlin & Herrnstein, 1969).

1과정 이론을 지지하는 다른 증거도 있다. 알다시피 Premack 원리는 고확률 행동이 저확률 행동을 강화한다고 이야기한다. 1과정 이론은 Premack의 강화 규칙의 역(逆)이 처벌에 적용될 것이라고 예측한다. 즉, 저확률 행동이 고확률 행동을 처벌해야 한다(Premack, 1971). 실제로 이런 일이 일어난다(Mazur, 1975). 예를 들어, 배고픈 쥐가 먹은 다음에는 달려야 하게 만들면 이 쥐는 덜 먹게 된다. 저확률 행동(달리기)이 고확률 행동(먹기)을 억압하는 것이다. 1과정 이론가들은 Thorndike가 애초에 했던 생각이 옳았다는 결론을 내린다. 즉, 처벌과 강화는 근본적으로 행동에 서로 대칭적인 효과를 낸다는 것이다.

강화와 처벌은 어떤 대칭성을 보여 주긴 하지만 그렇다고 해서 둘 모두가 행동을 변화시키는 데 똑같이 바람직한 방법인 것은 아니다. 사실 처벌은 변화를 일으킬 요인으로서는 부족한 점이 아주 많다. 효과는 있지만 문제 또한 일으키기 때문이다.

8.4 요약

> 처벌이 어떻게 작용하는지를 설명하는 주요 시도로는 파블로프식 및 조작적 절차에 기대고 있는 2과정 이론과 순전히 조작적 절차의 면에서 처벌을 설명하는 1과정 이론이 있다.

8.5 처벌의 문제점

학습목표 -

행동 변화를 위해 처벌에 의존하는 데서 생기는 다섯 가지 문제점을 기술하려면,

5.1 처벌의 세 가지 장점을 논의한다.
5.2 처벌로부터의 도피가 어떻게 문제가 될 수 있는지를 설명한다.
5.3 처벌로 인해 어떻게 공격성이 생길 수 있는지 이야기한다.
5.4 처벌로 인해 어떻게 행동의 억압이 생길 수 있는지 이야기한다.
5.5 처벌자가 왜 학대 가능성을 나타낼 수 있는지 설명한다.
5.6 처벌의 모방이 어떻게 문제가 될 수 있는지를 기술한다.

- -

부모, 교사, 고용주, 상급자, 배우자, 놀이터의 아이들 등 사실상 모든 사람이 어느 땐가는 처벌을 사용한다. 왜 그럴까? 처벌이 효과가 있기 때문이다. 적어도 단기적으로는 말이다. 다시 말하면, 우리가 처벌을 사용하는 이유는 그렇게 하는 것이 강화를 받기 때문이다. 교장이 처벌을 잘 하는 교사에게 학급을 잘 운영한다는 칭찬을 할 때처럼 처벌이 때로는 정적 강화를 가져온다. 하지만 교사가 떠드는 학생을 야단쳐서 조용하게 만들 때처럼 처벌은 부적 강화를 가져오는 경우가 더 많다.

처벌은 매우 강력한 절차일 수 있다. 처벌물이 어떤 행동에 규칙적으로 뒤따르고 처음부터 충분한 강도로 즉각적으로 주어지면, 그 행동은 일반적으로 매우 빠르고 크게 감소한다. 바람직하지 않은 행동에 대한 강화가 중단되고 동일한 강화물을 얻을 수 있는 대안적인 방법이 제공되면, 처벌받은 행동이 완전히 사라질 수도 있다.

또한 처벌은 신속하게 작용한다. 즉, 처벌이 제대로 작용하는지를 확인하기 위해 며칠 혹은 몇 주 동안 계속 실시할 필요가 없다. 어떤 결과가 행동의 빈도를 감소시킬 것이면 즉각적으로 감소시키기 시작한다. 또한 처벌을 적절히 사용하면 행

동을 영구히 억압할 수 있는데, 이는 그 행동이 부상을 일으킬 수 있는 경우에 특히 중요하다.

그리고 처벌은 유익한 부수효과(side effect)도 일으킨다. 자폐 아동의 치료에 전기충격을 사용한 연구들을 개관하면서 K. L. Lichstein과 Laura Schreibman(1976)은 그 아동들이 더 사교적이고 협동적이고 상냥하며 눈 맞춤을 더 많이 하고 더 잘 웃게 되었음을 발견했다. 처벌의 효과에 관한 문헌을 개관한 후 Saul Axelrod(1983)는 "대부분의 연구가 긍정적인 부수효과를 보고했다."(p. 8)라고 썼다(또한 다음도 보라. Newsom, Flavall, & Rincover, 1983; Perone, 2003; Van Houten, 1983).

유감스럽게도 처벌에는 어떤 심각할 수 있는 문제가 따른다(Sidman, 1989b). 이 문제들은 어떠한 형태의 처벌에도 일어날 수 있지만, 특히 체벌 형태의 정적 처벌의 경우에 가장 빈번하게 일어난다. 그런 문제로는 도피, 공격성, 무관심, 학대, 처벌자에 대한 모방이 포함된다.

1. **처벌로부터의 도피**   혐오자극에 대한 전형적인(그리고 상당히 합리적인) 반응은 처벌의 근원으로부터 도피 또는 회피하려고 하는 것이다. 아이는 꾸중하는 부모에게서 떠나버린다. 성적이 나쁜 학생은 학교를 빼먹는다. 업무를 잘 수행하지 못한 직원은 보스의 화가 가라앉을 때까지 '숨어 버린다'. 어떤 경우에는 유기체가 실제로 도망가지 않고도 도피할 수 있다. 한 연구에서는 쥐가 레버를 누르면 먹이와 전기충격을 동시에 받았다(Azrin & Holz, 1966). 전기충격은 격자 바닥을 통해 왔는데, 그러자 쥐가 등을 대고 누워서 레버를 누르게 되었다. 아마도 쥐의 털이 전기충격으로부터 쥐를 어느 정도 절연시켰을 것이다.

   우리는 또한 속이고 거짓말을 함으로써 처벌을 피할 수 있다(예: Hart et al., 2019를 보라). 숙제를 하지 않은 학생은 다른 사람의 숙제를 베끼거나 "숙제한 걸 개가 씹어 먹어 버렸어요."라고 말함으로써 처벌로부터 도피한다. 사람들은 변명을 하고 울고 후회하는 모습을 보이는데, 이 행동들은 흔히 처벌로부터 도피하거나 처벌을 회피하게 만듦으로써 강화를 받는다. 실제로 사람들은 처벌을 자주 받게 되면 이런 도피 전술에 꽤 능해진다.

2. **공격성**   우리는 처벌로부터 도피하는 대신 때로는 공격을 한다(Durrant & Ensom, 2017; King et al., 2018). 처벌 피하기의 한 가지 대안은 처벌하는 사람을 공격하는 것이다. 우리는 우리의 비판자를 비판하고, 우리를 헐뜯는 사람을 헐뜯으며, 한 대를 맞으면 한 대를 때린다. 공격성은 특히 도피가 불가능할 때 잘 일어난다. 도피와 마찬가지로 공격성은 처벌을 가하는 사람에게 통제력을 행사하는 효과적인 방법일 때가 종종 있다. 직장에서 일상적으로 괴롭힘을 당하

Nevin(2003, 2004)은 테러 공격에 뒤따른 정부의 보복 사례를 분석했다. 그는 정부의 보복이 테러리스트들의 행동에 조금이라도 효과가 있다는 증거를 전혀 찾지 못했다.

는 직원이나 학교에서 힘센 아이들에게 괴롭힘이나 창피를 당하는 학생은 공격 행동으로 앙갚음을 할 수도 있다. 나쁜 대우를 받는 직원은 때로는 자재를 훔치거나 제품을 훼손하거나 일부러 생산율을 떨어뜨린다. 학교 다니기가 괴로운데 자퇴도 할 수 없는 학생은 학교 물품을 파괴하거나 교사를 공격하기도 한다. 종교집단과 인종집단과 정부는 자기네에게 상처를 입힌 사람들을 공격하며, 그렇게 공격당한 사람들은 똑같이 보복을 한다. 이와 같은 반응은 다른 종들도 마찬가지여서 학대받은 개는 물 수가 있다. 공격성이 항상 자신에게 상처를 입힌 근원에게로 향하는 것은 아니다. 만약 동물 두 마리를 한 상자에 넣고 그중 한 마리에게 전기충격을 주면 이 동물은 자기 옆에 있는 다른 동물을 공격한다(Ulrich & Azrin, 1962; Ulrich, Hutchinson, & Azrin, 1965). 이런 일은 다른 동물이 자신의 고통과 아무런 상관이 없는데도 일어난다. 전기충격을 받은 동물은 심지어 옆에 있는 동물이 자기보다 훨씬 더 크더라도 공격한다. 즉, 생쥐(mouse)가 쥐(rat)를 공격하려 하고,[*] 쥐가 고양이를 공격하려 한다. 전기충격을 받은 동물은 다른 동물이 주위에 없을 경우에는 무생물을 공격한다. 다른 적당한 물체가 없으면 쥐는 물어뜯을 물체를 얻기 위해 일을 하려 한다(Azrin, Hutchinson, & McLaughlin, 1965). 대략 똑같은 현상을 사람에게서도 볼 수 있는데, 이를 **전위된 공격성**(displaced aggression)이라 한다. 즉, 남편이 아내에게 소리를 지르고, 아내는 아이에게 소리를 지르고, 아이는 동생에게 소리를 지르고, 동생은 개에게 소리를 지른다(Marcus-Newhall et al., 2000). 인간도 또한 동물과 마찬가지로 무생물을 공격한다. 예를 들어, 모욕을 당하고서는 물건을 내던지거나 문을 쾅 닫는 사람이 많다.

3. **행동 억압** 처벌의 세 번째 문제로 특히 도피나 공격이 가능하지 않을 때 일어나는 일은 유기체가 행동의 전반적인 억압을 나타내는 것이다. 많은 종류의 행동이 공통으로 혐오적인 결과를 가져온다면, 유기체가 처벌된 행동뿐 아니라 행동 전반을 억압할 수도 있다. 처벌이 다반사로 일어나는 상황에서는 그 부산물로 일종의 침체 상태, 혹은 무감정이 생길 수 있다. 강력한 정적 강화물이 있어서 처벌과 균형을 이루지 않는 한, 최선의 행동은 아무것도 하지 않는 것일 수 있다. Carl Warden과 Mercy Aylesworth(1927)는 쥐가 2개의 가지길 중 하나로 들어가는 것을 처벌했는데, 그러자 쥐는 둘 중 어느 것에도 들어가지 않는 경향이 생겼다. 대신에 쥐들은 출발 상자에 그대로 머물러 있었다. 유사한 현상을 교실에서도 볼 수 있는데, 이는 교사가 아이들이 '멍청한' 질문을 한다고

---

[*] 쥐(rat)는 생쥐(mouse)보다 10배 정도 크다. (역주)

일상적으로 비웃을 때이다. 이런 아이들은 질문을 잘 안 하게 될 뿐만 아니라 질문에 답하거나 다른 학습 활동에 참여하기도 꺼리게 될 수 있다.

4. **학대의 가능성** 처벌, 특히 체벌의 또 다른 문제점은 처벌자에 의한 학대의 가능성으로부터 생겨난다. 학교에서 체벌이 사용됨으로 인해 골절, 혈관 파열, 혈종, 근육과 신경의 손상, 채찍 상처, 척추 손상뿐 아니라 죽는 일까지 생기기도 했다(더 많은 정보는 www.stophitting.com에서 찾아보라). 가정에서의 아동 학대는 흔히 통제 불가능해진 처벌로 볼 수 있다. 예를 들면, 부모가 아이를 의도했던 것보다 더 세게 때려서 상처가 나게 만든다. 때로는 부모가 아이의 문제 행동을 자기도 모르는 사이에 점점 더 강화하게 되고(6장의 조성에 관한 논의를 보라), 그런 후에는 그것을 억압하기 위해 극단적인 형태의 처벌까지 사용하게 된다. 부모가 때로는 처음에 아주 약한 형태의 처벌로 시작해서 점점 더 센 강도의 처벌을 사용하다가 결국에는 신체적인 부상을 입히기도 한다. 학대의 가능성은 계속 이어진다. 즉, 부모에게 학대를 받은 아이는 성인이 되어 자신의 배우자(예: Affi et al., 2017)와 아이들을 학대할 가능성이 높아진다(Greene et al., 2020; Siverns & Morgan, 2019).

5. **모방** 처벌의 또 다른 문제점은 처벌을 받은 사람이 자신을 처벌한 사람을 모방하는 경향이 생긴다는 것이다. 예를 들면, 부모가 아이를 키우면서 처벌에 많이 의존하면 그 아이도 자기 형제나 친구를 대할 때 처벌에 많이 의존한다(Bandura & Walters, 1959; Sears, Maccoby, & Levin, 1957). 그런 사람이 성인이 되어 배우자, 친구, 직장 동료, 부모가 되면 타인의 문제 행동을 다루는 데 처벌을 사용할 수 있다. 마찬가지로, 사장이 관리자들로 하여금 일을 '똑바로' 하도록 만들기 위해 처벌에 의존하면, 그 관리자들 또한 부하를 부리는 데 비슷한 방법을 사용하게 될 수 있다.

물론 모든 종류의 처벌이 똑같이 문제를 일으키는 것은 아니다. 아이에게 매를 드는 것과 TV를 보지 못하게 하는 것 사이에는 큰 차이가 있다. 또한 앞서 보았듯이 **제대로 사용**되면 처벌은 유익한 효과를 낼 수 있다. 그럼에도 불구하고 특히 신체적 처벌이 가해지는 경우에는 문제가 발생할 가능성이 존재한다. 따라서 전문가들은 이제 대안적인 절차들의 사용에 의존하며 이를 권장한다.

❓ 개념 점검 7

처벌로 인해 생길 수 있는 다섯 가지 문제점은 무엇인가?

**8.5
요약**

처벌은 흔히 행동의 빈도를 매우 효과적으로 감소시키지만 도피, 공격성, 무관심, 학대 및 모방을 비롯한 여러 문제를 일으킬 수 있다. 이러한 문제 때문에 전문가들은 대안적인 방법들을 옹호한다.

8.6 처벌에 대한 대안

학습목표 -

처벌에 대한 세 가지 대안을 이야기하려면,

6.1 반응 방지가 어떻게 처벌에 대한 대안이 되는지를 설명한다.

6.2 소거가 어떻게 처벌에 대한 대안이 되는지를 설명한다.

6.3 행동에 대한 차별강화 절차 세 가지의 효과를 설명한다.

- -

처벌의 문제점 때문에 연구자들은 문제 행동을 수정하기 위한 대안적 방법을 탐색해왔다(Lavigna & Donnellan, 1986).

1. **반응 방지** 예를 들어, 처벌을 하는 대신 환경을 어떤 방식으로 수정함으로써 그 행동이 일어나지 못하게 할 수 있는데, 이 절차를 **반응 방지**(response prevention)라고 부른다(Mills et al., 1973). 가보로 내려오는 도자기를 아이가 갖고 노는 것을 처벌하는 대신에 도자기를 아이의 손이 닿지 않는 곳에다 치워 버릴 수 있다. 서랍과 수납장의 자물쇠는 아이들이 칼이나 강판 등의 부엌에 있는 위험물에 접근하는 것을 방지한다. 자기 손을 물어뜯는 아이에게는 장갑을 끼고 있게 할 수 있다. 아기용 안전게이트가 손님이 현관에 오면 손님에게 뛰어오르는 개의 성향을 억제할 수 있다.

2. **소거** 처벌에 대한 또 다른 대안은 소거이다. 어떤 행동에 대한 모든 강화를 제거하는 것이 그 행동의 빈도를 감소시킨다는 7장의 내용이 기억날 것이다. 바람직하지 않은 행동을 제거하는 데 소거를 사용하려면, 그 행동을 유지하는 강화물을 무엇보다도 먼저 규명해야 한다. 예를 들면, 어른이 주는 관심이 아이의 잘못된 행동을 유지하는 강화물일 경우가 많다(Hart et al., 1964). 그러나 다른 문제들도 소거를 실시하는 것을 어렵게 만들 수 있다. 예를 들어 7장에서 나온 소거 격발이 기억날 것이다. 소거 격발은 소거 계획상에 놓인 행동이 증가하게 만들고, 이로 인해 사람들이 소거를 지나치게 빨리 포기하면서 효과가 없

다고 주장하게 만든다. 소거는 또한 정서적 폭발, 특히 공격성과 분노의 표출을 야기할 때가 많다. 그리고 마지막으로, 많은 사람이 소거를 실험실 밖에서는 실행하기 힘들어하는데, 왜냐하면 원치 않는 행동에 대해 가용한 모든 강화물을 우리가 통제할 수 없을 때가 많기 때문이다. 따라서 소거가 처벌에 대한 대안이기는 하지만 그 자체의 문제점들이 따라오는 경우가 많다.

3. **차별강화** 처벌의 훨씬 더 효과적인 대안이 **차별강화**(differential reinforcement)인데, 원치 않는 행동의 비강화(가능한 경우에)와 어떤 다른 행동의 강화를 조합하여 사용하는 절차이다(Ferster & Skinner, 1957). 학자들은 여러 가지 형태의 차별강화를 구분했는데, 그중 세 가지를 살펴보자.

대안행동 차별강화(differential reinforcement of alternative behavior: DRA)에서는 원치 않는 행동에 대한 특정한 대안적 행동이 강화를 받는다(Athens & Vollmer, 2010; Petscher, Rey, & Bailey, 2009). 실험실에서 쥐가 일상적으로 A 레버를 눌러서 먹이를 받는 경우, 이 행동을 소거계획상에 두면 레버 누르기의 감소가 느린 속도로 일어나기 마련이다. 하지만 그렇게 하면서 B 레버 누르기에 대해 먹이를 주면 A 레버 누르기의 비율이 훨씬 더 빨리 감소한다. DRA는 동물에게 동일한 강화를 얻는 다른 방법을 제공한다.

❓ 개념 점검 8

차별강화란 무엇인가?

이와 똑같은 절차를 실험실 바깥에서 사용할 수 있다. 3살 난 아이가 숟가락으로 물건을 두드리면 여러 가지 재미있는 큰 소리가 난다는 사실을 발견했다고 하자. 그 소리에 귀가 아파져 오기 시작하면 우리는 아이의 그런 음악적 시도를 무시하면서 아이가 색칠하기 책에다가 마구 색깔을 채워 넣기 시작할 때 아낌없이 관심을 표할 수 있다. 색칠하기가 강화를 받는 반면 물건 두드리기가 강화를 받지 못함을 아이가 알게 되면 음악보다는 미술에 더 많은 시간을 쏟기 마련이다. 그리고 우리는 귀가 편안해질 것이다.

비슷한 형태의 차별강화로 **상반행동 차별강화**(differential reinforcement of incompatible behavior: DRI)가 있다. DRI에서는 원치 않는 행동과는 상반된 행동, 즉 양립 불가능한 행동을 강화한다(Smith, 1987). 원치 않는 행동과 상반된 행동의 비율을 증가시키면 원치 않는 행동의 비율은 어쩔 수 없이 감소한다. 앞서 나온 쥐의 레버 누르기 예에서, B 레버 누르기를 강화하는 대신 A 레버로부터 떨어져 있는 행동을 강화할 수도 있다. 쥐가 레버에 닿지 못하는 위치에 있으면서 동시에 그 레버를 누를 수는 없다.

상반된 행동은 대개는 쉽게 알아낼 수 있다. 빨리 움직이기는 천천히 움직이기와 상반되고, 미소 짓기는 찡그리기와 상반되며, 서 있기는 앉아 있기와 상반된다. 아이들이 교실 안을 돌아다니는 시간을 줄이는 최선의 방법 중 하나는 아이가 자기 자리에 앉아 있으면 칭찬하는 것이다. 의자에 앉아 있으면서 동시에 돌아다니고 있을 수는 없다.

때로는 어떤 행동을 완전히 제거하는 것이 아니라 합리적인 수준으로 그 비율을 낮추는 것이 목표일 때가 있다. 그런 경우 **저율 차별강화**(differential reinforcement of low rate: DRL)가 아마도 처벌에 대한 이상적인 대안이다. 이 절차에서는 행동이 낮은 비율로 일어날 때만 강화가 주어진다. 예를 들어, DRL 5″ 계획에서는 비둘기가 마지막 쪼기 후 5초가 지나고 나서 원반을 쪼아야 강화를 받는다. 각각의 원반 쪼기는 기본적으로 시계를 재설정한다. 따라서 정해진 간격이 지나기 전에 쪼면 강화가 더 지연된다. 각 쪼기 사이의 간격이 길수록 쪼기의 비율은 더 낮다. DRL 5″ 계획은 1분당 최대 12회의 쪼기를 강화할 것이다. 정해진 간격이 끝나기 전에 쪼면 1분당 받는 강화의 수가 감소한다. 그리고 우리는 행동의 발생 사이의 간격을 점진적으로 증가시킬 수 있다. DRL 계획은 극단적으로 낮은 행동률을 비교적 짧은 시간 안에 만들어 낼 수 있다.

DRL 계획은 응용 장면에서 매우 유용하다. 아이가 똑같은 노래를 평균 5분에 한 번씩 반복해서 결국 부모가 헤드폰으로 귀를 틀어막아야 한다고 하자. 아이가 그 노래를 10분에 한 번 할 때 칭찬을 하고, 그다음에는 12분에 한 번 할 때, 그리고 15분에 한 번 할 때 칭찬하는 식으로 견딜 만한 수준까지 비율을 낮출 수 있다. 또 다른 방법은 더 큰 단위 시간(예: 수업 시간) 동안 아이가 그 행동을 하도록 허용되는 횟수를 제한하는 것이다(Deitz & Repp, 1973; Austin & Bevan, 2011). DRL 계획이 여기서 살펴본 다른 형태의 차별강화계획들과 결정적으로 다른 점은 문제 행동 자체가 아니라 그 행동의 바람직하지 않은 비율이 소거계획상에 있다는 점이다.

? 개념 점검 9

DRL 10″ 계획에서 쥐가 8초 후에 레버를 누르면 어떻게 되는가?

차별강화는 바람직하지 않은 행동을 억압하기보다 바람직한 행동(의 비율)을 증강하기에 초점을 맞추는데, 그럼으로써 처벌과 연관된 문제를 피할 수 있다(Carr, Robinson, & Palumbo, 1990a; Goldiamond, 1975b). 하지만 차별강화는 원치 않는 행동의 강화를 가능한 한 제한할 때 제일 잘 작동한다는 것을 명심하라. 문제 행동이 평소와 같은 비율로 계속 강화를 받는다면 차별강화는 제한적인 효과밖에 내지 못한다.

> 다행히도 처벌에 대한 효과적인 대안들이 존재한다. 여기에는 반응 방지, 소거, 그리고 DRA, DRI 및 DRL을 비롯한 다양한 형태의 차별강화가 포함된다. 이 절차들은 효과적이며, 몇몇 형태의 처벌보다 유해한 부작용을 일으킬 가능성이 더 낮다.

8.6
요약

맺음말

어떤 사람들은 처벌이 행동을 변화시키는 하나의 수단으로서 유용하고 필요한데 우리가 그것을 충분히 사용하지 않는다고 주장한다. 그들은 아이가 버릇없이 구는 것은 부모와 학교가 아이에게 충분히 자주 벌을 주지 않기 때문이라고 주장하며, 비행기 승객들의 어처구니없는 행동은 사회가 관대하기 때문에 생긴다고 주장한다. 그래서 잘못된 행동을 하는 사람에게 '상식을 집어넣어 줄'(물리적으로 사람을 처벌할) 필요가 있다고 주장한다.

    슈퍼마켓이나 버스정류장이나 다른 공공장소에 가서 부모가 어떻게 아이를 다루는지 잘 관찰해 보라. 어른들이 아이가 잘 행동할 때는 일반적으로 무시하다가 잘못 행동할 때는 꾸중하거나 위협하거나 잡아 흔들거나 찰싹 때리는 모습을 보기 일쑤다. 아이가 좋은 행동을 해도 얻는 게 아무것도 없을 때가 너무 많다. 직장에서, 운동경기에서, 식당에서, 가정에서, 그리고 국제 문제에서도 똑같은 경향을 볼 수 있다. 나쁜 행동은 처벌하고 좋은 행동은 무시하라는 것이 규칙인 것처럼 보일 때가 너무 많다. 그러나 연구 결과는 분명하다. 좋은 행동을 강화하는 것이 나쁜 행동을 처벌하는 것보다 더 효과적이다.

핵심용어

대안행동 차별강화(differential reinforcement of alternative behavior: DRA) 283

반응 방지(response prevention) 282

벌금 훈련(penalty training) 264

부적 처벌(negative punishment) 264

상반행동 차별강화(differential reinforcement of

incompatible behavior: DRI) 283

저율 차별강화(differential reinforcement of low rate: DRL) 284

정적 처벌(positive punishment) 263

차별강화(differential reinforcement) 283

처벌(punishment) 263

타임아웃(time out: TO) 264

복습문제

1. 사람들이 처벌에 그토록 많이 의존하는 이유는 무엇인가?

2. 정적 처벌과 부적 처벌의 핵심적인 차이는 무엇인가?

3. 부적 강화와 처벌의 핵심적인 차이는 무엇인가?

4. 소거를 차별강화와 함께 사용하는 것이 왜 중요한가?

5. Premack은 처벌물을 어떻게 정의할까?

6. 사람들은 흔히 '개방적이고 솔직한 관계'를 추구한다고 말한다. 그런 관계가 그렇게도 드문 이유는 무엇일까?

7. 처벌의 2과정 이론과 1과정 이론의 핵심적인 차이는 무엇인가?

8. 연구자들이 처벌의 힘을 제대로 평가하기까지 그렇게 오랜 시간이 걸린 이유가 무엇이라고 생각하는가?

9. 다섯 살인 Angel이 잘못된 행동을 했다. 아버지가 그녀를 자기 방으로 보내 버린다. Angel은 처벌을 받은 것인가?

연습문제

1. Thorndike와 Skinner는 둘 다 행동을 변화시키는 데 처벌이 하는 역할에 대해 잘못된 가정을 했다. 구체적으로 말하면, 그들은 처벌의 힘을 _____(과소평가/과대평가)했다.

2. 같은 절차를 가리키는 것으로 사람들이 잘못 생각하는 두 용어가 정적 처벌과 _____이다.

3. DRL 10″ 계획에서 8초 후에 레버를 누르는 것의 효과는 _____이다.

4. 2과정 이론에 따르면 처벌에는 _____와 _____라는 두 가지 절차가 관여한다.

5. 처벌받을 행동을 유지하는 _____을 얻는 대안적 수단이 있다면 처벌이 효력을 발휘할 가능성이 더 커진다.

6. David Camp와 그의 동료들은 수반적 전기충격이 30초 지연되면 효과가 크게 감소함을 발견했다. 그들은 심지어 _____초 지연도 전기충격의 효과를 떨어뜨린다는 것을 발견했다.

7. 처벌을 사용할 때는 행동을 억압하는 데 필요한 최소 강도보다 _____(약간 더 센/약간 더 약한) 처벌물로 시작하는 것이 가장 좋다.

8. 괴로운 결과가 어떤 행동을 감소시킨다는 사실은 그것이 _____ 결과를 일으킨다는 것을 의미한다.

9. 처벌과 관련된 다섯 가지 문제점이 있다. 그중 세 가지는 _____이다.

10. 원치 않는 행동의 빈도를 감소시키는 한 방법은 DRI를 사용하는 것인데, 이는 _____의 줄임말이다.

조작적 학습의 활용

이 장에서는

1 가정
2 학교
3 클리닉
   자해 행동
   망상
   마비
   ■ 조작적 의료 평가
4 직장
5 동물원
   ■ 강화가 유기견을 살리다
맺음말
   핵심용어 | 복습문제 | 연습문제

"삶의 궁극적인 목표는 지식이 아니라 행위이다."

_ T. H. Huxley

들어가며

조작적 절차는 동물에게 재주넘기를 가르치거나 아이에게 구구단을 외우도록 도와줄 수 있다. 그러나 예를 들어 아이 기르기, 아이와 어른에게 세련된 기술을 가르치기, 건강 문제를 치료하기, 생산성을 높이기, 직장에서 사고를 줄이기, 동물의 삶을 개선하기 같은 일에도 조작적 절차가 유용하다는 사실을 아는 사람은 많지 않다. 이 장은 조작적 학습의 활용도를 보여 주는 소수의 표본을 제공한다. 여기서 나는 조작적 학습에 근거한 절차들이 복잡한 행동 문제가 개입되는 일들을 비롯하여 많은 곳에 쓸모 있게 활용된다는 것을 보여 주고자 한다. 우리는 가정, 학교, 클리닉, 직장 및 동물원에서 활용되는 예를 살펴볼 것이지만, 동일한 원리와 절차가 거의 모든 장면에 적용될 수 있다.

학습목표

이 장을 공부하고 나면 다음의 것들을 할 수 있을 것이다.

9.1 가정생활에서 조작적 조건형성이 하는 역할을 설명한다.

9.2 학교에서 조작적 조건형성이 하는 역할을 설명한다.

9.3 임상 장면에서 조작적 조건형성이 하는 역할을 설명한다.

9.4 직장에서 조작적 조건형성이 하는 역할을 설명한다.

9.5 동물원에서 조작적 조건형성이 하는 역할을 설명한다.

9.1 가정

학습목표 --

가정생활에서 조작적 조건형성이 하는 역할을 설명하려면

1.1 방치를 조작적 조건형성의 렌즈를 통해 정의한다.

1.2 아동 발달의 네 가지 측면에서 조작적 조건형성이 하는 역할을 설명한다.

1.3 조작적 조건형성 원리들에 대한 이해가 가정생활을 개선하는 방법을 두 가지 더 파악한다.

조작적 학습의 중요성은 아마도 열악한 환경의 보육원에서 가장 명백히 관찰할 수 있다. 거기서 일반적으로 아이들은 행동 측면에서 전혀 전형적인 방식으로 발달하지 못한다(McCall et al., 2019; Nelson et al., 2009; Quinton, Rutter, & Liddle, 1984; Tizard & Hodges, 1978). 사람들은 이런 결과를 아이들이 방치되었기 때문이라고 말하는데, 방치한다는 게 무슨 뜻일까? 유아기에 이들은 대부분의 가정에서처럼 자주 들고 안아서 애지중지해 주는 양육자가 없다. 하지만 이런 신체 접촉의 부족은 이들에게 결핍된 것의 작은 일부일 뿐이다. 방치란 말이 의미하는 바는 환경이 이들에게 전반적으로 반응을 해주지 않는다는 것이다. 유아는 배고프거나 불편할 때 우는데, 그때 달려와서 이들을 들어 올려 기저귀를 갈아 주거나 먹여 주는 일을 확실히 해주는 사람이 아무도 없다. 즉, 이들의 울음이 거의 효과를 내지 못한다는 말이다. 더 커가면서도 이들은 주변 환경에 거의 아무런 영향을 미치지 못한다. 사람들은 이들에게 거의 말을 걸지 않고, 어떤 방식으로도 무얼 가르쳐 주지 않으며, 이들의 행동에 대해 칭찬하거나 인정하거나 미소를 지어 주는 일이 거의 없다. 이들의 행동이 환경에 거의 또는 전혀 효과를 내지 못한다면 조작적 학습이 일어나기 힘들다. 그런데 전형적인 발달은 조작적 학습에 좌우된다.

부실하게 운영되는 보육원 환경보다 전형적인 가정환경에서는 행동에 대한 반응이 더 많다. 그런 보육원에서 아이들을 데려다가 좋은 위탁양육 환경에 넣어 주면 이들은 뚜렷한 향상을 나타낼 수 있다(Nelson et al., 2009). 하지만 가정에서 자라는 아이들조차 최적 발달에 필요한 조작적 학습 경험을 항상 얻는 것은 아니다. 언어발달이 그 좋은 예를 보여 준다.

어떤 심리학자들은 아이들이 거의 아무런 노력 없이 모국어를 배우며 따라서 "필요한 모든 것은 (언어에) 노출되는 일뿐이다."(Roediger & Meade, 2000, p. 9; Trout, 2001도 보라)라고 믿는다. 만약 아기에게 하루에 열 시간씩 라디오를 틀어 주지만 절대로 말을 해주거나 아기가 내는 소리에 반응을 해주지 않는다면 이 아기가 말하기를 배울까? 사실상 아이들은 의사소통하기를 배우는 데 많은 시간과 노력을

들이며, 일반적으로 부모가 가르치는 것이 많다. 얼마나 빨리 언어를 학습하는지
는 아이가 받는 교습과 하는 연습의 양에 좌우된다(Hart & Risley, 1995).

아기는 어떠한 언어도 닮지 않은, 그렇지만 아마도 무작위적인 것은 아닌 소리
를 내기 시작한다. 부모는 아기에게 웃어 주고 쓰다듬어 주고 말을 해 줌으로써
그 소리에 반응한다. 따라서 아기의 발성 행동(vocal behavior)은 아기 자신의 환경
에 영향을 미친다. 이런 종류의 자연적 강화는 대단히 강력하다. 부모는 나중에 특
정한 소리들을 선택하여 강화를 주는데, 그 소리가 부모의 언어에 있는 단어를 닮
았을수록 더 많은 강화를 준다. 아기가 내려는 소리가 '어~마'나 '빠~빠'와 비슷해
지면 온갖 종류의 신나는 일이 일어난다. 즉, 어른들이 미소를 짓고, 간질거려 주
고, 웃고, 손뼉도 치고, 아이의 말을 따라 한다. 그러한 조성을 통해 부모는 아이
에게 언어의 기초를 가르친다. 정확한 발음은 아기의 발성이 부모의 것과 유사한
정도에 따라 자동 강화(automatic reinforcement)*를 십중팔구 받게 된다. (악기 연주를
배우는 학생은 자기가 내는 멜로디가 전문 연주자들이 내는 소리와 닮았다고 느낄 때 이와
똑같은 종류의 자동 강화를 경험한다.) 어느 정도 시간이 지나면 '어~마'는 더 이상 강
화를 받지 못하게 되며, 아이는 '엄마'라고 말해야만 한다. 이와 똑같이, '까까' 대
신에 '과자'라고 말하지 않으면 맛있는 것이 주어지지 않는다. 나중에는 아이가 '과
자 좀 주세요' 같은 완전하고 문법적으로 정확한 문장을 말해야 부모가 강화를 준
다. Betty Hart와 Todd Risley(1995)는 부모로부터 언어에 관한 교습을 가장 많이 받
은 아동이 나중에 가장 잘 발달된 언어기술을 갖고 있음을 보여 주었다(또한 또래
와 로봇이 어떻게 아동의 언어 학습에 비슷한 효과를 내는지에 대한 논의로는 Chen, Park,
& Breazeal, 2020을 보라).

부모는 자식에게 그저 언어만 가르치는 게 아니다. 아이가 하는 모든 종류
의 행동에 부모는 어떤 결과를 제공함으로써 심대한 영향(긍정적이든 부정적이든)
을 미친다. 예를 들어, 아주 어린 아이들은 충동 통제를 잘 못하는 것이 특징이다
(Goleman, 2006). 작은 보상을 즉각적으로 받기와 더 큰 보상을 나중에 받기 중에서
선택을 하게 하면, 아주 어린 아이는 일반적으로 즉각적인 보상을 고르는 반면에
더 자란 아이는 기다려서 더 큰 보상을 받으려 한다(Ito & Nakamura, 1998). 그런데
이런 변화는 나이가 들면서 자동적으로 일어나는 일이 아니다. 아동의 환경이 더
좋은 선택을 하는 법을 가르친다(Watts, Duncan, & Quan, 2018). 자기 통제법 교육이
그런 기법의 사용을 증가시킬 수 있다는 연구도 있다. 한 연구에서 James Larson
과 동료들(1998)은 공격적인 사춘기 소년들에게 자기 통제 기법을 가르쳐서 그들
의 파괴적 행동을 감소시킬 수 있었다. 자기 통제를 잘 하지 못하는 사람은 의지력

Hart와 Risley가 연구한 가
족들은 사회복지수당 수급
자에서부터 전문직까지 다
양했다. 아동의 진보에서
핵심 요인은 소득 수준이
아니라 부모가 어떤 종류의
언어적 환경을 제공하는가
였다.

---

* 159쪽을 보라. (역주)

이 없거나 성품이 나약한 것이 아니라 교육을 받지 못한 것이다. 강화가 그런 교육에서 핵심적인 역할을 한다.

마찬가지로, 아이들은 근면성 측면에서 엄청나게 다르다. 쉽게 단념하는 아이와 포기할 줄 모르는 아이 간의 차이는 대체로 학습 내력의 문제인 것으로 보인다. 경험(주로 강화 내력)이 아이에게 포기할지 아니면 분투할지, 무릎을 꿇을지 아니면 계속 싸울지를 가르친다. 고도의 노력과 끈기에 강화를 주는 것이 불굴의 의지를 만들어 낸다(예: Eisenberger & Cameron, 1996). 곤경에 처해서 끈질기게 노력하는 행동에 부모가 강화를 준다면, 인생의 난관에도 단념하지 않는 아이가 만들어질 수 있다.

물론 모든 부모는 때때로 아동의 문제행동에 맞닥뜨리게 되는데, 우리는 강화와 처벌을 사용하여 아동이 그런 문제에 대처하도록 도울 수 있음을 이미 살펴보았다. 우리가 원하는 종류의 행동을 강화하면 원치 않는 행동의 빈도가 감소하기 쉽다. 그래도 원치 않는 행동이 계속 일어난다면 차별강화, 특히 상반행동 차별강화(DRI)와 저율 차별강화(DRL)가 도움이 될 수 있다(8장 참고). 처벌은 보통 필요하지 않지만, 필요한 경우에는 타임아웃이, 적절히 사용된다면, 초등학생에게 효과가 좋다(Bean & Roberts, 1981; Cipani, 1999, 2004; Kazdin, 1980; Roberts & Powers, 1990).

모든 사람에게 자식이 있는 것은 아니며 심지어 자식이 있는 사람도 아이와는 거의 또는 전혀 상관없는 다른 가정 문제에 직면하게 된다. 이런 분야에서도 역시 조작적 학습 원리가 유용하게 쓰일 수 있다. 예를 들어, 배우자나 동거인들이 잘 어울려 지내는 데(Eisler, Hersen, & Agras, 1973; Sosa, 1982), 그리고 나이가 들어가는 반려자와 부모의 문제를 해결하는 데(Remoser & Fisher, 2009; Green et al., 1986; Haley, 1983) 조작적 학습 원리가 도움이 된다. 하지만 많은 사람과 사회 전반적인 입장에서는 아이를 양식 있고 생산적인 시민으로 길러내는 것이 가정의 가장 중요한 기능이다. 아이가 어떤 사람이 되는지는 대체로 유전자와 시간의 문제인 것으로 생각되었다. 이런 견해를 가진 사람이 아직도 많지만, 점점 더 많은 사람이 깨닫고 있는 것은 Wesley Becker(1971)가 오래전에 말했듯이 부모와 교사, 그리고 조작적 절차(특히 강화)가 교육을 위한 최적의 방법이라는 사실이다.

부모는 아동에게 가장 중요한 교사임이 분명하지만, 학교 교사도 다음 세대에게 강력한 영향을 미친다.

9.1 요약

가정에서 조작적 학습 원리가 최대한의 영향력을 발휘하는 것은 아동 양육과 관련해서이다. 부모가 아이와 상호작용하는 방식은 아동의 행동(대개 성격과 인성이라는 말이 가리키는 행동들을 포함하여)에 심대한 영향을 미친다. 조작적 절차는 또한 어른들이 함께 조화롭게 사는 데, 그리고 병든 반려자와 늙어가는 부모를 돌보는 데도 도움이 된다.

9.2 학교

학습목표

학교에서 조작적 조건형성이 하는 역할을 설명하려면

2.1 학교 환경에서 조작적 조건형성이 어떻게 작용하는지를, 교사의 교육 방식의 변화가 낳는 효과를 통해 설명한다.

2.2 청소년과 성인 학습자에게 미치는 조작적 조건형성의 효과를 이야기한다.

2.3 조작적 조건형성 원리를 교실에 활용할 때 추가로 생기는 세 가지 혜택을 논의한다.

2.4 Skinner의 교습 기계의 효과를 이야기한다.

2.5 초기 교육에서 조작적 조건형성이 갖는 중요성을 헤드스프라우트 프로그램이 어떻게 강조하는지 설명한다.

명성 있는 교육 학술지인 『*Phi Delta Kappan*』의 각 호에는 여러 가지 시사만화가 실린다. 몇 호만 살펴보아도 많은 시사만화가 낮은 시험 성적, 불량한 성적표, 못마땅해하는 교사 및 다양한 형태의 처벌에 둘러싸인 학생을 묘사하고 있음을 알 수 있다. 이 교육 학술지는 학교란 아이들이 좌절하고 실패하며 사고를 치는 장소라는 무언의 메시지를 이런 방식으로 표현한다. 이 얼마나 슬픈 일인가. 어떻게 하면 학교를 학생이 무언가에 도전하여 성공하고 즐거움을 느끼는 장소로 만들 수 있는지를 우리가 알고 있음을 고려하면 이는 특별히 슬픈 일이다(Chance, 2008). 학습 원리들, 특히 조성과 정적 강화의 사용이 이러한 변화를 끌어낼 하나의 열쇠가 된다.

우리는 인정과 관심이 학생의 행동에 미치는 강화적 효과를 오래전부터 알고 있었다(Hall, Lund, & Jackson, 1968; Thomas, Becker, & Armstrong, 1968; 개관 논문으로는 Beaman & Wheldall, 2000을 보라). 초기의 한 연구에서 Charles Madsen, Wesley Becker와 Don Thomas(1968)는 2학년 교사 두 사람에게 학생들의 적절하거나 부적절한 행동에 반응하는 방식을 바꾸어 보도록 요청했다. 그중 한 사람인 A 교사는 대개 좋은 행동은 무시하고 잘못된 행동에 대해 아이를 꾸짖거나 큰소리로 야단쳤다. 교실이 난장판에 가까워질 때가 자주 있었는데, 그러면 A 교사는 아이들을 위협하곤 했다.

연구자들은 A 교사에게 그 자신의 행동을 단순하지만 근본적으로 변화시키기를 요청했다. A 교사가 아이들이 얌전하게 있을 때는 내버려 두고 나쁜 행동을 할 때 야단을 치는 대신에, 아이들이 소란을 피울 때는 무시하고 잘 행동할 때 인정하는 말을 일반적으로 해주기를 연구자들은 원했다. 이런 방식으로의 변화는 힘들었다. A 교사는 학생들을 야단치고 비판하고 위협하기(이 연구의 시작 시에 그녀는 이런 종

A 교사가 유별난 사람은 아니다. 교사들은 정적 강화를 자주 사용한다고 흔히 말하지만 사실 꾸중과 기타 형태의 처벌에 훨씬 더 의존하는 교사가 많다(Beaman & Wheldall, 2000; Goodlad, 1984; Latham, 1997).

류의 말을 1분에 한 번꼴로 하였다)를 오랫동안 해왔기 때문에 이를 중단하기가 어려 웠다. 그럼에도 불구하고 부정적인 말을 줄이고 긍정적인 말을 크게 늘리는 어려운 일을 해냈다. 예를 들어, 처음의 기저선 기간에 A 교사는 평균 15분에 한 번 학생의 행동을 칭찬했지만, 연구가 끝날 즈음에는 2분에 한 번 칭찬을 하게 되었다. 비난하는 말을 하는 경향도 약 1분에 한 번에서 약 6분에 한 번으로 급격히 줄어들었다.

연구자들은 A 교사가 어느 학생에게든지 좋은 행동을 인정해 주도록 요청했지만 특별히 Cliff와 Frank라는 두 학생에게 관심을 쏟아주기를 제의했다. Cliff는 매우 똑똑한 소년이지만 학교에 아무런 흥미를 보이지 않았다. A 교사는 "그 아이는 수업 시간 내내 아무것도 하지 않고 앉아서 책상에 있는 물건들을 만지작거리거나 말을 하거나 다른 아이들을 귀찮게 하며 교실을 돌아다니는 잘못된 행동을 하곤 했어요. 요즘 들어서는 아무 이유 없이 다른 아이들을 때리기 시작했죠."(p. 140)라고 말했다. Frank는 좋아할 만한 평균 지능의 소년인데, 종종 자기 자리에서 빠져나와 다른 아이들에게 말을 걸었으며 그를 교정시키려는 교사의 노력에 반응하지 않았다.

❓ 개념 점검 1

Madsen과 동료들은 교사들에게 관심을 어떻게 옮기도록 요청했는가?

A 교사의 행동 변화는 학생들, 특히 Cliff와 Frank에게서 눈에 띄는 변화를 초래

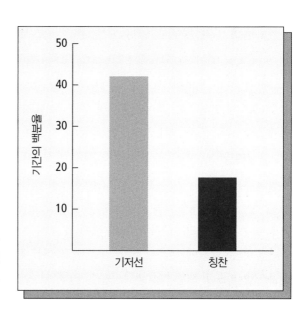

그림 9-1

칭찬과 훼방 행동 Cliff나 Frank가 부적절한 행동(이야기하기, 시끄러운 소리내기, 다른 아이들을 방해하기 등)을 한 기간의 평균 비율은 교사가 적절한 행동을 칭찬하자 감소했다. (출처: Madsen et al., 1968의 자료를 편집함)

했다. 그림 9-1에서 보듯이 두 소년은 처음엔 연구자들이 관찰했던 20분의 기간 중 대략 절반을 잘못된 행동을 하면서 보냈다. A 교사가 좋은 행동을 인정해 주기 시작하자 이들은 거기에 반응하였다. A 교사가 좋은 행동을 무시하기로 돌아가자 이들의 옛 습관이 다시 나왔다. 이 연구가 끝날 즈음에는 이 소년들의 잘못된 행동이 처음의 1/3 이하로 줄어들었다.

A 교사가 Cliff가 좋은 행동을 하는 것을 알아채기는 힘들었다고 연구자들은 말한다. 왜냐하면 그가 좋은 행동을 할 때가 거의 없었기 때문이다. 하지만 "칭찬을 계속해서 주니까 Cliff는 주어진 과제를 더 열심히 하게 되었고 잘못 행동하는 다른 아이들을 무시하기를 배웠으며 교사의 관심을 받기 위해 손을 들곤 했다. 그는 가장 앞선 수학공부 집단으로 상향 이동했다"(p. 149). Frank의 반응 역시 좋았다. 그는 자기 과제를 했고 숙제를 더 내어달라고 했으며 선생님을 도우려고 자원하여 일을 했다.

연구자들은 Cliff와 Frank의 자료만 기록했지만 학급 전체가 A 교사의 새로운 모습에 잘 반응했다. A 교사는 나중에 "나는 그 방법 덕분에 교실의 분위기와 심지어 나 자신의 사적인 감정까지도 얼마나 달라졌는지 깜짝 놀랐죠. 잘 행동하는 아이들을 칭찬하고 나쁘게 행동하는 아이들을 무시하면서 내가 아이들에게서 좋은 점을 찾고 있다는 사실을 깨달았어요."(p. 149)라고 썼다. 학교는 학생과 교사 모두에게 더 즐겁고 생산적인 장소가 되었다.

어린아이들은 관심을 받고 싶어 하기 때문에 교사의 인정이 아이들에게 강화적이라는 사실이 별로 놀랄 일은 아니다. 하지만 청소년은 교사의 칭찬을 전혀 갈망하지 않는다. 그렇지 않은가? 아니, 청소년도 분명히 갈망한다. 연구에 따르면 일반적으로 청소년과 어른 역시 아이들과 대략 똑같은 방식으로 인정에 반응한다. 영국의 학교 심리학자 Eddie McNamara(1987)는 말썽꾼 학생들 한 집단을 연구했다. 이들은 고함을 치고, 교사가 말하고 있는 도중에 이야기를 하며, 교사의 요구를 묵살하고, 주어진 숙제를 무시하곤 했다. McNamara는 교사에게 이 학생들이 '학업'을 하고 있을 때 개인을, 집단을, 그리고 그 학급 전체를 칭찬하도록 요청하였다. 그 결과 학업에 들인 시간이 67%에서 84%로 올라갔다(그림 9-2).

이런 연구들(그리고 다른 수많은 연구들)은 적절한 행동이 칭찬, 승인, 인정 같은 긍정적 결과를 가져오고 교사가 사소한 잘못된 행동을 무시하면 일반적으로 적절한 행동이 증가하는 동시에 부적절한 행동이 감소한다는 것을 보여 준다.

좋은 행동을 인정하고 나쁜 행동을 무시하는 것이 원치 않는 행동을 항상 효과적으로 감소시키지는 않지만, 효과를 내는 다른 많은 방법이 있다. 저율 차별강화(DRL)(8장 참고)를 사용하는 것이 그런 한 방법이다. 글라모건(Glamorgan) 대학교의 두 영국인 학자 Jennifer Austin과 Deborah Bevan(2011)은 교사들이 DRL을 사용하

인정과 학업 행동 교사가 학생이 학업에 집중하는 행동을 칭찬(개입)하자 학업 행동이 증가했고 개입을 중단하자 학업 행동이 감소했다. (출처: McNamara, 1987의 자료를 편집함)

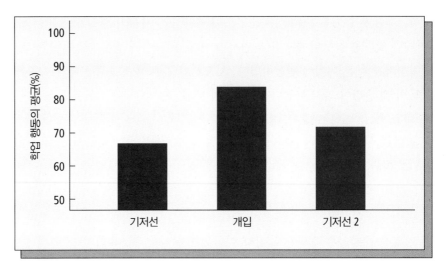

여 7~8세 여자아이 세 명의 과도한 관심 추구 행동을 감소시키도록 도와주었다. 그 결과 원치 않는 행동이 급격히 감소하였다(그림 9-3).

학생이 할 일을 하며 적절히 행동하고 있을 때는 교실이 교사와 학생 모두에게 더 즐거운 환경이 될 뿐 아니라 학생들이 일반적으로 더 많은 것을 배우게 된다. 이는 Bill Hopkins와 Robert Conrad(1975)의 연구에서 잘 알 수 있다. 이들은 초등학교 교사들에게 가르치는 방식에 몇 가지 단순한 변화를 주도록 요청했다. 그 변화는 모두 조작적 학습 원리에 기반한 것으로서, 학생들이 앉아서 공부하고 있을 때 학생들 사이를 돌아다니기, 야단치기 및 기타 형태의 처벌을 줄이기, 수행에 대하여 최대한 즉각적으로 피드백 주기, 과제를 수행하고 있는 학생에게 인정과 칭찬을 해주기 등이었다. 그 주요 결과는 규율 위반 문제의 급격한 감소와 학습률의 뚜렷한 증가였다. 학생들의 학습 능력은 느린 학습자에서부터 영재에까지 두루 분포되어 있었는데, 검사 결과 학생들이 철자법에서는 평균 속도로, 수학에서는 거의 두 배 속도로, 그리고 읽기에서는 두 배 이상의 속도로 학습하고 있었다. 이런 변화에 더하여, 학생과 교사 모두 함께하는 시간이 더 즐거워졌다.

Hopkins와 Conrad가, 앞서 언급한 것을 제외하면, 교사들에게 가르치는 방식을 변화시키기를 요구하지는 않았는데, 가장 효과적인 교습 프로그램들은 조작적 학습 원리를 명백하게 사용한다(예: Binder, 1988; Binder & Watkins, 1990; Bloom, 1986; Heward, 2012). 예를 들어, 워싱턴주 시애틀에 있는 모닝사이드 아카데미(Morningside Academy)라는 사립학교는 다른 학교에서 뒤처져 탈락한 학생들을 모아서 교육한다. Kent Johnson과 T. V. Joe Layng(1992)은 자기네 학생들이 입학 시에 일반적으로 읽기와 수학에서 2년 이상 뒤떨어진 점수를 나타낸다고 말한다. 정규학교에서 매년 더욱 뒤처졌던 이 학생들은 그러나 이 학교에서는 1년에 2학년도씩

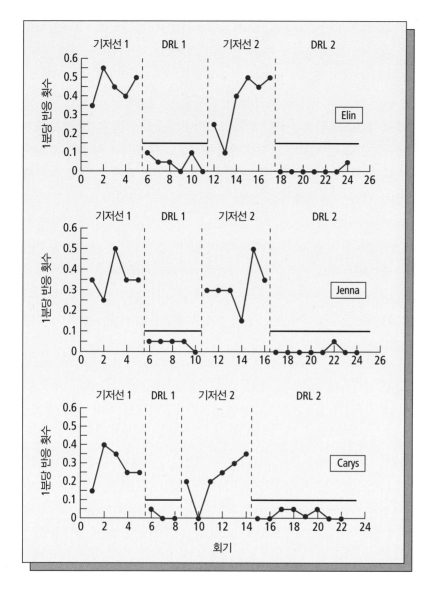

그림 9-3
관심 추구 교사가 학생들이 요구를 적게 하는 데에 강화를 주자 관심을 받으려는 요구가 감소하였다. DRL 동안의 수평선은 강화를 받을 수 있는 최대 빈도를 나타낸다. (출처: "Using Differential Reinforcement of Low Rates to Reduce Children's Requests for Teacher Attention," by J. L. Austin and D. Bevan, 2011, *Journal of Applied Behavior Analysis*, 44, p. 456. 저작권 ⓒ 2011 by the Society for the Experimental Analysis of Behavior Inc. 출판사와 저자의 허가하에 실음)

전진한다. 그런 결과가 나오기 위해서는 여러 특징을 가진 교육 프로그램이 필요하지만, 잘한 일에 대한 긍정적 피드백과 칭찬이라는 형태의 강화가 핵심 요소 중 하나이다. 이 학교는 학생이 가장 취약한 분야(예: 읽기)에서 최소한 2학년도를 전진하지 못하는 경우에는 부모에게 수업료의 일부를 돌려준다고 약속한다. 그런 약속을 한 지가 30년 이상 되었지만 지금까지 돌려준 수업료는 1% 미만이다(Johnson, 개인적 교신).

어떠한 교실 교수법도 전문 가정교사보다 더 효과적이라고 판명된 적은 없지만, 개인 교습은 부자들 외에는 감당할 수 있는 일이 아니다. 그런데 B. F. Skinner(1958b)가 최초의 교습 기계(teaching machine)를 제작했다. 이것은 여러 교습 프로그램을 넣을 수 있는 기계적인 장치였다(당시에는 데스크톱 컴퓨터가 없었다). 각 프로그램은 많은 '프레임(frame)'들로 이루어져 있었는데, 프레임이란 정보를 짧게 제시한 후 학생에게 답을 묻는 질문으로 구성되었다. 예를 들어, 'manufacture'라는 단어의 철자를 배우는 경우 학생은 단어의 정의와 그 단어를 사용한 문장을 읽고 나서 그 단어를 베껴 썼다. 그다음 두 프레임은 그 단어의 어원에 관한 정보를 약간 제공하고서 학생에게 그 단어의 일부를 베껴 쓰게 했다. 넷째와 다섯째 프레임은 그 단어를 몇 글자가 빠진 상태로 보여 주고는 학생이 그 빈자리들을 채워 넣게 하였다. 마지막으로 여섯째 프레임에서는 학생이 그 단어 전체를 적어 넣었다. 학생은 한 프레임을 정확히 완성할 때마다 그다음 프레임으로 넘어갈 수 있었다. 다음 프레임으로 넘어갈 수 있는 기회가 학생이 받는 유일한 강화물이었다. 만약 실수를 하면 그 과제가 반복되었지만, 각 프레임의 과제는 충분히 쉬워서 학생 대부분이 거의 실수를 하지 않았다. 학생은 프레임들을 거치면서 점점 더 어려운 내용으로 나아갔다. Skinner의 비판자들은 이런 프로그램들을 암기식 학습으로 치부할 때가 많았지만, 사실상 그것은 훌륭한 교사들이 할 것과 똑같은 종류의 일을 하는 것이었다.

? 개념 점검 2

Skinner의 교습 기계에서 정답에 대한 강화물은 무엇이었는가?

Skinner의 교습 기계는 실제로 인기를 얻은 적이 없었지만 현대의 웹 기반 학습과 기타 컴퓨터를 이용한 교육법의 선배 같은 것임이 분명하다. 예를 들면, 워싱턴주 시애틀에 있는 헤드스프라우트(Headsprout)라는 회사의 Joe Layng과 동료들은 학령 전 아동과 유치원생을 포함하여 아동에게 읽기를 가르치도록 설계된 인터넷 기반의 교습 프로그램을 개발하였다(Twyman, Layng, & Layng, 2011). '헤드스프라우트 이른 읽기(Headsprout Early Reading)'라는 프로그램은 80개의 레슨으로 이루어져 있는데, 각 레슨마다 아이는 180개 이상의 반응을 해야 한다. 각 레슨은 특정 기술 하나에 초점을 맞춘다. 예를 들어, 초기 레슨 하나에서는 아이가 소리를 듣고서는 여러 글자 중에서 어느 것이 그 소리로 나는지 찾아내야 한다. 아이가 답을 하면 그 선택에 대한 즉각적인 피드백이 주어지고 나서 유사한 질문이 이어진다. 아이는 다섯 개의 질문에 대한 정답을 연속해서 맞혀야 다음 기술로 전진할 수 있다. 대부분의 아이들은 각 레슨을 마치는 데 약 20분 걸린다.

레슨 개발 시에 연구자들은 학생들의 성적을 토대로 90%의 아동이 정답을 90% 맞힐 때까지 레슨을 계속 수정했다. 이는 대부분의 아동이 아주 높은 성공률을 경험한다는 것을 의미한다. 그 결과 실패나 좌절은 거의 없고 아주 안정적인 진보가 이루어진다. 안정적인 진보는 우리 대부분에게 매우 강화적으로 느껴진다. 표준 읽기 능력 검사로 측정한 결과는 인상적이다. Layng과 동료들(2003)은 이 프로그램을 끝낸 여덟 명의 아동이 유치원에 들어가기 전에 기초 기술 아이오와 검사(the Iowa Test of Basic Skills)의 읽기 부문에서 초등학교 1.6학년에 해당하는 점수(즉, 1학년과 2학년 사이의 읽기 능력)를 얻었다고 보고한다. 이 프로그램을 끝낸 다른 여덟 명의 아동은 초등학교 1학년이 되기 전에 2.3학년에 해당하는 점수를 얻었다. 이러한 학년 동등성 점수가 문제가 있기는 하지만(Angoff, 1984를 보라), 이 아동들이 학교에서 훨씬 윗 학년에 있는 많은 아이들만큼 읽기 능력이 좋다는 것은 명백하다.

❓ 개념 점검 3

헤드스프라우트 읽기 프로그램은 대부분의 학생이 대부분의 경우에 어떤 종류의 결과를 얻도록 설계되었는가?

헤드스프라우트는 현대의 테크놀로지를 최대한 이용한 교습 프로그램이지만 기본적인 조작적 학습 원리들에 의존하고 있다. 그런 원리들을 적용하면 학생이 많은 것을 재미있게 배우게 되어 학교가 더 긍정적인 경험을 하는 곳이 될 수 있다.

조작적 절차들은 정규적으로 시행된다면 학생의 사회적 성숙성과 성적 향상 모두에 심대한 영향을 끼친다. 적절한 행동에 대하여 단순히 긍정적인 결과를 제공하기만 해도 부적절한 행동이 감소할 뿐 아니라 성적도 향상된다. 수업에 조작적 절차를 활용하는 것이 학업적 성장을 증진시킨다. "선생님의 영향은 영원하다. 그 영향이 어디까지 미치는지 우리는 절대로 알 수 없다."(교사가 무한정 많은 방식으로 미래를 만들어간다)라는 말이 약간 과장일 수는 있지만, 교사가 학생들의 삶에, 따라서 사회의 성격에, 주요한 영향을 미친다는 말은 분명히 과장이 아니다.	**9.2** **요약**

9.3 클리닉

학습목표

임상 장면에서 조작적 조건형성이 하는 역할을 설명하려면

3.1 처벌이 자해 행동에 미치는 효과를 보여 주는 두 실험을 이야기한다.

3.2 강화가 자해 행동에 미치는 효과를 보여 주는 두 실험을 이야기한다.

3.3 강화가 망상에 어떻게 영향을 주는지 보여 주는 세 가지 예를 든다.

3.4 Goldiamond의 역설을 설명한다.

3.5 조작적 조건형성이 사지 마비의 일부 사례를 어떻게 설명하는지 이야기한다.

3.6 제약 유도 운동요법을 설명한다.

아마도 지금까지 조작적 절차가 최대한의 영향력을 발휘한 분야는 임상 장면일 것이다. 의학적 장애 중에는 효과적인 의학적 치료법이 거의 또는 전혀 없는 행동 문제가 개입되는 경우가 많다. 그런 장애 대부분은 기질적 장애이다. 다시 말하면, 문제의 근원이 유전자, 부상, 독물에 대한 노출, 세균 감염, 기타 등등 때문이라는 것이다. 여기서 우리는 그런 의학적 장애 자체에 초점을 맞추는 게 아니라 그런 장애와 흔히 연관된 세 종류의 문제(자해 행동, 망상, 마비)의 치료에 조작적 학습을 이용하는 것을 살펴볼 것이다.

자해 행동

자폐증이나 발달 지연 같은 발달장애가 있는 아동은 자기파괴를 하려고 작심한 듯이 보일 때가 가끔 있다. 어떤 아동은 탁자나 캐비닛의 모서리에 자기 머리를 들이박기를 거듭하는데, 그러다가 망막 분리나 뇌 손상이 생기기도 한다. 손가락이나 주먹으로 자기 눈을 반복적으로 찔러서 눈이 멀게 된 아동들도 있다. 자기 살을 씹어서 뼈가 드러날 정도가 되거나 손가락들을 씹어서 잘라버린 아이들도 있다.

얼마 전까지만 해도 그런 행동은 자폐증이나 발달 지연을 초래한 뇌 장애의 직접적인 결과로 나타나는 비자발적인 것이라고들 생각했다. 따라서 구속하는 의복이나 손을 옆구리에 묶어 버리는 가죽끈 같은 것을 사용하여 아동을 속박함으로써 그런 행동이 일어나지 못하게 하였다. 때로는 자해하지 못하도록 팔다리를 침대에 큰 대(大)자로 묶어놓기도 했다. 이런 일은 조작적 학습에 기반을 둔 효과적인 치료법의 개발 덕분에 오늘날 거의 일어나지 않는다. 그런 치료법들은 대부분 1960년대에 이루어진 연구 덕분에 생겨났다.

UCLA에 재직하던 Ivar Lovaas는 어느 날 한 자폐증 소년을 치료하고 있었다(Chance, 1974를 보라). 치료 회기 중에 전화가 와서 Lovaas가 통화를 하는 동안 소년이 자기 머리를 벽에다 들이박기 시작했다. 그 소리가 귀에 거슬렸던 Lovaas는 무심코 손을 뻗어 소년의 엉덩이를 찰싹 때렸다. 그는 처음엔 자신의 행위에 깜짝 놀랐다. 치료자가 환자를 때리다니 상상도 할 수 없는 일이 아닌가! 하지만 그러고는 무언가 중요한 일이 일어났음을 알아챘다. 소년이 머리 들이박기를 잠시 중지했던 것이다. 그 순간 Lovaas는 자해 행동이 그 결과에 의해 영향을 받을 수 있음을 깨달았다.

대학생(Whitlock & Eckenrode 2006)과 영재(Wood & Craegan, 2011)를 비롯하여 겉보기에 건강한 사람도 자해 행동을 하는 경우가 있다.

Lovaas는 전통적인 정신역동적 치료법을 배운 사람이었지만 이 경험 후에 처벌을 가지고 실험하기 시작했다. 그는 통증은 일으키지만 완전히 무해한 어떤 결과가, 장기간 지속되어온 자해 행동을 쉽게 억제할 수 있음을 알아냈다. 한 연구에서 Lovaas와 J. Q. Simmons(1969)는 10분에 300회나 자신을 마구 때리는 소년을 치료하고 있었다. 이 소년이 자신을 때릴 때 실험자들이 소년의 다리에 통증은 일으키지만 다치지는 않을 만큼의 전기충격을 주자 그 행동이 갑자기 중지되었다. 놀랍게도 단 한 번의 전기충격이 자해 행동을 사실상 중지시켰다. 겨우 총 네 번의 수반적 전기충격 이후, 그 자해 행동은 없어졌다. 극히 높은 비율로 일어나던 자해 행동이, 다리에 가해진 불과 몇 번의 무해한(통증이 있기는 하지만) 전기충격으로 중지되었다.

❓ 개념 점검 4

자해 행동은 고통을 받으려는 무의식적 요구로 인한 것이라고 한때 생각되었다. Lovaas와 Simmons가 주었던 전기충격은 이러한 해석을 어떻게 무너뜨렸는가?

다른 실험들은 발달장애가 있는 아동들에게서 오랫동안 지속되어온 자해 행동이 신체적 처벌에 의해 멈추거나 많이 감소할 수 있음을 보여 주었다. 여기서도 연구자들은 통증은 일으키지만 상해를 입히지는 않는 혐오자극을 사용했다(Corte, Wolf, & Locke, 1971; Lovaas, Schaeffer, & Simmons, 1965; Risley, 1968; Tanner & Zeiler, 1975; Tate, 1972; Tate & Baroff, 1966). 자해 행동이 중지된다는 것은 다른 치료적 및 교육적 요법을 실시할 수 있음을 의미했다. 그렇지만 신체적 처벌을 사용한다는 생각을 좋아하는 치료자는 아무도 없었고, 따라서 다른 방법을 개발하는 데 많은 관심이 쏠렸다. 예컨대 강화가 자해 행동을 어떤 식으로든 감소시킬 수 있을까?

연구는 그럴 수 있음을 보여 주었다(Foxx, 2001). 예를 들어, Hughes Tarpley와 Stephen Schroeder(1979)는 상반행동 차별강화(DRI)(8장 참고)가 자해 행동을 감소시킬 수 있음을 알아냈다. 한 사례에서 그들은 8살 난 소년에게 공을 가지고 꾸준히 놀면 정기적으로 음식을 주었다. 공을 갖고 놀기는 자기 얼굴 때리기와 상반되는 행동이다. 즉, 한 가지를 하는 동안에는 다른 한 가지를 할 수 없다. 얼굴 때리기의 비율은 40분 이내에 90% 이상 감소하였다. 이는 어떠한 종류의 처벌도 없이 이루어진 것이었다.

DRI 같은 강화 절차가 자해 행동을 통제하는 데 너무나 성공적인 것으로 밝혀졌기 때문에 혐오자극은 이제 일반적으로 아주 드물게, 그리고 강화 절차가 실패했을 때만 사용된다. 자해 행동뿐 아니라 전형적인 발달을 방해하는 다른 종류의

그림 9-4

피부 긁기의 강화 피부 긁기 행동은 무시하자 감소하였고 관심을 주자 증가하였다. 관심을 준 빈도(점선)와 피부 긁기(실선) 사이의 일치 정도가 높음을 주목하라. (출처: "Social Control of Self-Injurious Behavior of Organic Etiology," by E. G. Carr & J. J. McDowell, 1980, *Behavior Therapy*, Vol. 11, pp. 402-409. 저작권 ⓒ Association for the Advancement of Behavior Therapy. 출판사와 저자의 허가하에 실음)

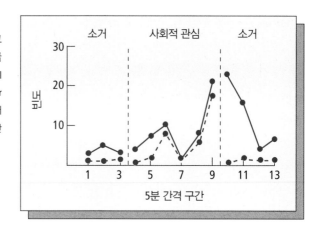

행동도 강화가 신속하게 제거할 수 있는데, 그 덕분에 그런 아동은 사회적 기술과 학습 기술을 향상시키도록 가르칠 수 있게 된다. 그 결과 얼마 전까지만 해도 시설에 감금되어 살았을 많은 아동이 이제는 학교에 가서 상당히 정상적인 생활을 할 수 있다(Lovaas, 1987, 1993).

발달장애가 있는 아동의 자해 행동을 치료하려는 노력은 다른 종류의 행동 문제에 대한 더욱 효과적인 치료법의 제공을 비롯한 다른 혜택도 가져왔다. 예를 들어, 아이들(발달장애가 있건 없건)은 보상을 얻거나 하기 싫은 과제에서 벗어나기 위해 자해 행동을 할 때가 가끔 있다(Carr, 1977; Iwata et al., 1994; Lerman & Iwata, 1993). 예컨대, 관심을 끌기 위해(정적 강화) 혹은 목욕을 하지 않으려고(부적 강화) 숨을 멈추거나 자기 머리를 때릴 수 있다. 대부분의 경우 이런 일로 부상을 입지는 않지만, 예외적인 경우가 존재한다.

Edward Carr와 Jack McDowell(1980)은 전형적으로 발달 중인, 전반적으로 건강한 10세 소년에게서 나타난 그런 사례를 이야기한다. Jim은 덩굴옻나무에 노출된 이후 피부를 긁기 시작하였다. 피부염은 몇 주 후 완치가 되었는데도 Jim은 3년 동안 긁기를 계속했다. 이 소년이 마침내 Carr와 McDowell에게 치료받으러 왔을 때는 피부가 온통 흉터와 궤양으로 덮여 있었으며, 또래들은 그를 놀렸다. 피부 긁기는 거의 대부분 집에서 일어났으며 부모의 관심에 의해 유지되는 것 같았다. Jim이 긁는 것을 보면 그의 부모가 흔히 무슨 말을 하거나("Jim, 긁지 마.") 그의 손을 속박하려 하곤 했다. 이러한 관심이 강화물로 작용하는지를 확인하기 위해 Carr와 McDowell은 부모에게 피부 긁기에 대한 관심을 체계적으로 중지하거나 제공하게 하였다. 그 결과는 피부 긁기가 부모의 관심에 좌우됨을 명백하게 보여 주었다(그림 9-4).

Jim의 피부 긁기는 단지 부모가 그것을 완전히 무시하게 함으로써, 다시 말하면 그 행동을 소거계획상에 둠으로써 치료될 수 있었을지도 모른다. 유감스럽게

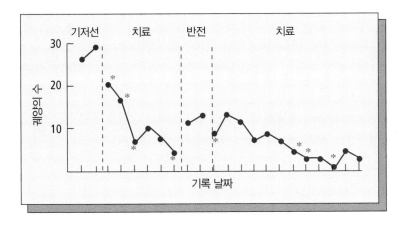

그림 9-5
피부 긁기의 감소 9개월 동안 기록된, 몸에 생긴 궤양의 수. 치료는 궤양의 감소에 대한 정적 강화(*로 표시됨)와 피부 긁기에 대한 처벌(타임아웃 형태의)로 구성되었다. (출처: "Social Control of Self-Injurious Behavior of Organic Etiology," by E. G. Carr & J. J. McDowell, 1980, *Behavior Therapy*, Vol. 11, pp. 402-409. 저작권 ⓒ Association for the Advancement of Behavior Therapy. 출판사와 저자의 허가하에 실음)

도 피부 긁기는 부모가 너무나 짜증이 나서 오랫동안 무시할 수가 없었다. Carr와 McDowell은 부모에게 처벌과 정적 강화를 함께 사용하기를 권고했다. 처벌은 타임아웃(8장 참고)의 형태로 주어졌다. 즉, 부모는 Jim이 피부를 긁는 것을 볼 때마다 그를 재미없는 작은 방에 들여보내 몇 분 동안 있게 했다. 다시 말하면, Jim이 자기 피부를 긁을 때마다 강화적 활동들을 박탈하였다. 강화는 미술관이나 스케이트장에 가는 것 같은 보상의 형태로 매주 주어졌다. Jim의 피부 긁기를 항상 감시할 수는 없으므로 Jim은 자기 몸에 난 궤양의 수가 적어지면 보상을 얻었다. 이 치료 덕분에 궤양의 수가 크게 줄어들었다(그림 9-5). 연구가 끝날 무렵 Jim에게는 궤양이 단 두 개뿐이었는데, 그것들도 거의 완전히 나은 상태였다.

다른 면에서는 건강한 사람들에게 심각한 문제가 될 수 있으며 발달장애가 있는 일부 아동에게는 완전히 악몽과 같은 일로 한때 여겨졌던 자해 행동이 조작적 절차 덕분에 이제는 대개 조속히 제거될 수 있다.

망상

"모든 사람이 날 붙잡으려고 해." 혹은 "내 뱃속에 초록색 난쟁이들이 있어." 같은 잘못된 믿음을 망상(delusion)이라고 한다. 망상에는 기질적 원인이 있을 수 있고 실제로 흔히 그러하다. 즉, 조현병, 매독, 알츠하이머병, 외상적 뇌 손상 및 다른 질병들이 망상을 초래할 수 있다. 망상은 어떠한 종류의 질병도 없는 사람에게서도 생길 수 있다. 망상의 원인과 상관없이 조작적 절차는 그 치료에 한몫할 수 있다(예: Liberman et al., 1973; Wincze, Lietenberg, & Agras, 1972).

Joe Layng과 Paul Andronis(1984)는 자기의 머리가 떨어져 나간다고 호소하는 한 정신질환자의 예를 든다. 이 환자는 심히 공포에 질린 것처럼 보여서 의료진 한 사람이 그녀를 데리고 앉아서 진정시켜야 했다. 그 망상은 악화되어 갔다. 이 환자와 이야기해 본 결과, 그녀가 의료진에게 말을 붙이기가 너무 힘들다고 느끼고 있음이 밝혀졌다. 그녀가 대화하려고 접근하면 의료진이 드러내놓고 짜증을 낼 때가 가끔 있었다. 그녀의 망상 행동은 그런 냉담한 반응을 얻을 위험 없이 원하는 효과(의료진과의 상호작용)를 냈다. 다시 말하면 망상이 강화를 받았던 것이다. 이 환자가 의료진에게 냉담한 반응을 유발하지 않으면서 접근하는 방법을 일단 배우고 나자 망상이 사라졌고 그녀의 머리도 몸에 단단히 붙어 있게 되었다.

Layng과 Andronis는 또한 자기 집 뒷마당에서 빨랫줄을 매어 놓는 장대들을 뽑으려고 한 후에 폐쇄 병동에 입원하게 된 중년 남성의 사례를 이야기한다. 이 환자는 그 장대들이 십자가에 대한 불경스러운 위조품이어서 예수가 자기에게 그것들을 부숴 버리라고 했다고 고함쳤다. 그런데 알고 보니 자신의 힘겨운 사업 문제에 부인을 끌어들이려는 이 남성의 노력이 성공하지 못하고 있었다. 그의 부인은 남편이 이상하게 행동할 때만 관심을 주었다. 즉, 부인이 자신도 모르게 점점 더 남편의 병적인 행동을 조성했고 결국에는 이 남성이 너무나 기괴한 행동을 하여 병원에 입원하는 지경에 이르렀던 것이다. 부인이 남편의 기괴한 행동이 아니라 사업 문제에 관심을 보이게 되자 이 남성의 증상은 가라앉기 시작했다.

또 다른 예를 Brad Alford(1986)가 든다. 그는 정신병원에서 한 젊은 조현병 환자를 연구하였다. 이 환자는 약물치료로 많이 좋아졌지만, '추악한 늙은 마녀'가 자기를 쫓아다닌다는 호소를 계속했다. Alford는 이 환자에게 쫓긴다는 느낌이 들면 그것을 기록해 두라고 하였다. 그리고 그런 생각의 강도를 0(쫓긴다는 생각이 완전히 상상일 뿐이라고 확신)에서 100(정말로 마녀가 쫓아온다고 확신)까지 사이에 표시하게 했다. 치료 단계에서 Alford는 환자가 그 마녀에 대한 의심을 표현하면 강화를 주었다. 그 결과, 망상에 대해 환자가 보고한 확신은 줄어들었다(그림 9-6).

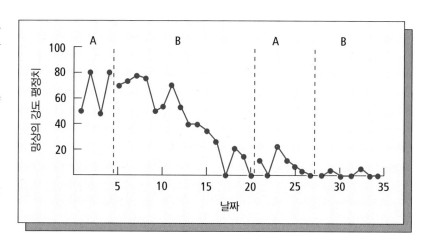

그림 9-6

강화, 그리고 망상의 강도 치료(B) 단계에서 '추악한 늙은 마녀'에 대한 의심의 표현이 강화를 받았고, 그런 믿음에 대한 환자의 확신이 감소하였다. (출처: "Behavioral Treatment of Schizophrenic Delusions: A Single-Case Experimental Analysis," by B. A. Alford, 1968, *Behavior Therapy*, Vol. 17, pp. 637-644. 저작권 ⓒ 1986 by the Association for the Advancement of Behavior Therapy. 출판사와 저자의 허가하에 실음)

물론 이 환자가 이전과 꼭 마찬가지로 마녀가 있다고 믿지만 그것을 인정하지 않기를 학습했을 뿐이라고 주장할 수도 있다. 이 생각을 검증하기 위해 Alford는 이 연구 이전과 도중에 환자가 받은 약물을 살펴보았다. 그는 이 환자가 불안정해 보일 때만 한 가지 약물, 즉 진정제를 투여받았음을 알게 되었다. 만약 환자가 그 마녀가 실제로 존재한다고 계속 믿고 있었다면 진정제 소비량이 일정하게 유지되었어야 할 것이다. 그러나 실제로는 진정제의 사용이 급격하게 감소했다.

> **? 개념 점검 5**
> Alford의 연구가 보여 주는 것은 무엇인가?

이 발견들이 망상 및 기타 정신병적 행동이 전부 학습의 산물임을 의미하는 것은 아니다. 알츠하이머병이나 조현병 같은 뇌의 질병은 실제로 그런 행동을 낳는다. 그러나 망상이나 기타 비전형적 행동이 기질적 질병에서 생겨날 때조차도 그런 행동은 결과에 의해 수정될 수 있다.

정신병적 행동의 조작적 해석에 대하여 어떤 이들은 그런 행동이 강화가 없는데도 종종 일어난다는 사실을 근거로 반박한다. Israel Goldiamond(1975a)는 바퀴벌레에 대한 공포 때문에 사실상 마비가 된 것이나 다름없는 여성을 기술한다. 이 여성은 너무 무서워서 돌아다니지 못하고 침대에 계속 누워 있었다. 그녀의 남편은 이를 불쌍히 여겨 그녀가 일반적으로 받지 못했던 관심을 보여 주었다. 이 관심이 그녀의 공포증적 행동을 유지시키는 강화물임이 분명했다. 그런데 여기엔 문제가 있다. 이 여성은 남편이 집에 없을 때도, 따라서 강화를 받을 수 없을 때도 계속 침대에 누워 있었다. 왜일까?

그 답은 간단하다고 Goldiamond는 말한다. 만약 어떤 사람이 기괴한 행동에 대한 강화를 받을 수 있을 때만 그런 비전형적인 행동을 한다면 사람들이 눈치를 챈다. 그리고 일단 그 행동이 강화를 얻는 한 방법임을 알고 나면 사람들은 흔히 그 강화물을 주기를 중지한다. 따라서 기괴한 행동은 강화가 가용할 때만이 아니라 가용하지 않을 때도 가끔씩 일어나야 한다. Layng과 Andronis(1984)는 "다시 말하면, 외견상 그 행동을 유지시키는 결과가 없는 것 혹은 때로는 혐오스러운 결과가 생기는 것이 다른 경우에 강화를 받을 수 있기 위한 요건일 수 있다."(p. 142)라고 쓰고 있다. 나는 이 현상에 **Goldiamond의 역설**이라는 이름을 붙였다. 이런 생각은 어릴 때 꾀병을 부려 학교를 빠져 본 적이 있는 사람에겐 누구나 익숙할 것이다. 결석해도 된다는 허락을 받고는 좋아서 깡충깡충 뛰는 순간, 당장 학교로 보내지게 마련이었다!

어떤 정신역동적 입장의 치료자들은 학습 절차를 통해 제거된 행동 문제는 모두 새로운 행동 문제로 대체될 것이라고 주장한다. 이런 개념을 증상 대체(symptom substitution)라고 하는데, 이를 지지하는 과학적 증거는 전혀 없다(American Psychiatric Association, 1973; Baker, 1969; Cahoon, 1968; Garcia, 2003; Myers & Thyer, 1994; Yates, 1958).

망상에 대한 전통적인 이론은 병적인 사고가 병적인 내적 세계를 반영하는 것이라고 가정한다. 학습 측면에서의 분석은 망상이 병적인 **환경**을 반영할 때가 종종 있다고 이야기한다. 따라서 그런 환경을 변화시키면 '내적 세계'가 변할 때가 많다.

마비

조작적 학습 절차가 활용된 깜짝 놀랄 만한 한 가지 예는 분명히 마비되었던 팔다리의 기능을 회복시키는 것이다.

이 이야기는 원숭이의 팔다리 기능 상실에 관한 실험실 연구로 시작한다. Edward Taub(1977, 1980)은 원숭이들이 한쪽 팔의 마비가 일시적인 것이었어야 하는데도 그 팔의 사용 능력을 회복하지 못한다는 결과를 얻었다. 그는 그 원인이 학습일 수 있다고 추측했다. 부상당한 팔을 사용하면 통증, 균형의 상실 및 다른 문제들이 생겼다. 따라서 원숭이들은 온전한 팔에 의존했으며 부상당했던 팔은 사용하지 않게 되었다. 즉, 이들은 부상당한 팔을 사용하지 **않기**를 학습했던 것이다. 이런 생각을 검증하기 위해 Taub은 정상 팔의 운동을 제한했는데, 그럼으로써 부상당한 팔의 사용에 강화적 결과가 뒤따르는 일이 더 많아졌다. 그 결과 원숭이들은 부상당한 팔의 사용을 곧 회복했다.

이로 인해 Taub 및 다른 사람들은 뇌졸중 환자에게 동일한 요법을 실험하게 되었는데, 그것을 **제약 유도 운동요법**(constraint-induced movement therapy: CIMT)이라 한다(Abdullahi et al., 2021도 보라). Taub과 동료들(Taub et al., 1994)은 1~18년 전에 뇌졸중을 겪었던 사람들을 연구하였다. 이 환자들은 한쪽 팔을 아주 제한적으로만 사용하고 있었다. 네 명의 환자가 구속치료(restraint treatment)를 받았는데, 이는 정상 팔에 부목을 대고 그 팔을 팔걸이 붕대에다 걸어서 기본적으로 사용할 수 없게 만드는 것이다. 그리고는 환자들이 다양한 운동 과제를 거듭해서 수행하게 했다. 이 요법은 겨우 두 주 동안 실시되었지만 '마비된' 팔의 기능이 극적으로 향상되었다. 환자 한 사람은 뇌졸중으로 손상된 팔의 힘이 800%나 증가했다! 환자들은 식사하기, 옷 입기, 몸단장하기를 더 잘하게 되었다. 유사한 뇌졸중 손상을 입은 환자 다섯 명의 통제집단은 유의미한 진전을 전혀 보이지 못했다. CIMT의 효과는 2년 후에도 지속되었다.

? 개념 점검 6

CIMT란 무엇인가?

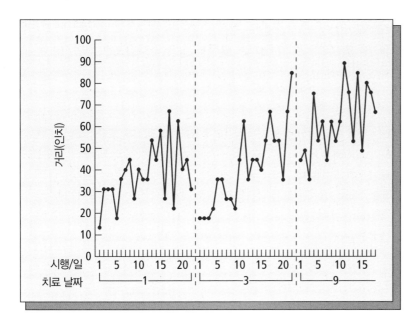

그림 9-7

셔플보드에서의 수행 뇌졸중 환자가 3일 동안 셔플보드 원반을 결함이 있는 팔로 밀었던 거리. 이 자료는 2주의 훈련 기간 동안 연습 회기에 걸쳐 꾸준한 진전이 있음을 보여 준다. (출처: "An Operant Approach to Rehabilitation Medicine: Overcoming Learned Nonuse by Shaping," by E. Taub, J. E. Crago, L. D. Burgio, T. E. Groomes, E. W. Cook, III, S. C. DeLuca, and N. E. Miller, 1994. *Journal of the Experimental Analysis of Behavior*, 61[2], Figure 3, p. 287. 저작권 ⓒ Society for the Experimental Analysis of Behavior, Inc. 출판사와 저자의 허가하에 실음)

이 획기적인 연구 이후에 Taub은 이 요법을 수정하여 행동의 향상에 대한 자세한 피드백과 조성법을 포함시켰는데, 이는 CIMT의 효과를 더욱 향상시켰다(그림 9-7). 치료자들은 대개 수행의 퇴화는 모두 무시했고, 대신에 아무리 사소한 것이라도 진보에 초점을 맞추었다. CIMT는 뇌졸중이나 척수 부상 후의 재활 요법에 혁명을 일으켰다.

Taub 및 다른 사람들은 그 이래로 CIMT를 다발성 경화증(Mark et al., 2008), 언어 장애(Pulvermuller et al., 2001), 뇌성마비(Taub et al., 2004)를 비롯한 다양한 재활 문

Taub의 연구는 보건 분야로 진출하려는 사람이 조작적 학습 원리를 잘 이해하면 대단히 유용하다는 것을 알게 될 것임을 보여 준다.

조작적 의료 평가

조작적 절차는 어떤 의학적 질병을 치료하는 데뿐만 아니라 평가하는 데도 유용할 수 있다. 예를 들면, 조산아는 여러 가지 건강 문제가 있는 경우가 많고 또한 인지발달이 뒤떨어지는 경향이 있다. 조산아의 결함이 얼마나 심각한지 알아내는 일은 의사가 어떤 조치를 취할지 결정하는 데 도움이 될 수 있을 것이다. 유아의 학습 능력에 대한 신뢰할 만한 평가는 또한 약물 및 기타 치료법의 효과를 평가하는 데도 도움이 될 것이다.

한쪽 발이 모빌에 끈으로 연결된 유아가 발차기를 하여 모빌을 움직이기를 빨리 배운다는 것을 앞서 살펴보았다(5장, 12장 참고). J. C. Heathcock과 동료들(2004)은 이러한 학습 경험을 조산아의 인지발달을 평가하는 한 방법으로 사용할 수 있을지 검증하였다. 연구자들은 열 명의 조산아와 열 명의 만삭아를 생후 3~4개월에 비교하였다. 그 결과 발차기의 비율은 만삭아에게서는 증가했지만 조산아에게서는 그러지 않았다. 이는 조산아가 정상적으로 학습하지 못함을 시사한다. 정기적으로 검사해 보면 조산아가 정상적인 발달을 따라잡는지 아니면 점점 더 뒤떨어지는지 알 수 있을 것이다. 조작적 학습 절차가 특정 의학적 문제와 치료에서 필수적인 도구가 될 날이 언젠가는 올 수 있을 것이다.

제에 적용했다(Taub, 2011; Taub & Uswatte, 2009). Taub의 작업(동물 연구로부터 생겨난 직접적인 결과물임을 명심하라)은 이제 기초 연구를 실용적 작업으로 전환시키는 모델의 역할을 하고 있다(Huang et al., 2011).

9.3 요약

조작적 학습 절차는 자해 행동, 망상, 운동 기능 상실의 치료에 효과적이다. 또한 신경성 식욕부진(Bachmeyer, 2010; Kitfield & Masalsky, 2000), 비만(Finkelstein et al., 2007; Freedman, 2011), 약물 남용(Silverman, Roll, & Higgins, 2008), 뇌 손상(Slifer & Amari, 2009) 등을 비롯하여 다른 많은 의학적 장애와 연관된 비전형적 행동 문제를 치료하는 데도 유용한 것으로 밝혀졌다.

9.4 직장

학습목표

직장에서 조작적 조건형성이 하는 역할을 설명하려면
4.1　고용주가 어떻게 피드백을 사용하여 근로자의 생산성을 향상시킬 수 있는지 설명한다.
4.2　고용주가 근로자의 생산성을 향상시키려면 어떻게 피드백과 유인을 조합할 수 있는지 설명한다.
4.3　조작적 절차가 업무 관련 사고를 어떻게 감소시킬 수 있는지 이야기한다.

역사적으로 대부분 근로자와 고용주 간의 관계는 적대적이었다. 이는 불가피한 일 같아 보이는데, 왜냐하면 근로자에게 이득이 되는 일(더 짧은 근로 시간, 더 좋은 근로 조건, 더 높은 보수)은 고용주의 이익을 감소시키며 그 반대도 사실인 것으로 보이기 때문이다. 그러나 조작적 학습(특히 강화)의 활용에 관한 연구에 따르면 근로자와 고용주 모두에게 이득이 되도록 수반성을 배열할 수 있을 것이다.

　예를 들면, 고용주는 비용을 더 들이지 않고도 근로자의 수행을 향상시키기 원할 것이다. 수행에 대한 단순한 피드백을 주는 것이 한 가지 방법일 수 있다. E. L. Thorndike는 약 100년 전에 참가자들에게 눈을 가리고 4인치 선분을 그리게 한 실험에서 이를 입증했다(5장 참고). 피드백은 참가자가 그렸던 것을 보게 하는 것이거나 "당신이 그린 선분은 3인치입니다." 또는 "그건 5.2인치입니다."와 같은 말을 들려주는 것이었다. 아마도 참가자들은 긍정적 피드백(그린 선분이 4인치에 가깝다는)을 강화적인 것으로, 부정적 피드백(그린 선분이 4인치보다 훨씬 길거나 짧다는)을 처벌적인 것으로 느꼈을 것이다.

　그런 피드백이 근로자의 수행도 또한 향상시킬 수 있음을 많은 실험이 보여 주었다(Emmert, 1978; Feeney, 1972; Green et al., 2002; Hoffmann & Thommes, 2020; Kihama et al., 2019). David Harrison(2009)은 발달장애가 있는 사람들에게 서비스를 제공하는 직원들을 감독하는 세 명의 관리자를 대상으로 수행 피드백의 효과를 연구했다. 이 세 사람은 직원들에게 초과근무수당을 너무 많이 지불했는데, 아마도 관리기술이 나빴기 때문이었다. Harrison이 한 처치는 지급된 초과근무수당의 액수에 대한 정기적인 정보를 제공하는 것이었는데, 그 정보에는 초과근무수당이 올라갔는지 내려갔는지를 보여 주는 그래프가 포함되었다. 두 명의 관리자에게는 이런 사실적 피드백에다가 추가로, 초과근무수당이 내려가면 칭찬을, 올라가면 약한 꾸지람을 해 주었다. 그 결과 세 명의 관리자 모두가 약 40%의 초과근무수당 감소를

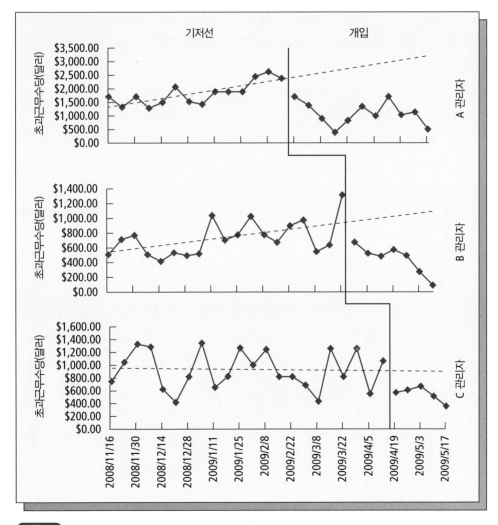

그림 9-8

초과근무수당과 피드백 기저선과 개입 기간에 세 명의 프로그램 관리자가 지불한 초과근무수당의 액수. (출처: D. M. Harrison, "Performance Feedback: Its Effectiveness in the Management of Job Performance," unpublished master's thesis, Bouve College of Health Sciences, Northeastern University, 2009, Figure 1, p. 34. 저자의 허가하에 실음)

이루어냈다(그림 9-8).

하지만 단순한 피드백 그 자체가 근로자의 수행을 향상시키는 데 항상 충분하지는 않다(Alvero, Bucklin, & Austin, 2001; Balcazar, Hopkins, & Suarez, 1985/1986). 피드백을 다른 결과들과 결합하면 더 일관성 있는 향상이 더 크게 일어나는 경우가 많다(Bucklin & Dickinson, 2001; Redmon & Dickinson, 1990). 예를 들면, 트럭 운전기사를 대상으로 Jeanne Lamere와 동료들(1996)은 업무 수행에 근거한 보너스를 피드백과 결합한 효과를 연구하였다. 보너스는 급여의 0~9%로 다양했다. 보너스는 급여만 받을 때에 비해 상당한 업무 향상을 초래했다. 직원들은 보너스 계획이 시행되는 동안 더 많은 돈을 받는데, 회사는 더 많은 돈을 지불했음에도 불구하고 노무비가 한 달에 평균 5,000달러 **절약**되었다. 다시 말하면 직원과 고용주 모두가 이득을 보았다. 비슷한 연구에서 John Austin과 동료들(1996)은 지붕 이는 작업자들에게 매일 수행에 대하여 말과 도표로 피드백을 주었다. 이 작업자들은 또한 자신의 노력으로 인한 노무비의 감소에 근거하여 매주 보너스를 받았다. 그 결과 작업자들은 더 많은 돈을 벌었는데, 그러면서도 그들이 보너스를 받지 못했을 때와 비교하여 노무비가 64% **감소**했다.

조작적 절차는 또한 업무 관련 사고를 줄여 줌으로써 근로자와 고용주 모두에게 도움이 된다(Alavosius & Sulzer-Azaroff, 1985, 1990; DeVries, Burnette, & Redirion, 1991; Fitch, Herman, & Hopkins, 1976; Geller, 1984, 2005). 작업장 사고 및 사망은 근로자와 그 가족에게 고통을 초래하며(Sulzer-Azaroff, 1998), 회사가 치르는 주요 비용의 하나이다. Austin과 동료들(1996)은 위의 그 지붕 이는 작업자들을 대상으로 두 번째 연구를 했다. 이 연구에서는 그 작업자들이 안전 수칙을 지키는 정도를 알아내기 위하여 그들의 행동을 관찰하여 매일 피드백을 주었다. 적어도 80%의 시간 동안 안전 수칙을 따른 사람에게는 휴식 시간을 주었다. 그 결과 안전 수칙을 지키는 행동이 상당히 개선되었다.

Lamere 연구에서 흥미로운 점은 보너스가 효과가 있기는 했지만 3% 보너스와 9% 보너스 사이에는 차이가 없었다는 사실이다.

9.4 요약

생산성을 향상시키고 사고를 줄이는 것은 근로자의 삶의 질과 회사의 수익성을 개선하는 두 가지 주요 방법이다. 이 두 목표 모두를 달성하는 데 강화가 주된 역할을 한다. 이러한 분야에서 이루어진 성공은 근로자와 고용주 간의 적대적 관계가 언젠가는 없어지는 것이 가능하다는 것을 의미한다.

9.5 동물원

동물원의 동물 돌보기에서 조작적 조건형성이 하는 역할을 설명하려면

5.1 수의학적 관리에서 조작적 조건형성의 역할을 이야기한다.

5.2 동물원에 있는 동물들의 상동적 행동을 감소시키는 조작적 조건형성의 역할을 이야기한다.

동물원에 있는 동물들의 생활의 질을 향상시키고 수의학적 관리를 제공하는 데 조작적 학습원리가 점점 더 많이 사용되고 있다(Forthman & Ogden, 1991; Markowitz, 2012).

가두어 기르는 야생동물, 특히 몸집이 크고 공격적인 동물을 수의학적으로 관리하는 일은 사육사와 동물 모두에게 위험한 일일 수 있다. 별로 멀지도 않은 과거에는 그런 문제를 감금이나 혐오자극, 또는 동물 마취약을 써서 해결하거나 아니면 그냥 방치했다. 조작적 절차는 그런 문제들에 대한 더욱 인도적인 해결책일 뿐만 아니라 관련 당사자들 모두에게 덜 위험한 것이다(Melfi & Ward, 2019).

예를 들면, 동물 조련사 Gary Wilkes(1994)는 한 공격적인 코끼리의 문제를 해결하는 데 조작적 절차를 활용한 예를 이야기한다. 동물원에서 사는 코끼리의 수의학적 관리에는 발에 생기는 굳은살을 정기적으로 제거하는 일이 포함된다. 굳은살을 제거하지 않으면 코끼리가 결국에는 걷지 못하게 된다. 샌디에이고 동물원의 공격적인 수컷 코끼리 한 마리는 거의 10년 동안 굳은살을 제거받지 못했다. 보통은 수의사가 코끼리가 있는 우리에 들어가서 날카로운 도구로 굳은살을 잘라내곤 했다. 이 코끼리의 공격적인 과거 이력을 고려할 때 그런 방법을 쓰려는 생각은 하기 힘들었다. 대신에 그 동물원의 행동 전문가인 Gary Priest는 우리의 한쪽 끝에 커다란 강철 문을 들여놓았다. 그 철문에는 코끼리의 발이 들어갈 만한 큰 구멍이 나 있었다(그림 9-9). Wilkes는 "이제 남은 일이라곤 사나운 수컷 코끼리에게 이상한 조그만 놈들이 칼을 들고 발을 난도질할 수 있도록 벽에 난 구멍으로 발을 우아하게 들이밀어 달라고 부탁하는 일뿐이었다."(p. 32)라고 적었다.

Wilkes는 조성법을 사용하여 그런 행동을 만들어냈다. 조성은 대개 즉각적 강화가 있을 때 가장 잘 진행되므로 사육사들은 딸깍 소리를 내는 완구를 가지고 그 딸깍 소리를 조건 강화물로 만들었다(Pryor, 1996; Skinner, 1951). 이들은 딸깍 소리를 내고 코끼리에게 당근 한 조각을 주기를 거듭하는 방법을 썼다. 그런 후에 코끼리가 철문 가까이 가면 사육사가 딸깍 소리를 내고는 코끼리에게 당근 조각을 던져

그림 9-9
코끼리의 발톱을 어떻게 손질하겠는가?   조성을 통해서 한다. 본문의 설명을 보라. (출처: Diane Chance의 그림)

주었다. 코끼리가 철문 앞에 있을 때 사육사들은 왼쪽 앞발을 땅에서 떼기를 강화하고, 그다음에는 그 발을 몇 인치 들기를 강화하고, 그다음에는 그 발을 벽에 난 구멍 쪽으로 움직이기를 강화하고 하는 식으로 진행했다. Wilkes는 "곧 코끼리는 자발적으로 철문 쪽으로 걸어가서 그 신비로운 구멍에 발을 차례대로 집어넣었다. 그러고는 사육사가 자기 발바닥을 잘라내고 발톱을 손질하는 동안 그대로 발을 들고 있었다."(p. 33)라고 쓰고 있다(Tresz & Wright, 2006).

❓ 개념 점검 7

이 코끼리의 행동을 수정하기 위해 사용된 절차는 무엇인가?

Wilke가 코끼리의 발톱을 손질한 데 뒤따라온 흥미롭지만 특별하지는 않은 효과는 코끼리의 성질이 좋아졌다는 것이다. 이 코끼리는 공격성이 훨씬 낮아졌고 훈련 회기를 즐기는 것처럼 보였다.

이제 동물원과 동물 놀이공원들은 수의학적 관리뿐 아니라 심지어 동물에게 물리치료를 하는 데에도 조작적 절차를 상당히 일상적으로 사용하고 있다(Goldberg, 2019를 보라). 그렇지만 잘 산다는 것은 단순히 발톱을 잘 손질당하는 것만을 의미하지는 않는다. 갇혀 사는 동물이 그런 삶에 대해 무얼 느끼는지 우리는 알 수 없지만, 동물원의 동물들은 대단히 지겨워하는 듯이 보일 때가 많다. 야생이란 영국 철학자 토머스 홉스(Thomas Hobbes)가 말한 대로 "험악하고 야만적이며 짧다". 반면에 동물원 생활은 대개 편하고 지겨우며 길다. 많은 동물, 특히 곰과 고양잇과의 동물은 작은 우리 안에서 왔다 갔다 하며 서성거린다. 영장류는 오랜 시간을 앉아만 있거나 한 가짜 나뭇가지에 매달려 다른 가짜 나뭇가지로 산만하게 건너뛰어 다닌다. 천연 서식지에 사는 영장류에게선 거의 볼 수 없는, 몸을 앞뒤로 흔드는 것 같은 상동적 행동이 동물원에서는 흔히 나타난다.

동물원 직원들은 동물을 즐겁게 해주기 위해 커다란 공이나 여러 장난감을 우리 속에 종종 넣어 주지만, 그런 것들은 금방 매력을 잃기 쉽다. 다른 방법은 더 크고 자연스러운 우리를 만드는 것이다. 예를 들어, 샌디에이고 근처의 야생동물 공원에서는 많은 동물이 비교적 넓은 공간에 만들어진 자연적인 환경 속에서 자유로이 돌아다닌다. 기린과 영양은 사자들이 사냥할 생각 없이 지켜보는 가운데 넓은 평원에서 한가로이 풀을 뜯는다. 이는 인간 방문자들에게 더욱 즐거운 경험을 안겨 주며, 동물들도 더 즐겁게 살 수 있다. 하지만 여기에도 개선의 여지는 있다.

갇혀 사는 야생동물의 삶의 질을 향상시키기 위해 조작적 절차를 사용한 선구자 Hal Markowitz(1978, 1982, 2011)는 이 동물들이 먹고 자는 것 말고는 할 일이 거의 없다는 사실에 주목했다. 많은 동물에게 야생 생활이란 대략 끊임없이 먹이를 찾는 데 초점이 맞추어진다. 예를 들어, 곰은 봄부터 초겨울까지 깨어 있는 시간 대부분을 먹이를 찾아 먹으며 보낸다. 곰은 작은 과실을 뜯어 먹고 짐승의 사체를 먹으며 다람쥐가 숨겨놓은 먹이를 찾아내어 먹는다. 때때로 사슴이나 다른 큰 동물을 사냥하여 먹기도 한다. 이런 활동이 야생 곰의 생활의 요체이다. 그게 쉬운 삶은 아니지만 지겨운 삶도 아니다. 그러나 동물원에서는 커다랗고 자연스러운 우리 속에서 산다고 해도 먹이는 매일 '공짜로' 주어진다. 곰이 먹이를 탐색해야 할 필요가 없으며, 탐색한다 하더라도 먹을 것을 발견할 가능성은 거의 없다. 곰이 처한 이런 상황은 갇혀 사는 다른 많은 동물에게도 모두 비슷하다.

Markowitz는 갇혀 사는 동물이 먹이의 일부를 스스로의 노력으로 얻게 되면 그 생활이 더욱 재미있게 된다(예: 상동적 행동이 덜 나타난다)는 것을 발견했다. 예를 들어, Markowitz가 곰의 우리 전체에 먹이를 흩뿌려 놓자 곰은 야생에서 하는 것과 꼭 마찬가지로 나무둥치나 돌을 뒤집어 보고 나무에 난 구멍 같은 것을 들여다보는 데 하루의 일부를 보냈다. 이 곰은 이제 돌아다녀야 할 이유가 생겼던 것이다. Markowitz와 여러 사람들은 맹금류, 고양잇과의 큰 동물(예: Rasmussen, Newland, & Hemmelman, 2020; Spiezio et al., 2017) 및 다른 동물들에게도 비슷한 방법을 사용하여 동물원에서의 삶을 풍요롭게 하였다.

가축이든 야생동물이든 돌보고 치료하는 데 조작적 절차를 사용한 덕분에 그 동물들이 대단히 큰 혜택을 입었다고 말할 만하다. 이는 동물원에만 한정된 얘기가 아니다. 조작적 절차는 여러 가지 상황에서 필수적인 수의과적 절차에 동물이 협조하도록 훈련시키는 인간적인 방식을 제공하고 동물의 삶의 질을 향상시키는 데 점차 더 많이 쓰이고 있다. 예를 들어, 연구자들은 트레일러에 올라타기에 저항하는 말들을 성공적으로 오르게 했으며(Ferguson & Rosales-Ruiz, 2001), 동물의 자해 행동을 인간의 경우에서와 대략 똑같은 방식으로 치료했다(Dorey et al., 2009). 조작적

강화가 유기견을 살리다

매년 질병으로 죽는 모든 개의 수를 합한 것보다 행동 문제로 인해 죽는 개가 더 많다(Jankowski, 1994). 개가 끊임없이 짖거나 문을 긁거나 사람을 무는 것 같은 '나쁜 버릇'이 생기는 일이 종종 있다. 이런 행동을 고치려는 노력(대개 혐오자극이 부적절하게 사용된다)이 실패하면 주인은 개를 버리거나 동물 보호소로 보낸다.

동물 보호소로 가게 된 개들조차도 흔히 암울한 운명에 직면하는 슬픈 일이 일어나는데, 왜냐하면 그들의 행동이 좋아할 만지 않기 때문이다. 부적절하게 사용되는 혐오자극을 경험한 개는 너무 심하게 수줍어하거나 두려움이 많거나 공격적인 행동을 하게 될 수 있다. 방문자가 왔을 때 꼬리를 다리 사이에 말아 넣고 한쪽 구석에 움츠러들어 있으면서 방문자를 쳐다보지도 않는 개는 좋은 보금자리를 얻기 힘들다. 그런 개가 좀 더 사람을 끌수 있는 방식으로 행동하도록 훈련받는다면 안락사당하는 개의 숫자가 더 줄어들 것이다.

한 동물 보호소의 관리자 Lauren Beck은 조성법을 사용하여 개에게 사람과 눈을 마주치기, 재주 넘기, 그리고 개 특유의 좋은 행동을 가르쳤다(Pryor, 1996를 보라). 그러한 행동 변화는 개를 훨씬 더 매력적으로 만든다. 어떤 사람이 개를 입양하려고 동물 보호소에 오면 보호소 직원이 개의 장점을 설명해준 후, 이 방문자에게 개가 재주 넘기를 하게 만드는 명령을 알려 주고 개의 행동을 딸깍 소리로 강화하게 한다. 그러면 일반적으로 "이 개는 참 똑똑하군요!" 같은 반응이 나온다.

물론 이 개가 똑똑한 것이 아니다. 다만 좋은 훈련을 받아서 변했을 뿐이다.

절차는 또한 인간에게 혜택을 주도록 동물을 훈련시키는 데 사용된다. 당신은 맹도견에 대해 들어보았겠지만, 지뢰를 탐지하도록 훈련받은 쥐들이 있다는 사실은 알고 있는가? 이는 쥐를 어느 정도 위험에 빠트리는 일이지만 인간이 부상당할 위험성을 대단히 감소시킨다(Poling et al., 2011)(11장 참고).

9.5 요약

이제 조작적 학습 원리는 갇혀 사는 동물의 삶을 향상시키는 데 사용되고 있다. 오늘날 많은 전문적인 동물 조련사와 사육들이 정적 강화, 조성, 연쇄 짓기를 거의 당연한 것으로 받아들이지만 60년 전만 해도 사람들은 거의 전적으로 부적 강화, 처벌 및 강제에 의존했다. 기초 연구(대부분 동물을 대상으로 한)에서부터 생겨난 전략들은 사람뿐 아니라 동물에게도 엄청난 혜택을 가져다주었다.

맺음말

이 장에서 나는 조작적 학습이 널리 활용되고 있음을 보여 주고자 했다. 겨우 수박 겉핥기식이었을 뿐이지만, 조작적 학습 절차가 엄청난 실용적 가치를 갖고 있음을 당신이 깨달을 수 있기 바란다. 그런 노력들이 성공하는데도 어떤 이들은 여전히 조작적 학습 원리를 사용하는 데 반대한다.

어떤 사람은 학습 원리를 실세계 문제에 적용하기를 꺼리는데, 그 이유는 이 원리들이 효과가 없기 때문이 아니라 있기 때문이다. 사람들은 행동 공학자가 우리의 모든 행동거지를 통제하는 그런 세상이 될까봐 두려워한다. 이런 두려움에는 어느 정도 근거가 있다. 역사는 국민을 줄에 매달린 인형처럼 조종했던 개인이나 정부의 예로 가득하다. 그런데 그런 자들이 성공했던 이유는 조작적 학습 원리를 깊이 이해하고 있었기 때문이 아니라 그들 자신의 행동이 그 효과에 의해 조성되었기 때문이다. 즉, 그들은 그저 자기들에게 유리한 효과를 내는 일을 했을 뿐이다. 그러한 권력의 남용에 대한 최선의 방어책은 경험이 행동에 어떻게 영향을 미치는지를 아는 것이라는 사실이 밝혀졌다.

핵심용어

제약 유도 운동요법(constraint-induced movement therapy) 306

Goldiamond의 역설(Goldiamond's paradox) 305

복습문제

1. 열악한 환경의 보육원에서 아이들을 방치하는 것이 정상적인 뇌 발달을 방해한다(Chugani et al., 2001)는 증거가 있다. 조작적 학습을 할 기회의 결핍이 한 가지 원인일 수 있을까?

2. 어떻게 훈련시키면 아이가 쉽게 포기하는 사람이 되는가?

3. 교사가 일반적으로 학생을 칭찬하기보다 질책하기를 훨씬 더 자주 한다는 것을 여러 연구가 일관성 있게 보여 준다. 왜 그렇다고 생각하는가?

4. 헤드스프라우트 프로그램을 그렇게나 성공하게 만든 핵심 특징이 무엇이라고 생각하는가?

5. 어떤 사람들은 발달장애가 있는 아동에게 처벌을 사용하는 데 완강하게 반대한다. 그 아동 자신이나 다른 사람에게 매우 위험할 수 있는 행동을 억압하기 위해서조차도 말이다. "걔는 병이 있어서 그러는 거예요. 그래서 그것 때문에 처벌을 받아서는 안 되죠."라고 그들은 주장한다. 그 행동을 감소시키려는 다른 노력이 모두 실패했다고 가정할 때, 당신은 이런 주장에 어떻게 반응하겠는가?

6. 망상이 때로는 미신 행동(6장 참고)의 한 형태일 수도 있을까?

7. CIMT로부터 생겨난 혜택이 이 치료법의 개발로 이끈 원숭이 연구를 정당화하는가? CIMT가 유용한 것으로 밝혀지기 전이라면 당신은 어떤 대답을 했겠는가?

8. 회사가 어떻게 순이익을 많이 감소시키지 않고도 근로자의 작업 환경을 개선시킬 수 있을까?

9. 조작적 학습을 어떻게 사용하여 동물원에 있는 사자들의 삶을 개선할 수 있을까?

연습문제

1. 어떤 사람들은 아동이 모국어를 대체로 교습 없이 그리고 단순히 그 언어에 대한 _____을 통해 습득한다고 믿는다.

2. 아동의 울화 행동(tantrum)을 제거하기 위해 소거만 사용하는 것은 문제가 있다. 더 나은 방법은 소거를 어떤 형태의 _____와 조합하여 사용하는 것이다.

3. 최초의 교습 기계를 개발한 사람은 _____이다.

4. 교사가 부적절한 행동을 처벌하기보다 적절한 행동을 강화하는 데 집중하면 훼방 행동이 감소하고 학습 속도가 _____한다.

5. Ivar Lovaas는 아마도 _____을 억압하기 위해 처벌을 사용한 최초의 사람일 것이다.

6. 자해 행동은 관심이나 _____에 의해 유지될 때가 많다.

7. 이 책의 저자는 기이한 행동에 대한 강화물을 받을 수 없을 때조차 그런 행동을 하는 경향을 _____이라고 부른다.

8. 뇌졸중으로 손상된 팔다리의 기능을 회복시키기 위해 치료자는 CIMT를 사용하는데, 이는 _____을 의미하는 축약어이다.

9. CIMT는 애초에는 뇌졸중 환자를 치료하는 데 사용되었지만 또한 _____이 있는 환자를 치료하는 데도 사용되었다.

10. 동물을 훈련시킬 때 _____ 소리를 내는 완구 같은 것을 이용하여 이차 강화를 제공할 수 있다.

관찰학습

이 장에서는

1 연구의 시작
2 관찰학습의 유형
  사회적 관찰학습
  비사회적 관찰학습
  ■ 대리 파블로프식 조건형성?
3 에뮬레이션과 모방
4 관찰학습에 영향을 주는 변인
  과제 난이도
  숙련된 모델 대 미숙한 모델
  모델의 특성
  관찰자의 특성
  관찰된 행동의 결과
  관찰자의 행동의 결과
  ■ 관찰학습과 인간의 본질
  ■ 종간 관찰학습
5 관찰학습의 이론
  Bandura의 사회인지 이론
  조작적 학습 모형
6 관찰학습의 활용
  교육
  사회 변화
  ■ 관찰학습의 어두운 면
맺음말
  핵심용어 | 복습문제 | 연습문제

"지켜봄으로써 많은 것을 깨달을 수 있다."

_ Yogi Berra

들어가며

행동은 **개체 수준의** 현상이다. 학습은 행동의 변화이고, 따라서 이 또한 개체 수준의 현상이다. 우리는 주변에서 일어나는 사건(다른 사람의 행위와 그 결과를 포함하여)을 관찰함으로써 많은 것을 학습한다. 그런 관찰학습이 없다면 사회의 진보가 훨씬 더 느릴 것이다. 왜냐하면 다른 사람들이 학습한 것으로부터 많은 혜택을 볼 수가 없기 때문이다.

학습목표

이 장을 공부하고 나면 다음의 것들을 할 수 있을 것이다.

10.1 관찰학습에 대한 연구가 지난 세월 동안 왜 불규칙하게 이루어졌는지를 설명한다.
10.2 관찰학습의 두 유형을 설명한다.
10.3 모방과 에뮬레이션을 설명한다.
10.4 관찰학습에 영향을 주는 여섯 변인을 이야기한다.
10.5 관찰학습을 설명하는 두 이론을 이야기한다.
10.6 관찰학습의 두 가지 활용을 논의한다.

10.1 연구의 시작

학습목표 --

관찰학습에 대한 연구가 지난 세월 동안 왜 불규칙하게 이루어졌는지를 설명하려면

1.1 Thorndike가 관찰학습에 대한 결론을 어떻게 내리게 되었는지를 설명한다.

1.2 이후 몇십 년간의 관찰학습 연구에 Thorndike가 미친 영향을 이야기한다.

과학의 역사는 때로는 나선형 계단을 올라가는 것과 비슷하게 꾸준히 진보한다. 진보에는 노력이 필요하며, 과학자들은 가끔 층계참에서 멈추고 숨을 헐떡이기도 하지만 항상 앞을 그리고 대개는 위쪽을 향해 나아간다. 예를 들어, 고전적 조건형성의 연구는 파블로프와 그의 공동연구자들의 눈부신 실험에서 시작되어 대체로 꾸준하게 진행되었고, 그 결과 오늘날 우리가 이 현상을 꽤 정교하게 이해하게 되었다. 조작적 학습에 관한 연구도 이와 유사한 과정을 거쳤다. 그러나 과학의 역사가 계단을 걸어 올라가는 것보다는 롤러코스터를 타는 것에 더 가까울 때도 가끔 있다. 즉, 어느 한순간에는 파멸을 향해 곤두박질치다가 다음 순간에는 별을 향해 날아오른다. 관찰학습이 바로 그런 경우이다.

관찰학습에서 애초에 제기되었던 문제는 아주 단순해 보인다. 즉, 한 개체가 다른 개체의 경험을 관찰함으로써 학습을 할 수 있을까? 이 문제에 대한 답을 찾기 시작한 사람은 E. L. Thorndike였다. Thorndike의 시대에는 동물이 종종 다른 개체를 관찰함으로써 학습을 한다고 믿는 사람이 많았다. 집고양이가 사람이 캐비닛 문을 여는 것을 보고 나면 그 행동을 모방한다고 모두가 생각했다. 고양이 및 다른 동물들이 정말 이런 방식으로 학습할 수 있을까? 일화적 증거에 의하면 그럴 수 있었다.

Thorndike는 그런 확신이 들지 않았고, 따라서 이 문제를 실험으로 검증했다. Thorndike(1898)가 했던 전형적인 실험은 고양이 한 마리를 문제상자에 넣고 다른 고양이를 가까이에 있는 다른 우리에 넣는 것이었다. 첫 번째 고양이는 어떻게 하면 문제상자에서 탈출할 수 있는지를 벌써 학습한 뒤였고, 두 번째 고양이는 그 방법을 배우기 위해 첫 번째 고양이를 관찰하기만 하면 되었다. 그러나 Thorndike가 두 번째 고양이를 문제상자에 넣자 이 고양이는 이미 학습한 첫 번째 고양이의 행동을 모방하지 못했다. 대신에 두 번째 고양이는 다른 모든 고양이가 이 문제를 해결하기를 학습할 때와 똑같은 조작적 학습과정을 거쳤다. 한 고양이가 다른 고양이가 문제상자에서 탈출하는 것을 아무리 많이 보더라도 아무것도 학습하지 못하

는 것 같았다. Thorndike는 병아리와 개에게서도 비슷한 결과를 얻었고 "우리는 어떠한 새로운 지적(知的) 행동에 대해서도 모방이 **선험적인** 설명이라는 생각을 버려야 할 것이다."(p. 62)라고 결론 내렸다. 다시 말하면, 한 동물이 다른 동물을 관찰함으로써 학습한다는 것을 누군가가 입증할 때까지는 동물이 관찰학습을 한다고 가정해서는 안 된다는 것이다.

Thorndike는 아마도 관찰학습에 관한 최초의 실험일 이것들을 동물 지능에 관한 고전적인 논문의 일부로 발표하였다. 그리고 나서 Thorndike(1901)는 곧 원숭이를 대상으로 유사한 실험을 했는데, '원숭이는 모방의 명수'라는 대중적인 믿음과 달리 "이 동물들에 대한 내 경험으로는 …… 이들이 다른 동물이 하는 것을 보고서 학습하는 일반적인 능력이 약간이라도 있다는 가정을 지지하는 증거는 아무것도 없다."(p. 42)라고 결론 내렸다. 몇 년 후, John B. Watson(1908)은 원숭이를 대상으로 일련의 유사한 실험을 수행하여 거의 동일한 결과를 얻었다.

관찰학습에 대한 이러한 증거의 부재는 관찰학습(사람의 관찰학습도 포함하여)에 관한 연구에 파괴적인 효과를 낸 것으로 보인다. 이 문제에 관한 실험 연구를 한 사람이 한 세대 동안 거의 아무도 없었다. 그러다가 1930년대에 Carl Warden과 그의 동료들은 여러 개의 정교하게 통제된 실험을 하여 원숭이가 다른 원숭이를 관찰함으로써 학습할 수 있다는 것을 분명하게 보여 주었다.

이 연구들이 관찰학습에 관한 연구를 급상승시켰어야 하지만 관찰학습은 여전히 별로 관심을 끌지 못했다. 그러다가 1960년대에 와서 이 분야의 연구가 살아나기 시작했다. 이런 변화를 일으킨 원동력은 대부분 사회학습에 대한 Albert Bandura와 그의 동료들의 연구, 그리고 행동장애의 치료에서 모델링(modeling) 기법의 사용에 대한 다른 이들의 연구에서 나왔다. 이러한 연구는 인간에게서 관찰학습의 중요성을 보여 주어 흥미를 자극했다. 이러한 폭발적인 관심 후에 연구는 또다시 지지부진하다가(Kymissis & Poulson, 1994; Robert, 1990), 2000년 이래로 관심이 또다시 되살아났다(Nielsen et al., 2012). 이 분야의 롤러코스터 타기는 현재 위를 향해 올라가는 중인 것 같다.

10.2 관찰학습의 유형

학습목표 --

관찰학습의 두 유형을 설명하려면

2.1 관찰학습을 정의한다.

2.2 사회적 관찰학습을 설명한다.

2.3 학습에 영향을 주는 대리적 결과(대리 강화와 대리 처벌)의 예를 다섯 가지 든다.

2.4 비사회적 관찰학습을 설명한다.

2.5 비사회적 관찰학습의 예를 세 가지 든다.

학습은 경험에 기인한 행동의 변화이다. 전통적으로 관찰학습은 모델(model)의 경험으로부터 배우기로 정의된다. 최근의 연구는 더 넓은 정의를 받아들여야 함을 시사한다. 즉, **관찰학습**(observational learning)은 사건과 그 결과를 관찰함에 의한 학습을 의미한다. 이 정의에 따르면 두 유형의 관찰학습을 인정하게 되는데, 이를 사회적 관찰학습, 비사회적 관찰학습이라고 부르자.

사회적 관찰학습

관찰학습의 **사회적** 버전[**능동적 모델**(active model) 유형이라고도 부를 수 있겠다]은 아마도 우리가 관찰학습이라고 할 때 마음속에 떠오르는 그런 것을 가리킨다. 앞서 소개한 Thorndike의 실험들이 이 유형의 예이다. 여기엔 일반적으로 다른 개체(대개 관찰자와 동일한 종)의 행동에 대한 관찰과 그 모델의 행동의 결과가 관여한다. 이 경험은 다음과 같이 나타낼 수 있다.

$$O[M_B \rightarrow S^{+/-}]$$

이 식을 읽자면, 관찰자(O)가 모델의 행동(M_B)과 그것의 긍정적 또는 부정적 결과($S^{+/-}$)를 본다. 만약 모델의 행동의 결과가 그와 비슷한 방식으로 행동하려는 **관찰자**의 경향성을 증강시킨다면, 그 행동이 **대리 강화**(vicarious reinforcement)를 받았다고 말한다. 만약 모델의 행동의 결과가 그와 비슷한 방식으로 행동하려는 **관찰자**의 경향성을 약화시킨다면, 그 행동이 **대리 처벌**(vicarious punishment)을 받았다고 말한다. 모델의 행동을 강화하거나 처벌하는 결과들은 대개 관찰자의 행동에도 유사한 효과를 낸다. 가상의 예를 들어보자.

　당신이 어떤 실험에 참여하려고 자원했다고 하자. 당신은 옆방이 들여다보이는 창문 앞에 앉아 있다. 커다란 상자가 놓여 있는 탁자 앞에 한 여성이 앉아 있는 모습이 보인다(그림 10-1). 상자에는 "돈 상자. 돈을 갖고 도망가시오."라는 표시가 있다. 상자의 앞면에는 위와 아래의 레일 사이에 얇은 판으로 된 문이 붙어 있다. 이 여성이 그 문을 왼쪽으로 밀어서 여니 구멍이 하나 드러난다. 그 구멍 안쪽에는 선반 위에 봉투가 하나 놓여 있다. 여성이 봉투를 꺼내어 열어보니 20달러 지폐가

돈 상자 본문의 설명을 보라. (출처: Deborah Underwood의 그림)

여러 장 들어 있다. 그러고는 실험자가 그 방에 들어와서 참가해 주셔서 감사하다는 말을 하고 여성을 출입문까지 안내해 준다. 여성은 그 봉투를 꽉 움켜쥐고는 환하게 웃으며 방을 나간다. 이제 그 실험자가 당신이 있는 방으로 들어오고, 그다음엔 당신이 그 상자 앞에 앉아 있게 된다. 당신은 어떻게 하겠는가? (더 읽기 전에 이에 대해서 잠시 생각해 보라.)

아마도 당신은 문을 왼쪽으로 밀어서 열고 돈을 가져갈 것이다. 그럴 경우, 모델이 했던 것을 당신이 하는 경향성이 대리 강화를 받았다.

이 가상 실험에서처럼 사회적 관찰학습에 관한 연구는 문제해결을 다루는 경우가 많다. Carl Warden(Warden, Fjeld, & Koch, 1940; Warden & Jackson, 1935)은 어떤 동물은 다른 동물을 관찰함으로써 문제해결을 학습할 수 있음을 실험으로 보여 주었다. Warden은 두 개의 방으로 이루어진 특수한 실험환경을 만들고 각 방에서 동물들이 똑같은 문제를 해결할 수 있게 했다. 그는 관찰자 원숭이를 한 방에 넣고 문제 장치에 다가갈 수 없도록 활동을 제한했다. 그러고는 모델 역할을 하는 다른 원숭이를 다른 방에 넣었다. 이 모델은 어떻게 강화를 얻을지를 이미 학습했기 때문에 숙련된 수행을 보여 주었다.

한 실험(Warden & Jackson, 1935)에서 사용된 가장 단순한 문제는 체인을 당기면 문이 열려서 모델이 건포도를 꺼내어 먹을 수 있는 것이었다. 모델이 이 행위를 하는 것을 다섯 번 관찰한 후에 관찰자 원숭이는 자기가 있는 방에서 그 똑같은 문제를 풀 기회를 얻었다. 관찰자 원숭이가 그 문제를 60초 이내에 해결하지 못하면 실험자는 그 원숭이를 문제 장치로부터 떼어놓고 약 30초간 활동을 제한한 후 두 번째로 시도하게 했다. 그 결과는 관찰자들이 맨 첫 시도부터 올바른 반응을 할 때가 종종 있어서 모델을 관찰하는 것이 많이 도움이 되었음을 분명하게 보여 주었다. 사실상 관찰자가 수행한 해결의 거의 절반이 10초 이내에 나왔으며(거의 모델의 수행만큼 빠름), 약 75%가 30초 이내에 나왔다.

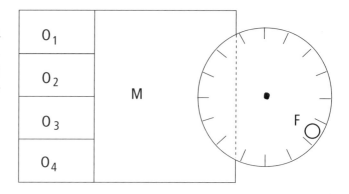

그림 10-2

Herbert와 Harsh가 사용한 기구를 위에서 본 모습으로서, 회전판 문제가 설치되어 있다. 관찰자들은 O_1, O_2, O_3, O_4 방에 앉아서 M 지점에 있는 모델이 F 지점에 있는 먹이를 획득해야 하는 문제를 풀려고 하는 것을 보았다. (출처: Herbert & Harsh, 1944)

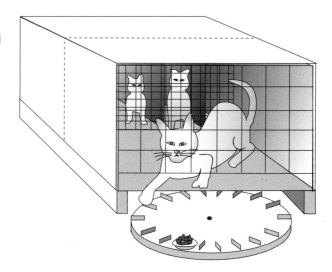

그림 10-3

회전판 문제를 풀려고 하는 Miss White란 이름의 고양이
(출처: Herbert & Harsh, 1944)

? 개념 점검 1

이 책에서는 두 유형의 관찰학습을 구분한다. 지금 살펴보고 있는 것은 어느 유형인가?

Marvin Herbert와 Charles Harsh(1944)는 고양이에게서 관찰학습을 연구했다. 이들은 모델 고양이가 다섯 개의 문제 중 하나를 해결하는 것을 한 번에 최대 네 마리까지의 고양이가 볼 수 있는 기구를 고안하였다(그림 10-2). 회전판 문제에서는 원형 판이 자전거 바퀴 축 상에서 회전했다(그림 10-3). 고양이가 원형 판에 박혀 있는 검은 쐐기들을 잡고서 돌리면 자신이 있는 장 안으로 먹이 접시가 들어오게 되어 있었다. 모든 문제에서 모델 역할을 하는 고양이는 관찰자 고양이들이 보고 있는 동안 30회의 학습 시행을 거쳤다. 관찰자 고양이 중 일부는 실제로 문제를 풀어 보기 전에 모델의 시행 30회를 모두 보았고, 다른 관찰자 고양이들은 마지막 15회의 시행만 보았다. 그 결과, 관찰자 고양이의 수행이 모델 고양이보다 더 우수했다. 게다가 관찰을 많이 했을수록 수행이 더 좋았다(그림 10-4). 예를 들어,

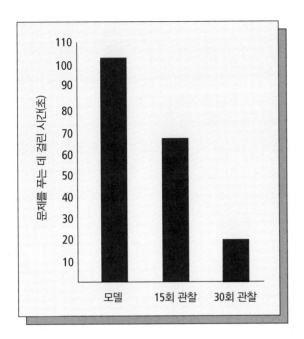

강화가 주어지는 것을 관찰한 횟수 모델과 관찰자들이 네 개의 문제를 첫 시행에서 해결하는 데 걸린 평균 시간. 관찰자들은 모델의 수행을 15회 또는 30회 관찰하였다. 네 마리의 관찰자가 실패한 문제 하나의 자료는 포함되지 않았다. (출처: Herbert & Harsh, 1944의 자료를 수정함)

회전판 문제에서 모델들은 첫 번째 시행에서 문제를 푸는 데 평균 62초가 걸렸다. 15회의 시행을 관찰한 고양이들은 평균 57초, 30회의 시행을 관찰한 고양이들은 평균 16초밖에 걸리지 않았다.

Lydia Hopper와 동료들(2008)은 앞서 이야기한 가상적인 돈 상자와 비슷한 도구를 사용한 연구를 했다. 이 연구에서는 침팬지가 포도 한 알이 상자 안으로 떨어지는 것을 보았고, 이어서 모델이 그 문을 오른쪽이나 왼쪽으로 밀어서 열어 상자의 구멍을 드러나게 하고서는 그 포도알을 꺼내어 먹는 장면을 지켜보았다. 이 관찰자 침팬지는 그런 장면을 58회 관찰한 후 그 상자 앞에 앉게 되었다. 모든 관찰자들은 문을 열어서 포도알을 꺼냈을 뿐 아니라 거의 항상 모델이 했던 것과 같은 방향으로 문을 밀었다. 통제집단은 포도알이 상자 안으로 떨어지는 것을 보았지만 모델이 문을 밀어 열고 포도알을 꺼내는 것은 보지 못했다. 이 집단에서는 문을 열고 포도알을 꺼낸 침팬지가 절반도 되지 않았다.

이 연구자들은 거의 똑같은 실험을 3~5세 아동들에게도 실시했다. 실험 절차는 아이들이 관찰한 횟수가 58회가 아니라 15회였으며 포도알이 아니라 스티커를 얻었다는 점만 달랐다. 침팬지와 마찬가지로 모든 아동이 모델이 했던 것과 같은 방향으로 문을 열고는 스티커를 꺼냈다. 그러나 이 문제는 아이들에게 쉬웠음이 분명해 보인다. 통제집단의 아동 8명 중 6명이 모델을 보지 않고도 문제를 풀었기 때문이다.

Doreen Thompson과 James Russell(2004)은 기이한 해결책이 필요한 문제에 대한 관찰학습을 연구했다. 한 경우에는 매트 위에 장난감이 있었는데 아동의 손이 장난감까지 닿지 못했다. 매트를 당기는 것이 그 장난감을 얻는 방법일 것 같지만, 그게 아니라 매트를 밀면 장난감이 더 가까이 왔다. 14~26개월 된 아이가 지켜보는 가운데 성인 모델이 이 해결책을 세 차례 보여 주었다. 이 시범을 관찰한 아이들은 자기 혼자서 그 문제를 해결하려 했던 아이들보다 장난감을 얻을 가능성이 세 배나 되었으며, 또한 문제해결 속도도 더 빨랐다.

관찰학습에 관한 모든 연구가 문제해결이나 기술의 수행에 대한 학습을 다룬 것은 아니다. 예를 들어, Ellen Levy와 동료들(1974)은 아동의 사진 선호도에 대한 모델 강화와 모델 처벌의 효과를 연구했다. 한 실험에서 취학 전 나이부터 6학년에까지 걸친 아동들이 모델이 일련의 사진 쌍들을 살펴보면서 각 쌍 중 어느 사진을 더 좋아하는지 가리키는 모습을 지켜보았다. 각각의 선택에 대해서 한 성인이 인정하거나 못마땅해하거나 중성적인 태도를 나타냈다. 그러고 나서 관찰자 아동들이 사진 쌍들을 보면서 자신이 더 좋아하는 것을 가리켰다. 그 결과, 모델의 선택의 결과가 아동의 행동에 영향을 주었다. 즉, 아이들은 모델에게 인정을 초래한 사진들을 선호하고 모델에게 비판을 초래한 사진들을 싫어하는 경향이 있었다.

유사한 영향이 어른에게서도 입증되었다. Frederick Kanfer와 Albert Marston(1963)은 대학생들을 실험실에 홀로 앉아서 마이크와 이어폰을 통해 실험자와 이야기하도록 했다. 실험자가 학생에게 신호를 줄 때마다 학생은 마음속에 떠오르는 첫 번째 단어를 말했다. 학생은 실험자의 신호를 기다리는 동안 다른 학생들이 자기 차례가 되어 말하는 반응인 것 같은 소리를 들을 수 있었다. 학생이 들었던 것은 사실상 미리 녹음된 테이프였다. 실험이 진행되면서 테이프에 녹음된 사람들은 인간을 가리키는 명사('소년', '여자', '영웅' 같은 단어들)를 점점 더 많이 말했다. 어떤 학생들은 테이프에 녹음된 사람이 인간 명사를 말할 때마다 실험자가 "좋습니다"

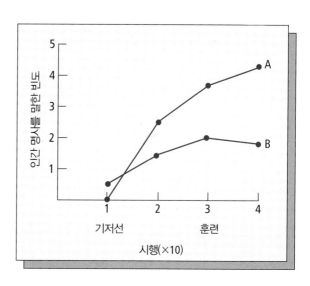

그림 10-5

모델이 수행한 언어행동의 강화 A 집단은 사람들이 인간 명사를 말하면 칭찬을 받는 소리를 들었고, B 집단은 그렇지 않았다. (출처: Frederick Kanfer and Albert Marston, 1963, "Human Reinforcement: Vicarious and Direct," *Journal of Experimental Psychology*, 65, p. 293, Figure 1을 수정함. 저작권 ⓒ 1963 by the American Psychological Association. 허가하에 실음)

라고 말하는 소리를 들었고, 다른 학생들의 경우에는 실험자가 아무 말도 하지 않았다. 어느 경우에도 관찰자인 학생이 인간 명사를 말하는 데 대해 직접 강화를 받은 적이 없었다. 이 두 집단의 학생들은 기저선 기간에 인간 명사를 말하는 경향이 동일했지만 인간 명사에 대해 좋다고 인정받는 소리를 들은 학생들은 그렇지 않은 학생들에 비해 인간 명사를 말하는 비율이 훨씬 더 증가했다(그림 10-5).

이런 연구 및 다른 연구들은 모델을 관찰하는 것이 어떻게 사람과 동물에게 영향을 주는지 잘 보여 준다. 모델이 있는 경우의 관찰학습 연구는 의사결정(Yoon et al., 2021), 글쓰기 기술(Grenner et al., 2020), 심지어 쇼핑 습관(Julianna et al., 2020)에까지도 미칠 만큼 광범위한 영향력이 있다. 하지만 모델이 없는 경우에도 우리는 관찰을 통해 많은 것을 배울 수 있다.

> 관찰학습에는 대개 시각이 관여하는 것으로 생각하지만, Kanfer와 Marston이 보여 주듯이 우리는 다른 감각들을 통해서도 관찰(하고 학습)할 수 있다.

비사회적 관찰학습

관찰학습의 **비사회적**(asocial) 버전은 모델이 없는 상태에서 관찰된 사건들로부터의 학습으로 이루어진다. 사람들이 모델 없이도 자기 주변에서 일어나는 일로부터 학습을 한다는 게 아마도 놀랄 일은 아니지만, 이런 형태의 학습이 관찰학습으로 간주되지는 않았다. 이러한 경험은 다음과 같이 나타낼 수 있다.

$$O[E \rightarrow S^{+/-}]$$

이 식을 읽자면, 관찰자(O)가 어떤 사건(E)과 그것의 긍정적 또는 부정적 결과($S^{+/-}$)를 본다. 모델이 없으므로 대리 강화나 대리 처벌이 있을 수 없지만, 어떤 사건의

대리 파블로프식 조건형성?

어떤 학습 연구자들은 대리 파블로프식 조건형성에 관한 이야기를 한다. 여기서는 모델이 파블로프식 조건형성을 거치는 것을 관찰자가 지켜본다. 예를 들어, 뱀에 대한 공포가 분명히 없어 보이는 원숭이가 다른 원숭이가 뱀을 보고 비명을 계속 지르는 모습을 관찰함으로써 뱀에 대한 공포를 습득할 수 있음을 보여 준 실험들이 있다(Cook & Mineka, 1990; Mineka and Cook, 1988; refer also to Olsson & Phelps, 2007도 보라). 이것은 대리 조건형성처럼 보이는데, 과연 그럴까?

문제는 관찰자가 다른 동물이 뱀에 대한 공포를 나타내는 것을 단순히 보고 있는 것만은 아니라는 사실이다. 관찰자 원숭이는 뱀의 모습과 원숭이의 비명 간의 짝짓기를 경험한다. 따라서 애초에는 중성 자극이었던 것(뱀)이 아마도 두려운 자극인 것(비명)과 짝지어진다. 이는 일반적인 파블로프식 조건형성처럼 보인다. 그렇다면 관찰자가 공포를 대리 조건형성을 통해서 습득할까 아니면 직접적 조건형성을 통해서 습득할까? 이 의문에 답하기는 힘들지만, 가장 간단한 답은 일반적인 고전적 조건형성을 통해서라는 것이다(Venn & Short, 1973을 보라).

결과가 관찰자의 행동에 영향을 준다는 점에 주목하라.

다시 한번, 당신이 어떤 실험에 참가하기로 자원했다고 하자. 이번에는 당신이 어떤 방에 앉아 있는데, 실험이 실시될 방이 창문을 통해 보인다. 그 방에는 탁자와 의자 외에는 아무것도 없다. 두 사람이 커다란 상자를 들고 방으로 들어오는데, 그 상자에는 "돈 상자. 돈을 갖고 도망가시오."라는 표시가 있다. 상자의 앞면에는 위와 아래의 레일 사이에 얇은 판으로 된 문이 붙어 있다. 두 사람 중 한 사람은 다른 사람보다 훨씬 더 키가 커서 그들이 상자를 들고 들어올 때 문이 키가 작은 사람 쪽인 왼쪽으로 미끄러져 열리면서 구멍이 드러난다. 그 구멍 안쪽에는 선반 위에 두꺼운 봉투가 놓여 있다. 상자를 탁자에 내려놓을 때 문이 오른쪽으로 미끄러져서 구멍을 가린다. 그다음에 실험자가 당신을 그 방으로 안내해 주고는 상자를 마주하고 탁자에 앉으라고 한다. 그는 당신에게 "문제를 해결할 시간은 1분입니다."라고 말하고는 방을 나간다. 당신은 어떻게 하겠는가?

당신은 '돈을 갖고 도망가'지는 않을지 몰라도 십중팔구 문을 왼쪽으로 열어서 봉투를 꺼낼 것이다. **비록 그런 행동을 하는 모델을 보지는 못했지만 말이다.** 이 예가 보여 주는 것처럼 우리는 모델이 없어도 사건을 관찰함으로써 많은 것을 배울 수 있다. 앞서 살펴본 Hopper 등(2008)의 밀어서 여는 문 연구가 이를 보여 주는 증거를 내놓는다. 이 연구에서 침팬지들은 모델이 문을 밀어 열고는 원하는 것을 꺼내는 장면을 본 후에 자신이 그 문제를 제시받았다. 그런데 그 연구에 다른 실험집단들도 있었다는 사실은 앞서 이야기하지 않았다. 한 실험집단에서는 관찰할 모델이 없었다. Hopper는 문에다가 낚싯줄을 보이지 않도록 연결하여 관찰자 침팬지가 지켜보는 가운데 문을 왼쪽이나 오른쪽으로 당겼다. 따라서 문이 열려서 상자의 구멍이 드러나긴 했지만, 이는 모델의 행위 때문이 아니었다. 연구자들은 이를 흔히 **유령 조건**(ghost condition)이라 부르는데, 왜냐하면 관찰자에게는 그런 움직임을 일으킨 자가 아무도 없는 것처럼 보이기 때문이다(Heyes, 1996). 유령 조건에 속한 침팬지 8마리 모두가 이 문제를 해결한 반면, 문이 움직이는 것을 보지 못한 침팬지는 8마리 중 겨우 3마리만 이 문제를 해결했다.

앞서 언급한 Thompson과 Russell(2004)의 연구에도 유령 조건이 있었다. 이 경우 실험자들은 숨겨진 도르래 장치를 가지고 매트를 움직였다. 따라서 아이들은 매트와 장난감이 움직이는 것을 보았지만 그 움직임을 일으키는 사람은 아무도 보지 못했다. 이 아이들(14~26개월 된 유아임을 상기하라)은 모델이 보여 주지 않았음에도 불구하고 매트를 필요한 방향으로 움직여서 장난감을 가져올 수 있었다. 사실상 매트가 '저절로' 움직이는 것을 본 아이들이 모델이 매트를 움직이는 것을 본 아이들보다 **더 잘했다**(또한 Huang & Charman, 2005도 보라)(그림 10-6). 이 문제를 해결하는 데 걸린 시간 또한 비사회적 관찰이 적어도 모델을 관찰하는 경우만큼 효

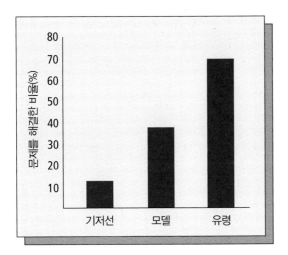

그림 10-6

모델 대 유령 움직이는 매트 문제의 해결책에 대한 정보를 전혀 모를 때(기저선), 시범을 본 후(모델)에, 또는 매트가 저절로 움직이는 것을 본 후(유령)에 그 문제를 해결한 아동의 비율. (출처: Thompson & Russell, 2004를 편집함. 일러스트레이터의 그림)

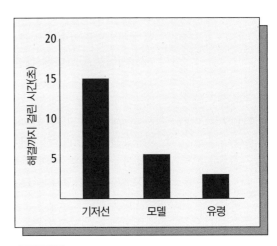

그림 10-7

해결에 걸린 시간 움직이는 매트 문제를 해결하기까지 걸린 평균 시간(초). 모델 조건과 유령 조건 사이의 차이가 통계적으로 유의미하지는 않았지만, 유령 조건의 아이들이 더 못하지 않았음은 분명하다. (출처: Thompson & Russell, 2004를 편집함. 일러스트레이터의 그림)

과적이었음을 시사한다(그림 10-7).

? 개념 점검 2

이 책에서는 두 유형의 관찰학습을 구분한다. 지금 살펴보고 있는 것은 어느 유형인가?

비사회적 관찰학습(asocial observational learning)에 관한 이러한 연구는 다음의 의문을 제기한다. 즉, 사회적 학습이 실제로 얼마만큼 사회적일까(Heyes, 2012)? Michael Tomasello(1998)는 다음과 같이 쓰고 있다. "침팬지 어미가 나무둥치를 들쳐서 그 아래 있는 개미들을 잡아먹으면 새끼 침팬지도 당연히 그것을 따라 할 것이다. ...... (그러나) 어미가 아니라 바람이 나무둥치를 굴려서 개미들이 드러나게 했더라도 새끼 침팬지는 똑같은 행동을 배웠을 것이다"(Whiten et al., 2009, p. 2422에 인용됨). 여기서 살펴본 연구들은 이런 주장이 지나친 것이며, 모델이 있을 때와 없을 때 동물이 학습하는 것에는 차이가 실제로 있음을 시사한다. 그렇지만 우리는 모델을 관찰하는 데서 생겨나는 학습의 얼마만큼이 모델의 행위에 기인한 것이고 얼마만큼이 물리적 사건의 관찰에 기인한 것인지 궁금해질 수밖에 없다. 예를 들어, Herbert와 Harsh의 연구(그림 10-4)에서 관찰자 고양이의 학습이 모델이 회전판을 돌리는 장면을 보는 데서 대부분 생겨났을까 아니면 회전판이 돌면서 먹이가 모델에게 가까이 오는 것을 보는 데서 대부분 생겨났을까? 이 물음은 상당한 관심을, 특히 영장류 동물학자들로부터, 끌었지만(개관 논문으로는 Hopper, 2010 을 보라) 아직 미해결 상태이다. 사회적 및 비사회적 관찰학습 간의 또 다른 차이는 에뮬레이션과 모방에 관련된다.

10.2 요약	관찰학습은 대개 모델을 관찰하는 데서 배우는 것으로 정의된다. 이 책에서는 관찰학습을 환경 사건과 그 결과를 관찰하는 데서 배우는 것으로 정의한다. 두 유형의 관찰학습, 즉 사회적 및 비사회적 관찰학습을 구분할 수 있다. 사회적 유형은 모델이 관여하는 반면, 비사회적 유형은 그렇지 않다. 사람과 일부 동물은 이 두 종류의 관찰 모두로부터 학습할 수 있다.

10.3 에뮬레이션과 모방

학습목표

모방과 에뮬레이션을 이야기하려면
3.1 모방과 에뮬레이션의 차이를 설명한다.
3.2 인간에게서 모방의 예를 세 가지 든다.
3.3 인간이 다른 유인원보다 더 과잉모방을 하는 이유에 대한 네 가지 설명을 파악한다.
3.4 모방 일반화를 설명한다.

모방의 정의에 대해서는 논의와 이견이 많다. 전통적으로, 모방을 한다는 것은 모델의 행동을 닮은 방식으로 행동하는 것을 뜻한다. 우리는 사람과 일부 동물이 모델이 없는 조건에서 관찰한 사건을 재현한다는 것을 이미 보았다. 예를 들어, 매트가 자기에게서 멀어지는 방향으로 움직일 때 장난감이 더 가까이 오는 것을 본 아이는 그런 행위를 하는 모델을 보지 못했음에도 불구하고 매트를 먼 쪽으로 민다. 이는 '모방하기'를 '모델이 있든 없든 상관없이, 관찰한 행위를 수행하기'로 정의할 수도 있음을 시사한다.

그러나 심리학자들이 **모방**(imitation)이란 용어를 쓸 때는 매우 특정한 어떤 것을 의미한다. 모방이란 모델의 행동을 정확히 복사하는 것이다. 당신이 동물원에 갔다가 '과학 탐험 지역'이라는 전시를 우연히 마주친다고 하자. 다른 방문객이 어떤 문제상자(Whiten et al., 2016)(그림 10-8)에 다가가는 모습이 보인다. 그 상자 옆에는 자석 촉이 달린 막대가 놓여 있다. 당신은 방문객이 그 막대로 상자 윗면의 빗장을 미는 모습을 지켜본다. 빗장을 밀고 나니 상자 윗면에 구멍이 나타나고, 방문객은 막대를 구멍 속에 여러 차례 집어넣는다. 아무 일도 안 일어나자 그는 상자의 앞면

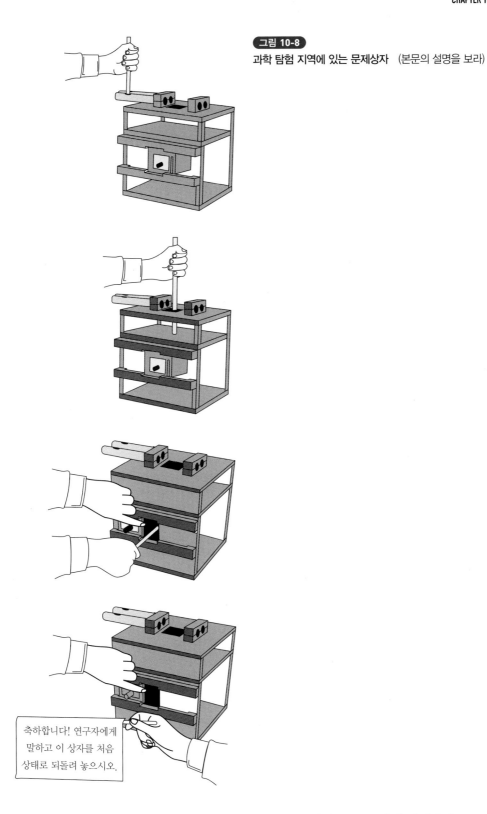

그림 10-8
과학 탐험 지역에 있는 문제상자 (본문의 설명을 보라)

축하합니다! 연구자에게
말하고 이 상자를 처음
상태로 되돌려 놓으시오.

에 있는 문을 연다. 또 다른 구멍이 나타나고 방문객이 막대를 그 구멍에 넣었다가
빼자 막대 끝에는 자석이 붙여진 종이가 딸려 나온다. 그 종이에는 "축하합니다!

연구자에게 말하고 이 상자를 처음 상태로 되돌려 놓으시오."라고 쓰여 있다. 방문객은 지시대로 상자를 원상복구하고서는 연구자를 찾으러 가버린다. 이제 당신 차례이다. 어떻게 하겠는가?

당신이 그 문제상자로 다가가서 모델(즉, 방문객)이 했던 것과 똑같은 네 단계(막대로 빗장을 밀기, 그러자 나타난 구멍 속으로 막대를 집어넣기, 앞면의 문을 열기, 그러자 나타난 구멍 속으로 막대를 집어넣기)를 거치는 행동을 한다면, 당신은 모방을 하고 있다. 즉 모델의 행동을 정확히 따라 하고 있다. 그러나 당신이 '왜 윗면의 빗장을 밀고서 막대를 집어넣어야 하지? 결국 결정적인 건 앞면의 문이었잖아.'라고 생각하면서 첫 두 단계를 건너뛰고 앞면의 문을 연다면 당신은 에뮬레이션을 하고 있다. **에뮬레이션**(emulation)이란 모델이 하는 대로 정확히 따라 하지 않고서도 똑같은 목표(여기서는, 보상을 꺼내기)를 달성하는 것을 가리킨다. 모방과 사회적 학습의 다른 형태 간의 구분은 미묘하다. 사실상 너무나 미묘해서 심리학자 Tom Zentall은 사회적 학습 중에서 다른 모든 형태의 학습을 배제하고 남는 유형이 모방이라고 농담처럼 말했다.

어쩌면 에뮬레이션과 모방 간의 차이를 알 수 있는 최선의 방법은 관찰자가 모델의 **행동**을 따라 하는지(모방), 아니면 모델의 **목적**을 따라 하는지(에뮬레이션)를 묻는 것이다. 다른 예를 보자. 당신이 메이저리그 야구 경기를 보러 가서 투수의 동작을 지켜본다. 투수는 마운드에 오르더니 발을 이리저리 움직이고는 모자를 건드리고 껌을 입에 넣는다. 그러고는 공을 던지기 시작해서 상대팀의 타자 세 명을 연속으로 삼진아웃시킨다. 며칠이 지나고서 이제는 당신이 실내 소프트볼 게임에서 공을 던지게 된다. 만약 당신이 마운드에 올라 다리를 이리저리 움직이고 모자를 건드리고 껌을 입에 넣고 나서 공을 던진다면, 당신은 모방을 한 것이다. 하지만 당신이 마운드에 올라 발을 구르고는 관중석의 친구들에게 손을 흔들고 물을 좀 마시고 난 후에 공을 던진다면, 당신은 에뮬레이션을 한 것이다. 즉 당신은 공을 던진다는 똑같은 목표를 달성했지만, 그렇게 한 특정한 방식이 그 프로팀 투수의 방식과 똑같은 것은 아니었다.

이미 보았듯이 관찰자가 모방하는 모델링된 행동(modeled behavior)은 그 모델에게 강화적인 결과를 가져온 것일 때가 많다. 위의 동물원에서 본 모델은 보상을 얻었고, 프로야구선수는 일 년에 몇백만 달러를 벌며 수많은 팬을 거느린다. 그러나 앞의 예에서처럼 강화적 결과를 산출하는 데 거의 또는 전혀 역할을 하지 않는 행위(상자 앞면의 문을 열기 전이나 공을 던지기 전의 단계들)를 관찰자가 모방할 때도 있다.

사람은 강화를 초래하는 데 아무 역할도 하지 않는 것이 분명한 행동조차도 관찰 후 모방하는 경향이 있다. 사실상 우리는 모델의 행동을 상세한 부분까지 아주

가상적인 돈 상자의 예에서 당신은 모델이 했던 것처럼 문을 왼쪽으로 밀어서 열 수도 있었고 오른쪽으로 밀어서 열 수도 있었다. 당신은 어느 쪽으로 열었는가?

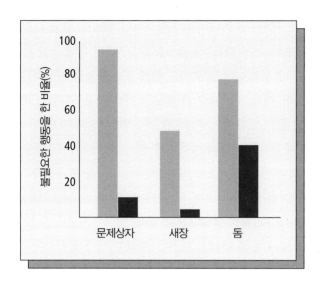

그림 10-9
과잉모방 모델이 불필요한 행동을 하는 것을 관찰한 아이들(밝은색 막대)은 모델을 보지 못한 아이들(어두운색 막대)보다 그런 행동을 훨씬 더 많이 했다. 모델을 관찰한 아동들은 무관한 행동을 모방하지 말라는 지시에도 불구하고 모방했다. (출처: Lyons, Young, and Keil, 2007, Figure 2, p. 1975, *Proceedings of the National Academy of Sciences*, 2007, 104 (50), 19751-19756, Figure 2, p.19753.)

강박적으로 모방하는 것 같다. 앞서 이야기한 문제상자를 만나면 어른과 아이 모두 네 단계 전부를 따라 한다. 실제로 관련된 것은 마지막 두 단계뿐인데도 말이다 (Whiten et al., 2016). Derek Lyons, Andrew Young과 Frank Keil(2007)도 역시 일련의 실험에서 이를 보여 주었다. 한 실험에서 그들은 3~5세 아동들에게 문제의 해결책과는 무관한 행위를 식별하는 훈련을 시켰다. 예를 들면, 아이들에게 장난감 공룡이 들어 있는 단지를 보여 주고는, 그 단지를 깃털로 두드리고 나서 뚜껑을 돌려 열고 장난감 공룡을 꺼냈다. 그러고는 아이에게 어떤 행동이 장난감 공룡을 꺼내는 데 필요했고 어떤 행동이 쓸데없는 것이었는지 물어보았다. 아이가 정답을 말하면 실험자는 아이를 대단히 칭찬해 주었고, 오답을 말하면 정답을 말해 주었다. 훈련 후에 실험자는 장난감 거북이가 들어 있는 새로운 종류의 용기를 보여 주고는 그 장난감을 어떻게 꺼낼지 시범을 보여 주었다. 이 시범에는 불필요한 단계들이 포함되어 있었다. 연구자들은 아이가 그 단계들을 모방할 것인지를 알고자 했다. 실험자가 있는 상태에서는 아이가 실험자의 불필요한 행위들을 모방하려는 압력을 좀 느낄지도 모르기 때문에, 실험자는 자신이 밖에 나가봐야 한다고 말했다. 하지만 나가기 전에 아이에게 "어떤 방식으로든 원하는 대로" 장난감 거북이를 꺼내라고 말해 주었다. 무관한 행동의 모방을 감소시키려는 이러한 노력에도 불구하고 아이들은 그런 행동을 모방했다. 모델의 행동을 보지 않고서 장난감을 꺼내는 과제에 착수한 아이들은 성공적으로 수행했고 불필요한 행동을 거의 하지 않았다 (그림 10-9).

다른 실험에서는 불필요한 행동을 찾아내는 훈련을 시킨 후에 아이들에게 그런 무관한 행위를 하지 **말도록** 명백하게 이야기했다. 즉, 새로운 문제에 대한 해결책을 보여 주기 직전에 실험자는 다음과 같이 말했다. "아주 열심히 잘 봐야 해요.

왜냐하면, 이 [문제상자를] 열 때 내가 황당하고 쓸데없는 어떤 행동을 할지도 모르기 때문이에요. 깃털로 두드리는 행동 같은 것 말이죠." 그러고는 불필요한 행동이 포함된 해결책을 보여 준 뒤 실험자는 "황당하고 쓸데없는 행동은 아무것도 하지 말아야 한다는 걸 명심해야 해요. 알았죠? 꼭 **필요한** 것만 하는 거예요."라고 말했다. 아이들이 꼭 필요한 행동만 하게(다시 말하면, 에뮬레이션을 하게) 만들려는 이러한 노력에도 불구하고 대다수 아이들이 실험자가 했던 쓸데없는 행동들을 수행했다. 연구자들은 명백하게 무관한 행동을 모방하려는 이러한 경향성에 **과잉모방**(over-imitation)이라는 이름을 붙였다(또한 다음 논문들도 보라. Hoehl et al., 2019; Nielsen & Blank, 2011; Nielsen & Tomaselli, 2010; Whiten et al., 2009).

과잉모방을 미성숙함의 결과로 치부해 버리기 쉽지만 사실상 인간에게서는 과잉모방의 경향성이 나이가 들면서 증가하는 것으로 보인다. Claudio Tennie, Josep Call과 Michael Tomasello(2006)는 아이들에게 모델이 스윙도어를 열어서 상자 안에 있는 장난감을 꺼내는 장면을 보여 주었다. 이 스윙도어는 밀어서도, 당겨서도 열 수 있는 것이었다. 어떤 아이들은 모델이 문을 밀어서 여는 모습을, 다른 아이들은 모델이 문을 당겨서 여는 모습을 보았다. 모델을 따라 한 아이의 비율은 12개월부터 24개월까지 연령이 증가함에 따라 꾸준히 증가했다. Nicola McGuigan과 동료들(2007; McGuigan & Graham, 2010)은 5세 아동이 3세 아동보다 과잉모방을 더 많이 한다는 것을 발견했다. McGuigan(2012)은 과잉모방이 성인기까지 꾸준히 증가한다고 말한다.

? 개념 점검 3

과잉모방이란 무엇인가?

인간의 과잉모방 경향성은 수수께끼 같은 일이다. 다른 영장류는 무관한 행동을 따라 하는 경향성이 인간보다 더 적다(예: Tennie, Call, & Tomasello, 2006). 예를 들면, 문제해결 과제를 주면 보노보(침팬지와 가까운 친척인 유인원)는 먹이를 얻는 데 무관한 단계는 빼고 필요한 단계만 수행한다(Clay & Tennie, 2017). 우리는 스스로 지구상의 가장 영리한 유인원이라고 생각한다. 만약 그렇다면 왜 침팬지, 보노보, 고릴라, 오랑우탄이 우리보다 더 현명하게 행동을 모방하는 것일까? 어쩌면 우리의 과잉모방은 행동 측면에서 맹장과 같은 진화적 우연일 수 있다.

또는, 어쩌면 모방하려는 경향성이 진정한 관찰학습 능력 이전에 진화했을 수 있다. Thorndike(1911)는 양들이 한 마리씩 배에 오르는 광경을 관찰자들이 지켜본 일에 관해 이야기한다. 어느 한 지점에서 양들은 중간에 있는 장애물을 뛰어넘어야 했다. 누군가가 그 장애물을 치워 버렸는데, 그래도 그다음 양 몇 마리는 자기 앞의 양들이 장애물을 뛰어넘는 것을 보았기 때문에 그 지점에서 역시 뛰어넘기를 했다. 뛰어넘을 장애물이 없었는데도 말이다. 우리 인간은 대개 그보다는 영리하지만, 우리도 때때로 다른 사람들을 따라 한다. 그들의 행동이 아무리 어리석어 보일지라도 말이다.

그러나 어떤 연구자들은 과잉모방이 가져오는 이득이 있다고 주장한다. Andrew Whiten과 동료들(2009)은 과잉모방을 함으로써 우리는 성공을 보장받는다고 말한다. 만약 불필요한 행동이 우리의 수행에 포함된다면 나중에 그것을 편집해서 들어내 버리면 된다는 것이다. Mark Nielsen과 동료들(2012)은 한 걸음 더 나아가, 과잉모방이 진화해 나온 이유가 새로운 관행이 사회 전체에 퍼져나가는 것을 촉진해서 그 사회가 생존할 가능성을 높여 주기 때문이라고 주장한다. 사실 Michael Tomasello(2014)는 인간은 '극(極)사회적(ultra-social) 동물'이기 때문에 다른 종보다 그런 행동을 더 많이 보인다고 말한다.

다른 이들은 우리가 과잉모방하는 경향성을 학습한다고 이야기한다. Cecilia Heyes(2012)는 유아기부터 사람들은 타인을 모방하는 데 대해 보상을 받는다고 주장한다. 이를 지지하는 증거가 있다. 한 고전적인 연구에서 Donald Baer와 J. Sherman(1964)은 인형을 이용하여 어린 아동의 모방 행동에 대한 사회적 강화물을 제공했다. 인형은 입 실룩거리기, 고개 끄덕이기, 헛소리하기, 레버 누르기의 네 가지 행동을 하였다. 아이가 첫 세 가지 행동 중 어느 하나라도 모방할 때마다 인형이 인정하는 말을 하여 강화를 주었다. 그러자 이 행동들을 모방하는 경향이 증가함에 따라 레버 누르기를 모방하는 경향도 역시 증가한다는 사실이 밝혀졌다. 레버 누르기는 강화를 전혀 가져오지 않았는데도 말이다. 연구자들이 입 실룩거리기, 고개 끄덕이기, 헛소리하기에 대한 모방을 강화하기를 중지하자 그런 행동의 빈도가 감소했고, 레버 누르기의 빈도도 역시 감소하였다. 처음 세 가지 행동에 대한 모방이 다시금 칭찬을 받도록 하니까 그런 행동의 빈도가 증가했다. 그리고 레버 누르기도 역시 증가하였다. Baer와 Sherman은 **특정** 행위의 모방만이 아니라 모방하려는 일반적인 **경향성**도 강화할 수 있다고 결론 내렸다. 그리고 이런 경향성을 **모방 일반화**(generalized imitation)라고 불렀다.

많은 연구가 Baer와 Sherman의 발견을 재현하였다(Bololoi & Rizeanu, 2018; Baer & Deguchi, 1985; Baer, Peterson, & Sherman, 1967). 예를 들어, Ivar Lovaas와 동료들(1966)은 조현병이 있는 두 아동에게서 모방 일반화를 형성시켰다. 연구자들은 이 아동들이 영어 단어들을 정확히 모방하는 것을 강화했는데, 수행이 향상됨에 따라 노르웨이어 단어들을 정확히 모방하기도 역시 증가했다. 연구자들이 노르웨이어 단어들의 모방을 강화한 적은 전혀 없는데도 말이다.

모방 일반화란 무엇인가?

어떤 연구는 모델을 모방하려는 이 일반적 경향성이 인간의 경우 유아기에 벌써 일어난다고 말한다(Meltzoff & Marshall, 2018; Poulson et al., 1991, 2002). 다른 연구는 그것이 2세 미만의 아동에게서는 거의 일어나지 않는다고 말한다(Erjavec, Lovett, & Horne, 2009; Horne & Erjavec, 2007). 그런데 타인을 모방하려는 일반적 경향성은 적어도 부분적으로는 학습 경험의 산물로 생겨나는 것 같다(Steinman, 1970). 강화를 얻는 데 불필요한 행동(단지에 든 장난감을 꺼내기 위해 깃털로 단지를 두드리는 것 같은)을 모방하는 경향성도 역시 학습되는 것으로 보인다.

10.3
요약

인간은 관찰한 행동(모델이 수행한)을 정확히 모방하려는 강한 경향성을 나타낸다. 인간 이외의 동물은 그러기보다는 에뮬레이션을 한다. 즉, 모델의 행동을 정확히 따라 하는 게 아니라 그 목표를 따라 한다. 어떤 이들은 과잉모방이 진화를 통해 생겨난 특성이라고 생각하지만, 다른 이들은 우리가 그것을 학습한다고 생각한다. 모방 일반화란 모델이 수행한 행동이 강화를 받지 못하는 경우에도 그 행동을 모방하려는 학습된 경향성을 가리킨다. 따라서 과잉모방에서 나타나는 무관한 행위의 모방을 모방 일반화가 설명할지도 모른다.

10.4 관찰학습에 영향을 미치는 변인

학습목표 --

관찰학습에 영향을 미치는 변인 여섯 가지를 이야기하려면

4.1 과제의 난이도가 관찰학습에 어떤 영향을 미치는지 파악한다.

4.2 모델의 기술 수준이 관찰학습에 어떻게 영향을 주는지 보여 주는 예를 하나 든다.

4.3 모델의 특성이 관찰학습에 어떤 영향을 미치는지 보여 주는 예를 다섯 가지 든다.

4.4 관찰학습에 영향을 주는 관찰자의 특성 다섯 가지를 이야기한다.

4.5 관찰된 행동의 결과가 관찰학습에서 하는 역할을 이야기한다.

4.6 관찰자의 행동의 결과가 관찰을 통해 학습하는 경향성에 어떤 영향을 주는지 이야기한다.

조작적 학습에 중요한 변인들이 관찰학습에도 비슷한 방식으로 영향을 미치는 것으로 보이는데, 몇몇 차이점과 복잡한 사항이 더 있다. 우리는 사회적 및 비사회적 유형의 두 가지 관찰학습을 살펴보았지만, 대부분의 연구는 모델이 수행한 행

동의 관찰에 영향을 주는 변인을 다루고 있기 때문에 우리는 거기에 초점을 맞출 것이다.

과제 난이도

과제가 어려울수록 관찰하는 동안 학습이 더 적게 일어나기 마련임은 당연하다 (Hirakawa & Nakazawa, 1977; Richman & Gholson, 1978). 그러나 모델이 어려운 과제를 수행하는 장면을 관찰하는 것은 성공 가능성을 높여 준다. 아이가 장난감을 얻기 위해서는 매트를 자기에게서 더 먼 쪽으로 밀어야 했던 Thompson과 Russell(2004) 의 연구에서는 더 복잡한 두 번째 문제가 있었다. 여기서는 두 개의 매트가 있었 고 그중 하나에 장난감이 놓여 있었다. 그 장난감을 얻기 위해서는 아이가 장난감 이 놓여 있지 않은 매트를 잡아당겨야 했다. 어떤 아이들은 모델이 그런 시범을 하 는 것을 보았고, 다른 아이들은 매트와 장난감이 저절로 움직이는 것을 보았다. 앞 서 매트가 하나 있었던 연구에서는 모델의 존재가 매트와 장난감이 움직이는 것을 보는 것보다 사실상 학습을 더 적게 일으켰다. 더 복잡한 두 개의 매트 연구에서는 모델을 관찰하는 것이 더 좋은 결과를 가져왔다. 모델을 지켜본 관찰자들은 두 개 의 매트 문제에서도 하나의 매트 문제에서와 똑같이 잘했지만, 매트가 저절로 움 직이는 것을 본 아이들은 아무것도 보지 못한 아이들보다 더 잘하지 않았다(그림 10-10). 따라서 이 자료는 과제가 쉬울 때보다 어려울 때 모델을 관찰하는 것이 도 움이 될 것임을 보여 준다(Hopper, 2010; Hopper et al., 2008; Whiten et al., 2009).

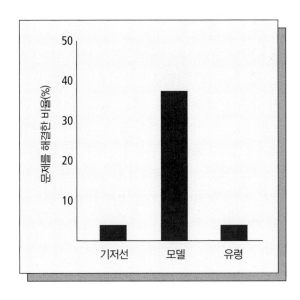

그림 10-10
문제의 난이도와 모델 대 유령 각 집단에서 어려운 두 개의 매트 문제를 해결한 아이들의 비율. (출처: Thompson & Russell, 2004를 편집함. 일러스트레이터의 그림)

숙련된 모델 대 미숙한 모델

어떤 기술이나 문제 해결책을 보여 주는 모델은 두 범주, 즉 숙련된 모델(skilled model)과, **학습 중인 모델**(learning model)이라고도 하는 미숙한 모델(unskilled model) 중 하나에 속하기 쉽다. 숙련된 모델은 과제를 수행하는 적절한 방법을 보여 준다. 예를 들어, 농구에서 자유투 던지기를 배우려면 프로농구선수가 슛하는 모습을 담은 비디오를 볼 수도 있다. 모델이 공을 여러 차례 던지는데, 그 공은 모든 농구선수가 듣고 싶어 하는 '촥' 하는 강화적인 소리를 내면서 그물을 통과해 떨어진다. 이러한 전문가 모델링에서는 관찰자가 강화를 받으려면 바로 무엇을 해야 하는지를 배운다. 미숙한 모델은 초심자로서, 관찰자는 미숙한 모델이 과제를 수행하기를 배우는 모습을 본다. 농구를 한 번도 해 보지 않은 사람이 자유투 던지기를 거듭해서 시도할 수 있다. 어떤 슛은 들어가지만 많은 슛이 들어가지 않는다. 이러한 비전문가 모델링에서는 관찰자가 어떤 것이 효과가 있고 어떤 것이 효과가 없는지를 보게 되고 그러면서 모델의 성공뿐 아니라 실패로부터도 배울 수 있다.

❓ 개념 점검 5

미숙한 모델을 가리키는 또 다른 용어는 무엇인가?

　숙련된 모델과 미숙한 모델을 관찰하는 것 중 어느 쪽이 더 학습을 효과적으로 촉진할까? 이 물음에 명확한 답이 있는지는 확실치 않다. 어떤 연구자들은 숙련된 모델로 한 학습이 더 좋다는 결과를 얻었고(Landers & Landers, 1973; Lirgg & Feltz, 1991; Weir & Leavitt, 1990), 다른 연구자들은 학습 중인 모델을 지켜본 관찰자들도 똑같이 잘한다는 것을 발견했다(Lee & White, 1990; McCullagh & Meyer, 1997; Pollock & Lee, 1992)(그림 10-11). 모델의 기술 수준이 중요한 역할을 하기 마련이겠지만 연구자들은 특정 상황에서 어느 것이 더 효과가 있을지를 결정하는 요인들을 아직 밝혀내지 못했다(Kawasaki, Aramaki, & Tozawa, 2015를 보라). 예를 들어, 모델을 관찰한 횟수가 그 모델의 기술 수준과 상호작용할지도 모른다. 만약 당신이 심장 우회 수술법을 배우려 한다면, 레지던트인 의사가 30구의 시체에다가 연습하는 장면을 보는 것이 아주 유용할 수 있을 것이다. 하지만 수술 시범을 볼 기회가 몇 번밖에 없다면, 아마도 숙련된 심장외과의를 관찰함으로써 더 많은 것을 얻을 것이다.

모델의 특성

인간 관찰자는 모델이 매력적이고 호감이 가며 유명한 사람일 때, 모델이 이런 특

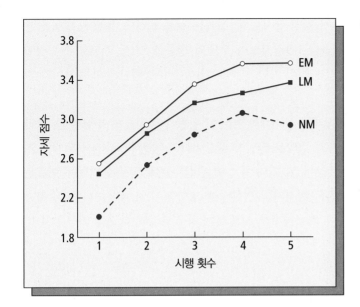

전문가 모델 대 학습 중인 모델 대학생들이 전문가 모델(EM) 또는 학습 중인 모델(LM)이 스쿼트 리프트(물건을 드는 운동의 하나)를 수행하는 모습을 보거나 모델을 보지 않고(NM) 연습하였다. 모델을 보는 것이 도움이 되었는데, 하지만 그 모델의 기술 수준은 차이를 거의 야기하지 않았다. (출처: McCullagh & Meyer, 1997의 자료를 수정함)

성을 갖추지 않았을 때보다 더 많이 배우는 경향이 있음을 많은 연구가 보여 주었다. Berger(1971)의 연구가 한 예인데, 이 연구에서는 대학생들이 표면적으로는 초감각 지각(extrasensory perception: ESP)에 관한 연구로 보이는 것에 참여했다. 실험자는 관찰자들에게 모델을 동료 피험자라고 소개하거나 실험 조교라고 소개하였다. 나중에 보니, 동료 피험자를 관찰하고 있다고 생각했던 사람들이 실험 조교를 관찰하고 있다고 생각했던 사람들보다 학습을 더 적게 하였다. 두 경우에 모델은 사실상 동일 인물이었고 동일한 방식으로 행동했으므로, 관찰자의 행동의 차이는 모델의 지위로 인한 것임이 분명해 보인다. 이런 종류의 연구들은 지위, 매력, 능력 같은 모델의 특성이 관찰자가 무엇을 학습하는지에 도대체 왜 영향을 미치는가라는 흥미로운 물음을 제기한다.

Judith Fisher와 Mary Harris(1976)의 연구는 그럴듯한 답을 제공한다. Fisher와 Harris는 쇼핑센터 또는 대학 캠퍼스에서 사람들에게 다가가서 어떤 물건들의 가격을 추측해 달라고 요청하였다. 실험자가 동시에 두 명의 피험자에게 다가가는 것처럼 보였지만, 실제로는 그중 한 사람은 실험 동조자로서 모델 역할을 하였다. 한 실험에서는 모델이 때때로 눈에 안대를 하고 있었다. 그리고 모델이 먼저 물건 값을 추측하고 그다음에 관찰자가 추측하였다. 나중에 관찰자들이 모델이 했던 대답을 기억해 내려고 했을 때 일반적으로 더 정확하게 기억한 사람들은 안대를 한 모델을 본 이들이었다.

두 번째 실험에서는 모델의 기분을 조작하였다. 한 조건에서는 실험자가 질문을 하면 모델이 미소를 짓고 고개를 끄덕였고, 다른 조건에서는 모델이 얼굴을 찡그리고 고개를 저었다. 세 번째 조건에서는 모델이 중립적으로 행동하였다. 이 실험은 다른 면에서는 위의 실험과 유사했다. 결과는 감정 표현이 더 많은 모델을 본 관찰자가 무표정한 모델을 본 관찰자보다 모델의 행동을 더 잘 기억했다는 것이다. 모델의 기분은 중립적인 것이 아닌 한, 긍정적이든 부정적이든 아무 차이가 없었다.

Fisher와 Harris는 모델의 특성(안대와 기분)이 관찰자의 학습에 영향을 준 까닭은 그런 특성들이 관찰자의 주의를 끌었기 때문이라고 말한다. 따라서 모델의 지위, 호감도, 나이, 성별, 능력 및 기타 특성이 관찰학습에 영향을 미치는 이유는 그런 것들이 모델을 보려는 관찰자의 경향성에 영향을 주기 때문이다. 관찰자가 모델에게 주의를 더 많이 기울일수록 모델의 행동으로부터 학습할 가능성이 더 크다.

? 개념 점검 6
모델의 특성이 중요한 이유가 무엇인가?

모델의 특성은 또한 모방하려는 경향성에도 강한 영향을 미친다. 매력적이거나 힘이 있거나 매우 인기 높은 모델은 그렇지 않은 모델보다 모방을 훨씬 더 많이 촉발한다. 사람들은 특히 유명인을 모방하기 좋아한다. 인기 높은 연예인의 팬들은 그 연예인의 헤어스타일, 옷, 언어, 사회적 행동을 따라 한다. 미국 가수 테일러 스위프트(Taylor Swift)가 머리를 핑크빛으로 물들이면 핑크빛 머리를 아마도 지금보다 더 많이 보게 될 것이다(Stack, 1987, 2000; Wasserman, 1984).

심지어 인간이 아닌 가공의 '유명인'조차도 영향력을 발휘할 수 있다. 「왕좌의 게임」이라는 드라마가 방영되고 난 후 허스키 퍼피라는 개에 대한 수요가 치솟았다(Robins, 2019). 왜 그랬을까? 그 드라마에 나오는 스타크 가문의 아이들이 소유한 유명한 다이어울프를 닮았기 때문이다. 이와 비슷하게, 인기 높은 드라마나 만화영화가 방영된 후에 거기에 나왔던 개들에 대한 수요가 급증했다(Herzog, 2006; Ghirlanda et al., 2014).

관찰자의 특성

관찰학습에 영향을 미치는 가장 강력한 변인은 아마도 관찰자의 종일 것이다. 전반적으로 인간이 관찰로부터 가장 많은 것을 얻어내고, 그 외 유인원들이 대개 그 뒤를 잇는다. 유인원과 인간의 관찰학습을 비교하는 연구들은 일반적으로 성체 유인원을 인간 아동(때로는 2세 미만인)과 비교하는데, 아동이 대개 이 털북숭이 사촌

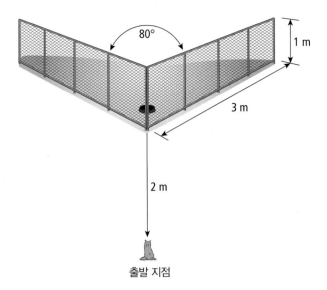

그림 10-12
개들은 원하는 물체(먹이 또는 장난감)가 울타리 너머에 있는 위치에서 시작해서 그 물체를 얻으려면 울타리를 에둘러가야 했다. 더 상세한 설명은 본문을 보라. (출처: Pongrácz, P., Miklósi, A., Kubinyi, E., Gurobi, K., Topál, Csányi, V. (2001). Social learning in dogs: The effect of a human demonstrator on the performance of dogs in a detour task. *Animal Behaviour*, 62, pp. 1109-1117.)

들을 능가한다(예: Hopper et al., 2008; Tennie, Call, & Tomasello, 2006, 2009).

개들 또한 관찰학습에 놀랄 만큼 능하다. Péter Pongrácz와 동료들(2001)은 개에게 다음의 문제를 주었다. 개가 좋아하는 장난감이나 먹이와 개 사이에 울타리가 있다. 먹이를 찾아가려면 먹이로부터 멀어지는 방향으로 움직여서 울타리를 우회해야 하는데, 개들은 이런 과제를 잘 못한다(그림 10-12). 하지만 모델이 우회하는 모습을 먼저 본 개들은 그런 모델을 보지 못한 개들보다 더 빨리 우회하는 데 성공한다.

종 내에서도 중요한 차이를 볼 수 있다. 특히 중요한 것이 학습 내력이다(Williams & Meltzoff, 2011). 예를 들면, 언어 훈련을 받은 적이 있는 침팬지는 그렇지 않은 침팬지보다 모델을 관찰하는 데서 더 많은 것을 배운다(Williams, Whiten, & Singh, 2004). 언어 기술은 사람에게서도 관찰학습에 중요한 것으로 밝혀졌다(Taylor & Hoch, 2008). 앞서 이야기한 것처럼 과제 난이도가 관찰학습에서 한 요인이지만, 과제 난이도 자체가 학습 내력에 따라 달라진다. 기초적인 산수를 정복한 학생은 3과 5의 더하기를 하지 못하는 학생보다 대수방정식을 푸는 시범을 볼 때 더 많은 것을 배우기 마련이다.

연령도 관찰학습에서 때때로 한 요인으로 작용한다. 예를 들면, 어린 원숭이는 늙은 원숭이보다 모델을 더 많이 따라 한다(Adams-Curtiss & Fragaszy, 1995). 앞서 살펴본 Levy와 동료들(1974)의 연구는 아이들이 모델의 사진 선택을 모방하는 경향이 있음을 발견했다. 이 결과는 성인 관찰자들의 경우와 달랐는데, 모델의 행동의 결과가 성인들의 선택에는 아무런 영향도 미치지 않았다. 이런 발견들은 관찰 경험이 상이한 연령 집단에게 상이한 효과를 낼 수 있음을 잘 보여 준다.

연령의 영향은 성별에 따라 달라질 수 있다. 영장류 동물학자 Elizabeth

Lonsdorf(2005)에 따르면, 야생의 어린 암컷 침팬지는 어미가 막대를 흙 둔덕의 구멍에 넣어 개미들을 붙여 꺼내는 모습을 주의 깊게 관찰하고는 이 '개미 낚시' 기술을 재빨리 익힌다. 반면에 어린 수컷 침팬지는 야단법석을 떨고 빙빙 돌며 시간을 보내는데, 그 결과 개미 낚시를 암컷보다 2년 정도 더 늦게 학습한다. 이는 관찰학습이 부여하는 이점을 보여 주지만, 또한 관찰을 하지 못하면 그로부터 얻는 것이 별로 없다는 사실도 보여 준다.

어린이는 모델을 모방할 가능성이 더 커 보이는 반면에 더 성숙한 사람은 대개 모델을 관찰하는 데서 더 많은 것을 얻는다. 예를 들면, Brian Coates와 Willard Hartup(1969)은 모델이 여러 가지 새로운 행위를 하는 동영상을 어린이들에게 보여 주었다. 그랬더니 더 큰 아이들은 더 어린 아이들보다 모델의 행동을 더 잘 기억해 냈다(Yando, Seitz, & Zigler, 1978). 그렇지만 나이가 많이 든 사람은 젊은 사람보다 타인의 경험으로부터 배우는 것이 더 적을 때가 종종 있다(Kawamura, 1963).

그런데 발달 연령이 생활 연령보다 더욱 중요하다. 자폐증 같은 발달장애가 있는 사람은 더 전형적으로 발달하는 사람보다 모델을 관찰하는 데서 배우는 것이 대개 더 적다(Delgado & Greer, 2009; Sallows & Graupner, 2005; Taylor, 2012).

시각이나 청각의 장애가 있는 사람 또한 관찰을 통해 학습하기가 더 어렵다.

관찰된 행동의 결과

모델이 수행한 행동의 결과가 결정적인 작용을 한다는 것은 명백하다. Mary Rosekrans와 Willard Hartup(1967)의 연구가 이 점을 멋지게 보여 준다. 이 연구자들은 유치원 아이들에게 성인 모델이 장난감들을 가지고 놀면서 때때로 커다란 풍선 인형의 머리를 방망이로 때리고 점토 인형을 포크로 쑤시는 것을 보여 주었다. 이 모델은 그렇게 놀면서 "꽝, 쿵, 네 머리를 박살 낼 거야." 또는 "찔러, 찔러, 다리를 찔러서 온통 구멍을 내 버려." 같은 말을 하였다. 어떤 아이들은 다른 어른이 "잘했어. 그 녀석에게 정말로 쓴맛을 보여줬구나!" 같은 말을 하면서 그런 공격적 행동을 칭찬하는 것을 보았다. 다른 아이들은 다른 어른이 "네가 한 짓을 봐. 다 망쳐 놨잖아." 같은 말로 공격적 행동을 거듭해서 비난하는 것을 보았다. 또 다른 아이들은 모델의 공격적 행동이 때로는 칭찬을 받고 때로는 비난을 받는 것을 보았다. 모델을 지켜본 다음, 관찰자는 그 장난감들을 가지고 놀 기회를 얻었다. 그 결과, 공격적 행동이 항상 칭찬받는 것을 본 아이들은 공격적으로 노는 경향이 있었던 반면에 공격적 행동이 항상 비난받는 것을 본 아이들은 훨씬 덜 공격적이었다. 그리고 공격적 행동이 혼합된 결과를 가져오는 것을 본 아이들은 그 두 집단의 중간 정도의 공격성을 보였다(그림 10-13).

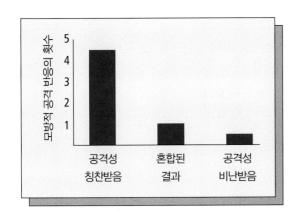

그림 10-13
모델의 행동의 결과와 모방 모델의 공격성이 칭찬을 받거나 비난을 받거나 둘 모두 받는 것을 본 관찰자들이 행한 모방적 공격 행동의 평균 횟수. (출처: Rosekrans & Hartup, 1967의 자료를 수정함)

모델이 수행하지 **않았지만** 관찰된 사건의 결과도 또한 중요하다. 상자에 달린 문이 왼쪽으로 미끄러져 열리지만 흥미로운 아무것도 보이지 않는다면, 돈이 보이는 경우보다 그 문을 당신이 밀어서 열 가능성은 분명히 더 작을 것이다.

관찰자의 행동의 결과

타인을 관찰하는 것이 이득이 된다면 우리는 타인 관찰에 더 많은 시간을 쓰기 쉽다. 일본의 연구자들인 Satoshi Hirata와 Naurki Morimura(2000)는 침팬지에게서 이런 경향성을 알아챘다. 그들은 침팬지를 두 마리씩 짝짓고서 도구를 사용하여 풀어야 하는 문제를 주었다. 한 침팬지가 일단 문제를 풀어내게 되면 그 침팬지는 자기 파트너가 어떻게 노력하고 있는지 전혀 관찰하지 않았다. 반면에 문제를 풀려고 노력하다가 실패하고 난 후에는 자기 파트너가 문제를 가지고 씨름하는 모습을 관찰하였다.

모델의 행동을 모방한 결과도 역시 강력한 영향을 미친다. 특정 행동이 모델에게는 한 가지 결과를 야기하고 관찰자에게는 아주 다른 결과를 야기한다면, 결국에는 관찰자의 행동의 결과가 더 힘을 발휘하게 된다. Neal Miller와 John Dollard(1941)가 이를 잘 보여 주는 실험을 수행했다. 아이들이 어떤 기계의 손잡이를 올바로 조작하면 사탕을 얻을 수 있었다. 모델이 아이가 사용하기 바로 직전에 기계를 사용했다. 한 조건에서는 아이가 모델의 행동을 모방하면 기계에서 사탕이 나왔다. 다른 조건에서는 아이가 모델을 모방하지 않을 때만 기계에서 사탕이 나왔다. 그러자 아이들은 모방하기가 효과가 있을 때는 모방하기를 학습했고, 모방하지 **않기**가 효과가 있을 때는 모방하지 **않기**를 학습했다(또한 다음의 논문도 보라. Ollendick, Dailey, & Shapiro, 1983; Ollendick, Shapiro, & Barrett, 1982). 궁극적으로 관찰자들은 자신에게 유용한 것을 수행한다. 그게 모델에게 유용했는지 아닌지와는 상관없이 말이다.

? 개념 점검 7

사회적 관찰학습에서 모델의 행동 및 관찰자의 행동과 관련된 중요한 두 변인은 무엇인가?

10.4 요약

파블로프식 학습과 조작적 학습에서처럼, 관찰학습 절차의 효율성은 많은 변인에 좌우된다. 비교적 더 중요한 변인 몇 가지는 과제 난이도, 모델의 행동의 결과, 관찰자의 행동의 결과, 모델의 특성, 관찰자의 특성이다.

관찰학습과 인간의 본질

Viki는 자신을 낳은 부모에 대한 기억이 전혀 없었다. 어쨌거나 Keith와 Catherine Hayes 부부(1952)가 Viki를 입양하여 집으로 데려왔을 때는 Viki가 태어난 지 겨우 며칠밖에 되지 않았기 때문이다. Hayes 부부는 수양딸을 정성과 사랑을 다해 돌보았다. 이들의 헌신 덕분에 Viki는 놀라울 정도로 조숙하게 되었다. 예를 들어, Viki는 난 지 18개월이 되기도 전에, 단순히 부모님을 관찰하는 것만으로 가구의 먼지 털기와 설거지하기를 배우기 시작했다. 두 살이 되기 전, Viki는 Catherine이 하는 것을 보았던 대로 거울을 보고 립스틱을 바르곤 했다.

Viki가 두 살일 때 심리학자였던 그녀의 부모는 Viki가 다른 사람들을 관찰함으로써 얼마나 잘 학습할 수 있는지를 그저 알아보기 위해 검사를 하기로 결정했다. 이들은 Viki에게 일련의 문제를 주었다. 예를 들어, 막대기와 끈 문제에서는 Hayes 부부가 나무 상자에 물건을 넣어 놓았다. 그 물건은 막대기로 끈을 쳐야만 상자에서 꺼낼 수가 있었다. Hayes 부부는 이 문제에 대한 정확한 해결책을 Viki에게 보여 준 다음 Viki가 직접 해 보게 하였다.

전반적으로, Viki는 매우 잘 했다. 예를 들어, 위의 막대기와 끈 문제는 한 번만 보여 주어도 풀어냈다. 이 문제를 풀려고 시도한 동일 연령의 아이들 중에는 해결법을 네 번이나 보여 주어야 풀 수 있는 아이들도 있었다. 그런데 Viki의 수행은 관찰학습을 입증하는 데 그치지 않고 인간의 본질에 대해 온갖 종류의 문제를 제기하였다. 왜냐하면, Viki는 이 문제들을 두고 경쟁했던 다른 아이들 같지 않았기 때문이다.

Viki는 침팬지였다.

종간 관찰학습

사람은 다른 사람을 관찰함으로써 온갖 종류의 것을 배운다. 하지만 때로는 다른 종을 관찰함으로써 중요한 것을 배우기도 한다. Edward Maurice(2005)는 『*The Last Gentleman Adventurer*』라는 책에서 그런 예를 하나 묘사하고 있다. Maurice는 1900년대 초에 캐나다 극지방의 에스키모들인 이누이트족(Inuit) 사이에서 살았다. 그의 이야기에 따르면, 북극곰은 물개 새끼를 잡아서는 얼음에 난 구멍 아래로 그 물개 새끼를 물속에 매달아 놓곤 했다. 물개의 어미가 새끼를 구하려고 오면 북극곰은 그 어미 물개를 잡았다. 이누이트족은 이런 방법을 모방하기를 배웠다. 다만 어미 물개를 잡는 데 창과 고리를 사용한 점만 빼고는 말이다. 이런 사냥법이 비인간적이고 비신사적으로 보여서 충격적일지도 모르겠지만, 극지방에서의 삶은 인간과 곰 모두에게 고되고 척박한 것이어서 다른 개체(다른 종도 포함하여)의 경험으로부터 배우는 자들이 그러지 못하는 자들보다 생존할 가능성이 더 크다는 것은 분명하다.

10.5 관찰학습의 이론

학습목표

관찰학습을 설명하는 두 이론을 논의하려면

5.1   Bandura의 사회인지 이론이 이야기하는 네 과정을 설명한다.
5.2   Bandura의 사회인지 이론의 네 과정 각각에 대한 예를 이야기한다.
5.3   Bandura의 사회인지 이론의 한계를 파악한다.
5.4   조작적 학습 모형을 기술한다.
5.5   조작적 학습 모형이 Bandura의 사회인지 이론의 네 과정을 어떻게 설명하는지 이야기한다.

관찰학습에 관한 두 가지 주요 이론은 Albert Bandura의 사회인지 이론(social cognitive theory)과 조작적 학습 모형이다. 두 이론 모두 관찰학습의 사회적 형태에 초점을 맞춘다. 하지만 조작적 학습 모형은 관찰학습의 두 형태 모두에 잘 적용된다.

Bandura의 사회인지 이론

사회적 관찰학습에서 가장 유명한 인물인 Albert Bandura(1965, 1971a, 1971b, 1971c, 1977, 1986)는 인지과정에 초점을 맞춘 이론을 개발했다. 그는 환경적 및 생물학적 사건들이 행동에 영향을 준다는 것을 부정하지 않는다. 그러나 그의 관점에서는 인지과정, 즉 사람의 내부에서 일어나는 일들이 모델을 보고서 학습하는 일을 설명한다. 그의 이론은 네 종류의 인지과정, 즉 주의, 파지(把持), 운동 재현, 동기 과정을 구분한다.

주의 과정(attentional process)은 개인이 모델의 행동의 유관한 측면과 그 결과에 주의를 기울이는 것과 관련된다. Bandura는 주의가 "환경을 자기 인도적(self-directed)으로 탐색하고 모델이 현재 수행하고 있는 일들로부터 의미 있는 지각을 구성(construction)해 내는 일을 포함한다."(1983/2004, p. 34)라고 쓰고 있다. '자기 인도적'이라는 용어가 중요한데, 왜냐하면 이는 우리가 어디를 보고 무엇을 듣는지를 결정하는 근원이 우리 내부에 있다고 말하기 때문이다. '구성'이라는 단어도 마찬가지로 우리가 관찰하는 것들로부터 무엇을 끌어내는지는 그 관찰의 산물이라기보다 우리 내부에서 일어나는 무언가의 산물임을 의미한다.

파지 과정(retentional process)이란 모델의 행동을 어떤 방식(대개 말이나 심상)으로 표상하여 회상에 도움이 되도록 하는 것이다. "모델링 자극들이 기억 표상을 위해 심상이나 단어로 부호화되고 나면 그 심상이나 단어는 반응 인출과 재생을 위한 매개자로 기능한다"(1969, p. 220). 그는 특정 장소로 가기 위해 특정 경로를 거쳐 가는 모델을 관찰하는 예를 든다. 우리는 모델의 움직임을 심상(지나가면서 보이는 물체들의 모습)으로 '부호화'할 수도 있고 우회전과 좌회전의 연속(예: RRLRLL)*으로 '부호화'할 수도 있다. 파지 과정에는 또한 RRLRLL 순서를 거듭해서 마음속으로 말하는 것 같은 암묵적 되뇌기도 포함된다.

운동 재현 과정(motor-reproductive process)은 파지 과정에서 저장된 상징적 표상을 이용하여 행위를 인도한다. 즉, Bandura가 표현한 대로 "표상 도식들의 복원이 요소 반응들이 어떻게 조합되고 순서 지어져야 새로운 패턴의 행동이 산출되는지에 대한 자기 지시의 토대를 제공한다고 가정한다"(1969, p. 223). 따라서 관찰된 행위를 수행하려 할 때 우리는 파지 과정에서 만들어진 심상이나 단어를 회상해 내고 그것을 이용하여 우리 자신을 인도한다.

동기 과정(motivational process)은 모델이 수행한 행동을 모방한 결과에 대한 평가와 관련된다. "좋아하는 유인이 도입되면 관찰학습이 곧바로 작용하기 시작한다."(1969, p. 225)라고 Bandura는 쓰고 있다. 하지만 Bandura의 이론에서 결과가 중요한 이유는 그것이 우리 행동의 성과에 대한 기대에 영향을 미치기 때문이다. 즉, 중요한 것은 실제 결과가 아니라 그것에 대한 기대이다.

> **? 개념 점검 8**
>
> Bandura의 이론에 따르면, 성공적인 모델을 모방하려는 결정에 보상적인 결과가 어떻게 영향을 미치는가?

이 가상적인 인지과정들은 적어도 부분적으로는 실제 예를 들 수 있다(어떤 과정은 아마도 무의식적으로 일어나기 때문에 우리가 기술할 수 없다). 당신의 고모님이 벽에 붙은 금고를 가리키며 "내가 저 금고를 열었다가 다시 잠글 거야. 네가 금고를 열 수 있다면 그 안에 뭐가 있든 네가 다 가져도 돼."라고 말씀하신다고 하자. 그러고는 고모님이 금고를 여신다. 다이얼을 시계 방향으로 20, 시계 반대 방향으로 40, 다시 시계 방향으로 20에 돌려 맞추신다. 그런 뒤 핸들을 아래로 당겨서 문을 활짝 열었다가 곧 닫으신다.

고모님이 금고를 여시는 동안 당신은 고모님이 금고 다이얼을 어느 방향으로 돌리는지, 어디서 멈추는지 보려고 주의를 기울인다. 또한 당신은 20-40-20이라는, 배가 튀어나온 산타 할아버지의 몸매를 상상함으로써 고모님의 행동을 표상할 수

---

* R은 right, 즉 오른쪽을, L은 left, 즉 왼쪽을 의미한다. (역주)

도 있다. 그러나 이것보다는 당신이 속으로(혹은 어쩌면 소리 내어) '오른쪽 20, 왼쪽 40, 오른쪽 20'을 되뇌기 마련이다. 고모님이 금고를 어떻게 여는지 보여 주신 후에 당신은 그것을 여는 데 필요한 운동기술을 마음속으로 연습한다. 산타 할아버지의 이미지나 '오른쪽 20, 왼쪽 40, 오른쪽 20'이라는 부호를 사용해서 말이다. 그렇지만 당신이 고모님의 행동을 따라 할 것인지는, Bandura에 따르면, 당신이 그 금고를 열면 가치 있는 무언가를 얻을 것이라고 기대를 하는지의 여부에 달려 있다.

Bandura의 이론은 직관적인 매력이 대단하다. 이 이론은 관찰학습이라는 경험을 사람들이 알고 있는 대로 포착하고 있는 듯하다. 그러나 이 이론에는 문제가 있다.

예를 들면, 우리는 관찰할 수 없고 측정할 수 없는 가상적인 과정들의 설명적 가치에 의문을 제기할 수 있다. 이를테면, 주의가 '자기 인도적'이라는 말은 무슨 의미일까? 그리고 주의의 근원이 사람의 내부(정확히 어디인지는 불분명하다. 마음 속? 뇌 속?)에 있다면 왜 사람들은 안대를 하지 않은 모델보다 안대를 한 모델에게 더 주의를 기울이는 것일까? 마찬가지로, 동기가 중요하기는 하지만 보상에 대한 기대가 왜 사람들이 모델을 모방하는지를 설명할까? 만약 고모님이 부자이고 부자들은 종종 금고에 귀중품을 보관한다는 것을 당신이 알고 있다면, 당신은 금고를 여는 것이 강화를 받을 것이라는 기대를 당연히 가지게 될 것이다. 그런데 보상에 대한 기대가 당신의 행동을 설명할까 아니면 그런 기대를 갖게 만든 학습 경험이 당신의 행동을 설명할까?

이러한 문제들 때문에 어떤 연구자들은 관찰학습을 조작적 학습의 한 형태로 보는 설명을 선호한다.

조작적 학습 모형

우리는 관찰학습을 조작적 학습의 한 변형으로 취급할 수도 있다(예: Deguchi, 1984; Gewirtz, 1971a, 1971b; Masia & Chase, 1997; Miller & Dollard, 1941; Skinner, 1969). 이 접근에서는 모델이 수행한 행동과 그 결과가 만약 관찰자가 유사한 행동을 한다면 강화나 처벌을 받을 것이라는 단서로 작용한다. 우리는 환경 사건들(모델이 있든 없든)에 주의 기울이기를 배우는데, 왜냐하면 그렇게 하는 것이 이득이 되기 때문이다. 우리는 긍정적 결과를 가져오는 행위를 모방하고 부정적 결과를 가져오는 행위를 하지 않기를 배우는데, 왜냐하면 그렇게 하는 것이 이득이 되기 때문이다.

Miller와 Dollard(1941)는 다음의 예를 제시한다. 한 소년이 아버지가 직장에서 돌아오는 소리를 듣고 인사하러 문간으로 달려간다. 소년의 동생도 따라서 문간으로 달려간다. 만약 아버지가 두 소년을 반갑게 맞으면서 과자를 준다면, 아버지가 강화한 행동은 무엇일까? 형의 경우에는 아버지가 돌아왔을 때 문간으로 달려가는 행동이 강화를 받았다. 그리고 동생의 경우에는 문간으로 달려가는 형의 행동을 모방한 행동이 강화를 받았다. 다른 말로 하면 동생은 형이 문간으로 갈 때 따라가면 긍정적 결과가 생길 것임을 학습한다.

조작적 학습 접근은 Bandura가 주의, 파지, 운동 재현, 동기 과정이라고 부른 것들의 중요성을 부정하지 않는다. 하지만 그런 것들을 아주 다른 식으로 바라본다.

조작적 학습 모형에서는 주의가 우리가 정원에 호스로 물을 뿌리는 것처럼 '자기 인도'를 할 수 있는 머릿속의 어떤 것이 아니다. 그와 반대로, 주의는 환경 사건이 우리의 행동에 발휘하는 영향력이다. 주의는 외현적 행동, 즉 눈 마주치기, 모델의 시선 이동을 따라가기, 모델이 가리키는 방향으로 보기를 통해 흔히 측정할 수 있다. Frederick Shic와 동료들(2011)은 시선 추적 기법을 사용하여 자폐증이 있는 아동이 무엇을 바라보는지 찾아보았더니 이들은 사람보다는 배경에 있는 대상에 초점을 맞추는 경향이 있었다. 사람이 무슨 소리에 주의를 기울이는지를 측정하기는 더 어렵지만 불가능하지는 않다. 말하는 이의 소리를 듣고 있는 사람은 대개 그 화자를 향해 몸을 돌리고, 익살스러운 말에 미소를 띠거나 웃으며, 메시지가 혼란스러울 땐 눈가에 주름이 잡히고, 관련된 질문을 하며, 내용이 지루해지면 졸기 시작한다. 어떤 것에 주의를 기울인다는 것은 그것의 영향 아래 든다는 것이다 (이에 대해서는 11장에 더 나온다).

> **❓ 개념 점검 9**
>
> 조작적 학습 모형에 따르면, 주의란 무엇인가?

마찬가지로 Bandura가 파지 과정이라 부르는 것을 조작적 학습 모형에서는 관찰자가 겉으로든 마음속으로든 행하는, 수행을 향상시킬 수 있는 행위들로 본다. 만약 누군가가 자기네 집으로 오는 길을 알려 준다면, Bandura가 이야기하듯이, 우리는 소리 내어 또는 마음속으로 'RRLRLL'이라고 계속 말할 수 있다. 또한 가는 길을 받아 적거나 휴대전화에 저장할 수도 있다. 이 모든 '파지 행위들'은 수행에 도움이 되도록 사람들이 **행하는** 것이다. 하지만 여기서도 환경 사건이 역시 중요하다. 만약 어느 날 밤하늘을 보았더니 달 표면에 영화 광고 영상이 보인다면, 똑같은 것을 신문에서 보았을 때보다 아마도 훨씬 더 잘 기억할 것이다. 하지만 달을 이용한 광고가 흔해진다면 그것을 기억하기가 그렇게 쉽지는 않을 것이다.

행동 모방하기는 외현적 수행(Bandura가 운동 재현이라고 부르는 것)이다. 대략적인 지침들('공에서 눈을 떼지 말라', '카약을 왼쪽으로 틀 때는 몸을 오른쪽으로 기울여라',

'보고서는 주요 발견들에 대한 명백한 진술로 시작하라')이 도움이 될 수 있지만, 이것들은 우리가 마음속으로 또는 소리 내어 말하는 것들이고, 따라서 또다시 행동으로 간주할 수 있다. 그런 것들이 도움이 되는 이유는 우리가 모델을 모방할 때 무엇을 해야 할지에 대한 단서를 주기 때문이다. 다른 행동처럼 그런 행동들의 기원을 추적해 보면 환경(과거의 것이든 현재의 것이든)에 다다르게 된다.

동기도 중요하지만 조작적 학습 모형은 또다시 환경을 지목한다. 모델에게 강화가 주어진 행동을 우리가 모방한다면, 그것은 모델의 행동이 강화를 받았을 때 우리가 그 행동을 모방하는 것이 강화를 받을 가능성이 크다는 것을 경험을 통해 알고 있기 때문이다. 우리가 모방 행동에 대한 보상을 얻기를 기대(Bandura가 이야기한 것처럼)할 수 있겠지만, 우리의 기대와 모방은 모두 과거의 환경 사건들의 산물이다.

학습은 경험에 기인한 행동의 변화이다. 따라서 관찰학습에 대한 조작적 접근은 관찰 불가능한 정신과정을 살펴보는 게 아니라 경험을 구성하는 환경 사건들로 눈을 돌린다.

조작적 학습 모형의 큰 약점은 직관적 호소력이 부족하다는 것이다. 이 이론은 행동에 대한 자연과학적 접근(2장을 보라)을 취하는데, 사람들은 대부분 그런 것을 이질적으로 느낀다. 이 이론은 사람들이 생각하고 느낀다는 것을 부정하지는 않지만, 그것을 행동으로 간주하지 행동에 대한 설명으로 보지는 않는다. 이는 대부분의 사람들(Bandura를 포함하여)이 행동을 설명하는 방식과는 반대되는 것이다.

관찰학습에 대한 최선의 설명이 무엇인지에 대해서는 의견일치가 거의 없지만 관찰학습이 실제적 활용도가 있다는 데는 학자들이 전반적으로 동의한다. 우리는 그중 두 가지, 즉 교육과 사회 변화를 살펴볼 것이다.

관찰학습에 관한 이론으로는 두 가지가 유명하다. Bandura의 사회인지 이론은 정신과정들이 관찰학습을 설명한다고 주장한다. 조작적 학습 모형은 자연과학적 접근을 취한다. 즉, 관찰 가능한 사건들, 특히 개인의 현재 및 과거 환경에서 일어난 사건들에 초점을 맞춘다.	**10.5** 요약

10.6 관찰학습의 활용

학습목표 ---

관찰학습의 활용 두 가지를 논의하려면

6.1 관찰학습이 아동의 학습을 돕는 세 가지 방식을 이야기한다.

6.2 관찰학습이 교실에서 주의집중에 미치는 영향을 논의한다.

6.3 발달 지연이 교실에서 관찰을 통해 학습하는 데 미치는 영향을 논의한다.

6.4 동물 사회에서 일어나는 사회적 변화의 예를 네 가지 든다.

6.5 인간 사회에서 일어나는 사회적 변화의 예를 세 가지 든다.

6.6 에듀테인먼트가 사회 변화에서 하는 역할을 평가한다.

교육

관찰학습은 유아기에 시작되는 교육에서 주된 역할을 한다. Rachel Barr, Anne Dowden과 Harlene Hayne(1996)의 연구가 이것을 보여 주었다. 이 연구에서는 실험자가 6개월에서 2세 사이의 아기들에게 손에 끼고서 놀리는 꼭두각시 인형을 아기의 손이 닿지 않는 거리에서 보여 주었다. 실험자가 그 인형의 한 손에 끼워진 장갑을 벗기자 종이 나타났고, 실험자가 그 종을 울렸다. 여기서 물음은 아기가 다음번에 그 인형을 보면 장갑을 벗기려고 할 것인가였다. 생후 6개월밖에 안 된 아기도 그런 행동을 보였는데, 이는 아기들이 실험자를 지켜봄으로써 학습을 했음을 입증한다. 장갑을 벗기는 장면을 보지 못했던 아이들은 그런 시도를 하지 않았다.

관찰학습은 또한 모국어를 배우는 데도 분명히 중요하다. Jennifer Sweeney (2010)는 어항을 들여다보는 엄마와 아기의 예를 든다. 걸음마를 하는 아기가 어항을 가리키면서 엄마를 보자 엄마가 "물고기"라고 말한다. 그러자 아기가 엄마의 말을 모방하여 "무꼬기"라고 한다. 그러면 엄마는 아기에게 미소를 짓거나 "그래! 물고기."라고 말함으로써 아기의 반응을 강화해 준다. 따라서 아기는 엄마의 행동을 관찰하고, 모방하고, 그러고는 그 모방에 대해 강화를 받는다.

관찰학습은 학교 수업에서도 주된 역할을 한다(Delgado & Greer, 2009). 대부분의 교실 수업은 집단 중심적일 수밖에 없다. 교사가 강의를 하거나, 시범을 보이거나, 토론을 이끈다. 각 경우에 교사는 대개 한 학생이 아니라 반 전체를 대상으로 그런 노력을 한다. 이는 집단 수업에서 일어나는 학습의 많은 부분이 관찰을 통한 것임을 의미한다. 교사가 74를 3으로 나누는 법을 칠판에 써서 보여 주면서 설명을 한다. 그런 다음 한 학생에게 칠판으로 나와서 비슷한 문제를 풀게 한다. 두 경우 모두 대부분의 학생은 모델을 관찰함으로써 배워야 한다.

물론 교사의 행동을 관찰함으로써 얼마나 많은 것을 배우는지는 학생이 얼마나 주의집중을 하는지에 달려 있다. 창밖을 바라보거나 옆자리의 학생과 소곤거리는 학생은 긴 나눗셈을 보여 주는 교사에게서 배우는 것이 거의 없을 것이다. 학생의 주의집중력을 높이는 한 방법은 주의집중하는 행동을 칭찬하거나 다른 식으로 강화를 주는 것이다. 또 다른 방법은 다른 학생의 주의집중력에 대해 강화를 주는 것이다. Alan Kazdin은 8~12세의 두 남학생과 두 여학생을 짝지었다. 교사가 각 쌍

우리는 학업 기술을 설명을 통해서보다는 모델을 관찰함으로써 더 쉽게 습득할 때가 많다(Pollock & Lee, 1992). 『이상한 나라의 앨리스』에 나오는 도도새가 우리에게 상기시키듯이, 때로는 "무언가를 설명하는 최선의 방법은 그것을 행하는 것이다".

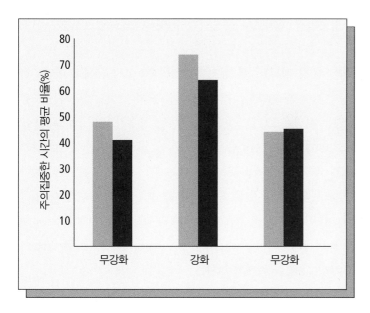

그림 10-14
주의집중의 대리 강화 강화에 따라 달라지는 Ken(밝은색 막대)과 Ralph(어두운색 막대)의 평균 주의집중력. 강화 단계에서 오직 Ken만 칭찬을 받았지만 Ralph도 역시 주의를 더 집중하게 되었다. (출처: Kazdin, 1973의 자료를 수정함)

의 한 학생이 주의집중을 잘할 때, 즉 자기 자리에 앉아서 과제를 하며 허락 없이는 옆 사람과 이야기하지 않을 때 그 학생을 칭찬했다. 교사는 그 쌍의 다른 학생이 주의집중을 잘할 때는 칭찬하지 않았다. 칭찬받은 학생은 주의집중력이 증가할 것이라고 예상되지만 그 짝인 다른 학생도 주의집중력이 증가할까? 답은 '그렇다'이다(Broden et al., 1970)(그림 10-14). 주의집중을 하는 데 대해 칭찬받지 못한 학생도 칭찬받은 학생만큼 향상을 나타냈다. 이 연구에서 학생들은 지적 장애가 있었으나, 전형적으로 발달하는 아이들도 똑같은 효과를 보인다(Ollendick, Shapiro, & Barrett, 1982). 물론 앞서 이야기한 것처럼 관찰자의 행동의 결과가 모델의 행동의 결과보다 결국에는 더 중요해질 것이다. 따라서 한 학생에게서는 주의집중 행동을 항상 강화하고 다른 학생에게서는 그것을 무시한다면 학생 전체가 주의집중을 잘하는 학급이 생겨나지는 않을 것이다.

? 개념 점검 10

Kazdin의 연구는 주의집중력에 대하여 무엇을 보여 주는가?

관찰학습은 학교 안팎에서 실용적 기술을 학습하는 데 유용하게 쓰인다. 한 연구에서 Ann Griffen, Mark Wolery와 John Schuster(1992)는 다운증후군이 있는 세 아동에게 스크램블드에그, 푸딩, 밀크셰이크를 만드는 법을 가르쳤다. 그들은 두 아이가 지켜보는 가운데 한 아이에게 직접 교습을 하였다. 관찰하는 아이들이 모델 아이에게 주의를 집중하면 연구자는 강화를 주었다. 그 결과 관찰자들의 수행은 개인 교습을 받은 경우만큼 극적으로 향상되었다(Werts, Caldwell, & Wolery, 1996 을 참조하라).

관찰을 통한 학습에는 특정 행동들, 특히 모델과 그 행동의 결과에 주의집중하기와 유익한 결과를 낳는 행동을 모방하기가 필요하다. 전형적으로 발달하는 사람에 비해 발달 지연이 있는 사람은 그런 행동을 잘 못하는 경우가 많다(Ledford et al., 2008; Taylor & DeQuinzio, 2012). 그런 아동을 일반 교실에 넣으면 집단 수업으로부터 배우는 게 거의 없기 마련이다(Sweeney, 2010). 이는 그런 아동에게는 전형적으로 발달하는 아동이 학교 안팎에서 관찰을 통해 배우는 많은 것을 종종 일 대 일로 직접 가르쳐야 함을 의미한다. 그런 교습은 대단히 효과적일 수 있지만(Eikeseth, et al., 2002; Ervin et al., 2018; Lovaas, 1987; Lovaas et al., 1981; Smith, 1999), 시간과 비용이 많이 들며 교습자가 특수한 훈련을 거쳐야 한다.

다행스럽게도, 그런 아동 중에는 관찰학습에 필요한 기술을 습득할 수 있는 아동이 많다(Browder, Schoen, & Lentz, 1986; Brown, Peace, & Parsons, 2009; Ledford & Wolery, 2011; Loveland & Landry, 1986; Sundberg & Partington, 1998/2010; Sweeney, 2010; Taubman et al., 2001; Whalen & Schreibman, 2003). 예를 들어 Jo Ann Delgado 와 Douglas Greer(2009, 실험 1)는 자폐증이 있는 5세 아동 두 명에게 또래 아이가 'asked'나 'every' 같은 단어를 읽기나 그림에 있는 '멜론'이나 '아보카도' 같은 사물의 이름을 말하기를 배우는 장면을 지켜보게 했다. 교사는 정답에 대해 모델을 칭찬하고 틀린 답은 정정하였다. 관찰하는 아이들은 모델을 모방함으로써가 아니라 모델이 정답을 말했는지 아닌지를 말함으로써 칭찬과 토큰을 받았다. 예를 들면, 관찰자는 모델이 답을 **틀리게** 말했다고 정확히 이야기하면 칭찬과 토큰을 받았다. 그 결과 관찰자들은 모델과 그 행동의 결과를 더 유심히 보게 되었는데, 이는 관찰학습의 필수 요소이다. 일단 학생이 모델을 관찰함으로써 학습을 할 수 있게 되면 학교 안에서도 밖에서도 앞으로 나아갈 수 있는 강력한 도구를 갖게 된다.

사회 변화

당신이 난파선에서 생존하여 어떤 섬에 홀로 다다랐다고 하자. 당신은 많은 문제가 있음을 곧 깨닫게 된다. 물과 음식과 잘 곳을 어떻게 찾을 것인가? 지나가는 배에 있는 사람들의 주의를 어떻게 끌어서 구조될 수 있을까? 이 모든 문제를 하나씩 혼자서 해결해야 할 것이다. 이제 그 난파선의 다른 생존자들이 당신과 함께 모였다고 하자. 당신이 생존할 확률이 높아졌을까?

아마도 그럴 것이다. 당신은 다른 사람들의 학습 덕분에 혜택을 볼 수 있기 때문이다. Casey는 마실 수 있는 물이 나오는 샘을 발견하여 그 위치를 모두에게 알린다. Aaliyah는 스쿠버 다이빙에 빠져 있는 사람이다. 스쿠버 장비는 물론 없지만 해변에 있는 작은 대나무를 가지고 작살을 만들고 어떻게 물고기를 찾아서 작살로 잡는지를 보여 준다. Josiah는 목수여서 모래에 설계도를 그려서 튼튼한 피난처를 어떻게 짓는지를 사람들에게 보여 준다. 이것이 사회가 돌아가는 방식이다. 학습은 개체 수준의 현상이지만 우리는 당면한 모든 문제를 우리 자신의 힘만으로 해결하지는 않는다. 우리는 다른 사람들에게서 배운다. 만약 한 사람이 어떤 문제를 해결하면 몇백만 명의 사람이 혜택을 받을 수 있다.

그런 사회 변화의 예는 동물 사회에서도 찾아볼 수 있다. 한 실험에서 생물학자 Kevin Laland와 Kerry Williams(1997)는 구피들로 하여금 먹이를 찾아 특정한 경로를 쫓아가도록 훈련시켰다. 그리고 나서 훈련받지 않은 구피들을 집어넣고 그 행동을 관찰했다. 물고기는 떼를 지어 다니는, 선천적인 것으로 보이는 경향성이 있는데, 이 훈련받지 않은 물고기들은 훈련받은 동료들을 따라서 먹이가 있는 곳을 찾아갔다. 연구자들이 훈련받은 구피들을 훈련받지 않은 구피들로 점차 대체해감에 따라 특정 경로를 따라 먹이를 찾아가는 행동은 계속되었다. 따라서 이는 저절로 지속되는 활동이 되었다.

아마도 동물에게서 그런 '사회적 전승'의 가장 유명한 예는 Imo라는 원숭이에게서 시작되었는데, 이 원숭이는 모래로 덮인 고구마를 물로 씻으면 더 먹기 좋게 된다는 것을 알게 되었다(Kawai, 1963). Imo의 방법은 자기 공동체 전체에 퍼져나갔고 대략 10년 이내에 표준적인 관행이 되었다. 그런 전승이 어떻게 이루어졌는지는 모르지만, 어떤 형태의 관찰학습이 한몫했을 가능성이 커 보인다.

연구자들은 심지어 태국의 야생 원숭이 집단에서 치실질의 사회적 전승에 대한 증거를 관찰하기도 했다. 연구자들은 먼저 아홉 마리의 다 자란 암컷 원숭이들이 인간의 머리털로 자기 이빨을 치실질하는 것을 관찰했다(Watanabe, Urasopon, & Malaivitimond, 2007). (이 원숭이들은 관광객들에게서 머리털을 뽑아낸 것으로 연구자들을 생각한다.) 그 이후 치실질은 그 공동체 내에 널리 퍼져나갔다. 감자 씻기의 경우와 마찬가지로 그런 행동이 어떻게 퍼지는지에 대한 명백한 증거 문헌은 없다. 하지만 일본 교토 대학교의 영장류 동물학자 Nobuo Masataka와 동료들(2009)은 어미 원숭이가 모델링을 통해 자기 새끼에게 치실질을 가르치려 한다는 증거를 발견했다. 이 연구자들은 야생의 붉은털원숭이 암컷 일곱 마리가 치실질을 하는 행동을 비디오로 녹화했다. 그리고 새끼가 주위에 앉아 있을 때와 멀리 있을 때의 행동을 비교해 보았다. 그 결과, 새끼가 주위에 있을 때는 없을 때에 비해 어미가 치실질을 더 자주 멈추고 더 많이 반복하며 더 오래 한다는 것이 밝혀졌다(그림 10-15). 새끼가 어미의 행동을 모방했다는 직접적인 증거는 없음을 연구자들은 인정하지만, 어미들의 그런 행동은 공동체 전체에 치실질이 퍼지는 데 모델링이 한몫했음

그림 10-15
자기 새끼가 있을 때(윗줄)와 없을 때 (아랫줄)의 원숭이의 치실질. 본문의 설명을 보라. (출처: Masataka, N., Koda, H., Urasopon, N., and Watanabe, K. (2009). Free-Ranging Macaque Mothers Exaggerate Tool-Using Behavior when Observed by Offspring. *PLOS ONE* 4(3): e4768.doi: 10.1371/ journal.pone0004768. 이미지는 Nobuo Masataka가 제공함. 사진 ⓒ 2009 Masataka et al.)

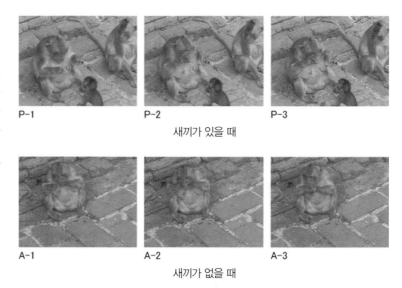

P-1   P-2   P-3

새끼가 있을 때

A-1   A-2   A-3

새끼가 없을 때

을 시사한다.

침팬지들은 새로운 기술의 전파를 위해서는 관찰학습에 더욱 많이 의존하는 것으로 보인다. 앞서 우리는 어떤 문제를 스스로 해결하지 못한 침팬지가 그 문제를 풀고 있는 모델을 관찰하며(Hirata & Morimura, 2000), 어린 침팬지가 자기 어미로부터 개미집에 막대를 집어넣어 어떻게 개미를 '낚시질'하는지를 배운다(Lonsdorf, 2005)는 것을 보았다. 다른 연구들도 침팬지에게서 도구 사용, 자가치료, 털 손질 및 구애 행동이 사회적으로 전승됨을 시사한다(Gruber et al., 2009; Luncz, Mundry, & Boesch, 2012; Whiten, 2006; Whiten et al., 2001).

관찰학습은 인간 사회의 변화에 특히 중요한 역할을 한다. 새로운 도구들은 빠른 속도로 전국에 퍼져나간다. 믿기 힘들겠지만 내가 어렸을 때는 우리 집에 냉장고가 없었다. 음식은 아이스박스(말 그대로, 얼음을 담은 상자)에 넣어서 차게 보관했다. 텔레비전도, 전자레인지도, 컴퓨터도 없었다. 전화를 걸기 위해서는 자판에 있는 숫자를 치는 게 아니라 수화기를 들고 걸고자 하는 전화번호를 교환수에게 말해 주었다. 관찰학습은 새로운 도구의 채택에, 그리고 또한 사회적 관습의 채택에도 중요한 역할을 한다.

관찰학습은 또 사회가 여러 가지 문제에 대처하는 데에도 한몫한다. 고칼로리의 값싼 음식의 가용성과 좌식 생활은 미국에서 전염병 수준의 비만 문제를 일으키고 있다(Ogden et al., 2012). 사람들이 건강한 몸무게를 유지하기 위해 할 수 있는 것은 두 가지다. 하나는 더 건강에 좋은 식사를 하는 것이고, 다른 하나는 운동을 더 많이 하는 것이다. 연구에 따르면 모델링이 사람들로 하여금 더 현명하게 식사를 하도록 유도할 수 있다. 어떤 연구에서는 학생 모델들이 과일을 먹었을 때 급우들도 그렇게 하는 경향이 있었다(Horne et al., 2011; Lowe et al., 2006).

모델링은 운동에도 영향을 줄 수 있다. 애리조나 주립대학교의 Marc Adams와 동료들(2006)의 탐색적 연구가 한 예이다. 연구자들은 샌디에이고 국제공항에서 대부분의 사람이 가까이 있는 계단을 오르기보다는 에스컬레이터를 탄다는 것을 알게 되었다. 계단을 오르는 것은 좋은 운동이어서 건강한 몸무게를 유지하는 데 도움이 될 수 있다. 여기서 물음은, 사람들은 어떤 이가 계단을 오르는 것을 보면 자기도 그렇게 할 가능성이 더 클까였다. 연구자들은 두 종류의 모델(실험 동조자와 '자연적' 모델)의 효과를 조사했다. 실험 동조자들은 그 연구에 관여하는 사람들이 었는데, 이들은 계단 오르기를 할 뿐만 아니라 어떤 경우에는 동료 실험 동조자에 게 "계단으로 올라가자!" 또는 "계단으로 올라가는 게 더 빨라."와 같은 말을 했다. '자연적' 모델은 이 연구의 일부가 아니라 지나가는 행인이었다. 이들은 단지 계단 을 올라가기를 선택했을 뿐인데, 그럼으로써 다른 이들에게 모델 역할을 한 셈이 다. 모델들은 영향력이 있었다. 이 연구 동안 계단을 오른 여성의 비율은 약 68% 증가했다. 반면에 계단을 오른 남성의 비율은 두 배 이상으로 증가했다. 놀랍게도 자연적 모델이 실험 동조자보다 더 좋은 결과를 낳았다. 계단을 오른 사람들은 여 전히 소수였지만 이 연구는 만약 우리가 **일부** 사람들을 운동을 하도록 만들 수 있 다면 다른 사람들도 따라올 것임을 보여 준다. 이는 계단식 폭포 효과를 가져올 수 도 있다고 Adams는 말한다. 왜냐하면 모델의 인도를 따르는 사람들 각자가 모델 이 되고 그러면 다른 사람들이 그들을 따라오도록 유도하게 되기 때문이다.

Adams와 동료들이 관찰자들의 모방 행동을 강화하지는 않았지만, 그렇게 하 면 결과가 더 좋아질 것이라고 믿을 만한 이유가 충분히 있다. 예를 들어, 계단 사 용을 증가시키는 한 방안은 계단통(stairwell)에 음악과 그림을 제공하는 것이었다 (Boutelle et al., 2001). 연구자들은 음악은 매일, 그림은 매주 한 번씩 바꾸었다. 이 두 가지 모두가 계단 오르기를 더 매력적으로 만들었다. 그 결과 계단 사용이 40% 증가했다. 엘리베이터가 아니라 계단을 사용한 사람들은 여전히 소수였지만, 이 두 연구 결과는 모델링과 운동 모방에 대한 강화를 조합하여 대규모로 시행하면 사람들의 건강을 향상시킬 수 있음을 시사한다.

우리는 또한 아마도 상상 속의 모델을 통해서도 행동에 대규모로 영향을 미칠 수 있을 것이다. TV와 영화가 사람들이 선호하는 개의 품종에 영향을 미칠 수 있 음을 앞서 보았다. 만약 존경받는 상상 속 인물이 바람직한 형태의 행동을 보여 준 다면 어떨까? 사람들이 그런 행동을 따라 할까?

PCI(Population Communications International)라는 단체에 따르면 그 답은 '그렇 다'이다. 이들은 교육과 오락을 결합한 텔레비전 및 라디오 프로그램을 제작한다 (Singhal & Rogers, 1999; Singhal et al., 2004). 이들이 제작한 **에듀테인먼트**(edutainment)

프로그램 75개는 40개국 이상의 나라에서 방송되었고 십억 명 이상의 사람이 그것을 접했다(Singhal, 2010). 이 프로그램들은 오락적이면서도 사회적 관습을 변화시키고자 한다. 예를 들면, 인도의 여러 지역에서는 여자아이와 남자아이가 아주 다른 대접을 받는다. 예로서 남자아이의 생일은 축하하지만 여자아이의 생일은 축하하지 않는다. 어떤 라디오 주간 드라마에서는 한 인기 있는 여성 등장인물이 "나는 왜 생일이 없어요?"라고 묻는다. 줄거리는 이 질문을 따라가는데 이 소녀는 결국 생일 축하를 즐겁게 받게 된다. 그 후 이 프로그램이 방영된 지역에서는 여자아이들이 자기 생일을 축하하기 시작했다는 일화적 보고들이 나왔다.

? 개념 점검 11

허구적인 이야기를 이용하여 사회적으로 도움이 되는 행동을 모델링하게 만드는 방략은 무엇인가?

다른 PCI 프로그램들은 성 평등, 성 노예 및 기타 사회 문제들을 다루었다. 아쉽게도 지금까지는 이런 노력이 큰 효과를 거두었다는 확실한 증거가 거의 없어 보인다. 한 사례에서 연구자들은 AIDS가 주요 문제인 탄자니아에서 방영된 한 프로그램 덕분에 사람들이 성 파트너를 덜 바꾸고, 콘돔을 더 자주 사용하며, 바늘과 면도칼 함께 쓰기를 덜 하게 되었다고 주장한다(Vaughan et al., 2000). 그러나 이런 주장들은 설문조사와 면접에서의 자기 보고에서 나온 것이다. 내가 알 수 있는 한, PCI 프로그램과 새로운 AIDS 감염률 감소 사이의 연관성을 보여 준 사람은 아직 아무도 없다.

에듀테인먼트 접근은 모방된 행동이 자연적으로 강화를 받을 것이라고 가정하는데, 자연적으로 발생하는 강화물은 새로운 행동을 유지시키기에 불충분한 경우가 종종 있다. 그래서 그 새로운 행동이 잘 정착될 때까지 인위적 강화물을 제공해야 할 수도 있다. 이 문제가 해결된다면 언젠가는 에듀테인먼트가, 관찰학습을 일으키는 한 방법으로서, 사회가 진보하는 데 중요한 역할을 담당할지도 모른다. 불행히도 에듀테인먼트는 사회가 더 나쁜 방향으로 변하는 데에도 한몫할 수 있다('관찰학습의 어두운 면'을 보라).

10.6 요약

관찰학습에 대한 기초 연구는 우리가 실용적인 문제에 대처하도록 도울 수 있는 방식에 관한 연구로 이어졌다. 제법 많은 관심을 끌어온 두 분야는 교육과 사회 변화이다. 관찰학습은 교습(교실 안과 밖 모두에서)에 매우 중요한데, 관찰학습에 필요한 기술이 부족한 사람들 중 일부는 그런 기술을 습득할 수 있음이 연구에서 밝혀졌다. 관찰학습은 또한 사회 변화에서 중요한 역할을 하며, 사회의 진보에 도움이 될 잠재력을 갖고 있다.

관찰학습의 어두운 면

관찰학습은 사회의 진보를 돕는 데 중요한 기제이지만, 우리가 관찰을 통해 배우는 것이 모두 우리에게 또는 사회에 도움이 되는 것은 아니다. 예를 들어, 관찰학습은 개인과 사회가 더 공격적으로 되게 만들 수 있음을 많은 연구가 보여 준다.

사람들은 주변의 다른 사람들을 관찰함으로써(Bandura, Ross, & Ross, 1961; Bandura, 1973; Bandura & Walters, 1959; Rosekrans and Hartup, 1967)뿐만 아니라 텔레비전과 영화를 봄으로써(Huesmann & Miller, 1994; Huesmann et al., 2003; Wyatt, 2001), 비디오 게임을 함으로써(Anderson et al., 2010; Bushman & Gibson, 2010), 허구적인 이야기를 읽음으로써도(Coyne, et al., 2012) 공격적 행동을 습득한다.

미국의 소아과의사협회, 심리학회, 아동청소년정신건강의학협회, 의사협회의 회원들을 포함한 전문가 위원회는 텔레비전과 영화에 나오는 폭력이 아동의 공격 행동에 미치는 효과에 관하여 30년 넘게 수행된 1,000개 이상의 연구를 개관했다(Wyatt, 2001). 이 위원회는 인과관계가 있다는 증거가 '압도적으로' 많다고 결론 내렸다.

범죄행위 또한 관찰을 통해 학습될 수 있다. 오래전에 Bandura(1973)는 텔레비전 덕분에 어른과 아이 모두에게 "안방에 편히 앉아서도 흉악한 행동의 전모를"(p. 1101) 학습할 기회가 무제한으로 주어진다고 지적했다. 그리고 사람들은 실제로 그렇게 학습한다. 폭력적이고 범죄적인 행위를 텔레비전과 기타 대중매체에서 보는 것은 사람들을 그런 행위를 수행하도록 이끈다(예: Council on Communications and Media, 2009; Johnson et al., 2002; Kuntsche et al., 2006; Linz, Donnerstein, & Penrod, 1988). 따라서 아동이 8세 때 텔레비전을 본 시간이 많을수록 30세가 되었을 때 심각한 범죄로 유죄선고를 받았을 가능성이 크다는 것이 종단적 연구에서 발견되었다(DeAngelis, 1992에 보고됨)는 게 놀라운 일이 아닐지도 모른다.

이 모든 것의 요점은 관찰학습이 우리에게, 우리 아이들에게, 그리고 사회에 바람직하거나 바람직하지 않은 변화를 일으킬 수 있다는 것이다. 문제는, 어떤 종류의 변화를 우리가 원하는가이다.

맺음말

관찰학습은 역사적으로 가장 덜 연구된 형태의 학습이지만 중요한 기능을 하는데, 특히 더 사회적인 동물에게서 그러하다. 인간은 관찰로부터 학습하는 데 특별히 능숙해서 우리 종의 생존에 관찰학습이 크게 기여해 왔음에는 의심의 여지가 거의 없다. 독성 음식 피하기나 독사와 독거미 피하기를 학습하기 위해 우리 모두가 그 음식을 먹어 보거나 그것에 물려보아야 할 필요는 없다. 우리는 그것들이 다른 사람에게 일으키는 효과를 보고서 배운다. 마찬가지로 한 사람이 어떤 식물을 끓이면 맛이 더 좋아진다는 것을 발견한다면 다른 사람들이 곧 그를 따라 할 것이다. 우리는 인간이라는 종이 심각한 위협(천연자원의 고갈, 기후 변화, 전 세계적인 전염병, 공해)에 직면한 시대에 살고 있다. 그런 문제들에 효과적으로 대처하려면 우리는 서로에게서 배워야 한다.

핵심용어

과잉모방(over-imitation) 332
관찰학습(observational learning) 320
능동적 모델(active model) 320
대리 강화(vicarious reinforcement) 320
대리 처벌(vicarious punishment) 320
동기 과정(motivational process) 344
모방(imitation) 328
모방 일반화(generalized imitation) 333
비사회적(asocial) 325
비사회적 관찰학습(asocial observational learning) 327
사회적(social) 320

사회적 관찰학습(social observational learning) 320
에듀테인먼트(edutainment) 353
에뮬레이션(emulation) 330
운동 재현 과정(motor-reproductive process) 344
유령 조건(ghost condition) 326
조작적 학습 모형(operant learning model) 345
주의 과정(attentional process) 343
파지 과정(retentional process) 343
학습 중인 모델(learning model) 336
Bandura의 사회인지 이론(Bandura's social cognitive theory) 343

복습문제

1. 대학 캠퍼스에 어떤 유행을 만들어 내려면 관찰학습 절차를 어떤 식으로 사용하겠는가?

2. 비사회적 관찰학습에 대리 강화가 관여하는가?

3. 모델링을 사용하지 않고 어떻게 아이에게 신발 끈을 묶는 법을 가르칠 수 있을까?

4. 어떤 연구자들은 모방이 학습의 한 형태라고 말한다. 동의하는가?

5. 과잉모방은 장점인가 아니면 단점인가?

6. Bandura의 사회인지 이론과 조작적 학습 모형 간의 주된 차이는 무엇인가?

7. 에듀테인먼트가 사악한 목적으로 사용된 적이 있는가?

8. 주의에 관한 Bandura의 관점은 조작적 학습 모형의 관점과 어떻게 다른가? 어느 것이 더 과학적인가? 당신은 어느 것을 선호하는가?

9. 관찰학습에 관한 연구의 부족 그 자체가 어떻게 관찰학습 때문이었을 수도 있을까?

연습문제

1. 관찰학습은 _____을 관찰함으로 인한 행동의 변화로 정의할 수 있다.

2. 이 책은 관찰학습을 두 유형, 즉 _____와 _____으로 나누고 있다.

3. 모델의 행동의 결과에는 두 종류, 즉 _____와 _____이 있다.

4. 일반적으로 모델에게서 배울 수 있는 능력은 연령과 함께 _____(증가/감소)한다.

5. 모델이 수행한 행동이 강화를 받지 못할 때조차 모델을 모방하는 경향성을 _____라고 부른다.

6. 모델의 행동의 무관한 측면을 모방하는 것을 _____이라고 부른다.

7. Viki는 _____였다.

8. Bandura의 이론은 네 가지 과정에 의존한다. 이 과정들은 _____, _____, _____, _____이다.

9. 조작적 학습 모형은 관찰학습이 _____의 한 변형이라고 말한다.

10. 어떤 연구자들은 비사회적 관찰학습을 연구하기 위해 _____조건을 사용한다.

일반화, 변별, 자극통제

이 장에서는

1 연구의 시작
2 일반화
   ■ 치료의 일반화
3 변별
4 자극통제
5 행동분석에서의 일반화, 변별, 자극통제
   심적 회전: 일반화의 예
   개념 형성: 변별학습의 예
   흡연의 재발: 자극통제의 예
6 일반화와 변별의 이론
   파블로프의 이론
   Spence의 이론
   Lashley-Wade 이론
맺음말
   핵심용어 | 복습문제 | 연습문제

"아메리카 삼나무 한 그루를 봤으면, 아메리카 삼나무는 다 본 것이나 마찬가지이다."

_ Ronald Reagan

"비슷하다. 그러나 아! 이렇게 다를 수가!"

_ William Wordsworth

들어가며

조작적 학습이란 특정 자극에 특정 반응을 하는 것이라고 사람들은 흔히 생각한다. 그러나 그런 제약은 조작적 학습의 유용성을 심각하게 제한한다. 예를 들면 개개의 신호등은 다른 모든 신호등과 크기, 모양, 색깔 및 위치가 정확히 똑같아야 할 것이고, 그렇지 않으면 사람들이 신호등에 다가갔을 때 어떻게 해야 할지 모를 것이다. 다행스럽게도, 우리가 한 상황에서 학습한 것은 유사한 상황에까지 전이되기 쉽다. 이는 생존에 필수적인 일이다. 하지만 그런 '전이'가 때로는 문제를 일으킬 수 있다. 예를 들어, 빨강 신호등에는 초록 신호등에 대해서와는 달리 반응할 필요가 있기 때문이다. 이 장은 이런 현상들과 그것이 일상생활에 어떻게 적용되는지를 이해하는 것을 목표로 한다.

학습목표

이 장을 공부하고 나면 다음의 것들을 할 수 있을 것이다.

11.1 이 장에서 다룰 세 가지 기본 학습 개념을 파악한다.
11.2 자극 일반화를 설명한다.
11.3 자극 변별을 설명한다.
11.4 자극통제를 설명한다.
11.5 우리의 삶에서 일반화, 변별 및 자극통제를 사용하는 세 가지 측면을 설명한다.
11.6 일반화와 변별의 세 가지 이론을 기술한다.

11.1 연구의 시작

학습목표 ---

이 장에서 다룰 세 가지 중요한 학습 개념을 파악하려면

1.1 이 장에서 다룰 세 가지 중요한 학습 개념을 나열한다.

1.2 이 장에서 다룰 세 가지 중요한 학습 개념의 예를 든다.

캐나다 극지방의 척박한 얼음 땅에서는 물개 사냥이 이누이트족에게 기본적인 생존기술이었다. 소총을 든 유럽인들이 도래하기 전까지 이누이트족은 창을 가지고 사냥을 했다. 물개를 잡기 위해서는 물개에 가까이 가야 했는데, 극지방에는 몸을 숨길 데가 거의 없어서 그러기가 쉽지 않았다. 물개들은 인간이 위험할 정도로 가까이 오기 훨씬 전에 인간을 보고서는 얼음 구멍 아래로, 또는 빙하 가장자리에서 바다로 미끄러져 들어가 사라져 버릴 수 있었다. 사냥꾼의 해결책은 물개 흉내를 내면서 접근하는 것이었다. 즉, 낮게 엎드려 기어가면서 물개들이 하듯이 가끔 머리를 쳐들곤 했다. 그렇게 천천히 전진하면서 운이 좋으면 물개에 충분히 가까이 가서 창을 던져 맞출 수 있었다.

20세기 초에 이누이트족과 함께 살았던 Edward Maurice(2005)는 어느 날 어린 이누이트족 소년이 마을에서 놀고 있는 것을 본 이야기를 들려준다. 이 소년은 물개 사냥꾼 놀이를 하고 있었다. 사냥꾼이 물개를 흉내 내는 것과 똑같이 소년은 땅에 엎드려 기어가면서 때때로 머리를 들어 주위를 둘러보았다. 불행히도 이 사냥꾼 놀이는 비극적으로 끝났다. 마을의 썰매 개들이 소년을 보고서는 공격하여 죽였던 것이다. 개들은 소년을 물개로 잘못 알았음이 분명하다.

이 슬픈 이야기는 중요한 학습 개념 세 가지, 즉 일반화, 변별, 자극통제를 잘 보여 준다. 이 주제들을 연구하는 학자들은 대부분 비둘기와 쥐를 대상으로 원반 쪼기와 레버 누르기를 가지고 연구한다. 그런 실험은 이 기본 현상들을 이해하게 해주지만, 학생들에게는 일상생활의 경험과 동떨어진 것처럼 보일 때가 많다. 그런 실험에 대해서 읽을 때 이누이트 사냥꾼, 물개, 얼음 땅에서 기어가는 소년의 비극적인 이야기를 마음속에 떠올리면 좋을 것이다.

11.2 일반화

🔲 **학습목표** --

자극 일반화를 설명하려면

2.1　일반화의 네 유형을 기술한다.

2.2　자극 일반화의 두 가지 예를 제시한다.

2.3　공포 조건형성의 일반화의 예를 두 가지 제시한다.

2.4　강화 이후 일어나는 일반화의 예를 세 가지 제시한다.

2.5　소거 이후 일어나는 일반화의 예를 하나 제시한다.

2.6　처벌 이후 일어나는 일반화의 예를 하나 제시한다.

2.7　일반화를 증진하기 위한 방략을 논의한다.

2.8　일반화에서 생겨날 수 있는 네 가지 문제점을 파악한다.

일반화(generalization)는 어떤 학습 경험의 효과가 퍼져나가는 경향성을 가리킨다. 어떤 학자들은 이를 **전이**(transfer)라고도 부르는데, 왜냐하면 학습 경험의 효과가 '이동'하기 때문이다. 퍼센트에 대해서는 초등학교에서 배우지만 그 지식은 우리가 외식을 나가서 웨이터에게 줄 팁을 계산하는 데 전이시킨다, 즉 일반화한다. 연구자들은 학습이 어디로 전이되는지에 따라 네 종류의 일반화를 구분한다(Cooper, Heron, & Heward, 2007).

- 사람에 걸친 일반화[대리 일반화(vicarious generalization)라고도 부를 수 있을 것이다. 10장 참고]
- 시간에 걸친 일반화(반응 유지라고도 불린다). 망각의 반대로 간주할 수 있음 (12장 참고)
- 행동에 걸친 일반화(반응 일반화라고 한다)
- 상황에 걸친 일반화(자극 일반화라고 한다)

　관찰학습에 관한 10장은 많은 부분을 할애하여 첫째 유형의 일반화, 즉 모델의 학습 경험이 관찰자의 학습 경험으로 일반화되는 것을 다루었다. 망각에 관한 다음 장은 주로 둘째 유형의 일반화, 즉 시간에 걸친 행동의 일반화를 다룰 것이다. 셋째 유형인 **반응 일반화**(response generalization)는 한 행동의 변화가 다른 행동에까지 퍼져 나가는 경향성이다. 쥐가 오른쪽 앞발로 레버를 눌러서 먹이를 받게 되면, 나중에 왼쪽 앞발로 또는 턱으로 레버를 누를 수도 있다. 마찬가지로 한 아이가 장난감을 다른 아이와 같이 갖고 놀 마음이 있음을 표현하는 데에 보상을 받으면, 그 아이가 실제로 장난감을 다른 아이와 **같이** 갖고 **노는 행동**을 할 가능성이 커진다(Barton & Ascione, 1979). 이 세 유형의 일반화가 모두 중요한 기능을 하지만 기초 연구자와 응용 연구자 모두에게서 가장 관심을 받는 것은 자극 일반화이기 때문에 우리는 이를 좀 자세히 살펴볼 것이다. 이제부터 일반화라는 용어를 쓸 때는 자극 일반화를 의미한다.

자극 일반화(stimulus generalization)는 행동의 변화가 한 상황에서 다른 상황으로 퍼져 나가는 경향성을 가리킨다. 우리는 흔히 그것을 학습 시에 존재하지 않았던 자극에 대하여 반응하는 경향성이라고 정의한다. 이 정의는 불빛이나 소리 같은 한두 가지 특징만 제외하고는 환경이 일정하게 유지되는 실험실 상황에서 측정되는 일반화에 아마도 더 잘 들어맞을 것이다. 그러나 어떤 자극이 실제로 단독으로 일어나는 법은 없다. 자극은 항상 어떤 맥락, 어떤 상황을 포함한다. 우리가 개에게 앉기 훈련을 시킬 때 바라는 바는, 그 행동이 아무 방해가 없는 부엌(훈련 맥락)에서부터 산책 시에 낯선 사람에게 인사할 때나 동물병원에서 수의사가 진찰을 할 때(새로운 맥락)로 일반화되는 것이다. 따라서 일반화란 우리가 한 상황에서 배운 것이 다른 상황에까지 넘겨지는 것, 즉 전이되는 것이라고 말할 수 있다. 일반화에선 행동이 한 곳에서 다른 곳으로 '이동한다'고 말할 수 있을 것이다.

❓ 개념 점검 1

일반화란 무엇인가?

이 현상을 명료하게 보여 주는 몇몇 예가 있다. 파블로프식 조건형성에서 개가 소리굽쇠에서 초당 1,000회로 진동하는 소리가 나면 침을 흘리도록 학습한다고 하자. 이 훈련 후에 개는 소리굽쇠에서 이를테면 초당 900~1,100회로 진동하는 소리가 나면, 그런 자극을 경험한 적이 전혀 없는데도 침을 흘릴 수 있다. 조건반응(CR)이 조건자극(CS)과는 다른 자극들에까지 퍼져 나가는, 즉 일반화되는 것이다.

Watson과 Rayner(1920)의 유명한 연구(4장을 보라)는 조건반응의 일반화의 또 다른 예를 보여 준다. 아기 앨버트가 흰쥐에 대한 공포를 학습했던 일이 기억날 것이다. 흰쥐에 대한 공포를 형성시킨 후, Watson과 Rayner는 앨버트가 다른 자극에도 역시 공포반응을 일으키는지 검사하였다. 이들은 앨버트에게 흰 토끼, 솜, 산타클로스 가면을 제시했다. 앨버트가 흰쥐에 대한 공포를 학습할 때 이 자극들을 접한 것은 아니었는데도 앨버트는 이것들 역시 두려워했다. 앨버트의 공포는 흰쥐에서부터 하얗고 털이 있는 다른 대상들에게로 퍼져 나갔다. 즉, 일반화되었다.

Carl Hovland(1937)는 대학생들에게서 공포 조건형성의 일반화를 연구했다. 그

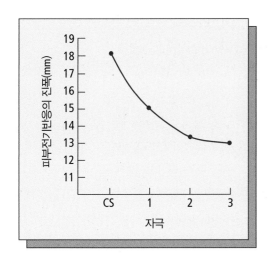

그림 11-1
일반화 기울기 CS에 대한, 그리고 CS와 점점 더 달라지는 다른 소리들(1, 2, 3)에 대한 조건반응(GSR)의 평균 강도. (출처: Carl Hovland, 1937, "The Generalization of Conditioned Responses: 1. The Sensory Generalization of Conditioned Responses with Varying Frequencies of Tone," *Journal of General Psychology*, 17, p. 136, Figure 2. 저작권 ⓒ 1937 by the Journal Press)

는 특정 높이의 음(CS)을 약한 전기충격(US)과 짝지어 제시하고, 피부전기반응(galvanic skin response: GSR. 정서적 각성의 한 측정치로서 여기서 UR이다)을 측정하였다. 조건자극(CS)과 무조건자극(US)을 16회 짝짓고 나서 Hovland는 CS를 포함하여 네 개의 음을 제시했다. 그 결과 GSR은 원래의 음에서부터 다른 음들로까지 퍼져 나갔고, 음 자극이 CS와 덜 비슷할수록 조건반응(CR)은 더 약했다. 자극 일반화 자료를 그래프로 그려보면 **일반화 기울기**(generalization gradient)라는 형태가 그려진다(그림 11-1).

? 개념 점검 2

일반화 기울기는 무엇을 보여 주는가?

많은 행동이 일반화 기울기를 나타낸다. 예를 들어 FeldmanHall과 동료들(2018)은 심지어 낯선 사람에 대한 우리의 사회적 평가도 일반화 기울기를 보일 수 있음을 발견하였다. 참가자들이 매우 믿을 만한 파트너, 다소 믿을 만한 파트너, 그리고 매우 믿지 못할 파트너와 함께 게임을 하였다. 게임의 둘째 판을 위해 파트너를 선택할 기회가 주어지자 그들은 믿을 만한 파트너와 비슷하게 생긴 파트너를 선택했다.

강화에 뒤이어 나타나는 일반화에 대한 최초의 보고는 아마도 Thorndike(1989)로부터 나왔을 것이다. 그는 "발톱으로 할퀴어서 A 상자에서 빠져나오기를 학습한 고양이를 C 상자나 G 상자에 넣으면 이 고양이는 처음에 본능적으로 나타냈던 것보다 훨씬 더 많이 사물을 할퀴는 경향이 있음"(p. 14)을 관찰했다. 다시 말하면, 할퀴기가 A 상자에서 C 상자와 G 상자로 일반화되었다.

그림 11-2

일반화 기울기 특정한 색깔(이 경우에는 550nm의 파장)의 원반을 쪼는 것이 강화를 받았을 때는 비둘기가 그 원반을 높은 비율로 쪼았다. 그러나 비둘기는 또한 원래의 원반과 유사한 원반들도 쪼았다. (출처: Guttman & Kalish, 1956)

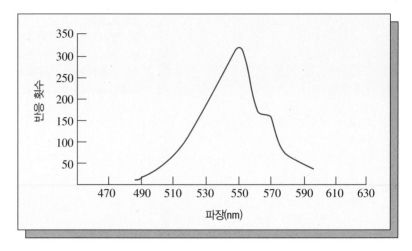

Thorndike의 뒤를 따랐던 학자들은 일반화를 더욱 엄밀한 방식으로 연구하였다. 한 고전적인 연구에서 Norman Guttman과 Harry Kalish(1956)는 비둘기를 특정 색깔의 원반을 쪼도록 훈련했다. 그런 후에 그 원반이 훈련 시에 사용된 색깔을 비롯하여 다양한 색깔일 때 각 색깔에 대해 30초 동안 쫄 기회를 주었다. 비둘기들은 원반에 훈련 시에 사용된 색깔의 불이 켜질 때 가장 빈번하게 쪼았는데, 하지만 다른 색깔일 때도 역시 쪼았다. 일반화 기울기가 보여 주듯이, 원반이 훈련 원반과 더 유사할수록 비둘기들은 더 많이 쪼았다. 만약 원반이 훈련 원반과 거의 같은 색깔로 반짝이면 비둘기들은 마치 그것이 훈련 원반인 양 거의 동일하게 많이 쪼았다. 반면에 원반이 아주 다른 색깔이면 거의 건드리지도 않았다(그림 11-2).

일반화는 원반 쪼기 같은 아주 구체적인 행동에만 한정된 게 아니다. 더 넓은 행동 경향성도 역시 일반화된다. 6장에서 배운 바를 상기해 보면, Robert Eisenberger와 그의 동료들은 사람들에게 한 과제에서 많은 노력을 하는 데에 보상을 주면 다른 과제들에서도 노력의 정도가 증가한다는 것을 발견했고, 이 현상을 학습된 근면성이라고 불렀다. 이는 열심히 노력하기가 한 상황에서 강화를 받으면 다른 상황에까지 일반화될 수 있음을 의미한다. 비록 '열심히 노력하기' 자체는 하나의 구체적인 행위가 아닌데도 말이다.

관찰학습에 관한 장에서 우리는 일반화되는 행동 경향성의 한 예를 보았다. 이제 왜 그것을 모방 일반화라고 부르는지 알게 되었을 것이다.

일반화 연구는 대개 강화의 효과를 다루지만, 소거에 의해 생겨나는 행동의 변화 또한 학습 상황을 넘어서 퍼져 나간다. 예를 들어, R. E. P. Youtz(Skinner, 1938에 보고되었다)는 수평 레버를 눌러서 먹이를 얻도록 쥐들을 훈련하고 나서는 그 행동을 소거시켰다. 그런 후에 수직 레버가 있는 상자에서 쥐들을 검사했다. 그의 발견에 따르면 소거 절차의 효과가 쥐가 새로운 수직 레버를 누르는 경향성을 감소시켰다. Youtz는 다른 쥐들을 수직 레버를 누르도록 훈련하고 나서 그 행동을 소거시킨 후에 수평 레버에 대하여 검사를 하였다. 이번에도 역시 소거의 효과는 새로운 상황에까지 퍼져 나갔다. 전체적으로 소거 절차는 유사한 상황에서의 수행 경향성을 63% 정도 감소시켰다.

처벌로 인한 행동의 억압도 강화나 소거의 효과와 아주 유사한 방식으로 퍼져 나간다. Werner Honig와 Robert Slivka(1964)는 다양한 색깔의 원반을 쪼도록 비둘기를 훈련했다. 비둘기들이 모든 색깔을 동일한 비율로 쪼게 되었을 때, 실험자는 원반 쪼기를 계속 강화했지만 원반이 어떤 특정 색깔일 때는 쪼기를 처벌했다. 원반이 그 색깔일 때 쪼는 경향은 물론 감소했지만, 다른 색깔일 때 쪼는 경향 또한 감소했다. 쪼기의 빈도는 그 원반이 처벌된 색깔과 얼마나 유사한지에 따라 체계적으로 달라졌다. 따라서 처벌의 효과는 강화나 소거에서 나타나는 것과 같은 일반화 기울기를 만들어 내었다. 기본적으로 동일한 현상을 인간에게서도 관찰할 수 있다(O'Donnell & Crosbie, 1998; Lerman et al., 2003).

일반화는 흔히 일어나지만 이를 당연한 것으로 생각할 수는 없다(Birnbrauer, 1968; Miller & Sloane, 1976; Wolf et al., 1987). 예를 들어, D. E. Ducharme와 S. W. Holborn(1997)은 취학 전 연령의 청각 장애 아동 다섯 명에게 사회적 기술 훈련 프로그램을 시행했다. 이 훈련 프로그램 상황에서는 사회적 상호작용이 높고 안정된 비율로 나타났지만, 그 사회적 기술이 다른 상황에까지 많이 일반화되지는 않았다.

다행히 연구자들은 훈련 효과의 일반화를 증가시키는 방법을 알아냈다(Baer, 1999; Cook & Mayer, 1988; Francisco & Hanley, 2012; Stokes & Baer, 1977; Stokes & Osne, 1989). 예를 들어, 아주 다양한 상황에서 훈련을 시켜서 그렇게 할 수 있다. 비둘기에게 무슨 색깔이든 상관없이 원반을 쪼게 하려면 아주 다양한 색깔의 원반을 쪼는 반응을 강화하면 된다. 아니면 아주 많은 예를 제공할 수도 있다. 또는 아마도 결과를 다양하게 변화시켜도 될 것이다. 어떤 행동을 강화하는 것이 목표라면, 강화물의 종류, 양 및 계획을 변화시켜라. 또는 일반화가 일어날 때 그것을 강화해도 될 것이다('치료의 일반화'를 보라.)

❓ 개념 점검 3

여러 상황에 걸쳐 일반화를 증가시키는 한 방법을 말하라.

일반화 및 그것의 향상에 대한 연구는 여러 실제 상황에서 중요한 시사점을 갖는다. 교육자 중에는 학생이, 예를 들어 피타고라스 정리나 물에 의한 빛의 굴절 같은 어떤 원리를 일단 이해하고 나면 다른 어떠한 상황에라도 응용할 수 있어야 한다고 가정하는 이가 많다. 그러나 학생이 피타고라스 정리를 수업 시간에 교사가 낸 기하학 문제에 응용할 수 있다고 해서 창고에서 새집을 만들 때 반드시 그 정리를 응용할 것이라는 보장은 없다. 관리자가 직원에게 도구의 조작법이나 안전 절차를 따르는 법을 알려 줄 때도 똑같은 실수를 범한다. 부모들 또한 아이가 거리를 건널 때 길 양쪽을 살펴보기를 배웠다고 해서 도로로 굴러 들어가는 공을 아이가 쫓아갈 때도 그렇게 할 것이라고 기대해서는 안 된다는 사실을 알아야 한다 (Miltenberger, 2009).

학습의 일반화를 증가시키기 위해 무언가를 하는 것이 중요하기는 하지만, 우리가 항상 일반화가 일어나기를 바라는 것은 아니다. 한 상황에서 유용한 행동이 다른 상황에서도 항상 도움이 되는 것은 아니다. 예를 들면, Thorndike(1898)는 어떤 상자에서 고리를 당겨 탈출하기를 학습한 고양이가 나중에 그 고리가 제거되었을 때도 똑같은 곳을 앞발로 당기려 한다(!)는 것을 발견했다. 이와 마찬가지로 기숙사에서 음란한 농담으로 사람들을 크게 웃긴 대학생이 가족과의 저녁식사 자리에서는 똑같은 농담에 아무도 반응을 하지 않음을 알게 될 수도 있다.

Carol Dweck과 Dickon Repucci(1973)는 일반화가 어떻게 교사와 학생에게 불리하게 작용할 수 있는지 보여 주었다. 교사들은 먼저 학생들에게 해결 불가능한 문제들을 주었다. 그 후에 해결 **가능한** 문제들을 주었지만 학생들은 그것을 풀지 못했다. 포기하려는 경향이 첫 번째 상황에서 두 번째 상황으로 일반화되었던 것으로 보인다. 다른 교사가 해결 가능한 문제들을 주자 학생들은 문제해결에 성공했다.

일반화는 또한 문제행동을 보통보다 더 심각하게 만들 수 있다. 예를 들어, 유해한 결과로부터 더 많이 일반화하는 사람은 똑같은 결과로부터 덜 일반화하는 사람보다 하루 종일 더 많은 불안을 느끼며 부정적인 침투적 사고가 있다고 보고한다(Norbury, Robbins, & Seymour, 2018). 커다란 풍선 인형을 때리는 행동이 강화를 받은 아이들은 나중에 다른 아이들과 어울릴 때 더욱 공격적으로 되는 경향이 있다(Walters & Brown, 1963). 풍선 인형과 실제 아이는 상당히 다르지만 그럼에도 불구하고 공격적 행동이 한쪽에서 다른 쪽으로 일반화되었다.

일반화 때문에 비극적인 결과가 생길 때도 가끔 있다. 미국 국립공원에서는 매년 곰이 사람에게 부상을 입힌다. 그런 사례 대부분은 일반화가 관여하는 경우가 많을 것이다. 예를 들면, 블루베리나 기타 먹이가 있는 지역에 사람이 가까이 가면 곰이 공격을 하는 경우가 가끔 있다. 곰은 먹이를 두고 경쟁하는 다른 곰이나 사슴을 쫓아냈을 수 있는데, 따라서 이 행동이 사람에게까지 일반화될 수도 있다. 비록 사람은 일반적으로 곰과 먹이를 두고 경쟁하지 않는데도 말이다. 앞서 나왔던 이누이트족 소년을 공격했던 개들도 또한 일반화를 하고 있었다. 그 개들은 실제 물개를 서슴없이 공격하여 죽이곤 하는데, 이 행동이 물개를 흉내 내던 소년에게까

치료의 일반화

환자는 37세의 여성으로 164cm의 키에 몸무게는 22kg이 안 되었다. 그녀가 생명이 위험할 정도로 여윈 이유는 스스로 금식을 했기 때문이다. 그녀는 거식증이라 불리는, 먹는 행위에 대한 혐오를 갖고 있었다.

Arthur Bachrach과 동료들(1965)은 이 환자의 자기 파괴적인 음식 거부를 중지시키는 과제를 맡았다. 이들은 조성과 강화 원리를 써서 그녀가 점점 더 많이 먹도록 하였다. 이 계획은 효과가 있어서 그녀는 병원에서 퇴원할 정도로 체중이 늘었다. 그러나 집으로 돌아가서는 어떨까? 그녀가 금식을 다시 할까, 아니면 치료의 효과가 새로운 상황으로 일반화될까?

일반화의 문제는 치료자에게는 결정적인 것이다. 사람의 행동이 병원이나 클리닉에서 변하더라도 그 변화가 그 사람의 집과 직장에까지 이어지지 않는다면 거의 소용이 없기 때문이다. 일반화 문제를 공략하는 한 방법은 자연환경을 변화시켜 적절한 행동이 계속해서 높은 비율로 강화를 받도록 하는 것이다. Bachrach와 그의 동료들은 이 접근법을 사용했다. 이들은 환자의 가족에게 여러 가지 면에서 협조해 주기를 부탁했다. 그들은 가족들에게 무엇보다도 환자의 병약함을 강화하기를 피하고, 환자가 체중을 유지하면 예컨대 환자의 외모를 칭찬해 줌으로써 강화를 주고, 유쾌한 환경에서 다른 사람들과 식사하기를 격려해 달라고 요청했다.

가정에서 적절한 행동이 강화를 받으면 그 행동이 다른 장면에까지 일반화될 수 있을 것이다. 이런 다른 장면들에서 자연스럽게 일어나는 강화가 그 바람직한 행동을 유지할 수 있으리라는 것이 연구자들의 바람이었다. 이 바람은 충족되었다. 예를 들어, 환자가 다과가 제공되는 사회적 모임에 참석하였다. 그런 상황에서 이전에는 그녀가 항상 음식을 사양했지만, 이번에는 도넛을 하나 달라고 하여 모든 사람을 놀라게 하였다. 그녀가 도넛을 맛있게 먹는 동안 모든 사람의 시선이 그녀에게로 집중되었는데, 나중에 그녀는 그렇게 모든 이의 관심을 받자 상당히 기분이 좋았음을 인정했다.

일반화가 항상 이렇게 쉽게 확립되지는 않는다(Holland, 1978; Miller & Sloane, 1976; Wolf et al., 1987). 비행청소년이 특수 재활센터에서 타인과 협동하는 사회적 기술을 습득한 후, 공격적이고 반사회적인 행위가 강화를 받고 협동 행동은 처벌을 받는 가정과 공동체로 돌아가면 다시 옛날의 나쁜 습관이 되살아나기 마련이다. 줄담배를 피우는 사람은 비흡연자들과 휴가를 가서는 담배를 끊어도 흡연이 강화를 받는 담배 연기 가득한 방들이 있는 세상으로 다시 돌아가야만 한다. 치료의 효과를 자연환경에까지 일반화시키는 문제는 치료자들이 직면하는 가장 어려운 문제 중 하나이지만, 일반화 원리를 이해하면 도움이 된다.

지 일반화된 것이었다. 인간 또한 비극적인 일반화 오류를 범한다. 곰의 공격은 사람이 야생 곰을 마치 반려동물처럼 생각하고 접근할 때 발생하는 경우가 많다. 어떤 사람은 어린 딸을 곰과 함께 사진에 담고 싶어서 딸에게 먹이를 좀 가지고 곰에게 다가가기를 재촉했다. 그 딸이 단지 손가락 하나만 잃게 된 것은 불행 중 다행이었다. 여러 해 전에 나는 한 스카이다이버의 죽음에 관한 신문기사를 읽었다. 그의 낙하산은 펼쳐지지 않았는데, 낙하산이 잘못된 것은 아니었다. 알고 보니 그는 새로운 낙하산을 사용했는데, 당기는 끈이 예전의 낙하산과 반대쪽에 있었다. 떨어져 죽기까지 그는 이전에 당기는 끈이 있었던 부분을 낙하산이 찢어질 정도로 당겼다. 그의 행동은 예전의 낙하산에서 새 낙하산으로 일반화되었던 것이다.

일반화는 또한 증오 범죄에도 한몫하는 것으로 보인다. 2001년 9월 11일에 아랍계 극렬분자들이 미국에 가한 테러 이후, 미국에 사는 많은 아랍계 사람을 많은 이들이 공격했다. 이런 범죄의 피해자들은 단지 테러에 가담한 사람들과 신체적으로 유사했을 뿐이었다. 가해자들은 9·11 테러에 관여한 사람들을 공격하고 싶었을 테지만 그 사람들 가까이에 갈 수 없었고 따라서 그들과 닮은 사람을 공격했던 것이다. Neal Miller(1948b)는 오래전에 그러한 전위된 공격성(displaced aggression)이 자극 일반화 때문이라는 증거를 제공한 바 있다(Matsuda et al., 2020도 참조하라).

일반화는 중요한 기능을 하지만 심각한 문제도 따라온다는 점을 잊지 말아야 한다. 바로 변별이다.

❓ 개념 점검 4

프로이트는 전위된 공격성에 대한 이야기를 했다. 전위된 공격성은 무엇의 한 예인가?

11.2 요약

일반화란 학습 효과가 퍼져 나가는 경향이다. 학습 효과는 다른 행동들, 다른 사람들, 그리고 다른 시간에까지 퍼져 나갈 수 있지만, 아마도 가장 중요한 형태의 일반화는 다른 상황들로 퍼져 나가는 것이다. 이 자극 일반화 없이는 변화하는 환경에 적응하는 데 학습의 유용성이 훨씬 떨어질 것이다.

11.3 변별

학습목표

자극 변별을 설명하려면
3.1   자극 일반화와 자극 변별 사이의 관계를 기술한다.
3.2   변별훈련의 두 가지 예를 든다.
3.3   동시 변별훈련의 예를 하나 든다.
3.4   연속 변별훈련의 예를 하나 든다.
3.5   표본 짝 맞추기 과제의 예를 하나 든다.
3.6   이질 짝 맞추기의 예를 하나 든다.
3.7   무오류 변별훈련의 예를 두 가지 든다.
3.8   차별적 결과 효과를 기술한다.
3.9   새들이 세밀한 변별을 하기를 학습하는 세 가지 예를 제시한다.
3.10 변별훈련의 두 가지 실용적인 활용을 기술한다.

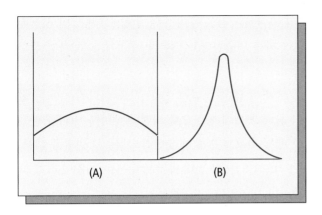

변별과 일반화 기울기 비교적 평평한 기울기(A)는 변별이 거의 일어나지 않음을 나타내는 반면, 가파른 기울기(B)는 변별이 많이 일어남을 나타낸다. (출처: 가상적인 자료)

자극 변별(stimulus discrimination), 혹은 때로는 그냥 **변별**이라 불리는 것은 행동이 특정 상황에서는 일어나지만 다른 상황에서는 일어나지 않는 경향성이다. 학자들은 흔히 그것을 행동이 어떤 자극의 존재하에서는 일어나지만 다른 자극의 존재하에서는 일어나지 않는 경향성이라고 더 좁게 정의하기도 한다. 그렇지만 앞서도 언급했듯이 자극은 항상 어떤 맥락의 일부이고, 따라서 그것을 기술하기 위해 상황이라는 단어를 사용하는 것이 적절하다.

❓ 개념 점검 5

변별은 무슨 현상의 반대인가?

변별과 일반화는 서로 역관계에 있다. 즉, 변별이 클수록 일반화는 작고, 변별이 작을수록 일반화는 크다. 따라서 일반화 기울기는 변별의 정도를 반영한다. 비교적 평평한 일반화 기울기는 변별이 아예 또는 거의 없음을 나타내고 가파른 기울기는 상당히 큰 변별을 나타낸다(그림 11-3).

위에서 우리는 어떤 자극이 훈련자극과 비슷할수록 일반화의 정도가 큼을 보았다. 따라서 어떤 자극이 훈련자극과 다를수록 변별의 정도가 클 것임은 쉽게 예측할 수 있다. 노란 원반을 쪼아서 먹이를 얻어먹기를 학습한 비둘기는 비슷한 색깔의 원반을 쪼기 마련이지만 검은 원반을 쫄 가능성은 별로 없을 것이다. 그러나 변별훈련을 통해 아주 비슷한 자극들 간에도 변별을 확립할 수 있을 때가 흔히 있다.

변별을 확립하기 위한 절차는 모두 **변별훈련**(discrimination training)이라 부른다. 파블로프식 절차나 조작적 절차 모두 변별을 확립할 수 있다. 파블로프식 변별훈련에서는 한 자극(CS⁺로 표시)이 US와 규칙적으로 짝지어지고 다른 자극(CS⁻로 표시)은 규칙적으로 혼자서 나타난다. 예를 들어, 버저가 울릴 때마다 개의 입에 먹이를 넣어 주고 종이 울릴 때는 아무것도 안 줄 수 있다. 그 결과 개는 버저 소리

(CS⁺)에는 침을 흘리지만 종소리(CS⁻)에는 침을 흘리지 않게 될 것이다. 이 시점에서 우리는 개가 버저 소리와 종소리를 변별한다고 말한다. 즉, 개가 두 가지 상황에서 달리 행동한다는 것이다.

파블로프(1927)는 변별훈련에 관하여 많은 실험을 했다. 그중 하나에서 개는 회전하는 물체를 보았다. 개는 이 물체가 시계 방향으로 회전할 때마다 먹이를 받았고, 시계 반대 방향으로 회전할 때는 아무것도 받지 못했다. 개는 곧 변별을 해서, CS⁺(시계 방향 회전)에는 침을 흘리고 CS⁻(시계 반대 방향 회전)에는 침을 흘리지 않았다. 다른 실험들도 비슷한 결과를 내놓았다. 파블로프의 개들은 특정 소리의 음량 차이, 음의 높낮이 차이, 기하학적 형태의 차이, 온도의 차이 등을 변별하기를 학습하였다. 때로는 변별이 놀라운 수준에 도달하기도 했다. 개 한 마리는 메트로놈이 1분에 100회 똑딱거릴 때는 침을 흘리고 1분에 96회의 비율로 똑딱거릴 때는 침을 흘리지 않는 것을 학습하였다.

어떤 이들은 **변별자극**이라는 용어를 강화가 주어질 수 있음을 알려주는 사건을 가리키는 데에만 사용한다. 하지만 S^D와 S^Δ는 모두 변별훈련에 필수적인 것이기 때문에 "그 각각이 변별자극이다"(Keller & Schoenfeld, 1950, p. 118).

조작적 변별훈련에서는 S⁺ 또는 S^D('에스 디'로 읽는다)로 표시되는 자극이 일반적으로 행동이 강화적인 결과를 가져올 것임을 나타내고 다른 자극 S⁻ 또는 S^Δ('에스 델타'로 읽는다)는 행동이 강화적인 결과를 가져오지 않을 것임을 나타낸다. S^D와 S^Δ는 둘 다 **변별자극**(discriminative stimulus), 즉 어떤 행동에 상이한 결과들이 뒤따를 것임을 신호해 주는 자극들이다. 예를 들어 설명해 보자. 쥐가 레버를 누를 때마다, 그런데 불빛이 켜져 있는 경우에만, 먹이가 주어지도록 실험상자를 조정한다. 그 결과는 쥐가 불빛이 켜져 있을 때(S^D)는 레버를 누르고, 꺼져 있을 때(S^Δ)는 누르지 않는 것이 될 것이다. 이 시점에서 우리는 쥐가 그 두 상황을 변별한다고 말한다.

❓ 개념 점검 6

S⁻를 나타내는 다른 방법은 무엇인가?

변별훈련은 여러 가지 형태로 실시될 수 있다. **동시 변별훈련**(simultaneous discrimination training)에서는 변별자극들이 동시에 제시된다. 한 고전적인 실험에서 Karl Lashley(1930)는 작은 도약대 위에 쥐를 올려놓고 쥐의 정면에 두 개의 카드를 나란히 제시하였다(그림 11-4). 쥐는 어떤 측면에서 두 개의 카드를 변별할 수 있었는데, 예를 들어 하나에는 수직선이, 다른 하나에는 수평선이 그려져 있을 수 있다. 두 카드 중 하나는 고정되어 있어서 쥐가 그 카드를 향해 점프하면 부딪혀서 아래에 있는 그물로 떨어지게 된다. 그러나 다른 카드는 움직일 수 있어서 쥐가 그 카드를 향해 점프하면 카드가 안쪽으로 젖혀지면서 쥐가 반대쪽에 안착하게 된

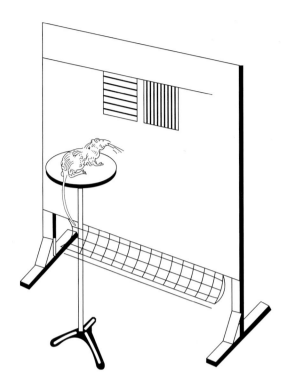

그림 11-4

변별훈련 이 Lashley 도약대에서는 쥐가 다르게 생긴 두 문 중 어느 하나를 향해 점프할 수 있었다. 쥐가 한쪽 문을 향해 점프하면 문이 뒤로 젖혀져 열리고 먹이가 주어졌다. 다른 쪽 문은 잠겨져 있어서 쥐가 그 문을 향해 점프하면 그대로 부딪혀서 아래에 있는 그물로 떨어지고 먹이도 받지 못했다. (출처: Lashley, 1930)

다. 쥐는 어느 쪽을 선택하든지 간에 상처를 입지는 않으며, 다음 시행을 위해 도약대에 다시 놓인다. 쥐가 정답 카드를 향해 점프하면 먹이를 얻게 된다. 카드들의 위치는 시행마다 무선적으로 변해서 정답 카드가 오른쪽에 있을 때도 있고 왼쪽에 있을 때도 있다. 쥐는 먹이를 받을 수 있는 카드를 향해 점프하기를 이내 학습한다.

동시 변별 과제는 다양한 현상을 연구하는 데 사용되었다. 그 예로는 양이 다른 양의 표정을 변별할 수 있음을 보여 준 연구(Bellegarde et al., 2017), 자폐의 영향을 더 잘 이해하게 만드는 연구(예: Reed, 2017), 심지어 침팬지에서 혈연 인식(Henkel & Setchell, 2018)에 관한 연구도 있다.

연속 변별훈련(successive discrimination training)에서는 S^D와 S^Δ가 대개 임의의 순서로 교대된다. S^D가 나타날 때는 어떤 행동이 강화를 받고, S^Δ가 나타날 때는 그 행동이 강화를 받지 못한다. Donald Dougherty와 Paul Lewis(1991)는 말을 대상으로 한 몇 안 되는 변별훈련 연구 중 하나에서 연속 절차를 사용했다. 말들은 레버(쥐에게 사용되는 것과 같은 종류의)를 입술로 누르기를 학습했다. 연구자들은 말의 정면에 원 모양을 한 번에 하나씩 투사했다. 한 원은 지름이 2.5인치였고 다른 원은 1.5인치였다. 큰 원이 나타났을 때 레버를 누르면 곡물이 주어졌고, 작은 원이 나타났을 때 레버를 누르면 아무것도 주어지지 않았다. 말들은 두 원을 변별하기를 학습했다. Lady Bay라는 이름의 말은 대단히 빨리 변별을 학습했다(그림 11-5).

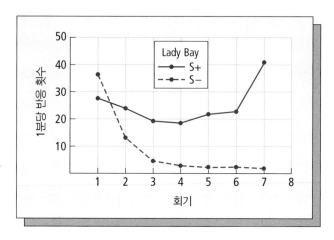

그림 11-5

Lady Bay라는 말의 변별훈련 지름 2.5인치 원이 나타날 때 레버를 누르면 먹이가 나왔고, 1.5인치 원이 나타날 때 누르면 그러지 않았다. (출처: D. M. Dougherty and P. Lewis, "Stimulus Generalization, Discrimination Learning, and Peak Shift in Horses," *Journal of the Experimental Analysis of Behavior*, 1991, 56, p. 102, Figure 2. 저작권 ⓒ 1991 by the Society for the Experimental Analysis of Behavior, Inc. 출판사와 저자의 허가하에 실음)

표본 짝 맞추기(matching to sample: MTS. 표본 대응)라는 절차에서는 동물이 두 개 이상의 선택지(비교 **자극**이라고 부름) 중에서 표준 자극(**표본**)과 짝이 맞는(동일한) 것을 선택해야 한다. 비교 자극으로는 S^D(표본과 짝이 맞는 자극)와 하나 이상의 S^Δ 가 나타난다. 예를 들면, 실험상자의 한쪽 벽에 있는 표본 원반에 빨간색이나 초록색 불이 켜진다고 하자. 어떤 시행에서는 그 원반에 빨간 불이 들어오고 다른 시행에서는 초록 불이 들어온다. 잠시 후에 표본 원반은 불이 꺼져서 어둡게 되고 두 개의 비교 원반에 각각 빨간색과 초록색 불이 켜진다. 표본과 같은 색깔의 원반이 S^D이다. 비둘기가 표본과 짝이 맞는 비교 원반을 쪼면 먹이를 받고, 다른 원반을 쪼면 아무것도 얻지 못한다. 비둘기가 강화를 얻기 위해서는 표본과 짝이 맞는 원반(S^D)과 짝이 맞지 않는 원반(S^Δ)을 성공적으로 변별해야 한다.

방금 본 MTS의 예는 아주 단순하지만, 훨씬 더 복잡한 MTS도 존재할 수 있다. 예를 들어, 연구자가 비둘기에게 표본과는 **다른** 원반을 쪼도록 만들 수도 있는데, MTS의 이런 변형을 **이질(異質) 짝 맞추기**(oddity matching. 이질 대응) 또는 **오(誤)대응**(mismatching)이라고 한다. MTS 절차는 또한 표본 및 비교 원반의 수를 증가시킴으로써 더 복잡하게 만들 수도 있다. 예를 들면, 빨간색, 초록색, 파란색이 번갈아 가며 표본으로 나타날 수도 있고 빨간색, 초록색, 파란색, 노란색이 비교 원반으로 나타날 수도 있다.

지금까지 소개한 절차에서는 훈련 중인 동물이나 사람이 어쩔 수 없이 실수를 많이 하게 된다. Lashley 도약대 위에 있는 쥐를 생각해 보면, 맨 첫 시행에서는 어느 카드를 향해 점프해야 할지 알 도리가 없다. 아무리 영리하다고 해도 틀릴 확률이 50%이다. 게다가 둘째 시행에서도 역시 틀리기 쉬운데 왜냐하면 정답이 수평선 카드일 수도 있고 왼쪽 카드일 수도 있기 때문이다. 따라서 단순한 변별조차도 가능해지는 데는 어느 정도 시간이 걸리게 되며, 그러기까지 오류가 많이 생길 수 있다.

Herbert Terrace(1963a, 1963b, 1964, 1972)는 **무오류 변별훈련**(errorless discrimination training)을 통해 오류를 감소시킬 수 있음을 알아냈다. 이 절차에서 그는 S^A를 아주 약한 형태로 짧게 제시했다. 예를 들어, 빨간색 원반(S^D)과 초록색 원반(S^A)을 변별하는 훈련에서 Terrace(1963a)는 비둘기에게 빨간색 원반은 한 번에 3분 동안 최대 강도로 제시했지만 초록색 원반은 불을 켜지 않은 채로 단 5초 동안 제시했다. 비둘기가 밝은 원반보다 어두운 원반을 쫄 가능성은 작으며, 원반이 제시된 시간이 짧을수록 그것을 쫄 가능성도 작다. 그 결과, 비둘기들은 S^A를 거의 쪼지 않는다. Terrace는 S^D에 대한 쪼기를 강화하면서 S^A의 기간과 강도를 점차로 증가시켰다. 마침내 Terrace가 초록색 원반을 오랫동안 밝게 제시해도 비둘기들이 이를 쪼지 않게 되었다.

? 개념 점검 7

무오류 변별훈련이란 무엇인가?

Terrace의 절차를 사용하면 동물이 오류를 거의 범하지 않고 변별을 학습할 수 있다. 이것이 중요한 이유는 오류가 바람직하지 않은 정서적 반응을 일으키는 경향이 있기 때문이다. 예를 들어, 전통적인 방식으로 훈련된 비둘기는 S^A가 제시되면 발로 바닥을 쾅쾅 차거나 날개를 퍼덕거릴 때가 종종 있다. 무오류 절차로 훈련받은 비둘기는 S^D가 다시 나타날 때까지 차분하게 그 원반을 단지 바라만 볼 뿐이다.

무오류 변별훈련은 실험실을 벗어나서도 유용하게 사용되었다. Richard Powers와 그의 동료들(1970)은, 예를 들어 학령 전 아동이 Terrace의 절차로 훈련받을 때 미묘한 색깔 변별을 더 빨리 그리고 오류를 더 적게 범하면서 학습한다는 것을 발견했다. 보통의 방식으로 훈련받은 아이들은 S^A가 제시된 동안 기분이 나빠졌다. 즉, 이들은 레버를 세게 쾅 때리고는 방을 헤매고 돌아다녔다. 이와 대조적으로, 무오류 절차를 통해 학습한 아이들은 S^A가 있을 때 조용히 앉아서 S^D가 나타날 때까지 참을성 있게 기다렸다. 무오류 변별훈련은 또 대소변을 참지 못하는 아이들을 대상으로 한 배변 훈련(Flora, Rach, & Brown, 2020)에서부터 개에게 폭발물 탐지를 가르치는 것(Gadbois & Reeve, 2014)까지 다양한 기술을 가르치는 데 사용되고 있다.

변별학습 속도를 향상시키는 또 다른 방법은 결과를 변화시키는 것이다. M. A. Trapold(1970)가 행한 실험에서 쥐는 두 레버 중 하나를 누를 수 있었다. 불이 켜지면 왼쪽 레버를 눌러야 강화를 받고, 소리가 들리면 오른쪽 레버를 눌러야 강화를 받았다. 그런데 이 실험에서 Trapold는 두 반응에 대해 서로 다른 결과를 제공했다. 왼쪽 레버를 누르면 쥐가 먹이를 얻었고, 오른쪽 레버를 누르면 쥐가 설탕물을 얻었다. 그 결과, 쥐들은 각 반응에 대한 강화물이 동일할 때보다 더 빨리 적절한 변별을 학습했으며 더 높은 수준의 정확도를 달성했다. 이 발견, 즉 서로 다른 결과가 주어짐으로 인해 변별학습 수행이 향상되는 효과를 **차별적 결과 효과**(differential outcomes effect: DOE)라 부른다(Goeters et al., 1992; Miyashita, Nakajima, & Imada, 2000; Peterson & Trapold, 1980).

일반적으로 훈련은 강화물이 지연될 때보다 즉각적으로 나올 때 더 효과적이다. 그러나 만약 정확한 반응 하나에 대해서는 즉각적 강화를 주고 또 다른 정확한 반응에 대해서는 지연 강화를 준다면 어떻게 될까? DOE가 여전히 나타날까? J. G. Carlson과 Richard Wielkiewicz(1972)는 바로 그런 실험을 실시하여 DOE가 여전히 나타남을 발견했다. 한 행동에 대해 즉각적 강화를, 다른 행동에 대해 지연 강화를 받은 동물은 두 행동 모두에 대해 즉각적 강화를 받은 동물보다 변별을 더 빨리 학습했다. 따라서 변별훈련이 수행되는 방식이 학습에 지대한 영향을 미칠 수 있다.

DOE는 인간 행동에도 의미를 갖는다. 예를 들어, 자폐가 있는 아이들은 차별적 결과 절차를 사용하여 가르쳤을 때 학습이 향상되었다(McCormack, Arnold-Saritepe, & Elliffe, 2017).

? 개념 점검 8

DOE는 변별훈련에 대하여 무엇을 시사하는가?

이렇게 단순한 훈련 절차들이 깜짝 놀랄 만한 변별을 만들어 낼 수 있다. 예를 들어, Debra Porter(당시엔 학부생이었다!)와 Allen Neuringer(1984)는 한 실험에서 두 마리의 비둘기에게 바흐의 「플루트를 위한 전주곡 C 단조」의 한 부분과 힌데미트(Hindemith)의 「비올라 소나타 1번」, 작품 번호 25의 한 부분을 들려주었다. 바흐의 음악이 들릴 땐 원반을 쪼면 먹이가 나왔고, 힌데미트의 음악이 들릴 땐 원반을 쪼아도 먹이가 나오지 않았다. 이 실험이 끝날 무렵에는 두 비둘기가 모두 80% 정도 정확하게 반응하였다(그림 11-6). 두 번째 실험에서 이 연구자들은 두 개의 원반을 주고서는 바흐와 스트라빈스키의 음악을 무선적으로 번갈아 들려주었다. 바흐의 음악이 들릴 땐 왼쪽 원반을 쪼아야 먹이가 나오고, 스트라빈스키의 음악이 들릴 땐 오른쪽 원반을 쪼아야 먹이가 나왔다. 비둘기가 만약 틀린 원반(예: 스트라빈스키의 음악이 들리는데 왼쪽 원반)을 쪼면 먹이가 나오지 않았으며, 아무 음악 소리도 없고 쪼기도 효과가 없는 벌칙 기간이 시작되었다. 이 연구에서는 다섯 마리 중

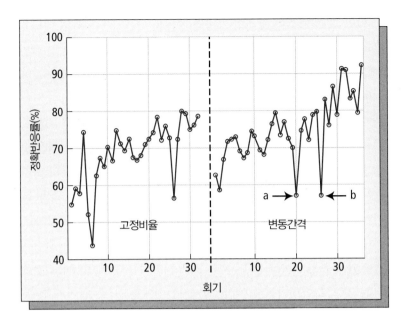

그림 11-6
비둘기가 바흐의 음악과 힌데미트의 음악을 구분하기를 배우다. 25번 비둘기가 보여 준 정확반응의 비율(힌데미트가 아니라 바흐의 음악이 들릴 때 쪼기)은 훈련과 함께 꾸준히 증가했다. (출처: Porter & Neuringer, 1984, Figure 1, p. 140을 수정함. *Journal of Experimental Psychology*, 1984, 10 (2), pp. 138-148)

네 마리의 비둘기가 70% 이상 정확하게 반응했다. 다른 연구는 물고기가 고전음악과 블루스 음악을 변별하기를 학습할 수 있음을 보여 주었다(Chase, 2001).

Shigeru Watanabe, Junko Sakamoto와 Masumi Wakita(1995)는 비둘기에게 피카소와 모네의 그림을 변별하는 훈련을 시켰다. 원반을 쪼면 곡식을 먹을 수가 있었는데, 특정 화가의 그림이 보일 때만 그러했다. 즉, 네 마리의 비둘기는 모네의 한 그림이 있을 때만, 다른 네 마리의 비둘기는 피카소의 한 그림이 있을 때만 원반을 쪼면 곡식이 나왔다. 비둘기가 틀린 종류의 그림이 있을 때 원반을 쪼면 아무것도 나오지 않았다. 훈련은 비둘기들이 90% 이상 정확하게 반응할 때까지 계속되었다. 그리고 나서 연구자들은 비둘기가 무엇을 근거로 변별 반응을 하는지 알아보기 위해 두 화가의 다른 그림들을 사용하여 검사했다. 어쩌면 비둘기가 색에 기초하여 변별했을 수도 있다. 즉, 두 화가는 서로 다른 색깔들을 선호했을 수 있는데, 그것이 비둘기가 반응하는 단서가 되었을 수도 있다. 이 생각을 검증하기 위해 연구자들은 두 화가의 단색 그림을 제시했다. 그래도 별 차이가 없었다. 전반적인 성공률은 약간 감소했지만 모든 비둘기가 여전히 피카소와 모네의 그림을 변별했다. 어쩌면 비둘기가 윤곽의 차이에 반응했을 수도 있다. 피카소의 그림은 날카로운 모서리들이 있는 편인 반면에 모네의 그림은 다른 모든 인상파 그림처럼 더 부드러운 모습을 하고 있다. 변별의 근거로 윤곽을 배제하기 위해 연구자들은 그림을 초점이 맞지 않게 제시했다. 역시 정확도가 전반적으로 떨어지긴 했으나 모든 비둘기가 그림이 흐릿한데도 불구하고 여전히 변별을 했다. 연구자들은 다른 가능한 단서들도 검사했지만 비둘기가 두 종류의 그림의 어느 단일한 특징에 반응한 것으로 보이지는 않았다. 피카소와 모네의 그림의 차이를 비둘기가 정확히 어떻게 알아보는지는 우리가 모르지만, 알아본다는 것은 사실이다.

다른 실험들에서는 비둘기가 대학 캠퍼스의 여러 장소를 변별하기(Honig & Stewart, 1988)나 영어 알파벳 글자들을 변별하기(Blough, 1982)를 학습했고, 쥐가 네덜란드 말과 일본 말을 변별하기(Toro, Trobalon, & Sebastián-Gallés, 2005)를 학습했다.

변별학습은 그저 흥미로운 실험실 현상에 그치는 것이 아니라 중요한 실제적 활용도가 있다. 성인이 되어 외국어를 배우기는 어려운데, 왜냐하면 두 언어의 소리가 다르기 때문이다. 예를 들어, 일본어가 모국어인 사람은 영어의 'L' 소리와 'R' 소리를 구별하기가 힘들다. James McClelland, Julia Fiez와 Bruce McCandliss(2002)는 미국에 거주하는 모국어가 일본어인 사람들에게 변별훈련을 제공했다. 훈련은 녹음테이프를 들으면서 'L'로 시작되는 단어와 'R'로 시작되는 단어 중 어느 것을 들었는지 대답하는 것으로 이루어졌다. 어떤 참가자들에게는 그 두 단어가 'rock' 과 'lock'이었고, 다른 참가자들에게는 'road'와 'load'였다. 어떤 참가자들은 대답 즉시 피드백을 받았고, 다른 참가자들은 그러지 않았다. 훈련은 겨우 세 번의 20분짜리 회기로 구성되었을 뿐이지만 참가자들은 뚜렷한 향상을 보였다. (피드백을 받지 못한 사람들은 훨씬 덜 향상되었다.) 변별훈련에 관한 이 연구 및 기타 연구들은 외국어 학습뿐 아니라 교육과 훈련 전반에 중요한 함의를 지닌다. 예를 들면, 자동차 수리공이 되려면 엔진의 부품들을, 그리고 그것들이 서로 어떻게 연관되는지를 알아야 한다. 이를 달성하는 데는 다양한 부품을 변별하기를 학습하는 일이 포함된다.

변별훈련은 또한 동물이 인간을 도와 다양한 과제를 하도록 훈련하는 데에도 유용한 것으로 밝혀졌다. 예를 들어, 개가 불법 약물을 냄새로 탐지하려면 여러 가지 냄새를 변별해야 한다. 후각이 대단히 발달한 동물은 또한 지뢰를 탐지할 수도 있다. APOPO(지뢰 제거를 전문으로 하는 단체. Poling et al., 2011) 소속의 Alan Poling과 동료들은 커다란 설치류인 아프리카 캥거루쥐가 어떻게 지뢰 탐지를 학습하는지 이야기한다. 지뢰에 가장 흔히 들어 있는 폭약은 TNT인데, 따라서 캥거루쥐 훈련의 핵심은 이 폭약과 다른 물질을 변별하게 만드는 것이다. 훈련은 실험실에서 시작되며, 실제 작업에 들어가기 전에 야전 훈련이 실시된다. 캥거루쥐는 TNT를 탐지하면 땅을 5초 동안 긁어서 TNT의 존재를 알리기를 학습한다.

변별훈련이 효과적으로 작동하면, S^D가 강화 받은 행동이 나타날 것임을 확실하게 예측한다. 이 시점에서 그 행동은 자극통제하에 있다고 말하는데, 이것이 다음에 살펴볼 주제이다.

모네–피카소 그림 연구의 비둘기들은 연구자들이 모네의 그림을 거꾸로 제시했을 때는 변별을 잘하지 못했지만, 피카소의 그림을 거꾸로 제시했을 때는 아무 영향도 받지 않았다. 아마도 현대미술 애호가들은 이런 결과를 쉽게 설명할 수 있을 것이다.

변별이란 서로 다른 자극의 존재하에서 서로 다른 행동을 하는 것을 의미한다. 변별훈련은 변별을 확립하기 위한 표준 절차이다. 변별훈련은 연속, 동시, 표본 짝 맞추기, 무오류 절차를 포함하여 여러 가지 형태로 이루어질 수 있다. 각각의 절차에서 어떤 행동은 한 자극, 즉 S^D가 있을 때는 강화를 받지만 다른 자극, 즉 S^Δ가 있을 때는 강화를 받지 못한다.

**11.3
요약**

11.4 자극통제

학습목표 --

자극통제를 설명하려면

4.1   자극통제의 세 가지 예를 든다.

4.2   자극통제 아래에 놓인 행동을 하는 유기체에게 자극통제가 도움이 되는 세 가지 방식을 이야기한다.

불이 켜져 있으면 레버를 누르고 불이 꺼져 있으면 레버를 누르지 않기를 학습한 쥐가 있다고 하자. 이 경우 어떤 의미에서는 우리가 쥐의 레버 누르기 행동을 전등 스위치로 통제할 수 있다. 즉, 스위치를 올리면 쥐가 레버 누르기를 하고, 스위치를 내리면 쥐가 레버 누르기를 멈추는 것이다. 변별훈련이 행동을 변별자극의 영향하에 있게 할 때, 그 행동이 **자극통제**(stimulus control)하에 있다고 이야기한다(개관 논문으로는 Thomas, 1991을 보라).

  자극통제하에 있는 행동을 보이는 생물이 물론 쥐뿐만은 아니다. 우리는 운전하다가 교차로 근처에서 신호등이 빨간색으로 바뀌면 브레이크를 밟는다. 그리고 신호등이 초록색으로 바뀌면 가속 페달을 밟는다. 변별학습의 결과로 우리의 행동이 신호등의 영향하에 있게 된 것이다. 마찬가지로, 우리는 '영업중'이라고 표시된 가게에는 들어가고 '금일 휴업'이라고 표시된 가게는 그냥 지나친다. 사람들은 '세일', '가격 인하', '대처분', '폐업 정리' 같은 표지에 반응한다. 소매점 주인들은 이런 표시가 발휘하는 영향력을 알고 있어서, 이를 이용하여 소비자를 끈다. 어떤 가게는 늘 '폐업 정리'란 표시를 붙여놓은 것을 본 적이 있을 것이다.

  때로는(아마도 항상) 자극통제가 한 자극이 아니라 여러 자극의 복합적 배열에 의해 일어난다. 우리는 상사와 커피를 마실 때와 데이트 상대와 커피를 마실 때는 서로 달리 행동할 것이다. 그리고 해변에서 열리는 파티에서는 아무렇지도 않을 행동이 저녁 만찬에서는 용인되지 않는다. 그런 상황들이 가하는 차별적 통제는 아마도 복장, 가구, 음식, 주위 사람들의 행동 등을 포함하는 많은 자극과 관련

될 것이다. 청소년이 잘못된 행동을 할 때는 "다른 애들도 다 그렇게 하잖아요!"라는 말로 자신의 행위를 옹호할 때가 많다. 이런 말은 자기 또래들의 행동이 가하는 자극통제에 부분적으로 책임을 돌리는 설명이다.

자극통제라는 용어는 환경이 우리를 조종한다는 것을 암시하지만, 이를 다른 방식으로 바라볼 수도 있다. 즉, 관련된 변별자극이 사실상 우리에게 일종의 힘을 준다. 불이 켜지면 레버를 누르고 불이 꺼지면 레버를 누르지 않기를 학습한 쥐를 생각해 보자. 불빛이 쥐의 행동을 통제한다고 말하겠지만, 쥐 역시 통제력을 획득했다. 레버 누르기가 아무 소용이 없을 때 레버를 눌러서 시간과 에너지를 낭비하는 일을 하지 않게 되었기 때문이다. 마찬가지로, 운전자의 행동은 신호등과 표지판의 통제하에 있게 된다. 하지만 이 자극통제가 우리를 대체로 안전하고 효율적으로 돌아다닐 수 있게 해준다. 자극통제가 없다면 교통 정체가 항상 일어날 것이고 고속도로는 위험천만한 전쟁터가 될 것이다. 전문가들은 많은 교통사고의 원인을 부주의한 운전 탓으로 돌리는데, 사실 기본적으로 운전 부주의란 운전 행동이 적절한 자극들의 통제하에 있지 않은 상태이다.

우리의 주변 환경이 가하는 통제를 이해하게 되면 우리는 또한 그 환경을 유리한 방향으로 변화시킬 힘을 얻을 수 있다. 사람들은 흔히 맛있는 음식을 거부하기 힘들어한다. 즉, 맛있는 음식이 우리의 행동을 어느 정도 통제하고 있다. 하지만 이런 사실을 이해하고 나면 먹고 싶은 음식이 있는 상황을 회피하는 데 도움이 될 수 있다. 예를 들어 집 여기저기에 사탕이 든 접시들이 놓여 있다면 단것을 먹는 일을 줄이기 힘들 수 있다. 그런데 그 단것을 없애 버린다면 그것이 우리의 행동에 영향을 줄 기회가 줄어든다. 이렇게 우리의 환경은 우리의 행동을 통제한다. 역설적으로, 이 통제가 우리가 우리의 삶에 대해 갖는 통제를 증가시킬 수 있다.

이제 일반화, 변별, 자극통제의 기초를 배웠으므로 이것이 몇몇 중요한 현상을 어떻게 설명하는지 살펴보자.

11.4 요약

변별이 잘 확립되고 나면 그 행동이 자극통제하에 있다고 이야기한다. 이 말이 일반적으로 의미하는 바는 그 행동이 규칙적이고 효율적으로 일어나며 우리가 그 덕분에 바람직한 결과를 얻고 바람직하지 않은 결과를 피할 수 있다는 것이다. 자극통제는 우리에게 불리하게 작용할 수 있지만, 우리는 자극통제를 우리에게 이득이 되는 쪽으로 이용할 수도 있다.

11.5 행동분석에서 일반화, 변별, 자극통제

학습목표

우리의 삶의 세 가지 측면을 일반화, 변별, 자극통제를 사용하여 설명하려면

5.1 심적 회전을 설명하기 위해 일반화를 사용한다.

5.2 개념 형성을 설명하기 위해 변별을 사용한다.

5.3 개념을 가르치기 위한 훈련에서 변별을 사용하는 다섯 가지 예를 기술한다.

5.4 사람들이 금연을 시도할 때 왜 담배를 다시 피우게 되는지를 설명하는 데 자극통제를 사용한다.

5.5 흡연의 재발을 자극통제의 측면에서 보는 것이 갖는 두 가지 의미를 논의한다.

5.6 중독 행동에 영향을 주는 자극통제의 예를 두 가지 더 제시한다.

일반화, 변별, 자극통제에 관한 연구는 우리 생활의 많은 측면에 대한 관점을 바꾸어놓았다. 세 가지 예를 살펴보자.

심적 회전: 일반화의 예

심리학자 Roger Shepard는 '심적 회전(mental rotation)'이라는 현상을 연구했다. 전형적인 실험(Cooper & Shepard, 1973)에서는, 사람들에게 글자가 정상적으로 똑바로 선 위치에서 다양한 각도만큼 회전시켜 놓은 것들을 보여 주고 그 글자가 좌우로 뒤집혀 있는지(원래 글자의 거울상인지) 아닌지를 판단하게 하였다. Shepard는 회전 각도가 클수록 사람들이 답하기까지 더 오랜 시간이 걸렸음을 발견했다. Shepard가 이런 자료로부터 내린 결론은, 사람들이 글자의 '내적 표상', 즉 심상을 정신적으로 회전시켜서 정상적으로 바로 선 모습으로 만든 다음, 그것이 좌우로 뒤집혀 있는지를 판단한다는 것이었다.

비록 Shepard가 심상의 회전이라는 이야기를 하지만 그의 자료는 회전된 글자들에 반응하는 데 걸리는 시간으로 이루어져 있다. 이 자료를 그래프로 나타냈을 때 얻어지는 곡선은 일반화 기울기와 너무나 흡사하다(그림 11-7). 참가자들은 '훈련자극'(학교에서 읽기 훈련을 받은 글자)에 가장 빨리 반응하고, 검사자극이 훈련자극과 덜 유사할수록 반응은 느려진다.

한 실험에서 Donna Reit와 Brady Phelps(Reit & Phelps, 1996)는 컴퓨터 프로그램을 이용하여 대학생에게 표본과 동일하거나 동일하지 않은 기하학적 도형들을 변별하는 훈련을 시켰다. 그 도형은 표본 위치로부터 0, 60, 120, 180, 240, 또는 300도 회전된 것들이었다. 학생들은 각 시행 후에 피드백을 받았다. 연구자들이 반응 시

그림 11-7
일반화로서의 심적 회전 친숙한 자극에 대한 평균 반응 시간은 그 자극이 회전된 정도의 함수이다. 자극이 정상적인 위치(똑바로 선 위치에서 0도 회전)에 있을 때 반응 시간이 가장 짧았다. 자극이 정상적인 위치의 것과 달라질수록 반응 시간이 길어졌다. (출처: Cooper & Shepard, 1973의 자료를 수정. Hollard & Delius, 1982도 보라.) (참고: 참가자들은 180도에서 한 번만 검사를 받았지만, 기울기의 대칭성을 보여 주기 위해서 그래프에서는 180도에 해당하는 점이 두 번 그려져 있다.)

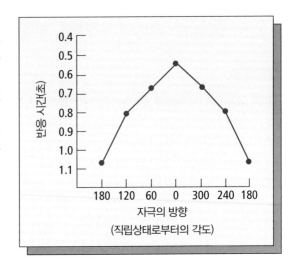

간 자료를 도표로 그렸을 때 그 결과는 상당히 전형적인 일반화 기울기를 보여 주었다(그림 11-8).

두 번째 실험에서 Phelps와 Reit(1997)는 훈련을 계속하면 일반화 기울기가 평탄해진다는 점만 제외하고 거의 동일한 결과를 얻었다. 이는 아마도 학생들이 검사 시에 피드백을 계속 받으므로 회전된 도형들에 대한 반응 시간이 향상되었기 때문일 것이다(회전되지 않은 도형들에 대한 반응 시간은 많이 향상될 수가 없었는데 왜냐하면 학생들은 그런 도형에 이미 아주 빨리 반응하고 있었기 때문이다). 어찌 되었건, 이 자료는 '심적 회전' 자료가 일반화 자료와 비슷해 보임을 분명히 보여 준다.

Phelps와 Reit는 Shepard의 연구에서처럼 참가한 학생들 대부분이 검사자극을 '정신적으로 회전시킴'으로써 문제를 해결한다고 말했다고 언급한다. 그러나 Phelps와 Reit가 지적하듯이 심적 회전이라는 주관적 경험이 반응 시간의 차이를 설명해 주지는 않는다. 과학적 설명이라면 그 상황의 물리적 특징과 참가자의 학습 내력을 지적해 주어야 한다. '심적 회전'이라는 표현은 기껏해야 여기에 관여하

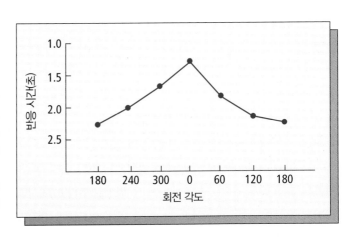

그림 11-8
일반화로서의 심적 회전 한 도형이 정상적인 똑바로 선 모습(0도 회전)일 때와 여러 각도로 회전된 모습일 때의 평균 반응 시간. (출처: D. J. Reit & B. J. Phelps, "Mental Rotation Reconceptualized as Stimulus Generalization," Figure 1을 수정. 1996년 5월에 캘리포니아주 샌프란시스코에서 개최된 행동분석학회(the Association for Behavior Analysis)의 제22차 연차학술대회에서 발표된 논문. 저자들의 허가하에 실음)

는 암묵적 행동에 이름을 붙여 줄 뿐이지 참가자의 수행을 설명하지는 않는다.

개념 형성: 변별학습의 예

개념(concept)이라는 단어는 보통 하나 이상의 정의적 특징들을 공유하는 구성원들로 이루어진 유목(class)을 가리킨다. 정의적 특징은 한 유목의 구성원을 다른 유목의 구성원과 구별되게(변별되게) 한다. 예를 들어, 모든 거미는 다리가 8개인데, 이것이 거미를 곤충을 비롯하여 다리가 8개가 아닌 다른 동물들과 구분 짓는다.

그런데 개념은 어떤 실재물이 아니라 Fred Keller와 William Schoenfeld(1950)가 말하듯이 "단지 어떤 종류의 행동에 대한 이름일 뿐"이다. 이들의 설명에 따르면, "엄격하게 말하면, 사람이 개념을 갖고 있는 게 아니다. 소거를 갖고 있지 않은 것과 꼭 마찬가지로 말이다. 그보다는 사람은 특정한 방식으로 행위를 함으로써 개념적 행동을 보여 준다"(p. 154). 개념에는 일반화와 변별이 모두 필요하다. 즉, 그 개념 유목 내에서는 일반화를, 그 개념 유목과 다른 개념 유목 간에는 변별을 해야 한다. 따라서 예를 들면, 거미라는 개념을 이해하기 위해서는 다양한 거미들(과거에 본 적이 전혀 없는 것까지 포함하여)을 보면 거미임을 인식할 줄 알아야 하며 개미나 진딧물 같은 다른 동물과 거미를 변별할 줄 알아야 한다. Fred Keller와 William Schoenfeld가 말하듯이 "유목 내에서의 일반화와 유목들 간의 변별, 이것이 개념의 본질이다"(p. 154f).

우리가 개념을 학습하는 한 가지 방식은 변별훈련인 것으로 보인다. 한 연구에서 Kenneth Spence(1937)는 침팬지에게 크기만 다른 두 개의 하얀 철제 덮개 중 하나 아래에 있는 먹이를 찾는 훈련을 시켰다. 한 침팬지에게 160cm²와 100cm²의 덮개 중 하나를 선택하게 했는데, 둘 중 큰 덮개를 선택하면 먹이가 있었고, 작은 덮개를 선택하면 아무것도 없었다. 이 침팬지가 더 큰 덮개 선택하기를 확실하게 학습한 후, Spence는 새로운 덮개들을 제시하였다. 새 덮개들은 320cm²와 200cm²의 넓이라는 점을 제외하고는 앞서의 덮개들과 모든 점에서 동일했다. 여기서 우리는 200cm²짜리 덮개가 지난번에 먹이가 있었던 덮개와 더 유사하므로 침팬지가 200cm²의 덮개를 선택할 것이라고 예상할 수도 있다. 그러나 침팬지는 더 큰 덮개를 선택하였다. 이 침팬지는 '더 크다'라는 개념을 학습했던 것이다.

이와 유사한 실험에서 Wolfgang Kohler(1939)는 두 개의 회색 사각형 중에서 더 밝은 것을 선택하도록 닭을 훈련했다. 훈련 후에 그는 먹이와 항상 연관되었던 밝은 회색의 사각형과 이보다 더 밝은 회색의, 닭들이 본 적이 없는 사각형을 가지고 검사를 실시하였다. 여기서도 우리는 원래의 회색 자극이 이전에 먹이와 연관되었으므로 닭들이 그것을 선택할 것이라고 예상할 수도 있다. 그런데 실제로는 닭들이 새로운 더 밝은 사각형을 선택하였다. 이 경우, 닭은 '더 밝다'라는 개념을 학습했다.

Richard와 Maria Malott(1970)은 변별을 이용하여 비둘기에게 동일성이라는 개념을 가르쳤다. 이 연구에서 그녀는 한 원반의 두 절반을 독립적으로 조명하여 한 원반이 동시에 서로 다른 색을 가질 수 있게 했다. 원반의 반쪽 두 개가 동일한 색깔일 때(모두 빨간색이거나 모두 보라색) 원반을 쪼면 먹이가 주어졌고, 반쪽 두 개가 다른 색깔일 때(한쪽은 빨간색이고 다른 쪽은 보라색)는 원반을 쪼아도 먹이가 주어지지 않았다. 이와 같은 변별을 비둘기가 학습한 후, 원반의 색깔을 파란색-파란색, 노란색-노란색, 파란색-노란색, 노란색-파란색의 네 가지로 변화시켜 가며 검사하였다. 네 마리의 비둘기 중 세 마리가 반쪽 두 개가 다른 색깔일 때보다 같은 색깔일 때 더 자주 원반을 쪼았다.

이런 결과들이 인상적으로 보일 수 있겠지만, 이 개념들은 우리가 매일 접하는 것보다 훨씬 더 단순한 개념이다. 집, 보트, 곤충, 인간 같은 개념은 엄청나게 다양한 구성원들로 이루어진 넓은 유목들이다. 예를 들어, 집은 형태가 대단히 다양하다. 동물이 변별학습을 통해 그런 개념을 습득할 수 있을까?

Richard Herrnstein과 그 동료들은 답을 얻기 위해 일련의 기발한 실험을 수행했다. 그 첫 번째 연구에서 Herrnstein과 D. H. Loveland(1964)는 비둘기가 있는 방에 슬라이드 사진을 비추어 주었다. 사진은 시골 풍경, 도시, 강물, 잔디, 초원 같은 것이었다. 사진 중 약 절반은 사람이 적어도 한 명 있었던 반면에, 나머지 절반은 그렇지 않았다. 비둘기는 사진에 사람이 있는 경우에 원반을 쪼면 먹이를 받았고, 사람이 없는데 원반을 쪼면 아무것도 받지 못했다. 사진 속의 사람은 때로는 다른 물체에 부분적으로 가려져 있기도 했다. 어떤 때는 사진 속에 사람이 혼자 있었고, 어떤 때는 집단이 있었다. 사진 속 사람 중 어떤 이는 옷을 입고 있었고, 어떤 이는 부분적으로만 옷을 입고 있었으며, 어떤 이는 벌거벗고 있기도 했다. 남자와 여자, 성인과 아동, 그리고 여러 인종의 사람들이 사진에 나타났다. 따라서 원반을 쪼아 먹이를 받기 위해서는 비둘기가 대단히 다양한 인간의 사진에 반응해야 했다. 정상적인 어른이라면 누구라도 이 과제를 쉽게 할 수 있겠지만 비둘기가 그럴 수 있을까? 그 답은 분명히 '그렇다'인 것으로 밝혀졌다.

그다음에 Herrnstein과 Loveland는 비둘기가 인간과 우연히 상관관계가 있는 어떤 자극(예: 피부색)에 근거하여 변별을 하고 있을지도 모르기 때문에 이를 알아보기 위해 몇몇 변인을 조작하였다. 그런 노력의 결과는 "비둘기가 실제로 인간의 모습을 찾아서 거기에 반응하고 있었다."(p. 551)는 생각을 지지하였다. 비둘기가 범한 오류들을 살펴보아도 그런 생각이 지지를 받았다. 사진 속의 사람이 많이 가려져 있을 때는 비둘기가 쪼는 데 가끔 실패했으며, 사진에 일반적으로 인간과 연관된 사물(예: 차, 보트, 집)이 있을 때는 쪼는 반응을 때때로 했다. 사람도 똑같은 과제를 수행할 때 같은 종류의 오류를 범할 가능성이 커 보인다. "(비둘기가) 개념을 갖는다는 증거는 반박의 여지가 없다."(p. 551)라고 이 연구자들은 결론을 내린다. 이 연구를 반복검증한 연구는 유사한 결과를 얻었다(Herrnstein, Loveland, & Cable, 1976).

비둘기가 그런 복잡한 개념을 이해한다는 것을 회의적으로 보는 사람들도 있었다. S. L. Greene(1983)은 비둘기가 단순히 강화와 연합된 형태들을 외우는 것인지도 모른다고 말했다. 만약 그렇다면 비둘기가 이전에 본 적이 없는 사진들을 가지고 검사할 경우 정확히 변별하지 못할 것이다. Herrnstein(1979)은 사진 속에 나무가 한 그루 이상 있거나 나무의 일부가 있을 때 반응해야 하는 과제로 실험을 했다. 여기서 비둘기는 '나무'라는 개념을 학습하는 것으로 보였다. Greene의 예측과 달리 비둘기들은 과거에 한 번도 본 적이 없는 슬라이드조차도 거기에 나무가 있으면 원반을 쪼았다(Edwards & Honig, 1987). 이 비둘기들은 나무라는 범주를 정의하는 특징에 반응하는 것임이 분명해 보였는데, 그것이 개념의 정수이다.

Robert Allan(1990; Allan, 1993)의 연구 또한 비둘기가 개념을 학습할 수 있다는 생각을 지지한다. Allan은 사진을 투사할 패널을 비둘기가 쪼도록 훈련하고, 비둘기가 패널의 어느 부분을 쪼는지를 기록할 장치를 준비하였다. 그는 만약 비둘기가 어떤 개념적 특징을 근거로 변별을 하고 있다면 사진에서 그 개념적 대상이 있는 부분을 쪼을 것이라고 추론했다. 그는 40개의 슬라이드를 비추었는데, 그중 20개가 학습해야 할 개념인 인간의 모습을 포함하고 있었다. 비둘기가 인간의 모습이 나타났을 때 쪼는 반응을 하면 주기적으로 먹이를 받았다. 그 결과, 비둘기들은 적절한 변별을 학습했을 뿐만 아니라 슬라이드에서 인간의 모습이 나타나 있는 부분을 쪼는 경향이 있었다(그림 11-9). Allan은 "인간의 모습이 있는 위치가 한 구획에서 다른 구획으로 옮겨감에 따라 이 비둘기들은 그 움직임을 쫓아가며 구획을 쪼다."라고 쓰고 있다. 어떤 의미에서는 비둘기가 그 개념 범주에 들어있는 대상을 가리키고 있다. 이 결과에서 지적해야 할 점은, 패널에서 인간의 모습이 나타나 있는 부분을 쪼아야 강화가 주어지는 것이 아닌데도 비둘기가 정확히 그 부분을 쪼았다는 사실이다.

연구자들은 비둘기와 원숭이가 어류, 고양이, 꽃, 선박, 떡갈나무 잎, 자동차, 글자, 의자 등의 개념을 완전히 익힐 수 있음을 보여 주었다. 과거 한때는 학자들이 이런 생각을 황당하다고 폐기했을 것이다. 여기서는 개념을 이해하는 데 인간이 다른 동물보다 더 우수하지 않다고 주장하려는 것이 아니다(내가 아는 한 어떤 동물도 아직까지 정의 혹은 개념이라는 개념을 익히지는 못했다). 그러나 개념을 학습된 행동으로 바라봄으로써 우리는 개념을 실험적으로 연구하고, 개념이 어떻게 습득되는지

그림 11-9

비둘기의 개념 학습 한 슬라이드에서 같은 면적의 구획 아홉 개 각각에 대해 일어난, 적외선 접촉 감지 기구를 사용하여 측정된 반응 횟수. 각각의 누적 자료 세트 바로 위에 있는 그림들은 그 슬라이드에서 인간의 모습이 있는 상대적 위치를 나타낸다. (출처: R. W. Allan, 1993, "Control of Pecking Response Topography by Stimulus-Reinforcer and Response-Reinforcer Contingencies," in H. P. Zeigler & H. Bischof, *Vision, Brain, and Behavior in Birds*, p. 291, Figure 16.3. 저작권 ⓒ 1993 The MIT Press. 허가하에 실음)

0	0	0
0	2	0
18	81	1

0	0	0
0	4	123
0	6	11

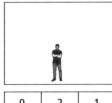

0	2	1
1	136	5
9	33	0

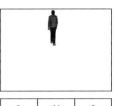

0	41	0
0	1	0
1	0	0

알아내고, 그런 증진된 지식을 실용적으로 이용할 수 있게 된다.

흡연의 재발: 자극통제의 예

시가를 평생 피웠던 마크 트웨인(Mark Twain)은 "담배를 끊기는 쉽다. 내가 몇백 번을 끊었으니까."라는 우스갯소리를 한 적이 있다. 니코틴에 중독되어 버린 사람들이 왜 담배를 계속 피우는지를 이해하기는 어려운 일이 아니다. 하루에 담배 한 갑을 피우는 사람의 경우, 흡연은 일 년에 73,000회 강화를 받는다(Lyons, 1991). 따라서 담배를 뻐끔뻐끔 피우는 행위는 10년 동안 담배를 피워 온 보통의 흡연자의 경우 730,000회 강화를 받아온 셈이다. 골초(하루에 두 갑 이상)의 경우, 그 기간에 받은 강화의 수는 약 1,500,000회이다. 만약 매번 강화될 때마다 행동 변화에 대한 저항성이 증가한다면 담배를 끊기가 힘들다는 사실은 전혀 놀라운 것이 아니다.

그러나 담배를 끊은 사람들, 그리고 더 이상 니코틴의 생리적 효과의 영향하에 있지 않은 사람들이 담배를 다시 피우게 되는 일이 왜 그렇게 흔하게 일어날까? 담배를 끊는 것은 니코틴 수준을 유지하지 못할 때의 생리적 효과 때문에 어려울 수 있지만, 금단현상을 거치고 난 지 몇 주 또는 몇 달 후에 담배를 다시 피운다는 것은 많은 사람에게 분명히 의지가 약한 성격이라는 증거로 보인다. 그렇지만 이미 본 바와 같이 의지가 약한 성격 따위의 개념은 수수께끼 같은 행동을 설명하지 못한다. 그런 것은 다만 그 행동에 이름을 붙이는 것일 뿐이다.

흡연과 금단현상의 생리적 효과가 흡연 행동에 관여하는 유일한 요인은 아니라는 사실을 깨닫고 나면 흡연의 재발이 덜 수수께끼 같아 보이게 된다. 1988년에 미국 공중위생국장 C. Everett Koop은 "약물과 연관된 자극 및 사회적 압력을 비롯한 환경요인이 아편제, 알코올, 니코틴 및 기타 중독성 약물의 사용 개시, 사용 패턴, 사용 중지, 그리고 사용 재발에 중요한 영향을 준다."(미국 보건복지부, 1988, p. 15)라고 결론 내렸다. '약물과 연관된 자극'에는 과거에 담배의 사용에 선행했기 때문에 담배 사용에 어느 정도의 자극통제력을 갖게 된 환경 사건들이 포함된다. 다시 말하면, 흡연을 비롯하여 약물 남용은 자극통제하에 있다.

흡연자에게 언제 가장 담배를 피울 가능성이 큰지 물어보면 아침에 일어났을 때, 커피를 마실 때, 식사 후에, 작업하다가 쉴 때(예: 수업 사이의 휴식 시간), 스트레스(예: 시험이나 시내 운전)를 받는 도중이나 받은 후에, 격렬한 신체 활동 후에, 친구들과 만나서 놀 때 등의 답을 듣게 되기 쉽다(Buckalew & Gibson, 1984; Smith & Delprato, 1976). 담배의 사용과 니코틴의 강화적 효과가 이런 상황에서 함께 발생한 적이 많아서 그런 상황들이 담배에 불을 붙이게 하는 변별자극이 되어 버렸다. 그리고 흡연자들은 일반적으로 하루 내내 담배를 피우기 때문에 아주 많은 상이한 상황이 담배에 대한 변별자극이 된다. Charles Lyons(1991)는 "그렇게 광범위한 시간적, 상황적, 신체적 맥락에서 그렇게 일관성 있고 효과적으로 증강되는 다른 활동은 거의 없다."(p. 218)라고 쓰고 있다.

대부분의 사람은, 그 당시에는 깨닫지 못했을지라도, 흡연자에게서 자극통제를 목격한 적이 있다. 적당히 흡연하는 사람이 사람들이 일상적인 대화를 하는 데에 방금 끼어들었다고 하자. 그 사람들 중 하나가 담배에 불을 붙인다. 이 행위는 다른 사람도 흡연하게 만드는 변별자극이 된다. 따라서 우리의 이 가상적인 흡연자는 좀 전에 담배를 한 대 피웠음에도 불구하고 다른 사람이 그러는 것을 보고 자기도 담배에 불을 붙일 수 있다. 이 흡연자는 이런 행동을 다음과 같이 설명할 것이다. "다른 사람이 담배 피우는 것을 보면 나도 담배 생각이 나고, 그렇게 되면 담배를 한 대 피우지 않고는 못 배기죠." 때때로 흡연자들은 담배를 '생각나게 하는' 단서가 생리적 결핍의 느낌, 즉 '갈망' 또한 일으킨다고 말한다. 그렇지만 이런 생각이나 느낌은 흡연 행동을 의지력의 부족이라는 말보다 더 잘 설명해 주지는 못한다. 특정 종류의 사건이 흡연을 유발하는 경향성은, 그 사건의 맥락에서 흡연 행동이 강화를 받았기 때문이라고 설명할 수 있다.

과거에 흡연과 연관되었던 상황에서 흡연하게 되면 갑자기 상습 흡연자로 되돌아가게 될 가능성이 특히 큰 것으로 보인다. T. H. Brandon과 동료들(Lyons, 1991에 보고되었다)은 담배를 끊었다가 이전에 흡연과 연관이 있었던 상황에서 담배를 한 대 피운 사람들을 연구했다. 이들 중 **91%**가 곧 상습 흡연자가 되었는데, 그중 거의 절반이 담배를 한 대 피운 지 하루 이내에 그렇게 되었다. 또 다른 연구에서 R. E. Bliss와 동료들(1989)은 다른 흡연자의 존재로 인해 다시 담배를 피우게 되는 일이 많음을 발견했다.

흡연에서 자극통제가 하는 역할에 관한 연구는 담배를 끊으려는 사람에게 중요한 시사점을 갖는다. 흡연의 재발을 막는 데는 두 가지 기본적인 접근법이 있다. 흡연자였던 사람은 과거에 자주 담배를 피웠던 상황을 회피함으로써 그런 상황이 흡연을 유발하는 일을 피할 수 있다. 또는 그런 상황이 자신의 행동에 대해 갖는 통제력을 감소시키는 훈련을 받을 수 있다. 과거에 담배를 피웠던 모든 상황을 회피하기는 지극히 어려울 수 있다. 따라서 가장 좋은 방법은 그런 상황의 힘을 약화시키는 훈련을 받는 것일 수 있다. 그런 훈련은, 예컨대 흡연자를 담배를 피우지 못하게 막으면서 그런 상황에 점차로 노출시킴으로써 이루어질 수 있다. 예를 들면, 주로 커피를 마신 후에 담배를 피우는 사람이라면 치료자의 방에서 흡연하지 않으면서 커피를 마시게 할 수도 있다. 이런 상황이 더 이상 담배 피우려는 욕구를 일으키지 않게 되면, 똑같은 훈련을 식당의 금연 구역에서 반복할 수 있다. 식당에서 식사를 하면서 흡연자가 담배를 피우지 않도록 치료자(또는 다른 지지자)가 옆에서 확인하는 식으로 훈련을 계속할 수 있다. 금연하려는 사람은 과거에 담배를 자주 피웠던 상황 각각에서 똑같은 식의 치료를 거쳐야 할 수도 있다. 담배를 영원히 끊으려면 자극통제를 극복해야만 한다.

다른 많은 습관적 행동에 대해서도 똑같은 이야기를 할 수 있다. 앞에서 본 한 장에서 우리는 강화계획이 도박에서 발휘하는 효과를 보았다. 그렇지만 도박 또한 어떤 특정한 종류의 환경에서 일어나는 행동이어서 그러한 환경 및 그와 연관된 단서들이 행동에 영향력을 발휘한다. 과식의 경우에도 똑같다. 코넬 대학교의 마케팅 교수인 Brian Wansink(2006)는 '숨은 설득자', 즉 먹기를 유발하는 환경 단서의 효과에 관하여 이야기한다. 그가 들려주는 한 실험에서는 사람들이 그릇에 담긴 수프를 먹었는데, 그 그릇이 식사 중에 자동으로 다시 채워졌다. 일반적으로 빈 그릇은 식사를 끝내게 만드는 단서인데, 이 경우 그런 단서가 없는 것이었다. 그러자 사람들이 수프를 한 그릇 이상 먹는 경향이 있었는데, 어떤 이들은 훨씬 더 많이 먹어서 1리터 이상을 먹기도 했다. 만약 빈 그릇이 먹기를 중지하게 만드는 변별자극이라면, 우리 자신이 그릇에 퍼 담는 음식의 양을 제한하면 칼로리 소비를 줄이는 데 도움이 될 것이다.

흡연이든 도박이든 과식이든 또는 다른 어떤 것이라도 우리가 과도하게 하는 행동의 경우, 그 해결책은 의지력을 증강하는 것만으로는 해결이 되지 않는다. 그보다는 환경 단서의 힘을 약화시켜야 한다.

일반화, 변별, 자극통제는 학습에서 기본적인 개념이며, 경험이 어떻게 행동을 변화시키는지 이 해하는 데 큰 도움을 준다. 심적 회전, 개념 학습, 흡연 같은 습관에 대한 연구가 이런 점을 잘 보여 준다.

11.5 요약

11.6 일반화와 변별의 이론

학습목표

일반화와 변별의 세 가지 이론을 기술하려면

6.1 일반화와 변별에 대한 파블로프의 이론을 설명한다.

6.2 파블로프의 이론의 약점을 파악한다.

6.3 흥분성 기울기와 억제성 기울기가 무엇을 의미하는지 기술한다.

6.4 일반화와 변별에 대한 Spence의 이론을 설명한다.

6.5 정점 이동이라는 현상이 Spencer의 이론에 어떻게 들어맞는지를 기술한다.

6.6 Lashley-Wade 이론을 기술한다.

6.7 Lashley-Wade 이론을 평가한다.

일반화, 변별, 자극통제에 대한 세 가지 이론이 이 분야를 지배해 왔는데, 그것은 파블로프, Spence, 그리고 Lashley와 Wade의 이론이다.

파블로프의 이론

아마 놀랍지 않겠지만, 파블로프의 이론은 생리학적인 것이다. 그는 변별훈련이 뇌에 생리적인 변화를 가져온다고 생각했다. 구체적으로 말하면, 변별훈련은 CS^+ 와 연관된 흥분 영역과 CS^-와 연관된 억제 영역을 만들어 낸다. 만약 새로운 자극이 CS^+와 비슷하면 CS^+ 영역 근처의 뇌 영역을 흥분시킬 것이다. 이 흥분이 CS^+ 영역으로 방사(irradiation)되어서 CR을 일으킬 것이다. 마찬가지로, 만약 새로운 자극이 CS^-와 비슷하면 CS^- 영역 근처의 뇌 영역을 흥분시킬 것이다. 이 영역의 흥분은 CS^- 영역으로 방사되어서 CR을 억제할 것이다. 조작적 학습에 뒤따르는 일반화와 변별에도 이와 유사한 설명을 적용할 수 있다.

  파블로프의 이론은 직관적 호소력이 있는 설명이며, 생리학으로 포장되어 과학의 냄새도 난다. 그러나 아쉽게도 파블로프는 관찰된 행동으로부터 생리적 사건을 단순히 추론했을 뿐이다. 그는 일반화를 근거로 흥분의 방사가 일어난다고 가정했는데, 그런 방사가 실제로 일어나는지는 별개의 관찰을 통해 검증되지 않았다. 따라서 이 이론은 순환론에 빠지게 되었다. 다른 이론가들, 가장 유명한 사람으로는 Kenneth Spence가, 파블로프의 생각을 수정하였다.

Spence의 이론

Kenneth Spence(1936, 1937, 1960)는 파블로프의 이론에서 생리학적인 면은 제외하고 흥분과 억제라는 개념을 받아들였다.

CS+와 US를 짝지으면 CS+에, 그리고 CS+를 닮은 자극에, 반응하는 경향성이 증가하게 된다. 마찬가지로, 조작적 학습에서 S^D가 존재할 때 반응하기를 강화하면 S^D뿐만 아니라 그와 유사한 자극에 반응하는 경향성도 증가한다. 그 결과 얻어지는 일반화 기울기를 **흥분성 기울기**(excitatory gradient)라고 한다. 똑같은 방식으로, US 없이 CS−를 제시하는 것은 CS−에, 그리고 그와 유사한 자극에 반응하는 경향성을 감소시킨다. 마찬가지로 S^Δ가 존재할 때 일어나는 조작적 행동을 강화하지 않으면 S^Δ 및 이와 유사한 자극에 반응하는 경향성이 감소하게 된다. 그 결과 얻어지는 일반화 기울기를 **억제성 기울기**(inhibitory gradient)라고 한다.

Spence는 어떤 특정 자극에 반응하는 경향성은 흥분성 기울기와 억제성 기울기에 반영된 반응 경향성의 증가와 감소가 상호작용한 결과라고 제안했다. 높은 음에 침을 흘리도록 훈련된 개와 낮은 음에 침을 흘리지 않도록 훈련된 다른 개를 상상해 보자. 첫 번째 개는 CS+ 주변으로 흥분의 일반화를 보일 것이고, 두 번째 개는 CS− 주변으로 억제의 일반화를 보일 것이다. 그 결과 얻어진 흥분성 기울기와 억제성 기울기를 그림 11-10에서처럼 그래프로 그려서 나란히 놓을 수 있다. 두 곡선이 중첩됨을 주목하라.

변별훈련은 한 개체 내에서 이와 전반적으로 동일한 효과를 낸다. 즉, CS+(혹은

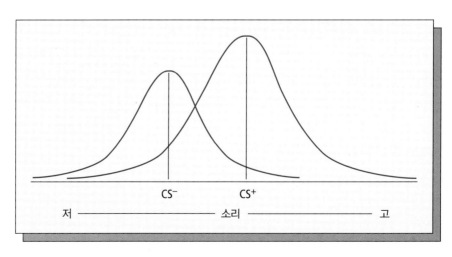

그림 11-10
일반화와 변별에 관한 Spence의 이론 CS+ 훈련은 흥분성 기울기를, CS− 훈련은 억제성 기울기를 만들어 낸다. CS+ 근처에 있는 자극에 반응하는 경향은 그 자극이 CS− 와 유사한 정도만큼 감소한다. CS− 근처에 있는 자극에 반응하지 않는 경향은 그 자극이 CS+와 유사한 정도만큼 감소한다.

CS−   CS+

저 ——————————— 소리 ——————————— 고

S^D)를 닮은 자극에 반응하는 경향성의 증가가 CS^-(혹은 S^Δ)를 닮은 자극에 반응하는 경향성의 감소와 중첩된다. Spence가 제안한 바는 변별훈련 후에 어떤 새로운 자극에 반응하는 경향성이 흥분 경향성과 억제 경향성 사이의 차이와 같다는 것이다. 다시 말하면 새로운 자극에 반응할 경향성은 그 자극에 반응하지 **않을** 경향성에 의해 감소할 것이다.

비둘기를 오렌지색 원반은 쪼고 빨간색 원반은 쪼지 않게 훈련하는 가상적인 실험을 상상해 보자. 훈련 후에 비둘기에게 연한 노란색부터 짙은 빨간색에 걸친 다양한 색깔의 원반을 쫄 기회를 준다. 그러면 이 비둘기는 어떤 색깔의 원반을 가장 많이 쫄까? 만약 비둘기가 단순히 오렌지색 원반을 쪼아 먹이를 얻는 훈련만 받았다면 그와 동일한 색깔의 원반을 가장 많이 쫄 것임을 우리는 알고 있다. 그러나 Spence에 따르면 변별훈련의 결과로 S^Δ와 닮은 자극을 쪼려는 경향성은 억제되어야 한다. 그러므로 Spence의 이론은 반응의 최고점이 S^D에서 나타나는 것이 아니라 S^Δ로부터 더 먼 자극에 대해 나타날 것이라고 예측한다. 다시 말하면, 반응의 정점이 오렌지색 원반에 대해서가 아니라 오렌지색보다도 덜 빨간 색깔의 자극에서 나타난다는 것이다.

1930년대에 나온 이 예측은, H. M. Hanson(1959)이 방금 이야기한 것과 거의 비슷한 실험을 실시하여 검증되는 데 대략 20년이 걸렸다. Hanson은 비둘기를 연두색[파장의 측정치인 나노미터(nanometer. nm로 표기한다)로 하면 550nm] 원반은 쪼고 약간 더 노란색(560nm)을 띤 원반은 쪼지 않게 훈련했다. 통제집단의 비둘기는 변별훈련을 받지 않고 연두색 원반 쪼기에 대해서만 먹이를 받았다. 이런 훈련 후에 Hanson은 비둘기들에게 노란색에서부터 초록색에 이르는 다양한 색깔의 원반을 쪼게 하였다. 통제집단의 경우, 연두색에서 반응의 정점이 나타났다. 반면에 변별훈련을 받은 비둘기들의 경우, 반응의 정점이 S^Δ로부터 먼 방향으로 이동하여 약 540nm의 자극에 대해서 나타났다(그림 11-11). **정점 이동**(peak shift)이라 불리는 이 현상은 확고한 것으로 밝혀졌다(Purtle, 1973; Thomas et al., 1991).

❓ 개념 점검 9

Hanson이 530nm의 원반을 S^D로 사용했다고 가정하자. 그러면 반응의 정점이 어디에서 일어났을까?(그림 11-11 참고)

Spence의 이론이 정점 이동 현상을 예측할 수 있다는 점은 인상적이다. 그렇지만 Lashley-Wade 이론도 나름대로 성공한 바가 있다.

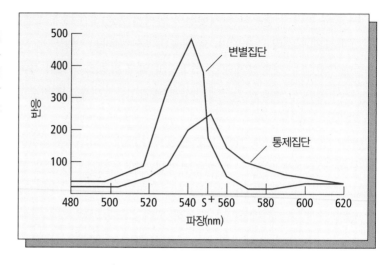

그림 11-11

정점 이동 S^+(550nm)와 S^-(560nm)를 변별하는 훈련을 받은 비둘기는 S^+보다는 540nm의 자극에 더 많이 반응했다. S^+에 대해서만 훈련을 받은 비둘기는 이와 같은 정점 이동을 나타내지 않았다. (출처: Hanson, 1959)

Lashley-Wade 이론

Karl Lashley와 M. Wade(1946)는 파블로프나 Spence의 것과는 다른 일반화와 변별에 대한 이론을 제안했다. 이 연구자들은 일반화 기울기가 검사 시에 사용된 자극과 유사한 것들에 대한 과거 경험에 따라 달라진다고 주장했다. 변별훈련이 일반화 기울기의 경사를 증가시키는 이유는 동물에게 S^D와 다른 자극들 간의 차이를 구별하도록 가르치기 때문이다. 그러나 변별훈련을 받지 않더라도 대개 일반화 기울기가 평평하지는 않다. 만약 일반화 기울기가 훈련에 좌우된다면, 훈련 없이도 일반화 기울기가 평평하지 않은 이유가 무엇일까? Lashley와 Wade는 사실은 동물이 일상생활에서 일종의 변별훈련을 겪어 왔기 때문이라고 제안한다. 예를 들어, 비둘기는 연구자가 빨간색 원반을 쪼는 훈련을 시키기 훨씬 전부터 색깔을 변별하는 학습을 한다. 비둘기가 색깔들(특히, S^D와 닮은 것들)을 많이 경험했을수록 일반화 기울기가 더 가파를 것이고, 적게 경험했을수록 일반화 기울기는 더 평평할 것이다.

이 이론은 만약 동물이 색깔 같은 특정 종류의 자극에 대한 경험을 전혀 하지 못하게 만들면, 훈련 후의 동물의 행동이 영향받을 것임을 함의한다. 예를 들어, 색깔에 대한 경험이 없는 동물을 빨간색 원반에 반응하도록 훈련하면, 나중에 이 동물은 초록색 원반에도 똑같은 빈도로 반응할 것이다. 다시 말하면 일반화 기울기가 평평할 것이다.

여러 연구자가 이 가설을 검증하려고 하였다. 그런 실험의 전형적인 예를 하나 들면, 색깔에 대한 경험을 차단하기 위해 동물을 태어나면서부터 어둠 속에서 길렀다. 그리고는 이 동물을 초록색 원반 같은 자극에 반응하도록 훈련했다. 그런 다음, 일반화를 검사하기 위해 다른 색깔의 원반들을 제시하고 변별하는 정도를 관찰했다. 그리고 그 결과를 정상적으로 길러진 동물에서 얻은 결과와 비교했다. 색깔에 대한 경험을 차단당한 동물의 일반화 기울기가 더 평평하다면 Lashley-Wade 이론이 지지를 받고, 어둠 속에서 길러도 일반화 기울기의 모양에 아무런 차이가 없다면 이 이론이 반박을 받는다.

아쉽게도 이러한 실험들의 결과는 모호해서 이 이론을 지지하는 연구도 있고 반박하는 연구도 있다. 게다가 결과의 해석에 대해서도 논쟁을 할 수 있다. 경험이 차단된 동물과 정상적으로 양육된 동물의 일반화 기울기가 차이가 없을 경우, Lashley-Wade 이론의 지지자는 양육 절차가 관련 자극에 대한 경험을 완전히 차단하지 못했다고 주장한다. 경험의 차단이 일반화 기울기를 평평하게 만들 경우, 이 이론에 반대하는 사람은 차단 절차가 동물의 눈을 손상시켜서 색깔을 변별할 수 있는 신체적 능력을 제한해 버렸다고 주장한다. 따라서 Lashley-Wade 이론에 대해서는 감각 차단 연구가 제공할 수 있는 것보다 더 확실한 검사가 필요하다.

이 이론이 타당하다면, 한 자극에 대한 동물의 모든 경험을 차단할 필요는 없고, 단지 훈련 동안에 그 자극에 대한 경험을 제한하기만 하면 충분하다고 주장할 수 있다. 이 생각을 검증하기 위해 Herbert Jenkins와 Robert Harrison(1960)은 비둘기에게 원반을 쪼도록 훈련했다. 어떤 비둘기는 주기적으로 소리를 들었는데, 이 소리가 들릴 때는 쪼기가 강화를 받았고, 들리지 않을 때는 쪼기가 강화를 받지 않았다. 다른 비둘기는 동일한 소리를 끊임없이 들었다. 따라서 두 집단 모두 소리가 있을 때는 원반 쪼기가 강화를 받았다. 하지만 한 집단에서는 원반 쪼기가 강화를 받지 못하는 고요한 기간들이 있었다. 그런 다음, 실험자들은 두 집단의 비둘기 모두를 대상으로 다른 소리들에 대한, 그리고 고요한 기간에 대한 일반화를 검사했다. 주기적인 소리를 들었던 비둘기는 소리가 날 때보다 나지 않을 때 원반을 훨씬 더 적게 쪼았다. 다른 집단의 비둘기는 소리가 나거나 나지 않거나 똑같이 원반을 쪼았다. 이는 예상했던 바인데, 왜냐하면 계속 소리를 들은 비둘기는 변별을 할 기회가 없었던 반면에 주기적으로 소리를 들은 비둘기는 변별을 할 기회가 있었기 때문이다. 그런데 두 집단의 비둘기 모두가 전혀 들어 보지 못한 다른 소리를 들으면 어떻게 할까? 소리가 나는 기간과 나지 않는 기간을 변별하기를 학습한 비둘기는 원래의 소리와 다른 소리들 역시 변별했다. 그렇지만 계속 소리가 들리는 가운데 강화를 받은 비둘기는 상이한 소리들을 변별하지 못했다(그림 11-12). 이런 결과는 바로 Lashley-Wade 이론이 예측하는 그대로이다.

Lashley-Wade 이론에 대한 모든 검증이 긍정적인 결과를 내놓은 것은 아니다. 하지만 일반화 기울기의 경사가 관련 자극에 대한 참가자의 훈련 전 경험에 어느 정도는 의존한다는 사실을 이제는 학자들이 일반적으로 인정하고 있다.

변별과 일반화에 대하여 모든 학자의 지지를 받는 이론은 없지만, 위의 이론들

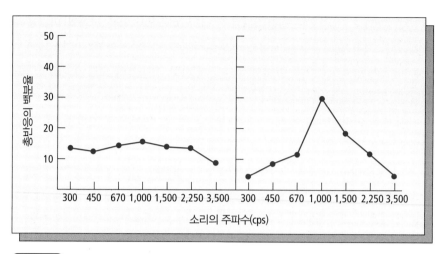

그림 11-12

변별훈련과 일반화 원반을 쪼면 먹이를 받은 비둘기 두 마리의 대표적 수행. 왼쪽의 기록은 1,000cps(cycles per second)의 소리가 지속적으로 들리는 동안 원반을 쪼면 먹이를 받았던 비둘기에게서 얻어진 것이다. 오른쪽의 기록은 1,000cps의 소리가 들리는 동안에 원반을 쪼면 먹이가 나왔지만 고요한 기간에는 먹이가 나오지 않았던 비둘기에게서 얻어진 것이다. (출처: Jenkins & Harrison, 1960)

은 모두 기초 연구를 자극했다. 그런 연구 중 일부는 이론적 및 실용적 중요성을 가진 문제들을 이해하는 데 기여했다.

11.6 요약

일반화와 변별을 설명하기 위한 다양한 이론을 학자들이 제안하였다. 파블로프는 이 현상들을 흥분의 방사로 설명했다. 그의 관점에서 일반화가 일어나는 이유는 어떤 자극이 뇌에서 CS⁺의 영향을 받는 부분 근처에 있는 영역을 흥분시키기 때문이라는 것이다. Spence는 흥분성 기울기와 억제성 기울기 사이의 차이가 새로운 자극에 대한 반응을 예측한다고 생각했다. 그의 이론은 정점 이동 현상을 정확히 예측했다. Lashley-Wade 이론은 유기체가 관련 자극들에 대한 경험이 너무 적어서 자극들 간에 변별을 하지 못하기 때문에 일반화가 일어난다고 주장한다.

맺음말

자연선택은 일반화를 하려는 경향을 우리에게 부여했는데, 그 이유는 그것이 생존 가치(survival value)가 있기 때문이다. 조건 맛 혐오(4장을 보라)는 이에 대한 강력한 예시이다. 즉, 특정한 냄새나 맛을 가진 음식을 먹고 탈이 났던 사람이나 동물은 그 음식뿐 아니라 그것과 비슷한 다른 음식도 먹기를 거부한다. 식량 채집 기술의 일반화에서도 똑같은 종류의 이득을 관찰할 수 있다. 수렵−채집 사회에서 아이들은 나뭇잎을 겨냥하여 활을 쏘면서 사냥 기술을 연습한다. 그 집단의 생존은 아이의 나뭇잎을 쏘아 맞히는 능력이 아니라 새를 쏘아 맞히는 능력에 좌우된다. 훈련 상황에서 숙달된 활쏘기 기술은 사냥 상황에까지 일반화된다. 우리가 학교에서 배운 것이 일반화되지 못한다면 학교 교육 또한 별로 쓸모없는 것이 될 것이다. 학생이 여름방학에 대한 글쓰기를 하는 이유는 나중에 고용인을 위해 비슷한 글을 쓸 수 있기 위해서가 아니라 이메일이나 보고서를 쓰는 능력을 기르기 위해서이다.

변별 또한 생존에 중요한 역할을 한다. 제왕나비를 먹는 북미산 큰어치는 조건 맛 혐오가 생겨나고 따라서 나중에 제왕나비를 피한다(4장을 보라). 하지만 큰어치는 살기 위해서 먹어야 하는데 모든 종류의 나비를 피한다면 생존에 도움이 되지 않는다. 큰어치는 제왕나비만 제외하고 다른 나비들은 계속 먹는다. 수렵−채집 사회에서 아이들은 과일과 채소를 먹을 것으로 채집하기를 배운다. 아이는 먹을 수 있는 식물과 먹을 수 없는 식물 사이의 차이를 알아야 한다. 아이들은 또한 약용 식물을 채집하는 것도 배우는데, 이때도 역시 변별 능력이 중요하다. 어떤 식물은 치료 약이 되지만 다른 것은 독이 되기 때문이다. 변별은 산업화된 사회에서도 중요하다. 맹장염과 소화불량의 증상을 정확히 변별하지 못하는 의사는 환자를 심각한 위험에 빠트린다.

변별학습은 과거에 어떤 행동이 강화를 받았던 적이 있는 사건이나 상황에 흔히 비교적 자동적으로 반응하는 경향성을 유발한다. 이러한 자극통제 또한 우리의 효율성을 높여줌으로써 생존을 도와준다.

그렇다면 인간과 동물 모두에게서 일반화와 변별이 적응에 주요한 역할을 함을 알 수 있다. 이런 현상들은 생존에서 학습의 역할을 대단히 증진하며 또한 복잡하게 만들기도 한다.

핵심용어

개념(concept) 381

동시 변별훈련(simultaneous discrimination training) 370

무오류 변별훈련(errorless discrimination training) 373

반응 일반화(response generalization) 361

변별(discrimination) 369

변별자극(discriminative stimulus) 370

변별훈련(discrimination training) 369

억제성 기울기(inhibitory gradient) 388

연속 변별훈련(successive discrimination training) 371

오대응(mismatching) 372

이질 짝 맞추기(oddity matching) 372

일반화(generalization) 361

일반화 기울기(generalization gradient) 363

자극 변별(stimulus discrimination) 369

자극 일반화(stimulus generalization) 362

자극통제(stimulus control) 377

전이(transfer) 361

정점 이동(peak shift) 389

차별적 결과 효과(differential outcomes effect: DOE) 374

표본 짝 맞추기(matching to sample: MTS) 372

흥분성 기울기(excitatory gradient) 388

CS⁺ 374

CS⁻ 374

S⁺ 370

S⁻ 370

Sᴰ 370

Sᴬ 370

복습문제

1. 일반화와 변별 간의 관계를 기술하라.

2. '자라 보고 놀란 가슴 솥뚜껑 보고 놀란다'라는 속담이 있다. 이 속담이 암묵적으로 인정하고 있는 현상은 무엇인가?

3. B. F. Skinner(1951)는 비둘기들에게 '글 읽기'를 가르친 적이 있다. 이 비둘기들은 '쪼아라(Peck)'라고 쓰인 표지가 있을 때는 원반을 쪼았고, '쪼지 마라(Dont' peck)'라고 쓰인 표지가 있을 때는 원반을 쪼지 않았다. Skinner가 어떻게 이런 일을 달성할 수 있었을지 이야기해 보라.

4. 어떤 사람에게 어떻게 변별훈련을 시키면 다른 사람의 얼굴 표정과 그 밖의 '몸짓 언어(body language)'를 보고 그가 거짓말을 하고 있음을 인식하게 할 수 있을까?

5. 변별훈련이 인종 편견에서 하는 역할은 무엇일 수 있는가?

6. Spence의 이론은 파블로프의 이론과 어떻게 다른가?

7. Sᴰ가 된 자극이 왜 이차 강화물이 되기도 하는지를 설명하라.

8. 적록 색각 결함인 사람(빨간색 물체와 초록색 물체가 회색으로 보이는 사람)은 전형적인 색채 시각을 가진 사람에 비하여 왜 불리한 점이 있는지 설명하라.

9. 한 미국인이 혼자서 휴대전화로 통화를 하면서 다른 손으로 손짓을 하고 있는 모습을 당신이 본다. 이후 한 일본인이 혼자서 휴대전화로 통화를 하면서 고개를 끄덕이고 가끔씩 엉덩이를 뒤로 빼면서 몸을 앞으로 구부리는 모습을 본다. 이런 행동을 설명해 보라.

연습문제

1. 일반화에 대한 최초의 보고 중 하나는 1898년에 _____에서 나왔다.

2. Arthur Bachrach와 동료들은 _____하지 않으려는 젊은 여성에게서 치료의 일반화를 이끌어냈다.

3. 서로 다른 행동들에 걸친 일반화를 _____라고 한다.

4. Richard Herrnstein은 변별훈련을 이용하여 '나무'와 '인간'이라는 개념을 _____에게 가르쳤다.

5. 정점 이동 현상은 일반화와 변별에 관하여 _____가 제안한 이론을 지지한다.

6. 어떤 흡연자가 식사 후에 항상 담배를 피운다면, 담배 피우기는 _____하에 있다.

7. 위장술은 포식동물이 피식동물과 다른 자극 간의 _____을 하지 못하도록 만듦으로써 작용한다.

8. 일반화 자료를 그래프 상에 그려보면 일반화 _____가 얻어진다.

9. 변별훈련 절차 중 한 종류는 MTS라는 약자로 불리는데, 이는 _____을 의미한다.

10. 학습의 효과는 _____, _____, _____, 그리고 상황에 걸쳐서 퍼질 수 있다.

망각

이 장에서는

1 연구의 시작
2 망각을 정의하기
  ▪ 미래를 대비하는 학습
  ▪ 지식의 분류체계
3 망각 측정하기
4 망각의 원인
  학습의 정도
  ▪ 망각을 할 수 없었던 사람
  사전 학습
  ▪ Bartlett의 「유령들의 전쟁」
  후속 학습
  맥락의 변화
  ▪ 학습 당시의 상태
5 활용
  목격자 증언
  기억하기를 학습하기
  ▪ Say All Fast Minute Each Day
    Shuffle
맺음말
  핵심용어 | 복습문제 | 연습문제

"끊임없이 변화하는 세상에서는 일어난 일 그대로를 회상하는 것이 전혀 중요하지 않다."

_ F. C. Bartlett

들어가며

나는 이 교과서를 경험에 의해 생겨나는 행동의 변화를 다루는 데 바쳤다. 아마도 경험은 당신에게 그러한 행동의 변화가 시간이 가면서 희미해진다는 점을 가르쳐 주었을 것이다. 이 장은 그 '희미해지기'를, 즉 그것을 어떻게 측정할지, 원인이 무엇인지, 그리고 그에 대한 지식을 어떻게 실용적으로 활용할지를 다룬다. 또한 우리의 골이 지끈지끈하게 만들지도 모를 다른 주제, 즉 '우리가 망각이라고 부르는 것이 혹시나 학습일 수 있을까?'라는 물음을 다룬다.

학습목표

이 장을 공부하고 나면 다음의 것들을 할 수 있을 것이다.

12.1 시대에 따라 사람들의 기억에 대한 개념이 어떻게 바뀌어 왔는지를 확인한다.

12.2 학습 연구자들이 어떻게 망각을 정의하는지를 설명한다.

12.3 학자들이 인간 및 다른 동물들에게서 망각을 측정하는 일곱 가지 방식을 이야기한다.

12.4 망각의 네 가지 근원을 설명한다.

12.5 망각 연구의 두 가지 활용을 논의한다.

12.1 연구의 시작

시대에 따른 사람들의 기억에 대한 개념이 어떻게 바뀌었는지를 규명하려면

1.1   기억이 어떻게 작동하는지에 대한 저장고 비유를 비판한다.

1.2   기억에 대한 사람들의 개념이 기술의 진화와 함께 어떻게 변해왔는지를 설명한다.

「몬스터 주식회사」라는 만화 영화에서는 어느 평행 우주에 사는 거주자들이 인간 어린이의 비명으로부터 전기를 생성해낸다. 이 몬스터들은 벽장문을 통해서 우리의 세계로 출입한다. 몬스터들은 그 문들을 거대한 창고에 보관해 두고 있다가 전자제어되는 컨베이어 벨트 시스템을 이용해 꺼낸다. 일단 문 하나를 꺼내서 버튼 몇 개를 누르고 나면 몬스터는 그 문을 통해 우리 세계로 들어와서는 졸고 있는 아이를 놀라게 하여 그 아이의 비명이 만들어 낸 에너지를 모아간다.

어떤 사람들은 기억이 이와 비슷한 방식으로 작동한다고 생각한다. 그들의 주장은 기억이 그 벽장문처럼 어떤 창고에 보관되어 기다리고 있다가 몬스터가 부르면 또 다른 세계, 즉 과거의 세계로 가는 통로를 제공해 준다는 것이다. 위의 영화처럼 이 이론은 세부 사항이 좀 모호하지만 왜 학습한 것이 지속되는지를 설명하는 매력적인 비유가 된다.

사람들은 역사적으로 그러한 저장 비유의 많은 변형본을 제안했다. 고대에는 밀랍 서판에 도장을 찍듯이 경험이 마음에 자국을 남긴다고 생각했다. 어떤 경험을 기억하기 위해서는 마음의 서판을 들여다보기만 하면 된다는 것이다. 르네상스 시대에는 빈 석판에 경험이 글씨를 쓰는데, 그것을 아무도 지우지 않는 한 쓴 사람이 읽을 수가 있다고 했다. 산업화 시대에는 빈 석판 대신에 마음의 파일 캐비닛에 저장된 메모와 스냅사진이 그 자리를 차지했다. 그래서 경험은 '파일로 철해져서' 저장되었다가 필요할 때 적당한 파일을 탐색해서 인출된다고 생각했다. 고속 컴퓨터의 발전은 기억에 대한 현재의 비유를 제공한다.

그러나 이러한 저장 비유가 근거를 상실해가고 있을 수도 있다. 학자들은 저장 비유가 우리가 망각이라고 부르는 행동 변화를 설명할 수 있는지에 대해 점점 더 많은 의심을 표현하고 있다. 무엇보다 먼저, 어떤 사건에 대한 우리의 기억은 대단히 잘 변하는 것임이 분명하다. 「몬스터 주식회사」의 비유를 이용하자면, 그건 마치 둥그런 손잡이와 반짝이는 청동 경첩이 달린 커다란 파란 문을 저장해 두었는데 나중에 찾고 보니 그것이 막대 모양 손잡이와 시커먼 철제 경첩이 달린 작은 분홍색 문이 되어 버린 것과 같다. 경험이 그렇게나 극적인 변화를 겪는데도 어떻게

경험이 저장되었다가 인출된다고 말할 수 있을까? 특히, 그런 변화가 생리적 사건이 아니라 환경 사건의 산물인 것으로 보이는데도 말이다. 이 장을 읽어가면서 당신은 이 물음을 갖고 씨름해야 할 것이다.

12.2 망각을 정의하기

학습 연구자들이 망각을 어떻게 정의하는지를 설명하려면
2.1   망각이 실험실에서 어떻게 측정되는지를 보여 주는 예를 하나 제시한다.
2.2   망각이 실제로는 어떻게 학습의 한 유형일 수 있는지를 설명한다.
2.3   망각과 연관된 퇴화의 유형들을 다른 유형의 퇴화와 구분한다.

학습은 자연선택의 놀라운 발명품이지만, 우리가 학습이라고 부르는 행동 변화는 시간에 따라 달라진다. 학습을 일으키는 경험이 일단 끝나고 나면, 그 행동은 변할 수 있고, 종종 변한다. 당신은 이 책에서, 그리고 선생님으로부터 학습에 대해 많은 것을 배웠다(그랬기를 바란다). 그래서 기말고사를 잘 치를 것이다. 그런데 1년 후에도 동일한 시험을 치르면 똑같이 잘할까? 마찬가지로, 당신이 미술 수업을 들어서 초상화를 그리는 능력이 많이 향상된다고 하자. 그러나 일단 수업이 끝나고 나서는 더 이상 그리지 않는다면, 1년 후에 어떤 사람의 초상화를 그리려 할 때 당신의 기술이 동일한 수준으로 남아 있을까? 두 경우 모두 그 답이 거의 확실히 '아니다'임을 당신은 알고 있다. 사람들이 **망각**(forgetting)이라는 말을 할 때 가리키는 것은 그런 변화이다. 따라서 망각의 일반적인 정의는 파지(把持) 간격에 뒤이어 나타나는 학습된 행동의 퇴화이다. **파지 간격**(retention interval)이란 말은 행동의 학습이나 연습이 일어나지 않는 기간을 의미한다.

간단한 실험 예를 하나 보자. 실험상자에 비둘기를 넣는다. 벽에는 원반이 하나 있어서, 그것에 불이 켜져 있을 땐 쪼고 그렇지 않을 땐 쪼지 않도록 비둘기를 훈련한다. 불 켜진 원반을 비둘기가 높은 빈도로 안정적으로 쪼게 되었을 때 이 새를 다른 장소로 옮겨 놓아 종자 새(breeder)로 살게 한다. 다른 19마리의 비둘기를 데리고 똑같은 절차를 시행하고는 다양한 시간이 흐른 후에 비둘기들을 한 번에 한 마리씩 실험상자에 다시 넣어서 어떤 반응을 하는지 관찰한다. 예를 들어, 4년이 지난 후에 네 마리의 비둘기를 검사한다. 비둘기를 실험상자에 넣되 먹이 공급장치를 떼어 놓아서 원반 쪼기가 이제는 소거계획하에 있게 된다. 비둘기가 어떤 행

미래를 대비하는 학습

우리는 학습이 엄청난 생존 가치를 갖고 있음을 보고 또 보았다. 위장술, 비행 기술, 면도칼처럼 날카로운 송곳니 등과 마찬가지로 학습 능력도 개체가 생존하고 번식하는 데 도움이 되었으므로 진화하였다. 학습한 것을 장기간에 걸쳐 보유하는 능력 또한 생존에 도움이 된다.

자연에서는 식량의 가용성(availability)이 일정하지 않다. 이 문제에 대처하는 방법 중 하나는 식량이 풍부할 때 식량을 저장하고 식량이 모자랄 때 그 저장된 것을 꺼내먹는 것이다. 바로 이런 방법을 쓰는 동물이 많다. 미국 로키산맥의 텃새인 잣까마귀가 한 예이다(Kamil & Balda, 1985, 1990a, 1990b). 이 새는 잣나무의 씨를 먹고 사는데 6,000개 이상의 장소에 30,000개 이상의 씨를 저장할 수 있다. 겨울을 나려면 대개 2,000개의 장소에 저장된 먹이가 필요하다. 그런데 이 새들이 그 2,000개의 장소를 기억하고서 찾아가는 것일까, 아니면 자기나 다른 새들의 저장소를 우연히 발견하는 것일까? A. C. Kamil과 Russell Balda(1990b)의 실험에서는 잣까마귀에게 씨를 저장하게 한 다음 일주일, 3개월, 6개월이 지난 후 씨를 다시 찾아낼 수 있게 하였다. 오랜 시간이 흐르면 먹이 저장소를 찾는 능력이 좀 떨어지기는 했지만 6개월이 지난 뒤에도 잣까마귀가 씨를 찾는 성공률이 우연이라고 할 수는 없을 정도로 높았다.

잣까마귀가 먹이 저장소를 찾아내는 능력이 학습 때문이라는 생각을 지지하는 증거는 이 밖에도 더 있다. 한 연구에서 Stephen Vander Wall(1982)은 두 마리의 잣까마귀에게 씨를 새장 내에 저장하게 한 다음 나중에 다시 꺼내게 하였다. 각각의 새는 자신의 먹이 저장소는 많이 찾아냈지만, 다른 새의 것은 거의 찾지 못했다. 이는 이 새들이 단지 저장소가 될 법한 장소를 탐색하거나 '킴새를 맡고 알아차려서' 씨를 찾아내는 것이 아님을 보여 준다.

다른 연구들도 오랜 기간이 지난 뒤에도 먹이 저장소를 찾아내는 북미산 다람쥐(Vander Wall, 1991), 회색 다람쥐(Jacobs & Liman, 1991), 캥거루쥐(Jacobs, 1992) 및 원숭이(Menzel, 1991)를 포함한 동물들의 능력에 대해 비슷한 증거를 보여 준다. 학습은 우리와 동물들로 하여금 현재의 어려운 상황에 적응할 수 있게 해줄 뿐만 아니라 미래, 때로는 먼 미래의 도전에도 대처할 수 있게 해준다.

동을 할까?

B. F. Skinner(1950)가 이와 비슷한 실험을 수행했다. 그가 비둘기를 실험상자에 넣었을 때 원반은 불이 켜져 있지 않았고 비둘기는 쪼지 않았다. 그리고는 Skinner가 원반에 불을 켜 주자 비둘기는 쪼기 시작했다. 요약하면, 비둘기들은 4년 전과 똑같이 행동했다. 마치 훈련이 끝나고서 전혀 시간이 흐르지 않은 것처럼 말이다. 그러나 Skinner는, 이 비둘기들의 원반 쪼기가 더 짧은 기간이 지난 후에 검사받은 다른 비둘기들보다 훨씬 더 빨리 소거되었다고 말했다. 소거 동안의 이 수행의 미묘한 퇴화를 망각의 예로 볼 수 있다.

어떤 심리학자들은 **퇴화**(deterioration)가 잘못된 단어라고 주장한다. 행동은 퇴화하는 것이 아니라 그저 변할 뿐이라고 그들은 강조한다. 11장에서 보았듯이 행동은 변별학습을 통하여 자극통제하에 있게 된다. 모든 행동은 어떤 특정 자극의 존재하에서 일어나고 다른 자극의 존재하에서는 일어나지 않는데, 따라서 모든 행동은 어느 정도 자극통제하에 있다고 주장할 수 있다. 그 통제는 행동이 강화받을 때 존재했던 자극들의 복합에 의해 발휘된다. 그런 자극들 중 일부가 나중에 존재하지 않으면 그 행동이 일어나지 않을 수 있는데, 그러면 우리는 망각이 일어났다고 말한다. 이런 주장에 따르면, 망각 같은 것은 존재하지 않으며 단지 훈련 시점과 검사 시점 사이에 환경에서 일어나는 변화로 인해 행동이 변할 뿐이다 (Branch, 1977; Capaldi & Neath, 1995; Palmer, 1991; Jasnow, Cullen, & Riccio, 2012; Riccio, Rabinowitz, & Axelrod, 1994). 이는 역설적인 결론으로 이어진다. 즉, 망각이 경험으로 인한 행동 변화라면, 그리고 학습이 경험으로 인한 행동 변화라면, 망각도 학습이다!

망각이 학습이라고 말하는 것은 어처구니없는 견해처럼 보이지만 우리는 그런 생각을 지지하는 경험적 증거를 곧 알게 될 것이다. 하지만 망각을 학습과 동일시하는 것은 문제가 있다. 왜냐하면 그럴 경우 정답도 없고 오답도 없으며 우수함의 기준도 없다는 말이 되기 때문이다. 대부분의 사람이 볼 때, 월요일에는 'Mississippi'를 정확히 쓸 줄 알았다가 금요일 시험에서는 'Misisipi'라고 쓰는 학생은 수행의 퇴화를 보여 준 것이다. 따라서 이 책에서는 망각이 파지 간격 후의 수행 퇴화를 의미한다는 생각을 고수할 것이다.

망각에서 우리는 흔히 퇴화를 어떤 행동이 일어날 가능성의 감소로 측정하는데, 이것이 항상 유효하지는 않다. 때로는 망각이 어떤 행동이 일어날 가능성이 더 커짐을 의미한다(Riccio, Rabinowitz, & Axelrod, 1994). 예를 들면, 앞서 나온 Skinner의 실험에서 비둘기는 원반에 불이 켜지지 않을 때는 쪼지 **않**기를 배웠다. 만약 4년 후의 검사에서 불 꺼진 원반 쪼기가 증가한다면 그것은 망각이라고 해야 할 것이다.

망각을 살펴볼 때 우리의 관심은 측정 가능한 행동의 퇴화이지 신경 구조의 퇴화가 아니라는 점을 인식해야 한다. 학습 경험이 신경계에 물리적 변화를 일으킨다는 데 이의를 제기하는 사람은 아무도 없다(Anderson & Hulbert, 2021; Kandel, 2007; Steinmetz & Lindquist, 2009). 그리고 짐작건대 망각이 일어날 땐 이런 신경 구조에 무슨 일인가가 일어날 것이다. 하지만 우리의 관심은 경험이 신경계가 아니라 **행동**에 미치는 효과에 있다. 우리가 어떤 사람이 무언가를 망각했는지를 물어볼 때는 사실상 경험으로 인한 행동 변화가 지속되고 있는지를 묻는 것이다. '자전거 타는 법을 잊었어요?'라는 말은 '자전거를 아직도 탈 수 있어요?'라는 말로 바꿀 수 있다. '고등학교에서 배운 수학이 기억나요?'라는 말은 '고등학생 때 풀 수 있었던 수학 문제를 아직도 풀 수 있어요?'라는 말로 바꿀 수 있다. 심지어 '자동차를 어디에 주차했는지 기억하세요?'라는 말은 '자동차를 찾을 수 있어요?'라고 바꿀 수 있다.* 이런 것들에 대응되는 생리적 변화는 중요한 역할을 하지만, 그것은 다른 교

---

* 이 세 쌍의 질문 각각에서 첫 번째 질문은 기억할 수 있는지를 묻는 반면에 두 번째 질문은 행동할 수 있는지를 묻는다. (역주)

과서의 주제가 될 것이다.

　　파지 기간 이후 나타나는 학습된 행동의 퇴화를 모두 망각 때문이라고 할 수는 없다. 어떤 개가 1살일 때 굴렁쇠를 점프하여 통과하기를 훈련한 다음 더 이상의 연습 없이 12년 후에 재검사를 한다면, 수행의 퇴화는 망각보다는 관절염 때문일 수 있다. 마찬가지로 알파벳을 암기한 사람이 뇌졸중으로 인해 그 능력을 상실할 수도 있다. 따라서 우리의 관점에서는 노화, 부상 혹은 질병으로 인한 행동의 퇴화는 망각이라고 볼 수 없다.

　　망각이 더 복잡해지는 이유는 망각이 흔히 불완전하기 때문이다. 어떤 사람의 수행이 일정한 파지 간격 이후에 최하로 떨어질 수 있지만 그래도 학습했던 무언가는 대개 오래 남아 있다. 예를 들어, 몬태나주 주도의 이름을 배운 적이 있지만 지금은 생각이 나질 않는다. 그 이름의 첫 글자나 심지어 그것이 몇 글자로 이루어

지식의 분류체계

학습에 대한 저장 비유를 받아들이는 학자들은 저장되는 기억의 종류를 찾아내는 데 많은 시간을 쏟아붓는다. 흔히 제안되는 기억의 유형 중 몇 가지를 소개하면 다음과 같다.

　서술기억(declarative memory. 선언적 기억)은 우리가 대개는 말로, 그렇지만 때로는 그림이나 몸짓으로, 표현할 수 있는 것을 가리킨다. 철학자 Gilbert Ryle(1949)은 그런 지식을 'knowing that'이라고 불렀다. 우리는 생물학이 살아있는 것들에 대한 학문이란 것, 1년은 365일이란 것, 코끼리는 빈대보다 크다는 것을 알고 있다. 우리는 또한 자기 이름을 알고 있고, 지구가 평평하지 않다는 것도, 미키마우스가 진짜 쥐가 아니라는 것도 알고 있다. 우리는 서술기억을 '외현적 지식(explicit knowledge)'의 기록이라고 부른다.

　인지심리학자 Endel Tulving(1972)은 서술기억을 의미기억과 일화기억으로 더 나눌 수 있다고 제안했다. 그는 **의미기억**(semantic memory)을 '세상에 대한 지식'으로, **일화기억**(episodic memory)을 개인적으로 경험한 사건에 대한 기억으로 정의했다. 일화기억은 때로 '자서전적 기억' 또는 '사건기억'이라고 불리기도 한다(Tulving, 1983).

　비서술기억(nondeclarative memory. 비선언적 기억)은 말로 표현될 수 없는 학습의 기록이다. 서술지식의 경우 우리는 자신이 무언가를 알고 있음을 안다. 빈면에 비서술지식의 경우엔 우리기 알고는 있지만 스스로 알고 있다는 것을 알지 못한다. 또는 적어도 우리가 알고 있는 것을 표현하지는 못한다. 우리는 비서술기억이 '암묵적 지식(implicit knowledge)'의 기록으로 작용한다고 말한다(Roediger, 1990; Schacter, 1987).

　어떤 기억 전문가들은 다양한 종류의 비서술기억이 존재한다고 생각한다. 아마도 가장 중요한 것이 **절차기억**(procedural memory)일 것이다(Tulving, 1985). 이것은 그 이름이 암시하듯이 절차에 대한 기억이다. Gilbert Ryle(1949)은 그런 지식을 'knowing how'라고 불렀다. 우리는 어떻게 걷는지, 젓가락질을 어떻게 하는지, 어떻게 읽고 쓰는지, 어려운 나눗셈을 어떻게 하는지, 바나나 껍질을 어떻게 벗기는지 알고 있다. 절차적 지식(procedural knowledge)의 정의적 특징은 어떤 절차를 수행하는 것에 있다. 이는 그 절차에 '대한' 지식이 아니라(그것은 외현적 지식이다), 그 절차를 '수행'하는 능력을 가리킨다.

　이러한 기억의 분류는 기억 연구자들 사이에 널리 받아들여지고 있다. 흥미로운 일은, 그것이 저장된 경험의 분류이기도 하지만 지식의 한 분류체계(우리가 학습하는 것들의 종류에 대한)이기도 하다는 점이다.

졌는지조차도 생각나지 않는다. 하지만 머릿속이 새하얗게 느껴지기는 해도 망각이 완전하지는 않다. 따라서 망각에는 정도가 있다. 이 망각의 정도를 측정할 수 있는 방법이 여러 가지가 있는데 그 몇 가지를 살펴보자.

❓ 개념 점검 1

망각이란 무엇인가?

이 책에서 우리는 망각을 파지 간격에 뒤따르는 학습된 행동의 퇴화라고 정의한다. 망각은 흔히 행동이 일어날 가능성의 감소로 나타나지만, 그런 가능성의 증가를 의미할 수도 있다. 오늘날 어떤 학자들은 퇴화라는 생각을 버리고, 망각이 환경의 변화 때문에 행동이 변했음을 의미한다고 주장한다.

12.2 요약

12.3 망각 측정하기

학습목표

인간 및 다른 동물에서 학자들이 망각을 측정하는 일곱 가지 방식을 기술하려면

3.1 자유회상 과제의 예를 두 가지 제시한다.
3.2 자유회상 과제의 한 가지 한계를 이야기한다.
3.3 촉구회상 과제의 예를 두 가지 제시한다.
3.4 재학습의 예를 두 가지 제시한다.
3.5 재인과제의 예를 하나 제시한다.
3.6 지연 표본 짝 맞추기 과제의 예를 하나 제시한다.
3.7 소거법이 어떻게 망각을 측정할 수 있는지를 기술한다.
3.8 기울기 붕괴를 사용하여 망각을 측정하는 예를 하나 제시한다.

망각을 측정할 때 연구자들은 학습된 행동이 파지 간격 후에 변했다는 증거가 있는지를 다양한 방식으로 검사한다.

1. **자유회상** 자유회상(free recall)에서는 이전에 학습한 행동을 수행할 기회가 개체에게 주어진다. 시 하나를 외우고 일정 기간이 지난 후 그것을 다시 암송해야 하는 학생을 상상해 보라. 또 어떤 사람에게 손가락 미로(손가락 또는 볼펜으로 찾아가는 작은 미로)를 학습시킨 후, 일정 기간 연습을 시키지 않은 다음 다시

미로를 찾아가게 할 수도 있다. 수행에 시간이 더 오래 걸리거나 오류가 더 많이 난다면 망각이 일어난 것이다.

자유회상법은 동물의 망각을 연구하는 데에도 사용될 수 있다. 비둘기가 먹이를 위해 원반을 쪼는 것을 학습할 수 있다. 훈련 뒤 비둘기를 실험상자에서 꺼내어 사육 상자로 되돌려 넣는다. 원반을 쪼아서 먹이를 얻을 기회가 다시 주어지지 않고서 한 달이 흐른다. 그리고는 비둘기를 다시 실험상자에 넣는다. 비둘기가 지난번 훈련 회기에서와 똑같이 원반을 쪼면 망각이 전혀 또는 거의 일어나지 않은 것이다.

망각의 측정을 생각할 때 대부분의 사람이 떠올리는 것이 자유회상이지만 이것은 사실 상당히 둔감한 잣대이다. 과거에 익힌 프랑스어 단어를 회상하지 못하는 학생이 그 단어에 대해 반드시 모든 것을 망각하는 것은 아니다. 그 단어가 3음절이라는 것, 악센트는 중간 음절에 있다는 것, 'f'자로 시작한다는 것, 그리고 뜻이 '창문'이라는 것은 말할 수 있을지도 모른다. 학습 경험의 효과가 완전히 사라지지 않았음은 분명한데, 자유회상법으로는 이런 사실을 알아낼 수 없다.

2. **촉구회상** 때로는 학습의 이와 같은 미묘한 자취를 알아내기 위해 연구자가 자유회상법의 변형을 사용한다(예: Endres et al., 2017). **촉구회상**(prompted recall) 또는 **단서회상**(cued recall)이라는 이 방법은 힌트, 즉 촉구자극(prompt. 단서)을 제시하여 행동이 나올 가능성을 높이는 것이다. 연구자는 참가자가 훈련 시에는 경험하지 않았던 자극을 사용하여 단서를 제공한다. 예를 들어, 프랑스어 단어 목록을 공부한 참가자에게 그 단어들로 된 철자 맞히기 게임을 줄 수 있다. 그러면 그의 과제는 이 글자들을 짜 맞추는 것이다. 이 과제에 실패하면 망각이 일어났음을 알 수 있다. 또한 일련의 촉구자극을 제시하면서 반응을 끌어내는 데 필요한 촉구자극의 수를 세어 망각의 정도를 측정할 수도 있다. 예를 들어, 참가자에게 이전에 학습한 프랑스어 단어의 첫 번째 글자를 준다. 참가자가 맞히지 못하면 두 번째 글자를 제시한다. 그것도 정답을 끌어내지 못하면 세 번째 글자를 제공하는 식으로 그 단어가 회상될 때까지 이와 같은 일을 반복한다.

동물의 망각도 촉구회상으로 연구할 수 있다. 침팬지는 자동판매기의 투입구에 토큰을 넣어서 과일을 얻는 행동을 학습할 수 있다(Cowles, 1937). 파지 간격이 지난 후, 이를 하지 못한다면 침팬지에게 토큰을 하나 권하여서 그 행동을 촉구할 수 있다. 만약 침팬지가 이 토큰을 제대로 사용한다면 이전의 학습 경험의 효과가 완전히 상실되지는 않은 것이다.

3. **재학습** **재학습법**(relearning method)은 과거의 수행 수준에 도달하기 위해 필

요한 훈련의 양을 통해 망각을 측정한다. 원래의 훈련 프로그램과 비교했을 때 대개 훈련이 절약되는 셈이므로 이를 **절약법**(savings method)이라고도 부른다. 망각에 관한 최초의 실험을 수행한 독일의 심리학자 Hermann Ebbinghaus(1885)는 재학습법을 사용하였다. 그는 'ZAK', 'KYL', 'BOF' 같은 무의미 철자들로 이루어진 목록을 오류를 범하지 않고 두 번 말할 수 있을 때까지 익혔다. 그런 다음 파지 간격 후에 그 목록을 재학습하였다. 목록을 두 번째로 학습할 때 더 적은 시행이 소요된다면 그 절약된 만큼이 망각의 측정치가 되었다. 절약되는 시행이 많을수록 망각이 덜 일어난 것이다.

재학습은 동물의 망각을 연구하는 데에도 사용될 수 있다. 쥐가 오류를 범하지 않고 미로 달리기를 학습하는 데 30회의 시행이 걸리고 파지 간격이 지난 뒤 같은 기준에 도달하기 위해 20회의 시행이 걸린다면, 10회의 시행이 절약되었다. 만약 또 다른 쥐의 경우 15회의 시행이 절약된다고 하면 이 두 번째 쥐가 첫 번째 쥐보다 덜 망각한 것이다.

? 개념 점검 2

재학습법의 다른 이름은 무엇인가?

4. **재인** 망각을 측정하는 또 다른 방법은 **재인**(recognition)이라고 불린다. 이 경우에는 참가자가 이전에 학습한 내용을 확인하기만 하면 된다. 대개는 연구자들이 참가자에게 원래의 학습 내용과 새로운 내용[때로 **방해자극**(distractor)이라고 불린다]을 함께 제시한다. 연구자가 참가자에게 아메리카 원주민인 나바호족의 단어 목록을 주고는 외우게 만든다고 하자. 나중에 그 사람에게 단어 목록을 보여 주고 어느 단어들이 이전에 학습한 목록에 있었던 것인지 말하게 한다. 따라서 이 사람은 과거에 보았던 단어들을 재인해야 한다. 어떤 사람은 이 예가 촉구회상같이 보인다고 말할지도 모르겠다. 왜냐하면, 나바호 단어들이 그 목록 속에 등장하기 때문이다. 하지만 그 단어들은 학습 회기 동안 이미 보았던 것이기 때문에 추가적으로 주어지는 힌트가 아니다. 훈련의 일부가 아닌 단어들은 촉구자극이 아닐뿐더러 방해자극이다. 재인법의 가장 친숙한 예는 객관식 시험문제이다. 비록 모든 객관식 문제가 단순히 옳은 답을 재인하는 것만 포함하는 것은 아니지만 말이다.

5. **지연 표본 짝 맞추기** 동물, 특히 비둘기의 망각을 연구하는 데 흔히 사용되는 또 다른 종류의 재인 절차가 **지연 표본 짝 맞추기**(delayed matching to sample: DMTS, 지연 표본대응)이다(Blough, 1959; D'Amato, 1973; Honigh, 2017; Lord, 2018).

지연 표본 짝 맞추기는 11장에 소개된 표본 짝 맞추기 절차와 유사하지만, 표본(동물이 '짝 맞추어야' 할 자극)의 제시 후 동물이 일정 기간 수행을 할 수 없다는 점만 다르다. 전형적인 실험을 예로 들자면, 비둘기가 일렬로 늘어선 3개의 원반을 본다. 가운데 있는 원반에 잠깐 노란색 또는 파란색 불빛이 켜진다. 그런 후에 양쪽에 있는 2개의 원반에 불이 켜지는데, 하나는 파란색, 다른 하나는 노란색이다. 비둘기가 표본 원반(가운데 있는 원반)과 짝이 맞는(같은) 색깔의 원반을 쪼면 먹이를 받는다. 비둘기가 표본 짝 맞추기를 일단 학습하고 나면, 실험자는 표본 원반의 불이 꺼지는 시각과 양쪽에 있는 2개의 원반에 불이 켜지는 시각 사이에 지연 기간을 둔다(파지 간격). 망각은 표본과 짝이 맞는 원반을 쪼는 데 실패함으로 표현된다. 물론 우리가 DMTS를 인간에게서 망각을 측정하는 데도 사용할 수 있지만 동물 연구에서 더 흔히 사용한다.

6. **소거** 연구자들은 또한 **소거법**(extinction method)으로 동물에게서 망각을 측정한다. 망각에 관한 Skinner의 연구에서는 비둘기가 원반에 불이 켜졌을 때 쪼는 것을 학습하였다. 망각이 일어났는지 검사하기 위해 Skinner는 파지 간격 후에 이 행동을 소거시켰다. 소거가 학습 직후에 일어나는 것보다 더 빨리 진행된다면 망각이 일어난 것이다. 소거가 망각과 동의어가 아님에 유의하라. 사실 이 둘은 아주 다르다. 소거에서는 어떤 행동이 강화를 받지 못하며 사람이나 동물이 그것을 수행하지 않기를 학습한다. 망각에서는 동물이 그 행동을 수행하지 않는 이유가 그것을 수행할 기회가 없기 때문인 경우가 많다.

7. **기울기 붕괴** 우리는 또한 일반화 기울기가 평평해지는 것으로 망각을 측정할 수도 있는데, 이 방법은 때로 **기울기 붕괴**(gradient degradation)라고 불린다. 훈련을 통해 자극통제가 확립된 경우, 일반화 기울기의 경사가 감소하는 것은 망각을 나타낸다. 예를 들어, 비둘기에게 중간 톤의 노란색 원반 쪼기를 훈련할 수 있다. 훈련 직후 진한 노란색에서 아수 연한 노란색까지 다양한 원반을 가지고 비둘기를 검사한다면, 중간 톤의 노란색 원반을 쪼는 비율이 가장 높은 가파른 일반화 기울기가 나타날 것이라고 예상할 수 있다. 한 달 후 이 비둘기를 재검사하면 훈련 원반보다 더 연하거나 더 진한 원반을 쪼는 경향이 더 커질 수 있다. 그렇게 되면 더 평평한 일반화 기울기가 나타날 것이고, 이것이 망각의 측정치가 된다(Perkins & Weyant, 1958; Thomas, 1981; Thomas & Burr, 1969).

여기서 살펴본 절차들은 망각을 측정하는 가장 일반적인 방법이다. 이를 비롯한 여러 방법을 사용하여 학자들은 망각의 원인을 규명하는 문제를 연구해 왔는데, 이것이 다음의 주제이다.

망각을 측정할 수 있는 방법은 자유회상, 촉구회상, 재인, 지연 표본 짝 맞추기, 재학습, 소거를 비롯하여 다양하다. 망각을 측정하는 다른 방법들도 있는데, 이들은 대체로 앞서 말한 방법들의 변형으로 간주할 수 있다. 이 방법들 덕분에 망각과 그 원인에 관한 연구가 가능해진다.

12.3
요약

12.4 망각의 원인

학습목표

망각의 네 가지 원인을 설명하려면

4.1 시간의 흐름과 함께 망각이 일어난다는 증거 두 가지를 기술한다.

4.2 시간만 가지고는 망각이 초래될 수 없는 이유를 설명한다.

4.3 과학습이 망각에 미치는 영향을 이야기한다.

4.4 사전 학습이 망각에 미치는 효과의 예를 두 가지 제시한다.

4.5 순행 간섭을 측정하는 세 가지 방법을 기술한다.

4.6 휴식 기간이 활동 기간에 비해 망각을 덜 일으킨다는 두 종류의 증거를 제시한다.

4.7 역행 간섭의 예를 세 가지 든다.

4.8 맥락이 성인에게서 망각에 영향을 준다는 두 종류의 증거를 논의한다.

4.9 맥락이 유아에게서 망각에 영향을 준다는 세 가지 예를 제시한다.

한 유명한 음악가는 피아노 연습을 하루 하지 않으면 자신만이 알고, 이틀을 하지 않으면 자신과 스승만이 알고, 사흘을 하지 않으면 모든 사람이 안다고 말한 적이 있다. 그는 망각에 관하여 이야기하고 있었다. 그는 어떤 기술을 아주 높은 수준에 이르기까지 숙달한 후에도 그 기술을 팽개쳐 두면 숙달한 것이 퇴화된다는 사실을 인식하고 있었다. 그런데 왜 그럴까? 왜 우리는 무언가를 망각하는 것일까?

이 음악가는 지난번의 연습 이후 흐른 시간이 망각을 초래했다고 십중팔구 믿었을 것이다. 대부분의 사람이 그렇게 생각한다. 즉, 학습의 신경 '기록'은 시간이 흐름에 따라 썩어가는 사과처럼 파괴되거나 쇠퇴한다는 것이다. 파지 간격의 길이와 망각 간에 깊은 관계가 있음은 부정할 수 없다. 예를 들어, Ebbinghaus(1885)는 파지 간격이 짧을 때보다 길 때 무의미 철자 목록을 재학습하는 데 더 오랜 시간이 걸린다는 것을 발견하였다. 동물을 대상으로 한 좀 더 세심하게 설계된 연구도 똑같은 것을 보여 주었다. Robert M. Gagné(1941)는 쥐를 주로(走路)를 달려가서 먹이를 찾아 먹도록 훈련했다. 훈련이 끝난 뒤 Gagné는 재학습법을 사용하여 쥐의 망각을 검사하였다. 어떤 쥐는 3일, 어떤 쥐는 각각 7일, 14일, 28일의 기간이 지난 후 재학습을 하였다. 결과는 훈련과 재학습 사이의 시간 간격이 길수록 망각이 더

이 책의 과거 판에서 나는 이 말을 쇼팽이 한 것으로 썼다. 그런데 여러 이메일을 받았는데, 그 말을 한 사람이 쇼팽이 아니라 루이 암스트롱 또는 이고르 스트라빈스키 또는 링고스타 또는 패츠 월러, 아니면 다른 누군가라는 것이다. 그래서 이제는 '유명한 음악가'라고 모호한 표현을 쓰게 되었다(하지만 그 말을 한 사람은 실제로 쇼팽이 맞다).

그림 12-1

파지 간격과 망각 반응을 재학습하는 데 필요한 시행의 평균 횟수가 파지 간격의 길이와 함께 증가했다. (출처: Gagné, 1941)

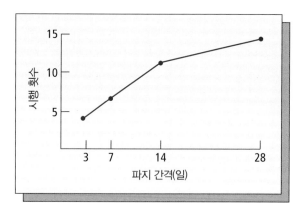

많이 일어남을 뚜렷하게 보여 주었다(그림 12-1).

또 다른 연구에서 Henry Gleitman과 J. W. Bernheim(1963)은 쥐들을 고정간격계획으로 레버 누르기 훈련을 시킨 다음, 24시간 혹은 24일 동안 훈련 상자로부터 격리했다. 훈련 회기에서 얻어진 누적 기록에 따르면, 파지 간격이 길수록 고정간격계획의 특징인 물결 모양의 반응 패턴(7장을 보라)을 덜 보였다. 24시간의 간격 후에는 쥐들이 강화 다음에 쉬는 일이 흔히 있었지만, 24일의 간격 후에는 계속해서 레버를 눌렀다. 이렇게 강화 후 휴지를 나타내지 않는 것이 망각이 더 많이 일어났음을 보여 준다.

이런 연구들은 시간이 흐름에 따라 망각이 증가함을 분명하게 보여 준다. 그런데 시간의 흐름이 망각의 원인일까? John McGeoch(1932)는 그렇지 않다고 주장하였다. 시간은 망각을 설명할 수 없는데, 왜냐하면 사실상 시간 자체는 사건의 발생에 관한 이야기를 하기 위해 인간이 만들어 낸 것이기 때문이라고 McGeoch는 말했다. 예를 들어, 한 시간은 지구가 지축을 중심으로 1/24바퀴 도는 동안이고, 한 주일은 지구가 완전히 한 바퀴 도는 것을 일곱 번 하는 동안이며, 1년은 지구가 태양 주위를 한 바퀴 완전히 공전하는 동안이다. 시간 그 자체는 사건이 아니며, 따라서 다른 사건을 초래하는 원인이라고 말할 수 없다.

그러므로 필름에 남겨진 상은 시간이 흐르면 희미해지지만, 상이 희미해지는 원인은 시간이 아니라 햇빛이다. 사람은 시간이 가면 병에 걸리게 되지만 병의 원인은 박테리아나 바이러스나 독성 물질이지 시간이 아니다. 사람이 늙어가면서 지적 능력이 감퇴하지만 그 감퇴를 초래하는 것은 미세한 뇌졸중, 신경독의 축적, 동맥경화증 같은 것이지 시간이 아니다. 시간이 흐르면서 학습이 일어나지만 행동을 변화시키는 것은 특정 종류의 경험이지 시간이 아니다. 마찬가지로 망각도 시간이 흐르면서 일어나지만 시간이 망각의 원인은 아니다. McGeoch(1932)는 "시간은 그 자체로는 아무것도 하지 않는다."(p. 359)라고 썼다.

그러므로 망각을 설명하기 위해서는 망각의 발생을 설명하는 사건들을 찾아야 한다. 이제 그런 사건 중 좀 더 중요한 몇 가지에 주목해 보자.

학습의 정도

어떤 것이 학습이 잘 되었을수록 망각될 가능성은 그만큼 적다. Ebbinghaus(1885)는 이를 오래전에 입증하였다. 그는 학습 시행의 수와 망각의 양 사이에 체계적인 상관관계가 있음을 발견했다. 예를 들어, 어떤 목록을 8회 익혔을 때는 이튿날 회상할 수 있는 것이 아주 적었지만, 64회 익혔을 때는 이튿날 회상이 거의 완벽했다.

Ebbinghaus는 우리가 어떤 것에 숙달한 것처럼 보여도 이후로도 학습이 분명히 계속된다는 것을 입증했다. William Krueger(1929)는 이와 같은 **과학습**(overlearning)이 얼마나 강력할 수 있는지를 보여 주는 유명한 연구를 수행했다. 그는 성인에게 단어 목록 세 개를 학습하게 했는데, 각 목록은 한 음절짜리 명사 12개로 구성되어 있었다. 단어는 2초에 하나씩 제시되었다. 목록을 한 번 다 보고 난 후에 참가자가 할 일은 각 단어가 제시되기 전에 그 단어를 말하는 것이었다. 세 개의 목록 각각에 따라 훈련 과정이 달랐다. 한 목록에 대해서는 12개의 단어 모두를 오류 없이 말할 때까지 익힌 다음 훈련을 멈추었다. 다른 목록은 이런 수준을 넘어서 한 번의 오류도 없는 시행에 도달할 때까지 목록을 익히는 데 걸린 횟수의 절반만큼의 시행을 추가로 하였다. 세 번째 목록은 참가자들이 오류 없는 시행에 도달할 때까지 학습하는 데 걸린 시행의 두 배만큼의 시행을 거쳤다. 예를 들어, 한 참가자가 세 개의 목록 각각에 있는 12개의 단어를 모두 맞히는 데 14회의 시행이 걸렸다고 하자. 그렇다면 이 참가자는 3개의 목록 중 하나는 그만 익혀도 되고(과학습이 없음), 다른 하나는 7회의 시행을 더 해야 하고(50%의 과학습), 세 번째 목록은 14회의 시행을 더 해야 한다(100% 과학습). 이 훈련 후 Krueger는 참가자들에게 1일, 2일, 4일, 7일, 14일 혹은 28일의 파지 간격이 지난 후에 목록을 재학습하게 하였다. 결과는 과학습 양이 많을수록 사람들이 더 적게 망각한다는 것을 뚜렷하게 보여 주었다. 다른 연구들에서는, 한계가 없는 것은 아니지만(Driskell, Willis, & Copper, 1992) 그래도 과학습이 망각을 감소시킴을 확증하였다(Cascio, 1991; Schendel & Hagman, 1982; Underwood, 1957; 개관 논문으로는 Driskell, Willis, & Copper, 1992를 보라)(그림 12-2). 예를 들어, 펀잡(Punjab) 의과대학에서는 일부 학생들에게 심장 구급 반응 과목의 내용을 두 시간 정도 과학습하게 만들었다(약 50%의 과학습, Hasnain et al., 2018). 6주 후에 과학습한 학생들이 과학습하지 않은 학생들에 비해 즉각적인 구급 활동을 하는 데 필요한 단계들을 더 많이 기억했다.

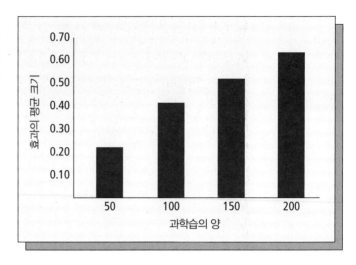

그림 12-2

과학습의 효과 많은 연구에서 얻은 효과의 평균 크기를 Z 점수로 나타냈다. 점수가 높을수록 회상이 좋다. (출처: Driskell et al., 1992, Table 3, p. 619의 자료를 수정함)

Ebbinghaus와 Krueger는 훈련 시행의 횟수로 학습의 정도를 측정하였다. 최근 어떤 연구자들은 분당 정확 반응의 수로 학습의 정도를 측정했다. 이 측정치를 '유창성(fluency)'이라 부른다(Binder, Haughton, & Van Eyk, 1990)(2장 참고). 두 명의 학생이 일련의 독일어 단어에 대응되는, 뜻이 같은 영어 단어들을 학습하고 있다고 하자. 이들은 일련의 단어 카드를 사용하여 공부하면서 매번 정답인지 확인하기 위해 카드를 뒤집어 볼 수 있을 것이다. 10회의 시행 이후 두 학생 모두가 1분에 20장의 카드를 틀리지 않고 맞힐 수 있다고 하자. 이것이 그들의 유창성 정도이다. 한 학생은 여기서 멈추는 반면, 다른 학생은 연습을 계속해서 20장의 카드를 30초 안에 틀리지 않고 맞힐 수 있게 된다. 그러면 이 학생의 유창성(분당 40개의 정답)이 다른 학생의 두 배가 된다. 유창성이 높을수록 망각률이 낮다(Johnson & Layng, 1992).

유창성은 일반적으로 학습의 측정치로 사용되지만, 유창성의 감소는 또한 망각의 측정치 역할을 할 수 있다.

과학습으로 인한 이득은 기말고사 후 훨씬 나중까지도 지속될 수 있다. Harry Bahrick(1984)은 고등학교에서 스페인어를 얼마나 철저하게 공부했는지가 20년, 30년 혹은 심지어 50년 후에 스페인어를 얼마나 잘 기억하는지를 보여 주는 좋은 지표로 작용한다는 것을 발견하였다. 스페인어를 1년만 공부했고 C 학점을 받았던 사람들은 자신이 한때 알았던 것을 거의 기억하지 못했다. 스페인어를 3년 동안 공부했고 A 학점을 받았던 사람들은 심지어 50년이나 지난 후에 검사해도 매우 잘했다. 이 차이는 그동안 스페인어를 연습할 수 있었던 기회의 차이로 인한 것이 아니라 애초에 스페인어를 얼마나 잘 학습했는지에 기인한 것이었다. 배운 것을 졸업하고 나서도 유지하기 원하는 학생들에게 이런 종류의 결과가 의미하는 바는 명백하다.

망각을 할 수 없었던 사람

1920년 즈음의 어느 날 S. V. Shereshevski라는 이름의 젊은이가 이제는 유명해진 러시아의 신경심리학자 Aleksandr Luria의 사무실로 걸어 들어왔다. 그는 기억력 검사를 받으러 왔다.

사람의 기억력을 검사하는 일은 대개 신경심리학자가 하는 일 중 쉬운 축에 속한다. Luria가 S라고 불렀던 이 사람의 경우에는 기억력 검사가 아주 힘들었다. Luria가 단어나 숫자의 기다란 목록을 불러 주면 S는 마치 Luria의 어깨너머로 보고 읽는 것처럼 그것들을 쉽사리 암송했다. 심지어 70개 항목으로 이루어진 목록조차도 전혀 문제가 되지 않아서 S는 그것들을 제시된 순서대로, 또는 Luria가 원하면 역순으로도 암송했다. 그리고 S는 학습한 것을 하루 후에, 일주일 후에, 한 달 후에, 1년 후에도 암송할 수 있었는데, 심지어는 15년 후에도 암송할 수 있음이 밝혀졌다. 그는 절대로 망각을 하지 않는 것 같아 보였다.

Luria는 어떻게 S가 그런 놀라운 묘기를 수행하는지 알아내고자 했다. 그는 S가 여러 가지 기억술을 조합하여 사용한다는 것을 밝혀냈다. 그렇지만 S는 또한 동반감각(synesthesia, 공감각), 즉 상이한 감각들의 합성을 경험하였다. 예를 들어, 소리가 그에게는 빛, 색깔, 맛, 냄새, 촉감의 경험을 일으킬 수도 있다. S에게는 무지개가 단순히 여러 색깔의 배열이 아니라 감각들의 소나기였다. 이런 경험이 개개의 경험 모두가 잘 기억되도록 도와줄 수 있음이 분명하다.

S의 능력에 대한 이야기를 들은 학생들은 대개 그를 부러워한다. 그는 공식, 역사적 사건과 날짜, 시 구절, 화학 주기율표, 또는 학습의 원리들을 배우느라 몇 시간씩 몸부림칠 필요가 없었다. 그런 내용은 모두 쉽게 학습할 수 있었고 몇 년 후에도 마치 투명한 책을 보고 읽는 것처럼 회상할 수 있었다.

그렇지만 S의 이야기는 상당히 슬픈 것이다. 그의 비상한 능력에도 불구하고 슬프다는 게 아니라 주로 그것 때문에 슬프다는 것이다. 왜냐하면 S의 기억 능력이 그의 마음을 심하게 장악하여 다른 일상적인 일을 하는 것을 방해했기 때문이다. 때때로 S는 Luria의 이야기를 중지시키고는 다음과 같이 말하곤 했다. "이건 너무해요. 단어 하나하나가 이미지를 불러와요. 그러고는 그것들이 서로 충돌해요. 그 결과는 혼돈입니다. 이게 무슨 소리인지 하나도 알 수가 없어요."(Luria, 1968, p. 65) S에게는 아무리 작은 것이라도 그 일련의 경험 전체에 대한 기억을, 온갖 종류의 감각과 더불어 촉발할 수 있었다.

대부분의 사람은 기억하려고 애쓰지만, S는 기억하기를 중단한 적이 없었다. 그에게는 어떻게 망각하느냐가 문제였다.

사전 학습

서로 무관한 단어, 임의의 숫자, 무의미 철자 등을 학습할 때는 망각이 신속하게 일어난다. 다행히도, 그런 것들보다 더 의미가 있는 내용은 기억하기가 더 쉽다. K. Anders Ericsson과 John Karat(Ericsson & Chase, 1982에 보고되었다)은 이를 존 스타인벡의 소설 속의 문장들을 가지고 입증했다. 이들은 이 문장 속의 단어들을 1초에 한 단어씩, 마치 숫자나 무의미 철자를 읽는 것처럼 참가자들에게 읽어 주었다. 단어들은 때로는 원래의 순서대로, 때로는 임의의 순서대로 제시되었다. 원래의 문장이 그대로 제시되었을 경우, 같은 단어들이 뒤죽박죽된 순서로 제시되었을 때보다 훨씬 더 회상이 좋았음은 그리 놀라운 일이 아니다. 대부분의 사람은 단어들이 뒤죽박죽되어 있을 때는 6개 정도만 맞게 회상할 수 있었다. 그러나 스타인벡의 멋진 문장들을 원래 순서 그대로 제시하면 사람들이 12개 혹은 14개의 단어를 회상할 수 있었다. 20명의 참가자 중 두 명은 심지어 다음의 28개 단어로 된 문장까지도 회상하였다. "She brushed a cloud of hair out of her eyes with the back of her glove and left a smudge of earth on her cheek in doing it."

망각률이 학습한 내용의 의미성(meaningfulness)에 따라 달라진다고 말한다면 다음의 문제가 제기된다. 즉, 무언가가 의미가 있는지의 여부를 결정하는 것은 무엇일까? 참가자가 이해하지 못하는 언어로 된 문장을 사용하여 Ericsson과 Karat의 연구를 반복하면 어떤 일이 일어날지를 자문해 보면 이해가 될 것이다. 아마도 이 경우에는 원래의 문장과 임의로 뒤섞인 단어들 사이에 회상이 거의 다르지 않을 가능성이 크다. 따라서 사람들이 학습된 것의 의미성을 이야기할 때는 사실상 사전 학습(prior learning)의 중요성을 말하고 있다.

사전 학습의 이점은 망각과 전문성에 관한 연구에서 알 수 있다. 한 연구에서 Adriaan de Groot(1966)은 체스판의 말들을 마치 게임이 진행되고 있는 것처럼 배열하였다. 그는 체스를 두는 사람들에게 이 체스판을 5초 동안 유심히 보게 한 후, 빈 체스판에 방금 본 말들을 다시 배열하게 하였다. de Groot이 연구한 대상은 체스 전문가들과 체스 클럽의 회원들이었다. 말들의 배열을 정확하게 재생한 비율이 체스 전문가들은 90%인 반면 체스 클럽 회원들의 경우에는 40%밖에 되지 않았다.

de Groot의 자료는 사전 학습이 망각에 미치는 영향을 지지한다. 그러나 다른 가능성이 있다. 즉, 체스 전문가가 단순히 다른 사람보다 망각을 덜 할 수도 있다. 이 가설을 검증하기 위해 William Chase와 Herbert Simon(1973)은 체스판에 말들을 아무렇게나 배열한 다음, 이를 체스 전문가와 일반 회원에게 보여 주었다. 만약 체스 전문가가 환상적인 회상 능력을 갖고 있다면 말들을 어떤 식으로 배열하는지는 아무런 영향이 없을 것이다. 즉, 전문가가 일반 회원을 여전히 압도할 것이다. 그러나 Chase와 Simon은 위에서 나타났던 체스 전문가들의 우수한 회상 능력이 사라졌음을 발견했다. 실제로 이런 조건에서는 이들이 회상한 정도가 일반 회원과 비슷했다. 체스판에 "수년에 걸친 연습을 통해 친숙해진 패턴들"(Ericsson & Chase, 1982, p. 608)로 말들이 배열되어 있을 때만 체스 전문가의 빼어난 기억력이 발휘되는 것으로 드러났다. 이 밖에 콘트랙트 브리지(contract bridge)*(Charness, 1979), 회로도(Egan & Schwartz, 1979), 건축 도면(Akin, 1983)에 대한 회상에서 사전 학습이 중요한 역할을 한다는 것을 보여 주는 연구들이 있다.

사전 학습은 망각을 감소시킬 수 있다. 그러나 어떤 상황에서는 과거의 학습이

---

* 카드로 하는 브리지 게임의 일종. (역주)

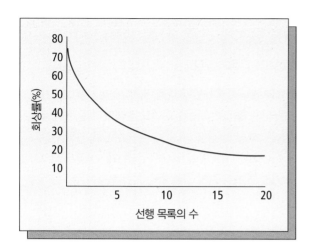

그림 12-3
간섭과 망각 Underwood는 많은 연구에서 나온 자료를 도
표로 그려 보았더니 망각이 이전에 학습했던 목록의 수와 함
께 증가함(즉, 회상이 감소함)이 밝혀졌다. (출처: Underwood,
1957)

회상을 방해할 수 있는데, 이는 **순행 간섭**(proactive interference)이라는 현상이다.

학자들이 흔히 사람에게서 순행 간섭을 연구하는 방법은 **단어 쌍 연합학습**
(paired associate learning, 쌍대 연합학습)이다. 이것은 19세기 말경 Mary Calkins가 고
안한 기법이다(Calkins, 1894, 1896; Madigan & O'Hara, 1992를 보라). 전형적인 예는 '배
고프다–아름답다'같이 쌍으로 된 단어 목록을 학습한 후, 첫 번째 단어('배고프다')
가 주어지면 참가자가 두 번째 단어('아름답다')를 말하는 것이다. 보통 연구자는 참
가자에게 각 쌍의 첫 번째 단어를 제시하고 그것과 짝이었던 단어가 무엇인지 물
어본 다음, 맞는 단어를 제시하는 과정을 반복한다. 대개 이런 연구에서는 A–C
목록(예: '배고프다–아름답다')을 모든 참가자가 학습하는데, 일부 참가자는 그 전에
먼저 A–B 목록(예: '배고프다–행운이다')을 학습한다. 그런 다음, 연습 없이 일정 기
간 후에 모든 참가자에게 A–C 목록을 회상하게 한다. 이런 연구들은 A–B 목록을
학습하는 것이 이후 A–C 목록에서 학습한 항목을 회상하는 데 간섭을 일으킴을
확실하게 보여 준다. 더욱이 검사 목록(A–C) 이전에 학습한 목록의 수가 많을수록
간섭이 더 많이 일어난다(Underwood, 1957)(그림 12-3).

❓ 개념 점검 3

단어 쌍 연합학습은 어떤 종류의 학습 절차(파블로프식 학습 절차, 조작적 학습 절차, 관찰 학
습절차)인가?

사전 학습이 일으키는 간섭은 단어 쌍 연합학습보다 좀 더 복잡한 상황에서의
망각도 설명한다. 예를 들어, 유명한 영국인 심리학자 Frederick Bartlett 경(1932)이
행한 고전적인 연구의 결과를 보자. Bartlett은 「유령들의 전쟁(War of the Ghosts)」이
라는 미국 원주민의 민간 설화를 사람들에게 읽게 하였다. 이 이야기는 400개 단

Bartlett의 「유령들의 전쟁」

Bartlett이 그 유명한 연구에서 사용한 미국 원주민의 민간 설화는 다음과 같다.

어느 날 밤 Edulac 지방 출신의 젊은 남자 두 명이 물개를 사냥하려고 강을 따라 내려갔는데, 거기 있는 동안 주위가 안개로 가득 차면서 조용해졌다. 그러고는 함성이 들려서 이들은 '아마도 전쟁 부대일 거야'라고 생각했다. 이들은 강변으로 피해서 나무둥치 뒤에 숨었다. 이제 카누들이 나타나고 노 젓는 소리가 들리더니 카누 한 대가 자신들에게로 다가오는 것이 보였다. 그 카누에는 다섯 명의 남자가 있었는데 "어떻게 생각하시오? 우린 당신들을 함께 데려가고 싶소. 사람들을 상대로 전쟁을 하기 위해 강을 거슬러 올라가는 중이라오."라고 말했다.

…… 두 젊은 남자 중 한 사람은 따라갔지만 다른 한 사람은 집으로 돌아갔다. …… (알고 보니 배에 있었던 다섯 남자는 유령이었고, 이 젊은 남자는 그들을 따라 싸움에 합류한 후 자기 마을로 돌아가서 이에 대한 이야기를 했다.) …… 그리고 이렇게 말했다. "잘 들어라. 난 유령들을 따라가서 전투를 했다. 우리 편이 많이 죽었고, 우리를 공격한 자들도 많이 죽었다. 그들은 내가 총에 맞았다고 말했는데, 난 아프지 않았다."

그는 이 이야기를 전부 했고, 그런 다음 조용해졌다. 태양이 떠오르자 그는 쓰러졌다. 무언가 시커먼 것이 그의 입에서 나왔다. 그의 얼굴은 일그러졌다. …… 그는 죽은 것이었다. (Bartlett, 1932, p. 65)

잉글랜드 출신의 참가자들은 이 이야기를 축약하고 재배열하고 자신의 문화적 규범에 더 잘 들어맞게 만들었다. 예를 들면, 한 참가자는 이 이야기를 다음과 같이 회상했다.

두 유령이 있었다. 그들은 강가에 있었다. 강에는 다섯 남자가 탄 카누가 있었다. 유령들의 전쟁이 일어났다. …… 그들은 전쟁을 시작했고 여럿이 부상을 당하고 몇몇은 죽었다. 한 유령이 부상을 당했지만 아픔을 느끼지 못했다. 그는 카누를 타고 마을로 돌아갔다. 다음 날 아침 그는 병이 났고 무언가 시커먼 것이 그의 입에서 나왔다. 그리고 사람들은 "그가 죽었어."라고 소리쳤다. (p. 76)

여러분도 직접 이 이야기를 한두 주일 후에 회상하고서 기억이 어떻게 변하는지 보라!

어에 훨씬 못 미칠 만큼 짧지만 현대 서구인에게는 잘 연결이 안 되고 혼란스러운 이야기이다. Bartlett은 사람들에게 이 이야기를 처음부터 끝까지 두 번 읽게 하고 나서 15분 후 최대한 정확히 재현하게 하였다. Bartlett은 또한 이후 몇 주와 몇 달에 걸쳐 '기회가 닿으면' 참가자들에게 그 이야기를 회상하게 하였다. Bartlett은 참가자들이 여러 차례에 걸쳐 회상한 것을 분석한 결과, 이야기가 점점 더 간단해지고, 더 일관성이 있으며, 더 현대적으로 되는 것을 발견하였다. 이 결과는 부분적으로 순행 간섭의 측면에서 이해할 수 있다. 즉, 이야기가 대개 어떤 식으로 구성되는지에 대한 사전 학습이 그것과는 다른 종류의 이야기를 회상하는 데 간섭을 일으켰다는 것이다.

사회심리학자인 Jerome Levine과 Gardner Murphy(1943)는 순행 간섭의 효과를 다른 방식으로 연구하였다. 이들은 대학생들에게 글 한 단락을 읽게 한 후 15분 뒤 그것을 최대한 정확히 재현하게 하였다. 그런 다음 다른 글 한 단락을 읽게 하고 15분 뒤 다시 그것을 재현하게 하였다. 학생들은 매주 이 2개의 글을 읽고 재현하기를 4주 동안 했다. 두 글은 모두 당시에 매우 큰 논란이 되었던 주제인 공산주의에 초점을 맞춘 것이었다. 그중 하나는 반공산주의적 의견을, 다른 하나는 친공산주의적 의견을 표현한 것이었다. 어떤 학생들은 친공산주의적 성향이 강했고, 다른 학생들은 반공산주의적 성향이 강했다. 연구자들은 그러한 개인적 성향이 기억에 영향을 미칠 것인지를 알고자 하였다.

실제로 그러했다. 결과는 친공산주의적인 학생들은 반공산주의적 글을 더 많이 망각했고, 반공산주의적인 학생들은 친공산주의적 글을 더 많이 망각했음을 뚜렷이 보여 주었다. 그와 같은 연구 결과는 보통 태도나 신념이 망각에 미치는 효과라는 측면에서 해석된다. 그러나 공산주의(혹은 자본주의, 파시즘, 민주주의, 동성애, 또는 다른 어떤 주제라도)에 관한 태도나 신념을 애초부터 갖고 태어나는 사람은 아무도 없으므로, 우리는 그런 관점들이 학습에서 생겨난다고 가정해야 한다. 그러므로 태도가 회상에 영향을 준다는 것을 보여 준다고 하는 연구들은 사실상 순행 간섭을 보여 주고 있다.

사전 학습은 회상에 뚜렷한 영향을 미친다. 이제는 후속 학습도 마찬가지로 회상에 큰 영향을 미친다는 것을 알아보자.

후속 학습

John Jenkins와 Karl Dallenbach(1924)의 고전적인 연구에서, 2명의 대학생이 무의미 철자 10개로 이루어진 목록들을 학습했다. 연구자들은 이들이 1시간, 2시간, 4시간, 또는 8시간을 자거나 깨어 있은 후에 얼마나 망각했는지 검사했다. 그 결과, 이들은 수면을 취하고 나서는 그 비슷한 기간 동안 활동을 했을 때보다 망각을 더 적게 했다(Gaias, Lucas, & Born, 2006)(그림 12-4).

다른 연구들은, 활동하지 않고 있으면 비슷한 시간 동안 활동하는 것보다 망각이 덜 일어난다는 것을 보여 주었다. 한 연구에서는 움직이지 못하도록 고정된 바퀴벌레들이 움직일 수 있게 둔 것들보다 덜 망각하였다(Minami & Dallenbach, 1946). 이런 결과 및 유사한 연구들은 망각이 부분적으로는 후속 학습(subsequent learning) 때문에 일어남을 암시한다. Jenkins와 Dallenbach(1924)가 썼듯이 망각은 "새로운 것이 옛것에 대해 간섭, 억제 혹은 말소를 일으키는 것"(p. 612)이다. 혹은 또 다른 심리학자의 말을 빌리자면 "우리가 망각을 하는 이유는 계속해서 학습하기 때문이다"(Gleitman, 1971, p. 20).

우리가 학습하는 것이 그 이전의 학습을 방해할 때, 그 학습자가 **역행 간섭**(retroactive interference)을 보인다고 말한다. 순행 간섭처럼 역행 간섭도 흔히 사

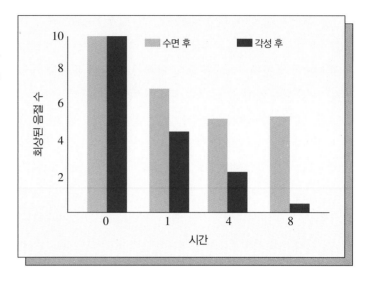

그림 12-4

망각과 수면 한 학생이 학습 후 수면을 취하고 나서, 그리고 학습 후 깨어 있다가 검사받았을 때 회상한 음절의 수. (출처: Jenkins & Dallenbach, 1924의 자료를 수정함)

람들에게 단어 쌍 연합 목록을 2개 이상 학습하게 하는 방법으로 연구한다. 먼저 A-B 목록을 정해진 기준에 도달할 때까지 학습시킨다. 그런 다음 어떤 참가자들에게는 A-C 목록을 학습시킨다. 연습 없이 일정 기간이 지난 후에 모든 참가자에게 A-B 목록을 회상하게 한다. 이러한 연구들은 A-C 목록의 학습이 그 이전에 A-B 목록에서 학습된 항목들의 회상을 방해함을 보여 준다. 예를 들어, '배고프다-정숙하다'라는 A-C 쌍을 학습한 것이 '배고프다-아름답다'라는 A-B 쌍을 회상할 때 실수를 일으킨다.

Benton Underwood와 그 동료들은 단어 쌍 연합 과제를 가지고 학습의 간섭 효과를 연구하는 실험을 여러 개 실시하였다. 한 실험에서 그와 Leland Thune(Thune & Underwood, 1943)은 대학생들에게 10쌍의 형용사로 이루어진 단어 쌍 연합 목록들을 학습시켰다. 각 참가자는 A-B 목록을 학습한 다음, 같은 목록을 20분의 지연 후 재학습하였다. 지연 기간에 어떤 학생들은 그냥 쉬었고, 다른 학생들은 A-C 목록을 2~20회 시행에 걸쳐 학습하였다. 지연 기간의 길이는 모든 학생에게 동일했고 두 집단은 그 기간 중에 진행된 학습에서만 차이가 있었음을 주목하라. 그 결과, A-C 목록의 학습이 A-B 목록의 회상을 방해하였다. 게다가 A-C 목록을 더욱 철저히 학습할수록 A-B 목록의 회상이 더 방해를 받았다. 이후의 연구는 이 효과를 반복검증하였고 학습자들 사이에 개인차가 존재함을 보여주었다. 즉, 목록을 빨리 학습하는 학생이 천천히 학습하는 학생보다 더 큰 간섭을 나타냈다 (Sosic-Vasic et al., 2018).

❓ 개념 점검 4

Thune과 Underwood는 망각을 연구하기 위해 무슨 방법을 사용하였는가?

우리도 일상생활에서 거의 똑같은 일을 경험한다. 예를 들어, 학생 번호를 새로 받아 외우고 나면 이전 학교에서의 학생 번호를 더 이상 회상할 수 없게 된다. 마찬가지로 교사가 새 학급 학생들의 이름을 익히고 나면 이전 학급의 학생들 이름은 기억해 내기 어려울 때가 많다. 그리고 회계사가 새로운 세법을 학습하면 예전의 세법은 머릿속에서 사라진다. 새로운 학습이 오래된 학습을 밀어내는 일이 흔히 일어난다.

후속 학습과 사전 학습에 의한 간섭은 망각에서 중요한 요인이다. 이와 관련된 다른 요인은 학습과 회상이 일어나는 맥락이다.

맥락의 변화

맥락(context)이란 학습 중에 존재하지만 학습하는 내용과 직접 관련되지 않은 자극들을 가리킨다(Baddeley, 1982; McGeoch, 1932). 예를 들어, 당신이 이 책을 읽고 있을 때 특정 환경(예: 당신의 방, 도서관, 카페, 교실) 속에 있는데, 그 환경을 구성하는 자극 대부분(예: 벽의 색깔, 천장의 높이, 의자의 딱딱함, 배경 음악이나 소음, 사람들의 존재 등)은 책에서 학습하는 내용과 대개 무관하다. 그런 자극 및 다른 자극들이 당신이 학습하고 있는 맥락을 구성한다.

McGeoch(1932)는 학습이 일어나는 맥락의 변화가 망각에 영향을 준다고 말했다. 간단히 말하면, 학습은 특정한 맥락 안에서, 즉 특정한 패턴의 자극들이 존재하는 가운데 일어날 수밖에 없다. 그래서 그 자극들이 그 맥락에서 학습되었던 행동을 유발하는 단서로 작용한다. 나중에 그런 단서들이 나타나지 않으면 수행이 저하된다. 어떤 사람은 이를 **단서 의존적 망각**(cue-dependent forgetting)이라 부르는데, 왜냐하면 학습 시에 존재했던 자극의 부재로 인한 것이기 때문이다(Tulving, 1974). 아침에 단어 목록을 학습하고 오후에 그 단어들을 회상하려는 사람의 경우를 생각해 보자. 두 번의 회기가 모두 의자 하나, 탁자 하나, 그리고 창문이 하나 있는 실험실에서 진행된다. 벽은 약간 회색이 도는 흰색 페인트칠이 되어 있고 장식은 전혀 없다. 두 회기의 환경이 동일해 보인다. 그런데, 잠깐! 아침에는 창밖으로 안개 낀 풍경이 보였지만 오후가 되자 밝은 햇살이 들어왔다. 연구자(모닝커피를 아직 마시지 못한)가 아침에는 좀 퉁명스럽고 시큰둥했지만, 오후가 되자 아주 즐거워 보였다. 아침에는 환풍구에서 참가자에게 따뜻한 바람이 불어 내려왔지만, 오후에는 날씨가 따뜻해져서 난방기가 꺼졌다. 두 가지 상황 간의 이러한 하찮은 차이가 망각에 영향을 줄 수 있을까?

그럴 수 있으며 실제로 보통 그러하다는 것을 여러 실험이 보여 준다. 한 연구에서 Joel Greenspoon과 R. Ranyard(1957)는 학생들에게 두 개의 다른 조건, 즉 서

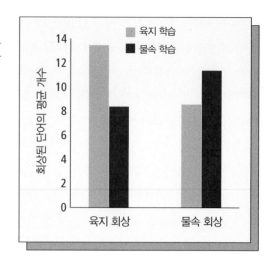

그림 12-5

맥락 의존적 기억 단어 목록을 육지에서 학습한 참가자들은 물속보다 육지에서 그것을 더 잘 회상했다. 마찬가지로, 목록을 물속에서 학습한 참가자들은 육지보다 물속에서 더 잘 회상했다.

있거나 앉아 있는 조건에서 단어 목록을 학습하게 하였다. 그런 뒤에 어떤 학생은 서 있는 상태에서, 어떤 학생은 앉아 있는 상태에서 단어들을 회상하려 했다. 그 결과, 학생들이 학습을 했던 조건과 유사한 조건에서 검사를 받았을 때 더 잘 기억하였다. 즉, 목록을 서서 학습한 학생은 서 있을 때 더 잘 기억했고, 앉아서 학습한 학생은 앉아 있을 때 더 잘 기억했다.

Duncan Godden과 Alan Baddeley(1975)는 맥락의 효과에 관해서 또 다른 창의적인 연구를 수행했다. 이 연구에서 스쿠버 다이버 중 어떤 이들은 육지에서 목록을 학습했고, 어떤 이들은 물속에서 목록을 학습했다! 훈련 후에 실험자들은 어떤 사람들은 학습한 것과 같은 조건에서, 어떤 사람들은 반대의 조건에서 검사하였다. (예: 육지에서 학습한 참가자 중 일부에게는 단어를 물속에서 회상하게 하였다.) 그 결과, 검사 상황이 훈련 상황과 다를 경우 회상이 저하되었다(그림 12-5).

냄새(Hackländer & Bermeitinger, 2018), 운동(Yanes et al., 2019), 씹는 껌(Baker et al., 2004; Thaker & Saxena, 2019), 그리고 심지어 가상현실(Huff et al., 2011; Lanen & Lamers, 2018)로부터 나오는 맥락 단서가 기억을 도와주는 단서를 제공할 수 있다. 그리고 그 맥락 단서가 사라지면 기억이 저하된다.

럿거스 대학교의 Carolyn Rovee-Collier와 동료들은 유아의 망각에서 맥락이 하는 역할에 대한 대단히 흥미로운 실험을 여러 개 수행했다. 5장에서 이 연구자들이 아기의 발에 리본이나 노끈의 한쪽 끝을 묶고 다른 한쪽 끝은 아기의 침대 위에 있는 모빌에 묶었던 것을 상기해 보라. 아기가 모빌에 연결된 발을 움직이면 모빌도 움직인다. 환경에 통제력을 행사하는 것은 심지어 유아에게도 강력한 강화물이어서, 아기가 발을 차는 빈도가 증가하여 마침내는 축구선수처럼 킥을 하게 되고 모빌은 풍랑 속에 춤추는 배처럼 요동치게 된다. 이 '훈련' 후에 파지 간격이 뒤따르고 나서 아기를 침대에 다시 눕히고서 연구자들은 아기가 다리를 차는 정도를 관찰한다. 맥락의 효과를 알아내기 위해, 연구자들이 때로는 아기를 훈련 때와 동일한 조건 아래 침대에 되돌려 놓고, 때로는 아기의 환경 중 어떤 측면(예: 침대나 모빌의 특징)을 변경한다.

한 실험(Rovee-Collier, Griesler, & Early, 1985)에서는 아기 침대에 독특한 범퍼가 있었는데, 이것은 침대의 가드레일을 둘러싸고 있는 패드였다. 훈련 일주일 후에 연구자는 어떤 경우에는 그 범퍼를 바꾸었다는 점만 제외하고 동일한 환경에서 3개월 된 아기를 검사했다. 그 결과, 범퍼가 훈련 때와 동일한 경우에는 아기가 마치 파지 간격이 없었던 것처럼 발로 차기를 다시 시작했다. 하지만 범퍼가 다른 경우에는 아기가 발차기를 하지 않았다. 범퍼가 발차기와 모빌 사이의 수반성과 아무런 관련이 없었음에도 불구하고 아기들은 범퍼가 다르면 발차기를 하지 않았다. 다시 말하면, 맥락이 동일할 때는 망각이 일어났다는 기색이 없었고, 맥락이 다르면 학습을 했다는 증거가 나타나지 않았다!

Dianne Borovsky와 Rovee-Collier(1990)가 수행한 실험에서는 6개월 된 아기들에게서 2주의 파지 간격 후에 유사한 결과가 얻어졌다. 이 연구에서 아기들은 자신의 놀이 공간에서, 나일론 그물망으로 된 놀이 공간에서, 또는 천이 덧대어진 그물망으로 된 놀이 공간에서 모빌 훈련과 검사를 받았다. 일부 아기의 경우 검사 시에 사용된 모빌이 훈련 시의 것과 달랐고, 그 외에는 검사와 훈련 사이에 다른 점이 없었다. 연구자들은 2주 후의 발차기 양을 훈련 시와 비교한 비율로 파지를 측정했다. 따라서 100%라는 점수는 발차기의 비율에 아무 변화가 없음을 의미했다. 그 결과, 놀이 공간의 차이는 아무런 효과가 없었지만 다른 모빌로 검사를 하는 것이 큰 차이를 가져왔다(그림 12-6).

다른 연구자들도 Rovee-Collier를 뒤따라 그녀의 연구 결과를 반복검증했다. Melissa Schroers, Joyce Prigot과 Jeffrey Fagen(2007)의 연구에서는 3개월 된 아기들

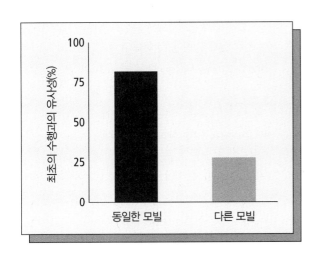

그림 12-6
유아에게서 맥락과 회상 아기들이 발로 차서 모빌 움직이기 훈련을 거친 뒤 세 가지 놀이 공간 중 하나에서 검사를 받았다. 훈련 때와 다른 모빌로 검사받은 아기들(밝은색 막대)은 발차기가 뚜렷이 감소했다. (출처: Figure 1 in D. Borovsky and C. Rovee-Collier, 1990, "Contextual Constraints on Memory Retrieval at Six Months," *Child Development*, 61, pp. 1569-1583)

이 코코넛 향기 아니면 체리 향기가 나는 가운데 모빌을 움직이기를 학습했다. 훈련 후 하루 또는 5일이 지나고 나서 연구자들은 훈련 때 있었던 향기 또는 다른 향기가 있는 조건에서, 또는 아무 향기도 없는 조건에서 아기들을 검사했다. 향기가 동일할 때는 망각이 거의 일어나지 않았고, 아무 향기가 없거나 다른 향기가 있을 때는 학습의 증거가 나타나지 않았다.

맥락 변화의 효과는 유아의 연령에 따라 달라진다(Borovsky & Rovee-Collier, 1990; Herbert & Hayne, 2000; Rovee-Collier & Cuevas, 2006). 그럼에도 불구하고 맥락 변화는

학습 당시의 상태

파지(retention)에 미치는 맥락의 영향에 관한 연구는 대개 동물이나 사람의 환경, 즉 그들의 외부 환경에 있는 특징을 조작한다. 그런데 그들의 내부 환경에 변화가 일어나면 어떻게 될까?

한 고전적인 연구에서 Leon Kamin(1957)은 쥐에게 회피 훈련을 시키고 나서 다양한 간격 후에 파지 검사를 실시했다. 그 결과, 예상했던 대로 쥐들의 수행은 훈련 직후에 가장 좋았고 그 후로는 저하되었다. 하지만 Kamin은 놀랍게도 쥐들의 수행이 다시 좋아져서 훈련이 끝난 24시간 후에는 이전의 최고 수행 수준만큼 좋아짐을 발견했다. 수행이 저하되었다가 향상되다니 왜 그럴까? 그리고 왜 그런 향상이 훈련이 끝난 지 24시간 후에 일어난 걸까?

우리는 검사 상황이 훈련 상황과 얼마나 유사한지에 따라 훈련 후의 수행이 달라짐을 보았다. 다시 말하면, 훈련의 결과 중 하나는 훈련 시에 존재했던 자극들이 그 행동에 대해 어느 정도 자극통제력을 갖게 된다는 것이다. 예를 들어, 훈련한 지 24시간 후에는 존재하되 12시간 후에는 없을 수 있는 단서들이 어떤 것일까?

가장 그럴듯한 설명은 그 개체의 생리적 상태로 보인다. 배고픔, 피로, 각성의 정도 같은 생리적 상태는 하루 동안 리듬을 타는 방식으로 변한다. 훈련한 지 12시간쯤에는 동물의 생리적 상태가 훈련 때와는 많이 다를 수 있다. 그러나 24시간 후에는 생리적 상태가 완전히 한 바퀴 돌게 된다. 이는 학습 시의 유기체의 생리적 상태가 학습되는 행동에 대한 자극통제력을 어느 정도 획득할 가능성을 제기한다. 다시 말하면, 맥락에는 외적 단서뿐 아니라 내적 단서도 포함될 수 있다.

약물 효과에 관한 연구가 이런 생각을 지지한다(Overton, 1991). 한 연구에서 Donald Overton(1964)은 쥐들에게 진정제를 준 다음 단순한 T-미로 달리기를 가르쳤다. 나중에 약물의 효과가 다 떨어졌을 때 Overton이 쥐들을 검사했더니, 이전에 학습한 것을 망각한 것으로 보였다. 이는 전혀 놀랄 만한 일이 아니다. 진정제가 뇌의 기능을 어떻게든 방해했다고 쉽게 생각할 수 있기 때문이다. 그러나 Overton은 여기서 한 걸음 더 나아가서, 쥐들에게 다시 한번 진정제를 주고 미로에 되돌려 넣었다. 그러자 쥐들이 수행을 잘하는 게 아닌가! 따라서 학습된 행동의 수행은 학습 시와 파지 검사 시의 생리적 상태에 따라 달라지는데, 이런 현상을 **상태 의존적 학습**(state-dependent learning)이라 부른다(Girden & Culler, 1937; Ho, Richards, & Chute, 1978; Shulz et al., 2000).

알코올에 취한 결과로 상태 의존적 기억을 보이는 사람의 일화는 많다. 어떤 사람은 정신이 말짱할 때 자동차 열쇠를 어딘가에 숨기고는 술을 마신 뒤에 열쇠를 찾지 못하다가 다시 술이 깨면 열쇠가 어디에 있는지 금방 안다. 따라서 수행에 영향을 주는 맥락 단서에는 학습자를 둘러싼 환경뿐 아니라 학습자의 생리적 상태도 포함되는 것으로 보인다.

심지어 아기의 수행에도 강력한 영향을 미친다는 것이 확실하다.

맥락이 회상에 미치는 영향은 일상적인 경험에서도 볼 수 있다. 예를 들어, 우리는 학습 수업 시간에 옆에 앉은 사람의 이름을 알고 있지만, 학교 밖에서 점심을 먹다가 그 사람을 마주치면 이름이 생각나지 않을 수 있다. 집에서는 발표를 완벽하게 연습했는데, 청중 앞에서는 발표 중 말을 더듬을 수 있다. 그리고 우리들 대부분은 어떤 내용을 완전히 공부했는데 교실에서 시험을 치르려니 모두 까먹어버린 경험이 있다.

망각에서 맥락의 역할에 대한 이 모든 연구가 어디로 이어질까? 다시 망각의 정의로 이어진다. 어떤 심리학자들은 망각 자체가 존재하지 않는다(앞서 나온 '망각을 정의하기'를 보라)고 주장한다는 사실을 상기해 보라. 학습 경험이 미래의 우리 행동에 미치는 영향은 학습 시의 상황과 미래의 상황 간의 유사성에 부분적으로 좌우된다. 두 상황이 동일하다면 우리는 거의 동일한 방식으로 행동하기 마련이고, 두 상황이 아주 다르다면 우리는 달리 행동할 것이다. 따라서 망각은 존재하지 않는다는, 우리의 행동은 단순히 환경의 변화로 인해 수정된다는 관점을 지지하는 근거가 있는 셈이다. 그럴 경우, 앞서 언급한 것처럼, 우리가 망각이라고 부르는 것이 사실은 학습이다!

이런 생각을 하면 골치가 아플 것이므로 이제 좀 더 단순한 주제로 넘어가서 망각에 대한 연구가 두 가지 실용적인 문제에 응용된 예를 살펴보자.

> Thomas Wolfe의 책 『그대 다시는 고향에 가지 못하리(*You Can't Go Home Again*)』는 맥락의 변화가 행동에 미치는 영향을 부분적으로 인정하고 있다. 오랫동안 집을 비우고 난 후에는 한때 당신에게서 그렇게나 많은 반응을 촉발했던 집이 더 이상 그렇지 않기 때문에 다시는 그 '집에 갈 수 없는' 것이다.

망각은 파지 간격이 길어짐에 따라 증가하지만, 시간의 흐름 자체가 망각의 원인은 아니다. 망각에 영향을 주는 핵심 요인은 학습의 양, 역행 간섭, 순행 간섭, 그리고 맥락의 변화(학습자의 내적 상태도 포함한다)인 것으로 밝혀졌다.	**12.4** 요약

12.5 활용

학습목표 --

망각 연구의 두 가지 활용을 논의하려면
5.1 기억에 미치는 질문의 틀의 효과를 기술한다.
5.2 목격자 증언이 갖는 한계가 사법체계에 시사하는 바를 논의한다.
5.3 우리의 기억을 도울 수 있는 일곱 가지 방법을 파악한다.
5.4 과학습이 어떻게 우리의 기억을 돕는지를 기술한다.
5.5 긍정적 피드백과 부정적 피드백이 어떻게 우리의 기억을 돕는지를 설명한다.
5.6 집중 학습에 비교한 분산 학습의 장점을 논의한다.

5.7 스스로 시험을 치르는 것이 우리의 기억을 개선할 수 있다는 증거를 논의한다.

5.8 기억 유지를 향상하기 위해 기억술을 사용하는 네 가지 예를 든다.

5.9 맥락 단서를 이용하여 기억을 돕는 방략을 이야기한다.

5.10 문제해결식 접근법을 취하는 것이 기억을 도울 수 있다는 네 가지 예를 든다.

망각에 관한 연구는 인간과 동물 모두의 행동을 이해하는 데 도움이 되었다. 우리는 목격자 증언에 대한 분석과 망각을 줄이기 위해 우리 모두가 할 수 있는 몇 가지를 살펴볼 것이다.

목격자 증언

Elizabeth Loftus는 관찰된 사건에 대한 보고의 순응성(malleability)을 보여 주는 연구를 많이 수행하였다(예: Loftus, 1979, 2006, 2019). 그녀의 연구는 목격자 심문, 배심원 토의 및 사법체계의 기타 측면들에 다양한 시사점을 갖는다.

유명한 연구들에서 Loftus와 동료들은 대학생들에게 교통사고가 일어나는 동영상을 보여 준 다음 무엇을 보았는지 질문했다. 고전적인 한 연구(Loftus & Zanni, 1975)에서 학생들은 자동차 한 대가 우회전을 하여 교통량이 많은 큰길로 들어서는 장면을 보았다. 오던 차들이 급하게 멈춰 서고 다섯 대의 차가 부딪치는 사고가 일어났다. 동영상을 본 다음 학생들은 무엇을 보았는지 묻는 질문지에 답을 하였다. 그중에 부서진 헤드라이트에 관해 묻는 질문이 있었다. 일부 학생들은 "Did you see the broken headlight?"라는 질문을 받았고 다른 학생들은 "Did you see a broken headlight?"라는 질문을 받았다. 이 두 질문의 유일한 차이는 'the' 또는 'a'라는 관사였다. 정관사 'the'는 그 항목이 존재했음을 의미하는 반면, 부정관사 'a'는 어쩌면 그 항목이 있었을지도 모른다는 것을 의미할 뿐이다. 내가 당신에게 'Did you see a spaceship?'이라고 묻는 것은 우주선이 나타났을 수도 있음을 의미한다. 내가 당신에게 'Did you see the spaceship?'이라고 묻는 것은 우주선이 실제로 나타났음을 의미한다. Loftus는 질문을 어떻게 던졌는지에 따라 학생들의 답이 달라짐을 발견했다. 정관사 'the'가 포함된 질문에는 부정관사 'a'가 포함된 질문에 대해서보다 학생들이 '예'라고 답할 가능성이 두 배나 되었다. 예를 들어, 동영상에는 부서진 헤드라이트가 나오지도 않았지만 'a broken headlight'라고 물었을 때보다 'the broken headlight'라고 물었을 때 학생들이 부서진 헤드라이트를 보았다고 회상할 가능성이 훨씬 더 컸다.

Loftus의 또 다른 연구(Loftus & Palmer, 1974)에서는 학생들이 교통사고 장면을 동영상으로 보고 나서 차들이 얼마나 빨리 달리고 있었는지를 추정해야 했다. 연구자들은 어떤 학생들에게는 "About how fast were the cars going when they hit each other?"라고 질문했다. 다른 학생들에게는 'hit'란 단어 대신 'smashed', 'collided', 'bumped', 혹은 'contacted'라는 단어로 바꾸어 물었다. 질문에 사용된 단어에 따라 추정된 속도가 달라졌는데, 'contacted'의 경우 가장 느린 것으로, 'smashed'의 경우 가장 빠른 것으로 학생들은 추정했다. Loftus는 학생들을 일주일 후 다시 불러서 그 동영상을 다시 보여 주지 않은 채로 추가 질문을 하였다. 이번의 결정적인 질문은 차의 깨어진 유리창을 본 기억이 있는가였다. 사실 동영상에서는 차의 유리창이 깨어지지 않았다. 하지만 이전에 차들이 서로 충돌하여 박살이 났음(smashed)을 의미하는 질문을 받은 학생들은 차들이 단순히 서로 부딪혔음(hit)을 의미하는 질문을 받은 학생들에 비해 깨어진 유리창을 보았다고 말하는 경우가 두 배나 되었다.

> **❓ 개념 점검 5**
>
> Loftus가 'hit'라는 단어보다 무슨 단어를 사용했을 때 학생들이 자동차의 속도를 더 빠른 것으로 추정했는가?

　참가자의 강화 내력이 이러한 발견들을 설명하는 데 도움을 준다. 예를 들어, 당신에게 누군가가 '그 모자(the hat)를 본 기억이 납니까?'라고 묻는다면 '그 모자'라는 말은 거기에 모자가 있었음을 나타내고, 따라서 당신이 모자를 보았다고 답하는 것이 강화받을 수 있다. 반면에 누군가 당신에게 '모자(a hat)를 본 기억이 납니까?'라고 묻는다면 그냥 '모자'라는 말 때문에 모자의 존재가 좀 더 불확실하고 따라서 그걸 보았다고 말하는 것이 강화받을 가능성이 더 작다. 'the'와 'a' 같은 단어들이 우리의 행동(회상)에 영향을 주는 이유는 그런 단어들에 대한 우리의 과거 경험 때문이다. 'hit'와 'smashed' 같은 단어가 서로 다른 효과를 내는 것도 유사한 방식으로 분석할 수 있다. 'hit'는 비교적 가벼운 충돌이 일어날 때, 'smashed'는 더 심한 충돌이 일어날 때 사용되는 단어이다. 이러한 단어들에 대한 학습 내력의 차이 때문에 이 단어들은 관찰된 사건에 대하여 서로 다른 보고를 유도하기 마련이라는 것이 분명해 보인다.

　Loftus의 연구는 사법체계에 중요한 영향을 미쳤다(Loftus, 2019). 법정 변호사와 일부 경찰관들은 이제 목격자 증언의 유용성이 의심스럽다는 것을 알고 있다. Gary Wells와 Elizabeth Olson(2003)은 유죄 선고를 받았다가 DNA 증거에 의해 무죄임이 밝혀진 사람이 100명 이상이며, 그들 중 3/4 이상이 적어도 부분적으로는 잘못된 목격자 증언 때문에 유죄 선고를 받았다고 말한다. 그런 오류의 원인 중 하나는 경찰이 용의자를 찾아내기 위해 사람들을 일렬로 줄 세우는 절차를 사용한다는 점인데, 현재 학자들이 그에 대한 대안을 모색하고 있다(Wells & Olson, 2003; Wells, Steblay, & Dysart, 2011).

목격자 증언에 관한 연구는 학습의 취약성을 우리에게 가르쳐 준다. 대부분의 사람은 망각하는 경향성을 줄이기 원할 것이다. 이제 이 문제를 살펴보자.

기억하기를 학습하기

유전적 차이가 사람이 학습한 것을 얼마나 잘 유지하는지에 영향을 준다는 점에는 의심의 여지가 없다. 하지만 마찬가지로 학습 역시 기억하는 능력에 분명히 영향을 준다. 우리가 기억력을 향상시킬 수 있을까? 그 답은 '그렇다'이다. 하지만 노력 없이 되는 건 아니다. 망각을 감소시키는 몇 가지 중요한 방법을 살펴보자.

1. **과학습하라**   우리는 앞에서 학습의 정도와 망각률은 강한 역함수 관계에 있음을 보았다(Driskell, Willis, & Copper, 1992; Krueger, 1929; Underwood, 1957). 이 관계가 의미하는 바는 덜 망각하려면 단순히 더 많이 학습해야 한다는 것이다.

    단어 카드에 적힌 영어 단어 모두 맞히기를 딱 한 번 하고 나서 그만두지 말고, 1분에 이를테면 40개의 카드를 맞히는 유창성 수준에 이를 때까지 계속 익히라('Say All Fast Minute Each Day Shuffle'을 보라). 발표를 잘하려면 만족스러운 수행을 할 수 있게 된 다음에도 연습을 계속하라. 연주회에서 소나타를 눈부시게 연주하려면 그 곡을 실수 없이 끝마칠 수 있게 된 뒤에도 계속 연습하라. 연극 공연을 잘하려면 연습에 빠짐없이 참여하고 자신의 대사를 집 주소 외우듯이 잘 알게 될 만큼 연습하라. 무언가를 더 철저히 학습할수록 더 천천히 망각하게 될 것이다.

2. **피드백을 받아가며 공부하라**   과학습은 중요하다. 하지만 학습이 어떤 형태를 띠어야 할까? 어떤 학생은 한 장을 읽고 나선 그것을 거듭해서 읽는다. 어떤 이는 수업 노트를 여러 번 읽는다. 어떤 이는 암기용 카드의 한 면을 읽고 나서 반대 면을 읽는 식으로 공부한다. 이런 것들은 공부하는 최적의 방식이 아니다. 우리는 기억하기 원하는 그 행동을 수행하고 나서 그에 대한 피드백(feedback)을 받을 필요가 있다.

    피드백은 긍정적인 것과 부정적인 것 두 가지 형태로 주어진다. 긍정적 피드백(positive feedback)은 우리가 무엇을 올바로 했는지를 알려 주며, 우리는 그것을 강화적으로 느끼기 쉽다(예: Buzas & Ayllon, 1981)(그림 12-7). 부정적 피드백

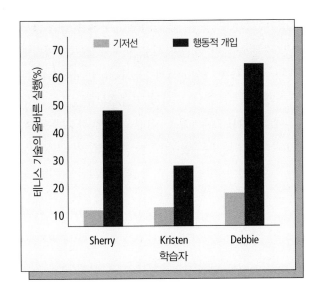

테니스 기술과 피드백 테니스 서브 넣기에 대해 코치가 잘못된 수행을 비판했을 때(기저선) 그리고 정확하거나 거의 정확한 수행을 인정하고 칭찬했을 때의 정확한 수행 비율. 포핸드와 백핸드에 대한 결과도 이와 비슷했다. (출처: Buzas & Ayllon, 1981의 자료를 수정함)

(negative feedback)은 우리가 무엇을 잘못했는지 알려 주며, 사기를 꺾는 경향이 있지만 무엇을 개선해야 할지에 대한 단서를 줄 수 있다. 피드백 없는 연습은 그 유용성이 제한적인데, 특히 학습 초기에 그러하다(Kuo & Hirshman, 1996).

따라서 성적을 올리고 싶다면 피드백을 받도록 하라. 때로는 우리 스스로 피드백을 줄 수도 있다. 원소기호(산소는 O, 수소는 H, 헬륨은 He 등등)를 학습하려면 암기용 카드의 한쪽 면에는 원소의 이름을, 다른 쪽 면에는 그 기호를 적어 놓을 수 있다. '산소'라고 적힌 첫 번째 카드를 보고 'O'라고 소리 내어 말하고 난 **후**에 카드 뒷면을 보라. 거기엔 정답이 적혀 있어서 자신이 말한 답에 대한 긍정적 또는 부정적 피드백을 받게 된다. 만약 스스로 피드백을 줄 수 없다면 다른 사람들로부터 피드백 받는 방법을 마련하라. 다른 사람과 함께 공부할 때 얻을 수 있는 이점이 이것이다. 예를 들어, 둘 중 한 사람이 교사가 알려 준 인상파 미술의 특징들을 하나씩 기억해 내는 동안 다른 사람은 그의 답을 듣고 그것을 목록에서 하나씩 지울 수 있다. 한 사람이 그렇게 목록을 다 끝내고 나면 서로 역할을 바꾸어 공부할 수 있다.

3. **연습을 분산시키라** 과학습 연구가 시사하는 바는 공부와 연습을 많이 할수록 좋다는 것이다. 그런데 언제 연습 회기를 시행해야 할까? 많은 학생은 고정간격계획에서 예측되는 대로 시험 직전까지 공부하기를 지연시키다가 '벼락치기'를 시작하는 경향이 있다(그림 7-1C, 그림 7-2). 이것이 우리가 **집중 학습**(massed practice)이라고 부르는 것이다. 시간에 걸쳐 공부 회기를 펼쳐놓는 **분산 학습**(distributed or spaced practice)이 더 좋은 결과를 낳는다.

분산 학습을 하는 것이 학습에 더 많은 시간을 소비해야 한다는 의미는 아이 책에 있는 개념 점검, 연습문제, 복습문제는 분산 학습을 할 기회를 준다.

니다. 집중 학습과 분산 학습을 비교하는 연구는 일반적으로 동일한 양의 공부 시간을 비교한다. 차이는 다만 공부 시간이 한 덩어리로 뭉쳐져 있는가 아니면 넓게 펼쳐져 있는가일 뿐이다. 예를 들면, Bahrick과 Elizabeth Phelps(1987)는 대학생들에게 50개의 영어-스페인어 유의어를 7회의 연습 회기에 걸쳐 공부 하게 했다. 어떤 학생은 하루에 7회기를 모두 했고, 어떤 학생은 하루에 한 회 기씩 7일 동안 연속해서 했으며, 어떤 학생은 한 달에 한 회기씩 일곱 달에 걸 쳐 공부했다. 마지막 연습 회기 후 8년이 지나고 나서 학생들은 시험을 치렀다. 한 달에 한 번 공부한 사람들은 하루에 한 번 공부한 사람들보다 거의 두 배나 많은 단어를 회상했으며, 하루에 한 번 공부한 사람들은 하루에 모든 공부를 끝낸 사람들보다 더 많은 것을 회상했다.

연습 회기를 서로 얼마나 떨어뜨려야 할까? 우리는 이것을 아직 모른다(예 를 들어, Bahrick, 1984와 Rovee-Collier, 1995를 비교하라). 간격이 길 때 생길 수 있 는 한 가지 문제는 오류가 더 많을 것이며 그 오류가 학습을 방해한다는 것이 다. 하지만 이를 걱정해야 할 필요가 없다는 증거가 일부 있다(Pashler, Zarow, & Triplett, 2003). 이상하게도 학생들은 분산 학습보다 집중 학습이 더 효과적이라 고 생각하는 경향이 있지만(Kornell, 2009), 장기간을 두고 보면 분산 학습이 더 나은 학습 효과를 가져온다(Bjork, 1979; Caple, 1996; Cepeda et al., 2006; Dempster, 1988; Ebbinghaus, 1885; Kerfoot et al., 2007; Kornell, 2009).

학생들은 공부 회기(집중된 것이든 분산된 것이든)를 수업 기간에만 일어나는 어떤 것으로 생각하는 경향이 있다. 악기를 연주하는 사람이 훈련이 끝난 후에 도 연습을 계속하는 것을 보고 놀라는 사람은 아무도 없다. 그것이 배운 것을 유지하는 데 도움이 된다는 것을 아니까 말이다. 어떠한 기술(학습 용어와 절차 를 정확히 사용하는 기술도 포함하여)이라도 지속적으로 공부하고 연습하는 것이 우리가 배운 것을 영원히 기억하기를 보장할 수 있는 궁극적으로 유일한 방법 이다.

4. **스스로 시험을 치러라** 주기적으로 시험을 치르는 것이 기억을 향상시킨다 (Roediger & Karpicke, 2006a; Bjork, Storm, & deWinstanley, 2010; Karpicke & Blunt, 2011). 사실상 망각을 감소시키는 데 시험이 복습보다 더 효과적일 수 있음을 보여 주는 증거가 있다. Henry Roediger와 Jeffrey Karpicke(2006b)은 일부 학생 들에게 어떤 글을 네 번에 걸쳐 각각 5분씩 공부하게 했는데, 이는 그 글을 평 균 약 14회 읽는 것에 해당한다. 다른 학생들은 그 글을 단지 5분 동안만 공부 하고는 그에 대한 시험을 세 번 쳤다. 따라서 이 학생들은 그 글을 단지 몇 번 읽었을 뿐이다. 일주일 후에 검사를 하자 연습 시험을 쳤던 학생들이 더 많은

시간을 공부에 쏟은 학생들보다 거의 네 배나 많이 기억했다.

5. **기억술을 사용하라**   기억술(mnemonics)이란 회상을 돕는 모든 방법을 가리킨다. 일반적으로 기억술은 나중에 원하는 행동을 촉진할 단서들을 학습하는 일이다.

   운율(rhyme. 각운, 라임)이 한 가지 흔한 기억술의 예를 제공한다. 아마도 가장 잘 알려진 예가 특정 단어들의 철자를 기억하기 위해 외우는 "Use i before e, except after c, and when sounding like a, as in *neighbor* and *weigh*"*라는 단시일 것이다.

   어떤 기억술은 운율을 다른 촉구자극과 조합하여 사용한다. 예를 들어, 학습해야 할 단어의 첫 글자가 압운시에 있는 단어의 첫 글자가 될 수 있다. 의과대학생들은 12개의 뇌신경 이름을 다음의 엉터리 시를 암기함으로써 학습한다.

   On Old Olympus's towering top,

   a Finn and German

   vault and hop

   각 단어의 첫 글자가 각 뇌신경 이름(optic. otolaryngeal 등)의 첫 글자인데, 이것이 원하는 신경 이름들이 생각나도록 촉진한다.**

   때로는 운율이 맞지 않는 문장으로도 그럭저럭 기억할 수가 있다. 파이의 수치를 기억하지 못하겠다고? 영국의 심리학자이자 기억 전문가인 Alan Baddeley(1976)는 "Pie. I wish I could remember pi."라고 말하기만 하면 된다고 지적한다. 각 단어를 이루는 글자의 수가 소수점 이하 여섯째 자리까지의 수치, 즉 3.141582를 알려 준다.

   이와 유사한 기억술은 각 단어의 첫 글자를 따서 발음이 가능한 단어, 즉 두문자어(頭文字語)를 만드는 것이다. 예를 들어, North Atlantic Treaty Organization(북대서양 조약기구)은 NATO이다. 프리즘의 색깔인 red, orange, yellow, green, blue, indigo, violet을 차례대로 기억하려면 Roy G. Biv라고 하면 된다. 또 미국의 5대호의 이름(Huron, Ontario, Michigan, Erie, Superior)을

---

* 이를 번역하면, 'c 다음과, neighbor나 weigh같이 a 소리가 날 때를 제외하고는, i가 e 앞에 온다.' "Use i before e, except after c"에서 e와 c의 운(韻)이 [i]라는 소리로서 일치하며, "and when sounding like a, as in neighbor and weigh"에서 a와 weigh의 운이 [ei]라는 소리로서 일치한다. (역주)

** 12개의 뇌신경의 영어 이름은 순서대로 다음과 같다. olfactory nerve(후각신경), optic nerve(시각신경), oculomotor nerve(눈돌림신경), trochlear nerve(도르래신경), trigeminal nerve(세갈래신경), abducens nerve(갓돌림신경), facial nerve(얼굴신경), vestibulocochlear nerve(속귀신경), glossopharyngeal nerve(혀인두신경), vagus nerve(미주신경), spinal accessory nerve(더부신경), hypoglossal nerve(혀밑신경). (역주)

HOMES라는 약자로 나타낼 수 있음을 알게 되면 기억하기가 비교적 쉽다. 따라서 촉구자극을 제공하는 두문자어를 만드는 것이 회상을 돕는 한 가지 방법이 된다.

6. **맥락 단서를 사용하라** 앞서 우리는 학습 시에 존재했던 단서들이 회상 시에도 존재하면 기억이 더 잘 된다는 것을 보았다. 그렇다면 회상 시에 존재할 단서들을 찾아낸 다음, 이들 단서가 있는 상태에서 학습을 하면 수행을 향상시킬 수 있을 것이다.

학생들은 대개 완전히 정반대로 한다. 즉, 흔히 자기 방에서 침대에 누워 간식을 먹으면서 공부를 한다. 공부한 것에 대해 시험을 볼 때는 간식을 먹으며 침대에 누워 있는 게 아니라 교실에서 좀 불편한 의자에 앉아 있으며 다른 많은 학생이 옆에 있지만 이야기는 나눌 수 없다. 여기서 학습과 시험이라는 두 상황 사이에 많은 차이가 있는데, 맥락상의 이런 차이가 망각을 부분적으로 설명한다. 자신이 교실에 들어오기 전까지는 '알았던' 사실들을 막상 회상할 수 없음을 학생들이 깨닫는다. 이것이 뚜렷하게 함의하는 바는 시험을 치를 상황과 유사한 상황에서 공부해야 한다는 것이다. 필기시험에 대비해 공부하는 학생은 시험을 치를 교실이나 그와 비슷한 방에서 공부를 좀 하는 것이 현명한 일일 수 있다.

맥락에 관한 연구가 함의하는 바 중 덜 명백한 것은 어떤가? 우리가 학습한 것을 기말고사가 훨씬 지난 뒤에도 기억하려면 다양한 상황에서 공부해야 한다. 왜 그럴까? 그것은 우리가 학습한 것이 아주 다양한 상황에서 필요해지게 마련이기 때문이다. 당신이 엔지니어가 될 것이라면, 현재 공부하고 있는 수학이 기숙사 방이 아니라 공사 현장에서 필요할 수도 있고 공장이나 회사 중역실에서 필요할 수도 있다. 당신이 역사학자가 될 것이라면, 현재 공부하고 있는 역사가 교실에서만 필요한 것이 아니라 역사 유적지, 도서관, 역사학계의 모임에서도 필요할 수 있다. 혹은 더 가까운 예로서, 당신이 망각을 감소시키는 학습 원리들을 배우고자 노력하고 있다면, 보통 공부하는 곳뿐만 아니라 학습이 일어날 수 있는 곳 어디에서나 그 원리들을 회상할 필요가 있다는 점을 명심해야 한다. 우리가 학습한 것이 여러 가지 다른 상황에서 필요해지게 마련이므로 여러 가지 다른 상황에서 공부하는 것이 최상의 방법일 것이다. 따라서 집에서, 교실에서, 버스에서, 커피숍에서, 교정을 걸어 다니면서, 혹은 해변에 누워서도 공부해야 한다. 즉, 어느 장소를 막론하고 모든 장소가 학습하기에 좋은 장소이다. 운전하면서 공부하는 것 같은 위험한 상황만 아니라면 말이다.

7. **문제해결식 접근을 취하라** 지금까지 본 제안들은 나중에 망각을 감소시키기

위해 학습 시에 할 수 있는 것들에 초점을 두고 있다. 이뿐 아니라, 우리가 한 때 알았는데 생각이 나지 않는 것을 기억해 내려고 애쓸 때 할 수 있는 것도 있다. 그런 방법의 핵심은 기억해 내기에 대한 문제해결식 접근을 취하는 것이다 (Bartlett, 1932; Palmer, 1991). Palmer(1991)가 표현했듯이 "과거의 일을 회상하려는 사람의 행동은 수학 문제를 해결하려는 사람의 행동과, 그 내용만 제외하고, 똑같다"(p. 273). 그는 수학 문제를 해결하는 예를 든다. 1764의 제곱근은 얼마일까? 당신이 그 정답을 배웠을 리는 없고, 따라서 이 문제를 해결하기 위한 무언가를 해야 한다. 기억해 내기도 이와 동일한 종류의 노력이 필요할 때가 가끔 있다. Palmer는 "3일 전에 아침 식사로 무엇을 먹었나요?"라는 질문을 예로 든다. 당신의 맨 처음 반응은 "3일 전이라고? 내가 그걸 어떻게 기억해요!" 일지도 모른다. 하지만 문제해결식 접근을 취한다면 답을 알아낼 수도 있다. Palmer의 질문에 한 사람은 다음과 같이 대답했다.

> 가만있자……, 오늘이 월요일…… 일요일…… 토요일…… 금요일. 그날은 내가 스프링필드에 갔던 날이지. 흠……, 아, 그렇지, 집을 나서기 전에 오렌지 주스를 한 잔 마셨을 뿐이네.

이 과정은 기본적으로 촉구자극, 즉 해결에 관련된 행동을 유발할 수도 있는 단서를 제공한다. 어떤 사람의 이름을 기억해 내려고 하는 문제를 생각해 보자. 그 사람에 대한 다른 것들, 예를 들어 그를 만났던 상황, 그와 나누었던 대화의 성격, 그의 직업, 그의 직장의 위치, 다른 사람들이 그에 대해 하는 이야기 등이 기억날 수 있다. 또한 그 이름 자체에 대한 것을 회상해도 도움이 될 것이다. 즉, 그의 이름은 앵글로색슨계 이름이고, 두 어절이며, 경음 자음이 들어 있었다. 아마도 지금쯤은 그의 이름이 'B'로 시작된다는 게 생각나서 소리 내어 또는 속으로 이렇게 말하게 된다.

> 그게 'Ba'로 시작하는데……. 'Bah'…… 'Barns', 'Barnaby', 'Baker', 'Bantry', 'Battry'. 아! 'Blake'야!

우리는 또 '이분은 ……씨입니다', '……씨를 소개합니다'와 같이 그 사람을 소개하는 연습을 마음속으로 함으로써 잊어버린 이름이 생각나도록 촉구할 수도 있다. 그렇게 함으로써 우리는 그 사람의 이름이 생각나야만 빠져나올 수 있는 불편한 상황을 만드는 것이다(Skinner, 1953).

컴퓨터 키보드 명령어에 대한 지필 시험을 치르는 중에 문서 탐색을 시작시키는 명령어가 생각나지 않는다면, 키보드에 손을 얹고 그 명령어를 타이핑하려고 시도해 보라. 그러면 키들이 적절한 반응을 이끌어낼 수도 있다. 키보드가 없으면 있는 척하고 키보드를 두드리는 손 모양을 하고, 원하는 명령어를 타이핑하는 시늉을 하라. 앞에 있는 빈 책상은 다른 행동에 대한 단서를 주기 때문에 눈을 감으면 그런 장면을 차단하는 데 도움이 될 수 있다.

현재 존재하는 단서들이 필요한 행동을 일으키기에 충분하지 않을 때 우리는 흔히 그 행동을 촉구할 새로운 단서들을 스스로 만들어 낼 수 있다. 문제해결식 접근을 취해서 어떤 단서들이 그런 것들인지 찾아내도록 하라.

Say All Fast Minute Each Day Shuffle

거의 모든 사람이 오늘날에는 암기 카드가 좀 구식이라고 생각하지만 Ogden Lindsley는 구식이든 아니든 암기 카드가 올바로 사용된다면 효과가 있다고 믿었다. 암기 카드를 어떻게 사용해야 효과적일까? Lindsley와 Stephen Graf(Potts, Eshleman, and Cooper, 1993; McGreevy, 1983)는 사람들의 기억을 돕기 위해 **SAFMEDS**라는 두문자어를 만들어 냈다.

SAFMEDS[*]는 'Say All Fast Minute Each Day Shuffle'의 첫 글자들을 딴 약자이다. 암기 카드 뒷면에 적힌 답을 보기 전에 그 답을 먼저 말하라(Say). 모든(All) 혹은 할 수 있는 한 많은 카드를, 최대한 빨리(Fast), 1분 안에(in one Minute) 익힌다. 이것을 매일(Each Day) 하라. 모든 카드를 한 번 익힌 다음에는 섞어라(Shuffle).

암기 카드를 이런 식으로 사용하는 것은 대부분의 학생이 사용하는 방법과 아주 다른데, 이 차이가 중요하다. 답을 말하기(크게 말하는 게 더 좋다)는 우리가 단순히 읽기만 하는 것보다 정답을 말하는 행동을 실제로 연습하게 만든다. 1분이라는 시간제한은 우리에게 재빨리 공부하도록 압력을 넣는다. 이는 또한 유창성을 측정하기에 편리한 방법이기도 하다. 오류를 범할 때마다 그 카드는 옆으로 빼 둔다. 1분이 끝나면 정답을 맞힌 카드의 수를 세라. 처음에는 1분에 10개밖에 못 맞힐 수도 있다. 그러나 연습하면 1분에 30개, 40개 혹은 그 이상까지도 맞히게 될 것이다. 이는 학습한 정도와 망각할 가능성을 쉽게 평가할 수 있다는 것을 의미한다. 암기 카드 전체를 매일 훑어보는 것이 학습을 분산시키는 편리한 방법이다. 카드를 섞는 것은 카드의 순서상 위치로부터 답에 대한 단서를 얻지 못하게 한다.

암기 카드는 영어로 flash card라고 하는데, 학생들 중에는 flash란 말을 무색하게 만드는 방식으로 암기 카드를 사용하는 이들이 많다. 이들은 한 면에는 단어나 질문을, 다른 면에는 문단이나 긴 목록을 적어 놓는다. 그런 카드는 재빨리 훑어볼 수가 없다. 예를 들어, 해부학 기초용어를 배우는 중이라면, 카드의 한 면에는 '심장의 방들', 다른 면에는 '심방'과 '심실'이라고 적을 수 있다. 심장의 방들에 대해서 알아야 할 게 이보다 훨씬 더 많기는 하지만 암기 카드를 사용할 땐 적는 내용을 짧게 유지하라. 심장의 방들에 대해 10가지를 학습하려면 10개의 카드를 만들어 보라.

많은 학생이 하지 않고 있는 또 다른 것은 암기 카드를 양방향으로 사용하는 것이다. 그저 카드의 앞면을 보고 뒷면에 있는 것을 기억해 내려고만 하지 말고, 앞면–뒷면 순서로 공부한 후에는 뒷면–앞면 순서로 공부하라. 영어를 쓰는 사람이 스페인어를 공부하고 있다면, house의 스페인어 단어와 casa의 영어 단어를 모두 알아야 한다.

오늘날에는 암기 카드를 좋아하지 않는 교육자가 많다. 다행스럽게도, 그렇다고 해서 암기 카드가 아무런 효과가 없는 것은 아니다!

---

[*] 이 약자를 발음해 보면 safe meds, 즉 '안전한 약'(meds는 medications의 줄임말)이란 뜻이 된다. (역주)

❓ 개념 점검 6

망각을 감소시키는 세 가지 전략을 나열하라.

망각에 관한 연구는 중요한 실용적 의미를 갖는다. 예를 들어, 어떤 사람이 목격한 사건을 어떻게 이야기하는지는 그 사건에 대해 어떤 식으로 질문하는지에 부분적으로 좌우됨을 그런 연구가 보여 주었다. 이런 발견은 경찰의 취조, 용의자 확인 절차, 목격자 증언의 가치를 저울질하는 배심원들에게 명백한 함의를 갖는다. 망각 연구와 관련이 깊은 또 다른 분야는 교육이다. 사람들은, 예를 들어 과학습하고, 연습 회기를 분산시키고, 기억술을 사용하고, 기억하기에 대한 문제해결식 접근을 취함으로써 학습한 것을 유지하는 능력을 향상시킬 수 있다.

**12.5
요약**

맺음말

대부분의 사람과 일부 심리학자들은 망각을 어떤 사건에 대한 신경적 또는 정신적 '스냅사진'의 쇠퇴로 인한 수행의 퇴화로 바라본다. 그런데 학습 연구자들은 아주 다른 입장을 취해서, 망각이 경험으로 인한 수행의 퇴화(어떤 이는 변화라고 말할 것이다)라고 주장하는 일이 점점 더 많아지고 있다. 어느 쪽이든 간에, 우리가 학습 직후에는 할 수 있었던 것 중 많은 것을 나중에는 할 수 없거나 그만큼 잘할 수 없다는 사실은 부정할 수 없다.

일반적으로 사람과 동물은 단순하고 실용적인 규칙, 즉 필요한 것만 갖고 있으라는 규칙에 따라 작동하는 것으로 보인다. 우리의 역량이 진화의 산물임을 인정한다면, 몇십만 년의 진화 과정에서 우리가 학습한 것을 유지하는 능력은 생존에 기여하는 한에서만 중요했다는 것을 깨닫게 될 것이다. 예를 들어, 생존하려면 우리는 딸기밭으로 갔다가 되돌아오는 길을 찾고, 딸기를 딸 때 곰을 조심하고, 상처를 치료하며, 단순한 도구를 만들고, 사냥하고 낚시질하며, 영양분 있는 식물과 독성 식물을 변별하고, 타인을 인식하고 친구와 적을 구분하는 그런 능력들을 갖고 있어야 한다. 진화적 시간의 측면에서 보면 누군가 우리에게 1년 열두 달의 이름을 말하라거나 외국어 동사의 변화를 말하라거나 화학 주기율표에 있는 원소들을 외워 보라거나 우리가 태어나기 한참 전에 다른 나라에서 일어났던 어떤 사건을 이야기해 보라거나 수학 문제를 풀어 보라거나 *Massachusetts*의 철자를 말하라는 요구를 한 것은 아주 최근에 와서였다. 이런 것 중에서, 그리고 우리가 지금 배우는 그 무수히 많은 다른 것 중에서 우리 종의 생존에 아주 사소한 역할이라도 했던 것은 아무것도 없다. 다시 말하면, 진화는 우리를 컴퓨터의 하드드라이브와 같은 것이 되도록 설계하지 않았다. 우리는 살아있는 존재이지 기계가 아니다.

우리가 망각하는 속도를 보면 어깨가 축 처질 때가 가끔 있다는 건 인정할 수밖에 없다. 어떤 코미디언(그 이름이 기억나지 않는군!)은 일반적인 미국 대학생이 미국 역사 강의를 1년 동안 듣고 나서 고작 기억하는 것이라고는 "북군은 파란색 제복을 입었고, 남군은 회색 제복을 입었다."는 사실이라고 말한다. 이는 물론 과장이지만, 기본적인 진실을 드러내 주는 과장이다. 즉, 우리는 학습한 것의 많은 부분을 실제로 **망각**한다. 그렇다면 왜 애써서 학습하는 걸까? 특히 학교에서 배운 것은 대부분 잊어버리게 마련인데 왜 몇 년씩이나 학교에 다닐까?

학습을 한다는 것은 곧 변화를 한다는 것임을 깨닫는 데서 그 답을 일부 찾을 수 있다. 우리는 무언가를 배울 때마다, 아주 실질적인 의미로, 다른 사람이 된다. 대학 신입생 중에는 대학이 자기를 변화시킬 거라는 말에 화가 나서 그런 생각을 거부하는 이들이 있다. "나는 나야! 대학이 날 변화시키진 못해!"라고 말이다. 하지만 대학은 실제로 사람을 변화시킨다. 모든 학습 경험은 우리를 변화시킨다. 그 변화는 대개 너무나 작아서 알아챌 수가 없지만, 시간이 가면서 축적된다. 오늘 아침 거울을 보았을 때 당신은 어제 본 당신과 똑같은 사람을 보았을 것이다. 그런데 정말 그럴까? 5년 전에 찍은 자신의 사진을 보라. 차이가 쉽게 눈에 띌 것이다. 학습 경험에 대해서도 똑같은 이야기를 할 수 있다. 즉, 작은 변화가 축적된다. 백인 중산층의 학생이 『Malcolm X의 자서전』을 읽고 난 지 몇 년 후에는 그 책에 대해서나 Malcolm X에 대해서 별로 기억나는 게 없을 수 있다. 그러나 그 모든 것을 잊었음에도 불구하고 이 학생이 아프리카계 미국인들에 대해 행동하는 방식은 그 책을 읽은 결과로 달라질 수가 있다. 또한 당신도 몇 년 후에는 학습에 대해 지금 알고 있는 바의 대부분을 잊어버리겠지만, 그때도 여전히 당신은 학습을 공부하지 않았을 때와는 좀 다른 관점에서 행동을 바라볼지도 모른다.

우리는 학습한 것 중 많은 것을 망각한다. 그러나 그 학습은 우리에게 흔적을 남긴다.

핵심용어

과학습(overlearning) 409

기억술(mnemonic) 427

기울기 붕괴(gradient degradation) 406

단서 의존적 망각(cue-dependent forgetting) 417

단어 쌍 연합학습(paired associate learning) 413

망각(forgetting) 399

맥락(context) 417

분산 학습(distributed, or spaced, practice) 425

비서술기억(nondeclarative memory) 402

상태 의존적 학습(state-dependent learning) 420

서술기억(declarative memory) 402

소거법(extinction method) 406

순행 간섭(proactive interference) 412

역행 간섭(retroactive interference) 415

유창성(fluency) 410

일화기억(episodic memory) 402

의미기억(semantic memory) 402

자서전적 기억 또는 사건기억(autobiographical, or event, memory) 402

자유회상(free recall) 403

재인(recognition) 405

재학습법(relearning method) 404

절약법(savings method) 405

절차기억(procedural memory) 402

지연 표본 짝 맞추기(delayed matching to sample) 405

집중 학습(massed practice) 425

촉구회상 또는 단서회상(prompted, or cued, recall) 404

파지 간격(retention interval) 399

SAFMEDS 430

복습문제

1. 일부 교사가 조회 시간에, 특히 학기 초에 학생들에게 똑같은 자리에 앉으라고 하는 이유는 무엇일까?

2. 유창성을 이용하여 어떻게 망각을 측정할 수 있을까?

3. Evander와 Lina는 함께 쥐 한 마리에게 레버를 누르는 훈련을 시키고 있다. 쥐의 반응이 만족스러울 정도로 잘 학습되었을 때, Evander가 실험상자에서 레버를 잠시 제거했다가 다시 설치하면 어떤 일이 일어날지 알아보자고 제안한다. Lina는 레버는 원래대로 두고 먹이 공급장치만 떼어내 보자고 주장한다. 그러자 이들은 그렇게 했을 때 서로 다른 현상을 연구하는 것일지 아니면 같은 현상을 연구하는 것일지 궁금해지기 시작했다. 이에 대해 어떻게 생각하는가?

4. 단어 쌍 연합학습에서 강화물은 무엇인가?

5. 망각의 양은 파지 간격의 길이에 따라 직접적으로 변화한다. 그런데도 시간이 망각의 원인이 아닌 이유는 무엇인가?

6. **망각**을 행동의 상실이라고 정의하는 것이 왜 틀린 것인가?

7. 자유회상과 촉구회상의 정의적 차이는 무엇인가?

8. 어떤 심리학자들은 자발적 회복(3장과 7장)이 망각의 한 형태라고 주장한다. 이를 설명하라.

9. 『백경(*Moby Dick*)』이라는 소설에 나오는 선장의 이름을 기억하는 데 어떤 종류의 촉구자극을 사용할 수 있을까?

연습문제

1. 훈련과 망각을 알아보는 검사 사이의 기간은 _____라 불린다.

2. **암묵적** 지식, 즉 말로 표현될 수 없는 지식은 _____라 불린다.

3. Ebbinghaus는 무의미 철자에 관한 연구에서 _____법을 사용하였다.

4. DMTS는 _____의 약자이다.

5. John McGeoch는 _____이 망각의 원인이 아니라고 주장하였다.

6. 어떤 기술을 오류 없이 잘 수행하게 되고 난 이후에도 연습하는 것은 _____의 예이다.

7. 훈련 이후에 한 경험이 수행을 방해할 경우 이 효과는 _____이라 불린다.

8. 어떤 학자들은 망각이 _____통제의 실패 때문이라고 주장한다.

9. Elizabeth Loftus와 그녀의 동료들의 연구는 _____의 신뢰성에 의문을 제기한다.

10. 러시아 신경심리학자 Alexandr Luria는 _____을 할 수 없었던 것으로 보이는 사람을 연구했다.

학습의 한계

이 장에서는

1 신체적 특징
2 학습된 행동의 유전 불가능성
3 유전과 학습 능력
   ■ 천재 육성법
4 신경학적 손상과 학습
5 결정적 시기
6 준비성과 학습
   ■ 학습과 인간성

맺음말
   핵심용어 | 복습문제 | 연습문제

"자연을 지배하는 방법은 자연에 순종하는 것밖에 없다."

_ Francis Bacon

들어가며

우리는 지금까지 동물과 인간의 행동에서 학습이 극히 중요한 역할을 함을 보았다. 따라서 인간의 본성을, 또는 침팬지, 원숭이, 기린, 쥐, 비둘기 및 다른 많은 동물의 본성을 알려면 경험이 행동을 어떻게 변화시키는지를 이해해야 함이 분명하다. 즉, 학습을 이해해야 한다는 말이다. 그러나 우리는 학습의 한계도 또한 이해해야 한다. 왜냐하면 사람을 침팬지와 구분 짓고 한 사람을 다른 사람과 구분 짓는 행동상의 차이에 학습이 기여하지만, 사람이나 침팬지나 학습할 수 있는 것에는 한계가 있기 때문이다. 이 장에서 우리는 그런 한계 중 몇 가지를 살펴볼 것이다.

학습목표

이 장을 공부하고 나면 다음의 것들을 할 수 있을 것이다.

13.1 신체적 특징이 어떻게 학습에 한계를 부여하는지를 설명한다.

13.2 학습된 행동의 유전 불가능성을 이야기한다.

13.3 유전적 요인이 학습 능력에 미치는 효과를 논의한다.

13.4 신경학적 손상이 학습 능력에 미치는 효과를 설명한다.

13.5 결정적 시기가 학습 능력에서 하는 역할을 이야기한다.

13.6 준비성이 학습 능력에서 하는 역할을 설명한다.

13.1 신체적 특징

학습목표 --

신체적 특징이 학습에 부여하는 한계를 설명하려면

1.1   감각 능력이 어떻게 학습에 영향을 미칠 수 있을지 이야기한다.

1.2   비인간 유인원에게 언어를 가르치려는 시도를 기술한다.

물고기가 줄넘기를 할 수는 없고, 사람이 물속에서 숨을 쉴 수는 없으며, 암소가 뱀처럼 똬리를 틀 수는 없다. 동물의 신체 구조 자체가 어떤 종류의 행동은 가능하게 하고 다른 종류의 행동은 불가능하게 만든다. 따라서 동물의 신체 능력이 어떤 개체가 학습할 수 있는 것을 한정한다. 이것은 너무나 뻔한 사실이라서 말할 필요조차 없다고 생각할 수 있겠다. 사실상 다른 학습 교과서에서는 이를 언급하는 일이 거의 없다. 그러나 때로는 뻔한 일반화라도 할 만한 가치가 있는데, 왜냐하면 일반화의 토대가 되는 특정 사례들이 항상 그다지 명백한 것은 아니기 때문이다.

예를 들어, 개는 코가 예민해서 눈에 보이지 않는 물체를 찾을 수가 있다(예: Fischer-Tenhagen et al., 2017). 마찬가지로 매는 눈이 극도로 밝아서 사람에게는 동전 자체가 전혀 안 보일 만큼 아주 먼 거리에서도 100원짜리 동전의 앞뒷면을 구별할 수 있을 정도이다. 따라서 특정한 상황에서는 개와 매가 사람보다 더 빨리 학습할 것이다. 온갖 종류의 신체적 특징이 유기체가 학습할 수 있는 것에 한계를 짓는다 (그림 13-1).

몇십 년 전에 어떤 학자들은 침팬지에게 말하기를 가르치려 했다(Hayes, 1951; Kellogg, 1968). 이런 시도들은 거의 완전히 실패했고 많은 사람이 침팬지는 언어를 습득하지 못한다고 확신하게 되었다. 그래서 언어가 털북숭이 짐승과 우리를 구분 짓는 바로 그 유일한 차이인 것처럼 보였다. 그런데 이후 Allen Gardner와 Beatrice

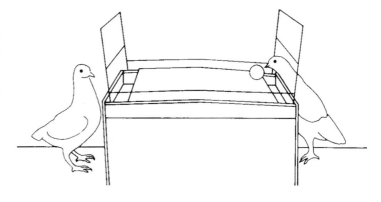

그림 13-1

신체적 특징과 학습 비둘기는 보통의 방식으로 탁구를 치는 것은 학습할 수 없지만, 이 비둘기 두 마리는 탁구를 변형시킨 경기를 하는 것을 학습하였다. (출처: B. F. Skinner, 1962, "Two Synthetic Social Relations," *Journal of the Experimental Analysis of Behavior*, 5, p. 531. 저작권 © 1962 by the Society for the Experimental Analysis of Behavior. 허가하에 실음)

Gardner(1969)가 어린 침팬지 암컷인 Washoe에게 청각 장애인이 쓰는 수어(수화)를 가르치기 시작했다. 2년이 채 되기 전에 Washoe는 30개가 넘는 어휘를 갖게 되었고, 7세쯤 되어서는 200개의 수어 어휘력에 근접하게 되었다. Gardner 부부의 최초의 시도 이래로 많은 연구자가 침팬지에게 수어를 가르쳤다(예: Fouts & Mills, 1998; Gardner, 2012). 연구자들은 또한 고릴라(Patterson, 1978; Patterson, Patterson, & Brentari, 1987)와 오랑우탄(Shapiro, 1982)에게도 수어를 가르치는 시도를 하였다. 이 동물 중 어느 하나라도 정말로 인간이 의미하는 방식대로 의사소통하기를 학습했는지는 논란거리이다(예: Pepperberg, 2016; Petitto & Seidenberg, 1979; Terrace, 1979; Wallman, 1992). 그러나 침팬지 및 기타 동물이 인간만큼 능숙하게 언어를 학습할 수 있다(분명히 그렇지 않다)고 주장하는 사람은 아무도 없으며, 이들이 **말하기**를 학습하기 어려운 이유는 적어도 부분적으로는 해부학적 구조가 부적당하기 때문이다. 인간도 역시 다른 동물들과 같은 종류의 발성 기관을 가졌다면 말하기를 배우기가 어려울 것이다.

> **❓ 개념 점검 1**
>
> Gardner 부부는 침팬지가 말하기를 배우는 데 실패한 이유가 무엇 때문일 수 있다고 말했는가?

> 개체나 종의 신체 구조가 그들이 학습할 수 있는 것에 한계를 부여한다. 예를 들어, 침팬지는 발성 기관의 특성 때문에 말하기를 배울 수 없다. 신체적 특징은 유기체가 무엇을 학습할 수 있는지에 중요한, 그러나 항상 명백하지는 않은 한계를 부여한다.
>
> **13.1**
> 요약

13.2 학습된 행동의 유전 불가능성

> **학습목표** --
>
> **2.1** 학습이 유전될 수 있다는 McDougall의 입장을 비판한다.
> **2.2** 학습이 유전될 수 없음으로 인한 두 가지 혜택을 이야기한다.
>
> ---

동물은 학습한 행동을 자손에게 물려주지 않는다. 반사와 전형적 행위패턴은 한 세대에서 그다음 세대로 물려 내려가지만, 학습을 통해 습득된 행동은 그 개체가 죽으면 함께 없어진다. 이것은 한 종이 경험으로부터 이득을 볼 수 있는 능력에 심각한 한계를 부여하는데, 왜냐하면 이는 모든 개체가 태어날 당시에는 그 부모가 태어날 때와 마찬가지로 무지하다는 것을 의미하기 때문이다. 새끼 사자는 부모가 그랬던 것처럼 영양에게 몰래 접근해 가는 법을 학습해야 하고, 쥐는 독성이 있는 물을 회피하기를 학습해야 하며, 아이는 길을 건너기 전에 차가 오는지 살펴보기를 학습해야 한다.

학습된 행동이 유전되지 않는다는 생각이 항상 명백해 보였던 것은 아니다. 사실 얼마 전까지만 해도 여러 과학자를 포함하여 많은 사람이 한 유기체의 학습 경험이 그 자손에게도 유익할지도 모른다고 믿었다. 그런데 일부 과학자들은, 가장 두드러진 인물로는 영국의 심리학자 William McDougall이, 경험이 유기체의 행동을 수정할 때는 그 유전자도 어떤 방식으로 수정한다고 주장하였다. 이 말은 어떤 사람이 라틴어를 배웠다고 해서 그 자식이 태어나면서부터 Virgil의 시를 낭송할 수 있다는 의미는 아니다. McDougall 및 다른 학자들이 실제로 믿었던 바는, 다른 조건이 동등하다면 그 자손은 부모보다 약간 더 쉽게 라틴어를 배울지도 모른다는 것이다. 그리고 이어지는 각각의 세대가 라틴어를 배운다면 개개 자손은 그 부모보다 더 쉽게 라틴어를 학습할 것이다.

McDougall은 자신의 이론을 검증하기 위해 여러 해에 걸쳐 실험을 수행했다. 전형적인 실험에서 McDougall(1927, 1938)은 쥐에게 전기충격을 회피하는 훈련을 시켰다. 그런 다음 그 쥐들의 자손에게 똑같은 과제를 훈련시키고, 그러고는 또 그 자손의 자손을 훈련시키는 식으로 여러 세대에 걸쳐 계속했다. 그는 각 세대가 더욱 많은 기술을 물려받아서 결국 많은 세대가 지난 후에는 자손이 조상보다 훨씬 더 쉽게 전기충격을 회피하기를 학습할 것이라고 예측했다. McDougall의 연구는 자신의 가설이 사실이라는 확신을 심어 주었다.

다른 학자들은 여전히 의심을 거두지 못했다. 이들은 McDougall이 했던 것보다 더 잘 통제된 유사한 실험을 수행했는데, 동물의 후속 세대가 그 이전 세대보다 어떤 과제를 약간이라도 더 쉽게 학습한다는 증거를 발견하지 못했다(예: Agar et al., 1954). 오늘날 학습이 유전된다고 믿는 행동과학자나 생물학자는 거의 없다(Landman, 1991).

학습의 유전 불가능성은 학습의 한계 중 가장 심한 것이다. 일렬 주차하기를 배우거나 불어 동사 être의 활용형을 외우느라 고생해 본 적이 있는 사람은 누구라도 부모의 학습 경험으로부터 이득을 볼 수 있으면 좋을 것이라는 데 분명히 동의할 것이다. 그러나 학습된 행동이 정말로 유전된다면 우리가 그 결과에 완전히 만족해하지만은 않을 것이다. 예를 들어, 우리의 조상이 태어날 때부터 숙련된 사냥꾼이자 채집자였다면, 아마도 인류의 역사에서 가장 중요한 발전이라고 할 농업은 발명되지 않았을지도 모른다. 지난 세기에 서구 사회에서는 남성과 여성의 사회적

연구에 따르면 18세기의 시인 John Gay가 옳은 말을 했다. 즉, "공부를 통한 학습은 애써서 얻어야 하는 것이라네. 절대로 아비로부터 자식에게 상속되는 게 아니라네."

역할이 급격하게 변화했다. 지난 백만 년간 남성과 여성이 자기네 부모들이 하던 역할을 유전적으로 물려받았다면 이런 변화가 일어났을 가능성은 별로 없어 보인다. 유전된 학습은 또한 과학의 진보를 더디게 했을지도 모른다. 코페르니쿠스가 태양이 지구 둘레를 돈다고 믿는 채로 태어났다면 지구가 태양 주위를 돈다는 관점을 발전시키지 못했을지도 모른다.

학습은 우리가 환경의 변화에 적응할 수 있게 해 준다. 더 이상 적응적이지 않은 학습된 행동을 우리가 유전적으로 물려받는다면 학습이 도움보다는 장애가 될 수도 있을 것이다. 그러나 학습의 유전 불가능성으로 인해 어떠한 개체라도 일생 동안 학습할 수 있는 것이 심하게 제한된다는 점은 인정해야 한다.

> 학습된 행동은 다음 세대로 유전되지 않는다. 이는 각 개체가 그 부모가 습득했던 것과 똑같은 기술을 많이 학습해야 함을 의미한다. 이는 한 개체가 일생 동안 학습할 수 있는 것을 제한한다.
>
> **13.2** 요약

13.3 유전과 학습 능력

학습목표

3.1 종간 유전적 요인이 학습 능력에 미치는 효과의 예를 두 가지 든다.
3.2 종 내 유전적 요인이 학습 능력에 미치는 효과의 예를 하나 든다.

침팬지의 육안 해부학적 특징(예: 침팬지의 팔다리가 달려 있는 모양새)만 보고서는 침팬지가 왜 미적분학을 배우지 못하는지 알 수 없다. 그러나 침팬지에게, 또는 다른 어떤 동물에게라도, 그런 고도의 기술을 가르치는 데 누구 한 사람이라도 성공할 가능성은 지극히 작아 보인다. 종들 사이에 학습 능력의 유전적 차이가 있다는 것은 분명하다(Fuller & Scott, 1954).

유전적으로 아주 유사한 동물들조차도 학습 능력에 중대한 차이가 있다. 예를 들어, Harry Frank와 Martha Frank(1982)는 늑대와 개의 문제해결 능력을 비교하였다. 그들은 늑대 새끼들을 먹이를 볼 수는 있지만 그것에 닿을 수는 없도록 울타리의 한쪽 편에 두었다. 늑대 새끼들이 먹이를 얻기 위해서는 울타리를 에둘러 가야 했다. Frank 부부는 늑대 새끼들이 범한 오류의 횟수를 세어서 강아지에게서 얻은 유사한 자료와 비교하였다. 세 번의 다른 검사에서 늑대는 개보다 훨씬 더 우수했다(그림 13-2). 개와 늑대는 유전적으로 거의 동일하지만 수행은 서로 달랐다

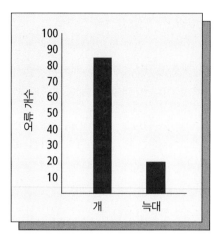

그림 13-2

개와 늑대의 울타리 에둘러가기 학습 세 가지 문제에서 늑대와 개가 날마다 범한 오류 개수의 평균. (출처: Frank & Frank, 1982의 자료를 수정함)

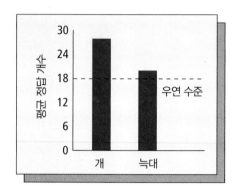

그림 13-3

개는 두 개의 컵 중 하나 아래 숨겨진 먹이를 찾기 위해 인간의 사회적 단서를 사용하지만 늑대는 그러지 않는다. (출처: Hare et al., 2002)

(Pennisi, 2006; Topál et al., 2009). Frank 부부는 개의 가축화가 지능에 대한 압력을 없애 버렸다고 말한다. 다시 말하면, 개는 인간과 관계를 맺은 덕분에 더 이상 스스로 문제를 해결할 필요가 없어진 반면에 늑대는 재치가 있으면 살고 그렇지 않으면 죽게 된다.

이런 견해를 더 지지하는 증거는 개(늑대는 아니고)가 판단을 내리는 데 인간의 사회적 정보를 사용한다(Hare, Brown, Williamson, & Tomasello, 2002)는 것이다. 이 과제에서 연구자들은 먹이를 두 컵 중 하나 아래 숨겨두고는 그 위치에 대한 단서를 동물에게 주었다. 즉, 먹이를 덮고 있는 컵을 가리키고 응시했다. 개는 이 정보를 사용하여 먹이를 찾는 데 도움을 받았지만, 늑대는 그러지 못했다(그림 13-3). 종 차이 또는 학습 경험이 그런 차이를 어느 정도나 설명하는지에 대해서 연구자들은 논쟁하고 있는데, 둘 모두가 개와 늑대의 행동에 영향을 미치기 마련일 것으로 보인다(예: Udell & Wynne, 2010. 또한 Clark, Elsherif, & Leavens, 2019도 보라).

어떤 한 특정 종 내에서도 개체들 사이에 학습 능력의 차이가 분명히 있는데, 그런 차이도 부분적으로 유전에 기인한다. 오래전에 Robert Tryon(1940)은 쥐를 대상으로 이를 입증했다. 그는 많은 수의 쥐에게 미로를 달리게 하였고 일련의 시행에서 각각의 쥐가 범한 오류의 수를 기록하였다. 쥐들 간의 차이는 대단히 커서, 어떤 쥐는 다른 쥐보다 20배 이상의 오류를 범했다. Tryon은 가장 적은 오류를 범한 쥐들끼리, 그리고 가장 많은 오류를 범한 쥐들끼리 교미시켰다. 그런 다음 Tryon은 이 쥐들의 자손을 미로에서 검사하였고, 다시 영리한 집단 내에서 가장 영리한 것들끼리, 우둔한 집단 내에서 가장 우둔한 것들끼리 교미시켰다. 그는 이

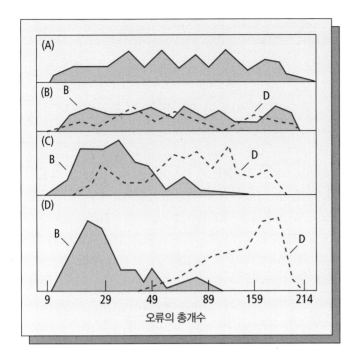

그림 13-4

유전과 미로 학습 Tryon이 표집한 최초의 쥐들은 미로 학습에서 광범위한 편차를 보였다(A). 선택적으로 교배된 제1세대 쥐들의 경우 영리한 쥐들 B(bright)와 우둔한 쥐들 D(dull) 사이에 중첩되는 부분이 상당히 많았지만(B), 제2세대는 미로 학습 능력에서 뚜렷한 차이를 보였다(C). 제7세대쯤에 가서는 두 집단이 범한 평균 오류의 개수에 커다란 차이가 있었다(D). (출처: 저작권 © 1940 by the National Society for the Study of Education. 출판사의 허가하에 실음)

절차를 18세대에 걸쳐 계속하였고, 그렇게 하는 내내 두 가지 혈통의 쥐들의 환경을 최대한 유사하게 유지하였다. 두 집단이 미로 학습에서 범하는 평균 오류의 수는 각 세대를 거치면서 점점 더 차이가 나서(그림 13-4), 유전이 학습 능력에 중요한 영향을 미친다는 것을 보여 주었다. 유전은 인간의 학습 능력에도 한몫한다(예: Bueno, 2019; Jacobs et al., 2007; Lynn & Hattori, 1990).

유전이 학습 능력에 한몫한다는 말이 유전이 유일한 결정 요인이라는 말은 물론 아니다. 쥐(예: Cooper & Zubek, 1958)와 인간(예: Cassidy, Roche, & Hayes, 2011; Hart & Risley, 1995; Turkheimer et al., 2003)의 경우 모두, 학습 내력이 학습 능력에 큰 영향을 미친다('천재 육성법' 참고). 요점은 우리가, 또는 다른 어떤 종이라도 학습할 수 있는 것에는 생물학적 한계가 있다는 것이다.

? 개념 점검 2

개의 선발육종은 Tryon의 연구와 어떤 점이 다른가? 이 차이가 Frank의 연구와 Hare의 연구 결과를 설명할 수 있을까?

학습에서 유전의 역할은 논란거리지만, 유전자가 학습 능력의 종간 차이뿐 아니라 종 내 차이에도 기여한다는 강력한 증거가 있다.

13.3
요약

천재 육성법

세상의 천재 중에는 초기의 환경이 유달리 풍요로웠던 사람이 많다(Albert, 1980; Simonton, 1987). 사실, 베토벤이나 프랜시스 골턴(Francis Galton. 우생학 창시자)과 같은 유명한 인물의 어린 시절은 평범한 데가 거의 없었다. 그러면 혹시 어린 시절에 특정한 종류의 경험을 하도록 함으로써 천재를 더 많이 만들어 낼 수 있을까? 이 물음에 확실하게 답할 수 있는 실험을 한 사람은 아무도 없다. 그러나 이 생각을 지지하는 아주 흥미로운 일화적 증거가 몇 가지 있다.

19세기 영국의 철학자이자 역사학자 제임스 밀(James Mill)은 첫아들인 존 스튜어트 밀(John Stuart Mill)에게 일종의 풍요로운 환경의 효과에 대한 실험을 했다고 말할 수 있다. 이 아버지는 아들이 유아일 때부터 가르침을 시작했다. 아들 존은 3세 무렵엔 글을 읽을 수 있었고, 그 읽은 것에 대해 아버지가 질문하면 대답을 하는 것이 일상적인 일이었다. 8세 즈음 존은 벌써 그리스 고전을 대부분 읽었고(더군다나 그리스어로), 성인이 되어서는 아버지를 능가하는 철학자가 되었다. 제임스 밀은 다른 자식들을 교육하는 데는 그와 같은 노력을 기울일 수가 없었고, 따라서 그들은 아무도 맏형만 한 성취를 이루지 못했다.

더 최근에 풍요로운 환경을 제공함으로써 능력을 향상시키려는 시도는 Aaron Stern(1971)이라는 사람에게서 나왔다. 그는 심하게 병약하여 일을 할 수 없었으므로 딸을 교육하는 데 시간을 바치기로 했다. 딸 Edith가 아직 유아였을 때 Stern은 딸에게 고전 음악을 틀어 주었고, 숫자가 적힌 카드를 보여 주었으며, 책을 읽어 주었고, 딸에게 말할 때는 반드시 천천히 그리고 완전한 문장으로 말했다. Stern은 18개월이 된 Edith에게 주판을 가지고 산수를 가르쳤고, 카드에 적힌 단어를 보여 주었으며, 거리 표지판을 읽는 것을 가르쳤다. 2세쯤 되어서 Edith는 6~8세 아이를 위한 책을 읽을 수 있었고, 4세 즈음에는 『뉴욕 타임스』를 일상적으로 읽었고 체스를 두었으며, 5세가 되어서는 『브리태니커 백과사전』의 많은 부분을 읽었다. 6세 무렵에는 도스토옙스키와 톨스토이를 읽었으며, 15세에는 대학을 졸업하고 미시간 주립대학교 대학원에서 공부를 시작했다.

물론 존 스튜어트 밀이나 Edith Stern의 놀라운 성취가 이들의 특별한 환경과는 별 관계가 없을지도 모른다. 그러나 이들 및 다른 사례들은 초기 아동기의 풍요로운 지적 환경이 학습 능력에 중요한 영향을 미칠 수 있다는 가능성을 보여 준다.

13.4 신경학적 손상과 학습

학습목표

신경학적 손상이 학습 능력에 미치는 영향을 설명하려면

4.1 물질에 대한 출생 전 노출이 학습 능력에 미치는 영향을 확인한다.
4.2 신경독이 학습 능력에 미치는 영향을 이야기한다.
4.3 뇌 부상이 학습 능력에 미치는 영향을 이야기한다.
4.4 영양실조가 학습 능력에 미치는 영향을 확인한다.

우리가 학습하는 데 사용하는 생물학적 연장이 오로지 유전에 의해서만 결정되지는 않는다. 환경이 신경계를 손상시킴으로써 학습 능력에, 따라서 우리가 무엇을 학습하는지에 제약을 가할 수 있다.

출생 전에 알코올이나 다른 약물에 노출되면 신경 발달이 방해를 받아 학습 능력이 제한되어 버릴 수 있다(Hawkins, 1983; Kenton et al., 2020). 그런 손상은 아이가 학교에 가게 될 때야 드러나는 경우가 종종 있다. 출생 전에 약물에 노출되었지만 전형적으로 발달하고 있어 보이는 아이도 약물에 노출되지 않았을 경우보다는 다소 학습 능력이 떨어지게 된다.

신경조직을 손상하는 물질인 **신경독(毒)** 또한 출생 이후, 특히 유아기와 초기 아동기에 학습 능력을 위협한다. 오래된 페인트칠이나 마시는 물에서는 가장 널리 퍼져 있는 신경독 중의 하나인 납이 발견되기도 한다. 가난한 아이들은 페인트칠이 벗겨지는 건물에서 사는 경우가 많아서 그것을 먹기도 한다. 납 중독의 효과는 즉각 나타나지 않고 누적된다. 그리하여 몇 달이 지나면 개인의 학습 능력에 중요한 차이를 초래할 수 있다. 신경독은 또한 살충제, 제초제, 용제(solvent), 치료약, 향락용 약물, 특정 음식 및 식품 첨가물에서도 발견할 수 있다(Costa et al., 2008; Hartman, 1995).

❓ 개념 점검 3

신경조직을 손상시키는 물질을 무엇이라고 부르는가?

외상적 뇌 부상(traumatic brain injury)도 학습 능력을 저하시킬 수 있다(Azouvi et al., 2017; Joseph, 2011). 아동 학대의 경우, 아이를 심하게 흔들거나 머리를 때리는 일이 흔히 일어난다. 아이를 거칠게 흔들면 두개골 안에서 뇌가 앞뒤로 부딪혀서 심각한 손상을 입을 수 있다. 교통사고는 아마도 십대와 청년들에게서 두부 손상의 가장 중요한 단일 요인일 것이다. 하지만 어떤 스포츠 종목들 또한 심각한 뇌 손상을 일으킨다(Carroll & Rosner, 2012).

영양실조는, 특히 태아 발달 시와 초기 아동기에 일어날 경우, 전형적인 신경학적 발달을 가로막아 학습의 감퇴를 초래할 수 있다(Lieberman, Kanarek, & Prasad, 2005). 뇌가 학습의 원천은 아니지만(환경이 학습의 원천이다), 인간과 기타 고등 동물의 학습은 뇌에 좌우되기 때문에 뇌에 손상을 주는 것은 무엇이나 학습에 영향을 미치게 마련이다.

질병, 영양실조, 두부 외상, 신경독 등에 기인한 신경학적 손상이 학습에 심대한 영향을 미칠 수 있다. 불행히도, 뇌에 손상을 주는 것은 무엇이든지 모두 경험으로부터 배우는 능력을 감소시키기 마련이다.

13.4
요약

13.5 결정적 시기

학습목표 ┄┄┄┄┄┄┄┄┄┄┄┄┄┄┄┄┄┄┄┄┄┄┄┄┄┄┄┄┄┄┄┄┄┄┄┄┄┄

결정적 시기가 학습 능력에서 하는 역할을 이야기하려면

5.1 각인을 설명한다.
5.2 동물이 사회적 행동에 관한 학습을 하는 결정적 시기의 예를 세 가지 든다.
5.3 인간에게서 결정적 시기가 될 수 있는 것을 파악한다.

┄┄

동물이 일생 중 한 시점에 특정 종류의 행동을 학습하기 마련인 시기가 때로는 있다. 최적의 학습이 일어나는 그러한 단계를 **결정적 시기**(critical periods)라고 한다.

예를 들어, 많은 동물은 출생한 지 얼마 되지 않아서 어미에게 애착을 형성하기 마련이다. 만약 어미가 보이지 않으면 새끼는 우연히 옆을 지나가는 움직이는 물체에 대해 애착을 형성하게 된다. 그 물체가 같은 종의 다른 동물이든 기계이든 사람이든 상관없이 말이다. 이 현상을 연구한 최초의 사람 중 하나인 Konrad Lorenz(1952)는 이를 **각인**(imprinting)이라고 불렀다. 당신이 만약 알에서 막 깨어난 거위 새끼들을 부화기에서 꺼내 준다면 당신은 우연히도 그들의 부모가 되어 버릴 것이라는 사실을 그는 발견했다. 즉, 이 거위 새끼들은 어미 거위를 무시하고 당신을 쫓아다니게 된다. Lorenz는 다음과 같이 쓰고 있다.

> 그렇게 고아가 된 거위 한 마리를 정상적인 방식으로 부모를 따라다니고 있는 한배 새끼들 사이에 재빨리 놓아주면, 이 거위는 그 부모를 자기와 같은 종으로 간주하는 경향을 손톱만큼도 나타내지 않는다. 이 거위 새끼는 시끄럽게 꽥꽥거리면서 달아나고, 사람이 우연히 지나가면 그 사람을 즉시 따라간다. 이 거위는 단지 인간을 부모로 바라볼 뿐이다. (Thorpe, 1963, p. 405에 인용됨)

각인은 검둥오리, 쇠물닭, 칠면조, 갈까마귀, 자고, 오리, 닭, 사슴, 양, 버펄로, 얼룩말, 기니피그, 개코원숭이 및 기타 동물에게서도 볼 수 있다(Sluckin, 2007). 연구자들은 새끼 동물을 인간을 비롯하여 자신과는 다른 종들에, 그리고 나무로 만든 미끼나 장난감 전기 기차 같은 물체에도 각인시켰다. 각인이 일어나려면 새끼 동물이 '어미'가 움직이는 모습을 보기만 하면 된다.

결정적 시기에 대한 다른 증거도 있다. John Paul Scott(1958)은 개의 사회적 행동이 어떤 결정적 시기 동안의 경험에 달려 있음을 보여 주었다. 그는 예를 들어,

강아지가 좋은 반려동물이 되려면 생후 3~12주에 반드시 사람과 접촉해야 한다고 지적한다. 이 기간에 사람과의 접촉이 결핍된 개는 야생동물처럼 행동해서 인간을 늘 두려워한다.

동물은 결정적 시기에 모성 행동 또한 학습해야 할 수도 있다. Scott(1962)은 한 번은 새끼 양에게 생후 첫 10일 동안 젖병으로 젖을 먹인 다음, 이 새끼 양을 양 무리에 넣어 주었다. 그러자 이 새끼 양은 다른 양들에게는 거의 관심이 없고 사람과 함께 있는 것을 더 좋아했다. 그리고 이 양은 나중에 새끼를 낳자 좋은 어미가 되지 못했다. 즉, 이 양은 자기 새끼가 젖을 먹게 내버려 두기는 했지만 다른 모성 활동에는 별다른 관심을 두지 않았다.

Harry Harlow와 Margaret Harlow(Harlow, 1958; Harlow & Harlow, 1962a, 1962b)는 붉은털원숭이(rhesus monkey)를 고립시켜 길렀을 때 비슷한 결과를 얻었다. Harlow 부부의 실험에서는 가짜 눈이 달려 있고 보풀이 있는 천으로 감싸진 물체인 대리모(代理母)가 새끼 원숭이들에게 먹이와 따스함 외에는 아무것도 제공하지 않았다. 새끼 원숭이들은 이 천 어미(대리모)에게 강하게 애착되어 몇 시간이고 달라붙어 있었다. 이들은 우리 안을 살피고 돌아다니다가 무서워지면 보호받으려고 '어미'에게 달려가곤 했다. 나중에 이 원숭이들은 전형적으로 양육된 원숭이들이 있는 장에 넣어지자 공포에 질렸다. 이들은 우리의 한쪽 구석으로 도망가서 몸을 공처럼 둥글게 말고 있었다. 성체가 되어서도 이 원숭이들은 전형적으로 자란 원숭이처럼 놀거나 짝짓기를 하거나 새끼를 돌보지 않았다. 이들은 성체가 되었을 때 사회적 기술을 부분적으로 습득하기는 했지만 항상 사회적으로 뒤떨어진 것처럼 보였다. 자신의 어미 및 다른 어린 원숭이들과 일상적으로 상호작용을 했었을 시기인 삶의 초기가 사회적 기술을 습득하는 데 결정적 시기였던 것임이 분명해 보인다.

인간에게 학습의 결정적 시기가 있는지는 뚜렷하지 않다. 아마도 다른 사람에게 관심 갖기를 학습하게 되는 결정적 시기가 유아기나 초기 아동기에 있을 것이다 (David et al., 1988). 그리고 어쩌면 인생의 첫 12년이 언어 학습의 결정적 시기일 수 있다(Harley & Wang, 1997; Patkowski, 1994). 그러나 사람의 경우 결정적 시기에 대한 증거는 동물에서의 결정적 시기에 대한 증거보다 일반적으로 훨씬 더 약하다.

각인은 유전의 산물로 보이지만, 학습이 관여할 수도 있다는 증거가 있다 (Hoffman & Ratner, 1973; Suzuki & Moriyama, 1999)

동물은 발달의 특정 단계에 특정한 것을 학습하도록 준비된 채로 태어나는 것 같다. 그런 결정적 시기는 각인 및 기타 형태의 사회적 행동에 중요한 역할을 하는 것으로 보인다. 인간에게 학습을 위한 결정적 시기가 있는지는 분명하지 않다. 결정적 시기가 실제로 있을 때는 학습에 심한 제약이 가해진다. 학습을 위한 어떤 기회들은 일생에 딱 한 번만 일어날 수도 있다.

13.5
요약

13.6 준비성과 학습

학습목표

학습 능력에서 준비성의 역할을 설명하려면

6.1 본능 회귀의 예를 두 가지 든다.

6.2 조건 맛 혐오에서 준비성의 역할을 설명한다.

6.3 자동조성 절차를 설명한다.

6.4 준비성 연속선을 이용하여 본능 회귀와 조건 맛 혐오를 설명한다.

6.5 어떤 공포에 대한 준비성의 예를 세 가지 든다.

1960년대에 연구자들은 학습이 얼마나 쉽게 일어나는지는, 결정적 시기 연구가 보여 주는 것처럼 시간에 따라서만 달라지는 것이 아니라 상황에 따라서도 달라진다는 것을 깨닫기 시작했다. 어떤 동물이 한 상황에서는 아주 쉽게 학습하는 반면, 약간 다른 상황에서는 완전히 멍청하게 보일 수도 있기 때문이다.

Keller Breland와 Marion Breland(1961)는 그런 현상을 최초로 보고했다. 이들은 조작적 절차를 사용하여 수백 마리의 동물을 TV 광고, 영화, 쇼핑센터 광고 등에서 연기하도록 훈련시켰다. 예를 들어, 'Priscilla the Pig'라는 돼지는 라디오를 켜고, 식탁에서 아침을 먹고, 빨랫감을 물어다가 광주리에 담고, 진공청소기를 돌리고, 이 쇼의 후원사의 제품인 동물 사료를 선택하였다. Breland 부부는 숙달된 동물 조련사였지만, 간단해 보이는 과제를 동물이 수행하도록 하는 데 대단히 애를 먹을 때가 가끔 있었다. 『유기체의 오(誤)행동(The Misbehavior of Organisms)』이라는 고전적인 논문에서 이들은 동물 훈련에서 맞닥뜨렸던 독특한 문제를 몇 가지 이야기하였다.

예를 들어, Breland 부부는 너구리에게 동전을 주워서 저금통 구실을 하는 철제 상자에 넣기를 훈련시키려 했다. 너구리는 동전을 주워 들고 상자까지 가는 것은 빨리 학습했지만, "동전을 손에서 놓기를 아주 주저하는 듯이 보였다. 너구리는 동전을 철제 용기의 안쪽에 대고 문지르고 도로 꺼내어 몇 초간 꽉 잡고 있곤 했다"(p. 682). Breland 부부가 너구리에게 두 개의 동전을 집어서 상자에 넣는 것을 가르치려 했을 땐 너구리가 "너무나 구두쇠 같은 모습으로"(p. 682) 두 개의 동전을 서로 비벼대고 상자에 넣었다 뺐다 하곤 했다. 조련사들은 이런 행동 중 어느 것도 강화하지 않았다. 그 과제가 너구리가 완벽하게 배우기에는 단순히 너무 어려운 것이라고 결론 내리는 것이 합리적으로 보일지도 모르지만, 이 너구리는 똑같이 복잡한 다른 과제들은 아무 문제 없이 학습하였다.

동물이 쉽게 할 수 있어야 할 행동을 수행하게 만드는 데 Breland 부부가 애를 먹는 경우가 몇 번이고 되풀이되었다. 어떤 경우에는 동물에게 원하는 반응을 하도록 가까스로 가르쳐 놓았는데, 나중에 보니 결국 그 행동이 와해되기도 했다. 예를 들어, 이들은 돼지에게 위의 너구리와 비슷한 방식으로 은행에 예금하기를 가르쳤다. 그런데 어느 시점부터 돼지가 이상하게 행동하기 시작했다. 돼지는 커다란 나무 동전을 집어 물고서 은행으로 가져가는 게 아니라 땅에 떨어뜨리고는 주둥이로 밀고 공중으로 던지고 다시 또 주둥이로 찌르곤 하였다. 이 행동들 중 조련사로부터 강화를 받은 것은 아무것도 없었다.

왜 그런 '오행동'이 일어났을까? Breland 부부는 선천적 행동이 학습을 방해한다고 추측했다(Bihn, Gillaspy, Abbott et al., 2010). 야생 너구리는 먹이를 마치 씻기라도 하는 것처럼 물에 담갔다가 빼서 두 앞발 사이에 두고 문지른다. 어떤 생물학자들은 이런 행동이, 너구리에게 중요한 먹이인 왕새우의 겉껍질을 부수는 역할을 한다고 추측한다. 어쨌든 이 행동이 저금통에 동전을 떨어뜨리기를 너구리에게 가르치는 데 방해가 된 것으로 보인다. 마찬가지로 돼지는 주둥이로 땅을 파서 먹을 수 있는 뿌리를 찾는데, 이런 땅파기 행동이 돼지가 동전을 가져가기를 학습하는 것을 방해하였다.

Breland 부부에 따르면, 무엇이 한 상황에서는 학습을 촉진하고 다른 상황에서는 학습을 방해할 수 있는가?

동물이 전형적 행위패턴으로 되돌아가는 이 경향, 즉 **본능 회귀**(instinctive drift, 향본능 표류)라고 불리는 현상은 학습에 한계를 부여한다. 어떤 특정 행동이 전형적 행위패턴과 갈등을 일으킬 때는 동물이 그 행동을 학습하기 힘들다. Breland 부부의 발견 이후에 다른 연구자들도 동물이 어떤 것을 배우는 데는 특별한 재능을 나타내면서도 다른 어떤 것을 배우는 데는 특별히 저항한다는 증거를 보고하기 시작했다. 이런 이상한 행동이 부과하는 학습의 한계가 쥐의 맛 혐오에 관한 연구에서 잘 드러난다.

John Garcia와 Robert Koelling(1966)은 맛이 나는 물과 혐오적 자극을 짝짓는 고전적 조건형성 실험을 네 개 마련했다. 쥐가 물을 마실 때마다 불빛이 켜지고 딸깍거리는 소리가 났다. 따라서 한 실험에서는 쥐가 불빛과 소리와 맛이 동반된 물을 마신 다음, 엑스선에 노출되어 복통이 나게 되었다. 다른 실험에서는 쥐가 불빛과 소리와 맛이 동반된 물을 마신 다음, 전기충격을 받았다. 훈련 후에 실험자들은 쥐

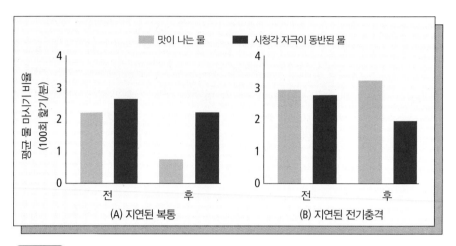

그림 13-5

준비성과 맛 혐오　쥐들에게 맛이 나고 불빛과 소리가 동반된 물을 조건형성 전과 후에 마실 기회를 주었다. 쥐들은 물을 마시고 난 후 복통이 나게 되면 나중에 맛이 나는 물을 회피하는 경향이 있었고(A), 물을 마시고 난 후 전기충격이 뒤따르면 나중에 불빛과 소리가 동반된 물을 회피하기를 학습했다(B). (출처: John Garcia and Robert Koelling, 1966, "Relation of Cue to Consequence in Avoidance Learning," *Psychonomic Science*, 4, p. 124, Figure 1. 저작권 ⓒ 1966 by the Psychonomic Society. 출판사와 저자의 허가하에 실음)

에게 불빛과 소리가 동반된 물과 맛이 나는 물 중 하나를 선택하게 하였다. 복통이 났던 쥐들은 **맛이 나는 물**을 회피했고, 전기충격을 받았던 쥐들은 **불빛과 소리가 동반된 물**을 회피했다(그림 13-5). 쥐는 다른 것보다 어떤 특정한 것을 학습하도록 선천적 편향성을 가졌음이 분명해 보였다.

동물이 특정 행위를 얼마나 쉽게 학습할 수 있는지는 Paul Brown과 Herbert Jenkins(1968)가 수행한 고전적인 실험이 잘 보여 준다. 이 연구자들은 원반에 주기적으로 불이 켜지도록 장치해 놓은 실험상자에 비둘기를 넣었다. 원반의 불빛은 몇 초간 켜졌다가 꺼졌는데, 그러고는 즉시 먹이 접시에 곡식이 나왔다. 비둘기는 먹이를 받기 위해 아무것도 하지 않아도 되었는데, 그럼에도 불구하고 모든 비둘기가 그 원반을 쪼기 시작했다. 연구자들은 이 절차를 **자동조성**(autoshaping)이라 불렀는데, 왜냐하면 원반 쪼기가 강화 없이 '조성'되었기 때문이다(Fuentes-Verdugo et al., 2020; Schwartz & Gamzu, 1979).

Robert Epstein과 B. F. Skinner(1980; Skinner, 1983a)는 약간 다른 절차를 사용하여 비슷한 결과를 얻었다. 이들은 화면에 광점을 보여 주고는 광점이 움직이게 했다. 광점이 화면의 가장자리에 도달하면 비둘기가 먹이를 받았다. 비둘기가 먹이를 얻기 위해 해야 하는 일은 아무것도 없었고, 또 비둘기가 하는 어떤 일도 먹이가 더 빨리 나오게 만들지는 않았다. 그런데도 비둘기는 마치 그 광점을 움직이게 하려는 것처럼 이동하는 광점을 쪼았다.

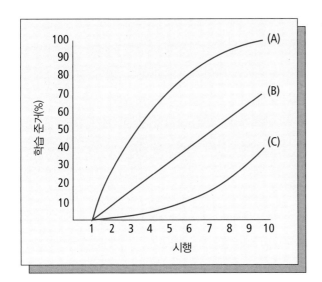

그림 13-6
준비성과 학습 유기체가 학습하도록 준비된 과제(A), 준비되지 않은 과제(B), 학습하지 않도록 역준비된 과제(C)에 대한 가상적인 학습 곡선.

이 연구 및 기타 연구들은 동물이 특정한 방식으로 행동하는 경향이 있다는 것을 보여 주는데, 이는 곧 동물이 어떤 것은 쉽게 학습하는 반면에 다른 것은 학습하기 힘들어할 것임을 의미한다. Martin Seligman(1970)은 그와 같은 경향성을 **준비성 연속선**(continuum of preparedness)이라는 개념으로 기술할 수 있다고 제안했다. 즉, 어떤 학습 상황에 부닥친 유기체는 그 학습을 하도록 유전적으로 준비되어 있거나(prepared. 이런 경우에는 학습이 빨리 일어난다), 준비되어 있지 않거나(unprepared. 이 경우에는 학습이 꾸준히 그러나 더 천천히 진행된다), 역(逆)준비되어 있다(contraprepared. 이 경우에는 학습 과정이 느리고 불규칙하다)(그림 13-6).

Seligman의 이론에 따르면, 먹이를 집어서 씻는 선천적 경향 덕분에 너구리는 동전을 집어서 저금통에 가져가는 행동은 잘 학습하도록 준비되어 있지만, 흐르는 물에 담갔던 먹이를 꼭 붙들고 있는 선천적 경향 때문에 동전을 저금통에 떨어뜨리는 행동은 학습하지 못하도록 역준비되어 있을 수 있다. 마찬가지로 Garcia와 Koelling의 쥐들은 복통을 유발하는 물이 특이한 모양과 소리를 동반하고 있을 때가 아니라 특이한 맛을 갖고 있을 때만 그 물을 회피하기를 학습하도록 유전적으로 준비되어 있다. 그리고 Brown과 Jenkins의 비둘기들은 밝은 물체를 쪼도록 유전적으로 준비되어 있기 때문에 불 켜진 원반을 쪼았다.

뱀 같은 위험한 대상에 대한 공포를 습득하도록 준비된 것은 대단히 유용할 수 있다. 원숭이는 뱀에 대한 공포를 특별히 쉽게 습득하는 것 같다. 한 실험에서 Michael Cook과 Susan Mineka(1990)는 붉은털원숭이에게 다른 원숭이가 뱀이나 꽃에 공포 반응을 나타내는 동영상을 보여 주었다. 그러자 관찰자 원숭이들은 뱀에 대해서는 공포를 습득했지만 꽃에 대해서는 그렇지 않았다.

Seligman(1970, 1971)은 인간 또한 특정한 공포를 습득하는 **준비성**(preparedness)

을 나타낸다고 제안했다. 사람들은 양, 나무, 집, 자동차보다는 상어, 거미, 뱀, 개를 훨씬 더 두려워하기 마련이라고 그는 지적한다. Seligman과 Joanne Hager(1972)는 공원에서 놀던 중에 뱀을 본 7세 소녀의 이야기를 들려준다. 얼마 후 이 소녀는 자동차 문을 닫다가 우연히 손을 찧게 되었고 그런 다음부터 뱀에 대한 공포가 생겨났다. 분명히 뱀이 소녀의 손을 아프게 한 것은 아니었다. 이 예가 함의하는 바는 사람이 뱀에 대한 공포를 습득하는 생물학적 준비성을 갖고 있지만, 차에 대해서는 그렇지 않다는 것이다. 이 경우에는 자동차 공포증이 생기는 것이 더 이치에 맞았을 것이지만 말이다.

사람에게 특정 종류의 자극을 두려워하는 타고난 성향이 있다는 생각은 여러 연구에서 지지받는다(개관 논문으로는 다음을 보라. McNally, 1987; Öhman & Mineka, 2001, 2003). 예를 들어, Arne Öhman과 동료들(2001)은 여러 가지 그림을 손에 가해지는 짧은 전기충격과 짝지었다. 그림에는 기하학적 형태나 꽃 같은 중성적인 물체뿐 아니라 뱀과 거미도 포함되어 있었다. 그 결과, 위험할 수 있는 동물들에 대해서 조건형성이 훨씬 더 많이 일어났다. 또 다른 연구에서는 사람들에게 여러 이미지의 배열을 보여 주면서 거미나 뱀을 찾아보라고 하였다. 사람들은 다른 덜 해로운 항목들을 찾아보라고 할 때보다 더 빨리 이 과제를 수행했다. 뱀이나 거미에게 물리는 것은 치명적일 수 있으므로 이러한 준비성은 분명히 유익한 점이 있다.

❓ 개념 점검 5

준비성 연속선을 제안한 사람은 누구인가?

준비성에 관한 연구의 초점은 해로운 대상들에 맞추어져 왔지만, Seligman(1970)은 사람은 다른 것보다 어떤 특정 대상에 강한 애착을 형성하기가 더 쉽다고 말한다. 스누피 만화에 나오는 Linus는 여하튼 간에 신발이 아니라 담요를 들고 다녀야 안심이 된다.

그러나 인간의 경우에는 준비성을 지지하는 증거가 그다지 명확하지 않다. Wolpe와 Plaud(1997)는 꽃이나 삼각형처럼 우리가 거의 두려워하지 않는 것들은 우리가 해를 입지 않고서 흔히 겪어본 것들이라고 지적한다. 꽃은 대개 긍정적 또는 중성적 자극과 짝지어지는데, 잠재적 억제에 관한 연구를 근거로 꽃은 그러한 사전노출 때문에 공포를 일으키는 CS가 되기 힘들다고 예측할 수 있다. 반면에 일반적으로 우리가 보통 두려워하는 뱀 같은 대상들은 더 드물게 맞닥뜨리며 불쾌한 자극(예: 비명을 지르는 사람)과 더 자주 짝지어진다.

학습과 인간성

사람들은 흔히 진화가 진보를 의미한다고 오해한다. 마치 각각의 종이 멀리 있는 목표를 향해 가는 여정에서 진화가 거기에 도달하는 수단으로 작용하는 것처럼 말이다. 사실상 진화에는 목표가 없다. 어떤 특성이 생겨나는 이유는 단지 그 특성을 지닌 개체들이 다른 개체들보다 더 잘 생존하여 그 유전자를 후세에 더 쉽게 전해 주기 때문이다.

우리가 보았듯이 학습은 일종의 개체 수준의 진화로 작용한다. 즉, 새로운 행동이 나타나서는 '생존하거나' 아니면 '도태되어 버린다'. 그리고 진화와 마찬가지로 학습도 궁극적인 목표가 있는 것이 아니다. 우리가 무엇을 학습하는지는 자연의 어떤 계획에 좌우되는 게 아니라 우리가 하는 경험에 달려 있다.

그런데 우리는 이 사실을 잊는다. 우리는 마치 학습이 반드시 좋은 것인 양 말하며, 학습이라는 용어를 거의 향상의 동의어로 사용하는 경향이 있다. 사랑, 연민, 다정함, 협동심, 함께 나눔, 작곡, 훌륭한 문학작품 등이 대개 학습의 산물임은 틀림없다. 그러나 우리가 할 수 있는 가장 비열한 행위도 마찬가지로 학습의 산물이다. 예를 들면, 나치 독일의 비밀경찰 SS는 인간 육체의 한계가 어디인지 알아내기 위해 포로수용소에 있었던 사람들에게 지극히 비윤리적인 실험을 실시했다.

SS의 잔혹한 행위에 대한 당신의 반응에서도 학습의 바람직하지 않은 효과를 볼 수 있을지 모르겠다. 그다지 머지않은 과거에는 그런 이야기를 읽게 되면 어떤 학생들은 신체적으로 병이 나곤 했던 때가 있었다. 그러나 오늘날의 학생들은 텔레비전에서, 그리고 때로는 거리에서 잔혹한 일을 너무나 많이 보아 왔기 때문에 별 불편함 없이 그런 이야기를 읽을 수 있는 경우가 많다.

학습은 인간성을 규정짓는다. 좋게든 나쁘게든 말이다.

대부분의 동물의 경우, 학습은 그 동물이 특정 과제를 학습하도록 유전적으로 준비되어 있는지, 준비되어 있지 않은지, 혹은 그것을 학습하지 않도록 역준비되어 있는지에 부분적으로 좌우됨이 명백해 보인다. 그런 유전적 준비성은 동물이 특정 경험에서 학습할 수 있는 것에 제약을 가한다.

13.6 요약

마지막 맺음말

나는 학습에 대한 이 입문서를 학습의 한계점 몇 가지를 살펴보면서 끝냈다. 이 한계들을 생각해 보면 학습이 문명을 위협하는 문제들에 맞서 싸울 무기로는 빈약한 것처럼 보인다. 세계는 전쟁, 기근, 범죄, 질병, 공해, 기후변화, 천연자원의 고갈, 인구과잉 문제에 직면해 있다. 이런 거대한 규모의 문제를 해결하는 데 학습에 대한 지식이 도움이 될까?

우리가 맞닥뜨린 심각한 문제의 핵심이 근본적으로 행동의 문제라는 사실을 깨닫고 나면 답은 분명해진다. 전쟁은 국가들 사이의 싸움이다. 기근은 적어도 부분적으로는 자원을 잘못 관리한 결과이다. 범죄는 사회적으로 금지된 행위를 수행하는 것이다. 많은 질병은 적어도 부분적으로는 건강하지 못한 생활방식의 산물이다. 공해와 기후변화는 대부분 화석연료의 사용과 산업 폐기물의 부적절한 처리 때문에 생겨난다. 천연자원의 고갈은 과도한 소비와 인구과잉의 결과이다. 인구과잉은 부분적으로는 노년기의 돌봄을 위한 대책으로 작용한다.

사회가 직면한 심각한 문제 대부분이 기술적이거나 자연적인 문제가 아니라 본질적으로 행동의 문제라는 사실을 일단 인식하고 나면, 우리가 **행동을 변화시킴으로써** 그 문제들을 예방하거나 해결하거나 아니면 적어도 개선할 수 있음을 깨닫게 된다(Heward & Chance, 2010). 학습은 경험에 기인한 행동 변화이다. 그러므로 학습에 대한 이해는 우리가 직면한 문제를 해결하는 데 결정적으로 중요하다.

사회의 문제를 해결하기 위해 학습 연구에 기댈 수 있다고 말하는 것이 이들 문제가 쉽게 해결될 것임을 의미하지는 않는다(Chance, 2007). 인간의 행동은 매우 복잡하며, 사회적 문제에 대한 해결책은 일반적으로 느리게 떠오른다. 그러나 행동 문제에 과학적 방법을 적용함으로써 해결책이 생겨날 것이라는 희망을 품을 이유는 있다.

핵심용어

각인(imprinting) 444

결정적 시기(critical period) 444

본능 회귀(instinctive drift) 447

신경독(neurotoxin) 443

자동조성(autoshaping) 448

준비성(preparedness) 449

준비성 연속선(continuum of preparedness) 449

복습문제

1. Sally가 할인판매점에서 고주파 호각을 산다. 그녀는 호각 소리를 신호로 사용해서 명령하면 개가 자신에게로 달려오도록 훈련하기를 시도한다. 그녀는 정확한 훈련 절차를 따르지만 성공하지 못한다. 이 실패의 원인일 가능성이 큰 것은 무엇인가?

2. 담배에 대한 출생 전 노출이 나중의 학습 능력에 미치는 효과를 알아내는 연구를 설계하라.

3. 학습 능력의 변이성이 인간이라는 종의 생존에 유용할 수 있을까?

4. 당신이 부모님과 조부모님의 모든 지식을 물려받았다고 하자. 그렇다면 당신은 어떻게 달라질까?

5. 사회 문제를 하나 찾아내고, 이 책에서 배운 학습 원리를 적용하여 그것에 어떻게 대처할 수 있을지 설명하라.

6. 어떻게 하면 천재를 만들어 낼 수 있을까?

7. 뉴욕을 방문한 이가 뉴욕의 소음에 대해 불평을 했다. 뉴욕에 사는 친구는 "아, 곧 익숙해져."라고 대답했다. 이것은 학습이 유익하다는 것을 보여 주는가 아니면 유해하다는 것을 보여 주는가?

8. Roger McIntire(1973)는 사람들에게 아이를 갖기 전에 반드시 아이 양육법을 배우기를 권고한다. 그의 입장을 지지하는 어떤 증거를 당신은 제공할 수 있는가?

9. 정치 지도자들이 학습 원리를 남용하는 것을 막기 위해 대중이 할 수 있는 것은 무엇인가?

연습문제

1. 학습에서 신체적 특징의 역할을 보여 주는 한 예는 원숭이들이 _____를 잘 학습하지 못했던 데서 볼 수 있다.

2. Harry와 Martha Frank는 늑대가 특정 문제들을 _____보다 더 잘 해결한다는 것을 발견했다.

3. William McDougall은 학습된 행동이 _____될 수 있다는 잘못된 생각을 가졌다.

4. 신경조직을 손상시키는 물질을 _____이라고 부른다.

5. 동물이 특정 행동을 학습할 가능성이 특히 큰 발달상의 단계를 _____라 한다.

6. 부화한 직후 오리 새끼들은 움직이는 물체(대개 자기의 어미)에게 _____되게 된다.

7. 동물이 선천적인 행동 패턴으로 되돌아가는 경향을 _____라 한다.

8. Garcia와 Koelling은 쥐가 맛이 나고 빛과 소리가 동반된 물을 마신 후 복통이 나게 되면 _____ 물을 더 피하게 되기 쉽다는 것을 발견했다.

9. Martin Seligman에 따르면 모든 행동은 _____연속선상 어딘가에 위치한다.

10. 붉은털원숭이들은 두려움을 나타내는 모델을 관찰함으로써 공포를 습득할 수 있다. 그렇지만 Cook과 Mineka는 이들이 _____보다 뱀에 대한 공포를 더 쉽게 습득한다는 것을 발견했다.

개념 점검에 대한 답

1장

- **개념 점검 1** 반사는 구체적 사건/자극과 단순한 행동/반응 사이의 관련성/관계이다. 따라서 반사는 행동만 가리키는 것이 아니다.
- **개념 점검 2** 전형적 행위패턴(MAP)이 반사와 다른 점은 MAP는 유기체 전체/전부가 관여하며 더 복잡하고 다양하다는 것이다.
- **개념 점검 3** 변화에 대한 반응이 자연선택의 경우에서처럼 느릴 때는 그 종이 적응하기에 너무 뒤처질 수 있다.
- **개념 점검 4** 자연선택은 종이 변화에 적응하는 데 도움을 주지만 개체에게는 도움이 되지 못한다.
- **개념 점검 5** 행동은 유기체가 하는, 측정될 수 있는 모든 것이다.
- **개념 점검 6** 자극이란 행동에 영향을 미칠 수 있는 환경 사건이다.
- **개념 점검 7** 둔감화는 반응의 확률이나 강도의 감소이다.
- **개념 점검 8** Kuo의 실험은 고양이가 쥐를 잡는지의 여부가 어미가 쥐를 잡는 것을 보았는지에 달려 있음을 보여 주었다.

2장

- **개념 점검 1** 행동의 비율이 증가하면 누적 기록의 기울기는 올라간다. 평평한 모양의 기록은 행동이 일어나지 않고 있음을 보여 준다.
- **개념 점검 2** 일화적 증거와 사례 연구를 통한 증거 사이의 주된 차이는 일화적 증거가 일상적인 관찰에 기반을 둔 것인 반면에 사례 연구는 한 개인을 자세히 들여다본다는 것이다.
- **개념 점검 3** 참가자 간 설계의 핵심 요소는 독립변인이 참가자들 간에 변화한다는 것이다.
- **개념 점검 4** 참가자 내 설계의 핵심 요소는 독립변인이 참가자 내에서 변한다는 것이다.
- **개념 점검 5** 동물 연구의 장점은 유전과 학습 내력을 더 잘 통제할 수 있다는 것이다.
- **개념 점검 6** 동물을 대상으로 한 행동 연구의 수혜자에는 인간과 동물이 모두 포함된다.
- **개념 점검 7** 컴퓨터 모사법이 동물 연구를 대체할 수 없는 이유는 그것이 동물 연구의 결과를 기초로 프로그램되기 때문이다.

3장

- **개념 점검 1** 파블로프는 두 종류의 반사, 즉 무조건반사와 조건반사를 구분했다.
- **개념 점검 2** 고순위 조건형성에서는 중성 자극이 잘 확립된 조건자극과 짝지어진다.
- **개념 점검 3** 흔적 조건형성에서는 US가 나타나기 전에 CS가 종료된다.
- **개념 점검 4** 지연 조건형성에서는 US가 시작된 후에야 CS가 종료된다.
- **개념 점검 5** 파블로프식 조건형성에서는 대개 근접성이 CS와 US 사이의 간격을 가리킨다.
- **개념 점검 6** 어떤 복합자극의 한 부분이 CS가 되지 못하면 뒤덮기가 일어난 것이다.
- **개념 점검 7** 조건형성의 속도에 영향을 주는 네 변인은 다음 중 어느 네 가지라도 된다. CS와 US가 짝지어지는 시간적 순서, CS–US 수반성, CS–US 근접성, 자극 특징, CS와 US에 대한 과거 경험, CS–US 짝짓기의 횟수, 시행 간 간격, 연령, 기질, 정서적 상태/스트레스
- **개념 점검 8** 자극대체 이론에 따르면, CS가 US를 대체한다.
- **개념 점검 9** Rescorla-Wagner 모형은 CS와 US의 최초 몇 차례의 짝짓기에서 가장 많은 양의 학습이 일어난다고 인정한다.

4장

- **개념 점검 1** 앨버트가 쥐를 무서워하게 된 것은 쥐가 큰 소리보다 항상 먼저 나타났기 때문이다.
- **개념 점검 2** VRET는 virtual reality exposure therapy(가상현실 노출치료)의 축약어이다.
- **개념 점검 3** CER은 conditioned emotional response(조건 정서반응)이다.
- **개념 점검 4** 방금 살펴본 Garcia와 동료들의 실험에서 CS는 사카린이고 US는 감마방사선이다.
- **개념 점검 5** 광고회사는 상품을 긍정적 감정을 일으키는 자극과 짝짓는다.
- **개념 점검 6** 고전적 조건형성은 약물중독의 네 가지 기본 현상, 즉 절정감, 내성, 금단증상, 재발에 관한 설명을 제공한다.
- **개념 점검 7** 고전적 조건형성은 여러 가지 질병을 진단하는 데 도움이 되는 한 방법인 것으로 보인다. 그런 질병으로는 치매/알츠하이머병/청각 장애/자폐증/강박 장애가 있다.

5장

- **개념 점검 1** Thorndike는 동물의 지능을 측정하는 한 방법으로 동물의 학습을 연구했다.
- **개념 점검 2** Thorndike의 효과 법칙에 따르면 행동의 강도는 그 행동의 결과에 좌우된다.
- **개념 점검 3** 정적 강화와 부적 강화 모두가 행동을 증강한다.
- **개념 점검 4** 일차 강화물의 정의적 특징은 그것이 학습에 의존하지 않는다는 점이다.
- **개념 점검 5** 조작적 조건형성에서 수반성은 강화물이 어떤 행동에 뒤따를 가능성을 가리킨다.
- **개념 점검 6** 일반적으로 강화물의 크기를 증가시킬수록 그 증가분에서 얻어지는 이득은 감소한다.
- **개념 점검 7** 동기화 조작은 강화물의 효력을 변화시키는 모든 것이다.
- **개념 점검 8** 정적 강화는 뇌에서 도파민의 분비와 연관된다.
- **개념 점검 9** Premack 원리에 따르면 고확률/강한 행동이 저확률/약한 행동을 강화한다.

- **개념 점검 10** 반응박탈 이론에 따르면, 학생들이 쉬는 시간을 그렇게나 좋아하는 이유는 돌아다닐/운동할 기회가 결핍되었기 때문이다.
- **개념 점검 11** 2과정 이론에서 두 가지 과정이란 파블로프식 조건형성과 조작적 학습이다.

6장

- **개념 점검 1** 조성은 목표로 하는 행동을 순차적으로 점차로 닮아가는 행동을 강화하는 것이다.
- **개념 점검 2** 여러 가지 답이 있을 것이다. 칫솔을 집어 들고, 수도꼭지 밑에 대어 물로 칫솔을 적시고, 칫솔에 치약을 묻히고, 칫솔을 치아에 대고 움직이고, 입안을 헹구고, 칫솔을 헹구고, 칫솔을 통에 다시 넣는 것이 한 전형적인 연쇄일 것이다. 물론 이 연쇄는 훨씬 더 길게 만들 수 있을 것이다.
- **개념 점검 3** 먹이를 목표 상자(미로의 끝)에 넣고, 쥐를 목표 상자 바로 바깥에다가 풀어 놓는다. 다음 시행에서는 쥐를 목표 상자에서 조금 더 멀리 풀어놓는다. 이런 식으로 쥐를 계속 목표 상자에서 점점 더 멀리 풀어놓아서 결국에는 출발점에서 미로를 달리기 시작하게 만든다.
- **개념 점검 4** 연쇄 짓기의 두 가지 형태는 전향 연쇄 짓기와 후향 연쇄 짓기이다.
- **개념 점검 5** 문제란 강화가 주어질 수 있지만, 그것을 얻는 데 필요한 행동이 존재하지 않는 상황이다.
- **개념 점검 6** Harlow의 자료는 '통찰적' 해결책이 많은 학습 경험의 결과로 점진적으로 생겨날 수 있음을 보여 준다.
- **개념 점검 7** Epstein과 동료들의 실험은 통찰적 문제해결이 전반적으로 강화/강화 내력의 산물임을 보여 준다.
- **개념 점검 8** 강화를 사용하여 창의성을 증가시킨다는 생각이 처음에는 비논리적으로 보이는데, 왜냐하면 강화는 일어나는 행동을 증강하거나 과거에 일어난 행동이 반복될 가능성을 높여주기 때문이다.
- **개념 점검 9** 여러 가지 답이 있겠지만, 개혁적인 디자인과 강화적 결과 사이의 수반성을 강조해야 한다. 예를 들어, 회사는 창의적인 디자인에 대해서 휴가나 보

너스를 제공할 수도 있고, 디자이너에게 그들이 고안한 상품의 가격에 근거한 얼마간의 저작권료를 제공할 수도 있다.

- **개념 점검 10** 미신 행동은 그 정의상 그 행동을 유지하는 강화물을 초래하지 않는다.
- **개념 점검 11** 피할 수 없는 혐오자극에 대한 노출이 학습된 무기력을 초래한다.
- **개념 점검 12** 학습된 근면성이 학습된 무기력의 반대이다.

7장

- **개념 점검 1** FR 1 계획의 다른 이름은 CRF/연속강화이다.
- **개념 점검 2** 행동이 일단 시작된 이후 그 행동이 일어나는 속도를 실행속도라고 한다.
- **개념 점검 3** 비율계획에서는 강화가 행동이 일어나는 횟수에 수반된다. 간격계획에서는 강화가 바로 앞의 강화가 일어난 후 일정한 시간이 지난 뒤에 일어나는 행동에 수반된다.
- **개념 점검 4** 소거 도중 과거에 효과적이었던 행동이 재등장하는 것을 복귀라고 부른다.
- **개념 점검 5** FT 계획과 VT 계획에서 강화는 행동보다는 시간에 수반된다. 그러므로 강화는 행동과 독립적(비수반적)이다.
- **개념 점검 6** FR 3과 VR 4 두 계획 중 더 성긴 것은 VR 4이다.
- **개념 점검 7** '간격을 늘임'으로써 비율 늘이기에 해당하는 일을 할 수 있다.
- **개념 점검 8** 다중계획과 혼합계획의 차이는 다중계획에서는 강화계획이 변화했다는 뚜렷한 신호가 있다는 점이다.
- **개념 점검 9** PRE는 partial reinforcement effect의 약자로서, 부분강화를 받은 행동이 연속강화를 받은 행동보다 소거에 더 저항적이라는 현상이다.
- **개념 점검 10** 좌절 가설과 순서 가설은 모두 변별 가설의 변형이다.
- **개념 점검 11** 답은 다음과 같은 식이어야 한다. 행동의 비율은 강화의 비율에 대응된다(또는 정비례한다).

8장

- **개념 점검 1** 정적 처벌과 부적 처벌은 모두 행동의 강도를 약화한다/억압한다/감소시킨다는 점에서 유사하다.
- **개념 점검 2** 정적 처벌에서는 무언가가 더해지고/제시되고, 부적 처벌에서는 무언가가 감해진다/제거된다.
- **개념 점검 3** 그림 8–5는 처벌물이 강할수록 행동의 비율을 많이 감소시킨다는 것을 보여 준다.
- **개념 점검 4** 일반적으로 강화물의 박탈 수준이 높을수록 처벌물의 효과는 약하다.
- **개념 점검 5** 다음 변인 중 어느 네 가지라도 된다. 수반성, 근접성, 처벌물의 강도, 처벌의 최초 수준, 처벌될 행동에 대한 강화의 가용성, 강화를 얻는 다른 방법, 박탈 수준, 처벌물의 질적 특징
- **개념 점검 6** 2과정 이론의 2과정이란 파블로프식 조건형성과 조작적 학습이다.
- **개념 점검 7** 처벌로 인해 생길 수 있는 다섯 가지 문제점은 도피, 공격성, 무감동, 학대, 처벌의 모방적 사용이다.
- **개념 점검 8** 차별강화에서는 원치 않는 행동(또는 행동률)이 소거계획상에 놓이고 더 바람직한 행동(또는 행동률)이 강화를 받는다.
- **개념 점검 9** DRL 10" 계획에서 8초 후에 레버를 누르는 행동의 효과는 강화를 지연시키는 것이다.

9장

- **개념 점검 1** Madsen과 동료들은 교사들에게 관심을 나쁜 행동에서 좋은 행동으로 옮기도록 요청했다.
- **개념 점검 2** Skinner의 교습 기계에서 그다음 문제로 넘어갈 수 있는 기회가 정답에 대한 강화물이었다.
- **개념 점검 3** 헤드스프라우트 읽기 프로그램은 대부분의 학생이 대부분의 경우 성공하도록 설계되었다.
- **개념 점검 4** 자해 행동은 고통을 받으려는 무의식적 요구로 인한 것이라고 한때 생각되기도 했다. 그러나 만약 그게 사실이라면 Lovaas와 Simmons가 주었던 전기충격은 자해 행동을 강화/증강/증가시켰을 것이다.
- **개념 점검 5** Alford의 연구는 망상 행동이 강화에 의해 수정될 수 있음을 보여 준다.

- **개념 점검 6** CIMT는 결함이 있는 팔다리의 운동을 강화한다.
- **개념 점검 7** 이 코끼리의 행동을 수정하기 위해 사용된 절차는 조성이었다.

10장

- **개념 점검 1** 이 책은 두 유형의 관찰학습을 소개한다. 여기서 살펴보고 있는 것은 사회적 관찰학습이다.
- **개념 점검 2** 이 책은 두 유형의 관찰학습을 소개한다. 여기서 살펴보고 있는 것은 비사회적 관찰학습이다.
- **개념 점검 3** 과잉모방은 무관한/여분의/불필요한 행동을 모방하는 경향성이다.
- **개념 점검 4** 모방 일반화는 모델의 행동을 모방하는 것이 강화를 받지 않을 때조차 그 행동을 모방하는 경향성을 가리킨다.
- **개념 점검 5** 미숙한 모델은 또한 학습 중인 모델이라고도 한다.
- **개념 점검 6** 모델의 특성은 관찰자가 모델의 행동을 관찰하도록 유도하기 때문에 중요하다.
- **개념 점검 7** 사회적 관찰학습에서 중요한 두 변인은 모델의 행동의 결과와 관찰자의 행동의 결과이다.
- **개념 점검 8** Bandura의 이론에 따르면, 우리가 성공적인 모델을 모방하는 이유는 보상적인 결과를 기대하기 때문이다.
- **개념 점검 9** 조작적 학습 모형에 따르면, 주의는 행동에 미치는 환경 사건의 영향을 가리킨다.
- **개념 점검 10** Kazdin의 연구는 주의집중력이 대리 강화를 받을 수 있음을 보여준다.
- **개념 점검 11** 에듀테인먼트는 허구적인 이야기를 이용하여 사회적으로 바람직한 행동을 모델링한다.

11장

- **개념 점검 1** 학습의 효과가 여러 상황에 걸쳐 퍼질 때 그것을 자극 일반화라고 한다.
- **개념 점검 2** 일반화 기울기는 어떤 행동이 훈련 상황/자극과 체계적으로 다른 상황에서 일어나는 경향성을 보여 준다.

- **개념 점검 3** 이 개념 점검의 앞에 있는 문단은 다양한 환경에서 훈련하기와 여러 가지 예를 사용하기를 비롯한 네 가지 전략을 열거하고 있다.
- **개념 점검 4** 프로이트는 전위된 공격성에 대한 이야기를 했다. 전위된 공격성은 자극 일반화의 한 예이다.
- **개념 점검 5** 변별은 일반화의 반대이다.
- **개념 점검 6** S^-는 S^Δ와 동일한 것이다.
- **개념 점검 7** 무오류 변별훈련에서 S^-/S^Δ는 아주 약한 형태로 제시되기 시작하여 점차로 강해진다.
- **개념 점검 8** DOE란 상이한 행동에 대하여 상이한 결과를 제공하면 변별훈련이 향상될 수 있음을 의미한다.
- **개념 점검 9** 반응의 정점은 반대 방향으로 이동하여 아마도 560nm 근처에서 나타났을 것이다.

12장

- **개념 점검 1** 망각은 연습하지 않은 기간에 뒤따라 일어나는, 수행의 퇴화이다.
- **개념 점검 2** 재학습법은 절약법이라고도 한다.
- **개념 점검 3** 단어 쌍 연합학습은 아마도 조작적 절차로 보는 것이 제일 나을 것이다. 행동 다음에 강화적 또는 처벌적 결과(정답 단어)가 뒤따르기 때문이다.
- **개념 점검 4** Thune과 Underwood는 망각을 연구하기 위해 재학습법/절약법을 사용하였다.
- **개념 점검 5** Loftus는 'hit'라는 단어보다 'smashed'라는 단어를 사용했을 때 학생들이 자동차의 속도를 더 빠른 것으로 추정함을 발견하였다.
- **개념 점검 6** 답에는 다음 중 세 가지가 포함되어야 한다. 과학습하라, 피드백을 받아가며 공부하라, 연습을 분산시키라, 스스로 시험을 치러라, 기억술을 사용하라, 맥락 단서를 이용하라, 문제해결식 접근을 취하라.

13장

- **개념 점검 1** Gardner 부부는 침팬지가 말하기를 배우는 데 실패한 이유가 학습 능력의 차이보다는 해부학적 구조의 차이 때문일 수 있음을 보여주었다.
- **개념 점검 2** 개들은 일반적으로 학습 능력이 아니라 신체적 모습과 기질을 토대로 육종가에 의해 교배('선택')

된다. 늑대는 자연선택의 산물이어서 학습 능력이 늑대의 생존에 기여할 가능성이 크다.

- **개념 점검 3** 신경조직을 손상시키는 물질을 신경독이라 부른다.

- **개념 점검 4** Breland 부부는 유전적 요인이 한 상황에서는 학습을 촉진하고 다른 상황에서는 학습을 방해할 수도 있음을 보여주었다.

- **개념 점검 5** Martin Seligman이 준비성 연속선을 제안했다.

용어 설명[*]

가상현실 노출치료(virtual reality exposure therapy) 불안을 유발하는 장면을 모사하는 기술에 의존하는 노출치료의 한 형태. 줄임말은 VRET.

가짜 조건형성(pseudoconditioning. 의사조건형성) US가 반사 반응을 일으킨 후에 중성 자극이 제시되었을 때 그 중성 자극이 CR을 일으키는 경향.

각인(imprinting) 일부 동물, 특히 새들이 출생 후 처음으로 보이는 움직이는 대상(보통은 자기의 어미이지만 반드시 그래야 하는 것은 아님)을 따라가는 경향.

간헐적 강화계획(intermittent schedule) 행동이 가끔씩 강화를 받는 강화계획 모두를 일컫는 말. 부분강화라고도 한다. (Cf. 연속강화)

감각 사전조건형성(sensory preconditioning) 두 개의 중성 자극이 먼저 짝지어진 다음, 그중 하나가 US와 반복적으로 짝지어지는 절차. 그러고 나서 다른 자극이 단독으로 제시되면, 그 자극이 US와 짝지어진 적이 없음에도 불구하고 CR을 일으킬 수 있다.

강화 후 휴지(post-reinforcement pause) 강화를 받은 다음에 반응을 하지 않고 쉬는 것으로, 주로 FI 계획 및 FR 계획과 관련된다. 비율 전 휴지 또는 비율 간 휴지라고도 한다.

강화(reinforcement) 어떤 행동의 결과로 그 행동의 강도가 증가하는 것. 학습 절차로서는, 어떤 행동의 확률을 증가 또는 유지하는 결과를 그 행동에 대해 제공하는 것이다. (Cf. 정적 강화, 부적 강화, 처벌)

강화계획(schedule of reinforcement) 어떤 행동에 대한 강화물의 제시를 기술하는 규칙.

개념(concept) 그 구성원이 하나 이상의 정의적 특징을 공유하는 유목(즉, 집단 또는 범주).

검사 시행(test trial) 파블로프식 조건형성에서 학습이 일어났는가를 알아보기 위해 때때로 US 없이 CS를 제시하는 절차. 탐지 시행이라고도 한다.

결정적 시기(critical period) 유기체의 발달 시 특정 종류의 행동을 습득할 가능성이 특별히 큰 시기.

경험(experience) 살면서 겪는 사건.

계획효과(schedule effects) 특정 강화계획과 관련된 독특한 반응 비율과 반응 패턴.

고순위 조건형성(higher-order conditioning. 고차 조건형성) 중성 자극이 US가 아니라 잘 확립된 CS와 짝지어지는 파블로프식 조건형성의 한 변형.

고전적 조건형성(classical conditioning) 파블로프식 조건형성의 다른 이름.

고정간격계획(fixed interval schedule) 마지막 강화 후 일정한 시간 간격이 지나고 나서 일어나는 첫 번째 행동이 강화를 받는 강화계획. 줄임말은 FI 계획. (Cf. 변동간격계획)

고정기간계획(fixed duration schedule) 일정 기간 행동이 지속적으로 수행될 때 강화가 주어지는 강화계획. 줄임말은 FD 계획. (Cf. 변동기간계획)

고정비율계획(fixed ratio schedule) 어떤 행동의 매 n번째 수행이 강화받는 강화계획. 줄임말은 FR 계획. (Cf. 변동비율계획)

고정시간계획(fixed time schedule) 강화가 고정된 시간 간격으로 행동과는 독립적으로 주어지는 강화계획. 줄임말은 FT 계획. (Cf. 변동시간계획)

고정행위패턴(fixed action pattern) '전형적 행위패턴'을 보라.

과잉모방(over-imitation, overimitation) 모델의 행위 중 강화를 얻는 데 관련 없는 것을 관찰자가 모방하는 경향성.

과제 분석(task analysis) 행동 연쇄의 구성요소들을 규명하는 절차. 이는 연쇄 짓기의 첫 단계이다.

* 한 원어에 둘 이상의 번역어가 있는 경우, 이 책에서 사용한 번역어를 표제어로 하고 다른 번역어를 괄호 속 영어 뒤에 추가하였다. 동일한 개념을 가리키는 원어 자체가 둘 이상인 경우에는 원서의 해설 부분에서 언급되어 있으므로 그대로 번역하였다. (역주)

과학습(overlearning) 한 번의 무오류 수행을 하는 데 필요한 시점을 넘어서까지 훈련을 계속하는 것.

관찰학습(observational learning) 사건과 그 결과를 관찰함으로써 일어나는 학습. 본 교과서에서는 사회적 관찰학습 및 비사회적 관찰학습의 두 종류를 이야기한다.

근접성(contiguity) 사건들이 시간적으로(시간적 근접성) 혹은 공간적으로(공간적 근접성) 가까운 것.

기술 연구(descriptive study) 한 집단의 구성원들로부터 자료를 구함으로써 그 집단을 기술하려는 연구. 행동 연구에서는 그 자료가 흔히 조사나 설문지 응답으로 이루어진다.

기억술(mnemonic) 회상에 도움이 되는 기법을 모두 일컫는 말. 대개 나중에 회상을 촉진하는 단서들을 학습하게 한다.

기울기 붕괴(gradient degradation) 파지 기간 이전과 이후에 어떤 행동에 대하여 그 일반화를 검사함으로써 망각을 측정하는 방법. 일반화 기울기가 평탄해지는 것이 망각을 나타낸다.

기저선 기간(baseline period) 참가자 내 실험에서 연구 대상인 행동을 수정하려는 시도를 전혀 하지 않는 관찰 기간(대개 'A'라고 표시).

노출치료(exposure therapy) '역조건형성'을 보라.

누적 기록(cumulative record. 누가 기록) 행동을 그래프로 기록한 것으로서, 각 점은 그 행동이 그 시점까지 수행된 총횟수를 나타낸다. (Cf. 누적 기록기)

누적 기록기(cumulative recorder. 누가 기록기) 특정한 반응이 일어날 때마다 이를 기록하는 기구(또는 소프트웨어)로서, 누적 기록을 만들어낸다. (Cf. 누적 기록)

능동적 모델(active model) '사회적 관찰학습'을 보라.

다중계획(multiple schedule) 둘 이상의 단순 강화계획이 교대로 시행되는 복합 강화계획. 각 계획은 특정 자극과 연관되어 있다. (Cf. 혼합계획)

단서 의존적 망각(cue-dependent forgetting) 훈련 시에 존재했던 단서들의 부재로 인한 망각.

단서회상(cued recall) '촉구회상'을 보라.

단어 쌍 연합학습(paired associate learning. 쌍대 연합학습) 단어나 기타 자극들의 쌍으로 구성된 학습 과제. 참가자에게 각 쌍의 첫 번째 항목을 제시하고 두 번째 항목을 말하게 한다.

대리 강화(vicarious reinforcement) 모델의 행동이 강화를 받은 후에 관찰된 그 행동의 강도가 증가하는 것. (Cf. 대리 처벌)

대리 처벌(vicarious punishment) 모델의 행동이 처벌을 받은 후에 관찰된 그 행동의 강도가 감소하는 것. (Cf. 대리 강화)

대안행동 차별강화(differential reinforcement of alternative behavior) 차별강화의 한 형태로서, 바람직하지 않은 행동과는 다른 행동이 체계적으로 강화를 받는다. 이 절차는 강화를 얻는 대안적 방법을 제공한다. 줄임말은 DRA.

대응 법칙(matching law) 두 개 이상의 강화계획상에서 반응할 기회가 주어졌을 때, 각 계획에 따른 반응률이 각 계획에서 가용한 강화에 대응한다는 법칙.

도구적 학습(instrumental learning) '조작적 학습'을 보라.

도파민(dopamine) 자연적인 '절정감'을 산출하며 강화에 주된 역할을 하는 신경전달물질.

도피 학습(escape learning) '부적 강화'를 보라.

도피-회피 학습(escape-avoidance learning) 참가자가 혐오자극으로부터 도피하는 것을 먼저 학습하고 난 다음에 그것을 회피하는 것을 학습하게 되는, 부적 강화의 한 형태.

독립변인(independent variable) 실험에서 연구자가 조작하는 변인. 독립변인은 대개 종속변인에 영향을 줄 것으로 예상된다.

돌연변이(mutation) 유전자의 급격한 변화. 생식 세포 내에 변경된 유전자가 생기면 이 돌연변이가 그 자손에게 유전될 수 있다.

동기 과정(motivational processes) 관찰학습에 대한 Bandura의 이론에서 다른 개체의 행동을 따라 한 행동이 강화를 받을 것이라는 기대.

동기설정 조작(establishing operation) 결과(강화물 또는 처벌물)의 효력을 증가시키는 동기화 조작.

동기해지 조작(abolishing operation) 결과(강화물 또는 처벌물)의 효력을 감소시키는 동기화 조작.

동기화 조작(motivating operation) 강화물의 효력을 변화시키는 것을 모두 일컫는 말. 동기설정 조작과 동기해지 조작의 두 가지가 있다.

동시 변별훈련(simultaneous discrimination training) S^D

와 S^Δ가 동시에 제시되는 조작적 변별훈련 절차. (Cf. 연속 변별훈련)

동시 조건형성(simultaneous conditioning) CS와 US가 정확히 동시에 일어나는 파블로프식 조건형성 절차. 즉, CS와 US가 동시에 시작했다가 끝난다.

둔감화(habituation, 습관화) 반사 반응을 일으키는 자극에 반복적으로 노출됨으로써 그 반사 반응의 강도 또는 확률이 감소하는 것. 이는 아마도 가장 단순한 형태의 학습이다. (Cf. 민감화)

뒤덮기(overshadowing, 음영화) 한 복합자극의 일부인 어떤 자극이 CS가 되지 못하는 것. 이때 그 자극이 CS가 되는 다른 자극에 의해 뒤덮였다고 말한다. (Cf. 차폐)

맛 혐오(taste aversion, 미각 혐오) '조건 맛 혐오'를 보라.

망각(forgetting) 파지 기간에 뒤따르는, 학습된 행동의 퇴화. 망각을 학습 시와 검사 시의 환경 차이로 인한 학습된 행동의 변화로 바라보는 학습 연구자가 늘어나고 있다. (Cf. 소거)

맥락(context) 행동이 일어나는 상황이나 조건.

모방 일반화(generalized imitation) 모방 행동이 강화를 받지 못함에도 불구하고 어떤 관찰된 행동을 모방하려는 경향.

모방(imitation) 모델의 행동과 정확히 똑같은 방식으로 행동하는 것.

무오류 변별훈련(errorless discrimination training) S^Δ가 아주 약한 형태로 도입되어 서서히 증강되는 조작적 변별훈련의 한 형태. 그 결과 일반적으로 전혀 혹은 거의 오류가 없이 변별이 이루어진다. 이를 개발한 사람의 이름을 따서 Terrace 절차라고도 한다.

무조건 강화물(unconditioned reinforcer) '일차 강화물'을 보라.

무조건반사(unconditional reflex) 대체로 선천적인(즉, 경험의 산물이 아닌) 반사. 무조건반사는 무조건자극과 무조건반응으로 이루어진다. (Cf. 반사, 조건반사)

무조건반응(unconditional response) 무조건자극에 의해 유발되는 반사 반응. 줄임말은 UR. (Cf. 조건반응)

무조건자극(unconditional stimulus) 무조건반응을 유발하는 자극. 줄임말은 US. (Cf. 조건자극)

문제(problem) 강화가 가용하지만 그 강화를 받기 위해 필요한 행위가 가용하지 않은 상황.

물림(satiation, 포만) 일차 강화물이 반복적으로 사용됨으로 인해 그 효력이 상실되는 것.

미신 행동(superstitious behavior) 어떤 행동이 그것을 유지하는 강화물을 가져오지 않는데도 거듭해서 일어나는 것.

민감화(sensitization) 어떤 반사 반응을 유발하는 자극에 과거에 노출됨으로 인하여 그 반응의 강도나 확률이 증가하는 것. (Cf. 둔감화)

반사(reflex) 특정 사건과 그 사건에 대한 단순하고 불수의적인 반응 사이의 관계. 이 용어는 대개 무조건반사를 가리킨다. (Cf. 무조건반사, 조건반사)

반응 방지(response prevention) 원치 않는 행동이 일어나는 것을 방지하기 위해 환경을 변경시키는 절차.

반응 일반화(response generalization) 한 행동의 변화가 다른 행동에까지 퍼지는 경향성. (Cf. 자극 일반화)

반응단위 가설(response unit hypothesis) 부분강화 효과가 간헐적 강화와 연속강화 시의 행동의 정의상의 차이로 인해 발생한다는 이론.

반응박탈 이론(response-deprivation theory) 유기체가 어떤 행동을 하는 것을 (그 기저선 빈도에 비하여) 박탈당한 만큼 그 행동이 강화적이라고 말하는 강화 이론. 평형 이론 또는 반응제한 이론이라고도 한다.

방출인(releaser, 해발인) 전형적 행위패턴을 확실하게 유발하는 모든 자극.

벌금 훈련(penalty training) '부적 처벌'을 보라.

변동간격계획(variable interval schedule) 마지막 강화 후 어떤 시간 간격(특정한 평균을 중심으로 변화하는)이 지나고 나서 일어나는 첫 번째 행동이 강화를 받는 강화계획. 줄임말은 VI 계획. (Cf. 고정간격계획)

변동기간계획(variable duration schedule) 어느 기간(평균을 중심으로 변화하는) 동안 행동이 지속적으로 수행되는 데에 수반적으로 강화가 주어지는 강화계획. 줄임말은 VD 계획. (Cf. 고정기간계획)

변동비율계획(variable ratio schedule) 행동의 평균 매 n번째 수행이 강화를 받는 강화계획. 줄임말은 VR 계획. (Cf. 고정비율계획)

변동시간계획(variable time schedule) 행동과는 상관없이, 변화하는 시간 간격을 두고 강화가 주어지는 강화계획.

줄임말은 VT 계획. (Cf. 고정시간계획)

변별 가설(discrimination hypothesis) 부분강화 효과가 일어나는 이유는 연속강화와 소거를 구분하기보다 간헐적 강화와 소거를 구분하기가 더 힘들기 때문이라는 생각.

변별(discrimination) 행동이 한 상황에서는 일어나지만 다른 상황에서는 일어나지 않는 경향. 이는 또한 특정 자극이 존재할 때는 일어나지만 존재하지 않을 때는 일어나지 않는 경향이라고도 정의된다. (Cf. 일반화)

변별자극(discriminative stimulus) 조작적 변별훈련에서, 어떤 행동이 강화를 받을 것임을 신호하는 자극(S^+ 또는 S^D) 또는 강화를 받지 못할 것임을 신호하는 자극(S^- 또는 S^Δ)을 가리킨다.

변별훈련(discrimination training) 변별을 확립시키기 위한 절차. 파블로프식 절차와 조작적 절차 어느 것을 통해서도 확립될 수 있다. 조작적 절차는 동시 변별훈련과 연속 변별훈련을 포함한다.

병립계획(concurrent schedule) 두 개 이상의 단순 강화계획이 동시에 가용한 복합 강화계획.

보상 경로(reward pathway) 자극 받을 경우 행동을 강화하는 뇌 영역. 보상 중추 또는 보상 회로라고도 한다. 강화의 신경 기초의 핵심으로 생각된다.

보상 학습(reward learning) '정적 강화'를 보라.

보상반응 이론(compensatory response theory) CR이 US가 일으킬 효과를 상쇄함으로써 유기체에게 US에 대비하게 한다고 제안하는 준비반응 이론의 한 변형.

복귀(resurgence) 과거에 강화를 받았던 반응이 소거 시에 다시 출현하는 것.

복합자극(compound stimulus) 두 개 이상의 자극이 동시에, 대개 하나의 CS로, 제시되는 것.

본능 회귀(instinctive drift. 향본능 표류) 행동이 전형적 행위패턴을 향하여 '표류하는' 경향.

본능(instinct) '전형적 행위패턴'을 보라.

부분강화효과(partial reinforcement effect) 어떤 행동이 연속 강화를 받았을 때보다 부분 강화를 받았을 때 소거에 더 저항적인 경향. 줄임말은 PRE. [또한 부분강화 소거효과(partial reinforcement extinction effect: PREE)라고도 한다.]

부적 강화(negative reinforcement) 어떤 행동 다음에 자극의 제거 또는 자극 강도의 감소가 뒤따르는 강화 절차. 때로는 '도피 학습'이라고도 한다. (Cf. 정적 강화, 처벌)

부적 강화물(negative reinforcer) 어떤 행동 이후에 제거될 때 그 행동의 강도를 증가 또는 유지하는 자극.

부적 처벌(negative punishment) 어떤 행동 다음에 자극의 제거 또는 자극 강도의 감소가 뒤따르는 처벌 절차. 제2유형 처벌 또는 벌금 훈련이라고도 한다. (Cf. 정적 처벌)

분산 학습(distributed practice, spaced practice) 시간적으로 분산되어 있는 학습 또는 훈련 회기. (Cf. 집중학습)

비사회적 관찰학습(asocial observational learning) 모델이 없는 상황에서 사건과 그 결과에 대한 관찰로부터 학습하는 것. 참고: 이 용어는 이 책에서 도입되었으며 학습 분야에서 표준적인 어휘가 아니다. (Cf. 사회적 관찰학습)

비사회적(asocial) 사회적 상호작용이 관여하지 않는다는 의미의 형용사.

비서술기억(nondeclarative memory. 비선언적 기억) 표현될 수 없는(적어도 말로는) 기억. 절차기억을 포함한다. 암묵기억이라고도 한다. (Cf. 서술기억)

비수반적 강화계획(noncontingent reinforcement schedule) 행동과는 독립적으로 강화물을 제공하는 절차. 줄임말은 NCR 계획.

비율 간 휴지(between-ratio pause) '강화 후 휴지'를 보라.

비율 긴장(ratio strain) 강화 비율을 너무 급격히 혹은 너무 길게 늘임으로 인해 반응의 패턴이 붕괴되는 것. 비율 긴장이라고 불리긴 하지만 간격계획에도 적용된다.

비율 늘이기(stretching the ratio) 강화를 위해 요구되는 반응의 횟수를 서서히 증가시키는 절차. 이 개념은 비율계획뿐 아니라 간격계획에도 적용될 수 있다. (Cf. 비율 긴장)

사건기억(event memory) '일화기억'을 보라.

사례 연구(case study) 단일 사례에 관한 자세한 연구와 기술. 흔히 임상 장면에서 장애의 원인 및 효과적인 치료법을 찾아내기 위해 사용된다. 사례 연구는 일화적 증거보다 한 단계 더 우수한 방법이지만 또한 문제도 있다.

사회적 관찰학습(social observational learning) 모델과 그 모델의 행동의 결과를 관찰함으로써 학습하는 것. 이런 형태의 관찰학습은 대리학습이라고도 한다. 참고: 이 용어는 이 책에서 도입되었으며 학습 분야에서 표준적인 어휘

가 아니다. (Cf. 비사회적 관찰학습)

사회적(social) 다른 개체와의 상호작용이 개입한다는 의미의 형용사.

상대적 가치 이론(relative value theory) 강화물을 자극이 아니라 행동으로 보고, 다른 행동들에 대한 그 행동의 상대적 확률에서 강화물의 효과의 원인을 찾는 강화 이론.

상반행동 차별강화(differential reinforcement of incompatible behavior) 원치 않는 행동과 상반되는(양립 불가능한) 반응이 체계적으로 강화를 받는 차별강화의 한 형태. 줄임말은 DRI.

상태 의존적 학습(state-dependent learning) 특정한 생리적 상태(예: 알코올에 취했을 때) 동안에 일어나서는 그 상태가 지나가면 상실되었다가 그 상태가 다시 일어나면 되돌아오는 학습.

서술기억(declarative memory, 선언적 기억) 대개는 말로 표현될 수 있는, 사건에 대한 기억. 의미기억과 일화기억을 포함한다. 외현기억이라고도 한다. (Cf. 비서술기억)

소거 격발(extinction burst) 소거의 초기 단계에서 반응률이 갑자기 증가하는 것.

소거(extinction) (1) 파블로프식 조건형성의 경우 CS만 단독으로, 즉 US 없이 규칙적으로 나타나는 것. (2) 조작적 학습의 경우 어떤 행동만 단독으로, 즉 강화물 없이, 규칙적으로 나타나는 것. (Cf. 망각)

소거법(extinction method) 파지 기간 후의 소거율을 훈련 직후의 소거율과 비교함으로써 망각을 측정하는 방법.

수반성(contingency, 유관성) 사건들 사이의 의존성. 한 사건은 자극 수반적(어떤 자극의 출현에 의존적)일 수도 있고 반응 수반적(어떤 행동의 출현에 의존적)일 수도 있다.

순서 가설(sequential hypothesis) 간헐적 강화 동안에 강화 받은 행동과 강화 받지 못한 행동의 연속적 순서가 소거 시에 반응에 대한 신호가 되기 때문에 부분강화 효과가 일어난다는 생각.

순행 간섭(proactive interference) 현재의 행동 이전에 일어난 학습으로 인한 망각. (Cf. 역행 간섭)

습관화(habituation) '둔감화'를 보라.

시행 간 간격(intertrial interval) 파블로프식 조건형성에서는 CS와 US의 짝짓기들 사이의 간격. 조작적 학습에서는 행동과 그 결과 간 짝짓기들 사이의 간격.

신경독(neurotoxin) 신경조직을 손상시킬 수 있는 물질.

신경독은 학습을 방해할 수 있다.

실행속도(run rate) 강화를 받은 후 일단 행동이 재개되고 나서 그 행동이 수행되는 속도.

실험(experiment) 하나 이상의 독립변인이 하나 이상의 종속변인에 미치는 효과를 측정하는 연구.

실험집단(experimental group) 참가자 간 실험에서, 독립변인에 노출되는 참가자들. (Cf. 통제집단)

양상(topography) 행동이 취하는 형태.

억제성 기울기(inhibitory gradient) 일반화와 변별에 대한 Spence의 이론에서 S$^\Delta$ 혹은 CS$^-$ 및 그와 유사한 자극에 반응하는 경향성의 감소를 보여주는 일반화 기울기. (Cf. 흥분성 기울기)

에듀테인먼트(edutainment) 대중을 교육시키는 동시에 즐겁게도 하고자 하는 프로그램들(책, 비디오, 라디오 프로그램 등).

에뮬레이션(emulation) 모델의 목표를 이해하고, 모델의 특정 행위를 꼭 그대로 재현하지 않고서도 그 목표를 달성하기 위해 비슷한 행동을 하는 능력.

역조건형성(counterconditioning) 이전의 조건형성의 원치 않는 효과를 역전시키기 위해 파블로프식 조건형성을 사용하는 것. 일반적으로 혐오치료나 노출치료의 형태를 취한다.

역행 간섭(retroactive interference) 현재 연구 대상인 행동 이후에 일어난 학습에 의해 일어나는 망각. (Cf. 순행 간섭)

역행 조건형성(backward conditioning, 역향 조건형성, 후향 조건형성) US가 CS에 선행하는 파블로프식 조건형성 절차.

연속 변별훈련(successive discrimination training, 계기적 변별훈련) S^{D}와 S$^\Delta$가 하나씩 번갈아가며 임의의 순서로 제시되는 조작적 변별훈련 절차. (Cf. 동시 변별훈련)

연속강화(continuous reinforcement) 어떤 행동이 일어날 때마다 강화가 주어지는 강화계획. 줄임말은 CRF. (Cf. 간헐적 강화)

연쇄 짓기(chaining) 행동 연쇄를 확립시키는 절차. (Cf. 행동 연쇄, 전향 연쇄 짓기, 후향 연쇄 짓기)

연쇄계획(chain schedule) 일련의 단순 강화계획들로 이루어진 복합 강화계획. 각각의 단순 강화계획과 연관된 특정 자극이 있으며, 마지막 강화계획까지 완결되어야만 강

화가 주어진다. (Cf. 직렬 계획)

오대응(mismatching) 표본 짝 맞추기의 한 변형으로서, 표본과는 다른 비교 자극을 선택할 때 강화가 주어진다. 이질 짝 맞추기라고도 한다.

운동 재현 과정(motor-reproductive process) 파지 과정에서 저장된 상징적 표상들을 이용하여 행위를 인도하는 과정.

유령 조건(ghost condition) 평소에는 모델에 의해 수행되는 사건이 모델 없이 일어나는 것처럼 보이는 실험 절차. 이 조건은 비사회적 관찰학습 연구에서 사용된다.

유창성(fluency) 분당 정확반응의 수로 이루어지는 학습의 한 측정치. 망각에서 한 요인인데, 유창성 수준이 높을수록 망각률이 낮다. 파지 간격 후의 유창성 감퇴도 또한 망각의 한 측정치가 될 수 있다.

의미기억(semantic memory) 세상에 관한 사실에 대한 기억. (Cf. 일화기억)

이질 짝 맞추기(oddity matching. 이질 대응) '오대응'을 보라.

이차 강화물(secondary reinforcer) 다른 강화물과의 연합을 통해 강화적 속성을 지니게 된 모든 강화물. 조건 강화물이라고도 한다. (Cf. 일차 강화물)

인위선택(artificial selection) 동물이나 식물에서 연속되는 세대의 유용성을 높이기 위해 그 번식에 인간이 개입하는 것.

인위적 강화물(contrived reinforcer) 행동을 변화시킬 목적으로 누군가가 제공하는 강화물. (Cf. 자연적 강화물)

일반 강화물(generalized reinforcer) 여러 상이한 강화물들과 짝지어진 이차 강화물. 이것은 아주 다양한 상황에서 효과를 발휘한다.

일반적 행동특질(general behavior trait) 유전자에 강하게 영향받는 일반적인 행동 경향성 모두를 일컫는 말. 내향성이나 전반적인 불안이 그 예이다. (Cf. 전형적 행위 패턴)

일반화 기울기(generalization gradient) 일반화 자료를 그래프로 나타낸 것.

일반화(generalization) 학습 경험의 효과가 퍼지는 경향성. 다양한 종류의 일반화가 있지만, 가장 많이 연구된 두 가지는 자극 일반화와 반응 일반화이다. (Cf. 변별)

일차 강화물(primary reinforcer) 선천적으로 강화적인,

즉 다른 강화물과의 연합에 의존하지 않는 강화물. (Cf. 이차 강화물)

일화(anecdote) '일화적 증거'를 보라.

일화기억(episodic memory) 생활 사건들에 대한 기억. (Cf. 의미기억)

일화적 증거(anecdotal evidence) 개인적 경험에 대한 직접적인 보고 또는 타인의 경험에 대한 보고. 일화는 믿을 수 없기로 악명이 높아서 좋은 증거가 되지 못한다. 그러나 행동에 영향을 주는 변인에 대한 유용한 가설을 생성할 수는 있다.

자극 간 간격(interstimulus interval) CS와 US의 출현 사이의 시간 간격. 줄임말은 ISI.

자극 변별(stimulus discrimination) 서로 다른 자극을 구별하고 그에 달리 반응하는 능력.

자극 일반화(stimulus generalization) 행동 변화가 한 상황에서 다른 상황으로 퍼지는 경향. 이는 또한 한 자극의 존재하에서 일어나는 행동이 다른 자극의 존재하에서도 일어나는 경향이라고 정의되기도 한다.

자극(stimulus) 행동에 영향을 미치는, 혹은 미칠 수 있는 모든 사건.

자극대체 이론(stimulus substitution theory. 자극치환 이론) 파블로프식 조건형성에서, CS가 US를 대체한다는 이론. CR이 본질적으로 UR과 동일하다고 가정한다.

자극통제(stimulus control) 어떤 행동이 S^D의 존재하에서는 일어나지만 S^Δ의 존재하에서는 일어나지 않는 경향. (Cf. 변별) 어떤 학자들은 이제 망각을 자극통제의 산물로 간주한다.

자동 강화물(automatic reinforcer) 다른 개체가 개입됨이 없이 행동을 강화하는, 그 행동의 어떤 결과. 예컨대, 우리는 영화를 보는 이유가 그것이 즐겁기 때문이다.

자동조성(autoshaping) 비둘기가 먹이를 얻기 위해서 쪼아야 할 필요가 없음에도 불구하고 먹이와 연합된 물체를 쪼는 선천적 경향성. 신호 추적이라고도 한다.

자발적 회복(spontaneous recovery) 학습된 행동이 소거된 다음에 갑자기 다시 나타나는 것.

자서전적 기억(autobiographical memory) 일화기억처럼 개인의 삶에서 특정한 경험('일화')에 대한 기억을 포함하는 기억. 그러나 자서전적 기억은 또한 의미기억을, 그리고 일화기억과 의미기억 둘의 조합을 포함할 수 있다.

자연과학적 접근(natural science approach)   특정 가정들을 기반으로 자연 현상을 연구하는 접근법. 인간 행동을 포함하여 자연에서 일어나는 사건들은 의지력이나 마음 같은 신비한 힘에 의해서가 아니라 자연 현상에 의해서 생겨난다는 생각이 그런 가정의 하나이다.

자연선택(natural selection)   경쟁, 질병, 기후 같은 힘이 특정 상황에 잘 적응하지 못한 개체는 제거하고 잘 적응한 개체의 생존과 번식을 도와주는 과정.

자연적 강화물(natural reinforcer)   어떤 행동의 자동적 결과인 강화물 모두를 일컫는 말. 자동 강화물이라고도 한다. (Cf. 인위적 강화물)

자유회상(free recall)   학습된 행동을 수행할 기회를 줌으로써 망각을 측정하는 방법. (Cf. 촉구회상)

잠재기(latency)   어떤 사건과 행동 사이에 지나간 시간.

잠재적 억제(latent inhibition)   파블로프식 조건형성에서 과거에 US가 없을 때 CS가 제시되었던 결과로 CR이 나타나지 못하게 되는 것.

잡종 형성(hybridization)   가까운 친척 종들 간의 이종 번식법. 예컨대 늑대와 개가 교미를 하여 늑대도 개도 아닌 잡종 동물이 생겨날 수 있다. 잡종 형성은 새로운 종의 진화에 한몫할 수 있다.

재인(recognition)   참가자에게 과거에 경험했던 자극(예: 이미지나 단어)을 가려낼 것을 요구함으로써 망각을 측정하는 방법.

재학습법(relearning method)   한 행동을 파지 기간 이전과 이후에 어떤 기준까지 학습시킴으로써 망각을 측정하는 방법. 최초의 훈련에 비해 더 적은 양의 훈련이 필요할수록 망각이 덜 일어난 것이다. 절약법이라고도 한다.

저율 차별강화(differential reinforcement of low rate)   어떤 행동이 일정한 기간 동안 정해진 횟수 이하로 일어날 때만 강화가 주어지는 차별강화의 한 형태. 줄임말은 DRL.

전이(transfer)   한 맥락에서 학습한 정보를 새로운 맥락으로 일반화하기.

전향 연쇄 짓기(forward chaining)   연쇄 짓기의 한 절차로서, 그 연쇄의 첫 번째 고리부터 시작하여 순서대로 이어지는 고리들을 훈련하는 방법. (Cf. 후향 연쇄 짓기)

전형적 행위패턴(modal action pattern)   한 종의 모든 또는 거의 모든 구성원에게서 나타나는 서로 연관된 일련의 행위들. '고정행위패턴'이라고도 하며, 과거에는 '본능'이라고 불렸다. 줄임말은 MAP. (Cf. 일반적 행동특질)

절약법(savings method)   '재학습법'을 보라.

절차기억(procedural memory)   절차에 대한 기억. 일군의 행위를 수행하는 능력. (Cf. 비서술기억)

점진적 강화계획(progressive schedule)   강화를 위한 요건이 체계적으로 증가하는 강화계획. '점진적 비율계획'을 보라.

점진적 비율계획(progressive ratio schedule)   일반적으로, 강화를 위한 요건이 미리 정해진 방식으로, 흔히 각 강화 후에 즉시 증가하는 강화계획.

정적 강화(positive reinforcement)   행동 다음에 어떤 자극의 제시 또는 그 자극 강도의 증가가 뒤따르는 강화 절차 또는 경험. 때로는 보상 훈련이라고 불리지만, 보상이란 용어에는 문제가 있다. (Cf. 부적 강화)

정적 강화물(positive reinforcer)   어떤 행동에 뒤따라 주어질 때 그 행동의 강도를 증가시키거나 유지하는 자극.

정적 처벌(positive punishment)   행동에 뒤따라 자극이 제시되거나 그 자극의 강도가 증가하는 처벌 절차. 제1유형 처벌이라고도 한다. (Cf. 부적 처벌)

정점 이동(peak shift)   변별 훈련 이후에 일반화 기울기에서 반응의 정점이 CS^- 혹은 S^Δ의 반대방향으로 이동하는 경향.

제약 유도 운동요법(constraint-induced movement therapy)   팔다리 기능의 상실에 대한, 강화에 근거한 치료법으로서 정상적으로 기능하는 팔다리의 움직임을 제한한다. 줄임말은 CIMT.

조건 맛 혐오(conditioned taste aversion. 조건 미각 혐오)   파블로프식 조건형성을 통해 습득되는, 특정한 맛을 가진 음식에 대한 혐오. 조건 음식 회피라고도 부른다.

조건 음식 회피(conditioned food avoidance)   '조건 맛 혐오'를 보라.

조건 정서반응(conditioned emotional response)   파블로프식 조건형성을 통해 습득된, 어떤 자극에 대한 정서적 반응. 줄임말은 CER.

조건강화물(conditioned reinforcer)   '이차 강화물'을 보라.

조건반사(conditional reflex)   파블로프식 조건형성을 통해 습득된 반사로서 조건자극과 조건반응으로 구성된다.

(Cf. 무조건반사)

조건반응(conditional response) 　조건반사의 반응 부분. 조건자극에 의해 유발되는 반응. 줄임말은 CR.

조건자극(conditional stimulus) 　조건반사의 자극 부분. 조건반응을 유발하는 자극. 줄임말은 CS.

조성(shaping) 　원하는 행동을 점점 닮아가는 행동들을 강화하는 절차.

조작적 학습(operant learning) 　어떤 행동이 그 결과에 따라 더 강해지거나 약해지게(예: 더 높거나 낮은 확률로 일어나게) 만드는 절차. 도구적 학습이라고도 부른다. (Cf. 파블로프식 조건형성)

종속변인(dependent variable) 　실험의 결과가 그것에 의해 측정되는 변인. 이것은 연구자에 의해 조작되는 것이 아니며, 독립변인에 따라 변화할(독립변인에 종속될) 것으로 예상된다.

좌절 가설(frustration hypothesis) 　부분강화 효과가 일어나는 이유는, 비강화가 좌절을 일으키는데 간헐적 강화 동안 좌절한 상태에서 반응하는 것이 강화를 받기 때문에 좌절이 반응에 대한 신호가 되기 때문이라는 생각.

주의 과정(attentional processes) 　개체가 환경의 유관한 측면에 주의를 돌리는 과정. 관찰학습에서 이것은 일반적으로 모델의 행동의 여러 측면을 포함한다.

준비반응 이론(preparatory response theory) 　CR은 유기체로 하여금 US가 일어나는 것에 대해 준비되게 한다고 제안하는 파블로프식 조건형성의 이론.

준비성 연속선(continuum of preparedness) 　유기체가 어떤 것들은 학습하고 다른 것들은 학습하지 않는 유전적 경향이 있다는 생각.

준비성(preparedness) 　'준비성 연속선'을 보라.

중단점(break point) 　점진적 강화계획에서 행동률이 극적으로 떨어지거나 완전히 0이 되는 지점.

지연 조건형성(delay conditioning) 　CS와 US가 겹치는 파블로프식 조건형성 절차. CS가 US 이전에 시작되어서 US가 나타난 후에도 지속된다.

지연 표본 짝 맞추기(delayed matching to sample, 지연 표본 대응) 　망각을 측정하는 한 방법으로서, 표본이 제시되고 파지 기간 후에 그 표본과 같은 자극을 선택할 기회가 주어진다. 줄임말은 DMTS. (Cf. 표본 짝 맞추기)

직렬계획(tandem schedule) 　일련의 단순계획들로 이루어진 복합 강화계획으로서, 연쇄의 마지막 계획이 완료되어야만 강화가 주어진다. 각 단순계획들은 상이한 자극들과 연관되지 않는다. (Cf. 연쇄계획)

집단 실험(group experiment) 　'참가자 간 실험'을 보라.

집중 학습(massed practice) 　학습 또는 훈련 회기들이 시간적으로 거의 또는 전혀 분리되지 않는 절차. (Cf. 분산 학습)

짝 맞추기 표집(matched sampling, 대응 표집) 　참가자 간 실험에서 실험집단과 통제집단의 참가자들을 연령, 성별 및 체중과 같은 정해진 특성에 따라 짝을 맞춤으로써 참가자들 사이의 외생적(즉, 실험자의 통제를 벗어난: 역주) 차이를 감소시키는 방법.

차별강화(differential reinforcement) 　특정 종류의 행동은 체계적으로 강화를 하고 다른 것들은 강화를 하지 않는 조작적 훈련 절차.

차별적 결과 효과(differential outcomes effect) 　상이한 행동들이 상이한 강화물들을 산출할 때 변별훈련이 더 신속하게 진행된다는 발견. 줄임말은 DOE.

차폐(blocking, 차단) 　어떤 자극이 효과적인 CS를 포함하는 복합자극의 일부가 될 경우 CS가 되지 못하는 것. 그 효과적인 CS가 새로운 CS의 형성을 차폐한다고 말한다. (Cf. 뒤덮기)

참가자 간 실험(between-subjects experiment) 　독립변인을 둘 이상의 참가자 집단에 걸쳐 변화시키는 실험설계. 처치 간 실험 또는 집단 실험이라고도 한다. (Cf. 참가자 내 실험)

참가자 내 실험(within-subjects experiment) 　독립변인이 동일한 참가자에 대하여 상이한 시각에 달라지는 연구설계. 따라서 각 참가자는 실험집단과 통제집단의 두 역할을 모두 한다. 단일 참가자 실험 또는 단일 사례 실험이라고도 한다. (Cf. 참가자 간 실험)

처벌(punishment) 　어떤 행동의 강도가 그 행동의 결과로 인해 감소되는 것. 학습 절차로서는 어떤 행동에 대하여 그 행동의 강도를 감소시키는 결과를 제공하는 절차. (Cf. 정적 처벌, 부적 처벌, 강화)

처벌물(punisher) 　어떤 행동의 결과로서, 그 행동의 강도를 감소시키는 모든 것. (Cf. 강화물)

체계적 둔감화(systematic desensitization) 　역조건형성의 한 형태로서, 환자가 이완된 상태에서 점차로 강한 공포를 일으키는 CS들을 상상한다.

촉구회상(prompted recall) 어떤 행동을 수행해야 할지에 대한 힌트(촉구자극)를 제시하여 망각을 측정하는 방법. 단서회상이라고도 한다. (Cf. 자유회상)

추동(drive) Hull의 강화 이론에서 (예컨대 음식의) 박탈 기간으로 인해 야기된 (배고픔 같은) 동기 상태.

추동감소 이론(drive-reduction theory) 강화물의 효과의 원인을 추동의 감소에서 찾는 강화 이론.

타임아웃(time out) 정적 강화로부터의 타임아웃을 줄인 말로서, 양육자가 아이를 강화를 받을 수 있는 지역 바깥에 두는 기간. 그 결과 아이는 더 이상 강화물을 받을 수 없게 된다.

통제집단(control group) 참가자 간 실험에서, 독립변인에 노출되지 않는 참가자들. (Cf. 실험집단)

통찰(insight) 어떤 문제의 해결책을 잘 알 수 없는 수단에 의해 분명하게 그리고 흔히 갑작스럽게 인식하는 것.

파블로프식 조건형성(Pavlovian conditioning) 중성 자극(반사 반응을 유발하지 않는 자극)을 반사 반응을 유발하는 자극인 US와 짝짓는 절차. 고전적 조건형성 또는 반응적 조건형성이라고도 한다. 그 중성 자극은 흔히 CS라고 지칭되는데, 엄격하게 말하면 그것은 US와 짝지어진 후에야 CS가 된다. (Cf. 조작적 학습)

파지 간격(retention interval) 어떤 행동의 학습이나 훈련이 일어나지 않는 기간. 망각 연구에서 파지 간격은 흔히 학습의 종료와 망각에 대한 검사 사이의 시간 간격이다.

파지 과정(retentional process) 관찰학습에서 모델의 행동을 나중에 회상하는 데 도움이 되도록 어떤 식으로(대개 말이나 심상으로) 나타내는 과정.

평형 이론(equilibrium theory) '반응박탈 이론'을 보라.

표본 짝 맞추기(matching to sample, 표본 대응) 둘 이상의 비교자극들 중에서 표본과 일치하는 것을 선택해야 하는 변별훈련 절차. 줄임말은 MTS.

학습 중인 모델(learning model) 사회적 관찰학습에서 어떤 과제를 수행하기를 학습하고 있는 장면이 관찰의 대상인 모델. 미숙한 모델이라고도 한다.

학습(learning) 경험으로 인한 행동의 변화.

학습된 근면성(learned industriousness) 어려운 문제를 해결하려는 끈기에 대한 강화를 과거에 받은 결과로 어떤

문제를 해결하려는 지속적 노력을 하는 경향. (Cf. 학습된 무기력)

학습된 무기력(learned helplessness, 학습된 무력감) 해결 불가능한 문제에 과거에 노출된 결과 어떤 문제를 해결하기를 포기하는 경향성. 실험에서는 그 문제가 일반적으로 도피 학습이다. (Cf. 학습된 근면성)

행동 연쇄(behavior chain) 일련의 관련된 행동들로서, 그 마지막 고리가 강화를 가져온다.

행동 운동량(behavioral momentum) 강화받은 행동의 강도를 가리키는 데 사용되는 용어.

행동(behavior) 사람이나 동물이 하는 측정될 수 있는 모든 것. 실제로는 이 용어가 대개 공공연하게 측정 가능한 외현적 행동을 가리킨다. 그러나 그것을 하고 있는 오직 그 사람에게만 가용한 행동(예: 사고)도 신빙성 있게 측정될 수만 있다면 여기에 포함될 수 있다.

혐오자극(aversive stimulus) 동물이나 사람이 피할 수만 있다면 피하려고 하는 모든 자극. 그것의 제거가 강화력을 갖는 모든 자극.

혐오적(aversive) 회피될 가능성이 높은 사건을 묘사하는 형용사.

혐오치료(aversion therapy) 역조건형성의 일종으로서, CS가 혐오적 US(흔히, 구토를 일으키는 약물)와 짝지어진다.

협동계획(cooperative schedule) 강화가 둘 이상의 개체의 행동에 수반되는 복합 강화계획.

혼합계획(mixed schedule) 특정 자극과 연관되지 않은 둘 이상의 강화계획이 교대되는 복합 강화계획. (Cf. 다중계획)

효과 법칙(law of effect) 행동은 그 결과의 함수라는 진술. 어떤 행동의 강도는 그것이 과거에 환경에 미친 효과에 좌우되기 때문에 이러한 이름이 붙었다. 이 법칙에 함축되어 있는 개념은 조작적 학습이 능동적인 과정이라는 것이다. 왜냐하면 그 효과를 직접적으로든 간접적으로든 만들어내는 것은 대개 유기체의 행동이기 때문이다.

후향 연쇄 짓기(backward chaining) 연쇄의 맨 마지막 고리부터 훈련하기 시작하여 그 앞의 고리들로 역순으로 나아가는 연쇄 절차. (Cf. 전향 연쇄 짓기)

흔적 조건형성(trace conditioning) US가 제시되기 전에 CS가 시작되어서 끝나는 파블로프식 조건형성 절차.

흥분성 기울기(excitatory gradient) 일반화와 변별에 대한 Spence의 이론에서, S^D 혹은 CS^+ 및 그와 유사한 자극에 반응하는 경향성의 증가를 보여주는 일반화 기울기. (Cf. 억제성 기울기)

1과정 이론(one-process theory) 회피와 처벌에 오직 한 과정, 즉 조작적 학습만 관여한다는 이론. (Cf. 2과정 이론)

2과정 이론(two-process theory) 회피와 처벌에 두 가지 과정, 즉 파블로프식 학습과 조작적 학습이 관여한다는 이론. (Cf. 1과정 이론)

ABA 반전 설계(ABA reversal design) 참가자 내 실험의 일종으로 독립변인이 없는 상태(A)에서 행동을 관찰하고, 독립변인이 있는 상태(B)에서 관찰한 다음, 다시 독립변인이 없는 상태(A)에서 행동을 관찰한다. 때로는 B 조건을 다시 실시하여 ABAB 설계가 되기도 한다. 여기서 실험 조작을 흔히 개입이라고 말한다.

Bandura의 사회인지 이론(Bandura's social-cognitive theory) Bandura가 제안한 이론으로 인지과정(사람의 내부에서 일어나는 어떤 일)이 모델에게서 배우는 관찰학습을 설명한다고 말한다. 그의 이론은 네 종류의 인지과정, 즉 주의, 파지, 운동 재현, 동기 과정을 구분한다.

CER '조건 정서반응'을 보라.

CIMT '제약 유도 운동요법'을 보라.

CR '조건반응'을 보라.

CRF '연속강화'를 보라.

CS '조건자극'을 보라.

CS^- 파블로프식 변별 훈련에서, US가 존재하지 않을 때 규칙적으로 나타나는 자극. (Cf. CS^+)

CS^+ 파블로프식 변별 훈련에서, US와 규칙적으로 짝지어지는 자극. (Cf. CS^-)

DMTS '지연 표본 짝 맞추기'를 보라.

DOE '차별적 결과 효과'를 보라.

DRA '대안행동 차별강화'를 보라.

DRI '상반행동 차별강화'를 보라.

DRL '저율 차별강화'를 보라.

FD 계획 '고정기간계획'을 보라.

FI 계획 '고정간격계획'을 보라.

FR 계획 '고정비율계획'을 보라.

FT 계획 '고정시간계획'을 보라.

Goldiamond의 역설(Goldiamond's paradox) 어떤 사람이 비전형적 행동을, 그것에 대한 강화물이 가용할 때만이 아니라 가용하지 않을 때도 함으로써 강화를 받게 되는 현상을 가리키는 역설.

MTS '표본 짝 맞추기'를 보라.

PRE '부분강화효과'를 보라.

Premack 원리(Premack principle) 고확률 행동이 저확률 행동을 강화한다는 원리.

Rescorla-Wagner 모형(Rescorla-Wagner model) 파블로프식 조건형성에 대한 이론. 어떤 무조건자극으로 이룰 수 있는 조건형성의 최대량의 일정한 비율이 매 짝짓기에서 습득되면서 조건형성이 진행된다고 말한다.

S^- S^A를 보라

S^+ S^D를 보라

SAFMEDS 암기 카드로 공부할 때 가장 좋은 효과를 내는 방법을 기억하는 데 도움을 주는 두문자어. 'Say All Fast Minute Each Day Shuffle.'을 줄인 말이다. 암기 카드 뒷면에 적힌 답을 보기 전에 그 답을 먼저 말하라(Say). 모든(All) 혹은 할 수 있는 한 많은 카드를, 최대한 빨리(Fast), 1분 안에(in one Minute) 익힌다. 이것을 매일(Each Day) 하라. 모든 카드를 한 번 익힌 다음에는 섞어라(Shuffle).

S^D 이 자극이 존재할 때 특정 반응이 일어나면 강화가 주어짐을 나타낸다. '에스 디'라고 발음하며, S^+라고 표시하기도 한다. (Cf. S^A)

S^A 이 자극이 존재할 때 특정 반응이 일어나면 강화가 주어지지 않음을 나타낸다. '에스 델타'라고 발음하며, S^-로 표시하기도 한다. (Cf. S^D)

Sidman 회피 절차(Sidman avoidance procedure) 혐오자극에 규칙적으로 선행하는 자극이 없는 도피-회피 훈련 절차. 신호 없는 회피라고도 한다.

UR '무조건반응'을 보라.

US '무조건자극'을 보라.

VD 계획 '변동간격계획'을 보라.

VI 계획 '변동기간계획'을 보라.

VR 계획 '변동비율계획'을 보라.

VT 계획 '변동시간계획'을 보라.

Abdullahi, A., Aliyu, N. U., Useh, U., Abba, M. A., Akindele, M. O., Truijen, S., & Saeys, W. (2021). Effects of Two Different Modes of Task Practice During Lower Limb Constraint-Induced Movement Therapy in People with Stroke: A Randomized Clinical Trial, *Neural Plasticity*, 6664058.

Abraham, A. D., Cunningham, C. L., & Lattal, K. M. (2012). Methylphenidate enhances extinction of contextual fear. *Learning & Memory, 19*, 67–72.

Abramowitz, A. J., & O'Leary, S. G. (1990). Effectiveness of delayed punishment in an applied setting. *Behavior Therapy, 21*, 231–239.

Abramowitz, A. J., O'Leary, S. G., & Rosen, L. A. (1987). Reducing off-task behavior in the classroom: A comparison of encouragement and reprimands. *Journal of Abnormal Child Psychology, 15*, 153–163.

Adams, M. A., Hovell, M. F., Irvin, V., Sallis, J. F., Coleman, K. J., & Liles, S. (2006). Promoting stair use by modeling: An experimental application of the behavioral ecological model. *American Journal of Health Promotion, 21*(2), 101–109.

Adams-Curtiss, L., & Fragaszy, D. M. (1995). Influence of a skilled model on the behavior of conspecific observers in tufted capuchin monkeys (*Cebus apella*). *American Journal of Primatology, 37*, 65–71.

Ader, R., & Cohen, N. (1975). Behaviorally conditioned immunosuppression. *Psychosomatic Medicine, 37*, 333–340.

Ader, R., & Cohen, N. (1993). Psychoneuroimmunology: Conditioning and stress. *Annual Review of Psychology, 33*, 53–86.

Affi, T. O., Mota, N., Sareen, J., & MacMillan, H. L., The relationships between harsh physical punishment and child maltreatment in childhood and intimate partner violence in adulthood. *BMC Public Health, 17*.

Agar, W. E., Drummond, F. H., Tiegs, O. W., & Gunson, M. M. (1954). Fourth (final) report on a test of McDougall's Lamarckian experiment on the training of rats. *Journal of Experimental Biology, 31*, 307–321.

Agnew, J. L., & Daniels, A. (2010). *Safe by accident?* Atlanta, GA: Performance Management Publications.

Agras, S., Sylvestor, D., & Oliveau, D. (1969). The epidemiology of common fears and phobias. *Comprehensive Psychiatry, 10*, 151–156.

Akin, O. (1983). *The psychology of architectural design.* London: Pion.

Alavosius, M. P., & Sulzer-Azaroff, B. (1985). An on-the-job method to evaluate patient lifting technique. *Applied Ergonomics, 16*(4), 307–311.

Alavosius, M. P., & Sulzer-Azaroff, B. (1990). Acquisition and maintenance of health-care routines as a function of feedback density. *Journal of Applied Behavior Analysis, 23*, 151–162.

Albert, M., & Ayres, J. J. B. (1997). One-trial simultaneous and backward excitatory conditioning in rats: Lick suppression, freezing, and rearing to CS compounds and their elements. *Animal Learning and Behavior, 25*(2), 210–220.

Albert, R. S. (1980). Family positions and the attainment of eminence. *Gifted Child Quarterly, 24*, 87–95.

Alford, B. A. (1986). Behavioral treatment of schizophrenic delusions: A single-case experimental analysis. *Behavior Therapy, 17*, 637–644.

Allan, R. W. (1990). Concept learning and peck location in the pigeon. Paper presented at the 16th annual convention of the Association for Behavior Analysis, Nashville, TN.

Allan, R. W. (1993). Control of pecking response topography by stimulus-reinforcer and response-reinforcer contingencies. In H. Philip Zeigler & Hans-Joachim Bischof (Eds.), *Vision, brain, and behavior in birds* (pp. 285–300). Cambridge, MA: MIT Press.

Allan, R. W. (1998). Operant-respondent interactions. In W. T. O'Donohue (Ed.), *Learning and behavior therapy* (pp. 146–168). Boston, MA: Allyn & Bacon.

Allen, C. T., & Janiszewski, C. A. (1989). Assessing the role of contingency awareness in attitudinal conditioning with implications for advertising research. *Journal of Marketing Research, 26*, 30–43.

Alloway, T., Wilson, G., & Graham, J. (2011). *Sniffy the virtual rat: Pro (version 3).* Belmont, CA: Wadsworth.

Almeida, M. B., Schild, A. L., Brasil, N. D. A., Quevedo, P. S., Fiss, L., Pfister, J. A., & Riet-Correa, F. (2009). Conditioned aversion in sheep induced by *Baccharis coridifolia*. *Applied Animal Behaviour Science, 117*, 197–200.

Almeida, M. B., Schild, A. L., Pfister, J., Assis-Brasil, N. D., Pimentel, M., Forster, K. M., & Riet-Correa, F. Methods of inducing conditioned food aversion to *Baccharis coridifolia* (mio-mio) in cattle. Unpublished Manuscript.

Altevogt, B. M., Pankevich, D. E., Pope, A. M., & Kahn, J. P. (2011). Guiding limited use of chimpanzees in research. *Science, 335*(6064), 41–42. Available at https://www.science.org/doi/10.1126/science.1217521.

Alvero, A. M., Bucklin, B. R., & Austin, J. (2001). An objective review of the effectiveness and essential characteristics of performance feedback in organizational settings. *Journal of Organizational Behavior Management, 2*(1), 3–5.

Amabile, T. M. (1982). Children's artistic creativity: Detrimental effects of competition in a field setting. *Personality and Social Psychology Bulletin, 8*, 573–578.

Amabile, T. M. (1983). *The social psychology of creativity*. New York: Springer-Verlag.

American Psychiatric Association. (1973). *Behavior therapy in psychiatry*. New York: Aronson.

American Psychological Association. (2012). *Guidelines for Ethical Conduct in the Care and Use of Nonhuman Animals in Research*. https://www.apa.org/science/leadership/care/guidelines.

American Psychological Association Ethics Committee. (2010). Ethical principles of psychologists and code of conduct. *American Psychologist, 47*, 1597–1611.

American Psychiatric Association. (2013). *Diagnostic and statistical manual of mental disorders* (5th ed.).

Amin, S. (2020). The psychology of coronavirus fear: Are healthcare professionals suffering from corona-phobia? *International Journal of Healthcare Management, 13*, 249–256.

Amsel, A. (1958). The role of frustrative nonreward in noncontinuous reward situations. *Psychological Bulletin, 55*, 102–119.

Amsel, A. (1962). Frustrative nonreward in partial reinforcement and discrimination learning: Some recent history and theoretical extension. *Psychological Review, 69*, 306–328.

Anderson, C. A., Shibuya, A., Ihori, N., Swing, E. L., Bushman, B. J., Sakamoto, A. et al. (2010). Violent video game effects on aggression, empathy, and prosocial behavior in Eastern and Western countries: A meta-analytic review. *Psychological Bulletin, 136*(2), 151–173.

Anderson, M. C. & Hulbert, J. C. (2021). Active forgetting: Adaptation of memory by prefrontal control. *Annual Review of Psychology, 72*, 1–36.

Anderson, P., Rothbaum, B. O., & Hodges, L. F. (2000). Social phobia: Virtual reality exposure therapy for fear of public speaking. Paper presented at the annual meeting of the American Psychological Association, Washington, DC.

Anderson, P., Rothbaum, B. O., & Hodges, L. F. (2003). Virtual reality exposure in the treatment of social anxiety. *Cognitive and Behavioral Practice, 10*, 240–247.

Andreasen, N. C. (2010). A journey into chaos: Creativity and the unconscious. Seminar on Mind, Brain and Consciousness, Thane, India, January 14 and 15.

Anger, D. (1963). The role of temporal discrimination in the reinforcement of Sidman avoidance behavior. *Journal of the Experimental Analysis of Behavior, 6*, 477–506.

Angier, N. (2009, July 21). When "what animals do" doesn't seem to cover it. *New York Times*, p. D1.

Angoff, W. H. (1984). *Scales, norms, and equivalent scores*. Princeton, NJ: Educational Testing Service.

Anrep, G. V. (1920). Pitch discrimination in the dog. *Journal of Physiology, 53*, 367–385.

Aristotle. (1985). *The politics* (Carnes Lord, Trans.) Chicago: University of Chicago Press.

Aronson, E. (2011). *The social animal* (11th ed). New York: Worth Publishers.

Athens, E. S., & Vollmer, T. R. (2010). An investigation of differential reinforcement of alternative behavior without extinction. *Journal of Applied Behavior Analysis, 43*, 569–589.

Austin, J., Kessler, M. L., Riccobono, J. E., & Bailey, J. S. (1996). Using feedback and reinforcement to improve the performance and safety of a roofing crew. *Journal of Organizational Behavior Management, 16*(2), 49–75.

Austin, J. L., & Bevan, D. (2011). Using differential reinforcement of low rates to reduce children's requests for teacher attention. *Journal of Applied Behavior Analysis, 44*, 451–461.

Axelrod, S. (1983). Introduction. In S. Axelrod & J. Apsche (Eds.), *The effects of punishment on human behavior*. New York: Academic Press.

Ayres, J. J. B., Haddad, C., & Albert, M. (1987). One-trial excitatory backward conditioning as assessed by conditioned suppression of licking in rats: Concurrent observations of lick suppression and defensive behaviors. *Animal Learning and Behavior, 15*(2), 212–217.

Aziz-Zadeh, L., Cattaneo, L., & Rizzolatti, G. (2005). Covert speech arrest induced by rTMS over both motor and nonmotor left hemisphere frontal sites. *Journal of Cognitive Neuroscience, 17*(6), 928–938.

Azrin, N. H. (1959). A technique for delivering shock to pigeons. *Journal of the Experimental Analysis of Behavior, 2*, 161–163.

Azrin, N. H. (1960). Effects of punishment intensity during variable-interval reinforcement. *Journal of the Experimental Analysis of Behavior, 3*(2), 123–142.

Azrin, N. H., & Holz, W. C. (1961). Punishment during fixed-interval reinforcement. *Journal of the Experimental Analysis of Behavior, 4*, 343–347.

Azrin, N. H., & Holz, W. C. (1966). Punishment. In W. K. Honig (Ed.), *Operant behavior: Areas of research and application* (pp. 380–447). New York: Appleton-Century-Crofts.

Azrin, N. H., Holz, W. C., & Hake, D. F. (1963). Fixed-ratio punishment. *Journal of the Experimental Analysis of Behavior, 6*, 141–148.

Azrin, N. H., Hutchinson, R. R., & Hake, D. F. (1966). Extinction-induced aggression. *Journal of the Experimental Analysis of Behavior, 9*, 191–204.

Azrin, N. H., Hutchinson, R. R., & McLaughlin, R. (1965). The opportunity for aggression as an operant reinforcer during aversive stimulation. *Journal of the Experimental Analysis of Behavior, 8*, 171–180.

Azouvi, P., Arnould, A., Dromer, E. & Vallat-Azouvi, C. (2017). Neuropsychology of traumatic brain injury: An expert overview. *Revue Neurologique, 173*, 461-472.

Bachmeyer, M. H. (2010). An evaluation of motivating operations in the treatment of food refusal. Doctoral dissertation, University of Iowa, Iowa City, IA. Available at http://ir.uiowa.edu/etd/637.

Bachrach, A. J., Erwin, W. J., & Mohr, J. P. (1965). The control of eating behavior in an anorexic by operant conditioning techniques. In L. P. Ullmann & L. Krasner (Eds.), *Case studies in behavior modification* (pp. 153–163). New York: Holt, Rinehart & Winston.

Baddeley, A., Eysenck, M. W., & Anderson, M. (2009). *Memory*. New York: Psychology Press.

Baddeley, A. D. (1976). *The psychology of memory*. New York: Basic Books.

Baddeley A. D. (1982). Domains of recollection. *Psychological Review, 89*, 708–729.

Baer, D. M. (1999). *How to plan for generalization* (2nd ed.). Austin, TX: Pro-Ed.

Baer, D. M., & Deguchi, H. (1985). Generalized imitation from a radical-behavioral viewpoint. In S. Reiss & R. R. Bootzin (Eds.), *Theoretical issues in behavior therapy* (pp. 197–217). Orlando, FL: Academic Press.

Baer, D. M., Peterson, R. F., & Sherman, J. A. (1967). The development of imitation by reinforcing behavioral similarity to a model. *Journal of the Experimental Analysis of Behavior, 10*, 405–416.

Baer, D. M., & Sherman, J. A. (1964). Reinforcement control of generalized imitation in young children. *Journal of Experimental Child Psychology, 1*, 37–49.

Bahrick, H. P. (1984). Semantic memory content in permastore: Fifty years of memory for Spanish learned in school. *Journal of Experimental Psychology: General, 113*, 1–29.

Bahrick, H. P., & Phelps, E. (1987). Retention of Spanish vocabulary over 8 years. *Journal of Experimental Psychology: Learning, Memory, and Cognition, 13*(2), 344–349.

Baldwin, J. (2007). The value of studying behavior in everyday life. Lecture given at the annual meeting of the Association for Behavior Analysis, San Diego, CA, May 29.

Baker, B. L. (1969). Symptom treatment and symptom substitution in enuresis. *Journal of Abnormal Psychology, 74*(1), 42–49.

Baker, J. R., Bezance, J. B., Zellaby, E. & Aggleton, J. P. (2004). Chewing gum can produce context-dependent effects upon memory. *Appetite, 43*, 207–210.

Baker, W. E., Honea, H., & Russell, C. A. (2004). Do not wait to reveal the brand name: The effect of brand-name placement on television advertising effectiveness. *Journal of Advertising, 33*, 77–85.

Balas, R. & Sweklej, J. (2013). Changing prejudice with evaluative conditioning. *Polish Psychological Bulletin, 44*, 379–383.

Balcazar, F. E., Hopkins, B. L., & Suarez, Y. (1985–1986). A critical, objective review of performance feedback. *Journal of Organizational Behavior Management, 7*(3–4), 65–89.

Balster, R. (1992, December). In defense of animal research. *APA Monitor*, p. 3.

Bandura, A. (1965). Vicarious processes: A case of no-trial learning. In L. Berkowitz (Ed.), *Advances in experimental social psychology*, Vol. 2 (pp. 1–55). New York: Academic Press.

Bandura, A. (1969). Social-learning theory of identificatory processes. In D. A. Goslin (Ed.), *Handbook of socialization theory and research* (pp. 213–262). Skokie, IL: Rand McNally & Co.

Bandura, A. (1971a). Analysis of modeling processes. In A. Bandura (Ed.), *Psychological modeling: Conflicting theories* (pp. 1–62). Chicago: Aldine-Atherton.

Bandura, A. (Ed.). (1971b). *Psychological modeling: Conflicting theories*. Chicago: Aldine-Atherton.

Bandura, A. (1971c). *Social learning theory*. New York: General Learning Press.

Bandura, A. (1973). *Aggression: A social learning analysis*. Englewood Cliffs, NJ: Prentice-Hall.

Bandura, A. (1977). *Social learning theory*. Englewood Cliffs, NJ: Prentice-Hall.

Bandura, A. (1983/2004). Model of causality in social learning theory. In A. Freeman, M. Mahoney, P. L. DeVito, & D. M. Martin (Eds.), *Cognition and psychotherapy* (2nd ed.) (pp. 25–44). New York: Springer.

Bandura, A. (1986). *Social foundations of thought and action*. Englewood Cliffs, NJ: Prentice-Hall.

Bandura, A., Ross, D., & Ross, S. A. (1961). Transmission of aggression through imitation of aggressive models. *Journal of Abnormal and Social Psychology, 63*, 575–582.

Bandura, A., & Walters, R. H. (1959). *Adolescent aggression*. New York: Ronald Press.

Bansal, P. S., Haas, S. M., Willoughby, M. T., Coles, E. K., Pelham, W. E., & Waschbusch, D. A. (2020). A pilot study of emotional responses to Time-Out in children with conduct problems and callous-unemotional traits. *Psychological Reports, 123*, 2017–2037.

Baron, A., & Derenne, A. (2000). Progressive-ratio schedules: Effects of later schedule requirements on earlier performances. *Journal of the Experimental Analysis of Behavior, 73*, 291–304.

Baron, A., & Galizio, M. (2005). Positive and negative reinforcement: Should the distinction be preserved? *The Behavior Analyst, 28*, 85–98.

Baron, A., & Galizio, M. (2006). Distinguishing between positive and negative reinforcement: Responses to Nakajima (2006) and Staats (2006). *The Behavior Analyst, 29*, 273–277.

Barr, R., Dowden, A., & Hayne, H. (1996). Developmental changes in deferred imitation by 6- to 24-month-old infants. *Infant Behavior and Development, 19*, 159–170.

Bartlett, F. C. (1932). *Remembering: A study in experimental social psychology*. New York: Macmillan.

Barton, E. J., & Ascione F. R. (1979). Sharing in preschool children: Facilitation, stimulus generalization, response generalization, and maintenance. *Journal of Applied Behavior Analysis, 12*, 417–430.

Baum, W. M. (1974). Choice in free-ranging wild pigeons. *Science, 185*, 78–79.

Baum, W. M. (1975). Time allocation in human vigilance. *Journal of the Experimental Analysis of Behavior, 23*, 43–53.

Baum, W. M. (2007). Evolutionary theory is the proper framework for behavior analysis. Lecture presented at the annual meeting of the Association for Behavior Analysis, San Diego, CA, May 28.

Baum, W. M. (2010). Dynamics of choice: A tutorial. *Journal of the Experimental Analysis of Behavior, 94*(2), 161–174. doi: 10.1901/jeab.2010.94-161.

Baum, W. M. (2011). Why private events are a mistake. Address given at the annual meeting of the Association for Behavior Analysis, Denver, CO, May.

Baum, W. M., & Kraft, J. R. (1998). Group choice: Competition, travel, and the ideal free distribution. *Journal of the Experimental Analysis of Behavior, 69*, 227–245.

Baumann, S., Neff, C., Fetzick, S., Stangl, G., Basler, L., Vereneck, R. et al. (2003). A virtual reality system for neurobehavioral and functional MRI studies. *CyberPsychology & Behavior, 6*(3), 259–266. doi: 10.1089/109493103322011542.

Beaman, R., & Wheldall, K. (2000). Teachers' use of approval and disapproval in the classroom. *Educational Psychology, 20*, 431–446.

Bean, A. W., & Roberts, M. W. (1981). The effect of time-out release contingencies on changes in child noncompliance. *Journal of Abnormal Child Psychology, 9*, 95–105.

Bechara, A., Damasio, H., Tranel, D., & Damasio, A. R. (1997). Deciding advantageously before knowing the advantageous strategy. *Science, 275*(5304), 1293–1295.

Bechara, A., Tranel, D., Damasio, H., Adolphs, R., Rockland, C., & Damasio, A. R. (1995). Double dissociation of conditioning and declarative knowledge relative to

the amygdala and hippocampus in humans. *Science, 269*(5227), 1115–1118.

Becker, J. V., & Hunter, J. A. (1992). Evaluation of treatment outcome for adult perpetrators of child sexual abuse. *Criminal Justice and Behavior, 19*(1), 74–92.

Becker, W. C. (1971). *Parents are teachers: A child management program*. Champaign, IL: Research Press.

Belke, T. W., & Dunbar, M. J. (2001). Effects of cocaine on fixed interval responding reinforced by the opportunity to run. *Journal of the Experimental Analysis of Behavior, 75*, 77–91.

Bellegarde, L. G. A., Erhard, H. W., Weiss, A., Boissy, A. & Haskell, M. J. (2017). Valence of facial cues influences sheep learning in a visual discrimination task. *Frontiers in Veterinary Science, 4*.

Berger, S. M. (1971). Observer perseverance as related to a model's success: A social comparison analysis. *Journal of Personality and Social Psychology, 19*, 341–350.

Berkowitz, L. (1983). Aversively stimulated aggression: Some parallels and differences in research with animals and humans. *American Psychologist, 38*, 1135–1144.

Berkowitz, L., & Donnerstein, E. (1982). External validity is more than skin deep: Some answers to criticisms of laboratory experiments. *American Psychologist, 37*, 245–257.

Bernard, J., & Gilbert, R. W. (1941). The specificity of the effect of shock for error in maze learning with human subjects. *Journal of Experimental Psychology, 28*, 178–186.

Bhattacharya, S., Bashar, M. A., Srivastava, A. & Singh, A. (2019). NOMOPHOBIA: NO Mobile Phone PhoBIA. *Journal of Family Medicine and Primary Care, 8*(4), 1297–1300.

Bierley, C., McSweeney, F. K., & Vannieuwkerk, R. (1985). Classical conditioning of preferences for stimuli. *Journal of Consumer Research, 12*, 316–323.

Bihm, E. M., Gillaspy, J. A., Jr., Abbott, H. J., & Lammers, W. J. (2010). More misbehavior of organisms: A Psi Chi Lecture by Marian and Robert Bailey. *The Psychological Record, 60*(3), 505–522.

Binder, C. (1988). Precision teaching: Measuring and attaining exemplary academic achievement. *Youth Policy, 10*(7), 12–15.

Binder, C., Haughton, E., & Van Eyk, D. (1990). Increasing endurance by building fluency: Precision teaching attention span. *Teaching Exceptional Children, 22*, 24–27.

Binder, C., & Watkins, C. L. (1990). Precision teaching and direct instruction: Measurably superior instructional technology in schools. *Performance Improvement Quarterly, 3*(4), 74–96.

Binmore, K. (1991). Rational choice theory: Necessary but not sufficient. *American Psychologist, 46*, 797–799.

Birnbrauer, J. S. (1968). Generalization of punishment—A case study. *Journal of Applied Behavior Analysis, 1*(3), 201–211.

Bishop, M. P., Elder, S. T., & Heath, R. G. (1963). Intracranial self-stimulation in man. *Science, 140*(3565), 394–396.

Bitterman, M. E. (1964). Classical conditioning in the gold-fish as a function of the CS-US interval. *Journal of Comparative and Physiological Psychology, 58*, 359–366.

Bjork, E. L., Storm, B. C., & de Winstanley, P. A. (2010). Learning from the consequences of retrieval: Another test effect. In A. S. Benjamin (Ed.), *Successful remembering and successful forgetting: A festschrift in honor of Robert A. Bjork* (pp. 351–368). New York: Psychology Press.

Bjork, R. A. (1979). Improving processing analysis of college teaching. *Educational Psychology, 14*, 15–23.

Blaha, F. (1946). In trial of the major German war criminals. *Proceedings of the International Military Tribunal at Nuremberg*, HMSO. Reprinted in J. Carey (Ed.), *Eyewitness to history*. Cambridge, MA: Harvard University Press.

Blakely, E., & Schlinger, H. (1988). Determinants of pausing under variable-ratio schedules: Reinforcer magnitude, ratio size, and schedule configuration. *Journal of the Experimental Analysis of Behavior, 50*, 65–73.

Bliss, R. E., Garvey, A. J., Heinold, J. W., & Hitchcock, J. L. (1989). The influence of situation and coping on relapse crisis outcomes after smoking cessation. *Journal of Consulting and Clinical Psychology, 57*, 443–449.

Bloom, B. S. (1986, February). Automaticity: The hands and feet of genius. *Educational Leadership*, 70–76.

Blough, D. S. (1959). Delayed matching in the pigeon. *Journal of the Experimental Analysis of Behavior, 2*, 151–160.

Blough, D. S. (1982). Pigeon perception of letters of the alphabet. *Science, 218*, 397–398.

Boakes, R. (1977). Performance on learning to associate a stimulus with positive reinforcement in the rat. *Journal of the Experimental Analysis of Behavior, 29*, 115–134.

Boe, E. E., & Church, R. M. (1967). Permanent effects of punishment during extinction. *Journal of Comparative and Physiological Psychology, 63*, 486–492.

Bololi, D. D. & Rizeanu, S. (2018). Teaching gross motor imitation skills to children diagnosed with autism. *Romanian Journal of Psychological Studies*, 17–23.

Bond, N. W., & Di Giusto, E. L. (1976). One-trial higher-order conditioning of a taste aversion. *Australian Journal of Psychology, 28*, 53–55.

Booth, R., & Rachman, S. (1992). The reduction of claustrophobia—1. *Behavior Research and Therapy, 30*(3), 207–221.

Bordnick, P. S., Copp, H. L., Traylor, A., Graap, K. M., Carter, B. L., Walton, A., & Ferrer, M. (2009). Reactivity to cannabis cues in virtual reality environments. *Journal of Psychoactive Drugs, 41*(2), 105–112.

Borovsky, D., & Rovee-Collier, C. (1990). Contextual constraints on memory retrieval at six months. *Child Development, 61*, 1569–1583.

Borrero, J. C., & Vollmer, T. R. (2002). An application of the matching law to severe problem behavior. *Journal of Applied Behavior Analysis, 35*, 13–27.

Boutelle, K. N., Jeffery, R. W., Murray, D. M., & Schmitz, M. K. H. (2001). Using signs, artwork, and music to promote stair use in a public building. *American Journal of Public Health, 91*(12), 2004–2006.

Bouton, M. E., Garcia-Gutierrez, A., Zilski, J., & Moody, E. W. (2006). Extinction in multiple contexts does not necessarily make extinction less vulnerable to relapse. *Behavioural Research and Therapy, 44*, 983–994.

Bouton, M. E., & Swartzentruber, D. (1991). Source of relapse after extinction in Pavlovian and instrumental learning. *Clinical Psychology Review, 11*, 123–140.

Bovbjerg, D. H., Redd, W. H., Maier, L. A., Holland, J. C., Lesko, L. M., Niedzwiecki, D. et al. (1990). Anticipatory immune suppression and nausea in women receiving cyclic chemotherapy for ovarian cancer. *Journal of Consulting and Clinical Psychology, 58*, 153–157.

Boyer, E., Miltenberger, R. G., Batsche, C., & Fogel, V. (2009). Video modeling by experts with video feedback to enhance gymnastics skills. *Journal of Applied Behavior Analysis, 42*, 855–860.

Branch, M. N. (1977). On the role of "memory" in the analysis of behavior. *Journal of the Experimental Analysis of Behavior, 28*, 171–179.

Braun, H. W., & Geiselhart, R. (1959). Age differences in the acquisition and extinction of the conditioned eyelid response. *Journal of Experimental Psychology, 57*, 386–388.

Breland, K., & Breland, M. (1961). The misbehavior of organisms. *American Psychologist, 16*, 681–684.

Brenan, M. (2019). 40% of Americans believe in creationism. https://news.gallup.com/poll/261680/americans-believe-creationism.aspx.

Bridger, W. H. (1961). Sensory habituation and discrimination in the human neonate. *American Journal of Psychiatry, 117*, 991–996.

Broden, M., Bruce, C., Mitchell, M. A., Carter, V., & Hall, R. V. (1970). Effects of teacher attention on attending behavior of two boys at adjacent desks. *Journal of Applied Behavior Analysis, 3*(3), 199–203.

Brogden, W. J. (1939a). Higher order conditioning. *American Journal of Psychology, 52*(4), 579–591.

Brogden, W. J. (1939b). Sensory pre-conditioning. *Journal of Experimental Psychology, 25*, 323–332.

Browder, D. M., Schoen, S. F., & Lentz, F. E. (1986). Learning to learn through observation. *Journal of Special Education, 20*(4), 447–461.

Brown, F. J., Peace, N., & Parsons, R. (2009). Teaching children generalized imitation skills: A case study. *Journal of Intellectual Disabilities, 13*, 9–17.

Brown, P. L., & Jenkins, H. M. (1968). Auto-shaping of the pigeon's key-peck. *Journal of the Experimental Analysis of Behavior, 11*, 1–8.

Brown, R. I. (2007). Galen: Developer of the reversal design? *The Behavior Analyst, 30*, 31–35.

Bruchey, A. K., & Gonzalez-Lima, F. (2006). Brain activity associated with fear renewal. *European Journal of Neuroscience, 24*(12), 3567–3577.

Bruner, J. S. (1983). *In search of mind: Essays in autobiography*. New York: Harper/Collins.

Bryan, W. L., & Harter, N. (1899). Studies on the telegraphic language. The acquisition of a hierarchy of habits. *Psychological Review, 6*, 345–375.

Buckalew, L. W., & Gibson, G. S. (1984). Antecedent and attendant stimuli in smoking: Implications for behavioral maintenance and modification. *Journal of Clinical Psychology, 40*, 1101–1106.

Bucklin, B. R., & Dickinson, A. M. (2001). Individual monetary incentives: A review of different types of arrangements between performance and pay. *Journal of Organizational Behavior Management, 21*(3), 45–137.

Bueno, D. (2019). Genetics and learning: How the genes influence educational attainment. *Frontiers in Psychology, 10*.

Burdick, A. (1991, November/December). Spin doctors. *The Sciences, 54*.

Bushman, B. J., & Gibson, B. (2010). Violent video games cause an increase in aggression long after the game has been turned off. *Social Psychological and Personality Science, 2*(1), 29–32.

Buzas, H. P., & Ayllon, T. (1981). Differential reinforcement in coaching tennis skills. *Behavior Modification, 5*, 372–385.

Cahoon, D. D. (1968). Symptom substitution and the behavior therapies: A reappraisal. *Psychological Bulletin, 69*(3), 149–156.

Calkins, M. W. (1894). Association: I. *Psychological Review, 1*, 476–483.

Calkins, M. W. (1896). Association: II. *Psychological Review, 3*, 32–49.

Camp, D. S., Raymond, G. A., & Church, R. M. (1967). Temporal relationship between response and punishment. *Journal of Experimental Psychology, 74*, 114–123.

Cannon, D. S., Baker, G. A., & Nathan, P. E. (1986). Alcohol aversion therapy: Relation between strength of aversion and abstinence. *Journal of Consulting and Clinical Psychology, 54*(6), 825–830.

Capaldi, E. J. (1966). Partial reinforcement: A hypothesis of sequential effects. *Psychological Review, 73*, 459–477.

Capaldi, E. J. (1967). A sequential hypothesis of instrumental learning. In K. W. Spence & J. T. Spence (Eds.), *The psychology of learning and motivation*, Vol. 1 (pp. 67–156). New York: Academic Press.

Capaldi, E. J., & Neath, I. (1995). Remembering and forgetting as contextual discrimination. *Learning & Memory, 2*, 107–132.

Capehart, J., Viney, W., & Hulicka, I. M. (1958). The effect of effort upon extinction. *Journal of Consulting and Clinical Psychology, 51*, 505–507.

Caple, C. (1996). *The effects of spaced practice and review on recall and retention using computer assisted instruction*. Ann Arbor, MI: UMI.

Carey, J. (Ed.). (1988). *Eyewitness to history*. Cambridge, MA: Harvard University Press.

Carey, S. (2011). *The origin of concepts*. New York: Oxford University Press.

Carlin, A. S., Hoffman, H. G., & Weghorst, S. (1997). Virtual reality and tactile augmentation in the treatment of spider phobia: A case study. *Behavior Research and Therapy, 35*, 153–158.

Carlson, J. G., & Wielkiewicz, R. M. (1972). Delay of reinforcement in instrumental discrimination learning of rats. *Journal of Comparative and Physiological Psychology, 81*, 365–370.

Carr, A. (1967). Adaptive aspects of the scheduled travel of Chelonia. In R. M. Storm (Ed.), *Animal orientation and navigation* (pp. 35–52). Corvallis: Oregon State University Press.

Carr, E. G. (1977). The motivation of self-injurious behavior: A review of some hypotheses. *Psychological Bulletin, 84*, 800–816.

Carr, E. G., & McDowell, J. J. (1980). Social control of self-injurious behavior of organic etiology. *Behavior Therapy, 11*, 402–409.

Carr, E. G., Robinson, S., & Palumbo, L. W. (1990a). The wrong issue: Aversive versus nonaversive treatment. The right issue: Functional versus nonfunctional treatment. In A. Rapp & N. Singh (Eds.), *Perspectives on the use of nonaversive and aversive interventions for persons with developmental disabilities* (pp. 361–379). Sycamore, IL: Sycamore Press.

Carroll, L., & Rosner, D. (2012). The concussion crisis: Anatomy of a silent epidemic. New York, NY: Simon & Schuster.

Carroll, S. (2010, September 14). Hybrids may thrive where parents fear to tread. *New York Times*, p. D2.

Carter, N., Homstrom, A., Simpanen, M., & Melin, L. (1988). Theft reduction in a grocery store through product identification and graphing of losses for employees. *Journal of Applied Behavior Analysis, 21*(4), 385–389.

Cascio, W. F. (1991). Applied psychology in personnel management. Englewood Cliffs, NJ: Prentice Hall.

Cassidy, S., Roche, B., & Hayes, S. (2011). A relational frame training intervention to raise intelligence quotients: A pilot study. *The Psychological Record, 61*, 173–198.

Catania, A. C. (1966). Concurrent operants. In W. K. Honig (Ed.), *Operant behavior: Areas of research and application* (pp. 213–230). New York: Appleton-Century-Crofts.

Catania, A. C. (2006). *Learning* (4th interim ed.). Cornwall-on-Hudson, NY: Sloan Publishing.

Ceci, S. J., & Bronfenbrenner, U. (1985). Don't forget to take the cupcakes out of the oven: Prospective memory, strategic time-monitoring, and context. *Child Development, 56*(1), 152–164.

Cepeda, N. J., Pashler, H., Vul, E., Wixted, J. T., & Rohrer, D. (2006). Distributed practice in verbal recall tasks: A review and quantitative synthesis. *Psychological Bulletin, 132*(3), 354–380.

Cero, I. & Falligant, J. M. (2020). Application of the generalized matching law to chess openings: A gambit analysis. *Journal of Applied Behavior Analysis, 53* 838-845.

Cetron, J. S., Connolly, A. C., Diamond, S. G. et al. (2019). Decoding individual differences in STEM learning from functional MRI data. *Nature Communications, 10,* Article No. 2027.

Chall, J. S. (1995). *Learning to read: The great debate.* New York: Harcourt Brace.

Chambers, K., Goldman, L., & Kovesdy, P. (1977). Effects of positive reinforcement on creativity. *Perceptual and Motor Skills, 44,* 322.

Chance, P. (1974, January). After you hit a child, you can't just get up and leave him; you are hooked to that kid: An interview with Ivar Lovaas. *Psychology Today,* 76–84.

Chance, P. (1975, December). Facts that liberated the gay community: An interview with Evelyn Hooker. *Psychology Today,* 52–55, 101.

Chance, P. (1997). Speaking of differences. *Phi Delta Kappan, 78*(7), 506–507.

Chance, P. (1999). Thorndike's puzzle boxes and the origins of the experimental analysis of behavior. *Journal of the Experimental Analysis of Behavior, 72*(3), 433–440.

Chance, P. (2007). The ultimate challenge: Prove B. F. Skinner wrong. *The Behavior Analyst, 30,* 153–160.

Chance, P. (2008). *The teacher's craft: The 10 essential skills of effective teaching.* Long Grove, IL: Waveland Press.

Charness, N. (1979). Components of skill in bridge. *Canadian Journal of Psychology, 33,* 1–50.

Chase, A. R. (2001). Music discrimination by carp (*Cyprinus carpio*). *Animal Behavior, 29,* 336–353.

Chase, P. N. (2006). Teaching the distinction between positive and negative reinforcement. *The Behavior Analyst, 29,* 113–115.

Chase, W. G., & Simon, H. A. (1973). Perception in chess. *Cognitive Psychology, 4,* 55–81.

Chen, H., Park, H. W., & Breazeal, C. (2020). Teaching and learning with children: Impact of reciprocal peer learning with a social robot on children's learning and emotive engagement. *Computers & Education, 150,* 103836.

Christopher, A. B. (1988). *Predisposition versus experiential models of compulsive gambling: An experimental analysis using pigeons.* Unpublished Ph.D. dissertation, West Virginia University, Morgantown, WV.

Chugani, H. T., Behen, M. E., Muzik, O., Csaba, J., Nagy, F., & Chugani, D. C. (2001). Local brain function activity following early deprivation: A study of postinstitutionalized Romanian orphans. *NeuroImage, 14,* 1290–1301.

Cipani, E. (1999). *Helping parents help their kids: A clinical guide to six child problem behaviors.* Philadelphia, PA: Bruner-Mazel.

Cipani, E. (2004). *Punishment on trial: A resource guide to child discipline.* Available at https://teachpsych.org/Resources/Documents/otrp/resources/cipani09.pdf.

Clark, H., Elsherif, M. M. & Leavens, D. A. (2019). Ontogeny vs phylogeny in primate/canid comparisons: A meta-analysis of the object choice task. *Neuroscience & Biobehavioral Reviews, 105,* 178–189.

Clark, R. E., & Squire, L. R. (1998). Classical conditioning and brain systems: The role of awareness. *Science, 280*(5360), 77–81.

Clay, Z., & Tennie, C. (2017). Is overimitation a uniquely human phenomenon? Insights from human children as compared to bonobos. *Child Development.*

Coates, B., & Hartup, W. (1969). Age and verbalization in observational learning. *Developmental Psychology, 1,* 556–562.

Cohen, J. Y., Haesler, S., Linh, V., Lowell, B. B., & Uchida, N. (2012). Neuro-type-specific signals for reward and punishment in the ventral tegmental area. *Nature, 482,* 85–88.

Conklin, C. A., & Tiffany, S. (2002). Applying extinction research and theory to cue-exposure addiction treatments. *Addiction, 97*(2), 155–167.

Cook, L. K., & Mayer, R. E. (1988). Teaching readers about the structure of scientific text. *Journal of Educational Psychology, 80*(4), 448–456.

Cook, M., & Mineka, S. (1990). Selective associations in the observational conditioning of fear in rhesus monkeys. *Journal of Experimental Psychology: Animal Behavior Processes, 16,* 372–389.

Cooper, J. O., Heron, T. E., & Heward, W. L. (2007). *Applied Behavior Analysis* (2nd ed.). Upper Saddle River, NJ: Pearson.

Cooper, L. A., & Shepard, R. N. (1973). Chronometric studies of the rotation of mental images. In W. G. Chase (Ed.), *Visual information processing* (pp. 75–176). New York: Academic Press.

Cooper, R. M., & Zubek, J. P. (1958). Effects of enriched and restricted early environment on the learning ability of bright and dull rats. *Canadian Journal of Psychology, 12*(3), 159–164.

Cordoba, O. A., & Chapel, J. L. (1983). Medroxyproesterone acetate antiandrogen treatment of hypersexuality in a pedophiliac sex offender. *American Journal of Psychiatry, 140*(8), 1036–1039.

Corte, H. E., Wolf, M. M., & Locke, B. J. (1971). A comparison of procedures for eliminating self-injurious behavior of retarded adolescents. *Journal of Applied Behavior Analysis, 4,* 201–213.

Costa, L. G., Giordano, G., Guizzetti, M., & Vitalone, A. (2008). Neurotoxicity of pesticides: A brief review. *Frontiers in Bioscience, 13,* 1240–1249.

Cotton, J. W. (1953). Running time as a function of amount of food deprivation. *Journal of Experimental Psychology, 46,* 188–198.

Council on Communications and Media. (2009). Media violence. *Pediatrics, 124*(5), 1495–1503.

Cowles, J. T. (1937). Food-tokens as incentives for learning by chimpanzees. *Comparative Psychology Monographs, 14*(5), 1–96.

Coyne, S. M., Ridge, R., Stevens, M., Callister, M., & Stockdale, L. (2012). Backbiting and bloodshed in books: Short-term effects of reading physical and relational aggression in literature. *British Journal of Social Psychology, 51*(1), 188–196.

Critchfield, T. S., Haley, R., Sabo, B., Colbert, J., & Macropoulis, G. (2003). A half century of scalloping in the work habits of the United States Congress. *Journal of Applied Behavior Analysis, 36*, 465–486.

Cronk, L. (1992, January/February). On human nature: Old dogs, old tricks. *The Sciences*, 13–15.

Crossman, E. K. (1991). Schedules of reinforcement. In W. Ishaq (Ed.), *Human behavior in today's world* (pp. 133–138). New York: Praeger.

Cuny, H. (1962). *Ivan Pavlov: The man and his theories* (P. Evans, Trans.). Greenwich, CT: Fawcett World Library.

D'Amato, M. R. (1973). Delayed matching to sample and short-term memory in monkeys. In G. H. Bower (Ed.), *The psychology of learning and motivation: Advances in research and theory*, Vol. 7 (pp. 227–269). New York: Academic Press.

Darwin, C. (1859). *On the origin of species*. London: J. Murray.

Darwin, C. (1874). *The descent of man* (2nd ed.). New York: Thomas Y. Crowell & Co.

Daszak, P., das Neves, C., Amuasi, J., Hayman, D. et al. (IPBES (2020)). Workshop Report on Biodiversity and Pandemics of the Intergovernmental Platform on Biodiversity and Ecosystem Services. IPBES secretariat, Bonn, Germany.

Davey, G. C. L. (1994). Is evaluative conditioning a qualitatively distinct form of classical conditioning? *Behavior Research and Therapy, 32*(3), 291–299.

David, H. P., Dytrych, Z., Matejcek, Z., & Schuller, V. (Eds.). (1988). *Born unwanted: Developmental effects of denied abortion*. New York: Springer.

Davis, H., & Hurwitz, H. M. (Eds.). (1977). *Operant- Pavlovian interactions*. Hillsdale, NJ: Erlbaum.

Davis, W. M., & Smith, S. G. (1976). Role of conditioned reinforcers in the initiation, maintenance and extinction of drug-seeking behavior. *Pavlovian Journal of Biological Science, 11*, 222–236.

Davison, M., & McCarthy, D. (1988). *The matching law: A research review*. Hillsdale, NJ: Erlbaum.

Dawkins, R. (1986). *The blind watchmaker*. New York: Norton.

Dawkins, R. (1995, November). God's utility function. *Scientific American*, 80–86.

DeAngelis, T. (1992, May). Senate seeking answers to rising tide of violence. *APA Monitor*, 11.

Deci, E. L., & Ryan, R. M. (1985). *Intrinsic motivation and self-determination in human behavior*. New York: Plenum.

de Groot, A. D. (1966). Perception and memory versus thought: Some old ideas and recent findings. In B. Kleinmuntz (Ed.), *Problem solving: Research, method and theory* (pp. 19–50). New York: Wiley.

Deguchi, H. (1984). Observational learning from a radical-behavioristic viewpoint. *The Behavior Analyst, 7*, 83–95.

De Houwer, J. (2011). Evaluative conditioning: A review of functional knowledge and mental process theories. In T. R. Schachtman & S. S. Reilly (Eds.), *Associative learning and conditioning theory: Human and non-human applications* (pp. 399–416). Oxford, UK: Oxford University Press.

De Houwer, J., Hendrickx, H., & Baeyens, F. (1997). Evaluative learning with "subliminally" presented stimuli. *Consciousness and Cognition, 6*, 87–107.

De Houwer, J., Thomas, S., & Baeyens, F. (2001). Associative learning of likes and dislikes: A review of 25 years of research on human evaluative conditioning. *Psychological Bulletin, 127*, 853–869.

Deitz, S. M., & Repp, A. C. (1973). Decreasing classroom misbehavior through the use of DRL schedules of reinforcement. *Journal of Applied Behavior Analysis, 6*, 457–463.

Delgado, J. A. P., & Greer, R. D. (2009). The effects of peer monitoring training on the emergence of the capability to learn from observing instruction received by peers. *Psychological Record, 59*, 407–434.

Dempster, F. N. (1988). The spacing effect: A case study in the failure to apply the results of psychological research. *American Psychologist, 43*(8), 627–634.

Derenne, A., & Baron, A. (2002). Preratio pausing: Effects of an alternative reinforcer on fixed- and variable-ratio responding. *Journal of the Experimental Analysis of Behavior, 77*(3), 273–282.

Derenne, A., Richardson, J. V., & Baron, A. (2006). Long-term effects of suppressing the preratio pause. *Behavioral Processes, 72*(1), 32–37.

Dermer, M. L., Lopez, S. L., & Messling, P. A. (2009). Fluency training a writing skill: Editing for concision. *The Psychological Record, 59*, 3–20.

Descartes, R. (1637/2000). *Discourse on the method of rightly conducting the reason, and seeking truth in the sciences*. London: Penguin Books.

Descartes, R. (1641/2011). *Meditations on first philosophy*. Hollywood, FL: Simon & Brown.

deVilliers, P. A. (1977). Choice in concurrent schedules and a quantitative formulation of the law of effect. In W. K. Honig & J. E. R. Staddon (Eds.), *Handbook of operant behavior* (pp. 233–287). Englewood Cliffs, NJ: Prentice-Hall.

deVries, J. E., Burnette, M. M., & Redirion, W. K. (1991). AIDS prevention: Improving nurses' compliance with glove wearing through performance feedback. *Journal of Applied Behavior Analysis, 24*(4), 705–711.

Dickinson, A., & Brown, K. J. (2007). Flavor-evaluative conditioning is unaffected by contingency knowledge during training with color-flavored compounds. *Learning & Behavior, 35*(1), 36–42.

Dickinson, A., Watt, A., & Griffiths, W. J. H. (1992). Free-operant acquisition with delayed reinforcement. *Quarterly Journal of Experimental Psychology, 45B*, 241–258.

Dierick, H. A., & Greenspan, R. J. (2006). Molecular analysis of flies selected for aggressive behavior. *Nature Genetics, 38*, 1023–1031. Published online August 13, 2006. doi: 10.1038/ng1864.

Difede, J., & Hoffman, H. G. (2002). Virtual reality exposure therapy for World Trade Center post-traumatic stress disorder: A case report. *CyberPsychology & Behavior, 5*, 529–535. Downloaded from www.hitl.washington.edu/people/hunter/wtcbrenda.pdf.

Dinsmoor, J. A. (1954). Punishment: I: The avoidance hypothesis. *Psychological Review, 61*, 34–46.

Dinsmoor, J. A. (1955). Punishment: II: An interpretation of empirical findings. *Psychological Review, 62*, 96–105.

Dinsmoor, J. A. (2001). Stimuli inevitably generated by behavior that avoids electric shock are inherently reinforcing. *Journal of the Experimental Analysis of Behavior, 75*, 311–333.

Diven, K. (1937). Certain determinants in the conditioning of anxiety reactions. *Journal of Psychology, 3*, 291–308.

Dixon, M. (2006, Spring). Beating the odds. *Perspectives*. Retrieved on September 7, 2007, from www.siu.edu/~perspect/06_sp/gambling.html.

Donahoe, J. W., & Palmer, D. C. (1994). *Learning and complex behavior*. Boston, MA: Allyn & Bacon.

Dorey, N. R., Rosales-Ruiz, J., Smith, R., & Lovelace, B. (2009). Functional analysis and treatment of self-injury in a captive olive baboon. *Journal of Applied Behavior Analysis, 42*, 785–794.

Dougherty, D. M., Cherek, D. R., & Roache, J. D. (1994). The effects of smoked marijuana on progressive-interval schedule performance in humans. *Journal of the Experimental Analysis of Behavior, 62*, 73–87.

Dougherty, D. M., & Lewis, P. (1991). Stimulus generalization, discrimination learning, and peak shift in horses. *Journal of the Experimental Analysis of Behavior, 56*(1), 97–104.

Doughty, A. H., Cirino, S., Mayfield, K. H., Da Silva, S. P., Okouchi, H., & Lattal, K. A. (2005). Effects of behavioral history on resistance to change. *The Psychological Record, 55*, 315–330.

Doughty, A. H., Galuska, C. M., Dawson, A. E., & Brierley, K. P. (2012). Effects of reinforcer magnitude on response acquisition with unsignaled delayed reinforcement. *Behavioral Processes, 90*, 287–290.

Driskell, J. E., Willis, R. P., & Copper, C. (1992). Effect of overlearning on retention. *Journal of Applied Psychology, 77*(5), 615–622.

Ducharme, D. E., & Holborn, S. W. (1997). Programmed generalization of social skills in preschool children with hearing impairments. *Journal of Applied Behavior Analysis, 30*(4), 639–651.

Dugatkin, L. A. & Trut, L. (2017). *How to tame a fox (and build a dog): Visionary scientists and a Siberian tale of jump-started evolution*. Chicago: The University of Chicago Press.

Durlach, P. J. (1982). Pavlovian learning and performance when CS and US are uncorrelated. In M. L. Commons, R. J. Herrnstein, & A. R. Wagner (Eds.), *Quantitative analysis of behavior*, Vol. 3: *Acquisition* (pp. 173–193). Cambridge, MA: Ballinger.

Durrant, J. E. & Ensom, R. (2017). Twenty-five years of physical punishment research: What have we learned? *Journal of the Korean Academy of Child and Adolescent Psychiatry, 28*, 20-24.

Dweck, C. S., & Repucci, N. D. (1973). Learned helplessness and reinforcement responsibility in children. *Journal of Personality and Social Psychology, 25*, 109–116.

Dworkin, B. R., & Miller, N. E. (1986). Failure to replicate visceral learning in the acute curarized rat preparation. *Behavioral Neuroscience, 100*, 299–314.

Ebbinghaus, H. (1885). *Memory, a contribution to experimental psychology* (H. A. Ruger, Trans., 1913). New York: Columbia University Press.

Edwards, C. A., & Honig, W. K. (1987). Memorization and "feature selection" in the acquisition of natural concepts in pigeons. *Learning and Motivation, 18*, 235–260.

Egan, D. E., & Schwartz, B. J. (1979). Chunking in recall of symbolic drawings. *Memory and Cognition, 7*, 149–158.

Egan, S. (1981). Reduction of anxiety in aquaphobics. *Canadian Journal of Applied Sport Sciences, 6*, 68–71.

Eikelboom, R., & Stewart, J. (1982). Conditioning of drug-induced physiological responses. *Psychological Review, 89*, 507–528.

Eikeseth, S., Smith, T., Jahr, E., & Eledevik, S. (2002). Intensive behavioral treatment at school for 4 to 7-year-old children with autism: A one-year comparative controlled study. *Behavior Modification, 26*, 49–68.

Eisenberger, R. (1992). Learned industriousness. *Psychological Review, 99*(2), 248–267.

Eisenberger, R., & Armeli, S. (1997). Can salient rewards increase creative performance without reducing intrinsic creative interest? *Journal of Personality and Social Psychology, 72*, 652–663.

Eisenberger, R., Armeli, S., & Pretz, J. (1998). Can the promise of reward increase creativity? *Journal of Personality and Social Psychology, 74*, 704–714.

Eisenberger, R., & Cameron, J. (1996). Detrimental effects of reward: Reality or myth? *American Psychologist, 51*, 115–166.

Eisenberger, R., Karpman, M., & Trattner, J. (1967). What is the necessary and sufficient condition in the contingency situation? *Journal of Experimental Psychology, 74*, 342–350.

Eisenberger, R., Masterson, F. A., & McDermott, M. (1982). Effects of task variety on generalized effort. *Journal of Educational Psychology, 74*(4), 499–505.

Eisenberger, R., & Rhoades, L. (2001). Incremental effects of reward on creativity. *Journal of Personality and Social Psychology*, 81(4), 728–741.

Eisenberger, R., & Selbst, M. (1994). Does reward increase or decrease creativity? *Journal of Personality and Social Psychology*, 66, 1116–1127.

Eisler, R. M., Hersen, M., & Agras, W. S. (1973). Effects of video tape and instructional feedback on nonverbal marital interaction: An analog study. *Behavior Therapy*, 4, 551–558.

Elkins, R. L. (1991). An appraisal of chemical aversion (emetic therapy) approaches to alcoholism treatment. *Behavioral Research and Therapy*, 29(5), 387–413.

Elliott, M. H. (1928). The effect of change of reward on the maze performance of rats. *University of California Publications in Psychology*, 4, 19–30.

Emmert, G. D. (1978). Measuring the impact of group performance feedback versus individual performance feedback in an industrial setting. *Journal of Organization Behavior Management*, 1, 134–141.

Endres, T., Carpenter, S., Martin, A. & Renkel, A. (2017). Enhancing learning by retrieval: Enriching free recall with elaborative prompting. *Learning and Instruction*, 49, 13–20.

Enquist, M., Lind, J. & Ghirlanda, S. (2016). The power of associative learning and the ontogeny of optimal behaviour. *Royal Society Open Science*, 3(1), 1–25.

Epstein, R. (1983). Resurgence of previously reinforced behavior during extinction. *The Behavior Analyst Letters*, 3, 391–397.

Epstein, R. (1984). Simulation research in the analysis of behavior. *Behaviorism*, 12, 41–59.

Epstein, R. (1985). Extinction-induced resurgence: Preliminary investigation and possible application. *Psychological Record*, 35, 143–153.

Epstein, R. (1999). Generativity theory. In M. Runco (Ed.), *Encyclopedia of creativity* (pp. 759–766). New York: Academic Press.

Epstein, R., Kirshnit, C., Lanza, R., & Rubin, L. (1984). Insight in the pigeon: Antecedents and determinants of an intelligent performance. *Nature*, 308, 61–62.

Epstein, R., & Skinner, B. F. (1980). Resurgence of responding after the cessation of response-independent reinforcement. *Proceedings of the National Academy of Sciences*, 77, 6251–6253.

Erickson, L. M., Tiffany, S. T., Martin, E. M., & Baker, T. B. (1983). Aversive smoking therapies: A conditioning analysis of therapeutic effectiveness. *Behavior Research and Therapy*, 21(6), 595–611.

Ericsson, K. A., & Chase, W. G. (1982). Exceptional memory. *American Scientist*, 70, 607–615.

Erjavec, M., Lovett, V. E., & Horne, P. J. (2009). Do infants show generalized imitation of gestures? II: The effects of skills training and multiple exemplar matching training. *Journal of the Experimental Analysis of Behavior*, 91, 355–376.

Ervin, T., Wilson, A. N., Maynard, B. R., & Bramblett, T. (2018). Determining the effectiveness of behavior skills training and observational learning on classroom behaviors: A case study. *Social Work Research*, 42, 106–117.

Escobar, R., & Bruner, C. A. (2007). Response induction during the acquisition and maintenance of lever pressing with delayed reinforcement. *Journal of the Experimental Analysis of Behavior*, 88, 29–49.

Estes, W. K. (1944). An experimental study of punishment. *Psychological Monographs*, 57(3), 1–40.

Esteves, F., Parra, C., Dimberg, U., & Öhman, A. (1994). Nonconscious associative learning: Pavlovian conditioning of skin conductance responses to masked fear-relevant facial stimuli. *Psychophysiology*, 31, 375–385.

Evans, M. J., Duvel, M. L., Funk, M. L., Lehman, B., Sparrow, J., Watson, N. T. et al. (1994). Social reinforcement of operant behavior in rats: A methodological note. *Journal of the Experimental Analysis of Behavior*, 62, 149–156.

Fanselow, M. S. (1989). The adaptive function of conditioned defensive behavior: An ecological approach to Pavlovian stimulus substitution theory. In R. J. Blanchard, P. F. Brain, D. C. Blanchard, & S. Parmigiani (Eds.), *Etho-experimental approaches to the study of behavior* (pp. 151–166). Dordrecht: Kluwer Academic.

Fanselow, M. S. (1990). Factors governing one-trial contextual conditioning. *Animal Learning & Behavior*, 18(3), 264–270.

Feeney, E. J. (1972). Performance audit, feedback and positive reinforcement. *Training and Development Journal*, 26, 8–13.

Feierman, J. R., & Feierman, L. A. (2000). Paraphilias. In L. T. Szuchman & F. Muscarella (Eds.), *Psychological perspectives on human sexuality* (pp. 480–518). New York: Wiley.

FeldmanHall, O., Dunsmoor, J. E., Tompary, A., Hunter, L. E., Todorov, A. & Phelps, E. A. (2018). Stimulus generalization as a mechanism for learning to trust. *Proceedings of the National Academy of Sciences*, 117, 1690–1697.

Ferguson, D. L., & Rosales-Ruiz, J. (2001). Loading the problem loader: The effects of target training and shaping on trailer-loading behavior of horses. *Journal of Applied Behavior Analysis*, 34, 409–424.

Ferster, C. B., & Skinner, B. F. (1957). *Schedules of reinforcement*. New York: Appleton-Century-Crofts.

Field, D. P., Tonneau, F., Ahearn, W., & Hineline, P. N. (1996). Preference between variable-ratio schedules: Local and extended relations. *Journal of the Experimental Analysis of Behavior*, 66, 283–295.

Field, L., & Nevin, J. A. (Eds.). (1993). *Stimulus equivalence. A special issue. The Psychological Record*, 43(4).

Finch, G., & Culler, E. (1934). Higher order conditioning with constant motivation. *American Journal of Psychology*, 46, 596–602.

Finkelstein, E. A., Linnan, L. A., Tate, D. F., & Birken, B. E. (2007). A pilot study testing the effect of different levels of financial incentives on weight loss among overweight employees. *Journal of Occupational & Environmental Medicine, 49*(9), 981–989.

Finlayson, C. (2010). *The humans who went extinct: Why Neanderthals died out and we survived.* New York: Oxford University Press.

Fiore, M. C., Jaen, C. R., Baker, T. B., Bailey, W. C., Benowitz, N. L., Curry, S. J. et al. (2008). Treating tobacco use and dependence: 2008 update. Rockville, MD: U. S. Department of Health and Human Services, U.S. Public Health Service.

First, M. B., (2014). DSM-5 and paraphilic disorders. *Journal of the American Academy of Psychiatry and Law, 42*, 191–201.

Fisher, J. L., & Harris, M. B. (1976). The effects of three model characteristics on imitation and learning. *Journal of Social Psychology, 98*, 183–199.

Fischer-Tenhagen, C., Bohnen, D., Heuwieser, W., Becker, R., Schallschmidt, K., & Nehls, I. (2019). Odor perception by dogs: Evaluating two training approaches for odor learning of sniffer dogs. *Chemical Senses, 42*, 435–441.

Fitch, H. G., Herman, J., & Hopkins, B. L. (1976). Safe and unsafe behavior and its modification. *Journal of Occupational Safety Medicine, 18*, 618–622.

Flora, S. R. (2004). *The power of reinforcement.* Albany, NY: State University of New York Press.

Flora, S., Rach, J. & Brown, K. (2020). "Errorless" toilet training: "The potty party". *International Electronic Journal of Elementary Education, 12*, 453–457.

Forthman, D. L., & Ogden, J. L. (1991). The role of applied behavior analysis in zoo management: Today and tomorrow. Talk presented at the annual meeting of the Association for Behavior Analysis. Available at https://www.behavior.org/resources/457.pdf.

Fouts, R., & Mills, S. T. (1998). *Next of kin: My conversations with chimpanzees.* New York: William Morrow.

Fowler, B. P. (1986). Emotional crisis imitating television. *Lancet, 1*(8488), 1036–1037.

Foxx, R. M. (2001). Behavioral treatment of aggression, self-injury, and other severe behaviors: Methods, strategies, and skill building interventions. Address given at the annual meeting of the Association for Science in Autism Treatment, San Diego, CA, March 8.

Francisco, M. T., & Hanley, G. P. (2012). An evaluation of progressively increasing intertrial intervals on the acquisition and generalization of three social skills. *Journal of Applied Behavior Analysis, 45*(1), 137–142.

Frank, H., & Frank, M. G. (1982). Comparison of problem-solving performance in six-week-old wolves and dogs. *Animal Behavior, 30*, 95–98.

Freedman, D. H. (2011, February). How to fix the obesity crisis. *Scientific American*, 40–47.

Freud, S. (1958/2009). *On creativity and the unconscious: Papers on the psychology of art, literature, love and religion.* New York: HarperCollins, 2009.

Frisch, C. J., & Dickinson, A. M. (1990). Work productivity as a function of the percentage of monetary incentives to base pay. *Journal of Organizational Behavior Management, 11*, 13–33.

Fuentes-Verdugo, E, Pellón, R., Papini, M. R., Torres, C., Fernández-Teruel & Anselme, P. (2020). Effects of partial reinforcement on autoshaping in inbred Roman high-and low-avoidance rats. *Physiology & Behavior, 225*, 113111.

Fuller, J. L., & Scott, J. P. (1954). Heredity and learning ability in infrahuman mammals. *Eugenics Quarterly, 1*, 28–43.

Furedy, J. J., & Kristjansson, M. (1996). Human Pavlovian autonomic conditioning and its relation to awareness of the CS/US contingency: Focus on the phenomenon and some forgotten facts. *Behavioral and Brain Sciences, 19*, 555–556, 558.

Gadbois, S., & Reeve, C. (2014). Canine olfaction: Sent, sign, and situation. In *Domestic Dog Cognition and Behavior.* Horowitz, A. (Ed.). pp. 3–29. Springer Science & Business Media: Berlin, Germany.

Gage, F. H., & Muotri, A. R. (2012, March). What makes each brain unique. *Scientific American*, 26–31.

Gagné, R. M. (1941). The retention of a conditioned operant response. *Journal of Experimental Psychology, 29*, 296–305.

Gagnon, Y. L., Templin, R. M., How, M. J., & Marshall, N. J. (2015). Circularly polarized light as a communication signal in mantis shrimps. *Current Biology, 25(23)*, 3074–3088.

Gais, S., Lucus, B., & Born, J. (2006). Sleep after learning aids memory, recall. *Learning and Memory, 13*, 259–262.

Gallistel, C. R., & Gibbon, J. (2000). Time, rate, and conditioning. *Psychological Review, 107*(2), 289–344.

Gallistel, C. R., & Gibbon, J. (2002). *The symbolic foundations of conditioned behavior.* New York: Erlbaum.

Gantt, W. H. (1941). Introduction. In I. P. Pavlov, *Lectures on conditioned reflexes and psychiatry*, Vol. 2 (W. H. Gantt, Trans.). New York: International Publishers.

Gantt, W. H. (1966). Conditional or conditioned, reflex or response. *Conditioned Reflex, 1*, 69–74.

Garcia, J., Kimeldorf, D. J., & Koelling, R. A. (1955). A conditioned aversion towards saccharin resulting from exposure to gamma radiation. *Science, 122*(3160), 157–158.

Garcia, J., & Koelling, R. A. (1966). Relation of cue to consequence in avoidance learning. *Psychonomic Science, 4*, 123–124.

Garcia, V. (2003). Signalization and stimulus-substitution in Pavlov's theory of conditioning. *The Spanish Journal of Psychology, 6*(2), 168–176.

Garcia-Palacios, A., Hoffman, H., Carlin, A., Furness, T. A., III, & Botella, C. (2002). Virtual reality in the treatment of spider phobia: A controlled study. *Behaviour Research and Therapy, 40,* 983–993.

Gardner, R. A. (2012). *Teaching sign language to chimpanzees.* New York: SUNY Press.

Gardner, R. A., & Gardner, B. T. (1969). Teaching sign language to a chimpanzee. *Science, 165*(3894), 664–672.

Garfield, A. S., Cowley, M., Smith, F. M., Moorwood, K., & Stewart-Cox, J. E. (2011). Distinct physiological and behavioural functions for parental alleles of imprinted Grb10. *Nature, 469,* 534–538.

Garland, T., Jr., Kelly, S. A., Malisch, J. L., Kolb, E. M., Hannon, R. M., Keeney, B. K. et al. (2011). How to run far: Multiple solutions and sex-specific responses to selective breeding for high voluntary activity levels. *Proceedings of the Royal Society: Biological Sciences, 278*(1705), 574–581.

Garrett, L. (1995). *The coming plague: Newly emerging diseases in a world of balance.* New York: Penguin.

Gass, J. T., Glen, Jr., W. B., McGonigal, J. T., Trantham-Davidson, H., Lopez, M. F., Randall, P. K., Yaxley, R., Floresco, S. B., & Chandler L. J. (2014). Adolescent alcohol exposure reduces behavioral flexibility. Promotes disinhibition, and increases resistance to extinction of ethanol self-administration in adulthood. *Neuropsychopharmacology, 39,* 2570–2583.

Gawronski, B., & Walther, E. (2012). What do memory data tell us about the role of contingency awareness in evaluative conditioning? *Journal of Experimental Social Psychology, 48,* 617–623. doi: 10.1016/j. jesp.2012.01.002.

Geller, E. S. (1984). A delayed reward strategy for large-scale motivation of safety belt use: A test of long-term impact. *Accident Analysis and Prevention, 16*(5/6), 457–463.

Geller, E. S. (2005). Behavior-based safety and occupational risk management. *Behavior Modification, 29*(3), 539–561.

Gewirtz, J. L. (1971a). Conditional responding as a paradigm for observational, imitative learning, and vicarious learning. In H. W. Reese (Ed.), *Advances in child development and behavior,* Vol. 6 (pp. 273–304). New York: Academic Press.

Gewirtz, J. L. (1971b). The roles of overt responding and extrinsic reinforcement in "self-" and "vicarious-reinforcement" phenomena and in "observational learning" and imitation. In R. Glaser (Ed.), *The nature of reinforcement* (pp. 279–309). New York: Academic Press.

Ghirlanda, S., Acerbi, A., & Herzog, H. (2014). Dog movie stars and dog breed popularity: A case study in media influence on choice. *PLoS ONE, 9,* e106565.

Gibson, B. (2008). Can evaluative conditioning change attitudes toward mature brands? New evidence from the Implicit Association Test. *Journal of Consumer Research, 35,* 178–188.

Girden, E., & Culler, E. A. (1937). Conditioned responses in curarized striate muscle in dogs. *Journal of Comparative Psychology, 23,* 261–274.

Gleeson, S., Lattal, K. A., & Williams, K. S. (1989). Superstitious conditioning: A replication and extension of Neuringer (1970). *Psychological Record, 39,* 563–571.

Gleitman, H. (1971). Forgetting of long-term memories in animals. In W. K. Honig & P. H. R. James (Eds.), *Animal memory* (pp. 2–46). New York: Academic Press.

Gleitman, H., & Bernheim, J. W. (1963). Retention of fixed-interval performance in rats. *Journal of Comparative and Physiological Psychology, 56,* 839–841.

Glover, J. A., & Gary, A. L. (1976). Procedures to increase some aspects of creativity. *Journal of Applied Behavior Analysis, 9,* 79–84.

Gneezy, U., & Rustichini, A. (2000). A fine is a price. *The Journal of Legal Studies, 29.*

Godden, D. B., & Baddeley, A. D. (1975). Context-dependent memory in two natural environments: On land and under water. *British Journal of Psychology, 66,* 325–331.

Goeters, S., Blakely, E., & Poling, A. (1992). The differential outcomes effect. *Psychological Record, 42,* 389–411.

Goetz, E. M. (1982). A review of functional analysis of preschool children's creative behavior. *Education and Treatment of Children, 5,* 157–177.

Goetz, E. M., & Baer, D. M. (1973). Social control of form diversity and the emergence of new forms in children's block-building. *Journal of Applied Behavior Analysis, 6,* 209–217.

Goldberg, S. R., Spealman, R. D., & Goldberg, D. M. (1981). Persistent behavior at high rates maintained by intravenous self-administration of nicotine. *Science, 214*(4520), 573–575.

Goldberg, M.E. (2019). A walk on the wild sis: A review of physiotherapy for exotics and zoo animals. *Veterinary Nursing Journal, 34,* 33–47.

Goldiamond, I. (1975a). A constructional approach to self-control. In A. Schwartz & I. Goldiamond (Eds.), *Social casework: A behavioral approach* (pp. 67–130). New York: Columbia University Press.

Goldiamond, I. (1975b). Insider-outsider problems: A constructional approach. *Rehabilitation Psychology, 22,* 103–116.

Goldman, J. G. (2010, September). Man's new best friend? A forgotten Russian experiment in fox domestication. *Scientific American,* 35.

Goleman, D. (2006). *Emotional intelligence.* New York: Bantam Books.

Goodlad, J. I. (1984). *A place called school.* New York: McGraw-Hill.

Gordon, S. P., Reznick, D. N., Kinnison, M. R., Bryant, M. J., Weese, D. J., Rasanen, K. et al. (2009). Adaptive changes in life history and survival following a new guppy introduction. *The American Naturalist, 174*(1), 34–45.

Gormezano, I. (2000). Learning: Conditioning approach. In A. Kazdin (Ed.), *Encyclopedia of psychology,* Vol. 5 (pp. 5–8). Washington, DC: American Psychological Association and Oxford University Press.

Gormezano, I., & Moore, J. W. (1969). Classical conditioning. In M. H. Marx (Ed.), *Learning: Processes* (pp. 119–203). London: MacMillan.

Gorn, G. J. (1982). The effects of music in advertising on choice behavior: A classical conditioning approach. *Journal of Marketing, 46*, 94–101.

Grace, R. C., Bedell, M. A., & Nevin, J. A. (2002). Preference and resistance to change with constanct- and variable-duration terminal links: Independence of reinforcement rate and magnitude. *Journal of the Experimental Analysis of Behavior, 77*, 233–255.

Graham, J. M., & Desjardins, C. (1980). Classical conditioning: Induction of luteinizing hormone and testosterone secretion in anticipation of sexual activity. *Science, 210*, 1039–1041.

Green, C. H., Rollyson, J. H., Passante, S. C., & Reid, D. H. (2002). Maintaining proficient supervisor performance with direct support personnel: An analysis of two management approaches. *Journal of Applied Behavior Analysis, 35*, 205–208.

Green, G. R., Linsk, N. L., & Pinkston, E. M. (1986). Modification of verbal behavior of the mentally impaired elderly by their spouses. *Journal of Applied Behavior Analysis, 19*, 329–336.

Greene, C. A., Haisley, L., Wallace, C., & Ford, J. D. (2020). Intergenerational effects of childhood maltreatment: A systematic review of the parenting practices of adult survivors of childhood abuse, neglect, and violence. *Clinical Psychology Review, 80*, 101891.

Greene, S. L. (1983). Feature memorization in pigeon concept formation. In M. L. Commons, R. J. Herrnstein, & A. R. Wagner (Eds.), *Quantitative analysis of behavior, Vol. 4: Discrimination processes* (pp. 209–229). Cambridge, MA: Ballinger.

Greenspoon, J., & Ranyard, R. (1957). Stimulus conditions and retroactive inhibition. *Journal of Experimental Psychology, 53*, 55–59.

Greer, B. D., Fisher, W. W., Retzlaff, B. J., & Fuhrman, A. M. (2020). A preliminary evaluation of treatment duration on the resurgence of destructive behavior. *Journal of the Experimental Analysis of Behavior, 113(1)*, 251–262.

Gregg, L., & Tarrier, N. (2007). Virtual reality in mental health: A review of the literature. *Social Psychiatry and Psychiatric Epidemiology, 42(5)*, 343–354.

Grenner, E., Åkerlund, Asker-Árnason, L., vad de Weijer, J., Johansson, V., & Sahlén, B. (2020). Improving narrative writing skills through observational learning: A study of Swedish 5th-grade students. *Educational Review, 72*.

Grether, W. F. (1938). Pseudoconditioning without paired stimulation encountered in attempted backward conditioning. *Journal of Comparative Psychology, 25*, 91–96.

Griffen, A. K., Wolery, M., & Schuster, J. W. (1992). Triadic instruction of chained food preparations responses: Acquisition and observational learning. *Journal of Applied Behavior Analysis, 25*, 193–204.

Groenland, E. A. G., & Schoormans, J. P. L. (1994). Comparing mood-induction and affective conditioning as mechanisms influencing product evaluation and product choice. *Psychology & Marketing, 11*, 183–197.

Grossman, R. P. (1997). Co-branding in advertising: Developing effective associations. *Journal of Product and Brand Management, 6*, 191–201.

Gruber, H. (1981). *Darwin on man: A psychological study of scientific creativity* (2nd ed.). Chicago: University of Chicago Press.

Gruber, T., Muller, M. N., Strimling, P., Wrangham, R., & Zuberbuhler, K. (2009). Wild chimpanzees rely on cultural knowledge to solve an experimental honey acquisition task. *Current Biology, 19(21)*, 1806–1810.

Gujjar, K.R., van Wijk, A., Kumar, R., & de Jongh (2019). Efficacy of virtual reality exposure therapy for the treatment of dental phobia in adults: A randomized controlled trial. *Journal of Anxiety Disorders, 62*, 100–108.

Guthrie, E. R. (1952). *The psychology of learning* (rev. ed.). Gloucester, MA: Smith.

Guttman, N., & Kalish, H. I. (1956). Discriminability and stimulus generalization. *Journal of Experimental Psychology, 51*, 79–88.

Hackläder, R. P. M., & Bermeitinger, C. (2018). Olfactory context dependent memory: Direct presentation of odorants. *Journal of Visualized Experiments, 139*, 58170.

Hajek, P., & Stead, L. F. (2001). Aversive smoking for smoking cessation. *Cochrane Database of Systematic Reviews*, Issue 3. Article No. CD000546. doi: 1002/14651858.

Haley, W. E. (1983). A family-behavioral approach to the treatment of the cognitively impaired elderly. *The Gerontologist, 23(1)*, 18–20.

Hall, C. S. (1951). The genetics of behavior. In S. S. Stevens (Ed.), *Handbook of experimental psychology* (pp. 304–329). New York: Wiley.

Hall, G., & Pearce, J. M. (1979). Latent inhibition of a CS during CS-US pairings. *Journal of Experimental Psychology: Animal Behavior Processes, 5*, 31–42.

Hall, G. C. N. (1995). Sexual offender recidivism revisited: A meta-analysis of recent treatment studies. *Journal of Consulting and Clinical Psychology, 63*, 802–809.

Hall, J. F. (1984). Backward conditioning in Pavlovian-type studies: Reevaluation and present status. *Pavlovian Journal of Biological Sciences, 19*, 163–168.

Hall, R. V., Lund, D., & Jackson, D. (1968). Effects of teacher attention on study behavior. *Journal of Applied Behavior Analysis, 1*, 1–12.

Hall-Johnson, E., & Poling, A. (1984). Preference in pigeons given a choice between sequences of fixed-ratio schedules: Effects of ratio values and duration of food delivery. *Journal of the Experimental Analysis of Behavior, 42*, 127–135.

Hammond, L. J. (1980). The effect of contingency upon the appetitive conditioning of free-operant behavior. *Journal of the Experimental Analysis of Behavior, 34(3)*, 297–304.

Hanley, G. P., Iwata, B. A., & Thompson, R. H. (2001). Reinforcement schedule thinning following treatment with functional communication training. *Journal of Applied Behavior Analysis, 34*, 17–38.

Hanson, G. R., Leshner, A. I., & Tai, B. (2002). Putting drug abuse research to use in real-life settings. *Journal of Substance Abuse Treatment, 23*, 69–70.

Hanson, H. M. (1959). Effects of discrimination training on stimulus generalization. *Journal of Experimental Psychology, 58*, 321–334.

Hanson, P. K., Gordon, A., Harris, A. J. R., Marques, J. K., Murphy, W., Quinsey, V. L. et al. (2002). First report of the collaborative outcome data project on the effectiveness of psychological treatment for sex offenders. *Sexual Abuse: A Journal of Research and Treatment, 14*(2), 169–194.

Hare, B., Brown, M., Williamson, C., & Tomasello, M. (2002). The domestication of social cognition in dogs. *Science, 298*, 1634–1636.

Harley, B., & Wang, W. (1997). The critical period hypothesis: Where are we now? In A. M. E. de Groot & J. F. Kroll (Eds.), *Tutorials in bilingualism: Psycholinguistic perspective.* (pp. 19–51). Mahwah, NJ: Erlbaum.

Harlow, H. F. (1949). The formation of learning sets. *Psychological Review, 56*, 51–65.

Harlow, H. F. (1958). The nature of love. *American Psychologist, 13*, 673–685.

Harlow, H. F., & Harlow, M. K. (1962a). The effect of rearing conditions on behavior. *Bulletin of the Menninger Clinic, 26*, 213–224.

Harlow, H. F., & Harlow, M. K. (1962b, November) Social deprivation in monkeys. *Scientific American, 207*, 136–146.

Harrison, D. M. (2009). Performance feedback: Its effectiveness in the management of job performance. Unpublished master's thesis, Bouvé College of Health Sciences, Norhteastern University, Boston, MA. Available at http://hdl.handle.net/2047/d10019443.

Hart, B., & Risley, T. R. (1995). *Meaningful differences in the everyday experience of young American children.* Baltimore, MD: Paul H. Brookes.

Hart, B. M., Allen, K. E., Buell, J. S., Harris, F. R., & Wolf, M. M. (1964). Effects of social reinforcement on operant crying. *Journal of Experimental Child Psychology, 1*, 145–153.

Hart, C. L., Jones, J. M., Terrizzi, J. A., & Curtis, D. A. (2019). Development of the lying in everyday situations scale. *The American Journal of Psychology, 132*, 343–352.

Hartman, D. E. (1995). *Neuropsychological toxicology: Identification and assessment of human neurotoxic syndromes* (2nd ed.). New York: Springer.

Hasnain, M., Ehsan, S. B., & Ishaq, A. (2018). Role of over learning in skill retention of cardiac first response course. *Annals of Punjab Medical College, 12*.

Hawkins, D. F. (Ed.). (1983). *Drugs and pregnancy.* Edinburgh: Churchill Livingston.

Hayes, C. (1951). *The ape in our house.* New York: Harper & Row.

Hayes, K. J., & Hayes, C. (1952). Imitation in a home-raised chimpanzee. *Journal of Comparative and Physiological Psychology, 45*, 450–459.

Heathcock, J. C., Bhat, A. N., Lobo, M. A., & Galloway, J. C. (2004). The performance of infants born preterm and full-term in the mobile paradigm: Learning and memory. *Physical Therapy, 84*(9), 808–821.

Henkel, S., & Setchell, J. M. (2018). Group and kin recognition via olfactory cues in chimpanzees (*Pan troglodytes*). *Proceedings of the Royal Society B, 285*, 20181527.

Hennessey, B., & Amabile, T. (1998). Reward, intrinsic motivation, and creativity. *American Psychologist, 53*, 674–675.

Herbert, J., & Hayne, H. (2000). Memory retrieval by 18–30-month-olds: Age-related changes in representation flexibility. *Developmental Psychology, 36*(4), 473–484.

Herbert, M. J., & Harsh, C. M. (1944). Observational learning by cats. *Journal of Comparative Psychology, 37*, 81–95.

Herman, R. L., & Azrin, N. H. (1964). Punishment by noise in an alternative response situation. *Journal of the Experimental Analysis of Behavior, 7*, 185–188.

Hernandez, R. D., Kelley, J. L., Elyashiv, E., Melton, S. C., Auton, A., McVean, G. et al. (2011). Classic selective sweeps were rare in recent human evolution. *Science, 331*(6019), 920–924. doi: 10.1126/science.1198878.

Herrnstein, R. J. (1961). Relative and absolute strength of response as a function of frequency of reinforcement. *Journal of the Experimental Analysis of Behavior, 4*, 267–272.

Herrnstein, R. J. (1966). Superstition: A corollary of the principle of operant conditioning. In W. K. Honig (Ed.), *Operant behavior: Areas of research and application.* New York: Appleton-Century-Crofts.

Herrnstein, R. J. (1969). Method and theory in the study of avoidance. *Psychological Review, 76*, 49–69.

Herrnstein, R. J. (1970). On the law of effect. *Journal of the Experimental Analysis of Behavior, 13*, 243–266.

Herrnstein, R. J. (1979). Acquisition, generalization, and discrimination reversal of a natural concept. *Journal of Experimental Psychology: Animal Behavior Processes, 5*, 116–129.

Herrnstein, R. J. (2000). *The matching law: Papers in psychology and economics* (H. Rachlin & D. I. Laibson, Eds.). Cambridge, MA: Harvard University Press.

Herrnstein, R. J., & Hineline, P. N. (1966). Negative reinforcement as shock-frequency reduction. *Journal of the Experimental Analysis of Behavior, 9*, 421–430.

Herrnstein, R. J., & Loveland, D. H. (1964). Complex visual concepts in the pigeon. *Science, 146*(3643), 549–551.

Herrnstein, R. J., Loveland, D. H., & Cable, C. (1976). Natural concepts in pigeons. *Journal of Experimental Psychology: Animal Behavior Processes, 2*, 285–311.

Herrnstein, R. J., & Mazur, J. E. (1987, November/December). Making up our minds. *The Sciences*, 40–47.

Herzog, H. (2006). Forty-two thousand and one Dalmatians: Fads, social contagion, and dog breed popularity. *Society & Animals, 14*, 383–397.

Heth, C. D. (1976). Simultaneous and backward fear conditioning as a function of number of CS-US pairings. *Journal of Experimental Psychology: Animal Behavior Processes, 2*, 117–129.

Hettema, J. M., Annas, P., Neale, M. C., Kendler, K. S., & Fredrikson, M. (2003). A twin study of the genetics of fear conditioning. *Archives of General Psychiatry, 60*, 702–708.

Heward, W. L. (2012). *Exceptional children: An introduction to special education* (10th ed.). New York: Pearson.

Heward, W. L., & Chance, P. (2010). Introduction: Dealing with what is. *The Behavior Analyst, 33*, 145–151.

Heyes, C. (2012). What's social about social learning? *Journal of Comparative Psychology, 126*(2), 193–202. doi: 10.1037/a0025180.

Heyes, C. M. (1996). Genuine imitation. In C. M. Heyes & B. G. Galef, Jr. (Eds.), *Social learning in animals: The roots of culture* (pp. 371–389). New York: Academic Press.

Higgins, S. T., Rush, C. R., Hughes, J. R., Bickel, W. K., Lynn, M., & Capeless, M. A. (1992). Effects of cocaine and alcohol, alone and in combination, on human learning and performance. *Journal of the Experimental Analysis of Behavior, 58*, 87–105.

Hilgard, E. R. (1936). The nature of the conditioned response, I: The case for and against stimulus substitution. *Psychological Review, 43*, 366–385.

Hirakawa, T., & Nakazawa, J. (1977). Observational learning in children: Effects of vicarious reinforcement on discrimination shift behaviors in simple and complex tasks. *Japanese Journal of Educational Psychology, 25*, 254–257.

Hirata, S., & Morimura, N. (2000). Naive chaimpanzees' (*Pan troglogytes*) observation of experienced conspecifics in a tool-using task. *Journal of Comparative Psychology, 114*(3), 291–296.

Hiroto, D. S. (1974). Locus of control and learned helplessness. *Journal of Experimental Psychology, 102*, 187–193.

Hiroto, D. S., & Seligman, M. E. P. (1974). Generality of learned helplessness in man. *Journal of Personality and Social Psychology, 102*, 187–193.

Ho, B. T., Richards, D. W., & Chute, D. L., (Eds.). (1978). *Drug discrimination and state dependent learning.* New York: Academic Press.

Hoare, B. J., Wallen, M. A., Thorley, M. N., Jackman, M. L., Carey, L. M., & Imms, C. (2019). Constraint-induced movement therapy in children with unilateral cerebral palsy. *Cochrane Database of Systematic Reviews, 4*, CD004149.

Hodos, W. (1961). Progressive ratio as a measure of reward strength. *Science, 134*(3483), 943–944.

Hoehl, S., Keupp, S., Schleihauf, H., McGuigan, N., Buttelman, D., & Whiten, A. (2019). "Over-imitation": A review and appraisal of a decade of research. *Developmental Review, 51*, 90–108.

Hoffmann, C., & Thommes, K. (2020). Can digital feedback increase employee performance and energy efficiency in firms? Evidence from a field experiment. *Journal of Economic Behavior & Organization, 180*, 49–65.

Hoffman, H. (2011). Hot and bothered: Classical conditioning of sexual incentives in humans. In T. R. Schachtman & S. Reilly (Eds.), *Associative learning and conditioning theory: Human and non-human applications (Kindle locations, 11,271–11,656).* Oxford, UK: Oxford University Press.

Hoffman, H. G. (2004, August). Virtual reality therapy. *Scientific American*, 58–65.

Hoffman, H. S., & Ratner, A. M. (1973). A reinforcement model of imprinting. *Psychological Review, 80*, 527–544.

Hofman, W., De Houwer, J., Perugini, M., Baeyens, F., & Crombez, G. (2010). Evaluative conditioning in humans: A meta-analysis. *Psychological Bulletin, 136*, 390–421.

Hogg, C., Neveu, M., Stokkan, K., Folkow, L., Cottrill, P., Douglas, R. et al. (2011). Artic reindeer extend their visual range into the ultraviolet. *Journal of Experimental Biology, 214*, 2014–2019. doi: 10.1242/jeb.053553.

Holechek, J. L. (2002). Do most livestock losses to poisonous plants result from "poor" range management? *Journal of Range Management, 55*(3), 270–276.

Holland, J. G. (1978). Behaviorism: Part of the problem or part of the solution? *Journal of Applied Behavior Analysis, 11*, 163–174.

Hollard, V. D., & Delius, J. D. (1982). Rotational invariance in visual pattern recognition by pigeons and humans. *Science, 218*(4574), 804–806.

Hollerman, J. R., & Schultz, W. (1998). Dopamine neurons report an error in the temporal prediction of reward during learning. *Nature Neuroscience, 1*, 304–309.

Holmes, R. M. (1991). *Sex crimes.* Beverly Hills, CA: Sage.

Holy, T. E. (2012). Neuroscience: Reward alters specific connections. *Nature, 482*, 39–41.

Honig, W.K. (2017). Studies of working memory in the pigeon. In Hulse, S.H., Fowler, H. & Honig, W.K. (Eds.) *Cognitive Processes in Animal Behavior.*

Honig, W. K., & Slivka, R. M. (1964). Stimulus generalization of the effects of punishment. *Journal of the Experimental Analysis of Behavior, 7*, 21–25.

Honig, W. K., & Stewart, K. E. (1988). Pigeons can discriminate locations presented in pictures. *Journal of the Experimental Analysis of Behavior, 50*, 541–551.

Hopkins, B. L., & Conard, R. J. (1975). Putting it all together: Superschool. In N. G. Haring & R. L. Schiefelbusch (Eds.), *Teaching special children* (pp. 342–385). New York: McGraw-Hill.

Hopper, L. M. (2010). "Ghost" experiments and the dissection of social learning in humans and animals. *Biological Reviews, 85*(4), 685–701.

Hopper, L. M., Lambeth, S. P., Schapiro, S. J., & Whiten, A. (2008). Observational learning in chimpanzees and children studied through "ghost" conditions. *Proceedings of the Royal Society of London Series B, 275,* 835–840.

Horne, P. J., & Erjavec, M. (2007). Do infants show generalized imitation of gestures? *Journal of the Experimental Analysis of Behavior, 87,* 63–87.

Horne, P. J., Greenhalgh, J., Erjavec, M., Lowe, C. F., Viktor, S., & Whitaker, C. J. (2011). Increasing pre-school children's consumption of fruit and vegetables: A modeling and rewards intervention. *Appetite, 56*(2), 375–385.

Horowitz, E. L. (1936). The development of attitude toward the Negro. *Archives of Psychology, 28,* 510–511.

Houston, A. (2986). The matching law applies to wagtails' foraging in the wild. *Journal of the Experimental Analysis of Behavior, 45,* 15–18.

Hovland, C. I. (1937). The generalization of conditioned responses, I: The sensory generalization of conditioned responses with varying frequencies of tone. *Journal of General Psychology, 17,* 125–148.

Hsu, K. J. & Bailey, J. M. (2020). The poverty of conditioning explanations for sexual interests: Reply to Grey (2020) [Letter to the Editor]. *Archives of Sexual Behavior, 49,* 53–55.

Huang, C., & Charman, T. (2005). Gradations of emulation learning in infants' imitation of actions on objects. *Journal of Experimental Child Psychology, 92,* 276–302.

Huang, J., Carr, T. H., & Cao, Y. (2001). Comparing cortical activations for silent and overt speech using event-related fMRI. *Human Brain Mapping, 15,* 39–53.

Huang, W., Chen, J., Chien, C., & Kashima, H., & Lin, K. (2011). Constraint-induced movement therapy as a paradigm of translational research in neurorehabilitation: Reviews and prospects. *American Journal of Translational Research, 3*(1), 48–60.

Huesmann, L. R., & Miller, L. S. (1994). Long-term effects of repeated exposure to media violence in childhood. In L. R. Huesmann (Ed.), *Aggressive behavior: Current perspectives* (pp. 153–186). New York: Plenum.

Huesmann, L. R., Moise-Titus, J., Podolski, C., & Eron, L. D. (2003). Longitudinal relations between children's exposure to TV violence and their aggressive and violent behavior in young adulthood: 1977–1992. *Developmental Psychology, 39,* 201–221.

Huff, N. C., Hernandez, J. A., Fecteau, M. E., Zielinski, D. J., Brady, R., & LaBar, K. S. (2011). Revealing context-specific conditioned fear memories with full immersion virtual reality. *Frontiers in Behavioral Neuroscience, 5.*

Hugdahl, K. (1995/2001). *Psychophysiology: The mind-body perspective.* Cambridge, MA: Harvard University Press.

Hull, C. L. (1943). *Principles of behavior.* New York: Appleton-Century-Crofts.

Hull, C. L. (1951). *Essentials of behavior.* New Haven, CT: Yale University Press.

Hull, C. L. (1952). *A behavior system.* New Haven, CT: Yale University Press.

Hummel, J. H., Abercrombie, C., & Koepsel, P. (1991). Teaching students to analyze examples of classical conditioning. *The Behavior Analyst, 14,* 241–246.

Hundt, A. G., & Premack, D. (1963). Running as both a positive and negative reinforcer. *Science, 142*(3595), 1087–1088.

Hunter, W. S. (1913). The delayed reaction in animals and children. *Behavior Monographs, 2*(1), 1–86.

Iofrida, C., Palumbo, S., & Pellegrini, S. (2014). Molecular genetics and antisocial behavior: Where do we stand? *Experimental Biology of Medicine, 239*(11), 1514–1523.

Ito, M., & Nakamura, K. (1998). Humans' choice in a self-control choice situation: Sensitivity to reinforcer amount, reinforcer delay, and overall reinforcement density. *Journal of the Experimental Analysis of Behavior, 69,* 87–102.

Ito, M., Saeki, D., & Green, L. (2011). Sharing, discounting, and selfishness: A Japanese-American comparison. *The Psychological Record, 60,* 59–76.

Iwata, B. A. (1987). Negative reinforcement in applied behavior analysis: An emerging technology. *Journal of Applied Behavior Analysis, 20*(4), 361–378.

Iwata, B. A. (2006). On the distinction between positive and negative reinforcement. *Journal of Applied Behavior Analysis, 29*(1), 121–123.

Iwata, B. A., Dorsey, M. F., Slifer, K. J., Bauman, K. E., & Richman, G. S. (1994). Toward a functional analysis of self-injury. *Journal of Applied Behavior Analysis, 27*(2), 197–209.

Iwata, B. A., Smith, R. G., & Michael, J. (2000). Current research on the influence of establishing operations on behavior in applied settings. *Journal of Applied Behavior Analysis, 33,* 411–418.

Jacobs, L. F. (1992). Memory for cache locations in Merriam's kangaroo rats. *Animal Behavior, 43,* 585–593.

Jacobs, L. F., & Liman, E. R. (1991). Grey squirrels remember the locations of buried nuts. *Animal Behavior, 41,* 103–110.

Jacobs, N., van Os, J., Derom, C., & Thiery, E. (2007). Heritability of intelligence. *Twin Research and Human Intelligence, 10,* 11–14.

Jankowski, C. (1994). Foreword. In G. Wilkes, *A behavior sampler.* North Bend, WA: Sunshine Books.

Jasnow, A. M., Cullen, P. K., & Riccio, D. C. (2012). Remembering another aspect of forgetting. *Frontiers in Psychology, 3*(175). Available at frontiersin.org. doi: 10.3389/fpsyg.2012.00175.

Jenkins, H. M. (1962). Resistance to extinction when partial reinforcement is followed by regular reinforcement. *Journal of Experimental Psychology, 64,* 441–450.

Jenkins, H. M., & Harrison, R. H. (1960). Effect of discrimination training on auditory generalization. *Journal of Experimental Psychology, 59,* 246–253.

Jenkins, H. M., & Moore, B. R. (1973). The form of the auto-shaped response with food or water reinforcers. *Journal of the Experimental Analysis of Behavior, 20,* 163–181.

Jenkins, J. C., & Dallenbach, K. M. (1924). Obliviscence during sleep and waking. *American Journal of Psychology, 35*, 605–612.

Johnson, J. G., Cohen, P., Smailes, E. M., Kasen, S., & Brook. J. S. (2002). Television viewing and aggressive behavior during adolescence and adulthood. *Science, 295*(5564), 2468–2471.

Johnson, K. R., & Layng, T. V. J. (1992). Breaking the structuralist barrier: Literacy and numeracy with fluency. *American Psychologist, 47*, 1475–1490.

Jonas, I., Schubert, K. A., Reijne, A. C., Scholte, J., Garland, T., Jr., Gerkema, M. P. et al. (2010). Behavior traits are affected by selective breeding for increased wheel-running behavior in mice. *Behavioral Genetics, 40*(4), 542–550.

Joncich, G. (1968). *The sane positivist: A biography of Edward L. Thorndike*. Middleton, CT: Wesleyan University Press.

Jones, M. C. (1924a). The elimination of children's fears. *Journal of Experimental Psychology, 7*, 382–390.

Jones, M. C. (1924b). A laboratory study of fear: The case of Peter. *Pedagogical Seminary, 31*, 308–315.

Joseph, R. (2011). *Head injuries, concussions and brain damage: Cerebral and cranial trauma, skull fractures, contusions, hemorrhage, loss of consciousness, coma*. Cambridge, UK: Cambridge University Press.

Joyal, C. C. (2018). Controversies in the definition of paraphilia. *Journal of Sexual Medicine*.

Juliana, J., Pramono, R., Djakasaputra, A. & Bernarto, I. (2020). Observational learning and word of mouth against consumer online purchase decision during the pandemic COVID-19. *Systematic Reviews in Pharmacology, 11*(9), 751–758.

Justice, T. C., & Looney, T. A. (1990). Another look at "superstitions" in pigeons. *Bulletin of the Psychonomic Society, 28*(1), 64–66.

Kalnins, I. V., & Bruner, J. S. (1973). The coordination of visual observation and instrumental behavior in early infancy. *Perception, 2*(3), 307–314.

Kamil, A. C., & Balda, R. P. (1985). Cache recovery and spatial memory in Clark's nutcrackers. *Journal of Experimental Psychology: Animal Behavior Processes, 11*, 95–111.

Kamil, A. C., & Balda, R. P. (1990a). Differential memory for cache cites in Clark's nutcrackers. *Journal of Experimental Psychology: Animal Behavior Processes, 16*, 162–168.

Kamil, A. C., & Balda, R. P. (1990b). Spatial memory in seed-caching corvids. In G. H. Bower (Ed.), *Psychology of learning and motivation*, Vol. 26 (pp. 1–25). New York: Academic Press.

Kamin, L. J. (1957). The retention of an incompletely learned avoidance response. *Journal of Comparative and Physiological Psychology, 50*, 457–460.

Kamin, L. J. (1969). Predictability, surprise, attention and conditioning. In B. A. Campbell & R. M. Church (Eds.), *Punishment and aversive behavior* (pp. 279–296). New York: Appleton-Century-Crofts.

Kamin, L. J., Brimer, C. J., & Black, A. H. (1963). Conditioned suppression as a monitor of fear of the CS in the course of avoidance training. *Journal of Comparative and Physiological Psychology, 56*, 497–501.

Kandel, E. R. (1970, July). Nerve cells and behavior. *Scientific American, 223*, 57–70. doi: 10.10.1038/scientificamerican0770-57.

Kandel, E. R. (2007). *In search of memory*. New York: Norton.

Kanfer, F. H., & Marston, A. R. (1963). Human reinforcement: Vicarious and direct. *Journal of Experimental Psychology, 65*, 292–296.

Kang, N., Brinkman, W. P., van Riemsdijk, M. B., Neerincx, M. A. (2011). Internet-delivered multi-patient virtual reality exposure therapy system for the treatment of anxiety disorders. *Proceedings of ECCE2011*, 233–236.

Karpicke, J. D., & Blunt, J. R. (2011). Retrieval practice produces more learning than elaborative studying with concept mapping. *Science, 331*, 772–775.

Kassinove, J. I., & Schare, M. L. (2001). Effects of the "near miss" and the "big win" on persistence at slot machine gambling. *Psychology of Addictive Behavior, 15*(2), 155–158.

Kawai, M. (1963). On the newly-acquired behaviors of the natural troop of Japanese monkeys on Koshima Island. *Primates, 4*(1), 113–115.

Kawamura, S. (1963). The process of sub-cultural propagation among Japanese macaques. In C. H. Southwick (Ed.), *Primate social behavior* (pp. 82–90). New York: Van Nostrand.

Kawasaki, T., Aramaki, H. & Tozawa, R. (2015). An effective model for observational learning to improve novel motor performance. *Journal of Physical Therapy Science, 27*, 3829–3832.

Kazdin, A. E. (1973). The effect of vicarious reinforcement on attentive behavior in the classroom. *Journal of Applied Behavior Analysis, 6*, 71–78.

Kazdin, A. E. (1980). Acceptability of alternative treatments for deviant child behavior. *Journal of Applied Behavior Analysis, 13*, 259–273.

Kazdin, A. E. (1982). *Single-case research designs: Methods for clinical and applied settings*. New York: Oxford University Press.

Kazdin, A. E., & Rotella, C. (2009). Like a rat: Animal research and your child`s behavior. *Slate* Posted November 12, 2009. Available at http://www.slate.com/articles/life/family/2009/11/like_a_rat.html.

Keith-Lucas, T., & Guttman, N. (1975). Robust single-trial delayed backward conditioning. *Journal of Comparative and Physiological Psychology, 88*, 468–476.

Keller, F. S., & Schoenfeld, W. N. (1950). *Principles of psychology*. New York: Appleton-Century-Crofts.

Kellogg, W. N. (1968). Communication and language in the home-raised chimpanzee. *Science, 162*, 423–427.

Kenton, J. A., Castillo, V. K., Kehrer, P. E., & Brigman, J. L. (2020). Moderate prenatal alcohol exposure impairs visual-spatial discrimination in a sex-specific manner: Effects of testing order and difficulty on learning performance. *Alcoholism: Clinical & Experimental Research, 44*, 2008–2018.

Kerfoot, B. P., DeWolf, W. C., Masser, B. A., Church, P. A., & Federman, D. D. (2007). Spaced education improves the retention of clinical knowledge by medical students: A randomized controlled trial. *Medical Education, 41*(1), 23–31.

Kerr, S. (1975). On the folly of rewarding A, while hoping for B. *Academy of Management Journal, 18*, 769–783.

Kessler, R. C. Berglund, P. A., Demier, O., Jin, R., & Waleters, E. E. (2005). Lifetime prevalence and age of onset distributions of DSM-IV disorders in the National Comorbidity Survey Replication (NCS-R). *Archives of General Psychiatry, 62*(6), 593–602.

Kettlewell, H. B. D. (1959, March). Darwin's missing evidence. *Scientific American*, 48–53.

Kihama, J. W. & Wainaina, L. (2019). Performance appraisal feedback and employee productivity in water and sewage companies in Kiambu county, Kenya. *International Academic Journal of Human Resource and Business Administration, 3*, 376–393.

Killeen, P. R., Cate, H., & Tran, T. (1993). Scaling pigeons' choice of feeds: Bigger is better. *Journal of the Experimental Analysis of Behavior, 60*, 203–217.

Killeen, P. R., Posadas-Sanchez, D., Johansen, E. B., & Thraikill, E. A. (2009). Progressive ratio schedules of reinforcement. *Journal of Experimental Psychology: Animal Behavior Processes, 35*(1), 35–50.

Kilmann, P. R., Sabalis, R. F., Gearing, M. L., II, Bukstel, L. H., & Scovern, M. L. (1982). The treatment of sexual paraphilias: A review of the outcome research. *Journal of Sex Research, 18*(3), 193–252.

Kimble, G. A. (1947). Conditioning as a function of the time between conditioned and unconditioned stimuli. *Journal of Experimental Psychology, 37*, 1–15.

Kimble, G. A. (1961). *Hilgard and Marguis' conditioning and learning* (2nd ed.). London: Methuen.

Kimble, G. A. (1967). *Foundations of conditioning and learning*. New York: Irvington Press.

King, A. R., Ratzak., A., Ballantyne, S., Knutson, S., Russell, T. D., Rogalz, C. R., & Breen, C. M. (2018). Differentiating corporal punishment from physical abuse in the prediction of lifetime aggression. *Aggressive Behavior, 44*, 306–315.

King, G. D., Schaeffer, R. W., & Pierson, S. C. (1974). Reinforcement schedule preference of a raccoon (*Procyon lotor*). *Bulletin of the Psychonomic Society, 4*, 97–99.

Kingsley, H. L., & Garry, B. (1962). *The nature and conditions of learning* (2nd ed.). New York: Prentice-Hall.

Kinloch, J. M., Foster, T. M., & McEwan, J. S. A. (2009). Extinction-induced variability in human behavior. *The Psychological Record, 59*(3), Article 3. Available at https://link.springer.com/article/10.1007/BF03395669.

Kirsch, I., & Boucsein, W. (1994). Electrodermal Pavlovian conditioning with prepared and unprepared stimuli. *Integrative Physiological and Behavioral Science, 29*(2), 134–140.

Kitfield, E. B., & Masalsky, C. J. (2000). Negative reinforcement-based treatment to increase food intake. *Behavior Modification, 24*(4), 600–608.

Kiviat, B. (2007, August 16). Why we buy the products we buy. *Time Magazine.* Available at http://content.time.com/time/subscriber/article/0,33009,1653659,00.html.

Khanh, N., Thai, P., Quach, H., Thi, N., Dinh, P., Duong, T. et al. (2020). Transmission of SARS-CoV 2 during long-haul flight. *Emerging Infectious Diseases, 26*(11), 2617–2624.

Klinkenborg, V. (2005, November 21). The grandeur of evolution. *International Herald Tribune*, p. A14.

Knafo, A., Israel, S., Darvasi, A., Bachner-Melman, R., Uzefovsky, F., Cohen, L. et al. (2008). Individual differences in allocation of funds in the Dictator Game associated with length of the arginine vasopressin 1a receptor RS3 promoter region and correlation between RS3 length and hippocampal mRNA. *Genes, Brain, & Behavior, 7*(3), 266–275.

Knox, D., George, S. A., Fitszaptrick, C. J., Raninak, C. A., Maren, S., & Liberzon, I. (2012). Single prolonged stress disrupts retention of extinguished fear in rats. *Learning & Memory, 19*, 43–49.

Kohler, W. (1927/1973). *The mentality of apes* (2nd ed.). New York: Liveright.

Kohler, W. (1939). Simple structural function in the chimpanzee and the chicken. In W. A. Ellis (Ed.), *A sourcebook of Gestalt psychology* (pp. 217–227). New York: Harcourt Brace.

Kornell, N. (2009). Optimising learning using flashcards: Spacing is more effective than cramming. *Applied Cognitive Psychology, 23*, 1297–1317.

Kothgassner, O. D., Goreis, A., Kafka, J. X., Van Eickles, R. L., Plener, P. L., & Felnhofer, A. (2019). Virtual reality exposure therapy for posttraumatic stress disorder (PTSD): a meta-analysis. *European Journal of Psychotraumatology, 10.*

Kraft, J. R., & Baum, W. M. (2001). Group choice: The ideal free distribution of human social behavior. *Journal of the Experimental Analysis of Behavior, 76*(1), 21–42.

Kreek, M. J., Nielsen, D. A., Butelman, E. R., & LaForge, K. S. (2005). Genetic influences on impulsivity, risk taking, stress responsivity and vulnerability to drug abuse and addiction. *Nature Neuroscience, 8*(11), 1450–1457. Published online October 26, 2005. doi: 10.1038/nn1583.

Krueger, T. H. C., Schedlowski, M., & Meyer, G. (2005). Cortisol and heart rate measures during casino gambling in relation to impulsivity. *Neuropsychobiology, 52*, 206–211.

Krueger, W. C. F. (1929). The effects of overlearning on retention. *Journal of Experimental Psychology, 12*, 71–78.

Kruglanski, A. W., Friedman, I., & Zeevi, G. (1971). The effects of extrinsic incentive on some qualitative aspects of task performance. *Journal of Personality, 39,* 606–617.

Kuhnen, C. M., & Chiao, J. Y. (2009). Genetic determinants of financial risk taking. *PLoS ONE, 4*(2), e4362. doi: 10.1371/journal.pone.0004362.

Kukekova, A., & Trut, L. N. (2007). Domestication of the silver fox and its research findings. Address presented at the annual meeting of the Association for Behavior Analysis, San Diego, CA, May 27.

Kuntsche E., Pickett, W., Overpeck, M., Craig, W., Boyce, W., & Gaspar de Matos, M. (2006). Television viewing and forms of bullying among adolescents from eight countries. *Journal of Adolescent Health, 39*(6), 908–915.

Kuo, T., & Hirshman, E. (1996). Investigations of the testing effects. *American Journal of Psychology, 109,* 451–464.

Kuo, Z. Y. (1930). The genesis of the cat's response to the rat. *Journal of Comparative Psychology, 11,* 1–36.

Kuo, Z. Y. (1967). *The dynamics of behavior development: An epigenetic view.* New York: Random House.

Kymissis, E., & Poulson, C. L. (1990). The history of imitation in learning theory: The language acquisition process. *Journal of the Experimental Analysis of Behavior, 54,* 113–127.

Kymissis, E., & Poulson, C. L. (1994). Generalized imitation in preschool boys. *Journal of Experimental Child Psychology, 58,* 389–404.

Lachter, G. D., Cole, B. K., & Schoenfeld, W. N. (1971). Response rate under varying frequency of non-contingent reinforcement. *Journal of the Experimental Analysis of Behavior, 15,* 233–236.

Lafferty, K. D., & Morris, A. K. (1996). Altered behavior of a parasitized Killifish increases suspectibility to predation by bird final hosts. *Ecology, 77*(5), 1390–1397.

Laland, K. N., & Williams, K. (1997). Shoaling generates social learning of foraging information in guppies. *Animal Behaviour, 53,* 1161–1169.

Lamb, T. D. (2011, July). Evolution of the eye. *Scientific American,* 64–69.

Lamere, J. M., Dickinson, A. M., Henry, M., Henry, G., Poling, A. (1996). Effects of a multicomponent incentive program on the performance of truck drivers: A longitudinal study. *Behavior Modification, 20*(4), 385–405.

Lancioni, G. E., & Hoogland, G. A. (1980). Hearing assessment in young infants by means of a classical conditioning procedure. *International Journal of Pediatric Otorhinolaryngology, 2*(3), 193–200.

Landers, D. M., & Landers, D. M. (1973). Teacher versus peer models: Effects of model's presence and performance level on motor behavior. *Journal of Motor Behavior, 5,* 129–139.

Landman, O. E. (1991). The inheritance of acquired characteristics. *Annual Review of Genetics, 25,* 1–20.

Lane, H. L., & Shinkman, P. G. (1963). Methods and findings in an analysis of a vocal operant. *Journal of the Experimental Analysis of Behavior, 6,* 179–188.

Huff, N. C., Hernandez, J. A., Fecteau, M. E., Zielinski, D. J., Brady, R., & LaBar, K. S. (2011). Revealing context-specific conditioned fear memories with full immersion virtual reality. *Frontiers in Behavioral Neuroscience, 5.*

Laraway, S., Snycerski, S., Michael, J., & Poling, A. (2003). Motivating operations and terms to describe them: Some further refinements. *Journal of Applied Behavior Analysis, 36,* 407–414.

Larson, J. D., Calamari, J. E., West, J. G., & Frevent, T. A. (1998). Aggression-management with disruptive adolescents in the residential setting: Integration of a cognitive-behavioral component. *Residential Treatment for Children and Youth, 15,* 1–9.

Lashley, K. S. (1930). The mechanism of vision, I: A method of rapid analysis of pattern-vision in the rat. *Journal of Genetic Psychology, 37,* 453–640.

Lashley, K. S., & Wade, M. (1946). The Pavlovian theory of generalization. *Psychological Review, 53,* 72–87.

Latham, G. (1997). *Behind the schoolhouse door.* Logan: Utah State University Press.

Lattal, K. A. (2010). Delayed reinforcement of operant behavior. *Journal of the Experimental Analysis of Behavior, 93,* 129–139.

Lattal, K. A., & Gleeson, S. (1990). Response acquisition with delayed reinforcement. *Journal of Experimental Psychology: Animal Behavior Processes, 16,* 27–39.

Lattal, K. A., & Neef, N. A. (1996). Recent reinforcement-schedule research and applied behavior analysis. *Journal of Applied Behavior Analysis, 29,* 213–230.

Lattal, M. (2007, December). Extinction and the erasures of memory. *Psychological Science Agenda.* Available at https://www.apa.org/science/about/psa/2007/12/lattal.

Lavigna, G. W., & Donnellan, A. M. (1986). *Alternatives to punishment: Solving behavior problems with non- aversive strategies.* New York: Irvington.

Lavin, N. I., Thorpe, J. G., Barker, J. C., Blakemore, C. B., & Conway, C. G. (1961). Behavior therapy in a case of transvestism. *Journal of Nervous and Mental Disorders, 133,* 346–353.

Lavond, D. G., & Steinmetz, J. E. (2003). *Handbook of classical conditioning.* New York: Springer.

Laws, D. R., & Marshall, W. L. (1991) Masturbatory reconditioning with sexual deviates: An evaluation review. *Advances in Behaviour Research and Therapy, 13,* 13–25.

Layng, T. V. J., & Andronis, P. T. (1984). Toward a functional analysis of delusional speech and hallucinatory behavior. *The Behavior Analyst, 7,* 139–156.

Layng, T. V. J., Twyman, J. S., & Stikeleather, G. (2003). Headsprout early reading: Reliably teaching child to read. *Behavioral Technology Today, 3,* 7–20.

Layng, T. V. J., Twyman, J. S., & Stikeleather, G. (2004). Engineering discovery learning: The contingency adduction of some precursors of textual responding in a beginning reading program. *Analysis of Verbal Behavior, 20,* 99–109.

Leader, L. R. (1995). The potential value of habituation in the prenate. In J.-P. Lecanuet, W. P. Fifer, N. A. Krasnegor, & W. P. Smotherman (Eds.), *Fetal development: A psychobiological perspective* (pp. 383–404). Hillsdale, NJ: Erlbaum.

Ledford, J. R., & Wolery, M. (2011). Teaching imitation to young children with disabilities: A review of the literature. *Topics in Early Childhood Special Education, 30*(4), 245–255.

Lee, T. D., & White, M. A. (1990). Influence of an unskilled model's practice schedule on observational motor learning. *Human Movement Science, 9*, 349–344.

Lerman, D. C., & Iwata, B. A. (1993). Descriptive and experimental analyses of variables maintaining self-injurious behavior. *Journal of Applied Behavior Analysis, 26*(3), 293–319.

Lerman, D. C., Iwata, B. A., Shore, B. A., & De Leon, I. G. (1997). Effects of intermittent punishment on self-injurious behavior: An evaluation of schedule thinning. *Journal of Applied Behavior Analysis, 30*, 187–201.

Lerman, D. C., Kelley, M. E., Vorndran, C. M., & Van Camp, C. M. (2003). Collateral effects of response blocking during the treatment of stereotypic behavior. *Journal of Applied Behavior Analysis, 36*(1), 119–123.

Leshner, A. I. (1997). Addiction is a brain disease, and it matters. *Science, 278*(5335), 45–47.

Letourneau, E. J. & O'Donohue, W. (1997). Classical conditioning of female sexual arousal. *Archives of Sexual Behavior, 26*, 63–78.

Levine, J. M., & Murphy, G. (1943). The learning and forgetting of controversial material. *Journal of Abnormal and Social Psychology, 38*, 507–517.

Levitt, S. D., & Dubner, S. J. (2005). *Freakonomics: A rogue economist explores the hidden side of everything.* New York: Harper.

Levy, E. A., McClinton, B. S., Rabinowitz, F. M., & Wolkin, J. R. (1974). Effects of vicarious consequences on imitation and recall: Some developmental findings. *Journal of Experimental Child Psychology, 17*, 115–132.

Li, M. D., & Burmeister, M. (2009). New insights into the genetics of addiction. *Nature Reviews Genetics, 10*, 225–231.

Liberman, R. P., Teigen, J., Patterson, R., & Baker, V. (1973). Reducing delusional speech in chronic paranoid schizophrenics. *Journal of Applied Behavior Analysis, 6*, 57–64.

Libet, B. (2005). *The temporal factor in consciousness.* Cambridge, MA: Harvard University Press.

Libet, B., Gleason, C. A., Wright, E. W., Pearl, D. K. (1983). Time of conscious intention to act in relation to onset of cerebral activity (readiness-potential). The unconscious initiation of a freely voluntary act. *Brain, 106*, 623–642.

Libet, B., Sinnott-Armstrong, W., & Nadel, L. (Eds.). (2010). *Conscious will and responsibility: A tribute to Benjamin Libet.* New York: Oxford University Press.

Lichstein, K. L., & Schreibman, L. (1976). Employing electric shock in autistic children: A review of the side effects. *Journal of Autism and Childhood Schizophrenia, 6*, 1163–1173.

Lieberman, H. R., Kanarek, R. B., & Prasad, C. (Eds.). (2005). *Nutritional neuroscience.* Boca Raton, FL: CRC Press.

Lightfoot, L. O. (1980). *Behavioral tolerance to low doses of alcohol in social drinkers.* Unpublished Ph.D. dissertation, Waterloo University, Ontario, Canada.

Lindsey, R. (2020). Climate Change: Atmospheric Carbon Dioxide. Available at Climate.gov.

Lindsey, R. (2021). Climate Change: Global Sea Level. Available at Climate.gov.

Lindsley, O. R. (1963). Direct measurement and functional definition of vocal hallucinatory symptoms. *Journal of Nervous and Mental Disease, 136*, 293–297.

Linz, D. G., Donnerstein, E., & Penrod, S. (1988). Effects of long-term exposure to violent and sexually degrading depictions of women. *Journal of Personality and Social Psychology, 55*(5), 758–768.

Lirgg, C. D., & Feltz, D. L. (1991). Teacher versus peer models revisited: Effects on motor performance and self-efficacy. *Research Quarterly for Exercise Sport, 62*(2), 217–224.

Lockhart, L. L., Saunders, B. E., & Cleveland, P. (1989). Adult male sexual offenders: An overview of treatment techniques. In J. S. Wodarski & D. L. Whitaker (Eds.), *Treatment of sex offenders in social work and mental health settings* (pp. 1–32). New York: Haworth Press.

Loftus, E. (2019). Eyewitness testimony. *Applied Cognitive Psychology, 33*.

Loftus, E. F. (1979). *Eyewitness testimony.* Cambridge, MA: Harvard University Press.

Loftus, E. F. (2006). What's the matter with memory? Presidential scholar's address. Presented at the 32nd annual convention of the Association for Behavior Analysis, Atlanta, GA, May.

Loftus, E. F., & Palmer, J. C. (1974). Reconstruction of automobile destruction: An examination of the interaction between language and memory. *Journal of Verbal Learning and Verbal Behavior, 13*, 585–589.

Loftus, E. F., & Zanni, G. (1975). Eyewitness testimony: The influence of the wording of a question. *Bulletin of the Psychonomic Society, 5*, 86–88.

Logan, J. A. R., Justice, L. M., Yumuş M., & Chaparro-Moreno, L. J. (2019). When children are not read to at home: The million word gap. *Journal of Developmental Pediatrics, 40*(5), 383–386.

Lonsdorf, E. V. (2005). Sex differences in the development of termite-fishing skills in wild chimpanzees (*Pan troglodytes schweinfurthii*) of Gombe National Park, Tanzania. *Animal Behaviour, 70*, 673–683.

Lord, J. (2018). The delayed matching-to-sample task—are pigeons too smart to remember? Thesis, Master of Science. University of Otago. Available at http://hdl.handle.net/10523/7978.

Lorenz, K. (1952). *King Solomon's ring.* New York: Crowell.

Lovaas, O. I., Ackerman, A., Alexander, D., Firestone, P., Perkins, M., & Young, D. B. (1981). *Teaching developmentally disabled children: The me book.* Austin, TX: Pro Ed.

Lovaas, O. I. (1987). Behavioral treatment and normal educational and intellectual functioning in young autistic children. *Journal of Consulting and Clinical Psychology, 55,* 3–9.

Lovaas, O. I. (1993). The development of a treatment-research project for developmentally disabled and autistic children. *Journal of Applied Behavior Analysis, 26,* 617–630.

Lovaas, O. I., Berberich, J. P., Perloff, B. F., & Schaeffer, B. (1966). Acquisition of imitative speech by schizophrenic children. *Science, 151*(3711), 705–707.

Lovaas, O. I., Schaeffer, B., & Simmons, J. Q. (1965). Building social behavior in autistic children by use of electric shock. *Journal of Experimental Research in Personality, 1,* 99–109.

Lovaas, O. I., & Simmons, J. Q. (1969). Manipulation of self-destruction in three retarded children. *Journal of Applied Behavior Analysis, 2,* 143–157.

Loveland, K. A., & Landry, S. H. (1986). Joint attention and language in autism and developmental language delay. *Journal of Autism and Developmental Disorders, 16,* 335–349.

Lovibond, P. F., & Shanks, D. R. (2002). The role of awareness in Pavlovian conditioning: Empirical evidence and theoretical implications. *Journal of Experimental Psychology: Animal Behavior Processes, 28*(1), 3–26.

Lowe, C. F., Horne, P. J., Hardman, C. A., & Tapper, K. (2006). A peer-modeling and rewards-based intervention is effective in increasing fruit and vegetable consumption in children. *Preventive Medicine, 43*(4), 351–352.

Lowe, C. F., Horne, P. J., Tapper, K., Bowdery, M., & Egerton, C. (2004). Effects of a peer modelling and rewards-based intervention to increase fruit and vegetable consumption in children. *Europena Journal of Clinical Nutrition, 58,* 510–522.

Lubow, R. E., & Moore, A. V. (1959). Latent inhibition: The effect of nonreinforced pre-exposure to the conditional stimulus. *Journal of Consulting and Clinical Psychology, 52,* 415–419.

Ludvig, E. A., Conover, K., & Shizgal, P. (2007). The effects of reinforcer magnitude on timing in rats. *Journal of the Experimental Analysis of Behavior, 87,* 201–218.

Luiselli, J. K., & Reed, D. D. (Eds.). (2011). *Behavioral sports psychology: Evidence-based approaches to performance enhancement.* New York, NY: Springer.

Luncz, L. V., Mundry, R., & Boesch, C. (2012). Evidence for cultural differences between neighboring chimpanzee communities. *Current Biology, 22*(10), 922–926.

Luria, A. R. (1968). *The mind of a mnemonist: A little book about a vast memory* (L. Solotaroff, Trans.). New York: Basic.

Lynn, R., & Hattori, K. (1990). The heritability of intelligence in Japan. *Behavior Genetics, 20*(4), 545–546.

Lyons, C. (1991). Application: Smoking. In Waris Ishaq (Ed.), *Human behavior in today's world* (pp. 217–230). New York: Praeger.

Lyons, D. E., Young, A. G., & Keil, F. S. (2007). The hidden structure of overimitation. *Proceedings of the National Academy of Science, 104*(19), 751–756. doi: 10.1073/pnas.0704452104.

Mace, F. C., Mauro, B. C., Boyojian, A. E., & Eckert, T. L. (1997). Effects of reinforcer quality on behavioral momentum: Coordinated applied and basic research. *Journal of Applied Behavior Analysis, 30,* 1–20.

Mackintosh, N. J. (1974). *The psychology of animal learning.* Oxford, UK: Oxford University Press.

Macklin, M. C. (1996). Preschoolers' learning of brand names from visual cues. *Journal of Consumer Research, 23,* 251–261.

MacRae, J. R., & Siegel, S. (1997). The role of self-administration in morphine withdrawal in rats. *Psychobiology, 25*(1), 77–82.

Madigan, S., & O'Hara, R. (1992). Short-term memory at the turn of the century. *American Psychologist, 47*(2), 170–174.

Madsen, C. H., Jr., Becker, W. C., & Thomas, D. R. (1968). Rules, praise, and ignoring: Elements of elementary classroom control. *Journal of Applied Behavior Analysis, 1,* 139–150.

Maier, S. F., Albin, R. W., & Testa, T. J. (1973). Failure to learn to escape in rats previously exposed to inescapable shock depends on the nature of the escape response. *Journal of Comparative and Physiological Psychology, 85,* 581–592.

Maletzky, B. M. (1980). Assisted covert sensitization. In D. J. Cox & R. J. Daitzman (Eds.), *Exhibitionism: Description, assessment, and treatment* (pp. 187–251). New York: Garland.

Maloney, S. K., Fuller, A., & Mitchell, D. (2010). A warming climate remains a plausible hypothesis for the decrease in dark Soay sheep. *Biological Letters, 6,* 680–681. doi: 10.1098/rsbl.2010.0253.

Malott, R. W., & Malott, M. K. (1970). Perception and stimulus generalization. In W. C. Stebbins (Ed.), *Animal psychophysics: The design and conduct of sensory experiments* (pp. 363–400). New York: Appleton-Century-Crofts.

Malthus, T. (1798). *An essay on the principle of population.* Available at www.gutenberg.org and at www.amazon.com.

Mansfield, R. J. W., & Rachlin, H. C. (1970). The effect of punishment, extinction, and satiation on response chains. *Learning and Motivation, 1,* 27–36.

Marcus, G. (2009). *Kluge: The haphazard evolution of the human mind.* Boston: Mariner Books.

Marcus-Newhall, A., Pedersen, W. C., Carlson, M., & Miller, N. (2000). Displaced aggression is alive and well: A meta-analytic review. *Journal of Personality and Social Psychology, 78*(4), 670–689.

Marenco, S., Weinberger, D. R., & Schreurs, B. G. (2003). Single-cue delay and trace conditioning in schizophrenia. *Biological Psychiatry, 53*(5), 390–402.

Margolis, E., & Laurence, S. (1999). *Concepts: Core readings*. Cambridge, MA: MIT Press.

Mark, V., Taub, E., Bashir, K., Uswatte, G., Delgado, A., Bowman, M. H. et al. (2008). Constraint-induced movement therapy can improve hemiparetic progressive multiple sclerosis: Preliminary findings. *Multiple Sclerosis, 14*(7), 992–994.

Markowitz, H. (1978). *Behavior of captive wild animals*. Chicago: Burnham, Inc.

Markowitz, H. (1982). *Behavioral enrichment in the zoo*. New York: Van Nostrand Reinhold.

Markowitz, H. (2011). *Enriching animal lives*. Pacifica, CA: Mauka Press.

Marks, I. M. (1986). Genetics of fear and anxiety disorders. *British Journal of Psychiatry, 149*, 406–418.

Marschall, L. A. (1993, March/April). Books in brief. *The Sciences*, 45.

Marshall, W. L., & Eccles, A. (1991). Issues in clinical practice with sex offenders. *Journal of Interpersonal Violence, 6*, 69–93.

Marsteller, T. M., & St. Peter C. C. (2012). Resurgence during treatment challenges. *Mexican Journal of Behavior Analysis, 38*, 7–23.

Martins, B. K., & Collier, S. R. (2011). Developing fluent, efficient and automatic repertoires of athletic performance. In J. K. Luiselli & D. D. Reed (Eds.), *Behavioral sports psychology: Evidence-based approaches to performance enhancement* (pp. 159–176). New York: Springer.

Martin, S., Mikutta, C., Knight, R. T., & Pasley, B. N. (2016). Understanding and decoding thoughts in the human brain. *Frontiers for Young Minds, 4*, 4.

Masataka, N., Koda, H., Urasopon, N., & Watanabe, K. (2009). Free-ranging Macaque mothers exaggerate tool-using behavior when observed by offspring. *PLOS One, 4*(3), e4768. doi:10.1371/journal.pone.0004768.

Masia, C. L., & Chase, P. N. (1997). Vicarious learning revisited: A contemporary behavior analytic interpretation. *Journal of Behavior Therapy & Experimental Psychiatry, 28*, 41–51.

Masserman, J. H. (1943). *Behavior and neurosis: An experimental-psychoanalytic approach to psychobiologic principles*. New York: Hafner.

Masserman, J. H. (1946). *Principles of dynamic psychiatry*. Philadelphia, PA: Saunders.

Matson, L. M., & Grahame, N. J. (2011). Pharmacologically relevant intake during chronic, free-choice drinking rhythms in selectively bred high alcohol-preferring mice. *Addiction Biology*. Published online November 29. doi: 10.1111/j.1369-1600.2011.00412.x.

Matsuda, K., Garcia, Y., Catagnus, R. & Ackerlund Brandt, J. (2020). Can behavior analysis help us understand and reduce racism? A review of the current literature. *Behavior Analysis in Practice, 13*, 336–347.

Maurice, E. B. (2005). *The last gentleman adventurer: Coming of age in the Arctic*. Boston, MA: Houghton Mifflin.

Max, L. W. (1937). Experimental study of the motor theory of consciousness, IV: Action—current responses in the deaf during awakening, kinaesthetic imagery, and abstract thinking. *Journal of Comparative Psychology, 42*(2), 301–344.

Mazur, J. E. (1975). The matching law and quantifications related to Premack's principle. *Journal of Experimental Psychology: Animal Behavior Processes, 1*, 374–386.

Mazur, J. E., & Wagner, A. R. (1982). An episodic model of associative learning. In M. Commons, R. Herrnstein, & A. R. Wagner (Eds.), *Quantitative analyses of behavior: Acquisition*, Vol. 3 (pp. 3–39). Cambridge, MA: Ballinger.

McCall, R. B., Groark, C. J., Hawk, B. N. et al. (2019). Early caregiver–child interaction and children's development: Lessons from the St. Petersburg-USA orphanage intervention Research Project. *Clinical Child and Family Psychology Review*, 208–224.

McCarthy, D. E., Baker, T. B., Minami, H. M., & Yeh, V. M. (2011). Applications of contemporary learning theory in the treatment of drug abuse. In T. Schachtman & S. Reilly (Eds.), *Applications of Learning and Conditioning* (pp. 235–269). Oxford, UK: Oxford University Press.

McCarty, R. (1998, November). Making the case for animal research. *APA Monitor*, 18.

McClelland, J. L., Fiez, J. A., & McCandliss, B. D. (2002). Teaching the /r/-/l/ discrimination to Japanese adults: Behavioral and neural aspects. *Physiology and Behavior, 77*, 657–662.

McConaghy, N. (1970). Subjective and penile plethysmograph responses to aversion therapy for homosexuality: A follow-up study. *British Journal of Psychiatry, 17*, 555–560.

McConaghy, N. (1974). Penile volume responses to moving and still pictures of male and female nudes. *Archives of Sexual Behavior, 3*, 565–570.

McCormack, J., Arnold-Saritepe, A., & Elliffe, E. (2017). The differential outcomes effect in children with autism. *Behavioral Interventions, 32*, 357–369.

McCullagh, P., & Meyer, K. N. (1997). Learning versus correct models: Influence of model type on the learning of a free-weight squat lift. *Research Quarterly for Exercise and Sport, 68*(1), 56–61.

McDougall, W. (1908). *An introduction to social psychology*. London: Methuen.

McDougall, W. (1927). An experiment for the testing of the hypothesis of Lamarck. *British Journal of Psychology, 17*, 267–304.

McDougall, W. (1938). Fourth report on a Lamarckian experiment. *British Journal of Psychology, 28*, 321–345.

McDowell, J. J. (1982). The importance of Herrnstein's mathematical statement of the law of effect for behavior therapy. *American Psychologist, 37*, 771–779.

McGeoch, J. A. (1932). Forgetting and the law of disuse. *Psychological Review, 39*, 352–370.

McGlynn, F. D. (2010). Systematic desensitization. In I. Weiner & W. E. Craighead (Eds.), *The Corsini Encyclopedia of Psychology*. Wiley Online Library. Published online January 30, 2010. doi: 10.1002/9780470479216. corpsy0972.

McGreevy, P. (1983). *Teaching and learning in plain English* (2nd ed.). Kansas City, MO: Plain English Publications.

McGuigan, F. J. (1966). Covert oral behavior and auditory hallucinations. *Psychophysiology, 3*(1), 73–80.

McGuigan, N. (2012). The role of transmission biases in the cultural diffusion of irrelevant actions. *Journal of Comparative Psychology, 126*(2), 150–160.

McGuigan, N., & Graham, M. (2010). Cultural transmission of irrelevant tool actions in diffusion chains of 3- and 5-year-old children. *European Journal of Developmental Psychology, 7*, 561–577.

McGuigan, N., Whiten, A., Flynn, E., Horner, V. (2007). Imitation of causally opaque versus causally transparent tool use by 3- and 5-year-old children. *Cognitive Development, 22*(3), 353–364.

McNally, R. J. (1987). Preparedness and phobias: A review. *Psychological Bulletin, 101*, 283–303.

McNamara, E. (1987). Behavioural approaches in the secondary school. In K. Wheldall (Ed.), *The behaviourist in the classroom* (pp. 50–68). London: Allen & Unwin.

McPhee, J. E., Rauhut, A. S., & Ayres, J. J. B. (2001). Evidence for learning-deficit vs. performance-deficit theories of latent inhibition in Pavlovian fear conditioning. *Learning and Motivation, 32*, 1–32.

Mech, L. D., Christensen, B. W., Asa, C. S., Callahan, M., & Young, J. K. (2014). Production of hybrids between western gray wolves and western coyotes. *PLOS ONE, 9*, e88861.

Melfi, V. A. & Ward, S. J. (2019) Welfare Implications of Zoo Animal Training. In V. A. Melfi, N. R. Dorey, & S. J. Ward, (Eds). *Welfare Implications of Zoo Animal Training.* Wiley.

Mello, N. K., & Mendelson, J. H. (1970). Experimentally induced intoxication in alcoholics: A comparison between programmed and spontaneous drinking. *Journal of Pharmacology and Experimental Therapeutics, 173*, 101–116.

Meltzoff, A. N. & Marshall, P. J. (2018). Human infant imitation as a social survival circuit. *Current Opinion in Behavioral Sciences, 24*, 130–136.

Mendelsohn, A. L. & Klass, P. (2018). Early language exposure and middle school language and IQ: Implications for primary prevention. *Pediatrics, 142*(4), e20182234.

Menzel, C. R. (1991). Cognitive aspects of foraging in Japanese monkeys. *Animal Behavior, 41*, 397–402.

Metzgar, L. H. (1967). An experimental comparison of screech owl predation on resident and transient white-footed mice (*Peromyscus leucopus*). *Journal of Mammology, 48*, 387–391.

Michael, J. (1975). Positive and negative reinforcement: A distinction that is no longer necessary; or, a better way to talk about bad things. *Behaviorism, 3*, 33–44.

Michael, J. (1982). Distinguishing between discriminative and motivational functions of stimuli. *Journal of the Experimental Analysis of Behavior, 37*, 149–155.

Michael, J. (1983). Evocative and repertoire-altering effects of an environmental event. *The Analysis of Verbal Behavior, 2*, 19–21.

Michael, J. (1991). A behavorial perspective on college teaching. *The Behavior Analyst, 14*, 229–239.

Michael, J. (1993). Establishing operations. *The Behavior Analyst, 16*, 191–206.

Michael, J. (2006). Comment on Baron and Galizio (2005). *The Behavior Analyst, 29*, 117–119.

Midgley, B. D. (1987). Instincts—Who needs them? *The Behavior Analyst, 10*, 313–314.

Miller, N. E. (1948a). Studies of fear as an acquired drive, I: Fear as a motivation and fear-reduction as reinforcement in learning of new responses. *Journal of Experimental Psychology, 38*, 89–101.

Miller, N. E. (1948b). Theory and experiment relating psychoanalytic displacement to stimulus-response generalization. *Journal of Abnormal Psychology, 43*(2), 155–178.

Miller, N. E. (1960). Learning resistance to pain and fear: Effects of overlearning, exposure, and rewarded exposure in context. *Journal of Experimental Psychology, 60*, 137–145.

Miller, N. E. (1978). Biofeedback and visceral learning. *Annual Review of Psychology, 29*, 373–404.

Miller, N. E. (1985). The value of behavioral research on animals. *American Psychologist, 40*, 423–440.

Miller, N. E., & DiCara, L. (1967). Instrumental learning of heart rate changes in curarized rats: Shaping and specificity to discriminative stimulus. *Journal of Comparative and Physiological Psychology, 63*, 12–19.

Miller, N. E., & Dollard, J. (1941). *Social learning and imitation.* New Haven, CT: Yale University Press.

Miller, R. R., Barnet, R. C., & Grahame, N. J. (1995). Assessment of the Rescorla-Wagner model. *Psychological Bulletin, 117*(3), 363–386.

Miller, S. J., & Sloane, H. N. (1976). The generalization effects of parent training across stimulus settings. *Journal of Applied Behavior Analysis, 9*, 355–370.

Mills, H. L., Agras, W. S., Barlow, D. H., & Mills, J. R. (1973). Compulsive rituals treated by response prevention: An experimental analysis. *Archives of General Psychiatry, 28*(4), 524–529.

Miltenberger, R. G., & Gross, A. (2011). Teaching safety skills to children. In W. Fisher, C. Piazza, & H. Roane (Eds.), *Handbook of Applied Behavior Analysis* (pp. 417–432). New York, NY: Guilford Press.

Minami, H., & Dallenbach, K. M. (1946). The effect of activity upon learning and retention in the cockroach (*Periplaneta americana*). *American Journal of Psychology, 59*, 1–58.

Mineka, S., & Cook, M. (1988). Social learning and the acquisition of snake fear in monkeys. In T. Zentall & B. Galef (Eds.), *Social learning: Psychological and biological perspectives* (pp. 51–73). Hillsdale, NJ: Erlbaum.

Miyashita, Y., Nakajima, S., & Imada, H. (2000). Differential outcome effect in the horse. *Journal of the Experimental Analysis of Behavior, 74*, 245–253.

Mock, D. W. (2006). *More than kin and less than kind: The evolution of family conflict.* Cambridge, MA: Belknap Press.

Money, J. (1987). Masochism: On the childhood origin of paraphilia, opponent-process theory, and antiandrogen therapy. *Journal of Sex Research, 23*(2), 273–275.

Moore, D. S. (2001). *The dependent gene: The fallacy of nature vs. nurture.* New York: W. H. Freeman.

Moore, J. (2010). What do mental terms mean? *Psychological Record, 60*, 699–714.

Moore, J. (2011). The case for private behavioral events. Address given at the annual meeting of the Association for Behavior Analysis, Denver, CO, May 30.

Morgan, D. H. (2010). Schedules of reinforcement at 50: A retrospective appreciation. *The Psychological Record, 60*, 151–172.

Morgan, D. L., & Morgan, R. L. (2008). *Single-case research methods for the behavioral and health sciences.* New York: Sage.

Morris, E. K. (2001). B. F. Skinner. In B. J. Zimmerman & D. H. Schunk (Eds.), *Educational psychology: A century of contributions* (pp. 229–250). Hillsdale, NJ: Erlbaum.

Morris, E. K., Lazo, J. F., & Smith, N. G. (2004). Whether, when and why Skinner published on biological participation in behavior. *The Behavior Analyst, 27*, 153–169.

Morse, W. H. (1966). Intermittent reinforcement. In W. H. Honig (Ed.), *Operant behavior: Areas of research and application* (pp. 52–108). New York: Appleton-Century-Crofts.

Morse, W. H., & Kelleher, R. T. (1977). Determinants of reinforcement and punishment. In W. K. Honig & J. E. R. Staddon (Eds.), *Handbook of operant behavior* (pp. 174–200). Englewood Cliffs, NJ: Prentice-Hall.

Moser, C. (2016). DSM-5 and the paraphilic disorders: Conceptual issues. *Archives of Sexual Behavior, 45*, 2181–2186.

Moser, C. DSM-5, paraphilias, and the paraphilic disorders: Confusion reigns. *Archives of Sexual Behavior, 48*, 681–689.

Mowrer, O. H. (1940). An experimental analysis of "regression" with incidental observations on "reaction-formation." *Journal of Abnormal and Social Psychology, 35*, 56–87.

Mowrer, O. H. (1947). On the dual nature of learning: A reinterpretation of "conditioning" and "problem solving." *Harvard Educational Review, 17*, 102–150.

Mowrer, O. H., & Jones, H. (1945). Habit strength as a function of the pattern of reinforcement. *Journal of Experimental Psychology, 35*, 293–311.

Mustofa, F., Mansur, M. & Bruhain, E. (2019). Differences in the effect of learning methods massed practice throwing and distributed practice on learning outcomes skills for the accuracy of top softball.

Myers, L. L., & Thyer, B. A. (1994). Behavioral therapy: Popular misconceptions. *Scandinavian Journal of Behavior Therapy, 23*(2), 99–107.

Nakajima, S. (2006). Speculation and explicit identification as judgmental standards for positive or negative reinforcement: A comment on Baron and Galizio (2005). *The Behavior Analyst, 29*, 269–270.

National Aeronautics and Space Administration (2021). 2020 Tied for Warmest Year on Record, NASA Analysis Shows. Available at https://www.nasa.gov/press-release/2020-tied-for-warmest-year-on-record-nasa-analysis-shows.

National Center on Addiction and Substance Abuse. (2021). *Principles of Drug Addiction Treatment: A Research-Based Guide (Third Edition).* Available at https://www.drugabuse.gov/publications/principles-drug-addiction-treatment-research-based-guide-third-edition/frequently-asked-questions/drug-addiction-treatment-worth-its-cost.

National Highway Traffic Safety Administration. (2021). *Traffic safety facts.* Washington, DC: NHTSA. Available at https://cdan.nhtsa.gov/tsftables/tsfar.htm.

National Institute for Mental Health (2021). Specific Phobias. Available at https://www.nimh.nih.gov/health/statistics/specific-phobia.

National Research Council. (2011). *Chimpanzees in biomedical and behavioral research: Assessing the necessity.* Washington, DC: The National Academies Press.

Nelson, C. A., Furtago, E. A., Fox, N. A., & Zeanah, C. H., Jr. (2009, May/June). The deprived human brain. *American Scientist*, 222–229.

Neuringer, A. (1970). Superstitious key-pecking after three peck-produced reinforcements. *Journal of the Experimental Analysis of Behavior, 13*, 127–134.

Neuringer, A. (1986). Can people behave "randomly"? The role of feedback. *Journal of Experimental Psychology: General, 115*, 62–75.

Neuringer, A. (2002). Operant variability: Evidence, functions, and theory. *Psychonomic Bulletin and Review, 9*, 672–705.

Neuringer, A. (2003). Creativity and reinforced variability. In K. A. Lattal & P. N. Chase (Eds.), *Behavior theory and philosophy* (pp. 323–338). New York: Springer.

Neuringer, A. (2004). Reinforced variability in animals and people: Implications for adaptive action. *American Psychologist, 59*(9), 891–906.

Nevin, J. A. (1992). An integrative model for the study of behavioral momentum. *Journal of the Experimental Analysis of Behavior, 57*, 301–316.

Nevin, J. A. (2003). Retaliating against terrorists. *Behavior and Social Issues, 12*, 109–128.

Nevin, J. A. (2004). Retaliating against terrorists: Erratum, reanalysis, and update. *Behavior and Social Issues, 13*, 155–159.

Nevin, J. A. (2012). Resistance to extinction and behavioral momentum. *Behavioural Processes, 90*, 89–97.

Nevin, J. A., & Grace, R. C. (2000). Behavioral momentum and the law of effect. *Behavioral and Brain Sciences, 23*, 73–130.

Newport, F. (2010, December 17). Four in 10 Americans believe in strict creationism. Available at http://www.gallup.com/poll/145286/four-americans-believe-strict-creationism.aspx.

Newsom, C., Flavall, J. E., & Rincover, A. (1983). Side effects of punishment. In S. Axelrod & J. Apsche (Eds.), *The effects of punishment on human behavior* (pp. 285–316). New York: Academic Press.

Nielsen, D. A., Ji, F., Yuferov, V., Ho, A., Chen, A., Levran, O. et al. (2008). Genotype patterns that contribute to increased risk for or protection from developing heroin addiction. *Molecular Psychiatry, 13*, 417–428.

Nielsen, M., & Blank, C. (2011). Imitation in young children: When who gets copied is more important than what gets copied. *Developmental Psychology, 47*, 1050–1053.

Nielsen, M., Subiaul, F., Whiten, A., Galef, B., & Zentall, T. (2012). Social learning in humans and nonhuman animals: Theoretical and empirical dissections. *Journal of Comparative Psychology*. doi: 10.1037/a0027758y.

Nielsen, M., & Tomaselli, K. (2010). Over-imitation in Kalahari Bushman children and the origins of human cultural cognition. *Psychological Science, 21*, 729–736.

Nisbett, R. E. (1990). The anti-creativity letters: Advice from a senior tempter to a junior tempter. *American Psychologist, 45*, 1078–1082.

Norbury, A., Robbins, T.W., & Seymour, B. (2018). Value generalization in human avoidance learning.

Northrop, J., Fusilier, I., Swanson, V., Roane, H., & Borrero, J. (1997). An evaluation of methylphenidate as a potential establishing operation for some common classroom reinforcers. *Journal of Applied Behavio Analysis, 30*, 615–625.

Obhi, S. S., & Haggard, P. (2004, July/August). Free will and free won't. *American Scientist*, 358–365.

O'Brien, S. J., Wildt, D. E., & Bush, M. E. (1986, May). The cheetah in genetic peril. *Scientific American*, 84–92.

O'Donnell, J., & Crosbie, J. (1998). Punishment gradients with humans. *Psychological Record, 48*(2), 211–233.

O'Donohue, W., & Plaud, J. J. (1994). The conditioning of human sexual arousal. *Archives of Sexual Behavior, 23*(3), 321–344.

Odum, A. L. (2011). Delay discounting: Trait variable? *Behavioural Processes, 87*, 1–9.

Ogden, C. L., Carroll, M. D., Kit, B. K., & Flegal, K. M. (2012). *Prevalence of obesity in the United States, 2009–2010*. NCHS Data Brief No. 82. Hyattsville, MD: National Center for Health Statistics.

Öhman, A., Esteves, F., & Soares, J. J. F. (1995). Preparedness and preattentive associative learning: Electrodermal conditioning to masked stimuli. *Journal of Psychophysiology, 9*, 99–108.

Öhman, A., Flykt, A., & Esteves, F. (2001). Emotion drives attention: Detecting the snake in the grass. *Journal of Experimental Psychology: General, 130*(3), 466–478.

Öhman, A., Fredrikson, M., Hugdahl, K., & Rimmo, P. A. (1976). The premise of equipotentiality in human classical conditioning: Conditioned electrodermal responses to potentially phobic stimuli. *Journal of Experimental Psychology: General, 103*, 313–337.

Öhman, A., & Mineka, S. (2001). Fears, phobias, and preparedness: Toward an evolved module of fear and learning. *Psychological Review, 108*(3), 483–522.

Öhman, A., & Mineka, S. (2003). The malicious serpent: Snakes as a prototypical stimulus for an evolved module of fear. *Current Directions in Psychological Science, 12*, 5–9.

Öhman, A., & Soares, J. J. F. (1994). "Unconscious anxiety": Phobic responses to masked stimuli. *Journal of Abnormal Psychology, 103*, 231–240.

Öhman, A., & Soares, J. J. F. (1998). Emotional conditioning to masked stimuli: Expectancies for aversive outcomes following nonecognized fear-relevant stimuli. *Journal of Experimental Psychology, 127*, 69–82.

Okouchi, H. (2007). An exploration of remote history effects in humans. *The Psychological Record, 57*, 241–263.

Okouchi, H. (2009). Response acquisition with humans with delayed reinforcement. *Journal of the Experimental Analysis of Behavior, 91*, 377–390.

Olds, J. (1969). The central nervous system and reinforcement of behavior. *American Psychologist, 24*, 114–132.

Olds, J., & Milner, P. M. (1954). Positive reinforcement produced by electrical stimulation of the septal area and other regions of the rat brain. *Journal of Comparative and Physiological Psychology, 47*, 419–427.

Ollendick, T. H., Dailey, D., & Shapiro, E. S. (1983). Vicarious reinforcement: Expected annd unexpected effects. *Journal of Applied Behavior Analysis, 16*, 485–491.

Ollendick, T. H., Shapiro, E. S., & Barrett, R. P. (1982). Effects of vicarious reinforcement in normal and severely disturbed children. *Journal of Consulting and Clinical Psychology, 50*, 63–70.

Olshansky, S. J. (2009, July). Why haven`t we humans evolved eyes in the backs of our heads? *Scientific American*, 88. doi: 10.1038/scientificamerican0709-88.

Olsson, A., & Phelps, E. A. (2007). Social learning of fear. *Naure Neuroscience, 10*, 1095–1102.

Olson, M. A., & Fazio, R. H. (2002). Implicit acquisition and manifestation of classically conditioned attitudes. *Social Cognition, 20*, 89–103.

Olson, M. A., & Fazio, R. H. (2006). Reducing automatically activated racial prejudice through implicit evaluative conditioning. *Personality and Social Psychology Bulletin, 32*, 421–433.

Ono, K. (1987). Superstitious behavior in humans. *Journal of the Experimental Analysis of Behavior, 47*, 261–271.

Ost, L., & Hugdahl, K. (1985). Acquisition of blood and dental phobia and anxiety response patterns in clinical patients. *Behavior Research and Therapy, 23*, 27–34.

Overmier, J. B., & Seligman, M. E. P. (1967). Effects of inescapable shock upon subsequent escape and avoidance learning. *Journal of Comparative and Physiological Psychology, 63*, 23–33.

Overton, D. A. (1964). State-dependent or "dissociated" learning produced by pentobarbital. *Journal of Comparative and Physiological Psychology, 57*, 3–12.

Overton, D. A. (1991). Historical context of state dependent learning and discriminative drug effects. *Behavioural Pharmacology, 2*(4–5), 253–264.

Ozgul, A., Tuljapurkar, S., Benton, T. G., Pemberton, J. M., Clutton-Brock, T. H., & Coulson, T. (2009). The dynamics of phenotypic change and the shrinking sheep of St. Kilda. *Science, 325*, 464–467. doi: 10.1126/science.1173668.

Padilla, A. M., Padilla, C., Ketterer, T., & Giacalone, D. (1970). Inescapable shocks and subsequent avoidance conditioning in goldfish (*Carrasius auratus*). *Psychonomic Science, 20*, 295–296.

Page, S., & Neuringer, A. (1985). Variability is an operant. *Journal of Experimental Psychology: Animal Behavior Processes, 11*, 429–452.

Palmer, D. (1991). A behavioral interpretation of memory. In L. J. Hayes & P. N. Chase (Eds.), *Dialogues on verbal behavior* (pp. 261–279). Reno, NV: Context Press.

Palmer, D. (2003). Cognition. In K. A. Lattal & P. N. Chase (Eds.), *Behavior theory and philosophy* (pp. 167–185). New York: Springer.

Palmer, D. (2007). On Chomsky's appraisal of Skinner's *Verbal Behavior*: A half century of misunderstanding. *The Behavior Analyst, 29*, 253–267.

Papini, M. R., & Bitterman, M. E. (1990). The role of contingency in classical conditioning. *Psychological Review, 97*, 396–403.

Papka, M., Ivry, R. B., & Woodruff-Pak, D. S. (1997). Eyeblink classical conditioning and awareness revisited. *Psychological Science, 8*, 404–408.

Parish, T. S., & Fleetwood, R. S. (1975). Amount of conditioning and subsequent change in racial attitudes of children. *Perceptual and Motor Skills, 40*, 79–86.

Parish, T. S., Shirazi, A., & Lambert, F. (1976). Conditioning away prejudicial attitudes in children. *Perceptual and Motor Skills, 43*, 907–912.

Parsons, M. B., & Reid, D. H. (1990). Assessing food preferences among persons with profound mental retardation. *Journal of Applied Behavior Analysis, 23*, 183–195.

Parsons, T. D., and Rizzo, A. A. (2008). Affective outcomes of virtual reality exposure therapy for anxiety and specific phobias: a meta-analysis. *Journal of Behavior Therapy and Experimental Psychiatry, 39*(3), 250–261.

Pashler, H., Zarow, G., & Triplett, B. (2003). Is temporal spacing of tests helpful even when it inflates error rates? *Journal of Experimental Psychology: Learning, Memory, and Cognition, 29*(6), 1051–1057.

Patkowski, M. S. (1994). The critical age hypothesis and interlanguage phonology. In M. S. Yavas (Ed.), *First and second language phonology* (pp. 267–282). San Diego, CA: Singular Publications Group.

Patterson, F. P. (1978). The gesture of a gorilla: Language acquisition in another pongid. *Brain and Language, 5*, 72–97.

Patterson, F. P., Patterson, C. H., & Brentari, D. K. (1987). Language in child, chimp and gorilla. *American Psychologist, 42*, 270–272.

Paul, G. L. (1969). Outcome of systematic desensitization I & II. In C. M. Franks (Ed.), *Behavior therapy: Appraisal and status* (pp. 63–159). New York: McGraw-Hill.

Pavlov, I. P. (1927). *Conditioned reflexes* (G. V. Anrep, Ed. & Trans.). London: Oxford University Press.

Pear, J. J., & Chan, W. S. (2001). Video tracking of male Siamese fighting fish (*Betta splendens*). Poster presented at the annual meeting of the Association for Behavior Analysis, New Orleans, LA, May 25–29.

Pear, J. J., & Legris, J. A. (1987). Shaping by automated tracking of an arbitrary operant response. *Journal of the Experimental Analysis of Behavior, 47*, 241–247.

Pearce, J. M., & Hall, G. (1980). A model of Pavlovian learning: Variations in the effectiveness of conditioned but not of unconditioned stimuli. *Psychological Review, 87*, 532–552.

Peckstein, L. A., & Brown, F. D. (1939). An experimental analysis of the alleged criteria of insightful learning. *Journal of Educational Psychology, 30*, 38–52.

Peiris, J. S. M., Poon, L. L. M., & Guan, Y. (2012). Suveillance of animal influenza for pandemic preparedness. *Science, 335*(6073), 1173–1174.

Pellicciari, M. C., Domenica, V., Marzano, C., Moroni, F., Pirulli, C., Curcio, G. et al. (2009). Heritability of intracortical inhibition and facilitation. *Journal of Neuroscience, 29*(28), 8897–8900. doi: 10.1523/JNEUROSCI.2112-09.2009.

Pennisi, E. (2006). Man's best friends(s) reveal the possible roots of social intelligence. *Science, 312*(5781), 1734–1738.

Pepperberg, I.M., (2016). Animal language studies: What happened? *Psychonomic Bulletin & Review, 24*, 181–185.

Perkins, C. C., Jr., & Weyant, R. G. (1958). The interval between training and test trials as determiner of the slope of generalization gradients. *Journal of Comparative and Physiological Psychology, 51*, 596–600.

Perkins, D., Hammond, S., Coles, D., & Bishop, D. (1998, November). Review of sex offender treatment programmes. Paper prepared for the High Security Psychiatric Services Commissioning Board. Downloaded on April 17, 2012, from https://citeseerx.ist.psu.edu/viewdoc/download?doi=10.1.1.542.6935&rep=rep1&type=pdf.

Perone, M. (2003). Negative effects of positive reinforcement. *The Behavior Analyst, 26*, 1–14.

Perusse, L., Tremblay, A., LeBlanc, C., & Bouchard, C. (1989). Genetic and environmental influences on level of habitual physical activity and exercise participation. *American Journal of Epidemiology, 129*(5), 1012–1022.

Peterson, G. B., & Trapold, M. A. (1980). Effects of altering outcome expectancies on pigeons' delayed conditional discrimination performance. *Learning and Motivation, 11*, 267–288.

Petitto, L. A., & Seidenberg, M. S. (1979). On the evidence for linguistic abilities in signing apes. *Brain and Language, 8*, 162–183.

Petscher, E. S., Rey, C., & Bailey, J. S. (2009). A review of empirical support for differential reinforcement of alternative behavior. *Research in Developmental Disabilities, 30*(3), 409–425.

Pfaus, J. G., Kippin, T. E., & Centeno, S. (2001). Conditioning and sexual behavior. *Hormones and Behavior, 40*, 291–321.

Pfaus, J. G., Quintana, G. R., Mac Cionnaith, C. E., Gerson, C. A., Dubé, S., Coria-Avila, G. A. (2020). Conditioning of sexual interests and paraphilias in humans is difficult to see, virtually impossible to test, and probably exactly how it happens: A comment on Hsu and Bailey (2020). *Archives of Sexual Behavior, 49*, 1403–1407.

Pfister, J. A. (2000). Food aversion learning to eliminate cattle consumption of pine needles. *Journal of Range Management, 53*, 655–659.

Pfister, J. A., Stegelmeier, B. L., Cheney, C. D., Ralphs, M. H., & Gardner, D. R. (2002). Conditioning taste aversions to locoweed (*Oxytropis serices*) in horses. *Journal of Animal Science, 80*, 79–83.

Phelps, B. J., & Reit, D. J. (1997). The steepening of generalization gradients from "mentally rotated" stimuli. Paper presented at the 23rd annual convention of the Association for Behavior Analysis, Chicago, IL.

Phills, C. E., Hahn, A., & Gawronski, B. The bidirectional causal relation between implicit stereotypes and implicit prejudice. *Personality and Social Psychology Bulletin, 46*, 1318–1330.

Piazza, C. C., Bowman, L. G., Contrucci, S. A., Delia, M. D., Adelinis, J. D., & Goh, H. (1999). An evaluation of the properties of attention as reinforcement for destructive and appropriate behavior. *Journal of Applied Behavior Analysis, 32*, 437–499.

Pierce, W. D., & Epling, W. F. (1983). Choice, matching, and human behavior: A review of the literature. *The Behavior Analyst, 6*, 57–76.

Pipitone, A. (1985, April 23). Jury to decide if sex obsession pushed man over edge. *The* (Baltimore) *Evening Sun*, pp. D1–D2.

Pipkin, C. St. P., & Vollmer, T. R. (2009). Applied implications of reinforcement history effects. *Journal of Applied Behavior Analysis, 42*(1), 83–103. doi: 10.1901/.

Pithers, W. D. (1994). Process evaluation of a group therapy component designed to enhance sex offenders' empathy for sexual abuse survivors. *Behavioural Research Therapy, 32*, 365–570.

Pittenger, D. J., & Pavlik, W. B. (1989). Analysis of the partial reinforcement extinction effect in humans using absolute and relative comparisons of schedules. *American Journal of Psychology, 101*(1), 1–14.

Polenchar, B. E., Romano, A. G., Steinmetz, J. E., & Patterson, M. M. (1984). Effects of US parameters on classical conditioning of cat hindlimb flexion. *Animal Learning and Behavior, 12*, 69–72.

Poling, A., Edwards, T. L., Weeden, M., & Foster, T. M. (2011). The matching law. *The Psychological Record, 61*, 313–322.

Poling, A., Weetjens, B., Cox, C., Beyene, N. W., Bach, H., & Sully, A. (2011). Using trained pouched rats to detect land mines: Another victory for operant conditioning. *Journal of Applied Behavior Analysis, 44*, 351–355.

Pollock, B. J., & Lee, T. D. (1992). Effects of the model's skill level on observational motor learning. *Research Quarterly for Exercise and Sport, 63*(1), 25–29.

Pongrácz, P., Miklósi, A., Kubinyi, E., Gurobi, K., Topál, Csányi, V., (2001). Social learning in dogs: The effect of a human demonstrator on the performance of dogs in a detour task. *Animal Behaviour, 62*, 1109–1117.

Poon, L., & Halpern, J. (1971). A small-trials PREE with adult humans: Resistance to extinction as a function of number of N-R transitions. *Journal of Experimental Psychology, 91*(1), 124–128.

Porter, D., & Neuringer, A. (1984). Music discrimination by pigeons. *Journal of Experimental Psychology: Animal Behavior Processes, 10*, 138–148.

Potts, L., Eshleman, J. W., & Cooper, J. O. (1993). Ogden R. Lindsley and the historical development of precision teaching. *The Behavior Analyst, 16*(2), 177–189.

Poulson, C. L., Kyparissos, N., Andreatos, M., Kymissis, E., & Parnes, M. (2002). Generalized imitation within three response classes in typically developing infants. *Journal of Experimental Child Psychology, 81*, 341–357.

Poulson, C. L., Kymissis, E., Reeve, K. F., Andreatos, M., & Reeve, L. (1991). Generalized vocal imitation in infants. *Journal of Experimental Child Psychology, 51*, 267–279.

Powers, M. B., & Emmelkamp, P. M. (2008). Virtual reality exposure therapy for anxiety disorders: A meta-analysis. *Journal of Anxiety Disorders, 22*(3), 561–569.

Powers, R. B., Cheney, C. D., & Agostino, N. R. (1970). Errorless training of a visual discrimination in preschool children. *Psychological Record, 20*, 45–50.

Premack, D. (1959). Toward empirical behavioral laws, I: Positive reinforcement. *Psychological Review, 66*, 219–233.

Premack, D. (1962). Reversibility of the reinforcement relation. *Science, 136*(3512), 255–257.

Premack, D. (1965). Reinforcement theory. In D. Levine (Ed.), *Nebraska Symposium on Motivation*, Vol. 13 (pp. 189–282). Lincoln: University of Nebraska Press.

Premack, D. (1971). Catching up with common sense, or two sides of a generalization: Reinforcement and punishment. In R. Glaser (Ed.), *The nature of reinforcement* (pp. 121–150). New York: Academic Press.

Prokasy, W. F., & Whaley, F. L. (1963). Inter-trial interval range shift in classical eyelid conditioning. *Psychological Reports, 12*, 55–88.

Provenza, F. D. (1996). Acquired aversions as the basis for varied diets of ruminantes foraging on rangelands. *Journal of Animal Science, 74*, 2010–2020.

Provenza, F. D., Burrit, E. A., Clausen, T. P., Bryant, J. P., Reichardt, P. B., & Distel, R. A. (1990). Conditioned flavor aversion: a mechanism for goats to avoid condensed tannins in blackbrush. *The American Naturalist, 136*(6), 810–828.

Provenza, F. D., Lynch, J. J., & Nolan, J. U. (1993). Temporal contiguity between food ingestion and toxicosis affects the acquisition of food aversions in sheep. *Applied Animal Behavior Science, 38*, 269–281.

Pryor, K. (1991). *Lads before the wind* (2nd ed.). North Bend, WA: Sunshine Books.

Pryor, K. (1996). Clicker training aids shelter adoption rates. *Don't Shoot the Dog! News, 1*(2), 2.

Pryor, K. (1999). *Don't shoot the dog* (rev. ed.). New York: Bantam.

Pryor, K., Haag, R., & O'Reilly, J. (1969). The creative porpoise: Training for novel behavior. *Journal of the Experimental Analysis of Behavior, 12*, 653–661.

Pulvermuller, F., Neininger, B., Elbert, T., Mohr, B., Rockstroh, B., Kobbel, P. et al. (2001). Constraint-induced therapy of chronic aphasia following stroke. *Stroke, 32*, 1621–1626.

Purtle, R. B. (1973). Peak shift: A review. *Psychological Bulletin, 80*, 408–421.

Quinton, D., Rutter, M., & Liddle, C. (1984). Institutional rearing, parenting difficulties, and marital support. *Psychological Medicine, 14*, 107–124.

Ralphs, M. H. (1997). Persistence of aversions to larkspur in naïve and native cattle. *Journal of Range Management, 50*, 367–370.

Ralphs, M. H., & Provenza, F. D. (1999). Conditioned food aversions: Principles and practices, with special reference to social facilitation. *Proceedings of Nutrition Society, 58*, 813–820.

Rapoport, J. (2014). *The Boy Who Couldn't Stop Washing*. New York: Signet.

Razran, G. (1956). Extinction re-examined and re-analyzed: A new theory. *Psychological Review, 63*, 39–52.

Rasmussen, E.B., Newland, M.C., Hemmelman, E. (2020). The relevance of operant behavior in conceptualizing the psychological well-being of captive animals. *Perspectives on Behavior Science, 43*, 617–654.

Reber, A. S. (1995). *Penguin dictionary of psychology*. New York: Penguin.

Redelmeier, D. A., & Tibshirani, R. T. (1997). Association between cellular telephone calls and motor vehicle collisions. *New England Journal of Medicine, 336*, 453–458.

Redker, C., & Gibson, G. (2009). Music as an unconditioned stimulus: Positive and negative effects of country music on implicit attitudes, explicit attitudes, and product choice. *Journal of Applied Social Psychology, 39*(11), 2689–2705.

Reed, P. (2017). Over-selectivity is related to autism quotient and empathizing, but not to systematizing. *Journal of Autism and Developmental Disorders, 47*, 1030-1037.

Reed, D. D., Critchfield, T. S., & Martens, B. K. (2006). The generalized matching law in elite sport competition: Football play calling as operant choice. *Journal of Applied Behavior Analysis, 39*, 281–297.

Reed, P. (1991). Multiple determinants of the effects of reinforcement magnitude on free-operant response rates. *Journal of the Experimental Analysis of Behavior, 55*, 109–123.

Reed, P., & Yoshino, T. (2001). The effect of response-dependent tones on the acquisition of concurrent behavior in rats. *Learning & Motivation*. Electronic edition published March 20, 2001.

Reed, T. (1980). Challenging some "common wisdom" on drug abuse. *International Journal of Addiction, 15*, 359–373.

Reger, G., & Gahm, G. (2008). Virtual reality exposure therapy for active duty soldiers. *Journal of Clinical Psychology, 64*, 940–946.

Reger, G. M., Holloway, K. M., Candy, C., Rothbaum, B. O., Difede, J., Rizzo, A. A. et al. (2011). Effectiveness of virtual reality exposure therapy for active duty soldiers in a military mental health clinic. *Journal of Traumatic Stress, 24*(1), 93–96.

Reiss, S. (2000). *Who am I: The 16 basic desires that motivate our actions and define our personality*. New York: Tarcher/Putnam.

Reit, D. J., & Phelps, B. J. (1996). Mental rotation reconceptualized as stimulus generalization. Paper presented at the 22nd annual convention of the Association for Behavior Analysis, San Francisco, CA, May 24–28.

Remoser, M. R. E., & Fisher, D. L. (2009). The effect of active versus passive training strategies on improving older drivers' scanning in intersections. *Human Factors, 51*(5), 652–668.

Rescorla, R. A. (1967). Pavlovian conditioning and its proper control procedures. *Psychological Review, 74*, 71–80.

Rescorla, R. A. (1968). Probability of shock in the presence and absence of CS in fear conditioning. *Journal of Comparative and Physiological Psychology, 66*, 1–5.

Rescorla, R. A. (1972). "Configural" conditioning in discrete-trial bar pressing. *Journal of Comparative and Physiological Psychology, 79*, 307–317.

Rescorla, R. A. (1973). Evidence of "unique stimulus" account of configural conditioning. *Journal of Comparative and Physiological Psychology, 85*, 331–338.

Rescorla, R. A. (1980). *Pavlovian second-order conditioning: Studies in associative learning*. Hillsdale, NJ: Erlbaum.

Rescorla, R. A., & Wagner, A. R. (1972). A theory of Pavlovian conditioning: Variations in the effectiveness of renforcement and nonreinforcement. In A. H. Black & W. F. Prokasy (Eds.), *Classical conditioning*, II:

Current research and theory (pp. 151–160). New York: Appleton-Century-Crofts.

Revusky, S. H., & Garcia, J. (1970). Learned associations over long delays. In G. H. Bower & J. T. Spence (Eds.), *The psychology of learning and motivation*, Vol. 4 (pp. 53–58). New York: Academic Press.

Reynolds, W. F., & Pavlik, W. B. (1960). Running speed as a function of deprivation period and reward magnitude. *Journal of Comparative and Physiological Psychology, 53*, 615–618.

Rhee, S. H., & Waldman, I. D. (2002). Genetic and environmental influences on antisocial behavior: A meta-analysis of twin and adoption studies. *Psychological Bulletin, 128*, 490–529.

Riccio, D. C., Rabinowitz, V. C., & Axelrod, S. (1994). Memory: When less is more. *American Journal of Psychology, 49*, 917–926.

Richman, S., & Gholson, B. (1978). Strategy modeling, age, and information-processing efficiency. *Journal of Experimental Child Psychology, 26*, 58–70.

Rickard, J. F., Body, S., Zhang, Z., Bradshaw, C. M., & Szabadi, E. (2009). Effect of reinforcer magnitude on performance maintained by progressive-ratio schedules. *Journal of the Experimental Analysis of Behavior, 91*, 75–87.

Ridley, M. (2003). *Nature via nurture: Genes, experience, and what makes us human*. New York: HarperCollins.

Rilling, M., & Caplan, H. J. (1973). Extinction-induced aggression during errorless discrimination learning. *Journal of the Experimental Analysis of Behavior, 20*, 85–91.

Risley, T. R. (1968). The effects and side-effects of punishing the autistic behaviors of a deviant child. *Journal of Applied Behavior Analysis, 1*, 21–34.

Rizzo, A., Parsons, T. D., Lange, B., Kenny, P., Buckwalter, J. G., Rothbaum, B. O. et al. (2011). Virtual reality goes to war: A brief review of the future of military behavioral healthcare. *Journal of Clinical Psychology in Medical Settings, 18*, 176–187.

Rizzo, H. S., Buckwalter, J. G., John, B., Newman, B., Parsons, T., Kenny, P. et al. (2012). STRIVE: Stress resilience in virtual environments: A pre-deployment VR system for training emotional coping skills and assessing chronic and acute stress responses. In J. D. Westwood et al., (Eds.), *Medicine meets virtual reality*, 19: NextMed (pp. 379–385). Amsterdam: IOS Press.

Roane, H. S. (2008). On the applied uses of progressive ratio schedules of reinforcement. *Journal of Applied Behavior Analysis, 41*(2), 155–161.

Robert, M. (1990). Observational learning in fish, birds, and mammals: A classified bibliography spanning over 100 years of research. *The Psychological Record, 40*, 289–311.

Roberts, M. W., & Powers, S. W. (1990). Adjusting chair timeout enforcement procedures for oppositional children. *Behavior Therapy, 21*, 257–271.

Robins, M. (2019). How Game of Thrones has impacted— and hurt—Siberian huskies. Available at https://www.akc.org/expert-advice/news/how-game-of-thrones-has-impacted-and-hurt-siberian-huskies/.

Rodriguez, G., Alonso, G., & Lombas, S. (2006). Previous blocking trials impede learning about the added CS during compound conditioning trials with an intensified US. *International Journal of Psychology and Psychological Therapy, 6*(3), 301–312.

Roediger, H. L. (1990). Implicit memory: Retention without remembering. *American Psychologist, 45*(9), 1043–1056.

Roediger, H. L., & Karpicke, J. D. (2006a). The power of testing memory: Basic research and implications for educational practice. *Perspectives on Psychological Science, 1*, 181–210.

Roediger, H. L., & Karpicke, J. D. (2006b). Test-enhanced learning: Taking memory tests improves long-term retention. *Psychological Science, 17*, 249–255.

Roediger, H. L., & Meade, M. L. (2000). Cognitive approach for humans. In A. E. Kazdin (Ed.), *Encyclopedia of Psychology*, Vol. 5 (pp. 8–11). New York: Oxford University Press.

Romanowich, P., Bourret, J., & Vollmer, T. R. (2007). Further analysis of the matching law to describe two- and three-point shot selection by professional basketball players. *Journal of the Experimental Analysis of Behavior, 40*, 311–315.

Rosenblum, E. B., Rompler, H., Schoneberg, T., & Hoekstra, H. E. (2010). Molecular and functional basis of phenotypic convergence in white lizards at White Sands. *Proceedings of the National Academy of Sciences, 107*(5), 2113–2117.

Rosenkrans, M. A., & Hartup, W. W. (1967). Imitative influences of consistent and inconsistent response consequences to a model on aggressive behavior in children. *Journal of Personality and Social Psychology, 7*, 429–434.

Rosenthal, M. Z., Lynch, T. R., Strong, D., & Baumann, S. B. (2010). Exposure therapy with portable reminders in substance abuse counseling for crack cocaine dependence. Paper presented at the Association for Behavioral and Cognitive Therapies, San Francisco, CA.

Rothbaum, B. O., Hodges, L. F., Kooper, R., Opdyke, D., Williford, J. S., & North, M. (1995). Virtual reality graded exposure in the treatment of acrophobia: A case report. *Behavior Therapy, 26*, 547–554.

Rothbaum, B. O., Hodges, L. F., Ready, D., Graap, K., & Alarcon, R. (2001). Virtual reality exposure therapy for Vietnam veterans with posttraumatic stress disorder. *Journal of Clinical Psychiatry, 62*, 617–622.

Rothbaum, B. O., Hodges, L. F., Smith, S., Lee, J. H., & Price, L. (2000). A controlled study of virtual reality exposure therapy for the fear of flying. Paper presented at the annual meeting of the American Psychological Association, Washington, DC.

Rothbaum, B. O., Rizzo, A., Difede, J., Reger, G. (2012). Virtual reality exposure therapy for PTSD. In C. Figley (Ed.), *Encyclopedia of trauma: An interdisciplinary guide* (2nd ed.). New York: Sage.

Rovee, C. K., & Rovee, D. T. (1969). Conjugate reinforcement of infant exploratory behavior. *Journal of Experimental Child Psychology, 8*, 33–39.

Rovee-Collier, C. (1995). Time windows in cognitive development. *Developmental Psychology, 51*, 1–23.

Rovee-Collier, C. (1999). The development of infant memory. *Current Directions in Psychological Science, 8*(3), 80–85.

Rovee-Collier, C., & Cuevas, K. (2006). Contextual control of infant retention. *The Behavior Analyst Today, 7*, 121–132.

Rovee-Collier, C., Griesler, P. C., & Earley, L. A. (1985). Contextual determinants of retrieval in three-month-old infants. *Learning and Motivation, 16*, 139–157.

Russell, M., Dark, K. A., Cummins, R. W., Ellman, G., Callaway, E., & Peeke, H. V. S. (1984). Learned histamine release. *Science, 225*, 733–734.

Ryle, G. (1949). *The concept of mind*. London: Hutchinson.

Sallows, G. O., & Graupner, T. D. (2005). Intensive behavioral treatment for children with autism: Four-year outcome and predictors. *American Journal for Mental Retardation, 110*, 417–438.

Salzinger, K. (1996). Reinforcement history: A concept underutilized by behavior analysts. *Journal of Behavior Therapy and Experimental Psychiatry, 27*, 199–207.

Salzinger, K. (2011). Reinforcement gone wrong. Address given at the annual meeting of the Association for Behavior Analysis, Denver, CO, May.

Savory, T. (1974). *Introduction to arachnology*. London: Muller.

Schachtman, T., Walker, J., & Fowler, S. (2011). Effects of conditioning in advertising. In T. Schachtman & S. Reilly (Eds.), *Associative learning and conditioning theory: Human and non-human applications* (pp. 481–506). Oxford, UK: Oxford University Press.

Schacter, D. L. (1987). Implicit memory: History and current status. *Journal of Experimental Psychology: Learning, Memory, and Cognition, 13*, 501–518.

Schall, D. W. (2005). Naming our concerns about neuroscience: A review of Bennett and Hacker's *Philosophical Foundations sof Neuroscience. Journal of the Experimental Analysis of Behavior, 4*, 683–692.

Schendel, J. D., & Hagman, J. D. (1982). On sustaining procedural skills over a prolonged retention interval. *Journal of Applied Psychology, 67*, 605–610.

Schiffman, K., & Furedy, J. J. (1977). The effect of CS-US contingency variation on GSR and on subjective CS-US relational awareness. *Memory and Cognition, 5*, 273–277.

Schlinger, H. D. (2008). Listening is behaving verbally. *The Behavior Analyst, 31*, 145–161.

Schlinger, H. D. (2009). Some clarifications on the role of inner speech in consciousness. *Consciousness and Cognition, 18*, 530–531.

Schlinger, H. D., & Blakely, E. (1994). The effects of delayed reinforcement and a response-produced auditory stimulus on the acquisition of operant behavior in rats. *The Psychological Record, 44*, 391–409.

Schlinger, H. D., Blakely, E., & Kaczor, T. (1990). Pausing under variable-ratio schedules: Interaction of reinforcer magnitude, variable-ratio size, and lowest ratio. *Journal of the Experimental Analysis of Behavior, 53*, 133–139.

Schlinger, H. D., Derenne, A., & Baron, A. (2008). What 50 years of research tell us about pausing under ratio schedules of reinforcement. *The Behavior Analyst, 31*(1), 39–60.

Schneider, J. W. (1973). Reinforcer effectiveness as a function of reinforcer rate and magnitude: A comparison of concurrent performance. *Journal of the Experimental Analysis of Behavior, 20*, 461–471.

Schneider, S. M. (2003). Evolution, behavior principles, and developmental systems: A review of Gottlieb's Synthesizing nature: Prenatal roots of instinctive behavior. *Journal of the Experimental Analysis of Behavior, 79*, 137–152.

Schneirla, T. C. (1944). A unique case of circular milling in ants, considered in relation to trail following and the general problem of orientation. *American Museum Novitiates, 1253*, 1–26.

Schroers, M., Prigot, J., & Fagen, J. (2007). The effect of a salient odor context on memory retrieval in young infants. *Infant Behavioral Development, 30*(4), 685–689.

Schwab, I. R. (2011). *Evolution's witness: How eyes have evolved*. New York: Oxford University Press.

Schwartz, B., & Gamzu, E. (1979). Pavlovian control of operant behavior: An analysis of autoshaping and its implication for operant conditioning. In W. K. Honig & J. E. R. Staddon (Eds.), *Handbook of operant behavior* (pp. 53–97). Englewood Cliffs, NJ: Prentice Hall.

Schwartz, B., & Lacey, H. (1982). *Behaviorism, science, and human nature*. New York: Norton.

Schwartz, B., Schuldenfrei, R., & Lacey, H. (1978). Operant psychology as factor psychology. *Behaviorism, 6*, 229–254.

Scott, J. P. (1958). *Animal behavior*. Chicago: University of Chicago Press.

Scott, J. P. (1962). Critical periods in behavioral development. *Science, 138*, 949–958.

Sears, R. R., Maccoby, E. E., & Levin, H. (1957) *Patterns of child rearing*. Evanston, IL: Row, Peterson.

Seely, H. (2007, March 23). *If you want the Yankees to win, the key plays are at home*. Available at www.travel.nytimes.com/2007/03/23/travel/escapes/23Ritual.html.

Segawa, T., Baudry, T., Bourla, A., Blanc, J. V., Peretti, C. S., Mouchabac, S., & Ferreri, F. (2020). Virtual Reality (VR) in assessment and treatment of addictive disorders: A systematic review. *Frontiers in Neuroscience*. doi: 10.3389/fnins.2019.01409.

Seligman, M. E. P. (1970). On the generality of the laws of learning. *Psychological Review, 77*, 406–418.

Seligman, M. E. P. (1971). Phobias and preparedness. *Behavior Therapy, 2*, 307–321.

Seligman, M. E. P. (1975). *Helplessness: On depression, development, and death*. San Francisco, CA: Freeman.

Seligman, M. E. P., & Hager, J. L. (1972, August). Biological boundaries of learning: The sauce-Bearnaise syndrome. *Psychology Today*, 59–61, 84–87.

Seligman, M. E. P., & Maier, S. F. (1967). Failure to escape traumatic shock. *Journal of Experimental Psychology, 74*, 1–9.

Servatius, R. J., Brennan, F. X., Beck, K. D., Beldowicz, D., & Coyle-Di Norcia, K. (2001). Stress facilitates acquisition of the classically conditioned eyeblink response at both long and short interstimulus intervals. *Learning and Motivation, 32*(2), 178–192.

Shahan, T. A., & Podlesnik, C. A. (2005). Rate of conditioned reinforcement affects observing rate but not resistance to change. *Journal of the Experimental Analysis of Behavior, 84*, 1–17.

Shanks, D. R., & St. Johns, M. F. (1994) Characteristics of dissociable human learning systems. *Behavioral and Brain Sciences, 17*, 367–447.

Shapiro, G. L. (1982). Sign acquisition in a home-reared, free-ranging orangutan: Comparisons with other signing apes. *American Journal of Primatology, 3*, 121–129.

Shapiro, K. J. (1991a, July). Rebuttal by Shapiro: Practices must change. *APA Monitor*, 4.

Shapiro, K. J. (1991b, July). Use morality as a basis for animal treatment. *APA Monitor*, 5.

Sharpless, S. K., & Jasper, H. H. (1956). Habituation of the arousal reaction. *Brain, 79*, 655–680.

Sheffield, F. D., Roby, T. B., & Campbell, B. A. (1954). Drive reduction versus consummatory behavior as determinants of reinforcement. *Journal of Comparative and Physiological Psychology, 47*, 349–354.

Sheffield, F. D., Wulff, J. J., & Barker, R. (1951). Reward value of copulation without sex drive reduction. *Journal of Comparative and Physiological Psychology, 44*, 3–8.

Shermer, M. (2002). Why people believe weird things: Pseudoscience, superstition, and other confusions of our time. New York, NY: Owl Books.

Shic, F., Bradshaw, J., Klin, A., Scassellati, B., & Chawarska, K. (2011). Limited activity monitoring in toddlers with autism spectrum disorder. *Brain Research, 1380*, 246–254. doi: 10.1016/j.brainres.2010.11.074.

Shulz, D. E., Sosnik, R., Ego, V., Haidarliu, S., & Ahissar, E. (2000). A neuronal analogue of state-dependent learning. *Nature, 403*, 549–553.

Shumyatsky, G. P., Malleret, G., Shin, R. M., Takizawa, S., Tully, K., Tsvetkov, E. et al. (2005). Stathmin, a gene enriched in the amygdala, controls both learned and innate fear. *Cell, 123*, 697–709.

Sidman, M. (1953). Avoidance conditioning with brief shock and no exteroceptive warning signal. *Science, 118*(3508), 157–158.

Sidman, M. (1960/1988). *Tactics of scientific research.* Boston, MA: Authors Cooperative.

Sidman, M. (1962). Reduction of shock frequency as reinforcement for avoidance behavior. *Journal of the Experimental Analysis of Behavior, 5*, 247–257.

Sidman, M. (1966). Avoidance behavior. In W. K. Honig (Ed.), *Operant behavior* (pp. 448–498). New York: Appleton-Century-Crofts.

Sidman, M. (1989a). Avoidance at Columbia. *The Behavior Analyst, 12*, 191–195.

Sidman, M. (1989b). *Coercion and its fallout.* Boston, MA: Authors Cooperative.

Siegel, S. (1972). Conditioning of insulin-induced glycemia. *Journal of Comparative and Physiological Psychology, 78*, 233–241.

Siegel, S. (1975). Evidence from rats that morphine tolerance is a learned response. *Journal of Comparative and Physiological Psychology, 89*, 498–506.

Siegel, S. (1984). Pavlovian conditioning and heroin overdose: Reports by overdose victims. *Bulletin of the Psychonomic Society, 22*, 428–430.

Siegel, S. (2005). Drug tolerance, drug addiction, and drug anticipation. *Current Directions in Psychological Science, 14*(6), 296–300.

Siegel, S., Hinson, R. E., Krank, M. D., & McCully, J. (1982). Heroin "overdose" death: Contribution of drug-associated environmental cues. *Science, 216*(4544), 436–437.

Silberman, S. (2006, January). Don't even think about lying: How brain scans are reinventing the science of lie detection. *Wired*, 142.

Silverman, K., Roll, J. M., & Higgins, S. T. (2008). Introduction to the special issue on the behavior analysis and treatment of drug addiction. *Journal of Applied Behavior Analysis, 41*(4), 471–480.

Simmons, R. (1924). The relative effectiveness of certain incentives in animal learning. *Comparative Psychology Monographs*, No. 7.

Simon-Martinez, C., Mailleux, L., Hoskens, J., Ortibus, E. et al. (2020). Randomized controlled trial combining constraint-induced movement therapy and action-observation training in unilateral cerebral palsy: clinical effects and influencing factors of treatment response. *Therapeutic Advances in Neurological Disorders, 13*.

Simonton, D. K. (1987). Developmental antecedents of achieved eminence. *Annals of Child Development, 5*, 131–169.

Singhal, A. (2010). *Riding high on Taru fever: Entertainment-education broadcasts, ground mobilization, and service delivery in rural India.* Available at https://www.comminit.com/entertainment-education/content/riding-high-taru-fever-entertainment-education-broadcasts-ground-mobilization-and-servic.

Singhal, A., Cody, M. J., Rogers, E. M., Sabido, M. (Eds.). (2004). *Entertainment-education and social change: History, research, and practice.* Mahwah, NJ: Erlbaum.

Singhal, A., & Rogers, E. M. (1999). *Entertainment-education: A strategy for social change.* Mahwah, NJ: Erlbaum.

Siqueland, E., & Delucia, C. A. (1969). Visual reinforcement on non-nutritive sucking in human infants. *Science, 165*(3898), 1144–1146.

Siverns, K., & Morgan, G. (2019). Parenting in the context of historical childhood trauma: An interpretive meta-synthesis. *Child Abuse & Neglect, 98*, 104186.

Skaggs, K. J., Dickinson, A. M., & O'Connor, K. A. (1992). The use of concurrent schedules to evaluate the effects of extrinsic rewards on "intrinsic motivation": A replication. *Journal of Organizational Behavior Management, 12*, 45–83.

Skinner, A. L., Olson, K. R., & Meltzoff, A. N. (2020). Acquiring group bias: Observing other people's nonverbal signals can create social group biases. *Journal of Personality and Social Psychology, 119*(4), 824–838.

Skinner, B. F. (1938). *The behavior of organisms: An experimental analysis*. New York: Appleton-Century-Crofts.

Skinner, B. F. (1948). Superstition in the pigeon. *Journal of Experimental Psychology, 38*, 168–172.

Skinner, B. F. (1950). Are theories of learning necessary? *Psychological Review, 57*, 193–216.

Skinner, B. F. (1951, December). How to teach animals. *Scientific American, 185*, 26–29.

Skinner, B. F. (1953). *Science and human behavior*. New York: Free Press.

Skinner, B. F. (1958a). Reinforcement today. *American Psychologist, 13*, 94–99.

Skinner, B. F. (1958b). Teaching machines. *Science, 128*(3330), 969–977.

Skinner, B. F. (1966). The phylogeny and ontogeny of behavior. *Science, 153*(3741), 1205–1213.

Skinner, B. F. (1968). *The technology of teaching*. Englewood Cliffs, NJ: Prentice-Hall.

Skinner, B. F. (1969). *Contingencies of reinforcement: A theoretical analysis*. New York: Appleton-Century-Crofts.

Skinner, B. F. (1975). The shaping of phylogenetic behavior. *Acta Neurobiologiae Experimentalis, 35*, 409–415.

Skinner, B. F. (1977). *The shaping of a behaviorist*. New York: Knopf.

Skinner, B. F. (1981). Selection by consequences. *Science, 213*(4507), 501–504.

Skinner, B. F. (1984). The evolution of behavior. *Journal of the Experimental Analysis of Behavior, 41*, 217–221.

Skinner, B. F. (1987). Antecedents. *Journal of the Experimental Analysis of Behavior, 48*, 447–448.

Slade, P. D. (1974). The external control of auditory hallucinations: An information theory analysis. *British Journal of Social and Clinical Psychology, 13*, 73–79.

Slifer. K. J., & Amari, A. (2009). Behavior management for children and adolescents with acquired brain injury. *Developmental Disabilities Research Reviews, 15*(2), 144–151.

Sloane, H. N. (1979). *The good kid book' How to solve the 16 most common behavior problems*. Champaign, IL: Research Press.

Sloane, H. N., Endo, G. T., & Della-Piana, G. (1980). Creative behavior. *The Behavior Analyst, 3*, 11–22.

Slonaker, J. R. (1912). The normal activity of the albino rat from birth to natural death, its rate of growth and the duration of life. *Journal of Animal Behavior, 2*(1), 20–42.

Sluckin, W. (2007). *Imprinting and early learning* (2nd ed.) Piscataway, NJ: Aldine Transactions.

Smith, G. S., & Delprato, D. J. (1976). Stimulus control of covert behaviors (urges). *The Psychological Record, 26*, 461–466.

Smith, K. (1984). "Drive": In defense of a concept. *Behaviorism, 12*, 71–114.

Smith, K. M., Anthony, S. J., Switzer, W. M., Epstein, J. H., Seimon, T., Jia, H. et al. (2012). Zoonotic viruses associated with illegally imported wildlife products. *PLoS ONE, 7*(1), e29505. doi: 10.1371/journal.pone.0029505.

Smith, M. D. (1987). Treatment of pica in an adult disabled by autism by differential reinforcement of incompatible behavior. *Journal of Behavior Therapy and Experimental Psychiatry, 18*(3), 285–288.

Smith, T. (1999). Outcome of early intervention for children with autism. *Clinical Psychology: Science and Practice, 6*, 33–49.

Soares, J. J. F., & Öhman, A. (1993). Backward masking and skin conductance responses after conditioning to non-feared but fear-relevant stimuli in fearful subjects. *Psychophysiology, 30*, 460–466.

Solomon, P. R., Levine, E., Bein, R., & Pendlebury, W. W. (1991). Disruption of classical conditioning in patients with Alzheimer`s disease. *Neurobiology of Aging, 12*(4), 283–287.

Solomon, R. L., & Corbet, J. D. (1974). An opponent-process theory of motivation: I. Temporal dynamics of affect. *Psychological Review, 81*, 119–143.

Solomon, R. L., & Wynne, L. C. (1953). Traumatic avoidance learning: Acquisition in normal dogs. *Psychological Monographs, 67*(4), 1–19.

Soon, C. S., Brass, M., Heinze, H., & Haynes, J. (2008). Unconscious determinants of free decisions in the human brain. *Nature Neuroscience, 11*, 543–545. doi: 10.1038/nn.2112.

Sosa, J. J. S. (1982). Behavior analysis in marriage counseling: A methodological review of the research literature. *Revista Mexicana de Analisis de la Conducta, 8*(2), 149–156.

Sosic-Vasic, Z., Hille, K., Kröner, Spitzer, M., & Kornmeier, J. (2018). When learning disturbs memory—temporal profile of retroactive interference of learning on memory formation. *Frontiers in Psychological Science, 9*, 82.

Spector, N. H. (2009). A tribute to Elena Korneva: Reversal of aging and cancer by Pavlovian conditioning: Neuroimmunomodulation—some history. *Neuroscience and Behavioral Physiology, 41*(1), 102–116.

Spence, D. P. (2001). Dangers of anecdotal reports. *Journal of Clinical Psychology, 57*, 37–41.

Spence, K. W. (1936). The nature of discrimination learning in animals. *Psychological Review, 43*, 427–449.

Spence, K. W. (1937). The differential response in animals to stimuli varying within a single dimension. *Psychological Review, 44*, 430–444.

Spence, K. W. (1953). Learning and performance in eyelid conditioning as a function of intensity of the UCS. *Journal of Experimental Psychology, 45*, 57–63.

Spence, K. W. (1960). *Behavior theory and learning.* Englewood Cliffs, NJ: Prentice-Hall.

Spetch, M. L., Wilkie, D. M., & Pinel, J. P. J. (1981). Backward conditioning: A reevaluation of the empirical evidence. *Psychological Bulletin, 89*, 163–175.

Spiezio, C., Vaglio, S., Scala, C., & Regaiolli, B. (2017). Does positive reinforcement training affect the behaviour and welfare of zoo animals? The case of the ring-tailed lemur (*Lemur catta*). *Applied Animal Behaviour Science, 196*, 91–99.

Staats, A. W. (2006). Positive and negative reinforcers: How about the second and third functions? *The Behavior Analyst, 29*, 271–272.

Staats, A. W., & Staats, C. K. (1958). Attitudes established by classical conditioning. *Journal of Abnormal and Social Psychology, 57*, 37–40.

Staats, C. K., & Staats, A. W. (1957). Meaning established by classical conditioning. *Journal of Experimental Psychology, 54*(1), 74–80.

Stack, S. (1987). Celebrities and suicide: A taxonomy and analysis, 1948–1983. *American Sociological Review, 52*(3), 401–412.

Stack, S. (2000). Media impacts on suicide: A quantitative review of 293 findings. *Social Science Quarterly, 81*(4), 957–971.

Staddon, J. E. R. (1991). Selective choice: A commentary on Herrnstein (1990). *American Psychologist, 46*, 793–797.

Staddon, J. E. R. (2001). *The new behaviorism: Mind, mechanism, and society.* Philadelphia, PA: Psychology Press.

Staddon, J. E. R., & Simmelhag, V. L. (1971). The "superstition" experiment: A reexamination of its implications for the principles of adaptive behavior. *Psychological Review, 78*, 3–43.

Stanton, M. E., & Gallagher, M. (1998). Use of Pavlovian conditioning techniques to study disorders of attention and learning. *Mental Retardation and Developmental Disabilities Research Reviews, 2*, 234–242.

Steinman, W. M. (1970). The social control of generalized imitation. *Journal of Applied Behavior Analysis, 3*, 159–167.

Steinmetz, J. E., & Lindquist, D. H. (2009). Neuronal basis of learning. *Handbook of Neuronal Science for the Behavioral Sciences.* doi: 10.1002/9780470478509.neubb00102.

Stephane, M., Barton, S., & Boutros, N. N. (2001). Auditory verbal hallucinations and dysfunction of the neural substrates of speech. *Schizophrenia Research, 50*(1), 61–78.

Stern, A. (1971, August). *The making of a genius.* Miami: Hurricane House.

Stewart, T., Ernstam, H. T., & Farmer-Dougan, V. (2001, May 25–29). Operant conditioning of reptiles: Conditioning two Galapagos and one African Spurred Tortoises to approach, follow and stand. Poster presented at the annual convention of the Association for Behavior Analysis, New Orleans.

Stewart, W. J. (1975). Progressive reinforcement schedules: A review and assessment. *Australian Journal of Psychology, 27*(1), 9–22.

Stix, G. (2010, October). Craving a cure. *Scientific American,* 32.

Stokes, T. F., & Baer, D. M. (1977). An implicit technology of generalization. *Journal of Applied Behavior Analysis, 10*, 349–367.

Stokes, T. F., & Osne, P. G. (1989). An operant pursuit of generalization. *Behavior Therapy, 20*, 337–355.

Stuart, E. W., Shimp, T. A., & Engle, R. W. (1987). Classical conditioning of consumer attitudes: Four experiments in an advertising context. *Journal of Consumer Research, 14*, 334–349.

Sugai, R., Azami, S., Shiga, H., Watanabe, T., Sadamoto, H., Kobayashi, S. et al. (2007). One-trial conditioned taste aversion in *Lymnaea*: Good and poor performers in long-term memory acquisition. *Journal of Experimental Biology, 210*, 1225–1237.

Sulzer-Azaroff, B. (1998). *Who killed my daddy?: A behavioral safety fable.* Beverly, MA: Cambridge Center for Behavioral Studies.

Sundberg, M. L., & Partington, J. W. (1998/2010). *Teaching language to children with autism or other developmental disabilities.* Concord, CA: AVB Press.

Sung, H. (2009, January 31). Father who used dog shock collar on his kids sentenced to prison. *The Examiner,* 5.

Suzuki, T., & Moriyama, T. (1999). Contingency of food reinforcement necessary for maintenance of imprinted responses in chicks. *Japanese Journal of Animal Psychology, 49*, 139–156.

Sweeney, J. J. (2010). A systematic replication of the effectiveness of group discrete trial teaching for students with autism. Unpublished Ph.D. dissertation, Kent State University, Kent, OH.

Sy, J. R., Borrero, J. C., & Borrero, C. S. W. (2010). Characterizing response-reinforcer relations in the natural environment: Exploratory matching analyses. *The Psychological Record, 60*, 609–626.

Szcytkowski, J. L., & Lysle, D. T. (2011). Conditioned immunomodulation. In T. Schachtman & S. Reilly (Eds.), *Associative learning and conditioning theory: Human and non-human applications.* Oxford, UK: Oxford University Press.

Szyszka, P., Dimmler, C., Oemisch, M., Sommer, L., Biergans, S., Birnbach, B. et al. (2011). Mind the gap: Olfactory trace conditioning in honeybees. *The Journal of Neuroscience, 31*(20), 7229–7239.

Tabone, B. A., & de Belle, J. S. (2011). Second-order conditioning in Drosophilia. *Learning and Motivation, 18*(4), 250–253.

Talwar, S. J., Xu, S., Hawley, E. S., Weiss, S. A., Moxon, K. A., & Chapin, J. K. (2002). Behavioral neuroscience: Rat navigation guided by remote control. *Nature, 417*, 37–38.

Tanner, B. A., & Zeiler, M. (1975). Punishment of self-injurious behavior using aromatic ammonia as an aversive stimulus. *Journal of Applied Behavior Analysis, 8*, 53–57.

Tarbox, J., Wallace, M. D., & Tarbox, R. S. F. (2002). Successful generalized parent training and failed schedule thinning of response blocking for automatically maintained object mouthing.
Behavioral Interventions, 17, 169–178.

Tardif, M., Therrien, C.E., Bouchard, S. (2019). Re-examining psychological mechanisms underlying Virtual Reality-Based Exposure for spider phobia. *Cyberpsychology, Behavior, and Social Networking, 22*, 39–45.

Tarpley, H. D., & Schroeder, S. R. (1979). Comparison of DRO and DRI on rate of suppression of self-injurious behavior. *American Journal of Mental Deficiency, 84*, 188–194.

Tate, B. G. (1972). Case study: Control of chronic self-injurious behavior by conditioning procedures. *Behavior Therapy, 3*, 72–82.

Tate, B. G., & Baroff, G. S. (1966). Aversive control of self-injurious behavior in a psychotic boy. *Behavior Research and Therapy, 4*, 281–287.

Taub, E. (1977). Movement in nonhuman primates deprived of somatosensory feedback. *Exercise and Sports Science Reviews, 4*, 335–374.

Taub, E. (1980). Somatosensory deafferentation research with monkeys: Implications for rehabilitation medicine. In L. P. Ince (Ed.), *Behavioral psychologyin rehabilitation medicine: Clinical applications* (pp. 371–401). New York: Williams & Wilkns.

Taub, E. (2011). Constraint-induced therapy: The use of operant training to produce new treatments in neuro-rehabilitation. Invited address, ABAI convention, Denver, CO, May.

Taub, E., Crago, J. E., Burgio, L. D., Groomes, T. E., Cook, E. W., III, DeLuca, S. C. et al. (1994). An operant approach to rehabilitation medicine: Overcoming learned nonuse by shaping. *Journal of the Experimental Analysis of Behavior, 61*(2), 281–293.

Taub, E., Ramey, S. L., DeLuca, S., & Echols, E. (2004). Efficacy of constraint-induced (CI) movement therapy for children with cerebral palsy with asymmetric motoar impairment. *Pediatrics, 113*, 305–312.

Taub, E., & Uswatte, G. (2009). Constraint-induced movement therapy: A paradigm for translating advances in behavioral neuroscience into rehabilitation treatments. In G. B. Berntson & J. T. Cacioppo (Eds.), *Handbook of neuroscience for the behavioral sciences* (pp. 1296–1319).

Published online October 30, 2009. http://onlinelibrary.wiley.com/book/10.1002/9780470478509.

Taubman, M., Brierley, S., Wishner, J., McEachin, J., & Leaf, R. B. (2001). The effectiveness of a group discrete trial instructional approach for preschoolers with developmental disabilities. *Research in Developmental Disabilities, 22*, 205–219.

Taylor, B. A. (2012). Do this, but don't do that: Teaching children with autism to learn by observation. In W. L. Heward, *Exceptional children: An introduction to special education* (10th ed.) (pp. 240–242). Upper Saddle River, NJ: Pearson.

Taylor, B. A., & DeQuinzio, J. A. (2012). Observational learning and children with autism. *Behavior Modification, 36*(3), 341–360.

Taylor, B. A., & Hoch, H. (2008). Teaching children with autism to respond to and initiate bids for joint attention. *Journal of Applied Behavior Analysis, 41*, 377–391.

Taylor, J. A. (1951). The relationship of anxiety to the conditioned eyelid response. *Journal of Experimental Psychology, 41*, 81–92.

Taylor, J. B. (2008). *My stroke of insight.* New York: Viking.

Templeman, T. L., & Stinnett, R. D. (1991). Patterns of sexual arousal and history in a "normal" sample of young men. *Archives of Sexual Behavior, 20*, 137–150.

Tennie, C., Call, J., & Tomasello, M. (2006). Push or pull: Imitation vs. emulation in great apes and human children. *Ethology: International Journal of Behavioral Biology, 112*(12), 1159–1169.

Tennie, C., Call, J., & Tomasello, M. (2009). Racheting up the ratchet: On the evolution of cumulative culture. *Philosophical Transactions of the Royal Society Series B, 364*, 2405–2415. doi: 10.1098/rstb.2009.0052.

ter Heijden, N., & Brinkman, W. P. (2011). Design and evaluation of a virtual reality exposure therapy system with automatic free speech interaction. *Journal of CyberTherapy and Rehabilitation, 4*(1), 41–55.

Terrace, H. S. (1963a). Discrimination learning with and without "errors." *Journal of the Experimental Analysis of Behavior, 6*, 1–27.

Terrace, H. S. (1963b). Errorless transfer of a discrimination across two continua. *Journal of the Experimental Analysis of Behavior, 6*, 223–232.

Terrace, H. S. (1964). Wavelength generalization after discrimination learning with and without errors. *Science, 144*, 78–80.

Terrace, H. S. (1972). By-products of discrimination learning. In G. H. Bower (Ed.), *The psychology of learning and motivation*, Vol. 5 (pp. 195–266). New York: Academic Press.

Terrace, H. S. (1979). *Nim.* New York: Knopf.

Thakur, M. & Saxena, V. (2019). The effects of chewing gum on memory and concentration. *International Journal of Scientific Research and Engineering Development, 2*, 77–82.

This smart University of Minnesota rat works a slot machine for a living. (1937, May 31). *Life*, 80–81.

Thomas, D. R. (1981). Studies of long-term memory in the pigeon. In N. E. Spear & R. R. Miller (Eds.), *Information processing in animals: Memory mechanisms*. Hillsdale, NJ: Erlbaum.

Thomas, D. R. (1991). Stimulus control: Principles and procedures. In W. Ishaq (Ed.), *Human behavior in today's world* (pp. 191–203). New York: Praeger.

Thomas, D. R., Becker, W. C., & Armstrong, M. (1968). Production and elimination of disruptive classroom behavior by systematically varying teacher's behavior. *Journal of Applied Behavior Analysis, 1*, 35–45.

Thomas, D. R., & Burr, D. E. S. (1969). Stimulus generalization as a function of the delay between training and testing procedures: a reevaluation. *Journal of the Experimental Analysis of Behavior, 12*(1), 105–109.

Thomas, D. R., Mood, K., Morrison, S., & Wiertelak, E. (1991). Peak shift revisited: A test of alternative interpretations. *Journal of Experimental Psychology: Animal Behavior Processes, 17*, 130–140.

Thompson, D. E., & Russell, J. (2004). The ghost condition: Imitation versus emulation in young children's observational learning. *Developmental Psychology, 40*(5), 882–889.

Thompson, L. G. (in press). The greatest challenge of global climate change: An inconvenient truth meets the inconvenienced mind. *Inside Behavior Analysis*. This article will be available at www.abai.org.

Thompson, R. F. (2000). Habituation. In A. E. Kazdin (Ed.), *Encyclopedia of psychology* (pp. 47–50). New York: Oxford University Press.

Thompson, R. F. (2009). Habituation: A history. *Neurobiology of Learning and Memory, 92*, 127–134.

Thompson, T., Heistad, G. T., & Palermo, D. S. (1963). Effect of amount of training on rate and duration of responding during extinction. *Journal of the Experimental Analysis of Behavior, 6*(2), 155–161.

Thorndike, E. L. (1898). Animal intelligence. *Psychological Review Monographs, 2*(8).

Thorndike, E. L. (1901). The mental life of the monkeys. *Psychological Review Monographs, 3*(15).

Thorndike, E. L. (1911). *Animal intelligence: Experimental studies*. New York: Hafner.

Thorndike, E. L. (1927). The law of effect. *American Journal of Psychology, 39*, 212–222.

Thorndike, E. L. (1931/1968). *Human learning*. Cambridge, MA: MIT Press.

Thorndike, E. L. (1932). *Fundamentals of learning*. New York: Teachers College Press.

Thorndike, E. L. (1936). Autobiography. In C. Murchison (Ed.), *A history of psychology in autobiography*, Vol. 3 (pp. 263–270). Worcester, MA: Clark University Press.

Thornton, A., & McAuliffe, K. (2006). Teaching in wild meerkats. *Science, 313*(5784), 227–229.

Thorpe, W. H. (1963). *Learning and instinct in animals*. London: Methuen.

Thune, L. E., & Underwood, B. J. (1943). Retroactive inhibition as a function of degree of interpolated learning. *Journal of Experimental Psychology, 32*, 185–200.

Timberlake, W. (1980). A molar equilibrium theory of learned performance. In G. H. Bower (Ed.), *The psychology of learning and motivation*, Vol. 14 (pp. 1–58). New York: Academic Press.

Timberlake, W., & Allison, J. (1974). Response deprivation: An empirical approach to instrumental performance. *Psychological Review, 81*, 146–164.

Timberlake, W., & Lucas, G. A. (1985). The basis of superstitious behavior: Chance contingency, stimulus substitution, or appetitive behavior? *Journal of the Experimental Analysis of Behavior, 44*, 279–299.

Tinbergen, N. (1951). *The study of instinct*. Oxford, UK: Clarendon Press.

Tizard, B., & Hodges, J. (1978). The effect of early institutional rearing on the development of eight-year-old children. *Journal of Child Psychology and Psychiatry, 19*, 99–118.

Todd, D. E., Besko, G. T., & Pear, J. J. (1995). *Human shaping parameters: A 3-dimensional investigation*. Poster presented at the meeting of the Association for Behavior Analysis, San Francisco, CA, May 26–30.

Todd, J. T., & Morris, E. K. (1992). Case histories in the great power of steady misrepresentation. *American Psychologist, 47*, 1441–1453.

Todd, T. P., Vurbic, D., & Bouton, M. E. (2014). Behavioral and neurobiological mechanisms of Pavlovian and instrumental extinction learning. *Neurobiology of Learning and Memory, 108*, 52-64

Todorov, J. C., Hanna, E. S., & Bittencourt de Sa, M. C. N. (1984). Frequency versus magnitude of reinforcement: New data with a different procedure. *Journal of the Experimental Analysis of Behavior, 4*, 157–167.

Tøien, Ø., Blake, J., Edgar, D. M., Grahn, D. A., Heller, H. C., & Barnes, B. M. (2011). Hibernation in black bears: Independence of metabolic suppression from body temperature. *Science, 331*(6019), 906–909.

Tolman, E. C., & Honzik, C. H. (1930). Introduction and removal of reward, and maze performance in rats. *University of California Publications in Psychology, 4*, 257–275.

Tomasello, M. (2014). The ultra-social animal. *European Journal of Social Psychology, 44*, 187–194.

Topal, J., Gergely, G., Erdohegy, A., Csibra, G., & Miklosi, A. (2009). Differential sensitivity to human communication in dogs, wolves, and human infants. *Science, 325*(5945), 1269–1272.

Toro, J. M., Trobalon, J. B., & Sebastian-Galles, N. (2005). Effects of backward speech and speaker variability in language discrimination in rats. *Journal of Experimental Psychology: Animal Behavior Processes, 31*(1), 95–100.

Towles-Schwen, T., & Fazio, R. H. (2001). On the origin of racial attitudes: Correlates of childhood experiences. *Personality and social psychology bulletin, 27*, 162–175.

Tracy, J. A., Ghose, S. S., Stecher, T., McFall, R. M., & Steinmetz, J. E. (1999). Classical conditioning in a nonclinical obsessive-compulsive population. *Psychological Science, 10*(1), 9–13.

Bailey, P. (2007, June 11). Trained sheep graze vineyard weeds. Available at https://www.ucdavis.edu/news/trained-sheep-graze-vineyard-weeds.

Trapold, M. A. (1970). Are expectancies based upon different positive reinforcing events discriminably different? *Learning and Motivation, 1*, 129–140.

Treiman, R. (2000). The foundations of literacy. *Current Directions in Psychological Science, 9*(3), 89–92.

Tresz, H., & Wright, H. (2006). Let them be elephants! How Phoenix Zoo integrated three "problem" animals. *International Zoo News, 53*(3), 154–160.

Trout, J. D. (2001). The biological basis of speech: What to infer from talking to the animals. *Psychological Review, 108*, 523–549.

Trump, C. E., Ayres, K. M., Quinland, K. K, & Zabala, K. A. (2020). Differential reinforcement without extinction: A review of the literature. *Behavior Analysis: Research and Practice, 20*(2), 94–107.

Trut, L. N. (1999). Early canid domestication: The farm-fox experiment. *American Scientist, 87*, 160–169.

Tryon, R. C. (1940). Genetic differences in maze-learning ability in rats. In *Thirty-ninth yearbook of the National Society for the Study of Education. Intelligence: Its nature and nurture*, Part I: *Comparative and critical exposition*. Bloomington, IN: Public School Publishing Co.

Tulving, E. (1972). *Episodic and semantic memory*. New York: Oxford University Press.

Tulving, E. (1974). Cue-dependent forgetting. *American Scientist, 62*(1), 74–82.

Tulving, E. (1983). *Elements of episodic memory*. New York: Clarendon Press.

Tulving, E. (1985). How many memory systems are there? *American Psychologist, 40*, 38–398.

Turkheimer, E., Haley, A., Waldron, M., D'Onofrio, B., & Gottesman, I. (2003). Socioeconomic status modizfies heritability of IQ in young children. *Psychological Science, 14*(6), 623–628.

Turkkan, J. S. (1989). Classical conditioning: The new hegemony. *Behavioral and Brain Sciences, 12*, 121–179.

Twyman, J. S., Layng, T. V. J., & Layng, Z. R. (2011). The likelihood of instructionally beneficial, trivial, or negative results for kindergarten and first grade learners who complete at least half of Headsprout® *Early Reading. Behavioral Technology Today, 6*, 1–19.

Udell, M. & Wynne, C. (2010). Ontogeny and phylogeny: Both are essential to human-sensitive behaviour in the genus *Canis. Animal Behaviour, 79*, e9–e14.

Ulrich, R. E., & Azrin, N. A. (1962). Reflexive fighting in response to aversive stimuli. *Journal of the Experimental Analysis of Behavior, 5*, 511–520.

Ulrich, R. E., Hutchinson, R. R., & Azrin, N. H. (1965). Pain-elicited aggression. *The Psychological Record, 15*, 116–126.

Underwood, B. J. (1957). Interference and forgetting. *Psychological Review, 64*, 49–60.

U.S. Department of Health and Human Services. (1988). *The health consequences of smoking: Nicotine addiction. A report of the Surgeon General*. DHHS Publication No. (CDC) 88-8406. Washington, DC: U.S. Government Printing Office.

Valentine, C. W. (1930). The innate bases of fear. *Journal of Genetic Psychology, 37*, 394–420.

Van Damme, S., Crombez, G., Hermans, D., Koster, E. H. W., & Eccleston, C. (2006). The role of extinction and reinstatement in attentional bias to threat: A conditioning approach. *Behavior Research and Therapy, 44*(11), 1555–1563.

Vander Wall, S. B. (1982). An experimental analysis of cache recovery by Clark's nutcracker. *Animal Behavior, 30*, 80–94.

Vander Wall, S. B. (1991). Mechanisms of cache recovery by yellow pine chipmunks. *Animal Behavior, 41*, 851–863.

Van Houten, R. (1983). Punishment: From the animal laboratory to the applied setting. In S. Axelrod & J. Apsche (Eds.), *The effects of punishment on human behavior* (pp. 13–44). New York: Academic Press.

Vaughan, P. W., Rogers, E. M., Singhal, A., & Swalehe, R. M. (2000). Entertainment-education and HIV/AIDS prevention: A field experiment in Tanzania. *Journal of Health Communications, 5*(Suppl.), 81–100.

Venn, J. R., & Short, J. G. (1973). Vicarious classical conditioning of emotional responses in nursery school children. *Journal of Personality and Social Psychology, 28*(2), 249–255.

Verplanck, W. S. (1955). The operant, from rat to man: An introduction to some recent experiments on human behavior. *Transactions of the New York Academy of Sciences, 17*, 594–601.

Viggiano, D., Vallone, D., Welzl, H. & Sadile, A. G. (2002). The Naples high-and low-excitability rats: Selective breeding, behavioral profile, morphometry, and molecular biology of the mesocortical dopamine system. *Behavior Genetics, 32*, 315–333.

Vollmer, T. R., & Bourret, J. (2000). An application of the matching law to evaluate the allocation of two-and three-point shots by college basketball players. *Journal of Applied Behavior Analysis, 33*, 137–150.

Volpicelli, J. R., Ulm, R. R., Altenor, A., & Seligman, M. E. P. (1983). Learned mastery in the rat. *Learning and Motivation, 14*, 204–222.

Vyse, S. A. (2000). *Believing in magic: The psychology of superstition.* New York: Oxford University Press.

Wagner, A. R. (1981). SOP: A model of automatic memory processing in animal behavior. In N. E. Spear & R. R. Miller (Eds.), *Information processing in animals: Memory mechanisms* (pp. 5–47). Hillsdale, NJ: Erlbaum.

Wagner, A. R., & Rescorla, R. A. (1972). Inhibition in Pavlovian conditioning: Application of a theory. In R. A. Boakes & M. S. Halliday (Eds.), *Inhibition and learning* (pp. 5–39). New York: Academic Press.

Wagner, G. A., & Morris, E. K. (1987). "Superstitious" behavior in children. *The Psychological Record, 37,* 471–488.

Wallace, K. J., & Rosen, J. B. (2000). Predator odor as an unconditional fear stimulus in rats: Elicitation of freezing by trimethylthiazoline, a component of fox feces. *Behavioral Neuroscience, 114*(5), 912–922.

Wallace, P. (1976). Animal behavior: The puzzle of flavor aversion. *Science, 193*(4257), 989–991.

Wallman, J. (1992). *Aping language.* Cambridge, UK: Cambridge University Press.

Walters, R. H., & Brown, M. (1963). Studies of reinforcement of aggression, III: Transfer of responses to an interpersonal situation. *Child Development, 34,* 563–571.

Walther, E., & Nagengast, B. (2006). Evaluative conditioning and the awareness issue: Assessing contingency awareness with the four-picture recognition test. *Journal of Experimental Psychology: Animal Behavior Processes, 32,* 454–459.

Walton, J. S., & Hocken, K. (2020) Compassion and acceptance as interventions for paraphilic disorders and sexual offending behaviour. In *Assessing and Managing Problematic Sexual Interests.* Routledge.

Wansink, B. (2006). *Mindless eating: Why we eat more than we think.* New York: Bantam.

Ward, P. (2011). Goal setting and performance feedback. In J. K. Luiselli & D. D. Reed (Eds.), *Behavioral sports psychology: Evidence-based approaches to performance enhancement* (pp. 99–112). New York: Springer.

Warden, C. J., & Aylesworth, M. (1927). The relative value of reward and punishment in the formation of a visual discrimination habit in the white rat. *Journal of Comparative Psychology, 7,* 117–128.

Warden, C. J., Fjeld, H. A., & Koch, A. M. (1940). Imitative behavior in cebus and rhesus monkeys. *Journal of Genetic Psychology, 56,* 311–322.

Warden, C. J., & Jackson, T. A. (1935). Imitative behavior in the rhesus monkey. *Journal of Genetic Psychology, 46,* 103–125.

Wasserman, E. (1989). Pavlovian conditioning: Is temporal contiguity irrelevant? *American Psychologist, 44,* 1550–1551.

Wasserman, I. M. (1984). Imitation and suicide: A reexamination of the Werther effect. *American Sociological Review, 49*(3), 427–436.

Watanabe, K., Urasopon, N., & Malaivitimond, S. (2007). Long-tailed macaques use human hair as dental floss. *American Journal of Primatology, 69,* 940–944.

Watanabe, S., Sakamoto, J., & Wakita, M. (1995). Pigeons' discrimination of paintings by Monet and Picasso. *Journal of the Experimental Analysis of Behavior, 63,* 165–174.

Watanapongvanich, S., Binnagan, P., Putthinun, P., Khan, M. S. R., & Kadoya, Y. (2020). Financial literacy and gambling behavior: Evidence from Japan. *Journal of Gambling Studies, 37,* 445–465.

Watson, J. B. (1908). Imitation in monkeys. *Psychological Bulletin, 5,* 169–178.

Watson, J. B. (1920). Is thinking merely the action of language mechanisms? *British Journal of Psychology, 11,* 87–104.

Watson, J. B. (1930/1970). *Behaviorism.* New York: Norton & Co.

Watson, J. B., & Rayner, R. (1920). Conditioned emotional reactions. *Journal of Experimental Psychology, 3,* 1–4.

Watson, J. B., & Watson, R. R. (1921). Studies in infant psychology. *Scientific Monthly, 13,* 493–515.

Watts, T.W., Duncan, G.J. & Quan, H. (2018). Revisiting the marshmallow test: A conceptual replication investigating links between early delay of gratification and later outcomes. *Psychological Science, 29,* 1159–1177.

Weatherly, J., & Dannewitz, H. (2005). Behavior analysis and illusion of control in gamblers. Talk presented at the annual meeting of the Association for Behavior Analysis–International, Beijing, China, November.

Wechsler, T. F., Kümpers, F., & Mühlberger, A. (2019). Interiority of even superiority of virtual reality exposure therapy in phobias? A systematic review and quantitative meta-analysis on randomized controlled trials specifically comparing the efficacy of virtual reality exposure to gold standard *in vivo* exposure in agoraphobia, specific phobia, and social phobia. *Frontiers in Psychology, 10.*

Weiner, J. (1994). The beak of the finch: A study of evolution in our time. New York, NY: Knopf.

Weir, P. L., & Leavitt, J. L. (1990). Effects of model's skill level and model's knowledge of results on the performance of a dart throwing task. *Human Movement Science, 9,* 369–383.

Weisberg, P., & Fink, E. (1966). Fixed ratio and extinction performance of infants in the second year of life. *Journal of the Experimental Analysis of Behavior, 9*(2), 105–109.

Weisberg, P., & Waldrop, P. B. (1972). Fixed-Interval work habits of Congress. *Journal of Applied Behavior Analysis, 5*(1), 93–97.

Wells, G. L., & Olson, E. A. (2003). Eyewitness testimony. *Annual review of psychology, 54,* 277–295.

Wells, G. L., Steblay, N. K., & Dysart, J. E. (2011). *A test of the simultaneous vs. sequential lineup methods: An initial* report of the AJS national eyewitness identification field studies. Des Moines, Iowa: American Judicature Society.

Wells, H. K. (1956). *Pavlov and Freud, I: Toward a scientific psychology and psychiatry*. London: Lawrence and Wishart.

Werts, M. G., Caldwell, N. K., & Wolery, M. (1996). Peer modeling of response chains: Observational learning by subjects with disabiliies. *Journal of Applied Behavior Analysis, 29*, 53–66.

Whalen, C., & Schreibman, L. (2003). Joint attention training for children with autism using behavior modification procedures. *Journal of Child Psychology and Psychiatry, 44*(3), 456–468.

Whiten, A. (2006). The significance of socially transmitted information for nutrition and health in the great ape clade. In J. C. K. Wells, K. Laland, & S. S. Strickland (Eds.), *Social information transmission and human biology* (pp. 118–134). London: CRC Press.

Whiten, A., Allan, G., Devlin, S., Kseib, N., Raw, N., & McGuigan, N. (2016). Social learning in the real-world: 'Over-Imitation' occurs in both children and adults unaware of participation in an experiment and independently of social interaction. *PLoS ONE, 11*, e0159920.

Whiten, A., Goodall, J., McGrew, W. C., Nishida, T., Reynolds, V., Sugiyama, Y. et al. (2001). Charting cultural variation in chimpanzees. *Behaviour, 138*(11/12), 1481–1516.

Whiten, A., McGuigan, N., Marshall-Pescini, S., & Hopper, L. M. (2009). Emulation, imitation, over-imitation and the scope of culture for child and chimpanzee. *Philosophical Transactions of the Royal Society Series B, 364*, 2417–2428.

Whitlock, J., & Eckenrode, J. (2006). Self-injurious behavior in a college population. *Pediatrics, 117*(6), 1939–1948.

Wilkenfield, J., Nickel, M., Blakely, E., & Poling, A. (1992). Acquisition of lever-press responding in rats with delayed reinforcement: A comparison of three procedures. *Journal of the Experimental Analysis of Behavior, 58*, 431–443.

Wilkes, G. (1994). *A behavior sampler*. North Bend, WA: Sunshine Books.

Williams, S. L., Turner, S. M., & Peer, D. F. (1985). Guided mastery and performance desensitization for severe acrophobia. *Journal of Counseling and Clinical Psychology, 53*, 237–247.

Williams, J. E. (1966). Connotations of racial concepts and color names. *Journal of Personality and Social Psychology, 3*, 531–540.

Williams, J. E., & Edwards, C. D. (1969). An exploratory study of the modification of color concepts and racial attitudes in preschool children. *Child Development, 40*, 737–750.

Williams, J. H. G., Whiten, A., & Singh, T. (2004). A systematic review of action imitation in autistic spectrum disorder. *Journal of Autism and Developmental Disorders, 34*(3), 285–299.

Williams, S. B. (1938). Resistance to extinction as a function of the number of reinforcements. *Journal of Experimental Psychology, 23*, 506–522.

Williamson, R. A., & Meltzoff, A. N. (2011). Own and others' prior experiences influence children's imitation of causal acts. *Cognitive Development, 26*(3), 260–268.

Wilson, E. O. (1978). *On human nature*. Cambridge, MA: Harvard University Press.

Wilson, K. G., & Blackledge, J. T. (1999). Recent developments in the behavioral analysis of language: Making sense of clinical phenomena. In M. J. Dougher (Ed.), *Clinical Behavior Analysis* (pp. 27–46). Reno, NV: Context Press.

Wincze, J. P., Leitenberg, H., & Agras, W. S. (1972). The effects of token reinforcement and feedback on the delusional verbal behavior of chronic paranoid schizophrenics. *Journal of Applied Behavior Analysis, 5*, 247–262.

Winston, A. S., & Baker, J. E. (1985). Behavior-analytic studies of creativity: A critical review. *The Behavior Analyst, 8*, 191–205.

Wolf, M. M., Birnbrauer, J. S., Williams, T., & Lawler, J. (1965). A note on apparent extinction of the vomiting behavior of a retarded child. In L. P. Ullmann & L. Krasner (Eds.), *Case studies in behavior modification* (pp. 364–366). New York: Holt, Rinehart, & Winston.

Wolf, M. M., Braukmann, C. J., & Ramp, K. A. (1987). Serious delinquent behavior as part of a significantly handicapping condition: Cures and supportive environments. *Journal of Applied Behavior Analysis, 20*, 347–359.

Wolfe, J. B. (1936). Effectiveness of token-rewards for chimpanzees. *Comparative Psychology Monographs, 12*(60).

Wolpe, J. (1973). *The practice of behavior therapy* (2nd ed.). New York: Pergamon.

Wolpe, J., & Plaud, J. J. (1997). Pavlov's contributions to behavior therapy: The obvious and the not so obvious. *American Psychologist, 52*, 966–972.

Woman pesters ex-lover with 1,000 calls a day. (2000, February 24). Reuters News Service on America Online.

Wong, K. (2000, April). Who were the Neandertals? *Scientific American*, 98–107.

Wong, K. (2002, January). Taking wing. *Scientific American*, 16–18.

Wood, S. M., & Craigen, L. M. (2011). Self-injurious behavior in gifted and talented youth: What every educator should know. *Journal for the Education of the Gifted, 34*(6), 839–859.

Woodruff-Pak, D. S. (2001). Eyeblink classical conditioning differentiates normal aging from Alzheimer's disease. *Integrative Physiological and Behavioral Science, 36*(2), 87–108.

Woodruff-Pak, D. S., Papka, M., Romano, S., & Li, Y. (1996). Eyeblink classical conditioning in Alzheimer disease and cerebrovascular dementia. *Neurobiology of Aging, 17*(4), 505–512.

Woods, P. J. (1974). A taxonomy of instrumental conditioning. *American Psychologist, 29*(8), 584–597.

Wyatt, W. J. (2001). TV, films, blamed for child violence. *Behavior Analysis Digest, 13*(2), 7.

Yando, R. M., Seitz, V., & Zigler, E. (1978). *Imitation: A developmental perspective.* Hillsdale, NJ: Erlbaum.

Yanes, D., Frith, E., & Loprinzi, P. D. (2019). Memory-related encoding-specificity paradigm: Experimental application to the exercise domain. *Europe's Journal of Psychology, 15,* 447–458.

Yates, A. J. (1958). Symptom and symptom substitution. *Psychological Review, 65*(6), 371–374.

Yerkes, R. M., & Morgulis, S. (1909). The method of Pavlov in animal psychology. *Psychological Bulletin, 6,* 257–273.

Yoon, H., Scopelliti, I., & Morewedge, C.K. (2021). Decision making can be improved through observational learning. *Organizational Behavior and Human Decision Processes, 162,* 155–188.

Zane, J. P. (2012, March 8). Why the Fonz is back as TV pitchman. *New York Times,* p. F1.

Zeiler, M. D. (1968). Fixed and variable schedules of response-independent reinforcement. *Journal of the Experimental Analysis of Behavior, 11,* 405–414.

Zeiler, M. D. (1984). The sleeping giant: Reinforcement schedules. *Journal of the Experimental Analysis of Behavior, 42,* 485–493.

Zener, K. (1937). The significance of behavior accompanying conditioned salivary secretion for theories of the conditioned response. *American Journal of Psychology, 50,* 384–403.

Zentall, T. R., & Singer, R. A. (2007). Within-trial contrast: Pigeons prefer conditioned reinforcers that follow a relatively more rather than a less aversive event. *Journal of the Experimental Analysis of Behavior, 88,* 131–149.

Zettle, R. D. (2003). Acceptance and commitment therapy vs. systematic desensitization in treatment of mathematical anxiety. *The Psychological Record, 53,* 197–215.

Zimmerman, D. W. (1957). Durable secondary reinforcement: Method and theory. *Psychological Review, 64,* 373–383.

Zorawski, M., Cook, C. A., Kuhn, C. M., LaBar, K. S. (2005). Sex, Stress, and Fear: Individual differences in conditioned learning. *Cognitive, Affective and Behavioral Neuroscience, 5*(2), 191–201.

찾아 보기

ㄱ

가상현실 노출치료(VRET) 111
가짜 조건형성 70
각인 444
간헐적 강화계획 222
간헐적 계획 222
갈망 134
감각 사전조건형성 82
감정 25
강화 149
강화 내력 201
강화 수반성 220
강화 지연 163
강화 학습 170
강화 후 휴지 223
강화계획 220
개념 381
거미 공포증 111
검사 시행 70
결과 학습 148
결정적 시기 444
경험 26
계획 228
계획효과 220
고순위 조건형성 68, 90
고전적 조건형성 66
고정간격계획(FI 계획) 228
고정기간계획(FD 계획) 236
고정비율계획(FR 계획) 222
고정시간계획(FT 계획) 237
고정행위패턴 12
고차 조건형성 68
공격 행동 355

공격성 31, 233, 279
공포 조건형성 362
과식 386
과잉모방 332
과제 분석 197
과학습 409, 424
관찰학습 318, 320
광고 126
교습 기계 297
근접성 77, 163
금단 130
금연 386
기술 연구 47
기억술 427
기울기 붕괴 406
기저선 기간 49

ㄴ

내성 130
노출증 120
노출치료 109
놀람 반사 29
누적 기록 43
누적 기록기 43
눈꺼풀 조건형성 79
능동적 모델 320

ㄷ

다중계획 240
단서 의존적 망각 417

단서회상 404

단어 쌍 연합학습 413

단어연상검사 94

단일시행 학습 123

대리 강화 320

대리 처벌 320

대리 파블로프식 조건형성 325

대안행동 차별강화(DRA) 283

대응 법칙 252

도구적 학습 148

도박 386

도파민 171

도피 279

도피 학습 150

도피–회피 학습 150

독립변인 47

돌연변이 21

동기 과정 344

동기설정 조작 167

동기해지 조작 167

동기화 조작 167

동물 교배 3

동시 변별훈련 370

동시 조건형성 74

둔감화 28

뒤덮기 79

ㅁ

마비 306

마조히즘 119

맛 혐오 77, 447

망각 399

망상 303

맥락 417

면역계 136

모델 320

모델링 319

모방 281, 318, 328

모방 일반화 333, 364

무오류 변별훈련 373

무조건 강화물 155

무조건반사 64

무조건반응(UR) 64

무조건자극(US) 64

문제 199

문제상자 143, 318

물림 156

미숙한 모델 336

미신 행동 210

민감화 71

ㅂ

반사 10

반응 방지 282

반응 일반화 361

반응 학습(R–S 학습) 148

반응단위 가설 249

반응박탈 이론 178

반응적 학습 66

발달 지연 300, 350

발달장애 301

발성 행동 291

방출인 12

벌금 훈련 264

변동간격계획(VI 계획) 231

변동기간계획(VD 계획) 236

변동비율계획(VR 계획) 225

변동시간계획(VT 계획) 237

변별 369

변별 가설 245

변별자극 370

변별훈련 369

병립계획 243

보상 경로 171

보상 중추 171

보상 학습 149

보상반응 이론 93

복귀 233

복합자극 78

본능 12, 15

본능 회귀 447

부분강화효과(PRE) 243

부적 강화 150

부적 강화물 150

부적 처벌 264

분산 학습 425

비사회적 325

비사회적 관찰학습 325, 327

비서술기억 402

비수반적 강화계획(NCR 계획) 237

비율 간 휴지 224

비율 긴장 240

비율 늘이기 239

비율 전 휴지 224

비행공포증 111

선발육종 4, 16, 441

선천성 30

성도착 장애 118

소거 격발 232, 282

소거(EXT) 85, 133, 232, 243, 282, 364

소거법 406

수반성 75, 161

숙련된 모델 336

순서 가설 248

순행 간섭 413

순환론적 설명 130

스키너 상자 147

습관화 28

시행 간 간격 83

시행착오 학습 170

신경독 443

신호 학습(S–S 학습) 66

실제 노출법 109

실행속도 224

실험 47

실험집단 48

심적 분비 61

심적 회전 379

ㅅ

사건기억 402

사고 24

사례 연구 45

사전 학습 411

사회인지 이론 343

사회적 320

사회적 관찰학습 320, 343

사회학습 319

상대적 가치 이론 176

상동적 12

상동적 행동 313

상반행동 차별강화(DRI) 283, 301

상태 의존적 학습 420

서술기억 402

ㅇ

아드레날린 172

알레르기 반응 136

알츠하이머병 136

알코올 443

암기 카드 430

암묵적 말하기 24

앨버트 107, 159

약물중독 130

양상 39

억압비 269

억제성 기울기 388

언어발달 290

에듀테인먼트   353

에뮬레이션   330

역조건형성   109

역행 간섭   415

역행 조건형성   74

연속 변별훈련   371

연속강화(CRF)   222

연쇄 짓기   196

연쇄계획   241

예비반응 이론   92

오대응   372

왕복 상자   180, 214

외상 후 스트레스 장애   112

외생변인   50

우발적 강화   210

운동 재현 과정   344

운율   427

울화 행동   191

유관성   161

유령 조건   326

유전자   173

유창성   43, 410, 424, 430

음영화   79

의미기억   402

의사 조건형성   70

이질 짝 맞추기   372

이차 강화물   157

인위선택   4

인위적 강화물   159

일반 강화물   158

일반적 행동특질   16

일반화   361

일반화 기울기   363

일차 강화물   155

일화   44

일화기억   402

일화적 증거   44, 318, 442

ㅈ

자극   26

자극 간 간격(ISI)   77

자극 변별   369

자극 일반화   362

자극 학습(S–S 학습)   66

자극대체 이론   90

자극대치 이론   90

자극치환 이론   90

자극통제   377

자기 통제   291

자동 강화   291

자동 강화물   159

자동조성   448

자발적 회복   87, 235

자서전적 기억   402

자연선택   4, 193

자연적 강화물   158

자유회상   403

자폐 아동   279

자폐증   300, 350

자해 행동   300

잠재기   41

잠재적 억제   81

잡종 형성   21

재발   131

재인   405

재학습법   404

재현 위기   167

저율 차별강화(DRL)   284, 295

전위된 공격성   280, 368

전이   361

전향 연쇄 짓기   197

전형적 행위패턴(MAP)   12

절약법   405

절약의 법칙   37

절정감   130

절차기억   402

점진적 계획 237

점진적 비율계획(PR 계획) 237

정적 강화 149

정적 강화물 149

정적 처벌 263

정점 이동 389

제약 유도 운동요법 306

조건 강화물 157, 311

조건 맛 혐오 122, 392

조건 면역억압 137

조건 음식 회피 122

조건 정서반응 106

조건공포 80, 107

조건반사 64

조건반응(CR) 64

조건억압 183

조건자각 94

조건자극(CS) 64

조성 190, 233, 239, 291, 304, 311

조작적 학습 148

조작적 학습 모형 345

종속변인 47

종특유행동 12

좌절 가설 246

주의 과정 343

준비반응 이론 92

준비성 449

준비성 연속선 449

중단 이론 276

중단점 238

즉각적 강화 163

증상 대체 305

지뢰 탐지 376

지연 조건형성 73

지연 표본 짝 맞추기(DMTS) 405

직렬계획 242

집중 학습 425

짝 맞추기 표집 49

ㅊ

차단 81

차별강화 283

차별적 결과 효과(DOE) 374

차폐 81, 98

참가자 간 실험 47

참가자 내 설계 49

창의성 205

처벌 263, 301

체계적 둔감화 109

촉구자극 404, 427, 429

촉구회상 404

추동 175

추동감소 이론 175

침 분비 반사 61

ㅌ

타임아웃(TO) 264, 303

탐지 시행 70

통제집단 48

통찰 200

통찰적 문제해결 200

특정 공포증 106

ㅍ

파블로프식 조건형성 66, 181

파지 간격 399

파지 과정 343

편견 114

평가적 조건형성 68

평형 이론 178

표본 짝 맞추기(MTS) 372

피드백 308, 424

피부전기반응 107, 363

ㅎ

학대 281

학습 22

학습 내력 339

학습 중인 모델 336

학습곡선 144

학습된 근면성 216, 364

학습된 무기력 214

행동 23

행동 억압 280

행동 연쇄 195

행동 운동량 154

행동치료 109

현장 실험 52

혐오자극 55

혐오치료 120, 133

협동계획 242

혼합계획 241

회피 279

회피 학습 185

효과 법칙 145, 262

후속 학습 415

후천성 30

후향 연쇄 짓기 197

흔적 조건형성 72

흡연 384

흥분성 기울기 388

기타

1과정 이론 184, 277

2과정 이론 181, 276

ABA 반전 설계 50

Bandura의 사회인지 이론 343

CS^- 374

CS^+ 374

Goldiamond의 역설 305

Premack 원리 176, 277

Rescorla-Wagner 모형 96

S^- 370

S^+ 370

SAFMEDS 430

S^D 370

S^Δ 370

Sidman 회피 절차 183